"十三五"国家重点出版物出版规划项目
国家科技基础性工作专项重点项目
国家社会公益研究专项项目
中国农业科学院科技创新工程

中国土壤剖面数据集

·湖北卷

主　编　张维理

本卷主编　张认连　武淑霞　张海涛　鲁明星　岳现录

浙江科学技术出版社·杭州

版权所有　侵权必究

图书在版编目（CIP）数据

中国土壤剖面数据集. 湖北卷 / 张维理主编；张认连等本卷主编. -- 杭州：浙江科学技术出版社，2024.6. -- ISBN 978-7-5739-1272-5

Ⅰ.S152.2

中国国家版本馆CIP数据核字第2024T17T44号

书　　名	中国土壤剖面数据集·湖北卷	
主　　编	张维理	
本卷主编	张认连　武淑霞　张海涛　鲁明星　岳现录	
出版发行	浙江科学技术出版社	
	杭州市拱墅区环城北路177号　邮政编码：310006	
	办公室电话：0571-85152719	
	销售部电话：0571-85176040	
排　　版	杭州万方图书有限公司	
印　　刷	浙江新华数码印务有限公司	
经　　销	全国各地新华书店	
开　　本	787mm×1092mm　1/8	印　张　60.5
字　　数	1069千字	
版　　次	2024年6月第1版	印　次　2024年6月第1次印刷
书　　号	ISBN 978-7-5739-1272-5	定　价　480.00元
地图审核号	GS浙（2024）312号	

策划组稿　詹　喜　章建林　　责任编辑　詹　喜　李羨然
责任校对　赵　艳　　　　　　责任美编　金　晖　　　　责任印务　吕　琰

如发现印、装问题，请与承印厂联系。电话：0571-85155604

《中国土壤剖面数据集》
编委会

主　　任　赵其国

副 主 任　张维理

委　　员　（按姓氏笔画排序）

毛达如　　史学正　　刘　旭　　刘先林　　刘更另

孙　睿　　孙九林　　孙铁珩　　杨　鹏　　张洪江

张维理　　周健民　　赵其国　　陶　澍　　黄鸿翔

黄德明　　傅伯杰

《中国土壤剖面数据集·湖北卷》
编写人员

主　　编　张维理

本卷主编　张认连　　武淑霞　　张海涛　　鲁明星　　岳现录

本卷编委　（按姓氏笔画排序）

龙怀玉　　田有国　　任文海　　吴文斌　　张认连

张海涛　　张维理　　陈云峰　　陈家赢　　武淑霞

岳现录　　胡群中　　徐爱国　　郭　龙　　鲁明星

雷秋良　　冀宏杰

土壤大数据整合与数字制图

设　　计　张维理

制　　作　徐爱国　　张认连　　冀宏杰

程序编制　贾　萌　　吴章生　　严　豪

地图编辑　中国地图出版社集团有限公司

内容提要

本数据集以分县主要土壤类型与土壤剖面点分布图、土壤剖面理化性状表的形式，提供了我国各地详尽的土壤资源与质量的科学数据。全集共 25 卷，收录了全国 2200 多个县（市、区）的分县土壤图和 6 万多个土壤剖面的分层理化性状数据。根据各省级行政区土壤剖面数量和地域关联特征，既有一个省（自治区）的单卷，也有多个省（自治区、直辖市、特别行政区）的合订卷。各卷内容包含分县主要土类说明、主要土壤类型与土壤剖面点分布图、中心区气候特征图表，还含有全国和各卷所涉省级行政区的土壤图、土壤有机质含量图与地势图，以便读者在全国、省级和县级不同视角和尺度上，了解土壤资源与质量状况及其空间分布特征，以及土壤类型、土壤肥力与气候条件、地势、地貌之间的相互关联。

湖北省位于我国地势第二级阶梯向第三级阶梯的过渡地带，东、西、北三面环山，中间低平，略呈向南敞开的不完整盆地。在全省总面积中，山地占 56%，丘陵和岗地占 24%，平原湖区占 20%。湖北省地处亚热带，全省除高山地区属高山气候外，大部分地区属亚热带季风性湿润气候。年平均气温 15—17℃，年平均降水量 800—1600mm。湖北省境内湖泊众多，主要分布在江汉平原，素有"千湖之省"之称。主要土壤类型有黄棕壤、水稻土、石灰（岩）土、潮土、红壤、黄壤、黄褐土、棕壤、紫色土、粗骨土、新积土、暗棕壤、沼泽土、砂姜黑土、山地草甸土等 15 个土类。本卷收录了湖北省 71 个县（市、区）3046 个典型土壤剖面的分层理化性状数据，便于读者了解湖北省主要土壤类型的分布特征及剖面特征，可作为农业、林业、环境、气象、国土、水利、经济等领域的科研、管理、技术人员的工具书和参考书，也适合高等院校研究生参考使用。

序

万物土中生，有土斯有粮。土为万物之本，土壤的重要性是怎么强调都不为过的。现在，土壤相关数据已成为农业、林业、环境、气象、国土、水利等各部门、各行业的基础数据。土壤研究最基础、最重要的表现形式是土壤剖面数据，其反映了不同层次的土壤理化性状。然而，长期以来，我国一直缺乏一套完整的系统性表现全国各区域土壤性状的剖面数据。

中华人民共和国成立以来，我国曾开展了两次全国性土壤普查，其中 20 世纪 70 年代末开始的全国第二次土壤普查是迄今为止最完整的。当时全国挖掘了 550 余万个剖面，各地分县完成了大比例尺土壤图，数据完整且可靠性高；然而，限于种种因素，当时仅完成了全国范围小比例尺土壤类型图和养分图的汇总，未及时完成全国土壤剖面库的整理。这些纸质资料散落于各地，并且年代久远，面临丢失、损毁的风险。这些宝贵数据具有时空尺度的唯一性，一旦出现问题，将对国家和社会各层面造成无法挽回的损失。

自 2001 年起，在国家社会公益研究专项项目资助下，张维理研究员带领团队，在全国范围开始对分散存留各地的土壤调查资料进行抢救性收集和整理。2006 年，科技部启动了国家科技基础性工作专项项目，"我国 1∶5 万土壤图籍编撰及高精度数字土壤构建"项目被列入首批重点项目并连续获得两期资助。该项目由中国农业科学院农业资源与农业区划研究所牵头，全国近 20 个科研单位（两期）共同承担任务，极大地加快了土壤数据抢救的进程，为编制本数据集奠定了基础。在参与本数据集编制的土壤科技工作者 20 年的持续努力下，在 2019 年度国家出版基金的资助下，在中国农业科学院科技创新工程的持续支持下，本数据集终于得以面世。

本数据集以涵盖全国 2200 多个县的土壤剖面分层数据为主体，首次同时展示了分县土壤图与典型土壤剖面分布图，描述了影响土壤发生的气候特征、主要土类的性状等，内容丰富，兼具专业性和科普性。全集共 25 卷，既有一个省、自治区的单卷，也有多个省、自治区、直辖市、特别行政区的合订卷。鉴于其数据的完整性、系统性、科学性，本数据集可成为我国资源环境领域的必备工具书之一。

本数据集至少可以应用于以下几个方面：

第一，直接服务于农业生产，保障粮食安全和食品安全。全国分县的不同土壤类型分层养分数据、土壤质地信息，可为科学施肥、土壤培肥与耕作措施的制定提供决策依据。

第二，为水利、环境、建筑、旅游等行业提供便捷、直观的土壤分层次基础信息。信息后标有剖面点经纬度，便于查询获取。

第三，对于土壤质量演变、耕地地力演变、碳储量、面源污染、气候变化等多学科研究具有土壤科学起始点数据意义。

我国疆域辽阔，编制本数据集需要对各地分县完成的大比例尺土壤图和土壤调查资料进行数字化整合，创建覆盖我国全域的高精度数字土壤，再进行分县土壤剖面表的提取与分县土壤图的缩编。本数据集的总数据处理量达到 TB 级且数据来源多而复杂、专业性强、处理难度大，按常规方法，需数万人历时多年方能处理完成。张维理研究员创造性地将数据科学、人工智能与人机交互设计原理引入土壤学范畴，首创土壤大数据方法，以土壤科学需求设计统领其他各层级设计，以智能化、自动化、人机交互式的数据分析流程替代人工流程，高效、精准地完成了土壤大数据的时空整合和表达，这一巨著才得以面世。作为两期项目的专家组组长，我亲历了整个项目的全过程，对张维理研究员勇于创新、踏实、勤奋、务实、敬业、有担当的优秀品质印象深刻，也深感钦佩！

本数据集的完成前后历时 20 年之久，直接参与数据收集、编撰人数近百人，涉及我国各省（自治区、直辖市）的土壤肥料相关单位。正是他们的付出和努力，才使得本数据集得以面世。衷心希望本数据集能在农业、林业、环境、气象、国土、水利以及肥料工业等领域发挥积极作用，更好地服务于我国经济和社会发展。

中国科学院院士 赵其国

2021 年 12 月

前 言

土壤是农业的基础，是陆地生态系统生命过程的基础，也是维持地球上能量与水的交换、生命元素循环的重要基础。《中国土壤剖面数据集》首次以分县土壤图和土壤剖面理化性状表的形式，提供了我国陆域全覆盖的土壤资源与质量的科学数据，为农业、林业、环境、气象、国土、水利等部门和相关行业精准了解各地土壤资源分布与质量状况，科学利用土壤资源，发展绿色农业、特色农业和节水农业，进行耕地保育、科学施肥、面源污染防治和基本农田保护等提供了科学依据；也为农业科学、环境科学及地学、气象、测绘、水利等多个学科领域的科研工作者研究陆地生态系统生产力演变、地球物质循环、气候与环境变化提供了基础数据。

编入本数据集的分县土壤图和土壤剖面理化性状表主要源于对全国第二次土壤普查（以下简称"二普"）调查资料的收集、整理、提取与汇总。二普是我国现代规模最大的以查清土壤资源和土壤肥力为主要目标的土壤资源综合调查，既完成了我国迄今为止最详尽的土壤分类调查，也首次在全国范围进行了较高密度的土壤采样化验，开启了我国用土壤理化性状量化指标描述土壤资源与土壤质量状况的时代。二普地面调查采样实施于1979—1987年，通过550万个土壤剖面观测和采样，分县完成了1∶5万比例尺土壤图绘制和10万余个土壤剖面的分层采样、化验、记录，其中的土壤质量稳定性要素，如土体构造、质地、母质、成土条件、土壤类型等时效性长，CRT值（土壤特性响应时间，characteristic response time）达上千年，可长久使用；土壤有机质含量，氮、磷、钾含量，酸碱度，耕层厚度等土壤质量变化性要素为了解土壤与环境质量演变提供了重要信息。无论从数量还是质量上看，二普获取的土壤科学数据至今都是我国最详尽、最有价值的土壤资源基础数据，其精度与质量超过许多发达国家的土壤资源基础数据。

20世纪末期以来，全球性人口和经济快速增长导致的人均土地资源与水资源紧缺、环境污染、气候变化、粮食安全危机，使科学界对土壤及其形成过程的关注度不断提高，关注重点也从了解土壤与环境质量现状转变为弄清演变趋势、引致变化的内在机理和驱动因素。土壤圈处于地球大气圈、水圈、生物圈和岩石圈的交会处。土壤层中的生物过程和物质循环过程既活跃，又具有一定的稳定性，能较好地反映地球水圈、土壤圈、大气圈、生物圈及岩石圈五大圈层动态交互作用的结果。只要对近年来国际上关于碳足迹、气候变化的研究进展稍加关注，就可知晓具有时空维度的土壤科学数据对于阐明土壤与环境过程并弄清其驱动因素、预测未来土壤与环境质量变化具有无可替代的作用。本数据集编入的土壤质量数据既是我国在全国范围内首次完成的土壤理化性状的科学记载，也是40多年前对我国土壤质量变化性要素的客观记录，能帮助我们了解改革开放以来经济、农业高速发展以及农用化学品投入量高速增长对土壤与环境质量的影响，对了解我国土壤与环境质量时空演变亦具有起始点土壤科学数据的意义。本数据集编入的起始点数据使我们对全国土壤及相关过程的认识延伸了40多年。历史上的土壤调查结果不能被新的调查结果替代，这一不可替代性使得本数据集将成为我国农业与环境领域最具影响力的工具书和参考书之一。

本数据集既是我国老一辈土壤与农业科研工作者在全国土壤普查工作中取得的成果，也是数据集编制人员长期以来默默耕耘的结晶。二普完成的大比例尺土壤图件和土壤剖面理化性状主要为手绘纸质图件和非正式出版的铅印或油印资料，份数少且由各地自行保存。二普结束后，随着各地机构调整与人员变动，土壤调查资料被损毁或丢失严重，难以发挥作用。在我国多位知名科学家的倡议和推动下，"十一五"期间，"我国1∶5万土壤图籍编撰及高精度数字土壤构建"项目（2006—2017）被列为国家科技基础性工作专项重点项目。其目的是对各地宝贵的土壤科学数据进行抢救性收集、数字化和整合，提升我国科学研究与管理基础数据的条件。为实现这一目标，项目组研究人员首先对各地分散存留的纸质分县土壤调查资料进行了全面的收集、修复和整理。针对国际范围内缺少对异源、异质、异构、异形土壤大数据的提取、整合方法的难题，项目组研究人员积极探索、勇于创新，融合应用土壤学、地理信息系统技术、数据科学、人工智能、人机交互设计方法，创建了土壤大数据方法，以层级化的流程设计实现土壤科学层面的需求设计统领体系架构、数据流程及模块设计，以独立于数据流程的监控设计实现土壤科学家对全流程的掌控和人工干预，以智能化、人机交互式数据流程替代人工流程，优质、高效地完成了对各地异源土壤资料的审核、提取、过滤、分类、整合与表达，完成了覆盖我国全陆域的1∶5万比例尺土壤图绘制与土壤剖面点空间数据库建设工作。为满足各行各业准确了解我国各地土壤资源与质量状况的广泛需求，编者通过对1∶5万比例尺土壤图数据的缩编表达与10万余个土壤剖面理化性状数据的进一步提取，最终完成了本数据集的编制。

本数据集共25卷，收录了全国2200多个县（市、区）的分县土壤图和6万多个土壤剖面的理化性状数据。根据各省级行政区土壤剖面数量的多寡和地域关联特征，既有一个省（自治区）的单卷，也有多个省（自治区、直辖市、特别行政区）的合订卷。为便于读者了解全国及各省级行政区土壤资源与质量的分布特征，特别编制了全国及各省级行政区土壤图、土壤有机质含量图与地势图三个序图，读者可以方便地查询全国及各省级行政区任何地区拥有的主要土壤类型，了解其土壤有机质含量及地势、地貌特征。在各分卷中，分县土壤资源与土壤质量性状由主要土类说明、中心区气候特征图表、分县主要土壤类型与土壤剖面点分布图以及土壤剖面理化性状表共同呈现。

本数据集既可作为工具书、参考书，供农业、林业、环境、气象、国土、水利、经济等领域的管理人员和技术人员使用，也适合高等院校相关专业研究生参考使用。

我国幅员辽阔，从收集、整理全国分县土壤调查资料，到完成覆盖我国全境的1∶5万比例尺土壤图籍，再到完成本数据集的编制，来自全国近20家研究机构的科研人员组成项目组，辛苦工作了20多年。其间，本项工作得到了国家社会公益研究专项项目、国家科技基础性工作专项重点项目的长期、连续资助和在项目实施年限上给予的充分理解，同时得到了中国农业科学院科技创新工程的资助，全国50多家国家级及省级土壤、测绘、农业科研与管理机构的大力支持以及我国老一辈土壤科学家自始至终的关心和鼓励。在整个项目实施期间，有9位院士和7位长期从事土壤科学、农业资源环境研究的专家给予了直接和全程的指导。近20年间，项目组研究人员一方面要承担艰难而繁重的科研任务，另一方面要顶着多年没有科研产出的压力，没有他们的坚持和付出，就没有本数据集的面世。在此，谨向所有参加数据集编制的科研人员及对本项工作给予支持的部门和人员一并表示衷心的感谢！

由于本数据集包含的数据量庞大，且不限于土壤学本身，尽管我们在编撰过程中极尽斟酌，仍难免存在不足之处，敬请读者批评指正，以便今后修订完善。

中国农业科学院研究员 张维理

2021年12月

目 录

第一编 编制说明与序图

编制说明

- 编制目的 …………………………………………………………………… 002
- 土壤数据基础知识 ………………………………………………………… 002
- 数据集内容 ………………………………………………………………… 005
- 土壤数据来源 ……………………………………………………………… 005
- 编制方法——土壤大数据方法 …………………………………………… 006
- 中国土壤图、中国土壤有机质含量图与中国地势图编制 ……………… 007
- 分省土壤图、分省土壤有机质含量图与分省地势图编制 ……………… 009
- 县域中心区气候特征图表编制 …………………………………………… 011
- 分县主要土壤类型与土壤剖面点分布图编制 …………………………… 012
- 分县土壤剖面理化性状表编制 …………………………………………… 012
- 土壤专题图与土壤剖面数据可靠性检验 ………………………………… 017
- 参编单位 …………………………………………………………………… 019

序 图

- 中国土壤图 ………………………………………………………………… 020
- 中国土壤有机质含量图 …………………………………………………… 022
- 中国地势图 ………………………………………………………………… 024
- 湖北省土壤图 ……………………………………………………………… 026
- 湖北省土壤有机质含量图 ………………………………………………… 028
- 湖北省地势图 ……………………………………………………………… 030

第二编　分县土壤图与土壤剖面数据

武　汉　市

市辖区·················· 034　　新洲区·················· 042
江夏区·················· 038

黄　石　市

阳新县·················· 048　　大冶市·················· 051

十　堰　市

市辖区·················· 057　　竹溪县·················· 086
郧阳区·················· 062　　房　县·················· 091
郧西县·················· 071　　丹江口市················ 099
竹山县·················· 080

宜　昌　市

夷陵区·················· 104　　五峰土家族自治县········ 136
远安县·················· 107　　宜都市·················· 142
兴山县·················· 113　　当阳市·················· 147
秭归县·················· 121　　枝江市·················· 154
长阳土家族自治县········ 129

襄　阳　市

市辖区·················· 161　　老河口市················ 186
南漳县·················· 168　　枣阳市·················· 192
谷城县·················· 171　　宜城市·················· 196
保康县·················· 181

鄂　州　市

市辖区·················· 199

荆　门　市

东宝区、掇刀区、沙洋县 …… 209
钟祥市 …………………… 215
京山市 …………………… 218

孝　感　市

市辖区 …………………… 224
大悟县 …………………… 227
云梦县 …………………… 230
应城市 …………………… 234
安陆市 …………………… 241

荆　州　市

公安县 …………………… 244
江陵县 …………………… 249
石首市 …………………… 253
洪湖市 …………………… 259
松滋市 …………………… 262
监利市 …………………… 270

黄　冈　市

团风县 …………………… 277
红安县 …………………… 281
罗田县 …………………… 286
英山县 …………………… 291
浠水县 …………………… 295
蕲春县 …………………… 299
黄梅县 …………………… 308
麻城市 …………………… 314
武穴市 …………………… 323

咸　宁　市

市辖区 …………………… 326
嘉鱼县 …………………… 332
通城县 …………………… 338
崇阳县 …………………… 343
通山县 …………………… 350
赤壁市 …………………… 353

随　州　市

曾都区、随县 …………… 356
广水市 …………………… 362

恩施土家族苗族自治州

恩施市 ……………………… 368	宣恩县 ……………………… 402
利川市 ……………………… 371	咸丰县 ……………………… 410
建始县 ……………………… 384	来凤县 ……………………… 422
巴东县 ……………………… 399	

湖北省直辖县级行政区

仙桃市 ……………………… 430	天门市 ……………………… 440
潜江市 ……………………… 435	神农架林区 ………………… 446

附　　录

附录1 湖北省县级行政区及分县主要土壤类型与土壤剖面点分布图
地域名对照表 …………………………………………………………… 452

附录2 专题图基础地理要素图例 ……………………………………………… 454

附录3 土壤图土类图例 ………………………………………………………… 455

附录4 中国主要土壤类型简表 ………………………………………………… 457

附录5 湖北省主要土壤类型表 ………………………………………………… 462

附录6 分省土壤有机质含量图有机质含量分级图例 ………………………… 463

附录7 湖北省典型剖面0—20cm土层土壤理化性状中位数与平均数
……………………………………………………………………………… 464

附录8 湖北省主要土地利用类型0—30cm土层土壤有机质含量 …………… 465

附录9 湖北省耕地、园地、林地和草地中主要土壤类型占比 ……………… 466

附录10 《中国土壤剖面数据集》参编单位 …………………………………… 467

参考文献 ……………………………………………………………………………… 469

中 国 土 壤 剖 面 数 据 集 · 湖 北 卷

第一编 | 编制说明与序图

编 制 说 明

编制目的

土壤是农业的基础,也是维持地球碳、氮、硫、磷等重要生命元素正常循环的基础。肥沃的土壤促进了人类文明的诞生和繁荣。科学研究表明,地球上种类繁多、形态各异的土壤是在气候、生物、地形、时间、成土母质五大成土因素共同作用下形成的。北京社稷坛铺设的青、白、红、黑、黄五种不同颜色的土壤(五色土),分别代表我国东、西、南、北、中五大区域的典型土壤。不同类型的土壤性状差别很大。例如,南方红壤呈酸性,易缺乏钾离子、钙离子、镁离子等阳离子,农业生产上要注意调酸和补充富含钾、钙、镁的肥料;而西部土壤有机质含量低,施用有机肥料和秸秆还田对提高地力至关重要。我国人均土地资源紧缺,要实现粮食安全、环境安全和可持续发展,需要精准掌握各地土壤资源与质量状况,做到因土制宜,科学管理。

《中国土壤剖面数据集》是国家自然资源基本资料之一,其首次以分县土壤图和土壤剖面理化性状表的形式,提供了我国各地详尽的土壤资源与质量科学数据,为农业、林业、环境、气象、国土、水利等部门了解各地土壤质量状况,科学利用土壤资源,发展绿色农业、特色农业和节水农业,进行耕地保育、科学施肥、面源污染防治和基本农田保护提供了基础数据,也为农业科学、环境科学及地学、气象、测绘、水利多个学科领域的科研工作者研究陆地生态系统生产力及其演变、地球物质循环、气候与环境变化提供了科学依据。

本数据集编入的土壤质量数据亦是我国在全国范围内首次完成的土壤理化性状的科学记载,对了解我国土壤与环境质量时空演变具有起始点数据的意义。通过这些数据,科研工作者可以追溯我国全国范围土壤与环境相关过程至 20 世纪 80 年代,分析和了解导致土壤质量变化的环境和人为因素,并对土壤与环境质量演变趋势进行预报与预警。历史上的土壤调查结果不能被新的调查结果替代,这一不可替代性使得本数据集将成为我国农业与环境领域最具影响力的工具书和参考书之一。

土壤数据基础知识

本数据集收录的土壤数据源于土壤调查。为便于读者了解和应用这些数据,本节对土壤调查的目标、内容与主要方法,土壤数据的时空维度特征,土壤数据的应用领域与时效性做一简要介绍。

(一)土壤调查的目标、内容与主要方法

土壤调查的主要目标是查清一个区域内土壤资源与质量状况及其空间分布特征。19 世纪末期至 20 世纪中后期,各国土壤调查的主要目标是查清土壤类型及分布特征[1-2]。由于不同土壤类型最典型的区别是成土过程中形成的土壤剖面特征,因而在传统的土壤调查中,需要在调查区域内进行多点采样,并在每个采样点对 0—1—2m 深土体的土壤剖面进行分层采样、观测、理化性状分析,记录剖面各分层土壤理化性状,据此进行土壤

分类、命名，并最终依据多点调查结果完成土壤图的绘制。

20世纪末期以来，全球人口及经济快速增长导致人均土地资源和水资源紧缺、环境污染、气候变化与粮食安全危机，不同行业及学科领域对土壤生产功能和环境功能的关注度不断提高，土壤调查的核心内容也逐步从查清土壤类型分布特征转为土壤功能调查。土壤功能调查的目标是了解土壤生产力、土壤环境质量和土壤健康质量等。例如，为了耕地保育和科学施肥，需要进行土壤有效养分含量状况、土壤障碍因素调查；为了了解环境质量，需要进行土壤污染状况、土壤环境容量调查；为了发展节水农业，需要进行土壤保水性状调查；为了控制水污染，需要进行流域农田土壤氮、磷流失特征与风险调查。土壤功能调查的内容主要为可量化的，或含义单一且明确、易于被其他学科和行业认知的土壤功能性指标，如土壤有机碳含量、土壤重金属含量、土壤质地类型、耕层厚度等。在土壤功能调查中，也需要在调查区进行多点采样，并根据调查目标的不同，选择适宜的采样深度。例如，当调查目标是了解土壤有效养分供应量或农田土壤污染物含量时，通常仅对耕层土壤进行采样；当调查目标是了解土壤保水性能、土壤水土流失与养分流失性状时，则需要对较深的土壤剖面进行分层采样和观测。

较早的土壤调查主要通过地面多点采样来了解一个区域土壤资源与质量性状的空间分布特征。近年来，随着遥感技术、地理信息系统（GIS）技术、模拟技术与大数据技术的发展，土壤质量相关数据（如数字高程、土地覆盖、植被数据等）产生量急剧增长，这使得在大区域尺度内通过多类型相关信息精确地捕捉和表达土壤质量性状以及相关过程成为可能。在国际上，地面采样调查与辅助信息结合的方法——数字土壤制图方法（digital soil mapping）已成为土壤调查的重要方法[3]。该方法能利用采样设计、辅助信息、推理模型与地统计检验，大幅度减少地面采样和土壤理化性状测试分析的工作量。与传统方法相比，采用数字土壤制图方法进行土壤调查，可缩短调查周期，降低调查成本，提高用土壤专题地图表征土壤资源与土壤质量性状空间分布特征的可靠性和精度，从而提高土壤调查的效率与质量。

（二）土壤数据的时空维度特征

在现代社会，农业、环境等领域的专业工作者要了解最新的土壤调查结果，更需要掌握未来土壤质量变化趋势，以便根据变化趋势、自然与人为要素对土壤质量的影响，制定具有针对性的政策与技术措施，实现高产、稳产和环境安全。要精确进行土壤与环境质量预测和预警，就需要对重要的土壤质量性状进行周期性的采样、调查、记录，构建具有时空维度的土壤质量数据。这意味着历史上完成的土壤调查不能被新的调查所替代，所以其结果十分宝贵。

土壤数据最重要的特征之一是时空维度特征。通过历史上的土壤调查结果记录，构建具有时间序列的土壤质量科学数据，能将土壤质量现状与土壤质量演变过程相关联，并以此对土壤质量演变趋势和导致其变化的因素进行分析、预测。而土壤数据标有空间坐标，便于科研工作者将土壤调查结果与其他类别的要素和过程，如与气候、地形、土地利用情况有关的变化信息，以及随施肥投入农田的碳、氮、硫、磷数据等相关联，从而进一步提高分析的精度和预测、预报的可靠性。

土壤圈处于地球大气圈、水圈、生物圈和岩石圈的交会处。土壤层中的生物过程和物质循环过程既活跃，又具有一定的稳定性，能较好地反映地球水圈、土壤圈、大气圈、生物圈及岩石圈五大圈层动态交互作用的结果。具有时空维度的土壤科学数据对于阐明土壤与环境过程并弄清其驱动因素、预测未来土壤与环境质量变化具有不可替代的作用。

近年来，具有地理坐标的土壤剖面点数据受到科学界的广泛关注。剖面数据记载了土体构造、剖面分层土壤理化性状，是了解成土过程的基础，也是构建推理模型，量化表征区域尺度土壤过程、流域水土流失与氮磷流失特征、碳氮循环与环境质量演变的基础。在过去的半个世纪中，尽管完成了大量的土壤剖面调查，但由于在较早的土壤调查中尚未使用全球定位系统（GPS）设备，各国在构建地理坐标的土壤剖面点数据库上差别较大。目前，美国完成了约2万个有地理位点标识的土壤剖面数据[4]，澳大利亚已完成约16万个有地理坐标的土壤剖面数据[5]，欧盟各成员国共享使用的土壤剖面数据库含4000个剖面的分层土壤理化性状数据[6]。本数据集则汇集了我国总计6万多个有地理坐标的土壤剖面数据。

（三）土壤数据的应用领域与时效性

表1汇总了本数据集编入的土壤理化性状及其主要影响因素与过程、时间变化特征、所关联的土壤质量性状和应用领域。

表1 土壤理化性状及其主要影响因素与过程、时间变化特征、所关联的土壤质量性状和应用领域

土壤理化性状	主要影响因素与过程	时间变化特征	所关联的土壤质量性状	应用领域
土壤类型	成土过程	变化慢	土壤肥力与环境质量	农业、水利、环境、建筑、肥料工业等
剖面深度（指剖面各土层厚度的总和）	成土过程	变化慢	土壤肥力、土壤环境容量、土壤保水和保肥性能、土壤持水性能	农业、环境等
土体构造（指土壤剖面各发生层有规律的组合，是土壤剖面最重要的特征）	成土过程	变化慢	土壤肥力、土壤环境容量、土壤保水和保肥性能、土壤持水性能、土壤透水性能	农业、水利、环境等
母质	成土因素	变化慢	土壤肥力、土壤矿物组成、矿质养分含量、土壤质地	农业、水利、环境、肥料工业等
质地	成土过程、母质	变化慢	土壤肥力、土壤环境容量、土壤持水性能、土壤耕性、土壤有机碳与养分含量、土壤重金属吸附性能	农业、水利、环境、建筑等
颜色	土壤氧化还原、淋溶等成土过程，土壤有机质累积过程	变化较慢	土壤肥力、土壤有机碳与养分含量	农业
土壤结构	成土过程、耕作措施	耕层：变化快；深层：变化慢	土壤水分、通气与养分供应状况，土壤持水性能、土壤透水性能、土壤阳离子交换量、土壤孔隙度、土壤松紧度、土壤耕性等多个土壤肥力相关性状	农业
有机质含量	成土过程、质地、土地利用、施肥、轮作等	变化较慢	与多项土壤肥力与环境指标密切相关，是土壤肥力最重要的指标	农业、环境、肥料工业等
全氮含量	成土过程、土地利用、施肥、轮作等	变化较慢	土壤肥力、土壤供氮性能	农业、环境等
全磷含量	成土过程、母质等	变化较慢	土壤肥力、土壤供磷性能	农业、环境等
全钾含量	成土过程、母质等	变化较慢	土壤肥力、土壤供钾性能	农业、环境等
pH	成土过程、酸雨、土壤调理剂施用等	变化快	土壤肥力、土壤养分有效性、土壤结构及重金属吸附性能	农业、环境、肥料工业等
碱解氮含量	土地利用、施肥等	变化快	土壤供氮性能、土壤氮素流失特征	农业、环境、肥料工业等
有效磷含量	土地利用、施肥等	变化快	土壤供磷性能、土壤磷素流失特征	农业、环境、肥料工业等
速效钾含量	土地利用、施肥等	变化快	土壤供钾性能、土壤钾素流失特征	农业、环境、肥料工业等
阳离子交换量	成土过程、黏粒、有机质含量、盐分含量	变化较慢	土壤供肥和保肥性能、土壤重金属吸附性能	农业、环境等

在表1中，主要影响因素与过程指对某项理化性状起主要作用的过程和因素。例如，土壤类型、土壤剖面深度、土体构造、母质、土壤质地类型主要由成土过程或成土条件决定；土壤有机质含量和土壤全氮含量则受成土过程、施肥及轮作等农业技术措施的共同影响；在耕地土壤上，施肥等农业技术措施对土壤碱解氮、有效磷、速效钾等土壤有效养分含量的影响很大。

土壤理化性状的现势性主要取决于其影响因素与过程的时间尺度。自然条件下，成土过程通常需要数万年。受成土过程影响的土壤类型、土层厚度、土体构造、土壤质地类型、母质等土壤理化性状变化很慢，CRT值（土壤特性响应时间，characteristic response time）达上千年，可称为土壤稳定性要素或慢变化性状，其相关数据时效性很长，可长久使用。而农田土壤有效养分含量、酸碱度、耕层厚度等土壤质量性状受施肥和耕作等农业措施影响大，变化较快。例如，农田土壤有效磷、速效钾养分含量，在大量施用磷肥、钾肥条件下，10余年后可成倍提升。这些土壤理化性状亦可称为土壤变化性要素或快变化性状。

不同土壤理化性状的应用范围既取决于其现势性、时空维度特征，又取决于其所关联的土壤质量性状。土壤剖面深度、土体构造、质地、有机质含量等与土壤持水、保肥、通气和透水性能密切相关，可供农业、水利、环境、金融等行业用于农田稳产、高产性能，农田排灌设施规划与灌溉定额编制，农田水土流失风险分级，流域农田蓄水容量与降雨后流失水量分级，农田水、旱灾害风险分级，农田环境容量测算等各方面的地力评价。土壤有效养分含量、pH与土壤需肥性状和调酸性状密切相关，可供农业、肥料生产和销售部门用于科学施肥和土壤改良。土体构造和质地、土壤结构、土壤有效养分含量还影响流域农田土壤养分流失特征，农业和环境部门在进行农业面源污染防控时，可利用这些土壤性状与其他要素共同编制流域污染源解析与控制类型区分布图，以便对农业面源污染采取分类型、分区段的源头控制措施。土壤有机质含量变化也是了解气候变化和碳减排措施效果的基础，对于环境管控和环境外交具有重要意义。

数据集内容

本数据集全集共25卷，收录了我国2200多个县（市、区）的分县土壤图和6万多个土壤剖面的理化性状数据。根据各省级行政区土壤剖面数量的多寡和地域关联特征，既有一个省（自治区）的单卷，也有多个省（自治区、直辖市、特别行政区）的合订卷。

为便于读者了解各地土壤资源与质量分布概况及其主要特征，编者为各分卷编制了省级行政区的土壤图、土壤有机质含量图与地势图三图。读者可通过分省三图查询各省级行政区任何地区拥有的主要土壤类型，了解其土壤有机质含量及其地势、地貌特征。此外，编者还编制了全国土壤图、土壤有机质含量图与地势图三图附于各分卷，供读者比较和了解各省级行政区土壤资源及质量特征同全国其他地区的区别和关联。

各分卷的第二部分为分县土壤图与土壤剖面数据。在每个省级行政区内，各分县按四部分展示土壤及其相关信息，即分县主要土类说明、本区域中心区气候特征、主要土壤类型与土壤剖面点分布图以及土壤剖面理化性状表。在本卷目录中，分县按民政部于2022年3月发布的《2021年中华人民共和国行政区划代码》中的地级、县级行政区顺序排序。各分卷目录中仅收录了县域内有土壤剖面数据的县级行政区，无土壤剖面数据的县级行政区未纳入分卷目录中，并在附录1中对其进行了标注。

土壤数据来源

编入数据集的分县土壤图与土壤剖面理化性状数据主要源于全国第二次土壤普查（以下简称"二普"）。二普是我国现代规模最大的、以查清土壤类型和土壤肥力为主要目标的土壤资源综合调查。二普之前，我国土壤调查以观测性调查和定性评价为主，很少有采样化验。在总结之前国内外土壤调查经验的基础上，二普不仅完成了我国迄今为止最为详尽的土壤分类调查，也首次在全国范围进行了高密度土壤采样化验，开启了我国用土壤理化性状量化指标描述土壤资源与土壤质量状况的时代。

二普地面采样调查实施于1979—1987年，调查区域基本覆盖我国全陆域。二普不仅地面采样密度高，科学性和系统性也比较突出。全国百余名长期从事土壤研究的科研工作者共同制定了全国土壤分类系统和统一的土壤调查技术规程[7]。在地面调查中，各地以1∶1万比例尺地形图作为工作底图，以乡为调查单元进行野外采样作业，全国共挖取土壤观察剖面550余万个，记录了1—2m深土体各发生层形态和特征，并根据土壤分类标准对土壤进行了分类和命名。对边远区、高寒区和无人区应用遥感解译方法，填补了之前土壤调查及成图中上述地区土壤数据的空白。在大量剖面土体观测和采样调查的基础上，完成了全国绝大部分分县1∶5万比例尺土壤图的绘制，牧区和边疆地区完成了 1∶20 万—1∶10 万比例尺土壤图的绘制。二普还完成了 10 余万个典型剖面的分层采样，化验分析了剖面分层质地、有机质含量，大量、中量和微量元素含量、pH、阳离子交换量、土壤矿物组成等多项土壤理化性状，编制了分县土壤志。二普通过野外实地调查、采样和测试获取的土壤科学数据，至今仍是我国最详尽、最有实用价值的土壤资源基础数据，其精度与质量超过许多发达国家的土壤资源基础数据[8]。

如图 1 所示，收录于本数据集的土壤质量数据是对我国 40 多年前土壤质量状况的客观记录，亦是我国在全国范围内首次完成的土壤理化性状的科学记载，其中的土壤稳定性要素现势性较长，可在今后若干年间长期使用；而土壤变化性要素对了解我国土壤与环境过程的作用亦不可替代。这些数据使我们用现代科学手段研究各地土壤及相关过程的历史可上溯至 20 世纪 80 年代。

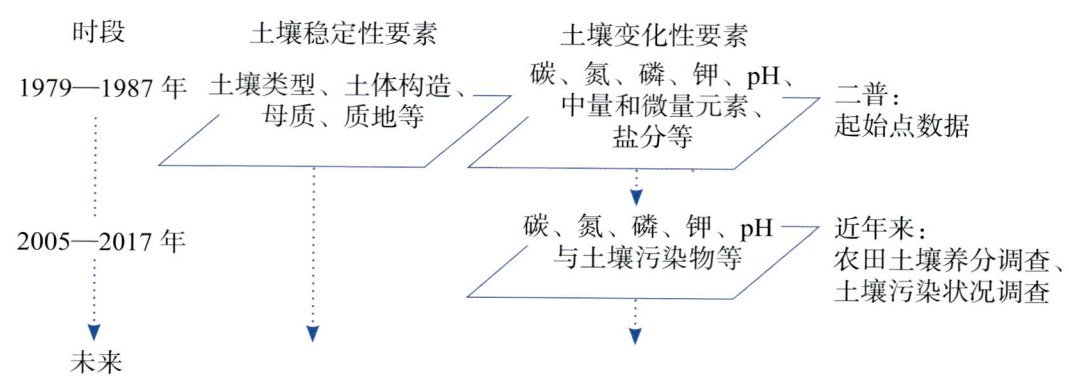

图 1　全国性土壤调查所覆盖的时段

受历史条件限制，二普完成的大比例尺土壤图和土壤剖面理化性状主要为手绘纸质图件、非正式出版的铅印或油印资料，份数少且由各地自行保存。二普结束后，随着各地机构调整与人员变动，土壤调查资料被损毁或丢失严重。2000 年以来，编者开始对各地分散存留的纸质分县土壤调查资料进行系统性收集、修复与整理，通过对宝贵的土壤科学数据的提取、整合和表达，我国科学研究与管理基础数据的水平得到了提升。本数据集收录的分县土壤图和剖面数据主要源于对全国分县土壤图、分县土种志和分省土种志的整理、提取、汇总与表达（表 2）。

表 2　数据集主要土壤资料与数据来源

资料类型	资料名称及数量
土壤图（纸质）	1∶5 万分县土壤图，总计约 1600 个县
	1∶100 万—1∶50 万省级土壤图，总计 570 个县
土壤剖面资料（纸质）	分县土种志：约 2200 册，计约 2200 个县；分省土种志：28 册
土壤有机质含量图（纸质）	全国、分省土壤有机质含量图
农区土壤耕层采样数据（电子）	2005—2017 年在全国农区采集的、含 GPS 坐标定位的 1000 万个采样点耕层有机质含量数据

为编制全国与分省土壤有机质含量分布图，本数据集还使用了我国于二普期间完成的全国、分省土壤有机质含量图纸质图件和于 2005—2017 年在全国采集的 1000 万个具有 GPS 坐标定位的采样点耕层有机质含量数据[9]。

编制方法——土壤大数据方法

我国幅员辽阔，不同地区土壤的土壤类型及其质量状况和分布特征差别较大，各地土壤调查技术条件和水平差别也较大，因此各地分县完成的图件和剖面资料在形式和内容上有较大差异。在用异源土壤数据生成新数据时，新数据的科学性既取决于各异源数据本身的科学性和可靠性，也取决于数据整合采用方法的科学性和可靠性。例如，对分县剖面资料进行整合时，对国标上未出现过的土壤类型名进行归并需要有土壤分类学上的依据；用新的土壤调查数据对原有土壤有机质含量图进行更新，也需要有进行合并表达的科学依据。编制本数据集需要对海量异源数据进行提取、分析、整合、缩编与表达，数据分析流程复杂。同时，在数据分析过程中，土壤专业问题，非标准化数据问题，计算机硬、软件平台系统问题和数据分析员、程序员疏漏问题等可能引致多类别数据分析错误。若既要准确无误地完成各项数据分析技术任务，又要在繁复的数据分析流程中有效贯彻科学原则、实现数据分析科学目标，这就需要一套科学的方法体系。为此，本数据集编者通过研究异源非标准土壤数据特征，融合应用土壤学、数据科学、人工智能、人机交互设计方法与地理信息系统技术，创建了土壤大数据方法[10-11]。

土壤大数据方法是专门供土壤科研工作者使用的一种设计方法，是对经典土壤学研究方法的补充，主要适用于对海量异源土壤数据信息的提取、筛选、分析与表达。通过土壤大数据方法的使用，科研工作者能够分析、认识和阐明土壤性状及相关过程和规律。土壤大数据方法的主要设计规则为以层级化的流程设计实现土壤科学层面的需求设计统领体系架构设计，界定各分段流程目标和关联，部署低层级分段流程、模型和功能模块；以独立于数据流程的监控设计实现土壤科学家对全流程的掌控和人工干预。土壤大数据方法的设计内容包括数据科学分析目标与科学基础界定、数据流程体系架构、流程及软件工具设计、数据流程监控设计。设计中，所有节点均采用双命名制命名，即对流程中各节点数据同时进行土壤科学内涵命名和函数代码命名。应用以上设计方法编制设计文档，能在庞杂的异源、异质、异形、异构大数据分析中，实现以科学目标引领数据分析流程，以自动化、人工智能、人机交互式的数据流程替代人工流程，提高大数据分析效率。

在本数据集编制过程中，编者需要完成图件与资料数字化、矢量化，元数据构建，信息提取、过滤、分类、赋码，土壤空间数据逻辑结构、存储结构归一化，统计检验，数据整合、缩编表达、输出等多项数据分析任务，分段流程达1500余个，需要存储的重要节点数据超过2000个，数据量超过20TB。采用土壤大数据方法，编者自主设计和完成了6个土壤大数据分析工具软件包，其中包含157个功能模块（表3），设计文档的科学和工程目标实现率超过99%，为准确、高效完成数据集编制提供了保障，也为土壤学研究提供了新的方法。

表3　系列化土壤大数据分析软件包及其主要功能与模块数

软件包	主要功能	模块数/个
IMAT2.0（intelligent mapping tools）智能化制图工具	异源土壤空间数据的要素提取、过滤、分类、赋码、坐标转换，空间库要素与字段的编辑，图幅与图层的编辑，土壤要素空间库外挂属性表编辑与管理等	35
IMAT-big（intelligent mapping tools for big data）智能化大数据制图工具	超大土壤及相关要素空间数据的要素筛选、图层拆分、数据整合、节点监控、逻辑结构重组等分析	37
IMAP（intelligent map presentation）智能化地图表达工具	土壤大数据地图制图表达与输出	30
ISPA（intelligent soil profile data analysis）智能化土壤剖面数据分析	异源土壤剖面数据的信息提取、过滤、赋码、坐标匹配、检验、整合与统计等	22
ISPP（intelligent soil profile presentation）智能化土壤剖面表达	土壤剖面图表及辅助信息的表达	12
IMAT-SOM（intelligent mapping tools-SOM）土壤有机质图制图工具	异源土壤有机质数据整合与表达	21

中国土壤图、中国土壤有机质含量图与中国地势图编制

编制全国三图的目的是便于读者在全国视角和尺度上了解我国各地区土壤资源与质量状况空间分布特征，土壤类型和土壤肥力与地势、地貌之间的相互关联。其中，土壤图用于展示土壤资源分布状况及与成土过程相关的土壤质量状况；土壤有机质含量图用于直观反映土壤肥力情况；地势图便于读者了解不同类型和肥力水平土壤的地势、地貌特征。全国三图的制图比例尺为1∶1300万。

全国三图中采用的境界、城市等基础地理信息要素源于中国地图出版社出版的《第一次全国地理国情普查地图集》[12]和《中国地图集》[13]。全国三图中，境界、水系、居民地、地级以上城市等基础地理信息要素的图示与图例表达见附录2。

（一）中国土壤图

由于制图比例尺小，中国土壤图是在二普完成的 1∶400 万比例尺全国土壤图的基础上进行矢量化和缩编表达获得的。在缩编表达过程中，土壤类型仅保留了我国土壤分类系统中的第三层级——土类。

在土壤图中，土类颜色主要根据不同土类在其成土因素、发育程度下形成的典型颜色进行设计（附录3）。红色系供土壤富铝化程度高的土壤选用，如红壤、砖红壤、赤红壤等；黄色系、棕色系供干旱区发育程度低的土壤选用，如黄绵土、灰漠土、灰棕漠土等。受灌水、耕作和地下水影响大的土壤采用绿色系，如水稻土、灌淤土、潮土、草甸土等，表示土壤肥力较高，绿色植物生长茂盛；黑土、黑钙土、栗钙土、棕壤、褐土、黄棕壤、紫色土等分别选用深棕色系、褐色系、紫色系；盐土、碱土、沼泽土等植物生长有障碍的土类采用暗色系，如暗紫色系、灰褐色系、青灰色系等，表示土壤生产力低下，植物生长较差。这一颜色设计与国标相关规定一致[14]。

在图例中，按照我国主要土壤类型从南到北、从东向西的地带性分布规律对土类进行排序，附录4所列中国主要土壤类型的排序也按此规则编排。

（二）中国土壤有机质含量图

土壤有机质含量是指土壤中各种含碳有机物质的总和。土壤有机质主要包括土壤腐殖质、半分解的动植物残体、与土壤黏粒和细粉粒紧密结合的有机物质、土壤微生物体所含的有机物质等。以动植物残体形式进入土壤的有机物质成为土壤生物的食物，供养土壤生物的生命活动；在土壤生物，特别是土壤微生物作用下生成的土壤腐殖质，能够促进土壤团聚体形成，提高土壤保水、保肥、供水、供肥性能，提高土壤肥力，并大幅度提高耕地土壤高产、稳产性能。因此，土壤有机质含量是最重要的土壤质量指标之一。土壤有机质碳量是大气总碳量的2倍，是地球植被总碳量的3倍，参与地球陆域碳循环总碳量中80%的碳以土壤有机质碳的形式存在。研究显示，土壤有机质含量实质上是土壤有机碳投入和分解之间动态平衡的表现，影响这一平衡的主要因素为气候、土壤质地与土地利用方式，施肥和耕作等农业技术措施对其影响则相对较小。当影响平衡的主要因素未发生变化时，土壤有机质含量也比较稳定[15]。

中国土壤有机质含量图由各分省土壤有机质含量图（0—30cm 土层）合并编制生成。制图用源数据和编制方法在分省土壤有机质含量图编制说明中加以叙述。

为展示全国范围的土壤有机质含量空间分布特征，编者在中国土壤有机质含量图的图示和图例表达中采用了有机质含量范围的非等距划分分级方式，将我国土壤有机质含量分为7个等级（表4），各分级所占我国陆域面积的比例也列于表中。其中，占我国陆域面积29%的"很低"和"低"两个分级的土壤（有机质含量小于10g/kg）主要分布于西北干旱地区，而"较高""高""很高"三个分级的土壤（有机质含量大于25g/kg）主要分布于东北、西南地区，这些地区森林覆盖率较高，雨量充沛，温度适宜，有利于土壤有机质的累积。

表4 中国土壤有机质含量（0—30cm 土层）分级

分级	分级释义	有机质含量/（g/kg）	换算系数	有机碳含量/（g/kg）	占陆域面积/%
1	很低	≤5	1.724	≤2.9	5
2	低	5—10（含）	1.724	2.9—5.8（含）	24
3	较低	10—15（含）	1.724	5.8—8.7（含）	18
4	中	15—25（含）	1.724	8.7—14.5（含）	19
5	较高	25—35（含）	1.724	14.5—20.3（含）	9
6	高	35—45（含）	1.724	20.3—26.1（含）	16
7	很高	>45	1.724	>26.1	6

（三）中国地势图

地势图是表示制图区域地貌特征的专题地图，强调表现地面的高低起伏、倾斜程度及其区域对比关系，以及与地形密切相关的河流、湖泊等水系要素分布特征，显示出制图区域山河分布的脉络体系、结构形式、各种地貌类型的形态特征。地势是影响土壤类型的重要因素，地势图也是编制土壤图、气候图、植被图等的基础。

中国地势图的地貌晕渲图采用 SRTM3 DEM（shuttle radar topography mission, digital elevation model, 2003）数据，考虑我国地势呈三级阶梯状分布的特点，按 0—50—100—200—500—800—1000—1200—1500—2000—2500—3000—3500—5000m 及以上设计高度表，以深绿色—黄绿色—棕色—紫色色调的象征色表示海拔由低向高过渡。其他矢量数据来源于中国地图出版社编制的 1∶400 万《中国地形图》[16]。河流参照中国地图出版社编制的《中国河流、水运资料图》进行选取、表达，三级及以上河流全部选取，二级及以上河流标注名称，低级别河流适当选取以反映区域水系特点；成图面积 4mm² 以上湖泊和水库全部表示，但仅标注大型湖泊名称，小面积湖泊适当选取以反映区域特点，如青藏高原湖泊群分布；山脉、山峰参照中国地图出版社编制的《中国山脉资料图》选取，三级及以上山脉全部选取、表达，二级山脉主峰及知名山峰标注名称和高程，我国主要高原、平原、盆地和沙漠均选取、表达；自然地理要素分级参考中国地图出版社采用的地图编制分级系统；根据版面载负量情况选取省会、部分地级市和少量县级居民点（主要位于西部地区），居民地主要用于定位参照。

分省土壤图、分省土壤有机质含量图与分省地势图编制

编制分省土壤图、分省土壤有机质含量图与分省地势图三图的主要目的是使读者了解各省级行政区内不同地区土壤类型、土壤肥力与地貌的主要分布特征及其相互关联。其中，土壤图用于展示土壤资源分布状况及与成土过程相关的土壤质量状况；土壤有机质含量图用于直观反映土壤肥力情况；地势图便于读者了解不同类型和肥力水平土壤的地势、地貌特征。为便于比较，每个省级行政区的分省三图采用的比例尺相同，制图则采用幅面固定、各省级行政区制图比例尺自适应方法。

分省三图中采用的境界、城市等基础地理信息要素源于中国地图出版社出版的《第一次全国地理国情普查地图集》[12]和《中国地图集》[13]。分省三图中，境界、水系、居民地、地级以上城市等基础地理信息要素的图示与图例表达见附录 2。

（一）分省土壤图

为编制数据集用分省土壤图，编者对二普完成的纸质分省土壤图（原图比例尺主要为 1∶50 万）进行了地理校正、空间要素提取、图层与分级码标准化、土壤学专业校正、属性表制作、挂接和专题图缩编表达。在缩编表达过程中，制图比例尺一般在 1∶200 万—1∶100 万之间。由于制图比例尺较小，土壤类型仅保留了我国土壤分类系统中的第三层级——土类。各土类颜色与中国土壤图中采用的土类颜色相同（附录 3）。在分省土壤图中，按照我国主要土壤类型从南到北、自东向西的分布规律对图例中的土壤类型进行排序。附录 4 所列中国主要土壤类型的排序也按此规则编排。附录 5 列出了湖北省主要土壤类型及其占省级行政区域面积百分比。

（二）分省土壤有机质含量图

1. 数据源说明

本数据集中，土壤剖面理化性状表给出了有确切时间和空间坐标的剖面信息。分省土壤有机质含量图的主要作用是便于读者直观了解各省级行政区最重要的土壤肥力指标——土壤有机质含量的空间分布特征。

二普中,受当时技术条件限制,全国仅完成了比例尺为1∶400万的纸质土壤有机质含量分布图的绘制,19个省、自治区、直辖市完成了比例尺为1∶250万—1∶50万的纸质分省土壤有机质含量分布图的绘制。直接采用小比例尺纸质图矢量化生成的土壤有机质含量等级划线图作为分省土壤有机质含量图,存在有机质含量分级的级差大、信息均化、图斑大、制图精度不够等问题,难以精细表现一个省级行政区域内土壤有机质含量的空间分布特征。

2005—2017年,我国在农区进行了测土施肥,农田耕层采样点达到1000万个。这批数据的主要优点是采样密度大且有空间坐标,通过对这批数据进行空间插值分析,可较精细地展示各地农田土壤有机质含量分布特征;其缺点是采样点主要集中于占陆域面积不到20%的农田,仅采用这批数据难以绘制覆盖全域的土壤有机质含量分布图。考虑到土壤,尤其是林地、草地土壤的有机质含量变化较慢,在制图中采用了混合时段数据合并表达的方式。对无测土数据的林地、草地等,仍然采用从小比例尺土壤有机质含量等级划线图中提取的数据;对有测土数据的农田,则采用2005—2017年间耕层采样数据,对原有数据进行了更新。通过对两源数据的提取、土层转换、合并、插值,最终生成各省级行政区土壤有机质含量分布图(土层厚度0—30cm),这样既可较精细展示出各省级行政区土壤有机质含量的空间分布特征,也能保证所做专题图有很强的现势性。

三个数据源制图表达结果比较显示,采用异源数据合并表达的方式制图,各分省图展示的有机质含量空间分布特征与二普小比例尺图相近,但制图精度有较大改进,一个省级行政区域内土壤有机质含量的空间分布特征更为清晰(表5)。

表5 三个数据源制图表达结果比较

数据源	土壤有机质含量图制图表达效果	
	优点	存在问题
采用二普完成的手绘图	小比例尺手绘图中,土壤有机质含量地带性分布特征十分明显;基本无数据空区	局部地区图斑大,制图精度不够
采用新的测土数据插值生成	有数据的区域制图精度高	占陆域面积约80%的林地、草地和一些县域无新的测土数据,难以通过采样点插值生成覆盖全域的有机质含量图
异源数据合并表达	基本无数据空区;制图精度有较大改进;小比例尺图中土壤有机质含量的地带性分布特征被保留	用混合时段数据表达全陆域土壤有机质含量分布状况,其中林地、草地数据主要源于20世纪80年代采样数据,农田数据更新至2017年

表6汇总了分省土壤有机质含量图的主要制图信息。制图采用异源数据合并表达的方式,生成的分省土壤有机质含量图所代表的时间段为1979—2017年,图中核算土壤有机质含量的土层厚度为0—30cm。

表6 分省土壤有机质含量图制图信息

制图数据	异源数据合并表达
采样时间	草地、林地及其他非农田土壤采样时间段为1979—1987年,农田土壤采样时间段为2005—2017年
土层厚度	0—30cm(对采样深度不足0—30cm的耕层采样数据,用剖面数据进行了土层厚度转换,统一转换为0—30cm)
制图方法	普通克利金插值(ordinary Kriging)
网格尺寸	200m

2. 制图表达说明

我国地域辽阔,各地土壤有机质含量差异极大。西北部地区降水量少,土壤粗砂粒含量高,风沙土、漠土大量分布,占我国陆域总面积的12.6%,其0—30cm土层内有机质平均含量不到10g/kg;东北部地区雨量充沛,气候、植被有利于土壤有机碳累积,其0—30cm土层有机质平均含量在40g/kg以上。另外,一些省级行政区的土壤有机质含量变化范围很宽,如内蒙古土壤有机质含量主要为4—70g/kg;而北京、山东等地土壤有机质含量变化范围很窄,为7—17g/kg。

为使各省级行政区域内土壤有机质含量空间分布特征均能得到充分展示,编者在分省土壤有机质含量图的图示和图例表达中对有机质含量范围进行等距划分分级，根据各省级行政区土壤有机质含量分布特征，将有机质含量分为 7—14 个等级。各分级的颜色设计及其 RGB 与 CMYK 色码见附录 6。

（三）分省地势图

根据各省级行政区的成图比例尺和地形特点，选取合适精度的数字高程模型（DEM）栅格数据，确定设色原则和色层表进行分层设色，编制彩色晕渲的分省地势图。图中的河流水系及山峰、山脉等地理要素基于中国地图出版社研制的多尺度中国地图数据库选取，按各省级行政区地图设定的投影参数和比例尺投影转换后进行数据融合处理，再进行图形化编辑和地图整饰，最后输出成图。各省级行政区的彩色地貌晕渲图，按 0—50—200—500—1000—1500—2000—3000—4000—5000—6000m 及以上设计统一的高度表，但对一些低海拔平原地区，如天津、山东、上海等省、直辖市，则增添了 20m 等高距。确定统一的设色原则，建立色层表，以深绿色—黄绿色—棕色—紫色色调的象征色过渡方式表示海拔由低向高过渡，低海拔地区以绿色为主，中海拔地区以棕色为主，高海拔地区的高寒地带则用冷色调紫色。地势图中的其他地理要素，地级市及以上级别居民地全部选取，县级居民地根据图面载负量情况酌情选取；河流按等级选取以反映地域水系结构特点，主要河流加注名称；成图面积 4mm² 以上的湖泊和水库全部选取，大型湖泊、水库加注名称，适当选取小面积湖泊以反映区域分布特点；山脉按等级选取，仅标注主要山脉主峰和知名山峰。

县域中心区气候特征图表编制

气候是五大成土因素之一，也是土壤质量的重要影响因素。为便于读者了解各地土壤资源与质量状况及其与气候特征的关联，编者编制了各县域中心区（位于各县域中心点、代表面积约为 400km² 的区域）气候特征值表、月平均气温与月平均降水量分布图。各县域中心区气候特征值是通过对 160 个中国地面国际交换站的气象年值、月值以及日值数据的计算和空间分析获得的。气象数据的相关用语也采用中国地面国际交换站所用的表达方式。鉴于各地气候特征值需要依据多年气象观测数据分析和提取，而二普采样时段为 1979—1987 年，因此采用了 1971—2000 年共计 30 年的年值、月值和日值气象数据，气象数据时段覆盖二普采样时段。

在分县气候特征值编制过程中，先从相应的各数据源中提取出各站点年值、月值以及日值数据，再按照表 7 所示计算方法，计算 160 个站点的各项气候特征值并对其分别进行插值计算，获得覆盖我国全域、网格尺寸约为 20km 的网格化气候特征年值与月值数据，最后再与县域中心点图层叠加，提取出各县中心区气候特征值。各县所处气候带则是通过县域中心点图层与中国气候区划图叠加后提取获得的[17]。

表 7　县域中心区气候特征值的计算方法与数据来源

县域中心区气候特征	计算方法	气象数据来源
年平均气温 /℃	30 年的年值平均	中国地面国际交换站气候标准值年值数据集（160 个站点，1971—2000 年）
年平均最高气温 /℃		
年平均最低气温 /℃		
年降水量 /mm		
年平均相对湿度 /%		
年日照时数 /h		
月平均气温 /℃	30 年的月值平均	中国地面国际交换站气候标准值月值数据集（160 个站点，1971—2000 年）
月平均降水量 /mm		
≥10℃的积温 /℃	一年中日平均气温≥10℃的温度值加和	中国地面国际交换站气候资料日值数据集（160 个站点，1971—2000 年）
干燥度	修正的谢良尼诺夫公式： $干燥度 = 0.16 \times \dfrac{全年 \geq 10℃的积温}{全年 \geq 10℃期间的降水量}$	
气候带	提取	1:3200 万中国气候区划图

分县主要土壤类型与土壤剖面点分布图编制

编制分县主要土壤类型与土壤剖面点分布图的主要目的是使读者在一个较小的图幅上也能大致了解一个县域内主要土壤类型概况。编者通过对全国 1∶5 万土壤图的缩编表达，为有土壤剖面数据的县级行政区编制了分县主要土壤类型图。受地图幅面限制，在分县土壤图中，仅保留了我国土壤分类系统中的第三层级——土类，通过缩编滤掉了亚类、土属、土种信息。

各分县主要土壤类型与土壤剖面点分布图的制图采用幅面固定、制图比例尺自适应的方法，制图比例尺一般为 1∶35 万—1∶20 万，自适应制图由编制者自行设计的软件模块自动完成。

在分县主要土壤类型与土壤剖面点分布图中，各土类颜色与中国土壤图中采用的土类颜色相同（附录 3）。图中各土类在图例中的排序则按各土类占本县县域面积比例从大到小的顺序排列，便于读者了解本县内主要土壤类型的分布。

在分县主要土壤类型与土壤剖面点分布图中，为便于读者查找，剖面点按照其在图面的位置，先左后右、先上后下顺序编码，编码过程也由 ISPP 软件包（表 3）中的模块自动完成。

分县主要土壤类型与土壤剖面点分布图中的基础地理底图来源于国家基础地理信息中心提供的 1∶25 万 DLG（公众版）数据（使用许可协议编号：非 2011-1011），基础地理信息要素的图示与图例表达主要参照相关国标（详见附录 2）。为保证本数据集中主要土壤类型与土壤剖面点分布图的内容和土壤剖面数据表对应，分县主要土壤类型与土壤剖面点分布图中的市级界线、县级界线均采用二普时的普查界线，并以此作为分县主要土壤类型与土壤剖面点分布图的分幅标准。为兼顾地名位置定位准确性和图书实用性，地图中乡镇级及以上居民地分别根据新版《中华人民共和国行政区划简册》和各省级行政区地图册进行了更新，现势性截至 2021 年 12 月。为更好地表现全书的系统性与协调性，在地图下方加注说明县级行政区划变更情况，部分市辖区图幅的图名根据图上县级居民点进行了更新。

二普后，随着城市化的加快，城市周边土地利用情况变化很大，居民地面积大幅增加，导致一些分县土壤图中的土壤面积占县域面积比例和分县主要土类说明中的一些土类面积占县域面积比例较二普时均有下降。在一些大城市周边县（市、区），土地利用情况的变化使各类土壤总面积不到县域面积的 60%。

二普时，分县完成了 1∶5 万比例尺土壤图编绘后，还通过省级汇总和缩编制图，完成了 1∶50 万比例尺省级土壤图。在省级汇总中，对一些分县土壤图中原有土壤类型名进行了修订。例如，浙江在进行省级汇总时，将分县土壤图中原命名为侵蚀型红壤亚类的大部分土属划归粗骨土类；安徽、湖北等省在省级汇总时将黏盘黄棕壤亚类改为黄褐土类。在对二普调查成果的数字整合中，编者仅收集到约 1600 个县的大比例尺土壤图（表 2）。对大比例尺图数据缺失的县，则以省级土壤图裁切方式进行了补全。这种补全虽有利于完成覆盖我国全域的高、中精度土壤图，但也引起了在一个省级行政区里源于分县和分省的两类土壤图中土壤分类命名不统一的问题，编者在尽量保持调查资料原始记载的前提下，对这类问题进行了力所能及的修订。

分县土壤剖面理化性状表编制

分县土壤剖面理化性状表是本数据集的主体内容。前文已对各项土壤理化性状应用范围以及从分县纸质土种志中进行信息提取、表达和制作的方法做了说明，本节仅对土壤理化性状测试方法、剖面点坐标匹配方法与土壤剖面分类名的修订加以说明。

（一）土壤理化性状测定方法

本数据集所列土壤理化性状的测定方法见表 8。其中，土壤有机质含量，土壤氮、磷、钾全量与有效态含量，pH，土壤阳离子交换量的测定方法以及土壤分类方法均为国标方法。剖面理化性状表中的土壤全氮、全磷、全钾、碱解氮、有效磷、速效钾含量均以 N、P、K 纯养分量计。

在二普中，我国大多数地区土壤质地分级采用了卡庆斯基制，仅极少数地区采用了国际制。其中，卡庆斯基制采用了简制,将土壤质地分为 3 组 9 种类型;国际制将土壤质地分为 12 种类型(表9)。由于两种分级制中的质地分级名并无重复,因此在分县土壤剖面理化性状表中未对两种分级制的分级名进行合并。

表 8　土壤理化性状的测定方法

土壤理化性状	测定方法
有机质	湿灰化或干灰化消化后,重铬酸钾滴定法测定(丘林法)
全氮	凯氏定氮法测定
全磷	酸溶或碱熔消化后,钼锑抗比色法测定
全钾	碱熔或酸溶消化后,火焰光度法或四苯硼钠比浊法测定
pH	水浸提法,水土比为 5:1 或 2:1
碱解氮	扩散吸收法(康惠法)测定
有效磷	中性及石灰性土壤:Olsen 法测定;酸性土壤:Bray 法测定
速效钾	醋酸铵浸提后,火焰光度法或四苯硼钠比浊法测定
阳离子交换量	醋酸铵法测定

表 9　卡庆斯基制与国际制土壤质地分级名

等级序号	卡庆斯基制[1] 土壤质地分级名	等级序号	国际制[2] 土壤质地分级名
1	松砂土	1	砂土
2	紧砂土	2	壤质砂土
		3	砂质壤土
3	砂壤土	4	壤土
4	轻壤土	5	粉砂质壤土
		6	砂质黏壤土
5	中壤土	7	黏壤土
6	重壤土	8	粉砂质黏壤土
7	轻黏土	9	砂质黏土
		10	壤质黏土
8	中黏土	11	粉砂质黏土
9	重黏土	12	黏土

注:1)卡庆斯基制指按卡庆斯基粒径分级的质地分类。该分类制有简制和详制两种。简制有 3 组 9 种质地,其主要特点是将土粒分为物理性黏粒和物理性砂粒两级;按物理性黏粒或物理性砂粒的数量进行质地分类,而不是按照砂粒、粉粒、黏粒三个粒级的质量比分组。详制是在简制的基础上,把 9 种质地进一步细分为 39 种质地类别,把含量最多和次多的粒组作为冠词,顺序放在简制名称前面,主要用于土壤基层分类及大比例尺制图。卡庆斯基还提出根据石砾含量而定的附加分类,也可作为质地分类的冠词,主要应用于山地土壤的质地分类。
2)国际制土壤质地分类在第二届国际土壤学会上通过,根据砂粒(粒径 0.02—2mm)、粉粒(粒径 0.002—0.02mm)、黏粒(粒径小于 0.002mm)三粒组含量的比例,通过国际制土壤质地分类三角图,以黏粒含量为主要标准,小于 15% 者为砂土质地组和壤土质地组,15%—25% 者为黏壤组,黏粒含量大于 25% 者为黏土组,划定 12 种质地类别。

(二)土壤剖面点的坐标匹配

含地理坐标的剖面数据可直观展示该土壤剖面点所代表土壤的土层厚度、土体构造及理化性状等特征,也是构建推理模型,进行土壤及其理化性状数字制图的基础。

二普完成的分县土种志中虽无典型剖面地理坐标记载,却有关于剖面采样地点、景观和土壤剖面分类命名的详细记录,如乡镇名、村名、高程和土类、亚类、土属、土种名等。从 1:5 万土壤类型图与 1:5 万基础地理信息数据库中也能提取出上述信息。在 1∶5 万比例尺空间数据库中，空间对象分辨率可达到 100m×100m 精度，折合为 1hm²。在全国性土壤调查中，对于选择、确定典型剖面采样点点位，通常要求其所代表的土壤类型在面积上能代表采样点周围 100 亩（1 亩 ≈ 666.7m²）以上的土壤，通过这种匹配方法获得的点位对实际采样点点位有较高的代表性。

为了使分县土种志中记载的剖面数据获得坐标，编者构建了多要素土壤剖面点坐标匹配模型，无空间坐标的土壤剖面从 1∶5 万土壤类型图和基础地理信息数据库中获得空间坐标。坐标匹配模型工作机制如图 2 所示。首先，从分县土种志中提取出 A 源数据，即每个剖面隶属的土类、亚类、土属、土种名及剖面采样点地名、采样点高程等多要素信息；然后，用分县 1∶5 万土壤图与多要素基础地理信息数据库叠加，生成含土类、亚类、土属、土种名和村名、乡镇名、高程等要素信息的空间数据，即 B 源数据；最后，利用多要素匹配模型，逐县对 A、B 两源数据进行匹配。当 A 源数据中某剖面点土类、亚类、土属、土种名和采样点地名、高程与 B 源数据中某土壤要素空间对象的四个土壤分类名、地名、高程等多要素信息一致时，该剖面点获得 B 源数据中土壤要素空间对象中心点坐标。若一个县域内，某剖面点与 B 源数据中多个空间对象存在配对关系，则取其中面积最大的空间对象的中心点坐标。

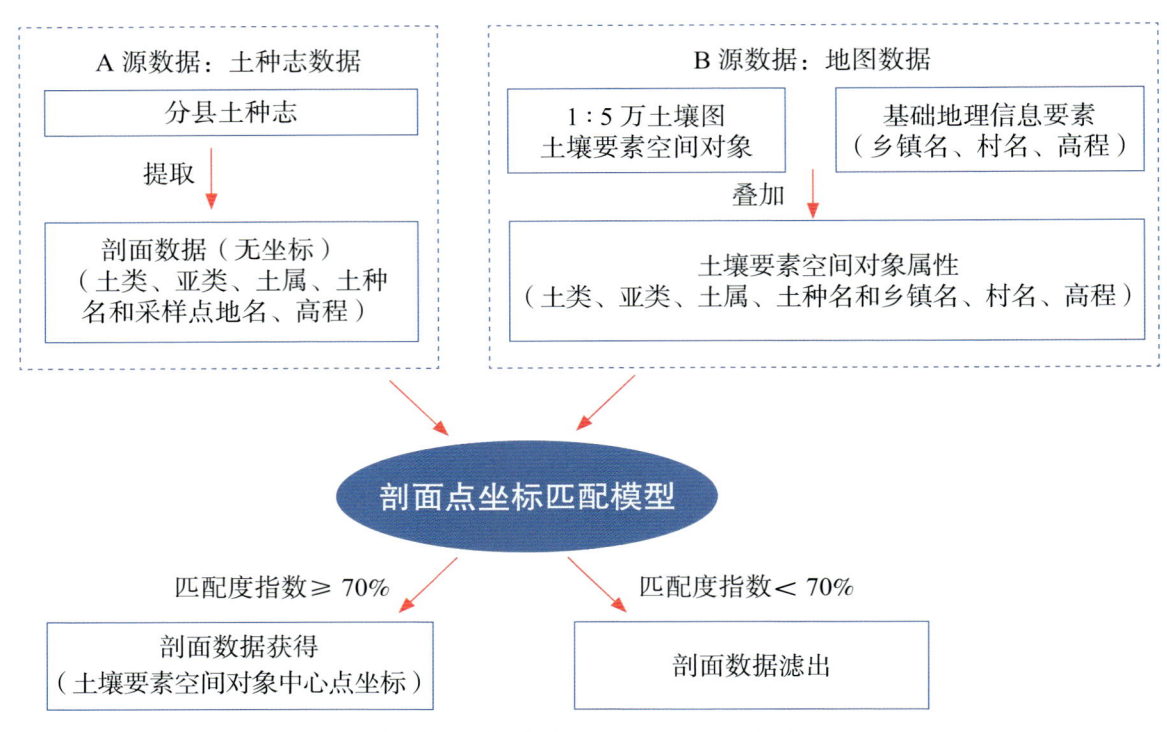

图 2　土壤剖面坐标匹配模型工作机制图

为衡量每个土壤剖面坐标匹配的质量，在匹配模型中植入了匹配度评价模型，分析和提取每个土壤剖面点坐标匹配中多要素信息的吻合度。匹配度指数较高，代表两源数据中的土类、亚类、土属、土种名和地名、高程等多要素信息一致性高；匹配度指数较低，代表 A、B 两源多要素信息存在一些不一致性；匹配度指数小于 70% 的剖面数据会被滤出，该剖面也会从分县土壤剖面理化性状表中删除（表 10）。利用坐标匹配模型，从分县土种志中提取出的 10 万余个剖面数据中，有 6 万多个获得了地理坐标并被收录于本数据集的分县土壤剖面理化性状表中，有约 3 万个由于匹配度指数较低被滤出。

表 10　坐标匹配的匹配度指数及释义

匹配度指数 / %	释义
90—100	匹配度高：A（分县土种志）、B（地图）两源数据中乡镇名、村名和三个以上土壤分类名（土类、亚类、土属、土种）、高程均一致
80—90	匹配度较高：A、B 两源数据中乡镇名、村名和两个土壤分类名（土类、亚类）、高程一致
70—80	具有一定匹配度：A、B 两源数据中乡镇名、村名、土类名、高程一致
<70	匹配度较低：A、B 两源数据中地名和土类名不能全匹配

为检验通过匹配模型获得地理坐标的剖面对当地土壤类型是否具有代表性，编者自 2008 年以来，在河北、

山东、黑龙江、宁夏、海南等地挖取了300余个校验剖面，进行了比对研究。比对研究结果显示，校验剖面与二普完成的剖面记载在土壤类型、土体构造、母质、质地等土壤质量慢变化性状上都有很好的一致性。

（三）土壤剖面分类名的修订

分县土壤剖面理化性状表列出了每个土壤剖面的分类名。土壤分类名是对某一类土壤资源的抽象概括和表达，表述了各类土壤的主要成土过程以及各类土壤综合性的典型特征。如黑土是指在温带半湿润地区草甸草原植被条件下形成的具有深厚均匀腐殖质层的土壤，呈黑色，富含有机质和各种养分；褐土是指在暖温带半湿润地区形成的具有弱腐殖质表层和黏化层的土壤，盐基饱和度较高，呈棕褐色。土壤分类名既具有典型性，又具有综合性，是土壤最基本的属性。

二普中，我国基于全国第一次土壤普查经验制定了六等级土壤分类系统，这也是目前的国标系统。该系统中的六等级分别为土纲、亚纲、土类、亚类、土属和土种，从高级到低级，不同层级之间为隶属关系。其中，土纲用于界定水、温等主要的土壤成土条件，亚纲用来进一步区分土纲内成土条件与过程的差异，土类反映成土条件引致的最典型土壤特征，亚类反映土类内成土条件引致剖面特征的进一步分异，土属反映母质等成土条件引致亚类剖面的分异，土种反映同一土属中土壤的分异或当地群众对该土壤的命名。

在对各地土壤调查数据进行全国汇总时，编者发现，从全国2200多个分县土壤剖面资料中提取出的土壤分类名与我国在1998—2009年发布的三版《中国土壤分类与代码》国标差异较大[18-20]。国标发布的土类、亚类、土属、土种名数量分别为60个、229个、663个和3246个，而从2200多个分县土壤图件与剖面资料中提取出的土类、亚类、土属、土种名数量分别为312个、1520个、12150个和43200个。对国标上从未出现的土壤类型名进行审核和归并需要有土壤分类学上的依据。通过对俄罗斯、美国、加拿大、澳大利亚、德国、英国等各国土壤分类研究及发展状况的研究，编者总结了我国和其他世界各国过去半个世纪中在土壤分类方面的经验，确定了土壤剖面分类名的修订原则[1]。

研究显示，我国国标分类系统中的第三层级——土类（附录4），能很好地反映我国主要土壤类型形态上的典型特征。通过土类及其隶属的12大土纲可清晰展现出我国60个土类受温度、海拔、降雨、土壤发育度、地下水盐运动、耕种垦殖等主要成土条件影响而形成的地带性分布特征。另外，土类本身属于高层级分类，数目有限，命名符合汉语语言特征，易于专业及非专业人员掌握。通过土类名，读者能够辨识各种土壤类型，了解其成土过程、土壤质量与肥力特征。因此，在土壤剖面分类名的修订中，应重视维护土类名的稳定性。根据这一原则，在对分县资料中土壤分类名的编审中，编者将国标发布的60个土类名进行了归并，对亚类及以下的中、低级分类名称则在尽量保留现场获取的一手土壤调查信息的前提下进行适度归并与整合。

为便于读者了解我国目前采用的土壤分类名与国际土壤学会推荐的土壤分类名（world reference base for soil resources，WRB）[21]之间的关联，附录4中还给出了由史学正研究员通过剖面比对建立的WRB土组名与我国60个土类名的关联及WRB土组名对我国土类名的最大可参比性[22]。

（四）剖面土层代码

在形成过程中，由于物质迁移和转化，土壤会分化成一系列组成、性质和形态各不相同的层次，称为发生层或土层。土壤剖面各土层的顺序和变化情况，反映了土壤形成过程及土壤性质。

目前各国尚无统一的土层命名。1967年国际土壤学会提出将土壤剖面划分成O层（有机层）、A层（腐殖质层）、E层（淋溶层）、B层（淀积层）、C层（母质层）和R层（基岩）等6个主要土层。全国土壤普查办公室编制出版的《中国土种志》（6卷）[23-28]、《中国土壤》[29]则将自然土壤剖面划分成O层（凋落物有机质层）、A层（表层）、B层（淀积层）、C层（母质层）、D层（岩石碎屑层）和R层（坚硬岩石层）等6个主要土层；将旱地农田土壤划分成A（耕层）、C_1（心土层）和C_2（底土层）等几个主要土层；将水田土壤划分成Aa（耕作层）、Ap（犁底层）、P（渗育层）、W（潴育层）和G（潜育层）等5个主要土层。

由于分县土种志中，土层代码和释义与以上文献给出的土层码不尽相同，因此在数据集编制中，编者主要保留了2200多个分县土种志中实际采用的土层代码和释义（表11）。为便于读者参考，编者在附录4中列出了引自《中国土壤》部分土类典型剖面的土体构造及其关联的土层代码[29]。

表 11　土壤剖面土层代码和释义[1]

代码		释义
自然土壤与旱地土壤	Ao	位于土表的枯枝落叶层
	A	自然土壤指表土层，耕地土壤指耕作层
	B	心土层，受成土作用形成的淋溶淀积层
	C	底土层，受成土作用少的母质层，较紧实，通常不受耕作、施肥影响
	D	未风化的母岩层，岩石碎屑层
水田土壤	A	耕作层，亦称淹育层和作物栽培层
	P	犁底层，位于耕作层下，经机械耕作和黏粒淀积，结构较为紧实
	W[2]	潴育层，位于犁底层下，水田在干湿交替作用下，铁、锰淋溶淀积形成斑纹层，使水稻土有较好的通透性，渗水而不漏水，渍水而不滞水
	G	潜育层，存在于水稻土、沼泽土和泥炭土中。土体长期积水，通透性不良，在还原状态下形成青灰色土层又叫青泥层，作物受还原性物质危害。若在其他土层出现，可用g表示，如Pg、Wg
	E	漂洗层，侧渗作用下黏粒、有机质被淋洗，铁质溶脱，形成灰白色或白色漂洗层

注：1）表中土层代码和释义主要根据全国各分县土种志中实际采用代码和释义进行综合与汇总。土体构造中，两个字母并列表示过渡层土壤，例如 AB 层、BC 层等。
2）一些地区将潴育层细分为 W_1（渗育层）和 W_2（淀积层）两层。渗育层指有明显水化铁层，多见黄色锈斑；淀积层指明显有铁锰淀斑或铁锰结核的土层。

（五）其他

分县土壤剖面理化性状表中，空格代表本项无数据。

若土壤剖面的土层码为数字，则表示调查中未对该剖面的各分层进行土层代码赋码。对这类剖面，编者按从地表至底土顺序赋土层序号 1、2、3……。土层序号不具有土壤发生学上的含义，仅表达每一土层的顺序。

分县土壤剖面理化性状表中土层厚度的上、下边界表示该土层采样范围。例如：土层厚度为 0—17cm，表示土层采自剖面 0—17cm 部位；土层厚度为 50—100cm 表示采自剖面 50—100cm 部位。一些剖面底土的土层厚度仅有上界而无下界。例如：85—，表示该土层采自剖面 85cm 至更深部位。

个别剖面上、下土层的上、下边界相互不衔接，例如：两个土层厚度分别为 0—10cm、30—35cm，表示该剖面的采样为不连贯采样，每个土层只选取了该土层的代表性层段。

一些剖面分层样本上、下土层的上、下边界相互不衔接，例如：按从地表至底土顺序，6 个土层采样范围分别为 0—13cm、13—18cm、18—40cm、18—32cm、32—100cm、50—100cm，其中第三个土层 18—40cm 为额外增加的采样层。在土壤调查中，当调查者认为需要对某些区域或土类的特定土层进行单独采样和分析时，往往会出现这一情形。为了最大限度保持第一手调查资料的完整性，编者将这类土层也编入了分县土壤剖面理化性状表中。

本卷收录的湖北省典型土壤剖面共计 3046 个。通过对剖面数据的土层厚度转换，附录 7 给出了这些典型剖面 0—20cm 土层土壤理化性状中位数与平均数。二普剖面采样为典型土类采样，而非网格化采样。0—20cm 土层土壤理化性状中位数与平均数不代表本省土壤理化性状平均状况。但二普是我国最早的大样本量调查，附录 7 所示的 0—20cm 土层土壤理化性状中位数与平均数对了解湖北省 20 世纪 80 年代土壤肥力性状具有一定参考价值。

附录 8 列出了湖北省耕地、园地、林地、草地和湿地 0—30cm 土层土壤有机质含量的平均值。该值由湖北省土壤有机质含量图和自然资源部土地科学数据中心编制的 2019 年 1∶100 万比例尺全国土地利用缩编图通过叠加、计算生成。其中，耕地包括水田、水浇地和旱地三种土地利用类型；园地包括果园、茶园和其他园地三种土地利用类型；林地包括有林地、灌木林地和其他林地三种土地利用类型；草地包括天然牧草地、人工牧草地和其他草地三种土地利用类型；湿地包括沼泽地、沿海滩涂和内陆滩涂三种土地利用类型。鉴于湖北省土壤有机质含量图源于大样本量地面采样，土壤有机质含量亦为变化较慢的土壤质量性状[15]，附录8对了解湖北省耕地、园地、林地、草地和湿地的土壤有机质含量状况及演变具有较高的参考价值。为便于读者了解湖北省耕地、园地、林地和草地四种土地利用类型中受成土过程影响而形成的各主要土壤类型及其在各土地利用类型中的占比情况，附录9给出了主要土壤类型在这四种土地利用类型中的占比。

土壤专题图与土壤剖面数据可靠性检验

该检验目的是对数据集中的土壤专题图和土壤剖面数据能否真实反映土壤资源与土壤理化性状及其空间分布特征给出科学、客观的评价。另外，数据集中的土壤专题图和土壤剖面数据主要源于1979—1987年的二普和2005—2017年在全国测土配方施肥项目中的土壤养分调查，因此，该检验也是对我国两次全国性土壤调查所获成果的质量评估。

对土壤专题图及含地理坐标的剖面数据的检验涉及地图制图学、测绘科学、土壤学、地统计学等多学科内容，而对于不同的学科，数据检验的目标和内容也不同。对于地图制图，精度检验十分重要；而在土壤学范畴，可靠性检验更为重要。精度检验方面，本数据集剖面坐标是通过1∶5万比例尺地图数据匹配获得，匹配用地图精度直接影响剖面数据坐标精度。可靠性检验方面，土壤专题图和土壤剖面数据均属于土壤学范畴，还需要从土壤学角度给出科学评价。借助目前仍在发展中的地统计方法，编者最终给出了合理的可靠性检验方法。为便于读者理解，本节将重点说明两点：一是地图精度与土壤专题图制图的关联；二是土壤专题图和剖面数据的地统计检验结果。

在地图制图中，地图精度用于衡量某一地物点或地物轮廓点的平面位置和高程位置偏离其真实位置的平均误差。这里的地物点或地物轮廓点可以是测量控制点、水准点、道路交叉点、境界线方向变化点、山脚点、山顶等。地图精度与地图投影、比例尺、制作方法和工艺有关。地图比例尺不同，误差控制要求也不同。一般来说，地图比例尺越大，误差越小，精度越高。换言之，地图精度或比例尺主要反映对地图中基础地理信息要素，如测量控制点、河流、道路、等高线、境界的误差控制要求。

在土壤专题图制图中，需要用基础地理信息要素标识土壤要素空间位置。在较早的土壤调查中，没有GPS设备，通常用纸质地形图为底图标识采样点位置。地面土壤采样调查完成后，根据底图标记的采样点位置和实测获得的土壤要素值，由经验丰富的土壤科学家依据土壤及相关要素的空间分布、空间相关性和空间依赖性规律进行人工综合判图，在底图上手工完成土壤专题图的勾绘和制图。我国的二普与欧美各国在20世纪80年代之前进行的全国性土壤调查基本均采用这一方法进行土壤专题图编绘。二普为大样本量土壤调查，采样密度高，采用1∶1万大比例尺地形图为工作底图，全国共挖取土壤观察剖面550余万个，采集0—20cm土壤表层样本200余万个，通过综合判图和人工勾绘，最终完成分县1∶5万比例尺土壤图和各类土壤养分含量图的编制。土壤专题图比例尺不代表地图中对土壤要素的误差控制要求，客观上，地面采样中应用大比例尺的工作底图，采样密度高，土壤采样点均衡分布于调查区域中，以此为依据编制的土壤专题图能精细地表达调查区域内土壤要素的空间变化特征。采样密度低的土壤调查结果则不适合编制大比例尺土壤专题图。

近年来，随着GPS和GIS技术的发展，地统计方法已较多用于反映和研究土壤要素的空间变化规律。地统计方法不仅提供了利用含地理坐标的土壤采样点数据制作土壤专题图的地统计模型，还提供了对模拟结果进行不确定性检验的方法。地统计检验的主要目的是了解模拟结果对真实情况反演的客观性和可靠性，而不是评价地图中土壤要素的精度或误差控制。检验结果既受地面采样原则、采样量的影响，也受所选模型类型、建模过程中是否引入协变量等因素的影响。

由于二普完成的土壤图和养分含量图中没有采样点标注，难以对其进行地统计检验。为此，编者同时对我国在全国测土配方施肥项目中完成的有GPS定位坐标的农田耕层土壤有机质含量数据进行了地统计分析和检验。与二普相似，全国测土配方施肥项目也按网格化均匀分布原则进行大样本量、高密度土壤采样，全国总计完成1000万个农田土壤耕层样本的采集。

检验方法为：首先，在我国东、南、西、北、中不同地域选取7个代表性片区，每片区包含地域相连、域内无大面积剖面点缺失的多个行政县，且含土壤剖面点500个以上。其次，提取7个片区源于二普剖面0—20cm土层和源于2005—2017年0—20cm农田耕层采样的土壤有机质含量数据。二普剖面数据的采样特征为在优先选取典型土壤类型的前提下，尽量均衡分布；样本量较小，全国有6万多个具有匹配坐标的剖面。2005—2017年农田养分调查数据为网格化均衡分布的大样本量，全国完成了1000万个有GPS定位坐标的耕层样本。最后，用普通克利金插值（ordinary Kriging）方法进行地统计分析和检验。在每片区剖面点和耕层采样点的数据中分别随机选取80%作为训练样本集，20%作为验证样本集，同时进行建模；将验证样本预测值与实测值进行线性回归，计算R^2（决定系数）和RMSE（均方根误差），以此评价两组数据表达土壤要素空间分布特征的可靠性和误差。选择土壤有机质含量作为检验指标的原因为该指标是最重要的土壤质量性状之一，且可量化表达，便于进行地统计检验。

二普剖面数据的检验结果显示，在7个代表性片区，剖面点数据表达的有机质含量分布状况可靠性均达极显著水平（表12）。这表明，尽管二普典型剖面数据为非网格化采样，含地理坐标样本量较少，需采用匹配坐标替代原点坐标，但在一个由多县组成的片区内，当剖面样本量达到一定数量后，即使未引入可极大改进R^2的地形、土地利用类型等辅助变量，用普通克利金插值仍然能比较真实、可靠地反演土壤要素空间分布特征。2005—2017年耕层采样点数据的检验结果显示，与二普剖面点数据相比，大部分片区的有机质含量分布数据R^2更大（达到中等相关至强相关），RMSE更小，可靠性和预测精度明显更优，这说明就表征土壤要素空间分布特征而言，网格化均衡分布的大样本量采样得到的数据可靠性和精度相对较高。这为二普大比例尺土壤专题图数据（土壤图和土壤pH、有机质、氮、磷、钾养分含量图）的地统计检验特征提供了佐证。二普大比例尺土壤专题图数据均源于网格化均衡分布的大样本量地面调查，其可靠性和精度应优于二普剖面点数据。

两组数据地统计检验结果还显示，尽管相隔近30年，两时段调查的土壤有机质含量也有一定变化，但各片区土壤有机质含量的空间分布规律总体相近。图3展示了东北片区两组数据通过普通克利金插值获得的土壤有机质含量分布图。可以看出，尽管二普土壤剖面样本数（546）远少于农田耕层土壤样本数（45182），20%校验集所获R^2较低，预测值与实测值偏差较大，但两组数据展示的土壤有机质含量空间分布格局相近，均为东北角最高，西南角最低。另外，该片区2005—2017年的农田耕层有机质含量均值为36.41g/kg，低于1979—1987年的二普采样结果（40.53g/kg），这一结果与东北地区所做长期定位试验结论一致。这表明，本数据集剖面数据可为了解土壤质量时空演变规律提供可靠的数据支持[9]。

表12 二普典型土壤剖面数据和2005—2017年耕层采样点数据的地统计检验结果

编号	片区名	县数	面积/km²	二普剖面土壤有机质含量[1]			耕层土壤有机质含量[2]		
				样本量	R^2 [3]	RMSE[3]	样本量	R^2 [3]	RMSE[3]
1	东北片区	19	72353	546	0.329**	14.77	45182	0.689**	6.32
2	冀鲁豫片区	64	50071	881	0.363**	5.65	256341	0.429**	3.47
3	江浙片区	53	63003	1312	0.334**	8.83	51759	0.666**	4.05
4	湖北片区	10	21044	515	0.286**	20.21	60545	0.281**	11.09
5	四川片区	39	98052	1283	0.380**	9.20	206682	0.344**	7.08
6	粤闽赣片区	27	58745	801	0.223**	13.33	51759	0.285**	6.42
7	陕甘片区	47	109010	990	0.296**	7.20	256341	0.558**	2.48

注：1）数据源于二普土壤剖面（1979—1987年采样，0—20cm土层）数据库，土壤有机质含量单位为g/kg。
2）数据源于2005—2017年农田耕层（0—20cm）土壤养分调查数据库，土壤有机质含量单位为g/kg。
3）20%验证样本所获预测值与实测值的线性回归R^2（决定系数，其中 ** 表示1%水平显著）和RMSE（均方根误差）。

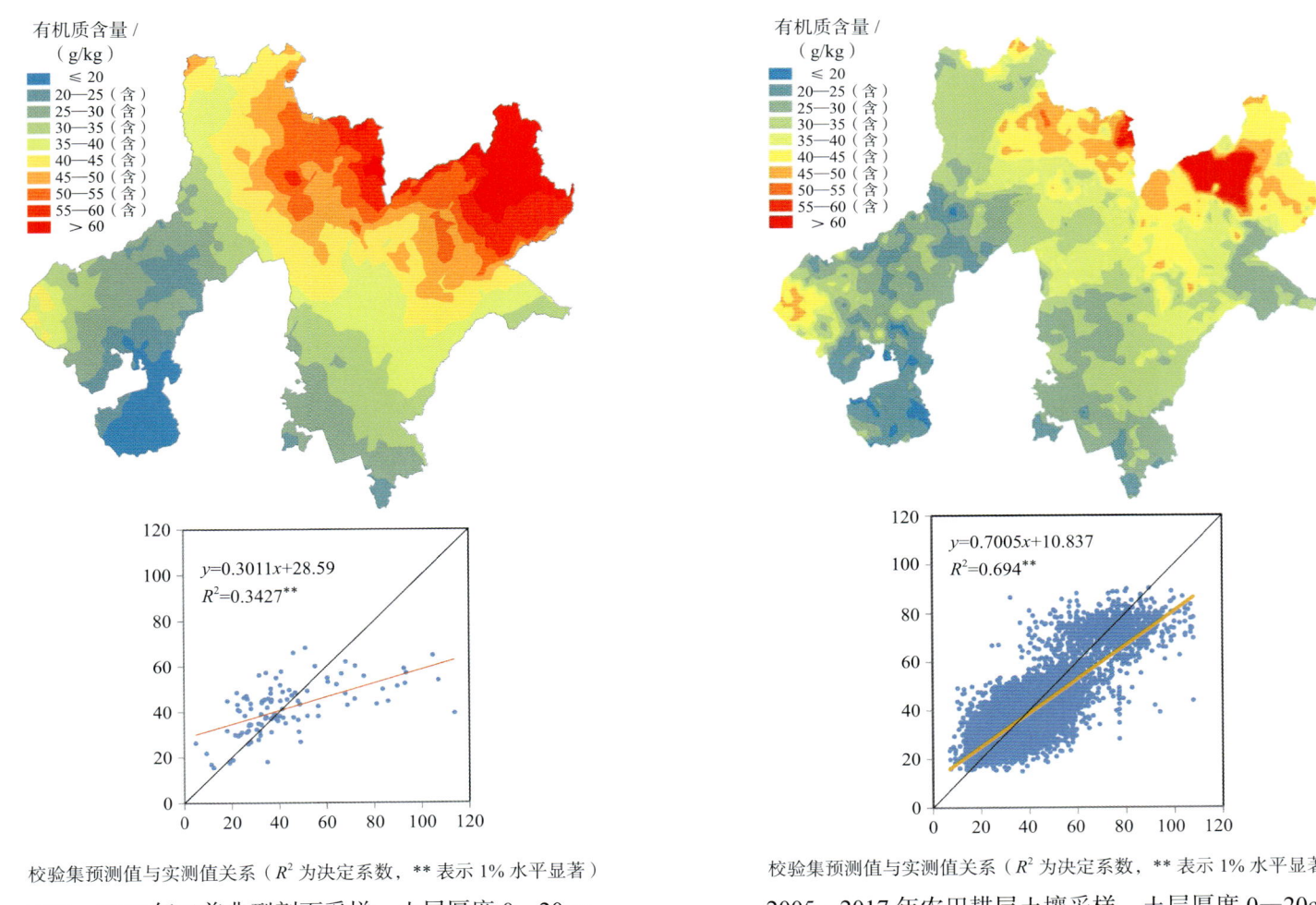

校验集预测值与实测值关系（R^2 为决定系数，** 表示 1% 水平显著）

1979—1987 年二普典型剖面采样，土层厚度 0—20cm

校验集预测值与实测值关系（R^2 为决定系数，** 表示 1% 水平显著）

2005—2017 年农田耕层土壤采样，土层厚度 0—20cm

图 3　东北片区土壤有机质含量分布图及地统计检验结果

参编单位

《中国土壤剖面数据集》的编制工作始于 1998 年。其编制过程主要分为以下两个阶段：

第一阶段为全国 1:5 万土壤图编制和中国剖面数据库构建阶段。20 世纪末，随着现代科学研究与管理对土壤时空信息的迫切需要和大数据技术的发展，利用土壤调查结果构建我国土壤资源与质量时空数据库日益显现出可行性和必要性。1998 年，我国土壤科技工作者开始对二普分县土壤图件和资料进行系统收集和整理，这项工作曾得到国家社会公益性研究专项的资助。"十一五"期间，"我国 1:5 万土壤图籍编撰及高精度数字土壤构建"被列为国家科技基础性工作专项重点项目。在全国各地农业、国土、档案等多家单位的大力配合和各地土壤科技工作者的支持下，项目组汇聚全国土壤科学、农业、测绘与环境领域多家专业科研院所的科研力量，深入 31 个省、自治区、直辖市以及数百个县的原始图件与资料存放部门，完成了 2200 多个县的分县大比例尺纸质土壤图与土种志的收集。同时，项目组还收集了 31 个省、自治区、直辖市的分省土壤图、土壤有机质含量图等多类别土壤专题图和分省土壤调查资料，并在此基础上，项目组研究人员通过融合多学科方法创建土壤大数据方法，以方法创新带动异源非标准海量土壤信息的时空整合与表达，至 2017 年，完成了我国 1:5 万土壤图的整合表达和中国土壤剖面数据库的构建，为编制《中国土壤剖面数据集》奠定了科学基础、方法基础和数据基础。

第二阶段为《中国土壤剖面数据集》编制阶段。为满足我国农业、林业、环境、气象、国土、水利等各部门对公众版土壤资源与质量信息的迫切需求，项目组于 2017 年启动了数据集编制工作。在数据集编制过程中，项目组一方面利用土壤大数据方法进行数据的审核、土壤专题图的缩编与剖面数据表的表达等多项工作，另一方面组织了各省级土壤专业科研院所参与各分卷内容的审核和修订工作。数据集的编制还得到了中国农业科学院科技创新工程的资助。

本数据集的最终面世离不开多家科研单位在过去 20 多年时间里的共同付出。这些单位包括国家科技基础性工作专项重点项目"我国 1:5 万土壤图籍编撰及高精度数字土壤构建""我国 1:5 万土壤图籍编撰及高精度数字土壤构建二期工程"主持与参加单位、参加数据集各分卷审核和修订工作的土壤专业科研单位以及参与分县大比例尺纸质土壤图与土种志收集的各地相关管理与科研部门（附录 10）。

（张维理、徐爱国、张认连、冀宏杰）

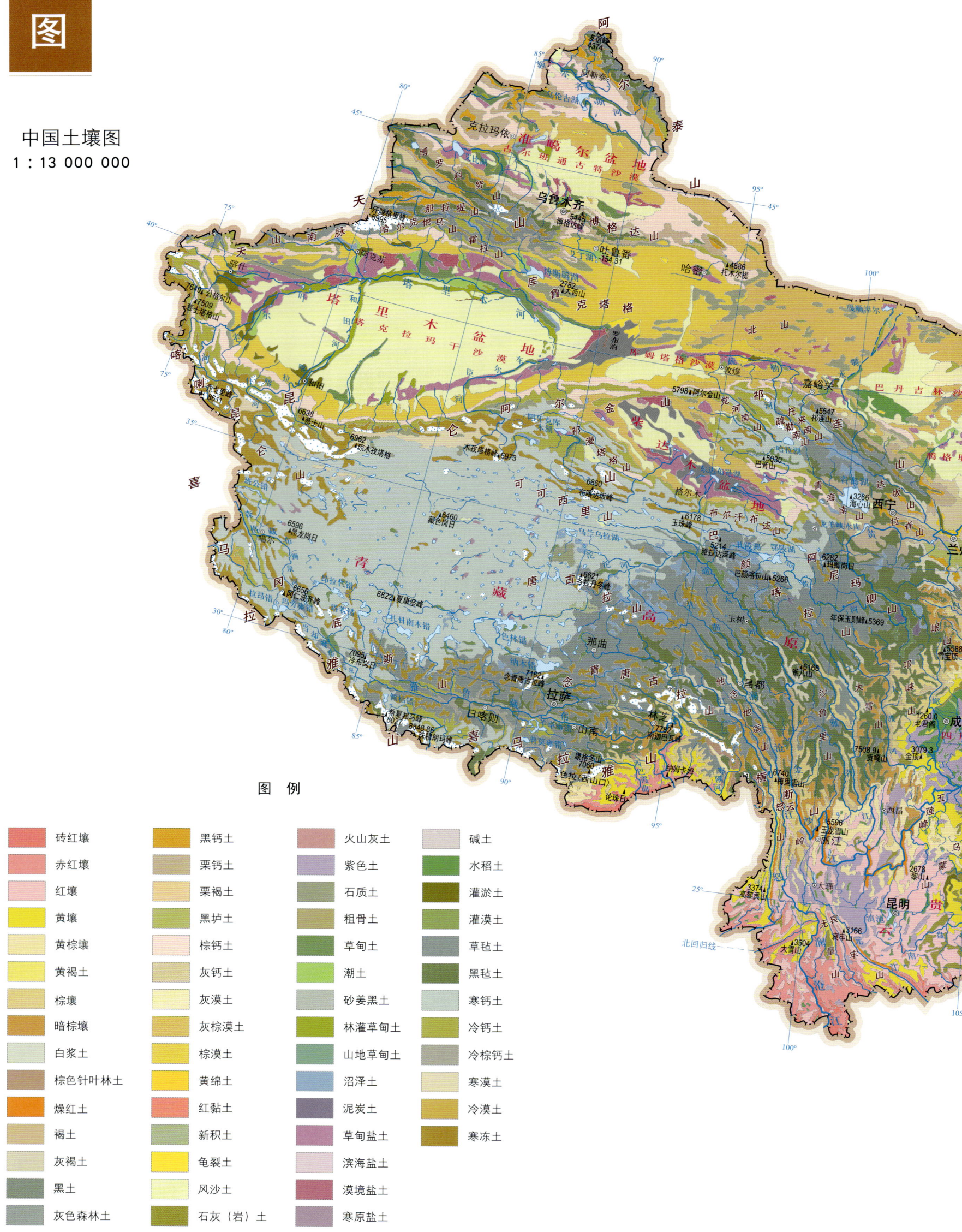

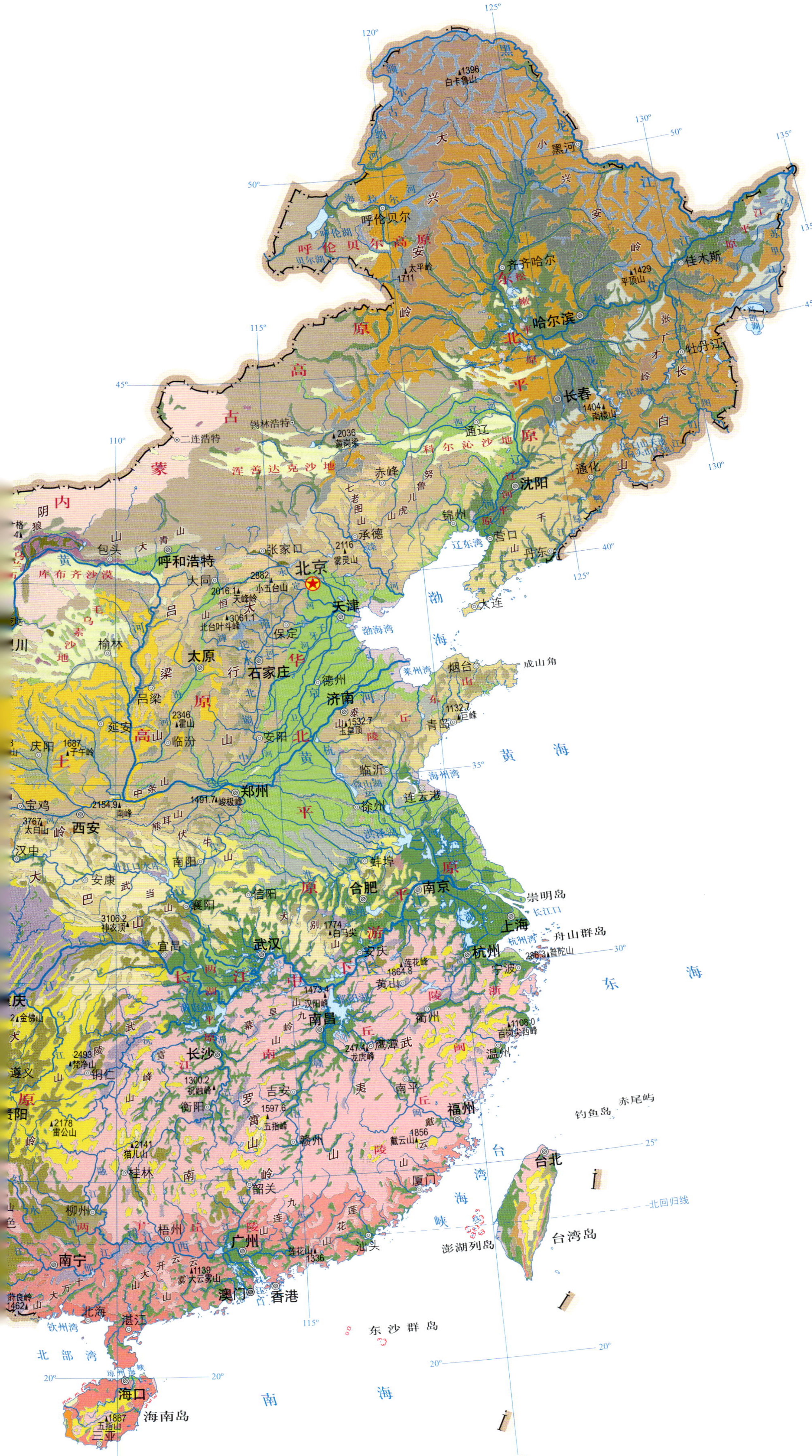

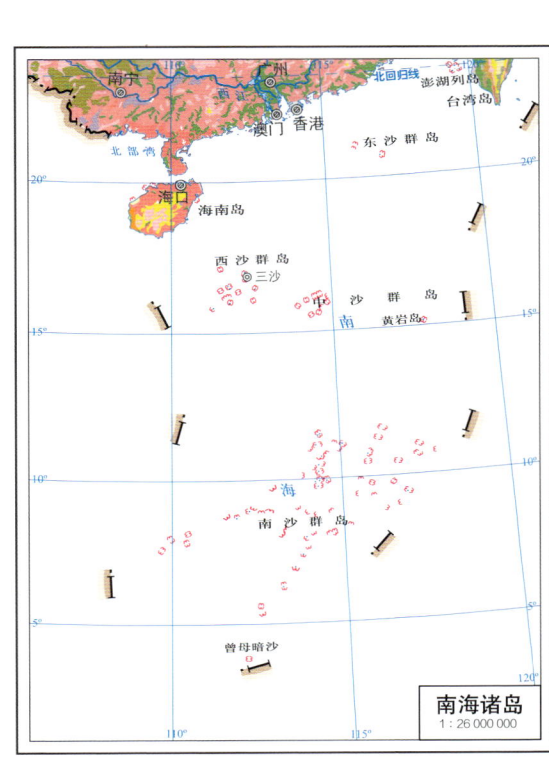

中国土壤有机质含量图
1 : 13 000 000

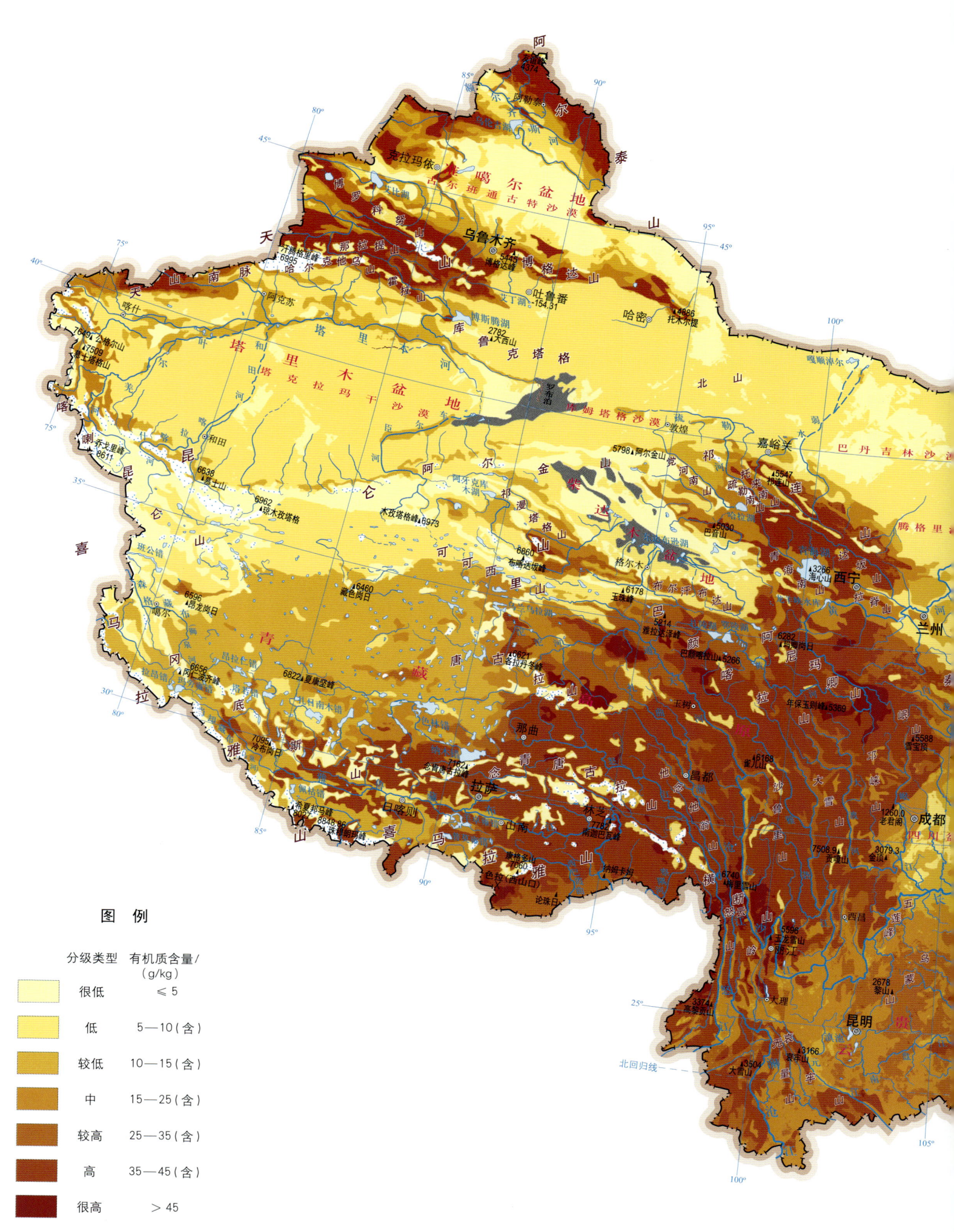

图　例

分级类型	有机质含量/(g/kg)
很低	≤ 5
低	5—10（含）
较低	10—15（含）
中	15—25（含）
较高	25—35（含）
高	35—45（含）
很高	> 45

注：土层厚度为0—30cm。

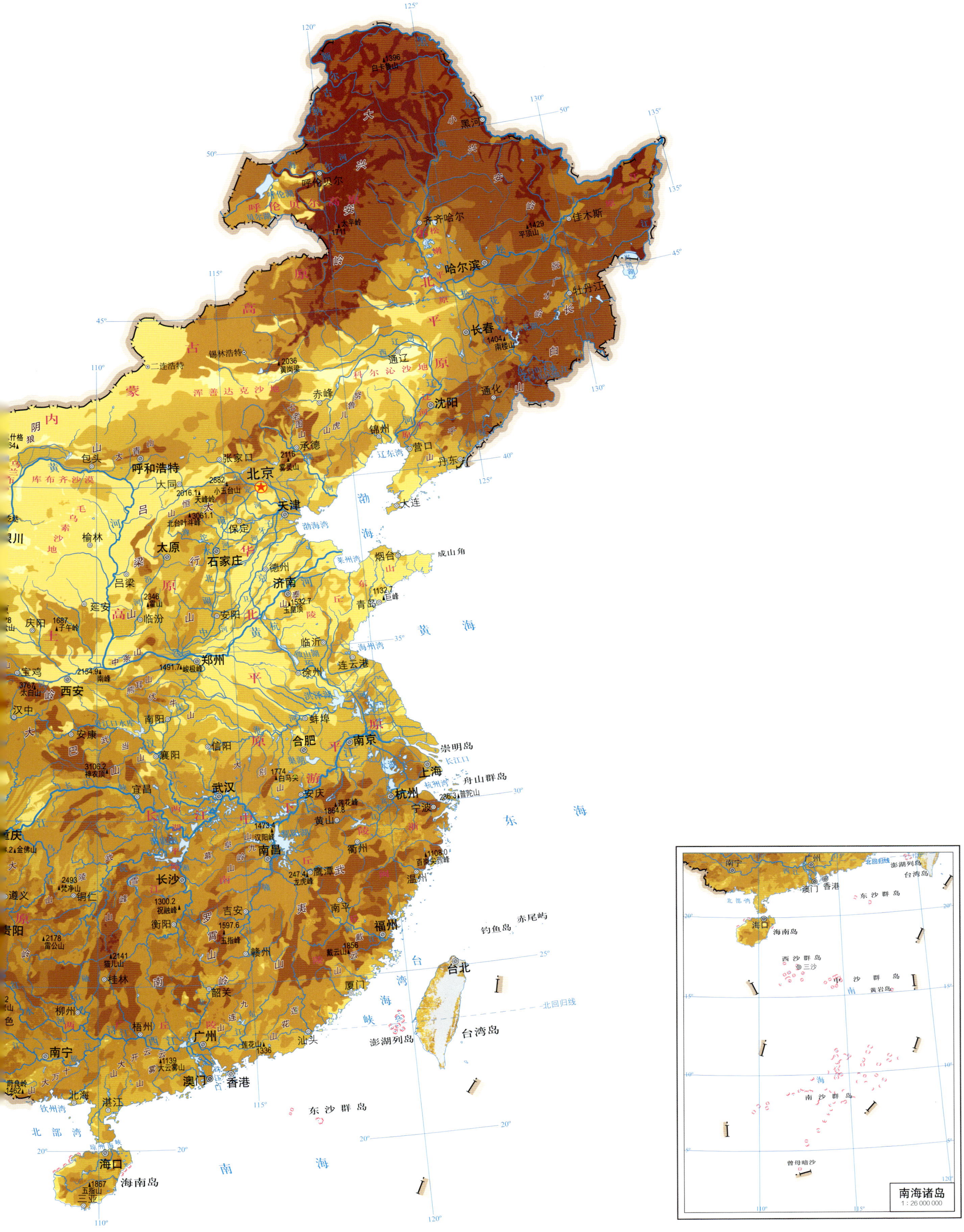

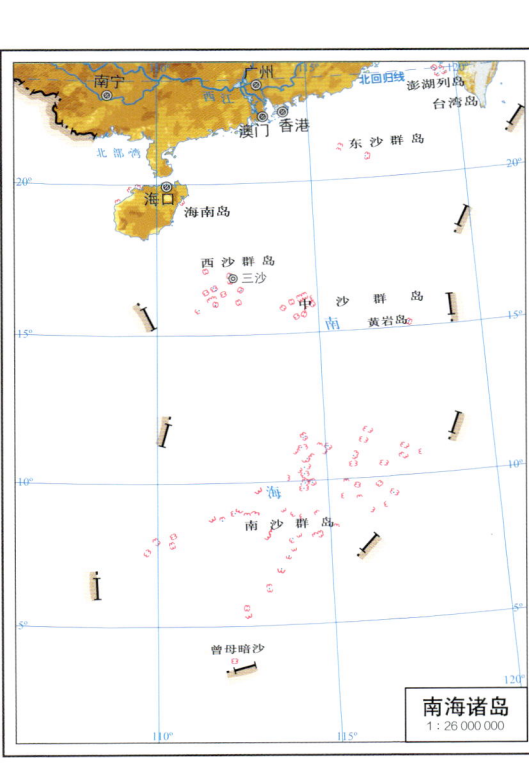

中国地势图
1 : 13 000 000

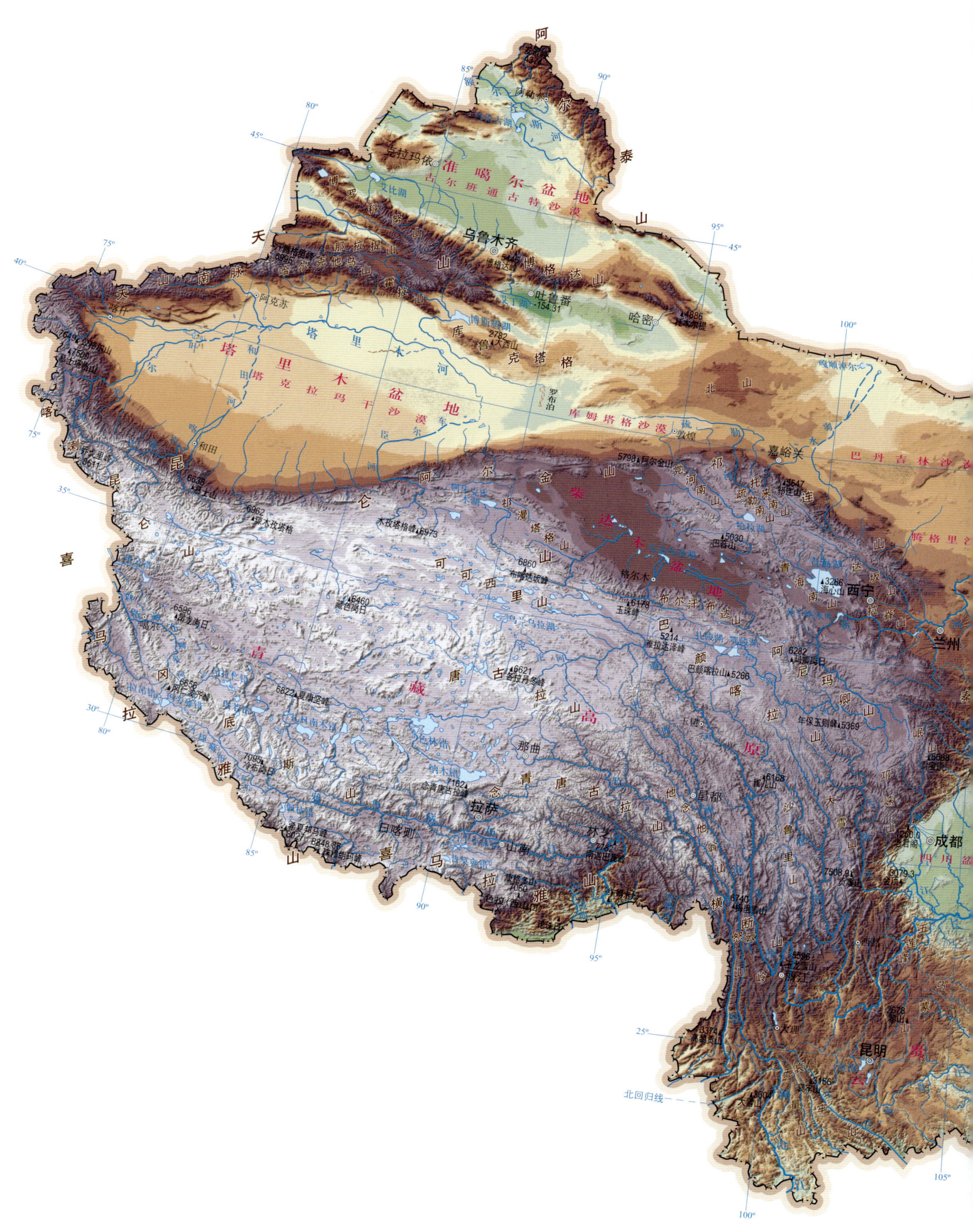

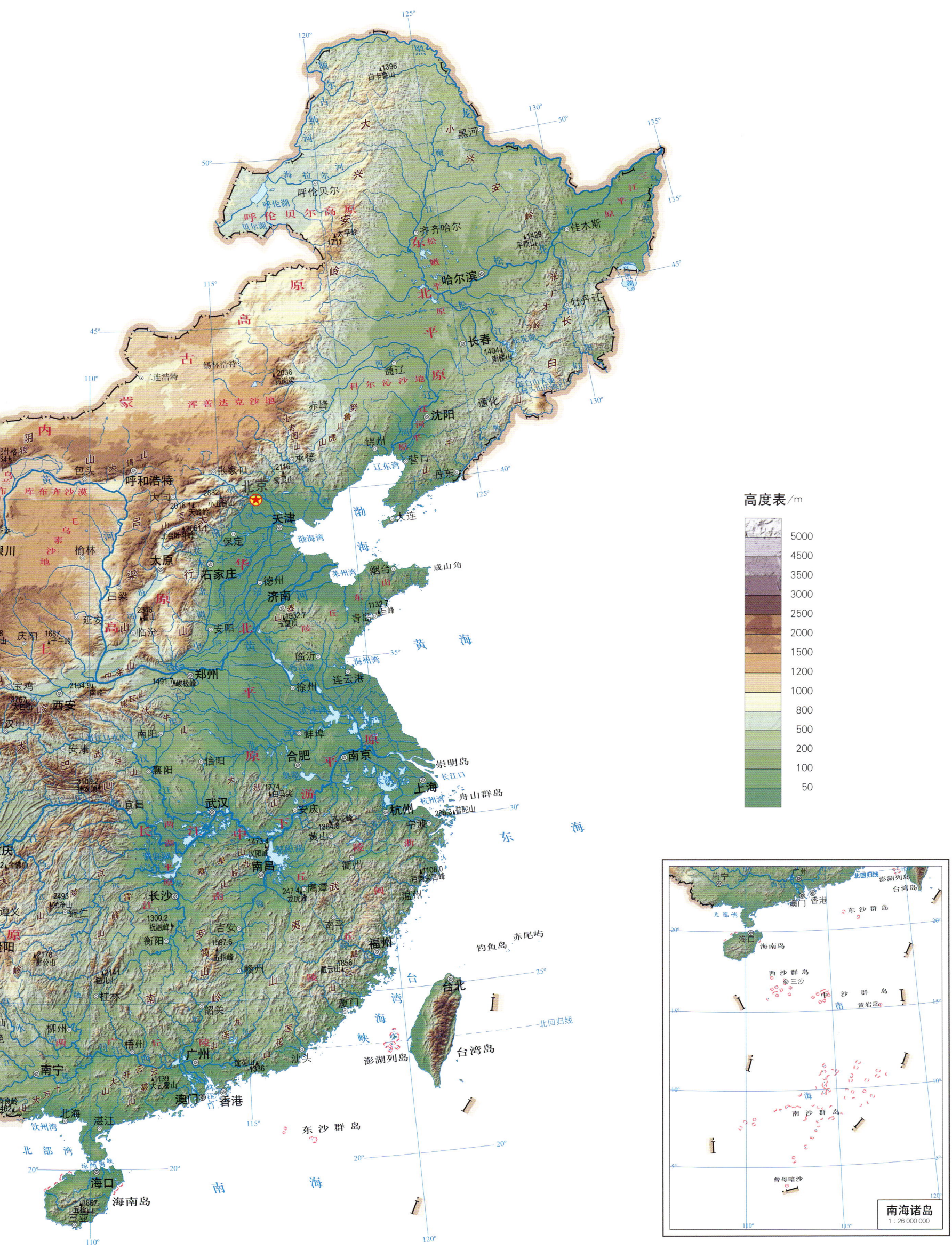

湖北省土壤图

1:1 650 000

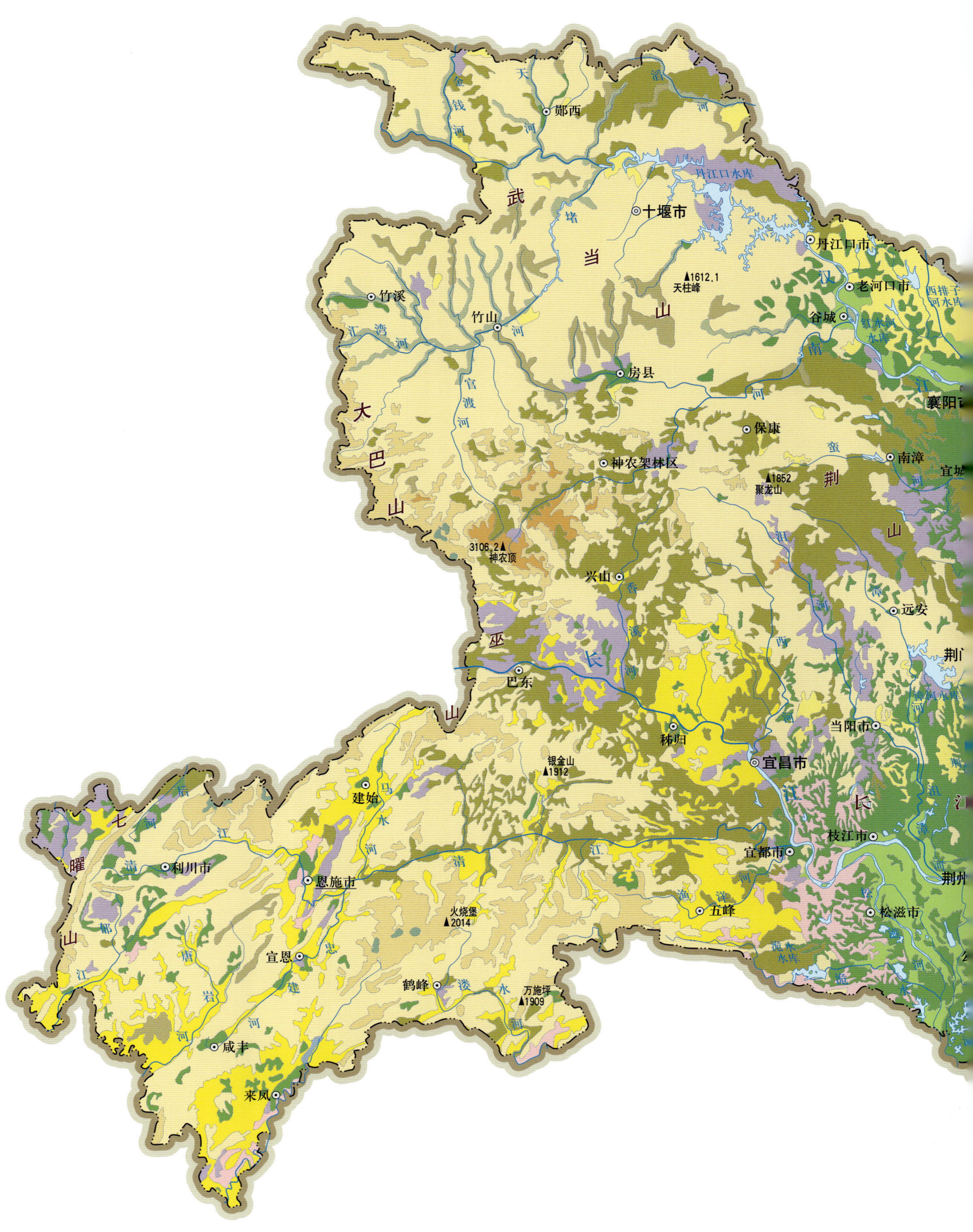

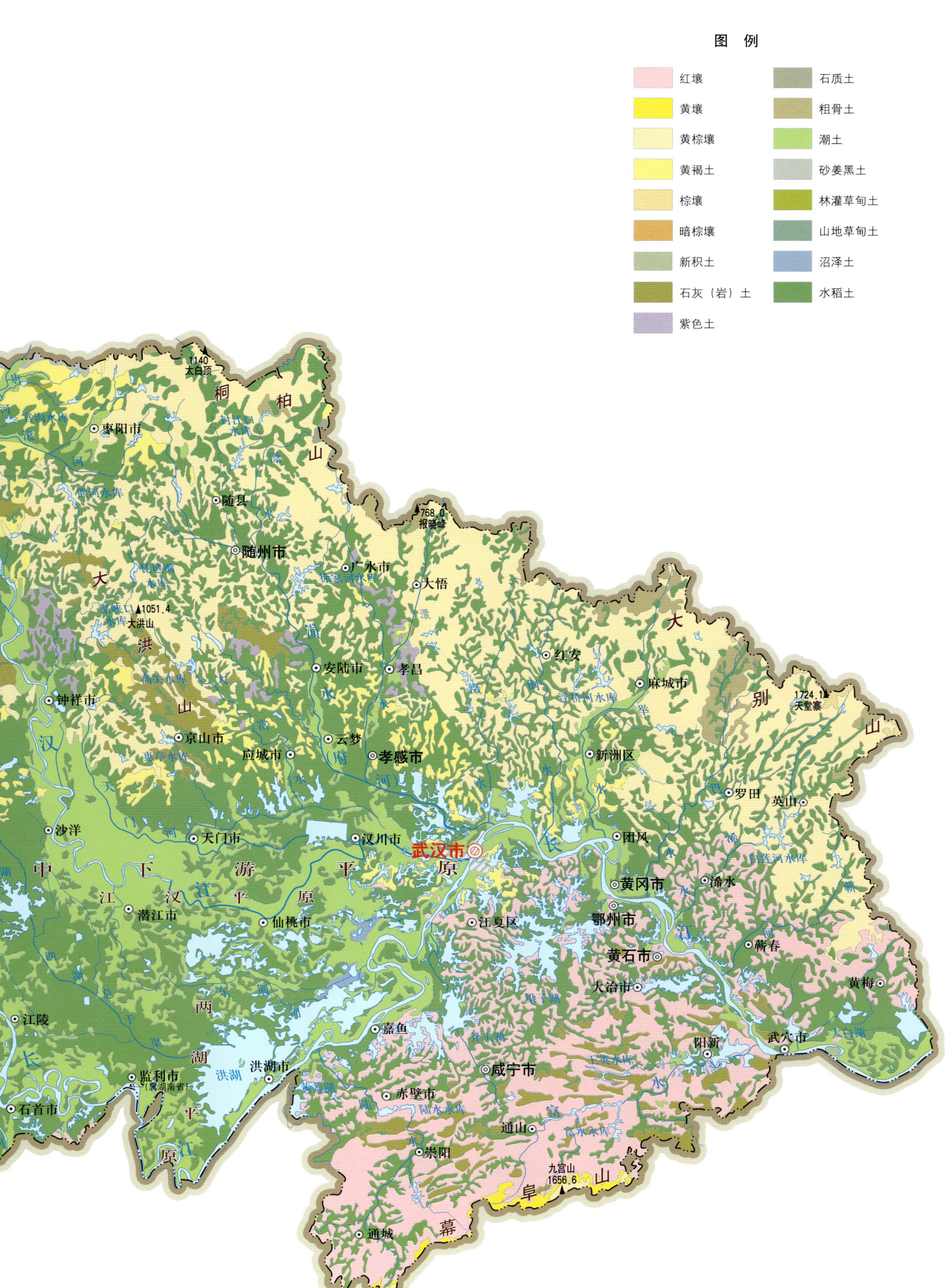

湖北省土壤有机质含量图
1∶1 650 000

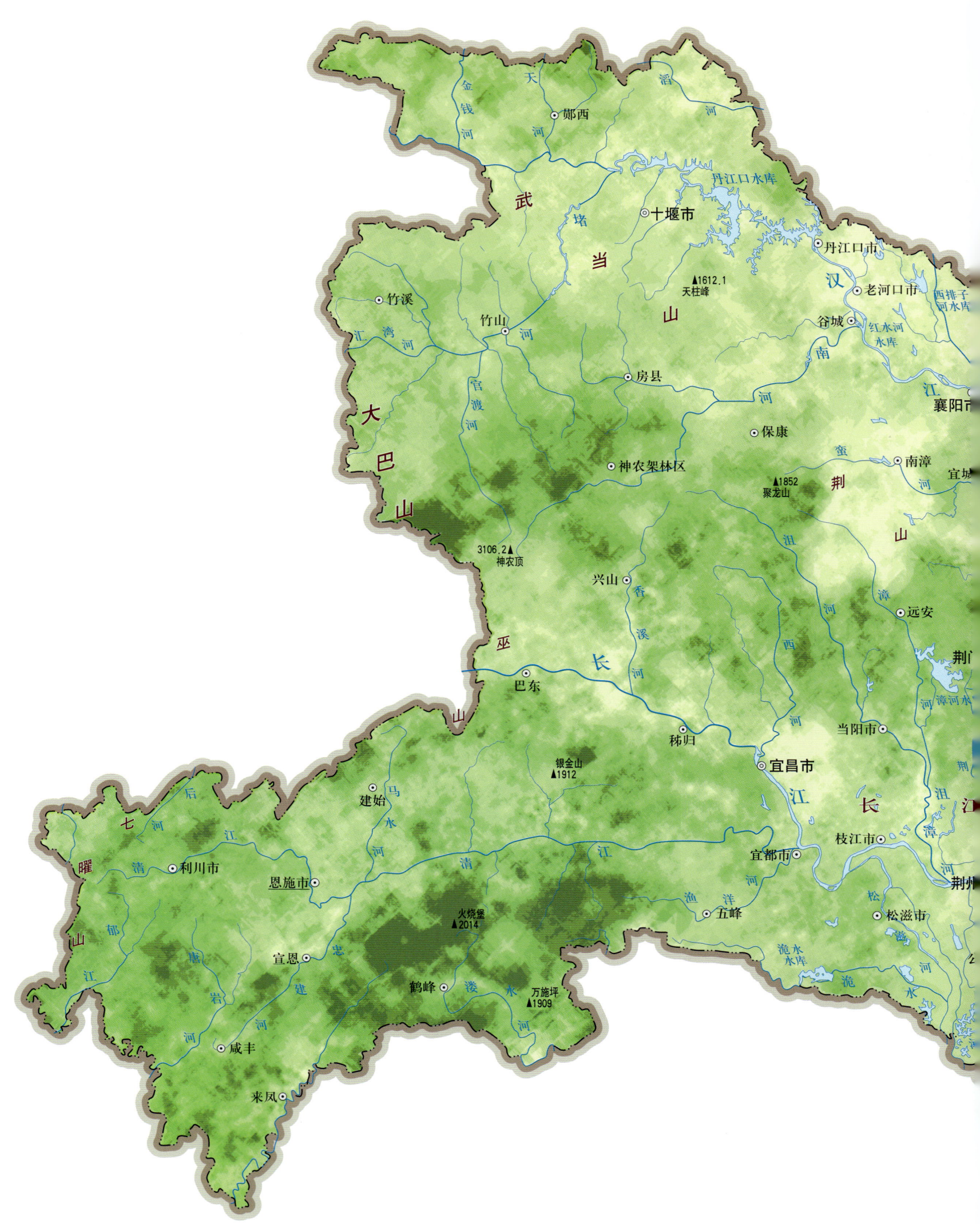

注：土层厚度为0—30cm。

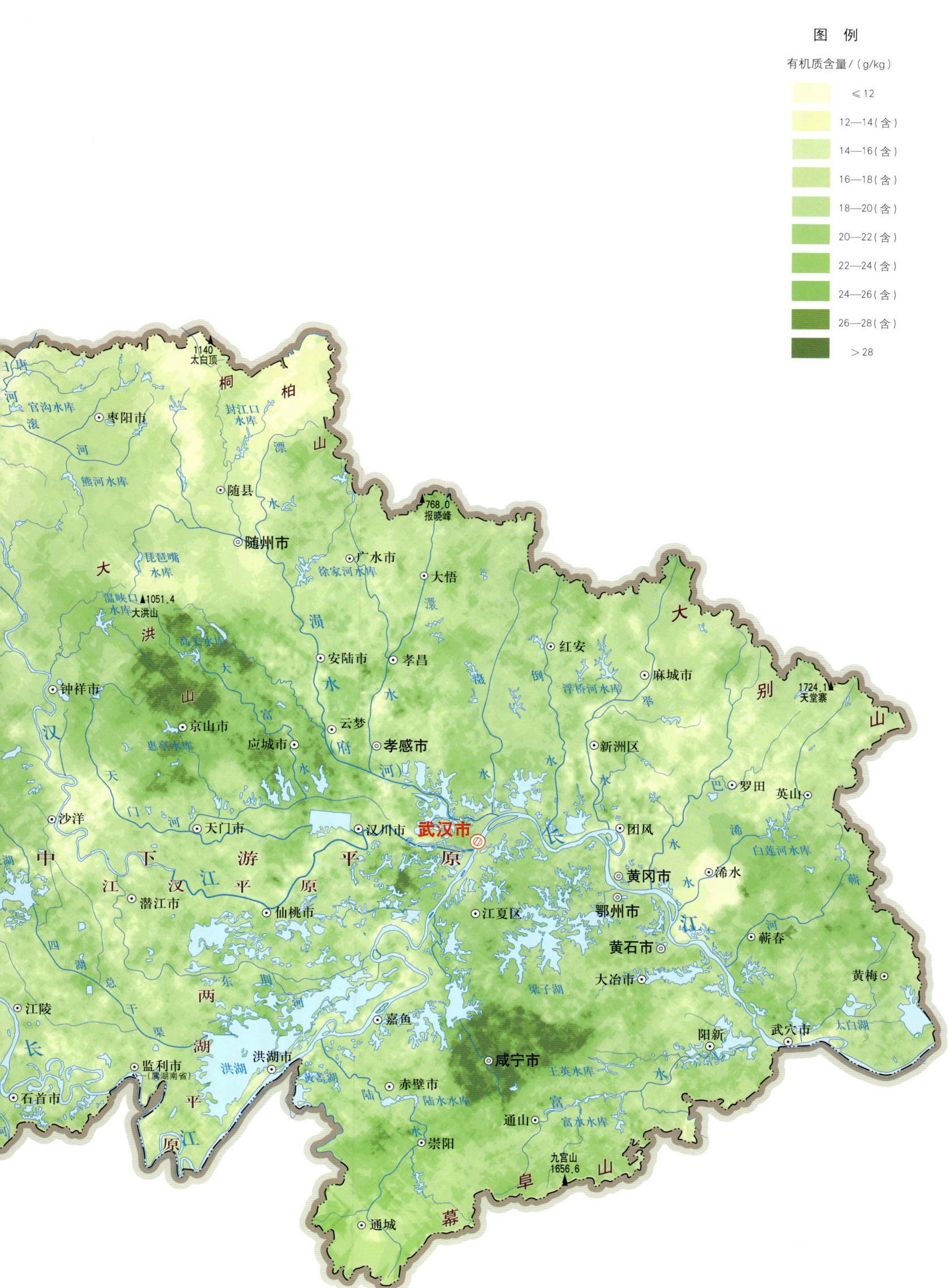

湖北省地势图
1 : 1 650 000

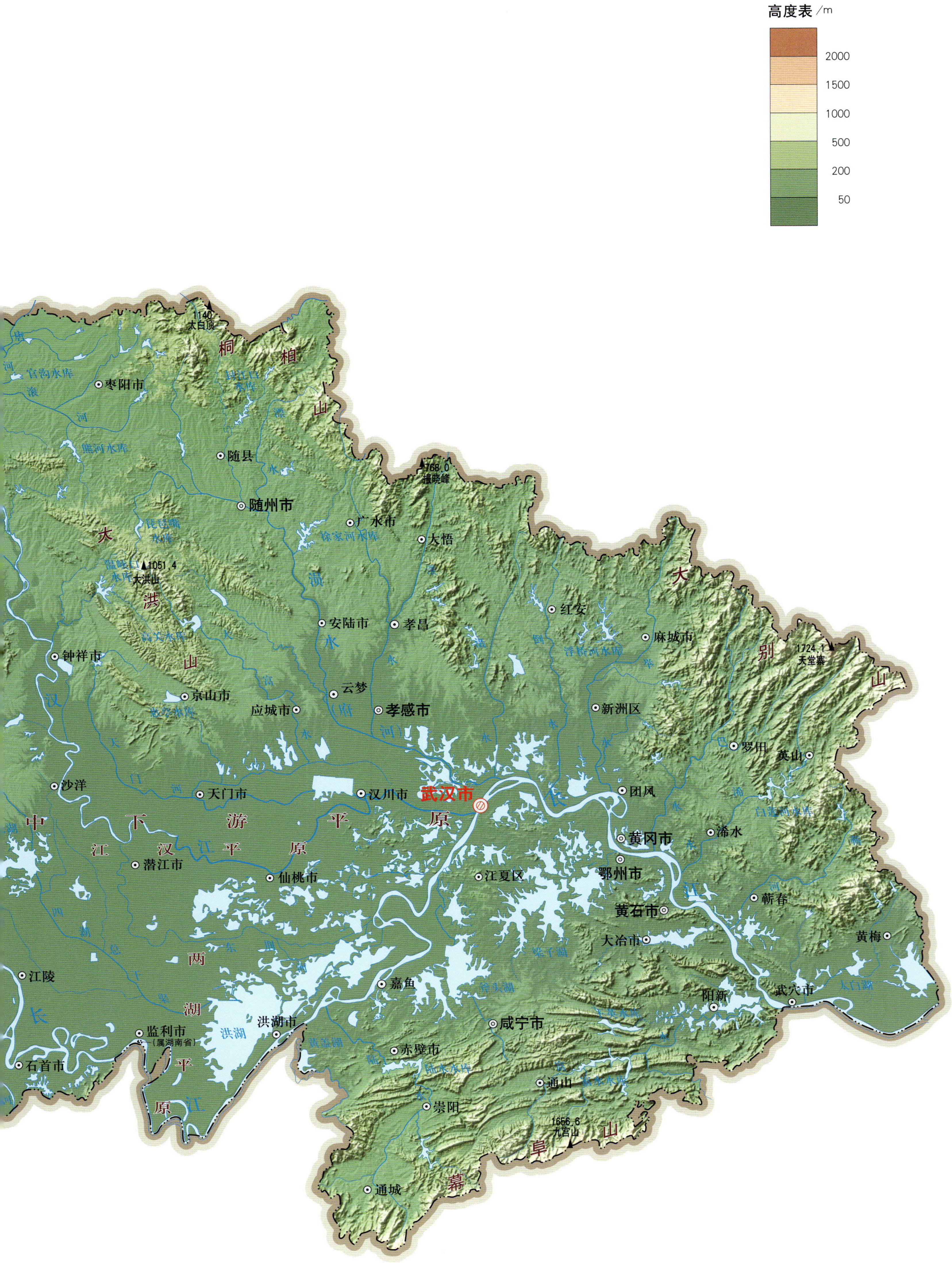

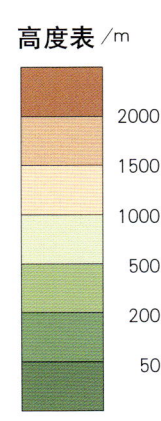

中国土壤剖面数据集·湖北卷

第二编 | 分县土壤图与土壤剖面数据

武 汉 市

市 辖 区

主要土类说明

潮土是武汉市主要土壤类型，占本市地域面积的35%。潮土是发育于近代河流冲积物和湖相沉积物，经旱耕熟化而形成的一类泛域性土壤。地下水位一般在1m左右，毛管水可升达地表，有夜潮现象，故名潮土。该土壤质地沙黏相间，厚薄不一，具有石灰反应。其沉积分布规律可概括为"紧出砂，慢出淤，不紧不慢出两合"。本市潮土分为潮土和灰潮土两个亚类。

水稻土是武汉市第二大土壤类型，占本市地域面积的27%。水稻土是在长期季节性淹灌、水下翻耕、季节性脱水、氧化还原交替影响下，原来成土母质或母土的特性发生重大改变，形成的新的土壤类型。由于干湿交替，水稻土形成糊状淹育层、较坚实板结的犁底层、渗育层、潴育层与潜育层等多种发生层。

黄褐土是武汉市第三大土壤类型，占本市地域面积的5%。黄褐土地处北亚热带，由较细粒的黄土状母质发育而成，多组成丘岗。该土壤土体中游离碳酸钙已不复存在，土壤呈灰黄棕色，在底部可散见圆形石灰结核。土壤黏化淀积明显，B层黏聚，黏粒硅铝率在3.0左右，表层pH为6.0—6.8，底层pH为7.5，盐基饱和度由表层向底层逐渐趋向饱和。

红壤占本市地域面积的3%。红壤主要发生于亚热带常绿阔叶林下，呈中度脱硅富铝化特征，土壤黏粒中游离铁占全铁的50%—60%。黏土矿物以高岭石、赤铁矿为主，黏粒硅铝率为1.8—2.4，风化淋溶系数小于0.2，盐基饱和度小于35%，pH为4.5—5.5。

小于本市地域面积3%的土壤类型有黄棕壤、沼泽土等。

本区域中心区气候特征

本区域中心区气候特征值
Regional climate characteristics in central area of the region

气候带：北亚热带湿润气候 Climate region: North subtropical humid climate	
年平均气温 /℃ Annual average temperature /℃	16.7
年平均最高气温 /℃ Annual average maximum temperature /℃	21.1
年平均最低气温 /℃ Annual average minimum temperature /℃	13.2
年降水量 /mm Annual precipitation /mm	1274
≥10℃的积温 /℃ Daily temperature accumulated in a year (≥10℃) /℃	6333
年日照时数 /h Annual sunshine /h	1884
年平均相对湿度 /% Annual average relative humidity /%	78
干燥度 Dryness	0.78

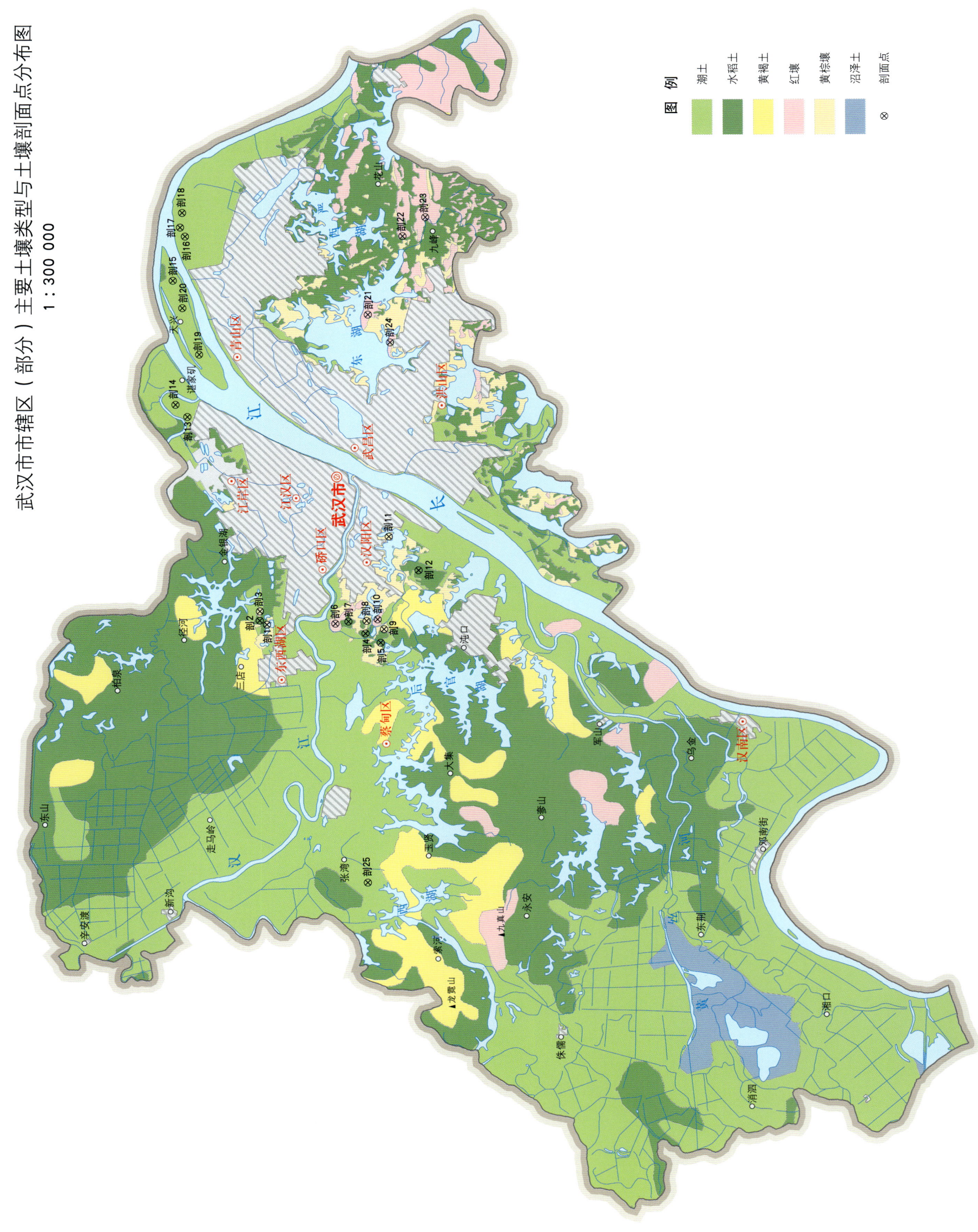

武汉市土壤剖面理化性状表

剖面号 Soil profile	土纲 Soil order	土类 Soil great group	亚类 Soil subgroup	土属 Soil genus	土种 Soil species	土层码 Layer code	土层厚度 Depth/cm	颜色 Soil color	质地 Soil texture	土壤结构 Soil structure	pH	有机质 OM/(g/kg)	全氮 TN/(g/kg)	全磷 TP/(g/kg)	全钾 TK/(g/kg)	碱解氮 AN/(mg/kg)	有效磷 AP/(mg/kg)	速效钾 AK/(mg/kg)	阳离子交换量 CEC/(cmol/kg)	土壤母质 Parent material	剖面点坐标 Profile coordinate	匹配指数 Matching index/%
剖1	淋溶土	黄棕壤	黄棕壤	黄土	乌枝子土	1	0—17	灰黄色	重壤土	核状、块状	7.0	17.5	0.84	0.59	16.8	139		78	20.1	第四纪黄褐色黏土	E 114°10′00.8″ N 30°37′35.7″	75
						2	17—41	黄棕色	重壤土	小块状	6.8											
剖2	人为土	潜育水稻土	青沟泥田	青沟泥田		1	0—20	棕灰色	重壤土	块状	6.7	28.9	1.40	0.55	17.1	146	6.0	100	13.5	第四纪黄褐色黏土	E 114°10′14.1″ N 30°37′40.0″	75
						2	20—37	深灰色	重壤土	块状	6.8											
						3	37—78	灰青色	重壤土	块状	7.2											
						4	78—100	灰青色	重壤土	块状	7.2											
剖3	淋溶土	黄棕壤	黄棕壤	黄棕壤土	中砾石黄土	A	0—33	棕灰色	砾石土		5.6		0.83	0.45	12.0	121	28.0	113	15.6	砂页岩	E 114°10′39.6″ N 30°37′50.7″	75
						C	33—100	棕灰色			5.6											
剖4	人为土	沼泽型水稻土	灰烂泥田	灰烂泥田		1	0—17	灰棕色	重壤土	糊状	7.6	38.2	2.38	0.57	22.6	120	1.8	159	21.1	冲积物	E 114°09′27.0″ N 30°33′41.7″	75
						2	17—100	棕灰色	重壤土	糊状	7.9											
剖5	人为土	潜育水稻土	红黄泥田	青幂白散田		1	0—17	灰棕色	中壤土	块状	6.9	31.7	1.05	0.38	14.1				17.4	第四纪黄褐色黏土	E 114°08′58.9″ N 30°33′06.3″	75
						2	17—29	灰青色	中壤土	块状	7.0											
						3	29—49	深灰青色	中壤土	块状	7.4											
						4	49—100	黄灰青色	中壤土	块状	6.9											
剖6	铁铝土	红壤	棕红壤	砂页岩红土	厚层砂岩岩红土	A	0—20	棕红色	中壤土	块状	5.6	19.3	0.96	0.34	14.6	110	4.5	77	12.5	石英砂岩、砾岩	E 114°09′56.8″ N 30°34′51.9″	75
						B	20—53	黄色	中壤土	块状	5.8	4.9		0.38	3.0							
						C	53—	黄色														
剖7	人为土	潜育水稻土	红黄泥田	死白散田	薄层砂岩岩红壤	1	0—17	灰栗色	中壤土	块状	7.0	28.8	1.15	0.35	15.1	127	3.0	73	15.2	第四纪黄褐色黏土	E 114°10′01.9″ N 30°34′20.2″	75
						2	17—28	淡灰栗色	中壤土	块状	7.3											
						3	28—100	灰棕色	中壤土	块状	7.3											
剖8	淋溶土	黄棕壤	砂页岩红土		黄土	1	0—15	棕红色	砾石土	块状	6.0	12.7	0.72	≥10.00	14.5	84	16.5	128	16.5	砂页岩	E 114°08′01.8″ N 30°33′37.5″	75
						2	15—38	淡灰黄色	重壤土	小块状	6.2											
						3	38—100	红灰色	重壤土	块状	6.4											
剖9	人为土	黄棕壤	黄棕壤土	轻砾石黄土	厚层砂岩岩棕红土	A	0—15	棕色	重壤土	块状	6.2	8.5	0.55	0.40	25.5	131	≤1.0	58	10.8	石英砂岩、砾岩	E 114°09′37.2″ N 30°32′56.6″	75
						B	15—70	黄色	重壤土	糊状	6.2											
						C	70—100	黄色			6.2											
剖10	铁铝土	红壤	棕红壤	砂页岩红土			0—15	棕红色	中壤土	粒状	4.8	8.2	0.50	0.23	17.1	69	1.5	123	10.6	石英砂岩、砾岩	E 114°10′05.1″ N 30°33′10.9″	75
							15—	淡灰黄色	中壤土	块状	5.0	4.9	0.21	0.18	12.5							
剖11	淋溶土	黄棕壤	黄棕壤	轻砾石棕壤		A	0—21	淡灰黄色	砾石土	块状	5.4	18.6	0.89	0.36	14.5	108	13.1	108	23.8	砂页岩	E 114°14′01.0″ N 30°32′44.1″	75
						C	21—100	红灰色			5.2											
剖12	人为土	潜育水稻土	灰青沟泥田	灰青沟泥田		1	0—16	灰棕色	重壤土	糊状	7.5	29.3		0.44	16.3	120	4.0	50		砂页岩	E 114°12′43.0″ N 30°31′35.8″	75
						2	16—50	褐黄棕色	重壤土	块状	7.7											
						3	50—100	深灰色	重壤土	块状	7.6											
剖13	半水成土	潮土	壤土型灰潮土	中位厚层夹砂灰砂土		1	0—17	淡灰棕色	轻壤土	粒状	7.9	15.1	0.87	1.10	20.9	61	8.4	102	15.6	有石灰反应的河流冲积物	E 114°20′02.1″ N 30°40′27.6″	75
						2	17—60	黄灰棕色	轻壤土	块状	8.1											
						3	60—100	深灰色	砂壤土	块状	7.8											
剖14	半水成土	潮土	潮土	黏土型灰潮土	壳土	1	0—18	灰棕色	重壤土	粒状、块状	6.8	16.2	1.21	0.87	19.7	108	16.0	84	18.2	石灰性石灰	E 114°20′38.4″ N 30°40′54.1″	75
						2	18—76	棕色	中壤土	块状	7.6											
						3	76—100	紫灰棕色	重壤土	大块状	7.4											
剖15	半水成土	潮土	灰潮土	壤土型灰潮土	灰油砂土	1	0—30	淡灰棕色	轻壤土	粒状、块状	7.7	15.4	0.64	0.95	15.5	52	15.5	44	13.8	有石灰反应的河流冲积物	E 114°26′41.6″ N 30°40′45.9″	97
						2	30—76	棕色	中壤土	块状	7.0											
						3	76—100	黄棕色	轻壤土	块状	7.7											

续表 Continued

剖面号 Soil profile	土纲 Soil order	土类 Soil great group	亚类 Soil subgroup	土属 Soil genus	土种 Soil species	土层码 Layer code	土层厚度 Depth/cm	颜色 Soil color	质地 Soil texture	土壤结构 Soil structure	pH	有机质 OM/(g/kg)	全氮 TN/(g/kg)	全磷 TP/(g/kg)	全钾 TK/(g/kg)	碱解氮 AN/(mg/kg)	有效磷 AP/(mg/kg)	速效钾 AK/(mg/kg)	阳离子交换量 CEC/(cmol/kg)	土壤母质 Parent material	剖面点坐标 Profile coordinate	匹配指数 Matching index/%
剖16	半水成土	潮土	灰潮土	壤土型灰潮土	浅位薄层夹砂灰正土	1	0—15	深灰棕色	中壤土	粒状	7.6	24.5	0.96	0.86	17.5	102	1.4	57	17.4	有石灰反应的河流冲积物	E 114°28′46.4″ N 30°40′13.2″	75
						2	15—25	黄褐色	中壤土	块状	7.6											
						3	25—38	棕黄色	砂土	块状	7.6											
						4	38—100	黄棕色	中壤土	块状	7.9											
剖17	半水成土	潮土	灰潮土	壤土型灰潮土	中位薄层夹砂灰油砂土	1	0—18	淡灰棕色	轻壤土	粒状	8.0	15.7	0.86	1.03	16.3	29	4.0	70	14.4	有石灰反应的河流冲积物	E 114°29′12.9″ N 30°40′23.8″	75
						2	18—60	褐棕色	轻壤土	小块状	8.1											
						3	60—72	灰白色	砂土	小块状	8.1											
						4	72—100	黄棕色	轻壤土	粒状	8.1											
剖18	半水成土	潮土	潮土	砂土型潮土	油砂土	1	0—20	灰棕色	轻壤土	片状	7.0	17.8	1.06	1.02	19.2	91	37.6	93	17.8	无石灰反应的湖积物	E 114°29′53.9″ N 30°40′18.2″	75
						2	20—45	黄褐色	轻壤土	小块状	7.0											
						3	45—100	黄棕色	轻壤土	粒状	7.2											
剖19	半水成土	潮土	灰潮土	壤土型灰潮土	浅位薄层夹砂灰油砂土	1	0—17	褐棕色	轻壤土	粒状	7.6	11.0	0.64	0.79	17.9	66	10.9	112		有石灰反应的河流冲积物	E 114°22′57.8″ N 30°40′03.6″	75
						2	17—43	褐棕色	砂壤土	粒状	7.9											
						3	43—100	灰色	砂土		7.9											
剖20	半水成土	潮土	灰潮土	砂土型灰潮土	中位厚层夹砂灰油砂土	1	0—20	灰棕色	砂土	块状	7.4	19.7	1.51	0.70	15.2	54	≤1.0	29	11.8	有石灰反应的河流冲积物	E 114°25′22.0″ N 30°40′25.5″	75
						2	20—60	灰棕色	中壤土		7.4											
						3	60—100	棕色	轻壤土	块状	7.6											
剖21	铁铝土	红壤	红壤性土	红壤性土	轻砾石红土	1	0—24	棕红色	中壤土	核状	5.6	9.5	0.84	0.31	14.2	85	≤1.0	50	15.2	各类母岩的风化坡积残积物	E 114°24′45.5″ N 30°33′04.6″	75
						2	24—52	棕红色	轻壤土	块状	5.4											
						3	52—				5.2											
剖22	铁铝土	红壤	红壤性土	红壤性土	中砾石红土	1	0—18	灰红棕色	轻壤土	核状	5.3	9.6	0.55	0.23	11.7	74	2.9	85	13.8		E 114°28′26.8″ N 30°31′35.8″	75
						2	18—	棕红色	黏土	块状	5.6											
剖23	铁铝土	红壤	棕红壤	红土	死红土	1	0—17	棕红色	黏土	块状	5.6	4.9	0.36	0.25	14.2	105	2.8	104		第四纪红色黏土	E 114°29′18.6″ N 30°30′40.1″	75
						2	17—54	棕红色	黏土	块状	5.6											
						3	54—100	棕红色	重壤土	块状	5.0											
剖24	铁铝土	红壤	红壤性土	红壤性土	重壤石红土	A	0—11	褐色	重壤土	核状	6.0	15.6	1.02	0.84	27.3	47	2.5	44	10.5		E 114°23′24.2″ N 30°32′14.7″	75
						C	11—				7.4											
剖25	半水成土	潮土	潮土	黏土型潮土	底砂潮泥土			灰黄色	中壤土	粒状	7.4	9.0	0.60	0.47	27.5		4.9	151	17.5		E 113°57′34.4″ N 30°33′58.0″	95
						2	25—55										2.1	77	10.2			
						3	55—89	灰黄棕色	砂土	粒状	7.6	6.0	0.36	0.69	16.0		2.0	45	7.2			
						4	89—100	褐色	中壤土	块状	7.8	14.8	0.81	0.71	25.9		5.3	117	19.2			

江 夏 区

主要土类说明

水稻土是江夏区主要土壤类型，占本区地域面积的44%。水稻土发育于各种成土母质，是在长期造田改土、水耕熟化、轮作复种等综合措施下，人为定向培育而成的土壤类型。本区水稻土分为淹育型、潴育型、潜育型、侧渗型和沼泽型五个亚类。潴育水稻土占本土类面积的70%以上，分布的地形部位较淹育水稻土为低，灌溉条件良好，地下水位适中，属良水型。受自然营力和人工水耕熟化的影响，其表层多为团粒状结构，较肥沃的田块有鳝血斑块或斑纹。长期干湿交替，氧化还原过程频繁进行，导致土壤中的各种物质，尤其是铁锰物质，垂直淋溶下移，在犁底层下淀积，形成具有较明显的棱柱状结构和垂直节理的潴育层。潴育水稻土结构体表面有灰色胶膜，剖面构型为 A–P–W–C、A–Pg–W、A–P–W。淹育水稻土为地表水型，分布在丘坡坡脚和高、中、低塝上，多为时间不长的旱改水田，较大部分是平岗造田的产物。由于地形部位较高，水源条件较差，潴育层尚未形成，剖面构型为 A–P–C 或 A–C，耕层有少量锈斑，母质层有黄化现象，但未分化。潜育水稻土发育于近代冲积物、湖积物，剖面构型为 A–P–G，多分布在靠近湖边的低洼积水地段，排水不良。受地下水的影响，潜育水稻土有较明显的青泥层次，土冷，泥温低，还原物质积聚，潜在养分高，有效养分低，氧化还原电位常为负值，阳离子交换量大部分在 20cmol/kg 以上，土壤保肥性好，供肥性差。

红壤是江夏区第二大土壤类型，占本区地域面积的30%。红壤广泛分布在高垄岗的岗顶、岗面、岗坡及低丘，是在本区特定生物气候条件下形成的产物。受其形成过程的影响，土壤脱硅富铝化作用明显，土壤一般呈红色或棕红色，水化度较高的呈黄棕色，黏性大，pH 为 4.5—6.0。本区红壤分为棕红壤和红壤性土两个亚类。

黄棕壤是江夏区第三大土壤类型，占本区地域面积的3%。黄棕壤是本区的两大地带性土类之一，是红壤、黄壤向棕壤、褐土过渡的土壤类型，在发生学和分布上表现出明显的南北过渡性。发育于第四纪黏土母质的黄棕壤，在表土层下有一层紧实而黏重的黄棕色心土层，呈棱块状结构。本区黄棕壤仅有黄棕壤一个亚类，主要分布在本区北部。

潮土占本区地域面积的3%。成土母质为河流冲积物和湖积物。根据土壤有无石灰反应，本区潮土分为潮土和灰潮土两个亚类。

小于本区地域面积 3% 的土壤类型有石灰（岩）土、紫色土等。

本区域中心区气候特征

本区域中心区气候特征值
Regional climate characteristics in central area of the region

气候带：北亚热带湿润气候
Climate region: North subtropical humid climate

年平均气温 /℃ Annual average temperature /℃	16.7
年平均最高气温 /℃ Annual average maximum temperature /℃	21.2
年平均最低气温 /℃ Annual average minimum temperature /℃	13.3
年降水量 /mm Annual precipitation /mm	1339
≥10℃的积温 /℃ Daily temperature accumulated in a year (≥10℃) /℃	6844
年日照时数 /h Annual sunshine /h	1884
年平均相对湿度 /% Annual average relative humidity /%	78
干燥度 Dryness	0.74

本区域中心区月平均气温与月平均降水量
Monthly temperature and precipitation in central area of the region

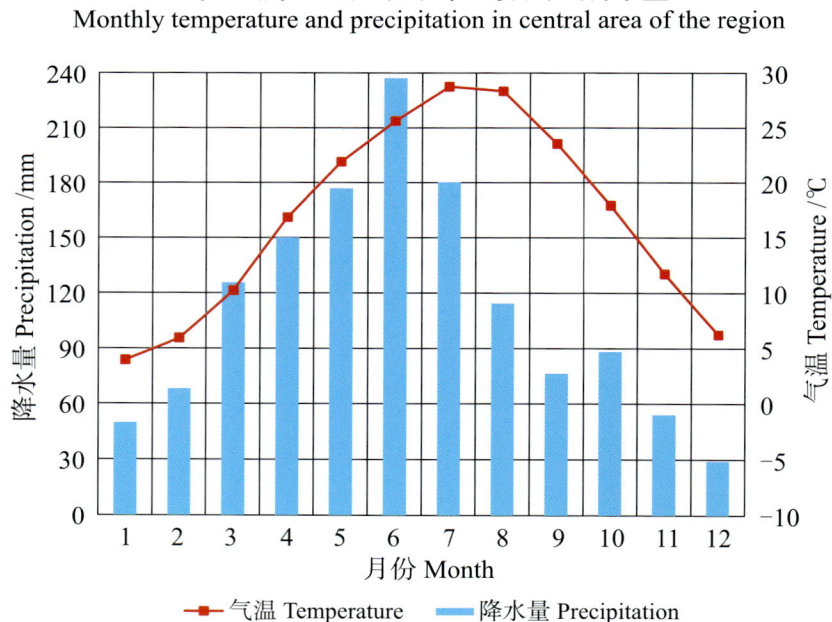

武昌县主要土壤类型与土壤剖面点分布图
1∶240 000

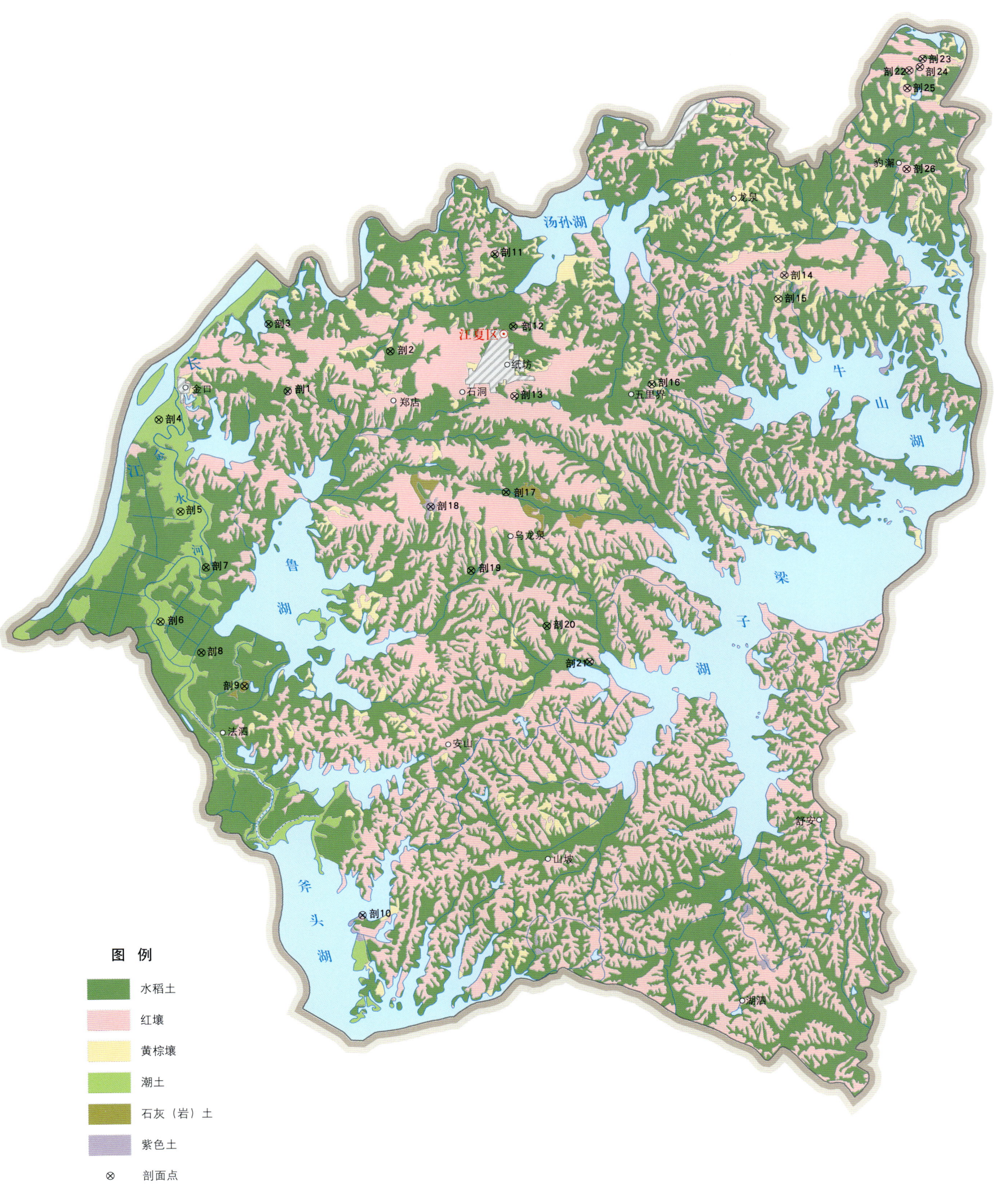

图 例
- 水稻土
- 红壤
- 黄棕壤
- 潮土
- 石灰（岩）土
- 紫色土
- ⊗ 剖面点

注：国务院1995年3月批准，撤销武昌县，设立江夏区。

江夏区土壤剖面理化性状表

剖面号 Soil profile	土纲 Soil order	土类 Soil great group	亚类 Soil subgroup	土属 Soil genus	土种 Soil species	土层码 Layer code	土层厚度 Depth/cm	颜色 Soil color	质地 Soil texture	土壤结构 Soil structure	pH	有机质 OM/(g/kg)	全氮 TN/(g/kg)	全磷 TP/(g/kg)	全钾 TK/(g/kg)	碱解氮 AN/(mg/kg)	有效磷 AP/(mg/kg)	速效钾 AK/(mg/kg)	阳离子交换量CEC/(cmol/kg)	土壤母质 Parent material	剖面点坐标 Profile coordinate	匹配指数 Matching index/%
剖1	人为土	水稻土	潴育水稻土	棕红壤性红泥田	红白散土	A	0—15	黄色	中壤土	粒状		23.6	1.42	0.37	13.8	156	1.2	73	12.7		E 114°11′17.7″ N 30°20′08.3″	97
						P	15—26	红黄色	中壤土	块状	6.1	10.7	0.68	0.41	13.3	93	1.5	46				
						W	26—49	黄棕色	中壤土	块状	6.2	5.4	0.58	0.41	12.7	67	4.9	50				
						C	49—100	红黄色	重壤土	块状	6.0	7.8	1.04	0.36	14.5	53	3.2	77				
剖2	人为土	水稻土	侧渗性水稻土	黄棕壤性白隔黄泥田	白隔白散田	A	0—13				6.0	18.7	1.04	0.28	12.6	105	4.2	61	9.5	第四纪黏土	E 114°14′51.8″ N 30°21′27.7″	97
						P	13—17				7.2	6.6	0.44	0.21	13.6	36	1.2	36	10.9			
						W	17—33				7.3	4.3	0.39	0.17	14.9	28	1.6	66				
						E	33—100				7.1	6.4	0.41	0.17	16.8	26	1.5	86				
剖3	人为土	水稻土	沼泽型水稻土	烂泥田	烂泥田	Ag	0—19	暗灰黄色	轻黏土	块状	5.3	38.7	2.05	0.30	19.3	157	3.3	79	21.0		E 114°10′34.8″ N 30°22′14.6″	97
						G	19—100	青灰色	黏土	块状	6.0	34.7	1.99	0.27	20.7	37	3.5	90	26.5			
剖4	半水成土	潮土	灰潮土	黏质灰潮土	灰壳土	1	0—17	棕色	重壤土	块状	7.6	25.0	1.75	0.73	28.0	112	5.9	119	21.6	有石灰反应的河流冲积物	E 114°06′48.3″ N 30°19′10.0″	95
						2	17—28	棕色	重壤土	块状	7.7	26.7	1.66	0.71	27.6	108	7.7	143				
						3	28—100	棕色	砂壤土	块状	7.8	12.8	0.98	0.74	28.0	76	10.3	83				
剖5	半水成土	潮土	灰潮土	砂质灰潮土	灰砂土	1	0—60	棕色	中壤土	小块状												95
						2	60—100	棕色	中壤土	小块状												
剖6	半水成土	潮土	潮土	黏质潮土	湖板土	A	0—15	黄棕色	中黏土	块状	7.7	29.5	1.86	0.53	28.4	141	8.4	136	26.2	河流冲积物	E 114°07′00.4″ N 30°12′48.3″	95
						2	15—100	黄棕色	中黏土	块状	7.8	22.8	1.44	0.46	28.8	105	6.9	97	24.1			
剖7	人为土	水稻土	潴育水稻土	灰潮泥田	灰壳土田	A	0—20	黄棕色	重壤土	块状	7.7	22.6	1.43	0.63	29.6	130	4.0	77		河流冲积物	E 114°08′33.6″ N 30°14′33.0″	95
						P	20—30	棕红色	中壤土	块状	7.8	12.2	0.87	0.68	30.6	50	6.4	82				
						W	30—59	棕红色	重壤土	块状	7.4	10.5	0.94	0.34	30.7	70	5.7	95				
						C	59—100	黄棕色	中壤土	块状												
剖8	人为土	水稻土	潴育水稻土	灰潮泥田	灰正土田	A	0—13	黄棕色	中黏土	粒状	7.2	39.8	2.37	0.77	26.3	156	8.7	99	21.2	河流冲积物	E 114°08′27.0″ N 30°11′51.3″	95
						P	23—68	黄棕色	重黏土	块状	7.5	34.4	2.13	0.79	26.7	138	8.0	91				
						C	68—100	暗黄棕色	重黏土	块状	7.7	13.9	0.92	0.67	26.8	47		86				
剖9	初育土	石灰(岩)土	棕色石灰土	棕色石灰土	灰烂泥田	A	0—30	暗黄棕色	中壤土	粒状	7.4	20.0	1.26	0.36	16.9	79	10.8	50	24.6	石灰岩	E 114°09′59.0″ N 30°10′49.7″	97
						C	30—				8.2						8.6					
剖10	初育土	紫色土	石灰性紫色土	灰紫砂土	灰紫砂土	A	0—17	淡棕红色	轻壤土	粒状	6.8	17.8	1.08	0.24	15.0	108	3.8	60	12.9		E 114°14′15.2″ N 30°03′38.7″	97
						C	17—	紫色	中壤土	粒状	6.9	8.6	0.53	0.21	13.4	54	3.5	37				
剖11	人为土	水稻土	潴育水稻土	潮砂泥田	潮砂泥田	A	0—12	黄棕色	重壤土	块状	6.9	8.3	0.48	0.21	17.0	31	2.5	51	11.7	河流冲积物	E 114°18′27.0″ N 30°24′35.7″	95
						P	12—19	黄棕色	中壤土	块状	7.5	8.0	0.46	0.19	18.8	28	2.3	85				
						W	19—51	黄棕色	中壤土	块状									9.5			
						C	51—100	黄棕色	中壤土	块状												
剖12	人为土	水稻土	沼泽型水稻土	灰烂泥田	灰烂泥田	A	0—17	灰棕色	中黏土	糊状	7.5	41.1	2.39	0.78	29.3	157	6.3	97	26.0		E 114°19′09.2″ N 30°22′19.2″	97
						G	17—100	青灰色	重黏土	糊状	7.6	23.0	1.45	0.61	31.2	99	12.0	136				
剖13	铁铝土	红壤	棕红壤	石灰岩棕红土	灰红土	A	0—15	棕红色	重壤土	块状	5.7	16.2	0.96	0.30	15.3	86	1.4	233	14.5	石灰岩	E 114°19′14.4″ N 30°20′07.5″	95
						C	15—100	棕红色	轻壤土	碎块状	5.7			0.26	17.1		≤1.0	148				
剖14	铁铝土	红壤	棕红壤	棕红土	红土	A	0—15	暗棕色	中壤土	碎块状	5.5	17.1	0.94	0.43	13.4	106	5.9	70	10.8	石灰岩	E 114°28′37.1″ N 30°24′05.7″	95
						C	15—100	棕红色	重壤土	块状	5.6	9.6	0.59	0.30	15.6	67	2.3	27				
剖15	淋溶土	黄棕壤	黄棕壤	黄土	黄土	A	0—18	暗黄棕色	中壤土	块状	5.5	17.1								第四纪黏土	E 114°28′25.2″ N 30°23′20.8″	95
						B	18—27	淡黄棕色	中壤土	块状	5.6											
						C	27—100	黄红棕色	中壤土	块状	5.6	0.57		0.38	14.5	63	2.7	43				

续表 Continued

剖面号 Soil profile	土纲 Soil order	土类 Soil great group	亚类 Soil subgroup	土属 Soil genus	土种 Soil species	土层码 Layer code	土层厚度 Depth/cm	颜色 Soil color	质地 Soil texture	土壤结构 Soil structure	pH	有机质 OM/(g/kg)	全氮 TN/(g/kg)	全磷 TP/(g/kg)	全钾 TK/(g/kg)	碱解氮 AN/(mg/kg)	有效磷 AP/(mg/kg)	速效钾 AK/(mg/kg)	阳离子交换量 CEC/(cmol/kg)	土壤母质 Parent material	剖面点坐标 Profile coordinate	匹配指数 Matching index/%
剖16	人为土	水稻土	淹育水稻土	浅棕红壤性红泥田	浅红泥田	A	0—16	灰黄色	中壤土	粒状	6.0	18.4	1.21	0.43	16.1	157	5.9	105	13.0		E 114°24′03.0″ N 30°20′34.5″	95
						P	16—38	棕红色	中壤土	块状	6.1	16.0	1.03	0.42	16.3	112	5.9	108				
						C	38—100	黄红色	重壤土	块状	6.5	5.8	0.56	0.32	16.4	136	3.7	95				
剖17	人为土	水稻土	潴育水稻土	石灰岩性糠头泥田	糠头泥田	A	0—14	淡紫棕色	重壤土	核状	7.8	30.3	1.77	0.40	12.5	137	5.1	74		石灰岩	E 114°19′00.6″ N 30°17′05.4″	97
						P	14—20	淡黄棕色	重壤土	块状	7.8	28.9	1.70	0.40	12.8	115	3.5	58				
						W	20—55	黄棕色	轻黏土	块状	7.9	9.8	0.65	0.27	13.3	45	3.4	58				
						C	55—															
剖18	初育土	紫色土	酸性紫色土	酸性紫渣土	酸性紫渣土	A	0—15	紫色	砂壤土	粒状	6.3	10.1	0.68	0.35	13.4	56	≤1.0	96	11.1		E 114°16′22.9″ N 30°16′35.0″	97
						C	15—	紫色														
剖19	人为土	水稻土	淹育水稻土	浅潮泥田	浅潮砂泥田	A	0—16	黄棕色	砂壤土	粒状	6.1			0.27	7.2	92	2.0	39	5.9	河流冲积物	E 114°17′50.7″ N 30°14′35.5″	95
						C₁	16—24	黄棕色	砂壤土	块状	7.1			0.20	6.9	71	1.8	28				
						C₂	24—52	淡黄棕色	砂壤土	块状	6.6	4.8	0.26	0.15	5.7	21	1.8	30				
						C₃	52—100	棕色	轻壤土	块状	5.8		0.61	0.16	9.3	53	≤1.0	48				
剖20	人为土	水稻土	淹育水稻土	浅棕红壤性红黄砂泥田	浅红砂泥田	A	0—14	黄棕色	轻壤土	粒状	5.4	13.0	0.87	0.29	22.1	67	3.5	282	27.2		E 114°20′31.7″ N 30°12′52.9″	95
						P	14—23	灰棕色	中壤土	块状	5.9	20.3	0.90	0.31	23.1	66	3.5	260				
						C	23—				7.4	7.6	0.23	0.31	19.3	60	1.5	110				
剖21	人为土	水稻土	淹育水稻土	浅紫色性紫泥田	浅紫泥田	A	0—15	紫色	重壤土	块状	4.9	23.0	1.28	0.28	14.1	126	5.0	71	9.3		E 114°22′02.3″ N 30°11′46.3″	95
						P	15—37	紫色	重壤土	块状	5.9	12.5	0.76	0.27	14.8	80	2.8	58				
						C	37—100				6.6	7.0	0.49	0.31	19.2	34	5.5	87				
剖22	铁铝土	红壤	棕红壤	红黄砂泥土	红黄砂泥土	A	0—16		重壤土		4.7	16.4	0.80	0.24	17.1	89	≤1.0	107	12.5		E 114°32′51.2″ N 30°30′38.5″	75
剖23	铁铝土	红壤	棕红壤	棕红土	林地红土	A	0—18		中壤土		6.0	20.6	1.09	0.15	11.5	107	9.2	56	13.1		E 114°33′19.6″ N 30°31′01.3″	75
剖24	铁铝土	红壤	棕红壤	棕红土	菜地红土	B	18—41		重壤土		5.6	12.0	0.69	1.51	13.1	64	8.1	43				
						C	41—100		轻黏土			5.8	0.36	0.34	15.3	37	1.8	70			E 114°33′14.2″ N 30°30′45.4″	75
剖25	铁铝土	红壤	棕红壤	黄砂泥土	黄砂泥土	A	0—15		中壤土		5.1	16.6	0.94	0.24	12.7	101	≤1.0	112	8.0		E 114°32′48.2″ N 30°30′05.0″	75
剖26	铁铝土	红壤	棕红壤	石灰岩红土	薄层石灰岩棕红土	A	0—6	淡黄棕色	重壤土	碎块状										石灰岩	E 114°32′50.0″ N 30°27′31.2″	95
						C	6—															

新 洲 区

主要土类说明

水稻土是新洲区主要土壤类型，占本区地域面积的37%。水稻土是本区的主要耕地土壤，平原、阶地、丘陵、山区均有分布。在长期耕作、施肥和灌溉条件下，由于还原淋溶和氧化淀积等作用，水稻土形成了特有的剖面结构和发生层次。同时，根据水文地质条件和水耕熟化程度的差异，本区水稻土按水型分为淹育型、潴育型、潜育型、侧渗型和沼泽型五个亚类。

黄棕壤是新洲区第二大土壤类型，占本区地域面积的29%。黄棕壤主要发育于第四纪黏土沉积物以及红色砂岩、花岗片麻岩、石英片岩风化坡积物或残积物。黄棕壤为本区旱地的主要土壤，是红壤、黄壤向褐土、棕壤过渡的土壤类型，有明显的淋溶淀积特征。本区黄棕壤分为黄棕壤和黄棕壤性土两个亚类。

潮土是新洲区第三大土壤类型，占本区地域面积的20%。潮土是本区棉麦两熟的主要土壤。潮土分布在沙河平原、举水平原、倒水平原及滨江平原，有夜潮现象，故名潮土。成土母质为江河冲积物。根据土壤有无石灰反应，本区潮土分为潮土和灰潮土两个亚类。一般发育于长江冲积物母质的土壤，含有游离碳酸钙，称为灰潮土。潮土亚类包括湖砂土、潮砂泥土、潮泥土、湖泥土等土属，灰潮土亚类包括灰潮砂土、灰潮砂泥土、灰潮泥土、灰湖泥土等土属。

小于本区地域面积3%的土壤类型有紫色土等。

本区域中心区气候特征

本区域中心区气候特征值
Regional climate characteristics in central area of the region

气候带：北亚热带湿润气候 Climate region: North subtropical humid climate	
年平均气温 /℃ Annual average temperature /℃	16.3
年平均最高气温 /℃ Annual average maximum temperature /℃	21.0
年平均最低气温 /℃ Annual average minimum temperature /℃	12.7
年降水量 /mm Annual precipitation /mm	1301
≥10℃的积温 /℃ Daily temperature accumulated in a year (≥10℃) /℃	6284
年日照时数 /h Annual sunshine /h	1923
年平均相对湿度 /% Annual average relative humidity /%	78
干燥度 Dryness	0.74

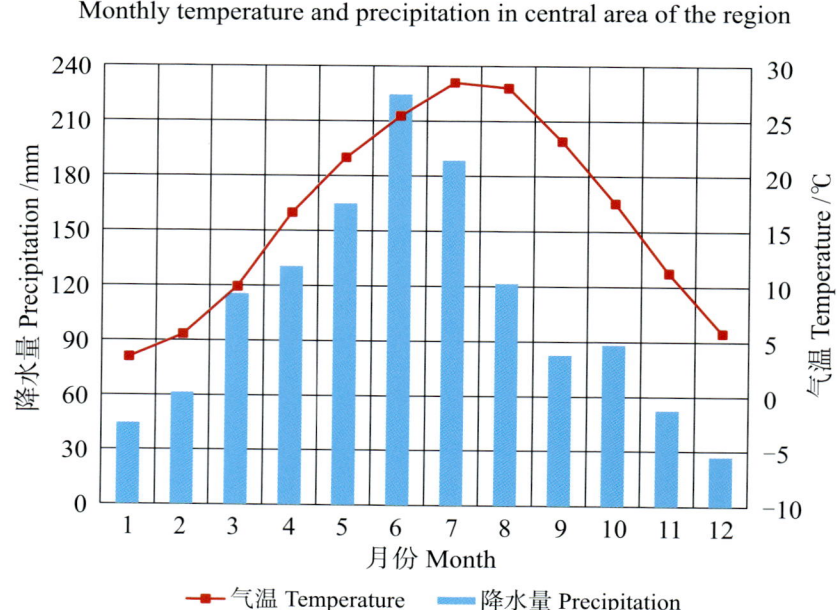

本区域中心区月平均气温与月平均降水量
Monthly temperature and precipitation in central area of the region

新洲县主要土壤类型与土壤剖面点分布图

1∶230 000

图 例
- 水稻土
- 黄棕壤
- 潮土
- 紫色土
- ⊗ 剖面点

注：国务院1998年9月批准，撤销新洲县，设立新洲区。

第二编 分县土壤图与土壤剖面数据 | 043

新洲区土壤剖面理化性状表

剖面号 Soil profile	土纲 Soil order	土类 Soil great group	亚类 Soil subgroup	土属 Soil genus	土种 Soil species	土层码 Layer code	土层厚度 Depth/cm	颜色 Soil color	质地 Soil texture	土壤结构 Soil structure	pH	有机质 OM/(g/kg)	全氮 TN/(g/kg)	全磷 TP/(g/kg)	全钾 TK/(g/kg)	碱解氮 AN/(mg/kg)	有效磷 AP/(mg/kg)	速效钾 AK/(mg/kg)	阳离子交换量 CEC/(cmol/kg)	土壤母质 Parent material	剖面点坐标 Profile coordinate	匹配指数 Matching index/%
剖1	淋溶土	黄棕壤	黄棕壤	黄土	黄土	A	0—20	黄棕色	重壤土	小块状	5.6	18.0	1.09	0.38		93	8.0	155		第四纪黏土沉积物	E 114°44′16.0″ N 30°55′10.9″	95
						B	20—55	棕黄色	黏土	块状	6.8	5.1	0.40	0.13								
						C	55—100	棕灰色	重壤土	大块状	7.0	3.4	0.28	≤0.10								
剖2	淋溶土	黄棕壤	黄棕壤	硅砂泥土	林地硅砾骨土	A	0—10	棕灰色	砂壤土		5.9	9.5	0.38	≤0.10	11.1	48	4.6	15	2.7	石英片岩残积物或坡积物	E 114°41′01.4″ N 30°55′16.3″	95
						C	10—27		砂壤土		5.4	4.4	0.18	≤0.10	23.0				2.9			
						D	27—100		砂土		5.9	1.1	≤0.10	0.11	12.7				≤1.0			
剖3	人为土	潴育水稻土	灰潮土田	灰潮砂泥田	A	0—14	中壤土		8.0	13.4	0.84	0.62		72	3.3	60		长江冲积物和湖相沉积物	E 114°37′28.5″ N 30°50′52.3″	95
						P	14—22	重壤土	块状	8.0	11.2	0.81	0.67								
						W₁	22—65	重壤土	棱柱状	8.0	10.8	0.71	0.68								
						W₂	65—100	重壤土	棱柱状	7.9	12.2	0.80	0.74								
剖4	人为土	潴育水稻土	硅砂泥土	硅砂泥田	P	0—18	棕黄色	中壤土	粒状											石英片岩残积物或坡积物	E 114°39′33.4″ N 30°53′13.0″	95
						W₁	18—28	深灰色	轻壤土	块状	6.4	15.4	0.70	≥10.00		62	1.1	40	8.6			
						W₂	28—67	黄棕色	轻壤土	碎块状	7.0	10.9	0.55	≥10.00					8.7			
							67—100	栗色	轻壤土	块状	7.1	7.2	0.35	≥10.00					11.4			
剖5	淋溶土	黄棕壤	潮土田	黄佳骨土	P	0—14	淡灰色	中砾石土	无结构													
						W	14—21	紫红色	中砾石土	无结构													
							21—100	棕色	轻壤土	粒状	7.0	20.4	1.04	1.02		83	49.1	200		花岗片麻岩残积坡积物或坡积物	E 114°41′38.6″ N 30°53′45.5″	95
剖6	淋溶土	黄棕壤	黄棕壤	砂砂土	泥砂土	A	0—16	紫红色	轻壤土	粒状	6.7	13.7	0.78	0.44							E 114°43′29.2″ N 30°53′39.6″	95
						B₁	16—64	棕黄色	轻壤土	块状	6.6	7.1	0.36	0.22								
						B₂	64—100	褐色	重壤土	结结构	7.9	21.4	1.25	0.74								
剖7	人为土	潴育水稻土	灰潮土田	灰潮砂泥田	P	16—29	褐色	黏土	块状	7.5	17.0	1.06	0.65		79	6.5	101		长江冲积物和湖相沉积物	E 114°44′42.9″ N 30°53′48.2″	95
						W₁	29—61	黄棕色	黏土	粒状	7.8	13.2	0.96	0.79								
						W₂	61—100	灰棕色	黏土	大块状	6.0	16.8	1.25	0.39								
剖8	淋溶土	黄棕壤	黄土	黄土	A	0—10	黄棕色	中壤土	碎块状	5.9	24.4	1.07	0.23		55	3.2	133	12.1	第四纪黏土沉积物	E 114°43′20.6″ N 30°50′31.1″	95
						C	10—20	黄棕色	砂壤土	块状	5.2	7.3	0.51	0.16					13.1			
剖10	潮土	潮土	潮砂泥土	潮砂土	A	0—12	黄棕色	重壤土	块状	6.7	11.1	0.64	0.54		55	19.1	46		河流冲积物	E 114°44′50.0″ N 30°50′06.6″	95
						B₁	20—40	棕黄色	重壤土	粒状	6.9	8.5	0.40	0.60								
						B₂	40—100	棕黄色	砂壤土	块状	6.9	10.2	0.59	0.42								
剖11	半水成土	潮土	潮砂泥土	潮砂土	A	0—12	棕灰色	砂壤土	粒状	6.3	5.0	0.32	0.31		36	11.8	75		江河冲积物	E 114°41′05.5″ N 30°51′30.2″	95
						B₁	12—43	棕色	黏土	无结构	6.3	2.1	0.14	0.29								
						B₂	43—56	棕色	黏土	粒状	6.3	5.2	0.32	0.40								
						C	56—100	红棕色	中壤土	无明显结构	7.4	≤1.0	≤0.10	0.14								
剖12	淋溶土	黄棕壤	赤砂泥土	赤砂泥土	A	0—15	紫棕色	重壤土	小块状	5.7	13.8	0.80	0.35		35	2.5	52		第四纪黏土沉积物	E 114°34′42.6″ N 30°46′31.0″	75
						B₁	15—25	棕色	重壤土	块状	5.4	7.7	0.54	0.23								
						B₂	25—100	棕色	中壤土	粒状	5.5	3.6	0.31	0.13								
剖13	人为土	潴育水稻土	灰潮土田	灰潮砂泥田	A	0—14	黄棕色	中壤土	块状											长江冲积物和湖相沉积物	E 114°31′26.6″ N 30°46′15.5″	95
						W₁	14—22	棕色	中壤土	块状												
						W₂	65—100	棕色	中壤土	块状												

续表 Continued

剖面号 Soil profile	土纲 Soil order	土类 Soil great group	亚类 Soil subgroup	土属 Soil genus	土种 Soil species	土层码 Layer code	土层厚度 Depth/cm	颜色 Soil color	质地 Soil texture	土壤结构 Soil structure	pH	有机质 OM/(g/kg)	全氮 TN/(g/kg)	全磷 TP/(g/kg)	全钾 TK/(g/kg)	碱解氮 AN/(mg/kg)	有效磷 AP/(mg/kg)	速效钾 AK/(mg/kg)	阳离子交换量CEC/(cmol/kg)	土壤母质 Parent material	剖面点坐标 Profile coordinate	匹配指数 Matching index/%
剖14	淋溶土	黄棕壤	黄棕壤	黄土	亏黄土	A	0—20	黄褐色	中壤土	块状	5.5	15.3	0.94	0.38		101	10.3	65		第四纪黏土沉积物	E 114°32′31.0″ N 30°45′40.2″	98
						B	20—100	棕红色	重壤土	块状	6.5	4.4	0.38	0.16								
剖15	人为土	水稻土	潴育水稻土	黄泥田	青底黄泥田	A	0—12	黄棕色	重壤土	小块状	5.1	23.6	1.35	0.41		269	4.5	30		第四纪黏土	E 114°38′39.5″ N 30°47′50.6″	95
						P	12—19	棕红色	重壤土	块状	6.8	8.6	0.53	0.23								
						W	19—26	灰白色	黏土	棱柱状	7.1	3.8	0.29	0.12								
						G	26—100	青灰色	黏土	棱柱状	7.2	6.6	0.38	0.12								
剖16	半水成土	潮土	潮土	潮砂泥土	漏砂潮砂土	A	0—16	褐色	轻壤土	粒状	5.9	10.8	0.65	0.33		57	8.2	26		河流冲积物	E 114°41′00.8″ N 30°48′42.7″	95
						B₁	16—28	棕色	轻壤土	块粒状	6.0	8.0	0.50	0.41								
						B₂	28—40	棕色	砂土	无结构	6.4	2.5	0.11	0.29								
						C	40—100	褐色	轻壤土	粒状	6.7	7.2	0.42	0.32								
剖17	人为土	水稻土	潴育水稻土	潮土田	夹砂潮砂泥田	A	0—14	栗色	中壤土	块状	5.2	32.6	1.96			143	4.8	68		湖积物	E 114°42′31.0″ N 30°49′41.8″	95
						P	14—25	棕色	中壤土	柱状												
						W₁	25—45	褐色	轻壤土	无结构												
						S	45—62	褐色	砂土	粒状												
						W₂	62—100		轻壤土													
剖18	人为土	水稻土	潴育水稻土	青泥田	淤泥田	A	0—15	淡灰色	黏土	块状	5.5	25.4	1.49	0.42		140	11.8	136		湖积物	E 114°41′54.7″ N 30°16′42.2″	95
						P	15—24	暗棕色	黏土	块状	5.6	15.9	1.01	0.48								
						G	24—100	青灰色	轻壤土	块状	5.7	17.9	1.15	0.46								
剖19	半水成土	潮土	潮土	潮土田	漏水潮砂田	A	0—15	淡栗色	黏土	粒状	6.8	20.8	1.11	0.61		81	5.8	43		河流冲积物	E 114°37′48.9″ N 30°45′14.9″	95
						B₁	15—30	暗栗色	轻壤土	粒状	7.2	11.3	0.58	0.69								
						B₂	30—100	黄棕色	砂土	无结构	7.2	3.9	0.27	0.87								
剖20	半水成土	潮土	潮土	潮砂泥土	潮砂泥土	A	0—21	黄棕色	中壤土	粒状	6.2	11.2	0.78	0.30		63	7.4	42		长江冲积物	E 114°40′17.8″ N 30°45′05.2″	98
						B₁	21—35	褐色	中壤土	粒状	5.5	8.0	0.57	0.43								
						B₂	35—100	褐色	轻壤土	粒状	6.0	6.5	0.49	0.48								
剖21	人为土	水稻土	灰潮土	灰潮砂泥土	灰潮砂泥土	A	0—22	深栗色	中壤土	小块状	6.8	31.6	1.99	0.40		133	4.4	167		湖积物	E 114°32′00.6″ N 30°42′31.0″	95
						B₁	22—81	红棕色	中壤土	小块状	6.5	29.2	1.70	0.40								
						B₂	81—100	淡红色	砂壤土	无明显结构												
剖22	人为土	水稻土	潴育水稻土	青泥田	青泥田	A	0—18	淡红棕色	黏土	块状	6.8	27.0	1.50	0.32		84	4.0	126		第四纪黏土沉积物	E 114°37′19.6″ N 30°42′59.5″	95
						B	18—29	暗棕色	黏土	块状	6.6	20.0	1.24	0.37								
						C	29—100	棕色	黏土	粒状	7.0	19.8	1.15	0.45								
剖23	人为土	水稻土	黄棕壤	黄土	码骨土	A	0—15	暗棕色	中壤土	块状	6.6	6.4	0.44	0.14		79	6.1	85		第四纪黏土	E 114°36′55.6″ N 30°43′07.0″	95
						B	15—55	青棕色	黏土	小块状	5.6	15.2	0.98	0.30								
						C	55—100	棕色	黏土	块柱状	6.0	6.0	0.47	0.15								
剖24	淋溶土	黄棕壤	黄棕壤	第四纪黏土黄棕壤	马肝土	A	0—13	暗棕色	黏土	棱柱状	6.0	4.1	0.37	0.13		55	8.9	89		第四纪黏土	E 114°37′54.1″ N 30°43′15.2″	81
						B₁	13—21	淡红棕色	黏土	棱柱状	6.3	3.5	0.25	≤0.10								
						B₂	21—89	暗棕红色	重壤土	粒状	7.8	15.4	0.87	0.91								
						C	89—100	棕红色	黏壤土	块数状	7.7	7.9	0.56	0.78								
剖25	半水成土	潮土	灰潮土	灰潮砂泥土	底砂灰潮泥田	A	0—19	褐色	中壤土	无结构	7.6	3.5	0.19	0.53		105	13.1	150		长江冲积物	E 114°40′53.5″ N 30°43′36.8″	95
						B	19—64	棕色	砂土													
						C	64—100	淡灰色														
剖26	人为土	水稻土			青底湖泥田	A	0—17	灰棕色	重壤土	块状	6.4	25.1	1.61								E 114°44′14.4″ N 30°41′18.9″	95
剖27	人为土	水稻土	潴育水稻土	潮土田	湖泥田	A		棕灰色		块状											E 114°44′42.0″ N 30°42′15.9″	95
						P	17—27	棕灰色	黏土													
						W	27—100	棕色														

续表 Continued

剖面号 Soil profile	土纲 Soil order	土类 Soil great group	亚类 Soil subgroup	土属 Soil genus	土种 Soil species	土层码 Layer code	土层厚度 Depth/cm	颜色 Soil color	质地 Soil texture	土壤结构 Soil structure	pH	有机质 OM/(g/kg)	全氮 TN/(g/kg)	全磷 TP/(g/kg)	全钾 TK/(g/kg)	碱解氮 AN/(mg/kg)	有效磷 AP/(mg/kg)	速效钾 AK/(mg/kg)	阳离子交换量CEC/(cmol/kg)	土壤母质 Parent material	剖面点坐标 Profile coordinate	匹配指数 Matching index/%
剖28	人为土	水稻土	潴育水稻土	灰紫泥田	灰紫泥田	P	0—17	黄棕色	黏土	小块状	5.5	33.6	1.87	0.44	12.3	126	5.5	35	21.4	紫色砂岩坡积物	E 114°37′23.5″ N 30°39′23.4″	95
						W₁	17—27	褐色	重壤土	块状	7.5	4.7	0.26	0.16	14.1				11.9			
						W₂	27—85	棕黄色	重壤土	块状	7.4	11.8	0.67	0.42	13.1				15.9			
						W₂	85—100	褐灰色	中壤土	块状	7.4	5.1	0.31	0.29	14.1				14.2			
剖29	人为土	水稻土	潴育水稻土	灰紫泥田	紫砂泥田	A	0—13	暗灰色	中壤土	块状										紫色砂岩坡积物	E 114°37′14.9″ N 30°38′03.6″	95
						W₁	13—23	淡灰色	重壤土	梭块状												
						W₂	23—50	灰灰色	重壤土	块状												
						W₂	50—100	灰灰色	重壤土													
剖30	淋溶土	黄棕壤	黄棕壤	砂泥土	林地麻骨土	A	0—10		轻壤土		6.6	20.9	0.85	3.53	23.4	86	3.1	55	11.5	花岗片麻岩残积物或坡积物	E 114°38′32.5″ N 30°38′47.1″	95
						C	10—21		轻壤土		6.5	12.5	0.54	1.89	21.8				14.7			
						D	21—100		砂土		7.2	2.4	0.11	0.51	4.2				7.5			
剖31	半水成土	潮土	灰潮土	灰潮砂泥土	灰飞砂土	A	0—21	褐色	砂土	粒状	7.9	6.7	0.45	0.54	18.6	73	3.1	55		长江冲积物	E 114°42′06.1″ N 30°36′04.4″	95
						B	21—100	褐色	砂土	无明显结构	8.0	4.1	0.28	0.55	17.4							
剖32	半水成土	潮土	灰潮土	灰潮砂泥土	灰潮泥砂土	A	0—20	褐色	轻壤土	粒状	8.0	11.9	0.79	0.80	18.6	57	2.0	87	8.9	长江冲积物	E 114°39′14.5″ N 30°35′30.5″	98
						B₁	20—47	黄棕色	轻壤土	粒状	8.3	5.3	0.33	0.61	17.4				5.9			
						B₂	47—100	黄棕色	中壤土	粒状	8.1	6.2	0.38	0.78	16.8				8.7			
剖33	半水成土	潮土	灰潮土	灰潮砂泥土	夹砂灰潮泥砂土	A	0—16	黄棕色	轻壤土	粒状	7.9	11.2	0.71	0.70		36	11.9	56		长江冲积物	E 114°37′50.2″ N 30°34′50.4″	95
						B₁	16—45	棕色	砂壤土	粒状	8.1	5.0	0.33	0.69								
						S	45—60	灰棕色	轻壤土	无结构	8.2	3.4	0.18	0.48								
						B₂	60—100	棕色	轻壤土	粒状	8.0	8.0	0.31	0.66								
剖34	人为土	水稻土	潴育水稻土	黄泥田	黄泥田	A	0—16	黄棕色	重壤土	粒状	5.1	23.5	1.25	0.29		106	6.4	43		第四纪黏土	E 114°47′30.2″ N 30°56′06.1″	95
						P	16—33	黄棕色	重壤土	块状	5.4	17.9	1.00	0.32								
						W₁	33—68	黄棕色	重壤土	梭柱状	5.1	19.2	1.19	0.30								
						W₂	68—100	黄棕色	重壤土	梭柱状	6.7	6.7	0.44	0.22								
剖35	人为土	水稻土	潴育水稻土	赤砂泥田	青岗赤泥田	A	0—16	青灰色	中壤土	粒状	6.3	33.5	1.65	0.34		113	11.4	65		红砂岩和砂砾岩坡积物	E 114°56′40.2″ N 30°55′22.5″	95
						Pg	16—40	棕色	中壤土	块状	6.8	27.1	1.34	0.25								
						W	40—100	棕色	重壤土	块状	6.2	12.2	0.66	0.14								
剖36	淋溶土	黄棕壤	黄棕壤	黄土	马肝土	A	0—13	棕色	黏土	小块状	5.6	15.2	0.98	0.30		79	6.1	85		第四纪黏土沉积物	E 114°55′38.6″ N 30°55′31.8″	95
						B₁	13—21	棕红色	重壤土	块状	6.0	6.0	0.47	0.15								
						B₂	21—89	暗棕色	重壤土	块状	6.0	4.1	0.37	0.13								
						C	89—100	棕红色	重壤土	块状	6.3	3.5	0.25	≤0.10								
剖37	淋溶土	黄棕壤	黄棕壤	黄土	乌梅子土	A	0—20	黄棕色	中壤土	小块状	6.2	16.2	0.85	0.42		80	15.3	100	≥50.0	第四纪黏土沉积物	E 114°51′40.3″ N 30°54′28.1″	95
						B	20—45	淡红棕色	中壤土	块状	5.9	6.3	0.48	0.21								
						C	45—100	棕黄色	中壤土	大块状	5.9	4.7	0.31	0.13								
剖38	淋溶土	黄棕壤	黄棕壤	黄土	白散土	A	0—18	棕色	重壤土	粒状	6.6	14.0	0.78	0.54		77	21.3			第四纪黏土沉积物	E 114°49′57.2″ N 30°52′51.1″	95
						B	18—39	棕黄色	中壤土	块状	6.9	9.0	0.58	0.32								
						C	39—100	棕色	重壤土	粒状	7.0	7.5	0.50	0.19								
剖39	淋溶土	黄棕壤	黄棕壤	赤砂泥土	赤砂土	A	0—14	黄棕色	砂壤土	粒状										第四纪黏土沉积物	E 114°48′55.4″ N 30°51′18.1″	95
						C	14—43	棕黄棕色	砂土	无明显结构												
						C	43—100	淡红棕色	砂土	无明显结构												
剖40	人为土	水稻土	淹育水稻土	浅赤砂泥田	浅赤砂泥田	A	0—12	暗棕色	中壤土	小块状	5.4	24.4	1.34	0.24		111	3.2	41	9.8	红砂岩	E 114°49′29.0″ N 30°50′31.6″	95
						P	12—19	棕色	中壤土	粒状	5.6	18.7	1.07	0.22								
						C	19—100	棕红色	中壤土	无明显结构	6.9	5.6	0.39	0.18								
剖41	人为土	水稻土	淹育水稻土	浅潮砂泥田	盖土砂田	A	0—14	棕色	中壤土	粒状	5.6	15.5	0.79	0.42	19.8	81	10.6	52		河流冲积物	E 114°51′35.4″ N 30°51′40.7″	95
						P	14—24	棕色	中壤土		6.0	14.9	0.72	0.42	20.6				10.3			
						S	24—100	棕色	中壤土		5.6	14.3	0.67	0.41	20.5				10.8			

续表 Continued

剖面号 Soil profile	土纲 Soil order	土类 Soil great group	亚类 Soil subgroup	土属 Soil genus	土种 Soil species	土层码 Layer code	土层厚度 Depth/cm	颜色 Soil color	质地 Soil texture	土壤结构 Soil structure	pH	有机质 OM/(g/kg)	全氮 TN/(g/kg)	全磷 TP/(g/kg)	全钾 TK/(g/kg)	碱解氮 AN/(mg/kg)	有效磷 AP/(mg/kg)	速效钾 AK/(mg/kg)	阳离子交换量 CEC/(cmol/kg)	土壤母质 Parent material	剖面点坐标 Profile coordinate	匹配指数 Matching index/%
剖42	半水成土	潮土	潮土	潮砂土	林地潮砂土	A	0–15		砂壤土		7.2	5.6	0.32	0.66	22.2	42	10.4	23	4.9	江河冲积物	E 114°46′13.7″ N 30°52′18.2″	95
						C	15–100		砂土		7.1	1.2	≤0.10	0.62	20.7				1.3			
剖43	初育土	紫色土	石灰性紫色土	石灰性紫色土	薄层石灰性紫色砂泥土	A	0–22	紫棕色	中壤土	粒状	7.0	10.9	0.68	5.24	12.2	82	14.1	87	24.9	紫色砂岩坡积物或残积物	E 114°53′20.0″ N 30°53′43.2″	75
						B	22–33	灰色	中壤土	块状	7.3	4.7	0.32	2.22	10.7				32.7			
						C	33–100	紫色	砂壤土	块状	7.6	2.2	0.24	2.72	12.7				24.6			
剖44	人为土	水稻土	潴育水稻土	赤砂泥田	赤泥田	A	0–17	褐色	重壤土	碎块状	5.2	23.8	1.34	0.42		95	10.4	27		红砂岩和砂砾岩坡积物	E 114°54′22.6″ N 30°54′43.7″	95
						P	17–27	栗色	重壤土	块状	6.8	16.9	0.98	0.33								
						W₁	27–65	棕黄色	中壤土	棱块状	7.3	4.9	0.33	0.24								
						W₂	65–100	棕褐色	中壤土	块状	7.4	5.3	0.34	0.28								
剖45	淋溶土	黄棕壤	黄棕壤	砂泥土	砂土	A	0–15	棕色	砂土	粒状	6.6	13.0	0.68	0.65	23.4	56	22.5	38	8.0	花岗片麻岩残坡积物或残积物	E 114°59′39.3″ N 30°53′14.4″	95
						B₁	15–30	棕色	砂壤土	块粒状	6.7	10.2	0.53	0.63	22.1				7.6			
						B₂	30–47	黄棕色	中壤土	块状	6.9	7.3	0.38	0.44	19.0				13.7			
						B₃	47–100	黄棕色	中壤土	块状	7.0	6.1	0.35	0.37	20.2				11.9			
剖46	人为土	水稻土	潴育水稻土	砂泥田	砂泥田	A	0–15	黄棕色	中壤土	粒状	5.2	29.7	1.66	0.34	100	4.0	81			花岗片麻岩残坡积物或残积物	E 114°54′58.3″ N 30°50′08.2″	95
						P	15–25	棕灰色	中壤土	小块状	7.4	6.7	0.38	0.25								
						W	25–100	棕灰色	中壤土	小块状	7.2	5.9	0.40	0.17								
剖47	淋溶土	黄棕壤	黄棕壤	赤砂泥土	赤泥田	A	0–20	棕褐色	轻壤土	粒状	6.8	12.4	0.65	0.57	24	2.8	30		湖积物	E 114°48′59.1″ N 30°46′27.0″	95
						C	20–100	黄棕色	砂砾		7.9	2.2	≤0.10	0.52								
剖48	淋溶土	黄棕壤	黄棕壤	硅砂泥土	林地硅砂土	A	0–18		中壤土	块状	5.2	14.1	0.68	0.21	53	7.2	40		湖相沉积物	E 114°54′43.9″ N 30°48′59.7″	95
						B	18–100		轻壤土	块状	5.1	4.4	0.28	0.17								
剖49	人为土	水稻土	潜育水稻土	青泥田	锈水田	A	0–17	褐色	中壤土	粒状	5.9	25.3	1.48	0.66	101	7.0	26		湖积物	E 114°45′30.0″ N 30°40′20.8″	95
						P	17–30	暗黄色	中壤土	块状	6.8	23.7	1.45	0.54								
						G	30–100	淡灰色	中壤土	无结构	6.2	8.3	0.42	0.43								
剖50	半水成土	潮土	灰潮土	灰湖泥田	灰湖砂泥土	A	0–18	栗色	重壤土	块状		27.3	1.83	0.51	16.7	186	8.4	118	17.7	湖相沉积物	E 114°46′50.6″ N 30°40′40.3″	95
						B₁	18–29	褐色	重壤土	块状	7.1	15.8	1.00	0.42	16.6				14.1			
						B₂	29–100	褐色	重壤土	无结构	6.6	11.3	0.78	0.70	21.0							
剖51	人为土	水稻土	沼泽型水稻土	烂湖泥田	烂泥田	A	0–15	青灰色	重壤土	无结构	6.2	9.7	0.69	0.65	21.5	103	12.4	72	20.0		E 114°45′26.2″ N 30°39′14.0″	95
						G	15–100				6.7											
剖52	半水成土	潮土	潮土	潮泥土	潮泥土	A	0–19	褐色	中壤土	粒状	6.1	24.0	1.28	0.64		108	15.7	48	18.1	江河冲积物	E 114°46′09.2″ N 30°38′52.4″	95
						B	19–100	褐色	中壤土	块状	7.2	10.7	0.53	0.54								
剖53	人为土	水稻土	潜育水稻土	潮泥田	漏砂潮砂泥田	A	0–13	黄棕色	轻壤土	小块状	7.4	6.6	0.98	0.41						江河冲积物	E 114°47′44.0″ N 30°39′08.9″	95
						P	13–18	黄棕色	轻壤土	块状												
						W	18–48															
						C	48–100		砂土	无结构	7.3	1.6	≤0.10	0.24								

黄石市

阳新县

主要土类说明

红壤是阳新县主要土壤类型，占本县地域面积的48%。红壤主要发生于亚热带常绿阔叶林下，呈中度脱硅富铝化特征，土壤黏粒中游离铁占全铁的50%—60%。黏土矿物以高岭石、赤铁矿为主，黏粒硅铝率为1.8—2.4，风化淋溶系数小于0.2，盐基饱和度小于35%，pH为4.5—5.5。

水稻土是阳新县第二大土壤类型，占本县地域面积的23%。水稻土是在长期季节性淹灌、水下翻耕、季节性脱水、氧化还原交替影响下，原来成土母质或母土的特性发生重大改变，形成的新的土壤类型。由于干湿交替，水稻土形成糊状淹育层、较坚实板结的犁底层、渗育层、潴育层与潜育层等多种发生层。

石灰（岩）土是阳新县第三大土壤类型，占本县地域面积的15%。石灰（岩）土发生于热带、亚热带石灰岩山区，是石灰岩经溶蚀风化形成的厚薄不同的钙质饱和或含游离钙质的土壤，多见于石隙、溶洞或峰丛底部。该土壤碳酸钙淋溶程度不一，多黏土，多为铁钙质胶结物，风化程度不一，盐基饱和度高，有机质含量及胶结状态有较大差异。

潮土占本县地域面积的4%。潮土见于近代河流冲积平原或低平阶地，地下水位高，潜水参与成土过程。在潮土成土过程中，底土氧化还原交替作用，形成锈色斑纹和小型铁子。在长期耕作条件下，表层有机质含量为10—15g/kg，剖面构型为A_{11}-A_{12}-Cu或A_{11}-C-Cu。

小于本县地域面积3%的土壤类型有紫色土、沼泽土等。

本区域中心区气候特征

本区域中心区气候特征值
Regional climate characteristics in central area of the region

气候带：北亚热带湿润气候 Climate region: North subtropical humid climate	
年平均气温 /℃ Annual average temperature /℃	16.9
年平均最高气温 /℃ Annual average maximum temperature /℃	21.3
年平均最低气温 /℃ Annual average minimum temperature /℃	13.6
年降水量 /mm Annual precipitation /mm	1470
≥10℃的积温 /℃ Daily temperature accumulated in a year (≥10℃) /℃	8911
年日照时数 /h Annual sunshine /h	1844
年平均相对湿度 /% Annual average relative humidity /%	78
干燥度 Dryness	0.69

阳新县主要土壤类型与土壤剖面点分布图

1∶320 000

图 例
- 红壤
- 水稻土
- 石灰(岩)土
- 潮土
- 紫色土
- 沼泽土
- ⊗ 剖面点

第二编 分县土壤图与土壤剖面数据 | 049

阳新县土壤剖面理化性状表

剖面号 Soil profile	土纲 Soil order	土类 Soil great group	亚类 Soil subgroup	土属 Soil genus	土种 Soil species	土层码 Layer code	土层厚度 Depth/cm	颜色 Soil color	质地 Soil texture	土壤结构 Soil structure	pH	有机质 OM/(g/kg)	全氮 TN/(g/kg)	全磷 TP/(g/kg)	全钾 TK/(g/kg)	碱解氮 AN/(mg/kg)	有效磷 AP/(mg/kg)	速效钾 AK/(mg/kg)	阳离子交换量CEC/(cmol/kg)	土壤母质 Parent material	剖面点坐标 Profile coordinate	匹配指数 Matching index/%
剖1	铁铝土	红壤	棕红壤	红砂岩棕红壤	红赤砂土	A	0—4	棕色	壤质黏土	粒状	5.6	10.3	0.79	0.23	13.2				13.1	红砂岩和红色底砾岩风化物	E 114°46′43.4″ N 29°46′45.3″	95
						B	4—21	棕红色	壤质黏土	块状	5.6	9.2	0.49	0.19	12.2							
						C	21—100	棕红色	重壤土	块状												
剖2	人为土	水稻土	潴育水稻土	石灰（岩）性岩泥田	底砂灰岩泥田	A	0—15	褐色	壤质黏土	小块状	7.6	26.8	1.57	0.83	24.5	142	≥100.0	199	20.0		E 114°57′06.0″ N 29°47′12.6″	95
						P	15—23	栗色	壤质黏土	块状	7.6	31.2	1.80	0.82	20.3	127	≥100.0	188				
						W	23—68	黄棕色	壤质黏土	棱柱状	7.2	13.9	0.89	0.63	22.2	63	≥100.0	140				
						Si	68—100	棕色		碎块状	7.6											
剖3	初育土	石灰（岩）土	黑色石灰土	黑色石灰岩土	黑石灰渣土	A	0—6	黑棕色	重壤土	块状		34.1	1.85	0.54	14.5	215	3.6	147	16.3	石灰岩风化物	E 114°56′19.9″ N 29°40′13.6″	92
						C	6—60	黑棕色	重壤土	块状		11.7	0.44	0.81	6.2	150	≤1.0	61				
						D	60—															
剖4	人为土	水稻土	潴育水稻土	酸性结晶岩泥田	底砾岩砂泥田	A	0—12	灰棕色	轻壤土	小块状											E 115°12′40.1″ N 29°52′36.4″	95
						P	12—25	灰棕色	轻壤土	块状												
						W	25—64	棕色	轻壤土	棱块状												
						R	64—100	灰白色		散粒状												
剖5	人为土	水稻土	潴育水稻土	红砂岩泥田	夹砂赤砂泥田	A	0—11	棕灰色	中壤土	块状	5.8	24.2	1.47	0.45	13.7	174	9.8	55	9.3		E 115°14′12.6″ N 29°54′16.1″	95
						P	11—18	灰棕色	中壤土	块状	5.8	22.8	1.38	0.46	16.4	143	8.2	52				
						W	18—60	灰棕色	中壤土	棱柱状	6.0											
						Si	60—100	棕黄色			6.0											
剖6	半水成土	潮土		黏土型潮土	夹砂潮泥土	1	0—17	暗黄棕色	重壤土	粒状										近代河流冲积物	E 115°17′01.0″ N 29°49′30.5″	95
						2	17—27	黄棕色	砂土	粒状												
						3	27—84	褐色	重壤土	棱块状												
						4	84—100	棕灰色	黏土	块状												
剖7	人为土	水稻土	潴育水稻土	泥质岩泥田	底砂沈灰细砂泥田	A	0—15	棕灰色	中壤土	粒状	8.0	18.1	1.16	0.50	15.8	163	5.1	53	12.2		E 115°18′15.0″ N 29°40′27.0″	95
						P	15—25	棕灰色	中壤土	块状	8.0	23.7	1.43	0.45	16.9	141	5.9	69				
						W	25—55	灰棕色	中壤土	块状	8.0	24.9	1.47	0.46	16.0	116	4.2	70				
						B	55—100															

大 冶 市

主要土类说明

红壤是大冶市主要土壤类型，占本市地域面积的43%。本市地处湿润的亚热带向暖温带过渡的气候带，为红壤带的北部边缘，是红壤向黄棕壤过渡的棕红壤（亚类）地区。红壤面积大，种类多，分布广，本市各地均有分布。地形部位以丘陵地貌占优势，海拔一般为50—200m，相对高度为30—50m。本市红壤仅有棕红壤一个亚类。该亚类脱硅富铝化程度比红壤亚类弱，其黏粒硅铝率为1.9—2.1，盐基饱和度为45%—60%，阳离子交换量为8—10cmol/kg。因此，棕红壤仍然普遍存在红壤的酸、瘦、黏、板、旱的缺点。

水稻土是大冶市第二大土壤类型，占本市地域面积的40%。水稻土是本市的主要耕地土壤，以平畈、丘陵分布较多。水稻土是在人工种植水稻过程中，通过施肥、耕耘、灌溉等措施，在周期性的干湿交替、还原淋溶和氧化淀积条件下形成的耕作土壤。它由相应的自然土壤或旱地土壤演变而来，在一定程度上带有原来自然土壤或旱地土壤的特性。但因人为耕作种植利用方式不同，水稻土又区别于相应的自然土壤或旱地土壤。由于所处地形部位和水文地质条件的差异，在人为长期耕作、施肥和灌溉条件下，受还原淋溶和氧化淀积等作用的影响，水稻土形成了特有的剖面层次，即耕作层、犁底层、淀积层、潴育层和潜育层。根据水型和土壤剖面构型的差异，本市水稻土分为淹育型、潴育型、潜育型、侧渗型和沼泽型五个亚类。

石灰（岩）土是大冶市第三大土壤类型，占本市地域面积的9%。石灰（岩）土是本市主要的林荒地土壤之一，分布在南部低山地区和东北部的黄荆山至锡野山一线。石灰（岩）土是在各类碳酸岩及其变质岩的风化物母质上发育形成的土壤。该土壤质地黏重，有石灰反应，pH比地带性土壤高，不适宜油茶、马尾松、映山红等喜酸植物生长。根据所处地形部位、成土条件和成土过程的差异，本市石灰（岩）土分为棕色石灰土、黑色石灰土等亚类。

小于本市地域面积3%的土壤类型有紫色土、潮土等。

本区域中心区气候特征

本区域中心区气候特征值
Regional climate characteristics in central area of the region

气候带：北亚热带湿润气候 Climate region: North subtropical humid climate	
年平均气温 /℃ Annual average temperature /℃	16.8
年平均最高气温 /℃ Annual average maximum temperature /℃	21.2
年平均最低气温 /℃ Annual average minimum temperature /℃	13.3
年降水量 /mm Annual precipitation /mm	1407
≥10℃的积温 /℃ Daily temperature accumulated in a year（≥10℃）/℃	7779
年日照时数 /h Annual sunshine /h	1868
年平均相对湿度 /% Annual average relative humidity /%	78
干燥度 Dryness	0.71

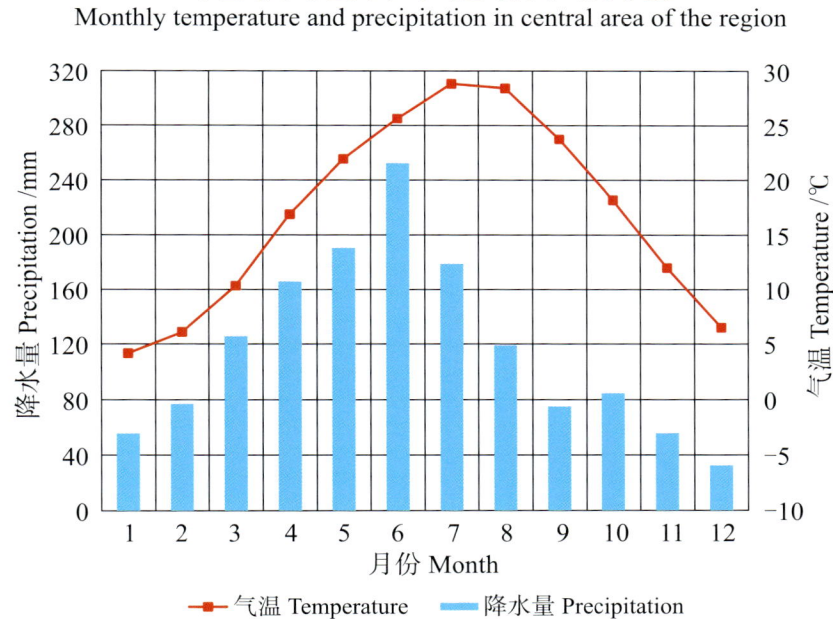

本区域中心区月平均气温与月平均降水量
Monthly temperature and precipitation in central area of the region

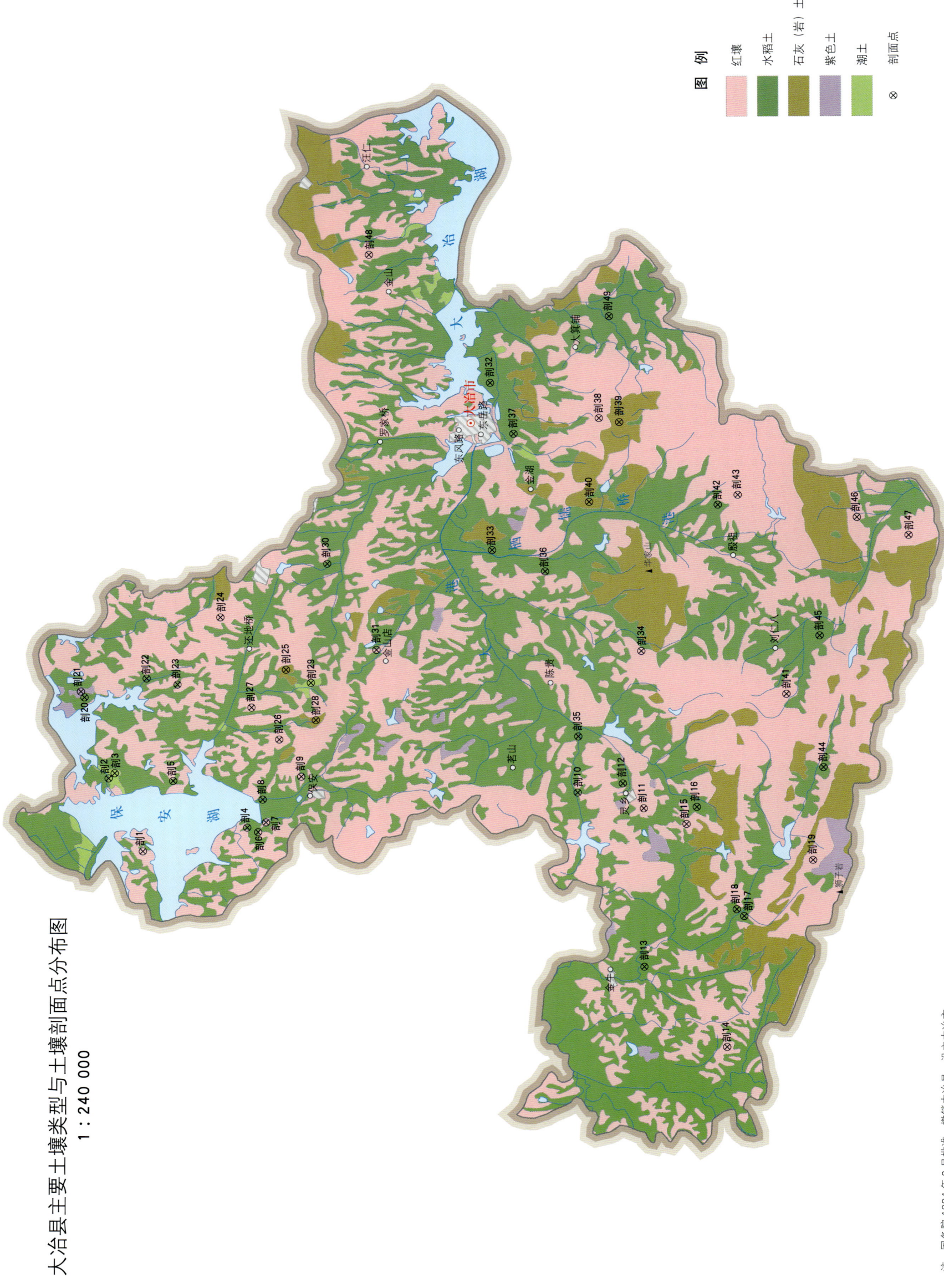

大冶市土壤剖面理化性状表

剖面号 Soil profile	土纲 Soil order	土类 Soil great group	亚类 Soil subgroup	土属 Soil genus	土种 Soil species	土层码 Layer code	土层厚度 Depth/cm	颜色 Soil color	质地 Soil texture	土壤结构 Soil structure	pH	有机质 OM/(g/kg)	全氮 TN/(g/kg)	全磷 TP/(g/kg)	全钾 TK/(g/kg)	碱解氮 AN/(mg/kg)	有效磷 AP/(mg/kg)	速效钾 AK/(mg/kg)	阳离子交换量CEC/(cmol/kg)	土壤母质 Parent material	剖面点坐标 Profile coordinate	匹配指数 Matching index/%
剖1	铁铝土	红壤	棕红壤	基性结晶岩棕红壤	粗乌砂土	A	0—16	棕黄色	中壤土	粒状	6.7	9.2	0.67	1.14	13.8	92	13.8	96	22.7	基性结晶岩坡积物	E 114°41′55.5″ N 30°15′44.8″	75
						C	16—26	栗色	轻壤土	块状	6.8	2.6	0.19	1.14	11.3	23	5.5	52	21.4			
						D	26—100															
剖2	半成土	潮土	灰潮土	砂土性灰潮土	灰飞砂土	1	0—13		砂壤土	粒状	7.8	20.9	1.23	0.41	19.6	105	5.0	65	8.1	有石灰反应的河流冲积物	E 114°44′36.7″ N 30°16′50.8″	75
						2	13—34		轻壤土	粒状	8.2	≤1.0	0.59	0.33	19.5	52	2.3	50	8.0			
						3	34—42	灰白色	砂壤土	粒状	8.2	6.3	0.43	0.36	19.3	34	3.9	46	6.8			
						4	42—100				8.1	3.9	0.20	0.27	16.6	21	1.8	28	8.4			
剖3	半水成土	潮土	潮土	壤土性潮土	正土	2	0—15		重壤土	粒状	6.4	15.4	1.00	0.48	13.6	160	7.5	71	17.3	河流冲积物	E 114°44′48.1″ N 30°16′40.1″	75
						2	15—33	黄棕色	重壤土	粒状	6.6	15.3	0.88	0.49	14.8	74	6.2	60	16.1			
						3	33—100	黄棕褐色	中壤土	粒状	6.9	8.7	0.47	0.39	14.0	38	5.6	46	16.7			
剖4	人为土	水稻土	潴育水稻土	潮泥田	潮泥田	A	0—18	黄褐色	中壤土	粒状	4.8	30.8	1.37	0.51	20.4	137	22.4	51	13.3	河流冲积物及河湖相沉积物	E 114°42′52.6″ N 30°12′31.5″	75
						P	18—25	黄棕色	中壤土	块状	5.5	15.5	1.05	0.41	20.0	119	11.2	49	10.6			
						W	25—59	灰黄色	中壤土	屑粒状	5.5	5.4	≥10.00	0.54	22.4	40	7.7	31	9.5			
						B	59—100	灰白色	重壤土	粒状	5.8	7.1		0.52	24.2	73	2.2	39	11.0			
剖5	人为土	水稻土	潴育水稻土	灰潮泥田	灰潮泥田	A	0—14	棕灰色	重壤土	粒状	8.0	33.4	1.50	0.45	21.8	131	10.3	75	11.2	河流冲积物	E 114°44′33.2″ N 30°14′51.0″	75
						P	14—25	淡灰黄色	黏壤土	小块状	7.1	27.3	2.03	0.39	22.8	159	9.4	229	10.1			
						W	25—100	灰棕色	重壤土	棱块状	8.2	9.2	0.82	0.39	27.0	57	5.4	93	11.1			
剖6	人为土	水稻土	潴育水稻土	潮泥田	潮泥田	A	0—16	褐黄色	重壤土	粒状	5.5	23.5	1.55	0.49	12.0	145	27.7	40	18.4	河流冲积物及河湖相沉积物	E 114°42′42.4″ N 30°12′10.9″	75
						P	16—19	黄褐色	中壤土	块状	6.0	20.3	1.27	3.75	11.9	115	25.2	80	19.3			
						W	19—23	淡黄色	中壤土	棱块状	6.2	6.1	0.50	0.28	11.3	34	21.3	32	19.2			
						B	23—100	灰棕色	重壤土	棱块状	6.2	5.1	0.56	3.06	19.7	25	18.8	68	20.1			
剖7	铁铝土	红壤	棕红壤	中性结晶岩棕红壤	麻砂土	A	0—17	黄褐色	中壤土	粒状	6.3	18.1	0.94	0.19	18.8	95	11.4	157		中性结晶岩	E 114°44′04.6″ N 30°11′56.5″	75
						B	17—40	淡黄色	中壤土	团粒状	6.3	7.2	0.47	0.47	11.6	61	8.0	182	11.4			
						C	40—80	灰黄色	黏壤土	块状	6.3	6.5	0.38	0.31	10.0	50	7.1	175	12.2			
						D	80—100															
剖8	人为土	水稻土	潴育水稻土	红砂泥田	红砂泥田	A	0—14	棕黄色	中壤土	粒状	6.2	38.4	1.70	0.35	14.4	168	9.6	62	16.8	花岗岩坡积物	E 114°43′55.2″ N 30°12′03.6″	75
						P	14—24	黄棕色	中壤土	块状	6.1	29.4	1.55	0.24	14.3	148	8.1	51	11.7			
						W	24—40	灰棕色	中壤土	棱块状	6.3	5.1	0.39	0.13	14.5	39	2.6	50				
						B	40—100	棕红色	中壤土	棱块状	6.5	54.7	0.46	0.13	14.7	49	3.9	51	15.6			
剖9	铁铝土	红壤	棕红壤	基性结晶岩棕红壤	乌砂黄土	A	0—17	黄褐色	轻壤土	粒状	6.3	17.7	1.17	0.46	17.7	97	25.9	266	32.2	基性岩、超基性岩老风化物	E 114°44′47.7″ N 30°10′53.1″	75
						B	17—25	黄褐色	黏土	块状	6.2	7.2	0.87	0.31	20.8	47	9.1	192	26.2			
						C	25—65	黄棕色	黏土	块状	5.3	3.1	0.61	0.33	30.0	17	12.4	194				
						D	65—100															
剖10	人为土	水稻土	潴育水稻土	潮泥田	潮泥田	A	0—14	棕黄色	中壤土	小块状	5.8	25.6	1.26	0.18	11.0	123	5.3	39	8.9	河流冲积物及河湖相沉积物	E 114°44′23.7″ N 30°02′18.0″	95
						P	14—21	黄棕色	中壤土	块状	6.0	12.0	0.75	0.12	11.3	64	1.8	28	8.7			
						W	21—64	棕黄色	重壤土	块状	6.2	4.7	0.33	0.11	11.3	30	4.5	34	8.7			
						C	64—100	淡灰棕色	重壤土	块状	6.4	4.2	0.35	≤0.10	13.5	24	1.3	47	8.7			
剖11	铁铝土	红壤	棕红壤	中性结晶岩棕红壤	中层麻砂土	A	0—13	黄棕色	轻壤土	粒状	6.0	30.4	1.58	0.23	18.4	157	3.5	149	15.6	中性结晶岩	E 114°43′51.5″ N 30°00′14.4″	95
						B	13—60	黄棕色	砂壤土	粒状	5.5	16.0	0.83	0.19	17.9	108	4.0	126	12.8			
						D	60—100	灰棕色	中壤土	小块状	5.8			0.38	16.2		11.9	127	18.3			
剖12	人为土	水稻土	潴育水稻土	乌砂泥田	乌砂泥田	A	0—15	黄棕色	中壤土	粒状	5.2	26.4	1.47	0.46	17.1	124	10.9	62	15.5	基性岩和超基性岩风化物	E 114°44′45.4″ N 30°00′54.2″	95
							15—30	棕灰色	重壤土	片状	5.5	20.7	1.21	0.44	17.6	102	15.0	79	7.8			
						W	30—100	灰棕色	重壤土	棱块状	6.6	11.8	1.10	0.26	17.4	69	14.9	84	7.7			

续表 Continued

剖面号 Soil profile	土纲 Soil order	土类 Soil great group	亚类 Soil subgroup	土属 Soil genus	土种 Soil species	土层码 Layer code	土层厚度 Depth/ cm	颜色 Soil color	质地 Soil texture	土壤结构 Soil structure	pH	有机质 OM/ (g/kg)	全氮 TN (g/kg)	全磷 TP (g/kg)	全钾 TK (g/kg)	碱解氮 AN/ (mg/kg)	有效磷 AP/ (mg/kg)	速效钾 AK/ (mg/kg)	阳离子 交换量CEC/ (cmol/kg)	土壤母质 Parent material	剖面点坐标 Profile coordinate	匹配指数 Matching index, %
剖13	人为土	水稻土	淹育水稻土	浅灰泥田	浅灰泥田	Aa	0—19	亮棕色	黏土	粒状	7.3	18.4	1.30	0.60	17.5	96	3.8	126		石灰岩类风化物	E 114°37′58.8″ N 30°00′06.4″	81
						Ap	19—34	暗红棕色	黏土	块状	7.7	8.5	0.70	0.50	18.2	43	7.8	119				
						C	34—100	暗棕色	黏土	块状	7.4	13.0	0.80	0.40	18.5				≥50.0			
剖14	铁铝土	红壤	棕红壤	第四纪黏土棕红壤	砾石黄(红)土	A	0—17	棕红色	黏土	碎块状	4.3	11.6	0.59	0.17	7.0	57	18.2	37	12.2	第四纪黏土	E 114°35′06.2″ N 29°57′28.9″	95
						B	17—31	黄棕色	黏土	核状	4.4	11.0	0.58	0.21	5.7	51	9.0	26	8.4			
						C	31—100	黄棕色	黏土	块状	4.5	5.3	0.36	0.18	5.7	30	9.2	19	8.6			
剖15	铁铝土	红壤	棕红壤	碳酸岩类棕红壤	酸性糖头土	A	0—18	黄棕色	轻黏土	团粒状	5.0	9.0	0.59	0.32	16.4	51	9.8	147	10.9	灰岩类风化物	E 114°43′18.6″ N 29°58′54.1″	95
						B	18—55	黄棕色	轻黏土	块状	5.1	6.6	0.43	0.31	15.8	45	7.3	78	8.7			
						C	55—90	黄棕色	轻黏土	块状	5.6	21.0	1.37	0.21	15.3	107	6.0	76	11.5			
剖16	人为土	水稻土	潴育水稻土	糖头泥田	青糖糖头泥田	A	0—18	栗色	重壤土	小块状	6.9	44.0	2.25	0.37	13.8	151	8.9	107	11.6	紫色页岩坡积物或洪积物	E 114°43′56.6″ N 29°58′35.8″	95
						Pg	18—25	灰青色	重壤土	核块状	6.9	26.6	1.61	0.26	14.1	107	7.0	114	11.6			
						Wg	25—48	棕红色	重壤土	核状	7.8	10.7	0.70	0.23	14.0	44	8.0	95	6.1			
						W	48—65	棕红色	重壤土	梭块状	8.5	11.0	0.86	0.22	14.4	57	5.9	99	6.0			
						C	65—100	棕红色	重壤土	块状	8.5	8.5	0.55	0.18	14.6	45	7.3	110	7.9			
剖17	人为土	水稻土	潴育水稻土	潮砂泥田	潮砂泥田	A	0—14	棕黄色	中壤土	粒状	6.0	15.1	0.91	0.54	11.4	130	33.8	46	8.4	河流冲积物	E 114°39′56.0″ N 29°57′02.9″	95
						P	14—18	棕黄色	中壤土	块状	6.2	9.1	0.79	0.19	10.7	85	38.7	40	10.8			
						W	18—73	棕褐色	重壤土	梭柱状	6.9	4.0	0.44	0.48	13.0	65	20.4	45	7.4			
						C	73—100	灰黄色	重壤土	块状	6.8	3.7	≤0.10	0.33	14.6	53	17.3	54	23.0			
剖18	人为土	水稻土	潴育水稻土	红黄泥田	青糊红黄泥田	A	0—19	棕黄色	中壤土	小块状	5.4	29.8	1.46	0.46	13.4	117	5.7	68	21.9		E 114°40′10.9″ N 29°57′17.0″	95
						Pg	19—29	淡青色	重壤土	块状	6.0	23.7	1.44	0.55	12.9	100	7.0	61	16.5			
						Wg	29—47	青黄色	重壤土	核状	6.7	21.9	0.86	0.38	13.5	53	5.3	55	17.3			
						C	47—100	黄棕色	重壤土	块状	7.2	9.2	0.72	0.45	15.3	45	6.0	78	10.1			
剖19	铁铝土	红壤	棕红壤	石英质岩棕红壤	黄砂土	A	0—13	棕色	黏土	粒状	5.1	12.3	1.58	0.16	10.4	145	11.9	159	10.1		E 114°42′03.4″ N 29°54′57.4″	95
						B	13—30	红棕色	黏土	块状	4.7	10.2	1.66	0.20	10.1	181	9.9	151	10.0			
						C	30—100	淡黄色														
剖20	人为土	水稻土	潴育水稻土	麻砂泥田	青糁红黄泥田	A	0—15	黄棕色	中壤土	粒状	5.7	28.8	1.37	0.18	13.7	119	7.5	150	12.7		E 114°47′37.3″ N 30°17′39.2″	95
						P	15—28	黄棕色	中壤土	块状	7.0	23.0	1.10	0.18	14.7	113	5.5	149	5.9			
						B	28—100	紫棕色	中壤土	块状	7.4	6.4	0.42	1.40	14.8	36	5.8	151	9.7			
剖21	初育土	紫色土	中性紫色土	中性紫色岩土	紫色土	A	0—18	棕红色	轻黏土	粒状	6.6	13.5	0.84	0.25	14.9	77	12.3	68	9.3	紫色页岩坡积物或洪积物	E 114°47′50.1″ N 30°17′46.0″	75
						B	18—30	棕红色	黏土	块状	6.7	8.5	0.52	0.18	15.3	45	5.7	52	7.8			
						C	30—100	紫色	黏土	粒状	6.9	8.8	0.64	0.21	14.4	54	8.8	44	7.6			
剖22	人为土	水稻土	潴育水稻土	青灰泥田	褐砂泥田	A	0—15	棕色	中壤土	粒状	5.7	28.8	1.37	0.18	13.7	119	7.5	150	12.7		E 114°48′21.1″ N 29°54′44.4″	81
						P	15—28	紫棕色	中壤土	块状	7.0	23.0	1.10	0.18	14.7	113	5.5	149	5.9			
						W	28—100	紫棕色	中壤土	柱状	7.4	26.4	0.42	0.14	14.8	36	5.8	151	9.7			
剖23	水稻土	水稻土	潴育水稻土	第四纪黏土棕红壤	灰青泥田	Aa	0—30	灰棕色	壤质黏土	小块状	8.0	44.0	2.90	0.80	13.0	249	7.2	84	18.5	灰岩洪积物	E 114°48′08.5″ N 30°15′14.4″	95
						Apg	30—42	暗蓝灰色	粉砂质黏土	碎块状	7.9	34.5	1.90	0.50	13.0	172	6.1	76	15.5			
						G	42—100	暗蓝灰色	糊质黏土	糊块状	8.0								15.7			
剖24	铁铝土	红壤	棕红壤	第四纪黏土棕红壤	红黄土	A	0—17	棕红色	轻黏土	块状	5.5	14.3	0.82	0.26	12.0	101	11.6	82	8.0	第四纪黏土	E 114°48′08.5″ N 30°13′46.6″	95
						B	17—63	棕色	黏土	块状	5.4	7.3	0.41	0.23	16.9	40	8.0	88	8.2			
						C	63—100	棕色	黏土	粒状	5.5	4.7	0.25	0.37	14.8	33	6.3	12	8.6			
剖25	初育土	石灰(岩)土	棕色石灰土	棕色石灰土	黄糁头土	A	0—15	重棕色	重壤土	核粒状	7.6	33.3	1.36	0.69	16.5	109	8.4	112	11.7	石灰岩	E 114°50′39.6″ N 30°11′25.3″	75
						B	15—40	重棕色	重壤土	块状	7.9	20.6	0.91	0.40	16.9	65	4.4	102	19.0			
						C	40—50	黏土	黏土	梭块状	7.8	8.8	0.53	0.14	18.2	23	3.7	100	22.7			

续表 Continued

剖面号 Soil profile	土纲 Soil order	土类 Soil great group	亚类 Soil subgroup	土属 Soil genus	土种 Soil species	土层码 Layer code	土层厚度 Depth/cm	颜色 Soil color	质地 Soil texture	土壤结构 Soil structure	pH	有机质 OM/(g/kg)	全氮 TN/(g/kg)	全磷 TP/(g/kg)	全钾 TK/(g/kg)	碱解氮 AN/(mg/kg)	有效磷 AP/(mg/kg)	速效钾 AK/(mg/kg)	阳离子交换量 CEC/(cmol/kg)	土壤母质 Parent material	剖面点坐标 Profile coordinate	匹配指数 Matching index/%
剖26	铁铝土	红壤	棕红壤	基性结晶岩棕红壤	乌砂土	A	0–18	栗色	轻壤土	粒状	6.1	13.9	0.99	1.00	17.6	78	18.0	167	15.3	基性或超基性岩坡积物	E 114°46′09.8″ N 30°11′35.0″	95
						B	18–44	褐色	轻壤土	粒状	6.0	12.2	0.91	0.87	18.7	77	20.0	173	14.4			
						C	44–56	灰褐色	砂土	块状	6.7	11.3	0.64	0.81	18.5	63	16.0	92	17.1			
剖27	铁铝土	红壤	棕红壤	泥质岩棕红壤	黄黏土	A	0–13	紫棕色	重黏土	小块状	5.7	22.2	1.10	0.52	11.0	160	12.6	136	8.0	泥质页岩坡积物或洪积物	E 114°47′20.7″ N 30°12′28.1″	95
						B	13–33	棕红色	轻黏土	块状	5.0	17.0	0.82	0.36	13.0	114	11.1	96	5.5			
						C	33–	红棕色	黏土	块状	5.1	7.6	0.43	0.38	13.8	73	10.2	66	5.5			
剖28	初育土	石灰（岩）土	黑色石灰土	黑色石灰岩土	锰土	A	0–12	黑栗色	中壤土	小块状	7.1	41.5	2.46	2.14	8.3	179	28.3	77	5.8	有石灰反应的河流冲积物	E 114°46′54.5″ N 30°10′28.1″	75
						D	12–100				7.4	12.8	0.70	1.15	10.0	40	29.3	66				
剖29	半水成土	潮土	灰潮土	壤土性灰潮土	灰正土	1	0–18	棕褐色	中壤土	团粒状	8.1	21.0	1.05	0.41	19.4	77	10.3	55	5.8		E 114°48′17.4″ N 30°10′38.6″	75
						2	18–71	黄棕褐色	中壤土	块状	8.0	10.5	0.74	0.34	19.5	61	7.6	65	8.3			
						3	71–100	棕褐色	中壤土	块状	7.9	7.8	0.73	0.36	19.3	53	5.3	73	6.6			
剖30	人为土	水稻土	潴育水稻土	酸性糠头泥田	酸性糠头泥田	A	0–17	黄棕色	重黏土	核粒状	6.4	27.0	1.45	0.36	14.4	148	8.4	139	9.0		E 114°52′42.8″ N 30°10′12.4″	95
						P	17–24	黄棕色	黏土	块状	6.8	12.8	0.77	0.13	44.0	91	7.8	77	8.0			
						W	24–36	棕灰色	黏土	块状	7.1	5.1	0.30	0.13	12.4	38	5.6	50	8.0			
						C	36–100	灰棕色	黏土	块状	6.7	4.4	0.18	0.90	12.9	31	3.1	63	5.6			
剖31	铁铝土	红壤	棕红壤	石英质岩棕红壤	黄砂骨	A	0–15	棕黄色	轻壤土	粒状	5.3	33.3	2.06	0.40	19.0	153	19.0	47	11.1		E 114°49′32.9″ N 30°08′37.9″	95
						D	15–100	黄棕色			8.0	44.0	2.88	0.75	13.0	249	18.3	55	6.7			
剖32	人为土	潴育水稻土	灰青泥田	灰青泥田	A	0–30	灰棕色	粉砂质黏土	小块状	7.9	34.5	1.94	0.51	13.0	172	7.2	84	18.5		E 114°59′29.4″ N 30°05′15.7″	95
						Pg	30–42	青棕灰色	粉砂质黏土	碎块状	7.9						6.1	76	15.5			
						G₁	42–80	暗棕黄色	粉砂质黏土	糊块状	8.0								15.7			
						G₂	80–115	青灰色	粉砂质黏土	糊块状	8.1											
剖33	人为土	水稻土		青猪灰岩泥田	青猪灰岩泥田	A	0–18	栗色	壤质黏土	小块状	7.9	44.0	2.25	0.37	13.8	151	8.9	107	22.6		E 114°53′18.4″ N 30°00′25.0″	95
						Pg	18–25	青棕色	壤质黏土	块状	7.9	26.6	1.61	0.26	14.1	107	7.0	114	25.2			
						Wg	25–48	暗棕灰色	壤质黏土	梭块状	7.8	10.7	0.70	0.23	14.0	44	8.0	95	25.6			
						W	48–65	棕灰色	壤质黏土	块状	8.5	11.0	0.86	0.22	14.4	57	5.9	99	25.4			
						C	65–100	青灰色	壤质黏土	块状	8.5	8.5	0.55	0.18	14.6	45	7.3	110	9.9			
剖34	铁铝土	红壤	棕红壤	白砂泥田	白砂黄泥田	A	0–16	黄棕色	黏土	粒状	6.2	12.3	0.83	0.86	19.8	65	20.8	68	11.0		E 114°49′40.5″ N 30°03′26.9″	95
						B	16–40	棕黄色	黏土	块状	6.3	5.3	4.00	0.70	18.7	32	18.7	71	5.6			
						C	40–100	棕黄色	黏土	块状	6.0	3.6	≤0.10	0.32	12.8	25	14.7	64	3.1			
剖35	人为土	水稻土	沼泽型水稻土	烂泥田	烂泥田	A	0–55	深草色	重黏土	粒状	6.8	94.5	4.50	0.22	≤1.0	293	12.0	235	25.4		E 114°46′27.8″ N 30°02′18.9″	95
						G	55–100	灰棕色	重黏土	粒状	6.7	20.8	0.70	≤0.10	9.4	45	3.9	159	9.9			
剖36	人为土	水稻土	潴育水稻土	白砂泥田	白砂黄泥田	A	0–16	灰棕色	中壤土	块状	6.4	21.4	1.07	0.30	13.5	102	10.0	156	11.0		E 114°52′32.8″ N 30°03′26.9″	95
						P	16–26	灰棕色	重黏土	块状	6.3	7.0	0.46	0.19	12.1	50	8.7	46	5.6			
						W	26–56	黄棕色	重黏土	块状	6.3	8.7	0.50	0.21	12.4	58	7.4	56	3.1			
						C	56–100	棕黄色	黏土	块状	6.2	5.8	0.58	0.17	10.8	27	4.2	75	4.3			
剖37	人为土	水稻土	淹育水稻土	浅石灰岩性泥田	浅灰岩泥田	A	0–19	淡棕色	黏土	粒状	7.8	18.4	1.33	0.64	17.5	95	8.8	126	24.8	酸性结晶岩	E 114°57′37.6″ N 30°04′30.3″	81
						P	19–34	暗红棕色	黏土	梭块状	7.7	8.5	0.69	0.48	18.3	42	7.8	119	32.1			
						C	34–100	暗棕色	黏土	块状	7.4	13.0	0.78	0.45	18.6				24.9			
剖38	铁铝土	红壤	棕红壤	石英质岩棕红壤	厚层黄砂土	A	0–23	淡红棕色	中壤土	小块状	5.0	19.1	0.94	0.22	19.2	111	9.8	96	13.9	石英岩	E 114°58′15.3″ N 30°01′52.3″	95
						C	23–67	红棕色	重黏土	块状												
剖39	初育土	石灰（岩）土	红色石灰土	淋溶红色石灰土	红石灰砂泥土	A	0–12	暗红棕色	粉砂质黏土	团粒状	7.2	52.5	3.23	0.72	17.0	350	1.4	144		石灰岩风化物	E 114°58′06.5″ N 30°01′14.2″	85
						B	12–29	红棕色	粉砂质黏土	粒状	7.3	24.8	1.78	0.51	19.5	165	≤1.0	141				
						C	29–80	白色		块状												

续表 Continued

剖面号 Soil profile	土纲 Soil order	土类 Soil great group	亚类 Soil subgroup	土属 Soil genus	土种 Soil species	土层码 Layer code	土层厚度 Depth/cm	颜色 Soil color	质地 Soil texture	土壤结构 Soil structure	pH	有机质 OM/(g/kg)	全氮 TN/(g/kg)	全磷 TP/(g/kg)	全钾 TK/(g/kg)	碱解氮 AN/(mg/kg)	有效磷 AP/(mg/kg)	速效钾 AK/(mg/kg)	阳离子交换量 CEC/(cmol/kg)	土壤母质 Parent material	剖面点坐标 Profile coordinate	匹配指数 Matching index/%
剖40	初育土	石灰(岩)土	红色石灰土	红灰泥土	大冶红灰泥土	A	0—11	暗红棕色	黏土	粒状	7.1	17.8	1.40	0.50	17.7	115	4.5	161		碳酸岩类风化物	E 114°55′09.3″ N 30°02′07.5″	78
						C_1	11—21	红色	黏土	块状	7.0	7.3	0.90	0.50	17.6	52	5.2	117				
						C_2	21—52	红棕色	黏土	块状	6.9	4.3	0.70	0.50	17.6	44	4.3	126				
						C_3	52—101	亮棕色	黏土	块状												
剖41	铁铝土	红壤	棕红壤	泥质岩棕红壤	黄板土	A	0—17	淡棕色	重壤土	粒状	6.6	31.9	1.52	0.27	21.8	127	6.1	152	11.3	泥质页岩残积物或坡积物	E 114°48′10.7″ N 29°55′53.5″	95
						B	17—49	黄棕色	重壤土	小块状	6.6	22.2	1.54	0.34	24.3	120	2.6	101	10.9			
						C	49—100	棕黄色	重壤土	小块状												
剖42	人为土	水稻土	潜育水稻土	青泥田	青砂泥田	A	0—18	棕黄色	轻壤土	小块状	5.3	21.8	1.42	0.43	18.5	102	32.4	36	13.2		E 114°55′07.0″ N 29°58′07.8″	95
						Pg	18—47	淡灰色	轻壤土	块状	5.4	14.3	1.04	0.46	21.8	78	29.8	32	13.5			
						G	47—100	淡棕色	轻壤土	块状	5.3	6.4	0.53	0.29	20.0	71	16.9	60	11.0			
剖43	铁铝土	红壤	棕红壤	第四纪黏土棕红壤	铁子红土	A	0—11	淡棕红色	黏土	碎块状	4.8	15.7	0.80	0.30	13.0	103	8.0	97	10.0	第四纪红色黏土	E 114°55′29.8″ N 29°57′31.0″	81
						C	11—100	红棕色	黏土	块状	4.5	15.9	0.70	0.30	13.6	67	7.0	74	15.1			
剖44	人为土	水稻土	潜育水稻土	黄泥田	青隔黄泥田	A	0—19		重壤土	碎块状	5.6	38.0	2.33	0.30	20.7	158	3.6	89	10.5		E 114°45′29.7″ N 29°54′41.5″	95
						Pg	19—32	棕灰色	重壤土	块状	6.5	35.5	2.07	0.30	22.8	156	8.3	88	21.6			
						W	32—100	棕色	重壤土	块状	6.7	13.9	1.24	0.22	23.0	60	4.1	57	9.1			
剖45	人为土	水稻土	潜育水稻土	灰青泥田	灰青泥田	A	0—20	棕灰色	重壤土	粒状	7.6	43.0	2.32	0.36	11.3	141	5.4	103	12.6		E 114°50′20.5″ N 29°54′53.7″	95
						Pg	20—40	青灰色	黏土	棱状	7.9	28.1	1.38	0.26	10.5	73	3.4	97	15.5			
						G	40—100	黑色	黏土	棱状	8.0	22.2	0.89	0.31	10.7	38	7.8	98	14.4			
剖46	铁铝土	红壤	棕红壤	石英质岩棕红壤	砂黄土	A	0—16	黄棕色	重壤土	粒状	6.8	25.9	1.35	0.18	13.3	89	11.9	244	9.3	砂岩坡积物及洪积物	E 114°54′44.0″ N 29°53′48.6″	95
						B	16—30	淡红棕色	黏土	核状	6.1	8.7	0.69	0.14	15.3	45	5.2	143	10.8			
						C	30—100	红棕色	黏土	小块状	6.5	28.3	1.62	0.27	20.6	128	4.5	162	11.4			
剖47	铁铝土	红壤	棕红壤	酸性结晶岩棕红壤	白砂土	A	0—17	黄棕色	砂壤土	粒状	6.6	16.2	1.01	0.58	27.6	86	45.0	98	12.3		E 114°54′05.7″ N 29°52′11.7″	95
						B	17—30	棕红色	砂壤土	块状	6.4	7.9	0.57	0.46	24.6	38	37.8	67	13.1			
						C	30—100	棕红色	砂土	粒状	6.7	5.8	0.37	0.43	27.1	30	28.1	66	9.9			
剖48	铁铝土	红壤	棕红壤	红砂岩棕红壤	红砂土	A	0—15	黄棕色	轻壤土	小块状	5.6	17.1	0.98	0.27	13.5	81	7.3	260	13.4	残积物、坡积物及洪积物	E 115°04′11.2″ N 30°09′04.6″	95
						Pg	15—35	棕红色	轻壤土	粒状	6.1	1.8	0.17	0.14	17.0	21	3.3	64	8.4			
						C	35—100	黄棕色	中壤土	粒状												
剖49	人为土	水稻土	潜育水稻土	白砂泥田	青隔白砂泥田	A	0—17	黄棕色	中壤土	核块状	5.4	20.6	1.42	0.43	26.0	105	19.5	86	9.0		E 115°02′00.8″ N 30°01′36.5″	95
						Pg	17—31	棕棕色	中壤土	棱块状	6.0	11.3	1.22	0.48	27.4	95	12.2	162	10.1			
						W	31—100	灰棕色	中壤土	块状	6.9	12.9	0.80	0.42	23.2	62	11.0	163	11.3			

十 堰 市

市 辖 区

主要土类说明

黄棕壤是十堰市主要土壤类型，占本市地域面积的89%。除河谷平地外，黄棕壤几乎遍布本市山地和山麓丘陵。成土母质主要为武当片岩。最醒目的剖面形态特征是在表土层下有一层黏粒聚积、质地黏重、颜色醒目的心土层，呈红棕色或黄棕色。该层因母质不同而色泽不一，呈块状或棱块状结构，结构体表面有棕色或暗棕色铁锰胶膜，或有少量铁锰结核。表土层因利用情况不同而异。已被开垦利用的黄棕壤，因自然植被遭到破坏，原来的凋落物层已逐渐分解消失，表土层熟化为耕作层。心土层以下的母质层，仍保持着本身的色泽。该土壤黏粒含量较高，质地较黏重，黏粒硅铝率为2.2—2.8，阳离子交换量较低，一般为10—20cmol/kg。由于土壤中盐基多淋失，土壤呈微酸性至中性，pH为5.5—6.8。

水稻土是十堰市第二大土壤类型，占本市地域面积的4%，主要分布在本市海拔250m以下的河谷平地和海拔250m以上山麓丘陵的梯田。在长期水耕条件下，土壤内部进行着氧化还原交替、有机质合成和分解、盐基淋溶和复盐基作用的熟化过程，促进了水稻土内部物质的转化，加速了对起源土壤性状的改变，形成了水稻土特有的形态特征、层理结构和发生层次。

潮土是十堰市第三大土壤类型，占本市地域面积的3%，广泛分布在本市中部海拔250m以下的河谷平地。成土母质均为小河沉积物，以堵河、犟河的沉积物为主，部分为泗水、神定河及其支流的沉积物。

小于本市地域面积3%的土壤类型有石灰（岩）土等。

本区域中心区气候特征

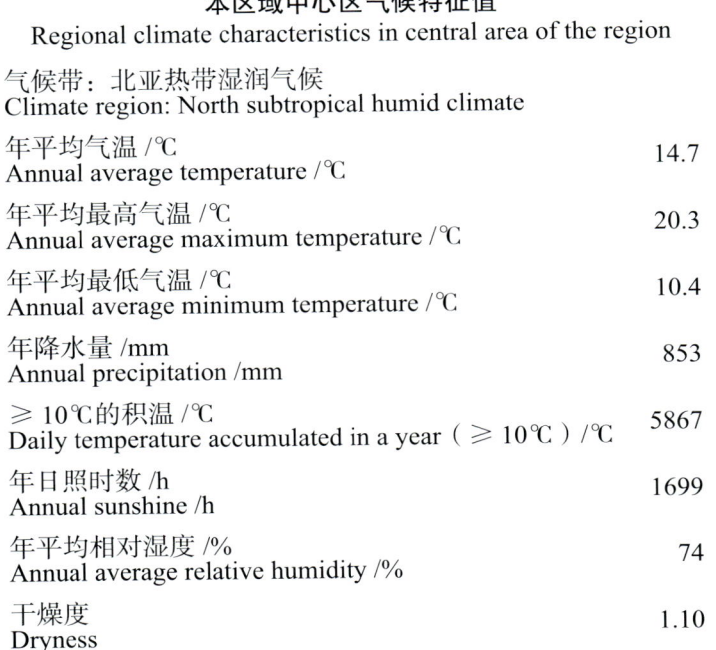

本区域中心区气候特征值
Regional climate characteristics in central area of the region

气候带：北亚热带湿润气候 Climate region: North subtropical humid climate	
年平均气温 /℃ Annual average temperature /℃	14.7
年平均最高气温 /℃ Annual average maximum temperature /℃	20.3
年平均最低气温 /℃ Annual average minimum temperature /℃	10.4
年降水量 /mm Annual precipitation /mm	853
≥10℃的积温 /℃ Daily temperature accumulated in a year（≥10℃）/℃	5867
年日照时数 /h Annual sunshine /h	1699
年平均相对湿度 /% Annual average relative humidity /%	74
干燥度 Dryness	1.10

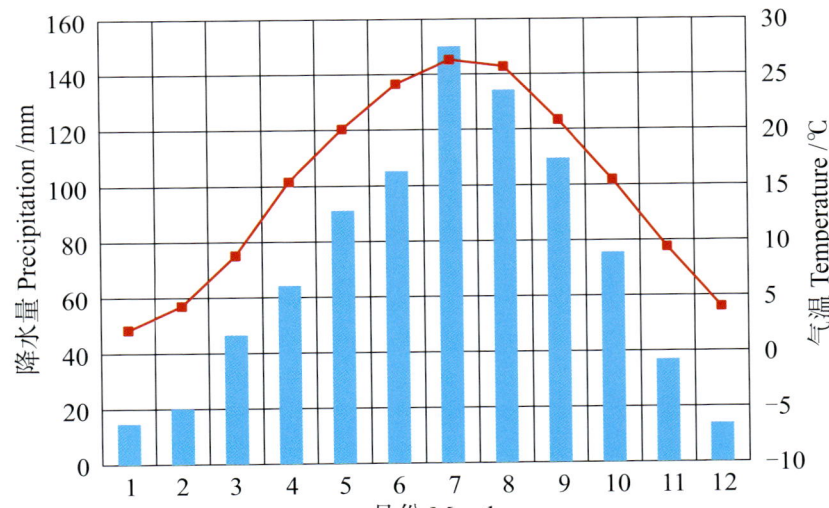

本区域中心区月平均气温与月平均降水量
Monthly temperature and precipitation in central area of the region

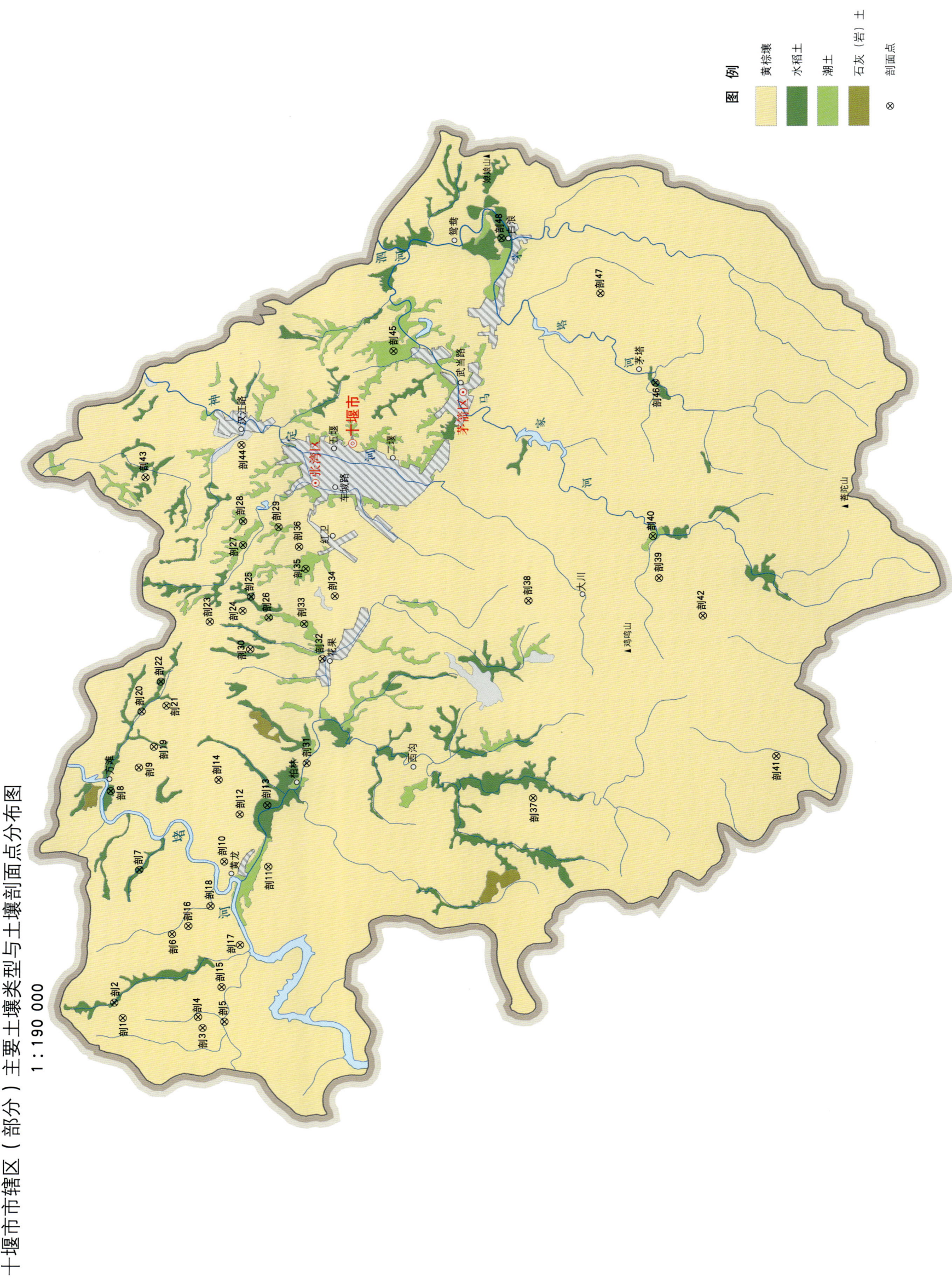

十堰市市辖区（部分）主要土壤类型与土壤剖面点分布图
1:190 000

十堰市土壤剖面理化性状表

剖面号 Soil profile	土纲 Soil order	亚类 Soil subgroup	土属 Soil genus	土种 Soil species	土层码 Layer code	土层厚度 Depth/cm	颜色 Soil color	质地 Soil texture	土壤结构 Soil structure	pH	有机质 OM/(g/kg)	全氮 TN/(g/kg)	全磷 TP/(g/kg)	全钾 TK/(g/kg)	有效磷 AP/(mg/kg)	速效钾 AK/(mg/kg)	阳离子交换量CEC/(cmol/kg)	土壤母质 Parent material	剖面点坐标 Profile coordinate	匹配指数 Matching index/%
剖1	淋溶土	黄棕壤性	白石渣子土	紫石渣子土	A	0—35	紫棕色	砂壤土	小粒状	5.8	9.7	0.58	0.12	10.6			5.1		E 110° 29′ 24.0″ N 32° 43′ 52.8″	95
剖2	人为土	潴育水稻土	潮田	底砂潮砂泥田	A	0—15	淡黄色	砂壤土	团粒状	5.6	9.3	0.85	0.47	11.8	88.0	57	5.9	近代河流冲积物或湖积物	E 110° 29′ 51.7″ N 32° 44′ 05.8″	75
					C	35—														
					P	15—25	淡黄色	砂壤土	块状	6.9	14.2	0.89	0.47	13.4			11.0			
					W	25—50	淡黄棕色	砂壤土	柱状	5.8	12.2	0.77	0.40	12.0			5.2			
					S	50—100	淡黄色	重壤土	粒状	6.0	8.4	0.53	0.34	10.4			1.7			
剖3	淋溶土	黄棕壤	黄砂泥土	厚层黄砂泥土	A	0—20	淡红棕色	重壤土	块状	6.4	11.0	0.70	0.35	17.7	5.5	139	15.0	泥质砂岩和泥质页岩风化坡积物	E 110° 29′ 07.0″ N 32° 41′ 53.6″	95
					B	20—100	棕色	壤土	大块状	6.3	4.8	0.30	0.32	19.6			16.6			
					C	100—	黄棕色			6.4										
剖4	淋溶土	黄棕壤	白石渣子土	黑石渣子土	A	0—30	暗棕色	壤土	粒状	6.0								泥质砂岩和泥质页岩风化坡积物	E 110° 29′ 26.7″ N 32° 42′ 00.5″	95
					C	30—60	灰黄棕色	砂壤土	块状	6.2	12.5	0.78	0.34	15.5	3.0	77	8.9			
剖5	淋溶土	黄棕壤	黄砂泥土	薄层黄砂泥土	A	0—10	栗色	轻壤土	粒状、块状	5.5	7.0	0.40	0.50	18.2			11.7	泥质砂岩和泥质页岩风化坡积物	E 110° 29′ 18.4″ N 32° 41′ 21.0″	95
					B	10—30	淡棕色	中壤土	大块状											
					C	30—														
剖6	淋溶土	黄棕壤性	石渣子土	黑黄砂泥土	A	0—15	黑棕色	轻壤土	团粒状	6.1	10.0	0.68	0.24	17.8	10.0	46	8.8	砂质云母片岩风化物	E 110° 31′ 58.4″ N 32° 42′ 40.2″	95
					B	15—45	淡黄棕色	轻壤土	块状	5.9	9.2	0.59	0.28	19.6			6.7			
					C	45—														
剖7	人为土	淹育水稻土	浅潮砂泥田	淀砂田	A	0—20	淡黄色	砂壤土	粒状	7.0	6.8	0.39	0.33	10.4	5.1	37	2.8	砂质冲积物	E 110° 33′ 56.9″ N 32° 43′ 30.2″	95
					P	20—30	灰黄棕色	轻壤土	粒状	7.8	12.0	0.74	0.48	14.9			6.9			
					C	30—70	暗黄棕色	中壤土	块状	7.9	8.1	0.51	0.39	19.1			9.3			
剖8	人为土	潴育水稻土	灰青泥田	灰青泥田	A	0—20	淡黄棕色	中壤土	小块状	6.5	13.3	0.83	1.18	12.5	12.2	63	12.3	泥质云母片岩风化物	E 110° 36′ 21.8″ N 32° 44′ 13.7″	95
					B	20—30	灰黄色	中壤土	块状	7.3	11.9	0.74	1.04	10.6			10.3			
					G	30—100	灰蓝色	紫泥土	块状	7.6	9.9	0.62	2.31	14.3			11.0			
剖9	淋溶土	黄棕壤	粉砂土	粉砂土	A	0—20	暗黄棕色	轻壤土	小粒状	6.0	10.7	0.64	0.46	3.3	3.8	45	3.2		E 110° 37′ 05.5″ N 32° 43′ 31.7″	95
					D	20—	黄棕色													
剖10	淋溶土	黄棕壤性	灰黑石渣子土	灰黑石渣子土	A	0—11	黑色	轻壤土	粒状	7.3	18.9	1.18	1.12	23.8	4.5	48	8.5	炭质页岩风化残积物	E 110° 34′ 12.9″ N 32° 41′ 23.8″	95
					B	11—53	暗棕色	中壤土	块状	7.4	21.9	1.38	0.84	22.7			8.1			
					C	53—100	暗灰棕色	中壤土	棱柱状	7.6	15.8	0.99	0.90	22.6			11.4			
剖11	人为土	潴育水稻土	黄砂泥田	黄砂泥田	A	0—20	淡黄棕色	轻壤土	粒状	5.2	7.4	0.43	0.32	12.8	4.8	93	6.6	砂质云母片岩风化物	E 110° 34′ 04.0″ N 32° 40′ 17.7″	95
					B	15—45	暗棕色	中壤土	大块状	6.3	12.8	0.80	0.62	12.3			10.9			
					C	45—	黄棕色													
剖12	淋溶土	黄棕壤性	泥质页岩黄棕壤性土	薄黄棕渣土	A	0—20	暗棕色	紫砂土	小粒状	6.4	8.2	0.55	0.14	13.2			6.4		E 110° 35′ 40.0″ N 32° 41′ 01.1″	95
					D	30—														
剖13	淋溶土	黄棕壤	黄砂泥土	黄砂泥土	A	0—14	深棕色	中壤土	粒状	6.2	23.6	1.46	0.46	15.3	6.8	98	12.4	泥质云母片岩风化残积物	E 110° 35′ 57.1″ N 32° 41′ 19.9″	95
					B	14—25	暗黄棕色	中壤土	块状	6.4	13.4	0.87	0.41	14.4			13.6			
					W	25—80	灰黄棕色	中壤土	棱柱状	6.7	6.4	0.39	0.38	10.3			14.4			
					C	80—100	黄棕色	轻壤土	大块状		5.6	0.33	0.24	10.8			5.7			
剖14	淋溶土	黄棕壤性	石渣子土	山砂土	A	0—30	暗棕色	砂壤土	块状	6.4	5.3	0.26	0.36	15.2	4.1	40	5.4	砂质云母片岩风化物	E 110° 36′ 43.2″ N 32° 41′ 33.0″	95
					C	30—														
剖15	淋溶土	黄棕壤性	黄石渣子土	厚层黄砂土	A	0—40	暗棕色	砂壤土	粒状	6.8	6.9	0.62	0.42	15.0	8.3	73	7.4	泥质页岩风化物	E 110° 30′ 21.6″ N 32° 41′ 25.9″	95
					C	40—	淡黄棕色													

续表 Continued

剖面号 Soil profile	土纲 Soil order	土类 Soil great group	亚类 Soil subgroup	土属 Soil genus	土种 Soil species	土层码 Layer code	土层厚度 Depth/cm	颜色 Soil color	质地 Soil texture	土壤结构 Soil structure	pH	有机质 OM/(g/kg)	全氮 TN/(g/kg)	全磷 TP/(g/kg)	全钾 TK/(g/kg)	有效磷 AP/(mg/kg)	速效钾 AK/(mg/kg)	阳离子交换量CEC/(cmol/kg)	土壤母质 Parent material	剖面点坐标 Profile coordinate	匹配指数 Matching index/%
剖16	淋溶土	黄棕壤	山地黄棕壤	高山黄泥砂土	高山猪肝土	A	0—32	黑棕色	中壤土	粒状、核状	5.9	23.8	1.50	0.42	17.4	8.9	86		黑土堆积物	E 110°32′14.0″ N 32°42′16.1″	95
剖17	淋溶土	黄棕壤	黄棕壤性土	麻骨石渣子土	麻泥土	B	32—80	暗棕色	重壤土	大块状	5.8	17.2	1.24	0.56	17.8					E 110°31′39.5″ N 32°40′58.7″	95
						C	80—											15.6			
剖18	淋溶土	黄棕壤	黄棕壤性土	石渣子土	灰黄泥砂土	A	0—10	黄棕色	中壤土	粒状	6.9	21.1	1.07	1.02	15.2	5.8	47	15.9	泥质砂岩风化坡积物	E 110°32′50.5″ N 32°41′43.3″	95
						B	10—25	红棕色	重壤土	块状	6.4	8.9	0.52	1.24	6.9						
						C	25—														
剖19	淋溶土	黄棕壤	黄棕壤性土	黄石渣子土	黑黄砂土	A	0—25	淡棕色	中壤土	粒状	6.3										
						B	25—100	黄棕色	重壤土	块状	6.7										
						C	100—														
剖20	淋溶土	黄棕壤	黄棕壤性土	石渣子土	高山黑面砂土	A	0—40	黑棕色	砂壤土	粒状	5.9	21.4	1.50	0.49	22.5	17.9	67	3.6	泥质页岩风化物	E 110°37′43.4″ N 32°43′09.3″	95
						C	40—														
剖21	淋溶土	黄棕壤	黄棕壤性土	石渣子土	厚层轻砾质石石渣子土	A	0—15	淡黄棕色	轻壤土	小结状	6.4	15.8	0.97	0.23	11.9	6.2	52	10.8	砂质砂岩风化物	E 110°38′48.1″ N 32°43′28.3″	95
						B	15—42	黄黄棕色	中壤土	块状	5.6	7.5	0.46	0.12	13.6			9.3			
						C	42—														
剖22	淋溶土	水稻土	淹育水稻土	浅潮砂泥田	砂泥田	A	0—50	暗黄棕色	轻壤土	粒状	6.4	8.8	0.56	0.37	8.8	4.6	62	6.9	砂质云母片岩风化物	E 110°38′59.4″ N 32°42′51.0″	95
						C	50—														
剖23	人为土	黄棕壤	黄棕壤	黄土	黄土	A	0—15	暗黄棕色	中壤土	粒状	7.5	13.3	0.98	0.58	15.6	8.5	74	9.8	河流沉积物	E 110°39′43.3″ N 32°42′59.9″	95
						P	15—25	灰黄色	中壤土	小粒状	7.7	12.7	0.81	0.44	14.6			10.0			
						C	25—70	淡黄棕色	中壤土	小块状	7.7	8.0	0.46	0.58	15.9			11.4			
剖24	淋溶土	黄棕壤	黄棕壤性土	石渣子土	中砾黑石石渣子土	A	0—17	暗黄棕色	重壤土	粒状、块状	5.4	6.3	0.41	0.25	20.0	5.0	95	14.6	第四纪沉积物	E 110°41′32.9″ N 32°41′47.4″	95
						B₁	17—28	红棕色	重壤土	大块状	5.2	4.3	0.28	0.24	17.3			13.9			
						B₂	28—100	暗红棕色	中壤土	大块状	5.6	4.6	0.29	0.32	19.5			12.9			
						C	100—														
剖25	淋溶土	黄棕壤	黄棕壤性土	石渣子土	浅黄泥田	A	0—12	暗黄棕色 黄棕色	紫砂土	大粒状	5.6	4.7	0.25	0.13	7.8	5.1	59	2.6	砂质云母片岩风化物	E 110°41′53.0″ N 32°40′58.6″	95
						C	12—														
剖26	人为土	水稻土	淹育水稻土	浅潮泥田	黏底砂泥	A	0—15	暗黄棕色	重壤土	小粒状	7.2	14.1	0.99	0.39	12.1	5.5	125	14.5	第四纪黏土	E 110°42′18.9″ N 32°40′46.0″	75
						P	15—20	淡黄黄棕色	轻黏土	棱块状	7.5	11.8	0.83	0.37	12.0			14.9			
						C	20—100	棕色	轻黏土	棱块状	7.4	7.8	0.45	0.29	13.0			15.6			
剖27	半水成土	潮土	潮土	潮砂土	底黏飞砂土	A	0—20	淡棕色	砂壤土	粒状	6.2	10.3	0.68	0.45	15.4	5.7	43	5.3	河流冲积物	E 110°41′40.4″ N 32°40′19.7″	95
						C	20—95	暗棕色	砂壤土	块状	6.4	5.9	0.33	0.28	18.0			7.1			
剖28	半水成土	潮土	潮土	潮砂土	夹黏飞砂土	A	0—22	淡黄棕色	重壤土	小粒状	7.2	6.0	0.32	0.51	14.8	5.5	35	4.5	河流冲积物	E 110°43′54.1″ N 32°40′58.3″	95
						C	22—100	暗黄棕色	中壤土	团块状	6.9	5.0	0.29	0.64	11.6	4.8	30	2.7			
剖29	半水成土	潮土	潮土	黄石渣子土	飞砂飞砂土	A	0—40	棕色	中壤土	块状	7.1	8.4	0.52	0.78	11.3			6.1	河流冲积物	E 110°44′37.8″ N 32°40′58.3″	75
						C	40—				7.0	6.8	0.42	0.70	12.6			2.0			
剖30	半水成土	潮土	潮土	黄石渣子土	高山黄石渣子土	A	0—20	暗灰黄色	紫砂壤	粒状	6.6	5.9	0.35	0.40	13.4	6.4	36	3.5	砂质页岩风化物	E 110°44′27.3″ N 32°40′05.5″	75
						C	20—110	灰黄色	松砂土	无结构	6.6	1.3	≤0.10	0.35	16.9			2.7			
剖31	淋溶土	黄棕壤	黄棕壤性土	黄石渣子土	薄层黄砂土	A	0—20	暗黄棕色	砂土	粒状	5.8	6.1	0.44	0.17	1.9	4.5	28	4.2	泥质页岩风化坡积物	E 110°40′42.9″ N 32°40′46.4″	95
						C	20—														
剖32	淋溶土	黄棕壤	黄棕壤性土	湖砂泥土	油砂土	A	0—15	黄棕色	砂壤土	小粒状	6.8	3.5	0.20	0.15	12.3	3.9	67	8.1	泥质页岩风化物	E 110°37′14.0″ N 32°39′21.5″	95
						B	15—30	黄黄棕色	砂壤土	屑粒状	5.6	5.3	0.38	0.32	14.3	4.1	81		泥质页岩风化坡积物	E 110°40′26.1″ N 32°38′59.0″	95
						C	30—	淡黄棕色	砂壤土	小块状	6.0							8.5			
剖33	半水成土	潮土	潮土	潮砂泥土	油砂土	A	0—20	灰黄棕色	轻壤土	小粒状	6.4	13.4	0.80	0.43	21.8	15.0	65	9.0	河流冲积物	E 110°41′28.7″ N 32°39′26.3″	95
						C	20—100	淡黄黄棕色	轻壤土	中粒状	6.9	7.6	0.48	0.39	22.1			9.4			

续表 Continued

剖面号 Soil profile	土纲 Soil order	土类 Soil great group	亚类 Soil subgroup	土属 Soil genus	土种 Soil species	土层码 Layer code	土层厚度 Depth/cm	颜色 Soil color	质地 Soil texture	土壤结构 Soil structure	pH	有机质 OM/(g/kg)	全氮 TN/(g/kg)	全磷 TP/(g/kg)	全钾 TK/(g/kg)	有效磷 AP/(mg/kg)	速效钾 AK/(mg/kg)	阳离子交换量CEC/(cmol/kg)	土壤母质 Parent material	剖面点坐标 Profile coordinate	匹配指数 Matching index/%
剖34	淋溶土	黄棕壤	黄棕壤性土	黄石渣子土	高山薄层黄砂土	A C	0—20 20—	黄棕色 淡黄色	砂壤土	小粒状	7.1	7.0	0.40	0.27	11.1	5.8	28	7.3	泥质页岩风化物	E 110°42′20.2″ N 32°38′40.9″	95
剖35	半水成土	潮土	潮土	潮砂土	砂土	A C	0—30 30—105	淡黄棕色 暗黄棕色	砂壤土 砂壤土	小块粒状 中粒状	7.0 6.9	13.4 5.8	0.84 0.37	0.40 0.41	10.8 22.0	7.4	40	1.4 6.7	砂质沉积物	E 110°43′11.0″ N 32°39′24.4″	95
剖36	淋溶土	黄棕壤	黄棕壤性土	石渣子土	高山石渣子土	A C	0—25 25—	暗黄棕色 淡黄棕色	砂壤土 砂壤土		5.8	6.2	0.44	0.47	23.0	7.2	60	6.3	砂质云母片岩风化物	E 110°43′51.2″ N 32°39′34.5″	95
剖37	淋溶土	黄棕壤	山地黄棕壤	高山黄泥砂土	高山黑黄砂土	A B C	0—10 10—50 50—	黑棕色 黄棕色 淡黄棕色	砂壤土 轻壤土	粉粒状 块粒状	5.2 5.4	10.2	0.61	0.28	12.5	19.0	175	9.1	泥质岩类坡积物	E 110°36′12.2″ N 32°33′43.6″	95
剖38	淋溶土	黄棕壤	山地黄棕壤	高山黄泥砂土	薄层黑白砂土	A B C	0—13 13—100 100—	栗色 暗棕色	中壤土 重壤土	块粒状 棱柱状	5.6 6.5	13.3 11.4	0.90 0.73	0.84 0.49	25.0 26.1	16.7	155	8.4 14.7	泥质岩类坡积物	E 110°42′12.5″ N 32°33′52.1″	95
剖39	淋溶土	黄棕壤	黄棕壤性土	白石渣子土	夹飞砂砂土	A C	0—30 30—	暗灰棕色	粉砂土	小粒状	5.6	24.3	1.54	0.49	12.9	8.0	110	7.6	白云母片岩坡积物	E 110°42′55.1″ N 32°30′37.8″	95
剖40	半水成土	潮土	潮土	潮砂土	砂泥土	A S C	0—25 25—50 50—100	暗黄棕色 黄棕色 暗棕色	砂壤土 松砂土 中壤土	小粒状 无结构 团块状	5.3 5.5 5.8	16.9 6.1 10.1	1.02 0.42 0.65	0.93 0.13 0.94	14.3 11.3 22.1	8.2	35	6.5 4.4 7.9	河流冲积物	E 110°44′11.8″ N 32°30′47.2″	95
剖41	淋溶土	黄棕壤	黄棕壤性土	石渣子土	轻砾石石渣子土	A C	0—15 15—	暗黄棕色 淡黄棕色	砂壤土	小粒状	5.4	6.3	0.36	0.25	7.7	4.7	75	5.1	砂质云母片岩风化物	E 110°37′30.9″ N 32°27′41.2″	95
剖42	淋溶土	黄棕壤	黄棕壤性土	麻骨石渣子土	麻砂土	A C	0—18 18—	暗黄棕色	砂壤土	小粒状	6.5	14.3	0.78	3.12	7.8	6.3	40	3.3	泥质页岩风化坡积物	E 110°41′46.1″ N 32°29′31.8″	95
剖43	淋溶土	黄棕壤	黄棕壤	黄砂泥	黄泥沙土	A B C	0—15 15—55 55—	淡黄色 黄棕色	轻壤土 轻壤土	粒状、块状 块状	6.6 6.5	5.8 4.2	0.36 0.26	0.21 0.23	16.0 17.2	10.0	88	10.1 12.6	泥质页岩风化坡积物	E 110°45′58.0″ N 32°43′23.9″	95
剖44	淋溶土	黄棕壤	黄棕壤	黄土	棕黄土	A_3 B C	0—20 20—30 30—110	暗棕色 淡黄棕色 灰黄棕色	重壤土 中壤土 黏土	团块状 块状 大块状	6.4 6.1 6.8	11.4 11.6 11.6	0.71 0.74 0.60	0.28 0.52 0.23	17.5 15.4 17.5	10.0	126	21.0 7.3 21.0	第四纪沉积物	E 110°46′57.5″ N 32°41′00.9″	81
剖45	半水成土	潮土	潮土	潮砂泥	砂泥土	A B C	0—20 20—55 55—102	棕色 淡黄棕色 棕色	轻壤土 中壤土 黏土	粒状 块状 大块状	7.5 7.9 7.4	13.1 5.2 11.3	0.74 0.35 0.73	0.64 0.37 0.28	22.0 22.5 24.2	11.0	139	8.2 10.3 19.8	河流冲积物	E 110°49′49.9″ N 32°37′14.7″	95
剖46	人为土	水稻土	潴育水稻土	潮砂泥田	飞砂底潮砂泥田	A P W C	0—15 15—25 25—50 50—100	淡灰黄色 淡黄棕色 淡黄棕色 紫黄色	轻壤土 中壤土 轻壤土 紧砂土	粒状 小粒状 柱状 小粒状	5.6 6.9 5.8 6.0	9.3 14.2 12.2 8.4	0.58 0.89 0.77 0.53	0.47 0.47 0.40 0.34	11.8 13.4 12.0 10.4	18.8	56	5.9 11.0 5.2 1.7	近代河流冲积物	E 110°48′51.5″ N 32°30′44.4″	95
剖47	淋溶土	黄棕壤	黄棕壤性土	石渣子土	高山面砂土	A C	0—35 35—	淡黄棕色	砂壤土	小粒状	5.9	11.9	0.82	0.52	23.0	12.2	71	5.3	砂质云母片岩风化物	E 110°51′35.1″ N 32°32′06.5″	95
剖48	人为土	水稻土	潴育水稻土	黄泥田	黄泥田	P W C	0—20 20—25 25—80 80—100	棕色 暗灰色 灰黄棕色 灰黄色	中壤土 重壤土 重壤土 轻壤土	块粒状 块状 棱柱状 块状	6.2 6.4 6.7	13.9 11.0 7.5	0.94 0.61 0.45	0.84 0.49 0.43	16.6 15.3 16.6			10.8 13.8 16.5	第四纪沉积物	E 110°53′15.2″ N 32°34′34.2″	95

郧 阳 区

主要土类说明

黄棕壤是郧阳区主要土壤类型，占本区地域面积的55%。黄棕壤主要分布在丘陵山地，在发生学和分布上均表现出明显的南北过渡性，是通过弱脱硅富铝化作用形成的地带性土壤。最醒目的剖面形态特征是具有黄棕色或红棕色心土层。该层因母质不同而色泽不一，质地黏重，呈块状或棱块状结构，结构体表面有棕色或暗棕色铁锰胶膜，或有铁锰结核。本区黄棕壤中，耕地面积占12%，林荒地面积占87%，多种经营面积占1%。本区黄棕壤分为黄棕壤、山地黄棕壤、黄棕壤性土等亚类。黄棕壤亚类占本土类面积的33%，所处地带淋溶作用强，土壤pH为7.2—7.5，100cm内无碳酸钙结核，铁铝移动明显，有铁锰累积层，成土母质为第四纪黏土沉积物和无石灰反应的红砂岩、泥质岩类风化物。黄棕壤亚类中，耕地面积占22%，林荒地面积占76%，多种经营面积占2%。山地黄棕壤占本土类面积的13%，是山地土壤垂直带谱中的一个亚类，多为林荒地，其分布高度最低在海拔800m左右，其心土层的颜色表现出向鲜棕色过渡的特征，成土母质为泥质岩类风化物。黄棕壤性土占本土类面积的54%，剖面发育不完整，土层薄（小于30cm），砾石含量大于30%，大部分为林牧用地，成土母质为泥质岩类风化物。

石灰（岩）土是郧阳区第二大土壤类型，占本区地域面积的31%。成土母质为石灰岩、泥质灰岩、白云岩等风化残积物或坡积物。该土壤土层深厚，质地黏重，呈块状结构，结构体表面有胶膜，土体内多含砾石，有不均质石灰反应，pH比地带性土壤高，不适宜油茶、茶、杉等植物生长。本区石灰（岩）土仅有棕色石灰土一个亚类，有机质含量较低。

黄褐土是郧阳区第三大土壤类型，占本区地域面积的5%。本区黄褐土中，耕地面积占31%，林荒地面积占68%，多种经营面积占1%。成土母质为第四纪黏土沉积物和泥质岩类风化物。黄褐土是钙饱和或含游离石灰的一类土壤，土体中常有碳酸钙结核（料姜）和铁锰淀积物，一般有石灰反应，土壤呈微碱性。本区黄褐土分为第四纪黏土黄褐土和泥质岩黄褐土等土属。第四纪黏土黄褐土占本土类面积的64%，土层深厚，质地为中壤土至黏土，pH为7.2—8.5。泥质岩黄褐土占本土类面积的36%，主要分布在杨溪铺、南化塘、安阳、青曲、柳陂等地，地形部位为低山中上部，剖面构型为A-B-C或A-C。表层厚度为10—18cm，呈棕色，质地为砂壤土，粒状结构，pH为7.6—8.1；心土层厚度为29cm。该土属含有片状砾石，硬度较大，有弱石灰反应，养分含量低，坡度大，不适合农业耕种。

紫色土占本区地域面积的4%，主要分布在杨溪铺、刘洞、白浪、安阳、柳陂、茶店等地。土壤呈紫红色或暗紫棕色，pH大于7.5，有石灰反应。成土母质为红色砂岩和红色砂砾岩。本区紫色土仅有石灰性紫色土一个亚类，按土壤质地续分为石灰紫泥土、石灰紫砂土和石灰紫渣土等土属。其中，石灰紫泥土发育比较成熟，土层较厚，质地为重壤土，有石灰反应，呈微碱性。石灰紫砂土分布在海拔210—380m的丘陵坡脚，剖面构型为A-B-C或A-C。耕层厚度为15—18cm，呈棕色，质地为砂壤土，粒状结构，pH为7.9—8.0；心土层厚度为65cm，呈红棕色，块状结构，有少量铁锰胶膜。石灰紫砂土土层深厚，有中等石灰反应，肥力较低，施肥见效快，作物发小苗，不发老苗，产量一般。石灰紫渣土分布在海拔188—365m的山坡中上部，砾石含量40%—50%，剖面构型A-B-C或A-C-D。耕层厚度为11—17cm，呈红棕色，pH为7.8—8.0；心土层厚度为56cm。石灰紫渣土受侵蚀严重，土壤处于幼年阶段，有中等石灰反应，呈微碱性，耕作困难，怕旱怕涝，作物根系不易下扎，产量低。

水稻土占本区地域面积的3%，在本区低山和丘陵均有分布。水稻土是在人为长期水耕熟化，以栽培水稻为主的过程中形成的具有独特性状的土类。在长期耕作、施肥和灌溉条件下，由于还原淋溶和氧化淀积等作用，水稻土形成了特有的剖面结构和发生层次，如耕作层、犁底层、潴育层、淀积层、潜育层等。耕作层在种稻期间，除最表层数毫米为氧化层外，均处于还原状态，落干后全层氧化，沿根孔出现大量锈纹，高产肥沃的耕作层还会出现有机铁络合物，形成鳝血斑纹，是土壤养分富集层。犁底层指水耕条件下黏粒移动且紧挨着耕作层的层次，土壤紧实黏重，有一定的保水保肥作用，灌水时呈灰蓝色，脱水后呈黄棕色或暗棕色，有较多的锈纹、锈线出现。潴育层为淋溶淀积交替作用的发生层次，其特征是垂直节理明显，水分沿土壤空隙上下移动，呈棱块状或棱柱状结构，土壤呈灰白色，结构体表面有灰色胶膜，内有锈色斑纹。潜育层由于长期泡水，高价铁锰还原成低价铁锰，因此土壤有亚铁反应，一般呈灰蓝色。本区水稻土分为淹育型、潴育型、潜育型、沼泽型等亚类。其中，淹育水稻土占本土类面积的25%，属地表水型，耕作层有锈斑，母质层有黄化现象，属于短期发育阶段的水田，剖面构型为A–P–C。淹育水稻土多分布在丘陵山地顶部或山坡，因此带有旱地土壤和母质的明显痕迹。成土母质为第四纪黏土沉积物、红色砂岩、泥质岩和各种冲积物。潴育水稻土占本土类面积的71%，发育于各种母质，属良水型，地下水位在50cm以下，剖面构型为A–P–W–B或A–P–W–B–G。潴育水稻土有发育较完整的潴育层，该层有较明显的棱块状或棱柱状结构，结构体表面有灰色胶膜，呈灰色或暗灰色，有铁锰淀积物。潜育水稻土占本土类面积的2%，发育于各种母质，属地下水型，地下水位在50cm以上，剖面构型为A–P–G。由于土壤长期积水，土体中有明显的青泥层（呈淡灰色至灰蓝色）、中度发育的潜育层（土体明显变软）和强度发育的潜育层（土体糊烂）。潜育水稻土按土壤有无石灰反应续分为青泥田和灰青泥田两个土属。沼泽型水稻土占本土类面积的2%，发育于各种母质，属地下水型，地下水位接近地表，土体糊烂，耕作层是潜育化的青泥层，剖面构型为A–G。

小于本区地域面积3%的土壤类型有潮土等。

本区域中心区气候特征

本区域中心区气候特征值
Regional climate characteristics in central area of the region

气候带：北亚热带湿润气候 Climate region: North subtropical humid climate	
年平均气温 /℃ Annual average temperature /℃	14.3
年平均最高气温 /℃ Annual average maximum temperature /℃	20.2
年平均最低气温 /℃ Annual average minimum temperature /℃	9.9
年降水量 /mm Annual precipitation /mm	795
≥10℃的积温 /℃ Daily temperature accumulated in a year (≥10℃) /℃	5731
年日照时数 /h Annual sunshine /h	1769
年平均相对湿度 /% Annual average relative humidity /%	74
干燥度 Dryness	1.14

本区域中心区月平均气温与月平均降水量
Monthly temperature and precipitation in central area of the region

郧县主要土壤类型与土壤剖面点分布图
1∶310 000

注：国务院 2014 年 9 月批准，撤销郧县，设立郧阳区。

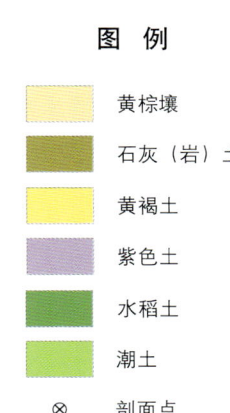

图 例

▨	黄棕壤
▨	石灰（岩）土
▨	黄褐土
▨	紫色土
▨	水稻土
▨	潮土
⊗	剖面点

郧阳区土壤剖面理化性状表

剖面号 Soil profile	土纲 Soil order	土类 Soil group	亚类 Soil subgroup	土属 Soil genus	土种 Soil species	土层码 Layer code	土层厚度 Depth/cm	颜色 Soil color	质地 Soil texture	土壤结构 Soil structure	pH	有机质 OM/(g/kg)	全氮 TN/(g/kg)	全磷 TP/(g/kg)	全钾 TK/(g/kg)	有效磷 AP/(mg/kg)	速效钾 AK/(mg/kg)	阳离子交换量CEC/(cmol/kg)	土壤母质 Parent material	剖面点坐标 Profile coordinate	匹配指数 Matching index/%
剖1	淋溶土	黄棕壤	黄棕壤	泥质岩黄棕壤	黑砂泥土	A	0—18	黑色	砂壤土	粒状	7.5	33.8	1.47	≥10.00	14.0	6.9	60	5.8		E 110° 13′ 32.2″ N 32° 46′ 13.9″	95
						B	18—52	暗棕色	砂壤土	粒状	7.5	12.8	0.85	0.67	17.5			4.0			
						C	52—100	淡黄色	砂壤土	粒状	7.6	31.4	1.62	1.47	16.2			8.4			
剖2	淋溶土	黄棕壤	黄棕壤性土	泥质岩黄棕壤性土	轻砾石白砂土	A	0—15	白色		粒状	7.2	≤1.0	≤0.10	≤0.10	20.2	≤1.0	92	9.3	泥质岩类风化物	E 110° 11′ 58.1″ N 32° 42′ 18.2″	81
						C	15—28	白色		粒状	7.6	≤1.0	≤0.10	≤0.10	19.9			10.0			
剖3	淋溶土	黄棕壤	山地黄棕壤	泥质岩山地黄棕壤	轻砾石山地石渣子土	A	0—10	暗棕色			6.9	13.8	0.32	1.78	12.7	8.5	37	13.0	泥质岩类风化物	E 110° 12′ 32.5″ N 32° 40′ 43.2″	95
						B	10—36	暗棕色			6.7	13.1	0.85	2.01	13.8			11.6			
						C	36—91	灰黄棕色			7.1	10.7	0.56	1.64	15.0			12.0			
剖4	人为土	水稻土	淹育水稻土	浅灰潮土田	浅灰潮砂田	A	0—15	棕色	轻壤土	团块状	8.0	5.4	0.36	0.52	17.0	9.5	77	8.2	有石灰反应的近代河流冲积物	E 110° 21′ 54.2″ N 32° 47′ 59.7″	95
						P	15—24	暗棕色	砂壤土	团块状	6.5	10.4	0.65	0.63	18.6			8.2			
						C	24—100	淡黄棕色	砂壤土	粒状	7.2	7.5	0.33	0.57	19.6			7.5			
剖5	淋溶土	黄棕壤	黄棕壤	泥质岩黄棕壤	轻砾石黑砂土	A	0—28	黑色	轻壤土	粒状	7.2	26.9	1.53	0.84	28.2	9.1	35	7.2		E 110° 17′ 07.2″ N 32° 42′ 05.1″	95
						B	28—62	黑色		粒状	7.9	32.0	1.84	2.18	25.1			9.8			
						C	62—100	黑色		粒状	7.7	32.0	1.82	0.87	23.1			9.0			
剖6	淋溶土	黄棕壤	山地黄棕壤	泥质岩山地黄棕壤	山地煤炭土	A	0—19	黑色	轻壤土	粒状	6.5	39.8	0.88	1.05	14.9	9.9	69	10.4	泥质岩类风化物	E 110° 22′ 30.0″ N 32° 40′ 51.7″	95
						C	19—53	黑色		粒状	8.5	34.9	0.68	1.71	10.7			9.8			
剖7	初育土	紫色土	石灰性紫色土	灰紫砂泥土	薄层灰紫泥土	A	0—14	暗红棕色	壤质黏土	块状	8.0	7.4	0.44	0.55	15.7	1.9	208	20.0		E 110° 40′ 20.3″ N 33° 02′ 30.7″	75
						C	14—32	暗红棕色	壤质黏土	块状	7.9	6.1	0.40	0.46	14.9			18.6			
剖8	初育土	石灰(岩)土	棕色石灰土	棕色石灰土	粗骨棕色土	A	0—11	黄棕色	重壤土	棱块状	7.6	19.0	1.16	1.56	14.7	8.4	159	20.7		E 110° 42′ 33.4″ N 33° 02′ 54.3″	95
						B	11—67	暗红棕色	中壤土	棱块状	7.7	15.9	1.07	1.73	15.6			16.7			
						C	67—100	暗棕色	砂壤土	棱状	7.8	10.6	0.81	1.77	15.2			13.1			
剖9	人为土	水稻土	潴育水稻土	灰黄潮土田	灰中位薄层夹砂泥砂田	A	0—12	灰黄棕色	砂壤土	粒状	8.1	7.3	0.37	0.69	7.7	34.4	93	6.4	有石灰反应的近代河流冲积物	E 110° 44′ 38.3″ N 32° 55′ 25.6″	95
						P	12—19	暗棕色	中壤土	棱状	8.0	6.5	0.31	0.71	9.1			6.3			
						W	19—56	暗棕色	中壤土	棱状	8.1	5.6	0.32	0.48	13.6			9.1			
						C	56—77	暗棕色	粗砂土	棱状	8.4	2.9	0.11	0.91	5.5			2.7			
						B	77—100	暗棕色		粒状	8.0	6.0	0.35	0.57	15.1			11.9			
剖10	淋溶土	黄棕壤	黄棕壤	泥质岩黄棕壤	薄层黄砂泥土	A	0—14	淡黄棕色	中壤土	粒状	7.2	11.5	0.72	1.24	15.2	5.7	102	10.4		E 110° 36′ 41.0″ N 32° 50′ 55.9″	95
						C	14—27	暗棕色	中壤土	块状	7.7	8.7	0.51	0.99	13.3			5.5			
剖11	人为土	水稻土	淹育水稻土	浅灰砂泥田	浅灰潮泥阴石底田	A	0—8	暗棕色	轻壤土	棱状	7.8	10.7	0.65	1.16	13.3			6.1	有石灰反应的近代河流冲积物	E 110° 37′ 48.7″ N 32° 52′ 39.5″	95
						P	8—15	暗棕色	轻壤土	块状	7.9										
						C	15—27	暗棕色	中壤土	块状											
						R	27—														
剖12	人为土	水稻土	潴育水稻土	石灰(岩)田	灰泥砂田	A	0—13	暗棕色	中壤土	粒状	7.9	12.2	0.74	0.56	1.5	4.3	175	11.2	石灰岩、泥灰岩、白云岩风化物	E 110° 41′ 16.2″ N 32° 53′ 17.9″	95
						P	13—22	棕色	重壤土	块状	8.1	7.4	0.55	0.46	15.9			14.2			
						W	22—62	暗黄棕色	重壤土	块状	8.1	7.5	0.52	0.50	15.0			9.5			
						C	62—72	暗棕色	中壤土	块状	8.1	8.5	0.51	0.52	16.2			10.6			
						G	72—100	灰青色	中壤土	块状	8.1	6.9	0.50	0.46	16.6			11.8			
剖13	淋溶土	黄棕壤	黄棕壤	泥质岩黄棕壤	黄砂泥土	A	0—13	暗黄棕色	中壤土	粒状	7.2	7.9	0.61	0.87	20.4	3.0	92	14.5		E 110° 43′ 01.0″ N 32° 54′ 56.3″	95
						C	13—100	棕色	中壤土	块状	7.7	8.2	0.63	2.47	22.5			13.9			
剖14	淋溶土	黄棕壤	黄棕壤	泥质岩黄棕壤	黄土	A	0—20	淡棕色	重壤土	粒状	7.7	7.7	0.69	0.69	20.5	5.2	55	19.7		E 110° 42′ 30.2″ N 32° 52′ 50.0″	95
						B	20—50	淡棕色	重壤土	块状	7.3	7.3	0.47	0.67	20.7			19.6			
						C	50—100	淡棕色	重壤土	块状	7.0	7.1	0.57	0.95	21.0			22.5			
剖15	初育土	石灰(岩)土	棕色石灰土	棕色石灰土	白泥砂石灰土	A	0—20	白色	轻壤土	粒状	8.3	6.1	0.41	0.16	≤1.0	4.8	164	8.3		E 110° 42′ 51.2″ N 32° 52′ 29.3″	95

续表 Continued

剖面号 Soil profile	土纲 Soil order	土类 Soil great group	亚类 Soil subgroup	土属 Soil genus	土种 Soil species	土层码 Layer code	土层厚度 Depth/cm	颜色 Soil color	质地 Soil texture	土壤结构 Soil structure	pH	有机质 OM/(g/kg)	全氮 TN/(g/kg)	全磷 TP/(g/kg)	全钾 TK/(g/kg)	有效磷 AP/(mg/kg)	速效钾 AK/(mg/kg)	阳离子交换量CEC/(cmol/kg)	土壤母质 Parent material	剖面点坐标 Profile coordinate	匹配指数 Matching index/%
剖16	初育土	紫色土	石灰性紫色土	石灰性紫泥土	灰红泥土	A	0—21	暗红棕色	重壤土	粒状	7.8	13.8	0.93	0.44	19.0	3.6	135	19.3	红砂岩和红色砂砾岩	E 110°43′56.4″ N 32°51′41.5″	95
						B	21—48	暗红棕色	中壤土	块状	8.1	8.9	0.55	0.26	16.9			15.2			
						C	48—100	暗红棕色	中壤土	块状	8.1	7.1	0.46	0.30	15.9			16.1			
剖17	人为土	水稻土	潴育水稻土	黄棕壤性泥质岩泥田	黄砂泥田	A	0—20	暗灰色	轻壤土	粒状	7.5	14.2	0.79	0.50	13.9	10.0	56	13.8		E 110°38′40.7″ N 32°51′24.6″	95
						P	20—32	暗灰棕色	砂壤土	粒状	7.6	6.6	0.43	0.36	16.9			9.3			
						W	32—65	暗灰棕色	轻壤土	棱块状	8.5	5.1	0.33	0.32	17.1			11.7			
						B	65—100	暗灰棕色	轻壤土	棱块状	7.8	4.5	0.29	0.33	14.0			13.3			
剖18	人为土	水稻土	潴育水稻土	石灰(岩)性泥田	灰渣田	A	0—17	暗黄棕色	中砾石泥土	块状	7.9	9.5	0.83	0.58	13.2	11.2	125	11.6	石灰岩，白云岩风化物	E 110°38′11.2″ N 32°50′20.8″	95
						P	17—25	暗黄棕色	中砾石泥土	块状	8.0	4.6	0.31	0.34	19.2			8.3			
						W	25—100	暗黄棕色	轻壤土	块状	7.9	3.6	0.29	0.48	13.1			11.8			
剖19	人为土	水稻土	沼泽型水稻土	烂泥脚田	灰深脚田	A	0—20	绿灰色	重壤土	糊状	8.0	24.8	1.36	0.63	18.0	7.1	173	18.2		E 110°39′22.7″ N 32°50′42.0″	95
						G	20—60	绿灰色	重壤土	糊状	8.0	23.1	1.26	0.61	18.4			17.8			
剖20	淋溶土	黄褐土	黄棕壤	红砂岩黄棕壤	红砂泥土	A	0—18	红砂色	中壤土	粒状	7.2	9.0	0.63	0.43	20.6	2.6	79	17.3	红砂岩风化物	E 110°39′36.2″ N 32°50′17.2″	95
						B	18—29	暗红棕色	砂壤土	粒状	7.7	5.4	0.30	0.51	19.1			9.5			
						C	29—60	暗红棕色	轻壤土	粒状	7.7	5.1	0.34	0.39	20.8			9.5			
剖21	淋溶土	黄褐土	黄棕壤	红砂岩黄棕土	赤黄褐土	A	0—18	红红棕色	中砾(砾)石土	粒状	7.8	9.0	0.63	4.30	20.6	2.7	199	17.3	红砂岩风化坡积物或风化残积物	E 110°44′49.8″ N 32°47′46.4″	95
						B	18—29	暗红棕色	轻壤土	粒状	7.7	5.4	0.30	0.51	19.1			9.5			
						C	29—60	暗红棕色	轻壤土	粒状	7.7	5.1	0.34	0.39	20.8			9.5			
剖22	人为土	水稻土	潴育水稻土	灰潮岩泥田	灰潮砂泥田	A	0—14	灰黄棕色	重壤土	粒状	7.8	31.9	1.87	0.72	17.9	11.3	189	20.8	有石灰反应的近代河流冲积物	E 110°42′26.4″ N 32°44′31.5″	95
						P	14—22	暗黄棕色	重壤土	棱块状	8.1	23.2	1.42	0.65	18.1			17.7			
						W	22—44	暗灰棕色	砂壤土	棱块状	8.1	10.3	0.64	0.51	17.3			16.3			
						C	44—100	灰黄棕色	轻壤土	粒状	8.1	10.3	0.67	0.50	17.8			16.8			
剖23	人为土	水稻土	潴育水稻土	灰潮岩泥田	灰潮石泥田	A	0—11	灰黄棕色	中壤土	粒状	7.3	13.9	0.89	1.22	9.7	13.9	121	6.4	有石灰反应的近代河流冲积物	E 110°51′53.7″ N 33°05′56.9″	75
						P	11—21	淡黄棕色	轻壤土	块状	7.6	12.7	0.83	1.20	18.1			7.2			
						W	21—40	淡黄棕色	砂壤土	核状	7.5	4.3	0.31	0.79	8.4			3.5			
						C	40—100	暗黄棕色	中壤土	粒状	7.3	5.9	0.32	0.78	10.7			7.4			
剖24	淋溶土	黄棕壤	黄棕壤性土	泥质岩黏土	灰潮石麻面石	A	0—20	灰黄棕色	轻壤土	粒状	7.8	27.0	1.58	0.74	3.6	≤1.0	97	14.5	泥质岩类风化物	E 110°48′11.0″ N 33°05′21.8″	95
						D	20—														
剖25	淋溶土	黄棕壤	黄棕壤	第四纪黏土黄棕壤	黄泥巴土	A	0—18	黄棕色	重壤土	块状	7.5	12.1	0.72	0.42	17.5	4.9	164	20.7		E 110°55′03.1″ N 33°08′26.2″	95
						B	18—35	淡黄棕色	重壤土	核状	7.6	8.2	0.50	0.34	19.6			23.8			
						C	35—90	红黄色	重壤土	核状	7.7	6.6	0.48	0.36	19.6			21.1			
剖26	淋溶土	黄棕壤	山地黄棕壤	泥质岩黄棕壤	扁砂泥土	A	0—19	灰黄棕色	中壤土	粒状	7.0	12.5	0.74	0.26	16.0	3.8	67	11.9		E 110°57′55.5″ N 33°08′29.0″	95
						C	19—39	暗黄棕色	中壤土	粒状	6.7	8.4	0.55	0.24	16.9			10.6			
剖27	淋溶土	黄棕壤	黄棕壤	泥质岩黄棕壤	轻砾石黄砂土	A	0—16	淡黄棕色			7.6									E 110°58′30.2″ N 33°09′01.8″	95
						B	16—33	淡黄棕色			7.5											
						C	33—67	暗黄棕色			7.3											
剖28	淋溶土	黄棕壤	黄棕壤性土	泥质岩黏性土	轻砾石细砂皮	A	0—25	棕色	轻壤土	粒状	7.1	5.9	0.41	1.03	7.5	1.4	28	7.5	泥质岩类风化物	E 110°58′57.5″ N 33°09′22.5″	95
						D	25—														
剖29	淋溶土	黄棕壤	黄棕壤	第四纪黏土黄棕壤	面黄土	A	0—18	暗棕色	轻壤土	块状	7.6	5.3	0.43	0.40	20.2	6.4	74	11.8		E 110°56′21.0″ N 33°05′16.7″	95
						B	18—35	淡黄棕色	轻壤土	块状	7.8	4.3	0.29	0.80	21.5			11.6			
						C	35—100	红黄色	砂壤土	块状	7.8	4.0	0.28	0.81	19.4			11.2			
剖30	淋溶土	黄棕壤	黄棕壤	第四纪黏土黄棕壤	轻砾石卵石黄土	A	0—13	暗黄棕色			8.0	15.7	1.25	0.63	15.4	6.2	101	15.3		E 110°53′02.1″ N 33°06′04.5″	95
						B	13—56	暗棕色			8.1	11.0	0.76	0.48	15.8			21.1			
						C_1	56—75	暗红棕色			8.1	6.1	0.58	0.33	20.1			26.5			
						C_2	75—100	暗红棕色			8.1	6.5	0.50	0.52	22.0			21.0			

续表 Continued

剖面号 Soil profile	土纲 Soil order	亚类 Soil subgroup	土属 Soil genus	土种 Soil species	土层码 Layer code	土层厚度 Depth/cm	颜色 Soil color	质地 Soil texture	土壤结构 Soil structure	pH	有机质 OM/(g/kg)	全氮 TN/(g/kg)	全磷 TP/(g/kg)	全钾 TK/(g/kg)	有效磷 AP/(mg/kg)	速效钾 AK/(mg/kg)	阳离子交换量CEC/(cmol/kg)	土壤母质 Parent material	剖面点坐标 Profile coordinate	匹配指数 Matching index/%
剖31	人为土	潴育水稻土	黄砂壤性泥质岩泥田	黄砂泥田	A	0—15	淡棕色	中壤土	块状	7.1	12.3	0.68	1.94	6.8	27.9	172	22.5		E 110°54′16.5″ N 33°06′17.0″	95
					P	15—21	淡棕色	中壤土	块状	7.5	10.3	0.74	0.85	17.4			17.9			
					W	21—50	淡棕色	中壤土	块状	7.5	13.7	0.60	0.72	15.3			14.6			
					B	50—100	淡棕色	中壤土	块状	7.9	8.9	0.53	0.73	15.7			17.1			
剖32	人为土	淹育水稻土	浅黄棕壤性泥质岩泥田	浅黄泥土田	A	0—13	暗灰棕色	重壤土	粒状	7.2	14.9	1.08	0.73	20.2	14.4	190	23.3		E 110°54′53.9″ N 33°06′46.3″	95
					P	13—25	暗灰棕色	中壤土	棱状	7.8	16.1	0.93	0.71	20.1			19.3			
					C	25—100	暗棕色	中壤土	棱状	7.8	8.3	0.59	0.71	20.4			21.4			
剖33	淋溶土	黄棕壤	泥质岩黄棕壤	中砾石黄砂土	A	0—16	黄棕色			7.3	5.2	0.30	1.85	≤1.0	1.3	15	11.1		E 110°54′48.2″ N 33°05′59.4″	95
					B	16—39	黄棕色			7.2	4.8	0.33	1.67	11.1			11.8			
					C	39—80	黄棕色			7.3	9.5	0.23	2.55	≤1.0			11.3			
剖34	初育土	石灰(岩)土	棕色石灰土	黄砂泥石灰土	A	0—17	棕色	中壤土	块状	7.9	13.8	0.74	0.57	14.2	1.5	191	28.6		E 110°56′14.1″ N 33°07′11.1″	95
					B	17—44	棕色	中壤土	块状	8.1	11.6	0.75	0.65	18.3			24.2			
					C	44—100	灰棕色	中壤土	块状	8.1	3.6	0.53	0.61	13.2			28.1			
剖35	淋溶土	黄棕壤	第四纪黏土黄棕壤	猪肝土	A	0—29	暗棕色	重壤土	棱状	7.3	9.1	0.56	0.51	15.8	8.1	179	23.5		E 110°56′07.7″ N 33°06′09.1″	75
					B	29—64	暗棕色	重壤土	棱状	7.6	≤1.0	0.38	0.42	23.7			25.3			
					C	64—100	暗棕色	中壤土	棱块状	7.7	5.8	0.38	0.56	14.3			19.9			
剖36	人为土	冷泽型水稻土	冷泉田	锈水田	A	0—12	黑棕色	黏土	棱块状	6.2	27.8	1.53	0.45	17.2	6.9	60	11.6		E 110°56′01.7″ N 33°05′53.1″	95
					G	12—70	黑棕色	黏土	块状	6.3	31.9	1.67	0.48	21.0			10.9			
剖37	人为土	潴育水稻土	石灰岩(岩)性水田	漏风泥田	A	0—11	绿灰色	黏土	粒状	7.6	35.8	2.16	0.80	19.6	7.0	180	23.5	石灰岩、泥灰岩、白云岩风化物	E 110°51′44.9″ N 33°04′10.1″	75
					P	11—19	绿灰色	重壤土	块状	7.6	32.5	1.91	0.76	21.1			22.7			
					W	19—60	暗黄棕色	重壤土	棱块状	7.7	10.8	0.78	0.49	19.2			21.7			
					B	60—100	灰黄棕色	重壤土	块状	7.7	10.0	0.56	0.66	20.4			20.5			
剖38	初育土	石灰(岩)土	棕色石灰土	漏风土	A	0—17	暗黄棕色	中壤土	粒状	7.5	14.5	1.02	0.60	18.5	14.6	122	22.1		E 110°48′45.0″ N 33°02′23.6″	95
					B	17—33	灰黄棕色	中壤土	块状	7.7	13.9	0.74	0.54	17.9			22.6			
					C	33—100	暗棕色	中壤土	块状	7.7	9.7	0.59	0.56	16.6			20.6			
剖39	人为土	沼泽型水稻土	冷泉田	泉眼田	Ag	0—17	青灰色	轻壤土	糊状	7.7	18.4	1.01	0.48	13.0	6.5	53	13.9		E 110°50′40.0″ N 33°01′30.4″	75
剖40	人为土	潴育水稻土	浅稻骨青(岩)性水田	浅稻骨青田	A	0—10	暗棕色	中壤土	块状	7.6	22.5	1.24	0.69	12.1	8.6	112	10.8	石灰岩、白云岩、泥灰岩风化物	E 110°51′19.6″ N 33°02′00.8″	75
					P	10—20	暗棕色	中壤土	块状	7.9	19.6	1.14	0.75	10.8			8.7			
					C	20—100	暗棕色	中壤土	块状	7.9	14.5	0.86	0.74	12.7			10.3			
剖41	人为土	淹育水稻土	潮土田	浅潮土田	A	0—12	暗黄棕色	轻壤土	粒状	6.0	9.9	0.69	0.76	14.0	4.2	58	9.6	河流冲积物	E 110°55′48.9″ N 33°04′16.9″	75
					P	12—19	暗黄棕色	轻壤土	块状	7.2	12.0	0.64	0.73	14.0			8.3			
					W	19—80	灰白色	砂壤土	块状	7.7	4.9	0.26	0.80	11.3			8.1			
剖42	黄棕壤	黄棕壤	泥质岩黄棕壤	黄砂砂土	A	0—17	灰黄棕色	砂土	块状	7.0	21.9	1.17	0.59	22.7	4.2	59	6.8		E 110°56′52.3″ N 33°04′59.6″	95
					B	17—51	灰黄棕色	砂土	块状	7.0	9.7	0.51	0.59	18.0			7.5			
					C	51—100	灰黄棕色	砂土	块状	7.5	8.8	0.56	0.51	24.2			6.1			
剖43	人为土	潴育水稻土	卵石底砂泥田		A	0—13	暗黄棕色	中壤土	棱块状	7.5	12.9	0.83	0.96	11.2	5.9	97	14.2	近代河流冲积物	E 110°56′41.2″ N 33°04′13.6″	75
					P	13—22	暗黄棕色	中壤土	棱块状	8.1	10.5	0.67	0.87	15.1			14.7			
					W	22—43	暗黄棕色	中壤土	棱块状	7.5	8.9	0.57	1.93	14.1			12.1			
					R	43—80	暗灰棕色	砂土	棱块状	7.3	2.4	0.15	1.11	11.3			4.9			
剖44	淋溶土	黄棕壤	红砂岩黄棕壤	红泥土	A	0—12	暗红棕色	黏土	小块状	7.5	8.7	0.65	0.37	20.3	5.5	247	32.8	红砂岩风化物	E 110°57′54.0″ N 33°04′57.8″	95
					B(b)	12—100	暗红棕色	黏土	块状	7.3	7.3	0.49	0.45	19.8			26.2			
剖45	人为土	淹育水稻土	浅漏岩青(岩)性水田	浅漏风泥田	A	0—12	暗棕色	黏土	棱状	7.6	14.0	0.97	0.65	16.8	7.4	255	31.5	石灰岩、泥灰岩、白云岩风化物	E 110°57′28.8″ N 33°03′12.1″	75
					P	12—25	暗棕色	黏土	棱状	7.5	8.6	0.50	0.44	17.3			29.6			
					C	25—100	棕色	黏土	棱状	7.4	8.2	0.51	0.40	15.9			19.2			

续表 Continued

剖面号 Soil profile	土纲 Soil order	土类 Soil great group	亚类 Soil subgroup	土属 Soil genus	土种 Soil species	土层码 Layer code	土层厚度 Depth/cm	颜色 Soil color	质地 Soil texture	土壤结构 Soil structure	pH	有机质 OM/(g/kg)	全氮 TN/(g/kg)	全磷 TP/(g/kg)	全钾 TK/(g/kg)	有效磷 AP/(mg/kg)	速效钾 AK/(mg/kg)	阳离子交换量CEC/(cmol/kg)	土壤母质 Parent material	剖面点坐标 Profile coordinate	匹配指数 Matching index/%
剖46	人为土	水稻土	潴育水稻土	石灰（岩）性水田	灰黄泥田	A	0–13	黄褐色	中壤土	棱块状	7.9	27.6	1.41	0.53	15.7	10.6	155	17.8	石灰岩、泥灰岩、白云岩风化物	E 110° 58′ 15.9″ N 33° 03′ 23.7″	75
						P	13–26	黑棕色	重壤土	棱块状	8.2	13.4	0.69	0.46	15.1			15.1			
						W	26–50	黑棕色	重壤土	棱块状	8.2	12.2	0.73	0.46	14.3			14.0			
						B	50–100	黑棕色	重壤土	棱块状	8.1	9.9	0.48	0.35	15.8			16.1			
剖47	淋溶土	黄褐土	黄褐土	第四纪黏土黄褐土	料姜白土	A	0–12	灰白色	中壤土	粒状	8.1	5.2	0.32	0.42	1.8	1.7	56	8.2	第四纪黏土沉积物	E 110° 59′ 30.2″ N 33° 02′ 56.4″	75
						B	12–29	灰白色	中壤土	块状	8.0	4.6	0.22	0.31				5.6			
						C	29–100	灰白色	轻壤土	块状	8.1	5.7	0.32	0.25				2.9			
剖48	人为土	水稻土	淹育水稻土	浅灰紫泥田	浅红砂泥田	A	0–16	暗红棕色	重壤土	粒状	7.6	16.0	1.12	0.72	14.9	6.7	147	18.6	红砂岩和红色砂砾岩	E 110° 59′ 43.5″ N 33° 03′ 12.0″	95
						P	16–32	暗红棕色	重壤土	块状	8.0	13.2	0.99	0.64	15.2			18.8			
						C	32–100	淡棕色	重壤土	棱状	8.0	5.6	0.36	0.57	16.2			18.5			
剖49	人为土	水稻土	淹育水稻土	浅黄壤性第四纪黏土泥田	浅黄泥田	A	0–14	暗黄棕色	重壤土	块状	7.5	12.9	0.89	0.81	15.9	7.4	213	17.6	第四纪黏土沉积物	E 110° 59′ 40.7″ N 33° 01′ 07.1″	95
						P	14–21	暗棕色	重壤土	块状	7.5	9.5	0.70	0.69	16.2			16.0			
						B	21–100	暗棕色	中壤土	团块状	8.0	6.2	0.44	0.69	14.4			12.3			
剖50	人为土	水稻土	潴育水稻土	浅潮土田	浅卵石底田	A	0–15	棕色	中壤土	粒状	7.4	16.4	0.73	0.58	14.9	6.4	96	15.8	河流冲积物	E 110° 55′ 46.0″ N 33° 01′ 26.8″	75
						P	15–22	暗灰棕色	中壤土	块状	7.8	10.7	0.55	0.55	15.7			15.2			
						R	22–100	黄灰色	砂土	粒状	7.8	7.2	0.11	0.54	3.2			9.6			
剖51	人为土	水稻土	沼泽型水稻土	烂泥田	灰烂泥田	A	0–15	淡灰色	重壤土	无结构	7.6	24.5	1.47	0.50	17.9	8.0	82	10.7	第四纪黏土沉积物	E 110° 50′ 27.0″ N 32° 58′ 35.7″	95
						G	15–50	淡棕色	重壤土	无结构	8.0	17.3	0.98	0.38	16.8			11.5			
剖52	人为土	水稻土	淹育水稻土	浅黄壤性第四纪黏土泥田	浅黄泥巴田	A	0–14	暗棕色	重壤土	块状	7.5	13.0	0.97	0.66	17.3	5.5		22.1	第四纪黏土沉积物	E 110° 51′ 01.6″ N 32° 55′ 39.6″	95
						P	14–32	暗棕色	重壤土	块状	7.5	10.0	0.73	0.57	14.5			22.5			
						C	32–100	暗棕色	中壤土	块状	7.5	8.5	0.61	0.56	14.6			16.9			
剖53	淋溶土	黄棕壤	潜育型水稻土	泥质岩黄棕壤性土	轻砾石白砂土	A	0–13	灰白色		粒状	7.0	6.9	0.46	0.14	7.6	1.1	50	12.6	泥质岩类风化物	E 110° 57′ 06.3″ N 32° 58′ 37.8″	95
剖54	人为土	水稻土	潜育水稻土	泥质岩黄棕壤	细黄褐土	A	0–20	淡棕色	轻壤土	粒状	7.7	7.7	0.69	0.69	20.5	5.2	56	19.7	泥质岩类风化物	E 110° 45′ 42.9″ N 32° 54′ 09.5″	95
						B	20–50	淡棕色	重壤土	块状	7.3	7.3	0.47	0.67	20.7			19.6			
						C	50–100	淡棕色	中壤土	块状	7.0	7.1	0.57	0.95	20.4			22.5			
剖55	人为土	水稻土	沼泽型水稻土	冷泉田	灰泮田	A	0–15	暗黄棕色	中壤土	无结构	8.0	15.8	1.03	0.93	10.6	4.3	61	15.3		E 110° 47′ 38.2″ N 32° 53′ 23.4″	95
						G	15–43	暗绿色	中壤土	无结构	8.1	14.0	0.86	0.94	10.0			16.3			
剖56	人为土	水稻土	潜育水稻土	青泥田	中层强度青泥砂田	A	0–20	暗黄棕色	轻壤土	粒状	8.1	10.4	0.69	0.27	15.0	3.2	54	15.5		E 110° 48′ 29.0″ N 32° 53′ 00.6″	95
						P	20–55	紫棕色	中壤土	块状	8.0	6.9	0.45	0.23	15.0			12.5			
						G	55–100	青棕色	轻壤土	块状	7.9	9.0	0.58	0.19	15.5			13.6			
剖57	人为土	水稻土	潴育水稻土	灰潮土田	灰卵石底泥砂田	A	0–12	灰黄棕色	中壤土	粒状	7.5	20.3	1.27	1.35	15.0	6.2	110	12.1	有石灰反应的近代河流冲积物	E 110° 50′ 06.8″ N 32° 50′ 20.2″	95
						P	12–18	灰黄棕色	重壤土	棱柱状	7.7	19.4	1.23	1.24	14.8			13.3			
						W	18–46	紫棕色	中壤土	块状	7.8	7.7	0.52	0.93	15.5			11.0			
						R	46–100	红棕色	砂土	块状	7.9	2.6	0.16	1.29	7.2			≤1.0			
剖58	人为土	水稻土	潴育水稻土	黄棕壤性第四纪黏土田	黄砂泥土田	A	0–12	黄棕色		块状	7.2								第四纪黏土沉积物	E 110° 50′ 08.8″ N 32° 50′ 20.2″	95
						C	12–30	棕灰色		块状	7.2										
						D	30–55	黄棕色		棱柱状	7.2										
						B	55–105	黄棕色		块状	7.7										
剖59	初育土	石灰（岩）土	棕色石灰土	棕色石灰土	轻砾石石灰土	A	0–12	棕色			7.2	13.7	0.85	0.50	16.0	10.2	117	11.9		E 110° 50′ 51.3″ N 32° 50′ 55.9″	95
						C	12–65	暗灰黄色			7.5	4.0	0.24	0.16	14.4			10.4			
						D	65–100														
剖60	淋溶土	黄棕壤	黄棕壤	红砂岩黄棕壤	轻砾石红土	A	0–21	暗红黄色			7.2	6.5	0.44	0.26	15.9			16.5	红砂岩风化物	E 110° 47′ 18.7″ N 32° 52′ 16.0″	95
						B	21–40	暗黄色			7.5										
						C	40–80	暗红黄色			7.6										

续表 Continued

剖面号 Soil profile	土纲 Soil order	土类 Soil great group	亚类 Soil subgroup	土属 Soil genus	土种 Soil species	土层码 Layer code	土层厚度 Depth/cm	颜色 Soil color	质地 Soil texture	土壤结构 Soil structure	pH	有机质 OM/(g/kg)	全氮 TN/(g/kg)	全磷 TP/(g/kg)	全钾 TK/(g/kg)	有效磷 AP/(mg/kg)	速效钾 AK/(mg/kg)	阳离子交换量CEC/(cmol/kg)	土壤母质 Parent material	剖面点坐标 Profile coordinate	匹配指数 Matching index/%
剖61	人为土	水稻土	潜育水稻土	青泥田	浅层强度青泥砂田	A	0—15	暗灰色	轻壤土	粒状	5.7	19.6	1.17	0.40	15.8	3.1	78	9.5		E 110°53′52.2″ N 32°52′52.7″	95
						P	15—25	暗灰棕色	轻壤土	粒状	6.9	10.5	0.67	0.38	17.1			10.1			
						G	25—100	暗灰棕色	中壤土	块状	7.4	5.3	0.34	0.23	16.0			7.5			
剖62	人为土	水稻土	潜育水稻土	灰青泥田	灰中层强度青砂泥田	A	0—19	黄灰黄色	轻壤土	粒状	7.6									E 110°54′31.2″ N 32°52′51.6″	95
						P	19—31	黄棕色	轻壤土	块状	8.0										
						G	31—100	绿灰色	中壤土	粒状	8.0										
剖63	人为土	水稻土	沼泽型水稻土	烂泥田	烂泥田	Ag	0—30	暗青灰色	轻壤土	无结构	5.6	27.2	1.54	0.24	30.5	7.3	84	10.5		E 110°55′28.6″ N 32°54′19.9″	95
剖64	人为土	水稻土	潜育水稻土	灰青泥田	灰中层轻度青泥砂田	A	0—12	暗灰棕色	砂壤土	粒状	7.2									E 110°53′07.9″ N 32°51′23.5″	95
						P	12—31	绿色	轻壤土	块状	7.2										
						G	31—60	灰白色	砂壤土	块状	6.8										
剖65	淋溶土	黄褐土	黄褐土	泥质岩黄褐土	砾质细黄砂土	A	0—28	黑色	砂壤土	粒状	7.7	26.9	1.53	0.84	28.2	9.1	235	7.2	泥质岩类风化物	E 110°47′34.8″ N 32°48′12.1″	95
						B	28—62	黑色	轻壤土	块状	7.9	32.0	1.84	2.18	25.1			9.8			
						C	62—100	黑色	轻壤土	棱状	7.7	31.9	1.82	0.87	23.1			9.0			
剖66	淋溶土	黄褐土	黄褐土	第四纪黏土黄褐土	砾质料姜黄砂土	A	0—15	棕色	黏土	团块状	7.2	12.5	0.75	0.39	17.6	6.8	159	26.6	第四纪黏土沉积物	E 110°49′41.6″ N 32°46′06.0″	95
						B	15—26	棕色	黏土	块状	7.8	7.5	0.43	0.33	17.9			22.7			
						C_1	26—43	暗棕色		棱状	7.4	7.4	0.40	0.46	20.4			20.1			
						C_2	43—100	暗棕色			7.1	7.2	0.39	0.46	20.3			20.3			
剖67	初育土	石灰（岩）土	棕色石灰土	棕色石灰（岩）性土	轻壤石白色石灰土	A	0—10	棕色	轻壤土	粒状	7.9	6.5	0.43	1.49	4.5	6.5	60	11.6	石灰岩、白云岩、泥岩风化物	E 110°52′46.5″ N 32°49′55.8″	95
						C	10—82	灰白色	黏土	块状	8.1	3.8	0.21	1.02	4.3			11.2			
剖68	人为土	水稻土	淹育水稻土	浅灰紫泥田	浅灰红砂泥田	A	0—15	暗红棕色	中壤土	小块状	8.4	9.5	0.69	0.47	10.3	6.0	143	8.1	红砂岩和红色砂砾岩	E 110°55′05.1″ N 32°43′54.2″	95
						P	15—25	暗红棕色	中壤土	块状	8.3	8.4	0.31	0.38	12.4			12.4			
						C	25—100	暗红棕色		块状	8.1	7.7	0.42	0.36	13.1			14.0			
剖69	人为土	水稻土	淹育水稻土	浅灰（岩）性泥田	黄泥砂泥田	A	0—21	黄棕色	中壤土	块状	8.0									E 111°06′28.9″ N 33°08′09.6″	95
						P	21—43	暗棕色	重壤土	块状	8.0										
						C	43—100	暗棕色			7.6										
剖70	初育土	石灰（岩）土	棕色石灰土	棕色石灰土	浅黄砂泥土	A	0—15	淡棕黄色	中壤土	粒状	8.3	6.5	0.44	0.57	3.9	≤1.0	46	6.6		E 111°03′26.6″ N 33°05′33.0″	95
						C	15—35	淡黄黄色	中壤土	无结构	8.4	5.7	0.37	0.64	3.7			6.3			
剖71	初育土	紫色土	石灰性紫色土	石灰型紫泥土	轻砂石灰石渣子土	A	0—8	紫棕色	砂土	块状	7.7	5.8	0.33	0.35	10.3	≤1.0	60	3.7	红砂岩和红色砂砾岩	E 111°09′13.7″ N 33°05′45.1″	95
剖72	半水成土	潮土	潮土	壤土型潮土	浅砂位厚层夹砂土	A	0—12	淡黄色	中壤土	粒状	7.0	8.8	0.66	0.37	17.4	4.5	75	13.7	近代河流冲积物	E 111°12′55.9″ N 33°01′44.1″	75
						B	12—55	淡黄色	砂土	无结构	7.5	2.4	0.13	0.54	10.8			1.9			
						C	55—79	暗黄棕色			7.5	5.9	0.33	0.23	15.3			11.4			
剖73	人为土	水稻土	潜育水稻土	黄棕壤性泥质岩泥田	面黄泥田	A	0—15	黄黄棕色	重壤土	粒状	6.2	41.9	2.59	0.91	15.7	20.7	202	23.1		E 111°01′14.4″ N 32°54′33.0″	95
						P	15—25	灰黄棕色	重壤土	棱块状	6.9	37.8	2.29	1.17	15.7			21.0			
						W	25—42	暗棕色	黏土	块状	7.6	10.8	0.73	0.57	24.4			18.4			
						B	42—100	灰黄棕色		块状	7.3	9.8	0.53	0.47	25.1			16.8			
剖74	人为土	水稻土	淹育水稻土	浅黄棕壤性泥质岩泥田	浅黄砂泥田	A	0—14	暗棕黄色	中壤土	粒状	6.8	22.1	1.26	0.60	16.7	9.8	65	13.7	红砂岩和红色砂砾岩	E 111°07′04.4″ N 32°54′55.2″	95
						P	14—24	暗棕色	中壤土	块状	7.3	17.3	0.99	0.48	18.2			13.8			
						C_1	24—68	暗棕色	轻壤土	块状	7.9	8.8	0.32	0.23	17.1			13.3			
						C_2	68—100	暗棕色			7.6	9.1	0.56	0.52	14.0			13.4			
剖75	人为土	水稻土	潜育水稻土	黄棕壤性第四纪黏土泥田	马肝泥田	A	0—15	暗棕色	黏土	粒状	7.3	16.8	0.97	1.39	18.3		218	20.2	第四纪黏土沉积物	E 111°04′37.0″ N 32°50′08.4″	95
						P	15—24	暗棕色	黏土	棱块状	7.6	8.5	0.61	0.54	19.0			26.9			
						W	24—53	暗棕色	重壤土	棱块状	7.5	9.7	0.57	0.65	16.8			18.3			
						B	53—100	暗黄棕色	重壤土	棱块状	7.7	4.9	0.36	0.95	16.5			15.4			

郧 西 县

主要土类说明

　　黄棕壤是郧西县主要土壤类型，占本县地域面积的65%。黄棕壤是红壤、黄壤向棕壤、褐土过渡的土壤类型，在发生学和分布上均表现出明显的南北过渡性，是通过弱脱硅富铝化作用形成的地带性土壤。最醒目的剖面形态特征是在表土层下有一层紧实而黏重的黄棕色或红棕色心土层。该层因母质不同而色泽不一，呈块状或棱块状结构，结构体表面有棕色或暗棕色铁锰胶膜，或有铁锰结核。根据海拔和砾石含量的不同，本县黄棕壤分为黄棕壤、山地黄棕壤和黄棕壤性土三个亚类。

　　石灰（岩）土是郧西县第二大土壤类型，占本县地域面积的25%。本县石灰（岩）土主要分布在上津、关防、湖北口、六郎、夹河、羊尾等地，发育于石灰岩、白云岩、泥质灰岩等。该土壤质地较黏重，呈小块状至块状结构，结构体表面有胶膜，pH比地带性土壤高，明显不适宜茶、杉等植物生长。本县石灰（岩）土分为黑色石灰土和棕色石灰土两个亚类。

　　黄褐土是郧西县第三大土壤类型，占本县地域面积的7%，主要分布在羊尾、夹河、景阳、六郎等低山、河谷地区，其他地区也有零星分布。黄褐土是钙饱和或含游离石灰的一类土壤，土体中常有碳酸钙结核（料姜）和铁锰淀积物，盐基饱和度为70%—80%，pH在7.5左右，有不同程度的石灰反应。黄褐土位于北亚热带半湿润气候带，是黄棕壤向褐土过渡的土壤类型。

　　水稻土占本县地域面积的1%。水稻土主要分布在以县城为中心的海拔500m以下的低山、丘陵、河谷地区，是在人为长期水耕熟化，以栽培水稻为主的过程中形成的具有独特性状的土类。在长期耕作、施肥和灌溉条件下，由于还原淋溶和氧化淀积等作用，水稻土形成了特有的剖面结构和发生层次，如耕作层、犁底层、潴育层、淀积层和潜育层等。本县水稻土分为淹育型、潴育型和潜育型三个亚类。

　　小于本县地域面积3%的土壤类型还有棕壤、紫色土、潮土等。

本区域中心区气候特征

本区域中心区气候特征值
Regional climate characteristics in central area of the region

气候带：北亚热带湿润气候 Climate region: North subtropical humid climate	
年平均气温 /℃ Annual average temperature /℃	14.2
年平均最高气温 /℃ Annual average maximum temperature /℃	20.0
年平均最低气温 /℃ Annual average minimum temperature /℃	9.7
年降水量 /mm Annual precipitation /mm	795
≥10℃的积温 /℃ Daily temperature accumulated in a year（≥10℃）/℃	6308
年日照时数 /h Annual sunshine /h	1701
年平均相对湿度 /% Annual average relative humidity /%	73
干燥度 Dryness	1.18

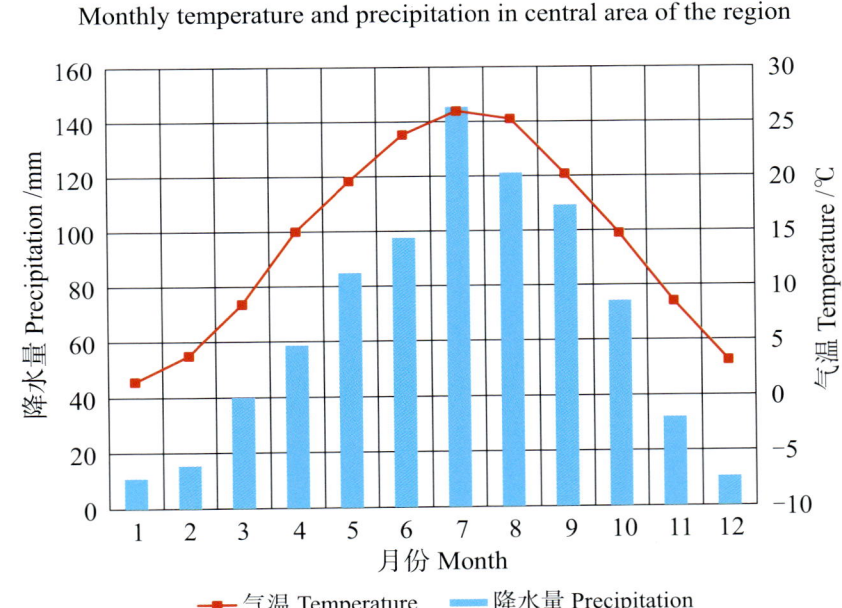

本区域中心区月平均气温与月平均降水量
Monthly temperature and precipitation in central area of the region

郧西县主要土壤类型与土壤剖面点分布图
1:270 000

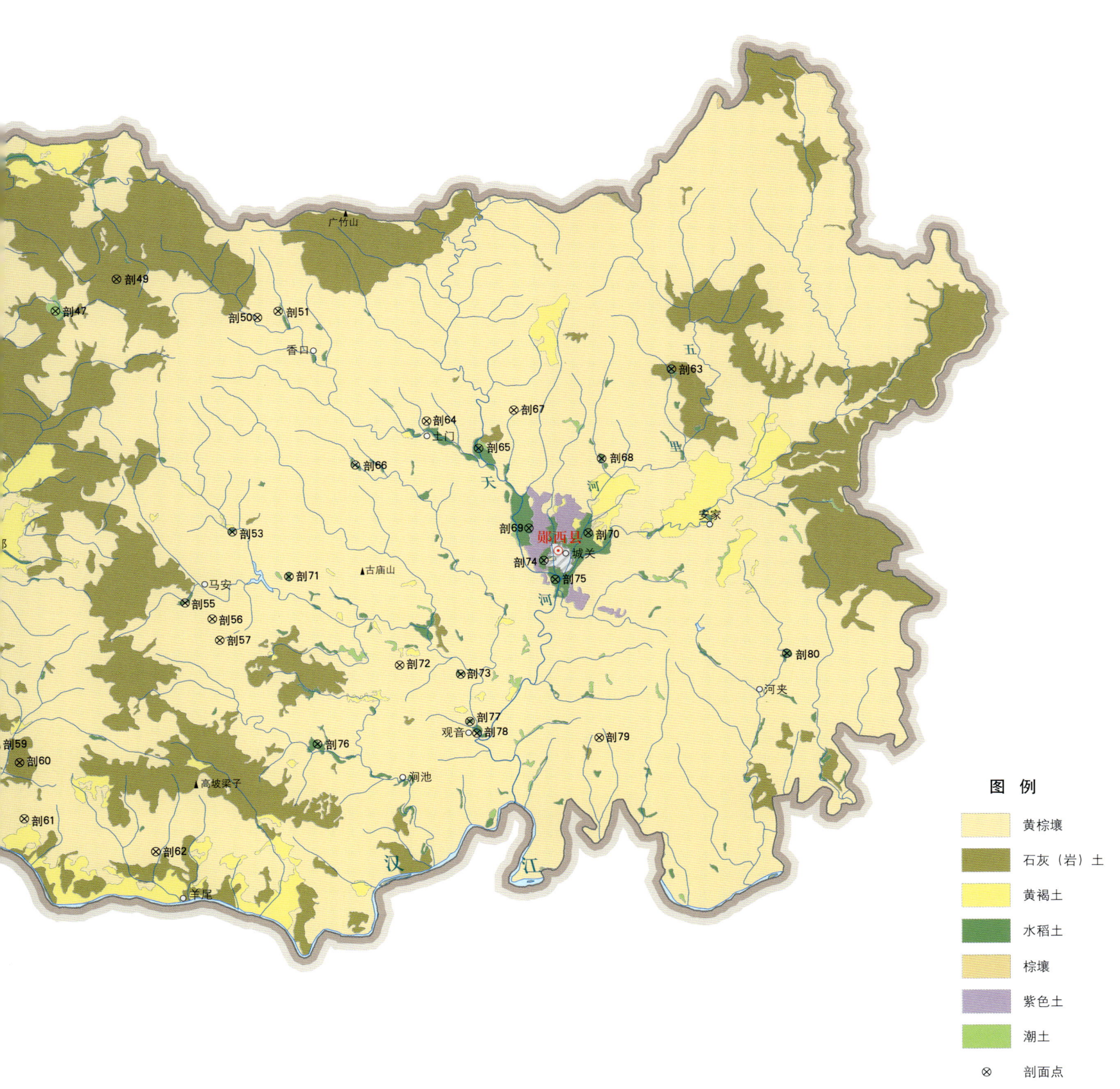

郧西县土壤剖面理化性状表

剖面号 Soil profile	土纲 Soil order	土类 Soil great group	亚类 Soil subgroup	土属 Soil genus	土种 Soil species	土层码 Layer code	土层厚度 Depth/cm	颜色 Soil color	质地 Soil texture	土壤结构 Soil structure	pH	有机质 OM/(g/kg)	全氮 TN/(g/kg)	全磷 TP/(g/kg)	全钾 TK/(g/kg)	有效磷 AP/(mg/kg)	速效钾 AK/(mg/kg)	阳离子交换量CEC/(cmol/kg)	土壤母质 Parent material	剖面点坐标 Profile coordinate	匹配指数 Matching index/%
剖1	淋溶土	黄棕壤	山地黄棕壤	泥质岩山地黄棕壤	山地煤炭土	A	0—12	黑红色	中壤土	小块状	7.2	22.8	1.15	0.67	12.5	3.5	135	22.8		E 109°29′36.8″ N 33°09′51.3″	75
						B	12—70	黑红色	重壤土	块状	6.8	19.6	0.97	0.66	12.8			21.4			
						C	70—100	黑棕色	重壤土	块状	6.8	16.8	0.74	0.56	13.1			27.5			
剖2	初育土	石灰（岩）土	棕色石灰土	棕色石灰土	棕色石灰砂泥土	A	0—18	暗棕色	中壤土	粒状	8.0	17.5	1.50	0.58	15.2	1.7	48	13.7		E 109°40′57.3″ N 33°11′26.1″	95
						C	18—100	暗灰棕色	轻壤土	粒状	8.2	7.2	0.65	0.25	9.5			8.0			
剖3	人为土	水稻土	淹育水稻土	浅潮土田	浅似底层潮泥田	A	0—16	暗灰棕色	中壤土	小块状	6.8	15.4	0.94	0.79	13.1	10.2	60	17.8	无石灰反应的河流冲积物	E 109°31′33.4″ N 33°09′25.1″	75
						P	16—29	棕色	砂壤土	块状	7.0	11.2	1.22	0.80	12.7			15.7			
						C	29—50	棕色	砂壤土	粒状	7.2	4.7	0.32	0.68	12.4			14.5			
						S	50—100	灰白色	砂壤土	粒状	7.4	2.3	0.12	0.49	9.8			8.2			
剖4	淋溶土	黄棕壤	黄棕壤	泥质岩黄棕壤	薄层白砂土	A	0—19	深棕色	砂壤土	粒状	6.0	3.8	0.38	0.12	27.1	1.3	31	8.9		E 109°31′58.1″ N 33°09′07.9″	95
						B	19—30	淡黄棕色	砂壤土	粒状	6.4	4.9	0.32	0.31	19.1			8.1			
剖5	淋溶土	黄棕壤	黄棕壤	基性结晶岩黄棕壤	中层轻砾石黄砂土	A	0—15	灰黄棕色	砂壤土	小块状	6.8	13.1	0.63	0.17	6.1	3.3	52	4.5	基性结晶岩风化坡积物	E 109°33′47.4″ N 33°09′42.8″	95
						C	15—44	黄黄棕色	中壤土	粒状	7.0	12.2	0.56	0.15	5.9			6.1			
剖6	淋溶土	黄棕壤	黄棕壤	泥质岩黄棕壤	黄乌砂泥土	A	0—18	暗棕色	中壤土	小块状	6.8	10.1	0.62	0.52	14.0	11.0	78	9.6		E 109°38′31.5″ N 33°08′08.1″	95
						B	18—52	暗棕色	中壤土	块状	7.0	10.1	0.53	0.48	16.4			11.0			
						C	52—100	暗棕色	中壤土	块状	7.2	9.8	0.44	0.41	13.1			7.2			
剖7	淋溶土	黄棕壤	黄棕壤性土	泥质岩黄棕壤性土	重砾石黄砂土	A	0—18	淡黄棕色	砂壤土	块状	6.8	4.6	0.33	0.24	6.6	3.9	58	2.9	泥质岩风化坡积物	E 109°39′56.0″ N 33°09′09.9″	95
						C	18—30	灰黄棕色	砂壤土	块状	7.2	3.8	0.30	0.28	8.5			3.4			
剖8	初育土	石灰（岩）土	黑色石灰土	黑色石灰土	黑色石灰砂泥土	A	0—19	暗黑棕色	中壤土	小块状	8.0	23.5	1.35	0.76	14.5	4.6	135	20.3	石灰岩、泥质岩等的风化坡积物	E 109°39′31.6″ N 33°07′55.4″	75
						B	19—48	暗灰棕色	中壤土	小块状	8.2	13.1	0.69	≤0.10	13.5			14.7			
						C	48—100	黑色	中壤土	块状	8.2	11.9	0.55	0.68	9.2			14.4			
剖9	初育土	石灰（岩）土	黑色石灰土	黑色石灰土	轻砾石黑色石灰土	A	0—7	黑棕色	重壤土	小块状	8.1	57.6	3.00	0.31	12.3	3.9	112	26.0	石灰岩、泥质灰岩等的风化坡积物	E 109°43′52.7″ N 33°07′44.2″	75
						C₁	7—50	暗黑棕色	中壤土	小块状	8.2	43.8	2.40	0.22	14.6			21.4			
						C₂	50—100	灰棕色	轻壤土	小块状	8.2	8.8	0.43	≤0.10	5.7			5.2			
剖10	人为土	水稻土	淹育水稻土	浅灰潮泥田	浅灰潮砂泥田	A	0—13	灰白色	砂壤土	小块状	8.0	8.6	0.47	0.77	10.1	3.1	≤5	13.1	有石灰反应的河流冲积物	E 109°44′59.7″ N 33°07′34.0″	75
						P	13—30	深黑色	砂壤土	粒状	8.1	8.9	0.50	0.67	11.0			11.1			
						C	30—100	棕棕色	砂壤土	块状	8.1	6.2	0.35	0.68	10.8			8.8			
剖11	人为土	水稻土	淹育水稻土	浅灰潮泥田	浅灰潮砂泥田	A	0—15	暗灰棕色	轻壤土	粒状	8.1	15.0	0.76	0.44	17.8	5.4	141	11.0	有石灰反应的河流冲积物	E 109°44′54.0″ N 33°07′22.4″	75
						P	15—19	暗灰棕色	砂壤土	粒状	8.2	7.4	0.43	0.43	1.3			6.8			
						C₁	19—43	暗灰棕色	砂壤土	粒状	8.4							2.5			
						C₂	43—100	灰棕色	中壤土	粒状	8.4							≤1.0			
剖12	人为土	水稻土	潴育水稻土	灰青泥田	灰中度次生潴育泥田	A	0—20	暗灰棕色	砂壤土	粒状	8.1	11.7	0.87	0.71	24.5	6.8	73	14.4		E 109°45′08.2″ N 33°07′38.4″	75
						P	20—30	暗棕色	中壤土	粒状	8.1	9.7	0.78	0.64	25.9			15.2			
						G	30—100	棕棕色	中壤土	粒状	8.2	7.9	0.73	0.57	24.8			14.1			
剖13	淋溶土	黄棕壤	黄棕壤性土	泥质岩黄棕壤性土	灰色中层轻砾石砂土	A	0—19	棕色	轻壤土	粒状	6.8	11.7	0.49	≤0.10	17.5	≤1.0	50	6.8	泥质岩风化坡积物	E 109°47′17.3″ N 33°08′08.9″	95
						D															
剖14	淋溶土	黄棕壤	黄棕壤性土	泥质岩黄棕壤性土	灰色轻砾石砂土	A	0—16	暗棕色	砂壤土	粒状	8.0	17.7	1.07	0.44	22.7	4.5	45	9.6	泥质岩风化坡积物	E 109°50′27.5″ N 33°08′40.3″	95
						C	16—30	棕色	砂壤土	粒状	8.0	7.2	0.64	0.34	44.0			9.6			
剖15	淋溶土	黄棕壤	黄棕壤性土	泥质岩黄棕壤性土	薄层中砾石黄泥砂土	A	0—25	淡棕色	轻壤土	粒状	7.4	5.3	2.20	0.50	27.0	7.0	113	32.9	泥质岩风化坡积物	E 109°51′32.2″ N 33°09′06.2″	95
						D															

续表 Continued

剖面号 Soil profile	土纲 Soil order	土类 Soil great group	亚类 Soil subgroup	土属 Soil genus	土种 Soil species	土层码 Layer code	土层厚度 Depth/cm	颜色 Soil color	质地 Soil texture	土壤结构 Soil structure	pH	有机质 OM/(g/kg)	全氮 TN/(g/kg)	全磷 TP/(g/kg)	全钾 TK/(g/kg)	有效磷 AP/(mg/kg)	速效钾 AK/(mg/kg)	阳离子交换量 CEC/(cmol/kg)	土壤母质 Parent material	剖面点坐标 Profile coordinate	匹配指数 Matching index/%
剖16	人为土	水稻土	淹育水稻土	浅灰潮土田	浅灰中层潮泥砂田	A	0—14	暗红棕色	轻壤土	粒状	8.1	24.9	1.52	0.69	17.9	6.0	87	13.9	有石灰反应的河流冲积物	E 109°51′26.6″ N 33°08′51.1″	95
剖17	人为土	水稻土	淹育水稻土	浅灰潮土田	浅灰薄层砂潮泥砂田	P	14—27	暗红棕色	砂壤土	粒状	8.2	20.6	1.36	0.73	17.4	7.2	100	12.9	有石灰反应的河流冲积物	E 109°51′50.2″ N 33°07′43.7″	75
						C	27—53	暗棕色	砂壤土	粒状	8.2	10.2	0.81	0.65	19.4			10.3			
						R	53—100		卵石												
剖18	淋溶土	黄棕壤	山地黄棕壤	泥质岩山地黄棕壤	重砾石泥砂土	A	0—14	灰黄棕色	轻壤土	小结状	8.0	10.6	0.78	0.36	20.5	7.2	100	11.5		E 109°50′02.0″ N 33°07′22.1″	95
						P	14—22	棕黄色	中壤土	块状	8.2	18.0	1.02	0.73	24.2			14.3			
						C	22—100	灰黄棕色	砂壤土	无结构	8.2	22.5	0.46	0.44	25.7			8.2			
剖19	初育石灰（岩）土	棕色石灰土	棕色石灰岩	灰轻砾石泥砂土	A	0—18	暗黄棕色	砂壤土	粒状	6.8	19.7	1.17	0.43	10.5	4.5	79	8.8	石灰岩、白云岩、泥质灰岩等	E 109°49′22.9″ N 33°05′37.1″	75
						C	18—100	黄棕色	砂壤土	粒状	6.8	6.5	0.57	0.33	12.3			8.8			
剖20	淋溶土	黄棕壤	石英质黄棕壤	黄硅渣土	A	0—17	棕色	砂壤土	粒状	8.0	17.8	0.82	0.19	7.7	5.7	65	7.7		E 109°52′13.2″ N 33°06′59.1″	95
						C₁	17—29	棕色	砂壤土	粒状	8.1	4.0	0.42	0.12	4.7			5.9			
						C₂	29—54	黄棕色	砂壤土	小结状	8.2	1.6	0.19	≤0.10	3.5			2.0			
						C₃	54—100	灰黄色	砂壤土	粒状	8.1	3.5	0.24	0.39	11.5			2.0			
						D	19—														
剖21	人为土	水稻土	淹育水稻土	浅潮砂泥田	浅潮砂泥田	A	0—19	暗灰棕色	中壤土	小块状	6.8	18.8	1.12	0.36	17.2	9.7	92	12.1	无石灰反应的河流冲积物	E 109°45′30.7″ N 33°06′28.1″	95
						P	19—35	灰黄棕色	轻壤土	小块状	7.2	7.0	0.59	0.27	23.5			14.2			
						C₁	35—46	暗棕色	轻壤土	粒状	7.2	7.0	0.52	0.21	18.7			11.1			
						C₂	46—100	棕色	轻壤土	小块状	7.4	7.7	0.59	0.23	20.8			12.3			
剖22	人为土	水稻土	潜育水稻土	灰潮砂泥田	灰潮砂泥田	A	0—14	暗灰棕色	轻壤土	粒状	8.0	23.6	1.73	0.57	21.3	6.5	100	19.4	有石灰反应的河流冲积物	E 109°45′41.1″ N 33°06′20.2″	95
						P	14—22	棕色	中壤土	块状	8.2	18.5	1.46	0.50	22.7			19.5			
						W	22—52	棕色	中壤土	块状	8.3	16.4	1.32	0.48	24.4			18.2			
						B	52—100	灰黄棕色	中壤土	块状	8.3	7.8	0.95	0.57	23.1			14.2			
剖23	人为土	水稻土	潜育水稻土	青泥田	强度次生潜育青泥田	A	0—17	暗灰棕色	中壤土	粒状	6.8	20.6	1.52	0.39	28.0	2.9	62	19.0	各种母岩的风化坡积物	E 109°45′36.6″ N 33°05′52.2″	95
						P	17—42	棕色	轻壤土	小块状	7.2	19.2	1.40	0.38	28.9			20.4			
						G	42—100	棕灰色	中壤土	糊状	7.4	18.7	1.39	0.36	38.3			22.0			
剖24	初育石灰（岩）土	棕色石灰土	棕色石灰岩	灰中砾石黄砂泥土	A	0—19	暗灰棕色	轻壤土	粒状	8.1	11.8	0.66	0.21	7.9	≤1.0	32	10.8	石灰岩、白云岩、泥质灰岩等	E 109°46′53.8″ N 33°05′51.1″	75
						C₁	19—65	暗棕色	轻壤土	粒状	8.4	3.2	0.38	0.19	6.8			7.2			
						C₂	65—85														
剖25	淋溶土	黄棕壤	泥质岩黄棕壤性土	灰中层轻砾石黄砂泥土	A	0—14	淡棕色	中壤土	粒状	8.1	8.4	0.71	0.32	19.2	4.4	75	12.3	泥质岩风化坡积物	E 109°48′15.8″ N 33°06′41.7″	95
						P	14—22	暗灰棕色	中壤土	片状	8.1	5.2	0.55	0.26	15.7			8.5			
						C	22—52	暗黄棕色	中壤土	粒状	8.0	6.5	0.55	0.48	20.0			13.3			
剖26	初育石灰（岩）土	棕色石灰土	棕色石灰岩	灰轻砾石黄砂泥土	A	0—27	棕色	中壤土	粒状	8.0	3.5	0.45	0.55	25.3	1.8	26	16.5	石灰岩、白云岩、泥质灰岩等	E 109°54′06.2″ N 33°05′09.3″	95
						C	27—49	棕色	中壤土	粒状	8.0	3.7	0.37	0.53	24.9			15.8			
						C₂	49—62														
剖27	淋溶土	黄棕壤	泥质岩黄棕壤	薄层砾石灰黄砂泥土	A	0—20	暗红色	轻壤土	小块状	8.0	16.5	1.04	0.41	19.4	4.0	70	13.3	泥质岩风化坡积物	E 109°57′43.2″ N 33°08′17.3″	95
						D	19—														
剖28	淋溶土	黄棕壤	泥质岩黄棕壤	轻砾石泥砂土	A	0—16	黄棕色	轻壤土	粒状	6.8	9.7	0.62	0.23	22.3	1.1	48	13.0		E 109°56′54.1″ N 33°06′56.9″	95
						B	16—33	紫红色	轻壤土	小块状	7.0	5.2	0.33	1.84	22.7			13.1			
						C	33—100	棕色	轻壤土	粒状	7.0	≤1.0	0.29	0.17	23.1			15.3			
剖29	人为土	水稻土	淹育水稻土	潮土田	潮砂泥田	A	0—11	灰黄棕色	中壤土	粒状	6.8	25.3	1.25	1.12	18.1	11.6	110	17.9	无石灰反应的河流冲积物	E 109°53′21.4″ N 33°06′38.8″	75
						P	11—21	黄棕色	片状	7.0	19.3	1.15	1.08	17.5			16.1				
						W	21—100	棕色	中壤土	块状	7.2	10.9	0.58	1.16	19.3			15.9			
剖30	人为土	水稻土	淹育水稻土	浅灰潮土田	浅灰位薄层夹黄灰潮泥夹砂田	A	0—17	暗灰棕色	砂土	粒状	7.8	11.2	0.86	0.38	18.7	6.3	68	2.2	有石灰反应的河流冲积物	E 109°55′06.6″ N 33°06′05.5″	75
						S	17—36	暗灰棕色	砂土	无结构	8.0	10.6	0.82	0.36	17.1			2.2			
						C₁	36—46	暗灰色	中壤土	小块状	8.1	8.0	0.82	0.41	22.8			4.6			
						C₂	46—100	暗黄棕	中壤土	小块状	8.2	7.7	0.73	0.47	22.4			4.7			

续表 Continued

剖面号 Soil profile	土纲 Soil order	土类 Soil great group	亚类 Soil subgroup	土属 Soil genus	土种 Soil species	土层码 Layer code	土层厚度 Depth/cm	颜色 Soil color	质地 Soil texture	土壤结构 Soil structure	pH	有机质 OM/(g/kg)	全氮 TN/(g/kg)	全磷 TP/(g/kg)	全钾 TK/(g/kg)	有效磷 AP/(mg/kg)	速效钾 AK/(mg/kg)	阳离子交换量CEC/(cmol/kg)	土壤母质 Parent material	剖面点坐标 Profile coordinate	匹配指数 Matching index/%
剖31	人为土	水稻土	淹育水稻土	浅黄棕壤性泥质岩泥田	浅黄砂泥田	A	0—17	棕色	中壤土	大粒状	7.0	13.5	0.77	0.29	12.8	8.2	82	11.4		E 109°48′35.9″ N 33°04′43.3″	95
						P	17—53	黄棕色	中壤土	块状	7.3	11.9	0.76	0.28	14.4			10.9			
						C	53—100	黄棕色	重壤土	块状	7.3	6.7	0.57	0.36	21.6			16.8			
剖32	淋溶土	黄棕壤	山地黄棕壤	泥质岩山地黄棕壤	山地黄壤	A	0—15	棕色	重壤土	小块状	7.0	15.9	0.94	0.47	20.8	4.0	190	17.5		E 109°49′00.9″ N 33°04′10.9″	95
						B_1	15—60	红棕色	重壤土	块状	7.0	10.1	0.73	0.48	24.2			21.5			
						B_2	60—100	棕色	重壤土	块状	7.2	3.1	0.59	0.47	22.6			19.9			
剖33	初育土	石灰（岩）土	黑色石灰土	轻质型黑色石灰土	轻砾石黑色石灰砂泥土	A	0—13	黑色	中壤土	粒状	8.0	25.6	1.30	1.00	23.9	3.0	45	18.5	石灰岩、泥质灰岩等的风化坡积物	E 109°51′23.7″ N 33°04′48.6″	95
						B	13—48	黑色	轻壤土	小块状	7.9	21.2	1.10	0.90	23.2			18.3			
						C	48—100	黑棕色	轻壤土	块状	8.0	16.8	0.72	0.84	20.0			12.2			
剖34	初育土	石灰（岩）土	黑色石灰土	黑色石灰土	中砾石黑色石灰砂泥土	A	0—18	黑棕色	中壤土	粒状	8.0	20.9	1.00	≤0.10	≤1.0	7.6	72	7.8	石灰岩、泥质灰岩等的风化坡积物	E 109°50′38.8″ N 33°00′34.4″	95
						C_1	18—37	棕色	中壤土	小块状	8.2	19.0	0.98	0.50	16.4			8.6			
						C_2	37—100	暗棕黄色	中壤土	块状	8.3	12.5	0.68	0.27	10.0			5.1			
剖35	半水成土	潮土	潮土	壤土型潮土	潮砂泥土	A	0—15	淡棕黄色	中壤土	粒状	7.0	14.2	0.92	0.14	17.8	7.5	178	16.8	无石灰反应的河流冲积物	E 109°52′16.3″ N 33°01′11.0″	75
						C_1	15—26	棕色	中壤土	小块状	7.2	14.5	0.93	0.40	20.6			17.5			
						C_2	26—50	棕色	砂壤土	粒状	7.2	8.1	0.57	0.34	21.5			17.8			
							50—100	紫棕色	砂壤土	小块状	7.4	7.8	0.56	0.32	19.5			17.5			
剖36	初育土	石灰（岩）土	黑色石灰土	黑色石灰土	中层中砾石灰岩炭砂泥土	A	0—14	暗棕黄色	中壤土	粒状	8.0	26.0	1.13	0.56	≤1.0	2.4	65	16.9	石灰岩、泥质灰岩等的风化坡积物	E 109°53′08.8″ N 33°03′50.6″	95
						C	14—47	暗黄棕色	砂壤土	无结构	8.2	10.5	0.36	0.74	≤1.0			12.5			
剖37	人为土	水稻土	淹育水稻土	浅灰潮土田	浅层厚层黄泥砂田	A	0—17	灰黄棕色	轻壤土	粒状	7.9	10.9	0.38	1.57	18.0	8.9	32	12.2	有石灰反应的河流冲积物	E 109°53′56.7″ N 33°03′36.0″	75
						P	17—42	灰黄棕色	砂壤土	块状	8.2	9.3	0.59	1.53	18.0			11.8			
						C	42—90	暗黄棕色	中壤土	小块状	8.2	6.9	0.47	1.19	17.6			9.0			
						R	90—100	暗黄棕色	卵石	无结构	8.4	3.9	0.23	0.72	12.2			7.7			
剖38	淋溶土	黄棕壤	黄棕壤	第四纪黏土黄棕壤	轻壤岩黄砂泥土	A	0—18	红棕色	重壤土	小块状	7.4	10.5	0.38	0.39	2.0	3.0	27	13.3	第四纪黏土沉积物	E 109°55′03.3″ N 33°03′22.1″	95
						B	18—34	淡棕色	重壤土	块状	6.8	2.5	0.43	0.34	18.9			15.3			
						C	34—100	红棕色	中壤土	块状	7.2	7.6	0.68	0.39	19.3			12.0			
剖39	初育土	石灰（岩）土	棕色石灰土	棕色石灰土	轻砾石棕色石灰土	A	0—18	紫棕色	中壤土	小块状	7.2	6.6	0.54	0.20	11.3	1.9	98	9.1	石灰岩、白云岩、泥质灰岩等	E 109°58′07.9″ N 33°03′12.4″	75
						B_1	18—57	紫棕色	重壤土	粒状	8.0	6.3	0.62	0.25	17.3			13.4			
						C_2	57—100	红棕色	重壤土	粒状	8.0	6.1	0.60	0.20	20.6			24.0			
剖40	淋溶土	黄棕壤	山地黄棕壤	泥质岩山地黄棕壤	山地灰轻黄砂泥土	A	0—19	黑色	中壤土	小块状	8.0	3.4	1.32	1.79	18.9	11.8	67	13.9		E 109°58′57.1″ N 33°04′20.2″	95
						C	19—36	黑棕色	重壤土	粒状	8.2	2.5	1.05	0.99	17.9			9.8			
剖41	初育土	石灰（岩）土	棕色石灰土	棕色黄棕壤	棕色石灰黄砂泥土	A	0—17	红棕色	中壤土	小块状	8.2	7.6	0.58	0.54	19.5	6.4	158	17.1		E 109°59′16.0″ N 33°01′07.6″	75
						B	17—100	暗黄棕色	重壤土	块状	8.3	5.3	0.64	0.42	19.7			17.8			
剖42	淋溶土	黄棕壤	黄棕壤	泥质岩黄棕壤	泥质石黄砂土	A	0—18	暗黄棕色	砂壤土	粒状	6.8	7.3	0.78	0.48	19.3	3.3	55	9.6		E 109°55′53.1″ N 33°00′30.8″	95
						C_1	18—27	棕色	轻壤土	粒状	7.0	5.1	0.61	0.49	18.5			10.8			
						C_2	27—100	黄棕色	重壤土	块状	7.0	4.8	0.55	0.54	18.8			10.6			
剖43	淋溶土	黄棕壤	黄棕壤	泥质岩黄棕壤	中砾石黄泥土	A	0—20	黄棕色	中壤土	小块状	6.8	8.6	0.71	0.36	18.8	2.6	97	12.8		E 109°48′20.5″ N 32°54′49.0″	95
						B	20—46	黄棕色	中壤土	块状	7.2	7.1	0.67	0.32	19.4			12.5			
						C	46—100	棕色	中壤土	块状	7.4	9.6	0.59	0.31	22.5			22.9			
剖44	半水成土	潮土	灰潮土	壤土型灰潮土	灰潮砂泥土	A	0—16	棕色	中壤土	粒状	8.0	9.6	0.77	0.53	18.2	4.6	39	11.9	有石灰反应的河流冲积物	E 110°01′41.7″ N 33°09′36.2″	75
						B	16—52	灰黄棕色	中壤土	小块状	8.0	6.3	0.52	0.44	14.6			9.5			
						C	52—100	棕色	中壤土	块状	8.1	3.9	0.38	0.59	18.1			7.5			

续表 Continued

剖面号 Soil profile	土纲 Soil order	土类 Soil great group	亚类 Soil subgroup	土属 Soil genus	土种 Soil species	土层码 Layer code	土层厚度 Depth/cm	颜色 Soil color	质地 Soil texture	土壤结构 Soil structure	pH	有机质 OM/(g/kg)	全氮 TN/(g/kg)	全磷 TP/(g/kg)	全钾 TK/(g/kg)	有效磷 AP/(mg/kg)	速效钾 AK/(mg/kg)	阳离子交换量CEC/(cmol/kg)	土壤母质 Parent material	剖面点坐标 Profile coordinate	匹配指数 Matching index/%
剖45	半水成土	潮土	灰潮土	壤土型灰潮土	灰泥砂土	A	0—17	青灰色	轻壤土	粒状	8.3	13.3	0.80	0.70	25.3	11.1	77	12.3	有石灰反应的河流冲积物	E 110°01′47.1″ N 33°07′42.6″	75
						B₁	17—24	淡灰色	中壤土	小块状	8.4	14.1	1.00	0.70	26.4			15.3			
						B₂	24—50	暗灰黄色	中壤土	小块状	8.3	13.2	0.97	0.71	24.3			17.7			
						C₁	50—66	灰黄色	中壤土	粒状	8.4	11.9	0.83	0.70	23.6			12.4			
						C₂	66—100	暗灰色	轻壤土	粒状	8.2	13.8	0.84	0.79	22.6			13.4			
剖46	淋溶土	黄棕壤	黄棕壤性土	泥质岩黄棕壤性土	薄质轻砾石黄砂土	A	0—22	灰黄棕色	砂壤土	粒状	7.4	6.4	0.36	1.22	13.2	5.0	65	9.1	泥质岩风化坡积物	E 110°03′20.9″ N 33°07′43.7″	95
						D															
剖47	半水成土	潮土	潮土	砂土型潮土	砂土	A	0—15	棕色	砂壤土	粒状	7.2	15.1	0.80	1.10	20.5	7.3	58	10.3	无石灰反应的河流冲积物	E 110°07′01.7″ N 33°07′06.7″	75
						B₁	15—40	暗棕色	砂壤土	粒状	7.4	16.6	0.81	1.10	21.7			9.7			
						B₂	40—65	红棕色	轻壤土	块状	7.4	6.1	0.48	0.68	18.4			9.0			
						C	65—100	暗红棕色	中壤土	块状	7.4	8.5	0.80	0.60	22.2			11.3			
剖48	半水成土	潮土	潮土	砂土型潮土	飞砂土	A	0—22	暗黄棕色	砂壤土	粒状	8.2	2.7	0.19	0.26	15.2	3.0	32	4.9	无石灰反应的河流冲积物	E 110°01′21.8″ N 33°07′12.3″	95
						C₁	22—44	灰黄棕色	砂壤土	粒状	7.2	6.4	0.36	0.36	28.5			13.2			
						C₂	44—71	棕色	轻壤土	小块状	7.2	4.8	0.31	0.31	23.6			10.0			
						C₃	71—100	淡黄棕色	中壤土	小块状	7.4	≤1.0	0.18	0.15	22.8			3.1			
剖49	初育土	石灰(岩)土	棕色石灰土	棕色石灰岩土	扁砂岩棕色石灰土	A	0—18	紫棕色	轻壤土	粒状	7.9	18.1	1.02	1.41	15.6	3.7	65	22.5	石灰岩、白云岩、泥灰岩等	E 110°09′12.1″ N 33°08′07.7″	75
						B	18—54	紫棕色	中壤土	小块状	8.1	12.6	0.70	1.29	13.7			17.4			
						C	54—100	灰黄棕色	轻壤土	小块状	7.8	11.6	0.67	1.26	14.5			22.5			
剖50	淋溶土	黄棕壤	黄棕壤	泥质岩黄棕壤	薄质轻砾石煤炭泥砂土	A	0—15	黑色	砂土	无结构	6.8	4.0	≥10.00	1.40	43.7	≤1.0	19	8.4	无石灰反应的河流冲积物	E 110°14′15.1″ N 33°06′57.9″	95
剖51	半水成土	潮土	潮土	壤土型潮土	潮砂土	A	0—14	暗黄棕色	轻壤土	粒状	7.2	10.2	≤0.10	0.42	12.3	5.5	46	10.2	无石灰反应的河流冲积物	E 110°14′59.9″ N 33°07′10.2″	75
						B	14—30	棕色	中壤土	小块状		15.0	≤0.10	0.73	8.0			7.5			
						C	30—100	灰黄色	砂土	无结构											
剖52	淋溶土	黄棕壤	黄棕壤	棕色石灰岩土	中砾石泥砂土	A	0—21	黑棕色	轻壤土	粒状	6.4	15.1	0.73	0.30	16.8	2.7	46	5.7	有石灰反应的河流冲积物	E 110°02′09.6″ N 33°59′00.9″	95
						B	21—66	棕色	中壤土	粒状	7.0	5.7	0.52	0.17	16.7			20.6			
						C₁	66—83	黑棕色	中壤土	粒状	6.8	6.7	0.50	0.16	16.7			5.5			
						C₂	83—100	黄棕色	中壤土	粒状	6.8	6.2	0.50	0.15	16.5			5.5			
剖53	人为土	水稻土	潴育水稻土	泥质岩黄棕壤	重质石砾色石灰泥沙土	A	0—13	灰棕色	中壤土	粒状	8.0	46.7	2.68	0.77	20.6	7.5	191	30.8	无石灰反应的河流冲积物	E 110°13′24.1″ N 33°00′16.1″	95
						P	13—25	紫棕色	中壤土	粒状	8.0	41.2	2.40	0.92	24.0			29.1			
						W	25—47	灰棕色	中壤土	块状	8.1	18.1	1.26	0.64	21.8			26.5			
						C	47—100	灰棕色	中壤土	块状	8.3	14.3	1.02	0.58	20.6			26.0			
剖54	初育土	石灰(岩)土	棕色石灰土	棕色石灰岩土	灰潮砂泥沙土	A	0—17	暗黄棕色	轻壤土	粒状	8.0	7.6	0.54	0.18	10.0	≤1.0	21	4.0	有石灰反应的河流冲积物	E 110°02′01.1″ N 32°59′05.4″	95
						C	17—100	黑棕色	砂壤土	粒状	8.2	5.8	0.16	0.15	8.6			3.7			
剖55	人为土	水稻土	淹育水稻土	浅灰潮土黄棕壤	浅灰潮乌砂土田	A	0—19	黑色	中壤土	粒状	8.0	20.9	1.34	1.18	21.9	8.6	45	13.5	有石灰反应的河流冲积物	E 110°11′44.1″ N 32°58′02.4″	95
						P	19—50	黄棕色	轻壤土	粒状	8.1	23.2	1.52	1.22	25.3			17.6			
						C	50—100	黑色	砂壤土	粒状	8.1	19.2	1.12	1.10	24.4			15.9			
剖56	淋溶土	黄棕壤	黄棕壤	泥质岩黄棕壤	黄砂泥土	A	0—16	棕色	中壤土	小块状	7.2	15.0	0.95	0.49	17.8	6.3	114	13.2	有石灰反应的河流冲积物	E 110°12′42.7″ N 32°57′32.7″	95
						B	16—32	黄棕色	中壤土	块状	7.3	8.4	0.78	0.47	18.1			13.7			
						C	32—100	黑棕色	重壤土	块状	7.2	9.4	0.67	0.50	17.9			14.6			
剖57	淋溶土	黄棕壤	黄棕壤	第四纪黏土黄棕壤	面黄土	A	0—18	黄棕色	重壤土	小块状	7.4	5.9	0.56	0.60	26.0	8.6	72	24.6	第四纪黏土沉积物	E 110°12′58.6″ N 32°56′52.7″	95
						B	18—40	棕色	黏土	块状	7.1	3.9	0.47	0.63	25.0			22.6			
						C	40—100	灰棕色	中壤土	块状	6.9	2.8	0.38	0.62	26.7			25.9			
剖58	淋溶土	黄棕壤	黄棕壤	泥质岩黄棕壤	中砾石煤炭泥砂土	A	0—20	暗黄棕色	轻壤土	粒状	7.2	21.8	0.95	0.18	15.0	3.1	60	13.6		E 110°03′18.9″ N 32°53′22.2″	95
						C₁	20—50	深棕色	轻壤土	粒状	7.4	22.1	0.85	1.59	15.8			13.9			
						C₂	50—100	灰棕色	轻壤土	小块状	7.4	19.8	0.79	1.58	13.3			13.1			

续表 Continued

剖面号 Soil profile	土纲 Soil order	土类 Soil great group	亚类 Soil subgroup	土属 Soil genus	土种 Soil species	土层码 Layer code	土层厚度 Depth/cm	颜色 Soil color	质地 Soil texture	土壤结构 Soil structure	pH	有机质 OM/(g/kg)	全氮 TN/(g/kg)	全磷 TP/(g/kg)	全钾 TK/(g/kg)	有效磷 AP/(mg/kg)	速效钾 AK/(mg/kg)	阳离子交换量CEC/(cmol/kg)	土壤母质 Parent material	剖面点坐标 Profile coordinate	匹配指数 Matching index/%
剖59	淋溶土	黄棕壤	黄棕壤	泥质岩黄棕壤性土	轻砾石麻骨土	A	0—19	棕色	砂壤土	粒状	6.0	5.7	0.79	1.53	6.5	5.8	31	23.4		E 110°05′00.7″ N 32°53′28.8″	81
						C	19—50	深棕色	砂壤土	粒状	6.4	2.5	0.30	2.30	6.2			26.7			
剖60	初育土	石灰（岩）土	黑色石灰土	黑色石灰土	黑色石灰岩砂土	A	0—16	黑色	轻壤土	粒状	8.0	11.4	0.31	0.80	11.5	1.5	34	3.6	石灰岩、泥质灰岩等的风化坡积物	E 110°05′51.8″ N 32°53′00.5″	95
						C₁	16—38	黑黄色	砂壤土	粒状	8.2	16.3	0.91	0.61	13.7			6.5			
						C₂	38—100	黑色	轻壤土	小块状	8.3	11.5	0.63	0.71	10.1			4.7			
剖61	淋溶土	黄棕壤	黄棕壤	泥质岩黄棕壤性土	薄层轻砾石黄砂泥土	A	0—26	棕色	轻壤土	粒状	6.8	7.0	0.38	0.70	6.7	7.5	43	6.8	泥质岩风化坡积物	E 110°06′02.2″ N 32°51′16.6″	95
剖62	淋溶土	黄棕壤	黄棕壤性	泥质岩黄棕壤性土	中层轻砾石黄泥土	A	0—19	暗棕色	轻壤土	粒状	7.2	9.9	0.80	1.20	42.0	10.7	39	14.3	泥质岩风化坡积物	E 110°10′43.8″ N 32°50′17.2″	95
						C	19—30	暗棕色	砂壤土	粒状	7.2	5.8	0.50	9.50	35.1			12.4			
剖63	人为土	水稻土	淹育水稻土	浅黄棕壤性碳酸岩泥田	浅中层灰黄砂泥田	A	0—13	棕色	中壤土	大粒状	8.2	15.5	0.88	0.47	17.6	3.6	114	12.8	泥质岩风化坡积物	E 110°29′04.9″ N 33°05′27.3″	95
						P	13—23	灰黄棕色	中壤土	片状	8.0	21.6	1.11	0.49	15.1			13.3			
						C	23—100	棕色	中壤土	块状	8.1	21.7	1.19	0.56	18.9			13.1			
剖64	淋溶土	黄棕壤	黄棕壤性	泥质岩黄棕壤性土	薄层中砾石白砂土	A	0—12	淡灰黄色	砂壤土	粒状	7.2	3.4	0.81	≤0.10	14.5	≤1.0	29	6.5	泥质岩风化坡积物	E 110°20′19.7″ N 33°03′47.1″	95
						C	12—24	棕色	砂壤土	粒状	6.8	2.3	0.15	≤0.10	13.6						
剖65	人为土	水稻土	淹育水稻土	浅灰棕壤性潮土	浅灰薄层砂泥田	A	0—13	暗棕色	轻壤土	粒状	8.0	24.9	1.44	0.71	17.9	4.9	92	12.1	有石灰反应的河流冲积物	E 110°22′12.1″ N 33°02′56.3″	95
						P	13—25	棕色	轻壤土	块状	8.2	23.2	1.37	0.69	17.6			13.3			
						C₃	25—50	灰棕色	砂土	无结构	8.2	7.8	0.48	0.40	10.7			9.2			
						C₄	50—100	黄灰色	砂土	无结构											
剖66	人为土	水稻土	淹育水稻土	浅灰棕壤性碳酸岩泥田	浅黄薄层砂泥田	A	0—12	暗灰棕色	中壤土	小块状	7.6	10.7	2.17	0.34	23.7	11.2	197	24.1	泥质岩风化坡积物	E 110°17′47.5″ N 33°01′23.5″	95
						P	12—24	棕色	重壤土	块状	8.0	2.9	1.73	0.31	24.1			22.3			
						C₁	24—76	灰棕色	重壤土	块状	8.0	11.7	0.72	0.42	24.9			17.1			
						C₂	76—100	淡黄棕色	中壤土	糊状	8.2	9.4	0.83	0.55	26.6			22.7			
剖67	淋溶土	黄棕壤	黄棕壤性	泥质岩黄棕壤性土	薄层轻砾石白砂土	A	0—18	淡黄棕色	砂壤土	块状	7.0	4.1	0.23	≤0.10	17.8	1.3	60	6.8		E 110°23′27.0″ N 33°04′08.1″	95
剖68	人为土	水稻土	淹育水稻土	浅黄棕壤性泥质岩泥田	浅黄泥田	A	0—16	暗棕色	重壤土	块状	7.1	12.1	0.98	0.42	20.6	3.3	150	23.4		E 110°26′35.7″ N 33°02′38.9″	95
						P	16—22	棕色	重壤土	片状	9.4	9.4	0.67	0.38	19.8			22.4			
						C₁	22—63	淡黄棕色	重壤土	块状	7.9	7.9	0.60	0.37	19.4			17.0			
						C₂	63—100	暗棕色	中壤土	块状	7.9	8.6	0.37	0.59	18.2			17.6			
剖69	人为土	水稻土	淹育水稻土	浅黄棕壤性第四纪黏土泥田	浅浅黄砂泥田	A	0—16	灰黄棕色	中壤土	块状	6.8	7.3	0.65	0.47	22.8	3.1	34	23.4	第四纪黏土	E 110°24′00.8″ N 33°00′26.7″	95
						P	16—25	紫棕色	中壤土	块状	6.4	3.9	0.53	0.44	21.6			15.2			
						C	25—100	棕色	中壤土	小块状	6.8	1.7	0.30	0.41	17.5			12.7			
剖70	人为土	水稻土	潜育水稻土	灰青泥田	灰强度次生潜黄砂泥田	A	0—11	灰黄棕色	中壤土	块状	7.8	33.3	1.79	0.65	21.0	8.0	146	21.0	有石灰反应的河流冲积物	E 110°26′07.9″ N 33°00′18.2″	95
						P	11—16	棕色	中壤土	块状	8.1	26.3	1.54	0.69	21.7			19.1			
						G	16—100	暗黄棕色	中壤土	糊状	8.2	10.4	1.02	0.61	23.1			17.3			
剖71	人为土	水稻土	潴育水稻土	黄纪黏土泥田	黄泥田	A	0—20	暗黄棕色	中壤土	块状	6.8	20.1	1.24	0.53	21.7	5.5	150	16.3	第四纪黏土	E 110°15′26.5″ N 32°58′53.4″	95
						P	20—40	浓灰棕色	中壤土	块状	7.0	13.9	0.88	0.47	19.3			15.2			
						W	40—55	暗棕色	中壤土	棱状	7.4	12.7	0.57	≤0.10	14.2			12.7			
						B	55—100	暗黄棕色	中壤土	块状	7.4	6.3	0.37	0.76	11.7			8.7			
剖72	淋溶土	黄棕壤	山地黄棕壤	泥质岩山地黄棕壤	山地黄黏土	A	0—13	暗棕色	黏土	块状	7.2	20.8	1.40	0.56	20.7	2.5	122	22.7		E 110°19′24.8″ N 32°56′07.3″	95
						B	13—100	浓棕色	黏土	块状	7.2	27.5	0.48	0.47	24.0			21.9			
剖73	人为土	水稻土	淹育水稻土	浅潮棕壤	浅潮泥砂田	A	0—20	暗棕色	轻壤土	粒状	6.8	7.5	0.56	0.36	14.9	6.6	79	9.0	无石灰反应的河流冲积物	E 110°21′35.9″ N 32°55′51.4″	95
						P	20—35	灰灰棕色	砂壤土	粒状	6.8	6.3	0.53	0.40	16.9			10.2			
						C	35—100	暗棕色	轻壤土	粒状	7.0	6.3	0.49	0.35	16.1			8.3			

续表 Continued

剖面号 Soil profile	土纲 Soil order	土类 Soil great group	亚类 Soil subgroup	土属 Soil genus	土种 Soil species	土层码 Layer code	土层厚度 Depth/cm	颜色 Soil color	质地 Soil texture	土壤结构 Soil structure	pH	有机质 OM/(g/kg)	全氮 TN/(g/kg)	全磷 TP/(g/kg)	全钾 TK/(g/kg)	有效磷 AP/(mg/kg)	速效钾 AK/(mg/kg)	阳离子交换量CEC/(cmol/kg)	土壤母质 Parent material	剖面点坐标 Profile coordinate	匹配指数 Matching index/%
剖74	人为土	水稻土	潴育水稻土	黄棕壤性第四纪黏土泥田	黄泥巴田	A	0—14	暗棕色	重壤土	块状	7.2	10.4	1.21	0.48	20.7	10.0	49	27.7	第四纪黏土沉积物	E 110°24′33.1″ N 32°59′26.2″	95
						P	14—28	暗灰棕色	重壤土	片状	7.4	10.7	0.80	0.69	23.9			26.6			
						W	28—41	暗灰棕色	重壤土	棱柱状	7.4	11.9	0.62	0.45	21.8			21.4			
						B	41—100	暗灰棕色	黏土	块状	7.4	13.9	0.71	0.60	26.2			26.8			
剖75	人为土	水稻土	淹育水稻土	浅灰潮土田	浅灰潮砂泥田	A	0—17	棕色	中壤土	大块状	8.0	19.2	1.15	0.71	18.4	3.5	70	17.1	有石灰反应的河流冲积物	E 110°24′57.5″ N 32°58′50.3″	95
						C_1	17—25	紫棕色	中壤土	块状	8.2	11.7	1.00	0.74	19.1			15.8			
						C_2	25—53	棕棕色	重壤土	块状	8.3	8.0	0.55	0.45	19.5			18.9			
							53—100	棕色	中壤土	块状	8.3	6.2	0.42	0.39	19.2			23.0			
剖76	人为土	水稻土	淹育水稻土	浅黄棕壤性碳酸岩泥田	浅灰黄泥田	A	0—13	暗灰色	轻壤土	粒状	8.0	27.3	1.15	0.54	17.4	4.8	108	21.0		E 110°16′29.4″ N 32°53′38.4″	95
						P	13—42	暗灰棕色	中壤土	小块状	8.2	19.1	0.96	0.80	19.4			23.7			
						C	42—100	暗灰黄色	轻壤土	粒状	8.3	11.5	0.62	0.76	13.1			9.0			
剖77	人为土	水稻土	淹育水稻土	浅泥质岩泥田	浅细渣田	A	0—21	棕色	中壤土	碎块状	6.7	9.1	0.78	0.39	17.8	3.0	53	12.5		E 110°21′55.8″ N 32°54′22.3″	95
						C	21—100	灰棕色	轻砾石土	碎块状	6.8	2.8	0.14	1.40	19.2			8.4			
剖78	人为土	水稻土	淹育水稻土	浅灰潮土田	浅灰潮乌泥砂田	A	0—12	暗灰色	中壤土	粒状	8.0	13.6	0.76	1.05	17.5	6.3	42	10.7	有石灰反应的河流冲积物	E 110°22′10.8″ N 32°53′59.9″	95
						P	12—21	暗灰棕色	轻壤土	小块状	8.1	13.3	0.78	0.23	17.4			12.2			
						C_1	21—60	棕黄色	砂壤土	小块状	8.1	7.9	0.51	0.64	18.5			15.0			
						C_2	60—100	暗灰黄色	砂壤土	粒状	8.2	7.1	0.37	0.90	15.7			8.2			
剖79	淋溶土	黄棕壤	黄棕壤	石灰质岩黄砂土	轻砾石黄砂土	A	0—19	棕色	砂壤土	粒状	6.0	6.6	0.49	0.30	18.9	1.2	65	5.7		E 110°26′33.1″ N 32°53′52.6″	95
						D															
剖80	人为土	水稻土	淹育水稻土	浅黄棕壤性第四纪黏土泥田	浅黄砂泥田	A	0—13	淡棕色	中壤土	小块状	7.0	19.9	1.10	0.47	18.2	5.0	56	26.9	第四纪黏土	E 110°33′13.9″ N 32°56′33.3″	95
						P	13—22	灰棕色	重壤土	块状	7.2	11.0	0.70	0.38	18.5			25.4			
						C_1	22—48	淡棕色	重壤土	块状	7.2	11.8	0.80	0.45	17.6			23.3			
						C_2	48—100	棕色	黏土	棱块状	7.4	13.8	0.80	0.49	18.8			25.2			

竹 山 县

主要土类说明

黄棕壤是竹山县主要土壤类型，占本县地域面积的93%。黄棕壤分布在海拔1500m以下的地区，在发生学和分布上均表现出明显的南北过渡性，是通过弱脱硅富铝化作用形成的地带性土壤。最醒目的剖面形态特征是具有黄棕色或红棕色心土层。该层因母质不同而色泽不一，呈块状或棱块状结构，结构体表面有棕色或暗棕色铁锰胶膜，或有铁锰结核。根据海拔和砾石含量的不同，本县黄棕壤分为黄棕壤、黄棕壤性土和山地黄棕壤三个亚类，其中黄棕壤性土面积最大。

水稻土是竹山县第二大土壤类型，占本县地域面积的3%。水稻土是在人为长期水耕熟化，以栽培水稻为主的过程中形成的具有独特性状的土类。在长期耕作、施肥和灌溉条件下，由于还原淋溶和氧化淀积等作用，水稻土形成了特有的剖面结构和发生层次。根据水文地质条件和水耕熟化程度的差异，本县水稻土按水型分为淹育型、潴育型和潜育型三个亚类。

黄褐土是竹山县第三大土壤类型，占本县地域面积的3%，与黄棕壤交叉分布。成土母质为第四纪黏土和板岩、页岩、千枚岩、片岩风化残积物。土体盐基饱和，常有碳酸钙结核（料姜）及铁锰淀积物，pH在7.5左右。

小于本县地域面积3%的土壤类型有石灰（岩）土、潮土、棕壤等。

本区域中心区气候特征

本区域中心区气候特征值
Regional climate characteristics in central area of the region

气候带：北亚热带湿润气候 Climate region: North subtropical humid climate	
年平均气温 /℃ Annual average temperature /℃	15.1
年平均最高气温 /℃ Annual average maximum temperature /℃	20.4
年平均最低气温 /℃ Annual average minimum temperature /℃	11.0
年降水量 /mm Annual precipitation /mm	987
≥10℃的积温 /℃ Daily temperature accumulated in a year（≥10℃）/℃	6017
年日照时数 /h Annual sunshine /h	1579
年平均相对湿度 /% Annual average relative humidity /%	75
干燥度 Dryness	1.03

本区域中心区月平均气温与月平均降水量
Monthly temperature and precipitation in central area of the region

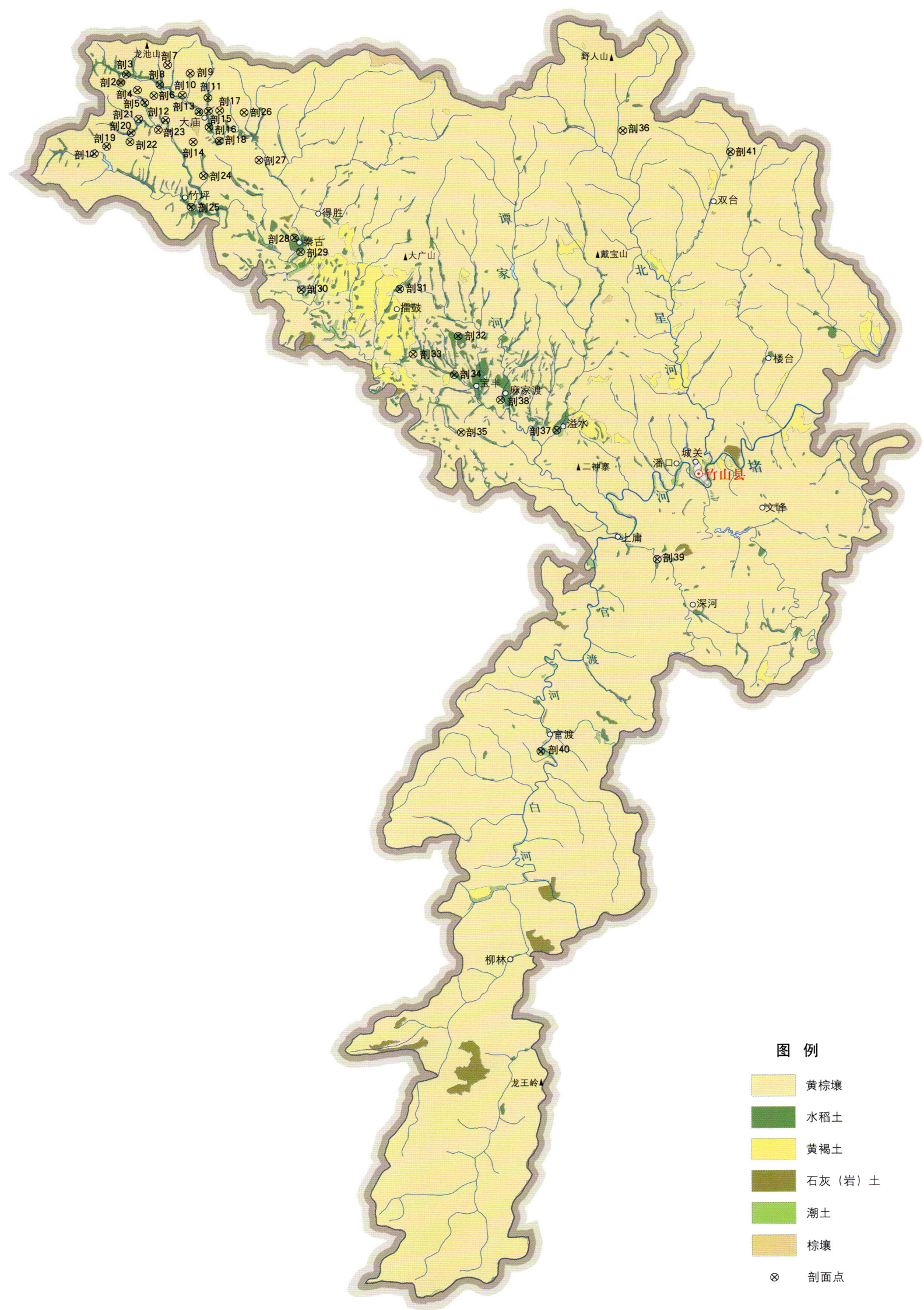
竹山县主要土壤类型与土壤剖面点分布图

竹山县土壤剖面理化性状表

剖面号 Soil profile	土纲 Soil order	土类 Soil great group	亚类 Soil subgroup	土属 Soil genus	土种 Soil species	土层码 Layer code	土层厚度 Depth/cm	颜色 Soil color	质地 Soil texture	土壤结构 Soil structure	pH	有机质 OM/(g/kg)	全氮 TN/(g/kg)	全磷 TP/(g/kg)	阳离子交换量CEC/(cmol/kg)	土壤母质 Parent material	剖面点坐标 Profile coordinate	匹配指数 Matching index/%
剖1	人为土	水稻土	潴育水稻土	黄棕壤性泥质岩田	黄砂田	A	0~20	棕黄色	中壤土	柱状	7.7	15.3	0.80	1.01	9.5	泥质岩	E 109°37′25.9″ N 32°30′01.4″	75
						P	20~30	淡红棕色	重壤土	块状	7.8	9.8	0.41	1.71	6.3			
						W	30~80	深栗色	中壤土	块状	7.9	7.7	0.36	1.05	7.8			
						C	80~100	红棕色	重壤土	粒状	7.7	9.7	0.63	0.72	13.0			
剖2	初育土	石灰(岩)土	棕色石灰土	棕色石灰土	灰棕黄土	A	0~20	紫棕色	重壤土	块状	8.2	13.0	0.88	0.44	20.9	石灰岩风化物	E 109°38′56.3″ N 32°33′46.7″	75
						B	20~55	紫棕色	重壤土	块状	8.0	9.2	0.73	0.28	19.5			
						C	55~100	紫棕色	重壤土	块状	7.8	6.2	0.66	0.39	24.0			
剖3	人为土	水稻土	潴育水稻土	灰青泥田	灰冷黄砂土	A	0~18	青灰色	砂壤土	粉状	7.9	25.3	1.56	0.74	14.9	泥质岩	E 109°39′15.2″ N 32°34′12.2″	75
						P	18~27	栗色	砂壤土	粉状	7.8	24.4	1.60	0.82	13.0			
						W	27~59	黑灰色	轻壤土	棱柱状	7.9	20.9	1.30	0.78	13.6			
						4	59~74	黑灰色	砂壤土	无结构								
剖4	淋溶土	黄棕壤	黄棕壤性	泥质岩黄棕壤性土	细石皮	A	0~18	栗色	砂壤土	小块状	7.3	17.4	1.48	0.33	12.1	云母片岩风化物	E 109°39′56.3″ N 32°33′23.7″	95
						B	18~28	栗色	重壤土	小块状	6.2	7.5	0.79	0.29	9.4			
						C	28~100	红棕色	重壤土	块状	7.0	5.2	0.56	0.27	17.7			
剖5	人为土	水稻土	潴育水稻土	黄棕壤性第三纪红砂岩泥田	红砂泥田	A	0~15	棕色	中壤土	块状	7.7	16.4	0.94	1.57	20.4	红砂岩	E 109°40′22.6″ N 32°32′44.0″	95
						P	15~25	红棕色	中壤土	块状	7.7	3.8	0.59	0.93	20.6			
						C	25~100	栗色	中壤土	小块状	7.6	11.8	0.69	1.48	24.2			
剖6	淋溶土	黄棕壤	黄棕壤	泥质岩黄棕壤	黄砂泥土	A	0~12	黄褐色	中壤土	块状	6.9	10.8	0.65	0.48	14.3		E 109°40′55.0″ N 32°33′06.9″	95
						B	12~22	黄棕色	中壤土	块状	6.9	9.5	0.61	0.38	13.2			
						C	22~59	黄棕色	中壤土	块状	7.3	3.1	0.31	0.35	12.9			
						P	59~85	栗色	中壤土	块状	7.2	4.0	0.41	0.36	16.5			
剖7	淋溶土	黄棕壤	黄棕壤	泥质岩黄棕壤	石渣子土	A	0~17	黑色	砂壤土	小团块状	7.1	52.8	1.98	1.15	18.0		E 109°41′42.7″ N 32°34′43.5″	95
						B	17~60	黑色	砂壤土	小团块状	7.0	37.6	1.14	0.91	16.0			
						C	60~100	棕色	轻壤土	小团块状	6.2	4.4	0.76	0.55	13.6			
剖8	人为土	水稻土	淹育水稻土	浅黄棕壤性第三纪红砂岩泥田	红泥田	A	0~20	深红棕色	黏土	块状	8.7	13.4	0.90	0.41	22.9	红砂岩	E 109°41′15.3″ N 32°33′41.6″	75
						P	20~35	棕红色	黏土	块状	7.7	5.3	0.49	0.51	20.9			
						C_1	35~55	淡红棕色	中壤土	片状	7.4	6.0	0.41	0.70	14.8			
						C_2	55~110	棕色	砂土	粉状	7.6	2.7	0.18	0.97	6.6			
剖9	淋溶土	黄棕壤	黄棕壤	泥质岩黄棕壤	黑石渣子土	A	0~10	黑棕色	砂壤土	粉状	7.4	21.0	0.73	1.20	12.3	炭质板岩风化坡积物	E 109°43′03.4″ N 32°34′18.6″	95
						B	10~53	黑色	中壤土	块状	6.9	22.5	0.51	1.01	9.3			
						C	53~100	黑色	中壤土	块状	6.7	23.4	0.30	0.41	12.7			
剖10	淋溶土	黄棕壤	黄棕壤	红砂岩黄棕壤	红泥土	A	0~20	棕黄色	中壤土	棱块状	7.0	11.0	0.83	0.27	20.2	红砂岩和砂砾岩	E 109°42′37.2″ N 32°33′09.2″	95
						B	20~34	棕黄色	轻壤土	棱块状	6.1	5.6	0.54	0.24	36.3			
						C_1	34~84	棕红色	中壤土	粒状	6.7	2.4	0.25	0.21	18.6			
						C_2	84~100	棕红色		粒状	6.6	1.9	0.19	≤0.10	16.7			
剖11	人为土	水稻土	潴育水稻土	黄棕壤性泥质岩泥田	泥土田	A	0~18	褐色	中壤土		6.1	23.0	1.39	0.38	16.4	泥质岩	E 109°44′08.1″ N 32°33′02.5″	75
						P	18~39	栗色	中壤土		7.9	13.4	0.94	0.57	14.1			
						W	39~59	棕色	轻壤土		7.6	6.9	0.54	0.45	13.5			
						B	59~73	栗色	中壤土		7.6	9.8	0.67	0.47	16.2			
						C	73~105	紫棕色	砂壤土		7.6	2.0	0.24	0.58	8.5			

续表 Continued

剖面号 Soil profile	土纲 Soil order	土类 Soil great group	亚类 Soil subgroup	土属 Soil genus	土种 Soil species	土层码 Layer code	土层厚度 Depth/cm	颜色 Soil color	质地 Soil texture	土壤结构 Soil structure	pH	有机质 OM/(g/kg)	全氮 TN/(g/kg)	全磷 TP/(g/kg)	阳离子交换量CEC/(cmol/kg)	土壤母质 Parent material	剖面点坐标 Profile coordinate	匹配指数 Matching index/%
剖12	人为土	水稻土	淹育水稻土	浅黄棕壤性泥质岩泥田	黄泥田	A	0~22	黄棕色	重壤土	块状	6.8	10.4	0.82	0.26	20.1	板岩、页岩、砂岩、千枚岩、片岩风化坡积物	E 109°41′38.9″ N 32°31′49.4″	75
						P	22~40	棕色	中壤土	块状	7.1	7.0	0.60	0.24	19.1			
						C₁	40~50	棕黄色	黏土	块状	9.1	3.9	0.54	0.26	26.2			
						C₂	50~100	深红色	黏土	大块状	6.4	5.3	0.47	0.17	21.0			
剖13	人为土	水稻土	潜育水稻土		红砂田	A	0~13	棕红色	重壤土	块状	6.4	17.0	1.03	0.35	22.5	红砂岩	E 109°43′36.7″ N 32°32′17.0″	75
						P	13~25	红棕色	黏土	块状	7.0	13.0	0.85	0.34	25.1			
						W	25~82	棕红色	黏土	块状	7.4	10.2	0.65	0.46	22.3			
						C	82~100	红棕色	重壤土	块状	7.6	5.7	0.44	0.44	15.2			
剖14	淋溶土	黄棕壤	山地黄棕壤	泥质岩山地黄棕壤	森林黑灰包土	Ao	0~5	黑色	砂壤土	团粒状	7.2	57.9	2.84	0.56	15.9	云母片岩	E 109°43′18.2″ N 32°30′42.4″	75
						A	5~29	深栗色	砂壤土	小块状	6.6	12.6	1.15	0.35	11.3			
						C	29~40	栗色	黏土	块状	7.0	25.9	1.65	0.46	13.2			
						P	40~			无结构								
剖15	人为土	水稻土	潜育水稻土	黄棕壤性泥质岩泥田	灰泥田	A	0~17	栗色	中壤土	团粒状	7.8	27.8	1.52	0.55	20.5	泥质岩	E 109°44′10.8″ N 32°32′20.3″	75
						P	17~30	深栗色	中壤土	块状	8.0	15.1	0.91	1.00	20.6			
						W	30~60	深栗色	中壤土	块状	7.8	15.2	0.93	0.49	21.1			
						C₁	60~75	栗色	轻壤土	块状	7.9	19.8	1.19	1.27	20.3			
						C₂	75~100	深栗色	轻壤土	无结构	7.7	12.4	1.34	0.50	13.9			
剖16	人为土	水稻土	淹育水稻土	浅灰紫泥田	灰红砂田	A	0~18	深红色	重壤土	团粒状	8.1	10.3	0.70	0.23	13.3	红砂岩风化残积物	E 109°44′16.9″ N 32°31′33.5″	75
						P	18~29	红棕色	重壤土	粉状	8.0	8.4	0.58	0.21	11.6			
						C	29~100	深栗色	中壤土	粉状	7.6	8.6	0.70	0.24	17.4			
剖17	淋溶土	黄棕壤	黄棕壤性土	泥质岩黄棕壤性土	薄石渣子土	A	0~12	黄棕色	砂壤土	块状	8.0	14.2	0.83	0.40	9.4	各类母岩的风化坡积物、残积物	E 109°44′34.3″ N 32°32′19.8″	95
						B	12~27	深棕色	中壤土	块状	8.0	11.4	0.69	0.41	9.5			
						C	27~74	黄棕色	轻壤土	块状	8.0	13.6	0.55	0.46	12.8			
剖18	人为土	水稻土	潜育水稻土	青泥田	冷黄泥田	A	0~17	深栗色	重壤土	小块状	6.9	24.4	1.51	0.51	13.9	泥质岩	E 109°44′50.6″ N 32°30′46.4″	75
						P	17~28	黄褐色	重壤土	棱状	7.2	21.5	1.41	0.53	19.9			
						G	28~77	栗色	重壤土	块状	6.8	15.9	1.07	0.22	22.9			
						C	77~100	栗色	重壤土	块状	7.1	8.3	0.57	0.64	18.6			
剖19	人为土	水稻土	淹育水稻土	青泥田	冷砂泥田	A	0~20	深栗色	砂壤土	块状	6.1	29.2	1.76	0.54	12.4	近代河流冲积物	E 109°38′09.9″ N 32°30′24.3″	75
						P	20~43	红深栗色	砂壤土	团粒状	6.7	27.5	1.66	0.52	11.6			
						G	43~100	青深栗色	轻壤土	块状	6.4	18.8	1.48	0.27	13.9			
剖20	人为土	水稻土	潜育水稻土	青泥田	冷黄砂泥田	A	0~11	灰色	重壤土	块状	7.0	22.7	1.05	0.89	13.1	板岩、片岩、千枚岩、页岩风化坡积物	E 109°39′36.5″ N 32°31′07.9″	75
						G₁	11~19	深栗色	重壤土	块状	7.1	36.7	1.13	0.72	12.7			
						G₂	19~30				7.1	21.4	1.08	0.78	13.0			
剖21	黄棕壤	黄棕壤	黄棕壤性土	泥质岩黄棕壤性土	林荒黄灰包土	A₁	0~4	深栗色	砂壤土	粉状	5.7	84.2	3.01	0.30	24.3	炭质板岩、贡岩风化坡积物	E 109°40′02.4″ N 32°31′52.4″	95
						A₂	4~10	褐色	中壤土	块状	5.4	19.8	0.87	0.19	12.3			
						B	10~75	棕色	重壤土	块状	5.9	9.0	0.41	0.15	17.9			
剖22	淋溶土	黄棕壤	黄棕壤		黑面石	A	0~32	黑色	砂壤土	团粒状	8.0	29.4	0.79	2.01	8.9		E 109°39′33.3″ N 32°30′46.0″	95
						C₁	32~70	黑深栗色	黏土	块状	7.8	23.6	0.66	4.13	10.2			
						G	70~100	黑灰色	重壤土	块状	8.2	28.9	0.38	1.62	6.4			
剖23	淋溶土	黄棕壤	黄棕壤	第四纪黏土黄棕壤	猪肝土	A	0~17	黄棕色	重壤土	团块状	7.6	11.6	0.73	0.42	20.3	第四纪黏土	E 109°41′12.8″ N 32°31′18.6″	95
						B	17~75	黑棕色	重壤土	块状	7.5	11.9	0.67	0.59	23.4			
						C	75~100	棕色	黏土	块状	7.6	10.3	0.53	0.38	22.0			
剖24	淋溶土	黄棕壤	黄棕壤	第四纪黏土黄棕壤	卵石黄土	A	0~20	淡红棕色	砂壤土	粉状	6.9	11.1	0.70	0.85	25.9	第四纪黏土	E 109°43′55.8″ N 32°28′56.8″	95
						B	20~50	橙色	砂土	粒状	6.9	4.0	0.26	1.19	27.9			
						C₁	50~73	红棕色	轻壤土	片状	7.2	3.4	0.33	2.95	33.3			
						C₂	73~100	红棕色	中壤土	棱柱状	6.7	3.7	0.41	3.44	38.0			

续表 Continued

剖面号 Soil profile	土纲 Soil order	土类 Soil great group	亚类 Soil subgroup	土属 Soil genus	土种 Soil species	土层码 Layer code	土层厚度 Depth/cm	颜色 Soil color	质地 Soil texture	土壤结构 Soil structure	pH	有机质 OM/(g/kg)	全氮 TN/(g/kg)	全磷 TP/(g/kg)	阳离子交换量 CEC/(cmol/kg)	土壤母质 Parent material	剖面点坐标 Profile coordinate	匹配指数 Matching index/%
剖25	人为土	水稻土	淹育水稻土	浅潮砂田	砂田	A	0—19	深栗色	轻壤土	团粒状	5.9	15.0	1.22	0.53	9.6	近代河流冲积物	E 109°43′13.4″ N 32°27′18.6″	95
						P	19—38	灰色	轻壤土	块状	5.2	20.9	1.51	0.39	11.3			
						B	38—88	深栗色	中壤土	块状	7.0	11.8	0.98	0.54	12.4			
						C	88—100	深栗色	重壤土	块状	7.1	10.4	1.05	0.42	14.8			
剖26	淋溶土	黄棕壤	山地黄棕壤	泥质岩山地黄棕壤	黄灰包土	A	0—9	深栗色	中壤土	团粒状	6.6	65.1	2.75	0.43	23.6	板岩、片岩、千枚岩、页岩风化物	E 109°46′18.2″ N 32°32′17.0″	95
						C	9—30	栗色	中壤土	块状	5.9	9.7	0.49	0.19	8.5			
剖27	淋溶土	黄棕壤	黄棕壤	第四纪黏土黄棕壤	黄泥巴	P	30—100	栗色	重壤土	棱块状	6.3	3.8	0.36	0.26	9.2	第四纪黏土	E 109°47′13.7″ N 32°29′47.6″	95
						A	0—17	淡黄棕色	黏土	块状	7.6	13.8	0.66	0.27	24.2			
						B	17—27	棕黄色	黏土	块状	7.8	13.7	0.44	0.23	21.6			
						C	27—100	黄棕色	黏土	块状	8.0	5.9	0.44	0.24	21.2			
剖28	人为土	水稻土	潜育水稻土	灰青泥田	灰冷红砂土	A	0—14	栗色	中壤土	棱块状	7.6	25.9	1.46	0.43	20.9	红砂岩	E 109°49′28.7″ N 32°25′45.3″	95
						P	14—35	棕色	中壤土	棱块状	7.8	19.7	1.08	0.29	17.8			
						G	35—100	深栗色	中壤土	棱块状	7.7	13.0	0.85	0.16	18.4			
剖29	半水成土	潮土	灰潮土	壤土型灰潮土	灰砂泥	A	0—23	栗色	重壤土	团粒状	8.2	19.2	1.26	1.11	26.0	近代河流冲积物	E 109°49′45.3″ N 32°25′01.8″	75
						B	23—72	栗色	中壤土	块状	8.2	7.4	0.66	0.71	18.5			
						C₁	72—83	褐黄色	砂壤土	粉状	8.1	5.1	0.46	0.77	9.9			
						C₂	83—110	黄棕色	黏土	块状	8.1	8.5	0.59	0.87	23.1			
剖30	半水成土	潮土	灰潮土	壤土型灰潮土	灰砂泥土	A	0—31	栗色	中壤土	团粒状	7.4	13.9	0.83	0.87	7.6	近代河流冲积物	E 109°49′49.9″ N 32°23′04.1″	75
						P	31—58	棕色	砂壤土	粉状	8.0	8.7	0.56	0.94	10.6			
						G	58—100	深栗色	砂壤土	粉状	7.8	9.1	0.47	1.01	11.0			
剖31	人为土	水稻土	淹育水稻土	浅黄棕壤性第四纪黏土泥田	灰黄泥巴田	A	0—18	棕色	重壤土	柱状	5.1	21.3	1.35	0.51	19.6	第四纪黏土	E 109°55′10.2″ N 32°23′09.6″	95
						P	18—49	棕色	重壤土	柱状	6.8	11.6	0.85	0.42	18.6			
						C₁	49—71	淡红棕色	重壤土	柱状	7.0	5.9	0.47	0.39	24.1			
						C₂	71—100	黄棕色	黏土	柱状	7.1	6.4	0.57	0.34	22.1			
剖32	人为土	水稻土	潜育水稻土	黄棕壤性第四纪黏土泥田	黄泥巴田	A	0—20	黑灰色	黏土	团粒状	6.9	17.8	1.03	0.41	31.5	第四纪黏土	E 109°59′09.2″ N 32°20′43.5″	95
						P	20—45	棕色	重壤土	团粒状	6.9	14.8	0.97	0.46	29.0			
						W	45—73	紫棕色	重壤土	团粒状	7.3	8.8	0.68	0.36	30.2			
						C	73—102	棕色	轻壤土	粒状	7.3	9.1	0.61	0.31	21.4			
剖33	淋溶土	黄棕壤	黄棕壤性	红砂岩黄棕壤性	红石渣子土	A	0—17	深红色	砂壤土	粒状	7.7	14.5	0.62	0.18	15.5	红砂岩半风化物	E 109°56′30.1″ N 32°19′44.9″	95
						B	17—36	红棕色	砂壤土	粒状	8.0	4.7	0.30	0.12	11.3			
						C₁	36—63	红棕色	轻壤土	粒状	8.2	2.9	0.21	0.14	11.4			
						C₂	63—100	红棕色	轻壤土	无结构	9.0	3.8	0.26	0.13	16.2			
剖34	人为土	水稻土	潜育水稻土	青泥田	冷红砂泥田	A	0—15	栗色	中壤土	无结构	7.6	20.9	1.20	0.28	22.4	红砂岩	E 109°58′56.7″ N 32°18′41.2″	95
						G	15—62	深栗色	中壤土	块状	7.5	12.8	0.81	0.21	22.1			
						C	62—92	紫棕色	轻壤土	块状	7.2	9.5	0.54	0.24	15.3			
剖35	人为土	水稻土	淹育水稻土	浅黄棕壤性第四纪黏土泥田	浅黄泥巴田	A	0—15	棕黄色	黏土	块状	5.6	19.9	1.28	0.43	29.3	第四纪黏土	E 109°59′23.0″ N 32°15′40.8″	95
						P	15—31	紫棕色	黏土	块状	6.5	15.1	1.02	0.34	33.9			
						C₁	31—83	棕黄色	黏土	块状	7.3	7.8	0.63	0.45	30.9			
						C₂	83—100	褐黄色	黏土	块状	6.8	3.9	0.42	0.29	21.2			
剖36	淋溶土	黄棕壤	山地黄棕壤	泥质岩山地黄棕壤	黄石渣子灰包土	A	0—24	栗色	中壤土	粉状	6.4	49.2	2.31	0.48	18.3	板岩、片岩、千枚岩、页岩风化物	E 110°08′49.1″ N 32°31′33.7″	95
						B	24—44	棕色	重壤土	小块状	5.5	22.4	1.46	0.43	14.5			
						C	44—60	黄棕色	重壤土	块状	4.8	13.9	0.29	0.36	9.3			
剖37	人为土	水稻土	淹育水稻土	浅黄棕壤性第四纪黏土泥田	小黄泥田	A	0—18	紫棕色	中壤土	小块状	7.8	10.2	0.78	0.37	22.7	第四纪黏土	E 110°05′12.8″ N 32°15′54.3″	95
						P	18—34	棕色	重壤土	小块状	7.9	9.2	0.71	0.42	25.5			
						B	34—65	栗色	重壤土	小块状	7.7	7.2	0.61	0.34	31.1			
						C	65—100	深栗色	重壤土	小块状	7.6	6.4	0.51	0.37	26.2			

续表 Continued

剖面号 Soil profile	土纲 Soil order	土类 Soil great group	亚类 Soil subgroup	土属 Soil genus	土种 Soil species	土层码 Layer code	土层厚度 Depth/cm	颜色 Soil color	质地 Soil texture	土壤结构 Soil structure	pH	有机质 OM/(g/kg)	全氮 TN/(g/kg)	全磷 TP/(g/kg)	阳离子交换量 CEC/(cmol./kg)	土壤母质 Parent material	剖面点坐标 Profile coordinate	匹配指数 Matching index/%
剖38	淋溶土	黄棕壤	黄棕壤	红砂岩黄棕壤	红砂土	A	0—20	深红色	轻壤土	粉状	7.7	9.8	0.42	0.28	17.9	红砂岩和砂砾岩	E 110° 01′ 42.7″ N 32° 17′ 23.5″	95
						B	20—70	棕红色	砂壤土	粉状	7.6	1.3	0.13	0.13	15.6			
						C	70—100	红棕色	中壤土	片状	7.3	3.4	0.27	0.32	21.6			
剖39	淋溶土	黄棕壤	黄棕壤性土	泥质岩黄棕壤性土	麻面石	A	0—21	黄褐色	轻壤土	粒状	7.0	10.8	0.48	2.13	22.1	砂质沉积岩风化物	E 110° 11′ 04.2″ N 32° 09′ 06.9″	95
						B	21—60	褐色	中壤土	小块状	6.9	10.7	0.58	1.14	18.1			
						C	60—	黄棕色				3.7	0.22		16.1			
剖40	人为土	水稻土	淹育水稻土	浅黄棕壤性泥质岩泥田	泥田	A	0—13	深灰色	中壤土	团粒状	7.7	25.5	1.53	0.85	19.3	板岩、页岩、砂岩、千枚岩、片岩风化坡积物	E 110° 04′ 15.0″ N 31° 59′ 00.7″	95
						P	13—24	灰黄色	中壤土	小块状	7.8	23.8	1.47	1.08	19.5			
						C₁	24—42	灰棕色	中壤土	小块状	7.9	13.7	0.99	1.06	20.6			
						C₂	42—93	灰棕色	中壤土	块状	7.9	16.6	1.16	0.73	22.2			
剖41	半水成土	潮土	潮土	壤土型潮土	砂泥土	A	0—30	栗黄色	中壤土	团粒状	7.8	15.8	0.93	2.32	21.7	近代河流冲积物	E 110° 15′ 14.2″ N 32° 30′ 29.5″	75
						B	30—84	栗黄色	轻壤土	粉状	8.1	8.2	0.56	2.06	22.6			
						C	84—110	栗黄色	轻壤土	粉状	7.8	6.7	0.41	2.12	18.1			

竹 溪 县

主要土类说明

黄棕壤是竹溪县主要土壤类型，占本县地域面积的84%。黄棕壤分布在海拔1500m以下的山地、丘陵，在发生学和分布上均表现出明显的南北过渡性，是通过弱脱硅富铝化作用形成的地带性土壤。最醒目的剖面形态特征是在表土层下有一层质地较黏重的黄棕色或红棕色心土层。该层因母质不同而色泽不一，呈块状或棱块状结构，结构体表面有棕色或暗棕色铁锰胶膜，或有铁锰结核。根据海拔和砾石含量的不同，本县黄棕壤分为黄棕壤、山地黄棕壤、黄棕壤性土等亚类。

石灰（岩）土是竹溪县第二大土壤类型，占本县地域面积的6%。成土母质为石灰岩风化坡积物。该土壤质地黏重，呈块状结构，结构体表面多有胶膜，一般土层较浅薄，土体内多砾石，有不均质石灰反应，pH比地带性土壤高，近中性或微碱性，不适宜油茶、茶、杉等植物生长。本县石灰（岩）土仅有棕色石灰土一个亚类。

棕壤是竹溪县第三大土壤类型，占本县地域面积的5%，分布在海拔1500—2200m的地区。剖面特征为具有鲜棕色心土层，厚度为30—40cm，各发生层次色调比较一致，除表土层外均以棕色或淡褐色为主，上下层过渡不明显。该土壤黏粒累积作用明显，黏粒含量高，质地黏重，结构体表面多有铁锰胶膜，有机质含量高，土壤呈微酸性。根据土壤发育程度的不同，本县棕壤分为山地棕壤和山地棕壤性土两个亚类。

水稻土占本县地域面积的4%，主要分布在海拔800m以下的低山平坝。水稻土是在长期水耕熟化，以栽培水稻为主的过程中形成的具有独特性状的土类。在长期耕作、施肥和灌溉条件下，由于还原淋溶和氧化淀积等作用，水稻土形成了特有的剖面结构和发生层次。根据水文地质条件和水耕熟化程度的差异，本县水稻土按水型分为淹育型、潴育型、潜育型和沼泽型四个亚类。

小于本县地域面积3%的土壤类型有暗棕壤、潮土等。

本区域中心区气候特征

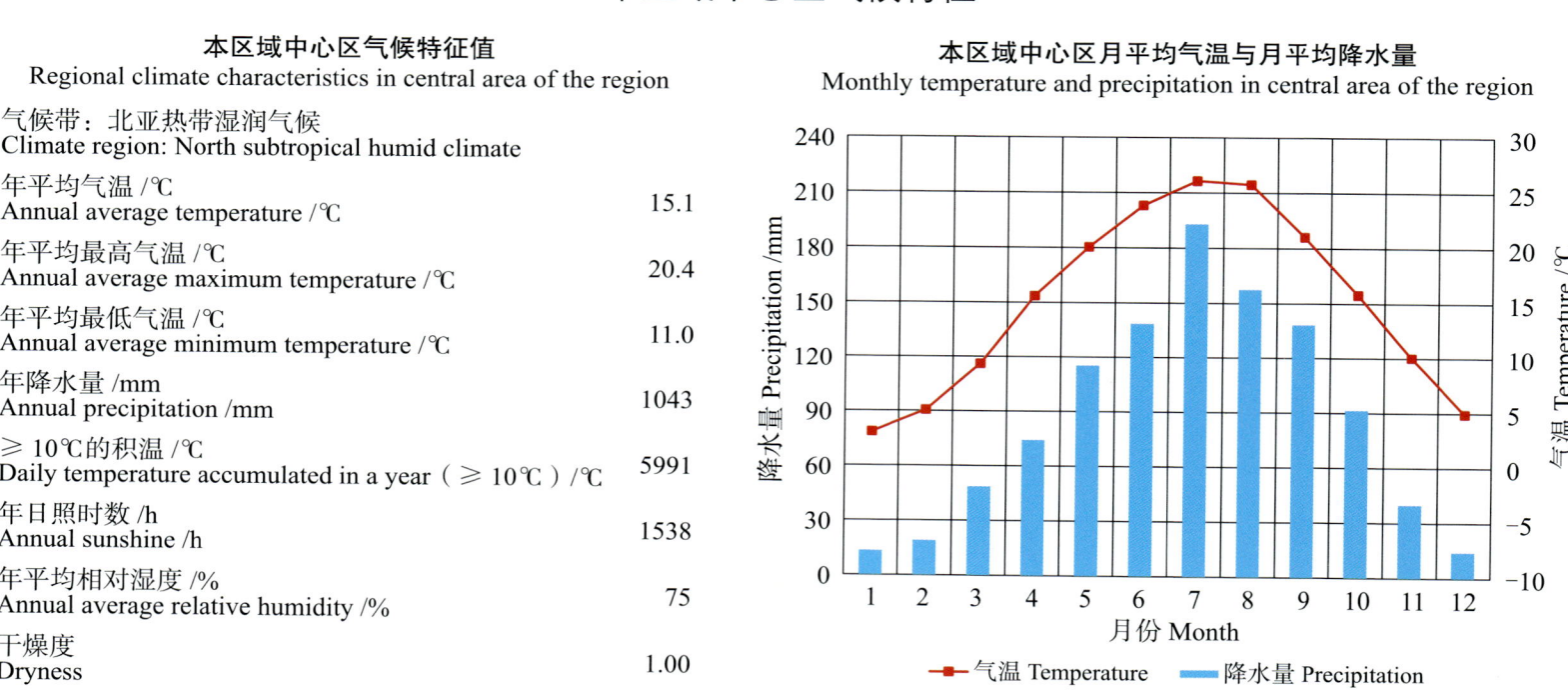

本区域中心区气候特征值
Regional climate characteristics in central area of the region

气候带：北亚热带湿润气候 Climate region: North subtropical humid climate	
年平均气温 /℃ Annual average temperature /℃	15.1
年平均最高气温 /℃ Annual average maximum temperature /℃	20.4
年平均最低气温 /℃ Annual average minimum temperature /℃	11.0
年降水量 /mm Annual precipitation /mm	1043
≥10℃的积温 /℃ Daily temperature accumulated in a year（≥10℃）/℃	5991
年日照时数 /h Annual sunshine /h	1538
年平均相对湿度 /% Annual average relative humidity /%	75
干燥度 Dryness	1.00

本区域中心区月平均气温与月平均降水量
Monthly temperature and precipitation in central area of the region

竹溪县主要土壤类型与土壤剖面点分布图
1 : 350 000

竹溪县土壤剖面理化性状表

剖面号 Soil profile	土纲 Soil order	土类 Soil great group	亚类 Soil subgroup	土属 Soil genus	土种 Soil species	土层码 Layer code	土层厚度 Depth/cm	颜色 Soil color	质地 Soil texture	土壤结构 Soil structure	pH	有机质 OM/(g/kg)	全氮 TN/(g/kg)	全磷 TP/(g/kg)	全钾 TK/(g/kg)	碱解氮 AN/(mg/kg)	有效磷 AP/(mg/kg)	速效钾 AK/(mg/kg)	阳离子交换量 CEC/(cmol/kg)	土壤母质 Parent material	剖面点坐标 Profile coordinate	匹配指数 Matching index/%
剖1	人为土	水稻土	淹育水稻土	浅黄棕壤性泥质岩泥田	浅黄黄泥田	A	0—15	淡黄棕色	重壤土	棱块状	7.0	10.4	0.64	0.26	12.6	89	4.1	80			E 109°33′00.5″ N 32°24′08.9″	95
						P	15—27	淡黄棕色	重壤土	块状	7.4	11.9	0.78	0.28	14.7							
						C_1	27—47	淡黄棕色	重壤土	棱块状	7.4	6.9	0.63	0.23	15.4							
						C_2	47—80	淡黄棕色	重壤土	棱块状	7.0	5.2	0.49	0.15	13.9							
						C_3	80—100	黄白黄色	中壤土	棱块状	6.8	2.9	0.41	0.12	14.1							
剖2	人为土	水稻土	淹育水稻土	浅灰潮土田	灰中位系砂泥田	A	0—15	褐色	中壤土	块状	8.1	13.5	0.83	0.20	10.1	58	5.9	102	9.3	近代河流冲积物	E 109°34′45.2″ N 32°20′09.0″	75
						P	15—25	褐色	中壤土	块状	8.3	7.2	0.53	0.15	7.5				7.1			
						C	25—50	褐色	轻壤土	块状	8.2	9.4	0.66	0.23	12.7				9.7			
						4	50—100		砂土													
剖3	人为土	水稻土	潴育水稻土	浅潮土田	浅位底卵石田	A	0—15	暗灰黄色	重壤土	块状	7.0	17.7	1.21	0.78	17.8		4.4	67	12.0	近代河流冲积物	E 109°35′51.5″ N 32°20′08.6″	75
						P	15—23	暗灰黄色	中壤土	块状		15.2	1.06	0.76	11.4				11.0			
						C	23—100		砂土													
剖4	淋溶土	黄棕壤	山地黄棕壤	碳酸岩山地黄棕壤	林荒灰泡土	A	0—24	淡黄棕色	轻壤土	小块状	6.3	50.2	2.60	0.60	8.9		3.0		12.8	灰质岩	E 109°37′24.0″ N 32°20′08.8″	95
						B	24—75	灰黄色	中壤土	棱块状	6.0	34.3	1.90	0.60					13.5			
						C	75—100	灰棕色	中壤土	块状	5.8	4.7	0.40	0.50					7.5			
剖5	初育土	石灰(岩)土	棕色石灰土	棕色岩石灰土	轻砾石灰大字土	A	0—20	暗黄棕色	中壤土	块状	7.8	14.8	1.00	0.20	9.7		2.2	65	18.7	石灰岩风化坡积物或残积物	E 109°32′27.0″ N 32°22′16.3″	75
						B	20—50	淡黄棕色	中壤土	块状	8.0	4.1	0.40	≤0.10	2.9				10.3			
						C	50—100	黄棕色	重壤土	块状	8.2	10.4	0.70	0.20	9.0				13.5			
剖6	人为土	水稻土	淹育水稻土	灰潮土田	灰潮砂泥田	A	0—15	暗灰黄色	重壤土	棱块状	8.1	18.4	0.98	0.49	20.8	85	17.4	96	14.8	河流冲积物	E 109°32′10.5″ N 32°21′11.4″	75
						P	15—27	暗灰黄色	砂壤土	棱块状	8.2	14.5	0.81	0.35	23.6				13.2			
						W_1	27—46	暗灰黄色	中壤土	棱块状	7.4	6.4	0.32	0.37	25.5				7.7			
						W_2	46—65	栗色	中壤土	棱块状	7.1	6.3	0.40	0.37	28.1				9.4			
						W_3	65—100	褐色	中壤土	棱块状	7.2	6.5	0.41	0.66					11.0			
剖7	人为土	水稻土	沼泽型水稻土	烂泥田	烂泥田	A	0—17	青灰色	重壤土	无结构	6.8	35.2	2.05	0.27	12.8		3.1	78	17.7		E 109°32′36.1″ N 32°20′51.2″	75
						G	17—100	青灰色	重壤土	无结构	6.9	39.2	2.34	0.86	18.1				20.3			
剖8	淋溶土	黄棕壤	黄棕壤性土	泥质岩黄棕壤性土	细目皮	A	0—20	灰黄色	砂壤土	薄片状	6.1	12.1	1.10	0.27	19.6	90	3.7	91	12.5	云母片岩风化物	E 109°39′33.7″ N 32°22′49.3″	95
						C	20—80	淡黄棕色	砂壤土	小块状	5.8	1.8	0.40	≤0.10					6.9			
						D	80—															
剖9	人为土	水稻土	潴育水稻土	潮土田	潮砂泥田	A	0—17	淡黄棕色	轻壤土	块状	7.0	23.1	2.00	0.90	21.1	181	8.9	125	18.4	河流冲积物	E 109°41′52.6″ N 32°22′04.6″	75
						P	17—24	灰黄色	中壤土	块状	6.8	18.6	1.70	1.00	23.4				19.6			
						W	24—100	暗黄棕色	重壤土	块状	7.5	9.4	0.80	0.80	20.0				17.3			
剖10	人为土	水稻土	淹育水稻土	浅灰潮土田	浅灰潮砂泥田	A	0—16	灰黄色	中壤土	块状	7.6	14.1	0.78	0.88	8.9		5.8	69	15.2	近代河流冲积物	E 109°43′03.6″ N 32°22′25.7″	75
						P	16—26	暗黄棕色	重壤土	块状	7.5	13.0	0.69	0.88	7.6				15.8			
						C	26—100	灰黄色	中壤土	块状	8.0	13.2	0.69	0.80					15.9			
剖11	人为土	水稻土	潜育水稻土	青泥田	青泥田	A	0—15	暗棕色	重壤土	块状	6.6	20.3	1.19	0.24	16.7		2.6	59	10.4		E 109°42′35.2″ N 32°20′59.1″	75
						P	15—28	青灰色	重壤土	块状	6.1	21.5	1.23	0.24	17.6				10.4			
						G	28—100	青灰色	重壤土	块状	6.2	18.3	1.03	0.12	11.8				9.0			
剖12	淋溶土	黄棕壤	黄棕壤性土	泥质岩黄棕壤性土	中砾石黄土	A	0—10	黄色	轻壤土	小块状	6.3	8.0	0.90	0.21	22.5		3.2	59	14.4		E 109°41′45.9″ N 32°20′17.8″	75
						C_1	10—22	淡黄棕色	轻壤土	块状	6.9	2.3	0.30	≤0.10					5.6			
						C_2	22—30	黄色	中壤土	块状	6.3	1.5	0.20	≤0.10					3.5			
						D	30—															

续表 Continued

剖面号 Soil profile	土纲 Soil order	土类 Soil great group	亚类 Soil subgroup	土属 Soil genus	土种 Soil species	土层码 Layer code	土层厚度 Depth/cm	颜色 Soil color	质地 Soil texture	土壤结构 Soil structure	pH	有机质 OM/(g/kg)	全氮 TN/(g/kg)	全磷 TP/(g/kg)	全钾 TK/(g/kg)	碱解氮 AN/(mg/kg)	有效磷 AP/(mg/kg)	速效钾 AK/(mg/kg)	阳离子交换量CEC/(cmol/kg)	土壤母质 Parent material	剖面点坐标 Profile coordinate	匹配指数 Matching index/%
剖13	初育土	石灰(岩)土	棕色石灰土	棕色石灰土	灰大字土	A	0—30	红棕色	中壤土	块状	8.0	15.9	1.20	0.70	5.4		5.1	65	14.6	石灰岩风化坡积物或残积物	E 109°42′20.1″ N 32°20′27.2″	75
						B	30—70	淡黄棕色	重壤土	块状	7.8	10.1	0.60	≤0.10	13.0				6.3			
						C	70—100	黄棕色	轻壤土	块状	7.7	3.6	0.50	0.20	9.9				13.9			
剖14	淋溶土	黄棕壤	黄棕壤	泥质岩黄棕壤	厚层黄砂土	A	0—20	栗色	轻壤土	棱块状	6.0	15.1	1.00	0.40	19.1		2.5	49	19.8		E 109°37′30.0″ N 32°21′21.6″	95
						B	20—100	褐色	中壤土	块状	6.0	10.4	0.60	0.20	8.2				18.2			
剖15	人为土	水稻土	潴育水稻土	潮土田	潮砂泥田	A	0—18	灰黄色	中壤土	块状	7.1	22.7	1.41	0.85	23.3	98	10.7	72	17.2	河流冲积物	E 109°40′03.5″ N 32°20′16.2″	75
						P	18—30	灰黄色	中壤土	块状		16.0	1.11	0.92					16.0			
						W₁	30—44	淡黄棕色	中壤土	棱块状		9.3	0.66	0.82					13.5			
						W₂	44—80	淡黄棕色	中壤土	棱块状		8.9	0.68	0.67					14.3			
						C	80—100	褐色	中壤土	块状		9.8	0.67	0.98					14.2			
剖16	人为土	水稻土	潴育水稻土	黄棕壤性泥质岩泥田	黄泥砂田	A	0—20	暗灰棕色	轻壤土	块状	5.1	15.2	1.08	0.22	16.9		8.1	64	6.0	第四纪黏土沉积物	E 109°35′39.1″ N 32°19′26.9″	95
						P	20—27	暗灰黄色	中壤土	块状	5.2	12.4	0.93	0.20	15.6				5.1			
						W	27—50	褐色	中壤土	棱块状	5.9	8.7	0.72	0.22	15.2				5.7			
						B	50—100	黄棕色	中壤土	块状	5.7	9.8	0.72	0.25	16.5				6.4			
剖17	人为土	水稻土	淹育水稻土	浅黄泥质第四纪黏土泥田	次灰浅黄泥田	A	0—20	红灰色	重壤土	棱块状	8.0	12.1	0.95	0.29	15.9	103	3.0	104	10.7		E 109°36′17.1″ N 32°19′19.1″	95
						P	20—38	红灰色	重壤土	块状	8.0	10.8	0.90	0.24	16.1				11.6			
						C	38—100	灰色	重壤土	块状	6.8	8.5	0.70	0.27	17.2				13.3			
剖18	淋溶土	黄棕壤	暗黄棕壤	碳酸盐岩暗黄棕壤	暗岩泥土	Ao	0—2	栗色	重壤土	小块状		50.2	2.59	0.57	8.9				12.8		E 109°42′25.7″ N 32°19′35.2″	95
						A	2—14	栗色	重壤土	小块状	6.6	34.3	1.91	0.48					13.5			
						B	14—16	黄棕色	轻砾石土	块状	5.8	4.7	0.41	0.17					7.5			
剖19	半水成土	潮土	灰潮土	壤土型潮土	砂泥土	A	0—20	灰棕色	中壤土	小块状	6.7	15.7	0.90	0.80	16.1	88	21.3	104	10.0	近代河流冲积物	E 109°42′27.1″ N 32°19′00.9″	75
						B	20—74	暗黄棕色	中壤土	棱块状	7.1	16.0	0.90	1.40	18.1				13.6			
						C	74—100	褐色	中壤土	块状	7.0	11.9	0.80	1.60	18.4				12.0			
剖20	半水成土	潮土	灰潮土	壤土型灰潮土	灰泥砂土	A	0—20	褐色	轻壤土	小块状	7.5	16.1	1.10	0.90	19.5		5.7	40	12.8	近代河流冲积物	E 109°43′07.8″ N 32°18′57.5″	95
						P	20—48	黄棕色	中壤土	棱块状	7.5	8.5	0.70	0.90	15.7				12.7			
						C	48—100	灰黄色	中壤土	块状	7.7	11.2	0.80	0.90	16.7				15.4			
剖21	人为土	水稻土	淹育水稻土	浅泥质岩泥田	浅细砂泥田	A	0—17	褐色	黏壤土	棱块状	6.6	16.2	1.28	0.41	16.7		8.2	151	13.6	近代河流冲积物	E 109°44′34.0″ N 32°18′39.5″	95
						P	17—32	黄棕色	壤质黏土	棱块状	6.4	14.3	1.03	0.40	16.7				15.6			
						C	32—100	栗色	壤质黏土	棱块状	6.5	10.2	0.71	0.42	16.3				14.6			
剖22	淋溶土	黄棕壤	黄棕壤	泥质岩黄棕壤		A	0—15	黑色	中壤土	块状	6.2	7.4	0.60	≤0.10					11.1		E 109°40′39.3″ N 32°12′36.7″	95
						B	15—60		中壤土		6.4	3.5	0.40	≤0.10					12.8			
						C	60—100		中壤土		6.1	3.4	0.50	0.20					14.7			
剖23	淋溶土	黄棕壤	山地黄棕壤	碳酸盐岩山地黄棕壤		A	0—15	暗棕色	中砾石土	块状	7.0	29.2	2.70	1.70	23.7		1.9	130	18.3	灰质岩	E 109°41′57.6″ N 32°10′39.9″	95
						B	15—31	暗棕灰色	轻砾石土	块状	7.0	30.3	2.10	1.00	20.8				18.6			
						C	31—100	棕灰色	重壤土	块状	6.8	28.1	2.60	1.30	25.5				20.0			
剖24	人为土	水稻土	淹育水稻土	浅泥质岩泥田	林荒黄砂泥田	A	0—15	褐黄色	中壤土	棱块状	5.4	18.2	1.00	0.38	18.9		2.6	50	6.9	近代河流冲积物	E 109°40′21.3″ N 32°12′00.2″	95
						P	15—25	褐色	中壤土	块状	6.4	15.1	0.90	0.30	18.1				6.1			
						C	25—100	栗色	中壤土	块状	5.6	11.2	0.70	0.34	19.4				5.6			
剖25	淋溶土	黄棕壤	山地黄棕壤	泥质岩风化坡积物或残积物		Ao	0—3	黑色		块状	6.8	63.5	2.60	0.21	5.9				10.8	泥质岩风化坡积物或残积物	E 109°41′06.0″ N 32°11′44.7″	81
						A	3—13	红棕色	中砾石土	块状	5.9	20.1	0.93	0.15					7.3			
						B	13—53	淡棕红色	轻砾石土	块状	5.5	3.7	0.28	0.11					5.2			
						C	53—100	黄灰色	重壤土	块状	5.4	1.1	0.12	≤0.10					2.9			
剖26	淋溶土	黄棕壤		泥质岩山地黄棕壤	山地黄土	A	0—20	褐色	中壤土	棱块状	7.1	14.9	0.90	0.70	14.5		3.0	75	18.0		E 109°41′23.0″ N 32°04′21.9″	95
						B	20—50	黄棕色	重壤土	块状	6.7	8.4	0.60	0.50	12.7				16.0			
						C	50—100	淡黄棕色	重壤土	块状	6.4	10.2	0.70	0.60	13.5				18.7			

续表 Continued

剖面号 Soil profile	土纲 Soil order	土类 Soil great group	亚类 Soil subgroup	土属 Soil genus	土种 Soil species	土层码 Layer code	土层厚度 Depth/cm	颜色 Soil color	质地 Soil texture	土壤结构 Soil structure	pH	有机质 OM/(g/kg)	全氮 TN/(g/kg)	全磷 TP/(g/kg)	全钾 TK/(g/kg)	碱解氮 AN/(mg/kg)	有效磷 AP/(mg/kg)	速效钾 AK/(mg/kg)	阳离子交换量CEC/(cmol/kg)	土壤母质 Parent material	剖面点坐标 Profile coordinate	匹配指数 Matching index/%
剖27	淋溶土	黄棕壤	山地黄棕壤	泥质岩山地黄棕壤	气泡土	A	0—20	黄色	中壤土	小块状	6.3	25.0	1.40	0.50	17.6		2.7	138	12.5		E 109°40′41.9″ N 31°56′43.8″	95
						B	20—50	灰黄色	中壤土	小块状	6.8	17.8	1.10	0.40	18.0				11.6			
						C	50—100	灰黄色	重壤土	小块状	6.0	12.1	0.90	0.40	13.6				11.0			
剖28	人为土	水稻土	潜育水稻土	灰青泥田	灰青泥田	A	0—17	褐色	重壤土	块状	7.0	30.5	1.80	0.40	10.8	84	9.8	72	16.0		E 109°41′58.0″ N 31°52′28.9″	95
						P	17—40	棕灰色	重壤土	棱块状	7.3	25.9	1.50	0.30	9.0				14.0			
						G	40—84	棕灰色	轻壤土	块状	7.6	26.8	1.40	0.40	10.9				14.9			
剖29	淋溶土	黄棕壤	黄棕壤性土	泥质岩黄棕壤性土	轻砾石气泡土	A	0—17	褐色	轻壤土	小块状	5.8	4.3	0.40	0.20			2.0	56	4.4		E 109°43′01.7″ N 31°45′01.9″	95
						C	17—29	褐色	轻壤土	块状	6.0	19.3	1.20	0.40					9.6			
						D	29—															
剖30	淋溶土	黄棕壤	黄棕壤	泥质岩黄棕壤	黄细骨土	A	0—20	黄棕色	中砾石土	棱块状	5.8	1.4	0.18	≤0.10	6.0				9.2	泥质岩风化坡积物或残积物	E 109°52′23.1″ N 32°10′29.6″	82
						B	20—40	黄棕色	中砾石土	棱块状	5.4	11.8	0.89	0.37					19.2			
						C	40—100	暗黄棕色	轻黏土	块状	5.7	2.1	0.30	0.20								
剖31	淋溶土	黄棕壤	黄棕壤性土	泥质岩黄棕壤性土	轻砾石黄土	A	0—17	紫棕色	轻壤土	小块状	6.2	9.6	0.70	0.30	15.7		10.5	36	10.8		E 109°57′01.7″ N 32°12′37.1″	95
						C	17—30	暗黄棕色	轻壤土	块状	6.3	4.9	0.40	0.20	8.8				10.8			
						D	30—															
剖32	淋溶土	黄棕壤	黄棕壤性土	泥质岩黄棕壤性土	林荒轻砾石黄土	A	0—19	灰黄色	中壤土	棱块状	5.5	22.5	1.10			120	3.5	110	20.5		E 109°55′40.7″ N 32°06′15.6″	95
						C	19—30			棱块状												
						D	30—100	灰黄色	重壤土	棱块状												
剖33	淋溶土	黄棕壤	黄棕壤	泥质岩黄棕壤	黄泥土	A	0—21	暗黄棕色	黏土	棱块状	7.4	12.1	1.10	0.20	21.3	101	3.2	149	21.6		E 109°57′25.2″ N 31°48′45.7″	95
						B₁	21—33	黄棕色	黏土	棱块状	7.5	10.3	0.90	0.20	21.4				20.4			
						B₂	33—63	黄棕色	黏土	块状	7.2	4.8	0.70	0.20	20.8							
						C	63—100	淡黄棕色	黏土	小块状	7.1	5.5	0.80	≤0.10	22.5				24.8			
剖34	淋溶土	黄棕壤	黄棕壤性土	泥质岩黄棕壤性土	林荒轻砾石土	A	0—25	褐色	轻壤土	小块状	6.9	18.2	1.10	0.20	12.1				10.2		E 109°51′09.2″ N 31°41′09.7″	95
						C	25—100	褐色	中壤土	块状	6.5	4.8	0.80	≤0.10					8.1			
剖35	淋溶土	黄棕壤	山地黄棕壤	泥质岩山地黄棕壤	林荒气泡土	A	0—7	暗黄棕色	中壤土	粒状	6.2	174.2	6.30	0.50	11.3		2.8	57	25.9		E 109°47′13.0″ N 31°35′17.0″	95
						B	7—35	暗灰黄色	中壤土	棱块状	5.9	36.5	1.60	0.20	6.5				13.8			
						C	35—100	暗黄棕色	中壤土	棱块状	6.2	35.6	1.40	0.30	3.9				11.6			

房 县

主要土类说明

黄棕壤是房县主要土壤类型，占本县地域面积的84%。黄棕壤主要分布在低山丘陵和二高山地区。心土层呈黄棕色或红棕色，一般呈棱柱状结构，结构体表面有铁锰胶膜，或有铁锰结核。土壤中性偏酸，阳离子交换量在15cmol/kg左右。本县南部山区坡陡，土壤冲刷和淋洗都较严重，土壤发育不明显。黄棕壤的另一特征为土层深厚，质地较黏重，中壤土至重壤土。

棕壤是房县第二大土壤类型，占本县地域面积的6%。棕壤分布在上龛、九道、军店、野人谷等地海拔1500m以上的山地，是本县山区的主要农用土地和以经济林木、药材为主的多种经营用地。成土母质复杂，有石灰岩、板页岩、石英质岩等。该土壤通体淋溶强烈，全剖面无石灰反应，pH为5.0—7.0，土壤有机质累积和淋溶淀积作用明显，黏粒下移突出。剖面特征为具有鲜棕色心土层，各发生层次色调均匀一致，以棕色或褐色为主，上下层过渡不明显。有机质含量大于20g/kg，土壤呈酸性至微酸性。

黄褐土是房县第三大土壤类型，占本县地域面积的4%。黄褐土盐基饱和度较高，是具有地理性残余碳酸钙（即碳酸钙结核）的土壤类型。其特点是土体中常有碳酸钙结核（料姜）和铁锰淀积物，土壤pH在7.5左右，由第四纪黏土沉积物、泥质岩、石灰岩等母质发育而成。

石灰（岩）土占本县地域面积的3%。成土母质为泥质灰岩、白云岩等风化、半风化残积物或坡积物。该土壤土层深厚，质地黏重，块状结构，土体内砾石较多，有不均质石灰反应，pH比地带性土壤高。

水稻土占本县地域面积的2%。水稻土是在人为长期水耕熟化，以栽培水稻为主的过程中形成的具有独特性状的土类。在长期耕作、施肥和灌溉条件下，由于还原淋溶、氧化淀积及间歇性干湿交替等作用，水稻土形成了特有的剖面结构和发生层次，如耕作层、犁底层、潴育层、潜育层等。水稻土在灌水期间处于还原状态，落干后耕作层全层氧化，最显著的是出现有机铁络合物，即鳝血斑纹。同时，由于长期水耕，土体承受压力，形成了紧实致密的犁底层，该层保水保肥性能好。潴育层是淋溶淀积交替作用的发生层次，最大特征是有新生体出现。潜育层的特征是土体由于还原作用出现灰蓝色层，有亚铁反应。

小于本县地域面积3%的土壤类型还有紫色土、潮土等。

本区域中心区气候特征

本区域中心区气候特征值
Regional climate characteristics in central area of the region

气候带：北亚热带湿润气候 Climate region: North subtropical humid climate	
年平均气温 /℃ Annual average temperature /℃	15.3
年平均最高气温 /℃ Annual average maximum temperature /℃	20.6
年平均最低气温 /℃ Annual average minimum temperature /℃	11.3
年降水量 /mm Annual precipitation /mm	968
≥10℃的积温 /℃ Daily temperature accumulated in a year (≥10℃) /℃	5913
年日照时数 /h Annual sunshine /h	1606
年平均相对湿度 /% Annual average relative humidity /%	75
干燥度 Dryness	1.03

本区域中心区月平均气温与月平均降水量
Monthly temperature and precipitation in central area of the region

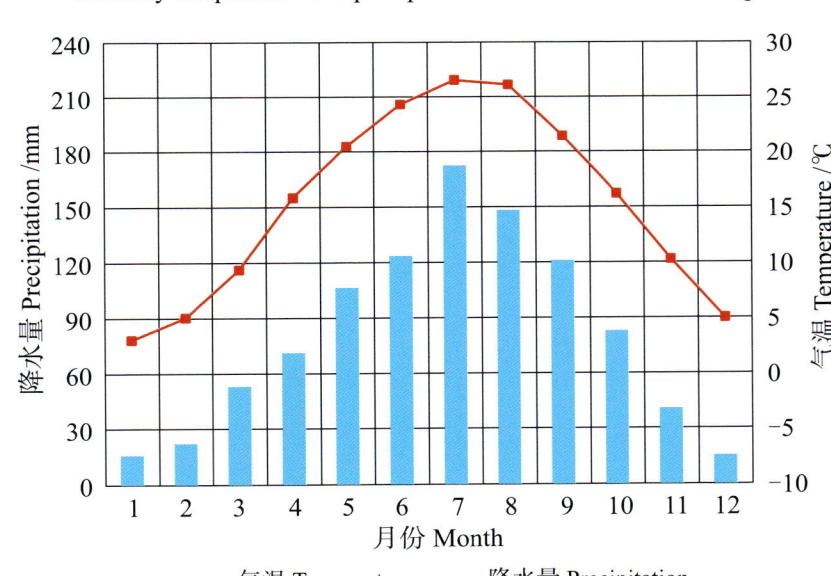

房县主要土壤类型与土壤剖面点分布图
1∶350 000

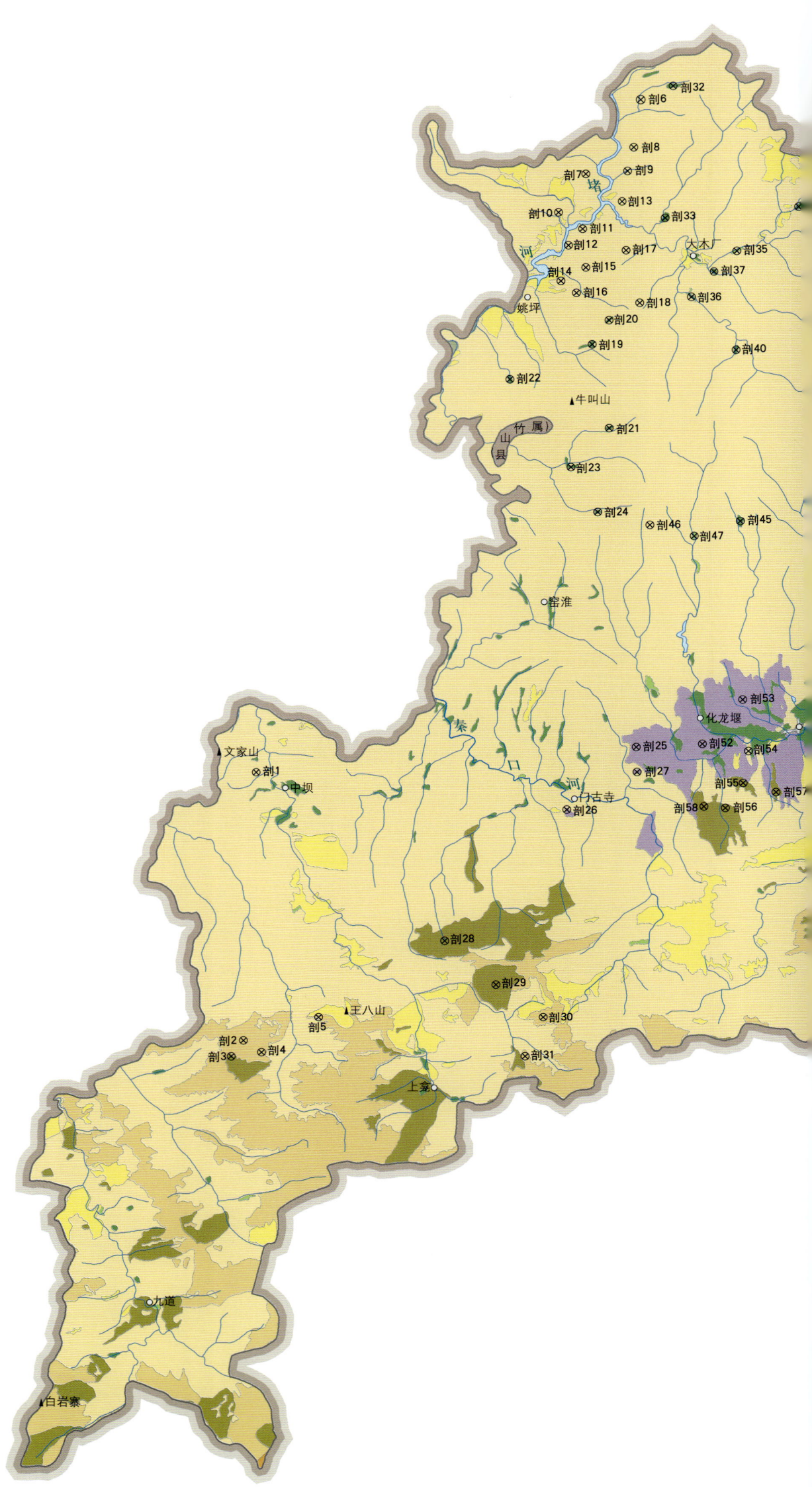

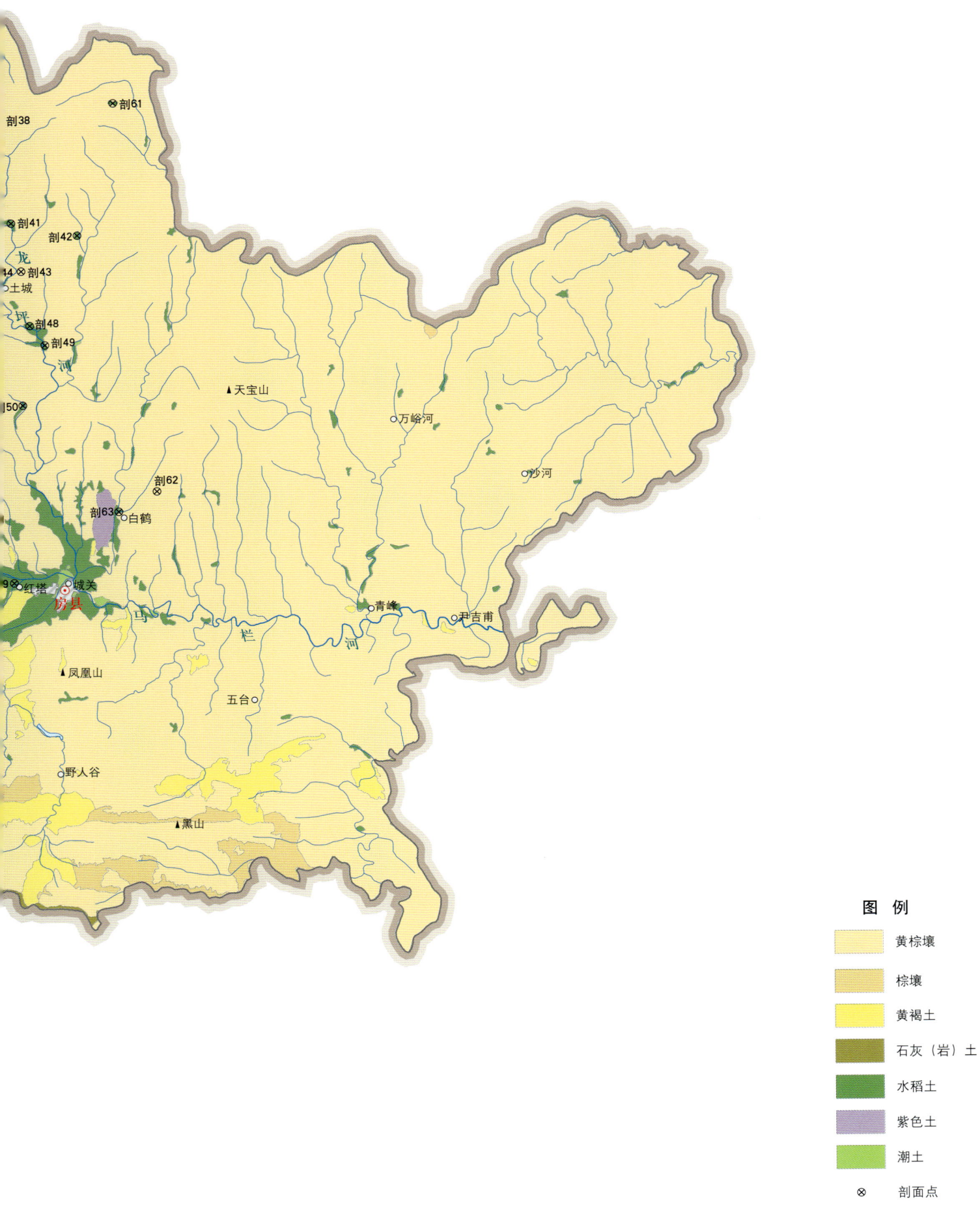

房县土壤剖面理化性状表

剖面号 Soil profile	土纲 Soil order	土类 Soil great group	亚类 Soil subgroup	土属 Soil genus	土种 Soil species	土层码 Layer code	土层厚度 Depth/cm	颜色 Soil color	质地 Soil texture	土壤结构 Soil structure	pH	有机质 OM/(g/kg)	全氮 TN/(g/kg)	全磷 TP/(g/kg)	全钾 TK/(g/kg)	碱解氮 AN/(mg/kg)	有效磷 AP/(mg/kg)	速效钾 AK/(mg/kg)	阳离子交换量CEC/(cmol/kg)	土壤母质 Parent material	剖面点坐标 Profile coordinate	匹配指数 Matching index/%
剖1	淋溶土	黄棕壤	黄棕壤性土	砾黄棕泥砂土	薄黄硅渣土	A₁₁	0—16	灰棕色	黏壤土	块状	6.6	10.7	0.60	0.40	12.0		3.5	41	10.3	石英砾岩风化残积物	E 110°12′37.6″ N 32°01′26.3″	95
						B	16—46	灰棕色	黏壤土	块状	7.0	4.4	0.50	0.30	13.2				13.4			
						C	46—90		壤质黏土	块状	7.0	5.0	0.40	0.30	15.1				14.3			
剖2	淋溶土	棕壤	山地棕壤	泥质岩山地棕壤	山地灰色土	A	0—25	油橙色	重壤土	粒状	6.4	28.2	1.54	0.40	21.8				15.5	泥质岩	E 110°12′10.3″ N 31°50′41.9″	74
						B	25—100		重壤土	粒状	6.4	7.2	0.52	0.25	23.3				11.7			
剖3	初育土	石灰(岩)土	棕色石灰土	棕色石灰土	轻壤石棕色土	A	0—26		重壤土	块状	8.0	22.0	1.14	0.89	3.9				11.8	石灰岩	E 110°11′37.7″ N 31°50′03.2″	75
						C₁	26—70		重壤土	块状	8.0	13.6	0.70	4.18	2.9				8.3			
						C₂	70—100		重壤土	粒状	7.2	24.4	1.38	1.05	7.0				17.1			
剖4	淋溶土	棕壤	山地棕壤	碳酸岩山地棕壤	森林灰色土	A	0—6		轻壤土	粒状	6.8	60.3	2.96	0.28	15.1				29.6	石灰岩	E 110°13′00.1″ N 31°50′13.8″	74
						B	6—34		重壤土	粒状	6.4	9.2	0.59	0.20	12.4				15.5			
						C	34—100		重壤土	块状	7.6	14.6	1.05	0.25	18.4				46.1			
剖5	淋溶土	棕壤	山地棕壤	碳酸岩山地棕壤	山地黄棕壤	A	0—15		重壤土	块状	6.4	17.0	0.97	0.46	25.8				19.2	石灰岩	E 110°14′59.8″ N 31°51′39.5″	74
						B	15—30		重壤土	块状	7.2	15.0	0.99	0.45	26.7				14.5			
						C	30—100		中壤土	块状	7.2	15.9	1.02	0.45	29.2				15.5			
剖6	淋溶土	黄棕壤	山地黄棕壤	石英质岩山地黄棕壤	灰色土	A	0—18		中壤土	粉状	6.4	21.5	1.25	0.44	19.7				13.8	石灰岩	E 110°27′22.0″ N 32°25′22.0″	75
						B	18—55		中壤土	粉状	7.2	13.2	0.98	0.39	23.1				11.6			
						C	55—100		重壤土	块状	7.2	6.0	0.51	0.19	20.2				9.1			
剖7	淋溶土	黄棕壤	山地黄棕壤	泥质岩山地黄棕壤	煤炭土	A	0—14		中壤土	块状	5.4	6.8	0.58	0.24	20.4				12.7	泥质岩	E 110°29′32.7″ N 32°28′19.0″	75
						B₁	14—30		重壤土	块状	5.6	2.2	0.39	0.25	24.1				16.5			
						B₂	30—100		重壤土	块状	6.0	2.4	0.40	0.26	24.2				18.1			
剖8	淋溶土	黄棕壤	山地黄棕壤	石英质岩山地黄棕壤	黄土	A	0—19		砂壤土	块状	6.8	24.6	2.80	1.16	15.6				11.0	泥质岩	E 110°29′32.7″ N 32°26′25.9″	75
						B	19—57		砂壤土	块状	6.4	50.9	1.56	3.58	16.7				17.0			
						C	57—100		砂壤土	块状	6.0	8.7	0.50	0.75	≤1.0				1.5			
剖9	淋溶土	黄棕壤	黄棕壤	泥质岩黄棕壤	扁砂泥土	A	0—17		重壤土	大块状	7.2	7.8	0.56	0.22	26.9				17.8	泥质岩	E 110°29′16.2″ N 32°25′29.7″	75
						B	17—43		重壤土	大块状	6.8	2.7	0.32	≤0.10	27.9				20.0			
						C	43—92		重壤土	块状	6.4	1.1	0.36	0.13	21.6				21.6			
剖10	淋溶土	黄棕壤	黄棕壤	石英质岩黄棕壤	寒砂土	A	0—15		砂壤土	块状	5.6	29.4	1.80	0.60	15.8				17.2	泥质岩	E 110°26′08.6″ N 32°23′50.1″	75
						B₁	15—33		中壤土	块状	5.6	32.3	1.87	0.93	18.3				12.8			
						B₂	33—100		中壤土	块状	5.6	73.4	0.92	0.49	20.2				12.8			
剖11	淋溶土	黄棕壤	黄棕壤	石英质岩黄棕壤	白砂土	A	0—13	棕色	中壤土	粒状	7.6	3.5	0.42	0.16	≥50.0				13.5	泥质岩	E 110°27′13.6″ N 32°23′10.4″	75
						B	13—60	红棕色	轻壤土	片状	7.2	3.1	0.41	0.18	21.4				18.8			
						C	60—100	红棕色	砂壤土	片状	6.8	2.6	0.38	0.20	16.1				18.1			
剖12	淋溶土	黄棕壤	黄棕壤	泥质岩暗黄棕壤	暗细砂泥土	A	0—7		中壤土	块状	5.8	32.6	1.68	0.30	20.5				27.2	石英质岩	E 110°26′35.8″ N 32°22′30.8″	75
						B	7—22		轻壤土	块状	6.0	5.7	0.37	0.27	21.6				24.5			
						C	22—83		砂壤土	块状	6.7	1.6	0.11	0.21	21.1				11.3			
剖13	淋溶土	黄棕壤	暗黄棕壤	泥质岩暗黄棕壤		A	0—10		中壤土	块状	6.4	37.9	1.84	0.64	12.7				16.5	石英质岩风化残积物或残积物	E 110°29′01.4″ N 32°24′16.8″	95
						B	10—65		重壤土	块状	6.7	8.8	0.75	0.22	16.4				16.0			
						C	65—100		重壤土	块状	6.6	8.5	0.47	0.25	18.9				21.0			
剖14	淋溶土	黄棕壤	黄棕壤	石英质岩黄棕壤	硅质黄土	B₁	15—34		重壤土	块状	6.4	6.3	0.47	0.32	12.5				16.1	石英质岩	E 110°26′15.6″ N 32°21′05.9″	75
						B₂	34—81		重壤土	块状	6.2	4.3	0.40	0.29	17.8				17.5			
						C	81—100		黏土	块状	6.2	4.8	0.30	0.38	19.2				21.5			

续表 Continued

剖面号 Soil profile	土纲 Soil order	土类 Soil great group	亚类 Soil subgroup	土属 Soil genus	土种 Soil species	土层码 Layer code	土层厚度 Depth/cm	颜色 Soil color	质地 Soil texture	土壤结构 Soil structure	pH	有机质 OM/(g/kg)	全氮 TN/(g/kg)	全磷 TP/(g/kg)	全钾 TK/(g/kg)	碱解氮 AN/(mg/kg)	有效磷 AP/(mg/kg)	速效钾 AK/(mg/kg)	阳离子交换量 CEC/(cmol/kg)	土壤母质 Parent material	剖面点坐标 Profile coordinate	匹配指数 Matching index/%
剖15	淋溶土	黄棕壤	山地黄棕壤	碳酸盐山地黄棕壤	黄筋土	A	0—15		中壤土	小块状	7.2	27.9	1.35	0.37	18.6				14.0	石灰岩	E 110° 27′ 22.9″ N 32° 21′ 38.1″	75
						C₁	15—39		重壤土	块状	7.2	19.9	1.10	0.32	17.3				12.0			
						C₂	39—100		重壤土	块状	7.2	14.1	0.98	0.41	25.4				16.9			
剖16	淋溶土	黄棕壤	黄棕壤	泥质岩黄棕壤	黄砂泥土	A	0—20		中壤土	块状	5.8	9.5	0.65	0.34	19.6				16.0	泥质岩	E 110° 26′ 58.0″ N 32° 20′ 37.3″	75
						B	20—45		中壤土	块状	6.5	≤1.0	0.54	0.37	13.4				15.0			
						C	45—75		中壤土	块状	5.8	3.0	0.33	0.37	23.4				16.5			
剖17	淋溶土	黄棕壤	黄棕壤	红砂岩黄棕壤	红泥土	A			黏土			8.6	0.60	0.51	18.4				20.8	红砂岩	E 110° 29′ 12.7″ N 32° 22′ 19.7″	75
						B			黏土			1.7	0.34	0.37	16.5				14.3			
						C			重壤土			1.7	0.27	0.26	17.4				16.3			
剖18	淋溶土	黄棕壤	黄棕壤	红砂岩黄棕壤	轻砾石红卵石土	A	0—10		中壤土	块状	6.4	8.2	0.42	0.11	9.6				13.4	红砂岩	E 110° 29′ 50.2″ N 32° 20′ 14.1″	75
						C₁	10—46		重壤土	块状	6.4	10.9	0.63	0.17	12.5				28.0			
						C₂	46—60		中壤土	块状	6.4	3.9	0.25	≤0.10	8.7				14.6			
剖19	人为土	水稻土	潴育水稻土	潮土田	中砾石潮泥田	A	0—20		中壤土	块状	7.2	7.2	0.35	0.12	6.0				6.5	河流冲积物	E 110° 27′ 41.0″ N 32° 18′ 34.5″	75
						P	20—27		黏壤土	块状	7.2	17.7	0.89	0.35	18.6				16.9			
						W	27—90		中壤土	块状	6.0	14.5	0.78	0.33	18.9				14.7			
						C	90—100		中壤土	块状	7.2	5.1	0.31	0.58	20.3				16.1			
剖20	人为土	水稻土	潴育水稻土	潮土田	潮泥夹砂田	P						14.6	0.87	0.42	10.7				8.3	河流冲积物	E 110° 28′ 26.8″ N 32° 19′ 32.4″	75
						W₁						18.5	1.03	0.45	12.5				7.7			
						W₂						2.8	0.24	0.36	6.7							
						C						5.2	0.35	0.35	6.7				7.7			
												3.4	0.24	0.37	9.0							
剖21	人为土	水稻土	潴育水稻土	灰潮土田	灰潮砂田	A	0—13		砂壤土	粒状	7.6	8.9	0.77	0.43	11.3				8.0	河流冲积物	E 110° 28′ 28.3″ N 32° 15′ 15.6″	75
						P	13—25		轻壤土	粒状	7.8	13.2	0.70	0.46	12.5				8.6			
						W₁	25—41		轻壤土	粒状	7.6	5.7	0.44	0.44	13.4				6.3			
						W₂	41—64		砂壤土	粒状	7.6	3.2	0.41	0.50	12.6							
						C	64—100		黏土	粒状	8.0	≤1.0	0.16	0.20	4.5							
剖22	人为土	水稻土	潴育水稻土	灰潮土田	卵石底砂泥田	A	0—18		黏土		7.6	31.5	2.08	0.50	20.0				25.8	河流冲积物	E 110° 23′ 57.8″ N 32° 17′ 10.2″	75
						P	18—27		黏土		7.6	31.5	1.84	0.50	23.5				26.3			
						W₁	27—44		黏土	块状	7.6	22.5	1.33	0.43	19.2				22.0			
						W₂	44—63		黏土	块状	8.0	18.5	1.13	0.39	18.0				20.2			
						C₁	63—73					33.5	1.59	0.33	13.3				15.3			
						C₂	73—100			粒状		2.0	0.19	0.20	5.2				3.0			
剖23	人为土	水稻土	淹育水稻土	浅灰潮土田	中砾石浅灰潮土田	A	0—17		轻壤土	粒状	7.6	6.8	0.35	0.25	5.9				14.7	河流冲积物	E 110° 26′ 45.3″ N 32° 13′ 41.2″	75
						P	17—27		重壤土	粒状	7.6	6.9	0.54	0.27	14.0				2.8			
						B	27—58		轻壤土	块状	7.6	9.3	0.80	0.50	17.3							
						C	58—80		轻壤土	粒状	8.0	2.1	0.17	0.26	6.0							
剖24	人为土	水稻土	潴育水稻土	潮土田	潮砂泥田	A	0—15		中壤土	粒状	6.2	20.8	1.13	0.37	20.4				10.3	河流冲积物	E 110° 27′ 57.9″ N 32° 11′ 53.7″	75
						P	15—26		中壤土	粒状	6.4	18.2	1.03	0.29	20.7				11.7			
						W	26—100		轻壤土	粒状	6.4	8.9	0.57	0.30	19.8				14.5			
剖25	紫色土	紫色土	石灰性紫色土	石灰性紫砂土	灰红砂土	A	0—15		重壤土	粒状	7.5	6.6	0.54	0.60	24.7				13.5		E 110° 29′ 47.0″ N 32° 02′ 33.9″	75
						C	15—115		重壤土	块状	7.2	2.6	0.48	0.80	34.6				24.9			
剖26	初育土	紫色土	石灰性紫色土	石灰性紫泥土	灰紫泥土	A	0—16		重壤土	粒状	8.0	6.8	0.59	0.59	25.6				19.6		E 110° 26′ 39.8″ N 32° 00′ 02.5″	75
						B	16—58		重壤土	块状	8.0	2.6	0.39	0.62	26.0				18.0			
						C	58—110		轻壤土	块状	8.0	2.2	0.37	0.60	27.7				16.8			

续表 Continued

剖面号 Soil profile	土纲 Soil order	土类 Soil great group	亚类 Soil subgroup	土属 Soil genus	土种 Soil species	土层码 Layer code	土层厚度 Depth/cm	颜色 Soil color	质地 Soil texture	土壤结构 Soil structure	pH	有机质 OM/(g/kg)	全氮 TN/(g/kg)	全磷 TP/(g/kg)	全钾 TK/(g/kg)	碱解氮 AN/(mg/kg)	有效磷 AP/(mg/kg)	速效钾 AK/(mg/kg)	阳离子交换量CEC/(cmol/kg)	土壤母质 Parent material	剖面点坐标 Profile coordinate	匹配指数 Matching index/%
剖27	初育土	紫色土	石灰性紫色土	石灰性紫泥土	灰红砂泥土	A	0—16		重壤土	块状	8.0	5.4	0.53	0.74	28.0				19.0		E 110° 29′ 49.9″ N 32° 01′ 33.7″	75
						B	16—28		重壤土	块状	8.0	4.6	0.52	0.84	27.8				18.9			
						C	28—85		重壤土	块状	8.0	3.1	0.46	1.01	28.8				20.3			
剖28	初育土	石灰(岩)土	棕色石灰土	棕色石灰土	中砾石棕色土	A	0—20		重壤土	团块状	7.6	44.5	2.59	0.31	8.5				9.1	石灰岩	E 110° 21′ 12.7″ N 31° 54′ 46.7″	75
						C_1	20—35		重壤土	团块状	7.6	42.9	2.15	0.31	9.4				10.8			
						C_2	35—76		重壤土	团块状	7.6	26.8	1.85	0.26	10.8				10.8			
						C_3	76—100		中壤土	块状	7.6	12.3	1.07	0.19	15.5							
剖29	初育土	石灰(岩)土	棕色石灰土	棕色石灰土	重砾石棕色土	A	0—10		重壤土	粒状	7.6	2.5	0.20	≤0.10	1.8				3.2	石灰岩	E 110° 23′ 31.7″ N 31° 53′ 03.3″	75
						C_1	10—79		重壤土	块状	7.6	8.5	0.96	0.26	12.8				23.2			
						C_2	79—100		重壤土	粒状	8.0	8.5	0.98	0.27	14.4				22.9			
剖30	淋溶土	棕壤	山地棕壤	泥质岩山地棕壤	轻砾石山地灰色土	A	0—16		砂壤土	粒状	6.4	25.7	1.13	0.37	9.2				10.8	泥质岩	E 110° 25′ 40.7″ N 31° 51′ 45.2″	74
						C_1	16—40		砂壤土	粒状	6.4	17.4	0.88	0.38	11.8				9.3			
						C_2	40—100		轻壤土	粒状	6.4	7.6	0.47	0.23	11.0				4.8			
剖31	淋溶土	棕壤	山地棕壤	泥质岩山地棕壤	中砾石山地灰色土	A	0—20		中壤土	块状	6.0	16.6	0.93	0.31	8.3				7.5	泥质岩	E 110° 24′ 52.7″ N 31° 50′ 09.8″	74
						C	20—63		中壤土	块状	6.0	15.4	1.16	0.50	18.3				11.9			
						D	63—			无结构												
剖32	人为土	水稻土	淹育水稻土	浅潮土田	浅潮砂土田	A	0—15		砂壤土	粒状	6.8	9.9	6.20	0.47	6.8				5.7	河流冲积物	E 110° 31′ 19.6″ N 32° 28′ 51.9″	75
						P	15—20		砂土	粒状	6.8	6.5	0.19	0.50	8.2				2.9			
						B_1	20—32		砂土	粒状	6.8	3.7	0.26	0.44	8.0				3.0			
						B_2	32—48		砂土	块状	7.5	17.0	1.08	0.40	16.5				10.0			
						C	48—56		中壤土	块状	7.2	2.6	0.23	0.64	8.2							
剖33	人为土	水稻土	淹育水稻土	浅潮土田	浅潮泥砂土田	A	0—20		重壤土	块状	6.0	32.2	2.07	0.72	20.8				16.0	河流冲积物	E 110° 30′ 58.4″ N 32° 23′ 37.2″	75
						P	20—55		重壤土	块状	6.4	21.3	1.31	0.60	19.5				13.0			
						C	55—85		中壤土	块状	6.4	≤1.0	≤0.10	≤0.10	1.7				≤1.0			
						G	85—110		重壤土	块状	5.8	20.4	1.22	≤0.10	≤1.0				8.9			
剖34	人为土	水稻土	淹育水稻土	浅潮土田	浅潮泥土田	A	0—16		中壤土	块状	7.2	35.0	1.85	0.53	13.5				11.9	有石灰反应的河流冲积物	E 110° 37′ 00.5″ N 32° 24′ 05.1″	75
						P	16—56		轻壤土	块状	6.0	32.0	1.49	0.36	10.2				10.8			
						B_1	56—86		轻壤土	块状	5.6	17.4	0.95	0.24	15.5				5.3			
						B_2	86—100		中壤土	块状	6.0	2.7	≤0.10	0.81	23.4							
剖35	半水成土	潮土	灰潮土	砂土型灰潮土	灰砂土	A	0—7		砂土	粉状	8.0	23.6	1.27	0.66	18.7				10.6	河流冲积物	E 110° 34′ 13.8″ N 32° 22′ 19.0″	75
						C_1	7—22		砂土	粒状	8.0	4.4	0.36	0.70	20.1				2.0			
						C_2	22—50		砂土	粒状	7.2	9.7	0.63	0.59	13.4				4.5			
剖36	半水成土	潮土	潮土	砂土型潮土	砂土	A	0—14		轻壤土	块状	7.2	14.3	0.76	0.84	14.5				8.5	河流冲积物	E 110° 32′ 10.4″ N 32° 20′ 28.4″	75
						B_1	14—36		轻壤土	块状	7.2	8.6	0.47	0.81	14.3				3.6			
						B_2	36—72		轻壤土	块状	5.6	3.0	0.23	0.79	13.4				4.8			
						C	72—100		中壤土	块状	7.2	2.7	≤0.10	0.81	15.4							
剖37	人为土	水稻土	淹育水稻土	浅灰潮泥土田	浅灰潮砂泥土田	A	0—17		中壤土	小块状	7.6	15.1	1.52	0.65	17.9				12.6	河流冲积物	E 110° 33′ 11.9″ N 32° 21′ 29.0″	75
						P	17—33		重壤土	块状	7.4	14.1	1.02	0.69	1.5				14.7			
						C	33—100		砂壤土	块状	8.0	≤1.0	≤0.10	≤0.10	20.0							
剖38	淋溶土	黄棕壤	黄棕壤	第四纪黏土黄棕壤	黄泥巴土	A	0—15		重壤土	块状	7.2	8.3	0.65	0.37	19.3				24.4	第四纪黏土	E 110° 41′ 03.7″ N 32° 22′ 31.8″	95
						B_1	15—50		黏土	块状	7.0	3.0	0.35	0.16	18.7				25.4			
						B_2	50—100		黏土	块状	7.0	8.4	0.39	0.16	18.4				26.7			
剖39	人为土	水稻土	淹育水稻土	浅灰潮土田	浅灰潮泥土田	A	0—10		重壤土	块状	8.3	19.0	1.50	0.98	14.8				15.6	河流冲积物	E 110° 39′ 37.0″ N 32° 20′ 56.7″	75
						P	10—16		重壤土	块状	8.3	13.7	1.99	0.82	18.6				14.2			
						B	16—38			块状	8.3	7.8	1.40	0.82					16.6			
						C	38—80		轻壤土	粒状	8.3	3.3	0.29	0.24	6.4							

续表 Continued

剖面号 Soil profile	土纲 Soil order	土类 Soil great group	亚类 Soil subgroup	土属 Soil genus	土种 Soil species	土层码 Layer code	土层厚度 Depth/cm	颜色 Soil color	质地 Soil texture	土壤结构 Soil structure	pH	有机质 OM/(g/kg)	全氮 TN/(g/kg)	全磷 TP/(g/kg)	全钾 TK/(g/kg)	碱解氮 AN/(mg/kg)	有效磷 AP/(mg/kg)	速效钾 AK/(mg/kg)	阳离子交换量CEC/(cmol/kg)	土壤母质 Parent material	剖面点坐标 Profile coordinate	匹配指数 Matching index/%
剖40	人为土	水稻土	潜育水稻土	青泥田	中位青砂泥田	A	0~15		砂壤土	粉状	7.4	12.9	0.81	0.46	12.6						E 110°34′12.2″ N 32°18′22.3″	75
						P	15~24		砂壤土	粉状	7.2	13.8	0.73	0.48	11.0				7.3			
						G	24~39		砂壤土	粉状	7.4	7.5	0.44	0.46	11.1				8.6			
						C	39~100		砂壤土	粉状	7.4	7.2	0.47	0.34	16.8				11.4			
剖41	人为土	水稻土	沼泽型水稻土	烂泥田	深脚泥田	A	0~15		中壤土	糊状	6.0	54.4	2.19	0.29	17.0				15.5		E 110°41′37.5″ N 32°18′23.9″	75
						G	15~45		中壤土	无结构	6.0	37.4	1.77	0.22	16.9				16.2			
剖42	人为土	水稻土	潜育水稻土	灰潮泥田	灰潮泥田	A	0~18		黏土		7.4	20.9	1.39	0.52	27.0				21.3	河流冲积物	E 110°44′39.2″ N 32°17′54.1″	75
						P	18~32		重壤土	块状	6.8	16.8	1.15	0.42	21.8				17.5			
						W₁	32~56		重壤土	块状	6.8	11.8	0.84	0.39	25.8				20.2			
						W₂	56~86		重壤土	块状	7.6	8.2	0.50	0.29	18.7				19.3			
						C	86~100		砂壤土	棱块状	7.6	2.4	0.16	0.31	9.3				6.6			
剖43	淋溶土	黄棕壤	黄棕壤	石英质岩黄棕壤	黄硅质泥土	A	0~10	棕色	轻壤土	粒状	7.1	82.7	3.42	0.32	14.7				25.8		E 110°42′04.8″ N 32°16′27.5″	95
						C	10~100	黄棕色	中壤土	块状	6.3	5.6	0.68	0.21	16.9				18.9			
剖44	人为土	水稻土	潜育水稻土	青泥田	中位青泥田	A	0~18		重壤土	块状	7.2	33.8	1.96	0.35	17.4				26.7		E 110°40′21.3″ N 32°16′24.9″	75
						P	18~28		重壤土	块状	6.8	10.2	0.74	0.26	18.7				20.4			
						G	28~48		重壤土	块状	6.8	29.6	1.63	0.29	20.3				26.9			
						C	48~100		重壤土	块状	6.8	26.2	1.53	0.33	20.3				26.5			
剖45	人为土	水稻土	沼泽型水稻土	冷泉田	泉眼田	A	0~20		中壤土	无结构	6.0	26.9	1.33	0.22	18.7				5.3		E 110°34′25.7″ N 32°11′33.7″	75
						G	20~50		轻壤土	无结构	6.0	13.4	6.40	0.17	15.4				4.9			
剖46	淋溶土	黄棕壤			薄黄硅性土	A	0~15	灰黄色	轻砾质石灰	粒状	6.5	5.3	0.37	0.24	8.8				2.3		E 110°30′20.2″ N 32°11′23.6″	95
						C	15~28	灰黄色	砂砾壤土	粒状	7.3	6.9	0.20	0.31	14.1				3.2			
剖47	半成土	潮土	灰潮土	砂土型灰潮土	灰夹泥砂土	A			砂壤土			7.3	0.35	0.36	12.1				8.8	有石灰反应的河流冲积物	E 110°32′20.5″ N 32°10′57.3″	75
						B₁			砂土			14.2	0.68	0.42	15.0				6.9			
						B₂			黏土			7.6	0.42	0.41	19.6				19.5			
						C			黏土			3.0	0.17	0.35	≤1.0							
剖48	人为土	水稻土	潜育水稻土	灰青泥田	灰深位泥田	A	0~20		重壤土	粒状	7.4	38.2	2.53	0.48	18.9				21.0		E 110°42′28.4″ N 32°14′15.3″	75
						P	20~30		重壤土	块状	7.2	31.3	1.77	0.38	21.0				21.0			
						G₁	30~60		重壤土	块状	7.4	30.8	1.92	0.45	20.6				18.1			
						G₂	60~70		黏壤土	块状	7.2	51.7	2.58	0.40	24.0				15.6			
						G₃	70~100		重壤土	块状	7.2	58.4	2.93	0.45	21.7				15.6			
剖49	人为土	水稻土	潜育水稻土	灰青泥田	灰中位青泥田	A	0~14		重壤土	块状	7.8	39.3	2.15	0.58	17.8				26.5		E 110°43′10.2″ N 32°13′28.1″	75
						P	14~20		重壤土	块状	7.5	35.8	1.99	0.42	17.4				26.6			
						G₁	20~55		重壤土	块状	7.5	33.9	1.94	0.43	17.4				18.0			
						G₂	55~100		轻壤土	块状	6.8	14.6	0.78	0.26	18.5				18.0			
剖50	人为土	水稻土	潜育水稻土	青泥田	深青砂泥田	A	0~10		重壤土	块状	7.0	38.0	1.68	0.29	15.3				25.7		E 110°42′09.3″ N 32°11′01.5″	75
						P	10~30		重壤土	块状	7.3	37.2	1.92	0.26	15.7				25.9			
						3	30~60		重壤土	块状	7.3	40.2	1.97	0.24	14.6				26.4			
						C	60~100		重壤土	块状	7.2	5.6	0.49	0.12	9.4				3.9			
剖51	初育土	紫色土	石灰性紫色土	石灰砂岩	灰红石渣子	A	0~16		重壤土	块状	7.6	13.2	0.80	0.39	16.0	74	4.1	145	15.3		E 110°39′52.8″ N 32°06′25.4″	75
						B	16~52		重壤土	块状	7.6	2.8	0.40	0.19	22.2	20	1.5	70	27.1			
						C	52~100	暗红色	重壤土	粒状	7.5	3.1	0.37	0.41	22.9	12	2.4	67	27.1			
剖52	初育土	紫色土	石灰性紫色土	灰红砂渣紫泥土	灰赤紫砂泥土	A	0~14		壤质黏土		7.9	21.0	0.97	0.26	15.0				20.7		E 110°32′45.3″ N 32°02′42.1″	81
						B	14~53	暗红棕色	砾质黏土		8.1	5.7	0.40	0.20	14.4				20.8			
						C₁	53~63				8.2	2.7	0.31	0.30	15.9				17.8			
						C₂	63~100															

续表 Continued

剖面号 Soil profile	土纲 Soil order	土类 Soil great group	亚类 Soil subgroup	土属 Soil genus	土种 Soil species	土层码 Layer code	土层厚度 Depth/cm	颜色 Soil color	质地 Soil texture	土壤结构 Soil structure	pH	有机质 OM/(g/kg)	全氮 TN/(g/kg)	全磷 TP/(g/kg)	全钾 TK/(g/kg)	碱解氮 AN/(mg/kg)	有效磷 AP/(mg/kg)	速效钾 AK/(mg/kg)	阳离子交换量 CEC/(cmol/kg)	土壤母质 Parent material	剖面点坐标 Profile coordinate	匹配指数 Matching index/%
剖53	初育土	紫色土	石灰性紫色土	灰紫泥土	灰赤紫泥土	A	0—14	暗红色	砂质黏壤土	粒状	7.9	21.0	1.00	0.30	15.0	74	4.1	146	20.7	红色砂岩风化物	E 110°34′34.4″ N 32°04′28.4″	95
						C₁	14—53	暗红色	砂质黏土	块状	8.1	5.7	0.40	0.20	14.4	21	1.5	71	20.8			
						C₂	53—63	红棕色	壤质黏土	块状	8.2	2.7	0.30	0.30	15.9	12	2.4	67	17.8			
剖54	淋溶土	黄棕壤	黄棕壤	第四纪黏土黄棕壤	马肝土	A	0—15		重壤土	棱块状	6.8	8.4	0.73	0.29	20.4				25.5	第四纪黏土	E 110°34′50.7″ N 32°02′26.0″	95
						B₁	15—30		重壤土	块状	6.4	5.1	0.50	0.22	20.3				27.3			
						B₂	30—100		重壤土	块状	6.4	2.3	0.40	0.19	19.0				25.1			
剖55	初育土	石灰（岩）土	黑色石灰土	黑色石灰土	轻砾石灰色土	A	0—10		重壤土	块状	6.0	24.2	1.59	0.27	17.0				17.6	石灰岩	E 110°34′37.3″ N 32°01′08.7″	75
						B	10—70		重壤土	块状	6.0	19.4	1.49	0.49	20.8				20.0			
剖56	初育土	石灰（岩）土	棕色石灰土	棕色石灰土	棕石灰土	A	0—13		重壤土	小块状	7.6	22.9	1.30	0.41	15.3				16.6	石灰岩	E 110°33′49.7″ N 32°00′08.6″	75
						C₁	13—60		重壤土	块状	7.6	23.7	1.45	0.51	18.4				19.4			
						C₂	60—100		重壤土	块状	7.2	32.9	1.69	0.58	22.4				14.7			
剖57	初育土	石灰（岩）土	黑色石灰土	黑色石灰土	黄灰土	A	0—12		中壤土	块状	7.6	20.2	1.34	0.71	19.5				21.8	石灰岩	E 110°36′06.1″ N 32°00′47.3″	75
						B₁	12—31		重壤土	块状	7.6	33.3	1.72	0.97	26.9				29.5			
						B₂	31—70		重壤土	块状	7.5	22.0	1.36	0.78	19.3				19.9			
						C	70—100		重壤土	块状	7.5	34.1	2.18	1.17	25.6				32.9			
剖58	初育土	石灰（岩）土	黑色石灰土	黑色石灰土	中砾石灰色土	A	0—16		砂壤土	粒状	8.0	16.0	0.79	1.39	4.3				9.5	石灰岩	E 110°32′51.0″ N 32°00′12.3″	75
						B₁	16—34		砂壤土	粒状	7.8	20.2	1.07	2.56	≤1.0				13.8			
						B₂	34—56		砂壤土	粒状	7.6	14.0	0.80	0.25	3.0				10.2			
						B₃	56—100		砂壤土	块状	7.6	15.8	0.86	1.59	2.1				9.8			
剖59	人为土	水稻土	淹育水稻土	浅第四纪黏土泥田	浅次潮泥夹砂田	A	0—13	淡棕黄色	壤质黏壤土	块状	8.3	20.4	1.48	0.54	22.8				24.4	第四纪黏土	E 110°41′44.6″ N 32°03′51.1″	95
						P	13—30	淡棕色	壤质黏壤土	块状	7.4	10.1	0.88	0.54	20.1				19.6			
						B	30—44	棕色	壤质黏壤土	棱块状	7.4	12.8	0.92	0.47	10.3				22.5			
						C	44—100	淡棕色	壤质黏壤土	棱块状	7.4	9.7	0.87	0.43	17.8				19.8			
剖60	初育土	石灰（岩）土	棕色石灰土	棕色石灰土	漏风土	A	0—10		重壤土	棱块状	6.8	3.7	1.31	0.35	23.6				24.4	石灰岩	E 110°38′52.2″ N 32°00′14.6″	75
						B₁	10—99		重壤土	棱块状	6.8	4.2	0.41	0.44	27.2				22.3			
						B₂	99—114		重壤土	棱块状	6.8	3.7	0.45	0.63	31.9				21.5			
剖61	人为土	水稻土	淹育水稻土	浅灰潮土夹砂田	浅灰潮泥夹砂土田	A	0—13		中壤土	粒状	7.4	19.2	1.10	0.82	15.4				9.9	河流冲积物	E 110°46′18.6″ N 32°23′16.2″	75
						C₁	13—40		轻壤土	粒状	7.0	2.8	0.17	0.23	4.0							
						C₂	40—49		壤质黏壤土	粒状	7.4	1.6	0.27	0.36	9.3							
						C₃	49—62		壤质黏壤土	粒状	7.0	1.5	0.11	0.36	9.3							
						C₄	62—80		砂土	粒状	7.0	1.2	≤0.10	0.31	6.1							
						C₅	80—102		砂土	粒状	7.0	1.1	≤0.10	0.21	3.9				3.0			
剖62	淋溶土	黄棕壤	黄棕壤	第四纪黏土黄棕壤	黄泥巴土	Ao	0—6	黄棕色	中壤土		5.4	2.0	0.22	0.29	9.6				16.9	第四纪黏土	E 110°48′18.0″ N 32°07′32.9″	81
						A	6—22		黏土	棱块状	5.2	6.5	0.34	0.12	13.5				23.5			
						B	22—42		黏土	棱块状	4.0	18.4	0.98	0.16	11.7				26.0			
						C	42—100		黏土	块状	4.0	2.1	0.27	0.32	16.0				17.5			
剖63	人为土	水稻土	淹育水稻土	浅泥质岩泥田	浅泥细泥田	A	0—14	黄棕色	壤质黏土	块状	5.0	14.5	1.12	0.28	16.7				14.7	泥质岩风化物	E 110°46′33.0″ N 32°06′43.4″	95
						P	14—24	淡黄棕色	黏土	块状	4.8	12.5	0.91	0.27	16.6				16.3			
							24—100	红棕色	粉质黏壤土	块状	4.8	7.1	0.52	0.21	15.7				21.8			

丹江口市

主要土类说明

黄棕壤是丹江口市主要土壤类型，占本市地域面积的 64%。黄棕壤是本市丘陵山区的主要地带性土壤，弱度富铝化，黏聚现象明显，呈黄棕色，具 A–B–C 或 A–（B）–C 剖面构型。本市黄棕壤分为黄棕壤、山地黄棕壤、黄棕壤性土等亚类。

石灰（岩）土是丹江口市第二大土壤类型，占本市地域面积的 11%。石灰（岩）土分布在凉水河、石鼓、蒿坪、习家店、均县等地的低山丘陵区，发育于石灰岩、白云岩、泥质白云岩、泥质灰岩等。该土壤质地黏重，呈块状结构，结构体表面多有胶膜，一般土层较浅薄，土体内砾石较多，有不均质石灰反应，pH 比地带性土壤高，明显不适宜油茶、茶、杉等植物生长。本市石灰（岩）土仅有棕色石灰土一个亚类。

紫色土是丹江口市第三大土壤类型，占本市地域面积的 10%。紫色土分布在均县、石鼓、习家店等地的低山丘陵区，发育于红砂岩、红砂砾岩、粉砂岩等，pH 比地带性土壤高。本市紫色土仅有石灰性紫色土一个亚类。该亚类土壤淋溶作用较弱，呈微碱性，全剖面均有石灰反应。

水稻土占本市地域面积的 3%。水稻土是在人为长期水耕熟化，以栽培水稻为主的过程中形成的具有独特性状的土类，本市河谷丘陵、低山、二高山和高山区均有分布。在长期耕作、施肥和灌溉条件下，由于还原淋溶和氧化淀积等作用，水稻土形成了特有的剖面结构和发生层次。根据水文地质条件和水耕熟化程度的差异，本市水稻土按水型分为淹育型、潴育型和潜育型三个亚类。

小于本市地域面积 3% 的土壤类型有黄褐土、潮土等。

本区域中心区气候特征

本区域中心区气候特征值
Regional climate characteristics in central area of the region

气候带：北亚热带湿润气候 Climate region: North subtropical humid climate	
年平均气温 /℃ Annual average temperature /℃	14.9
年平均最高气温 /℃ Annual average maximum temperature /℃	20.5
年平均最低气温 /℃ Annual average minimum temperature /℃	10.6
年降水量 /mm Annual precipitation /mm	827
≥10℃的积温 /℃ Daily temperature accumulated in a year (≥10℃) /℃	5690
年日照时数 /h Annual sunshine /h	1751
年平均相对湿度 /% Annual average relative humidity /%	75
干燥度 Dryness	1.11

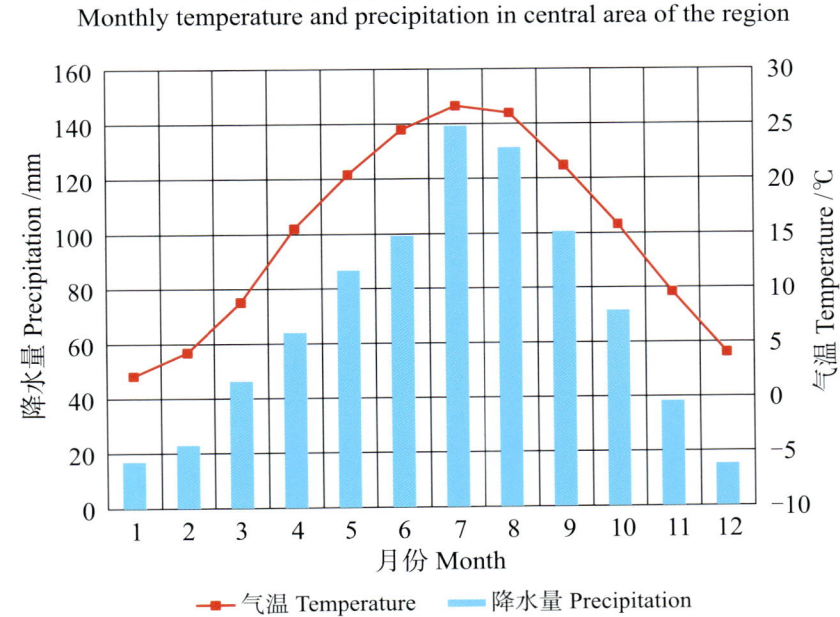

本区域中心区月平均气温与月平均降水量
Monthly temperature and precipitation in central area of the region

丹江口市主要土壤类型与土壤剖面点分布图
1∶320 000

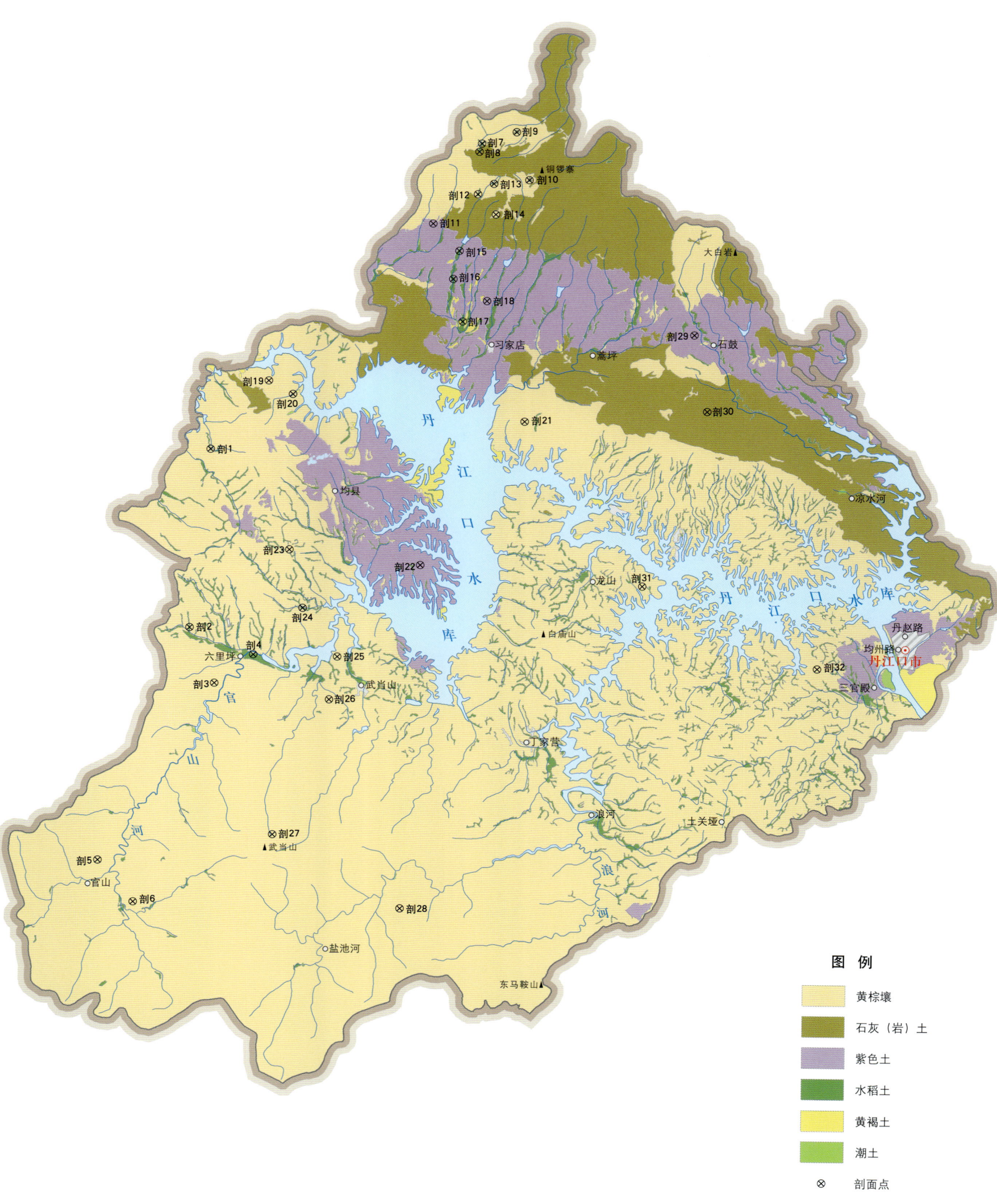

丹江口市土壤剖面理化性状表

剖面号 Soil profile	土纲 Soil order	土类 Soil great group	亚类 Soil subgroup	土属 Soil genus	土种 Soil species	土层码 Layer code	土层厚度 Depth/cm	颜色 Soil color	质地 Soil texture	土壤结构 Soil structure	pH	有机质 OM/(g/kg)	全氮 TN/(g/kg)	全磷 TP/(g/kg)	全钾 TK/(g/kg)	有效磷 AP/(mg/kg)	速效钾 AK/(mg/kg)	阳离子交换量CEC/(cmol/kg)	土壤母质 Parent material	剖面点坐标 Profile coordinate	匹配指数 Matching index/%
剖1	人为土	水稻土	淹育水稻土	浅黄棕壤性第四纪黏土泥田	浅黄泥巴田	A	0—17	棕色	重壤土	块状	5.6	27.5	1.51	0.47	19.0	8.9	220	20.4	第四纪黏土沉积物	E 110°57′27.0″ N 32°40′41.5″	95
						B	17—28	淡棕色	重壤土	块状	7.0	11.2	0.80	0.37	21.2			19.3			
						C	28—100	淡棕色	重壤土	块状	7.2	6.8	0.59	0.33	20.2			18.6			
剖2	人为土	水稻土	淹育水稻土	浅黄棕壤性泥质岩泥田	浅黄泥田	A	0—15	褐色	重壤土	块状	7.1	18.1	1.12	0.42	23.1	3.9	156	19.1	泥质岩类坡积物	E 110°56′30.5″ N 32°33′13.1″	95
						P	15—24	褐色	重壤土	梭块状	7.3	10.1	0.77	0.34	22.7			18.2			
						C_1	24—50	棕黄色	重壤土		7.5	5.6	0.58	0.26	24.6			17.6			
						C_2	50—100	淡棕色	重壤土		7.2	8.2	0.66	0.30	24.2			21.0			
剖3	淋溶土	黄棕壤	黄棕壤	基性结晶岩黄棕壤	黄乌泥巴	A	0—10	淡黄棕色	轻黏土	块状	6.7	6.4	0.67	0.28	20.8	2.8	128	20.1		E 110°57′42.6″ N 32°30′52.8″	82
						B	10—34	棕色	轻黏土		6.5	5.6	0.54	0.31	20.5			18.6			
剖4	人为土	水稻土	淹育水稻土	浅黄棕壤性第四纪黏土泥田	浅黄砂泥田	A	0—15	灰黄色	中壤土	小块状	6.1	28.1	1.56	0.57	19.1	5.2	98	15.9	第四纪黏土沉积物	E 110°59′33.5″ N 32°32′05.8″	95
						P	15—22	灰棕色	中壤土	块状	6.6	18.1	1.11	0.46	18.0			15.5			
						C	22—100	灰黄色	中壤土	块状	7.3	6.6	0.45	0.34	19.7			13.6			
剖5	淋溶土	黄棕壤	山地黄棕壤	泥质岩山地黄棕壤	扁泥砂土	A	0—10	灰黄色	砂壤土	粒状	6.3	9.0	0.53	≤0.10	7.0	2.1	94	4.8	砂页岩、板岩、千枚岩等的风化物	E 110°52′14.4″ N 32°23′23.2″	95
						B	10—43	灰棕色	轻壤土	小块状	6.5	4.6	0.85	0.22	21.4			17.4			
						C	43—														
剖6	淋溶土	黄棕壤	山地黄棕壤	石英质岩山地黄棕壤	硅质黄筋土	A	0—11	褐色	轻壤土	块状	6.4	34.0	0.84	0.11	10.2	4.2	116	6.2	石英砂岩、石英片岩	E 110°53′56.2″ N 32°21′38.6″	95
						B	11—50	灰黄色	轻壤土	块状	6.0	6.3	0.38	≤0.10	20.3			8.4			
						C	50—														
剖7	人为土	水稻土	淹育水稻土	浅潮土田	浅潮泥砂田	1	0—12	褐色	轻壤土	小块状	6.4	29.0	1.60	0.58	18.7	12.3	62	10.9	近代河流冲积物	E 111°10′19.1″ N 32°53′32.8″	75
						2	12—42	褐色	轻壤土	块状	6.8	22.8	1.30	0.57	19.9			9.9			
						3	42—100	褐色	砂壤土	粒状	7.3	13.5	0.24	0.60	15.8			3.7			
剖8	人为土	水稻土	淹育水稻土	浅灰(岩)性水稻土	浅黄泥砂田	A	0—11	棕灰色	重壤土	块状	7.5	28.2	1.67	0.24	14.9	3.9	185	21.0		E 111°10′13.9″ N 32°53′15.3″	75
						P	11—20	棕灰色	重壤土	块状	7.7	20.8	1.40	0.66	15.8			21.3			
						C	20—100	暗棕灰色	重壤土	块状	7.8	15.4	0.92	0.29	18.5			23.6			
剖9	人为土	水稻土	潜育水稻土	青泥田	中位青砂泥田	A	0—8	淡황棕色	重壤土	小块状	6.6	34.0	1.89	1.86	9.7	4.1	57	22.8	坡积物	E 111°11′59.1″ N 32°54′01.0″	75
						P	8—14	绿灰色	重壤土	块状	7.0	35.9	1.78	1.84	9.1			24.3			
						G_1	14—52	褐色	重壤土	块状	5.4	28.5	1.40	1.57	10.8			23.0			
						G_2	52—100	淡黄棕色	重壤土	块状	5.7	25.3	1.14	1.19	9.5			22.8			
剖10	人为土	水稻土	潜育水稻土	石灰(岩)性水稻土	漏风土田	A	0—13	棕灰色	重壤土	块状	7.8	30.5	1.75	1.98	19.0	34.7	346	21.7	石灰岩、白云岩等的风化坡积物	E 111°12′36.1″ N 32°52′00.4″	75
						P	13—23	棕灰色	重壤土	块状	7.8	26.9	1.62	0.99	19.4			22.1			
						W	23—54	暗棕色	重壤土	块状	7.9	8.9	0.61	0.51	18.1			18.7			
						C	54—100	淡棕黄色	重壤土	块状	7.6	9.8	0.52	0.42	21.6			19.0			
剖11	初育土	紫色土	石灰性紫色土	红砂岩紫色土	灰红泥土	A	0—14	暗红棕色	黏土	块状	7.8	17.5	1.10	0.65	17.9	1.8	196	20.8	红砂岩、红砂砾岩、粉砂岩等	E 111°10′13.3″ N 32°51′10.3″	75
						B_1	14—27	暗红棕色	黏土	块状	7.8	14.5	1.04	0.63	19.6			21.4			
						B_2	27—55	暗红棕色	黏土	块状	7.9	10.1	0.77	0.45	18.3			21.4			
						C	55—100	紫棕色	黏土	块状	7.8	8.2	0.64	0.63	22.7			23.4			
剖12	人为土	水稻土	潜育水稻土	灰青泥田	灰中位青泥田	A	0—12	暗棕色	重壤土	块状	7.7	9.2	0.85	0.56	18.8	4.0	203	21.9	富含钙质的坡积物	E 111°08′00.8″ N 32°50′10.3″	75
						P	12—20	棕灰色	重壤土	块状	8.0	11.2	1.13	0.45	19.4			20.8			
						G	20—	暗棕色	重壤土	块状	7.9	8.1	0.58	0.49	19.6			20.7			
剖13	人为土	水稻土	潜育水稻土	灰青泥田	灰中位青砂泥田	A	0—16	暗黄灰色	轻壤土	块状	7.5	31.3	1.71	1.10	6.2	6.9	67	20.0	富钙质的坡积物	E 111°10′54.1″ N 32°51′51.1″	75
						P	16—28	灰青色	中壤土	块状	7.7	24.5	1.36	1.28	6.2			26.7			
						G	28—100	绿灰色	中壤土	块状	7.7	9.3	0.80	1.02	5.5			25.0			

续表 Continued

剖面号 Soil profile	土纲 Soil order	土类 Soil great group	亚类 Soil subgroup	土属 Soil genus	土种 Soil species	土层码 Layer code	土层厚度 Depth/cm	颜色 Soil color	质地 Soil texture	土壤结构 Soil structure	pH	有机质 OM/(g/kg)	全氮 TN/(g/kg)	全磷 TP/(g/kg)	全钾 TK/(g/kg)	有效磷 AP/(mg/kg)	速效钾 AK/(mg/kg)	阳离子交换量 CEC/(cmol/kg)	土壤母质 Parent material	剖面点坐标 Profile coordinate	匹配指数 Matching index/%
剖14	淋溶土	黄棕壤	黄棕壤	泥质岩黄棕壤	中层黄砂泥砂土	A	0—10	灰白色	轻壤土	小块状	6.5	9.8	0.48	0.29	12.8	1.8	43	10.0		E 111°10′59.8″ N 32°50′33.9″	75
						C	10—30	灰黄色	砂壤土	粒状	6.2	5.3	0.29	0.26	11.7			9.1			
						D	30—														
剖15	人为土	水稻土	淹育水稻土	浅黄棕壤性黄棕岩泥质田	浅砂泥泥田	A	0—12	棕黄色	中壤土	块状	6.5	14.4	0.94	0.68	20.4		63	17.1	泥质岩类坡积物	E 111°09′16.2″ N 32°49′02.2″	95
						P	12—24	棕黄色	中壤土	块状	7.3	7.3	0.55	0.80	18.9			16.8			
						C₁	24—68	褐色	中壤土	块状	7.3	7.1	0.56	0.54	21.6			20.6			
						C₂	68—100	棕黄色	中壤土	块状	7.3	6.9	0.57	0.31	22.2			17.4			
剖16	人为土	水稻土	淹育水稻土	浅砂泥泥田	深位卵石底浅潮泥田	1	0—15	褐色	轻壤土	小块状	5.7	12.8	0.74	0.40	14.5	8.0	54	11.2	近代河流冲积物	E 111°08′58.8″ N 32°47′52.0″	95
						2	15—27	灰黄色	轻壤土	小块状	6.4	11.6	0.67	0.46	15.6			12.3			
						3	27—65	淡黄黄色	砂壤土	小块状	7.3	8.0	0.44	0.35	14.5			9.8			
						4	65—														
剖17	人为土	水稻土	淹育水稻土	浅砂泥泥田	浅砂泥泥田	Aa	0—14	灰红色	黏壤土	小块状	5.9	27.5	1.61	0.38	21.4	6.5	116	9.5	花岗片麻岩坡积物或残积物	E 111°09′26.4″ N 32°46′04.8″	95
						Ap	14—28	灰色	黏壤土	块状	5.9	20.2	1.13	0.33	20.6			8.0			
						C	28—100	灰色	黏壤土	块状	5.5	15.6	1.02	0.45	21.3			8.5			
剖18	初育土	紫色土	石灰性紫色土	红岩紫色黄棕壤性土	灰红砂泥泥土	A	0—17	暗棕红色	重壤土	块状	7.8	11.5	0.98	0.65	11.6	2.2	162	20.5	红砂岩、红砂砾岩、粉砂岩等	E 111°10′35.7″ N 32°46′56.4″	95
						B₁	17—42	暗棕红色	重壤土	块状	7.9	10.5	0.96	0.68	12.6			21.0			
						B₂	42—85	红棕色	黏土	块状	8.0	6.5	1.28	0.46	12.3			24.4			
						C	85—100	淡红黄色	中壤土	块状	7.9	5.7	0.69	0.57	7.2			21.3			
剖19	淋溶土	黄棕壤	黄棕壤	泥质岩黄棕壤性土	轻砾石石渣子土	A	0—16	灰黄色	砂壤土	粒状	6.4	3.6	0.30	0.25	26.3	1.1	32	6.4		E 111°00′12.6″ N 32°43′34.9″	95
						C	16—30	淡黄红色	砂壤土	小块状	5.9	≤1.0	0.48	≤0.10	12.1			2.3			
						D	30—														
剖20	淋溶土	黄褐土	黄褐土	基性结晶岩黄褐土	砾质乌黄褐土	A	0—18	淡棕色	砂壤土	块状	7.3	3.6	0.24	0.40	3.6	≤1.0	70	16.1		E 111°01′21.6″ N 32°43′00.9″	95
						B	18—32	棕色	砂壤土	块状	7.3	1.4	≤0.10	0.23	1.4			6.3			
						C	32—	暗红棕色			6.7	4.9	0.30	≤0.10	≤1.0			6.4			
剖21	淋溶土	黄褐土	黄褐土	第四纪黏土黄褐土	黄石砂子土	A	0—14	暗棕色	黏壤土	块状	6.6	8.9	0.39	≤0.10	11.8	6.8	39	17.3	第四纪黄石黄	E 111°12′25.1″ N 32°41′54.4″	95
						B₁	14—55	棕色	黏壤土	块状	6.4	2.3	0.42	0.19	15.7			13.9			
						B₂	55—80	淡棕色	砂壤土	块状	6.4	2.4	0.37	0.22	15.9			20.5			
						C	80—100	淡红黄色	砂壤土	块状	8.0	4.7	0.42	0.25	13.1			12.0			
剖22	初育土	紫色土	石灰性紫色土	红砂岩紫色土	灰红砂泥泥土	A	0—13	淡棕红色	砂壤土	粒状	8.0	2.9	0.32	0.32	17.5	≤1.0	89	14.8	红砂岩、红砂砾岩、粉砂岩等	E 111°07′28.8″ N 32°35′52.7″	95
						C	13—38	暗棕红色	轻砾壤土	粒状	6.8	19.7	0.91	0.18	24.7			6.8			
						Ao	38—														
剖23	淋溶土	黄棕壤	黄棕壤	泥质岩黄棕壤	薄黄黄细渣土	A	0—14	暗灰黄棕色	砂壤土	块状	5.8	9.8	0.58	0.17	36.9	≤1.0	39	6.4		E 111°01′14.3″ N 32°36′30.3″	95
						B	14—70	黄棕色	砂壤土	小块状	5.5	14.1	0.80	1.77	11.2			10.1			
						C	70—														
剖24	人为土	水稻土	淹育水稻土	泥质岩黄棕壤	浅位薄层砂夹砂潮泥田	A	0—20	褐色	砂土	块状	6.2	9.1	0.51	1.77	13.9	6.8	54	9.0	近代河流冲积物	E 111°01′53.3″ N 32°34′03.9″	95
						2	20—34	灰黄棕色	砂土	块状	6.4	6.8	0.50	1.20	14.9						
						3	34—46	淡黄棕色	轻壤土	粒状	6.8	13.2	0.98	0.23	15.0						
						4	46—100	暗黄棕色	轻壤土	块状	6.1	11.0	0.67	0.29	20.3			14.5			
剖25	淋溶土	黄棕壤	暗黄棕壤	基性结晶岩暗黄棕壤	暗乌砂泥泥土	A	0—14	暗灰色	壤质黏土	粒状	6.3	11.0	0.67	0.29	20.3	1.1	69	7.3		E 111°03′33.2″ N 32°32′01.4″	82
						B	14—70												10.9			
						C	70—														
剖26	淋溶土	黄棕壤	黄棕壤	泥质岩黄棕壤	山地乌砂细砂土	A	0—14	灰棕色	砂壤土	小块状	6.2	4.4	0.29	0.29	12.3	≤1.0	34	4.9		E 111°03′11.3″ N 32°30′12.4″	95
						C	14—52	棕色	轻壤土	小块状	5.4	3.1	0.28	0.21	15.5			13.6			
剖27	淋溶土	黄棕壤	山地黄棕壤	基性结晶岩山地黄棕壤	山地乌泥砂土	A	0—14	褐色	砂壤土	小块状	6.1	13.2	0.98	0.23	15.0	≤1.0	56	7.3		E 111°00′32.1″ N 32°24′31.8″	95
						B	14—70	褐色	砂壤土	块状	6.3	11.0	0.67	0.29	20.3			10.9			
						C	70—														

续表 Continued

剖面号 Soil profile	土纲 Soil order	土类 Soil great group	亚类 Soil subgroup	土属 Soil genus	土种 Soil species	土层码 Layer code	土层厚度 Depth/cm	颜色 Soil color	质地 Soil texture	土壤结构 Soil structure	pH	有机质 OM/(g/kg)	全氮 TN/(g/kg)	全磷 TP/(g/kg)	全钾 TK/(g/kg)	有效磷 AP/(mg/kg)	速效钾 AK/(mg/kg)	阳离子交换量 CEC/(cmol/kg)	土壤母质 Parent material	剖面点坐标 Profile coordinate	匹配指数 Matching index/%
剖28	淋溶土	黄棕壤	黄棕壤性土	石英质黄棕壤性土	冷砂土	A	0—20	浓棕黄色	砂壤土	粒状	6.8	11.7	0.69	0.19	11.9	9.9	206	6.6		E 111°06′37.6″ N 32°21′27.1″	95
						C	20—														
剖29	初育土	紫色土	石灰性紫色土	红砂岩紫色土	灰红泥砂土	A	0—14	红色	轻壤土	小块状	7.9	6.7	0.50	0.31	13.2	1.5	134	12.9	红砂岩、砂砾岩、粉砂岩等	E 111°20′30.9″ N 32°45′31.9″	95
						B	14—50	红色	轻壤土	块状	7.8	3.7	0.38	0.33	15.7			13.9			
						C	50—100	浓棕红色	轻壤土	碎块状	7.6	4.3	0.40	0.24	15.6			16.0			
剖30	初育土	石灰（岩）土	棕色石灰土	棕灰泥土	鸡窝土	A	0—18	棕色	黏土	碎块状	7.8	22.3	1.60	0.70	26.5				石灰岩风化残积物	E 111°21′08.2″ N 32°42′20.6″	78
						C₁	18—32	亮棕色	黏土	块状	7.9	14.5	1.20	0.60	23.4						
						C₂	32—65	亮黄棕色			7.9	6.9	0.90	0.60	28.3						
剖31	淋溶土	黄棕壤	黄棕壤性土	泥质岩黄棕壤性土	中砾石渣子土	A	0—20	灰黄色	砂壤土	粒状	6.6	≤1.0	0.58	0.15	7.8	≤1.0	30	≤1.0		E 111°18′04.2″ N 32°35′02.1″	95
						C	20—														
剖32	淋溶土	黄棕壤	黄棕壤	泥质岩黄棕壤	厚层黄泥砂土	A	0—12	灰黄色	砂壤土	粒状	6.0	13.8	0.78	0.36	15.7	1.1	33	6.8		E 111°26′25.5″ N 32°31′35.7″	95
						B	12—22	褐色	砂壤土	小块状	6.4	10.6	0.64	0.35	16.3			6.5			
						C	22—100	褐色	砂壤土	小块状	6.4	4.9	0.33	0.33	19.5			5.0			

宜 昌 市

夷 陵 区

主要土类说明

黄棕壤是夷陵区主要土壤类型,占本区地域面积的32%。黄棕壤发生于亚热带暖湿落叶阔叶林下,弱度富铝化,多由砂页岩及花岗岩风化物发育而成,呈黄棕色。该土壤具A-B-C或A-(B)-C剖面构型,黏粒硅铝率在2.5左右,铁的游离度较红壤低,B层交换性酸大于A层。

黄壤是夷陵区第二大土壤类型,占本区地域面积的29%。黄壤发生于亚热带湿润条件下,中度富铝化,多见于海拔700—1200m的山区。土壤有机质累积较多,可达100g/kg,具O-A-AB-B-C剖面构型。pH为4.5—5.5。淀积层(B层)富含水合氧化物(针铁矿),呈黄色,有时多含三水铝石。

石灰(岩)土是夷陵区第三大土壤类型,占本区地域面积的18%。石灰(岩)土发生于热带、亚热带石灰岩山区,是石灰岩经溶蚀风化形成的厚薄不同的钙质饱和或含游离钙质的土壤,多见于石隙、溶洞或峰丛底部。该土壤碳酸钙淋溶程度不一,多黏土,多为铁钙质胶结物,风化程度不一,盐基饱和度高。

水稻土占本区地域面积的10%。水稻土是在长期季节性淹灌、水下翻耕、季节性脱水、氧化还原交替影响下,原来成土母质或母土的特性发生重大改变,形成的新的土壤类型。由于干湿交替,水稻土形成糊状淹育层、较坚实板结的犁底层、渗育层、潴育层与潜育层等多种发生层。

紫色土占本区地域面积的5%,是由热带、亚热带紫红色岩层直接风化形成的A-C型土壤。其理化性质与母岩组成直接相关,土层浅薄,剖面层次发育不明显,仍为初育阶段。母岩富含矿质养分,且风化迅速。

小于本区地域面积3%的土壤类型有黄褐土、红壤、棕壤等。

本区域中心区气候特征

本区域中心区气候特征值
Regional climate characteristics in central area of the region

气候带:中亚热带湿润气候 Climate region: Subtropical humid climate	
年平均气温 /℃ Annual average temperature /℃	16.6
年平均最高气温 /℃ Annual average maximum temperature /℃	21.2
年平均最低气温 /℃ Annual average minimum temperature /℃	13.1
年降水量 /mm Annual precipitation /mm	1138
≥10℃的积温 /℃ Daily temperature accumulated in a year (≥10℃) /℃	6048
年日照时数 /h Annual sunshine /h	1547
年平均相对湿度 /% Annual average relative humidity /%	76
干燥度 Dryness	0.89

本区域中心区月平均气温与月平均降水量
Monthly temperature and precipitation in central area of the region

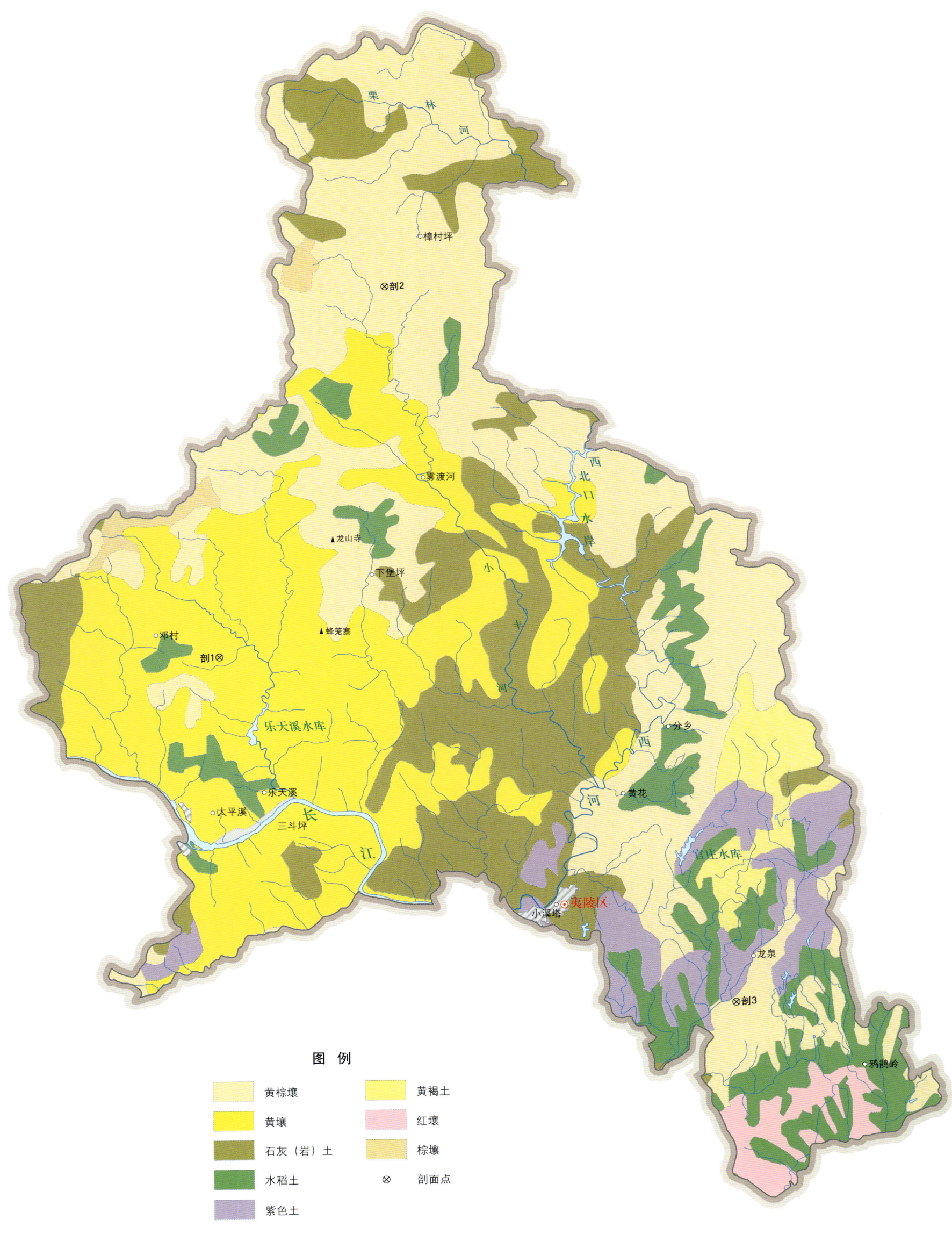

夷陵区土壤剖面理化性状表

剖面号 Soil profile	土纲 Soil order	土类 Soil great group	亚类 Soil subgroup	土属 Soil genus	土种 Soil species	土层码 Layer code	土层厚度 Depth/cm	颜色 Soil color	质地 Soil texture	土壤结构 Soil structure	pH	有机质 OM/(g/kg)	全氮 TN/(g/kg)	全磷 TP/(g/kg)	全钾 TK/(g/kg)	碱解氮 AN/(mg/kg)	有效磷 AP/(mg/kg)	速效钾 AK/(mg/kg)	阳离子交换量 CEC/(cmol/kg)	土壤母质 Parent material	剖面点坐标 Profile coordinate	匹配指数 Matching index/%
剖1	铁铝土	黄壤	黄壤	酸性结晶岩黄壤	麻砂土	A	0—17	灰黄色	砂壤土	粒状	6.4	6.3	0.34			55	3.1	33	13.3	酸性结晶岩风化物	E 111°01′37.2″ N 30°58′05.2″	95
						BC	17—60	灰黄色	砂壤土	小块状	6.0	2.5	0.14				≤1.0	54	14.3			
						C	60—100	黄棕色	砂壤土	粒状	5.6											
剖2	淋溶土	黄棕壤	暗黄棕壤	酸性结晶岩暗黄棕壤	暗麻砂土	A	0—12	黄棕色	砂土	粒状	6.4	35.7	2.39	1.99	17.7	103			23.0		E 111°10′48.5″ N 31°15′14.6″	95
						C	12—100	灰黄色	砂土	粒状	6.2	29.3		2.03	20.2				22.4			
剖3	淋溶土	黄棕壤	暗黄棕壤	酸性结晶岩暗黄棕壤	暗麻砂泥土	A	0—17	灰黄色	轻壤土	小块状	5.0	29.2	1.41	0.34	16.1				12.1		E 111°28′53.7″ N 30°41′25.6″	95
						B	17—60	黄棕色	轻壤土	小块状	4.3	15.3	0.87	0.32	16.5				13.1			
						C	60—100	黄棕色	轻壤土	小块状	4.1	17.8	1.07	0.31	16.3				12.5			

远 安 县

主要土类说明

黄棕壤是远安县主要土壤类型，占本县地域面积的57%。黄棕壤分布范围很广，母质类型较多，有沮东丘陵的杂色砂页岩，沮中平畈的第四纪黏土、红砂岩，沮西山地的页岩、石英砂岩和碳酸岩等。黄棕壤在发生学和分布上均表现出明显的南北过渡性，是通过弱脱硅富铝化作用形成的地带性土壤。其成土过程的特点是黏化过程较快，黏粒含量较高，质地比较黏重。由于黏粒的淋溶聚积过程强烈，故常形成黄棕色或红棕色心土层，呈块状或棱块状结构。在黏粒的形成和移动过程中，铁锰等氧化物亦随之移动。因为心土层黏重滞水，铁锰淀积显著，所以常形成铁锰结核层。在土壤侵蚀严重的地段，铁锰结核露出地表。在排水良好的地层，因还原作用所释放的铁锰就地氧化，结构体表面形成棕色或暗棕色铁锰胶膜，即黄棕壤化过程。土壤呈微酸性至中性。

紫色土是远安县第二大土壤类型，占本县地域面积的20%。紫色土是在成土过程中，由于受到母岩性质的强烈影响，延缓了土壤的发育，仍保留母岩性质的一种土壤类型。本县紫色土发育于紫色砂岩、紫色砂页岩、紫色泥岩及钙质粉砂岩等，广泛分布在沮东海拔500m以下的丘陵地区。由于母岩性质的强烈影响及侵蚀堆积的频繁更替，在其成土过程中表现出以下几个明显的特点：①物理风化强烈，成土物质不断更新。②化学风化微弱，脱硅富铝化过程不明显。③碳酸钙不断淋溶，岗顶和宽谷土壤无石灰反应。④人为耕种熟化，不断培肥幼年土壤。

石灰（岩）土是远安县第三大土壤类型，占本县地域面积的12%。石灰（岩）土发育于石灰岩、白云质灰岩以及有石灰反应的页岩和砾岩等。该土壤质地黏重，表层多呈粒状或核状结构，心土层及其以下多呈块状或棱块状结构，结构体表面多有铁锰胶膜。土层一般较浅薄，但岩石缝隙之间的土壤大多深厚肥沃，土体内常有砾石碎屑。pH一般为6.0—8.0，近中性或微碱性，有不均质石灰反应。

水稻土占本县地域面积的10%。水稻土是在人为水耕熟化的强烈影响下形成的一类特殊土壤。其形成过程包括氧化还原交替、有机质合成和分解、盐基淋溶和复盐基作用等过程。分化明显的水稻土一般具有耕作层、犁底层、斑纹层和青泥层四大层次。在犁底层之下，斑纹层被细分为淋溶淀积层和淀积层。

小于本县地域面积3%的土壤类型有黄褐土等。

本区域中心区气候特征

本区域中心区气候特征值
Regional climate characteristics in central area of the region

气候带：北亚热带湿润气候 Climate region: North subtropical humid climate	
年平均气温 /℃ Annual average temperature /℃	16.4
年平均最高气温 /℃ Annual average maximum temperature /℃	21.1
年平均最低气温 /℃ Annual average minimum temperature /℃	12.7
年降水量 /mm Annual precipitation /mm	1054
≥10℃的积温 /℃ Daily temperature accumulated in a year（≥10℃）/℃	5954
年日照时数 /h Annual sunshine /h	1661
年平均相对湿度 /% Annual average relative humidity /%	76
干燥度 Dryness	0.94

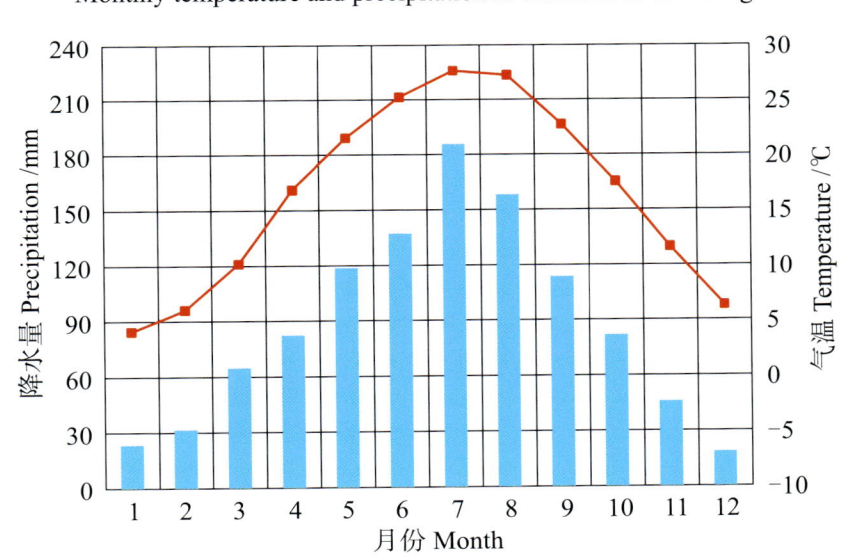

本区域中心区月平均气温与月平均降水量
Monthly temperature and precipitation in central area of the region

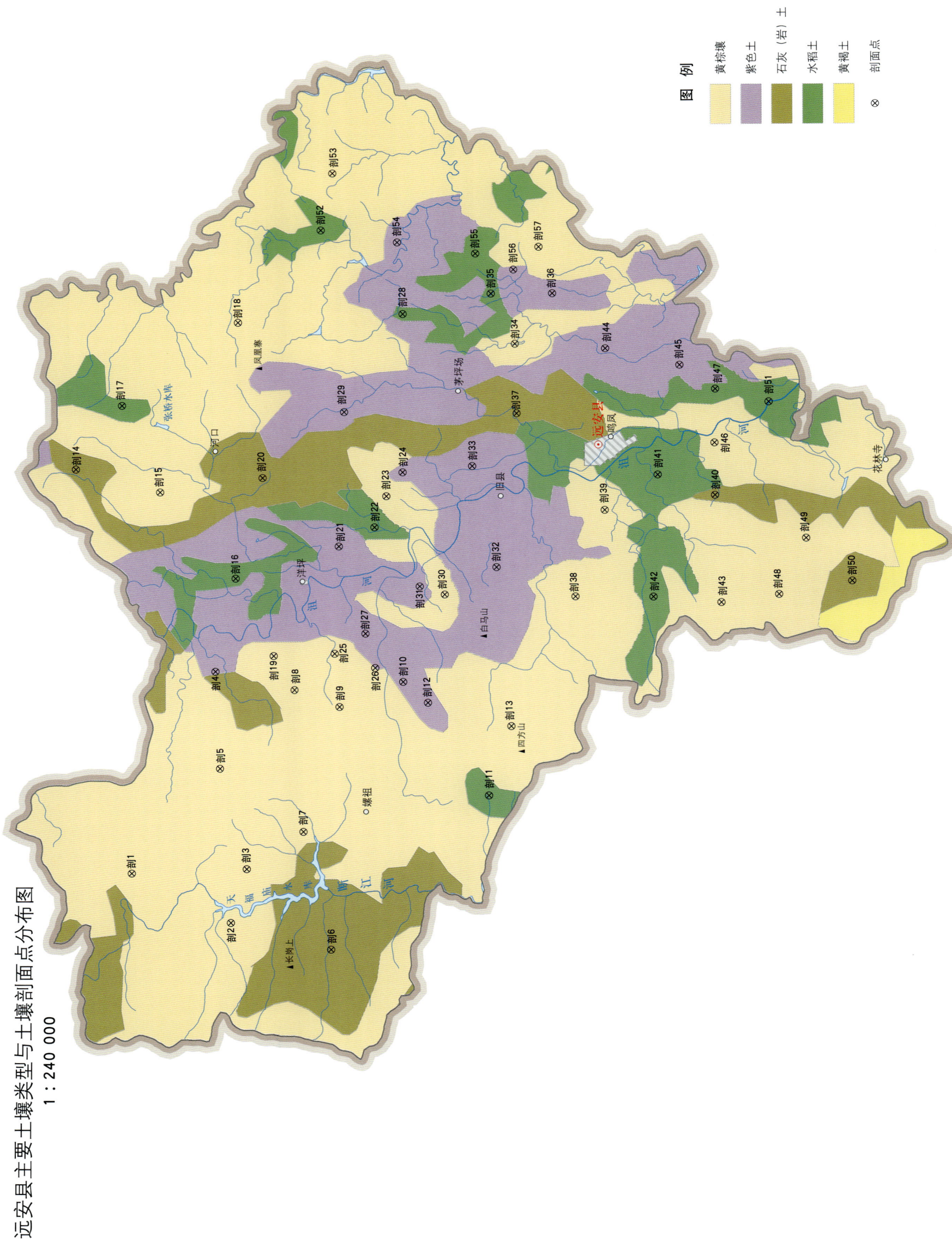

远安县土壤剖面理化性状表

剖面号 Soil profile	土纲 Soil order	土类 Soil great group	亚类 Soil subgroup	土属 Soil genus	土种 Soil species	土层码 Layer code	土层厚度 Depth/cm	颜色 Soil color	质地 Soil texture	土壤结构 Soil structure	pH	有机质 OM/(g/kg)	全氮 TN/(g/kg)	全磷 TP/(g/kg)	全钾 TK/(g/kg)	碱解氮 AN/(mg/kg)	有效磷 AP/(mg/kg)	速效钾 AK/(mg/kg)	阳离子交换量 CEC/(cmol/kg)	土壤母质 Parent material	剖面点坐标 Profile coordinate	匹配指数 Matching index/%
剖1	淋溶土	黄棕壤	山地黄棕壤	泥质岩山地黄棕壤	扁砂泥土	A	0—11	暗黄棕色	中壤土	粒状	6.8	34.2	2.05	0.72	32.0	132	5.7	145	15.6		E 111°22′11.9″ N 31°18′53.3″	95
						B	11—39	棕色	中壤土	块状	6.9	28.0	1.74	1.10	36.5	109	4.4	148	15.6			
						C	39—100	棕色	中壤土	块状	7.1	16.2	1.28	0.89	37.0	76	2.1	118	16.5			
剖2	淋溶土	黄棕壤	黄棕壤	碳酸岩黄棕壤	中层黄青土	A	0—13	暗棕色	黏土	块状	7.4										E 111°20′17.4″ N 31°15′45.7″	95
						C	13—43	暗黄棕色	黏土	块状	6.8											
						D	43—			柱状												
剖3	淋溶土	黄棕壤	山地黄棕壤	泥质岩山地黄棕壤	重黏石扁砂泥土	A	0—13	灰黄色	中壤土	粒状	7.1	24.3	1.30			96	7.6	269		泥质岩	E 111°22′21.1″ N 31°15′15.4″	75
						B	13—40	灰黄色	石质土	块状	6.4											
						C	40—100	黄棕色	石质土	块状	6.4											
剖4	初育土	紫色土	石灰性紫色土	石灰紫渣土	灰紫骨土	A	0—15	紫棕色	中壤土	团块状	8.0	19.9	1.23	0.51	21.9	68	2.6	85	21.5		E 111°29′53.7″ N 31°16′14.0″	75
						C	15—51	紫色	中壤土	块状	8.1	4.6	0.44	0.54	21.6	27	1.7	40	19.7			
剖5	淋溶土	黄棕壤	黄棕壤	红砂岩黄棕壤	中层红砂土	A	0—12	暗红色	砂壤土	粒状	6.7	≤1.0				46	1.2	53			E 111°26′11.9″ N 31°16′05.9″	95
						C	12—51	红棕色	砂壤土	粒状	6.0											
剖6	初育土	石灰（岩）土	棕色石灰土	棕色石灰岩黄棕壤	灰黄土	A	0—12	暗黄棕色	重壤土	粒状	7.9	21.1	1.25	0.32	26.0	84	2.1	186	11.5	石灰岩	E 111°19′15.3″ N 31°12′35.9″	95
						B	12—52	暗黄棕色	重壤土	块状	7.6	18.9	1.15	0.42	25.3	72	1.0	136	13.5			
						C	52—100	淡黄棕色	重壤土	块状	7.9	5.3	0.48	0.31	29.1	26	2.3	111	11.7			
剖7	淋溶土	黄棕壤	黄棕壤	泥质岩黄棕壤	黄泥砂土	A	0—11	暗黄棕色	轻壤土	粒状	7.2	21.8	1.41	0.23	32.0	81	22.8	204	17.3	粉砂岩、砂质页岩	E 111°23′46.1″ N 31°13′28.2″	75
						B	11—46	淡棕色	轻壤土	块状	7.2	20.9	1.36	0.19	37.3	59	11.3	175	9.7			
						C	46—100	灰棕色	轻壤土	小块状	7.1	9.5	1.04	1.12	39.3	47	8.7	149	17.0			
剖8	淋溶土	黄棕壤	黄棕壤	泥质岩黄棕壤	黄黏土	A	0—12	暗黄棕色	黏土	团粒状	7.2	38.0	2.11	0.74	25.6	132	1.8		20.6	泥质页岩	E 111°29′10.5″ N 31°13′44.3″	95
						B	12—62	棕色	黏土	块状	7.6	12.1	0.84	0.50	25.9	37	≤1.0	168	21.2			
						C	62—100	灰黄棕色	黏土	柱状	7.5	13.1	1.02	0.49	24.2	52	≤1.0	105	20.3			
剖9	淋溶土	黄棕壤	黄棕壤	石英砂岩黄棕壤	硅泥砂土	A	0—11	暗棕色	轻壤土	粒状	6.7	28.4	1.53	0.38	16.9	87	1.8	168	10.2	石英砂岩	E 111°28′31.4″ N 31°12′19.3″	95
						B	11—59	棕色	轻壤土	小块状	6.8	17.2	0.71	0.34	17.0	59	≤1.0	105	9.4			
						C	59—100	淡棕色	轻壤土	小块状	6.8	11.4	0.78	0.82	27.2	57	≤1.0	95	25.6			
剖10	初育土	紫色土	石灰性紫色土	石灰紫渣土	薄层紫紫骨土	A	0—18	暗棕红色	轻壤土	粒状	7.6										E 111°29′28.4″ N 31°10′18.8″	75
						D	18—															
剖11	人为土	水稻土	潴育水稻土	浅黄黏性泥田	浅黄黏泥田	A	0—13	灰黄色	黏土	粒状	5.7	30.3	1.63	0.34	20.8	93	2.4	156	14.6	泥质页岩	E 111°25′08.2″ N 31°07′37.7″	95
						P	13—20	灰黄色	黏土	块状	6.6	25.7	1.41	0.57	22.6	79	≤1.0	145	15.3			
						C	20—100	淡黄棕色	黏土	粒状	6.0	2.5	0.25	0.38	16.6	10	≤1.0	48	12.8			
剖12	初育土	紫色土	石灰性紫色土		灰紫砂泥土	A	0—16	紫棕色	砂壤土	粒状	8.0	5.5	0.41	0.30	18.7	23	1.0		11.6	紫色砂岩及钾质粉砂岩	E 111°28′40.3″ N 31°09′32.1″	95
						B	16—67	紫棕色	砂壤土	粒状	8.0	3.8	0.45	0.68	20.8	27	≤1.0	58	10.2			
						C	67—100	紫棕色	砂壤土	粒状	7.9	6.9	0.57	0.28	19.9	37	≤1.0	162	9.4			
剖13	淋溶土	黄棕壤	黄棕壤	泥沙砂黄棕壤	黄砂泥土	A	0—11	油棕色	黏壤土	屑粒状	6.7	23.4	1.50	0.40	16.9	88	1.4	105	25.6	砂质岩风化线积物或坡积物	E 111°27′45.8″ N 31°06′54.5″	95
						B	11—59	油棕色	壤质黏土	小块状	6.8	17.2	0.70	0.30	17.0	59	≤1.0	95	14.2			
						C	59—100	亮棕色	壤质黏土	块状	6.8	11.4	0.70	0.30	17.2	57	≤1.0		13.3			
剖14	初育土	石灰（岩）土	棕色石灰土	棕色灰黄棕壤	灰大土	A	0—11	暗棕色	中壤土	粒状	8.0	32.0	1.67	0.48	26.1	76	2.2	231	14.2	石灰岩及石灰页岩	E 111°37′39.8″ N 31°20′36.0″	75
						B	11—25	淡棕色	中壤土	团块状	7.8	23.3	1.19	0.16	28.7	58	≤1.0	146	8.7			
						C	25—65	黄棕色	中壤土	块状	8.1	16.0	0.97	0.23	26.8	47	3.3	133				
剖15	淋溶土	黄棕壤	黄棕壤	石英岩黄棕壤	硅砂土	A	0—12	褐色	砂壤土	粒状	5.7	65.3	2.90	0.95	25.8	197	≤1.0	140	5.6	石灰岩	E 111°36′45.5″ N 31°17′56.8″	95
						B	12—56	灰黄色	砂壤土	粒状	6.1	22.8	1.10	0.50	25.6	108	≤1.0	75	5.3			
						C	56—100	灰黄棕色	砂壤土	粒状	6.0	18.4	0.90	0.35	25.3	61	2.0	101				

续表 Continued

剖面号 Soil profile	土纲 Soil order	土类 Soil great group	亚类 Soil subgroup	土属 Soil genus	土种 Soil species	土层码 Layer code	土层厚度 Depth/cm	颜色 Soil color	质地 Soil texture	土壤结构 Soil structure	pH	有机质 OM/(g/kg)	全氮 TN/(g/kg)	全磷 TP/(g/kg)	全钾 TK/(g/kg)	碱解氮 AN/(mg/kg)	有效磷 AP/(mg/kg)	速效钾 AK/(mg/kg)	阳离子交换量 CEC/(cmol/kg)	土壤母质 Parent material	剖面点坐标 Profile coordinate	匹配指数 Matching index/%
剖16	人为土	水稻土	淹育水稻土	浅黄棕壤性第四纪黏土泥田	次生浅黄黄鸡肝泥田	A	0—15	灰黄棕色	重壤土	核状	7.8	36.5				134	5.2			第四纪褐色黏土沉积物	E 111°33′26.5″ N 31°15′35.0″	95
						P	15—24	灰黄棕色	重壤土	棱柱状	6.8											
						C	24—100	暗黄棕色	重壤土	柱状	6.4											
剖17	人为土	水稻土	淹育水稻土	浅黄棕壤性浅黄泥质岩泥田	浅黄黄砂田	A	0—10	灰黄色	轻壤土	粒状	5.1	26.7	1.30			94	2.8	168		黄褐色砂质页岩	E 111°40′04.5″ N 31°19′07.9″	75
						P	10—22	灰黄色	轻壤土	块状	6.4											
						C	22—63	暗红棕色	中壤土	块状	6.4											
剖18	淋溶土	黄棕壤	黄棕壤	泥质页岩黄棕壤	中层黄砂泥	A	0—16	灰黄色	砂壤土	粒状	6.1	33.0	1.40			146	14.8	145		黄色粉砂岩	E 111°43′12.6″ N 31°15′27.4″	95
						C	16—45	暗红棕色	砂壤土	粒状	6.4											
						D	45—															
剖19	淋溶土	黄棕壤	黄棕壤	第四纪黏土黄棕壤	黄土	A	0—12	黄褐色	重壤土	小块状	7.2	13.0	0.89	0.36	20.6	51	4.3	128	20.6	第四纪黏土	E 111°30′28.9″ N 31°14′23.8″	81
						B	12—52	灰黄棕色	重壤土	核块状	7.2		0.54	0.25	20.2	24	1.3	106	22.3			
						C	52—100	暗棕色	重壤土	块状	7.2	7.0										
剖20	石灰（岩）土	棕色石灰土	棕色石灰土	暗红色	灰黏土	A	0—12	暗红棕色	黏土	粒状	7.4	49.6	2.65	0.96	27.4	113	10.5	441	33.0	泥质灰岩	E 111°37′16.3″ N 31°14′43.2″	95
						B	12—67	棕色灰色	黏土	块状	7.7	19.7	1.21	0.43	27.8	56	1.5	196	39.5			
						C	67—100	棕色	黏土	核块状	7.5	12.2	0.83	0.35	27.5	57	1.4	170	21.8			
剖21	初育土	紫色土	石灰性紫色土	灰黄砂泥土	灰紫泥土	A	0—11	紫灰色	粉砂质黏土	粒状	7.9	30.4	1.85	0.77	29.6	111	9.0	173	22.5	砂页岩及页岩残积物	E 111°34′38.5″ N 31°12′19.3″	95
						B	11—32	紫棕色	黏土	块状	7.9	≤1.0	0.74	0.50	31.9	32	2.5	131	23.2			
						C	32—65	紫棕色	黏土	块状	7.6	6.1	0.64	0.44	32.5	23	3.8	130	29.4			
剖22	人为土	水稻土	淹育水稻土	浅黄棕壤性砂页岩	薄层浅黄砂泥田	A	0—11	灰黄棕色	中壤土	粒状	7.1	16.0	1.00			44	7.9	191		砂页岩及页岩残积物	E 111°35′21.9″ N 31°11′11.6″	95
						C	11—28	灰黄棕色	中壤土	块状	6.4											
						D	28—															
剖23	淋溶土	黄棕壤性土	红砂岩黄棕壤性土	薄黄赤板土	A	0—17	淡黄棕色	砂质壤土	粒状	5.3	8.9	0.50	0.14	18.6	23	≤1.0	23	3.6		E 111°36′32.9″ N 31°10′49.2″	95
						C	17—27	暗红棕色	重壤土	团块状	5.9	2.0	0.30	0.12	24.1	17	≤1.0	23				
剖24	初育土	紫色土	酸性紫色土	酸性紫泥土	中层酸性紫泥土	A	0—3	暗红棕色	重壤土	团块状	5.9										E 111°37′27.0″ N 31°10′18.0″	75
						B	3—60	淡黄棕色	重壤土	小块状	6.4											
剖25	淋溶土	黄棕壤	碳酸岩黄棕壤	黄大土	A	0—11	灰黄色	中壤土	团块状	7.1	22.4	1.76	0.36	25.7	108	4.3	231	13.7		E 111°30′33.0″ N 31°12′28.0″	95
						B	11—45	灰黄棕色	中壤土	块状	7.2	5.9	0.60	0.26	24.3	28	2.1	170	11.4			
						C	45—100	灰黄色	中壤土	块状	6.4								24.4			
剖26	淋溶土	黄棕壤	山地黄棕壤	碳酸岩山地黄棕壤	山地黄质糟黄土	A	0—17	暗黄棕色	重壤土	团块状	7.5	28.6	1.61	0.62	20.3	103	2.8	204	17.1		E 111°30′00.2″ N 31°11′11.2″	75
						B	17—65	淡黄棕色	重壤土	块状	7.4	14.9	0.98	0.40	20.0	61	1.6	133	16.3			
						C	65—100	淡黄棕色	重壤土	块状	7.4	18.4	1.13	0.51	21.0	69	2.9	166	14.2			
剖27	初育土	紫色土	石灰性紫色土	灰紫砂泥土	灰紫砂泥土	A	0—12	紫灰色	黏土	粒状	8.0	14.7	1.00	0.30	19.5	116	7.4	108	18.5	磷灰岩	E 111°31′18.7″ N 31°11′30.0″	95
						B	12—50	紫棕色	砂质黏土	片状	7.7	8.0	0.60	0.40	22.1	141	2.3	101	12.6			
						C	50—100	紫棕色	砂质黏土	块状	7.8	4.0	0.80	0.20	20.1	128	2.0	65	19.9			
剖28	人为土	水稻土	潜育水稻土	紫泥田	紫泥田	A	0—12	暗紫色	重壤土	粒状	6.5	28.5	1.69	0.48	21.8	125	3.0	101	16.8	紫色砂页岩	E 111°43′29.1″ N 31°10′16.1″	95
						P	12—26	紫红棕色	重壤土	块状	7.4	6.6	0.51	0.33	23.0	30	≤1.0	80	13.3			
						W	26—67	暗红棕色	重壤土	块状	7.4	6.1	0.49	0.20	20.1	24	≤1.0	51	11.3			
						B	67—100	淡黄棕色	重壤土	块状	7.5	6.1	0.49	1.39	19.8	22	≤1.0	55	8.7			
剖29	初育土	紫色土	酸性紫色土	酸性紫砂土	酸性紫砂土	A	0—19	紫色	砂质黏土	粒状	6.4	7.4	0.46	0.20	22.6	3	2.0	68	20.0		E 111°39′45.5″ N 31°12′08.0″	95
						B	19—64	紫色	砂质黏土	块状	6.3	2.6	0.24	0.14	23.0	14	1.3	75				
						C	64—100	紫棕色	重壤土	块状	6.5	3.1	≤0.10	0.15	26.1	13	1.1	88				
剖30	淋溶土	黄棕壤	黄棕壤	第四纪黏土黄棕壤	次生灰黄土	A	0—14	灰灰棕色	重壤土	粒状	7.9	20.1				78	8.8	131		第四纪黏土	E 111°32′47.0″ N 31°08′59.7″	75
						B	14—53	棕色棕色	重壤土	核柱状	7.2											
						C	53—100	淡棕色	重壤土	块状	6.0											

续表 Continued

剖面号 Soil profile	土纲 Soil order	土类 Soil great group	亚类 Soil subgroup	土属 Soil genus	土种 Soil species	土层码 Layer code	土层厚度 Depth/cm	颜色 Soil color	质地 Soil texture	土壤结构 Soil structure	pH	有机质 OM/(g/kg)	全氮 TN/(g/kg)	全磷 TP/(g/kg)	全钾 TK/(g/kg)	碱解氮 AN/(mg/kg)	有效磷 AP/(mg/kg)	速效钾 AK/(mg/kg)	阳离子交换量 CEC/(cmol/kg)	土壤母质 Parent material	剖面点坐标 Profile coordinate	匹配指数 Matching index/%
剖31	初育土	紫色土	酸性紫色土	酸性砂紫泥土	远安酸紫砂土	A	0—19	油红棕色	砂质黏壤土	粒状	6.2	7.4	0.50	0.20	22.6	33	2.0	68	8.8		E 111°33′06.1″ N 31°09′46.9″	75
剖32	初育土	紫色土	酸性紫色土	酸性紫泥土	酸性紫砂土	C₁	19—46	油红棕色	砂质黏土	块状	6.4	2.6	0.20	≤0.10	23.0	14	1.3	75	20.0		E 111°33′48.8″ N 31°07′21.7″	95
						C₂	46—100	油红棕色	壤质黏土	块状	6.4	3.1	0.30	0.20	26.1	13	1.1	88	26.5			
剖33	初育土	紫色土	石灰性紫色土	灰紫酒土	灰紫青土	A	0—17	淡红棕色	重壤土	粒状	5.3	12.0	0.80	0.22	24.0	53	1.2	131	20.1		E 111°37′40.0″ N 31°08′06.6″	95
						B	17—62	紫棕色	重壤土	柱状	5.8	2.2	0.33	0.35	30.5	43	4.3	70	20.2			
						C	62—100	紫棕色	壤质黏土		5.8	4.0	0.47	0.17	24.5	28	1.4	106	21.5			
剖34	淋溶土	黄棕壤	黄棕壤	泥质岩黄棕壤	中层黄响砂土	A	0—15	紫棕色	重壤土	粒状	8.0	19.9	1.23	0.51	21.9	68	2.6	85	19.7	黄色粉砂岩残积物或坡积物	E 111°42′19.0″ N 31°06′44.0″	95
						C	15—51	紫色	砂土	粒状	8.1	4.6	0.44	0.54	21.6	27	1.7	40				
						C	13—39	淡黄棕色	砂土		6.5	17.0				72	≤1.0	30				
						D	39—	淡黄棕色	粉砂质壤土		6.0											
剖35	人为土	水稻土	潴育水稻土	黄棕壤性红砂田	红砂田	A	0—11	淡灰棕色	砂壤土	粒状	6.4	19.9	1.24	0.52	27.8	69	4.2	421	≥50.0	红砂岩	E 111°44′13.1″ N 31°07′28.9″	95
						P	11—32	灰棕色	砂壤土	片状	6.0	16.1	1.31	0.53	27.9	51	3.2	≥500	≥50.0			
						W	32—52	紫棕色	砂壤土	粒状	6.0	7.5	0.70	0.55	26.4	33	7.6	411	≥50.0			
						B	52—100	紫棕色	中壤土	粒状	6.0											
剖36	初育土	紫色土	石灰性紫色土	石灰岩黄土	灰紫黏土	A	0—10	暗紫棕色	黏土	粒状	7.6									石灰岩	E 111°44′12.8″ N 31°05′33.1″	95
						B	10—36	紫棕色	黏土	块状	7.6											
						C	36—76	暗红棕色	黏土	粒状	7.4											
剖37	初育土	石灰(岩)土	棕色石灰土	棕色石灰土	浅位厚层夹砾石灰大土	A	0—12	暗棕色	中壤土	块状	7.8	70.4	2.60			147	10.3	240		砂质坡积物	E 111°32′41.3″ N 31°04′52.5″	95
						B	12—24	黄棕色		小块状	7.8											
						C	24—74	暗棕色		块状		39.9	2.00					308				
						R	74—100															
剖38	淋溶土	黄棕壤	黄棕壤	泥质岩黄棕壤	次生灰黄砂泥土	A	0—18	暗棕色	中壤土	粒状	7.5	42.2				75	5.7	85	16.3	石灰岩	E 111°35′57.8″ N 31°03′56.3″	95
						B	18—50	棕灰色	中壤土	梭块状	7.2											
						C	50—100	暗灰棕色	中壤土	块状	7.2											
剖39	淋溶土	黄棕壤	黄棕壤	红砂岩黄棕壤	黄赤砂土	A	0—17	暗红棕色	砂壤土	粒状	5.7	15.9	0.91	0.31	17.9	64	1.8	86	16.2	灰黄色粉砂岩坡积物	E 111°36′30.1″ N 31°06′27.5″	95
						B	17—60	暗红棕色	轻壤土	块状	6.0	22.7	1.22	0.37	21.0	68	3.9	101	15.4			
						C	60—100	暗红色	轻壤土	块状	6.0	6.7	0.53	0.26	24.2	27	≤1.0	73				
剖40	初育土	石灰(岩)土	棕色石灰土	棕色石灰土	浅位厚夹砾子土	A	0—11	暗棕色	轻壤土	核状	8.0	6.2	0.54	0.30	23.2	24	≤1.0	86	17.0	石灰质紫色砂页岩	E 111°39′39.1″ N 31°06′41.6″	95
						B	11—30	紫棕色	重壤土	块状	7.9											
						C	30—100	淡灰棕色	重壤土	块状	7.8											
剖41	人为土	水稻土	潴育水稻土	浅黄棕性泥质田	灰石岩泥田	A	0—16	暗棕色	轻壤土	粒状	7.8	22.9	1.30			105	9.8	161		石灰岩	E 111°32′41.3″ N 31°02′15.8″	95
						P	16—25	暗黄棕色	轻壤土	块状	7.6											
						W	25—100	暗黄棕色	重壤土	粒状	7.8											
剖42	人为土	水稻土	潴育水稻土	灰紫泥砂田	灰紫砂泥田	A	0—14	紫棕色	轻壤土	粒状	7.9									石灰质紫色砂岩	E 111°32′39.5″ N 31°02′25.1″	95
						B	14—20	淡灰棕色	轻壤土	块状	7.8											
						C	20—63	暗灰棕色	轻壤土	粒状	7.8											
							63—90	暗棕色	重壤土	粒状	7.8											
剖43	淋溶土	黄棕壤	黄棕壤	泥质岩黄棕壤	次生灰黄泥土	A	0—12	暗棕色	重壤土	小块状	6.8									硅质页岩坡积物	E 111°32′25.8″ N 31°00′16.3″	95
						B	12—24	暗黄棕色	重壤土	块状	7.2											
						C	24—100	暗红棕色	重壤土	柱状	5.3											
剖44	初育土	紫色土	酸性紫色土	酸性紫泥土	酸性紫泥土	A	0—26	暗红棕色	重壤土	粒状	5.8										E 111°42′07.0″ N 31°03′53.4″	95
						B	26—62	红棕色	重壤土	块状	5.8											
						C	62—100	暗红棕色	重壤土	柱状	5.8											

续表 Continued

剖面号 Soil profile	土纲 Soil order	土类 Soil great group	亚类 Soil subgroup	土属 Soil genus	土种 Soil species	土层码 Layer code	土层厚度 Depth/cm	颜色 Soil color	质地 Soil texture	土壤结构 Soil structure	pH	有机质 OM/(g/kg)	全氮 TN/(g/kg)	全磷 TP/(g/kg)	全钾 TK/(g/kg)	碱解氮 AN/(mg/kg)	有效磷 AP/(mg/kg)	速效钾 AK/(mg/kg)	阳离子交换量CEC/(cmol/kg)	土壤母质 Parent material	剖面点坐标 Profile coordinate	匹配指数 Matching index/%
剖45	初育土	紫色土	中性紫色土	中性紫砂泥土	紫砂泥土	A	0—13	暗棕色	壤质黏土	粒状	6.9	14.8	1.10	0.30	22.8	58	≤1.0	81	16.7		E 111°41′27.3″ N 31°01′32.9″	81
						B	13—60	红棕色	壤质黏土	团块状	6.5	6.5	0.60	0.20	27.3	25	≤1.0	68	17.9			
						C	60—100	暗红棕色	壤质黏土	块状	6.0	4.6	0.50	0.20	18	≤1.0		71	20.2			
剖46	淋溶土	黄棕壤	黄棕壤	第四纪黏土黄棕壤	底砂石盖黄土	A	0—8	淡棕色	重壤土	粒状	7.2	18.0				55	2.5	111		第四纪黏土	E 111°38′29.3″ N 31°00′27.7″	95
						C	8—56	暗棕色	重壤土	块状	7.2											
						R	56—															
剖47	人为土	水稻土	潴育水稻土	泥质岩泥田	底砂细砂泥田	A	0—11	淡棕色	中壤土	粒状	5.9	46.6	2.50	0.29	19.8	183	15.8	138	11.6		E 111°40′31.3″ N 31°00′26.0″	95
						P	11—21	灰棕色	中壤土	片状	6.6	14.3	0.87	0.32	21.4	62	5.1	115	9.5			
						W	21—54	暗红棕色	中壤土	块状	7.5	2.6	0.29	0.18	23.6	10	1.7	120	9.0			
						R	54—															
剖48	淋溶土	黄棕壤	黄棕壤	泥质岩黄棕壤	黄泥土	A	0—4	暗棕色	重壤土	粒状	6.5										E 111°32′43.3″ N 30°58′27.0″	95
						B	4—45	灰棕色	重壤土	小块状	6.0											
						C	45—100	黄棕色	重壤土	块状	6.0											
剖49	淋溶土	黄棕壤	黄棕壤	碳酸岩黄棕壤	中层中砾石黄土	A	0—4	褐色	重壤土	粒状	5.7	22.7				105	2.8	180			E 111°34′51.2″ N 30°57′35.5″	75
						C	4—51	灰棕色	重壤土	块状	6.0											
剖50	初育土	石灰(岩)土	棕色石灰土	棕色黏土	中层灰黄黏土	A	0—20	淡棕黄色	重壤土	核状	7.7	29.4				112	8.0	161		石灰岩	E 111°33′13.2″ N 30°56′08.6″	95
						C	20—60	灰黄色	重壤土	块状	7.6											
						D	60—															
剖51	人为土	水稻土	淹育水稻土	浅黄棕壤第四纪黏土泥田	浅黄鸡肝泥田	A	0—13	淡黄棕色	重壤土	核状	5.7	40.4	1.99	0.52	15.4	12	8.7	188	22.5	第四纪黏土	E 111°40′01.5″ N 30°58′44.9″	95
						P	13—26	灰黄棕色	重壤土	棱柱状	7.0	12.2	0.90	0.40	15.6	33	4.3	113	22.9			
						C	26—100	暗黄棕色	重壤土	柱状	7.0	8.3	0.52	0.35	22.4	29	2.0	106	30.3			
剖52	人为土	水稻土	淹育水稻土	浅黄泥质岩泥田	中层浅黄黏泥田	A	0—10	灰黄色	黏土	粒状	5.4	30.2				112	1.7	116		砂页岩及页岩残积物	E 111°46′41.1″ N 31°12′49.0″	95
						P	10—15	暗黄棕色	黏土	块状	6.4											
						C	15—43	黄色	黏土	块状	6.8											
剖53	淋溶土	黄棕壤	黄棕壤	泥质岩黄棕壤	黄响砂土	A	0—20	暗棕色	砂土	粒状	6.7	29.5	1.77	0.42	21.0	81	6.8	46	27.2	黄色粉砂岩坡积物	E 111°48′51.0″ N 31°12′26.2″	95
						B	35—100	暗棕色	重壤土	粒状	5.6											
剖54	初育土	石灰(岩)土	石灰紫色土	石灰紫泥田	灰紫砂土	A	0—20	暗红棕色	重壤土	粒状	8.0	10.6	0.71	0.27	21.6	30	≤1.0	100	25.1	紫色砂岩及钙质粉砂岩	E 111°46′12.1″ N 31°10′24.9″	81
						B	20—61	淡紫棕色	重壤土	块状	8.0	10.4	0.67	0.27	20.6	37	≤1.0	10	21.2			
						C	61—100	淡黄棕色	中壤土	柱状	7.9	7.9	0.56	0.22	29.4	34	≤1.0	90	7.5			
剖55	人为土	水稻土	淹育水稻土	浅黄泥质黄黏土泥田	浅黄泥田	A	0—8	棕色	重壤土	核状	6.8	30.0				100	1.2	95		第四纪黏土	E 111°45′44.6″ N 31°07′57.7″	75
						P	8—23	紫棕色	重壤土	块状	6.8	10.6										
						C	23—100	淡棕色	重壤土	柱状	7.2	10.4										
剖56	初育土	紫色土	中性紫色土	中性紫砂渣土	浅黄泥土	A	0—19	暗红色	中壤土	粒状	6.8	7.9								紫色黏土沉积物	E 111°45′07.1″ N 31°06′45.8″	75
						D	19—															
剖57	淋溶土	黄棕壤	黄棕壤	红砂岩黄棕壤	红砂土	A	0—12	灰棕色	砂壤土	粒状	5.6	9.0	1.32	0.39	17.1	34	≤1.0	26	5.7		E 111°45′58.5″ N 31°05′57.6″	95
						A	12—100	黄棕色	砂壤土	粒状	6.5	22.3	1.67	0.23	17.5	95	2.1	45	4.0			

兴 山 县

主要土类说明

黄棕壤是兴山县主要土壤类型，占本县地域面积的44%。黄棕壤是黄壤向棕壤过渡的土壤类型，是本县山地垂直带谱的主要土壤类型，分布在海拔800—1800m的地区。在地带性土壤垂直带谱中，黄棕壤占中山区绝大部分面积。本县黄棕壤分为山地黄棕壤和黄棕壤性土两个亚类。其中，山地黄棕壤均为中、厚层土壤；黄棕壤性土土体厚度小于30cm。由于气候温凉，降水量较多，干湿频繁交替，山地黄棕壤在发育过程中有明显的淋溶淀积作用。表土层以下，黏粒数量显著增加，尤其是分布在缓坡及平坦地区、发育于石灰岩的山地黄棕壤，黏化过程更加强烈，心土层紧实黏重，呈棱块状结构，一般为黄棕色或淡棕色。上述现象说明，黄棕壤的黏化过程是本县地带性土壤的重要特征。

石灰（岩）土是兴山县第二大土壤类型，占本县地域面积的38%。石灰（岩）土是由石灰岩风化物发育而成的岩成土。本县石灰（岩）土分为黑色石灰土和棕色石灰土两个亚类。黑色石灰土集中分布在本县北部森林植被茂密的地区，有机质含量极为丰富，在100g/kg以上。棕色石灰土主要分布在本县中北部和西北部的岩溶地形，较集中成片分布，是本县旱粮作物——玉米的生产基地。

紫色土是兴山县第三大土壤类型，占本县地域面积的7%。紫色土由侏罗系紫色砂页岩风化发育而成，集中分布在本县西南地区。本县气候条件良好，紫色土适种范围广泛，主产粮、油、果、桐、茶、林等，在本县农业生产上有重要地位。其形成过程以紫色砂页岩的物理风化为主，成土迅速，形成的土壤比较稳定地保留了母质的颜色、pH、矿物质养分、石灰质等特性，属于岩性土类。紫色土成土时间短，土壤腐殖质累积少，普遍缺乏有机质。本县紫色土分为酸性紫色土、中性紫色土和石灰性紫色土三个亚类。其中，酸性紫色土面积最大，占本土类面积的75%。

黄壤占本县地域面积的6%，分布在海拔800m以下的低山地区，沿香溪河两岸坡地呈带状分布。由于缺乏水源，灌溉条件差，侵蚀作用较强，因此黄壤质地轻，呈中性或微酸性，pH一般为4.5—7.0。本县黄壤分为黄壤和黄壤性土两个亚类。黄壤亚类土体发育完整，剖面构型为A–B–C，具有一般黄壤的特征。黄壤性土位于陡坡部位，侵蚀作用强烈，土体发育不完整，剖面构型为A–C，土体厚度小于30cm，其基本特征为土层薄，砾石含量高。

水稻土占本县地域面积的3%，主要分布在河流沿岸及中山区的平缓坡地段，在长期耕作、施肥和灌溉条件下，由于还原淋溶和氧化淀积等作用，水稻土形成了特有的剖面结构和发生层次。根据水耕熟化程度的差异，本县水稻土按水型分为淹育型、潴育型、潜育型和沼泽型四个亚类。

小于本县地域面积3%的土壤类型有棕壤、潮土等。

本区域中心区气候特征

本区域中心区气候特征值
Regional climate characteristics in central area of the region

气候带：北亚热带湿润气候 Climate region: North subtropical humid climate	
年平均气温 /℃ Annual average temperature /℃	16.3
年平均最高气温 /℃ Annual average maximum temperature /℃	21.1
年平均最低气温 /℃ Annual average minimum temperature /℃	12.7
年降水量 /mm Annual precipitation /mm	1109
≥10℃的积温 /℃ Daily temperature accumulated in a year (≥10℃) /℃	5979
年日照时数 /h Annual sunshine /h	1554
年平均相对湿度 /% Annual average relative humidity /%	76
干燥度 Dryness	0.92

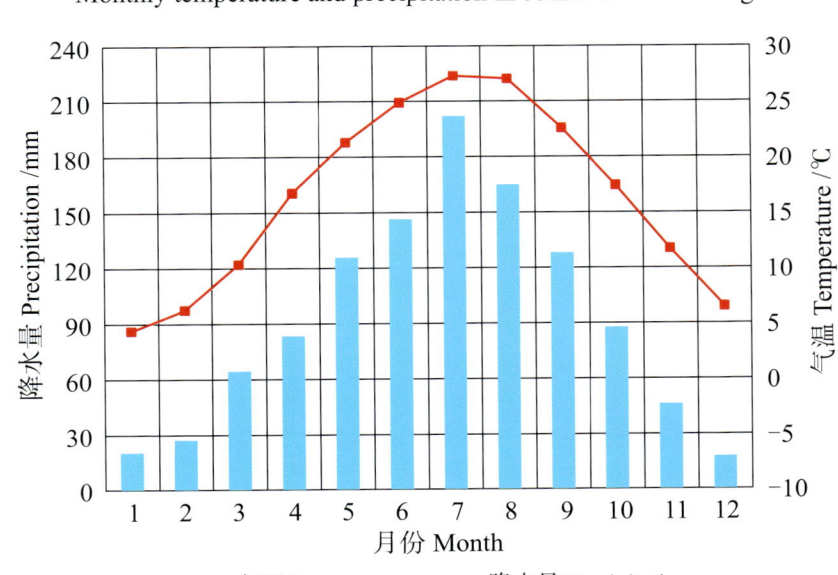

本区域中心区月平均气温与月平均降水量
Monthly temperature and precipitation in central area of the region

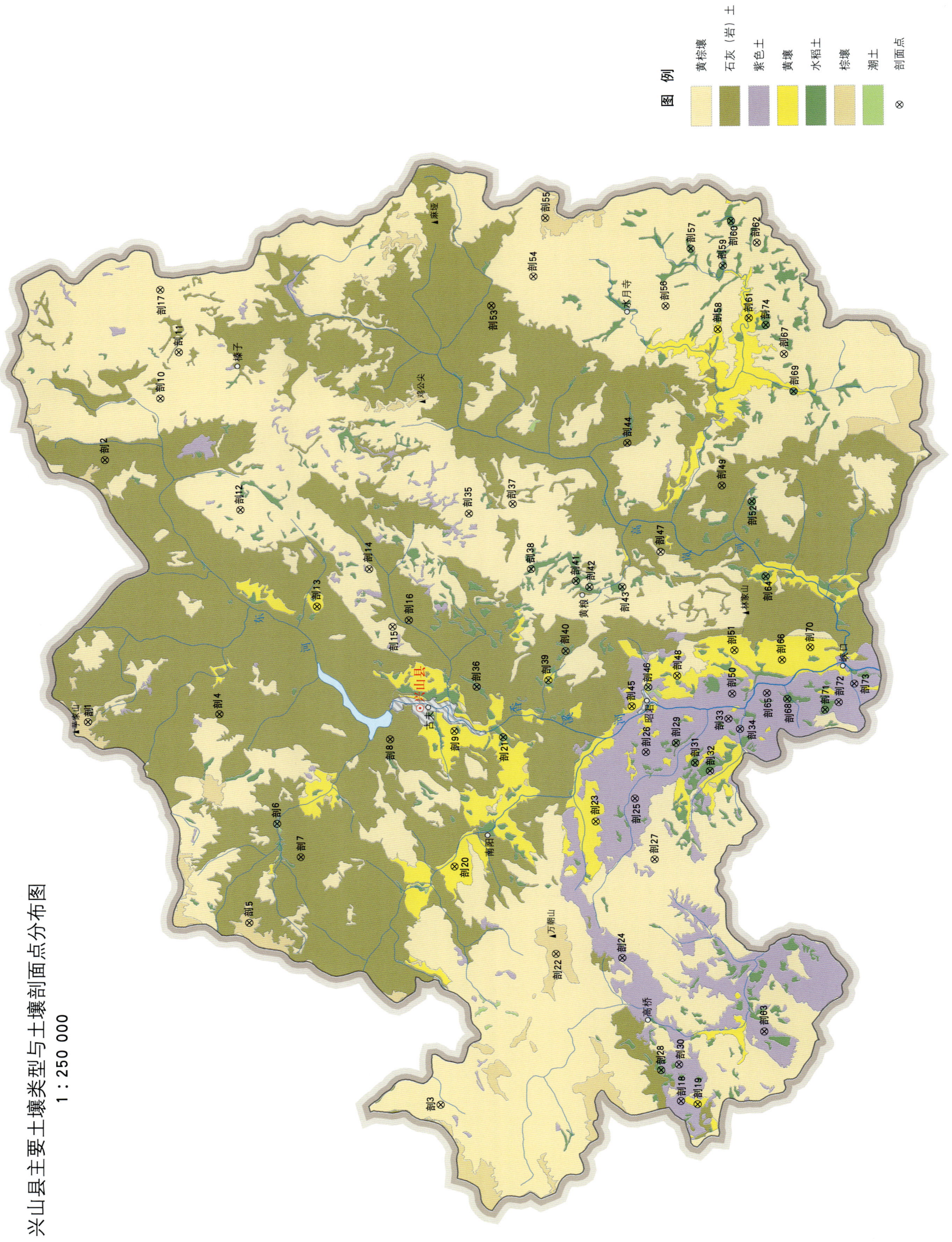

兴山县土壤剖面理化性状表

剖面号 Soil profile	土纲 Soil order	土类 Soil great group	亚类 Soil subgroup	土属 Soil genus	土种 Soil species	土层码 Layer code	土层厚度 Depth/cm	颜色 Soil color	质地 Soil texture	土壤结构 Soil structure	pH	有机质 OM/(g/kg)	全氮 TN/(g/kg)	全磷 TP/(g/kg)	全钾 TK/(g/kg)	碱解氮 AN/(mg/kg)	有效磷 AP/(mg/kg)	速效钾 AK/(mg/kg)	阳离子交换量CEC/(cmol/kg)	土壤母质 Parent material	剖面点坐标 Profile coordinate	匹配指数 Matching index/%
剖1	淋溶土	棕壤	山地棕壤	泥质岩山地棕壤	棕灰包土	Ao	0–3													泥质岩	E 110°44′34.3″ N 31°32′02.4″	95
						A	3–16	暗灰黄色	重壤土	块状	5.4	51.9	1.50	2.62	11.2				17.9			
						B	16–43	淡黄棕色	重壤土	棱块状	5.6	4.6	0.32	0.24	28.3				13.8			
						C	43–80	淡黄色	轻黏土	块状	5.6	3.3	0.24	0.23	36.7				17.1			
剖2	初育土	石灰(岩)土	黑色石灰土	黑色石灰土	灰黑土	Ao	0–7	暗灰色												石灰岩风化物	E 110°55′02.1″ N 31°31′29.3″	90
						A	7–24	暗灰黄色	中壤土	粒状	7.5	132.6	5.96	0.83	19.9	269	5.4	204	35.2			
						B	24–36	棕黄色	中壤土	团粒状	7.6	109.3	4.52	0.79	11.9				31.3			
						C	36–51	暗棕色	中壤土	团粒状	7.6	82.4	3.89	0.72	12.4				29.5			
剖3	淋溶土	黄棕壤		泥质岩山地黄棕壤	轻砾石渣土	Ao	0–2				5.8	8.5	0.53			50	1.8	107		泥质岩坡积物或残积物	E 110°29′23.0″ N 31°20′24.6″	91
						A	2–17	淡灰黄色	轻砾石土	小块状												
						B	17–40	淡灰色		块状												
						C	40–80			块状												
剖4	初育土	石灰(岩)土	棕色石灰土	棕色石灰土	薄层中灰石渣土	A	0–10	暗黄棕色		无结构	7.9				19.3					石灰岩风化物	E 110°44′53.1″ N 31°27′44.1″	95
						C	10–22	棕色		无结构	7.6				19.1							
剖5	淋溶土	棕壤	山地棕壤	碳酸岩山地棕壤	灰包土	A		暗灰黄色		无结构	5.8	40.7	2.41	0.33		16	2.4	32	18.1	石灰岩风化物	E 110°36′32.9″ N 31°26′43.0″	96
						B	0–12	灰黄色		无结构	6.0	9.7	0.63	0.17					19.0			
						C	12–28				6.0	3.2	0.34	0.14	18.2				18.9			
剖6	半水成土	潮土	灰潮土	砂型坚灰潮土	飞砂土	A	0–14	暗黄棕色				6.3	0.34							近代河流冲积物	E 110°40′31.2″ N 31°25′49.3″	92
剖7	初育土	石灰(岩)土	棕色石灰土	棕色石灰土	轻灰石渣土	A	0–14	暗棕色	中壤土	团块状	8.0	13.9	0.88	0.27	13.7	137	2.1	121		石灰岩风化物	E 110°39′10.9″ N 31°25′02.6″	93
						B	14–52	暗棕色	中壤土	小块状	8.0	11.4	0.77	0.10	13.8							
						C	52–71		重壤土	小块状	8.0	9.4	0.66	0.24	14.2							
剖8	初育土	石灰(岩)土	棕色石灰土	棕色石灰土	灰大土	A	0–19	淡黄棕色	中壤土	团块状		28.3	1.45	0.44	17.8	95	3.8	130		石灰岩风化物	E 110°43′52.9″ N 31°22′07.1″	92
						B	19–60	淡灰黄色	中壤土	棱块状		17.6	0.98	0.42	18.4							
						C	60–100	灰黄色	重壤土	棱块状		12.6	0.75	0.38	18.4							
剖9	铁铝土	黄壤	黄壤	泥质岩黄壤	黄壤中层轻砾石土	A	0–20	淡灰黄色	轻砾石土	无结构	7.3									泥质岩	E 110°44′12.1″ N 31°20′00.8″	91
						B	20–35	灰黄色	轻砾石土		7.5											
						C	35–50		轻砾石土		7.2											
剖10	淋溶土	黄棕壤	黄棕壤性土	碳酸岩黄棕壤性土	薄层黄黄大土	A	0–20	暗黄黄色	重壤土	块状	6.3	23.1	1.55	0.57	23.7	100	4.5	156	10.7	石灰岩	E 110°57′28.8″ N 31°29′40.0″	93
						C	20–	暗黄色	重壤土	棱块状	6.0	14.6	1.08	0.55	24.3				10.6			
剖11	淋溶土	黄棕壤	山地黄棕壤	碳酸岩黄山地黄棕壤	黄黏土	A	0–20	淡灰黄色	重壤土	块状	5.8	20.5	1.31	0.37	19.5				10.8	灰岩	E 110°59′19.4″ N 31°29′03.3″	94
						B	20–65	淡黄棕色	重壤土	棱块状	5.6	9.9	0.69	0.28	20.2							
						C	65–100	淡黄色	轻黏土	块状	5.6	9.8	0.66	0.27	23.2							
剖12	淋溶土	黄棕壤	山地黄棕壤	碳酸岩黄山地黄棕壤	轻砾石渣土	Ao	0–2	黑黄色		小块状		20.5	1.13			61	3.4	71		灰岩	E 110°53′01.2″ N 31°27′02.5″	91
						A	2–7	灰灰色		块状												
						B	7–26	淡黄黄色		块状												
						C	26–75	灰黄色														
剖13	铁铝土	黄壤	黄棕壤性土	泥质岩黄壤土	黄壤性偏泥砂土	A	0–9	淡灰黄色	轻壤土	块状	5.1	10.9	0.65	0.15	15.2			182	9.9	泥质岩	E 110°49′10.2″ N 31°24′31.7″	90
						C	9–27	黄黄色	重壤土	块状	5.2	10.0	0.53	0.13	14.2				10.8			
剖14	淋溶土	黄棕壤	黄棕壤性土	泥质岩黄性棕壤土	薄层偏砂泥土	A	0–16	黄黄色	重壤土	块状	7.3	17.1	1.00	0.25	17.9	119	3.1		12.5	泥质岩	E 110°50′39.2″ N 31°22′49.3″	94
						C	16–30	淡灰黄色	重壤土	块状	6.8	7.6	0.50	0.16	19.0				9.7			

续表 Continued

剖面号 Soil profile	土纲 Soil order	土类 Soil great group	亚类 Soil subgroup	土属 Soil genus	土种 Soil species	土层码 Layer code	土层厚度 Depth/cm	颜色 Soil color	质地 Soil texture	土壤结构 Soil structure	pH	有机质 OM/(g/kg)	全氮 TN/(g/kg)	全磷 TP/(g/kg)	全钾 TK/(g/kg)	碱解氮 AN/(mg/kg)	有效磷 AP/(mg/kg)	速效钾 AK/(mg/kg)	阳离子交换量 CEC/(cmol/kg)	土壤母质 Parent material	剖面点坐标 Profile coordinate	匹配指数 Matching index/%
剖15	淋溶土	黄棕壤	山地黄棕壤	泥质岩山地黄棕壤	扁泥土	A	0—14	淡黄色	重壤土	团块状	6.1	28.5	1.61	0.38	25.6	105	6.3	105	17.9	泥质岩坡积岩或残积物	E 110°48′21.4″ N 31°22′02.9″	93
						B	14—46	淡棕黄色		棱块状	6.2	21.3	1.46	0.37	24.4				17.0			
						C	46—87	淡黄棕色		块状	6.2	17.0	1.50	0.36	24.4				17.3			
剖16	初育土	石灰（岩）土	棕色石灰土	棕色石灰土	薄层轻石渣土	A	0—10	暗棕红色	黏土		8.1									石灰岩风化物	E 110°48′37.2″ N 31°21′31.1″	95
						C	10—20	暗棕红色	黏土		7.6											
剖17	淋溶土	黄棕壤	山地黄棕壤	泥质岩山地黄棕壤	扁泥砂土	Ao	0—3	棕黄色												泥质岩坡积物或残积物	E 111°01′48.5″ N 31°29′39.5″	94
						A	3—15	淡黄黄色	轻壤土	碎块状												
						B	15—29	淡黄棕色	中壤土	团块状												
						C	29—100	淡黄色	中壤土	团块状												
剖18	初育土	紫色土	酸性紫色土	酸性紫泥土	酸性紫泥大土	A	0—11	灰棕色	重壤土	粒状	6.0	15.7	1.06	0.40	19.6	75	9.2	103	14.6	泥质岩	E 110°29′34.9″ N 31°12′31.4″	94
						B	11—45	灰棕色	中壤土	棱块状	5.2	8.8	0.59	0.31	20.1				14.7			
						C	45—70	紫灰色	中壤土	块状	5.6	5.9	0.39	0.30	20.7				14.4			
剖19	铁铝土	黄壤	黄壤	泥质岩黄壤性土	黄壤性轻砾石土	A	0—30	黄棕色	轻黏土	块状	6.8	13.2	1.09	0.41	25.4	73	3.5	90	21.5	泥质岩	E 110°29′27.2″ N 31°11′58.5″	94
						B	30—82	淡黄棕色	轻黏土	棱块状	6.4	8.2	0.78	0.37	24.9				19.8			
						C	82—100	棕黄色	轻黏土		6.4	7.5	0.53	0.33	28.9				18.1			
剖20	铁铝土	黄壤	黄壤性土	浅红黄性泥	黄壤性轻砾石土	A	0—15	黄黄棕色	轻砾石土	碎块状	4.4	10.5	0.61	0.16	11.9				6.7	泥质岩	E 110°38′48.3″ N 31°19′59.8″	99
						C	15—30	淡黄棕色	中壤土	碎块状	5.2	4.7	0.35	0.15	11.5				6.1			
剖21	人为土	水稻土	淹育水稻土	浅泥质岩性泥田	浅黄棕扁砂泥田	A	0—13	黄黄棕色	中壤土	碎块状	5.0	25.9	1.47	0.48	22.9	255	2.4	67		泥质岩	E 110°43′57.7″ N 31°18′25.1″	98
						P	13—18	淡黄棕色	中壤土	块状	5.2	27.7	1.51	0.45	22.3							
						C	18—29	淡黄棕色	中壤土	棱块状	5.6	27.7	1.46	0.45	22.4							
剖22	淋溶土	棕壤	山地棕壤	碳酸岩山地棕壤	棕大土	Ao	0—5	淡灰色												石灰岩坡风化物	E 110°35′20.6″ N 31°16′39.0″	98
						A	5—24	灰黄色	中壤土	块状												
						B	24—48	灰黄色	中壤土	块状												
						C	48—66	灰黄色	重壤土													
剖23	铁铝土	黄壤	黄壤	泥质岩黄壤	黄壤扁黄砂泥	A	0—20	灰棕色	中壤土	小块状	6.0	13.5	0.77	0.26	21.2	65	2.4	38	15.7	泥质岩	E 110°40′37.9″ N 31°15′22.3″	92
						B	20—	暗红棕色	轻壤土	小块状	6.0	9.7	0.54	0.23	20.4				13.0			
						C		暗红棕色	轻壤土	块状	6.0	7.4	0.60	0.25	19.7				12.8			
剖24	初育土	紫色土	酸性紫色土	酸性紫泥土	酸性薄层紫泥砂土	A	0—19	淡黄色	中壤土	碎块状	6.0	13.4	0.79	0.26	17.2	110	9.4	179	9.8	泥质岩	E 110°35′11.7″ N 31°14′28.5″	97
						1	0—19	淡黄色	中壤土	小块状	6.0	10.7	0.57	0.21	16.6				9.0			
						2	19—39	淡黄色	中壤土	块状	6.0	5.7	0.37	0.13	13.6				10.4			
剖25	初育土	紫色土	酸性紫色土	酸性紫泥土	酸性紫泥砂渣土	A	0—15	灰棕色	轻壤土	小团块状	6.0	2.0	0.20	0.07	13.3				11.2	泥质岩	E 110°41′32.6″ N 31°14′05.1″	93
						B	15—43	暗棕红色	中壤土	小块状	5.8	15.1	1.59	0.75	22.2	140	7.1	255				
						C	43—100	暗棕红色	中壤土	块状	6.7	12.0	1.01	0.43	22.1							
剖27	淋溶土	黄棕壤	山地黄棕壤	泥质岩山地黄棕壤	扁泥砂土	P	3—37	淡黄色	中壤土	块状	7.0	11.7	0.64	0.51	22.6	63	6.7	64		石灰岩坡风化物	E 110°43′22.5″ N 31°13′43.6″	97
						C	37—63	暗黄色	中壤土	块状	4.9	8.1	0.59	0.19	14.6				8.7			
								淡黄色	中壤土	小块状	5.0	2.1	0.29	0.09	18.0				9.2			
								淡灰色	中壤土	小团块状	5.0	1.4	0.22	0.05	14.0				7.8			
剖28	人为土	水稻土	淹育水稻土	浅灰湖土田	浅灰潮土田	Ao	0—9	灰棕色	中壤土	团块状										河流冲积物	E 110°39′06.7″ N 31°13′25.8″	98
						A	9—14	暗棕灰色	重壤土	团块状		28.4	1.66	0.70	22.4	84	5.6	71				
剖29	人为土	水稻土	潴育水稻土	酸性紫泥田	酸性紫泥黏田	P	14—22	暗红棕色	重壤土	棱块状		23.5	1.41	0.75	22.5						E 110°30′47.4″ N 31°12′10.9″	90
						W	22—53	灰棕色	重壤土	块块状		8.4	0.60	0.57	22.3						E 110°43′44.9″ N 31°12′44.8″	97
						B	53—100	灰棕色	重壤土	块状		5.9	0.73	0.45	19.4							

续表 Continued

剖面号 Soil profile	土纲 Soil order	土类 Soil great group	亚类 Soil subgroup	土属 Soil genus	土种 Soil species	土层码 Layer code	土层厚度 Depth/cm	颜色 Soil color	质地 Soil texture	土壤结构 Soil structure	pH	有机质 OM/(g/kg)	全氮 TN/(g/kg)	全磷 TP/(g/kg)	全钾 TK/(g/kg)	碱解氮 AN/(mg/kg)	有效磷 AP/(mg/kg)	速效钾 AK/(mg/kg)	阳离子交换量CEC/(cmol/kg)	土壤母质 Parent material	剖面点坐标 Profile coordinate	匹配指数 Matching index/%
剖30	初育土	紫色土	中性紫色土	中性紫泥土	紫大土	A	0—20	紫色	轻壤土	小块状	6.8	24.0	1.43	0.31	17.6				11.0		E 110°31′00.5″ N 31°12′36.0″	94
						B	20—29	紫棕色	轻壤土	棱块状	6.0	19.9	1.24	0.27	17.4				9.6			
						C	29—70	紫色	轻壤土	棱块状	6.4	16.5	1.19	0.24	16.0				8.9			
剖31	人为土	水稻土	淹育水稻土	浅酸性紫泥田	浅酸性紫砂泥田	A	0—13	暗灰棕色	中壤土	块状											E 110°42′57.0″ N 31°12′06.8″	95
						P	13—21	灰棕色	中壤土	块状												
						C	21—50	紫色	重壤土	块状												
剖32	人为土	水稻土	潴育水稻土	紫泥田	紫砂泥田	A	0—15	灰棕色	中壤土	块状	6.5	17.2	1.20	0.20	14.3				12.6		E 110°42′37.6″ N 31°11′37.5″	98
						P	15—20	灰棕色	中壤土	块状	6.8	15.5	0.99	0.19	15.4		6.3	94	12.0			
						W	20—38	紫棕色	重壤土	棱柱状	6.8	7.3	0.49	0.19	16.1				11.2			
						B	38—100	紫棕色	重壤土	棱柱状	6.2	5.6	0.34	0.19	18.4				12.1			
剖33	初育土	紫色土	酸性紫色土	酸性紫渣土	酸性紫渣土	Ao	0—1	紫色	轻砾石土	小块状											E 110°44′41.8″ N 31°11′01.3″	97
						A	1—30	紫色	轻砾石土	小块状												
						B	30—51	紫色	轻砾石土	块状												
						C	51—80	紫色	轻砾石土	块状												
剖34	初育土	紫色土	石灰性紫色土	石灰性紫泥土	灰紫大土	A	0—11	灰棕色	重壤土	块状	7.7	17.7	1.13	0.48	22.4				17.3		E 110°44′17.5″ N 31°10′38.6″	98
						B	11—44	紫棕色	重壤土	棱块状	7.6	14.1	0.94	0.41	21.9				16.7			
						C	44—100	紫棕色	重壤土	棱块状	8.0	7.4	1.50	0.56	23.1				15.8			
剖35	淋溶土	黄棕壤	山地黄棕壤	泥质岩山地黄棕壤	扁砂泥土	A	0—13	淡灰黄色	中壤土	块状	7.5	14.3	0.95	0.40	18.0				18.3	泥质岩坡积物或残积物	E 110°52′50.8″ N 31°19′32.9″	100
						B	13—42	淡灰黄色	重壤土	棱块状	6.8	12.8	0.86	0.38	18.1		5.4	220	19.4			
						C	42—100	淡灰黄棕	重壤土	棱块状	5.6	6.1	0.49	0.31	17.0				19.2			
剖36	人为土	水稻土	潴育水稻土	石灰性水田	灰烫泥田	A	0—15	暗灰棕	黏土	块状	8.0	45.8	2.42	0.62	27.7	198			26.5		E 110°45′58.3″ N 31°19′17.0″	92
						P	15—17	暗灰棕	黏土	块状	8.0	44.9	2.34	0.55	24.4				26.0			
						W	17—40	棕黄色	黏土	棱柱状	8.1	39.8	2.23	0.55	27.7				24.9			
						B	40—100	棕黄色	黏土	块状	8.1	32.7	2.06	0.52	28.7				25.5			
剖37	淋溶土	黄棕壤	山地黄棕壤	碳酸盐山地黄棕壤	糯黄土	A	0—23	棕色	轻黏土	团块状	6.8	17.6	1.16	0.51	23.8	147	4.1	145		灰岩	E 110°53′13.6″ N 31°18′06.9″	96
						B	23—47	黄棕色	中壤土	棱块状	6.3	8.8	0.72	0.78	25.2							
						C	47—100	暗棕色	中壤土	块状	6.8	3.9	0.50	0.92	28.6							
剖38	人为土	水稻土	潴育水稻土	黄棕壤性泥质岩泥田	扁沙泥田	A	0—20	棕色	轻黏土	块状										泥质岩	E 110°50′38.5″ N 31°17′30.3″	91
						P	20—25	灰黄色	中黏土	块状												
						W	25—48	黄灰黄色	重黏土	大块状												
						B	48—100	淡灰黄色	重黏土	大块状												
剖39	黄壤	黄壤	黄壤	碳酸盐黄壤	黄土	A	0—15	淡灰黄色	重黏土	块状	6.8	17.3	1.20	0.34	27.0	107	9.8	190	24.4	石灰岩风化物	E 110°46′13.6″ N 31°16′55.9″	100
						B	15—34	暗棕色	重黏土	块状	6.4	14.1	1.09	0.31	24.7				24.2			
						C	34—85	棕色	轻黏土	块状	6.0	10.1	0.84	0.19	22.2				20.3			
剖40	人为土	水稻土	淹育水稻土	浅石灰(岩)性水田	浅灰黄泥田	A	0—14	淡灰黄色	中壤土	块状											E 110°47′22.9″ N 31°16′22.1″	96
						P	14—22	灰黄色	重黏土	块状												
						C	22—100	淡灰黄色	重黏土	块状												
剖41	人为土	水稻土	潴育水稻土	石灰性水田	灰大土田	A	0—12	灰黄色	重黏土	块状											E 110°50′10.4″ N 31°16′02.2″	97
						P	12—17	灰黄色	重黏土	块状												
						W	17—44	灰黄色	重黏土	大棱柱状												
						Bg	44—100	灰黄色	重黏土	块状												
剖42	人为土	水稻土	潴育水稻土	黄棕壤性泥质岩泥田	扁砂泥田	A	0—14	白色	中壤土	碎块状	5.4	19.8	1.60	0.45	24.0	84	12.0	90	16.0	泥质岩	E 110°49′55.5″ N 31°15′35.9″	100
						P	14—21	白色	重壤土	块状	5.6	22.6	1.55	0.44	23.4				14.8			
						Wk	21—72	白色	轻壤土	棱柱状	6.3	14.4	1.16	0.29	23.9				11.7			
						B	72—100	灰白色	黏土	块状	6.4	16.0	0.61	0.32	22.6				12.0			

续表 Continued

剖面号 Soil profile	土纲 Soil order	土类 Soil great group	亚类 Soil subgroup	土属 Soil genus	土种 Soil species	土层码 Layer code	土层厚度 Depth/cm	颜色 Soil color	质地 Soil texture	土壤结构 Soil structure	pH	有机质 OM/(g/kg)	全氮 TN/(g/kg)	全磷 TP/(g/kg)	全钾 TK/(g/kg)	碱解氮 AN/(mg/kg)	有效磷 AP/(mg/kg)	速效钾 AK/(mg/kg)	阳离子交换量CEC/(cmol/kg)	土壤母质 Parent material	剖面点坐标 Profile coordinate	匹配指数 Matching index/%
剖43	人为土	水稻土	淹育水稻土	浅黄棕壤性泥质岩泥田	浅黄砂泥田	A	0—12	淡灰黄色	中壤土	小块状		23.8	1.70					135		泥质岩	E 110°49′56.0″ N 31°14′30.7″	93
剖44	初育土	石灰(岩)土	棕色石灰土	棕色石灰岩土	灰泥田	P	12—16	淡灰黄色	中壤土	块状	7.9	13.2	0.97	0.69	25.6	102	5.5	145	16.0	石灰岩风化物	E 110°55′38.2″ N 31°14′20.7″	96
						C	16—100	淡黄棕色	黏土	块状	8.0	12.8	0.76	0.49	26.3	59	2.5		16.2			
						A	0—9	暗棕色	黏土	块状	8.0	5.1	0.50	0.67	29.6				12.2			
剖45	铁铝土	黄壤	黄壤	泥质岩黄壤	黄壤中层扁层砂泥土	A	0—5	淡灰黄色		无结构										泥质岩	E 110°45′11.8″ N 31°14′11.6″	92
						B	5—28	淡灰黄色		小块状												
						C	28—53	棕色		块状												
剖46	半水成土	潮土	灰潮土	砂土型潮土	底石盖泥土	A	0—20	淡黄黄色	轻壤土			11.1	2.20				67	13.0	113		近代河流冲积物	E 110°45′57.4″ N 31°13′39.7″	90
						C	20—30	暗黄黄色														
剖47	淋溶土	黄棕壤	黄棕壤性土	泥质岩黄棕壤性土	薄层轻砾石渣土	Ao	0—1				5.0									砂岩,页岩残坡积物或坡积物	E 110°51′18.8″ N 31°13′15.7″	99
						A	1—9	淡黄黄色	轻壤土	小块状	5.0	12.4	0.80	0.19	15.5		2.5	68				
						C	9—28	淡黄黄色		块状		9.6	0.60	0.18	13.3							
剖48	铁铝土	黄壤	黄壤	泥质岩黄壤	黄壤扁层泥砂土	A	0—13	淡灰黄色	轻壤土	小块状										泥质岩	E 110°46′24.4″ N 31°12′42.6″	100
						B	13—43	淡灰黄色	中壤土	小块状												
						C	43—70	灰黄色	中壤土	块状												
剖49	初育土	石灰(岩)土	棕色石灰土	棕色石灰岩土	灰马肝土	A	0—17	棕色	重壤土	块状		8.3	0.57	0.37	22.5	97	2.9	85	15.4	石灰岩风化物	E 110°53′55.9″ N 31°11′14.7″	94
						B	17—38	暗红棕色	重壤土	棱状		7.7	0.78	0.30	21.2				15.4			
						C	38—100	暗红棕色	轻黏土	棱状		5.8	0.61	0.16	21.1				12.9			
剖50	初育土	紫色土	中性紫色土	泥质岩紫色土	紫渣土	A	0—15	紫色	轻砾质土	块状										泥质岩	E 110°45′41.6″ N 31°10′54.2″	90
						C	15—29	紫色	轻砾质土	块状												
剖51	铁铝土	黄壤	黄壤	泥质岩黄壤	黄壤扁层砂土	A	0—12	淡灰黄色	中壤土	小块状	7.9	16.6	0.65			127	1.9	26		泥质岩	E 110°47′24.7″ N 31°10′49.8″	98
						B	12—67	淡灰黄色	重壤土	棱块状	8.0											
						W	67—100	灰黄色	重壤土	棱块状	7.6											
剖52	人为土	水稻土	潴育水稻土	石灰色水田	灰泥田	A	0—15	暗黄黄色	重壤土	块状	4.7	40.9	2.74	0.84	24.8	179	11.9	224	28.5	石灰岩风化物	E 110°53′18.0″ N 31°10′15.6″	93
						P	15—23	暗黄黄色	轻黏土	块状	5.6	37.7	2.44	0.75	23.7				28.0			
						B	23—70	暗棕色	黏土	块状	8.1	27.2	1.76	0.61	24.3				26.1			
						C	70—100	暗棕色	黏土	块状	8.0	28.0	1.93	0.64	24.8				26.4			
剖53	初育土	石灰(岩)土	棕色石灰土	棕色石灰岩土	薄层重灰石渣土	Ao	0—1			无结构										石灰岩风化物	E 111°01′05.9″ N 31°18′47.8″	100
						A	0—11	棕色		无结构												
						C	11—27	暗黄棕色														
剖54	淋溶土	黄棕壤	山地黄棕壤	酸性结晶岩山地黄棕壤	山地砂泥土	Ao	0—1	暗棕色	中壤土		5.8	38.4	1.77	0.43	14.9	114	2.4	102	13.0	酸性结晶岩	E 111°02′15.0″ N 31°17′24.7″	94
						A	1—13	碎块状	重壤土	小棱柱状	5.6	19.5	1.00	0.41	15.5				12.2			
						B	13—66	棱块状	中壤土	小块状	5.4	5.1	0.33	0.11	17.5				16.3			
						C	66—100	棱块状														
剖55	淋溶土	棕壤	山地棕壤	酸性结晶岩山地棕壤	棕黄泥砂土	A	0—3	黑色	中壤土	小块状	6.7	20.0	1.18	0.38	21.4	108	5.1	67	15.8	酸性结晶岩	E 111°04′33.9″ N 31°17′01.0″	99
						B	3—20	棕黄色	轻壤土	团块状	6.0	17.9	0.81	0.25	23.4				7.9			
						C	20—40	淡黄黄色	重壤土	块状	6.0	11.9	0.76	0.20	27.2				5.8			
							40—100	淡黄黄色	中壤土	块状									9.2			
剖56	淋溶土	黄棕壤	山地黄棕壤	酸性结晶岩山地黄棕壤	山地黄砂土	A	0—14	灰白色	轻壤土	碎块状	5.3	45.1	2.64	0.42	27.9	219	14.3	55	10.3	酸性结晶岩	E 111°03′03.4″ N 31°13′05.0″	93
						B	14—35	灰白色	轻壤土	团块状	5.3	34.8	1.76	0.42	26.3				9.2			
						C	35—69	黄棕色	中壤土	碎块状	5.9	22.4	1.14	0.45	28.1				11.6			
剖57	人为土	水稻土	潴育水稻土	黄棕壤性酸性结晶岩泥田	山地黄砂田	A	0—13	淡黄黄色	中壤土	棱块状		23.5	1.04	0.69	14.8				13.6	酸性结晶岩	E 111°03′19.0″ N 31°12′14.6″	93
						P	13—17			块状												
						W	17—30															
						Bg	30—51															

续表 Continued

剖面号 Soil profile	土纲 Soil order	土类 Soil great group	亚类 Soil subgroup	土属 Soil genus	土种 Soil species	土层码 Layer code	土层厚度 Depth/cm	颜色 Soil color	质地 Soil texture	土壤结构 Soil structure	pH	有机质 OM/(g/kg)	全氮 TN/(g/kg)	全磷 TP/(g/kg)	全钾 TK/(g/kg)	碱解氮 AN/(mg/kg)	有效磷 AP/(mg/kg)	速效钾 AK/(mg/kg)	阳离子交换量CEC/(cmol/kg)	土壤母质 Parent material	剖面点坐标 Profile coordinate	匹配指数 Matching index/%
剖58	铁铝土	黄壤	黄壤	酸性结晶岩黄壤	黄赭片砂泥土	A	0—16	淡黄黄色	中壤土	团块状	6.5	16.9	0.89	0.25	19.0				15.1		E 111°00′07.6″ N 31°11′22.2″	91
						B	16—80	淡黄黄色	中壤土	梭块状	5.6	15.0	0.83	0.24	19.6				15.8			
						C	80—100	淡黄黄色	轻黄土	块状	5.6	12.8	0.39	0.23	25.0				21.2			
剖59	人为土	水稻土	淹育水稻土	浅黄棕性酸性结晶岩泥质田	浅砾眼砂田	A	0—12	灰白色	轻壤土	碎块状	6.3	35.4	1.88	0.99	15.3	162	3.2	84	13.2	酸性结晶岩	E 111°02′38.1″ N 31°11′11.7″	96
						P	12—19	黄黄棕色	轻壤土	碎块状	5.6	24.4	1.80	1.10	14.8				11.1			
						C	19—32	灰白色	轻壤土	碎块状	6.0	13.4	0.83	1.01	15.3							
剖60	人为土	水稻土	潜育水稻土	青泥质田	青赭田	A	0—13	灰白色	中壤土	碎块状	5.2	50.8	1.96	0.28	22.4	176	3.1	106	15.2		E 111°04′24.0″ N 31°10′55.2″	97
						P	13—24	青灰色	中壤土	碎块状	5.3	46.5	1.94	0.26	21.3				14.1			
						G	24—100	青灰色	中壤土	无结构	5.5	29.3	1.32	0.29	21.2				10.3			
剖61	铁铝土	黄壤	黄壤	酸性结晶岩黄壤性土	黄壤片小皱眼砂	Ao	0—2	暗棕色	轻黏土	碎块状	5.5									酸性结晶岩	E 111°00′33.5″ N 31°10′21.0″	90
						A	2—16	暗黄黄色	轻黏土	碎块状	4.8											
						B	16—57	淡灰黄色	中壤土	团块状	4.8								7.0			
						C	57—100	淡灰黄色	中壤土	团块状	4.8								5.7			
剖62	淋溶土	黄棕壤	黄棕壤性土	酸性结晶岩黄棕壤性土	薄层小皱眼砂	Ao	0—3	紫色	轻壤土	无结构										酸性结晶岩	E 111°03′32.4″ N 31°10′04.7″	90
						A	3—20	暗黄黄色	中壤土	小块状	5.6	16.6	0.88	0.14	17.2	73	2.5	60	17.2			
						B	20—30	棕色	中壤土	小块状	4.8	5.6	0.33	0.09	16.8				12.5			
剖63	初育土	紫色土	酸性紫色土	酸性紫渣土	酸性中层紫泥砂土	Ao	0—2	紫棕色	轻壤土	小块状		11.9	0.59	0.27	17.2				13.1		E 110°32′19.4″ N 31°09′48.3″	99
						A	2—10	棕色	中壤土	块状	6.0	6.8	0.43	0.16	17.2							
						B	10—24	紫棕色	中壤土	块状	5.6	3.2	0.30	0.15	18.5							
						C	24—50	淡黄黄色	中壤土	块状												
剖64	人为土	水稻土	潴育水稻土	红黄黄性泥质泥田	黄壤扁砂泥田	A	0—17	灰黄黄色	中壤土	块状	5.5	30.1	1.73	0.28	16.0	127	2.2	144		泥质岩	E 110°50′20.0″ N 31°09′48.8″	99
						P	17—23	灰黄棕色	中壤土	梭块状	6.4	10.7	1.36	0.23	15.2							
						W	23—34	灰黄色	中壤土	块状	6.8	17.4	0.86	0.24	15.2							
						B	34—100	淡黄色	中壤土	块状	5.6	6.8	0.49	0.27	12.2							
剖65	初育土	紫色土	酸性紫色土	酸性紫渣土	酸性中层紫骨土	A	0—30	淡黄黄色	松砂土	无结构	7.1	12.7	0.74	0.19	13.2	120	13.0	99	17.3		E 110°45′42.6″ N 31°09′45.7″	94
						C	30—39	淡灰黄色	松砂土	无结构	8.0								14.2			
剖66	铁铝土	黄壤	黄壤	泥质岩黄壤	黄壤轻砾石土	A	0—18	淡灰黄色	石土混杂		8.1	21.4	1.50	0.51	22.0		15.7	43	12.0	泥质岩	E 110°47′01.4″ N 31°09′16.0″	100
						B	18—46	灰黄棕色	石土混杂		8.2	11.2	0.93	0.42	23.2				10.2			
						C	46—65	紫棕色	轻壤土		8.1	11.4	0.88	0.52	23.5							
剖67	淋溶土	黄棕壤	黄棕壤性土	浅红黄黄性泥质泥田	轻砾石骨土	A	0—8	灰黄黄色	轻壤土	无结构	6.9	30.0	1.61	0.56	16.3	162		68	9.0		E 110°59′08.1″ N 31°09′12.0″	99
						A	8—30			小块状	5.6	24.4	1.38	0.54	15.8				6.7			
剖68	人为土	水稻土	潴育水稻土	灰紫砂泥田	浅砂田	A	0—15	淡黄黄色	中壤土	块状	5.8	15.2	0.75	0.27	18.3	78	2.0		9.8	泥质岩	E 110°45′28.5″ N 31°09′05.6″	94
						P	15—20	灰黄色	中壤土	块状	5.5	7.1	0.51	0.16	13.8				8.8			
						W	20—50	淡灰黄色	中壤土	小块状		6.1	0.47	0.17	10.2							
						B	50—100	淡灰黄色	重壤土	块状		3.9	0.41	0.13	15.1							
剖69	人为土	水稻土	潴育水稻土	泥质岩黄壤	黄壤扁砂泥田	A	0—14	灰黄色	中壤土	团块状	5.5	24.4	1.50	0.31	19.7	143	14.7	150	8.8	泥质岩	E 110°57′39.2″ N 31°08′53.5″	93
						B	14—20	灰黄色	中壤土	块状	5.8	16.9	1.00	0.31	19.0				8.8			
						C	20—60	淡灰黄色	中壤土	梭柱状	7.3	12.0	0.66	0.38	18.3				9.3			
剖70	铁铝土	黄壤	黄壤	泥质岩黄壤	黄壤扁砂泥土	A	0—15	灰黄黄色	中壤土	块状	6.9	12.3	0.70	0.40	17.7				10.6	泥质岩	E 110°47′31.2″ N 31°08′20.7″	90
						B	15—53															
						C	53—100															
剖71	人为土	水稻土	潴育水稻土	酸性紫泥田	酸性紫泥田	A	0—15														E 110°45′03.1″ N 31°07′51.4″	91
						P	15—21															
						W	21—46															
						B	46—100															

续表 Continued

剖面号 Soil profile	土纲 Soil order	土类 Soil great group	亚类 Soil subgroup	土属 Soil genus	土种 Soil species	土层码 Layer code	土层厚度 Depth/cm	颜色 Soil color	质地 Soil texture	土壤结构 Soil structure	pH	有机质 OM/(g/kg)	全氮 TN/(g/kg)	全磷 TP/(g/kg)	全钾 TK/(g/kg)	碱解氮 AN/(mg/kg)	有效磷 AP/(mg/kg)	速效钾 AK/(mg/kg)	阳离子交换量CEC/(cmol/kg)	土壤母质 Parent material	剖面点坐标 Profile coordinate	匹配指数 Matching index/%
剖72	初育土	紫色土	中性紫色土	中性紫泥土	紫泥砂土	A	0—11	灰棕色	轻壤土	粒状											E 110°45′21.0″ N 31°07′24.1″	97
						B	11—30	灰棕色	中壤土	小块状												
						C	30—47	灰棕色	中壤土	块状												
剖73	初育土	紫色土	酸性紫色土	酸性紫渣土	酸性薄层紫骨土	A	0—7	暗红棕色	松砂土	无结构											E 110°46′05.2″ N 31°06′53.6″	93
						C	7—26	暗红棕色	重砾石土	无结构												
剖74	人为土	水稻土	潴育水稻土	红黄壤性酸性结晶岩泥田	黄麻砂田	A	0—13	绿灰色	中壤土	碎块状	5.5	36.9	2.01	0.69	19.1	211	15.5	114	15.6	酸性结晶岩	E 111°00′17.2″ N 31°09′47.9″	93
						P	13—19	灰白色	中壤土	碎块状	6.0	32.1	1.58	0.68	19.1				14.7			
						Wg	19—60	淡灰色	中壤土	小棱块状	6.4	17.3	0.94	0.61	20.2				13.4			
						B	60—100	灰白色	轻壤土	碎块状	6.6	18.8	0.88	0.77	20.6				12.4			

秭 归 县

主要土类说明

石灰（岩）土是秭归县主要土壤类型，占本县地域面积的 34%。石灰（岩）土主要分布在石灰岩地区，发育于石灰岩、白云岩、泥灰岩以及钙质砂页岩风化物。在其形成过程中，虽然碳酸钙不断淋失，但因来自母质的碳酸钙含量较高，所以土层中仍残留一定量的碳酸钙。该土壤由于侵蚀严重，一般土层较浅薄，砾石含量较高，有不均质石灰反应，pH 比地带性土壤高，近中性或微碱性。本县除归州、水田坝和泄滩外，其他地区均有石灰（岩）土分布。分布在岩溶洼槽地的石灰（岩）土，养分丰富，肥力较高，质地黏重，因富含钙质与有机质，容易形成粒状或团粒状结构。本县石灰（岩）土仅有棕色石灰土一个亚类。

黄棕壤是秭归县第二大土壤类型，占本县地域面积的 23%。黄棕壤广泛分布在海拔 800—1800m 的半高山、高山地区，是本县主要旱作物土壤类型之一。在本县山地垂直带谱中，黄棕壤分布在黄壤之上，棕壤之下，表现出明显的南北过渡性。在其形成过程中，由于弱脱硅富铝化作用，心土层多呈黄棕色或红棕色，质地较黏重，呈块状或棱块状结构，结构体表面常有铁锰胶膜，或有铁锰结核。该土壤表土层有机质含量比黄壤显著增高，土壤肥力也比黄壤高，土壤呈微酸性至中性。

黄壤是秭归县第三大土壤类型，占本县地域面积的 17%。黄壤是本县的地带性土壤，广泛分布在海拔 800m 以下的低山、丘陵及河谷地区。本县黄壤发育于第四纪黏土及沉积岩、岩浆岩、变质岩风化物。在亚热带湿热条件下，水化作用较强烈，因此心土层多呈黄色，土壤多呈酸性或微酸性，且发生一定程度的富铝化过程。根据土壤发育阶段的不同，本县黄壤分为黄壤和黄壤性土两个亚类。

紫色土占本县地域面积的 16%。紫色土主要分布在海拔 1000m 以下水热条件优越的低山、半高山地区，是发展粮、特、林生产的主要土壤类型之一。本县紫色土发育于侏罗系紫红色砂页岩及白垩系有石灰反应的红色砂岩、砂砾岩风化物（母岩除一部分为酸性外，大部分含有碳酸钙）。在其形成过程中，物理风化作用强烈，所以土壤发育程度低，特别是位于坡地的土壤，常处于幼年土阶段，保留了许多母质的特征，如颜色、矿物质养分等。

水稻土占本县地域面积的 7%。水稻土是在人为长期水耕熟化，以栽培水稻为主的过程中形成的具有独特性状的土类，主要分布在海拔 1000m 以下的低山、半高山地区，本县各地均有分布。本县水稻土按水型分为淹育型、潴育型、潜育型和沼泽型四个亚类。

小于本县地域面积 3% 的土壤类型有潮土、棕壤等。

本区域中心区气候特征

本区域中心区气候特征值
Regional climate characteristics in central area of the region

气候带：中亚热带湿润气候 Climate region: Subtropical humid climate	
年平均气温 /℃ Annual average temperature /℃	16.4
年平均最高气温 /℃ Annual average maximum temperature /℃	21.0
年平均最低气温 /℃ Annual average minimum temperature /℃	12.9
年降水量 /mm Annual precipitation /mm	1198
≥10℃的积温 /℃ Daily temperature accumulated in a year（≥10℃）/℃	5963
年日照时数 /h Annual sunshine /h	1471
年平均相对湿度 /% Annual average relative humidity /%	77
干燥度 Dryness	0.85

本区域中心区月平均气温与月平均降水量
Monthly temperature and precipitation in central area of the region

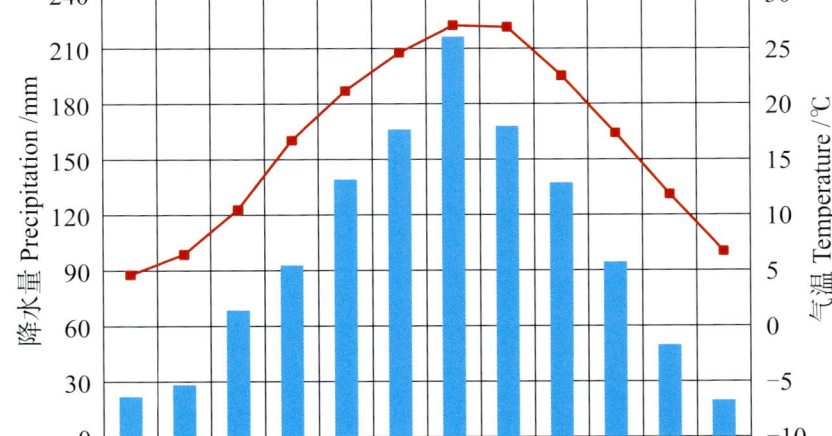

秭归县主要土壤类型与土壤剖面点分布图
1:280 000

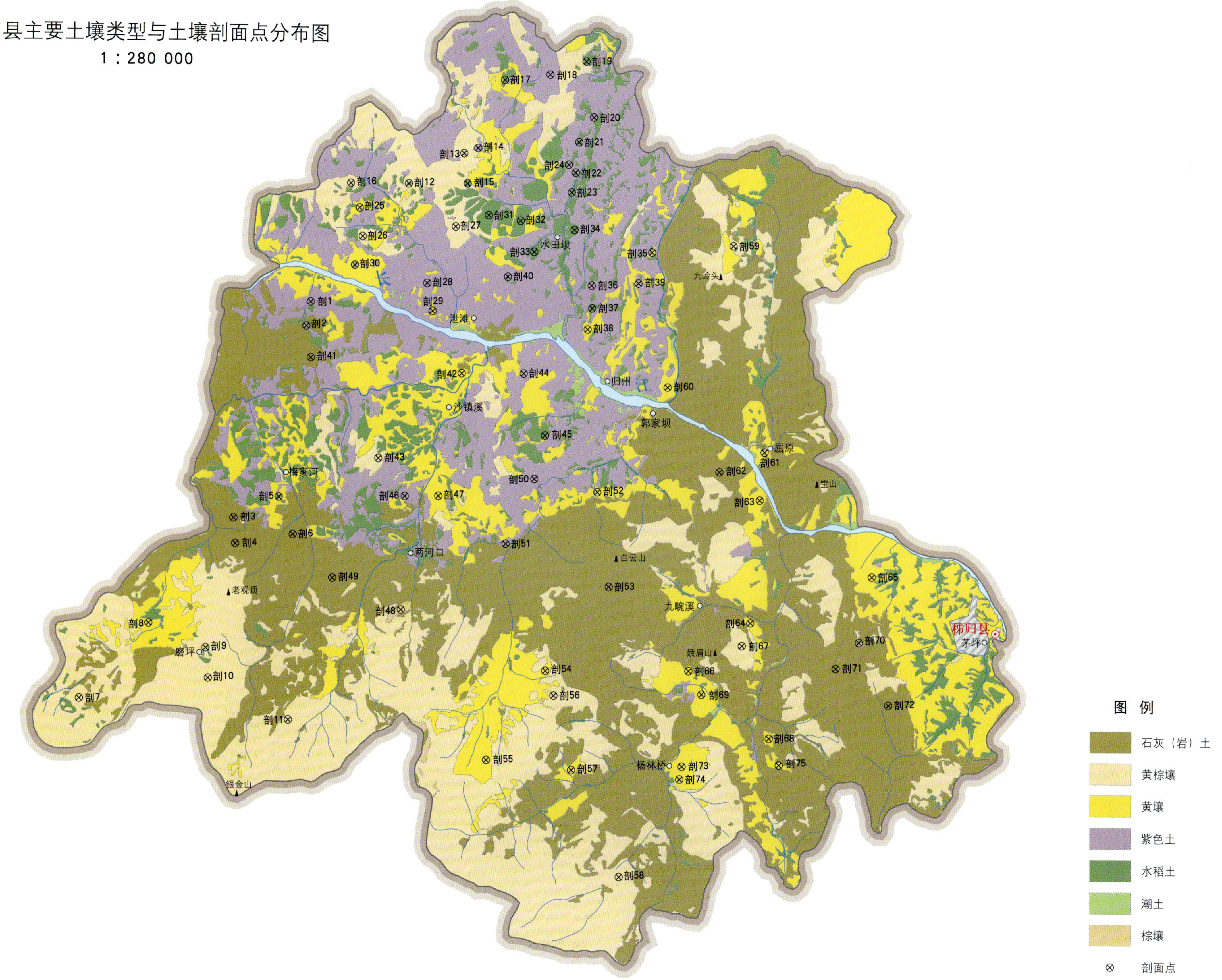

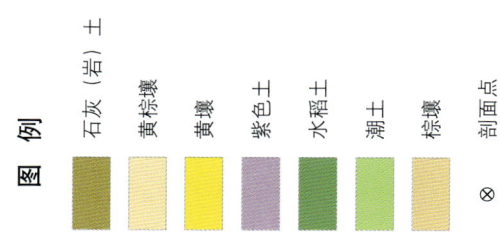

秭归县土壤剖面理化性状表

剖面号 Soil profile	土纲 Soil order	土类 Soil great group	亚类 Soil subgroup	土属 Soil genus	土种 Soil species	土层码 Layer code	土层厚度 Depth/cm	颜色 Soil color	质地 Soil texture	土壤结构 Soil structure	pH	有机质 OM/(g/kg)	全氮 TN/(g/kg)	全磷 TP/(g/kg)	全钾 TK/(g/kg)	碱解氮 AN/(mg/kg)	有效磷 AP/(mg/kg)	速效钾 AK/(mg/kg)	阳离子交换量CEC/(cmol/kg)	土壤母质 Parent material	剖面点坐标 Profile coordinate	匹配指数 Matching index/%
剖1	初育土	紫色土	酸性紫色土	酸性紫泥土	酸性红糯土	A	0—15	紫色	重壤土	块状	6.4										E 110°29′58.8″ N 31°00′55.3″	75
						B	15—47	紫灰色	重壤土	棱柱状	6.4											
						C	47—100	淡红灰色	重壤土	块柱状	6.0											
剖2	初育土	紫色土	石灰性紫色土	灰紫泥土	灰红砂土	A	0—17	紫灰色	轻壤土	粒状	7.8	13.3	0.72	0.72	23.8	49	2.8	87	18.2		E 110°29′57.0″ N 31°00′19.8″	75
						B	17—57	紫灰色	轻壤土	块状	7.8	9.1	0.60	0.67	23.9	46	2.1	75	18.5			
						C	57—100	淡黄灰色	轻壤土	小块状	7.8	6.7	0.63	0.63	24.2	32	2.1	67	18.8			
剖3	初育土	石灰（岩）土	棕色石灰土	棕色石灰土	石灰大土	A	0—16	淡黄棕色	中壤土	小块状	7.8	15.9	0.91	0.28	21.0	29	2.7	118	18.3		E 110°26′58.0″ N 30°53′30.0″	97
						B	16—42	淡黄色	中壤土	块状	7.6	14.6	0.84	0.31	25.4	60	2.3	100	18.2			
						C	42—100	淡黄棕色	中壤土	块状	7.6	12.4	0.84	0.26	24.0	67	2.2	88	15.4			
剖4	初育土	石灰（岩）土	棕色石灰土	棕色石灰土	中层石灰青子土	A	0—12	黄棕黄色	轻砾质石灰土		7.8										E 110°27′02.9″ N 30°52′35.7″	95
						C	12—50	黄棕黄色	轻砾石土		7.6											
剖5	人为土	水稻土	潴育水稻土	石灰（岩）性水稻田	石灰面青子田	A	0—18	淡灰黄色	重壤土	小块状	8.0	39.7	2.11	0.43	23.8	134	7.7	148	17.8		E 110°28′52.9″ N 30°54′15.5″	95
						P	18—21	灰黄棕色	重壤土	块状	8.0	37.2	2.04	0.42	23.0	116	6.6	118	15.6			
						W	21—42	暗黄色	重壤土	块状	6.8	32.8	1.72	0.34	22.6	123	4.4	78	13.7			
						C	42—100	黄色	重壤土	块状	6.4	26.3	1.46	0.34	21.4	88	4.1	88	14.1			
剖6	初育土	石灰（岩）土	棕色石灰土	棕色石灰土	岩糯土	A	0—22	棕色	重壤土	块状	7.2	9.3	0.70	0.21	23.4	43	2.6	127	17.6		E 110°29′29.4″ N 30°52′56.5″	97
						B	22—60	淡棕色	重壤土	块状	7.2	6.2	0.66	0.18	24.1	45	1.9	136	15.9			
						C	60—100	棕色	重壤土	粒状	7.2	5.5	0.49	0.26	24.6	29	2.2	168	22.1			
剖7	淋溶土	黄棕壤	黄棕壤性土	泥质岩山地黄棕壤性土	薄层面青子土	A	0—13	黄棕色	轻砾石土	粒状	6.0	22.0	0.87	0.33	16.9	91	4.8	10	11.5	泥质岩	E 110°20′34.0″ N 30°47′03.7″	97
						C	13—26	黄棕黄色	轻砾石土	小块状	6.4	19.2	0.83	0.33	16.9	77	4.2	82	11.4			
						D	26—															
剖8	铁铝土	黄壤	黄壤	泥质岩黄壤	黄大土	A	0—15	淡黄色	中壤土	小块状	5.6	9.2	0.56	0.18	19.5	55	3.7	85	7.7		E 110°23′27.2″ N 30°49′44.8″	97
						B	15—44	淡黄色	中壤土	块状	5.6	4.3	0.29	0.13	23.0	32	1.9	37	8.9			
						C	44—100	暗黄色	重壤土	块状	6.0	3.3	0.25	0.14	11.2	42	1.6	30	8.4			
剖9	淋溶土	黄棕壤	山地黄棕壤	泥质岩山地黄棕壤	中层石渣子土	A	0—12	淡黄色	重壤土	块状	6.4	15.0	0.78	0.25	9.6	54	3.3	68	16.3		E 110°25′52.1″ N 30°48′53.5″	95
						C	12—49	淡黄色	重壤土	块状	6.4	8.7	0.50	0.19	10.1	26	1.8	34	13.7			
						D	49—															
剖10	淋溶土	黄棕壤	山地黄棕壤	泥质岩山地黄棕壤	中层扁石砂土	A	0—24	淡黄棕色	轻砾石土	粒状	6.8	7.5	0.36	0.14	9.1	55	1.5	30	10.0		E 110°25′58.9″ N 30°47′49.7″	95
						C	24—47	淡黄棕色	中砾石土	块状	6.8	10.4	0.56	0.21	14.0	39	2.2	37	10.8			
						D	47—															
剖11	淋溶土	黄棕壤	黄棕壤性土		潭层朱青子土	A	0—15	棕红色	轻砾石土	团块状	6.8	2.3	0.58	0.21	12.0	6	1.3	42	10.7		E 110°29′22.6″ N 30°46′23.5″	95
						D	15—															
剖12	人为土	水稻土	淹育水稻土	浅黄性中性结晶岩泥田	浅白善青砂田	A	0—18	淡黄色	黏壤土	粒状	7.2									中性结晶岩	E 110°34′19.4″ N 31°05′21.9″	95
						P	18—28	淡黄色	壤质黏土	小块状	6.4											
						C	28—100	淡黄色	壤质黏土	块状	7.2											
剖13	初育土	紫色土	中性紫色土	中性紫砂泥土	紫泥土	A	0—18	紫棕色	黏质黏土	团块状	7.2	6.6	0.43	0.52	23.5	31	18.2	77	12.6	红砂岩	E 110°36′40.6″ N 31°06′27.5″	81
						B	18—54	紫棕色	壤质黏土	块状	7.2	8.9	0.58	0.72	23.7	39	18.2	115	11.5			
						C	54—100	紫灰色	中砾石土	块状	8.0	5.8	0.73	0.57	24.4	28	14.4	115	10.5			
剖14	初育土	紫色土	石灰性紫色土	灰紫渣土	灰紫青土	A	0—12	紫色	中砾石土	块状	8.0	4.1	0.23	0.32	11.0				17.7		E 110°37′16.2″ N 31°06′38.8″	95
						C	12—36	紫色	中砾石土		7.8	3.9	0.23	0.30	10.5				18.2			
						D	36—															

续表 Continued

剖面号 Soil profile	土纲 Soil order	土类 Soil great group	亚类 Soil subgroup	土属 Soil genus	土种 Soil species	土层码 Layer code	土层厚度 Depth/cm	颜色 Soil color	质地 Soil texture	土壤结构 Soil structure	pH	有机质 OM/(g/kg)	全氮 TN/(g/kg)	全磷 TP/(g/kg)	全钾 TK/(g/kg)	碱解氮 AN/(mg/kg)	有效磷 AP/(mg/kg)	速效钾 AK/(mg/kg)	阳离子交换量CEC/(cmol/kg)	土壤母质 Parent material	剖面点坐标 Profile coordinate	匹配指数 Matching index/%
剖15	人为土	水稻土	潴育水稻土	黄壤性酸性结晶岩泥田	桃花油砂田	A	0—15	灰黄棕色	轻壤土	小块状	6.0									酸性结晶岩	E 110°36′49.6″ N 31°05′23.3″	75
						P	15—23	灰黄棕色	轻壤土	小块状	6.0											
						W	23—70	暗黄棕色	轻壤土	小块状	6.0											
						B	70—100	暗黄棕色	轻壤土	小块状	6.0											
剖16	淋溶土	黄棕壤	山地黄棕壤	泥质岩山地黄棕壤	扁石渣子土	A	0—19	灰黄色			6.2	14.8	0.76	0.39	11.0	35	4.2	40	14.0		E 110°31′50.3″ N 31°05′21.6″	95
						C₁	19—55	暗黄棕色			6.2	15.2	0.78	0.29	11.1	35	3.9	43	13.3			
						C₂	55—100	暗黄棕色			6.2	11.0	0.72	0.29	11.0	25	2.6	32	11.2			
剖17	人为土	水稻土	潴育水稻土	黄壤性中性结晶岩泥田	夹青肉夹田	A	0—15	淡黄色	中壤土	小块状	7.2	32.4	1.79	0.66	17.8	102	10.2	47	27.2	中性结晶岩	E 110°38′23.4″ N 31°09′03.4″	75
						G	15—36	淡灰黄色	中壤土	无结构	6.8	32.6	1.65	0.60	19.3	95	8.9	33	25.1			
						B	36—100	灰黄色	中壤土	块状	6.6	29.8	1.27	0.57	19.0	93	8.2	26	12.5			
剖18	初育土	紫色土	酸性紫色土	酸性紫渣土	酸性红土	A	0—26	紫红色			5.1	6.9	0.31	0.12	8.6	18	1.7	28	9.9		E 110°40′19.0″ N 31°09′15.3″	95
						C	26—100	淡紫红色			6.1	5.1	0.34	0.18	11.1	15	3.3	27	10.2			
剖19	人为土	水稻土	淹灰水稻土	浅灰潮土田	浅灰卵石青子	A	0—10	紫红色	轻砾石土		7.6									富含钙质的河流冲积物	E 110°41′52.8″ N 31°09′43.9″	95
						P	10—15	紫红色			7.6											
						C	15—100	紫红色	重砾石土		7.6											
剖20	初育土	紫色土	石灰性紫色土	灰紫渣土	灰石砂骨子土	A	0—11	灰黄色	轻壤土	小块状	8.0	2.8	0.19	0.27	9.6	11	≤1.0	24	16.5		E 110°42′12.6″ N 31°07′45.9″	95
						B	11—60	紫黄色	中壤土	块状	7.6	2.3	0.17	0.31	9.7	12	≤1.0	25	17.6			
						C	60—100	紫黄色	中壤土	块状	7.6	2.6	0.16	0.30	9.5	10	≤1.0	22	18.1			
剖21	人为土	水稻土	潴育水稻土	黄壤性泥质岩泥田	黄大土田	A	0—10	淡黄色	中壤土	小块状	5.6	27.1	1.40	0.39	23.6	123	9.4	53	8.2	泥质岩风化物	E 110°41′34.9″ N 31°06′53.1″	97
						P	10—18	淡黄色	中壤土	块状	5.6	28.4	1.36	0.37	14.5	120	1.1	44	8.9			
						W	18—34	淡黄色	中壤土	块状	6.0	19.1	1.23	0.28	14.4	85	4.6	28	7.1			
						B	34—100	淡黄色	中壤土	块状	6.0	12.4	0.62	0.24	14.4	53	2.8	28	6.3			
剖22	人为土	水稻土	潴育水稻土	紫泥田	红糯土田	A	0—16	淡黄色	重壤土	粒状	7.2	33.7	0.60	0.60	27.8	137	14.2	230	18.2		E 110°41′26.4″ N 31°05′48.0″	95
						P	16—24	紫红色	重壤土	块状	7.2	24.7	1.03	0.53	29.8	98	8.1	171	17.1			
						W	24—43	紫红色	重壤土	块状	7.2	10.9	0.84	0.46	29.5	46	6.3	97	14.2			
						B	43—71	紫红色	重壤土	块状	7.2	6.3	0.87	0.38	28.5	35	5.8	108	17.3			
						C	71—100	紫红色	重壤土	块状	7.2	5.5	0.65	0.38	29.7	36	5.2	114	15.3			
剖23	人为土	水稻土	潴育水稻土	黄壤性泥质岩泥田	黄面砂田	A	0—17	淡黄色	轻壤土	小块状	6.4	27.9	1.12	0.23	19.1	102	4.7	40	8.8	泥质岩风化物	E 110°41′16.3″ N 31°05′06.5″	95
						P	17—21	淡灰黄色	轻壤土	小块状	6.4	21.3	1.06	0.22	18.9	74	3.6	31	9.0			
						W	21—30	淡灰黄色	中壤土	小块状	6.8	17.4	0.83	0.20	18.9	56	3.8	28	5.8			
						B	30—100	淡灰黄色	轻壤土	小块状	6.8	15.3	0.75	0.22	19.0	53	4.8	24	7.9			
剖24	初育土	紫色土	酸性紫色土	酸性紫渣土	酸性紫砂田	A	0—26	淡灰棕色	中砾石土			6.9	0.31	0.12	8.6	18	1.7	28	9.9		E 110°41′08.5″ N 31°06′04.5″	81
						C	26—100	淡灰棕色	中砾石土			5.1	0.34	0.18	11.1	15	3.3	27	10.2			
剖25	铁铝土	黄壤	黄壤	泥质岩黄壤	黄青泥田	A	0—13	淡黄棕色	重壤土	块状	6.8	18.0	1.15	0.48	22.7	74	5.4	85	14.3		E 110°32′13.4″ N 31°04′29.5″	95
						B	13—70	淡黄棕色	重壤土	块状	7.2	11.7	0.55	0.48	15.3	53	2.8	65	18.3			
						C	70—100	淡黄棕色	重壤土	块状	6.8	5.6	0.86	0.55	25.4	36	4.3	68	22.9			
剖26	淋溶土	黄棕壤	山地黄棕壤	碳酸岩山地黄棕壤	白善大土	A	0—18	淡黄棕色	中壤土	小块状	6.8	27.1	1.45	0.40	17.9	98	3.8	129	15.9		E 110°32′21.7″ N 31°03′29.6″	95
						B	18—31	淡黄棕色	中壤土	块状	7.2	21.9	1.36	0.34	17.4	89	3.1	87	16.0			
						C	31—100	淡黄棕色	中壤土	块状	7.4	16.3	1.04	0.34	17.2	84	1.9	64	14.6			
剖27	淋溶土	黄棕壤	黄棕壤性土	泥质岩黄棕壤性土	薄黄细砂土	A	0—8	淡黄色	砂土		6.8	6.8	0.33	0.16	13.2	23	1.8	24			E 110°36′20.1″ N 31°03′51.7″	95
						C	8—27	淡黄色				6.1	0.25	0.16	12.7	20	1.2	25				
剖28	初育土	紫色土	中性紫色土	中性紫渣土	中层紫砂骨子土	A	0—18	暗红色	轻砾石土		6.8	9.6	0.60	0.27	20.4	31	1.6	48			E 110°35′08.6″ N 31°01′51.7″	95
						C	18—38	暗红色	轻砾石土		6.8	8.6	0.50	0.56	21.3	27	1.3	48				
						D	38—															

续表 Continued

剖面号 Soil profile	土纲 Soil order	土类 Soil great group	亚类 Soil subgroup	土属 Soil genus	土种 Soil species	土层码 Layer code	土层厚度 Depth/cm	颜色 Soil color	质地 Soil texture	土壤结构 Soil structure	pH	有机质 OM/(g/kg)	全氮 TN/(g/kg)	全磷 TP/(g/kg)	全钾 TK/(g/kg)	碱解氮 AN/(mg/kg)	有效磷 AP/(mg/kg)	速效钾 AK/(mg/kg)	阳离子交换量 CEC/(cmol/kg)	土壤母质 Parent material	剖面点坐标 Profile coordinate	匹配指数 Matching index/%
剖29	铁铝土	黄壤	黄壤性土	石英岩黄壤性土	薄层白石渣子土	A	0—20	淡棕色			6.8									石英岩	E 110°35′22.8″ N 31°00′52.7″	75
						C	20—26		重砾石土		6.4											
						D	26—															
剖30	初育土	紫色土	中性紫色土	中性紫色土	紫骨土	A	0—18	暗红色	轻砾石土												E 110°32′01.9″ N 31°02′28.2″	95
						C	18—38	暗红色	轻砾石土													
剖31	人为土	水稻土	潴育水稻土	灰潮土田	灰油砂田	A	0—16	紫灰色	轻壤土	粒状	7.8	43.3	1.55	0.64	21.1	71	12.4	47	14.1	近代河流冲积物	E 110°37′44.5″ N 31°04′16.7″	95
						P	16—21	紫灰色	轻壤土	小块状	7.8	44.2	1.44	0.62	21.8	60	11.0	52	13.3			
						W	21—41	灰棕色	轻壤土	小块状	7.8	43.3	1.17	0.52	21.0	53	6.4	60	13.4			
						B	41—61	紫色	中壤土	块状	7.8	72.7	1.06	0.48	19.9	25	4.5	50	12.2			
						C	61—100	灰黄色	重砾石土		8.0	6.1	0.20	0.13	5.0	7	1.2	19	18.7			
剖32	人为土	水稻土	潴育水稻土	黄棕壤性泥质岩泥田	糯土田	A	0—12	淡黄色	重壤土	块状	6.0	25.1	1.32	0.38	17.4	88	6.0	137	10.4	泥质岩风化物	E 110°37′06.1″ N 31°04′05.5″	95
						P	12—23	淡黄色	重壤土	块状	6.0	23.7	1.30	0.39	17.5	88	6.3	161	10.7			
						W	23—48	淡黄色	重壤土	块状	6.0	21.9	1.24	0.42	17.3	83	6.3	187	9.1			
						B	48—69	淡黄色	中壤土	块状	6.0	16.3	0.92	0.46	17.7	56	7.7	183	8.7			
						C	69—100	淡黄棕色	重壤土	块状	6.0	12.8	0.75	0.39	17.4	41	7.0	178	12.7			
剖33	人为土	水稻土	潴育水稻土	黄棕壤性中性结晶岩泥田	白山砂田	A	0—19	灰白色	轻壤土	粒状	6.4	33.5	1.74	0.68	15.7	102	6.3	58	11.6	中性结晶岩	E 110°39′41.1″ N 31°02′59.7″	75
						P	19—29	灰白色	轻壤土	小块状	6.8	18.0	0.92	0.38	9.6	46	3.8	39	12.9			
						W	29—54	淡黄色	轻壤土	小块状	7.2	7.2	0.39	0.25	6.0	21	1.7	18	13.1			
						B	54—70	淡黄色	轻壤土	块状	7.2	3.0	0.15	≤0.10	3.1	8	1.1	8	12.3			
						C	70—	淡黄棕色	重壤土	块状	6.4	2.8	0.14	≤0.10	3.1	16	≤1.0	6				
剖34	人为土	水稻土	潴育水稻土	黄棕壤第四纪黏土泥田	黄泥巴田	A	0—16	淡黄色	重壤土	块状	6.8									第四纪黏土	E 110°41′24.4″ N 31°03′47.3″	95
						P	16—23	淡黄色	重壤土	块状	7.2											
						W	23—29	淡黄色	中壤土	小块状	7.2											
						B	29—58	黄棕色	中壤土	棱块状	7.2											
						C	58—100	淡黄色	中壤土	团块状	7.2											
剖35	铁铝土	黄壤	黄壤	中性结晶岩黄壤	面黄大土	A	0—14	淡黄色	中壤土	块状	6.0	7.1	0.37	0.21	16.4	31	1.5	37	9.4	闪长岩风化物	E 110°44′43.7″ N 31°03′00.4″	75
						B	14—28	淡黄色	中壤土	块状	6.0	10.0	0.51	0.22	15.9	39	2.3	55	10.9			
						C	28—100	黄棕色	中壤土	块状	6.4	12.9	0.67	0.31	17.1	37	2.3	20	13.2			
剖36	初育土	紫色土	中性紫色土	中性结晶岩紫色土	红糯土	A	0—18	紫色	中壤土	块状	7.2	6.6	0.43	0.52	23.5	31	18.2	77	12.6	闪长岩风化物	E 110°42′09.2″ N 31°01′50.0″	95
						B	18—54	紫红色	中壤土	块状	7.2	8.9	0.58	0.72	23.7	39	14.4	115	11.5			
						C	54—100	紫红色	中壤土	块状	7.2	5.8	0.73	0.57	24.4	28	6.2	115	10.5			
剖37	人为土	水稻土	潴育水稻土	黄棕壤性碳酸岩泥田	白山大土	A	0—13	淡灰黄色	中壤土	小块状	6.8	43.1	2.57	0.56	17.3	102	5.8	54	8.2	碳酸岩	E 110°42′10.7″ N 31°01′01.6″	95
						P	13—22	灰灰黄色	中壤土	块状	6.8	31.8	1.70	0.54	16.8	133	8.4	40	14.4			
						W	22—58	淡黄色	中壤土	块状	6.8	11.5	0.60	0.38	10.6	40	8.4	24	14.0			
						B	58—100	淡黄色	中壤土	块状	6.8	6.9	0.49	0.41	23.0	35	12.7	50	11.5			
剖38	铁铝土	黄壤	黄壤	中性结晶岩黄壤	细砂土	A	0—18	淡黄色	砂壤土	粒状	7.0		0.23	0.32	11.0	12	1.1	40	17.7	闪长岩风化物	E 110°41′59.4″ N 31°00′16.4″	75
						C	18—100	灰灰黄色	砂壤土	粒状	7.4		0.23	0.30	10.5	11	≤1.0	39	18.2			
剖39	初育土	紫色土	石灰性紫色土	灰紫渣土	中层灰红石骨子土	A	0—12	紫色	轻砾石土	无结构	8.0	4.1								碳酸岩	E 110°44′05.5″ N 31°01′59.0″	95
						C	12—36	紫棕色	轻砾石土	无结构	7.8	3.9										
						D	36—															
剖40	人为土	水稻土	潴育水稻土	黄棕壤性红砂岩泥田	红卵石渣子田	A	0—22	紫紫棕色	重壤土	块状	6.8									红砂岩	E 110°38′33.4″ N 31°02′02.8″	75
						P	22—31	红棕色	重壤土	块状	6.8											
						W	31—71	淡红棕色	重壤土	块状	6.8											
						C	71—100	淡红棕色	重壤土	块状	6.8											

续表 Continued

剖面号 Soil profile	土纲 Soil order	土类 Soil great group	亚类 Soil subgroup	土属 Soil genus	土种 Soil species	土层码 Layer code	土层厚度 Depth/cm	颜色 Soil color	质地 Soil texture	土壤结构 Soil structure	pH	有机质 OM/(g/kg)	全氮 TN/(g/kg)	全磷 TP/(g/kg)	全钾 TK/(g/kg)	碱解氮 AN/(mg/kg)	有效磷 AP/(mg/kg)	速效钾 AK/(mg/kg)	阳离子交换量CEC/(cmol/kg)	土壤母质 Parent material	剖面点坐标 Profile coordinate	匹配指数 Matching index/%
剖41	初育土	石灰（岩）土	棕色石灰土	棕色石灰岩土	中层石灰渣子土	A	0—18	灰黄色			7.8										E 110°30′17.3″ N 30°59′08.8″	95
						C	18—58	淡灰黄色			7.8											
						D	58—															
剖42	铁铝土	黄壤	黄壤	泥质岩黄壤	黄岩渣子土	A	0—13	灰黄色	重砾石土		6.4										E 110°36′38.6″ N 30°58′41.2″	97
						C	13—100	灰黄色	重砾石土		6.2											
剖43	淋溶土	黄棕壤	山地黄棕壤	泥质岩山地黄棕壤	面砂土	A	0—18	淡黄色	轻壤土	粒状	6.4	33.9	1.86	0.62	17.3	158	6.8	250	14.7		E 110°33′07.7″ N 30°55′40.0″	97
						B	18—40	淡黄色	中壤土	小块状	6.4	38.3	2.21	0.82	18.2	207	4.6	161	18.6			
						C	40—100	淡黄色	中壤土		6.8	16.3	0.93	0.43	18.1	105	2.0	73	11.7			
剖44	初育土	紫色土	中性紫色土	中性紫色泥土	红砂土	A	0—15	灰棕色	轻壤土	粒状	6.8	12.3	0.76	0.73	25.2	46	3.5	82	20.7		E 110°39′16.6″ N 30°58′42.4″	97
						B	15—23	暗棕红色	轻壤土	粒状	7.2	7.9	0.51	0.68	23.7	34	2.4	57	24.0			
						C	23—100	紫色	中壤土	粒状	7.2	7.9	0.58	0.55	21.7	32	3.5	60	20.5			
剖45	人为土	水稻土	潴育水稻土	灰紫泥土	灰红大土田	A	0—7	灰红色	中壤土	小块状	8.0	16.3	0.80	0.41	23.3	63	3.8	98	17.0		E 110°40′11.9″ N 30°56′31.4″	95
						P	7—16	灰红色	中壤土	块柱状	8.0	14.1	0.79	0.39	23.5	42	3.9	103	17.6			
						W	16—27	灰棕色	中壤土	棱柱状	7.8	5.3	0.40	0.14	23.7	19	1.9	84	21.0			
						B	27—100	紫红色	中壤土	棱柱状	7.8	4.7	0.33	0.12	23.3	18	2.3	75	22.0			
剖46	初育土	紫色土	石灰性紫色土	灰紫渣土	灰红石骨子土	A	0—17	淡紫红色			8.0										E 110°34′06.2″ N 30°54′18.9″	95
						C	17—100	紫红色	重砾石土		8.0											
剖47	铁铝土	黄壤	黄壤	泥质岩山地黄壤	中层黄渣子土	A	0—15	淡灰黄色	重砾石土		6.6	5.3	0.30	≤0.10	4.7	14	≤1.0	25	11.6		E 110°35′41.8″ N 30°54′21.6″	95
						C	15—42	淡灰黄色			6.4	9.5	0.55	0.19	10.1	25	1.9	45	10.3			
						D	42—															
剖48	淋溶土	棕壤	山地棕壤	泥质岩山地残积物成残积物	冷性灰包土	A	0—15	淡黄色	中壤土	粒状	6.0	45.7	2.98	1.27	21.9	221	23.0	≥500	17.1	泥质岩坡积物及残积物	E 110°34′08.7″ N 30°50′19.5″	97
						B	15—40	灰黄色	中壤土	小块状	6.0	41.4	2.71	1.29	21.8	203	17.6	≥500	18.2			
						C	40—100	淡黄棕色	中壤土		5.6	28.6	2.14	1.04	21.7	180	8.7	198	18.8			
剖49	初育土	石灰（岩）土	棕色石灰土	棕色石灰岩土	中层石灰大土	A	0—15	淡黄棕色	重壤土	块状	7.6	20.4	1.00	0.29	17.4	102	4.2	89	12.7	闪长岩风化物	E 110°31′11.7″ N 30°51′25.3″	99
						B	15—40	淡黄棕色	中壤土	块状	7.2	18.2	0.91	0.29	15.0	67	3.1	57	16.9			
						C	40—100	淡黄棕色	重壤土	块状	7.2	20.0	0.91	0.32	17.9	81	3.4	55	14.2			
剖50	初育土	紫色土	中性紫色土	灰紫渣土	灰红大土	A	0—20	紫棕色	中壤土	小块状	8.0	19.9	1.21	0.37	19.2	75	2.8	68	14.3		E 110°39′45.3″ N 30°54′59.3″	95
						B	20—68	紫棕色	重壤土	块状	8.0	4.2	0.23	≤0.10	4.4	16	≤1.0	10	11.9			
						C	68—100	紫色	重砾石土	小块状	8.0	3.3	0.16	≤0.10	4.5	9	≤1.0	10	9.7			
剖51	铁铝土	黄壤	黄壤	红砂岩黄壤	红石渣子土	A	0—15	暗红色	重砾石土		7.2	3.4	0.19	≤0.10	4.3	7	≤1.0	8	9.9		E 110°38′32.3″ N 30°52′44.1″	95
						C	15—100	暗红色	重砾石土		7.2	2.3	0.13	≤0.10	4.3	7	≤1.0	9	12.1			
剖52	铁铝土	黄壤	黄壤	中性结晶岩黄壤	细古眼砂土	A	0—14	暗黄棕色	轻砾石土		6.4	8.3	0.40	0.61	4.4	19	5.6	24	10.5		E 110°42′27.4″ N 30°54′32.8″	95
						B	14—41	淡黄棕色	重砾石土		6.4	6.7	0.31	0.50	3.5	61	3.8	13	11.0			
						C	41—100	淡黄棕色	重砾石土		6.8	6.7	0.31	0.50	3.5	61	3.8	13	11.0			
剖53	初育土	石灰（岩）土	棕色石灰土	棕色岩黄壤	中层黄大土	A	0—19	灰黄棕色	中壤土	小块状	8.0	35.2	1.89	0.32	21.1	95	3.2	134	31.6		E 110°42′58.2″ N 30°51′12.2″	97
						C	19—48	灰黄棕色	重壤土	块状	8.0	14.9	1.08	0.25	21.7	46	1.9	134	19.1			
剖54	铁铝土	黄壤	黄壤	红砂岩黄壤	红油砂土	A	0—19	红棕色	重壤土	小块状	6.8										E 110°40′14.4″ N 30°48′17.6″	95
						C	19—100	红棕色	重砾石土		7.2											
剖55	铁铝土	黄壤	黄壤性土	泥质岩黄壤性土	薄层黄扁石砂土	A	0—15	淡黄色	轻砾石土		6.2	6.4	0.40	0.19	1.3	25	2.4	31	12.9	泥质岩	E 110°37′48.8″ N 30°45′03.6″	97
						C	15—29	淡灰黄色	轻砾石土		6.0	2.5	0.22	0.12	9.0	12	1.9	21	14.6			
						D	29—															
剖56	淋溶土	黄棕壤	黄棕壤性土	碳酸岩黄壤	薄层岩渣子土	A	0—18	淡黄色			6.8									泥质岩	E 110°40′38.8″ N 30°47′21.0″	95
						C	18—															
剖57	铁铝土	黄壤	黄壤		火砂土	A	0—17	淡黄色	轻砾石土		6.8									石灰岩及钙质砂页岩风化物	E 110°41′25.5″ N 30°44′43.7″	97
						B	17—44	黄棕色	轻砾石土		6.8											
						C	44—100	淡黄棕色	轻砾石土		6.8											

续表 Continued

剖面号 Soil profile	土纲 Soil order	土类 Soil great group	亚类 Soil subgroup	土属 Soil genus	土种 Soil species	土层码 Layer code	土层厚度 Depth/cm	颜色 Soil color	质地 Soil texture	土壤结构 Soil structure	pH	有机质 OM/(g/kg)	全氮 TN/(g/kg)	全磷 TP/(g/kg)	全钾 TK/(g/kg)	碱解氮 AN/(mg/kg)	有效磷 AP/(mg/kg)	速效钾 AK/(mg/kg)	阳离子交换量CEC/(cmol/kg)	土壤母质 Parent material	剖面点坐标 Profile coordinate	匹配指数 Matching index/%
剖58	淋溶土	黄棕壤	山地黄棕壤	红砂岩山地黄棕壤	青石膏子土	A	0—16	淡棕色			6.0	16.1	0.92	0.16	11.8	42	1.6	66	9.6		E 110°43′28.6″ N 30°40′58.1″	95
						C	16—100	淡棕色			6.5	12.1	0.73	0.13	9.2	44	1.4	26	7.8			
剖59	淋溶土	黄棕壤	山地黄棕壤		朱石膏子土	A	0—13	紫棕色	轻砾石土		6.0	10.3	0.66	0.21	10.8	34	4.6	48	14.8	红砂岩、砾岩风化物	E 110°48′11.2″ N 31°03′15.4″	95
						B	13—43	紫红色	轻砾石土		6.0	13.7	0.88	0.44	17.8	53	6.4	67	11.5			
						C	43—100	暗红色	轻砾石土		6.0	6.8	0.61	0.40	17.6	28	10.7	63	14.7			
剖60	铁铝土	黄壤	黄壤	第四纪黏土黄壤	黄泥巴土	A	0—16	棕色	重壤土	块状	6.8	6.7	0.65	0.56	21.1	33	14.0	170	23.5	第四纪黏土	E 110°45′25.4″ N 30°58′15.2″	95
						B	16—50	棕色	重壤土	块状	6.8	11.1	0.79	0.64	23.6	46	19.0	174	22.4			
						C	50—100	淡黄棕色	重壤土	棱柱状	6.4	5.7	0.70	0.51	21.9	32	8.0	136	21.2			
剖61	铁铝土	黄壤	黄壤	第四纪黏土黄壤	大黄土	A	0—15	黄棕色	中壤土	小块状	6.8									第四纪黏土	E 110°49′37.5″ N 30°56′02.2″	95
						B	15—27	黄棕色	中壤土	小块状	6.8											
						C	27—100	淡黄棕色	中壤土	块状	6.8											
剖62	初育土	石灰（岩）土	棕色石灰土		中层石渣子土	A	0—20	黄棕色	重砾石土		7.0										E 110°47′38.3″ N 30°55′16.9″	97
						B	20—48			块状	7.2											
						C	48—				6.8											
剖63	铁铝土	黄壤	黄壤	第四纪黏土黄壤	砾岩黄壤	A	0—14	淡棕色	轻壤土	块状	6.4									第四纪黏土	E 110°49′21.4″ N 30°54′17.5″	97
						B	14—24	棕色	重壤土	棱块状	6.0	6.5	0.36	0.13	7.3	49	≤1.0	36	16.7			
						C	24—100				5.6	2.3	0.20	0.13	9.0	10	1.7	28	15.3			
剖64	铁铝土	黄壤	黄壤性土	红砂岩黄壤	红火岩红子土	A	0—23	暗红棕色	砂红土		6.8	12.7	0.61	1.15	8.1	34	5.9	36	18.1		E 110°48′44.8″ N 30°50′01.1″	97
						C	23—100	淡黄棕色	轻砾石土		6.8	6.9	0.36	0.64	6.7	21	3.1	16	16.9			
剖65	铁铝土	黄壤	黄壤性土	中性岩晶岩黄壤性土	薄层细砂土	A	0—17													闪长岩	E 110°54′32.2″ N 30°51′35.4″	95
						D	17—26															
							26—															
剖66	铁铝土	黄壤	黄壤性土	泥质岩黄壤性土	薄层岩石扁石黄土	A	0—14	淡灰黄色			6.4	7.8	0.53	0.23	11.9	15	2.0	38	9.4	泥质岩	E 110°46′22.3″ N 30°48′15.2″	95
						D	14—															
剖67	铁铝土	黄壤	黄壤	红砂岩山地黄棕壤	朱石渣子土	A	0—23	红棕色	重壤土	块状	6.8	6.9	0.42	0.15	7.3	21	1.6	45	14.3	红砂岩、砾岩风化物	E 110°48′37.8″ N 30°49′09.0″	97
						C_1	23—74	红棕色	重壤土	块状	6.8	2.6	0.23	0.12	7.3	24	1.1	24	10.3			
						C_2	74—100	紫棕色	重壤土	块状	6.4	2.2	0.20	0.11	7.6	14	1.3	26	11.8			
剖68	淋溶土	黄棕壤	山地黄棕壤	碳酸岩黄棕壤	黄糯土	A	0—18	棕色	重壤土	块状	6.4	33.0	1.84	1.33	25.5	96	73.2	297	10.9	石灰岩及钙质砂页岩风化物	E 110°48′48.0″ N 30°45′53.4″	97
						B	18—40	棕色	重壤土	块状	6.8	24.7	1.55	1.30	25.7	74	66.6	230	21.3			
						C	40—100	暗棕色	中砾石土	块状	7.2	6.5	0.63	1.09	24.5	33	72.0	122	18.3			
剖69	铁铝土	黄壤	黄壤性土	泥质岩黄壤性土	细碎屑土	A	0—14	淡灰黄色			6.4									泥质岩风化物	E 110°46′55.6″ N 30°47′25.3	96
						D	14—															
剖70	铁铝土	黄壤	黄壤	红砂岩山地黄棕壤	朱石渣子土	A	0—20	淡灰黄色	轻砾石土		6.6	15.4	0.89	0.33	15.7	50	4.2	88	12.5		E 110°53′36.5″ N 30°49′17.7″	95
						B	20—36	淡灰黄色	轻砾石土		6.6	9.8	0.70	0.31	15.4	52	2.9	67	9.6			
						C	36—100	灰黄色	轻砾石土		6.6	4.4	0.37	0.30	15.5	31	5.0	64	10.5			
剖71	淋溶土	黄棕壤	黄棕壤	碳酸岩黄棕壤	青石砂土	A	0—20	淡黄黄色			7.0	19.7	0.91	0.18	17.3	47	2.1	71	24.5		E 110°52′37.8″ N 30°48′22.3″	97
						D	20—															
剖72	初育土	石灰（岩）土	棕色石灰土	棕色石灰土	薄层岩石渣子土	A	0—20	淡灰黄色	轻砾石土		7.2										E 110°54′55.6″ N 30°17′04.8″	97
						C	20—55	淡灰黄色	轻砾石土		7.2											
							55—															
剖73	铁铝土	黄壤	黄壤	碳酸岩黄壤	火链渣土	A	0—15	暗黄棕色	重壤土	块状	6.8	14.8	0.35	0.72	5.5	54	5.7	43	17.8		E 110°46′06.6″ N 30°44′52.8″	98
						C	15—100	暗黄棕色	重壤土		6.8	12.9	0.38	0.67	5.4	43	4.1	21	9.2			
剖74	铁铝土	黄壤	黄壤	泥质岩黄壤	中层黄青泥土	A	0—16	淡黄色			6.8										E 110°46′01.0″ N 30°44′25.7″	95
						C	16—50	黄棕色		棱块状	6.4											
						D	50—															

续表 Continued

剖面号 Soil profile	土纲 Soil order	土类 Soil great group	亚类 Soil subgroup	土属 Soil genus	土种 Soil species	土层码 Layer code	土层厚度 Depth/cm	颜色 Soil color	质地 Soil texture	土壤结构 Soil structure	pH	有机质 OM/(g/kg)	全氮 TN/(g/kg)	全磷 TP/(g/kg)	全钾 TK/(g/kg)	碱解氮 AN/(mg/kg)	有效磷 AP/(mg/kg)	速效钾 AK/(mg/kg)	阳离子交换量CEC/(cmol/kg)	土壤母质 Parent material	剖面点坐标 Profile coordinate	匹配指数 Matching index/%
剖75	铁铝土	黄壤	黄壤	碳酸盐岩黄壤	黄泥土	A	0—19	黄棕色	中壤土	小块状	6.8									石灰岩及钙质砂页岩风化物	E 110°50′13.4″ N 30°44′57.1″	99
						B	19—37	浓黄棕色	重壤土	块状	6.8											
						C	37—100	淡黄棕色	重壤土	棱块状	7.2											

长阳土家族自治县

主要土类说明

黄棕壤是长阳土家族自治县主要土壤类型，占本县地域面积的 41%。黄棕壤是红壤、黄壤向棕壤过渡的土壤类型，是通过弱脱硅富铝化作用形成的地带性土壤，主要分布在本县东部的低山丘陵区以及西部海拔 800—1800m 的垂直地带。在其成土过程中，淋溶作用强烈，黏粒淋溶聚积比较明显。最醒目的剖面形态特征是心土层呈黄棕色或红棕色，质地黏重，呈块状或棱块状结构，结构体表面有棕色或暗棕色铁锰胶膜，或有铁锰结核。根据其分布特点和形成过程中发育阶段的不同，本县黄棕壤分为黄棕壤、山地黄棕壤、黄棕壤性土等亚类。

石灰（岩）土是长阳土家族自治县第二大土壤类型，占本县地域面积的 38%。成土母质为石灰岩、泥灰岩以及有石灰反应的页岩、砾岩等风化残积物或坡积物。在其形成过程中，虽然碳酸钙不断淋失，但因流入土壤的水富含碳酸钙，延缓了土壤的发育，从而形成幼年型的石灰（岩）土。该土壤质地黏重，呈块状结构，结构体表面多有铁锰胶膜，土体厚度受地形影响，一般土层较浅薄，土体内多含砾石，有不均质石灰反应，土壤近中性或微碱性，不适宜茶、油茶、杉等植物生长。自然植被稀疏，多为柏树、白茅、斑茅等喜钙性植物。根据腐殖质含量的差异，本县石灰（岩）土分为黑色石灰土和棕色石灰土两个亚类。

黄壤是长阳土家族自治县第三大土壤类型，占本县地域面积的 15%，主要分布在海拔 800m 以下的低山及河谷地区。黄壤分布区热量丰富，降水充分，冬无严寒，夏无酷热，雾露多，湿度大，在其形成过程中，水化作用较强烈，黄色或蜡黄色心土层比较明显。黄壤淋溶作用强，盐基不饱和，pH 为 4.5—5.5。耕垦后，受耕作和施肥的影响，耕层 pH 升高，熟化程度越高的土壤越接近中性，pH 为 6.0—6.8，但心土层和底土层仍呈微酸性至酸性。本县黄壤分为黄壤和黄壤性土两个亚类。

水稻土占本县地域面积的 2%，是本县的主要耕作土壤类型之一，本县阶地、丘陵、低山、半高山均有分布。在长期耕作、施肥和灌溉条件下，由于还原淋溶和氧化淀积等作用，水稻土形成了特有的剖面结构和发生层次，如耕作层、犁底层、潴育层、淀积层、潜育层。本县水稻土按水型分为淹育型、潴育型、潜育型和沼泽型四个亚类。

小于本县地域面积 3% 的土壤类型还有棕壤、潮土、紫色土等。

本区域中心区气候特征

本区域中心区气候特征值
Regional climate characteristics in central area of the region

气候带：中亚热带湿润气候 Climate region: Subtropical humid climate	
年平均气温 /℃ Annual average temperature /℃	16.7
年平均最高气温 /℃ Annual average maximum temperature /℃	21.1
年平均最低气温 /℃ Annual average minimum temperature /℃	13.4
年降水量 /mm Annual precipitation /mm	1247
≥ 10℃的积温 /℃ Daily temperature accumulated in a year（≥ 10℃）/℃	6088
年日照时数 /h Annual sunshine /h	1474
年平均相对湿度 /% Annual average relative humidity /%	77
干燥度 Dryness	0.80

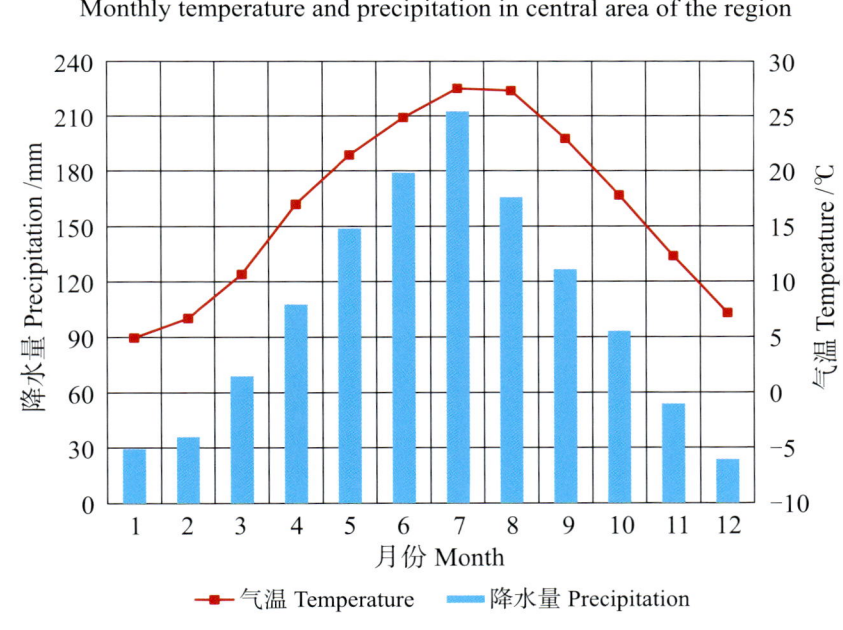

本区域中心区月平均气温与月平均降水量
Monthly temperature and precipitation in central area of the region

长阳土家族自治县主要土壤类型与土壤剖面点分布图

1∶320 000

图 例
- 黄棕壤
- 石灰（岩）土
- 黄壤
- 水稻土
- 棕壤
- 潮土
- 紫色土
- ⊗ 剖面点

长阳土家族自治县土壤剖面理化性状表

剖面号 Soil profile	土纲 Soil order	土类 Soil great group	亚类 Soil subgroup	土属 Soil genus	土种 Soil species	土层码 Layer code	土层厚度 Depth/cm	颜色 Soil color	质地 Soil texture	土壤结构 Soil structure	pH	有机质 OM (g/kg)	全氮 TN (g/kg)	全磷 TP (g/kg)	全钾 TK (g/kg)	碱解氮 AN (mg/kg)	有效磷 AP (mg/kg)	速效钾 AK (mg/kg)	阳离子交换量CEC/(cmol/kg)	土壤母质 Parent material	剖面点坐标 Profile coordinate	匹配指数 Matching index/%
剖1	淋溶土	黄棕壤	暗黄棕壤	泥质岩暗黄棕壤	暗细砂泥土	A	0—18	暗棕色	黏壤土	团粒状	6.4	18.8	1.09	0.56	21.7	88	4.9	136	20.7	泥质岩风化坡积物或残积物	E 110°29′48.8″ N 30°42′25.7″	95
						B	18—40	黄棕色	黏壤土	小块状	6.7	7.2	0.69	0.45	21.7	33	3.4	84	11.1			
						C	40—100	淡棕黄色	黏壤土	块状	6.6	5.8	0.57	0.63	22.3	30	4.2	94	16.4			
剖2	半水成土	潮土	灰潮土	壤土型灰潮土	浅位厚层夹砂灰油砂土	1	0—18				7.7	15.7	1.02	0.43	14.9	39	3.1	35	9.9	有石灰反应的河流冲积物	E 110°29′14.0″ N 30°35′32.9″	75
						2	40—50				7.8	6.1	0.68	0.50	14.9	18	3.3	35	8.4			
						3	81—91				7.9	18.4	1.05	0.54	17.4	42	3.4	45	13.0			
剖3	人为土	水稻土	潴育水稻土	黄棕壤性碳酸岩泥田	黄大土田	A	0—18	淡黄棕色	中壤土	小块状	6.5	26.4	2.19	0.49	18.9	100	3.4	135	24.5	石灰岩坡积物	E 110°29′52.3″ N 30°32′30.0″	97
						P	16—23	黄棕色	重壤土	块状	6.6	26.3	2.12	0.30	19.9	239	3.6	145	24.8			
						W	23—51	灰白色	重壤土	棱块状	6.8	24.0	2.04	0.29	20.9	88	2.2	129	26.0			
						C	51—100	灰白色	中壤土	块状	7.3	15.9	0.84	0.18	18.9	45	1.8	81	22.6			
剖4	人为土	水稻土	潜育水稻土	青泥田	扁青泥田	A	0—19	灰黄色	中壤土	块状	6.0	25.2	1.83	0.43	26.9	87	4.9	96	15.1	砂页岩坡积物	E 110°29′14.2″ N 30°32′23.3″	75
						P	19—27	灰黄色	中壤土	块状	6.3	26.1	1.44	0.41	26.9	76	4.9	116	17.7			
						G	27—100	灰黄色	中壤土	块状	6.5	25.4	1.69	0.39	27.1	63	4.4	108	16.2			
剖5	铁铝土	黄壤	黄壤	石英质黄壤	黄棕石英泥砂土	A	0—12				6.1	9.1	0.60	0.16	11.6	43	1.5	67	11.6	砂页岩	E 110°26′43.6″ N 30°25′20.8″	95
						B	27—37				6.3	8.1	0.55	0.18	11.3	41	1.7	49	13.6			
						C	74—84				6.3	7.4	0.49	0.18	24.6	43	2.1	6	10.3			
剖6	铁铝土	黄壤	黄壤	泥质岩黄壤	中层黄壤扁渣土	A	0—14				6.1	22.8	1.23	0.31	24.3	78	2.9	102	18.2		E 110°23′49.7″ N 30°23′20.3″	95
						C	28—38				6.0	8.7	0.88	0.30	12.6	32	1.5	64	16.6			
剖7	淋溶土	黄棕壤	黄棕壤	泥质岩黄棕壤	黄细膏土	A	0—11	灰黄色	砂壤土	小块状	5.7	12.0	0.63	0.17	11.4	68	2.8	103	7.7	泥质岩风化残积物或坡积物	E 110°31′44.5″ N 30°42′08.9″	95
						C	11—52	淡黄棕色	黏壤土	小块状	5.2	14.2	0.57	0.18	13.9	68	3.4	104	5.4			
						D	52—															
剖8	人为土	水稻土	淹育水稻土	浅位黄棕壤性泥田	浅位黄棕扁湿水田	A	0—13	暗灰棕色	中壤土	粒状	5.4	19.4	1.25	0.51	26.5	76	10.0	120	16.0	砂页岩	E 110°34′40.8″ N 30°39′39.6″	97
						P	13—22	灰黄色	中壤土	小块状	6.7	14.6	0.89	0.35	24.2	60	8.5	90	14.0			
						C	22—100	棕灰色		块状	6.8	3.2	0.26	0.14	9.4	20	1.9	35	6.9			
剖9	铁铝土	黄壤	黄壤	棕色石灰（岩）土	黄细洛土	A	0—17	灰黄色	重壤土	核状	6.0	12.0	0.72	0.26	12.5	31	3.3	59	10.2	泥质岩残积物	E 110°35′42.0″ N 30°37′34.0″	95
						B	18—28	棕色	黏土	棱块状	6.1	9.7	0.65	0.24	11.7	24	3.1	40	8.7			
						C	31—41	暗黄棕色	砂壤土	粒状	6.2	7.2	0.68	0.31	16.8	19	3.3	49	11.9			
剖10	淋溶土	黄棕壤	山地黄棕壤	碳酸岩山地黄棕壤	山地灰泡土	A	0—16	灰黄色	砂土	粒状	6.8	17.1	0.96	0.43	18.9	37	3.8	39	1.6	石灰岩、白云质灰岩坡积物	E 110°37′12.5″ N 30°38′23.9″	95
						B	16—59	暗棕色	砂壤土	粒状	6.8	14.7	0.91	0.41	17.6	25	3.7	34	1.4			
						C	59—100	褐色	砂壤土	粒状	6.8	9.9	0.82	0.45	21.6	14	3.6	41	1.9			
剖11	淋溶土	黄棕壤	黄棕壤	泥质岩黄棕壤	浅灰漏砂田	A	0—10	淡灰黄色	中壤土	小团块状	6.0	26.8	1.36	0.32	16.6	98	2.2	106	23.3	钙质河流冲积物	E 110°35′41.4″ N 30°36′35.1″	95
						C	10—31		中壤土	块状	7.0	17.3	1.06	0.26	16.4	65	1.5	166	25.2			
剖12	初育土	石灰（岩）土	棕色石灰岩土	棕色石灰岩土	黄肝土	A	0—19	棕色	重壤土	团块状	7.5	17.7	1.19	0.47	24.4	59	8.8	187	16.7		E 110°36′11.8″ N 30°37′20.4″	97
						B	19—58	暗黄棕色	重壤土	核状	7.5	6.9	0.83	0.27	27.2	29	3.7	127	20.1			
						C	58—100	灰黄色	黏土	棱块状	7.5	5.9	0.35	0.24	26.5	26	3.0	125	19.8			
剖13	人为土	水稻土	淹育水稻土	浅灰潮土	灰马肝土	A	0—12	暗棕色	砂壤土	粒状	7.6	17.1	0.96	0.43	18.9	37	3.8	39	1.6		E 110°30′39.0″ N 30°36′47.8″	95
						B	12—18	褐色	砂壤土	粒状	7.2	14.7	0.91	0.41	17.6	25	3.7	34	1.4			
						C	18—100	淡灰色	砂壤土	粒状	7.7	9.9	0.82	0.45	21.6	14	3.6	41	1.9			
剖14	初育土	石灰（岩）土	棕色石灰石土	棕色石灰土	中层灰马肝土	A	0—13	暗棕色	中壤土	小团块状	6.9	26.8	1.36	0.32	16.6	98	2.2	106	23.3	泥质岩风化坡积物或残积物	E 110°33′03.6″ N 30°37′44.8″	97
						C	27—37	淡棕黄色	中壤土	小块状	7.0	17.3	1.06	0.26	16.4	65	1.5	166	25.2			
剖15	铁铝土	黄壤	黄壤	泥质岩黄壤	黄壤扁砂泥土	A	0—12	暗黄棕色	中壤土	粒状	6.3	5.1	0.40	0.15	12.7	33	1.5	77	9.0		E 110°37′33.6″ N 30°37′35.4″	95
						B	12—38	淡棕黄色	重壤土	小块状	6.1	4.0	0.33	0.16	16.8	28	2.3	72	11.1			
						C	38—100	淡棕黄色	重壤土	块状	6.1	2.9	0.42	0.15	15.5	29	1.9	63	8.7			

续表 Continued

剖面号 Soil profile	土纲 Soil order	土类 Soil great group	亚类 Soil subgroup	土属 Soil genus	土种 Soil species	土层码 Layer code	土层厚度 Depth/cm	颜色 Soil color	质地 Soil texture	土壤结构 Soil structure	pH	有机质 OM/(g/kg)	全氮 TN/(g/kg)	全磷 TP/(g/kg)	全钾 TK/(g/kg)	碱解氮 AN/(mg/kg)	有效磷 AP/(mg/kg)	速效钾 AK/(mg/kg)	阳离子交换量CEC/(cmol/kg)	土壤母质 Parent material	剖面点坐标 Profile coordinate	匹配指数 Matching index/%
剖16	人为土	水稻土	潴育水稻土	石灰(岩)性水田	灰马肝田	A	0—14	暗黄棕色	重壤土	块状	6.5	16.1	0.89	0.39	13.7	58	5.7	221	13.0	石灰岩	E 110° 48′ 10.8″ N 30° 37′ 21.4″	97
剖17	淋溶土	黄棕壤	黄棕壤	第四纪黏土黄棕壤	黄鸡肝土	P	14—22	暗黄棕色	重壤土	块状	5.5	2.0	0.44	0.26	14.9	21	4.3	105	11.6	第四纪黏土	E 110° 44′ 59.8″ N 30° 36′ 36.8″	95
						W	22—44	褐色	中壤土	棱块状	5.7	4.1	0.32	0.29	14.6	34	5.1	112	9.2			
						B	44—66	灰黄色	重壤土	棱块状	7.3	28.5	1.35	0.36	11.1	77	4.6	92	15.9			
						C	66—100	灰黄色	重壤土	棱块状	7.5	29.9	1.51	0.47	12.9	86	6.8	86	19.3			
剖18	人为土	水稻土	淹育水稻土	浅灰石灰(岩)性水田	浅灰石棕泥田	A	0—19	暗灰黄色	重壤土	块状	8.4	25.0	1.30	0.46	12.1	63	5.7	85	18.7	浅石灰岩	E 110° 37′ 44.4″ N 30° 37′ 19.9″	95
						P	19—26	棕灰色	砾质土	小块状	6.2	13.8	0.85	2.65	7.8	55	6.5	120	7.3			
剖19	淋溶土	黄棕壤	黄棕壤性土	石英质岩黄棕壤性土	薄黄硅渣土	A	0—15	棕色	砾石土	小块状	5.0	11.9	1.83	5.69	18.3	76	4.0	115	17.1		E 110° 33′ 43.4″ N 30° 34′ 53.2″	95
						C	15—28	淡黄棕色	砾石土	块状	6.5	15.5	0.90	0.24	12.5	69	3.5	72	16.4			
剖20	淋溶土	黄棕壤	黄棕壤	石英砂岩黄棕壤	石英砂泥土	A	0—13	淡黄棕色	中壤土	团块状	5.4	7.8	0.50	0.15	14.1	47	1.9	70	14.1		E 110° 36′ 18.8″ N 30° 33′ 10.9″	95
						B	13—18	黄棕色	中壤土	团块状	5.3	7.8	0.46	0.16	14.0	39	1.7	81	16.3			
						C	38—100	红棕色	重壤土	块状	5.7	26.6	1.40	0.23	23.3	89	2.9	94	20.9			
剖21	人为土	水稻土	沼泽型水稻土	烂泥田	烂泥田	A	0—18	淡黄棕色	中壤土	糊状	5.5	16.5	1.39	0.17	19.3	67	2.6	46	10.9		E 110° 31′ 12.0″ N 30° 31′ 36.1″	95
						G	18—100	灰蓝色	中壤土	糊状	6.4	17.6	0.85	0.33	15.9	42	4.1	104	15.0			
剖22	淋溶土	黄棕壤	黄棕壤性土	石英质岩黄棕壤性土	黄棕岩砂砾石	A	0—15	灰棕色	中壤土	团块状	6.4	7.8	0.56	0.19	12.5	54	1.6	69	12.6	石灰岩风化残积坡积物或坡积物	E 110° 32′ 15.7″ N 30° 31′ 17.7″	95
						B	15—49	黄棕色	中壤土	块状	6.0	6.5	0.54	0.21	15.2	50	1.5	78	14.3			
						C	49—100	黄棕色	重壤土	块状												
剖23	淋溶土	黄棕壤	黄棕壤性土	石英砂岩黄棕壤性土	薄层石英砂泥土	1	0—8	灰黄色	中壤土	粒状	6.2	13.8	0.85	2.65	7.8	55	6.5	120	7.3	石英砂岩	E 110° 33′ 24.6″ N 30° 30′ 30.8″	95
						2	8—28	棕黄色			5.0	11.9	1.83	5.69	18.3	76	4.0	115	17.1			
剖24	淋溶土	黄棕壤	黄棕壤性土	石英砂岩黄棕壤性土	薄层石英砂泥土	A	0—15		中壤土	团块状	4.8	35.9	2.56	0.41	17.6	119	5.5	110	15.8	石英砂岩	E 110° 44′ 49.2″ N 30° 34′ 19.6″	95
						C	16—25		中壤土	块状	5.5	17.8	0.34	0.18	16.8	17	2.6	53	9.8			
剖25	淋溶土	黄棕壤	山地黄棕壤	石英质岩山地黄棕壤	山地中层石英砂泥土	A	0—17	棕灰色	重壤土	块状	8.0	46.7	2.80	0.84	15.7	167	18.9	366	13.0	石英砂岩	E 110° 44′ 37.0″ N 30° 33′ 00.8″	95
						B	17—46	浅灰棕色	重壤土	团块状	7.6	25.7	2.55	0.71	17.7	123	6.9	395	13.6			
						C	46—100	灰棕色	重壤土	块状	7.3	13.2	2.35	0.58	17.8	67	8.8	459	16.7			
剖26	淋溶土	棕壤	山地棕壤	棕色石英岩山地棕壤	次灰山地冷灰泥土	A	0—23	淡黄棕色	重壤土	块状	7.4	20.4	1.27	0.29	19.2	73	2.9	100	15.7	石英砂岩	E 110° 41′ 13.2″ N 30° 30′ 38.2″	97
						C	31—41	棕黄色	中壤土	大块状	7.5	17.3	1.22	0.34	20.7	68	2.2	94	18.0			
剖27	初育土	石灰(岩)土	棕色石灰土	棕色石灰岩黄棕壤	中层石灰泥土	A	0—15	棕灰色	中壤土	小块状	7.8	28.1	1.46	0.66	14.9	103	7.1	122	14.7	石英砂岩	E 110° 44′ 27.6″ N 30° 28′ 53.0″	97
剖28	淋溶土	黄棕壤	山地黄棕壤	石英质岩山地黄棕壤	次灰山地石英砂泥土	A	0—16	淡黄棕色	中壤土	块状	7.9	21.7	1.28	0.57	15.0	92	4.1	64	15.3	石英砂岩	E 110° 39′ 33.5″ N 30° 31′ 51.5″	97
						B	16—47	黄棕色	重壤土	块状	7.6	17.8	1.51	0.55	14.1	82	3.1	59	14.1			
						C	47—100	淡黄棕色	重壤土	块状	7.5	10.6	1.06	0.39	18.8	54	2.9	86	12.1			
剖29	淋溶土	黄棕壤	山地黄棕壤	泥质岩山地黄棕壤	次灰山地扁泥土	A	0—15	淡黄棕色	重壤土	块状	7.8	23.9	1.39	0.53	18.3	121	1.8	173	19.0	石英砂岩	E 110° 43′ 21.5″ N 30° 29′ 00.5″	97
						B	15—30	黄棕色	重壤土	块状	5.5	9.6	0.81	0.34	18.9	43	2.1	87	12.2			
剖30	淋溶土	黄棕壤	山地黄棕壤	碳酸盐山地黄棕壤	山地泡泥土	A	0—10	暗棕色	中壤土	大块状	6.9	27.3	1.11	0.45	18.0	132	2.4	156	15.7	石灰岩、白云岩灰岩坡积物	E 110° 44′ 27.6″ N 30° 23′ 40.7″	95
						B	17—27	黄棕色	黏质土	块状	6.5	12.6	0.79	0.39	18.2	95	1.8	52	15.2			
						C	67—77	黄棕色	黏质土	块状	6.3	22.1	0.90	0.36	17.6	64	2.0	51	14.4			
剖31	淋溶土	黄棕壤	暗黄棕壤	石英质岩暗黄棕壤	暗硅渣土	A	0—17	暗棕色	壤质黏土	块状	6.3	14.5	0.72	0.27	8.3	58	6.2	74	7.1	石英砂岩	E 110° 39′ 03.9″ N 30° 41′ 40.4″	95
						B	17—47	黄棕色	黏质土	块状	6.3	7.1	0.62	0.26	9.6	39	3.1	58	6.6			
						C	47—100	黄棕色	黏质土	块状	6.8	2.5	0.20	0.13	5.9	20	2.2	47	4.3			
剖32	铁铝土	黄壤	黄壤	泥质岩黄壤	黄壤死渣土	A	0—11	黄棕色	中壤土	块状	6.4	10.2	0.34	≤0.10	19.1	29	1.9	57	6.5	石灰岩、白云岩灰岩坡积物	E 110° 50′ 09.6″ N 30° 39′ 06.8″	95
						C	51—61	黄棕色	中壤土	块状	6.4	4.6	0.26	0.14	12.6	19	2.0	47	10.6			

续表 Continued

剖面号 Soil profile	土纲 Soil order	土类 Soil great group	亚类 Soil subgroup	土属 Soil genus	土种 Soil species	土层码 Layer code	土层厚度 Depth/cm	颜色 Soil color	质地 Soil texture	土壤结构 Soil structure	pH	有机质 OM/(g/kg)	全氮 TN/(g/kg)	全磷 TP/(g/kg)	全钾 TK/(g/kg)	碱解氮 AN/(mg/kg)	有效磷 AP/(mg/kg)	速效钾 AK/(mg/kg)	阳离子交换量CEC/(cmol/kg)	土壤母质 Parent material	剖面点坐标 Profile coordinate	匹配指数 Matching index/%
剖33	铁铝土	黄壤	黄壤	石英岩质黄壤	黄膏石英渣土	A	0—15	灰棕色	中壤土	小块状	6.4										E 110°50′06.4″ N 30°36′47.3″	95
						B	15—42	棕黄色		块状	6.4											
						C	42—100	黄棕色			6.8											
剖34	铁铝土	黄壤	黄壤	泥质岩黄壤	黄壤死扁渣土	A	0—14	灰黄死色	中壤土	小块状	6.0										E 110°51′31.1″ N 30°36′27.7″	95
						C	14—100	淡棕黄色		块状	6.4											
剖35	铁铝土	黄壤	黄壤	碳酸盐黄壤	黄壤大土	A	0—14	暗黄黄色	中壤土	团粒状	6.4	20.9	1.24	0.22	18.7	86	3.5	248	11.0		E 110°52′22.8″ N 30°35′57.8″	95
						B	14—73	淡黄棕色	中壤土	小块状	6.9	18.1	1.08	0.19	18.6	79	2.4	147	15.6			
						C	73—100	淡黄棕色	重壤土	块状	6.6	13.1	0.86	0.18	7.3	64	1.6	111	13.7			
剖36	人为土	水稻土	淹育水稻土	浅红黄壤性泥质岩泥田	浅位扁漏黄壤扁漏水田	P	0—15	灰白色	中壤土	小块状	5.7	26.9	1.52	0.35	25.1	111	6.2	93	9.0	砂质岩坡积物	E 110°47′09.6″ N 30°36′23.0″	97
						C	15—24	灰黄色	重壤土	块状	5.6	24.3	1.34	0.33	22.1	91	4.9	89	8.3			
							24—100	灰黄色	中壤土		6.1	17.4	1.01	0.23	15.9	47	2.4	47	5.7			
剖37	淋溶土	山地黄棕壤	山地黄棕壤	碳酸岩山地黄棕壤	山地糯黄土	A	0—17			无明显结构	6.9	15.6	0.51	0.29	16.2	128	3.2	70	8.3	石灰岩、白云质灰岩坡积物	E 110°45′55.6″ N 30°35′37.0″	95
						B	31—41				6.8	6.2	0.62	0.25	17.1	65	2.7	52	8.3			
						C	67—77				6.8	4.2	0.59	0.20	17.9	30	2.3	56	8.1			
剖38	铁铝土	黄壤	黄壤	石英岩黄壤	硅渣土	A	0—10	灰棕色	黏土	小块状	5.2	12.3	0.86	0.39	20.4	50	3.2	162	6.4		E 111°00′36.0″ N 30°36′37.1″	95
						BC	10—26	灰黄色	壤质黏土	块状	5.5	3.1	0.63	0.33	21.6	33	3.3	109	7.3			
						C	26—64	灰黄色	壤质黏土	块状	5.5	6.3	0.59	0.72	20.7	25	2.9	127				
剖39	淋溶土	黄棕壤	黄棕壤	碳酸岩黄棕壤	黄岩渣土	A	0—14	灰黄色	黏质黏土	小块状	6.8	16.5	1.41	0.29	11.6	97	2.7	186	16.8	石灰岩风化残积物或坡积物	E 110°55′36.9″ N 30°33′46.8″	95
						B	4—14	淡黄棕色	黏质黏土	块状	6.8	33.4	1.48	0.25	13.2	105	4.1	201	20.9			
						C	14—100	灰黄色	壤质黏土		6.8	3.2	0.26	0.13	9.8	20	1.9	85	6.8			
剖40	人为土	水稻土	潴育水稻土	红黄壤性泥质岩泥田	黄壤夹青扁砂泥田	A	0—20	灰黄色	中壤土	小块状	5.4	31.8	1.81	0.24	18.6	118	3.2	63	6.8	砂质岩坡积物	E 110°59′31.2″ N 30°31′16.0″	95
						P	20—32	灰黄色	中壤土	块状	6.4	25.8	1.37	0.29	22.4	89	5.9	72	17.9			
						G	32—66	灰蓝色	中壤土	块状	6.2	26.5	1.30	0.21	20.1	85	4.1	51	16.4			
						W	66—100	灰黄色	中壤土	大块状	6.2	30.9	1.52	0.24	21.6	100	4.0	52	17.8			
剖41	淋溶土	黄棕壤	黄棕壤	泥质岩黄棕壤	中层中层扁骨土	A	0—14	淡棕黄色		粒状	6.7	8.6	0.51	0.20	11.9	35	1.5	61	8.4	泥质岩残积物	E 110°57′42.2″ N 30°26′39.1″	95
						C	14—40	淡黄色		小团块状	6.4	8.2	0.56	0.24	15.1	32	1.5	52	9.6			
						D	40—															
剖42	黄棕壤性土	黄棕壤	黄棕壤	黄棕壤性石英岩泥土	薄细砂土	A	0—13	棕色	黏质黏土	碎块状	6.2	12.7	0.80	0.30	14.1	40	2.2	98	5.8	砂页岩风化物	E 110°50′45.3″ N 30°23′08.8″	95
						B	13—40	黄棕色	中壤土	小块状	6.3	12.6	0.80	0.30	17.3	36	1.9	62	8.8			
剖43	淋溶土	黄棕壤	黄棕壤	泥质岩黄棕壤	扁骨土	A	0—16	灰棕黄色	中壤土	梭块状	6.6	10.7	0.56	0.20	9.3	35	2.0	53	4.8	砂页岩风化物	E 110°54′32.2″ N 30°21′28.2″	95
						C	16—100	淡黄色	中壤土	小块状	6.2	11.3	0.11	≤0.10	4.2	12			3.3			
剖44	铁铝土	黄壤	黄壤	泥质岩黄壤	中层黄壤扁砂泥土	A	0—21	淡棕黄色	中壤土	块状	5.5	12.9	0.80	0.26	12.6	60	1.1	34	9.0		E 110°45′44.4″ N 30°17′31.6″	95
						C	31—41	淡黄色	中壤土		5.4	14.4	0.99	0.31	15.6	70	1.3	37	11.2			
剖45	淋溶土	山地黄棕壤	山地黄棕壤	泥质岩山地黄棕壤	山地中层扁骨土	A	0—12	灰黄色	中壤土	粒状	5.0	17.3	1.04	0.16	9.5	72	2.6	78	8.7		E 110°47′43.9″ N 30°18′02.3″	95
						C	21—31	淡棕黄色	中壤土	小团块状	5.0	11.0	0.54	0.15	8.6	74	1.1	51	7.2			
剖46	水稻土	潴育水稻土	潴育水稻土	黄棕壤性石英岩泥田	石英砂泥田	A	0—13	棕色	重壤土	小块状	5.6	48.4	3.28	0.41	14.6	159	3.8	63	19.9	石英砂岩风化物	E 111°00′45.3″ N 30°34′54.8″	95
						P	13—32	棕色	中壤土	块状	5.7	43.2	2.89	0.42	16.1	145	4.5	50	20.3			
						W	32—50	黄棕色	中壤土	梭块状	5.7	38.2	1.87	0.51	15.2	140	7.7	53	21.3			
						B	50—62	灰棕色	中壤土	块状	5.5	35.7	2.39	0.59	12.7	172	9.4	58	21.2			
						C	62—100	淡棕黄色	中壤土	块状	5.4	32.9	2.17	0.78	14.5	180	11.0	68	22.5			
剖47	铁铝土	黄壤	黄壤	泥质岩黄壤	黄壤扁渣土	A	0—13	灰黄色	重壤土	小块状	6.2	12.7	0.75	0.28	14.1	40	2.2	98	5.8	泥质岩残积物或坡积物	E 111°00′56.9″ N 30°32′54.4″	95
						B	13—40	黄色	重壤土	小块状	6.3	12.6	0.78	0.29	13.9	35	1.9	61	8.8			
						C	40—100	黄色	中壤土	块状	5.6	4.9	0.45	0.30	19.3	19	2.1	69	11.0			
剖48	铁铝土	黄壤	黄壤	碳酸岩黄壤	黄壤糯黄土	A	0—21	黄棕色	重壤土	小块状	6.3	17.8	1.29	0.25	19.6	67	3.2	109	26.8		E 111°03′21.7″ N 30°33′29.6″	95
						B	21—52	淡黄色	重壤土	块状	5.9	5.6	0.57	0.18	20.8	23	1.4	88	27.9			
						C	52—100	红黄色	重壤土	块状	5.7	7.0	0.71	0.18	21.8	34	2.2	93	28.6			

续表 Continued

剖面号 Soil profile	土纲 Soil order	土类 Soil great group	亚类 Soil subgroup	土属 Soil genus	土种 Soil species	土层码 Layer code	土层厚度 Depth/cm	颜色 Soil color	质地 Soil texture	土壤结构 Soil structure	pH	有机质 OM/(g/kg)	全氮 TN/(g/kg)	全磷 TP/(g/kg)	全钾 TK/(g/kg)	碱解氮 AN/(mg/kg)	有效磷 AP/(mg/kg)	速效钾 AK/(mg/kg)	阳离子交换量CEC/(cmol/kg)	土壤母质 Parent material	剖面点坐标 Profile coordinate	匹配指数 Matching index/%
剖49	人为土	水稻土	潴育水稻土	红黄壤性泥质岩泥田	次灰黄壤	A	0—18	灰黄色	中壤土	小块状	7.0	28.8	1.49	0.45	22.3	115	10.2	107	13.5	砂页岩坡积物	E 111°03′44.0″ N 30°34′15.8″	95
						P	18—28	灰黄色	中壤土	棱块状	7.0	17.8	1.19	0.44	22.9	65	7.5	90	13.6			
						W	28—69	淡黄棕色	中壤土	棱块状	6.6	14.6	0.82	0.24	21.8	66	6.6	91	13.8			
						B	69—80	淡黄棕色	中壤土	棱块状	6.6	12.7	0.85	0.55	22.9	67	7.5	101	15.2			
						C	80—100	淡黄色	中壤土	块状	6.5	11.6	0.88	0.59	21.8	63	8.9	94	15.7			
剖50	半水成土	潮土		壤土型灰潮土	盖砂灰正土	1	0—15				8.2	11.8	0.92	0.53	16.3	20	10.9	58	10.4	有石灰反应的河流冲积物	E 111°04′46.3″ N 30°34′59.8″	95
						2	19—29				8.3	12.0	0.93	0.65	19.3	25	12.8	57	12.9			
						3	62—72				8.2	12.6	1.29	0.82	22.1	33	14.8	82	16.0			
剖51	半水成土	潮土		壤土型灰潮土	灰油砂土	1	0—17	灰棕色	轻壤土	粒状	8.1	18.8	1.10	1.35	18.3	38	3.5	43	11.6	有石灰反应的河流冲积物	E 111°07′06.6″ N 30°34′35.4″	95
						2	17—53	暗灰黄色	轻壤土	粒状	8.1	17.9	1.20	1.27	19.1	52	5.9	63	12.3			
						3	53—100	棕灰黄色	中壤土	小块状	8.1	12.1	0.77	1.18	21.5	54	3.7	46	12.5			
剖52	铁铝土	黄壤		石英质岩黄壤	黄壤石英砂土	A	0—9	暗黄棕色	砂壤土	粒状	6.3	22.7	1.07	0.27	16.3	48	7.8	146	9.6	石英砂岩坡积物	E 111°06′05.3″ N 30°32′04.9″	95
						B	9—34	灰黄棕色	中壤土	粒状	6.3	13.7	1.02	0.22	13.5	50	7.8	126	8.3			
						C	34—100	灰黄棕色	轻壤土	小团块状	6.6	10.0	0.56	0.22	17.3	50	3.2	87	10.4			
剖53	淋溶土	黄棕壤		泥质岩黄棕壤	扁砂泥土	Ao	0—2	褐黄色	中壤土	粒状	5.2	14.4	0.83	0.28	13.1	36	3.3	54	6.8	砂页岩风化残积物或坡积物	E 111°07′28.1″ N 30°30′12.6″	97
						A	2—21	黄棕色	中壤土	小块状	5.5	6.3	0.41	0.16	9.2	21	1.5	31	4.1			
						C	21—100	棕灰黄色	中壤土	块状	5.7	4.9	0.42	0.18	12.3	24	1.3	55	4.4			
剖54	人为土	水稻土	潴育水稻土	红黄壤性石英质岩泥田	次灰黄壤	A	0—13	灰黄色	中壤土	小块状	7.3	29.9	2.00	0.38	13.9	141	7.6	274	12.5	石英质岩坡积物	E 111°03′33.9″ N 30°31′29.8″	95
						P	13—20	灰黄色	中壤土	块状	7.6	16.0	1.18	0.41	13.7	98	6.0	140	14.0			
						W	20—34	灰黄色	中壤土	棱块状	7.3	10.2	0.65	0.24	16.8	43	2.5	137	15.8			
						B	34—64	黄色	中壤土	块状	7.6	5.2	0.52	0.22	17.4	39	2.4	135	15.0			
						C	64—100	淡黄棕色	中壤土	块状	7.5	5.5	0.55	0.24	17.1	31	2.5	145	16.9			
剖55	人为土	水稻土	潴育水稻土	红黄壤性石英岩泥田	黄壤石英砂泥田	A	0—15	棕灰色	中壤土	小块状	5.3	17.2	1.05	0.19	20.7	106	4.3	78	13.3	石英质岩坡积物	E 111°13′18.9″ N 30°32′28.6″	95
						P	15—20	棕灰色	中壤土	棱块状	6.4	13.7	0.89	2.00	22.4	78	3.8	65	14.3			
						W	20—27	紫灰色	中壤土	棱块状	7.1	7.7	0.75	0.12	18.0	55	2.9	65	12.4			
						B	27—34	紫灰色	中壤土	团块状	7.3	7.4	0.53	0.15	14.4	52	3.5	56	11.8			
						C	34—63	棕灰色	中壤土	块状	7.4	6.1	0.39	0.16	13.8	49	2.8	55	11.5			
剖56	人为土	水稻土	潴育水稻土	石灰（岩）性水田	灰棕大土田	A	0—14	灰黄色	重壤土	小块状	7.1	14.8	0.99	0.76	18.8	63	14.4	177	14.9	石灰岩	E 111°13′13.4″ N 30°31′40.7″	97
						P	14—22	暗黄棕色	重壤土	棱块状	7.0	14.6	0.99	0.85	18.7	56	14.0	170	13.1			
						W	22—43	褐黄色	重壤土	棱块状	7.5	10.0	0.77	0.73	20.2	40	12.2	164	11.5			
						B	43—80	褐色	中壤土	块状	7.5	7.0	0.55	0.59	16.5	38	9.8	109	8.3			
						C	80—100	褐色	中壤土	块状	7.4	6.6	0.52	0.55	24.1	37	4.0	93	21.6			
剖57	人为土	水稻土	潴育水稻土	石灰（岩）性水田	灰棕泥田	A	0—11	淡棕黄色	重壤土	块状	7.2	28.7	1.63	0.49	22.7	102	6.5	125	19.0	石灰岩	E 111°14′20.4″ N 30°30′52.4″	97
						P	11—20	淡黄棕色	重壤土	棱块状	7.3	18.6	1.05	0.35	21.7	72	3.2	98	18.4			
						W	20—34	黄棕色	重壤土	棱块状	7.9	10.8	0.68	0.33	21.7	44	4.6	111	18.0			
						B	34—73	黄棕色	中壤土	棱块状	7.9	9.9	0.78	0.34	21.6	43	5.2	109	18.0			
						C	73—100	黄棕色	中壤土	块状	7.8	10.3	0.63	0.36	20.7	45	8.4	115	17.9			
剖58	人为土	水稻土	潴育水稻土	灰潮土田	灰正土田	A	0—13	淡黄色	中壤土	小块状	7.8	17.2	1.17	0.62	17.8	60	20.4	100	9.7	近代河流冲积物	E 111°07′58.5″ N 30°30′30.8″	97
						P	13—22	淡黄色	中壤土	块状	7.9	16.5	1.07	0.59	17.4	59	6.4	73	12.2			
						W	22—49	褐黄色	中壤土	棱块状	7.9	6.5	0.80	0.52	18.4	30	9.9	64	19.2			
						C	49—100	灰黄色	中壤土	块状	7.6	4.0	0.63	0.55	19.8	27	6.6	61	4.7			
剖59	淋溶土	黄棕壤		泥质岩黄棕壤	中层扁渣土	A	0—10		中壤土		6.1	6.6	0.39	0.12	7.8	22	≤1.0	44	3.4		E 111°07′51.8″ N 30°30′12.3″	97
						C	15—25				5.6	3.6	0.28	≤0.10	7.7	18	≤1.0	32	3.4			

续表 Continued

剖面号 Soil profile	土纲 Soil order	土类 Soil great group	亚类 Soil subgroup	土属 Soil genus	土种 Soil species	土层码 Layer code	土层厚度 Depth/cm	颜色 Soil color	质地 Soil texture	土壤结构 Soil structure	pH	有机质 OM/(g/kg)	全氮 TN/(g/kg)	全磷 TP/(g/kg)	全钾 TK/(g/kg)	碱解氮 AN/(mg/kg)	有效磷 AP/(mg/kg)	速效钾 AK/(mg/kg)	阳离子交换量CEC/(cmol/kg)	土壤母质 Parent material	剖面点坐标 Profile coordinate	匹配指数 Matching index/%
剖60	人为土	水稻土	潴育水稻土	黄棕壤性泥质岩泥田	次灰扁砂泥田	A	0—18				7.2	43.8	3.08	0.76	31.1	113	8.8	195	25.2	砂页岩、页岩坡积物	E 111°10′20.9″ N 30°31′09.1″	95
						P	20—26				7.2	30.4	2.06	0.58	22.3	120	5.9	106	19.4			
						W	29—37				7.6	18.7	1.46	0.62	23.4	68	7.3	81	19.0			
						B	44—54				7.6	13.5	1.12	0.79	24.4	58	8.5	95	18.5			
						C	75—85				6.4	11.3	9.65	0.64	21.7	53	8.5	83	17.8			
剖61	半水成土	潮土	灰潮土	壤土型灰潮土	灰正土	1	0—20	暗棕色	中壤土	小团块状	7.8	15.9	1.05	0.87	15.2	56	25.6	81	13.1	有石灰反应的河流冲积物	E 111°09′50.9″ N 30°30′14.4″	97
						2	20—62	灰黄棕色	中壤土	团块状	7.9	13.0	0.96	0.51	17.6	48	5.1	67	13.4			
						3	62—93	暗棕色	重壤土	团块状	7.9	9.7	0.67	0.36	14.3	41	2.9	46	12.0			
						4	93—100	灰黄棕色	中壤土	团块状	7.9	9.9	0.69	0.37	18.2	44	2.9	62	13.6			
剖62	淋溶土	黄棕壤	黄棕壤	碳酸岩黄棕壤	黄夹土	A	0—15	黄棕色	中壤土	团块状	6.7	17.6	0.85	0.33	15.9	42	4.1	104	15.0		E 111°07′22.8″ N 30°25′54.6″	97
						B	15—49	棕黄色	中壤土	块状	6.4	7.8	0.56	0.19	12.5	54	1.6	69	12.6			
						C	49—100	棕黄色	重壤土	块状	6.3	6.5	0.54	0.21	15.2	50	1.5	78	14.3			
剖63	铁铝土	黄壤	黄壤	石英岩黄黄壤	黄壤石英泥土	A	0—16	淡棕色	重壤土	小块状	6.0	14.2	0.83	0.28	12.3	50	3.2	134	15.0		E 111°05′23.6″ N 30°20′11.5″	95
						B	16—46	淡黄棕色	重壤土	块状	6.0	10.9	0.68	0.70	13.3	45	2.0	49	14.7			
						C	46—100	红棕色	重壤土	块状	6.0	9.8	0.58	0.24	12.4	42	1.6	56	12.0			
剖64	铁铝土	黄壤	黄壤	第四纪黏土黄壤	黄大泥土	A	0—18	淡黄棕色	中壤土	团粒状	6.9	14.1	1.23	0.45	13.1	51	6.7	105	12.7	第四纪黏土	E 111°01′30.3″ N 30°20′42.1″	95
						B	18—30	黄棕色	重壤土	小块状	6.6	13.6	0.61	0.43	13.2	39	6.5	83	12.0			
						C	30—100	灰棕色	重壤土	块状	5.6	2.9	0.28	0.52	14.5	19	10.1	82	12.4			
剖65	人为土	水稻土	潴育水稻土	黄棕壤性泥质岩泥田	夹青扁砂泥田	A	0—15	灰白色	中壤土	糊状	5.2	27.3	1.41	0.42	20.9	104	13.6	167	13.2	砂页岩、页岩坡积物	E 111°14′00.8″ N 30°24′40.1″	95
						P	15—22	灰黄色	中壤土	块状	5.8	23.1	1.16	0.36	18.8	79	12.5	131	10.4			
						G	22—85	灰黄色	中壤土	糊状	6.0	20.5	1.19	0.58	27.9	91	21.5	178	15.5			
						W	85—100	淡灰色	中壤土	块状	6.8	13.8	0.81	0.35	21.1	55	8.7	116	9.7			
剖66	淋溶土	黄棕壤	黄棕壤	泥质黄棕壤	中层扁骨土	A	0—11	灰黄色		小块状	5.7	12.0	0.63	0.17	11.4	68	2.8	103	7.7	砂页岩风化残积物或坡积物	E 111°13′08.8″ N 30°21′47.1″	97
						C	11—52	淡黄棕色		小块状	5.2	14.2	0.57	0.18	13.9	68	3.4	104	5.4			
						3	52—															
剖67	铁铝土	黄壤	黄壤	泥质黄壤	黄壤扁骨土	A	0—14	灰黄色	中壤土	团块状	7.0	6.4	0.38	0.13	9.7	23	2.4	46	5.0		E 111°08′57.0″ N 30°21′38.0″	95
						C	14—100	灰黄色	中壤土	小块状	5.6	4.1	0.24	0.14	11.2	26	1.6	33	6.9			
剖68	人为土	水稻土	潴育水稻土	黄棕壤性第四纪黏土泥田	白善泥田	A	0—20	灰白色	中壤土	团粒状	5.1	14.3	0.99	0.35	16.5	87	4.9	70	9.6	第四纪黏土	E 111°16′18.3″ N 30°23′12.7″	97
						P	20—34	灰黄色	中壤土	小块状	6.0	13.1	0.99	0.36	16.7	82	4.1	72	10.0			
						W	34—44	灰黄色	中壤土	棱块状	6.4	8.4	0.92	0.36	14.1	54	3.9	82	11.3			
						B	44—68	淡黄棕色	中壤土	块状	6.3	6.4	0.52	0.31	12.7	57	3.9	72	11.4			
						C	68—100	淡黄棕色	中壤土	块状	6.4	6.8	0.46	0.32	11.4	43	4.7	189	13.0			

五峰土家族自治县

主要土类说明

黄棕壤是五峰土家族自治县主要土壤类型，占本县地域面积的53%。本县黄棕壤为垂直带谱结构中的土壤类型之一，分布在黄壤之上，位于海拔800—1800m的山地。黄棕壤是红壤、黄壤向棕壤过渡的土壤类型，有明显的淋溶淀积特征。该土壤土层较深厚，层次发育较明显，土壤呈微酸性至中性。本县黄棕壤分为山地黄棕壤和黄棕壤性土两个亚类。

棕壤是五峰土家族自治县第二大土壤类型，占本县地域面积的24%。棕壤分布在海拔1800m以上的山地，大部分属森林土壤，极少部分被垦殖为农用或药材土壤。剖面特征是具有暗棕色至淡黄棕色心土层，各发生层次色调比较一致，除表土层外均以棕色为主，上下层过渡不明显。该土壤黏粒积累作用比较明显，心土层比表土层质地稍黏，呈块状结构，结构体表面多有铁锰胶膜，有机质含量高，为20—150g/kg，土壤呈酸性至微酸性。根据土壤发育程度的不同，本县棕壤分为山地棕壤和山地棕壤性土两个亚类。

黄壤是五峰土家族自治县第三大土壤类型，占本县地域面积的18%，主要分布在海拔800m以下的低山及河谷地区。在冬无严寒、夏无酷热、干湿季节不明显的气候条件下，土体中的含铁物质和氧化铁高度水化，黄色或鲜黄色心土层比较明显。土壤pH一般为4.5—6.0，表层盐基饱和度低，为10%—30%。黄壤质地一般比红壤轻，多为上轻下重。根据土壤发育程度的不同，本县黄壤分为黄壤、黄壤性土等亚类。

石灰（岩）土占本县地域面积的3%，是本县分布广但面积不大的岩成土，与地带性土壤交错分布。本县石灰（岩）土发育于石灰岩和泥质灰岩坡积物或残积物，质地黏重，呈块状结构，结构体表面多有胶膜，土体内多含砾石，有不均质石灰反应，pH比地带性土壤高，近中性或微碱性，表层至底层pH有上升趋势，明显不适宜油茶、茶、杉等植物生长。根据有机质含量和pH的差异，本县石灰（岩）土分为棕色石灰土和红色石灰土两个亚类。

水稻土在本县分布面积较小，是本县的主要耕作土壤类型之一，除渔洋关有水稻土集中分布外，其他低山、半高山均为零星分布。水稻土是在人为长期水耕熟化，以栽培水稻为主的过程中形成的具有独特性状的土类。在长期耕作、施肥和灌溉条件下，由于还原淋溶和氧化淀积等作用，水稻土形成了特有的剖面结构和发生层次。根据水文地质条件和水耕熟化程度的差异，本县水稻土按水型分为淹育型、潴育型、潜育型和沼泽型四个亚类。

小于本县地域面积3%的土壤类型还有红壤等。

本区域中心区气候特征

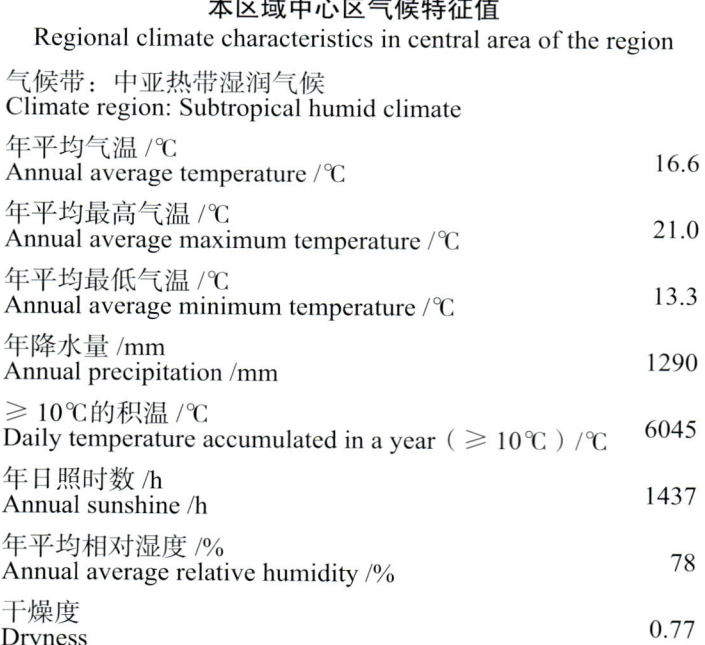

本区域中心区气候特征值
Regional climate characteristics in central area of the region

气候带：中亚热带湿润气候 Climate region: Subtropical humid climate	
年平均气温 /℃ Annual average temperature /℃	16.6
年平均最高气温 /℃ Annual average maximum temperature /℃	21.0
年平均最低气温 /℃ Annual average minimum temperature /℃	13.3
年降水量 /mm Annual precipitation /mm	1290
≥10℃的积温 /℃ Daily temperature accumulated in a year (≥10℃) /℃	6045
年日照时数 /h Annual sunshine /h	1437
年平均相对湿度 /% Annual average relative humidity /%	78
干燥度 Dryness	0.77

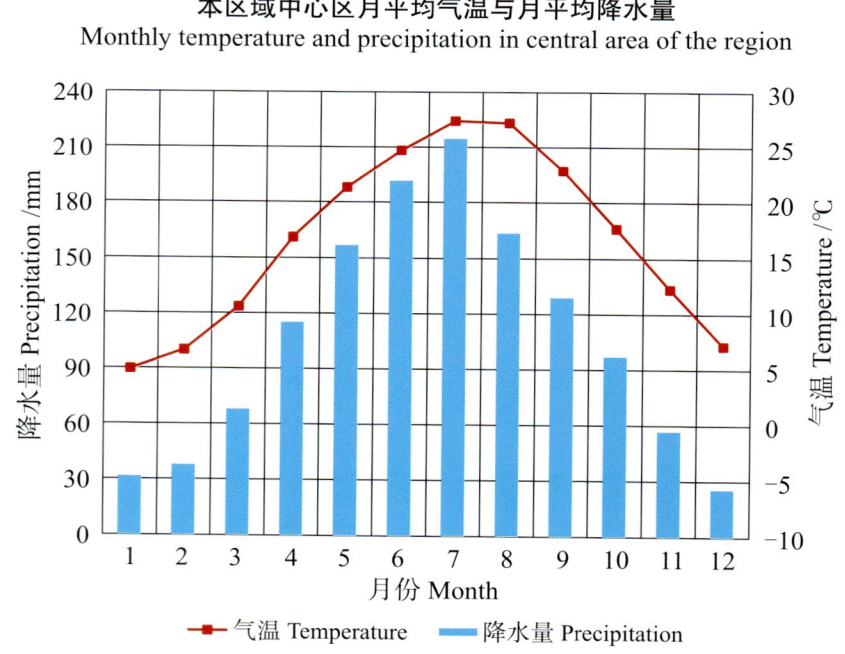

本区域中心区月平均气温与月平均降水量
Monthly temperature and precipitation in central area of the region

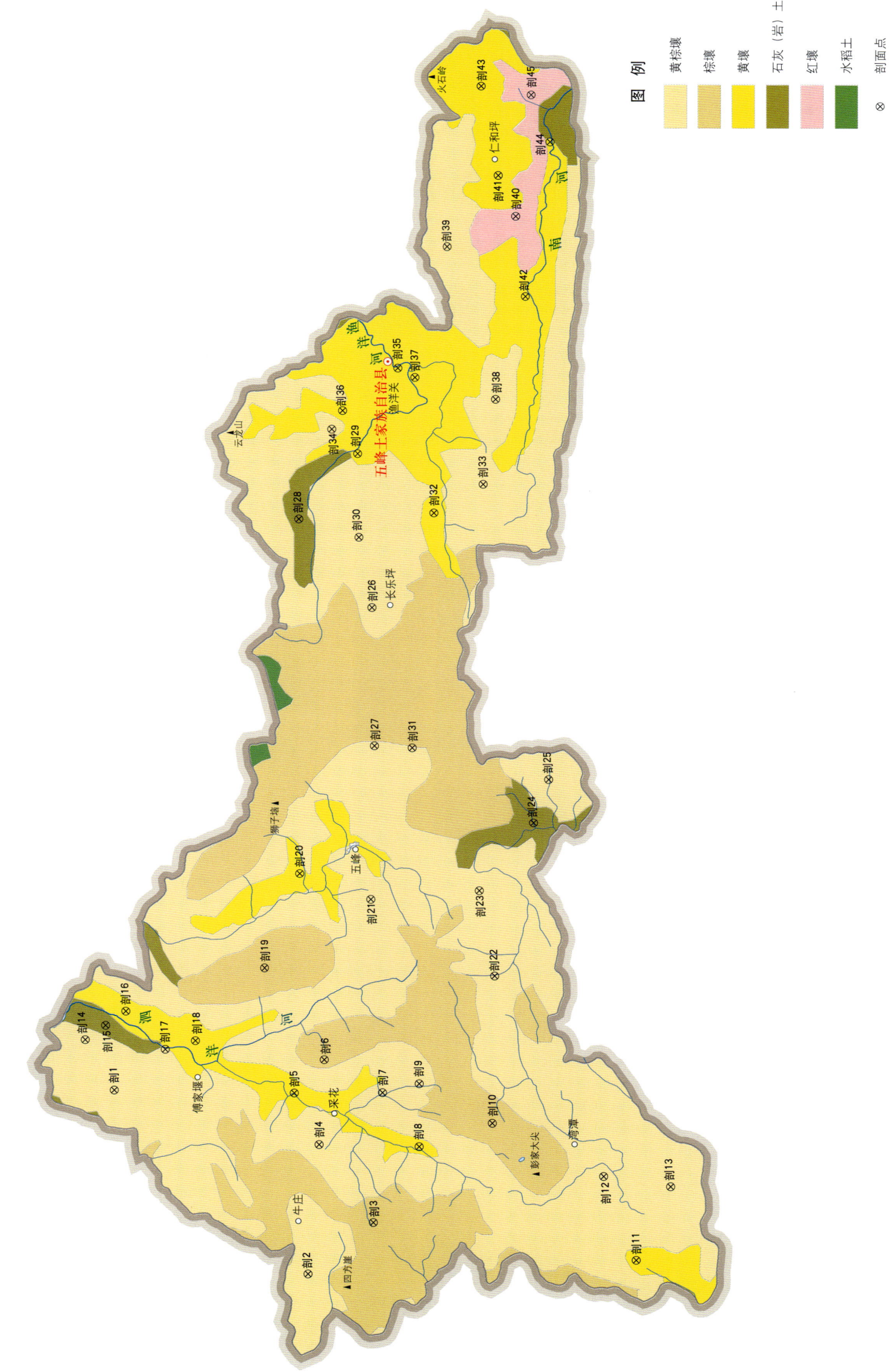

五峰土家族自治县主要土壤类型与土壤剖面点分布图
1∶350 000

五峰土家族自治县土壤剖面理化性状表

剖面号 Soil profile	土纲 Soil order	土类 Soil great group	亚类 Soil subgroup	土属 Soil genus	土种 Soil species	土层码 Layer code	土层厚度 Depth/cm	颜色 Soil color	质地 Soil texture	土壤结构 Soil structure	pH	有机质 OM/(g/kg)	全氮 TN/(g/kg)	全磷 TP/(g/kg)	全钾 TK/(g/kg)	有效磷 AP/(mg/kg)	速效钾 AK/(mg/kg)	阳离子交换量 CEC/(cmol/kg)	土壤母质 Parent material	剖面点坐标 Profile coordinate	匹配指数 Matching index/%
剖1	淋溶土	黄棕壤	山地黄棕壤	碳酸岩山地黄棕壤	中层山地黄糯土	A	0—14	灰黄色	重壤土	小块状	7.5	30.5	1.79	0.47	14.1	7.6	290	14.9	石灰岩	E 110°28′05.5″ N 30°22′00.2″	95
						B	14—28	淡灰黄色	重壤土	块状	7.5	19.9	1.23	0.14	21.2			14.3			
						C	28—37	黄化色	重壤土	块状	7.1	18.9	1.17	0.34	17.3			15.6			
剖2	淋溶土	棕壤	暗黄棕壤	石英岩暗黄棕壤	暗硅渣土	A	0—14	淡棕黄色	黏壤土	小块状	6.8	32.8	1.70	0.25	17.9	≤1.0	73	13.3	石英岩	E 110°19′01.9″ N 30°13′57.0″	95
						C	14—100	暗棕红色	壤质黏土	块状	6.3	7.6	0.57	0.21	18.7			9.3			
剖3	淋溶土	棕壤	山地棕壤	泥质岩山地棕壤	扁冷灰包土	A	0—14	灰灰黄色	中壤土	粒状	6.0	55.4	3.36	0.86	20.5	4.0	236	23.6	泥质岩	E 110°21′35.0″ N 30°11′14.7″	93
						B	14—61	灰灰黄色	中壤土	块状	6.2	25.9	1.54	0.89	21.9			15.7			
						C	61—100	淡黄棕色	中壤土	块状	6.1	12.7	0.90	0.75	23.2			12.9			
剖4	淋溶土	黄棕壤	山地黄棕壤	泥质岩山地黄棕壤	山地扁渣土	A	0—15	淡灰黄色		粒状	7.1	35.3	1.69	3.40	≥50.0	≥100.0		14.4	泥质岩	E 110°25′24.3″ N 30°13′29.1″	95
						B	15—60	淡灰黄色	中壤土	粒状	6.5	26.0	1.43	0.28				14.1			
						C	60—100			粒状	6.3	15.6	0.92	0.19				11.6			
剖5	铁铝土	黄壤	黄壤	石英质山地黄壤	硅黄糯土	Ao	0—1	棕色	重壤土	小块状	7.7	20.5	1.22	0.28	9.4	1.8	73	20.1	石英质岩	E 110°27′56.6″ N 30°14′31.3″	95
						B	1—14	暗棕色	重壤土	块状	7.8	21.7	1.24	0.38	12.2			19.2			
						C	14—50	暗红棕色	黏土	粒状	7.8	17.9	1.06	0.36	11.5			18.5			
剖6	淋溶土	棕壤	山地棕壤	泥质岩山地棕壤	中层冷灰包土	1	0—2	黑棕色		粒状									泥质岩	E 110°29′35.0″ N 30°13′16.3″	75
						2	2—12	棕色	中壤土	粒状											
						3	12—43	淡灰黄色	中壤土	块状											
						4	43—53	淡黄棕色	中壤土	块状											
剖7	淋溶土	黄棕壤	山地黄棕壤	泥质岩山地黄棕壤	山地扁糯土	A	0—13	灰灰黄色	重壤土	小块状	7.4	31.9	1.64	0.37	16.6	5.9	≤5	15.0	泥质岩	E 110°27′57.5″ N 30°10′51.5″	95
						B	13—49	淡灰黄色	重壤土	块状	7.7	6.4	0.59	0.20	19.5			8.3			
						C	49—100	淡黄棕色	中壤土	块状	6.9	4.4	0.58	0.27	20.9			11.8			
剖8	铁铝土	黄壤	黄壤	泥质岩黄壤	细砂泥土	A	0—18	黄色	黏壤土	粒状	6.1	25.0	1.31	0.27	17.3	≤1.0	53	11.0	泥质岩	E 110°25′18.4″ N 30°09′20.2″	81
						B	18—51	淡灰棕色	黏壤土	块状	6.0	7.0	0.56	0.20	17.3			7.3			
						C	51—100	淡黄色	黏壤土	粒状	6.5	4.8	0.43	0.16	17.2			7.7			
剖9	淋溶土	黄棕壤	山地黄棕壤	泥质岩山地黄棕壤	暗细渣土	A	0—15	淡灰黄色	壤质黏土	粒状	7.1	35.3	1.69	3.40	≥50.0	4.2	161	14.4	泥质岩类风化积物或化坡积物	E 110°28′24.3″ N 30°09′20.0″	81
						B	15—60	灰灰黄色	黏壤土	粒状		26.0	1.43	0.28			109	14.4			
						C	60—100	淡黄棕色	黏壤土	粒状	6.3	15.6	0.92	0.19			126	11.6			
剖10	淋溶土	黄棕壤	黄棕壤	碳酸岩山地黄棕壤	冷灰包土	A	0—15	暗黄棕色	中壤土	粒状	6.1	70.1	4.83	1.25	22.2	6.7	412	26.2	石灰岩	E 110°26′28.1″ N 30°06′17.7″	94
						B	15—27	灰灰黄色	黏壤土	粒状	6.0	38.6	2.92	0.84	22.6			23.5			
						C	72—100	淡灰黄色	中壤土	粒状	6.5	29.7	1.53	0.75	22.9			19.7			
剖11	铁铝土	黄壤	黄壤	泥质岩黄壤	扁黄渣土	A	0—14	灰黄色	中壤土	粒状	6.4	71.2	3.74	0.74	19.0	1.9	110	25.8	泥质岩	E 110°19′44.7″ N 30°00′18.6″	75
						C	14—100	淡灰黄色	中壤土	块状	5.8	65.6	3.33	0.70	20.5			25.7			
剖12	淋溶土	黄棕壤	暗黄棕壤	泥质岩山地黄棕壤	山地扁大土	A	0—15	灰灰黄色	中壤土	粒状	6.0	29.5	1.63	0.57	14.1	6.2	146	13.7	泥质岩	E 110°23′50.8″ N 30°01′39.7″	95
						B	15—61	淡灰黄色	中壤土	块状	5.8	15.1	0.95	0.15	15.6			11.0			
						C	61—100	淡灰黄色	中壤土	块状	6.0	7.9	0.36	0.24	14.1			7.7			
剖13	淋溶土	黄棕壤	暗黄棕壤	碳酸岩山地黄棕壤	暗岩渣土	Ao	0—2	黑色		粒状										E 110°23′21.2″ N 29°58′53.1″	95
						A	2—16	暗灰黄色	黏壤土	粒状	7.2	40.3	2.03	0.29	17.5	3.1	222	19.1			
						C	16—62	淡灰黄色	黏土	块状	7.4	13.6	0.91	0.20	21.3			17.3			
剖14	淋溶土	黄棕壤	山地黄棕壤	碳酸岩山地黄棕壤	山地黄膏土	A	0—14	灰灰黄色	黏土	块状	6.5	13.8	0.96	0.39	24.5			12.0	石灰岩	E 110°30′34.7″ N 30°23′13.0″	95
						B	14—60	淡灰黄色	黏土	块状	6.5	10.1	0.81	0.35	22.2			10.9			
						C	60—100	淡灰黄色	黏土	块状	7.6	5.9	0.62	0.29	23.3			13.9			

续表 Continued

剖面号 Soil profile	土纲 Soil order	土类 Soil great group	亚类 Soil subgroup	土属 Soil genus	土种 Soil species	土层码 Layer code	土层厚度 Depth/cm	颜色 Soil color	质地 Soil texture	土壤结构 Soil structure	pH	有机质 OM/(g/kg)	全氮 TN/(g/kg)	全磷 TP/(g/kg)	全钾 TK/(g/kg)	有效磷 AP/(mg/kg)	速效钾 AK/(mg/kg)	阳离子交换量CEC/(cmol/kg)	土壤母质 Parent material	剖面点坐标 Profile coordinate	匹配指数 Matching index/%
剖15	初育土	石灰（岩）土	棕色石灰土	棕色石灰岩土	灰棕糯土	Ao	0—2	暗棕色	重壤土	粒状	6.8	31.3	1.86	0.32	15.4	4.5	266	27.7	石灰岩	E 110°31′17.5″ N 30°22′21.3″	95
						A	2—15	暗棕色	重壤土	块状	7.2	18.5	1.11	0.32	16.5			24.4			
						B	15—37	黑棕色	黏土	梭块状	7.5	16.2	1.23	0.36	17.6			24.8			
剖16	铁铝土	黄壤	黄壤	石英质黄壤	硅黄砂土	C	37—85	暗红棕色	重壤土	小块状	6.7	20.9	1.24	0.31	15.0		86	11.9	石英质岩	E 110°31′59.4″ N 30°21′31.4″	95
						A	0—15	黄色	重壤土	块状	6.7	9.6	0.67	0.18	15.8			11.0			
						B	15—38	暗黄橙色	重壤土	块状	6.5	3.0	0.36	≥10.00				10.2			
剖17	淋溶土	黄棕壤	山地黄棕壤	泥质岩山地黄棕壤	山地扁泥砂土	C	38—92	淡黄橙色	轻壤土	粒状	6.6	32.6	1.65	0.46	18.7	2.5	236	14.3	泥质岩	E 110°30′06.1″ N 30°19′53.0″	75
						A	0—15	灰黄色	轻壤土	小块状	7.4	4.3	0.43	0.17	19.1			8.4			
						B	15—58	灰黄色	重壤土	块状	7.4	2.7	0.34	0.17	19.0			5.1			
剖18	铁铝土	黄壤	黄壤	石英质岩山地黄壤	硅黄细骨土	C	58—100	灰黄色													
						Ao	0—1													E 110°30′31.4″ N 30°18′37.8″	95
						A	1—10	灰黄色	中壤土	粒状	5.9	13.1	0.70	0.27	15.2	2.8	90	7.3	石英质岩		
						B	10—29	淡黄棕色	重壤土	小块状	6.1	10.7	0.69	0.27	15.3			7.9			
						C	29—100	淡黄色	重壤土	小块状	6.0	8.4	0.65	0.25	26.9			8.7			
剖19	淋溶土	棕壤	山地棕壤	石英质岩山地棕壤	硅冷灰包土	Ao	0—1	棕色												E 110°34′06.3″ N 30°15′45.5″	93
						A	1—7	淡黄棕色	中壤土	小块状	5.8	62.0	2.69	0.44	22.4	1.3	121	19.8	石英质岩		
						B	7—100	淡黄棕色	中壤土	块状	5.7	18.5	1.23	0.41	26.5			15.9			
剖20	铁铝土	黄壤	暗黄棕壤	泥质岩山地暗黄棕壤	扁黄大土	A	0—18	淡黄色	黏土	小块状	6.0	25.8	1.31	0.27	17.3	≤1.0	53	11.0	泥质岩	E 110°38′47.0″ N 30°14′17.2″	95
						B	18—51	黄色	黏土	碎块状	6.1	7.0	0.56	0.20	17.3			7.3			
						C	51—100	淡红棕色	中壤土	块状	6.1	4.8	0.43	0.16	≥50.0			7.7			
剖21	淋溶土	黄棕壤	棕黄壤性土		薄黄细骨土	A	0—2	暗棕色	壤质黏土	粒状	6.4	61.1	3.11	0.44	23.2	2.2	132	22.8		E 110°37′30.0″ N 30°11′20.5″	95
						B	2—12	暗棕色	重壤土	小块状	6.6	14.6	1.12	0.16	27.7			17.5			
						C	12—27	淡黄棕色	中壤土	块状	5.5	23.2	1.65	0.61	23.5	3.6	98	13.7			
剖22	淋溶土	黄棕壤	山地黄棕壤	泥质岩山地黄棕壤	中层山地扁大土	A	0—11	淡黄棕色	中壤土	块状	6.7	11.4	1.04	0.64	22.3			11.9	泥质岩	E 110°33′43.0″ N 30°06′11.4″	81
						B	11—38	黄黄色	中壤土												
剖23	淋溶土	黄棕壤	暗黄棕壤	石英质岩山地暗黄棕壤	暗灰砂泥土	A	0—2	暗灰棕色	壤质黏土	小块状	6.2	18.4	1.05	0.27	19.8	≤1.0	151	15.6	石英质岩风化残积物或坡积物	E 110°37′56.1″ N 30°06′49.3″	81
						B	2—13	淡黄棕色	黏土	块状	5.8	6.8	0.59	0.25	23.9			15.7			
						C	13—82	灰黄棕色	黏土	块状	7.5	6.3	0.60	0.30	23.8			18.6			
剖24	初育土	石灰（岩）土	棕色石灰土	棕色石灰岩土	灰棕大土	A	82—100	暗黄棕色	重壤土	小块状	6.8	20.4	1.34	0.36	16.9	1.5	124	20.8	石灰岩	E 110°41′19.0″ N 30°04′33.6″	95
						A	0—16	棕色	重壤土	块状	6.4	18.2	1.28	0.34	16.7			2.1			
						B	16—25	暗棕色	中壤土	块状	7.4	10.5	1.04	0.22	17.5			17.9			
剖25	淋溶土	黄棕壤	山地黄棕壤	碳酸岩山地黄棕壤	山地黄大土	C	25—100	淡黄棕色	中壤土	小块状	7.2	29.1	1.76	0.52	19.2	4.3	261	14.8	石灰岩	E 110°43′29.5″ N 30°03′56.0″	75
						A	0—13	灰灰色	中壤土	块状	7.5	11.2	0.76	0.37	20.2			9.2			
						B	13—55	黄灰黄色	中壤土	粒状	7.5	11.1	0.96	0.39	20.5			11.4			
剖26	淋溶土	黄棕壤	山地黄棕壤	碳酸岩山地黄棕壤	山地黄灰包土	C	55—100	淡黄黄色	重壤土	小块状	6.8				16.0	3.1	235	13.8	石灰岩	E 110°52′01.6″ N 30°11′16.3″	95
						A	0—18	黄色	重壤土	块状	7.4										
						B	18—54	淡黄黄色	重壤土	块状					21.2			12.4			
剖27	淋溶土	黄棕壤	山地黄棕壤	泥质岩山地黄棕壤	中层山地扁糯土	C	51—100	灰白色	重壤土	粒状	5.9	34.7	1.68	0.24	18.3	≤1.0	100	12.2	泥质岩	E 110°45′10.0″ N 30°11′10.7″	75
						A	0—1	淡黄色	重壤土	块状	6.1	4.3	0.42	0.15	19.6			6.6			
						B	1—9	淡灰黄色	重壤土	粒状	6.6	23.4	1.64	0.58	≤1.0	11.2	216	20.9			
剖28	初育土	石灰（岩）土	棕色石灰土	棕色石灰岩土	灰石渣土	C	9—25	淡灰黄色	重壤土	块状	7.2	10.6	0.98	0.37	18.9			19.8	石灰岩	E 110°56′26.6″ N 30°14′18.1″	75
						A	0—16	棕色	重壤土	块状	7.4	7.4	0.80	0.39	19.5			18.3			
						B	16—31	暗红棕色													
						C	31—100														

剖面号 Soil profile	土纲 Soil order	土类 Soil great group	亚类 Soil subgroup	土属 Soil genus	土种 Soil species	土层码 Layer code	土层厚度 Depth/cm	颜色 Soil color	质地 Soil texture	土壤结构 Soil structure	pH	有机质 OM/(g/kg)	全氮 TN/(g/kg)	全磷 TP/(g/kg)	全钾 TK/(g/kg)	有效磷 AP/(mg/kg)	速效钾 AK/(mg/kg)	阳离子交换量 CEC/(cmol/kg)	土壤母质 Parent material	剖面点坐标 Profile coordinate	匹配指数 Matching index/%
剖29	铁铝土	黄壤	黄壤	泥质岩山地黄壤	扁黄糯土	A	0—14	灰黄色	重壤土	粒状	6.0	26.3	1.55	0.68	16.7	2.6	90	14.8	泥质岩	E 110°59′40.1″ N 30°11′52.0″	75
剖30	淋溶土	黄棕壤	山地黄棕壤	石英质岩山地黄棕壤	山地硅质大土	B	14—66	淡灰黄色	重壤土	粒状	7.6	13.2	0.88	0.28	16.9			8.9	石英质岩	E 110°55′31.5″ N 30°11′49.0″	95
						C	66—100	淡黄色	中壤土	粒状		5.8	0.54	0.12	20.5			16.4			
剖31	淋溶土	黄棕壤	黄棕壤性土	泥质岩山地黄棕壤	薄山地硅质渣土	A	0—13	淡黄色	中壤土	核状	6.6	18.4	1.05	0.27	19.8	≤1.0	151	15.6	泥质岩	E 110°45′04.2″ N 30°09′36.4″	75
						B	13—82	灰黄色	中壤土	块状	5.8	6.8	0.59	0.25	23.9			15.7			
						C	82—100	淡黄黄色	重壤土	块状	7.5	6.3	0.60	0.30	23.8			18.6			
剖32	铁铝土	黄壤	黄壤	第四纪黏土黄壤	黄土	Ao	0—2	暗黄色			6.4	60.8	3.11	0.44	23.2	2.2	132	22.8	第四纪黏土	E 110°56′44.7″ N 30°08′41.7″	95
						A	2—20	暗棕色	重壤土	粒状	6.6	9.5	1.12	0.15	27.7			17.5			
						C	20—27	淡棕色		小块状	6.0	9.5	1.17	0.64	14.0	6.8	217	10.5			
剖33	淋溶土	黄棕壤	山地黄棕壤	碳酸岩山地黄棕壤	山地黄渣土	A	0—14	淡红棕色	重壤土	块状	5.6	4.7	0.47	0.27	4.1			12.6	石灰岩	E 111°00′53.8″ N 30°12′56.0″	75
						B	14—75	淡黄橙色	黏土	核状	5.8	3.9	0.30	0.24	17.9			9.1			
						C	75—100	淡黄黄色	黏土	粒状											
剖34	淋溶土	黄棕壤	山地黄棕壤	碳酸岩山地黄棕壤	山地黄渣土	1	0—14	黑色		小块状		19.1	1.45						石灰岩	E 111°03′55.8″ N 30°10′11.1″	95
						2	14—40	暗黄棕色	重壤土	块状	7.2	40.3	2.04	0.29	17.5	2.9	148	19.1			
						3	40—100	淡棕色	重壤土	块状	7.4	13.6	0.91	0.20	21.3			17.3			
剖35	铁铝土	黄壤	黄壤	石英质岩黄壤	中层硅质大土	Ao	0—2	黑色		粒状									石英质岩	E 111°03′55.8″ N 30°10′11.1″	95
						A	2—16	暗黄棕色	中壤土	小块状	6.9	27.6	0.66	0.12	14.4	≤1.0	81	8.5			
						B	16—62	淡黄黄色	重壤土	块状	6.8	4.7	0.41	≤0.10	14.8			7.2			
						C	62—100	淡黄黄色	重壤土	块状	7.0	3.2	0.30	0.11	13.8			6.8			
剖36	铁铝土	黄壤	黄壤	泥质岩山地黄壤	扁黄骨土	1		淡黄色	中壤土	粒状									泥质岩	E 111°01′48.8″ N 30°12′28.7″	95
剖37	淋溶土	黄棕壤	山地黄棕壤	碳酸岩山地黄棕壤	山地黄渣土	A	0—13	淡黄棕色	中壤土	粒状	5.6	22.4	1.34	0.42	19.5			14.7	石灰岩	E 111°03′27.8″ N 30°09′28.4″	95
						B	13—55	暗棕色	重壤土	块状	6.2	13.3	0.84	0.26	17.8			12.1			
						C	55—100	淡棕色	重壤土	块状	6.5	13.2	0.87	0.31	23.4			14.7			
剖38	淋溶土	黄棕壤	山地黄棕壤	石英质岩山地黄棕壤	山地硅质大土	A	2—17	淡黄色	重壤土	粒状	6.6	38.2	1.72	0.62	16.5	10.0	380	15.0	石英质岩	E 111°02′22.9″ N 30°06′07.7″	95
						B	17—40	暗棕橙色	重壤土	块状	6.3	20.8	1.14	0.53	18.0			14.4			
						C	40—100	淡黄黄色	重壤土	块状	6.4	26.5	1.44	0.55	16.8			18.4			
剖39	淋溶土	黄棕壤	山地黄棕壤	碳酸岩山地黄棕壤	中层山地黄大土	A	0—15	淡黄色	重壤土	粒状	7.6	16.6	1.09	0.40	24.9	4.3	128	14.5	石英质岩	E 111°09′58.5″ N 30°08′07.1″	95
						B	15—56	暗红棕色	重壤土	核块状	7.4	12.1	0.92	0.32	≥50.0			14.3			
剖40	铁铝土	红壤	棕红壤	碳酸岩棕红壤	红糯土	A	0—19	棕红色	重壤土	核块状	7.3	11.0	0.91	0.24	25.2	1.2	176	15.2	石英质岩	E 111°11′28.1″ N 30°05′16.3″	95
						B	19—38	暗黄棕色	重壤土	核状	7.4	19.1	1.62	0.25	33.0			17.6			
						C	38—100	暗红棕色	重壤土	块状	6.5	20.9	1.20	0.27	35.3			19.0			
剖41	铁铝土	黄壤	黄壤	石英质岩黄壤	硅泥土	A	0—15	黄棕色	黏壤土	小块状	6.4	6.6	0.60	0.30	15.0	≤1.0	86	11.9	石灰岩坡积物	E 111°13′29.6″ N 30°05′59.6″	81
						C	15—38	暗黄橙色	粉砂质黏土	块状	6.0	2.9	0.40	0.20	16.0			11.9			
剖42	铁铝土	黄壤	黄壤	石英质岩黄壤	硅黄泥土	B	15—47	暗黄橙色	粉砂质黏土	粒状	6.2	28.5	1.58	≤0.10	18.5	8.1	196	10.2	石英质岩	E 111°07′30.0″ N 30°04′52.7″	95
						C	47—100	淡灰黄色		粒状	6.4	22.0	1.30	0.83	19.0			13.3			
剖43	铁铝土	黄壤	黄壤	碳酸岩黄壤	中层黄糯土	A	0—15	灰黄色	重壤土	粒状	6.8	19.5	1.16	0.76	18.8	≤1.0	68	10.2	石英质岩	E 111°17′56.1″ N 30°06′41.5″	95
						B	15—59	暗黄棕色	重壤土	粒状	6.9	28.6	1.64	0.81	25.0						
剖44	铁铝土	黄壤	黄壤	石英质岩黄壤	硅黄渣土	A	0—7	红棕色	重壤土	块状	7.2	21.0	0.82	0.33	23.2	1.4	100	12.3	石英质岩	E 111°15′09.5″ N 30°03′50.1″	75
						B	7—28	灰黄棕色	重壤土	粒状	5.4	32.2	1.70	0.27	17.8	0.47		11.0			
						C	28—100	淡棕色	重壤土	粒状	5.6	17.0	1.07	0.48	19.6			10.2			
								淡黄色			5.5		0.95	0.49	20.2						

续表 Continued

剖面号 Soil profile	土纲 Soil order	土类 Soil great group	亚类 Soil subgroup	土属 Soil genus	土种 Soil species	土层码 Layer code	土层厚度 Depth/cm	颜色 Soil color	质地 Soil texture	土壤结构 Soil structure	pH	有机质 OM/(g/kg)	全氮 TN/(g/kg)	全磷 TP/(g/kg)	全钾 TK/(g/kg)	有效磷 AP/(mg/kg)	速效钾 AK/(mg/kg)	阳离子交换量CEC/(cmol/kg)	土壤母质 Parent material	剖面点坐标 Profile coordinate	匹配指数 Matching index/%
剖45	铁铝土	红壤	棕红壤	石英质岩棕红壤	硅红大土	A	0—15	红棕色	中壤土	粒状	7.4	26.4	1.46	0.32	19.6	1.8	100	7.3	石英质岩	E 111°17′29.7″ N 30°04′36.6″	75
						B	15—57	紫棕色	重壤土	块状	7.6	8.5	0.56	0.55	17.4			4.8			
						C	57—100	淡棕色	重壤土	块状	7.1	7.6	0.54	0.15	17.3			9.0			

宜 都 市

主要土类说明

黄壤是宜都市主要土壤类型,占本市地域面积的29%。黄壤主要分布在潘家湾、王家畈、松木坪、聂家河等地,水平分布与红壤纬度带一致,垂直分布高于红壤。黄壤分布区冬无严寒,夏无酷热,云雾多,日照少,湿度大,干湿季节不明显,在其形成过程中,水化作用强烈,土壤富铝化作用明显,黄色或蜡黄色心土层比较明显。土壤pH为4.5—5.5,呈酸性,有机质层一般较厚。

石灰(岩)土是宜都市第二大土壤类型,占本市地域面积的21%。石灰(岩)土主要分布在潘家湾、聂家河、王家畈、五眼泉、红花套等地的石灰岩地区,呈多点零星状分布。石灰(岩)土是由石灰岩风化物发育而成的岩成土,上层有均质或不均质石灰反应。该土壤质地黏重,一般从表层到心土层再到母质层,pH呈上升趋势,近中性或弱碱性。

水稻土是宜都市第三大土壤类型,占本市地域面积的15%。本市水稻种植历史悠久,水稻土发育较为完全,主要分布在海拔300m以下的平原、低丘冲垄。在长期耕作、施肥和灌溉条件下,由于还原淋溶和氧化淀积等作用,水稻土形成了特有的剖面结构和发生层次,如耕作层、犁底层、潴育层、淀积层、潜育层和侧流漂洗层等。

红壤占本市地域面积的15%。红壤主要分布在枝城和松木坪,聂家河、姚家店等地也有少量分布。红壤形成于亚热带常绿阔叶林下,呈中度脱硅富铝化特征,剖面中有明显的淋溶淀积层和红包心土层。土壤pH为5.0—6.0,呈酸性。黏土矿物以高岭石、赤铁矿为主。

黄棕壤占本市地域面积的11%。黄棕壤分布在红花套、五眼泉、姚家店、聂家河、潘家湾等地,是红壤、黄壤向棕壤过渡的土壤类型。最醒目的剖面形态特征是心土层呈黄棕色或红棕色,质地黏重,呈块状或棱块状结构,结构体表面有棕色或暗棕色铁锰胶膜,或有铁锰结核。该土壤脱硅富铝化作用较弱,剖面淋溶淀积作用比较明显,是本市的主要地带性土壤。

紫色土占本市地域面积的4%,是由紫色砂页岩、紫色砂泥岩、紫色砂岩发育而成的一种岩性土壤。紫色岩岩性松脆,抗侵蚀能力弱,物理风化作用强烈,因此紫色土受侵蚀作用的影响,尚处于幼年发育阶段。紫色土全剖面性状均一,无明显发生层次,颜色与母岩保持一致,呈紫红色、紫色或暗棕紫色,质地、pH因母岩类型而异。

小于本市地域面积3%的土壤类型有潮土等。

本区域中心区气候特征

本区域中心区气候特征值
Regional climate characteristics in central area of the region

气候带:中亚热带湿润气候 Climate region: Subtropical humid climate	
年平均气温 /℃ Annual average temperature /℃	16.8
年平均最高气温 /℃ Annual average maximum temperature /℃	21.2
年平均最低气温 /℃ Annual average minimum temperature /℃	13.6
年降水量 /mm Annual precipitation /mm	1229
≥10℃的积温 /℃ Daily temperature accumulated in a year(≥10℃)/℃	6148
年日照时数 /h Annual sunshine /h	1550
年平均相对湿度 /% Annual average relative humidity /%	77
干燥度 Dryness	0.82

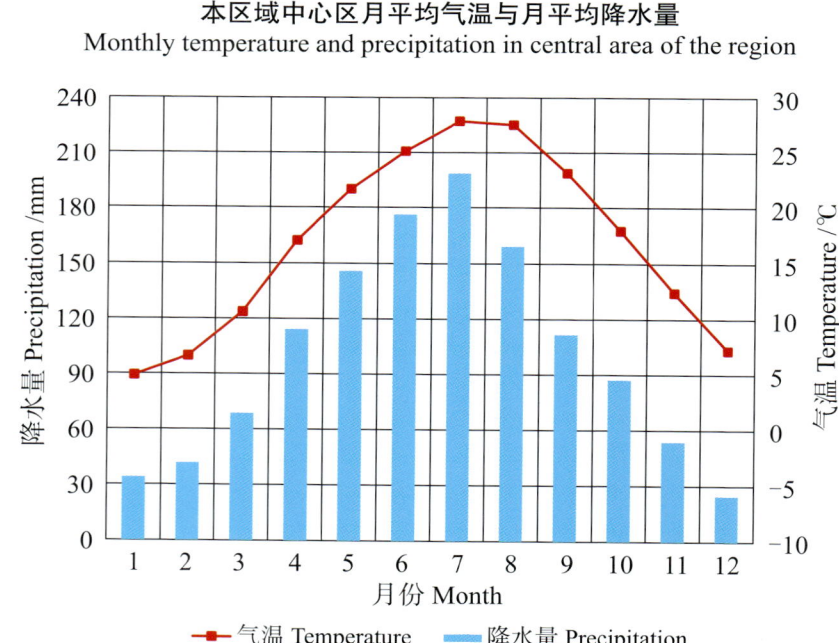

本区域中心区月平均气温与月平均降水量
Monthly temperature and precipitation in central area of the region

枝城市主要土壤类型与土壤剖面点分布图
1:220 000

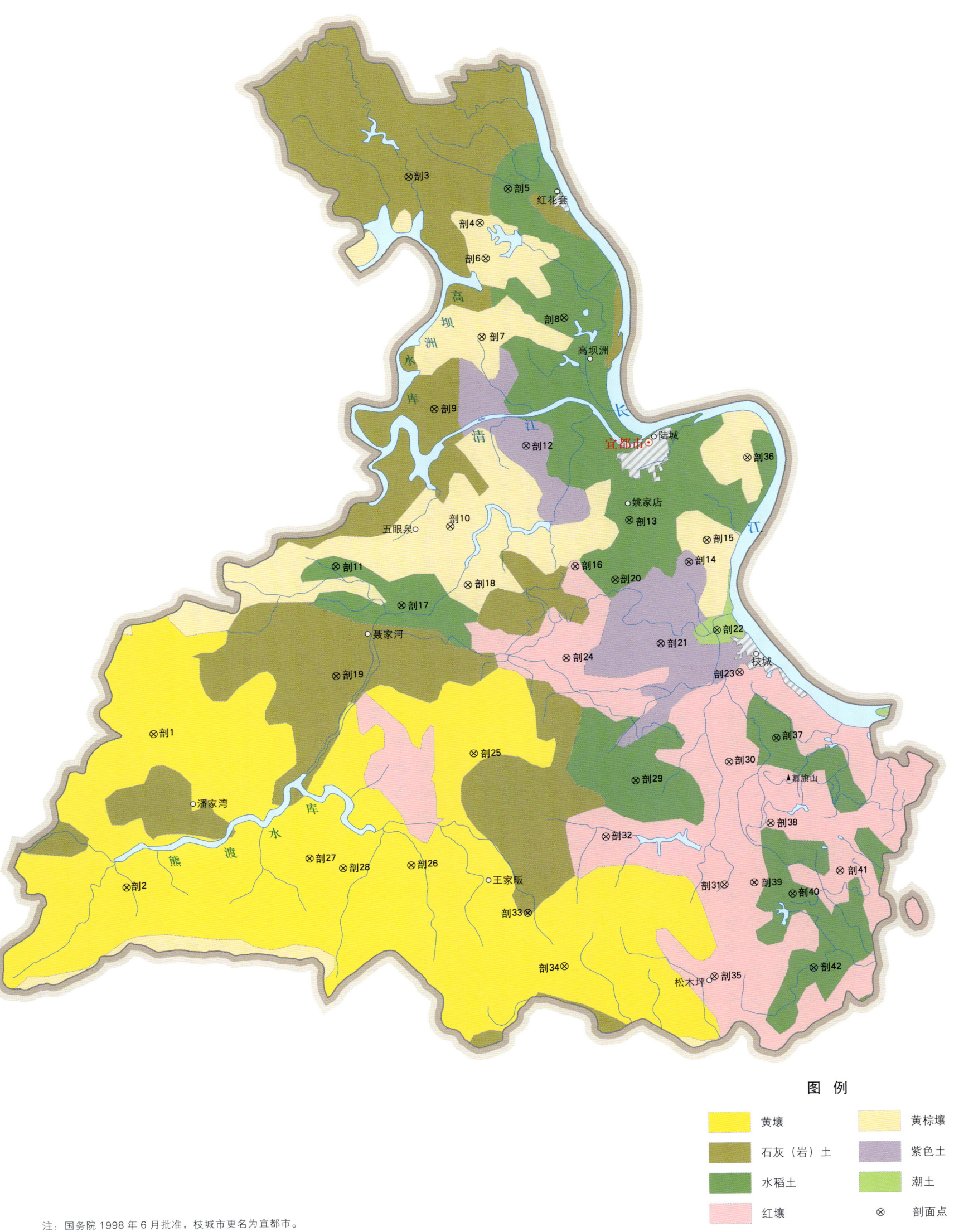

注：国务院1998年6月批准，枝城市更名为宜都市。

图例：黄壤、石灰（岩）土、水稻土、红壤、黄棕壤、紫色土、潮土、剖面点

宜都市土壤剖面理化性状表

剖面号 Soil profile	土纲 Soil order	土类 Soil great group	亚类 Soil subgroup	土属 Soil genus	土种 Soil species	土层码 Layer code	土层厚度 Depth/cm	颜色 Soil color	质地 Soil texture	土壤结构 Soil structure	pH	有机质 OM/(g/kg)	全氮 TN/(g/kg)	全磷 TP/(g/kg)	全钾 TK/(g/kg)	碱解氮 AN/(mg/kg)	有效磷 AP/(mg/kg)	速效钾 AK/(mg/kg)	阳离子交换量CEC/(cmol/kg)	土壤母质 Parent material	剖面点坐标 Profile coordinate	匹配指数 Matching index/%
剖1	铁铝土	黄壤	黄壤	碳酸盐黄壤	大泥土	A	0–17	黄褐色	中壤土	粒状	7.0	21.0	1.19	0.48	18.7	63	3.3	195	13.9	石灰岩和白云岩	E 111°10′47.2″ N 30°15′20.2″	95
						B	17–51	褐黄色	重壤土	块状	7.1	12.4	0.75	0.36	21.2							
						C	51–100	灰黄色	重壤土	块状	6.9	10.1	0.60	0.33	18.9							
剖2	铁铝土	黄壤	黄壤	碳酸盐黄壤	林地马肝泥土	A	0–17		重壤土		6.5	46.9	2.65	0.38	21.4	105	3.2	147	27.2	石灰岩和白云岩	E 111°09′51.4″ N 30°10′49.7″	95
						C	17–100				6.8	18.5	1.24	0.18	13.7							
剖3	初育土	石灰(岩)土	棕色石灰土	棕色石灰土	林地中砾质石灰土	A	0–15	灰棕色		棱状	7.4									石灰岩和白云岩	E 111°19′17.5″ N 30°31′36.4″	95
						C	15–	暗灰色			7.6											
剖4	淋溶土	黄棕壤	黄棕壤	第四纪黏土黄棕壤	黄鸡肝土	A	0–14	褐棕色	重壤土	小块状	5.8	14.4	8.58	0.45	15.3	85	8.3	175	13.9	第四纪黏土	E 111°21′35.9″ N 30°30′14.8″	75
						C_1	14–59	黄棕色	黏土	棱块状	5.5	3.8	0.36	0.25	15.6							
						C_2	59–100	棕黄色	黏土	块状	5.5	3.4	0.35	0.21	14.2							
剖5	人为土	水稻土	淹育水稻土	浅红黄壤性碳酸岩泥田	浅红黄灰泥田	A	0–15	棕灰色	中壤土	块状	5.6	19.1	0.89	0.30	18.7	78	5.0	140	11.5	石灰岩	E 111°22′32.4″ N 30°31′14.1″	75
						P	15–33	黄棕色	中壤土	小块状	4.9	9.2	0.58	0.27	18.0							
						C	33–100	暗棕黄色	重壤土	小块状	4.8	7.1	0.52	0.15	18.6							
剖6	淋溶土	黄棕壤	黄棕壤	碳酸岩山地黄棕壤	林地黄大土	A	0–21	暗棕褐色	中壤土	块状	5.6	32.0	1.77	1.13	17.0	115	16.3	268	16.5	石灰岩	E 111°21′46.7″ N 30°29′12.4″	95
						C	15–61	灰黄棕色	重壤土	块状	5.9	13.6	0.92	0.43	18.9							
						D	61–				5.6											
剖7	淋溶土	黄棕壤	黄棕壤	浅红黄壤性碳酸岩泥田	山地黑大土	A	0–21	暗棕褐色	中壤土	粒状	6.8	15.7	1.11	0.48	18.1	69	3.2	147	17.9	石灰岩	E 111°21′37.5″ N 30°26′53.4″	95
						P	15–22		中壤土	小块状	4.9	3.8	0.41	0.54	16.5							
						C	22–100		重壤土	小块状	4.8	3.6	0.50	0.53	22.1							
剖8	人为土	水稻土	淹育水稻土	浅红黄壤性碳酸岩泥田	浅红黄灰泥田	A	0–13		中壤土	粒状	7.8	29.8	1.05	0.52	33.8	95	6.7	240	16.4	石灰岩	E 111°24′19.3″ N 30°27′25.9″	95
						C	13–46		中壤土	块状	7.9	28.2	1.57	0.82	20.5							
剖9	初育土	石灰(岩)土	红色石灰土	红色石灰岩田	红色石灰田	A	0–20		重壤土		6.7	27.3	1.57	0.41	26.2	106	6.2	69	14.3	石灰岩	E 111°20′03.6″ N 30°24′47.3″	95
						B	20–66		重壤土		6.5	25.2	1.51	0.42	25.4							
						C	66–100		重壤土		7.1	19.4	1.16	0.38	24.9							
剖10	人为土	水稻土	潜育水稻土	红黄壤性泥质岩泥田	黑大土	A	0–15		中壤土	粒状	6.9	14.2	0.92	0.47	24.4					石灰岩	E 111°20′31.8″ N 30°21′20.4″	95
						W	15–25	暗棕褐色	中壤土	粒状	6.9	15.1	0.96	0.46	24.4							
剖11	淋溶土	黄棕壤	黄棕壤	红黄壤性泥质岩泥田	红黄扁渣田	A	0–15	暗红色	轻壤土	粒状	6.5	14.8	0.79	0.50	19.5	56	3.5	116	22.6	砂页岩和泥质岩	E 111°16′47.3″ N 30°20′11.3″	75
						P	25–51	暗红棕色	轻壤土	块状	6.9	12.8	0.68	0.55	20.4							
						B	51–80	红棕色	轻壤土	棱块状	7.0	8.6	0.43	0.58	21.6							
						C	80–100	灰黄棕色	重壤土	棱块状	6.9	5.4	0.25	0.72	17.3							
剖12	初育土	紫色土	石灰性紫色土	灰紫砂泥土	灰紫砂泥土	A	0–16	灰黄棕色	重壤土	块状	6.5	14.0	0.82	0.56	20.2	51	1.8	94	18.2	钙质紫泥岩	E 111°23′02.5″ N 30°23′41.1″	95
						B	16–38	暗黄棕色	黏土	小块状	6.9	3.6	0.39	0.59	19.8	15	1.5	99	16.3			
						C	38–100	淡紫黄棕色	黏土	小块状	7.0											
剖13	水稻土	水稻土	潜育水稻土	黄棕壤性第四纪黏土泥田	鸡肝泥田	A	0–15		重壤土	粒状	8.2	22.7	1.34	0.98	23.0	58	1.8	142	20.8	第四纪黏土	E 111°26′22.4″ N 30°21′29.2″	95
						C	15–24		黏土	块状	8.2	10.2	0.81	0.13	20.5							
剖14	初育土	紫色土	石灰性紫色土	灰紫砂泥土	灰紫泥土	A	0–22	红棕色	壤质黏土	粒状、块状	8.2	14.0	0.82	0.56	20.2	51	1.8	94	18.2	砂页岩和泥质页岩	E 111°28′17.6″ N 30°20′13.5″	75
						C	22–45	暗红色	壤质黏土		8.2	3.6	0.39	0.59	19.8	15	1.5	99	16.3			
剖15	淋溶土	黄棕壤	黄棕壤	泥质岩黄棕壤	林地扁渣土	A	0–8				6.0	22.7	1.34	0.98	23.0	58	1.8	142	20.8	砂页岩和泥质页岩	E 111°28′53.7″ N 30°20′52.5″	75
						C	8–78				5.6	10.2	0.81	0.13	20.5							

续表 Continued

剖面号 Soil profile	土纲 Soil order	土类 Soil great group	亚类 Soil subgroup	土属 Soil genus	土种 Soil species	土层码 Layer code	土层厚度 Depth/cm	颜色 Soil color	质地 Soil texture	土壤结构 Soil structure	pH	有机质 OM/(g/kg)	全氮 TN/(g/kg)	全磷 TP/(g/kg)	全钾 TK/(g/kg)	碱解氮 AN/(mg/kg)	有效磷 AP/(mg/kg)	速效钾 AK/(mg/kg)	阳离子交换量CEC/(cmol/kg)	土壤母质 Parent material	剖面点坐标 Profile coordinate	匹配指数 Matching index/%
剖16	铁铝土	红壤	黄红壤	碳酸盐黄红壤	山地死黄泥土	A	0—12	淡红棕色	重壤土	粒状	7.6									石灰岩	E 111°24′35.8″ N 30°20′08.2″	85
						C	12—100	棕黄色	重壤土	块状	5.1											
剖17	人为土	水稻土	淹育水稻土	浅黄棕壤性碳酸盐泥田	浅灰泥田	A	0—15	灰黄色	重壤土	块状	7.2									石灰岩	E 111°18′54.9″ N 30°19′02.0″	95
						P	15—24	黄黄色	重壤土	块状	7.6											
						C	24—100	黄棕色	重壤土	块状	7.6											
剖18	淋溶土	黄棕壤	黄棕壤	泥质岩黄棕壤	扁渣土	A	0—13	棕褐色	轻壤土	粒状	7.6	17.6	1.05	0.52	33.8	69	5.8	225	16.4	砂页岩和泥质页岩	E 111°21′05.0″ N 30°19′36.8″	95
						C	13—27	棕褐色	轻壤土	小块状	5.1	11.7	8.25	0.39	33.0							
剖19	初育土	石灰(岩)土	红色石灰土	红色石灰土	灰石渣子土	A	0—13	棕灰色	中壤土	块状	7.2									石灰岩	E 111°16′45.8″ N 30°16′58.4″	95
						B	13—54	灰黄棕色	重壤土	块状	7.6											
						C	54—100	褐棕色	重壤土	块状	7.6											
剖20	人为土	水稻土	潴育水稻土	红黄壤性第四纪黏土泥田	面红泥田	A	0—15	灰黄色	中壤土	块状	6.9									第四纪黏土	E 111°25′53.7″ N 30°19′43.7″	75
						P	15—25	淡褐色	中壤土	小块状	6.9											
						W	25—83	褐色	中壤土	棱柱状	6.9											
						B	83—100	红棕色	重壤土	块状												
剖21	初育土	紫色土	中性紫色土	紫泥土	紫泥土	A	0—11	灰紫色	中壤土	粒状	8.2	14.2	0.84			112	2.7	65		中性紫泥岩	E 111°27′20.8″ N 30°17′50.3″	95
						B	11—46	紫紫色	中壤土	小块状	5.2											
						C	46—100	黄紫色	重壤土	块状	5.6											
剖22	半水成土	潮土	灰潮土	砂土型灰潮土		1	0—26													第四纪黏土	E 111°29′11.5″ N 30°18′12.5″	75
剖23	铁铝土	红壤	棕红壤	第四纪黏土棕红壤	红鸡肝土	A	0—16	淡棕红色	重壤土	小块状	6.9	18.4	1.11	0.55	31.9	94	4.8	175	15.5	石灰岩	E 111°29′54.5″ N 30°16′57.6″	75
						B	16—100	红棕色	重壤土	棱柱状	7.1	14.2	0.94	0.50	31.9							
剖24	铁铝土	红壤	棕红壤	碳酸岩棕红壤	棕面红土	A	0—19	淡棕红色	中壤土	粒状	7.0	14.8	0.90	1.43	15.4					石灰岩	E 111°24′16.1″ N 30°17′26.2″	95
						B	19—47	淡棕红色	中壤土	核状												
						C	47—100	红棕色	中壤土	块状												
剖25	铁铝土	黄壤	黄壤	泥质岩黄壤	黄壤扁渣泥土	A	0—13			小块状	5.4	17.5	1.25	0.24	10.9	79	1.3	209	11.6	泥质岩和砂页岩	E 111°21′12.1″ N 30°14′39.4″	95
						B	13—63			块状	5.0	5.2	0.47	0.24	12.0							
						C	63—100			块状	5.6	4.8	0.41	0.24	13.5							
剖26	铁铝土	黄壤	黄壤	碳酸岩黄壤	马肝泥土	A	0—15	灰黄色	轻壤土	粒状、块状	5.9	18.5	1.16	0.57	3.5	76	6.8	191	15.5	石灰岩和白云岩	E 111°19′08.0″ N 30°11′23.0″	75
						B	15—34	灰棕色	轻壤土	块状	5.3	7.5	0.64	0.33	6.0							
						C	34—100	灰黄色														
剖27	铁铝土	黄壤	黄壤	石英岩黄壤	林地黄壤黄砂土	A	0—12		轻壤土	小块状	5.4	21.2	1.22	0.26	14.6	101	3.8	93	18.1	石英岩和黄砂岩	E 111°15′49.4″ N 30°11′37.0″	75
						C₁	12—21		轻壤土	块状	5.7	20.8	1.17	0.22	14.5							
						C₂	21—				5.9	18.2	1.06	0.19	13.8							
剖28	铁铝土	黄壤	黄壤	泥质岩黄壤	黄壤扁渣子土	A	0—14				5.9	15.6	0.85	0.22	13.8					砂页岩和泥质页岩	E 111°16′54.7″ N 30°11′19.0″	95
剖29	人为土	水稻土	潴育水稻土	黄棕壤性第四纪黏土泥田	黄泥田	A	0—16	淡红黄色	重壤土	小块状	5.6	13.9	0.83	0.40	16.7	48	4.0	193	16.1	第四纪黏土	E 111°26′27.9″ N 30°13′48.3″	95
						B	14—19	红棕色	重壤土	块状	5.1	5.2	0.55	0.27	15.1							
						C	19—47	淡红棕色	重壤土	块状	5.1	4.8	0.47	0.33	16.7							
剖30	铁铝土	红壤	棕红壤	第四纪黏土棕红壤	红土	A	0—18	红棕色	重壤土	块状										第四纪黏土	E 111°29′31.5″ N 30°14′19.3″	95
剖31	铁铝土	红壤	红壤性土	碳酸盐土棕红性土	林地薄层棕红土	A	0—18				6.6									石灰岩	E 111°29′18.9″ N 30°10′42.1″	85
						2	18—															

续表 Continued

剖面号 Soil profile	土纲 Soil order	土类 Soil great group	亚类 Soil subgroup	土属 Soil genus	土种 Soil species	土层码 Layer code	土层厚度 Depth/cm	颜色 Soil color	质地 Soil texture	土壤结构 Soil structure	pH	有机质 OM/(g/kg)	全氮 TN/(g/kg)	全磷 TP/(g/kg)	全钾 TK/(g/kg)	碱解氮 AN/(mg/kg)	有效磷 AP/(mg/kg)	速效钾 AK/(mg/kg)	阳离子交换量CEC/(cmol/kg)	土壤母质 Parent material	剖面点坐标 Profile coordinate	匹配指数 Matching index/%
剖32	铁铝土	红壤	棕红壤	第四纪黏土棕红壤	林地红土	A	0—20	淡红色	黏土	小块状	5.6	22.4	1.12	0.34	13.1	63	1.4	134	17.1	第四纪黏土	E 111°25′28.6″ N 30°12′10.2″	95
						B	20—66	淡红色	黏土	块状	5.2	8.0	0.52	0.27	12.1							
						C	66—100	淡红棕色	黏土	块状	5.1	4.7	0.62	0.24	13.1							
剖33	初育土	石灰(岩)土	红色石灰土	红色石灰岩土	林地灰石渣子土	A	0—12	淡黄色	重壤土	块状	6.8	21.6	1.20	0.31	20.8	69	≤1.0	140	22.1	石灰岩	E 111°22′54.3″ N 30°09′57.2″	75
						C	12—30	黄棕色	重壤土	块状	6.8	15.2	0.90	0.23	20.8							
剖34	铁铝土	黄壤	黄壤	碳酸岩黄壤	面黄泥土	A	0—14	灰黄色	中壤土	粒状	7.4	21.5	1.29	0.48	20.3	82	5.0	169	19.6	石灰岩和白云岩	E 111°24′01.2″ N 30°08′23.5″	95
						B	14—70	灰黄色	重壤土	块状	7.4	17.5	1.09	0.53	20.7							
						C	70—100	灰黄棕色	重壤土	块状	7.7	12.4	0.88	0.43	22.6							
剖35	铁铝土	红壤	棕红壤	碳酸岩棕红壤	林地棕红土	A	0—15	淡棕红色	重壤土	块状	5.3	8.8	0.65	0.30	17.9	66	5.0	138	15.7	石灰岩	E 111°28′53.7″ N 30°08′00.7″	95
						C	15—100	红棕色	重壤土	块状	5.1	11.4	1.01	0.28	19.8							
剖36	淋溶土	黄棕壤	山地黄棕壤	碳酸岩山地黄棕壤	山地面黄土	A	0—12				7.1	26.9	1.58	0.45	21.0	92	4.8	212	17.7	石灰岩	E 111°30′15.0″ N 30°23′17.2″	75
						B	12—50				7.3	14.0	0.90	0.32	20.6							
						C	50—100				6.9	8.1	0.74	0.32	21.5							
剖37	人为土	水稻土	潴育水稻土	灰潮土田	灰潮砂田	A	0—15	棕灰色	轻壤土	粒状										近代河流冲积物	E 111°31′04.5″ N 30°15′01.8″	95
						P	15—23	棕灰色	中壤土	块状												
						W	23—39	淡棕色	中壤土	块状												
						B	39—66	灰褐色	中壤土	块状												
						G	66—100	淡褐色	轻壤土	块状												
剖38	铁铝土	红壤	棕红壤	泥质岩棕红壤	中层红扁渣土	A	0—17	淡红色	轻壤土	粒状										泥质砂岩砂页岩	E 111°30′50.7″ N 30°12′30.4″	95
						C	17—33	淡红棕色	中壤土	块状												
剖39	铁铝土	红壤	棕红壤	石英质岩棕红壤	红砂砾土	A	0—18	淡黄褐色	重壤土	粒状										石英砂岩及其砾岩和硅质岩	E 111°30′17.0″ N 30°10′45.5″	95
						B	18—65	棕黄色	重壤土	块状												
						C	65—100	淡棕黄色	重壤土	块状												
剖40	人为土	水稻土	淹育水稻土	浅红黏土第四纪性黏土泥田	浅红鸡肝泥田	A	0—13	暗红色	重壤土	粒状										第四纪黏土	E 111°31′31.8″ N 30°10′25.0″	95
						P	13—17	淡棕红色	重壤土	块状												
						C	17—100	淡棕红色	重壤土	块状												
剖41	铁铝土	红壤	棕红壤	第四纪黏土棕红壤	林地红鸡肝土	A	0—11				5.1	7.7	0.52	0.26	16.5	76	2.1	115	15.3	第四纪黏土	E 111°33′04.9″ N 30°11′04.5″	95
						C	11—100				5.3	3.6	0.36	0.24	15.1							
剖42	人为土	水稻土	潜育水稻土	灰紫泥田	灰紫青泥田	A	0—20	紫色	重壤土	粒状	8.2	26.3	1.47	0.24	17.6	102	4.0	115	22.2		E 111°32′10.6″ N 30°08′15.5″	95
						P	20—34	灰紫色	重壤土	块状	8.3	24.0	1.39	0.24	17.4							
						G	34—100	紫灰色	重壤土	块状	8.4	22.1	1.23	0.22	17.4							

当 阳 市

主要土类说明

水稻土是当阳市主要土壤类型，占本市地域面积的41%。本市水稻种植历史悠久，随着水利灌溉条件的改善，水稻种植面积逐年扩大，在水耕熟化和自然成土因素的综合作用下，形成了类型齐全的水稻土。水稻土主要有两个特点：①水稻土的离铁作用较明显。土壤中二氧化硅与氧化铁含量比值的大小可以反映离铁作用的强度，水稻土的比值小于旱地土壤，即水稻土的离铁作用较明显。淀积层因水分上下移动，所以其比值介于犁底层和底土层之间。②水稻土心土层的pH趋向中性。微酸性旱地土壤演变成水稻土后，通过复盐基作用，土壤pH上升而趋向中性；微碱性稻田通过钙、镁等盐基的淋失，土壤pH下降而趋向中性。本市水稻土分为淹育型、潴育型、潜育型、侧渗型和沼泽型五个亚类。其中，潴育水稻土面积最大，占本土类面积的80%以上。

黄棕壤是当阳市第二大土壤类型，占本市地域面积的34%。黄棕壤主要分布在沮河、漳河的二、三级阶地，王店和半月的低丘垄岗，以及庙前、淯溪的高丘地区。黄棕壤是在亚热带生物气候条件下，通过弱脱硅富铝化作用形成的地带性土壤。本市黄棕壤分为黄棕壤和黄棕壤性土两个亚类。黄棕壤亚类土层厚，地势较缓，呈微酸性至中性，是本市的主要旱粮和林业用地。黄棕壤性土土层浅薄，常不足30cm，砾石含量在30%以上，多分布在地形较陡峭的部位。

紫色土是当阳市第三大土壤类型，占本市地域面积的9%。紫色土发育于侏罗系紫红色页岩和白垩系钙质砂页岩，以崩解、剥蚀为主要风化方式。在其形成过程中，物理风化作用强烈，所以土壤发育程度低，保留了许多母质的特征。土壤以紫色为主，部分呈紫红色或暗紫色，剖面层次分化不明显，常夹有数量不等的半风化碎屑物，pH与母岩相近，全钾含量高，全磷含量较低。本市紫色土分为石灰性紫色土和中性紫色土两个亚类。

黄褐土占本市地域面积的9%。黄褐土地处北亚热带，由较细粒的黄土状母质发育而成，多组成丘岗。该土壤土体中游离碳酸钙已不复存在，土壤呈灰黄棕色，具A-B-C或A-Bt-C剖面构型，在底部可散见圆形石灰结核。土壤黏化淀积明显，B层黏聚，有时呈黏盘，黏粒硅铝率在3.0左右，表层pH为6.0—6.8，底层pH为7.5，盐基饱和度由表层向底层逐渐趋向饱和。

小于本市地域面积3%的土壤类型有石灰（岩）土、潮土、红壤等。

本区域中心区气候特征

本区域中心区气候特征值
Regional climate characteristics in central area of the region

气候带：北亚热带湿润气候 Climate region: North subtropical humid climate	
年平均气温 /℃ Annual average temperature /℃	16.8
年平均最高气温 /℃ Annual average maximum temperature /℃	21.2
年平均最低气温 /℃ Annual average minimum temperature /℃	13.3
年降水量 /mm Annual precipitation /mm	1135
≥10℃的积温 /℃ Daily temperature accumulated in a year (≥10℃) /℃	6118
年日照时数 /h Annual sunshine /h	1665
年平均相对湿度 /% Annual average relative humidity /%	76
干燥度 Dryness	0.88

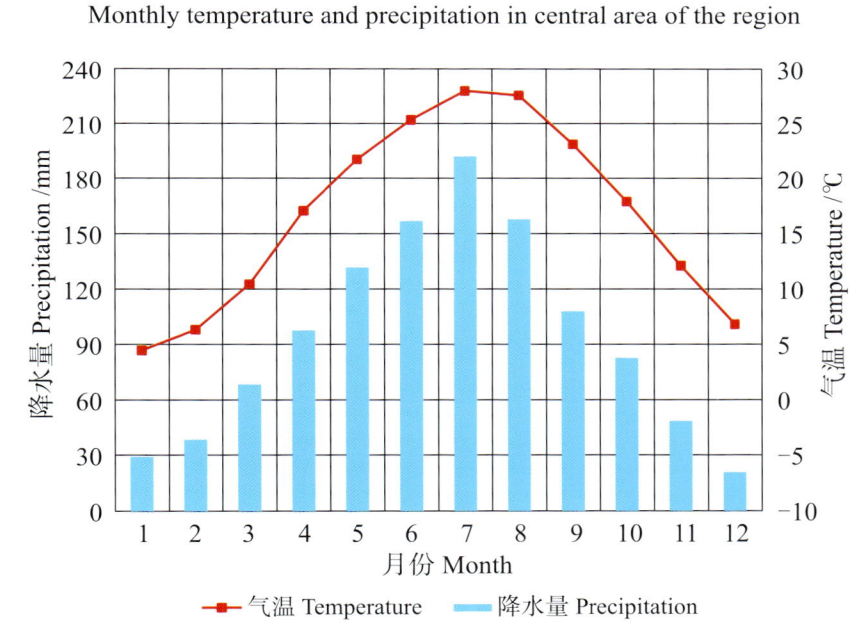

本区域中心区月平均气温与月平均降水量
Monthly temperature and precipitation in central area of the region

当阳市主要土壤类型与土壤剖面点分布图
1:250 000

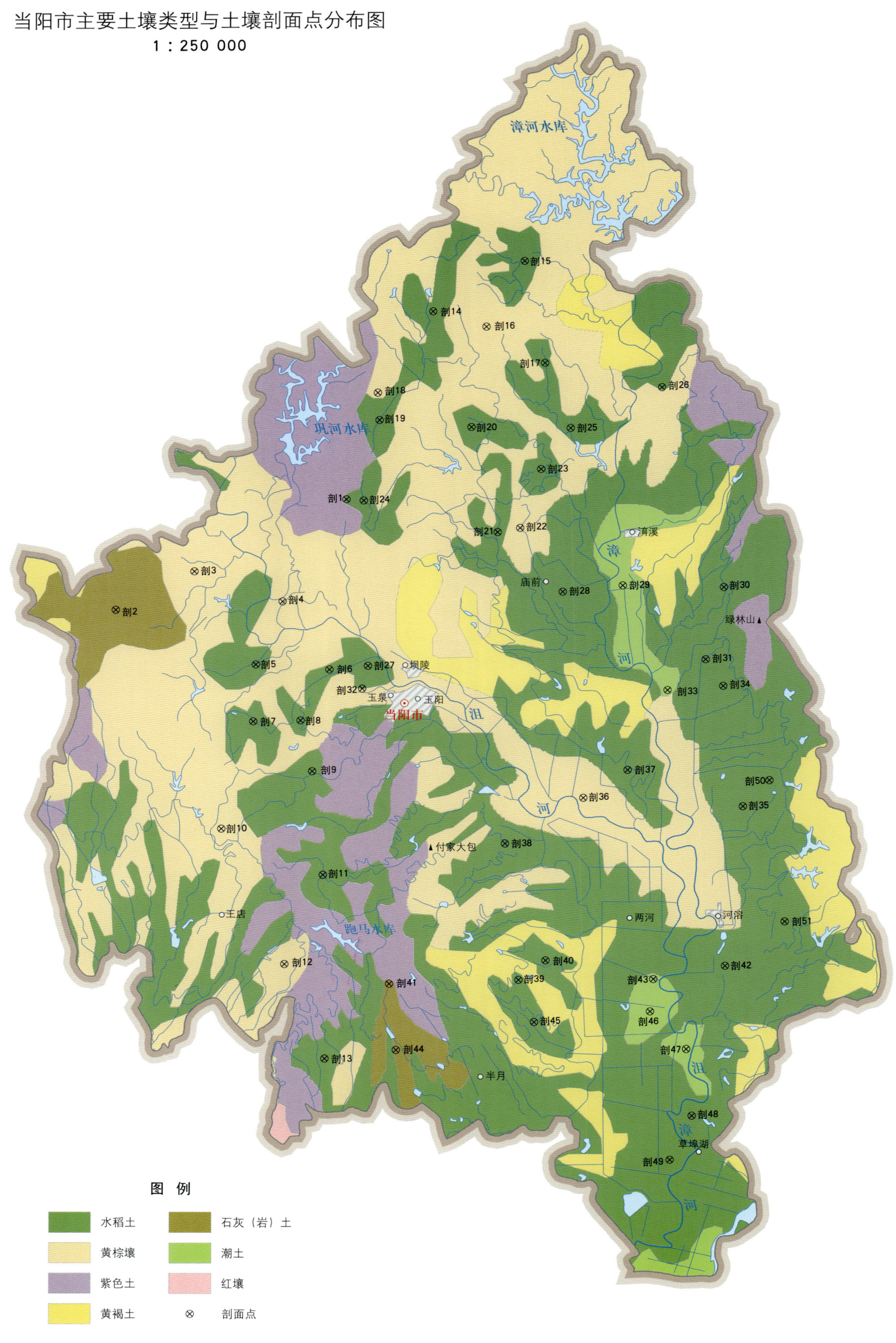

当阳市土壤剖面理化性状表

剖面号 Soil profile	土纲 Soil order	土类 Soil great group	亚类 Soil subgroup	土属 Soil genus	土种 Soil species	土层码 Layer code	土层厚度 Depth/cm	颜色 Soil color	质地 Soil texture	土壤结构 Soil structure	pH	有机质 OM/(g/kg)	全氮 TN/(g/kg)	全磷 TP/(g/kg)	全钾 TK/(g/kg)	碱解氮 AN/(mg/kg)	有效磷 AP/(mg/kg)	速效钾 AK/(mg/kg)	阳离子交换量 CEC/(cmol/kg)	土壤母质 Parent material	剖面点坐标 Profile coordinate	匹配指数 Matching index/%
剖1	人为土	水稻土	淹育水稻土	浅色棕壤性红砂岩	浅次灰红砂田	A	0—10	暗棕色	轻壤土	小块状	8.0	23.0	1.15	0.53	15.8	65	5.5	109		红砂岩	E 111°44′55.8″ N 30°56′18.5″	75
						P	10—30	暗棕色	轻壤土	块状	7.6	18.1	0.97	0.55	15.6	50	2.6	164				
						C	30—100	棕色	砂壤土		6.6	9.6	0.54	3.34	14.2	34	1.8	87				
剖2	初育土	石灰(岩)土	棕色石灰土	棕色石灰土	灰黄棕土	A	0—16	棕色	中壤土	小团块状	7.2	19.5	1.06	0.37	25.7	71	6.5	180	25.9	石灰岩	E 111°36′17.6″ N 30°52′41.7″	95
						B	16—30	棕色	中壤土	块状	6.8	15.3	0.80	0.26	22.5	62	1.7	100	23.5			
						C	30—80	淡棕色	中壤土	块状	6.9	12.9	0.89	0.38	24.9	63	1.8	136	27.0			
剖3	淋溶土	黄棕壤	黄棕壤	第四纪黏土黄棕壤	渣泥黄土	A	0—22	紫灰色	重壤土	块状	7.6	9.1	1.21	0.52	22.6	88	7.8	115	24.8	第四纪黏土	E 111°39′14.3″ N 30°53′57.6″	75
						B	22—59	紫棕色	重壤土	块状	7.4	9.9	0.70	0.51	21.7	42	9.5	104	22.9			
						C	59—100	淡棕黄色	重壤土	棱柱状	7.2	7.1	0.52	0.30	15.6	73	10.3	109	18.4			
剖4	淋溶土	黄棕壤	黄棕壤	第四纪黏土黄棕壤	黄土	A	0—10	黄棕色	重壤土	块状	6.0	20.9	1.12	0.49	14.8	77	21.4	246	28.4	第四纪黏土	E 111°42′31.4″ N 30°52′55.4″	75
						B	10—32	黄棕色	黏土	块状	6.4	8.3	0.48	0.21	15.3	31	1.8	128	27.5			
						C	32—77	黄棕色	黏土	块状	6.7	6.3	0.34	0.27	15.3	15	8.5	112	28.3			
						4	77—100			小棱柱状	6.8	≤1.0	0.26	0.27	14.4	14	≤1.0	116	29.2			
剖5	人为土	水稻土	潴育水稻土	黄棕壤性第四纪黏土泥田	黄泥田	A	0—15	暗棕色	重壤土	块状	5.9	35.1	1.84	0.38	14.9	128	4.3	151	27.6	第四纪黏土	E 111°41′30.0″ N 30°50′50.4″	75
						P	15—20	灰黄色	黏土	块状	7.1	11.0	0.74	0.35	16.4	44	2.6	139	26.8			
						W	20—45	灰白色	黏土	块状	7.0	5.4	0.38	0.23	17.4	42	2.6	133	24.0			
						B	45—100	淡黄棕色	黏土	块状	6.9	5.5	0.34	0.16	14.1	17	1.7	86	16.5			
剖6	人为土	水稻土	潜育水稻土	青泥田	青泥田	A	0—13	淡黄棕色	黏土	块状	5.9	20.7	1.27	0.34	20.7	107	6.3	173	27.8	第四纪黏土	E 111°44′14.8″ N 30°50′38.2″	75
						P	13—66	暗黄棕色	黏土	块状	6.2	17.3	1.05	0.29	14.4	65	5.4	182	27.7			
						G	66—	淡灰棕色		大块状												
剖7	人为土	水稻土	侧渗水稻土	黄棕壤性泥质岩刚渗泥田	岩白泥田	A	0—14	淡黄棕色	中壤土	块状	6.0									泥质岩	E 111°41′23.3″ N 30°48′55.0″	75
						P	14—23	灰白色	中壤土	棱块状	6.4											
						E	23—52	淡黄色	重壤土	块状	6.4											
						B	52—78	淡黄棕色	重壤土	大块状	6.4											
						5	78—100	暗黄棕色	中壤土	块状	6.4											
剖8	人为土	水稻土	淹育水稻土	浅紫泥田	死黄鸡肝泥田	A	0—15	紫色	重壤土	块状	6.1	15.8	0.80	0.60	18.1	63	4.3	147	26.1	第四纪黏土	E 111°43′34.2″ N 30°47′14.3″	75
						B	15—24	紫棕色	重壤土	大块状	6.2	11.0	0.67	0.30	14.2	46	2.6	125	23.5			
						C	24—100	紫棕色	重壤土		6.0	7.4	0.40	0.19	17.5	32	≤1.0	147	28.7			
剖9	人为土	水稻土	淹育水稻土	浅紫棕壤性第四纪黏土泥田	黄土	A	0—13	淡黄棕色	中壤土	块状	6.6	7.4	0.37	0.24	20.8	16	2.6	131	30.2	第四纪黏土	E 111°43′09.1″ N 30°45′20.5″	95
						P	13—20	红棕色	重壤土	小棱块状	4.9	12.5	0.74	0.19	17.5	52	3.7					
						C	20—100															
剖10	淋溶土	黄棕壤	黄棕壤	第四纪黏土黄棕壤	浅紫棕砂田	A	0—12	红棕色	砾质中壤土	块状	6.0	6.3	0.36	0.15	17.1	33	3.7	55	8.7	石灰性紫色砂页岩风化物	E 111°40′10.5″ N 30°43′56.7″ 46.4″	95
						B	12—34	暗红棕色	中壤土	块状	6.0	5.1	0.24	0.12	17.3	19		47	8.8			
						C	34—47	紫色	中壤土	块状	6.8								7.8			
剖11	人为土	水稻土	淹育水稻土	浅灰紫泥田		A	0—12																
剖12	淋溶土	黄棕壤	黄棕壤	碳酸岩黄棕壤	黄筋土	A	0—18	暗棕红色	中壤土	块状	7.0									石灰岩	E 111°42′29.5″ N 30°40′46.9″	75
						B	18—33	暗棕色	中壤土	棱块状	5.2											
						3	33—60	淡棕色	重壤土	大棱块状	5.6											
						C	60—100	暗棕红色	重壤土	棱块状	6.0											

续表 Continued

剖面号 Soil profile	土纲 Soil order	土类 Soil great group	亚类 Soil subgroup	土属 Soil genus	土种 Soil species	土层码 Layer code	土层厚度 Depth/cm	颜色 Soil color	质地 Soil texture	土壤结构 Soil structure	pH	有机质 OM (g/kg)	全氮 TN (g/kg)	全磷 TP (g/kg)	全钾 TK (g/kg)	碱解氮 AN (mg/kg)	有效磷 AP (mg/kg)	速效钾 AK (mg/kg)	阳离子交换量CEC (cmol/kg)	土壤母质 Parent material	剖面点坐标 Profile coordinate	匹配指数 Matching index/%
剖面13	人为土	水稻土	沼泽型水稻土	烂泥田	烂泥田	A	0—13	淡灰色	黏土		7.1	28.4	1.48	0.36	14.7	72	6.0	91	26.1		E 111°43′58.1″ N 30°37′36.8″	95
						G	13—50	淡灰色			7.1	22.0	1.06	0.24	16.0	74	6.2	170	26.4			
剖面14	人为土	水稻土	潴育水稻土	潮土田	潮泥砂田	A	0—14	淡灰棕色	轻壤土	小块状	5.6	37.8		0.45	17.4	83	19.8	84	13.7	河流冲积物	E 111°48′13.6″ N 31°02′33.1″	95
						P	14—29	淡灰棕色	轻壤土	块状	7.0	10.4	0.52	0.22	15.6	45	7.5	81	12.5			
						W	29—52	深黄棕色	轻壤土	小块状	6.5	4.0	0.26	0.35	16.1	63	4.5	112	13.3			
						B	52—100	灰黄棕色	轻壤土	块状	7.1	3.4	≤0.10	0.20		18	4.4	48	12.9			
剖面15	人为土	水稻土	潴育水稻土	黄棕壤性第四纪黏土泥田	面黄泥田	A	0—13	灰黄色	中壤土	小块状	6.0	22.7	1.30	0.34	13.3	95	3.7	86	16.2	第四纪黏土	E 111°51′40.3″ N 31°04′12.0″	75
						P	13—24	淡黄棕色	重壤土	块状	6.4	12.4	0.75	0.29	11.8	53	4.6	83	15.1			
						W	24—65	淡黄棕色	重壤土	块状	6.5	5.9	0.43	0.19	13.1	34	2.7	78	14.5			
						B	65—100	黄棕色	重壤土	大块状	6.7	3.6	0.38	0.25	14.8	27	3.1	127	24.0			
剖面16	淋溶土	黄棕壤		泥质岩黄棕壤	黄砂土	A	0—8	淡黄棕色	砂壤土	小块状	6.4	18.2	0.70	0.17	6.2	74	3.0	58	12.6	泥质岩	E 111°50′12.7″ N 31°02′01.2″	95
						B	8—28	淡黄棕色	轻壤土	小块状	6.4	14.6	0.66	0.17	11.5	59	2.2	77	34.2			
						C	28—52	黄棕色	砂壤土	块状	6.8	5.9	0.37	0.13	7.1	22	2.2	104	25.6			
剖面17	人为土	水稻土	淹育水稻土	浅灰潮土田	漏水田	A	0—14	灰黄棕色	轻壤土	粒状	7.4	20.5	1.33	0.84	18.5	82	6.8	77	11.2	河流冲积物	E 111°52′23.7″ N 31°00′47.7″	95
						P	14—21	淡棕色	轻壤土	扁块状	7.6	10.6	0.77	0.74	18.5	33	5.1	51	10.4			
						C	21—38	淡黄棕色	砂壤土	粒状	7.6	3.0	0.36	0.36	15.5	22	4.1	35	8.4			
						4	38—100		砂壤土		7.3	5.8	0.28	0.28	14.2	13	3.4	30	8.1			
剖面18	淋溶土	黄棕壤		红砂岩黄棕壤	红砂土	A	0—17	淡红色	砂土、壤土	粒状	6.5									红砂岩	E 111°46′08.5″ N 30°59′51.5″	75
						B	17—55	淡黄色	砂土	粒状	5.5								18.5			
						C	55—	红色	重壤土	小粒状	5.5											
剖面19	人为土	水稻土	潴育水稻土	灰紫泥田	灰糯泥田	A	0—13	褐色	重壤土	块状	5.6	34.3	1.74	0.48	15.8	126	12.8	155	18.8		E 111°46′11.5″ N 30°58′57.2″	75
						P	13—23	褐灰色	重壤土	块状	7.2	21.2	1.06	0.51	15.5	37	6.9	119	18.1			
						C	23—69	淡灰色	重壤土	大块状	7.4	11.6	0.60	0.41	15.0	82	7.7	153	13.1			
							69—100	淡灰色			7.6	11.9	0.53	0.30	13.4	35	6.0	82				
剖面20	人为土	水稻土	潴育水稻土	灰紫泥田	灰紫砂泥田	A	0—15	暗灰棕色	中壤土	块状	7.4	16.3	0.99	0.43	10.9	62	8.2	230	20.6		E 111°49′37.2″ N 30°58′41.0″	75
						P	15—27	紫灰棕色	中壤土	小块状	7.3	14.0	0.95	0.42	16.8	46	9.6	252	21.0			
						W	27—52	紫灰色	中壤土	块状	7.4	10.7	0.68	0.32	17.6	39	5.5	226	20.1			
						C	52—100	淡紫红色	中壤土		7.5	6.2	0.43	0.29	17.6	26	4.6	124	15.1			
剖面21	人为土	水稻土	沼泽型水稻土	烂泥田	灰紫烂泥田	1	0—15	灰黄棕色	中壤土	小块状	7.5	29.1	1.68	0.49	25.6	97	4.3	181	32.1		E 111°50′33.8″ N 30°55′09.9″	95
						2	15—100	淡灰黄色	重壤土	核状	7.5	20.6	1.30	0.44	21.8	75	5.3	197	27.3			
剖面22	人为土	水稻土	潴育水稻土	第四纪黏土黄棕壤	黄鸡肝土	A	0—13	灰黄棕色	重壤土	核块状										第四纪黏土	E 111°51′24.4″ N 30°55′17.6″	95
						C	13—33	棕红色	重壤土	核块状												
						3	33—	褐色	大壤土	大块状												
剖面23	人为土	水稻土	潴育水稻土	黄棕壤性泥质岩泥田	紫棕泥田	A	0—15	灰棕色	重壤土	块状	5.8	36.0	1.82	0.86	19.3	124	1.8	174	27.3	泥质岩	E 111°52′12.5″ N 30°57′15.3″	75
						P	15—26	灰黄棕色	重壤土	棱块状	7.1	15.6	0.94	0.68	19.6	47	4.3	180	24.7			
						C	26—44	灰棕色	重壤土	大块状	7.1	7.5	0.53	0.50	18.8	28	4.3	164	24.0			
剖面24	人为土	水稻土	沼泽型水稻土	黄棕壤性第四纪黏土泥田	黄鸡肝土	A	0—10	暗黄棕色	中壤土	团块状	4.7	45.2	0.52	≥10.00	≥50.0	6	≥100.0	24	1.6	第四纪黏土	E 111°45′34.8″ N 30°56′16.2″	75
						P	10—19	暗黄棕色	重壤土	块状	6.2	26.1	1.42	≥10.00	≥50.0	2	≥100.0	20				
						W	19—42	黑棕色	重壤土	大块状	7.0	11.5	0.76	≥10.00	≥50.0	≤1	≥100.0	24				
						B	42—100	褐色	大壤土	大块状	6.6	8.5	0.54	≥10.00	≥50.0	≤1	≥100.0	23				
剖面25	人为土	水稻土	潴育水稻土	黄棕壤性第四纪黏土泥田	黑鸡肝泥田	A	0—11	暗黄棕色	重壤土	块状	6.2	21.3	1.14	0.37	15.4	130	13.9	249	25.1	第四纪黏土	E 111°53′19.4″ N 30°58′37.4″	75
						P	11—19	暗黄棕色	黏土	块状	7.3	9.2	0.61	0.17	16.1	35	4.8	153	25.9			
						W	19—45	黑棕色	黏土	大块状	7.3	8.8	0.47	0.22	16.7	28	3.8	133	23.5			
						B	45—100	暗棕色	黏土	碎块状	6.9	6.7	0.43	0.21	17.6	22	4.7	106	25.1			

续表 Continued

剖面号 Soil profile	土纲 Soil order	土类 Soil great group	亚类 Soil subgroup	土属 Soil genus	土种 Soil species	土层码 Layer code	土层厚度 Depth/cm	颜色 Soil color	质地 Soil texture	土壤结构 Soil structure	pH	有机质 OM/(g/kg)	全氮 TN/(g/kg)	全磷 TP/(g/kg)	全钾 TK/(g/kg)	碱解氮 AN/(mg/kg)	有效磷 AP/(mg/kg)	速效钾 AK/(mg/kg)	阳离子交换量CEC/(cmol/kg)	土壤母质 Parent material	剖面点坐标 Profile coordinate	匹配指数 Matching index/%
剖26	人为土	水稻土	潴育水稻土	石灰（岩）性水稻田	黑泥巴田	A	0—10	暗棕灰色	中壤土	块状	7.5	14.9	0.91	0.72	17.6	56	7.0	210	24.9	石灰岩	E 111°56′45.4″ N 30°59′56.4″	75
						P	10—18	暗灰棕色	中壤土	块状	7.6	14.2	0.52	0.72	14.1	48	6.1	168	22.2			
						Wb	18—46	暗灰棕色	中壤土	棱块状	7.5	10.8	0.57	0.90	11.1	27	6.9	137	16.9			
						C	46—100	棕灰色	中壤土		7.7	10.9	0.44	1.36	11.7	20	11.2	114	15.7			
剖27	人为土	水稻土	淹育水稻土	浅黄棕壤性红砂岩泥田	浅红砂田	A	0—16	紫色	砂壤土	粒状	4.9	12.5	0.74	0.19	17.5	52	3.7	46	8.7	红砂岩	E 111°45′41.0″ N 30°50′45.1″	75
						P	16—23	紫灰棕色	砂壤土	块状	6.0	6.3	0.36	0.15	17.1	33		54	8.8			
						C	23—100	紫色	轻壤土	块状	6.8	5.1	0.24	0.12	17.3	19	3.7	46	7.8			
剖28	人为土	水稻土	淹育水稻土	浅黄棕壤性第四纪黏土泥田	死黑鸡肝泥田	A	0—14	灰棕色	重壤土	块状	6.9	9.7	0.50	0.23	18.0	13	6.2	148	26.9	第四纪黏土	E 111°52′58.0″ N 30°53′09.2″	95
						P	14—22	灰黄棕色	重壤土	大块状	7.1	6.9	0.39	0.22	14.8	10	7.9	148	26.3			
						C	22—106	暗灰棕色	中壤土	棱块状	6.9	6.9	0.58	0.38	21.8	24	1.7	72	16.3			
剖29	半水成土	潮土		壤土型潮土	正土	A	0—15	淡紫棕色	中壤土	小核状	7.7	12.0	0.80	0.49	17.9	43	3.5	111	13.2	有石灰反应的河流冲积物	E 111°55′12.5″ N 30°53′20.7″	75
						B	15—27	淡紫色	中壤土	核状	7.7	8.0	0.54	0.42	8.1	29	1.7	67	13.5			
						C	27—65	暗紫棕色			7.6	6.3	0.54	0.40	20.0	23	1.7	56	13.2			
						4	65—100				7.7	6.9	0.58	0.38	21.8	24	1.7	72	16.3			
剖30	人为土	水稻土	潴育水稻土	灰潮土田	灰黄泥田	A	0—10	紫色	中壤土	小块状	7.5	27.5	1.59	0.58	18.9	91	4.4	98	20.6	河流冲积物	E 111°58′59.3″ N 30°53′15.2″	75
						P	17—39	紫色	重壤土	块状	7.4	11.3	1.01	0.27	21.0	53	5.3	109	23.4			
						W	39—100	紫色	重壤土	小块状	7.3	9.5	0.63	0.28	15.6	31	5.3	131	25.4			
剖31	人为土	水稻土	淹育水稻土	浅黄棕壤性第四纪黏土泥田	死黄泥田	A	0—22	栗色	黏土	块状	6.4	17.6	0.92	0.19	23.3	65	5.4	123	26.8	第四纪黏土	E 111°58′16.8″ N 30°50′51.6″	75
						P	13—21	暗黄棕色	黏土	大块状	6.5	16.0	0.81	0.21	18.4	47	5.4	119	28.5			
						W	21—62	黄黄棕色	黏土	棱块状	6.3	12.8	0.58	1.82	26.1	33	1.8	104	26.2			
						B	55—85	灰黄色	重壤土	块状												
						C	85—100	淡黄棕色	黏土	块状												
剖32	人为土	水稻土	潴育水稻土	浅潮田	夹青黄泥田	A	0—19	淡黄棕色	重壤土	小核块状												
						P	19—26	棕灰色	轻壤土	小块状	6.8	4.4	0.19	0.76	11.1				5.9			
						G	26—55	棕色	黏土	块状	6.8	3.0	≤0.10	0.31	12.6				7.2			
						W	55—100				7.2	6.6	0.42	0.56	11.8				9.6			
剖33	半水成土	潮土		砂土型灰潮土	砂土	1	0—20			块状										有石灰反应的河流冲积物	E 111°58′27.9″ N 30°49′59.4″	75
						2	20—64															
						3	64—100															
剖34	人为土	水稻土	潴育水稻土	浅黄棕壤性第四纪黏土泥田	黄鸡肝泥田	A	0—22	淡暗棕色	重壤土	块状	6.1	21.0	0.93	≤0.12	15.8	73	4.6	195	23.3	第四纪黏土	E 111°56′50.3″ N 30°49′50.6″	75
						P	22—24	暗黄棕色	重壤土	块状	6.4	9.9	0.56	≤0.10	18.2	39	3.1	171	28.7			
						W	24—55	暗灰棕色	黏土	棱块状	6.5	8.9	0.47	≤0.10	16.1	35	3.1	143	26.8			
						B	55—85	黄黄棕色	黏土	块状												
						C	85—100	淡黄棕色	黏土	块状												
剖35	人为土	水稻土	潴育水稻土	浅潮田	浅潮砂田	A	0—15	淡黄棕色	轻壤土	小块状	5.7	21.0	1.59	0.28	14.3	100	5.5	90	30.9	河流冲积物	E 111°59′36.7″ N 30°45′56.7″	75
						2	15—24	棕灰色	重壤土	块状	7.1	17.2	0.96	0.23	10.7	58	5.6	142	22.7			
						3	24—100	棕色	重壤土	块状	7.2	5.9	0.43	0.17	11.2	20	4.7	110	28.2			
剖36	淋溶土	黄棕壤	黄棕壤	第四纪黏土黄棕壤	黑鸡肝土	C	0—14	栗色	重壤土	小块状	6.4									第四纪黏土	E 111°58′55.2″ N 30°49′58.0″	95
						C	14—39	暗棕色	重壤土	块状	6.5											
						3	39—100	暗棕色	重壤土	块状												
剖37	人为土	水稻土	淹育水稻土	浅黄棕壤性第四纪黏土泥田	兔儿泥田	1	0—14													第四纪黏土	E 111°55′20.1″ N 30°47′11.4″	95
						2	14—24					8.1	0.51	0.18	11.1	5	5.5	100	31.6			
						3	24—53															
						4	53—73															

续表 Continued

剖面号 Soil profile	土纲 Soil order	土类 Soil great group	亚类 Soil subgroup	土属 Soil genus	土种 Soil species	土层码 Layer code	土层厚度 Depth/cm	颜色 Soil color	质地 Soil texture	土壤结构 Soil structure	pH	有机质 OM/(g/kg)	全氮 TN/(g/kg)	全磷 TP/(g/kg)	全钾 TK/(g/kg)	碱解氮 AN/(mg/kg)	有效磷 AP/(mg/kg)	速效钾 AK/(mg/kg)	阳离子交换量CEC/(cmol/kg)	土壤母质 Parent material	剖面点坐标 Profile coordinate	匹配指数 Matching index/%
剖38	人为土	水稻土	潴育水稻土	灰潮土田	兼砂泥田	A	0—14	暗黄棕色	中壤土	粒状	7.5	21.9	1.31	0.71	16.9	95	8.3	79	16.6	河流冲积物	E 111°50′43.6″ N 30°44′46.3″	95
						P	14—22	栗色	中壤土	块状	7.7	8.8	0.62	0.43	18.9	45	10.4	93	17.7			
						W	22—46	淡栗色	中壤土	块状	7.4	5.9	0.51	0.37	20.0	30	5.5	71	18.7			
						B	46—100	棕色	重壤土	大块状	7.2	5.3	0.36	0.32	22.4	19	5.5	76	19.6			
剖39	人为土	水稻土	淹育水稻土	浅灰紫泥田	浅灰紫泥田	A	0—12	灰棕色	重壤土	核状										紫色砂页岩	E 111°51′11.8″ N 30°40′11.9″	75
						P	12—23	紫棕色	重壤土	大块状												
						C	23—100	暗红棕色	重壤土	块状												
剖40	人为土	水稻土	潴育水稻土	黄棕壤性红砂岩泥田	红砂田	A	0—14	褐色	轻壤土	块状										红砂岩	E 111°52′12.7″ N 30°40′50.6″	75
						W	14—22	褐色	轻壤土	块状												
						B	22—44	淡栗色	轻壤土	块状												
							44—100	淡栗色	轻壤土	大块状												
剖41	初育土	石灰(岩)土	棕色石灰土	棕色壤性石灰土	灰黄土	A	0—14	淡褐棕色	中壤土	粒状	6.8	26.1	1.38	1.14	20.9	90	42.9	428	18.0	石灰岩	E 111°46′23.1″ N 30°40′05.9″	75
						B	14—43	暗棕色	重壤土	块状	7.2	12.7	0.78	0.41	19.5	64	4.3	176	18.7			
						C	43—105	棕色	轻壤土	块状	7.8	12.8	0.74	0.48	20.4	56	3.5	132	20.6			
剖42	人为土	水稻土	潴育水稻土	黄棕壤性红砂岩泥田	夹青红砂田	A	0—13	淡褐棕色	轻壤土	块状										红砂岩	E 111°58′53.8″ N 30°40′37.0″	75
						P	13—25	灰棕色	轻壤土	块状												
						G	25—95	灰棕灰色	轻壤土	块状												
剖43	半水成土	潮土		壤土型潮土	油砂土	A	0—16	灰棕色	轻壤土	粒状	7.6	10.1	0.61	0.41	14.3	47	5.3	43	8.4	有石灰反应的河流冲积物	E 111°56′13.6″ N 30°40′11.7″	75
						B	16—43	淡灰棕色	轻壤土	小核状	7.5	9.9	0.71	0.40	15.3	40	3.6	40	7.7			
						C	43—100	紫红棕色	轻壤土	小核状	7.1	4.0	0.34	0.34	13.2	19	3.6	25	6.3			
剖44	初育土	石灰(岩)土	棕色石灰土	棕色壤性石灰土	灰石渣子土	A	0—20	暗棕红色	中壤土	块状										石灰岩	E 111°46′37.5″ N 30°37′53.0″	75
						C	20—64	淡棕灰色	重壤土	小团块状												
剖45	人为土	水稻土	潴育水稻土	青泥田	青泥田	A	0—16	棕灰色	中壤土												E 111°51′46.9″ N 30°38′47.1″	75
						Pg	16—22	暗棕色	重壤土	糊状												
						G	22—54		黏土													
剖46	半水成土	潮土	灰潮土	砂土型灰潮土	砂土	A	0—13	紫色	砂壤土	粒状	7.5	9.6	0.52	0.42	13.1	28	7.5	70	6.8		E 111°56′05.5″ N 30°39′06.9″	75
						C	13—100	紫色	砂壤土	粒状	7.7	5.6	0.33	0.33	12.1	17	3.6	32	5.0			
剖47	半水成土	潮土	灰潮土	砂土型灰潮土	砂土	1	0—13	紫色	中壤土	块状	7.5	11.4	0.57	0.75	11.5	34	26.9	107	7.0		E 111°57′25.9″ N 30°37′51.3″	75
						2	13—100	紫色	重壤土	大块状	7.7	4.5	0.28	0.54	12.4	19	20.8	60	6.5			
剖48	人为土	水稻土	潴育水稻土	灰潮土田	潮泥田	A	0—20	紫色	中壤土	团块状										河流冲积物	E 111°57′37.5″ N 30°35′39.0″	75
						P	20—25	暗棕色	中壤土	块状												
						W	25—55	暗棕色	重壤土	小块状												
						B	55—100	棕灰色	重壤土	小块状												
							100—	棕灰色	中壤土	大块状												
剖49	人为土	水稻土	潴育水稻土	黄棕壤性泥质岩泥田	夹青灰紫泥田	A	0—10	褐色	中壤土	块状	6.0									河流冲积物	E 112°00′36.8″ N 30°34′11.8″	95
						P	10—16	淡灰棕色	中壤土	扁块状	6.3											
						G	16—32	棕灰色	重壤土	糊状	6.4											
剖50	人为土	水稻土	潴育水稻土	黄棕壤性泥质岩泥田	夹青黄砂泥田	W	32—100	暗棕色	重壤土	块状										泥质岩	E 112°00′36.8″ N 30°46′48.1″	75

续表 Continued

剖面号 Soil profile	土纲 Soil order	土类 Soil great group	亚类 Soil subgroup	土属 Soil genus	土种 Soil species	土层码 Layer code	土层厚度 Depth/cm	颜色 Soil color	质地 Soil texture	土壤结构 Soil structure	pH	有机质 OM/(g/kg)	全氮 TN/(g/kg)	全磷 TP/(g/kg)	全钾 TK/(g/kg)	碱解氮 AN/(mg/kg)	有效磷 AP/(mg/kg)	速效钾 AK/(mg/kg)	阳离子交换量CEC/(cmol/kg)	土壤母质 Parent material	剖面点坐标 Profile coordinate	匹配指数 Matching index/%
剖51	人为土	水稻土	潴育水稻土	灰潮土田	正土田	A	0—13	紫色	中壤土	团块状	7.4	25.6	1.51	0.64	21.9	93	8.9	133	22.1	河流冲积物	E 112°01′08.1″ N 30°42′04.3″	95
						P	13—31	淡紫棕色	重壤土	块状	7.5	19.6	1.17	0.57	20.1	70	6.2	140	19.5			
						W	31—45	紫色	重壤土	块状	7.3	9.7	0.76	0.53	9.4	34	3.5	≥500	20.0			
						B	45—	棕色	中壤土	小块状												

枝 江 市

主要土类说明

水稻土是枝江市主要土壤类型，占本市地域面积的40%。水稻土是在人为长期水耕熟化，以栽培水稻为主的过程中形成的具有独特性状的土类。在长期耕作、施肥和灌溉条件下，由于还原淋溶和氧化淀积等作用，水稻土形成了特有的剖面结构和发生层次。本市水稻土按水型分为淹育型、潴育型、潜育型、侧渗型和沼泽型五个亚类。其中，潴育水稻土面积最大，占本土类面积的90%以上。

潮土是枝江市第二大土壤类型，占本市地域面积的30%。潮土发育于河流冲积物，受地下水的影响，有夜潮现象，故名潮土。该土壤土层一般较深厚，肥力较高，受河流沉积紧砂慢淤作用的支配，离河床由近及远，土壤质地由粗变细。本市潮土分为潮土和灰潮土两个亚类。潮土亚类发育于以玛瑙河为主要溪河的冲积物，无石灰反应；灰潮土发育于长江及其支流沮漳河等的冲积物，有石灰反应。

黄棕壤是枝江市第三大土壤类型，占本市地域面积的21%。黄棕壤是在亚热带生物气候条件下，通过弱脱硅富铝化作用形成的地带性土壤，分布在海拔50—200m的丘陵岗地。发育于第四纪黏土的黄棕壤最为典型，呈微酸性至中性，心土层呈黄棕色或红棕色，质地黏重，呈块状或棱块状结构，结构体表面常有铁锰胶膜，或有铁锰结核。自然植被以次生人造松、杉林为主。本市黄棕壤分为黄棕壤和黄棕壤性土两个亚类。

小于本市地域面积3%的土壤类型有紫色土、红壤等。

本区域中心区气候特征

本区域中心区气候特征值
Regional climate characteristics in central area of the region

气候带：北亚热带湿润气候 Climate region: North subtropical humid climate	
年平均气温 /℃ Annual average temperature /℃	16.8
年平均最高气温 /℃ Annual average maximum temperature /℃	21.3
年平均最低气温 /℃ Annual average minimum temperature /℃	13.5
年降水量 /mm Annual precipitation /mm	1179
≥10℃的积温 /℃ Daily temperature accumulated in a year（≥10℃）/℃	6150
年日照时数 /h Annual sunshine /h	1615
年平均相对湿度 /% Annual average relative humidity /%	76
干燥度 Dryness	0.85

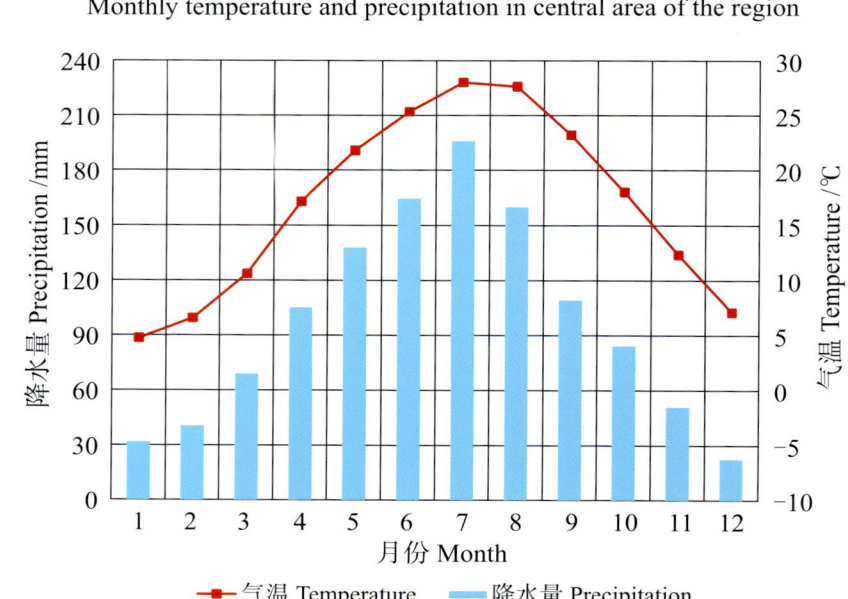

本区域中心区月平均气温与月平均降水量
Monthly temperature and precipitation in central area of the region

枝江市土壤剖面理化性状表

剖面号 Soil profile	土纲 Soil order	土类 Soil great group	亚类 Soil subgroup	土属 Soil genus	土种 Soil species	土层码 Layer code	土层厚度 Depth/cm	颜色 Soil color	质地 Soil texture	土壤结构 Soil structure	pH	有机质 OM/(g/kg)	全氮 TN/(g/kg)	全磷 TP/(g/kg)	全钾 TK/(g/kg)	碱解氮 AN/(mg/kg)	有效磷 AP/(mg/kg)	速效钾 AK/(mg/kg)	阳离子交换量CEC/(cmol/kg)	土壤母质 Parent material	剖面点坐标 Profile coordinate	匹配指数 Matching index/%
剖1	人为土	水稻土	潴育水稻土	黄棕壤性第四纪黏土泥田	夹青黄泥田	1	0—15	灰棕色	中壤土	块状	6.1	27.5	1.39	0.32	12.8	122	7.3	100	14.3	第四纪黏土	E 111°28′18.7″ N 30°27′32.6″	95
						2	15—45	青灰色	重壤土	糊状	6.4	7.9	0.47	0.25	13.9	38	1.1	72				
						3	45—100	灰棕色	重壤土	块状	6.5	16.7	0.84	0.16	13.5	66	1.1	72				
剖2	淋溶土	黄棕壤	黄棕壤	第四纪黏土黄棕壤	砾质黄土	1	0—10	淡黄棕色	重壤土	小块状	6.7	18.4	0.93	0.51	16.2	48	12.1	153	15.8	第四纪黏土	E 111°27′49.3″ N 30°26′52.2″	95
						2	10—15	淡黄棕色	重壤土	块状	6.3	7.6	0.55	0.31	15.8	41	≤1.0	116				
						3	15—57	黄黄棕色	重壤土	梭块状	6.1	4.8	0.49	0.23	15.8	37	≤1.0	116				
						4	57—100	暗黄棕色	轻砾石土		6.1	4.0	0.35	0.45	17.1	32	5.8	116				
剖3	人为土	水稻土	潴育水稻土	潮土田	兼砂田	1	0—15	灰青棕色	轻壤土	块状	6.4									河流冲积物	E 111°29′45.2″ N 30°27′12.7″	97
						2	15—24	青灰色	砂壤土	小块状	6.6											
						3	24—37	淡灰棕色	中壤土	块状	6.6											
						4	37—100	黄棕色	中壤土	块状	6.8											
剖4	人为土	水稻土	潴育水稻土	黄棕壤性红砂岩泥田	夹青红泥田	1	0—15	棕褐色	重壤土	无结构	6.7	25.2	1.30	0.22	16.2	105	2.6	58	22.6	红砂岩	E 111°40′28.4″ N 30°36′50.3″	95
						2	15—58	棕褐色	中壤土	糊状	6.9	19.6	0.90	0.21	23.0	86	≤1.0	140				
						3	58—100	青紫色	中壤土	块状	7.0	15.2	0.68	0.19	21.9	76	5.4	157				
剖5	淋溶土	黄棕壤	黄棕壤	第四纪黏土黄棕壤	黄土	A	0—12	淡茨黄色	壤质黏土	碎块状	5.6	24.0	1.09	0.51	15.8				23.9	第四纪黏土	E 111°34′48.1″ N 30°33′46.6″	95
						B	12—36	黄黄棕色	壤质黏土	大块状	6.0	14.6	0.76	0.36	15.4							
						C	36—100	黄灰棕色	壤质黏土	梭块状	6.8	3.6	0.28	0.18	14.1							
剖6	人为土	水稻土	潴育水稻土	潮土田	潮泥田	1	0—12	棕灰色	中壤土	小块状	5.9	22.1	1.16	0.52	13.3	106	3.5	≤5	11.7	河流冲积物	E 111°35′48.8″ N 30°33′56.4″	97
						2	12—24	棕灰色	重壤土	粒状	6.9	16.6	0.84	0.52	13.2	56	2.0	90				
						3	24—50	青灰色	砂壤土	粒状	7.1	5.1	0.51	0.22	13.3	21		7				
						4	50—75	黄灰色	砂壤土	粒状	6.9	3.0	0.35	0.17	12.2	27		58				
						5	75—100	灰白色	砂土		7.1	3.5	0.18	0.22	11.9	11		50				
剖7	人为土	水稻土	潴育水稻土	石灰性紫泥田	夹青灰紫泥田	1	0—20	红棕色	重壤土		7.6	25.4	1.64			82	7.6	165		红色砂页岩	E 111°35′38.8″ N 30°31′59.5″	95
						2	20—32	青灰色	重壤土	大块状	7.6											
						3	32—45	青灰色	重壤土													
						4	45—120	红棕色	重壤土													
剖8	人为土	水稻土	潴育水稻土	青岗泥田	青岗泥田	1	0—11	灰棕色	重壤土	糊状	7.2	30.9	1.45	0.33	16.8	123	2.7	150	17.8	第四纪黏土	E 111°36′13.7″ N 30°30′07.5″	97
						2	11—16	灰棕色	重壤土	糊状	7.1	30.2	1.42	0.35	16.2	123	2.8	140				
						3	16—100	青灰色	中壤土	糊状	7.1	27.6	1.27	0.27	16.5	101	1.9	164				
剖9	淋溶土	黄棕壤	黄棕壤	第四纪黏土黄棕壤	面黄土	1	0—13	淡黄棕色	中壤土	小块状	6.8	19.1	1.03	0.45	15.1	161	14.3	200	15.7	第四纪黏土	E 111°37′18.6″ N 30°31′24.5″	95
						2	13—31	黄黄棕色	中壤土	梭块状	6.6	16.6	1.07	0.39	15.1	144	25.2	185				
						3	31—100	黄棕色	中壤土	梭块状	6.6	8.9	0.58	0.16	15.0	76	≤1.0	137				
剖10	淋溶土	黄棕壤	黄棕壤	第四纪黏土黄棕壤	死鸡肝土	1	0—14	淡红棕色	黏土	小块状	6.8	28.6	1.19	0.36	13.1	37	6.7	127	11.3	第四纪黏土	E 111°32′24.6″ N 30°30′08.6″	95
						2	14—23	棕红色	重壤土	块状	7.0	24.0	0.83	0.21	12.1	58	5.6	143				
剖11	人为土	水稻土	淹育水稻土	浅潮湖土田	渗漏田	1	0—11	灰棕色	中壤土	块状	7.0	10.3	0.12	0.12	10.2	11	2.0	93		河流冲积物	E 111°40′49.7″ N 30°33′17.0″	95
						2	23—32	深黄棕色	砂壤土	粒状	7.0	17.1	0.47	0.18	12.2	44	2.0	68				
						3	32—62	深灰色	砂土		7.0	20.9	0.62	0.24	12.8	74	2.5	79				
						4	62—100	黄棕色	重壤土	块状	5.5	18.0	0.92	0.47	14.6	76	1.5	252	15.9			
剖12	淋溶土	黄棕壤	黄棕壤	第四纪黏土黄棕壤	死黑鸡肝土	1	0—11	淡黄棕色	重壤土	梭块状	5.8	12.8	0.67	0.23	17.2	46	1.2	130		第四纪黏土	E 111°42′46.1″ N 30°33′25.7″	95
						2	11—24	棕灰色	重壤土	梭块状	5.8	13.1	0.89	0.21	18.4	42	1.4	140				
						3	24—100															

续表 Continued

剖面号 Soil profile	土纲 Soil order	土类 Soil great group	亚类 Soil subgroup	土属 Soil genus	土种 Soil species	土层码 Layer code	土层厚度 Depth/cm	颜色 Soil color	质地 Soil texture	土壤结构 Soil structure	pH	有机质 OM/(g/kg)	全氮 TN/(g/kg)	全磷 TP/(g/kg)	全钾 TK/(g/kg)	碱解氮 AN/(mg/kg)	有效磷 AP/(mg/kg)	速效钾 AK/(mg/kg)	阳离子交换量CEC/(cmol/kg)	土壤母质 Parent material	剖面点坐标 Profile coordinate	匹配指数 Matching index/%
剖13	人为土	水稻土	潴育水稻土	黄棕壤性第四纪黏土泥田	面黄泥田	1	0—15	黄棕色	中壤土	小块状	5.8	16.8	0.85	0.28	13.8	100	3.6	116	11.9	第四纪黏土	E 111°43′28.2″ N 30°34′10.9″	95
						2	15—24	暗黄棕色	中壤土	小块状	6.0	12.2	0.64	0.26	13.6	28	3.4	83				
						3	24—43	淡黄棕色	重壤土	块状	6.2	10.4	0.46	0.15	17.2	25	1.2	143				
						4	43—67	暗褐色	重壤土	大块状	6.3	14.2	0.76	0.21	16.1	55	1.2	150				
						5	67—100	深棕色	重壤土	小块状	6.4	12.4	0.59	0.16	17.4	41	≤1.0	160				
剖14	淋溶土	黄棕壤	黄棕壤	第四纪黏土黄棕壤	灰潮鸡肝土	1	0—11	棕色	重壤土	块状	7.5	16.2	0.87	0.61	16.0	60	17.2	157	16.0	第四纪黏土	E 111°44′22.1″ N 30°33′00.1″	95
						2	11—23	淡黄棕色	重壤土	块状	7.4	10.3	0.60	0.60	18.8	34	3.3	68				
						3	23—100	照黄棕色	重壤土	棱块状	6.5	10.9	0.63	0.59	19.5	36	4.1	79				
剖15	人为土	水稻土	潴育水稻土	潮土田	漏砂田	2	0—12	灰棕色	中壤土	小块状	6.0	20.5	1.37			57	6.3	89		河流冲积物	E 111°41′35.1″ N 30°31′05.0″	97
						3	12—18	灰棕色	轻壤土	小块状	6.8											
						4	18—24	黄棕色	轻壤土	块状	6.8											
						5	24—34	灰棕色	轻壤土		7.0											
							34—114	灰棕色	轻壤土		7.0											
剖16	淋溶土	黄棕壤	黄棕壤	第四纪黏土黄棕壤	灰潮黄土	1	0—14	暗棕色	重壤土	小块状	7.5	11.8	0.67	0.64	19.9	47	6.1	75	11.1	第四纪黏土	E 111°42′13.6″ N 30°30′50.3″	95
						2	14—27	淡红棕色	重壤土	棱块状	7.5	10.4	0.64	0.48	19.1	41	4.1	79				
						3	27—100	淡黄棕色	重壤土	块状	6.6	7.9	0.57	0.40	15.8	34	4.8	93				
剖17	人为土	水稻土	潴育水稻土	红砂岩黄棕壤性红砂岩泥田	红花泥田	1	0—13	灰棕色	轻壤土	小块状	6.8	22.4	0.97	0.15	13.6	77	3.0	75	10.9	红砂岩	E 111°44′46.1″ N 30°30′28.1″	95
						2	13—22	红棕色	轻壤土	块状	6.8	19.8	0.68	0.12	14.3	55	2.2	79				
						3	22—43	紫棕色	轻壤土	块状	6.9	7.6	0.42	0.12	14.9	36	2.2	83				
						4	43—57	紫红色	轻壤土	块状	7.0	5.7	0.28	0.11	13.3	30	1.6	75				
						5	57—100	紫红色	轻壤土	块状	7.0	6.2	0.31	≤0.10	14.3	24	1.6	62				
剖18	淋溶土	黄棕壤	黄棕壤	红砂岩黄棕壤	红砂土	1	0—12		重砾石土		6.2	3.6	0.18	≤0.10	14.6	39	1.1	124	2.6	红砂岩	E 111°37′59.6″ N 30°30′50.7″	95
						2	12—100		重砾石土		6.6	2.6	0.15	≤0.10	14.8	22	≤1.0	113				
剖19	淋溶土	黄棕壤	黄棕壤性	红砂岩黄棕壤性	红骨土	1	0—19	红棕色	中壤土		6.4	7.8	0.37	0.13	17.5	30	≤1.0	108	12.5	红砂岩	E 111°38′37.5″ N 30°30′05.4″	95
						2	19—		中壤土		5.9	3.9	0.13	0.12	17.9	28	≤1.0	95				
剖20	人为土	水稻土	潴育水稻土	黄棕壤性第四纪黏土泥田	黄泥田	1	0—15	灰棕色	砂土	小块状	5.6	16.8	0.81	0.21	15.5	106	2.7	208	21.0	第四纪黏土	E 111°35′44.9″ N 30°27′34.2″	95
						2	15—22	灰棕色	砂土	粒状	6.0	10.0	0.54	0.22	17.7	44	1.6	157				
						3	22—44	黄棕色	轻壤土	粒状	6.4	8.3	0.37	0.21	16.8	41	1.3	143				
						4	44—100	黄棕色	轻壤土	小块状	6.4	7.8	0.43	0.19	16.7	38	≤1.0	116				
剖21	半水成土	潮土	潮土	砂土型潮土	石渣子土	1	0—20	灰黄色	中壤土	块状	6.9	6.7	0.13	0.21	8.0	55	≤1.0	68	5.2	河流冲积物	E 111°36′48.1″ N 30°26′02.0″	95
						2	20—100	灰白色	重砾石土	大块状	7.0	3.0	0.36	0.90	6.2	28	2.6	79				
剖22	人为土	水稻土	潴育水稻土	浅潮土田	石渣子田	1	0—14	黄棕色	砂壤土	块状	7.2	6.4	0.46	0.26	9.2	35	9.0	72	4.0	河流冲积物	E 111°37′10.9″ N 30°26′18.2″	95
						2	14—24	黄棕色	砂壤土	块状	7.2	5.2	0.37	0.18	9.0	30	≤1.0	72				
						3	24—100	黄棕色	砂壤土	块状	7.2	6.1	0.46	0.12	10.1	28	2.8	72				
剖23	人为土	水稻土	潴育水稻土	灰潮土田	油泥田	1	0—12	灰白色	黏土	块状	8.0									河流冲积物	E 111°37′09.4″ N 30°25′55.6″	97
						2	12—19	红棕色	轻壤土	块状	8.0											
						3	19—34	淡红棕色	轻壤土	小块状	7.8											
						4	34—100	灰黄棕色	轻壤土	块状	7.8											
剖24	人为土	水稻土	潴育水稻土	黄棕壤性第四纪黏土泥田	白善泥田	1	0—12	灰黄色	中壤土	小块状	6.8	26.8	1.32	0.34	15.0	81	5.0	90	15.2	第四纪黏土	E 111°32′03.6″ N 30°26′02.4″	95
						2	12—18	淡黄棕色	重壤土	块状	6.9	20.4	1.01	0.26	14.5	69	3.5	65				
						3	18—44	灰黄棕色	重壤土	块状	7.0	6.5	0.21	0.20	14.4	25	3.4	28				
						4	44—100	褐棕色	重壤土	大块状	7.1	5.2	0.29	0.16	15.2	20	3.4	143				
剖25	淋溶土	黄棕壤	黄棕壤	第四纪黏土黄棕壤	黑鸡肝土	1	0—15	黄棕色	重壤土	块块状	6.3	14.8	0.77	0.36	15.4	76	10.3	167	15.4	第四纪黏土	E 111°39′24.4″ N 30°29′51.8″	95
						2	15—41	暗黄棕色	重壤土	棱块状	6.5	10.1	0.57	0.20	18.2	49	2.4	147				
						3	41—100	黄褐色	重壤土	棱块状	6.4	10.9	0.63	0.20	18.9	30	2.0	157				

续表 Continued

剖面号 Soil profile	土纲 Soil order	土类 Soil great group	亚类 Soil subgroup	土属 Soil genus	土种 Soil species	土层码 Layer code	土层厚度 Depth/cm	颜色 Soil color	质地 Soil texture	土壤结构 Soil structure	pH	有机质 OM/(g/kg)	全氮 TN/(g/kg)	全磷 TP/(g/kg)	全钾 TK/(g/kg)	碱解氮 AN/(mg/kg)	有效磷 AP/(mg/kg)	速效钾 AK/(mg/kg)	阳离子交换量CEC/(cmol/kg)	土壤母质 Parent material	剖面点坐标 Profile coordinate	匹配指数 Matching index/%
剖26	人为土	水稻土	淹育水稻土	浅黄棕壤性第四纪黏土泥田	死鸡肝泥	1	0—12	黄棕色	重壤土	块状	7.0	15.0	0.75	0.45	16.5	64	24.0	113	15.5	第四纪黏土	E 111°41′38.0″ N 30°29′16.1″	95
						2	12—15	灰黄棕色	重壤土	块状	7.3	12.7	0.76	0.25	16.5	44	4.0	150				
						3	15—100	黄褐色	重壤土	棱块状	7.2	8.0	0.49	0.17	17.6	34	2.4	130				
剖27	人为土	水稻土	潴育水稻土	灰潮土田	灰潮砂田	1	0—10	灰棕色	轻壤土	小块状	7.3	14.2	0.61	0.26	11.6	63	3.8	137	8.6	河流冲积物	E 111°39′19.7″ N 30°25′15.4″	97
						2	10—15	暗黄棕色	轻壤土	块状	7.6	6.9	0.32	0.20	11.6	27	2.9	90				
						3	15—24	黄棕色	轻壤土	块状	7.9	5.9	0.26	0.18	11.7	18	2.1	111				
						4	24—100	棕色	砂土	粒状	7.6	1.1	≤0.10	0.15	9.5	4	1.3	167				
剖28	人为土	水稻土	潴育水稻土	黄棕壤性第四纪黏土泥田	砾质黄泥田	1	0—10	黄棕色	重壤土	块状	5.8	22.2	1.18	0.38	14.2	104	8.8	245	18.2	第四纪黏土	E 111°35′34.0″ N 30°24′43.8″	95
						2	10—17	黄棕色	重壤土	块状	5.9	24.2	1.19	0.37	12.9	104	9.0	207				
						3	17—31	淡黄棕色	重壤土	块状	6.1	13.4	0.74	0.37	12.9	62	2.0	167				
						4	31—68	灰黄棕色	重壤土	块状	6.2	7.7	0.51	0.28	12.8	28	2.5	102				
						5	68—100	褐棕色	重壤土	大块状	6.2	8.8	0.50	0.26	12.5	45	3.0	83				
剖29	人为土	水稻土	淹育水稻土	浅黄棕壤性第四纪黏土泥田	死黄泥田	1	0—15	黄棕色	重壤土	块状	7.0	15.1	0.79	0.40	16.4	59	2.1	116	16.9	第四纪黏土	E 111°35′40.8″ N 30°24′26.2″	95
						2	15—19	暗棕色	重壤土	块状	7.0	3.8	0.34	0.18	14.4	18	2.4	93				
						3	19—100	棕色	重壤土	棱块状	5.7	3.5	0.29	0.17	14.0	17	2.3	116				
剖30	初育土	紫色土	石灰性紫色土	石灰紫骨土	灰紫骨土	1	0—10	红棕色	中壤土		7.5	9.3	0.47	0.11	12.2	47	≤1.0	67	13.7	红色砂页岩	E 111°35′53.4″ N 30°22′28.3″	95
						2	10—100				7.8	1.3	0.17	≤0.10	14.4	9	4.4	39				
剖31	人为土	水稻土	潴育水稻土	黄棕壤性第四纪黏土泥田	黄泥田	1	0—13				6.0	19.3	1.09	0.40	14.0	93	4.4	130	20.3	第四纪黏土	E 111°35′45.7″ N 30°20′59.1″	95
						2	13—24				6.3	15.5	0.97	0.39	13.8	79	3.7	127				
						3	24—40				6.5	10.3	0.61	0.31	13.7	52	1.3	113				
						4	40—56				6.7	6.9	0.47	0.25	13.4	35	≤1.0	137				
						5	56—100				6.8	7.8	0.52	0.25	15.8	53	2.1	140				
剖32	半水成土	潮土	灰潮土	砂土型灰潮土	砂土	1	0—16			块状	7.9	13.0	5.20	0.65	16.4	27	≤1.0	82	6.3	有石灰反应的河流冲积物	E 111°37′08.6″ N 30°21′02.3″	95
						2	16—47			大块状	7.8	10.6	0.50	0.59	17.2	37	≤1.0	188				
						3	47—100			块状	7.8	6.4	0.36	0.65	16.3	20	1.8	212				
剖33	半水成土	潮土	灰潮土	黏土型灰潮土	纯土	1	0—16	棕红色	重壤土	块状	8.0	27.2	1.24	0.69	22.3	65	8.0	100	17.5	有石灰反应的河流冲积物	E 111°39′39.6″ N 30°24′38.6″	95
						2	16—55	棕红色	重壤土	块状	8.0	18.5	0.67	0.64	22.8	30	4.4	100				
						3	55—100	红棕色	重壤土	大块状	8.0	17.5	0.67	0.59	27.8	33	7.0	58				
剖34	半水成土	潮土	灰潮土	黏土型灰潮土	纯土盖油砂	1	0—19	灰棕色	重壤土	块状	7.6									有石灰反应的河流冲积物	E 111°40′47.2″ N 30°24′48.1″	95
						2	19—37	淡红棕色	重壤土	块状	7.6											
						3	37—77	红棕色	重壤土	小块状	8.0											
						4	77—100	红棕色	重壤土	块状	8.0											
剖35	半水成土	潮土	灰潮土	砂土型灰潮土	砂土盖黄土	1	0—16	深红棕色	重壤土	块状	7.4	12.1	0.84	0.85	19.8	49	22.9	124	14.1	有石灰反应的河流冲积物	E 111°43′08.7″ N 30°23′38.7″	95
						2	16—34	灰黄色	砂壤土	大块状	7.1	8.1	0.51	0.51	17.2	39	41.4	185				
						3	34—100	灰白色	砂壤土	块状	7.1	8.2	0.42	0.85	17.8	33	56.5	175				
剖36	半水成土	潮土	灰潮土	砂土型灰潮土	砂土夹响砂	1	0—20	灰白色	砂壤土	粒状	8.0									有石灰反应的河流冲积物	E 111°41′19.0″ N 30°22′10.3″	95
						2	20—36	淡红棕色	砂土	粒状	7.8											
						3	36—100	红棕色	砂土	粒状	7.8											
剖37	半水成土	潮土	灰潮土	黏土型灰潮土	纯土	1	0—13	黄棕色	中壤土	小块状	8.0	20.5	1.20	0.56	21.1	65	13.6	178	14.7	有石灰反应的河流冲积物	E 111°38′05.8″ N 30°22′10.7″	95
						2	13—100	黄棕色	块状	块状	8.1	16.0	1.00	0.53	25.7	53	6.3	139				
剖38	人为土	水稻土	侧渗水稻土	黄棕壤性第四纪黏土侧渗泥田	白隔黄泥田	1	0—11	灰棕色	中壤土	块状	6.3	27.7	1.33	0.37	13.7	101	2.0	116	17.3	第四纪黏土	E 111°48′54.7″ N 30°31′44.0″	95
						2	11—20	黄棕色	轻壤土	小块状	6.6	22.2	1.15	0.32	13.3	75	4.0	83				
						3	20—50	灰白色	中壤土	块状	6.6	24.4	0.26	0.13	11.4	23	≤1.0	51				
						4	50—100	灰棕色			6.6	4.7	0.17	0.12	13.4	27	1.2	51				

续表 Continued

剖面号 Soil profile	土纲 Soil order	土类 Soil great group	亚类 Soil subgroup	土属 Soil genus	土种 Soil species	土层码 Layer code	土层厚度 Depth/cm	颜色 Soil color	质地 Soil texture	土壤结构 Soil structure	pH	有机质 OM/(g/kg)	全氮 TN/(g/kg)	全磷 TP/(g/kg)	全钾 TK/(g/kg)	碱解氮 AN/(mg/kg)	有效磷 AP/(mg/kg)	速效钾 AK/(mg/kg)	阳离子交换量 CEC/(cmol/kg)	土壤母质 Parent material	剖面点坐标 Profile coordinate	匹配指数 Matching index/%
剖39	人为土	水稻土	潴育水稻土	黄棕壤性第四纪黏土泥田	黑鸡肝泥田	1	0—13	灰褐棕色	重壤土	小块状		32.7	1.61	0.35	17.4	82	4.1	170	29.9	第四纪黏土	E 111°48′47.0″ N 30°31′25.0″	95
						2	13—26	暗棕色	重壤土			19.5	1.09	0.27	16.8	76	2.5	175				
						3	26—47	浅棕褐色	重壤土	棱块状		14.4	0.80	0.25	19.3	43	1.5	170				
						4	47—57	深棕褐色	重壤土	棱块状		18.6	0.77	0.21	18.7	37	2.5	170				
						5	57—100	黄棕色	重壤土	大块状		16.0	0.90	0.20	19.8	41	1.2	170				
剖40	半水成土	潮土	潮土	砂土型潮土	潮砂土	1	0—13	灰黄棕色	砂壤土	小块状	6.1	5.4	0.39	0.19	12.9	27	1.8	65	4.3	河流冲积物	E 111°50′42.7″ N 30°32′12.0″	95
						2	13—39	灰棕色	砂壤土	小块状	6.2	1.7	0.19	0.11	12.4	19	2.6	45				
						3	39—71	暗棕紫色	砂壤土	小块状	6.1	2.8	0.21	0.12	13.9	16	≤1.0	90				
						4	71—100	灰棕色	砂壤土		6.5	2.3	0.17	0.11	14.1	16	3.4	38				
剖41	半水成土	潮土	灰潮土	砂土型灰潮土	砂土盖正土	1	0—16	淡红棕色	砂壤土	粒状	7.4	9.2	0.58	0.33	17.8	36	2.8	78	7.8	有石灰反应的河流冲积物	E 111°51′42.9″ N 30°31′16.6″	95
						2	16—51	红棕色	砂土	粒状	7.4	3.0	0.12	0.31	17.8	8	1.8	52	≥50.0			
						3	51—100	黄棕色	中壤土	块状	7.4	6.8	0.43	0.65	19.4	23	3.5	55				
剖42	人为土	水稻土	潴育水稻土	灰潮土田	淤泥田	1	0—16	青棕色	重壤土	块状	7.7	39.3	2.01	0.67	22.0	128	5.4	124	24.7	河流冲积物	E 111°53′37.8″ N 30°30′47.7″	97
						2	16—23	青棕色	重壤土	块状	7.7	19.8	1.21	0.67	24.4	76	4.0	93				
						3	23—60	淡灰白色	重壤土	糊状	7.8	12.2	0.67	0.63	21.2	34		75				
						4	60—100	灰白色	重壤土	糊状	7.8	12.5	0.65	0.67	20.3	31		83				
剖43	人为土	水稻土	潴育水稻土	灰潮土田	夹青灰泥田	1	0—10	深灰色	重壤土	块状	7.3	33.2	1.56	0.57	12.5	109	1.1	143	22.0	河流冲积物	E 111°48′16.2″ N 30°26′56.5″	97
						2	10—19	青灰色	重壤土	糊状	7.4	18.0	0.86	0.66	24.3	69	2.1	72				
						3	19—34	黄色棕色	重壤土	块状	7.7	14.3	0.75	0.61	24.4	49	6.3	143				
						4	34—51	黄棕色	重壤土	块状	7.7	13.1	0.67	0.87	23.1	41	11.5	65				
						5	51—100	青灰色	重壤土	糊状	7.7	14.8	0.81	0.61	25.7	70	7.4	96				
剖44	半水成土	潮土	灰潮土	砂土型灰潮土	砾砂土	1	0—17	淡红棕色	少砾石砂土	粒状	7.1	19.8	0.95	0.97	18.4	56	8.2	153	11.0	有石灰反应的河流冲积物	E 111°53′52.0″ N 30°25′15.3″	95
						2	17—45	淡红棕色	少砾石砂土	粒状	7.1	15.5	0.85	0.85	19.3	65	14.5	106				
						3	45—100				7.1	18.5	0.99	0.79	18.0	66	15.9	130				
剖45	半水成土	潮土	灰潮土	壤土型灰潮土	油砂土	1	0—18	暗棕色	轻壤土	小块状	7.7	9.0	0.62	0.73	19.9	32	7.4	55	8.2	有石灰反应的河流冲积物	E 111°47′33.8″ N 30°24′25.2″	95
						2	18—43	灰棕色	砂壤土	块状	7.6	8.2	0.63	0.74	18.9	37	5.0	55				
						3	43—100				7.6	7.0	0.53	0.68	20.1	38	2.4	50				
剖46	半水成土	潮土	灰潮土	壤土型灰潮土	含水砂	1	0—17	暗棕色	中壤土	小块状	7.4	11.9	0.46	0.79	17.6	39	10.8	82	8.8	有石灰反应的河流冲积物	E 111°47′40.4″ N 30°23′16.8″	95
						2	17—28	棕红色	中壤土	粒状	7.4	4.3	0.26	0.62	13.1	48	3.5	55				
						3	28—100	红棕色	中壤土	块状	7.5	17.5	1.07	0.84	19.6	66	9.8	150				
剖47	半水成土	潮土	灰潮土	壤土型灰潮土	含水砂	1	0—17	棕红色	中壤土	小块状	7.7	16.9	1.04	0.79	21.3	63	5.7	165	14.5	有石灰反应的河流冲积物	E 111°48′42.3″ N 30°23′51.0″	95
						2	17—48	棕红色	中壤土	块状	7.8	7.1	0.58	0.66	19.6	38	1.6	65				
						3	48—100	灰棕黄色	轻壤土	粒状	7.8	6.2	0.48	0.67	19.1	10	3.6	72				
剖48	半水成土	潮土	灰潮土	壤土型灰潮土	油砂盖正土	1	0—15	灰棕色	轻壤土	小块状	7.5	16.4	0.93	0.64	17.7	60	5.0	140	11.2	有石灰反应的河流冲积物	E 111°48′52.3″ N 30°23′07.2″	95
						2	15—34	淡灰棕色	中壤土	小块状	7.7	8.8	0.69	0.63	20.3	34	1.3	58				
						3	34—100	红棕色	中壤土	小块状	7.5	7.5	0.51	0.61	20.1	30	1.1	82				
剖49	半水成土	潮土	灰潮土	壤土型灰潮土	正土	1	0—16	红棕色	中壤土	小块状	7.6	14.8	1.00	0.68	17.3	59	6.7	127	13.2	有石灰反应的河流冲积物	E 111°47′40.1″ N 30°20′19.4″	95
						2	16—41	灰棕色	砂壤土	粒状	7.6	9.0	0.67	0.57	20.8	34	2.0	200				
						3	41—100	灰红棕色	砂壤土	粒状	7.8	9.6	0.71	0.74	21.3	44	3.6	93				
剖50	半水成土	潮土	灰潮土	砂土型灰潮土	砂土	1	0—12	灰棕色	砂土	粒状	7.3	10.8	0.34	0.64	16.0	27	1.6	62	7.6	有石灰反应的河流冲积物	E 111°53′33.1″ N 30°24′47.0″	95
						2	12—100	棕色	砂土	粒状	7.4	13.9	0.63	0.69	16.8	14	1.5	93				
剖51	半水成土	潮土	灰潮土	砂土型灰潮土	响砂盖油砂	1	0—17	灰白色	砂土	粒状	7.4	3.8	0.26	0.64	18.1	42	10.3	50	2.4	有石灰反应的河流冲积物	E 111°55′30.7″ N 30°24′32.3″	95
						2	17—34	棕色	砂土	粒状	7.4	3.2	0.18	0.68	16.4	9	8.2	41				
						3	34—100	淡棕红色	轻壤土	小块状	7.5	4.0	0.28	0.73	19.0	37	2.4	50				

续表 Continued

剖面号 Soil profile	土纲 Soil order	土类 Soil great group	亚类 Soil subgroup	土属 Soil genus	土种 Soil species	土层码 Layer code	土层厚度 Depth/cm	颜色 Soil color	质地 Soil texture	土壤结构 Soil structure	pH	有机质 OM/(g/kg)	全氮 TN/(g/kg)	全磷 TP/(g/kg)	全钾 TK/(g/kg)	碱解氮 AN/(mg/kg)	有效磷 AP/(mg/kg)	速效钾 AK/(mg/kg)	阳离子交换量CEC/(cmol/kg)	土壤母质 Parent material	剖面点坐标 Profile coordinate	匹配指数 Matching index/%
剖52	半水成土	潮土	灰潮土	壤土型灰潮土	含水砂	1	0—15				7.5	13.5	0.88	0.62	19.1	53	5.0	175	10.9	有石灰反应的河流冲积物	E 111°56′19.1″ N 30°22′41.6″	95
						2	15—32				7.7	9.1	0.69	0.74	19.3	64	2.0	140				
						3	32—90				7.7	5.7	0.23	0.60	15.6	16	3.8	≤5				
						4	90—100				7.6	8.7	0.29	0.67	21.1	42	1.8	90				
剖53	半水成土	潮土	灰潮土	壤土型灰潮土	油砂土	1	0—15	棕灰色	轻壤土	团粒状	7.4	10.6	0.57	0.72	17.7	55	≤1.0	79	10.2	有石灰反应的河流冲积物	E 111°52′30.8″ N 30°22′11.6″	95
						2	15—29	灰棕色	轻壤土	小块状	7.5	8.0	0.48	0.69	21.0	44	≤1.0	55				
						3	29—100	棕红色	轻壤土	小块状	7.5	6.1	0.40	0.60	19.1	58	1.6	38				

襄阳市

市辖区

主要土类说明

黄褐土是襄阳市主要土壤类型，占本市地域面积的44%。成土母质为富含盐基的第四纪黏土。土壤呈中性，上下层pH差异小，盐基饱和度大于80%，钙饱和度大于50%，土体无石灰反应，黏粒硅铝率为3.22。黏粒矿物主要是水云母、蛭石、高岭石。

水稻土是襄阳市第二大土壤类型，占本市地域面积的22%。水稻土是在人为长期水耕熟化，以栽培水稻为主的过程中形成的具有独特性状的土类。

潮土是襄阳市第三大土壤类型，占本市地域面积的18%，主要分布在汉江、唐白河、清河、滚河及其支流的冲积平原地带。成土母质为近代河流冲积物。该土壤土层深厚，质地疏松，毛细管作用强，地下水升降活动强烈，发生层次不明显，可见少量铁锰锈斑或结核。阳离子交换量为4.2—30.7cmol/kg，盐基饱和度为90%。

黄棕壤占本市地域面积的5%，是分布在丘陵、岗地的旱地土壤。土壤pH为6.5—7.7，盐基饱和度为60%—80%，钙饱和度为30%—50%，盐基指数为0.4—0.8。土壤黏粒含量高，黏粒硅铝率为2.4—3.3，黏化现象明显。心土层呈黄棕色或红棕色。

石灰（岩）土占本市地域面积的5%，分布在卧龙、欧庙、东津、峪山、黄龙等地的石灰岩地区。成土母质主要为深灰色灰岩和白色厚层灰岩。土体无石灰反应，铁锰淀积物增加明显，质地层次分异明显，有黏化现象。

小于本市地域面积3%的土壤类型有砂姜黑土等。

本区域中心区气候特征

本区域中心区气候特征值
Regional climate characteristics in central area of the region

气候带：北亚热带湿润气候 Climate region: North subtropical humid climate	
年平均气温 /℃ Annual average temperature /℃	15.7
年平均最高气温 /℃ Annual average maximum temperature /℃	20.8
年平均最低气温 /℃ Annual average minimum temperature /℃	11.6
年降水量 /mm Annual precipitation /mm	929
≥10℃的积温 /℃ Daily temperature accumulated in a year（≥10℃）/℃	5672
年日照时数 /h Annual sunshine /h	1789
年平均相对湿度 /% Annual average relative humidity /%	76
干燥度 Dryness	1.02

本区域中心区月平均气温与月平均降水量
Monthly temperature and precipitation in central area of the region

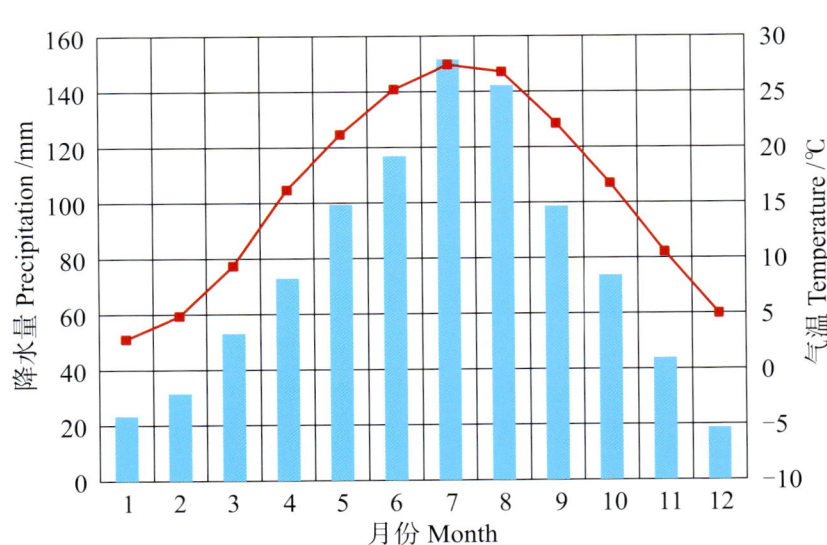

襄阳市市辖区主要土壤类型与土壤剖面点分布图
1 : 340 000

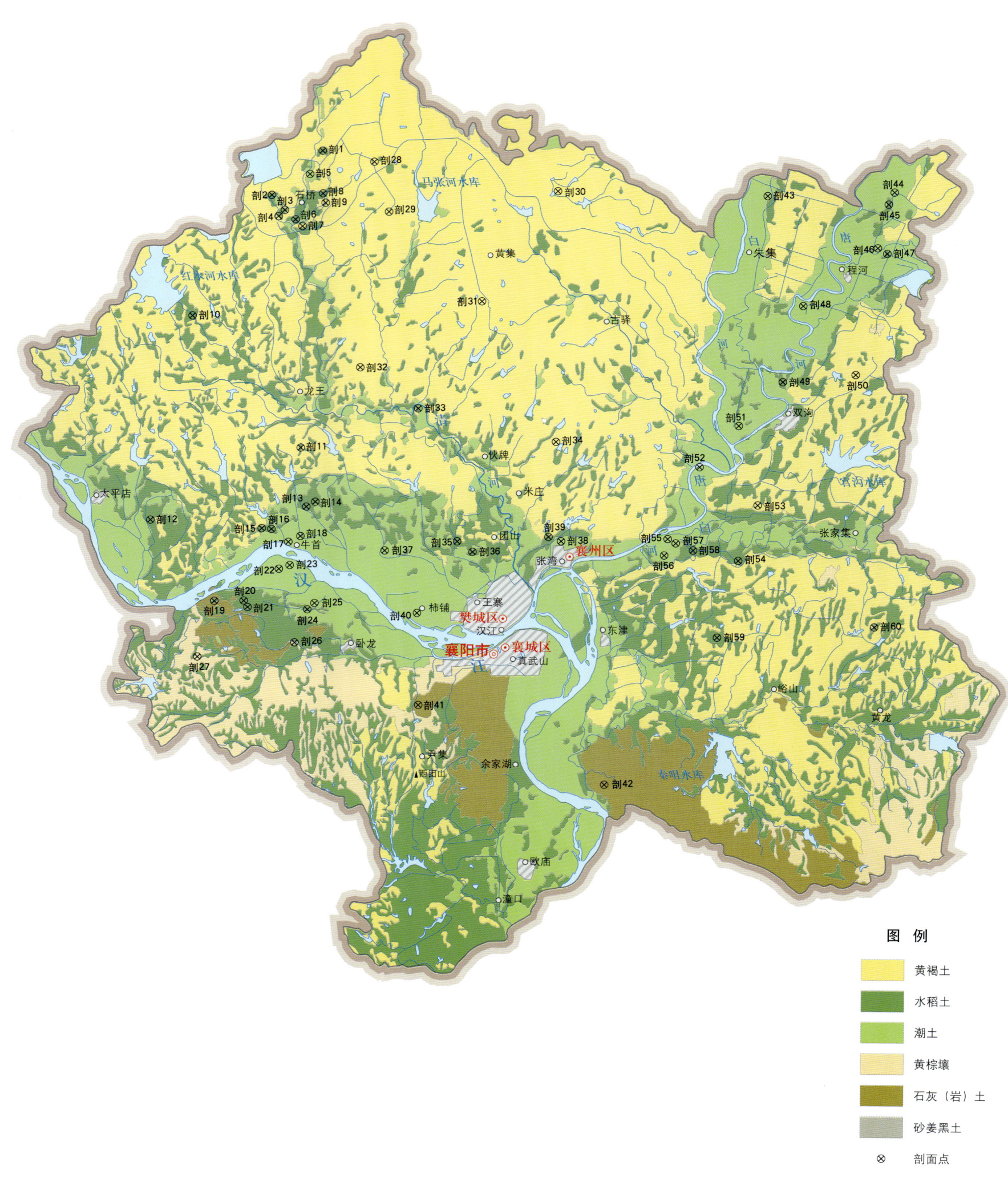

图 例

- 黄褐土
- 水稻土
- 潮土
- 黄棕壤
- 石灰（岩）土
- 砂姜黑土
- ⊗ 剖面点

襄阳市土壤剖面理化性状表

剖面号 Soil profile	土纲 Soil order	土类 Soil great group	亚类 Soil subgroup	土属 Soil genus	土种 Soil species	土层码 Layer code	土层厚度 Depth/cm	颜色 Soil color	质地 Soil texture	土壤结构 Soil structure	pH	有机质 OM/(g/kg)	全氮 TN/(g/kg)	全磷 TP/(g/kg)	全钾 TK/(g/kg)	碱解氮 AN/(mg/kg)	有效磷 AP/(mg/kg)	速效钾 AK/(mg/kg)	阳离子交换量CEC/(cmol/kg)	土壤母质 Parent material	剖面点坐标 Profile coordinate	匹配指数 Matching index/%
剖1	人为土	水稻土	淹育水稻土	浅灰潮土田	浅灰浅位薄层夹砂油砂土田	Ag	0–17	灰黄色	中壤土	粒状	8.0	14.9	1.02	0.53	19.9				17.6	河流冲积物	E 111°59′37.4″ N 32°23′22.7″	75
						Sa	17–42	灰黄色	砂壤土	块状	8.2	2.5	0.25	0.66	17.3				5.0			
						C₁	42–53	淡棕色	重壤土	无结构	7.9	6.4	0.57	0.43	24.9				30.3			
						C₂	53–100		中壤土	块状	7.8	6.4	0.58	0.42	23.4				28.4			
剖2	人为土	水稻土	潴育水稻土	第四纪黏土黄棕壤土田	黄土田	A	0–11	淡灰色	重壤土	粒状	7.5	28.3	1.82	0.49	13.4				18.9	第四纪黏土	E 111°57′03.6″ N 32°21′25.2″	75
						P	11–22	淡灰色	中壤土	块状	7.8	17.8	1.17	0.32	19.8				21.1			
						W	22–100	淡灰色	重壤土	块状	7.9	4.4	0.33	0.71	26.8				17.7			
剖3	人为土	水稻土	潴育水稻土	第四纪黏土黄棕壤土田	白膳土田	A	0–12	灰黄色	重壤土	粒状	7.4	10.8	0.59	0.26	20.5				16.6	第四纪黏土	E 111°57′42.0″ N 32°20′44.9″	75
						P	12–18	褐色	重壤土	块状	7.4	6.4	0.59	0.30	21.6				17.2			
						W	18–53	淡棕色	重壤土	块状	7.4	4.7	0.48	0.28	22.9				16.2			
						C	53–100	淡棕色	重壤土	块状	7.3	4.8	0.56	0.29	24.1				20.3			
剖4	人为土	水稻土	侧渗水稻土	白隔黄褐土田	白隔白土田	A	0–9	棕灰色	重壤土	粒状	7.1	22.3	0.89	0.36	13.2				29.1	第四纪黏土	E 111°57′29.6″ N 32°20′35.2″	75
						P	9–26	棕灰色	重壤土	块状	7.2	18.5	0.78	0.28	13.5				33.4			
						E	26–39	淡灰色	黏壤土	粒状	7.1	12.0	0.58	0.24	15.8				36.8			
						C	39–100	褐色	黏土	块状	7.3	12.7	0.42	0.37	19.0				38.4			
剖5	半水成土	潮土		壤土型潮土	浅位厚层夹砂油砂土	1	0–30	淡黄棕色	轻壤土	粒状	7.3	6.5	0.40	0.58	20.1				9.6	近代河流冲积物	E 111°58′58.7″ N 32°22′20.1″	97
						2	30–86	淡黄棕色	砂壤土	块状	7.4	1.1	≤0.10	≤0.10	17.1				7.4			
						3	86–100	棕色	轻壤土	块状	7.4	3.3	0.26	0.45	18.4				18.9			
剖6	人为土	水稻土	淹育水稻土	棕色石灰土田	棕色石灰土田	A	0–12	紫棕色	重壤土	粒状	8.2	13.7	0.76	0.42	22.8				17.7	石灰岩残积物	E 111°58′08.4″ N 32°20′18.2″	75
						P	12–47	紫黄棕色	重壤土	棱块状	8.2	10.0	0.59	0.25	21.2				18.0			
						W	47–100	暗黄棕色	重壤土	团块状	8.1	10.0	0.56	0.37	22.2				17.5			
剖7	黄褐土	黄褐土		黄褐土	岗黄土	A	0–17	灰黄色	中壤土	粒状	7.2	12.1	0.66	0.28	19.0				19.0	富含盐基的第四纪黏土	E 111°58′13.9″ N 32°20′03.0″	97
						B₁	17–27	灰黄色	黏土	块状	7.3	9.0	0.48	0.24	19.3				38.0			
						B₂	27–65	褐黄色	黏土	粒状	7.6	8.0	0.41	0.25	24.2				28.3			
						C	65–100	栗色	黏土	粒状	7.6	8.3	0.38	0.20	24.2				27.4			
剖8	人为土	水稻土	潴育水稻土	浅灰黄褐土田	白土田	A	0–19	灰白色	中壤土	粒状	6.9	19.6	0.98	0.22	21.2				19.2	第四纪黏土	E 111°59′37.5″ N 32°21′27.9″	97
						B	19–46	灰白色	重壤土	块状	7.4	13.2	0.77	0.22	17.9				18.0			
						C	46–100	暗黄棕色	黏壤土	块状	7.4	8.8	0.52	0.23	20.2				36.8			
剖9	淋溶土	黄褐土		黄褐土田		A	0–23	灰黄色	中壤土	碎块状	6.8									富含盐基的第四纪黏土	E 111°59′35.3″ N 32°21′04.9″	97
						B	23–53	青灰色	重壤土	粒状	7.0											
						C	53–100	灰黄色	黏土	无结构	7.0											
剖10	人为土	水稻土	潴育水稻土	灰潮土田	灰浅位薄层夹砂油砂土田	Ag	0–14	灰白色	重壤土	碎块状	6.6	16.3	0.91	0.27	19.7				13.8	第四纪黏土	E 111°53′02.7″ N 32°16′05.8″	95
						Pg	14–23	灰白色	重壤土	块状	6.8	13.3	0.79	0.24	21.5				15.0			
						W	23–38	灰黄色	重壤土	块状	7.0	6.6	0.37	0.25	21.6				16.3			
						C	38–100	灰黄色	中壤土	粒状	7.7	8.3	0.42	0.27	23.8				17.6			
剖11	人为土	水稻土		灰潮土田		Ag	0–13	灰黄色	中壤土	粒状	7.9	10.6	0.73	0.77	25.4				10.2	河流冲积物	E 111°58′26.6″ N 32°10′11.6″	
						Pg	13–20	青灰色	中壤土	棱块状	8.1	19.7	0.75	0.69	25.6				9.8			
						W	20–26	青灰色	轻壤土	粒状	8.4	6.6	0.51	0.73	25.8				8.1			
						Sa	26–100	褐色	砂壤土	无结构	8.6	3.8	0.33	0.70	23.8				7.1			
剖12	人为土	水稻土	潜育水稻土	灰青泥田	灰青泥田	Ag	0–11	灰成色	黏土	块状	7.9	22.7	1.52	0.50	21.9				28.4	河流冲积物	E 111°50′52.7″ N 32°07′01.2″	97
						Pg	11–37	暗灰黄色	黏土	块状	8.4	21.6	1.88	0.52	22.1				27.2			
						G	37–100	暗黄色	黏土	块状	7.8	20.0	1.24	0.41	23.9				29.9			

续表 Continued

剖面号 Soil profile	土纲 Soil order	土类 Soil great group	亚类 Soil subgroup	土属 Soil genus	土种 Soil species	土层码 Layer code	土层厚度 Depth/cm	颜色 Soil color	质地 Soil texture	土壤结构 Soil structure	pH	有机质 OM/(g/kg)	全氮 TN/(g/kg)	全磷 TP/(g/kg)	全钾 TK/(g/kg)	碱解氮 AN/(mg/kg)	有效磷 AP/(mg/kg)	速效钾 AK/(mg/kg)	阳离子交换量CEC/(cmol/kg)	土壤母质 Parent material	剖面点坐标 Profile coordinate	匹配指数 Matching index/%
剖13	人为土	水稻土	潴育水稻土	潮土田	老黄土田	A	0—14	褐色	中壤土	粒状	7.1	12.7	0.81	0.42	23.6				24.0	老冲积物	E 111°58′42.6″ N 32°07′33.4″	97
						Pg	14—26	褐色	重壤土	糊状	7.0	10.6	0.49	0.33	25.8				28.1			
						W	26—85	淡黄色	重壤土	块状	7.1	3.6	0.30	0.47	20.2				22.2			
						C	85—100	棕灰色	砂壤土	块状	7.2	2.6	0.16	0.59	19.2				23.4			
剖14	人为土	水稻土	潴育水稻土	灰潮土田	灰油砂田	Ag	0—15	暗灰色	轻壤土	粒状	7.8	8.4	0.59	0.65	25.4				14.2	河流冲积物	E 111°59′09.7″ N 32°07′46.5″	97
						Pg	15—25	淡黄色	中壤土	块状	7.8	4.8	0.43	0.75	25.1				14.8			
						W	25—55	淡黄色	重壤土	块状	7.9	8.2	0.72	0.51	28.8				35.4			
						C	55—100	灰黄色	中壤土	团块状	8.0											
剖15	人为土	水稻土	潴育水稻土	灰潮土田	灰黄黏田	Ag	0—12	淡黄棕色	黏土	块状	8.2	21.2	1.35	0.47	25.6				4.9	河流冲积物	E 111°56′28.7″ N 32°06′36.9″	95
						Pg	12—25	淡黄棕色	黏土	块状	7.9	13.8	0.89	0.48	28.5				36.6			
						C	25—100	暗灰棕色	黏土	块状	7.8	11.6	0.71	0.47	26.6				42.3			
剖16	人为土	水稻土	潴育水稻土	灰潮土田	灰潮砂田	Ag	0—13	灰白色	轻壤土	粒状	8.2	20.0	0.59	0.63	18.2				6.6	河流冲积物	E 111°56′57.8″ N 32°06′34.8″	97
						Pg	13—23	灰白色	轻壤土	粒状	8.3	7.2	0.26	0.69	17.8				9.8			
						C	23—100	灰黄色	砂壤土	粒状	8.4	7.8	0.31	0.74	21.3				7.9			
剖17	半水成土	潮土	灰潮土	壤土型灰潮土	灰中位薄层夹砂油砂土	1	0—19	褐灰色	轻壤土	粒状	7.9	12.4	0.83	0.67	27.2				13.9	近代河流冲积物	E 111°57′48.4″ N 32°06′00.5″	97
						2	19—62	灰黄棕色	轻壤土	粒状	7.9	10.1	0.67	0.65	23.5				15.3			
						3	62—100	灰白色	砂土	粒状	8.4	1.4	0.15	0.77	21.2				5.9			
剖18	半水成土	潮土	灰潮土	壤土型灰潮土	灰浅位夹层砂砂土	1	0—18	灰白色	轻壤土	粒状	7.8	6.3	0.62	0.81	21.2				9.9	近代河流冲积物	E 111°58′09.7″ N 32°06′01.0″	98
						2	18—35	灰白色	砂壤土	粒状	7.9	3.1	0.38	0.62	23.1				10.6			
						3	35—48	灰白色	砂壤土	粒状	8.5	1.1	0.21	0.76	21.9				5.5			
						4	48—100	灰黄色	中壤土	粒状	8.8	3.4	0.40	0.62	21.8				1.3			
剖19	人为土	水稻土	潴育水稻土	青泥田	青泥田	A	0—18	暗灰色	黏土	碎块状	7.3	32.8	1.49	0.37	19.2				33.1	近代河流冲积物	E 111°57′05.0″ N 32°03′24.6″	97
						G	18—100	青灰色	黏土	块状	7.5	26.7	1.12	0.33	18.5				28.6			
剖20	人为土	水稻土	潴育水稻土	潮土田	潮白善田	A	0—15	淡灰色	重壤土	粒状	7.5	15.1	0.98	0.32	21.7				17.9	老冲积物	E 111°55′33.4″ N 32°03′24.8″	97
						P	15—27	灰白色	中壤土	块状	7.3	7.5	0.55	0.23	21.4				25.1			
						W	27—63	棕灰色	中壤土	块状	7.5	6.8	4.46	0.19	24.2				19.8			
						H	63—100	黄棕色	中壤土	块状	7.2	6.8	0.45	0.21	23.2				26.8			
剖21	人为土	水稻土	潴育水稻土	白石灰土田	白石灰土田	A	0—10	暗灰色	重壤土	粒状	7.7	27.7	1.76	0.52	17.5				22.5	灰岩坡积物	E 111°55′44.8″ N 32°03′07.7″	97
						P	10—22	棕灰色	重壤土	块状	8.0	16.0	1.18	0.49	27.0				26.0			
						W	22—63	灰棕色	中壤土	块状	8.1	12.9	0.83	0.29	20.4				28.6			
						C	63—100	淡棕红色	重壤土	块状	7.8	4.4	0.28	0.29	19.6				24.9			
剖22	半水成土	潮土	灰潮土	壤土型灰潮土	灰浅位薄层夹砂油砂土	1	0—20	灰黄色	轻壤土	粒状		6.3	0.62	0.80	21.3				9.9	近代河流冲积物	E 111°55′19.4″ N 32°04′09.3″	97
						2	20—32	灰白色	轻壤土	粒状		3.1	0.38	0.62	23.1				16.4			
						3	32—68	棕灰色	砂土	无结构		1.1	0.21	0.74	22.0				5.1			
						4	68—100	黄棕色	中壤土	粒状		3.4	0.40	0.60	28.7				13.8			
剖23	半水成土	潮土	灰潮土	壤土型灰潮土	灰中位薄层夹砂油砂土	1	0—19	灰黄色	中壤土	粒状	8.2	10.1	0.84	0.76	23.6				28.8	近代河流冲积物	E 111°57′51.9″ N 32°04′58.5″	97
						2	19—47	褐灰色	中壤土	粒状	8.1	12.1	0.78	0.76	27.3				24.5			
						3	47—59	灰棕色	砂土	粒状	8.2	3.1	0.24	0.24	20.6				5.4			
						4	59—100	褐灰色	黏土	块状	8.3	9.4	0.79	0.79	25.8				20.4			
剖24	人为土	水稻土	潜育水稻土	浅灰潮土田	浅灰中位漏砂油土田	Ag	0—12	灰中棕色	中壤土	粒状	8.0	13.9	0.84	0.37	20.5				12.9	河流冲积物	E 111°58′44.8″ N 32°03′00.4″	97
						Pg	12—24	灰白色	重壤土	块状	8.2	12.3	0.73	0.70	21.5				23.4			
						C	24—50	褐棕色	重壤土	块状	8.3	7.9	0.38	0.71	22.5				9.3			
						Sa	50—100	淡灰色	砂壤土	无结构	8.3	4.8	≤0.10	0.69	16.1				18.1			

续表 Continued

剖面号 Soil profile	土纲 Soil order	土类 Soil great group	亚类 Soil subgroup	土属 Soil genus	土种 Soil species	土层码 Layer code	土层厚度 Depth/cm	颜色 Soil color	质地 Soil texture	土壤结构 Soil structure	pH	有机质 OM/(g/kg)	全氮 TN/(g/kg)	全磷 TP/(g/kg)	全钾 TK/(g/kg)	碱解氮 AN/(mg/kg)	有效磷 AP/(mg/kg)	速效钾 AK/(mg/kg)	阳离子交换量CEC/(cmol/kg)	土壤母质 Parent material	剖面点坐标 Profile coordinate	匹配指数 Matching index/%
剖25	半水成土	潮土	灰潮土	砂土型灰潮土	灰淤砂土	1	0—23	褐色	砂壤土	粒状	9.0	4.9	0.44	0.70	17.5				6.6	近代河流冲积物	E 111°59′06.3″ N 32°03′17.4″	97
						2	23—36	褐色	砂壤土	粒状	7.9	2.3	0.26	0.70	18.2				7.2			
						3	36—50	褐色	砂壤土	粒状	8.2	2.9	0.30	0.63	18.8				6.5			
						4	50—100	褐色	砂壤土	粒状	8.6	3.3	0.33	0.61	18.6				6.3			
剖26	淋溶土	黄棕壤	黄棕壤	板岩黄棕壤	黄泥土	A	0—20	暗黄棕色	重壤土	粒状		8.4	0.44	0.25	22.9	93	4.5	138	25.1		E 111°58′05.9″ N 32°01′32.0″	97
						B	20—100	暗灰棕色	重壤土	棱状		11.7	0.65	0.29	24.1				23.9			
剖27	淋溶土	黄棕壤	黄棕壤性土	板岩黄棕壤性土	黄石渣子土	A	0—15	暗棕红色	中壤土	碎块状	6.9	4.5	0.35	0.14	24.7				17.5		E 111°53′13.9″ N 32°00′55.4″	97
						D	15—100	红黄色			7.0	4.9	0.39	0.13	20.1				15.0			
剖28	淋溶土	黄褐土	黄褐土	黄褐土	深位料姜白土	A	0—18	褐色	中壤土	粒状	8.0	9.9	0.57	0.41	21.9				25.0	富含盐基的第四纪黏土	E 112°02′13.4″ N 32°22′51.6″	97
						B	18—54	褐色	黏土	块状	7.5	5.0	0.83	0.25	18.3				32.1			
						C	54—100	褐色	黏土	块状	8.0	13.0	0.75	0.17	16.8				30.5			
剖29	淋溶土	黄褐土	黄褐土	黄褐土	岗黄土	A	0—10	褐色	重壤土	粒状	7.2	11.5	0.80	0.29	22.2				33.1	富含盐基的第四纪黏土	E 112°02′56.7″ N 32°20′38.5″	98
						B	10—42	褐色	重壤土	块状	7.2	8.8	0.48	0.17	24.7				33.5			
						C	42—100	褐色	重壤土	块状	7.2	6.8	0.49	0.18	23.2				22.5			
剖30	淋溶土	黄褐土	黏盘黄褐土	黏质黄褐土	襄阳闪黄土	A	0—17	灰棕色	壤质黏土	屑粒状	6.8	16.6	0.80	0.50	20.8					第四纪黄土	E 112°11′26.2″ N 32°21′28.8″	95
						B₁	17—63	灰棕色	壤质黏土	棱块状	7.6	3.6	0.30	0.40	20.7							
						B₂	63—100	亮棕色	黏土	棱块状	7.9	3.4	0.30	0.40	20.3							
剖31	淋溶土	黄褐土	黄褐土	第四纪黏土黄褐土	白土	A	0—17	灰黄色	中壤土	粒状	7.3	12.1	0.66	0.28	19.1	73	1.3	134	19.0	第四纪黏土	E 112°07′34.7″ N 32°16′37.8″	95
						B₁	17—27	灰黄色	黏土	块状	7.4	9.0	0.48	0.24	19.3				38.0			
						B₂	27—65	褐色	黏土	块状	7.6	8.0	0.41	0.25	24.2				28.3			
						C	65—100	栗色	黏土	粒状	7.9	8.3	0.38	0.20	24.2				27.4			
剖32	淋溶土	黄褐土	黄褐土	黄褐土	白土	A	0—22	灰黄色	中壤土	粒状	7.2									富含盐基的第四纪黏土	E 112°01′26.9″ N 32°13′45.1″	98
						AB	22—30	褐色	黏土	块状	7.3											
						B	30—60	褐色	黏土	棱块状	6.9											
						C	60—100	栗色	黏土	棱块状	6.9											
剖33	人为土	水稻土	潴育水稻土	红砂岩黄棕壤土田	红砂岩土田	A	0—9	紫棕色	黏土	块状	7.9	19.0	1.36	0.43	26.0				28.6	红砂岩	E 112°04′21.4″ N 32°11′53.9″	97
						P	9—21	紫棕色	黏土	块状	7.9	12.7	1.13	0.42	24.1				35.0			
						W	21—100	紫棕色	黏土	碎块状	7.0								35.5			
剖34	淋溶土	黄褐土	黄褐土	黄褐土	黑土	A	0—17	暗灰色	重壤土	粒状	7.1									富含盐基的第四纪黏土	E 112°11′15.0″ N 32°10′21.9″	95
						B	17—40	褐色	黏土	棱块状	6.9											
						C	40—100	棕灰色	黏土	块状	7.9											
剖35	人为土	水稻土	淹育水稻土	浅灰潮土	浅灰潮泥田	A	0—15	灰黄色	中壤土	粒状	8.0	17.0	1.13	0.70	23.7	68	13.6	123	22.0	河流冲积物	E 112°06′24.0″ N 32°05′49.3″	97
						P	15—29	灰黄色	重壤土	碎块状	8.0	11.4	0.85	0.69	26.4				23.1			
						C₁	29—48	褐色	重壤土	块状	8.0	7.8	0.58	0.30	26.4				22.4			
						C₂	48—100	灰黄色	重壤土	棱块状	7.0				24.4				18.4			
剖36	人为土	水稻土	潴育水稻土	灰潮土田	灰潮白善土田	A	0—13	灰白色	黏土	粒状	8.1	13.3	1.06	0.55	23.7				22.0	河流冲积物	E 112°06′55.7″ N 32°05′36.2″	97
						P	13—23	灰白色	黏土	块状	8.1	8.4	0.72	0.39	25.4				21.8			
						W	23—45	灰白色	重壤土	块状	8.2	7.1	0.61	0.33	25.1				22.9			
						C	45—100	灰黄色	黏土	粒状												
剖37	半水成土	潮土	灰潮土	壤土型灰潮土	灰砂型土	1	0—20	灰黄色	中壤土	粒状	7.8	9.7	0.83	0.64	23.0				15.1	石灰性近代河流冲积物	E 112°02′37.5″ N 32°05′36.2″	97
						2	20—40	灰黄色	中壤土	棱状	7.9	6.0	0.57	0.57	20.8				12.8			
						3	40—100	灰黄色	重壤土	棱状	7.9	5.5	0.62	0.62	21.7				14.7			
剖38	半水成土	潮土	灰潮土	壤土型灰潮土	底砂灰潮砂泥土	1	0—19	褐色	砂壤土	粒状	7.9	12.4	0.83	0.67	27.2				13.8	石灰性近代河流冲积物	E 112°11′28.8″ N 32°05′57.5″	95
						2	19—62	灰黄色	砂壤土	粒状	7.9	10.1	0.67	0.65	23.5				15.3			
						3	62—100	灰白色	砂壤土	粒状	8.4	1.4	0.15	0.77	21.2				5.9			

续表 Continued

剖面号 Soil profile	土纲 Soil order	土类 Soil great group	亚类 Soil subgroup	土属 Soil genus	土种 Soil species	土层码 Layer code	土层厚度 Depth/cm	颜色 Soil color	质地 Soil texture	土壤结构 Soil structure	pH	有机质 OM/(g/kg)	全氮 TN/(g/kg)	全磷 TP/(g/kg)	全钾 TK/(g/kg)	碱解氮 AN/(mg/kg)	有效磷 AP/(mg/kg)	速效钾 AK/(mg/kg)	阳离子交换量CEC/(cmol/kg)	土壤母质 Parent material	剖面点坐标 Profile coordinate	匹配指数 Matching index/%
剖39	人为土	水稻土	淹育水稻土	浅灰潮土田	浅灰老黄土田	P	0—16	褐色	重壤土	块状	7.6	9.7	0.69	0.35	18.7				22.2	河流冲积物	E 112°10′48.6″ N 32°06′22.0″	97
						C₁	16—25	褐色	重壤土	块状	7.6	4.7	0.40	0.29	18.3				17.3			
						C₁	25—66	淡棕黄色	轻壤土	棱块状	8.0	4.1	0.29	0.31	18.6				16.3			
						C₂	66—105	黄棕色	重壤土	棱块状	7.6	2.4	0.19	0.25	17.6				22.6			
剖40	半水成土	潮土	灰潮土	壤土型灰潮土	灰浅位漏砂油砂土	1	0—20	褐色	中壤土	粒状	8.0	15.5	1.16	0.54	28.6				17.8	近代河流冲积物	E 112°04′14.6″ N 32°02′49.3″	97
						2	20—46	褐色	砂壤土	粒状	8.0	4.4	0.45	0.50	27.4				14.3			
						3	46—100	淡灰色	砂土	粒状	8.2	1.6	0.13	0.61	28.1				5.7			
剖41	初育土	石灰(岩)土	棕色石灰土	棕色石灰土	棕色石灰渣子土	A	0—20	红棕色	黏土	粒状	7.9	8.3	0.68	0.27	34.0				24.8	石灰岩残积物	E 112°04′17.3″ N 31°58′44.0″	97
						C	20—100	暗红棕色	重壤土	棱块状	8.2	3.9	0.22	0.30	4.1				13.1			
剖42	初育土	石灰(岩)土	棕色石灰土	棕色石灰土	棕色石灰土	A	0—18	淡黄棕色	重壤土	粒状	7.7	10.0	0.81	0.41	24.2				16.8	灰岩坡积物和残积物	E 112°13′34.6″ N 31°55′09.1″	97
						B	18—66	暗黄棕色	重壤土	块状	7.7	5.0	0.52	0.33	23.9				19.5			
						C	66—100	暗黄棕色	重壤土	棱块状	7.7	3.8	0.43	0.35	29.0				18.5			
剖43	半水成土	潮土	灰潮土	壤土型灰潮土	老黄土	A	0—16	淡黄棕色	重壤土	粒状	6.7	8.2	0.53	0.35	39.4				25.3	古河流淤积物	E 112°21′59.5″ N 32°21′10.6″	97
						B	16—30	黄棕色	重壤土	块状	6.2	9.0	0.65	0.34	21.3				26.2			
						C	30—100	淡黄棕色	重壤土	块状	6.5	4.8	0.44	0.38	17.2				21.1			
剖44	半水成土	潮土	灰潮土	壤土型灰潮土	淤泥土	1	0—20	淡棕色	中壤土	粒状		12.6	0.64	0.48	19.0				20.0	近代洪积物	E 112°28′22.5″ N 32°21′15.9″	97
						2	20—63	淡棕色	重壤土	块状	7.2	10.9	0.57	0.42	24.8				24.4			
						3	63—100	淡棕色	中壤土	块状	7.2	7.3	0.32	0.39	22.8				23.3			
剖45	人为土	水稻土	淹育水稻土	浅灰潮土田	浅淤泥土田	A	0—15	灰棕色	中壤土	粒状	7.2	8.6	0.48	0.86	17.4				21.2	河流冲积物	E 112°28′04.6″ N 32°20′44.2″	97
						B	15—50	淡棕黄色	重壤土	块状	7.2	6.5	0.39	0.33	19.4				20.1			
						C	50—100	淡棕黄色	重壤土	块状	7.2	6.5	0.44	0.32	22.0				22.8			
剖46	半水成土	潮土	灰潮土	壤土型灰潮土	油黄土	A	0—17	灰黄色	中壤土	粒状	6.8	8.2	0.46	0.38	19.4				30.7	第四纪黄土淤积物	E 112°27′29.1″ N 32°18′48.5″	97
						B	17—42	褐棕色	轻壤土	粒状	6.8	6.5	0.32	0.49	18.1				13.8			
						C	42—100	灰黄色	中壤土	块状	6.7	4.9	0.33	0.32	18.6				17.5			
剖47	人为土	水稻土	淹育水稻土	浅潮土田	浅灰黄泥田	1	0—20	灰黄色	重壤土	块状	7.0	11.6	1.07	0.34	22.9				27.5	河流冲积物	E 112°27′58.4″ N 32°18′33.5″	97
						2	14—28	灰黄色	重壤土	块状	7.7	14.1	0.93	0.39	22.6				24.1			
						3	28—100	淡黄棕色	砂壤土	块状	7.8	6.4	0.53	0.33	25.2				25.7			
剖48	半水成土	潮土	灰潮土	壤土型灰潮土	中位漂砂油砂土	A	0—12	淡黄棕色	砂壤土	粒状	7.5	7.9	0.49	0.35	17.8				17.1	近代河流冲积物	E 112°28′04.6″ N 32°20′44.2″	97
						B	12—64	淡黄棕色	砂土	粒状	7.3	2.9	0.27	0.35	17.5				14.3			
						C	64—100	淡黄棕色	砂土	粒状	7.4	≤1.0	0.13	0.46	27.2				3.3			
剖49	人为土	水稻土	淹育水稻土	黏黄泥土	夹砂浅灰潮砂泥田	A	0—17	灰黄色	黏壤土	团块状	8.0	34.9	1.02	0.26	19.9				17.6	长江冲积物	E 112°23′43.0″ N 32°16′17.9″	95
						S	17—42	灰黄色	砂壤土	块状	8.2	2.5	0.25	0.66	17.3				5.0			
						C₁	42—53	淡棕黄色	壤质黏土	块状	7.9	6.4	0.57	0.43	24.9				30.3			
						C₂	53—100	淡棕黄色	壤质黏土	块状	7.8	6.4	0.58	0.42	23.4				28.4			
剖50	淋溶土	黄褐土	黏盘黄褐土	黏黄泥土	料姜岗黄土	A	0—32	浊黄棕色	壤质黏土	碎块状	7.5	10.4	0.90	0.80	21.0				23.9	第四纪黄土淤积物	E 112°26′19.4″ N 32°13′13.2″	95
						Bt₁	32—90	暗棕色	壤质黏土	棱块状	7.4	6.8	0.40	0.20	21.5				39.7			
						Bt₂	90—110	暗棕色	壤质黏土	块状	7.2	5.5	0.46	0.20	22.4				27.0			
剖51	半水成土	潮土	潮土	砂土型潮土	黄黏土	1	0—20	灰黄色	中壤土	块状	7.5	6.4	0.42	0.26	17.0				25.5	近代河流冲积物	E 112°20′27.6″ N 32°11′00.6″	97
						2	20—36	淡黄棕色	黏土	块状	7.7	1.7	0.17	0.26	16.5				22.5			
						3	36—100	淡黄棕色	砂土	无结构	7.1	3.9	0.34	0.26	11.9				30.5			
剖52	半水成土	潮土	潮土	砂土型潮土	砂土	1	0—16	棕色	砂土	无结构	7.0	3.7	0.25	0.49	23.2				7.2	近代河流冲积物	E 112°18′26.6″ N 32°09′12.0″	95
						2	16—44	暗棕色	砂土	无结构	7.0	4.6	0.35	0.53	23.6				7.4			
						3	44—52	黄色	砂土	块状	6.8	1.5	0.13	0.43	23.4				5.4			
						4	52—100	暗棕黄色	轻壤土	块状	6.7	4.1	0.30	0.59	22.7				14.6			

续表 Continued

剖面号 Soil profile	土纲 Soil order	土类 Soil great group	亚类 Soil subgroup	土属 Soil genus	土种 Soil species	土层码 Layer code	土层厚度 Depth/cm	颜色 Soil color	质地 Soil texture	土壤结构 Soil structure	pH	有机质 OM/(g/kg)	全氮 TN/(g/kg)	全磷 TP/(g/kg)	全钾 TK/(g/kg)	碱解氮 AN/(mg/kg)	有效磷 AP/(mg/kg)	速效钾 AK/(mg/kg)	阳离子交换量CEC/(cmol/kg)	土壤母质 Parent material	剖面点坐标 Profile coordinate	匹配指数 Matching index/%
剖53	淋溶土	黄褐土	黄褐土	黄褐土	林荒深位料姜黑土	A	0—15	暗灰色	重壤土	粒状	7.3	13.6	0.85	0.31	21.4				24.2	富含盐基的第四纪黏土	E 112°21′20.7″ N 32°07′28.6″	96
						B	15—45	黑色	黏土	碎块状	7.7	12.5	0.63	0.29	22.2				31.3			
						C	45—100	暗灰色	黏土	块状	7.8	6.4	0.48	0.33	24.4				29.8			
剖54	人为土	淹育水稻土	浅棕色石灰土田	浅棕色石灰土田	A	0—11	棕灰色	重壤土	粒状	7.7	27.8	0.21	0.54	23.1				26.3	石灰岩坡积物	E 112°20′20.9″ N 32°05′02.5″	97
						P	11—20	棕灰色	重壤土	块状	7.6	15.1	1.04	0.46	24.1				30.7			
						C	20—100	红棕色	重壤土	块状	7.8	5.0	4.71	0.17	20.3				29.2			
剖55	半水成土	潮土	壤土型灰潮土	灰油砂土		1	0—30	灰黄色	轻壤土	粒状	8.4	11.4	0.73	0.25	21.9				12.4	近代河流冲积物	E 112°16′49.6″ N 32°06′01.6″	97
						2	30—35	黄色	中壤土	粒状	8.3	8.4	0.57	0.76	22.3				17.6			
						3	35—49	灰黄色	重壤土	粒状	8.2	9.0	0.66	0.66	22.8				20.4			
						4	49—66	灰黄色	轻壤土	粒状	8.4	5.1	0.33	0.69	19.7				11.4			
剖56	半水成土	潮土	壤土型灰潮土	灰老黄土		1	0—20	灰黄色	重壤土	粒状	7.7	9.2	0.91	0.52	27.7				23.1		E 112°16′38.7″ N 32°05′18.0″	97
						2	20—47	灰黄色	重壤土	碎块状	7.8	8.6	0.76	0.51	27.0				26.5			
						3	47—100	暗黄棕色	黏土	碎块状	7.7	7.0	0.85	0.56	26.9				35.6			
剖57	半水成土	潮土	壤土型灰潮土	灰淤泥土		1	0—13	灰黄色	中壤土	粒状	8.0	12.2	1.11	0.69	24.9				25.3	近代河流冲积物	E 112°17′13.5″ N 32°05′49.9″	97
						2	13—53	褐色	重壤土	块状	7.9	8.0	0.71	0.54	27.4				29.5			
						3	53—100	褐色	重壤土	块状	7.8	6.0	0.50	0.32	20.0				18.8			
剖58	人为土	淹育水稻土	浅灰潮土田	浅灰滨砂土田		A	0—20	暗黄灰色	砂壤土	粒状	7.6	5.6	0.37	0.72	24.5				6.7	河流冲积物	E 112°18′01.7″ N 32°05′37.4″	97
						B	20—44	暗黄灰色	砂壤土	粒状	7.8	3.4	0.29	0.60	24.6				11.3			
						C	44—100	褐色	砂壤土	粒状	7.8	3.7	0.34	0.62	25.9				10.0			
剖59	人为土	淹育水稻土	浅灰潮土田	浅灰油砂土田		Ag	0—18	暗黄色	中壤土	粒状	8.1	12.3	0.86	0.63	23.1				25.5	河流冲积物	E 112°19′16.1″ N 32°01′38.3″	95
						Pg	18—39	暗黄色	中壤土	粒状	8.2	7.8	0.53	0.61	23.5				30.6			
						C	39—100	灰棕色	中壤土	粒状	8.0	8.9	0.56	0.50	21.9				35.4			
剖60	人为土	淹育水稻土	浅灰潮土田	浅中位厘砂油砂土田		A	0—13	淡棕黄色	中壤土	粒状	6.7	12.0	0.27	0.63	23.4				24.7	河流冲积物	E 112°27′08.8″ N 32°02′02.0″	96
						P	13—80	淡棕黄色	轻壤土	块状	7.3	11.6	0.27	0.44	16.9				14.2			
						Sa	80—100	灰黄色	砂壤土	无结构	7.3	5.9	0.42	0.45	16.3				8.7			

南 漳 县

主要土类说明

　　石灰（岩）土是南漳县主要土壤类型，占本县地域面积的48%。石灰（岩）土发生于热带、亚热带石灰岩山区，是石灰岩经溶蚀风化形成的厚薄不同的钙质饱和或含游离钙质的土壤，多见于石隙、溶洞或峰丛底部。该土壤碳酸钙淋溶程度不一，多黏土，多为铁钙质胶结物，风化程度不一，盐基饱和度高，有机质含量及胶结状态有较大差异。

　　黄棕壤是南漳县第二大土壤类型，占本县地域面积的23%。黄棕壤发生于亚热带暖湿落叶阔叶林下，弱度富铝化，主要由砂页岩及花岗岩风化物发育而成，黏聚现象明显，呈黄棕色。黄棕壤具 A–B–C 或 A–（B）–C 剖面构型，黏粒硅铝率在 2.5 左右，铁的游离度较红壤低，B 层交换性酸大于 A 层。土壤 pH 为 5.5—6.0。

　　水稻土是南漳县第三大土壤类型，占本县地域面积的13%。水稻土是在长期季节性淹灌、水下翻耕、季节性脱水、氧化还原交替影响下，原来成土母质或母土的特性发生重大改变，形成的新的土壤类型。由于干湿交替，水稻土形成糊状淹育层、较坚实板结的犁底层、渗育层、潴育层与潜育层等多种发生层。这些不同发生层是在人为耕作、水浆管理下形成的。

　　紫色土占本县地域面积的11%。紫色土是由热带、亚热带紫红色岩层直接风化形成的 A–C 型土壤。其理化性质与母岩组成直接相关，土层浅薄，剖面层次发育不明显，仍为初育阶段。由于母岩富含矿质养分，且风化迅速，因此紫色土不失为良好的肥沃土壤。

　　小于本县地域面积3%的土壤类型有黄褐土、潮土等。

本区域中心区气候特征

本区域中心区气候特征值
Regional climate characteristics in central area of the region

气候带：北亚热带湿润气候 Climate region: North subtropical humid climate	
年平均气温 /℃ Annual average temperature /℃	16.1
年平均最高气温 /℃ Annual average maximum temperature /℃	21.0
年平均最低气温 /℃ Annual average minimum temperature /℃	12.3
年降水量 /mm Annual precipitation /mm	1007
≥10℃的积温 /℃ Daily temperature accumulated in a year (≥10℃) /℃	5881
年日照时数 /h Annual sunshine /h	1701
年平均相对湿度 /% Annual average relative humidity /%	76
干燥度 Dryness	0.97

本区域中心区月平均气温与月平均降水量
Monthly temperature and precipitation in central area of the region

南漳县主要土壤类型与土壤剖面点分布图
1∶320 000

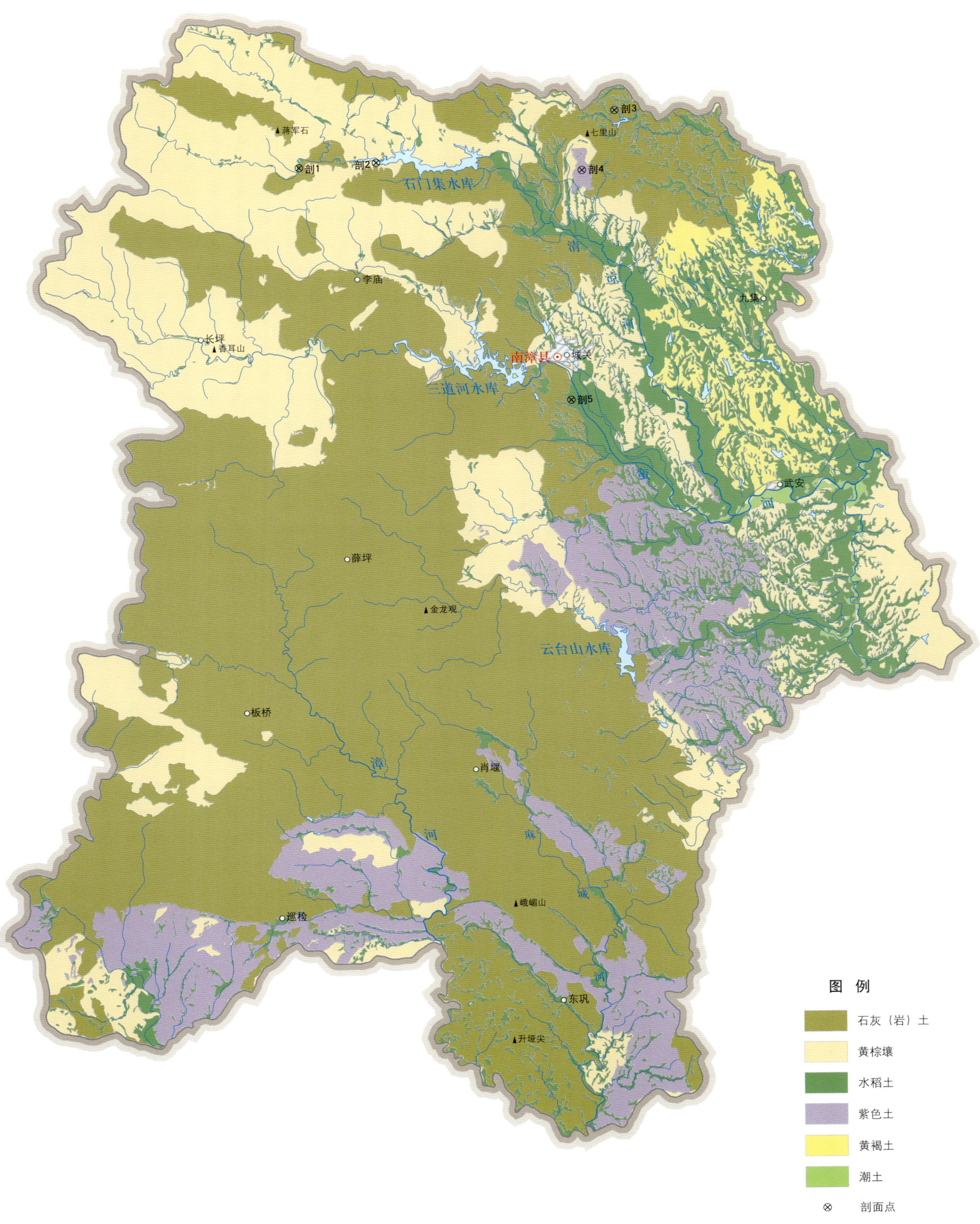

南漳县土壤剖面理化性状表

剖面号 Soil profile	土纲 Soil order	土类 Soil great group	亚类 Soil subgroup	土属 Soil genus	土种 Soil species	土层码 Layer code	土层厚度 Depth/cm	颜色 Soil color	质地 Soil texture	土壤结构 Soil structure	pH	有机质 OM/(g/kg)	全氮 TN/(g/kg)	全磷 TP/(g/kg)	全钾 TK/(g/kg)	阳离子交换量 CEC/(cmol/kg)	土壤母质 Parent material	剖面点坐标 Profile coordinate	匹配指数 Matching index/%
剖1	人为土	水稻土	淹育水稻土	浅紫泥田	浅紫砂田	A	0—12	紫灰色	砂壤土	块粒状	6.7	22.1	1.28	0.21	12.3	8.9	酸性或中性紫色砂页岩风化物	E 111°38′01.8″ N 31°54′36.2″	95
						P	12—18	紫色	砂壤土	块粒状	6.4	18.3	1.05	0.21	13.8	8.9			
						C	18—100	紫色	砂壤土	块粒状	6.8	3.6	0.31	0.15	12.2	5.8			
剖2	半水成土	潮土	潮土	壤土型潮土	潮白善土	1	0—14	灰白色	轻壤土	块粒状	6.8	18.9	1.62	1.15	23.1	15.1	近代河流冲积物	E 111°41′41.5″ N 31°54′47.8″	75
						2	14—30	灰白色	中壤土	块状	6.8	10.9	1.06	1.02	23.2	13.3			
						3	30—100	淡灰色	中壤土	块状	7.2	6.7	0.67	≤0.10	23.3	12.2			
剖3	人为土	水稻土	潴育水稻土	泥质岩泥田	次夹细砂泥田	A	0—14	灰黄色	黏壤土	粒状	7.8	29.3	1.76	0.18	18.9	14.0	页岩、板岩、千枚岩、片岩等泥质岩风化物	E 111°53′01.8″ N 31°56′55.2″	95
						P	14—25	灰黄色	黏壤土	块状	8.0	6.0	0.56	0.14	18.6	13.6			
						W	25—100	暗黄棕色	黏壤土	棱柱状	7.9	4.8	0.60	0.14	17.3	9.3			
剖4	初育土	紫色土	中性紫色土	中性紫砂泥土	紫砂泥土	A	0—10	紫棕色	轻壤土	粒状	7.2	11.6	1.80	0.50	18.6	10.2		E 111°51′26.8″ N 31°54′25.1″	95
						C	10—100	紫色	轻壤土	块状	7.6	6.2	≤0.10	0.40	15.9	10.2			
剖5	人为土	水稻土	潴育水稻土	紫泥田	紫泥田	A	0—17	紫灰色	壤质黏土	团块状	6.7	26.4	1.69	0.38	18.7	21.0		E 111°50′47.8″ N 31°44′46.5″	95
						P	17—27	紫灰色	壤质黏土	块状	6.8	12.8	0.98	0.28	19.3	22.7			
						W	27—61	紫灰色	壤质黏土	棱柱状	7.2	5.3	0.45	0.28	18.8	20.7			
						C	61—100	紫灰色	壤质黏土	块状	7.3	3.6	0.38	0.23	17.6	20.4			

谷 城 县

主要土类说明

黄棕壤是谷城县主要土壤类型，占本县地域面积的51%，广泛分布在本县丘陵山区。成土母质主要有红砂岩、武当变质岩、页岩、第四纪黄褐色黏土及少量基性岩。本县属北亚热带湿润气候，受东南季风的影响较强，干季与湿季分明，夏秋多雨，冬春干旱，高温同雨季一致，淋溶作用强烈，有利于土壤中盐基离子的淋失，土壤盐基不饱和，呈微酸性至中性，心土层和底土层一般质地黏重。最醒目的剖面形态特征是具有黄棕色或红棕色心土层。该层因母质不同而色泽不一，呈块状或棱块状结构，结构体表面有棕色或暗棕色铁锰胶膜，或有铁锰结核。上述特征在耕种黄棕壤及坡度较小的林荒黄棕壤中尤为明显。坡度较大的林荒黄棕壤，地表径流强烈，淋溶作用减弱，上述特征不明显，无明显的铁锰淀积和黏粒下移，有的剖面无明显分化，质地均一。

石灰（岩）土是谷城县第二大土壤类型，占本县地域面积的26%。成土母质有灰岩、泥质条带灰岩等。石灰（岩）土分布较广，从海拔400—500m的丘陵到海拔800—900m的二高山均有分布。石灰岩地区多生长灌丛和一年生草本植物，植物生长繁茂，由于生物的富集作用，石灰（岩）土有机质含量比其他土壤高，土质也较肥沃。同时，由于母质富含盐基离子，在同样的气候条件下，虽然淋溶作用相同，但与其他土壤相比，石灰（岩）土盐基离子含量较高，土壤容重大，阳离子交换量高，保肥供肥性能好。受岩溶地貌的影响，石灰（岩）土多为林荒地。不同地形部位的石灰（岩）土pH相差较大，但比相同地形部位的黄棕壤，pH一般为7.2—8.1。

水稻土是谷城县第三大土壤类型，占本县地域面积的15%，主要分布在低丘和河谷靠近丘陵坡脚的地带。由于季节性淹水，水稻土常处于季节性的氧化还原交替状态，在其形成过程中，以氧化还原为主要成土过程，引起有机质合成和分解、盐基淋溶和复盐基作用，形成了各种类型的水稻土。

潮土占本县地域面积的4%。潮土是由河流搬运的泥砂，经流水的分选沉积作用而形成的一类土壤。河流的搬运作用及对搬运物的分选沉积作用，是潮土成土的主要因素。成土母质为近代河流冲积物，所处海拔在100m以下。潮土分布地形部位微倾斜，地处河流与丘岗坡脚之间。土壤质地呈水平分布规律，自河流到丘岗坡脚，土壤质地由轻变重，各层次质地差异明显，同一层次质地均一。潮土土层深厚，土壤养分含量丰富，土质肥沃。

小于本县地域面积3%的土壤类型有紫色土等。

本区域中心区气候特征

本区域中心区气候特征值
Regional climate characteristics in central area of the region

气候带：北亚热带湿润气候 Climate region: North subtropical humid climate	
年平均气温 /℃ Annual average temperature /℃	15.4
年平均最高气温 /℃ Annual average maximum temperature /℃	20.7
年平均最低气温 /℃ Annual average minimum temperature /℃	11.2
年降水量 /mm Annual precipitation /mm	865
≥10℃的积温 /℃ Daily temperature accumulated in a year（≥10℃）/℃	5731
年日照时数 /h Annual sunshine /h	1722
年平均相对湿度 /% Annual average relative humidity /%	76
干燥度 Dryness	1.09

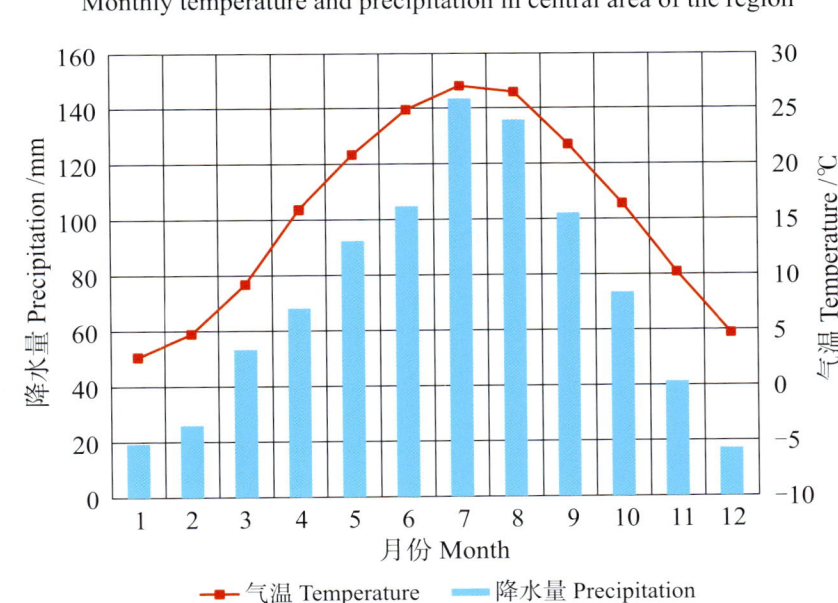

本区域中心区月平均气温与月平均降水量
Monthly temperature and precipitation in central area of the region

谷城县主要土壤类型与土壤剖面点分布图
1∶230 000

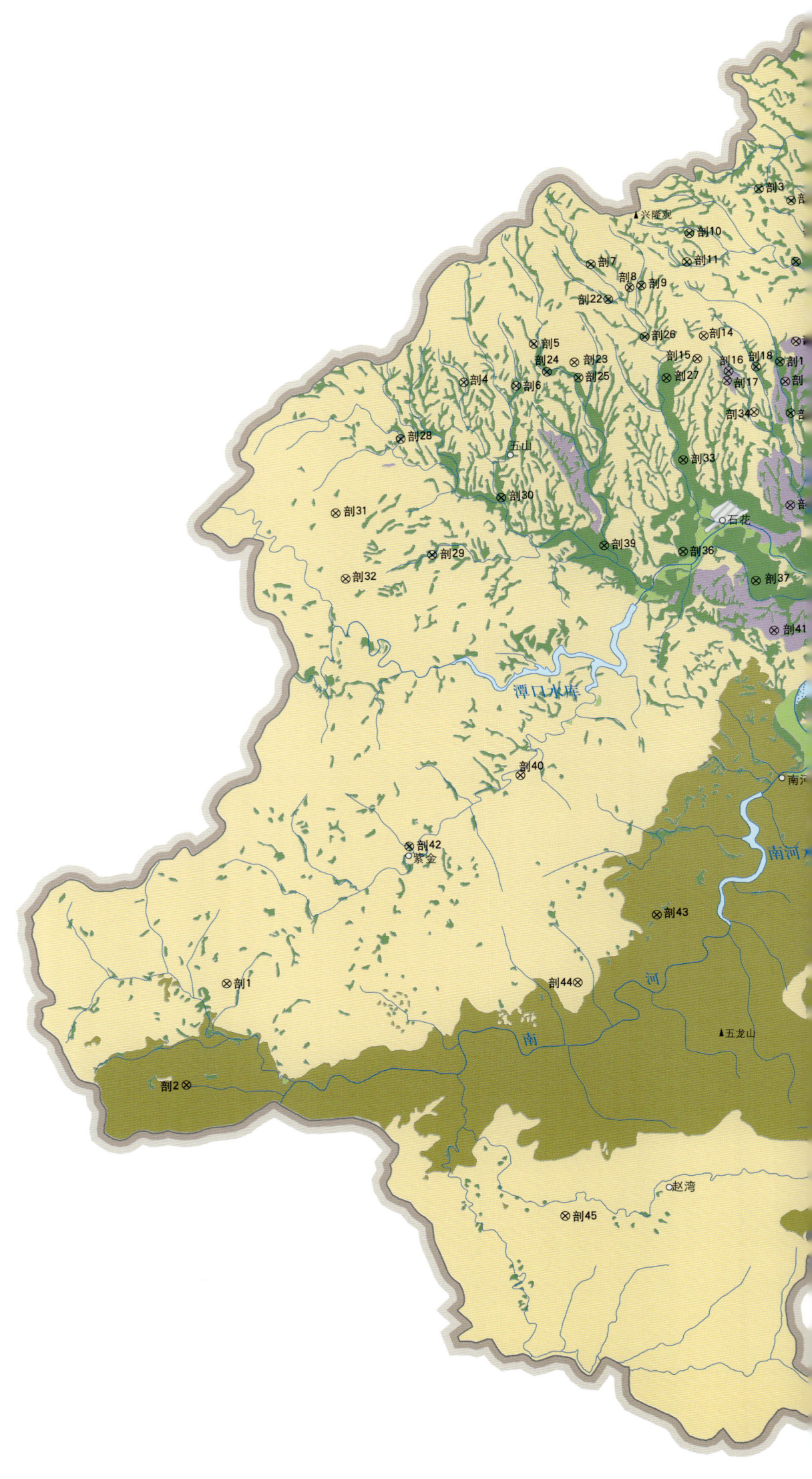

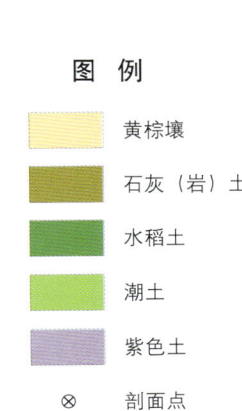

图 例

	黄棕壤
	石灰（岩）土
	水稻土
	潮土
	紫色土
⊗	剖面点

谷城县土壤剖面理化性状表

剖面号 Soil profile	土纲 Soil order	土类 Soil great group	亚类 Soil subgroup	土属 Soil genus	土种 Soil species	土层码 Layer code	土层厚度 Depth/cm	颜色 Soil color	质地 Soil texture	土壤结构 Soil structure	pH	有机质 OM/(g/kg)	全氮 TN/(g/kg)	全磷 TP/(g/kg)	全钾 TK/(g/kg)	阳离子交换量CEC/(cmol/kg)	土壤母质 Parent material	剖面点坐标 Profile coordinate	匹配指数 Matching index/%
剖1	淋溶土	黄棕壤	黄棕壤	泥质岩黄棕壤	林黄砂泥土	A	0—15		中壤土	团粒状	6.0	20.7	1.49	0.21	16.1	18.0	泥质岩	E 111°13′05.4″ N 32°04′42.5″	95
						C	15—50		中壤土	块状	6.0	4.1	0.47	0.15	14.3	20.1			
						D	50—100				6.0								
剖2	初育土	石灰（岩）土	棕色石灰土	棕黄土	棕黄土	A	0—15		黏土	碎块状	7.8	22.2	1.46	0.79	26.9	23.8	石灰岩	E 111°11′55.1″ N 32°02′03.4″	95
						B	15—50		黏土	块状	7.8	9.8	0.75	0.22	23.8	24.2			
						C	50—100		黏土	块状	7.9	11.8	0.73	0.42	24.3	24.0			
剖3	人为土	水稻土	潴育水稻土	灰潮土田	灰油砂土田	A	0—16		轻壤土	粒状	7.7	16.4	1.09	0.64	20.7	15.5	河流冲积物	E 111°28′47.4″ N 32°25′16.7″	75
						P	16—27		中壤土	块状	8.0	16.9	1.07	0.70	20.6	13.6			
						W	27—100		重壤土	块状	8.2	10.5	0.73	0.63	20.0	12.5			
						4					8.2	9.9	0.77	0.70	18.7	16.7			
剖4	淋溶土	黄棕壤	黄棕壤性	粗骨性黄棕壤	红石渣子土	A	0—19			粒状	7.2	5.9	0.45	0.23	15.9	11.9	红砂岩、红色底砾岩	E 111°20′04.3″ N 32°20′18.5″	95
						C	19—100			粒状	7.6	4.2	0.35	0.24	16.1	12.1			
剖5	人为土	水稻土	潴育水稻土	黄棕壤性黄泥田	黄砂泥土田	A	0—17		中壤土	团粒状	7.4	17.7	0.57	0.32	17.0	12.8	泥质岩	E 111°22′07.5″ N 32°21′17.8″	75
						P	17—23		中壤土	棱块状	7.4	12.8	0.20	0.30	17.7	12.1			
						Wg	23—66		中壤土	棱块状	7.5	6.4	0.49	0.29	17.8	10.9			
						C	66—100		中壤土	粒状	7.5	3.7	0.34	0.28	17.9	11.6			
剖6	淋溶土	黄棕壤	黄棕壤	第四纪黄土	林死黄土	A	0—16		黏土	粒状	7.2	3.2	0.32	0.37	27.6	15.7	第四纪沉积土	E 111°21′36.8″ N 32°20′13.0″	75
						C	16—100		黏土	粒状	6.9	7.4	0.53	0.25	20.1	24.9			
剖7	人为土	水稻土	潴育水稻土	青泥田	灰泥田	A	0—14		中壤土	粒状	6.9	23.6	1.58	0.34	17.5	14.9	河流冲积物	E 111°23′49.4″ N 32°23′21.6″	75
						Pg	14—27		中壤土	棱块状	6.8	22.4	1.44	0.33	16.6	14.5			
						G	27—100		中壤土	糊状	6.5	16.1	1.02	0.33	17.2	13.5			
剖8	人为土	水稻土	潴育水稻土	潮土田	两合土田	A	0—11		中壤土	粒状	6.8	11.5	0.84	0.44	15.4	15.5	河流冲积物	E 111°24′58.1″ N 32°22′45.3″	75
						P	11—19		中壤土	团块状	6.9	4.2	0.84	0.44	14.2	15.9			
						W	19—100		中壤土	团块状	7.1	4.7	4.06	0.41	16.3	17.7			
剖9	人为土	水稻土	潴育水稻土	黄棕壤性红砂土田	红砂土田	A	0—10		轻壤土	团粒状	5.9	14.9	1.06	0.25	12.8	14.1	红砂岩	E 111°25′19.0″ N 32°22′47.9″	95
						Pg	10—17		中壤土	块状	7.6	13.3	0.86	0.22	13.8	14.2			
						W	17—32		重壤土	棱块状	7.6	9.3	0.82	0.19	14.2	15.5			
						G	32—100		重壤土	棱块状	6.8	12.8	0.80	0.21	17.4	15.3			
剖10	人为土	水稻土	潴育水稻土	潮土田	老黄土田	A	0—14		轻壤土	团块状	6.6	14.1	1.02	0.48	17.6	17.6	河流冲积物	E 111°26′43.9″ N 32°24′08.5″	95
						P	14—20		重壤土	块状	7.5	9.7	0.79	0.46	18.9	17.8			
						W	20—100		重壤土	棱块状	7.2	3.2	0.16	0.33	17.1	15.7			
剖11	人为土	水稻土	潴育水稻土	潮土田	浅位漏砂油砂土田	A	0—13		砂壤土	粒状	6.4	4.2	0.31	0.41	14.5	12.3	河流冲积物	E 111°26′39.2″ N 32°23′24.3″	95
						P	13—20		砂土	块状	6.0	3.7	0.48	0.39	14.1	10.0			
						W	20—39		砂土	块状	6.0	2.4	0.11	0.32	13.8	3.8			
						C	39—100		砂土	粒状	6.4	2.5	0.21	0.42	13.0	3.7			
剖12	人为土	水稻土	潴育水稻土	黄棕壤性黄泥田	白散土田	A	0—13		中壤土	块状	6.0	16.7	1.43	1.84	17.3	20.3	泥质岩	E 111°29′44.2″ N 32°24′58.3″	95
						P	13—20		中壤土	块状	6.0	6.4	0.82	1.87	15.9	18.3			
						W	20—38		中壤土	棱块状	6.8	6.5	0.53	1.03	19.6	18.3			
						C	38—100		重壤土	棱块状	7.2	3.2	0.26	1.13	20.8	17.3			
剖13	人为土	水稻土	潴育水稻土	潮土田	浅位漏砂两合土田	A	0—20		中壤土	粒状	6.8	11.3	0.76	0.38	14.4	18.8	河流冲积物	E 111°29′52.1″ N 32°23′23.9″	95
						P	20—30		中壤土	块状	6.8	10.2	0.69	0.31	13.8	9.1			
						W	30—42		中壤土	块状	7.2	6.3	0.42	0.28	14.4	20.4			
						C	42—100		砂土	粒状	7.2	3.8	0.24	0.44	14.0	3.6			

续表 Continued

剖面号 Soil profile	土纲 Soil order	土类 Soil great group	亚类 Soil subgroup	土属 Soil genus	土种 Soil species	土层码 Layer code	土层厚度 Depth/cm	颜色 Soil color	质地 Soil texture	土壤结构 Soil structure	pH	有机质 OM/(g/kg)	全氮 TN/(g/kg)	全磷 TP/(g/kg)	全钾 TK/(g/kg)	阳离子交换量CEC/(cmol/kg)	土壤母质 Parent material	剖面点坐标 Profile coordinate	匹配指数 Matching index/%
剖面14	淋溶土	黄棕壤	黄棕壤	红砂岩黄棕壤	红泥砂土	A	0—15		砂壤土	粒状	6.8	11.3	0.59	0.37	18.2	12.1	红砂岩	E 111°27′09.0″ N 32°21′29.2″	95
						C	15—36		轻壤土	粒状	6.8	9.8	0.52	0.32	18.2	10.4			
						3	36—50		中壤土	棱状	7.2								
						4	50—100		轻壤土	棱状	7.2								
剖面15	淋溶土	黄棕壤	黄棕壤	第四纪黄土	黄土	A	0—19		中壤土	粒状	7.0	21.6	1.29	0.30	20.1	18.2	第四纪红黏土	E 111°26′57.5″ N 32°20′53.9″	75
						B	19—33		重壤土	块状	7.0	7.7	0.69	0.37	20.1	19.7			
						C	33—100		重壤土	块状	7.0	4.1	0.53	0.45	19.4	18.6			
剖面16	初育土	紫色土	石灰性紫色土	灰紫色土	薄层灰紫砂泥土	A	0—13		中壤土	粒状	8.0	12.9	0.87	0.92	22.7	11.8	石灰质红砂岩和红色底砾岩	E 111°27′53.4″ N 32°20′34.4″	75
						C	13—26		轻壤土	块状	8.0	6.8	0.98	0.95	22.9	11.8			
						D	26—100												
剖面17	初育土	紫色土	石灰性紫色土	灰紫色土	林灰紫砂土	1	0—8					16.6	0.99	0.22	14.5	12.9	石灰质红砂岩和红色底砾岩	E 111°27′50.5″ N 32°20′19.5″	75
						2	50—60					2.0	0.27	0.14	13.9	16.7			
剖面18	人为土	水稻土	潴育水稻土	黄棕壤性黄泥田	黄泥田	A	0—9		重壤土	块状	7.0	34.8	1.24	2.98	19.0	20.9	泥质岩	E 111°28′41.5″ N 32°20′40.9″	95
						P	9—16		重壤土	块状	7.2	17.6	1.29	0.29	18.4	19.9			
						W	16—100		重壤土	块状	7.2	6.3	0.70	0.29	18.8	20.4			
剖面19	人为土	水稻土	淹育水稻土	黄棕壤性黄泥田	白鳝土田	A	0—14		中壤土	团粒状	7.2	18.4	1.16	0.33	16.7	11.1	第四纪黄土	E 111°29′23.5″ N 32°20′48.5″	95
						P	14—28		重壤土	块状	7.2	14.5	0.97	0.26	17.1	10.9			
						W	28—100		重壤土	块状	7.2	6.0	0.42	0.25	16.8	23.1			
剖面20	淋溶土	黄棕壤	黄棕壤	红砂岩黄棕壤	林红砂土	A	0—7		中壤土	粒状	7.2	14.4	0.87	0.22	16.9	15.3	红砂岩	E 111°29′52.1″ N 32°21′20.1″	75
						C	7—100		中壤土	块状	6.8	6.2	0.54	0.24	17.0	17.9			
剖面21	初育土	紫色土	石灰性紫色土	灰紫色土	灰紫砂泥土	A	0—14		中壤土	棱状	7.2	6.5	0.61	0.29	18.2	18.3	石灰质红砂岩和红色底砾岩	E 111°28′32.9″ N 32°20′17.7″	75
						B	14—31		重壤土	棱块状	7.2	7.6	0.67	0.31	17.9	14.1			
						C	31—100		重壤土	块状	7.2	14.8	0.99	0.36	18.1	13.7			
剖面22	人为土	水稻土	潴育水稻土	浅砂土田	黄泥田	A	0—21		砂土	团粒状	6.2	4.7	0.62	0.36	16.5	2.8	河流冲积物	E 111°24′20.1″ N 32°22′26.7″	95
						P	21—25		砂土	粒状	6.8	4.4	0.29	0.25	15.4	7.7			
						C	25—100		砂土	块状	7.2	3.1	0.25	0.24	12.4	3.5			
剖面23	淋溶土	黄棕壤	黄棕壤	泥质岩黄棕壤	灰白散土	A	0—17		重壤土	块状	6.0	9.7	0.84	0.27	19.9	15.8	泥质岩	E 111°23′20.0″ N 32°20′48.8″	75
						C	17—100		中壤土	块状	6.0	9.5	0.75	0.20	17.4	16.3			
剖面24	人为土	水稻土	潴育水稻土	黄棕壤性黄泥田	灰白散砂田	A	0—13		中壤土	团粒状	7.6	11.1	0.93	0.35	18.1	17.5	石灰岩	E 111°22′31.5″ N 32°20′34.1″	95
						P	13—24		中壤土	块状	7.6	8.3	0.74	0.28	19.0	19.2			
						W	24—100		重壤土	棱块状	7.6	5.0	0.93	0.18	19.1	18.7			
剖面25	人为土	水稻土	潴育水稻土	黄棕壤性黄泥田	黄泥土田	1	0—9					11.8	0.80	0.31	11.5	14.7	泥质岩	E 111°29′27.1″ N 32°20′24.9″	75
						2	9—15					11.5	0.77	0.31	12.5	14.9			
						3	40—50					7.6	5.97	0.30	11.6	13.8			
						4	70—80					3.8	0.40	0.21	9.1	14.1			
剖面26	人为土	水稻土	淹育水稻土	灰青泥田	浅砂黄土田	1	0—13		轻壤土	粒状	7.9	34.4	0.22	0.75	17.7	10.1	石灰岩	E 111°25′24.5″ N 32°21′28.1″	75
						2	13—26		重壤土	块状	7.9	28.5	1.79	0.74	18.2	10.0			
						3	26—36		中壤土	块状	8.0	12.3	0.80	0.72	19.1	8.4			
						4	36—100		重壤土	胶泥状	8.1	10.0	0.67	0.84	15.4	12.0			
剖面27	水稻土	水稻土	淹育水稻土	浅潮土田	浅老黄土田	A	0—14		重壤土	团块状	6.5	14.1	1.02	0.48	17.4	17.6	河流冲积物	E 111°26′03.0″ N 32°20′24.0″	95
						P	14—22		重壤土	块状	6.8	≤1.0	0.79	0.46	18.9	17.8			
						C	22—100		重壤土	块状	7.4	3.2	0.16	0.33	17.1	15.7			
剖面28	人为土	水稻土	潴育水稻土	潮土田	油砂土田	A	0—18		轻壤土	团粒状	6.6	20.4	1.25	0.49	18.6	7.8	河流冲积物	E 111°18′12.2″ N 32°18′51.3″	95
						P	18—26		轻壤土	粒状	6.5	20.9	1.22	0.47	19.0	6.9			
						W	26—100		轻壤土	块状	7.2	26.1	0.35	0.32	18.5	7.3			

续表 Continued

剖面号 Soil profile	土纲 Soil order	土类 Soil great group	亚类 Soil subgroup	土属 Soil genus	土种 Soil species	土层码 Layer code	土层厚度 Depth/cm	颜色 Soil color	质地 Soil texture	土壤结构 Soil structure	pH	有机质 OM/(g/kg)	全氮 TN/(g/kg)	全磷 TP/(g/kg)	全钾 TK/(g/kg)	阳离子交换量CEC/(cmol/kg)	土壤母质 Parent material	剖面点坐标 Profile coordinate	匹配指数 Matching index/%
剖29	人为土	水稻土	潴育水稻土	黄棕壤性黄泥田	黄砂泥土田	A	0—16		中壤土	团粒状	6.2	15.5	0.89	0.19	19.2	9.1	泥质岩	E 111°19′07.5″ N 32°15′50.7″	95
						P	16—28		中壤土	块状	6.3	11.3	0.68	0.16	19.4	9.5			
						Wg	28—43		重壤土	块状	6.0	10.8	0.69	0.18	20.6	22.9			
						C	43—100		轻壤土	粒状	6.3	3.8	0.45	0.27	19.3	7.4			
剖30	人为土	水稻土	淹育水稻土	浅黄棕壤性红砂土田	浅红砂泥土田	A	0—14		轻壤土	块状	6.0	14.4	0.69	0.28	13.9	28.0	红砂岩	E 111°21′10.0″ N 32°17′19.4″	95
						P	14—23		轻壤土	块状	6.4	9.3	0.77	0.56	17.8	26.3			
						C	23—100		轻壤土	粒状	6.8	14.4	0.95	0.32	17.5	26.3			
剖31	淋溶土	黄棕壤	山地黄棕壤	泥质岩类山地黄棕壤	山地黄石渣子土	A	0—14		中壤土	粒状	6.8	26.4	1.68	0.44	18.7	12.9	泥质岩	E 111°16′17.1″ N 32°16′56.0″	95
						C	14—40		中壤土	块状	7.6	6.5	0.58	0.22	17.7	11.7			
						3	40—80		轻壤土	块状	7.2								
						4	80—100		中壤土	块状	6.8								
剖32	淋溶土	黄棕壤		泥质岩黄棕壤		A	0—16		轻壤土	小块状	6.0						泥质岩	E 111°16′34.6″ N 32°15′13.9″	95
						C	16—100		中壤土	团块状	6.5	7.2	0.63	0.37	19.5	20.8			
剖33	人为土	水稻土	潴育水稻土	黄棕壤性红砂土田	红泥田	A	0—14		重壤土	块状	6.8	11.1	0.77	0.28	17.5	15.9	红砂岩	E 111°26′32.2″ N 32°18′16.8″	95
						P	14—25		重壤土	梭状	7.6	14.6	0.92	0.37	17.1	15.9			
						W	25—100		重壤土	粒状	7.6	6.4	0.42	0.37	19.4	15.4			
剖34	淋溶土	黄棕壤		红砂岩黄棕壤	红砂泥土	A	0—16		中壤土	块状	7.6	5.1	0.35	0.32	19.8	21.1	红砂岩	E 111°28′37.5″ N 32°19′30.7″	95
						C	16—28		轻壤土	梭块状	7.6								
						3	28—63		轻壤土	粒状	7.6								
						4	63—100		轻壤土	粒状	7.2								
剖35	人为土	水稻土	潴育水稻土	黄棕壤性灰紫泥田	灰紫泥田	A	0—15		重壤土	块状	8.0	23.8	0.90	0.36	18.8	20.5	泥质岩	E 111°29′42.0″ N 32°19′28.9″	95
						P	15—22		重壤土	块块状	8.0	22.7	0.72	0.38	18.9	20.1			
						W	22—45		重壤土	梭柱状	8.0	13.9	0.49	0.23	18.5	21.4			
						G	45—100		重壤土	粒状	6.4	17.9	0.55	0.57	18.9	22.1			
剖36	人为土	水稻土	潴育水稻土	浅黄土田	浅黄土田	A	0—14		黏土	块状	6.4	9.6	0.70	0.25	21.2	26.7	第四纪黄土	E 111°26′31.6″ N 32°15′54.6″	95
						P	14—22		黏土	梭块状	6.4	7.9	0.64	0.26	21.7	26.7			
						C	22—100		轻壤土	粒状	7.1	5.0	0.51	0.24	22.8	26.8			
剖37	人为土	水稻土	潴育水稻土	潮土田	深砂位漏砂油砂土田	A	0—16		中壤土	梭块状	7.1	3.8	0.33	0.39	14.3	12.3	河流冲积物	E 111°28′40.0″ N 32°15′08.8″	95
						P	16—25		中壤土	块状	7.1	10.2	0.67	0.47	14.4	8.1			
						W	25—67		砂壤土	块状	7.1	5.1	0.41	0.44	15.9	21.5			
						Sa	67—100		砂壤土	粒状	7.2	9.7	0.65	0.45	13.9	25.9			
剖38	初育土	紫色土	石灰性紫色土	灰紫色土	灰紫泥砂土	A	0—20		轻壤土	团粒状	7.6	6.1	0.60	0.28	18.7	16.1	石灰质红砂岩和红色底砾岩	E 111°29′40.9″ N 32°17′05.9″	95
						C	20—35		砂壤土	块状	7.6	6.9	0.60	0.30	18.0	13.8			
						3	35—87		砂壤土	团粒状	7.6	12.8	0.86	0.33	18.0	12.7			
						D	87—100												
剖39	人为土	水稻土	淹育水稻土	浅潮土田	浅浅位漏砂两合土田	A	0—18		中壤土	团粒状	6.4	9.7	0.71	0.45	13.3	14.5	河流冲积物	E 111°24′11.7″ N 32°16′04.4″	95
						P	18—25		中壤土	块状	6.7	4.8	0.32	0.24	12.9	15.6			
						C	25—35		中壤土	块状	7.2	4.5	0.30	0.39	16.2	13.3			
						4	35—100		砂土	散粒状	7.2	2.3	0.13	0.21	11.3	2.9			
剖40	淋溶土	黄棕壤	山地黄棕壤	泥质岩类山地黄棕壤	林山地黄石渣子土	Ao	0—4				6.0						泥质岩	E 111°21′43.7″ N 32°10′07.4″	95
						A	4—30		中壤土	块状	6.2	16.6	0.98	0.32	18.7	17.0			
						C	30—44		中壤土	块状	6.2								
						4	44—100												
剖41	初育土	紫色土	石灰性紫色土	灰紫色土	林У地紫石泥土	A	0—21		重壤土	团粒状	7.8	11.8	0.99	0.33	17.0	15.8	石灰质红砂岩和红色底砾岩	E 111°29′11.9″ N 32°13′50.8″	95
						D	21—100				7.8								

续表 Continued

剖面号 Soil profile	土纲 Soil order	土类 Soil great group	亚类 Soil subgroup	土属 Soil genus	土种 Soil species	土层码 Layer code	土层厚度 Depth/cm	颜色 Soil color	质地 Soil texture	土壤结构 Soil structure	pH	有机质 OM/(g/kg)	全氮 TN/(g/kg)	全磷 TP/(g/kg)	全钾 TK/(g/kg)	阳离子交换量CEC/(cmol/kg)	土壤母质 Parent material	剖面点坐标 Profile coordinate	匹配指数 Matching index/%
剖42	人为土	水稻土	淹育水稻土	浅黄棕壤性黄泥田	浅黄泥砂土田	A	0—17		轻壤土	团粒状	7.2	12.2	0.98	0.32	15.6	19.5	泥质岩	E 111°18′27.2″ N 32°08′17.2″	95
						P	17—25		中壤土	块状	6.8	4.5	0.60	0.30	15.9	11.1			
						C	25—100		中壤土	块状	6.8	13.0	0.95	0.30	15.2	21.1			
剖43	初育土	石灰（岩）土	棕色石灰土	棕黄土	薄层棕面黄石田	A	0—14		重壤土	粒状	7.4	12.9	0.78	0.31	15.3	15.1	石灰岩	E 111°25′44.9″ N 32°06′29.6″	95
						D	14—100				7.4								
剖44	淋溶土	黄棕壤	黄棕壤性土	粗骨性黄棕壤	薄层黄石渣子土	A	0—13			粒状	5.2	6.1	0.32	0.15	12.7	12.3	泥质岩残积物或坡积物	E 111°23′24.9″ N 32°04′44.5″	95
						C	13—100			块状	5.6	5.5	0.31	0.14	12.5	11.8			
剖45	淋溶土	黄棕壤	黄棕壤	泥质岩黄棕壤	黄砂泥土	A	0—17		中壤土	团粒状	6.5	12.1	0.81	0.28	19.9	14.9	泥质岩	E 111°23′03.8″ N 31°58′40.5″	95
						B	17—34		重壤土	块状	6.5	1.9	0.34	0.19	20.1	25.5			
						C	34—100		重壤土	棱块状	6.0	1.5	0.34	0.23	22.6	17.2			
剖46	人为土	水稻土	潴育水稻土	潮土田	鸡粪泥田	A	0—14		重壤土	块状	6.2	19.5	1.22	0.26	20.2	33.5	河流冲积物	E 111°32′30.1″ N 32°27′49.2″	95
						P	14—21		重壤土	棱块状	6.8	20.8	1.26	0.28	21.4	28.4			
						W	21—52		重壤土	棱块状	7.2	19.9	0.87	0.24	21.7	10.9			
						G	52—100		中壤土	块状	7.1	14.1	0.69	0.18	23.8	22.9			
剖47	人为土	水稻土	潴育水稻土	灰潮土田	灰两合土田	A	0—15		中壤土	团粒状	7.5	24.6	1.61	0.74	21.1	22.4	河流冲积物	E 111°33′56.1″ N 32°27′23.7″	95
						P	15—20		中壤土	块状	7.3	9.7	0.95	0.20	20.6	21.1			
						W	28—49		重壤土	块状	7.4	5.4	0.48	0.28	19.6	22.3			
						C	49—100		重壤土	块状	7.6	5.0	0.49	0.32	19.5	22.4			
剖48	半水成土	潮土	灰潮土	砂土型灰潮土	灰飞砂土	A	0—15		砂土	散状	7.8					13.7	有石灰反应的河流冲积物	E 111°34′07.8″ N 32°27′01.9″	75
						C	15—100		砂土	散状	7.5	16.8	1.11	0.39	14.5	13.6			
剖49	半水成土	潮土	潮土	壤土型潮土	两合土	A	0—17		重壤土	粒状	7.6	14.9	0.99	0.39	14.9	13.6	河流冲积物	E 111°35′34.8″ N 32°26′47.6″	95
						B₁	17—35		轻壤土	块状	8.1	5.6	0.48	0.35	15.5	12.7			
						B₂	35—61		重壤土	块状	8.2	3.1	0.32	0.31	18.5				
						C	61—100		重壤土	块状	7.4	31.2	1.95	0.46	7.0	30.0			
剖50	淋溶土	黄棕壤	黄棕壤	基性岩黄棕壤	林乌泥砂土	A	0—14		中壤土	块状	7.6	12.1	1.01	0.47	7.1	25.6	基性岩	E 111°34′38.4″ N 32°25′12.7″	95
						C	14—100		中壤土	块状	6.0								
剖51	淋溶土	山地黄棕壤	山地黄棕壤	泥质岩黄棕壤	林山地黄泥土	A	0—20		中壤土	团块状	6.0	14.6	1.21	4.47	14.8	18.0	泥质岩	E 111°35′59.4″ N 32°25′14.9″	95
						C	20—40		重壤土	团块状	6.0	13.4	0.99	4.38	13.9	≥50.0			
						D	40—100		砂壤土	棱块状	7.2	8.3	0.73	3.01	14.7	22.9			
剖52	人为土	水稻土	淹育水稻土	浅黄棕壤性黄泥田	深层漏砂合土田	P	0—15		砂壤土	粒状	7.2	≤1.0	0.27	3.81	12.8	4.2	石灰岩	E 111°30′55.2″ N 32°25′11.4″	95
						W	15—28		中壤土	团块状	7.6	11.1	0.55	0.58	16.3	21.1			
						C	28—88		重壤土	块状	7.6	5.1	0.41	0.55	17.3	23.5			
							88—100		重壤土	粒状	8.0	3.4	0.23	0.44	15.0	20.7			
剖53	人为土	淹育水稻土	淹育水稻土	浅黄棕壤性黄泥田	浅黄泥土田	A	0—14		重壤土	团块状	7.6		≤0.10		17.7	11.7	泥质岩	E 111°33′15.8″ N 32°27′27.6″	95
						P	14—21		中壤土	团块状	6.4	15.5		0.45					
						C	31—100		重壤土	粒状	6.2	15.3	1.11	0.45	17.9	11.2			
剖54	淋溶土	黄棕壤	山地黄棕壤	泥质岩类山地黄棕壤	山地黄砂泥土	A	0—15		中壤土	粒状	6.8	19.2	1.22	0.17	16.2	12.5	泥质岩	E 111°30′58.2″ N 32°24′11.4″	95
						C	15—50		重壤土	块状	7.2	7.8	0.58	0.21	15.4	10.6			
							50—100		重壤土	块状	7.2	28.0	0.36	0.18	17.5	18.3			
剖55	人为土	水稻土	潴育水稻土	潮土田	潮白善土田	1	0—15		中壤土	块状							河流冲积物		
						2	15—21												
						3	21—59												
						4	59—100		重壤土		7.2	6.7	0.44	0.45	19.3	22.0			

续表 Continued

剖面号 Soil profile	土纲 Soil order	土类 Soil great group	亚类 Soil subgroup	土属 Soil genus	土种 Soil species	土层码 Layer code	土层厚度 Depth/cm	颜色 Soil color	质地 Soil texture	土壤结构 Soil structure	pH	有机质 OM/(g/kg)	全氮 TN/(g/kg)	全磷 TP/(g/kg)	全钾 TK/(g/kg)	阳离子交换量CEC/(cmol/kg)	土壤母质 Parent material	剖面点坐标 Profile coordinate	匹配指数 Matching index/%
剖56	半水成土	潮土	灰潮土	壤土型灰潮土田	灰潜位夹砂油砂土	A	0—22		砂土	粒状	7.8	10.7	0.88	0.85	18.2	1.6	有石灰反应的河流冲积物	E 111°32′12.5″ N 32°22′49.9″	75
						S	22—55		砂土	粒状	7.8	1.5	0.20	0.86	12.9	2.3			
						C_1	55—81		中壤土	块状	7.8	8.6	0.71	0.71	21.9	9.3			
						C_2	81—100		中壤土	块状	7.8	9.7	0.75	0.74	23.6	13.1			
剖57	人为土	水稻土	淹育水稻土	浅灰潮土田	浅夹两合土田	P	0—15		中壤土	粒状	7.6	15.4	0.95	0.57	17.6	12.5	河流冲积物	E 111°33′06.1″ N 32°24′54.9″	95
							15—20		中壤土	粒状	7.6	11.2	0.76	0.41	15.8	10.4			
						C	20—100		中壤土	粒状	7.6	3.8	0.30	0.36	16.5	11.3			
剖58	人为土	水稻土	淹育水稻土	浅灰潮土田	浅两合土田	A	0—12		中壤土	团粒状	6.8	11.5	0.85	0.44	15.4	15.5	河流冲积物	E 111°36′43.7″ N 32°22′44.5″	95
						P	12—18		中壤土	块状	7.2	4.2	0.84	0.24	14.2	15.4			
						C	18—100		中壤土	块状	7.2	4.7	4.06	0.41	16.3	17.7			
剖59	半水成土	潮土		壤土型潮土	油砂土	A	0—18		轻壤土	团块状	7.5	18.3	1.20	0.32	17.0	12.2	河流冲积物	E 111°36′52.5″ N 32°22′34.9″	75
						B	18—31		轻壤土	团块状	7.3	11.2	0.72	0.26	17.0	13.5			
						C	31—100		轻壤土	团块状	7.2	6.9	0.48	0.22	17.7	15.0			
剖60	人为土	水稻土	潜育水稻土	潮土田	浅位夹砂油砂土田	1	0—18		轻壤土	团粒状	5.6	2.6	1.14	0.11	17.6	7.9	河流冲积物	E 111°35′08.5″ N 32°21′21.0″	95
						2	18—30		砂土	块状	5.6	9.4	0.69	0.88	17.9	12.5			
						3	30—52		砂土	粒状	6.0								
						4	52—62		重壤土	粒状	6.4	16.6	0.21	0.78	13.4	2.1			
						5	62—100		中壤土	粒状	6.4	14.4	0.21	0.57	17.6	5.9			
剖61	淋溶土	黄棕壤		泥质岩黄棕壤	薄层黄砂泥土	A	0—12		中壤土	块状	6.0	6.5	0.50	0.28	18.7	12.8	泥质岩	E 111°33′52.8″ N 32°20′22.1″	95
						C	12—27		中壤土	块状	5.8	5.6	0.40	0.19	19.3	11.8			
						D	27—100												
剖62	人为土	水稻土	潜育水稻土	黄棕壤性乌砂泥土田	乌砂泥土田	A	0—13		中壤土	团粒状	6.8	12.0	0.30	0.52	14.2	28.4	基性结晶岩	E 111°33′00.4″ N 32°22′23.6″	95
						P	13—22		中壤土	块状	6.8	22.3	1.73	0.42	15.0	27.6			
						W	22—34		重壤土	块状	6.4	18.0	0.77	0.40	14.7	30.0			
						C	34—100		轻壤土	块状	6.4	12.9	0.65	0.36	13.9	32.0			
剖63	人为土	水稻土	淹育水稻土	浅潮土田	浅灰位夹砂油砂土田	A	0—16		轻壤土	团粒状	6.8	5.3	0.52	0.16	11.2	7.8	河流冲积物	E 111°36′10.1″ N 32°22′06.2″	95
						P	16—26		砂土	团粒状	6.4	5.5	0.51	0.43	15.1	9.4			
						Sa	26—50		轻壤土	块状	6.4	2.4	0.32	0.52	14.0	2.1			
						C	50—100		轻壤土	块状	6.8	3.6	0.48	0.53	14.8	12.8			
剖64	半水成土	潮土	灰潮土	壤土型灰潮土田	灰潜位夹漏砂油砂土	A	0—14		轻壤土	块状	7.6	4.4	0.42	0.56	12.7	12.5	有石灰反应的河流冲积物	E 111°36′32.7″ N 32°21′20.7″	95
						C	14—33		轻壤土	块状	7.8	9.8	0.69	0.23	15.1	12.7			
						Sa	33—100		砂土	散状	7.8	3.2	0.17	0.44	14.4	6.6			
剖65	淋溶土	黄棕壤		红砂岩黄棕壤	林红泥砂土	A	0—15		砂壤土	团粒状	6.4						红砂岩	E 111°32′25.5″ N 32°22′06.7″	95
						B	15—30		砂壤土	块状	6.8	9.4	0.64	0.25	16.0	8.0			
						C	30—100		轻壤土	块状	7.4	6.1	0.45	0.25	16.3	7.5			
剖66	人为土	水稻土	淹育水稻土	浅潮土田	浅淤砂土田	P	0—15		砂壤土	块状	6.7	5.4	0.43	0.24	15.8	10.1	河流冲积物	E 111°32′30.1″ N 32°21′09.3″	95
						C_1	15—21		砂壤土	块状	7.0	5.7	0.43	0.29	18.7	8.2			
						C_2	21—61		砂壤土	块状	7.0	7.6	0.58	0.26	20.9				
							61—100		黏土	棱块状	7.2	5.7	0.43	0.26	16.3	24.8			
剖67	淋溶土	黄棕壤		第四纪黄土	死黄土	A	0—12	暗灰棕色	黏土	棱块状	7.2	3.9	0.40	0.30	20.2	19.7	第四纪黏土	E 111°32′13.7″ N 32°21′17.8″	95
						B	12—60		中壤土	块状	7.4	31.2	1.95	0.46	18.5	18.3			
						C	60—100												
剖68	淋溶土	黄棕壤		基性结晶岩黄棕壤	黄乌砂泥土	A	0—14	黑棕色	重壤土	块状	7.6	12.1	1.01	0.47	7.1	30.0	基性结晶岩风化残积物或坡积物	E 111°33′07.0″ N 32°21′32.8″	81
						C	14—100									25.6			

续表 Continued

剖面号 Soil profile	土纲 Soil order	土类 Soil great group	亚类 Soil subgroup	土属 Soil genus	土种 Soil species	土层码 Layer code	土层厚度 Depth/ cm	颜色 Soil color	质地 Soil texture	土壤结构 Soil structure	pH	有机质 OM/ (g/kg)	全氮 TN/ (g/kg)	全磷 TP/ (g/kg)	全钾 TK/ (g/kg)	阳离子交换量CEC/ (cmol/kg)	土壤母质 Parent material	剖面点坐标 Profile coordinate	匹配指数 Matching index/%
剖69	淋溶土	黄棕壤	黄棕壤性土	粗骨性黄棕壤	林红石渣子土	Ao	0~2				6.8						红砂岩、红色底砾岩	E 111°37′46.3″ N 32°24′09.8″	95
剖70	半水成土	潮土	灰潮土	壤土型灰潮土	灰油砂土	A	2~16		轻壤土	块状	7.2						有石灰反应的河流冲积物	E 111°37′43.3″ N 32°23′43.2″	75
						C	16~75		轻壤土	块状	7.2								
						D	75~100												
剖71	半水成土	潮土	灰潮土	砂土型灰潮土	灰砂土	A	0~18		轻壤土	粒状	8.0	6.0	0.52	0.66	19.6	12.9	有石灰反应的河流冲积物	E 111°37′43.3″ N 32°23′57.8″	75
						C	18~59		轻壤土	团块状	8.1	6.5	0.53	0.66	18.7	10.1			
						3	59~100		轻壤土	团块状	8.2	10.8	0.92	0.77	19.5	8.1			
剖72	人为土	水稻土	淹育水稻土	浅潮土田	浅浅位漏砂油砂土田	A	0~13		砂土	粒状	8.2	2.5	0.23	0.59	15.5	2.7	河流冲积物	E 111°38′27.1″ N 32°23′57.8″	95
						C	13~24		砂土	粒状	8.1	2.8	0.20	0.65	15.8	8.2			
						3	24~57		砂土	粒状	8.2	1.5	0.14	0.76	13.7	3.4			
						4	57~100		砂土	粒状	8.1	2.8	0.21	0.69	15.5	4.0			
剖73	半水成土	潮土	潮土	壤土型潮土	浅位漏砂油砂土	A	0~9		轻壤土	团粒状	6.8	4.4	0.32	0.50	15.3	9.2	河流冲积物	E 111°37′57.3″ N 32°23′20.0″	75
						C	9~18		轻壤	块状	6.8	3.5	0.20	0.53	16.1	10.5			
						Sa	18~100		砂土	粒状	7.2	3.1	0.14	0.41	14.1	3.1			
剖74	半水成土	潮土	潮土	砂土型潮土	砂土	A	0~15		轻壤土	团粒状	7.2	2.9	0.34	0.66	19.0	12.5	河流冲积物	E 111°37′31.9″ N 32°22′52.9″	95
						C	15~100		砂土	散状	7.2	1.6	0.13	0.68	19.2	2.8			
剖75	半水成土	潮土	潮土	壤土型潮土	浅位夹砂油砂土	A	0~10		砂土	散状	7.2	5.9	0.48	0.73	15.2	7.2	河流冲积物	E 111°37′41.7″ N 32°18′00.6″	95
						C	10~20		砂土	散状	7.2	3.4	0.15	0.61	12.9	1.9			
						3	20~100		轻壤土	粒状	7.2	2.8	0.11	0.68	15.1	2.1			
剖76	人为土	水稻土	淹育水稻土	浅灰潮土田	浅灰漏砂油砂土田	A	0~14		中壤土	小块状	7.2	10.1	0.79	0.38	16.9	12.1	河流冲积物	E 111°38′18.2″ N 32°17′13.6″	95
						C_1	14~23		砂土	粒状	7.2	7.2	0.61	0.27	16.8	13.8			
						S_1	23~46		轻壤土	粒状	7.2	1.1	0.19	0.21	15.4	2.4			
						S_2	46~100		轻壤土	团粒状	7.2	9.4	0.72	0.21	16.9	14.0			
剖77	半水成土	潮土	潮土	壤土型潮土	深位油砂土	A	0~15		轻壤土	团粒状	7.6	12.9	0.37	0.93	19.4	8.2	河流冲积物	E 111°37′43.9″ N 32°15′09.0″	95
						P	15~22		中壤土	块状	7.8	8.2	0.56	0.75	19.1	6.3			
						C	22~100		中壤土	块状	7.8	8.6	0.65	0.70	20.6	9.0			
剖78	人为土	水稻土	淹育水稻土	棕黄土	林棕黄土	A	0~13		重壤土	粒状	6.0	8.8	0.62	0.42	13.6	9.7	第四纪黄土	E 111°33′46.4″ N 32°12′17.6″	95
						C	13~58		砂土	块状	6.4	7.7	0.46	0.50	13.0	7.4			
						S	58~100		重壤土	散状	6.4	3.0	0.16	0.45	11.4	3.9			
剖79	初育土	石灰(岩)土	棕色石灰土	棕黄土	林棕黄土	A	0~15		黏壤土	团粒状	6.8	13.4	0.84	0.26	13.6	17.4	石灰岩	E 111°30′39.0″ N 32°10′10.7″	95
						B	18~49		中壤土	块状	6.8	10.0	0.72	0.26	13.9	19.5			
						C	49~100		中壤土	块状	6.8	6.8	0.50	0.48	15.8	24.3			
剖80	人为土	水稻土	淹育水稻土	浅黄棕壤性灰紫泥土田	浅灰紫泥土田	A	0~18		中壤土	粒状	7.6	19.6	1.18	0.90	19.3	14.9	泥质岩	E 111°32′18.8″ N 32°11′15.0″	95
						P	18~26		重壤土	块状	7.6	2.5	1.03	1.14	29.1	16.7			
						C	26~76		重壤土	块状	7.2	2.9	0.47	0.64	22.2	17.6			
						4	76~100		中壤土	块状	7.6	7.8	0.72	0.35	18.0	19.2			
剖81	人为土	水稻土	潜育水稻土	黄棕壤性黄泥田	黄泥砂土田	A	0~16		轻壤土	团粒状	5.3	8.2	0.80	0.33	17.9	20.0	泥质岩	E 111°40′52.9″ N 32°11′01.0″	95
						P	16~24		中壤土	块状	5.0	13.8	0.93	0.36	18.2	21.5			
						W	24~65		中壤土	棱状	7.0	3.5	0.23	0.36	18.4	20.4			
						C	65~100		轻壤土	棱状	7.6	11.2	0.71	0.23	18.4	4.4			
剖82	淋溶土	黄棕壤	黄棕壤性土	粗骨性黄棕壤	林黄石渣子土	A	0~18			小块状	5.6	18.6	0.80	2.84	14.3	19.0	泥质岩残积物或坡积物	E 111°41′17.0″ N 32°09′19.8″	95
						C	18~100			块状	5.5	6.4	0.45	0.14	12.3	15.0			

续表 Continued

剖面号 Soil profile	土纲 Soil order	土类 Soil great group	亚类 Soil subgroup	土属 Soil genus	土种 Soil species	土层码 Layer code	土层厚度 Depth/cm	颜色 Soil color	质地 Soil texture	土壤结构 Soil structure	pH	有机质 OM/(g/kg)	全氮 TN/(g/kg)	全磷 TP/(g/kg)	全钾 TK/(g/kg)	阳离子交换量CEC/(cmol/kg)	土壤母质 Parent material	剖面点坐标 Profile coordinate	匹配指数 Matching index/%
剖83	半水成土	潮土	灰潮土	砂土型灰潮土	灰淤砂土	A	0—16		砂壤土	粒状	8.0	16.4	1.09	0.64	20.7	15.5	有石灰反应的河流冲积物	E 111°44′08.4″ N 32°08′55.8″	95
						C	16—26		轻壤土	粒状	8.0	16.9	1.07	0.70	20.6	13.6			
						3	26—100		砂壤土	粒状	8.0	10.5	0.73	0.63	20.0	12.5			
剖84	人为土	水稻土	潴育水稻土	黄棕壤性黄土田	面黄土田	A	0—12		中壤土	粒状	6.4	7.4	0.65	0.23	18.7	14.2	第四纪黄土	E 111°41′41.2″ N 32°06′44.5″	95
						P	12—21		重壤土	块状	6.8	17.7	1.11	0.29	19.1	13.1			
						W	21—100		黏土	棱块状	7.2	18.9	1.25	0.29	18.6	13.4			
剖85	人为土	水稻土	潴育水稻土	灰潮土田	灰深位漏砂油砂土田	A	0—15		轻壤土	团粒状	8.0	26.1	1.66	0.69	20.9	12.2	河流冲积物	E 111°42′27.2″ N 32°07′28.2″	95
						P	15—20		中壤土	块状	8.0	22.2	1.34	0.65	20.4	15.8			
						W	20—85		中壤土	块状	8.1	12.7	0.80	0.63	18.5	18.2			
						C	85—100		砂土	粒状	8.1	19.9	1.29	0.59	20.7	12.6			
剖86	人为土	水稻土	潴育水稻土	黄棕壤性灰紫泥田	灰紫砂泥土田	1	0—13		中壤土	团粒状	7.2	13.2	0.99	0.48	19.4	18.3		E 111°43′28.7″ N 32°05′18.9″	95
						2	13—18		重壤土	块状	6.8	18.9	1.26	0.64	22.6	19.4			
						3	18—100		重壤土	棱状	6.8	19.5	1.14	0.57	19.1	18.8			
剖87	初育土	石灰（岩）土	棕色石灰土	棕黄土	棕面黄土	A	0—15		中壤土	团粒状	7.6	26.5	1.58	0.93	22.1	21.3	石灰岩	E 111°33′45.0″ N 32°02′45.8″	95
						B	15—27		重壤土	块状	7.6	12.7	0.91	0.71	21.7	18.8			
						C	27—100		重壤土	块状	7.6	≤1.0	0.81	0.57	23.1	17.4			
剖88	淋溶土	黄棕壤	黄棕壤性土	粗骨性黄棕壤	黄石渣子土	A	0—15		轻壤土	粒状	6.5	6.2	0.40	0.22	15.6	13.2	泥质岩残积物或坡积物	E 111°31′21.5″ N 32°00′24.7″	95
						B	15—27		轻壤土	块状	6.5	5.8	0.40	1.98	18.9	14.4			
						C	27—100			块状	6.5	3.6	0.33	0.23	18.0	14.3			
剖89	人为土	水稻土	潴育水稻土	黄棕壤性黄泥田	灰石渣子土田	A	0—15			团粒状	8.0	13.4	0.96	0.98	15.6	14.6	石灰岩	E 111°39′34.0″ N 32°04′10.1″	95
						P	15—26			团粒状	8.0	20.7	1.43	0.90	19.2	16.4			
						W	26—82			块状	8.0	13.5	0.97	0.86	18.7	19.5			
						C	82—100			块状	7.6	23.6	1.30	1.04	20.0	11.0			
剖90	淋溶土	黄棕壤	黄棕壤	红砂岩黄棕壤	红泥土	A	0—12		重壤土	粒状	7.2	9.9	0.78	0.23	17.3	24.0	红砂岩	E 111°47′07.8″ N 32°04′42.3″	95
						B	12—26		重壤土	棱块状	7.2	4.9	0.47	0.22	16.6	24.4			
						C	26—100		重壤土	棱块状	7.6	2.7	0.38	0.19	16.9	24.0			
剖91	初育土	石灰（岩）土	棕色石灰土	棕黄土	灰石渣子土	A	0—15			粒状	7.6	17.1	1.60	0.67	23.6	22.6	石灰岩	E 111°46′18.7″ N 32°02′05.8″	95
						C	15—100			粒状	8.0	2.5	0.82	0.38	12.7	12.5			

保 康 县

主要土类说明

黄棕壤是保康县主要土壤类型，占本县地域面积的 74%。成土过程包括黏化过程和耕种熟化过程。最醒目的剖面形态特征是具有黄棕色或红棕色心土层。该层因母质不同而色泽不一，质地黏重，呈块状或棱块状结构，结构体表面有棕色或暗棕色铁锰胶膜，或有铁锰结核。心土层之上的表土层，因利用情况而异。耕种黄棕壤的表土层为耕作层，而林荒黄棕壤则有残落物层和腐殖质层。

石灰（岩）土是保康县第二大土壤类型，占本县地域面积的 14%，主要分布在黄堡、后坪、龙坪、马良、马桥、寺坪、过渡湾等地的石灰岩地区。在其形成过程中，除方解石等碳酸岩类矿物受到不同程度的化学溶蚀外，其余矿物并未受到强烈的化学风化，云母类矿物脱钾不深，黏土矿物以蛭石或高岭石为主。石灰（岩）土含碳酸钙，有利于腐殖质的累积，植物残体分解后，腐殖质与钙结合，大量积累在表层土壤中，使土壤呈黑色。位于岩缝间隙的土层逐渐加厚，有机质含量高达 36.5g/kg。

紫色土是保康县第三大土壤类型，占本县地域面积的 5%。紫色土是由白垩系紫色砂岩及少量的侏罗系至三叠系紫色页岩发育而成的岩性土，具有石灰反应，呈紫红色。其理化性质与母岩组成直接相关，土层浅薄，剖面层次发育不明显，仍为初育阶段。母岩富含矿质养分，且风化迅速。发育于紫色砂岩的紫色土颗粒粗大，组织疏松，多含石英砂粒，透水性强，石灰淋失较快。发育于紫色页岩的紫色土颗粒细小，组织致密，透水困难，石灰淋失较慢。

棕壤占本县地域面积的 4%。因高山地区雨水多，在其形成过程中，黏粒的形成与移动过程明显，盐基淋溶十分活跃，石灰大量淋失，土壤呈酸性至中性。棕壤分布在海拔 1500m 以上的大高山，多为非耕地，少数为耕地，耕种熟化程度不高，由于气温较低，温差较大，凋落物及半分解的有机层发育较好。剖面形态特征是具有鲜棕色或淡棕色心土层，厚度为 30—40cm，棱块状结构明显，少见新生体。该土壤有机质含量较高，特别是林地表层（具有厚的凋落物层和薄的腐殖质层），有机质含量为 20—90g/kg。底土层为在母岩上发育的半风化体，多呈棕色。受淋溶和生物累积的影响，表土层呈微酸性至中性，阳离子交换量为 12.8—23.0cmol/kg，比心土层、底土层高。

小于本县地域面积 3% 的土壤类型有水稻土、潮土等。

本区域中心区气候特征

本区域中心区气候特征值
Regional climate characteristics in central area of the region

气候带：北亚热带湿润气候 Climate region: North subtropical humid climate	
年平均气温 /℃ Annual average temperature /℃	15.9
年平均最高气温 /℃ Annual average maximum temperature /℃	20.9
年平均最低气温 /℃ Annual average minimum temperature /℃	12.0
年降水量 /mm Annual precipitation /mm	992
≥10℃的积温 /℃ Daily temperature accumulated in a year（≥10℃）/℃	5893
年日照时数 /h Annual sunshine /h	1636
年平均相对湿度 /% Annual average relative humidity /%	76
干燥度 Dryness	1.00

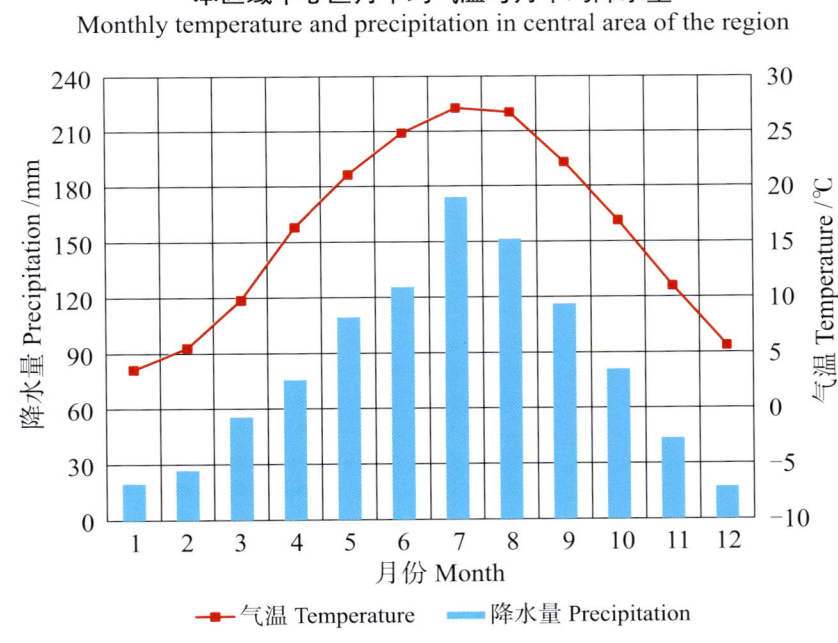

本区域中心区月平均气温与月平均降水量
Monthly temperature and precipitation in central area of the region

保康县主要土壤类型与土壤剖面点分布图
1 : 330 000

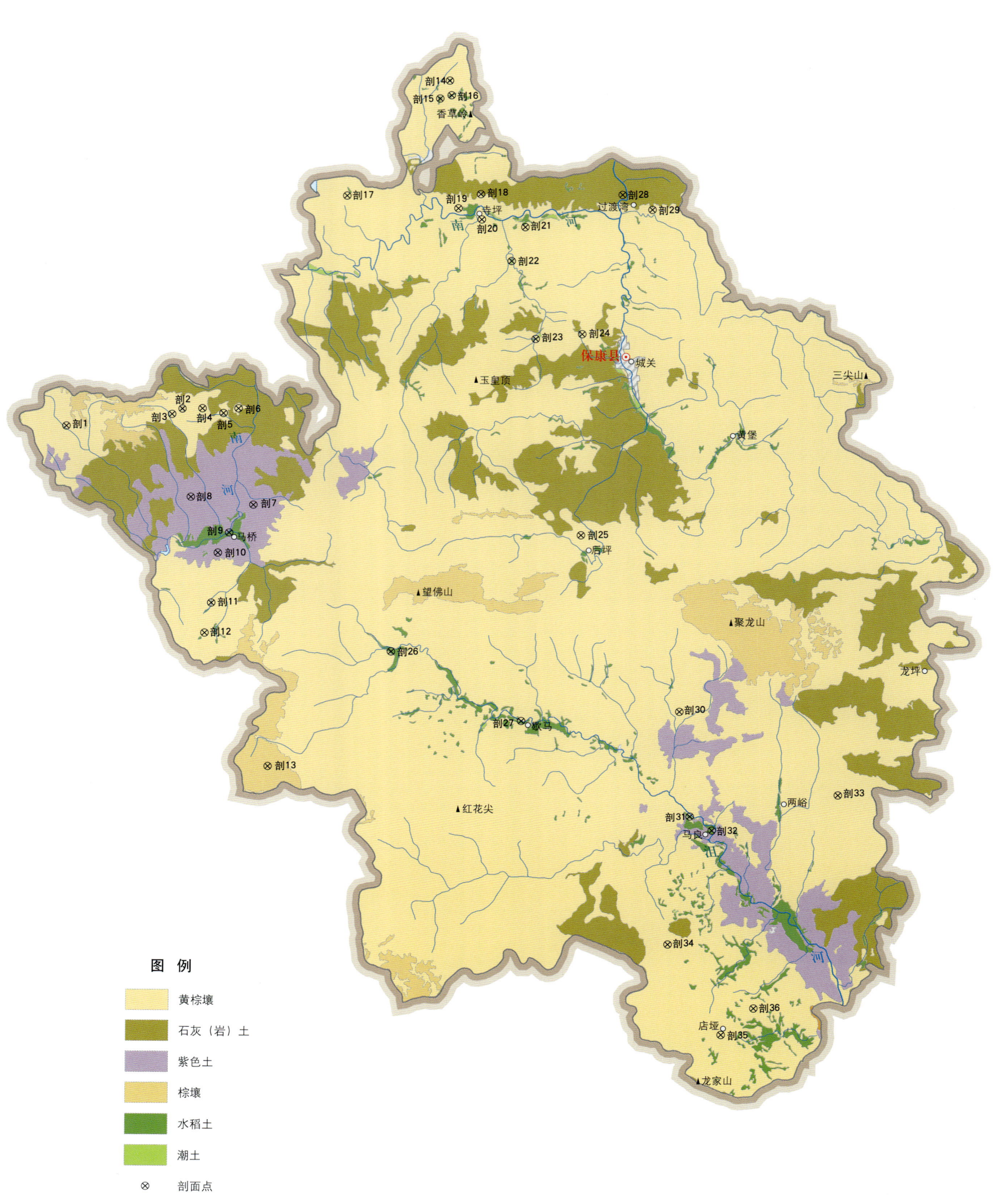

保康县土壤剖面理化性状表

剖面号 Soil profile	土纲 Soil order	土类 Soil great group	亚类 Soil subgroup	土属 Soil genus	土种 Soil species	土层码 Layer code	土层厚度 Depth/cm	颜色 Soil color	质地 Soil texture	土壤结构 Soil structure	pH	有机质 OM/(g/kg)	全氮 TN/(g/kg)	全磷 TP/(g/kg)	全钾 TK/(g/kg)	阳离子交换量CEC/(cmol/kg)	土壤母质 Parent material	剖面点坐标 Profile coordinate	匹配指数 Matching index/%
剖1	淋溶土	黄棕壤	粗骨性黄棕壤	泥质岩粗骨性黄棕壤	黑石渣子土	A	0—9	暗棕黄色	重壤土	粒状	6.4	11.0	1.15	1.73	38.2	18.7	泥质岩	E 110°47′47.7″ N 31°50′00.7″	75
						B	9—23	灰黄色	重壤土	块状	7.0	7.7	1.24	2.04	26.9	15.1			
						C	23—100	紫棕色	轻黏土	块状	6.8	6.7	0.47	0.33	14.9	16.8			
剖2	淋溶土	棕壤	山地棕壤	碳酸岩山地棕壤	山地棕褐土	A	0—10	暗棕色	轻黏土	粒状	7.2	23.5	1.48	0.38	22.6	23.0	石灰岩	E 110°53′28.6″ N 31°50′46.0″	74
						B	10—16	灰黄棕色	轻黏土	块状	7.2	20.4	1.32	0.48	21.6	22.3			
						C	16—73	暗红棕色	轻黏土	棱块状	6.8	21.2	1.29	0.48	20.2	21.0			
						D	73—100												
剖3	淋溶土	黄棕壤	粗骨性黄棕壤	红砂岩粗骨性黄棕壤	林荒红石渣子土	A	0—13	淡棕黄色	重壤土	团粒状	6.8	53.2	3.32	0.44	15.1	27.8	红砂岩	E 110°52′58.2″ N 31°50′31.6″	75
						B	13—50	淡红棕色	重壤土	块状	6.4	13.7	1.34	1.45	13.0	21.3			
						C	50—100	暗棕红色	轻壤土	块状	6.0	6.2	1.24	0.32	13.8	17.0			
剖4	淋溶土	黄棕壤	粗骨性黄棕壤	泥质岩粗骨性黄棕壤	黄石渣子土	A	0—12	棕色	中壤土	粒状	6.8	20.4	1.39				泥质岩	E 110°54′27.9″ N 31°50′46.8″	75
						B	12—20	淡棕色	中壤土	块状	6.4	20.1	1.39	1.45					
						C	20—100	紫棕色	重壤土	块状	6.4	5.6	0.80						
剖5	淋溶土	黄棕壤	粗骨性黄棕壤	泥质岩粗骨性黄棕壤	薄层黄渣子土	A	0—10	棕灰色	中壤土	粒状	5.8	23.8	1.78	0.85	23.0	15.3	泥质岩	E 110°55′29.4″ N 31°50′34.9″	75
						B	10—29	灰棕色	砂黏壤	块状	5.8								
						D	29—100		砾石土										
剖6	淋溶土	黄棕壤	粗骨性黄棕壤	泥质岩粗骨性黄棕壤	扁石渣子土	A	0—16	棕色	重壤土	粒状	6.0	10.3	0.87	0.53	21.8	33.9	泥质岩	E 110°56′13.7″ N 31°50′47.0″	75
						B	16—51	灰棕色	重壤土	块状	6.4	4.8	0.72	0.27	22.0	17.9			
						C	51—100	紫色	重壤土	块状	6.4	3.9	0.57	0.21	20.1	14.5			
剖7	初育土	紫色土	石灰性紫色土	灰紫泥土	灰紫白山土	A	0—20	淡红色	轻壤土	粒状	8.0	4.2	0.34	0.74	10.3	16.2	泥质岩	E 110°56′58.1″ N 31°46′36.5″	75
						C	20—100	红棕色	重壤土	粒状	8.0	3.7	0.38	0.77	9.6	13.1			
剖8	初育土	紫色土	石灰性紫色土	灰紫泥土	灰紫渣子土	A	0—11	棕色	重壤土	粒状	6.8	26.7	1.82	0.49	29.5	27.5		E 110°55′15.4″ N 31°44′30.8″	75
						B	11—24	暗棕色	重壤土	粒状	7.0	21.7	1.59	0.52	21.0	25.8			
						Sb	24—47	暗棕色	重壤土	粒状	7.2	27.6	1.55	0.46	20.0	24.9			
						C	47—100	黑棕色	重壤土	粒状	6.4	10.3	0.96	0.33	20.0	17.3			
剖9	人为土	水稻土	淹育水稻土	浅灰渗土田	浅灰渗泥田	A	0—10	暗黄棕色	重壤土	块状	6.4	20.4	1.51	0.65	15.9	13.9		E 110°55′52.9″ N 31°45′20.7″	95
						P	10—25	暗黄棕色	中壤土	块状	6.4	12.7	0.50	1.63	14.4	10.1			
						C	25—100	暗棕色	紧砂土	粒状	6.8	5.5	0.39	1.38	12.3	12.8			
剖10	初育土	紫色土	石灰性紫色土	灰紫泥土	中层紫泥土	A	0—26	暗棕色	重壤土	粒状	6.8	10.6	0.78	0.99	14.9	16.9		E 110°56′58.1″ N 31°46′36.5″	95
						B	26—56	暗红棕色	中壤土	棱块状	7.0	4.4	0.43	2.33	15.2	17.0			
						C	56—100	红棕色	重壤土	棱块状	7.0	7.0	0.55	1.28	13.2	16.7			
剖11	淋溶土	黄棕壤	黄棕壤	泥质岩黄棕壤	中层黄泥土	A	0—17	暗棕色	重壤土	粒状	7.2	11.7	0.87	0.26	21.5	19.6	泥质岩	E 110°53′54.8″ N 31°46′57.2″	95
						B	17—52	淡棕色	重壤土	粒状	7.2	3.2	0.46	0.31		15.5			
						D	52—100		黏土										
剖12	淋溶土	黄棕壤	黄棕壤	泥质岩黄棕壤	黄泥砂土	A	0—15	褐色	重壤土	粒状	7.2	7.5	0.54	0.16	19.5	1.2	泥质岩	E 110°54′37.9″ N 31°41′01.2″	95
						B	15—34	棕色	重壤土	块状	6.8	3.5	0.36	0.11	19.2	1.3			
						C	34—76	棕色	重壤土	粒状	6.0	26.5	1.56	0.54	20.4	14.5			
剖13	淋溶土	棕壤	山地棕壤	碳酸岩山地棕壤	山地灰色土	A	0—15	淡棕褐色	重壤土	棱块状	6.0	15.0	1.04	0.42	30.6	13.0	石灰岩	E 110°57′45.9″ N 31°35′13.3″	94
						B_1	15—34	暗红棕色	中壤土	棱块状	6.0	7.5	0.64	0.35	19.0	9.7			
						B_2	34—76	红棕色	重壤土	棱块状	7.0	7.0	0.55	0.29	17.4	9.9			
						C	76—100	淡棕色			6.2	4.5	0.51	0.26	21.1	19.6			
剖14	人为土	水稻土	淹育水稻土	浅黄棕壤性泥质岩泥田	浅黄泥土田	A	0—11	灰棕色	轻黏土	粒状	6.0	31.5	1.93	0.31	21.1	22.8	泥质岩	E 111°06′31.7″ N 32°05′00.5″	75
						P	11—22	棕灰色	轻黏土	块状	6.8	20.3	1.28	0.26	20.0	21.9			
						C	22—100	棕绿色	轻黏土	块状	6.4	4.4	0.61	0.22	18.7	29.4			

续表 Continued

剖面号 Soil profile	土纲 Soil order	土类 Soil great group	亚类 Soil subgroup	土属 Soil genus	土种 Soil species	土层码 Layer code	土层厚度 Depth/cm	颜色 Soil color	质地 Soil texture	土壤结构 Soil structure	pH	有机质 OM/(g/kg)	全氮 TN/(g/kg)	全磷 TP/(g/kg)	全钾 TK/(g/kg)	阳离子交换量CEC/(cmol/kg)	土壤母质 Parent material	剖面点坐标 Profile coordinate	匹配指数 Matching index/%
剖15	人为土	水稻土	淹育水稻土	浅潴土田	浅潴白善土田	A	0—16	淡棕黄色	中壤土	团块状	6.4	36.7	2.57	0.53	23.3	17.7		E 111°06′03.2″ N 32°04′13.9″	75
剖16	人为土	水稻土	淹育水稻土	浅潴土田	浅油砂土田	P	16—32	灰深白棕色	中壤土	梭块状	6.8	13.7	1.14	0.37	23.7	18.0		E 111°06′37.2″ N 32°04′22.4″	75
						B	32—100	暗黄棕色	重壤土	团块状	7.6	11.1	0.88	0.47	24.9	30.3			
剖17	淋溶土	黄棕壤	粗骨性黄棕壤	泥质岩粗骨性黄棕壤	林荒黑石渣子土	A	0—21	褐色	中壤土	粒块状	6.6	2.4	0.35	0.81	17.2	≤1.0	泥质岩	E 111°01′30.5″ N 32°00′01.6″	75
						P	21—33	褐色	中壤土	梭块状	6.6	6.0	0.52	0.71	19.1	11.8			
						B	33—41	黄棕色	中壤土	块状	7.4	≤1.0	0.62	0.81	18.6	12.8			
						C	41—100	淡棕色	轻壤土	粒状	7.6	7.7	0.58	0.82	20.2	10.3			
剖18	淋溶土	黄棕壤	粗骨性黄棕壤	泥质岩粗骨性黄棕壤	林荒岩石渣子土	A	0—22	黑棕色	中壤土	粒状	7.6	46.9	3.14	2.66	6.3	27.8	泥质岩	E 111°08′03.2″ N 32°00′05.2″	75
						C	22—100	黑棕色	重壤土	块状	7.6	46.4	2.90	3.00	6.1	33.2			
剖19	淋溶土	黄棕壤	山地黄棕壤	碳酸岩山地白	林荒山地白山土	A	0—5	栗色	重壤土	粒状	6.0	26.8	1.75	0.57	≥50.0	13.5	石灰岩	E 111°06′57.7″ N 31°59′29.0″	75
						B	5—27	棕色	重壤土	块状	6.0	16.8	1.19	≥10.00	19.8	15.5			
						Sb	27—76	棕色	重壤土	块状	6.0	8.0	0.78	0.67	21.9	20.9			
						C	76—100	棕色	轻黏土	块状	6.0	6.4	0.79	0.55	24.6	23.9			
剖20	淋溶土	黄棕壤	黄棕壤	泥质岩黄棕壤	黄豆散土	A	0—15	暗棕色	重壤土	粒状	6.8	19.8	1.05	0.21	16.9	13.4	泥质岩	E 111°08′04.4″ N 31°59′04.4″	95
						C	15—100	棕色	重壤土	粒状	7.2	8.3	0.66	0.19	17.9	15.3			
剖21	淋溶土	黄棕壤	山地黄棕壤	碳酸岩山地黄棕壤	林荒山地灰色土	A	0—15	灰棕色	重壤土	粒状	6.8	7.3	0.21	0.62	20.3	13.9	石灰岩	E 111°10′15.2″ N 31°58′39.9″	75
						B	15—27	灰白色	重壤土	块状	6.6	1.5	0.38	0.75	23.1	17.0			
						C	27—100	黄棕色	重壤土	块状	6.6	2.2	0.36	0.48	20.1	15.3			
剖22	半水成土	潮土	灰潮土	壤土型灰潮土	灰漏砂土	A	0—5	灰棕色	轻壤土	粒状	6.4	15.0	1.00	0.39	19.2	11.0	有石灰反应的河流冲积物	E 111°09′34.9″ N 31°57′12.2″	75
						B	5—31	灰棕色	重壤土	粒状	6.4	15.3	0.92	0.31	20.0	13.0			
						C	31—100	灰棕色	重壤土	块状	6.4	38.8	2.08	0.47	19.5	13.3			
剖23	半水成土	潮土	灰潮土	壤土型灰潮土	灰油砂土	A	0—16	灰色	中壤土	粒状	7.2	17.8	1.15	0.72	23.8	23.2	有石灰反应的河流冲积物	E 111°10′46.5″ N 31°53′49.0″	75
						B	16—42	暗灰棕色	轻壤土		7.6	6.5	0.69	0.70	27.3	17.6			
						R	42—100		砾石土										
剖24	淋溶土	黄棕壤	山地黄棕壤	碳酸岩山地黄棕壤	林荒山地夹黄土	A	0—22	灰棕色	重壤土	粒状	7.2	27.1	1.59	0.89	20.8	19.6	石灰岩	E 111°13′03.8″ N 31°54′01.4″	75
						C	22—100	棕色	轻壤土	梭块状	7.2	19.1	1.29	0.57	20.5	20.5			
剖25	淋溶土	黄棕壤	黄棕壤	泥质岩黄棕壤	砂土	A	0—20	栗色	砂壤土	粒状	5.6	29.7	1.84	0.34	19.1	18.3	泥质岩	E 111°13′02.0″ N 31°45′17.9″	96
						B	20—100	棕色	重黏土	梭块状	5.6	5.5	0.71	0.67	21.2	22.4			
剖26	人为土	水稻土	淹育水稻土	浅潴土田	浅扁砂土田	A	0—15	灰黄棕色	轻壤土	粒状	6.4	42.6	2.58	0.64	21.2	15.4	石灰岩	E 111°13′45.4″ N 31°40′14.3″	95
						P	15—23	淡黄棕色	重壤土	块状	6.0	31.3	0.38	0.57	22.1	20.9			
						C	23—100	暗灰棕色	轻壤土	块状	6.0	3.3	1.49	0.15	19.2	15.0			
剖27	初育土	石灰（岩）土	棕色石灰土	棕色石灰土	石灰白山土	A	0—10	暗灰棕色	中壤土	粒粒状	6.2	22.9	1.26	0.42	20.8	11.7	石灰岩	E 111°15′01.7″ N 32°00′04.1″	75
						B	10—14	栗色	重壤土		6.1	18.6		0.38	21.4				
						R	14—100												
剖28	淋溶土	黄棕壤	山地黄棕壤	泥质岩山地黄棕壤	林荒山地黄砂泥土	A	0—12	褐色	重壤土	粒状	7.2	20.5	1.67	0.32	20.8	12.7	泥质岩	E 111°16′30.1″ N 31°59′25.2″	95
						P	15—32	褐色	轻壤土	梭块状	7.2	17.7	1.15	0.31	19.1	10.8			
						B	32—65	栗色	重壤土	块状	7.2	14.0	1.18	0.35	23.0	10.4			
						C	65—100	紫棕色	中壤土	梭状	7.6	6.8	0.36	0.29	23.0	9.2			
剖29	淋溶土	黄棕壤		碳酸岩黄棕壤	棕黄泥土	A	0—16	灰黄色	重壤土	粒状	7.6	36.5	2.15	0.88	22.5	21.8	泥质岩	E 111°17′52.7″ N 31°37′39.6″	95
						B	16—41	暗棕色	轻壤土	块粒状	7.2	10.9	0.85	0.63	22.1	17.6			
						C	41—100	灰棕色	轻壤土	块粒状	7.2	4.7	0.71	0.59	21.3	15.1			
剖30	淋溶土	黄棕壤	黄棕壤	碳酸岩黄棕壤	棕黄泥土	A	0—12	栗色	重壤土	粒状	6.0	24.3	1.16	0.22	16.5	13.9	泥质岩		
						B	12—37	棕色	重壤土	块状	6.0	14.1	1.24	0.21	20.0	16.9			
						C	37—100	紫棕色	中壤土	块状	6.0	3.6	0.64	0.37	25.9	18.3			
						A	0—12	棕色	重壤土	粒状	6.8	18.7	1.65	0.48	13.0	23.7	石灰岩		
						B	12—100	暗红棕色	轻壤土	粒状	6.4	9.2	0.77	0.43	20.5	25.4			

续表 Continued

剖面号 Soil profile	土纲 Soil order	土类 Soil great group	亚类 Soil subgroup	土属 Soil genus	土种 Soil species	土层码 Layer code	土层厚度 Depth/cm	颜色 Soil color	质地 Soil texture	土壤结构 Soil structure	pH	有机质 OM/(g/kg)	全氮 TN/(g/kg)	全磷 TP/(g/kg)	全钾 TK/(g/kg)	阳离子交换量CEC/(cmol/kg)	土壤母质 Parent material	剖面点坐标 Profile coordinate	匹配指数 Matching index/%
剖31	人为土	水稻土	淹育水稻土	浅棕色石灰土田	浅黄石灰土	A	0—16	灰黄棕色	轻黏土	粒状	6.8	36.5	2.53	0.49	20.8	≥50.0	石灰岩坡积物	E 111°18′24.8″ N 31°33′05.8″	96
						P	16—25	栗色	轻黏土	块状	6.8	33.4	2.27	0.51	21.0	≥50.0			
						B	25—47	棕色	轻黏土	块状	6.6	16.9	1.17	0.36	20.4	29.0			
						C	47—100	暗黄棕色	中壤土	块状	6.6	12.9	0.66	0.37	18.4	19.0			
剖32	人为土	水稻土	淹育水稻土	浅灰紫泥田	浅灰紫泥土	A	0—10	栗色	中壤土	粒状	6.4	12.2	0.88	0.36	19.2	19.8	紫色砂页岩	E 111°19′24.5″ N 31°32′25.2″	95
						P	10—20	紫棕色	中壤土	棱块状	6.4	4.3	0.52	0.33	19.2	18.5			
						B	20—48	棕色	重壤土	棱块状	6.8	3.7	0.44	0.44	20.9	18.8			
						C	48—100	暗棕色	重壤土	棱块状	7.2	6.0	0.53	0.42	20.5	24.8			
剖33	淋溶土	黄棕壤	黄棕壤	红砂岩黄棕壤	红泥土	A	0—15	灰黄棕色	中黏土	粒状	6.4	5.5	0.86	0.39	5.1	21.4	红砂岩	E 111°25′39.1″ N 31°34′02.0″	95
						B	15—30	淡棕黄色	轻黏土	棱块状	7.2	6.2	0.89	0.45	21.3	26.9			
						C	30—100	淡红黄色	轻黏土	棱块状	7.6	6.3	1.74	0.62	21.1	18.2			
剖34	淋溶土	黄棕壤	粗骨性黄棕壤	碳酸岩粗骨性黄棕壤	灰色石渣子土	A	0—13	暗棕色	重壤土	粒状	7.2	18.9	1.43	0.66	20.9	17.0	石灰岩	E 111°17′22.6″ N 31°27′30.3″	95
						B	13—24	暗棕色	重壤土	粒状	6.8	14.5	1.16	0.50	21.8	15.8			
						C	24—100	灰黄棕色	中壤土	粒状	7.2	11.3	1.04	0.56	23.4	13.2			
剖35	淋溶土	黄棕壤	黄棕壤	泥质岩黄棕壤	白散土	A	0—13	暗黄棕色	中壤土	粒状	7.6	20.2	1.77	0.37	24.5	14.2	泥质岩	E 111°19′59.5″ N 31°23′38.2″	95
						B	13—38	淡灰色	中壤土	块状	7.2	16.8	1.59	0.25	26.6	14.7			
						C	38—100	棕灰色	重壤土	块状	7.6	2.4	1.00	0.37	29.8	12.5			
剖36	淋溶土	黄棕壤	暗黄棕壤	碳酸岩暗黄棕壤	暗岩泥土	A	0—13	灰棕色	粉砂质黏土	粒状	6.0	26.8	1.63	0.50	20.3	12.3	石灰岩类风化坡积物或残积物	E 111°21′34.9″ N 31°24′46.3″	95
						B	13—38	棕色	粉砂质黏土	块状	6.2	19.7	1.39	0.49	20.5	16.8			
						C	38—100	暗棕灰色	粉砂质壤土	棱块状	6.4	21.5	1.35	0.47	19.4				

老 河 口 市

主要土类说明

黄褐土是老河口市主要土壤类型，占本市地域面积的50%。黄褐土主要分布在袁冲、孟楼、薛集、竹林桥、张集等地的岗地。成土母质为第四纪黄褐色黏土。土壤黏化淀积明显，心土层常形成黏化层，剖面中有小结核状的铁锰新生体。一般情况下，土壤无石灰反应，只有在料姜周围才有石灰反应，盐基饱和度为70%—80%，pH在7.5左右。

黄棕壤是老河口市第二大土壤类型，占本市地域面积的15%。黄棕壤广泛分布在本市西部的丘陵及岗地，在发生学和分布上均表现出明显的南北过渡性，是通过弱脱硅富铝化作用形成的地带性土壤。黏粒的淋溶和淀积较明显，即表土层黏粒淋失，心土层黏粒淀积，有时形成黏化层或黏盘层。最醒目的剖面形态特征是在表土层下有一层黄棕色或红棕色心土层。该层因母质不同而色泽不一，质地黏重，呈块状或棱块状结构，结构体表面有棕色或暗棕色铁锰胶膜，或有铁锰结核。

潮土是老河口市第三大土壤类型，占本市地域面积的12%。潮土主要分布在汉江沿岸，自西北部的洪山嘴到南部的仙人渡均有分布。潮土是由河流搬运的泥砂，经流水的分选沉积作用而形成的一类土壤。成土母质为近代河流冲积物，所处海拔在100m以下。潮土分布地形部位微倾斜，地处河流与丘岗坡脚之间。土壤质地呈水平分布规律，自河流到丘岗坡脚，土壤质地由轻变重，各层次质地差异明显，同一层次质地均一。潮土土层深厚，土壤养分含量丰富，土质肥沃。

石灰（岩）土占本市地域面积的7%，集中分布在本市西部的丘陵地带。在其形成过程中，除方解石等碳酸岩类矿物受到不同程度的化学溶蚀外，其余矿物并未受到强烈的化学风化，云母类矿物脱钾不深。该土壤黏粒硅铝率和氧化钾含量均较高，氧化钾含量在30g/kg左右，有一定量的碳酸钙残留在土壤中，并以假菌丝体、灰色粉末等状态出现。土壤pH呈中性或微碱性，有机质含量较高。

水稻土占本市地域面积的6%。在长期耕作、施肥和灌溉条件下，由于还原淋溶和氧化淀积等作用，水稻土形成了特有的剖面结构和发生层次。耕作层在水稻种植期间，往往被水淹没，除最表层数毫米为氧化层外，均处于还原状态，耕作层下为紧实致密的犁底层。潴育层为淋溶淀积交替作用的发生层次。如果地下水位过高，还原作用增强，潴育层以下二价铁离子累积较多，就会形成灰黄色的潜育层。

小于本市地域面积3%的土壤类型有紫色土等。

本区域中心区气候特征

本区域中心区气候特征值
Regional climate characteristics in central area of the region

气候带：北亚热带湿润气候 Climate region: North subtropical humid climate	
年平均气温 /℃ Annual average temperature /℃	15.4
年平均最高气温 /℃ Annual average maximum temperature /℃	20.7
年平均最低气温 /℃ Annual average minimum temperature /℃	11.2
年降水量 /mm Annual precipitation /mm	845
≥10℃的积温 /℃ Daily temperature accumulated in a year (≥10℃) /℃	5612
年日照时数 /h Annual sunshine /h	1791
年平均相对湿度 /% Annual average relative humidity /%	76
干燥度 Dryness	1.09

本区域中心区月平均气温与月平均降水量
Monthly temperature and precipitation in central area of the region

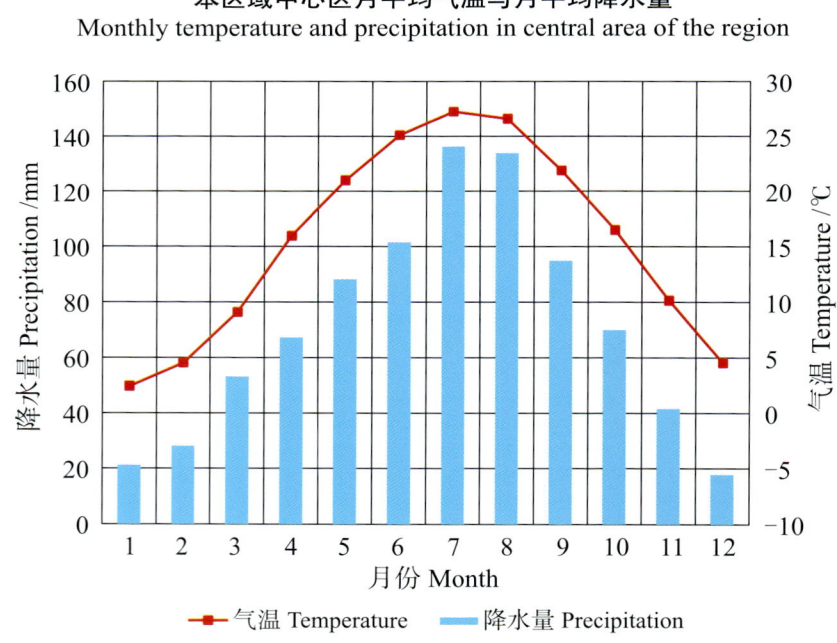

老河口市主要土壤类型与土壤剖面点分布图
1∶210 000

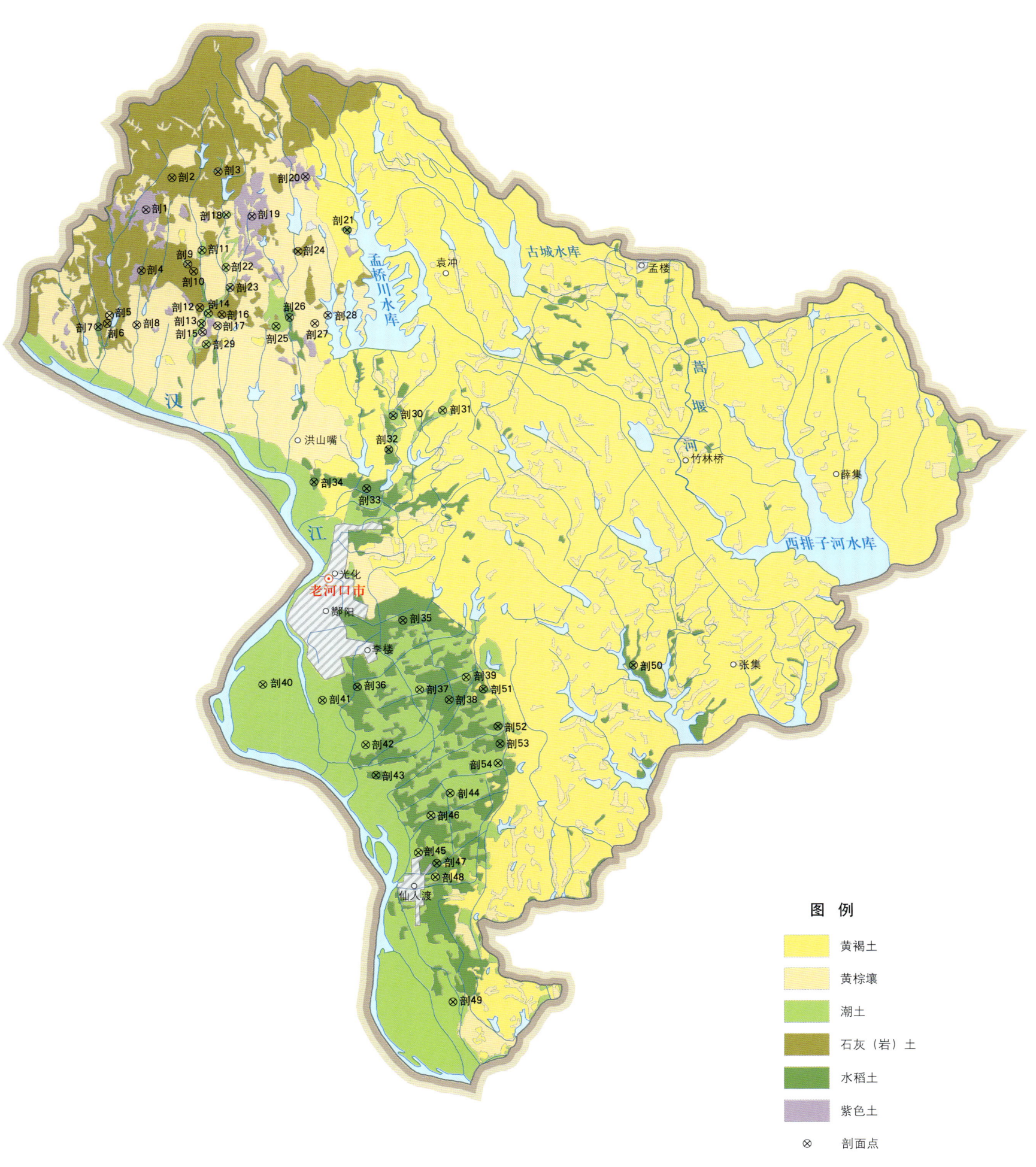

老河口市土壤剖面理化性状表

剖面号 Soil profile	土纲 Soil order	土类 Soil great group	亚类 Soil subgroup	土属 Soil genus	土种 Soil species	土层码 Layer code	土层厚度 Depth/cm	颜色 Soil color	质地 Soil texture	土壤结构 Soil structure	pH	有机质 OM/(g/kg)	全氮 TN/(g/kg)	全磷 TP/(g/kg)	全钾 TK/(g/kg)	阳离子交换量CEC/(cmol/kg)	土壤母质 Parent material	剖面点坐标 Profile coordinate	匹配指数 Matching index/%
剖1	初育土	紫色土	石灰性紫色土	灰紫色土	灰紫砂泥土	A	0—13	暗红棕色	中壤土	粒状	7.9	8.8	0.67	1.50	14.9	19.7	有石灰性反应的红砂岩和红色底砾岩	E 111°35′13.4″ N 32°33′13.4″	75
						B	13—24	红棕色	重壤土	块状	7.7	8.9	0.35		18.2	49.4			
						C	24—100	淡红棕色	重壤土	块状	7.2	1.4	0.56	1.60	18.5	48.2			
剖2	初育土	石灰（岩）土	棕色石灰土	灰棕色石灰土	灰棕色石灰土	1		棕色	中壤土	糊状	7.7	16.5	1.32	4.03	18.6	28.4	石灰岩等坡积物或残积物	E 111°36′00.2″ N 32°34′03.2″	95
						2		棕色	中壤土	糊状	7.8	14.4	5.24	4.15	19.2	28.4			
						3		暗棕色	重壤土	糊状	7.9	6.4	0.61		18.4	24.0			
剖3	人为土	水稻土	侧渗水稻土	潮土侧渗泥田	白隔淤红泥田	A	0—24	灰黄色	中壤土	糊状	6.9	5.6	0.90	0.54	15.8	16.1	近代河流冲积物	E 111°37′21.6″ N 32°34′12.4″	75
						P	24—54	黄棕色	重壤土	棱状	7.6	13.6	0.64	0.37	15.3	17.7			
						E	54—100	褐色	重壤土	块状	7.4	8.2	0.20	0.34	14.9	17.6			
剖4	初育土	石灰（岩）土	棕色石灰土	灰棕色石灰土	荒灰砾质石灰土	A	0—15	棕色	重壤土	棱块状	7.9	10.5	0.79	1.76	14.5	36.0	石灰岩等坡积物或残积物	E 111°35′04.8″ N 32°31′38.7″	75
						C	15—100	淡棕色	重壤土	棱块状	8.0	4.4	0.35	1.68	16.1	33.5			
剖5	淋溶土	黄棕壤	黄棕壤	第四纪黏土黄棕壤	黄土	A	0—10	淡棕色	重壤土	块状	6.4	8.1	0.55	0.36	18.4	21.3	第四纪红黏土	E 111°34′07.7″ N 32°30′29.3″	75
						B	10—19	淡棕色	重壤土	块状	6.0	4.3	0.37	0.39	19.1	22.7			
						C	19—100	棕色	黏土	块状	6.0	2.6	0.35	0.40	19.9	24.3			
剖6	初育土	石灰（岩）土	棕色石灰土	灰棕色石灰土	林灰棕色石灰渣子土	A	0—10	棕色	重壤土	块状	7.8	31.6	2.35	0.22	≤1.0	37.8	石灰岩等坡积物或残积物	E 111°34′03.9″ N 32°30′16.2″	75
						D	10—100	淡棕色	重壤土	块状	8.0								
剖7	人为土	水稻土	潜育水稻土	灰潮土田	灰棕砾质石灰土田	A	0—13	淡棕色	重壤土	块状	7.6	12.7	8.29	0.46	16.7	25.6	近代河流冲积物	E 111°33′47.4″ N 32°30′11.0″	75
						P	13—22	淡棕色	重壤土	块状	7.4	12.0	0.84	0.45	18.5	25.6			
						W	22—100	淡棕色	重壤土	块状	7.6	7.7	0.40	0.35	18.5	20.1			
剖8	淋溶土	黄棕壤	黄棕壤	第四纪黏土黄棕壤	面黄土	A	0—13	淡棕色	中壤土	粒状	6.9	12.2	0.95	0.63	21.7	20.6	第四纪红黏土	E 111°34′56.1″ N 32°30′14.2″	75
						B	13—34	淡棕色	重壤土	棱块状	7.6	6.3	0.58	0.48	21.3	24.6			
						C	34—100	褐灰黄色	中壤土	块状	7.5	4.0	0.38	0.41	26.3	25.0			
剖9	半水成土	潮土	潮土	壤土型潮土	深位漏砂浆泥土	A	0—17	淡棕色	重壤土	粒状	7.6	11.9	0.91		16.4	19.0	近代河流冲积物	E 111°36′27.5″ N 32°31′48.5″	75
						B₁	17—40	棕色	重壤土	粒状	7.8	6.5	0.53	0.54	17.8	18.6			
						B₂	40—78	棕色	中壤土	粒状	8.1	6.2	0.47	0.55	16.8	11.9			
						Sa	78—100	棕色	砂土	粒状	8.0								
剖10	初育土	石灰（岩）土	棕色石灰土	棕色石灰土	石灰顶褐色石灰泥土	1		棕色	重壤土	糊状	8.1	17.4	1.29	0.95	18.6	19.4	石灰岩等坡积物或残积物	E 111°36′36.0″ N 32°31′39.0″	95
						2		淡灰棕色	重壤土	块状	8.2	5.0	5.00	0.76	17.7	27.9			
						3		淡灰棕色	轻壤土	粒状	8.0	4.3	0.42	0.55	18.0	30.5			
剖11	半水成土	潮土	灰潮土	壤土型灰潮土	灰潴砂土	A	0—17	淡灰色	砂壤土	粒状		5.4	0.31		14.7	6.7	近代河流冲积物	E 111°36′52.7″ N 32°32′09.8″	75
						B	17—50	褐灰黄色	砂壤土	粒状		2.4	0.59	0.64	10.2	2.0			
						C	50—100	淡棕色	中壤土	粒状		4.5	0.26		16.7	8.4			
剖12	初育土	石灰（岩）土	棕色石灰土	棕色石灰土	林棕色石灰泥土	A	0—20	淡棕色	重壤土	棱块状	6.9	13.7	0.66	0.44	18.1	27.9	石灰岩等坡积物或残积物	E 111°36′48.1″ N 32°30′41.2″	75
						B	20—55	淡棕色	黏土	块状	7.3	4.0	0.34	0.47	16.7	27.3			
						C	55—100	淡棕色	黏土	块状	7.5	≤1.0	0.32	0.30	16.3	36.7			
剖13	半水成土	潮土	潮土	壤土型潮土	油砂土	A	0—20	褐色	轻壤土	团粒状	7.4	18.2	0.75	1.14	15.3	10.3	近代河流冲积物	E 111°36′50.6″ N 32°30′16.0″	75
						B	20—40	褐色	中壤土	块状	7.5	6.2	0.50	1.05	16.9	9.6			
						C	40—100	淡棕色	中壤土	块状	7.6	3.6	0.46		18.5	10.6			
剖14	半水成土	潮土	灰潮土	壤土型灰潮土	灰浅位砾石浅泥土	A	0—19	淡棕色	中壤土	块状	8.0	8.5	0.65	0.61	17.4	16.3	近代河流冲积物	E 111°37′03.5″ N 32°30′31.6″	75
						B	19—42	淡棕色	中壤土	块状	7.9	7.4	0.54	0.82	17.0	21.1			
						Sa	42—100	淡棕色	砾石夹砂土	粒状	7.7	11.0	0.76	0.73	17.5	27.9			

续表 Continued

剖面号 Soil profile	土纲 Soil order	土类 Soil great group	亚类 Soil subgroup	土属 Soil genus	土种 Soil species	土层码 Layer code	土层厚度 Depth/cm	颜色 Soil color	质地 Soil texture	土壤结构 Soil structure	pH	有机质 OM/(g/kg)	全氮 TN/(g/kg)	全磷 TP/(g/kg)	全钾 TK/(g/kg)	阳离子交换量CEC/(cmol/kg)	土壤母质 Parent material	剖面点坐标 Profile coordinate	匹配指数 Matching index/%
剖15	淋溶土	黄棕壤	黄棕壤	泥质岩黄棕壤	林黄泥砂土	A	0—11	黄色	重壤土	粒状	7.2	14.6	1.06	0.46	19.3	26.0	泥质岩	E 111°36′52.9″ N 32°30′04.4″	75
剖16	初育土	石灰(岩)土	棕色石灰土	灰棕色石灰土	荒灰棕色石灰渣子土	B	11—34	淡黄棕色	黏土	块状	7.5	3.8	0.27	0.56	21.4	39.8	石灰岩等坡积物或残积物	E 111°37′27.3″ N 32°30′30.0″	75
						C	34—100	淡黄棕色	黏土	棱块状	7.5	3.1	0.44	0.64	21.6	39.0			
剖17	淋溶土	黄棕壤	黄棕壤	第四纪黏土黄棕壤	马肝土	A	0—10	紫灰色	中壤土	块状	8.0						第四纪黏土	E 111°37′19.9″ N 32°30′12.3″	95
						D	10—100				8.0								
剖18	半水成土	潮土	灰潮土	壤土型灰潮土	灰油砂土	A	0—12	棕色	重壤土	粒状	7.2	12.6	0.83	0.40	18.7	20.8	近代河流冲积物	E 111°37′36.4″ N 32°33′05.1″	75
						B	12—29	暗棕色	重壤土	块状	7.2	8.4	0.59	0.39	20.5	29.3			
						C	29—100	暗棕色	重壤土	柱状	7.2	9.7	0.54	0.35	19.4	24.5			
剖19	初育土	紫色土	石灰性紫色土	灰紫色土	灰砾质紫色砂泥土	A	0—25	灰棕色	砂壤土	团粒状	8.0	7.9	0.46	0.71	17.7	5.6	有石灰性反应的红砂岩和红色底砾岩	E 111°38′21.9″ N 32°33′02.5″	95
						C	25—100	灰黄色	轻壤土	团粒状	8.0	4.5	0.29	0.74	17.6	5.3			
剖20	初育土	紫色土	石灰性紫色土	灰紫色土	灰紫泥土	A	0—17	棕色	中壤土	粒状	7.7	15.9	0.12	0.54	16.7	22.8	有石灰性反应的红砂岩和红色底砾岩	E 111°39′57.3″ N 32°34′04.6″	75
						B	17—57	棕色	中壤土	块状	8.1	4.9	0.38	0.56	14.0	25.8			
						C	57—100	红棕色	中壤土	粒状	8.0	5.2	8.41	0.39	16.1	20.3			
剖21	人为土	水稻土	潜育水稻土	灰紫泥田	灰紫泥田	A	0—13	暗红棕色	重壤土	块状	7.9	14.5	1.12	1.22	16.3	37.7	红砂岩坡积物	E 111°41′11.2″ N 32°32′40.5″	75
						B	13—24	红棕色	重壤土	棱柱状	7.7	6.0	0.56	1.05	15.5	38.4			
						C	24—100	深红棕色	重壤土	块状	7.2	6.0	0.46	0.84	15.9	40.3			
剖22	半水成土	潮土	潮土	浅潮土田	林潮泥田	A	0—15	棕色	中壤土	粒状	8.0	11.3				25.1	近代河流冲积物	E 111°37′35.5″ N 32°31′42.9″	75
						P	15—23	暗棕色	黏土	块状	7.8	8.6	0.59	0.50	18.2	26.9			
						W	23—100	黄黄色	黏土	块状	7.9	6.7	0.52	0.34	19.4	24.2			
剖23	半水成土	潮土	潮土	壤土型潮土	渗泥土	A	0—21	褐色	中壤土	块状	6.8	13.6	0.84	0.50	15.3	17.0	近代河流冲积物	E 111°37′42.1″ N 32°31′12.0″	75
						B	18—50	淡黄棕色	重壤土	粒状	6.8	10.4	0.62	0.48	14.7	17.3			
						C	50—100	暗黄棕色	轻壤土	梭块状	7.5	4.0	0.31	0.35	15.0	16.3			
剖24	初育土	石灰(岩)土	棕色石灰土	灰棕色石灰土	砾质黄土	A	0—17	淡黄棕色	重壤土	粒状	7.7	12.1	0.93	0.38	16.9	44.9	石灰岩等坡积物或残积物	E 111°39′43.4″ N 32°32′07.9″	75
						C	17—100	白色	中壤土	块状	8.1	2.8	0.24	0.69	12.8	41.7			
剖25	半水成土	潮土	灰潮土	壤土型灰潮土	灰深位灰石渗泥土	A	0—13	棕色	中壤土	块状	7.9	7.1	0.59	0.52	17.4	22.0	第四纪黏土	E 111°39′03.4″ N 32°30′11.3″	75
						B_1	13—30	棕色	中壤土	块状	7.9	5.1	0.40	0.49	17.7	20.0			
						B_2	30—78	棕色	中壤土	块状	7.9	4.5	0.37	0.64	16.7	12.9			
						Sb	78—100	棕色	砂壤土	粒状	8.0								
剖26	人为土	水稻土	淹育水稻土	浅潮土田	浅老黄土田	A	0—18	暗黄棕色	重壤土	粒状	7.3	10.9	0.82	0.37	14.4	26.9	近代河流冲积物	E 111°40′36.2″ N 32°30′25.0″	75
						P	18—45	淡黄棕色	重壤土	块状	7.4	9.2	0.80	0.39	15.5	27.9			
						C	45—100	淡黄棕色	黏土	柱状	7.7	5.9	0.49	0.27	15.2	27.0			
剖27	淋溶土	黄棕壤	黄棕壤	第四纪黄土黄棕壤	砾质黄土	A	0—13	棕色	重壤土	粒状	7.4	7.1	0.54	0.26	24.0	44.9	第四纪黏土	E 111°40′12.9″ N 32°30′15.5″	95
						B	13—38	淡棕色	重壤土	块状	7.2	2.5	0.25	0.27	23.9	44.2			
						C	38—100	淡棕色	中壤土	块状	7.0	2.6	0.22	0.35	23.1	44.2			
剖28	人为土	水稻土	潜育水稻土	灰潮土田	灰潮白善土田	A	0—14	暗灰色	中壤土	块状	7.6	10.7	0.75	0.30	17.6	15.3	近代河流冲积物	E 111°40′36.2″ N 32°30′28.0″	75
						P	14—21	淡灰色	重壤土	块状	7.4	4.6	0.67	0.32	19.7	17.5			
						W	21—49	暗灰色	重壤土	块状	7.3	8.8	0.71	0.37	20.1	21.8			
						C	49—100	灰黄色	轻壤土	块状	8.0		0.66		21.9	21.6			
剖29	半水成土	潮土	灰潮土	灰深位漏砂渗泥土	灰深位漏砂渗泥土	A	0—20	紫色	砂土	粒状		11.6	0.81	0.73	19.8	11.5	近代河流冲积物	E 111°36′58.9″ N 32°29′43.1″	75
						Sa	20—100	灰灰色	砂土	粒状	8.0	11.6	0.78	0.76	20.7	11.8			
剖30	半水成土	潮土	潮土	壤土型灰潮土	荒灰砾砂土	A	0—10	灰灰色	砂土	粒状	8.0						近代河流冲积物	E 111°42′31.1″ N 32°27′50.5″	95
						C	10—100	褐灰色	砂土	粒状	8.0								

续表 Continued

剖面号 Soil profile	土纲 Soil order	土类 Soil great group	亚类 Soil subgroup	土属 Soil genus	土种 Soil species	土层码 Layer code	土层厚度 Depth/cm	颜色 Soil color	质地 Soil texture	土壤结构 Soil structure	pH	有机质 OM/(g/kg)	全氮 TN/(g/kg)	全磷 TP/(g/kg)	全钾 TK/(g/kg)	阳离子交换量CEC/(cmol/kg)	土壤母质 Parent material	剖面点坐标 Profile coordinate	匹配指数 Matching index/%
剖31	半水成土	潮土	灰潮土	壤土型灰潮土	林灰浅位漏砂潴泥土	A	0—20	栗色	轻壤土	粒状	7.9	4.5	0.23	0.71	14.9	4.5	近代河流冲积物	E 111°43′58.3″ N 32°27′58.2″	75
						C	20—52	灰黄色	砂壤土	粒状	7.8	12.6	0.37	0.68	14.4	5.3			
						Sa	52—100	淡灰色	砂土	粒状	7.6								
剖32	人为土	淹育水稻土		浅潮土田	浅潴砂泥田	A	0—14	灰黄色	中壤土	粒状	7.9	7.1	0.55	0.43	15.8	18.3	近代河流冲积物	E 111°42′22.8″ N 32°26′57.3″	95
						P	14—22	褐色	中壤土	块状	7.9	5.3	9.41	0.51	16.7	21.1			
						B	22—34	黄棕色	中壤土	块状	7.9	4.3	0.36	0.60	16.6	21.8			
						C	34—100	棕色	轻壤土	粒状	6.8								
剖33	人为土	潜育水稻土		潮土田	浅位薄层夹油砂土田	A	0—15	灰黄色	轻壤土	团粒状	7.9	10.4	0.67	0.64	15.7	13.5	近代河流冲积物	E 111°41′42.6″ N 32°25′57.1″	95
						P	15—25	褐色	中壤土	块状	7.9	9.9	0.62	0.70	15.4	13.0			
						Sa	25—35	灰白色	砂土	粒状	7.8	5.9	0.39	0.52	16.4	18.5			
						W	35—100	淡黄棕色	中壤土	块状	7.8	4.2	0.29	0.43	16.1	21.7			
剖34	人为土	潜育水稻土		潮土田	老黄土田	A	0—13	灰黄色	重壤土	块状	6.8	15.6					近代河流冲积物	E 111°40′09.5″ N 32°26′07.6″	95
						P	13—23	棕色	重壤土	棱块状	7.2								
						W	23—100	灰黄棕色	重壤土	粒状	6.4								
剖35	人为土	淹育水稻土		浅灰潮土田	灰茂老黄土田	A	0—13	暗黄棕色	重壤土	粒状	7.7	15.6	1.01	0.59	18.6	16.1	近代河流冲积物	E 111°42′45.3″ N 32°22′30.4″	95
						P	13—39	暗黄棕色	中壤土	块状	8.1	7.9	0.44	0.51	18.9	18.7			
						B	39—61	暗黄棕色	砂土	粒状	8.1	6.1	0.47	0.52	17.1	23.8			
						C	61—100	灰黄棕色	中壤土	块状	7.9	6.6	0.47	0.40	17.9	18.0			
剖36	人为土	淹育水稻土		浅灰潮土田	灰浅位深位石潴漏泥土田	A	0—19	淡灰色	中壤土	块状	7.7	20.1	0.64	0.63	17.3	7.3	近代河流冲积物	E 111°41′23.2″ N 32°20′46.7″	95
						Pg	19—58	暗棕色	中壤土		8.3	9.6	0.77	0.72	17.1	2.6			
						C	58—90	暗棕色	砂壤土		8.2	12.7	0.87	0.80	16.5	2.3			
剖37	半水成土	灰潮土		壤土型灰潮土	灰浅薄位厚层夹砂堆油土	A	0—13	暗黄棕色	重壤土	粒状	7.6	7.4	0.58	0.78	15.2	8.0	近代河流冲积物	E 111°43′13.9″ N 32°20′41.7″	95
						C₁	13—47	棕灰色	中壤土	块状	7.9	7.1	0.55	0.56	17.5	8.5			
						Sa	47—83	淡灰色	砂土	块状	8.0	4.2	0.26	0.55	15.8	6.8			
						C₂	83—100	淡灰色	中壤土	块状	7.8	1.4	0.65	0.48	15.9	2.7			
剖38	人为土	淹育水稻土		黄棕壤性第四纪红黏土黄土田	黄土田	A	0—15	淡棕色	重壤土	块状	7.2	13.5	0.95	0.47	17.3	46.4	第四纪黏土	E 111°44′06.2″ N 32°20′25.4″	95
						P	15—25	淡棕色	重壤土	块状	7.6	11.5	0.73	0.48	17.2	22.7			
						W	25—51	淡棕色	砂壤土	块状	7.2	6.6	0.47	0.36	16.9	27.1			
						C	51—100	淡棕色	重壤土	块状	7.1	6.7	0.50	0.38	17.5	21.3			
剖39	半水成土	潮土		砂土型灰潮土	深位薄层夹砂泥土	A	0—20	棕色	中壤土	粒状	7.5	11.0	0.70	0.59	16.5	19.4	近代河流冲积物	E 111°44′36.6″ N 32°20′51.9″	95
						B	20—70	棕色	砂土	块状	7.7	3.6	0.36	0.47	15.4	21.7			
						Sa	70—80	灰白色	砂土	块状	7.7	3.2	0.28	0.45	15.3	21.2			
						C	80—100	灰黄色	中壤土	块状	7.8	4.3	0.32	0.48	17.0	20.7			
剖40	半水成土	潮土		砂土型灰潮土	灰砂土	A	0—27	灰黄色	砂土	块状	8.0	8.2	0.45	0.66	16.5	5.3	近代河流冲积物	E 111°38′35.7″ N 32°20′51.9″	95
						C₁	27—77	灰黄色	轻壤土	块状	8.0	7.1	0.36	0.67	14.9	4.7			
						C₂	77—100	暗黄棕色	轻壤土	块状	8.0	1.4	≤0.10	0.41	14.4	≤1.0			
剖41	半水成土	潮土		壤土型灰潮土	灰浅位油砂土	A	0—17	暗黄棕色	轻壤土	块状	8.2	9.6	0.68	0.77	17.7	1.3	近代河流冲积物	E 111°40′21.2″ N 32°20′25.7″	95
						B	17—26	褐色	中壤土	块状	8.2	8.3	0.49	0.64	18.4	8.6			
						Sa	26—100	灰白色	砂土	块状	8.1	4.1	0.21	0.79	14.0	1.6			
剖42	半水成土	潮土		壤土型潮土	林灰飞砂土	A	0—100	灰白色	砂土	粒状	8.0	3.0	0.15	0.45	14.3	1.8	近代河流冲积物	E 111°41′37.3″ N 32°19′15.7″	95
剖43	人为土	水稻土	潜育水稻土	潮土田	湖白善土田	A	0—14	褐色	轻壤土	团粒状	7.3	8.3	1.09	0.66	20.1	16.2	近代河流冲积物	E 111°41′55.2″ N 32°18′28.2″	95
						P	14—24	淡灰色	中壤土	块状	7.7	14.0	0.98	0.67	22.1	16.8			
						W	24—100	褐色	重壤土	棱块状	7.5	9.2	0.69	1.50	21.3	18.0			

续表 Continued

剖面号 Soil profile	土纲 Soil order	土类 Soil great group	亚类 Soil subgroup	土属 Soil genus	土种 Soil species	土层码 Layer code	土层厚度 Depth/cm	颜色 Soil color	质地 Soil texture	土壤结构 Soil structure	pH	有机质 OM/(g/kg)	全氮 TN/(g/kg)	全磷 TP/(g/kg)	全钾 TK/(g/kg)	阳离子交换量CEC/(cmol/kg)	土壤母质 Parent material	剖面点坐标 Profile coordinate	匹配指数 Matching index/%
剖44	半水成土	潮土	潮土	壤土型潮土	潮白善土	A	0—13	灰白色	轻壤土	团粒状	7.6						近代河流冲积物	E 111°44′06.4″ N 32°17′59.0″	95
						B	13—21	灰白色	中壤土	块状	7.6								
						C₁	21—47	灰白色	中壤土	块状	7.6								
						C₂	47—100	灰白色	重壤土	棱块状	8.0								
剖45	半水成土	潮土	灰潮土	壤土型灰潮土	灰浅位漏砂淤泥土	A	0—17	淡棕色	中壤土	粒状	8.0	8.4	0.70	0.40	19.3	25.8	近代河流冲积物	E 111°43′09.0″ N 32°16′26.5″	95
						B	17—31	棕色	中壤土	块状	8.1	5.3	0.41	0.42	16.8	7.8			
						Sa	31—100	棕色	砂土	粒状	8.0	5.7	0.42	0.38	17.5	1.3			
剖46	半水成土	潮土	潮土	黏土型潮土	老黄土	A	0—20	栗色	重壤土	块状	7.9	10.7	0.78	1.00	18.2	26.0	近代河流冲积物	E 111°43′32.3″ N 32°17′24.2″	95
						B	20—64	黄棕色	黏土	粒状	7.3	8.0	0.36	0.36	17.6	23.5			
						C	64—100	棕色	重壤土	块状	7.1	1.7	0.60	0.39	19.1	32.6			
剖47	人为土	水稻土	淹育水稻土	浅位潮土田	灰浅位薄层灰砂老黄土田	A	0—14	淡灰色	重壤土	粒状		7.2	0.84	0.50	18.9	19.6	近代河流冲积物	E 111°43′41.6″ N 32°16′09.9″	95
						B	14—32	淡灰色	重壤土	块状		13.5	0.91	0.43	17.2	19.0			
						Sa	32—55	棕色	轻壤土	粒状		7.6	0.57	0.35	18.4	21.8			
						W	55—100	棕色	中壤土	块状		3.5	0.37	0.30	15.9	20.8			
剖48	半水成土	潮土	灰潮土	壤土型灰潮土	灰潮白善土	A	0—21	淡灰色	轻壤土	团粒状	8.0	12.7	0.59	0.49	16.3	12.6	近代河流冲积物	E 111°43′38.6″ N 32°15′48.3″	95
						B	21—45	淡灰色	重壤土	棱块状	7.9	7.5	0.51	0.23	18.2	13.7			
						C	45—100	灰白色	黏土	块状	7.6	6.9	0.45	0.29	19.5	13.8			
剖49	半水成土	潮土	灰潮土	壤土型灰潮土	灰深位漏砂油砂土	A	0—18	暗棕色	轻壤土	粒状	7.2	11.8	0.83	0.92	17.5	1.2	近代河流冲积物	E 111°44′07.8″ N 32°12′35.0″	95
						B	18—81	褐色	轻壤土	块状	7.9	10.5	0.36	0.69	16.3	6.9			
						Sa	81—100	淡灰色	砂土	粒状	7.8								
剖50	人为土	水稻土	潜育水稻土	黄棕壤性黄褐土岗黄土田	岗黄泥田	A	0—17	棕灰色	重壤土	粒状	7.1	9.2	0.73	0.35	17.6	22.5	黄褐色黏土	E 111°49′34.0″ N 32°21′18.5″	95
						P	17—29	褐灰色	重壤土	块状	7.4	12.9	0.81	0.41	17.7	22.4			
						W	29—59	暗黄棕色	重壤土	棱块状	8.0	8.5	0.33	0.46	17.6	22.7			
						C	59—100	灰黄棕色	重壤土	块状	8.0	6.1	0.49	0.35	18.4	24.4			
剖51	人为土	水稻土	潜育水稻土	灰潮土田	灰油砂土田	A	0—18	淡灰色	轻壤土	粒状	7.9	12.3	0.98	0.62	17.6	14.7	近代河流冲积物	E 111°45′07.0″ N 32°20′42.5″	95
						P	18—26	褐色	中壤土	块状	7.8	9.5	0.68	0.40	18.4	17.8			
						W	26—100	褐色	中壤土	块状	7.8	8.0	0.57	0.42	20.7	18.5			
剖52	人为土	水稻土	潜育水稻土	黄棕壤性第四纪黏土黄土田	砾质黄土田	A	0—14	褐色	重壤土	粒状	7.4	13.6	0.96	0.52	17.3	23.5	第四纪黏土	E 111°45′32.2″ N 32°19′43.4″	95
						P	14—26	棕色	重壤土	块状	7.5	6.1	0.73	0.48	17.1	22.4			
						W	26—100	淡棕色	重壤土	团粒状	6.9	4.8	0.49	0.43	16.6	19.5			
剖53	人为土	水稻土	潜育水稻土	棕色石灰土田	灰棕色石灰泥田	A	0—16	灰白色	重壤土	柱状	7.9	17.8	≤0.10	0.33	14.9	19.6	石灰岩坡积物	E 111°45′35.6″ N 32°19′16.1″	95
						P	16—26	灰棕色	重壤土	团块状	8.0	12.6	0.82	0.31	14.8	20.8			
						W	26—100	灰棕色	重壤土	团块状	8.1	9.4	0.66	0.35	15.6	23.4			
剖54	半水成土	潮土	潮土	壤土型潮土	黑黏土底淤泥土	A	0—14	棕色	中壤土	粒状	6.9	8.5	0.55	0.31	15.2	18.4	近代河流冲积物	E 111°45′31.8″ N 32°18′45.2″	95
						B	14—33	棕色	黏土	块状	7.3	6.9	0.53	0.30	17.5	24.4			
						C	33—100	褐棕色	重壤土	块状	7.2	6.4	0.41	0.45	14.6	27.5			

枣 阳 市

主要土类说明

黄棕壤是枣阳市主要土壤类型，占本市地域面积的 32%。黄棕壤是在亚热带生物气候条件下形成的地带性土壤，在发生学和分布上均表现出明显的南北过渡性。成土母质比较复杂，主要有第四纪下蜀系黏土沉积物、花岗岩、云母石英片麻岩、千枚岩、硅质灰岩、大理石含磷灰岩、板岩、绿色石英片岩、绿泥石片岩等。表土层呈黄棕色或灰棕色；心土层呈黄棕色或红棕色，质地黏重，呈块状或棱块状结构，结构体表面有棕色或暗棕色胶膜，或有铁锰结核。土壤 pH 为 6.5—7.5。

水稻土是枣阳市第二大土壤类型，占本市地域面积的 31%，在低山、丘陵、岗地、河地、平原均有分布。水稻土是在人为长期水耕熟化，以栽培水稻为主的过程中形成的具有独特性状的土类。在长期耕作、施肥和灌溉条件下，由于还原淋溶和氧化淀积等作用，水稻土形成了特有的剖面结构和发生层次，如耕作层、犁底层、淀积层、潴育层、潜育层和母质层等。典型的水稻土剖面应具有淹育层、渗育层、潴育层和潜育层四种层次。水稻种植期间，土壤长期处于湿润状态，缺乏空气，在这样的嫌气条件下，好气性微生物活动微弱，嫌气性微生物活性较强，有利于土壤中有机质的累积。本市水稻土按水型分为淹育型、潴育型和潜育型三个亚类。

黄褐土是枣阳市第三大土壤类型，占本市地域面积的 30%。黄褐土地处北亚热带，是黄棕壤向褐土过渡的土壤类型。该土壤土体中游离碳酸钙已不复存在，土壤呈灰黄棕色，在底部可散见圆形石灰结核。土壤黏化淀积明显，B 层黏聚，黏粒硅铝率在 3.0 左右，表层 pH 为 6.0—6.8，底层 pH 为 7.5，盐基饱和度为 70%—80%，由表层向底层逐渐趋向饱和。

小于本市地域面积 3% 的土壤类型有潮土、砂姜黑土等。

本区域中心区气候特征

本区域中心区气候特征值
Regional climate characteristics in central area of the region

气候带：北亚热带湿润气候 Climate region: North subtropical humid climate	
年平均气温 /℃ Annual average temperature /℃	15.6
年平均最高气温 /℃ Annual average maximum temperature /℃	20.6
年平均最低气温 /℃ Annual average minimum temperature /℃	11.6
年降水量 /mm Annual precipitation /mm	992
≥10℃的积温 /℃ Daily temperature accumulated in a year (≥10℃) /℃	5707
年日照时数 /h Annual sunshine /h	1857
年平均相对湿度 /% Annual average relative humidity /%	75
干燥度 Dryness	0.95

本区域中心区月平均气温与月平均降水量
Monthly temperature and precipitation in central area of the region

枣阳市主要土壤类型与土壤剖面点分布图
1:290 000

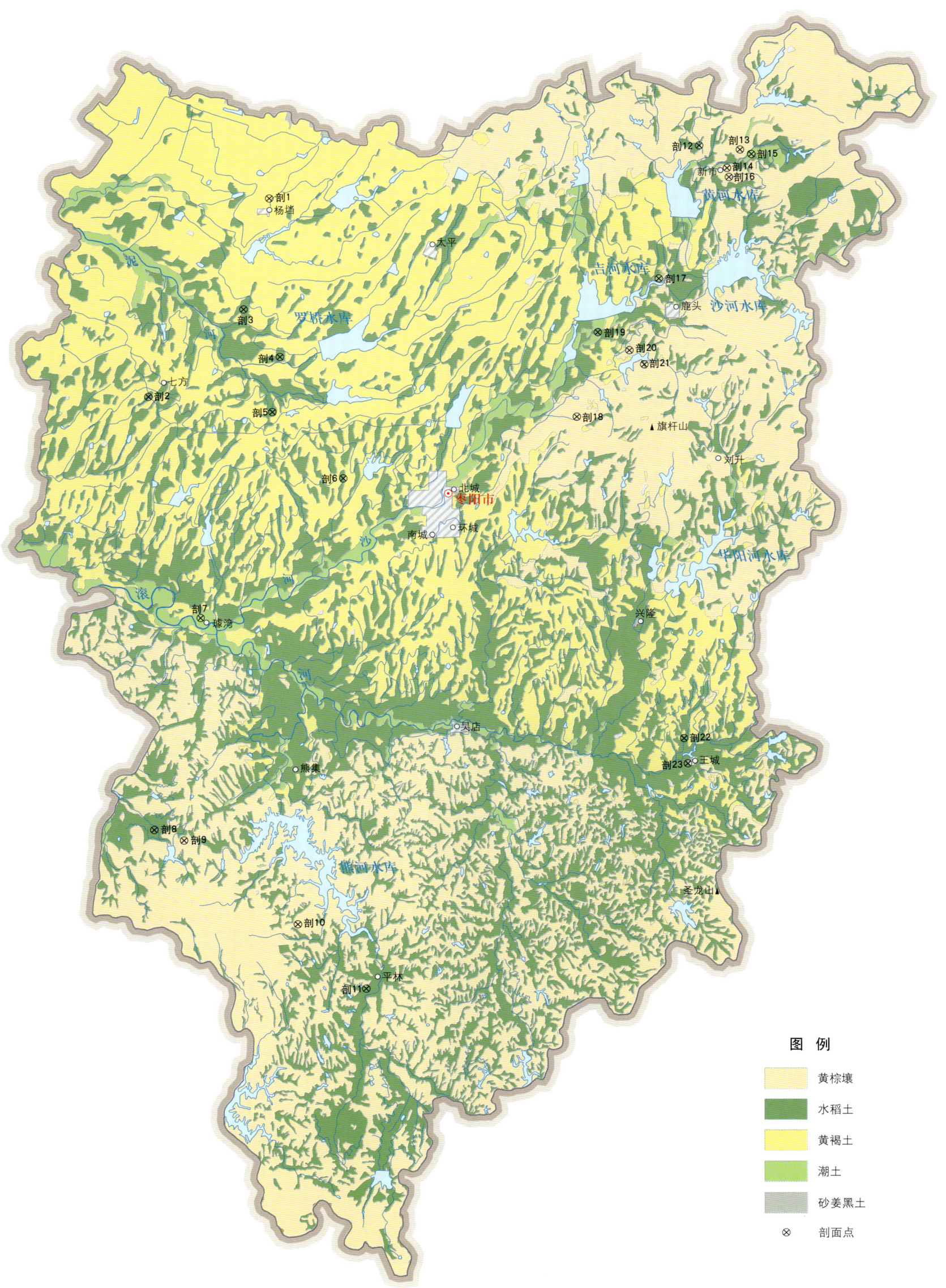

枣阳市土壤剖面理化性状表

剖面号 Soil profile	土纲 Soil order	土类 Soil great group	亚类 Soil subgroup	土属 Soil genus	土种 Soil species	土层码 Layer code	土层厚度 Depth/cm	颜色 Soil color	质地 Soil texture	土壤结构 Soil structure	pH	有机质 OM/(g/kg)	全氮 TN/(g/kg)	全磷 TP/(g/kg)	全钾 TK/(g/kg)	阳离子交换量CEC/(cmol/kg)	土壤母质 Parent material	剖面点坐标 Profile coordinate	匹配指数 Matching index/%
剖1	淋溶土	黄褐土	黄褐土	第四纪黏土黄褐土	岗黄土	A	0—17	黄棕色	壤质黏土	粒状	6.9	14.5	0.72	0.35	19.8	24.9			95
						B	17—40	黄棕色	黏土	块状	6.8	11.6	0.24	0.24	24.2	23.7			
						C	40—100	暗黄棕色	壤质黏土	块状	6.9	10.0	0.44	0.44	24.3	25.1			
剖2	人为土	水稻土	潴育水稻土	黄褐土性岗黄土田	岗黄土田	A	0—14	黄棕色	中壤土	粒状	7.0	16.1	0.90	0.64	13.7	23.0	第四纪黏褐色黏土	E 112°38′28.6″ N 32°19′08.3″	95
						P	14—22	黄棕色	中壤土	块状	7.3	11.3	0.78	0.47	15.3	22.0			
						W	22—58	灰棕色	重壤土	块状	7.6	8.5	0.61	0.45	14.3	31.0			
						We	58—100	灰黄色	轻壤土	粒状	7.5	4.2	0.35	0.41	22.0	18.0			
剖3	人为土	水稻土	淹育水稻土	浅潮土田	浅砂泥田	A	0—15	灰棕色	轻壤土	粒状	6.8	10.7	0.65	0.92	10.0	12.0	近代河流冲积物	E 112°37′19.2″ N 32°14′55.7″	95
						P	15—33	灰棕色	中壤土	块状	7.3	7.0	0.42	1.02	7.4	13.0			
						B	33—59	棕色	中壤土	块状	7.6	5.8	0.41	1.03	14.4	17.0			
						C	59—100	黄棕色	中壤土	块状	7.6	5.5	0.30	1.17	19.8	18.0			
剖4	人为土	水稻土	潴育水稻土	黄棕壤性白砂土田	白砂土田	A	0—18	棕灰色	轻壤土	粒状	7.0	10.3	0.52	0.21	15.9	6.7	砂岩、花岗岩、云母片麻岩风化坡积物	E 112°38′49.2″ N 32°13′06.2″	95
						P	18—35	灰棕色	轻壤土	核状	8.4	6.2	0.38	0.16	14.2	6.7			
						W	35—58	灰棕色	中壤土	核状	6.7	6.2	0.25	0.12	12.7	10.4			
						C	58—100	棕黄色	重壤土	核状	6.5	5.2	0.25	0.24	13.6	18.5			
剖5	人为土	水稻土	淹育水稻土	潮土田	淤泥土田	A	0—12	黄棕色	中壤土	粒状	6.7	11.2	0.45	0.28	19.0	13.8	河流冲积物	E 112°38′27.6″ N 32°11′01.7″	95
						P	12—24	灰褐色	重壤土	块状	6.8	8.5	0.34	0.26	17.6	10.8			
						W₁	24—74	黄褐色	重壤土	块状	6.8	8.6	0.30	0.21	17.3	18.0			
						W₂	74—100	黄红色	重壤土	块状	6.4	6.0	0.30	≤0.10	19.5	20.4			
剖6	人为土	水稻土	潴育水稻土	浅黄棕壤性黄泥田	浅黄泥田	A	0—17	栗色	重壤土	粒状	7.0	23.4	1.29	0.70	17.7	18.4	第四纪黏土和泥质岩坡积物	E 112°41′30.1″ N 32°08′27.7″	95
						P	17—26	褐黄色	重壤土	块状	7.2	6.1	0.43	0.51	17.2	24.1			
						C	26—100	淡棕色	重壤土	块状	7.2	17.0	1.04	0.70	17.3	20.1			
剖7	半成土	潮土	潮土	砂土型潮土	飞砂土	A	0—30	棕灰色	砂壤土	粒状	6.7	7.8	0.38	0.54	10.2	7.2	近代河流冲积物	E 112°35′25.5″ N 32°03′11.0″	95
						C	30—100	黄棕色	中壤土	粒状	6.9	6.4	0.15	0.52	11.6	6.6			
剖8	人为土	水稻土	潴育水稻土	黄棕壤性黄泥砂土田	黄砂泥土田	A	0—19	黄棕色	中壤土	粒状	6.7	26.3	1.49	0.46	12.0	12.5	泥质岩风化坡积物	E 112°33′08.3″ N 31°55′10.6″	95
						P	19—33	黄褐色	中壤土	块状	7.0	14.5	0.90	0.37	15.0	15.0			
						W	33—52	灰棕色	中壤土	碎块状	7.0	8.4	0.53	0.33	15.8	14.4			
						C	52—100	黄棕色	中壤土	粒状	6.9	9.5	0.43	0.42	15.6	9.8			
剖9	黄棕壤	黄棕壤	黄棕壤	第四纪黏土黄棕壤	面黄土	A	0—17	棕色	重壤土	粒状	6.9	11.8	0.50	0.46	10.8	11.1	第四纪黏土沉积物和各种岩石风化坡积物	E 112°34′24.7″ N 31°54′45.8″	95
						B₁	17—35	棕色	重壤土	块状	7.0	7.0	0.37	0.37	10.5	13.8			
						B₂	35—66	灰棕色	重壤土	块状	6.9	9.4	0.45	0.45	11.9	12.5			
						C	66—100	栗棕色	重壤土	块状	6.9	8.1	0.37	0.36	13.8	18.5			
剖10	淋溶土	黄棕壤	黄棕壤	黄棕壤性土	红石渣子土	A	0—11	紫棕色	砂壤土	粒状	6.9	10.0	0.36	0.59	12.9	7.0	岩石半风化物	E 112°39′15.1″ N 31°51′30.1″	95
						D	11—100	暗紫	轻壤土		6.9	6.0	0.33	0.23	17.2	9.0			
剖11	人为土	水稻土	淹育水稻土	浅黄棕壤性黄砂泥田	浅黄砂泥土田	A	0—11	黄棕色	轻壤土	粒状	6.9	22.6	1.04	0.58	10.0	11.8	泥质岩风化坡积物	E 112°42′08.3″ N 31°49′02.2″	95
						P	11—23	黄棕色	轻壤土	粒状	6.9	14.3	0.77	0.47	9.6	13.1			
						C₁	23—53	棕黄色	中壤土	粒状	7.0	≤1.0	0.39	0.27	19.6	11.1			
						C₂	53—100	淡红棕色	中壤土	粒状	6.9	4.6	0.36	0.26	10.9	11.1			
剖12	人为土	水稻土	潴育水稻土	黄褐土性岗黄土田	黑石田	A	0—12	深栗色	中壤土	粒状	6.7	20.3	0.88	0.19	14.4	28.2	第四纪黏褐色黏土	E 112°57′04.5″ N 32°20′58.7″	95
						P	12—24	黑灰色	重壤土	块状	6.7	23.0	0.79	0.15	15.1	33.9			
						W	24—56	黑灰色	重壤土	块状	6.8	17.4	0.65	0.15	15.7	33.1			
						C	56—100		黏土	块状	6.9	23.3	0.74	0.35	16.5	47.7			

续表 Continued

剖面号 Soil profile	土纲 Soil order	土类 Soil great group	亚类 Soil subgroup	土属 Soil genus	土种 Soil species	土层码 Layer code	土层厚度 Depth/cm	颜色 Soil color	质地 Soil texture	土壤结构 Soil structure	pH	有机质 OM/(g/kg)	全氮 TN/(g/kg)	全磷 TP/(g/kg)	全钾 TK/(g/kg)	阳离子交换量CEC/(cmol/kg)	土壤母质 Parent material	剖面点坐标 Profile coordinate	匹配指数 Matching index/%
剖13	淋溶土	黄棕壤	黄棕壤	酸性结晶岩黄棕壤	白砂土	A	0—28	棕灰色	砂土	无结构	6.5	14.2	0.45	2.02	20.7	12.5		E 112°58′49.8″ N 32°20′48.1″	95
						C	28—100	黄棕色	稻砂土	块状	6.5	6.9	0.87	2.57	22.3	13.9			
剖14	淋溶土	黄棕壤	黄棕壤	第四纪黏土黄棕壤	黄土	A	0—19	淡红棕色	重壤土	粒状	6.8	13.6	0.74	0.38	12.5	24.3	第四纪黏土沉积物和各种岩石风化坡积物	E 112°58′15.6″ N 32°20′06.7″	95
						B	19—38	深红色	重壤土	块状	6.8	10.8	0.53	0.33	12.9	28.5			
						C	38—100	棕色	重壤土	大块状	6.8	10.4	0.56	0.31	15.4	31.8			
剖15	半水成土	潮土	潮土	砂土型潮土	砂土	A	0—21	淡棕黄色	砂土	粒状	6.7	8.5	0.34	0.27	8.0	11.0	近代河流冲积物	E 112°59′19.2″ N 32°20′37.8″	75
						Bsb	21—30	紫棕色	砂土	块状	7.2	3.7	0.53	0.41	6.7	10.0			
						C₁sb	30—90	紫棕色	稻砂土	块状	7.4	5.4	0.36	0.27	9.2	14.0			
						C₂sb	90—100	黄棕色	轻壤土	块状	7.3	6.3	0.68	0.41	6.9	17.0			
剖16	淋溶土	黄棕壤	黄棕壤性土	黄棕壤性土	黄石渣子土	A	0—34	黄褐黄色	中壤土	粒状	7.0	2.8	0.11	0.94	19.3	7.6	坡积物、残积物	E 112°58′20.7″ N 32°19′46.0″	95
						C	34—52	黄褐色	砂土		6.8	15.7	0.57	0.27	12.4	7.8			
						D	52—100	黄棕色			6.8	7.4	0.30	0.49	19.2	12.0			
剖17	半水成土	潮土	潮土	壤土型潮土	淤泥土	A	0—18	黄褐色	轻壤土	粒状	6.8	9.7	0.67	1.70	27.3	4.2	近代河流冲积物	E 112°55′14.4″ N 32°15′55.7″	95
						C₁	18—40	黄棕色	轻壤土	粒状	7.0	6.9	0.58	1.71	23.4	7.5			
						C₂	40—100	灰棕色	轻壤土	块状	7.1	6.0	0.41	1.79	9.3	12.0			
剖18	淋溶土	黄棕壤	黄棕壤性土	黄棕壤性土	滑石土	A	0—13	黄白色	轻壤土	无结构	6.4	9.8	0.21	0.62	18.5	9.8	白云母片岩及滑石残积物、坡积物	E 112°51′36.6″ N 32°10′43.1″	95
						C	13—25	棕黄色		无结构	6.4	6.8	0.17	1.33	23.7	19.6			
						D₁	25—90	淡黄色		无结构	6.9	15.0	0.83	0.51	18.3	18.8			
						D₂	90—100	灰白色		无结构	7.0	7.3	0.23	0.22	15.5	8.3			
剖19	人为土	水稻土	潜育水稻土	青泥田	青泥田	A	0—9	灰栗色	重壤土	粒状	6.9	30.3	0.88	0.46	15.5	23.1	各类母岩的风化残积物	E 112°52′34.5″ N 32°13′54.8″	95
						Pg	9—35	深灰色	黏土	块状	6.9	24.7	1.35	0.50	15.0	22.9			
						G	35—100	灰蓝色	黏土	无结构	6.9	7.6	0.46	0.34	13.8	21.5			
剖20	淋溶土	黄棕壤	黄棕壤性土	黄棕壤性土	白石渣子土	A	0—7	棕灰色	轻壤土	粒状	6.6	5.0	0.29	0.16	10.5	5.3		E 112°53′55.7″ N 32°13′12.8″	95
						D	7—100	灰灰色											
剖21	人为土	水稻土	潴育水稻土	黄褐土性岗黄土田	岗黄土田	A	0—14	暗棕褐色	壤质黏土	粒状							第四纪黄褐色黏土	E 112°54′33.4″ N 32°12′40.0″	95
						P	14—23	灰黄棕色	壤质黏土	块状									
						W₁	23—41	暗黄棕色	黏土	块状									
						W₂	41—100	褐棕色	粉砂质黏土	块状									
剖22	人为土	水稻土	淹育水稻土	浅黄棕壤红砂土田	浅红砂泥土田	A	0—15	暗棕红色	中壤土	粒状	6.9	19.3	1.43	0.38	13.1	13.6	红砂岩风化物	E 112°55′59.9″ N 31°58′24.5″	95
						P	15—31	暗棕红色	黏土	块状	6.3	15.9	1.03	0.37	13.6	13.3			
						C	31—100	暗棕红色	黏土	块状	7.0	7.5	0.45	0.35	13.0	14.4			
剖23	人为土	水稻土	潴育水稻土	黄棕壤黄土田	白善土田	A	0—14	棕灰色	轻壤土	粒状	5.6	12.5	0.82	0.26	9.3	13.0		E 112°56′08.2″ N 31°57′27.0″	95
						P	14—19	棕灰色	中壤土	块状	5.9	16.2	0.53	0.27	9.3	11.0			
						W	19—37	棕灰色	中壤土	块状	6.1	7.8	0.38	0.21	8.9	23.0			
						C	37—100	灰灰色	重壤土	块状	6.3	5.5	0.38	0.15	10.6	25.0			

宜 城 市

主要土类说明

水稻土是宜城市主要土壤类型，占本市地域面积的46%。水稻土是在长期季节性淹灌、水下翻耕、季节性脱水、氧化还原交替影响下，原来成土母质或母土的特性发生重大改变，形成的新的土壤类型。由于干湿交替，水稻土形成糊状淹育层、较坚实板结的犁底层、渗育层、潴育层与潜育层等多种发生层。这些不同发生层是在人为耕作、水浆管理下形成的。

黄棕壤是宜城市第二大土壤类型，占本市地域面积的17%。黄棕壤发生于亚热带暖湿落叶阔叶林下，弱度富铝化，主要由砂页岩及花岗岩风化物发育而成，黏聚现象明显，呈黄棕色。黄棕壤具 A–B–C 或 A–（B）–C 剖面构型，黏粒硅铝率在 2.5 左右，铁的游离度较红壤低，B 层交换性酸大于 A 层。土壤 pH 为 5.5—6.0。

石灰（岩）土是宜城市第三大土壤类型，占本市地域面积的11%。石灰（岩）土发生于热带、亚热带石灰岩山区，是石灰岩经溶蚀风化形成的厚薄不同的钙质饱和或含游离钙质的土壤，多见于石隙、溶洞或峰丛底部。该土壤碳酸钙淋溶程度不一，多黏土，多为铁钙质胶结物，风化程度不一，盐基饱和度高，有机质含量及胶结状态有较大差异。

潮土占本市地域面积的10%。潮土见于近代河流冲积平原或低平阶地，地下水位高，潜水参与成土过程。在潮土成土过程中，底土氧化还原交替作用，形成锈色斑纹和小型铁子。在长期耕作条件下，表层有机质含量为 10—15g/kg。

黄褐土占本市地域面积的7%。黄褐土地处北亚热带，由较细粒的黄土状母质发育而成，多组成丘岗。该土壤土体中游离碳酸钙已不复存在，土壤呈灰黄棕色，具 A–B–C 或 A–Bt–C 剖面构型，在底部可散见圆形石灰结核。土壤黏化淀积明显，B 层黏聚，有时呈黏盘，黏粒硅铝率在 3.0 左右，表层 pH 为 6.0—6.8，底层 pH 为 7.5，盐基饱和度由表层向底层逐渐趋向饱和。

紫色土占本市地域面积的5%。紫色土是由热带、亚热带紫红色岩层直接风化形成的 A–C 型土壤。其理化性质与母岩组成直接相关，土层浅薄，剖面层次发育不明显，仍为初育阶段。由于母岩富含矿质养分，且风化迅速，因此紫色土不失为良好的肥沃土壤。

本区域中心区气候特征

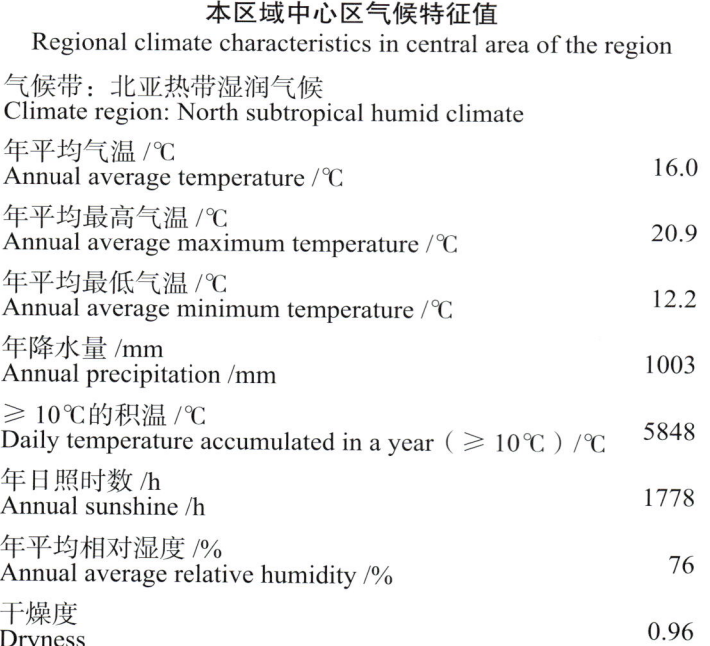

本区域中心区气候特征值
Regional climate characteristics in central area of the region

气候带：北亚热带湿润气候 Climate region: North subtropical humid climate	
年平均气温 /℃ Annual average temperature /℃	16.0
年平均最高气温 /℃ Annual average maximum temperature /℃	20.9
年平均最低气温 /℃ Annual average minimum temperature /℃	12.2
年降水量 /mm Annual precipitation /mm	1003
≥10℃的积温 /℃ Daily temperature accumulated in a year (≥10℃) /℃	5848
年日照时数 /h Annual sunshine /h	1778
年平均相对湿度 /% Annual average relative humidity /%	76
干燥度 Dryness	0.96

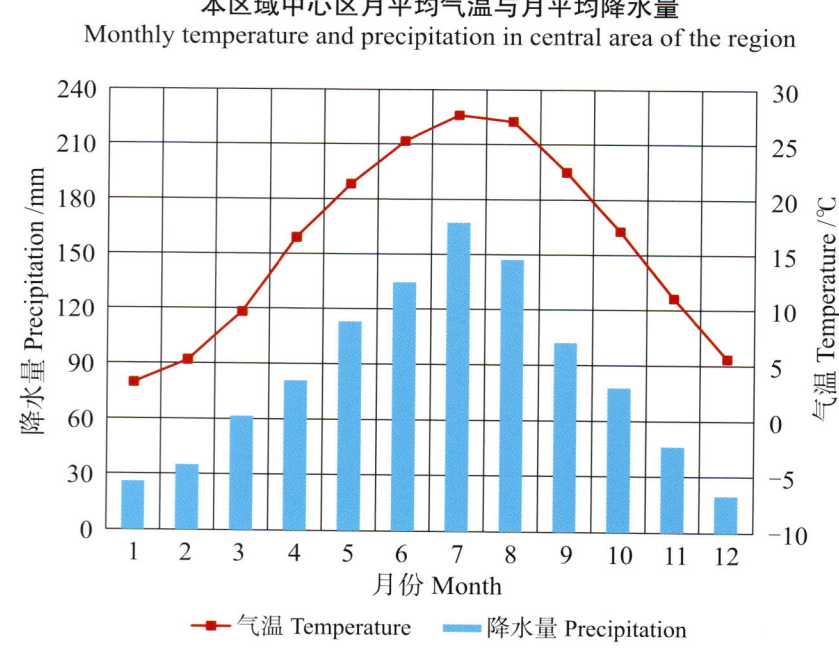

本区域中心区月平均气温与月平均降水量
Monthly temperature and precipitation in central area of the region

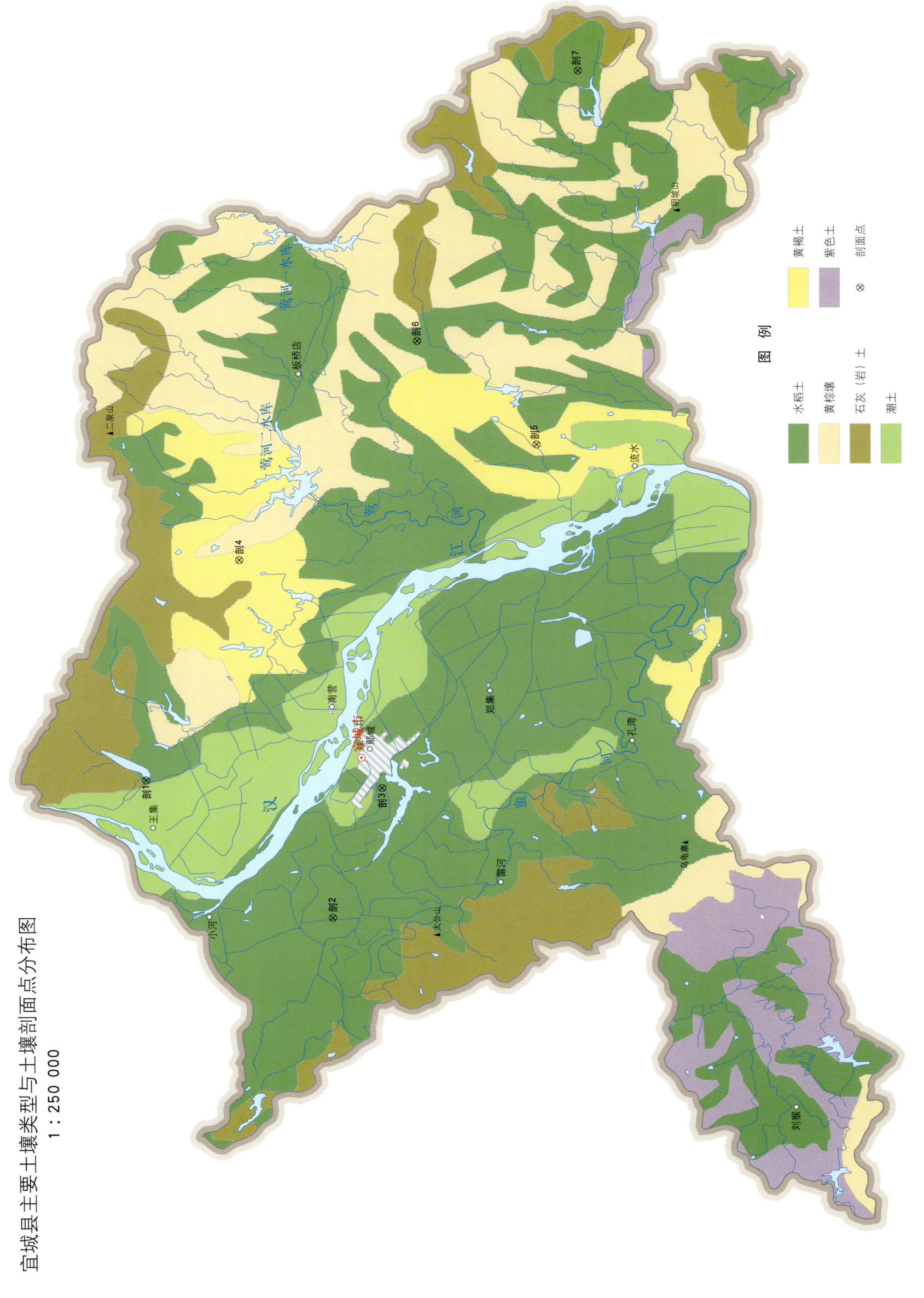

宜城县主要土壤类型与土壤剖面点分布图
1∶250 000

宜城市土壤剖面理化性状表

剖面号 Soil profile	土纲 Soil order	土类 Soil great group	亚类 Soil subgroup	土属 Soil genus	土种 Soil species	土层码 Layer code	土层厚度 Depth/cm	颜色 Soil color	质地 Soil texture	土壤结构 Soil structure	pH	有机质 OM/(g/kg)	全氮 TN/(g/kg)	全磷 TP/(g/kg)	全钾 TK/(g/kg)	阳离子交换量 CEC/(cmol/kg)	土壤母质 Parent material	剖面点坐标 Profile coordinate	匹配指数 Matching index/%
剖1	人为土	水稻土	潴育水稻土	紫泥田	粉紫砂泥田	Aa	0—17	浊橙色	黏壤土	粒状	7.9	36.0	2.20	0.60	11.3	23.3	石灰性紫色砂页岩风化物	E 112°14′42.8″ N 31°50′10.3″	75
						Ap	17—29	浊橙棕色	黏壤土	块块状	7.9	32.2	2.10	0.60	20.4	23.0			
						W	29—57	浊红棕色	黏壤土	棱块状	8.1			0.30	21.5	23.8			
						C	57—100	棕色	壤质黏土	块状	8.4			0.40	20.4				
剖2	人为土	水稻土	淹育水稻土	浅第四纪黏土黄褐土泥田	浅黄土田	A	0—16	褐色	壤质黏土	粒状	6.4	15.5	0.87	0.16	14.6	15.0	第四纪黏土残积物或坡积物	E 112°09′07.5″ N 31°44′08.0″	95
						P	16—36	褐色	壤质黏土	块状	6.8	7.7	0.55	0.15	15.6	21.9			
						C	36—100	栗色	黏土	块状	6.4	7.7	0.53	0.17	19.3	22.1			
剖3	人为土	水稻土	潴育水稻土	泥质岩泥田	细泥田	A	0—12	暗黄棕色	壤质黏土	块粒状	6.8	24.0	1.45	0.33	20.8	25.5	页岩、千枚岩、片岩、凝灰岩等泥质岩风化物	E 112°14′16.5″ N 31°42′27.5″	75
						P	12—21	栗色	黏土	棱柱状	7.7	16.8	1.07	0.30	22.5	24.0			
						W	21—57	黄棕色		块状	7.8	10.1	0.62	0.32	21.1	20.3			
						C	57—100	紫棕色	壤质黏土		7.5	8.3	0.43	0.19	14.6	19.4			
剖4	淋溶土	黄褐土		第四纪黏土黄褐土	岗黄土	A	0—8	暗红棕色	粉砂质黏壤土	粒状	6.4	15.7	0.79	0.15	16.5	19.7		E 112°23′24.7″ N 31°47′00.4″	95
						B	8—60	暗红棕色	黏土	块状	6.6	7.3	0.50	≤0.10	19.2	26.0			
						C	60—100	淡棕色	黏土	块状	6.5	5.5	0.46	0.77	19.2	26.7			
剖5	淋溶土	黄褐土		第四纪黏土黄褐土	料姜岗黄土	A	0—16	暗棕色	轻黏土	粒状	6.5	16.4	0.71	0.16	12.5	38.5	第四纪黏土	E 112°27′49.9″ N 31°37′12.9″	95
						B	16—55	灰黄棕色	中黏土	块状	6.5	3.4	0.19	0.17	8.6	36.7			
						C	55—100	淡棕色	黏土	块状	7.5	2.3	0.20	0.32	8.3	38.7			
剖6	人为土	水稻土	淹育水稻土	浅紫泥田	浅紫泥田	A	0—8	暗棕色	壤质黏土	团块状	6.8	17.3	0.18	0.42	18.4	20.2	酸性或中性紫色砂页岩残积物或坡积物	E 112°32′00.5″ N 31°41′04.2″	95
						P	8—23	暗棕色	黏土	块状	6.8	6.5	0.50	0.27	21.2	26.0			
						C	23—100	褐色	壤质黏土	块状	6.4	7.3	0.62	0.37	20.4	24.1			
剖7	人为土	水稻土	淹育水稻土	浅灰潮泥田	夹砂浅灰潮泥田	A	0—15	棕灰色	壤质黏土	块状	8.2	16.2	0.96	0.54	17.5	21.9	钙质河流冲积物	E 112°42′39.1″ N 31°35′39.8″	95
						P	15—25	褐色	壤质黏土	块状	8.6	8.3	0.79	0.54	18.9	20.9			
						C_1	25—46	褐色	黏土	块状	8.3	11.7	0.63	0.58	23.0	24.2			
						S	46—83	灰色	砂壤土	粒状	8.2	3.2	0.20	0.15	13.2	4.5			
						C_2	83—100	褐色	壤质黏土	块状	7.8	8.5	0.55	0.55	17.4	17.5			

鄂 州 市

市 辖 区

主要土类说明

水稻土是鄂州市主要土壤类型，占本市地域面积的40%。水稻土广泛分布在平原、阶地、丘陵、山区。在人为长期水耕熟化的影响下，水稻土由起源土壤和旱地土壤发育而来，并形成了不同于起源土壤和旱地土壤的各种特性。在长期耕作、施肥和灌溉条件下，由于还原淋溶和氧化淀积等作用，水稻土形成了特有的剖面结构和发生层次。

红壤是鄂州市第二大土壤类型，占本市地域面积的26%。本市红壤主要发育于第四纪红色黏土沉积物以及花岗岩、闪长岩、安山岩、流纹岩、红砂岩、石英砂岩、长石砂岩等风化坡积物、残积物或洪积物。红壤为本市旱地的主要土壤，分布在低山丘陵、垄岗丘陵及垄岗平原地区，有明显的淋溶淀积特征。

潮土是鄂州市第三大土壤类型，占本市地域面积的11%。潮土是本市棉麦两熟的主要土壤，分布在长江沿岸和梁子湖、鸭儿湖、三山湖、花马湖等湖泊周围及溪港两旁的冲积平原、平畈，有夜潮现象，故名潮土。成土母质为江、河、溪、港冲积物，地下水位一般在1m左右。该土壤土层深厚，具有明显的沉积层理，常有砂黏相间的夹层。根据土壤有无石灰反应，本市潮土分为灰潮土和潮土两个亚类。灰潮土发育于长江冲积物，有石灰反应；潮土亚类发育于大小河港冲积物，无石灰反应。

小于本市地域面积3%的土壤类型有紫色土等。

本区域中心区气候特征

本区域中心区气候特征值
Regional climate characteristics in central area of the region

气候带：北亚热带湿润气候 Climate region: North subtropical humid climate	
年平均气温 /℃ Annual average temperature /℃	16.7
年平均最高气温 /℃ Annual average maximum temperature /℃	21.2
年平均最低气温 /℃ Annual average minimum temperature /℃	13.2
年降水量 /mm Annual precipitation /mm	1395
≥10℃的积温 /℃ Daily temperature accumulated in a year (≥10℃) /℃	7485
年日照时数 /h Annual sunshine /h	1882
年平均相对湿度 /% Annual average relative humidity /%	78
干燥度 Dryness	0.71

本区域中心区月平均气温与月平均降水量
Monthly temperature and precipitation in central area of the region

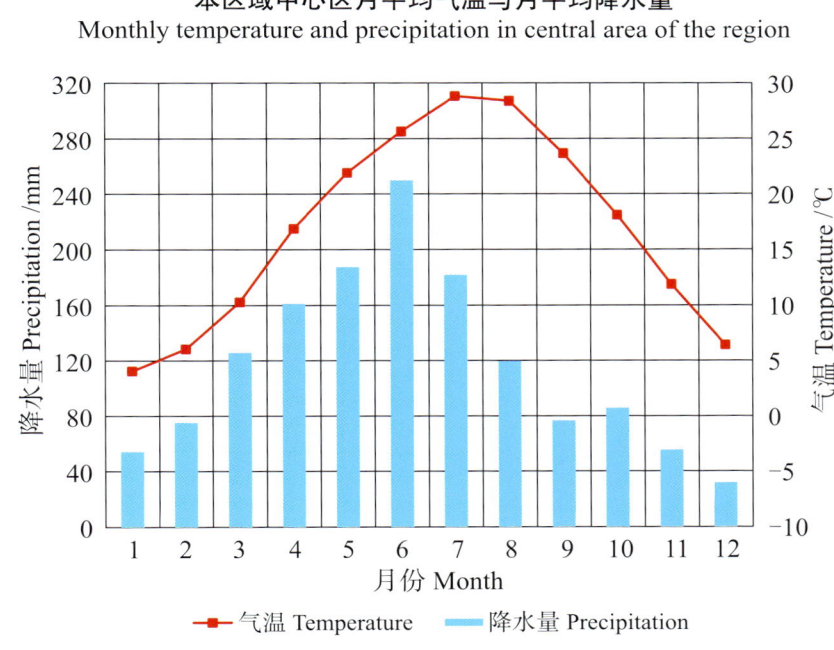

鄂州市市辖区主要土壤类型与土壤剖面点分布图
1∶190 000

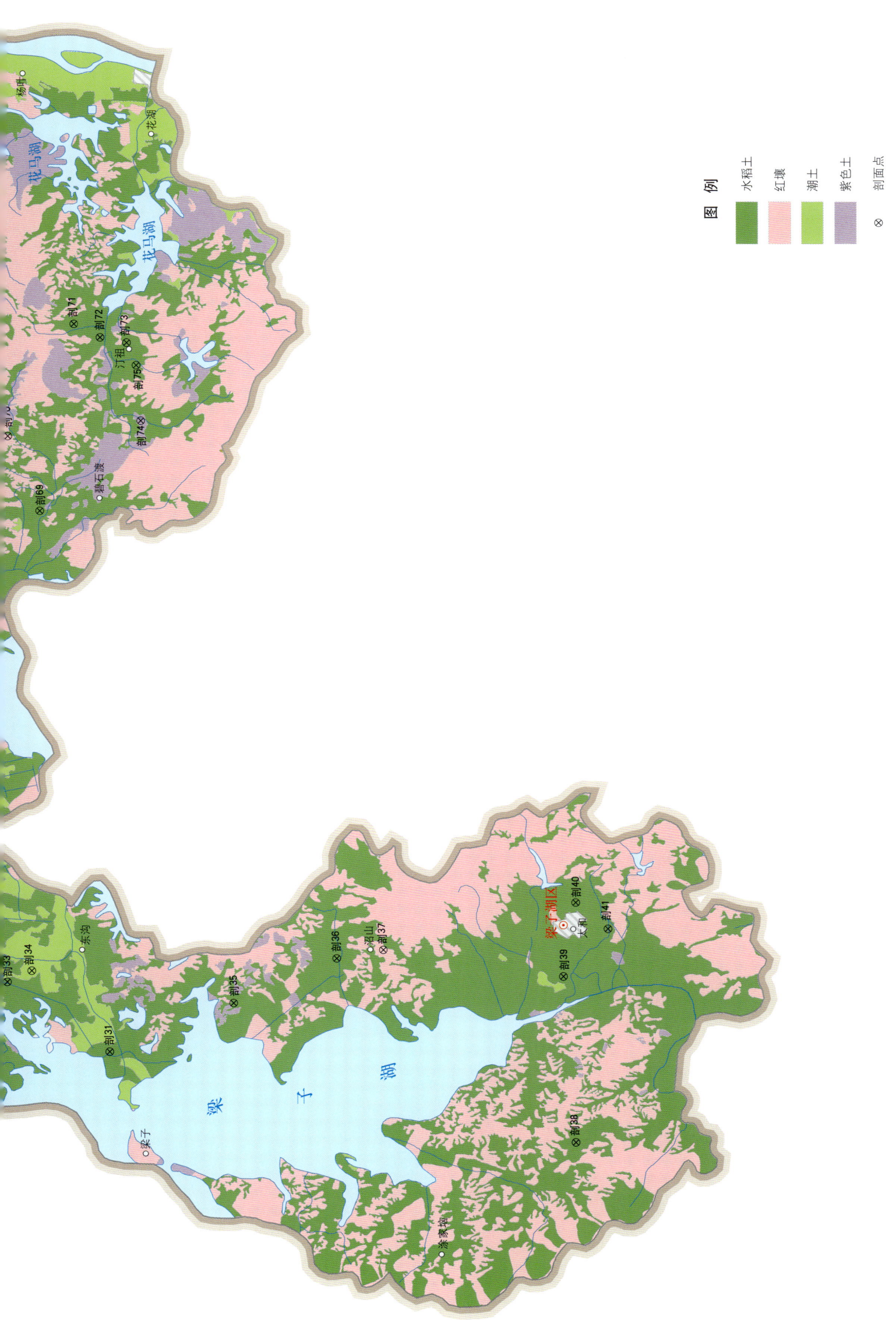

鄂州市土壤剖面理化性状表

剖面号 Soil profile	土纲 Soil order	土类 Soil great group	亚类 Soil subgroup	土属 Soil genus	土种 Soil species	土层码 Layer code	土层厚度 Depth/cm	颜色 Soil color	质地 Soil texture	土壤结构 Soil structure	pH	有机质 OM/(g/kg)	全氮 TN/(g/kg)	全磷 TP/(g/kg)	全钾 TK/(g/kg)	碱解氮 AN/(mg/kg)	有效磷 AP/(mg/kg)	速效钾 AK/(mg/kg)	阳离子交换量 CEC/(cmol/kg)	土壤母质 Parent material	剖面点坐标 Profile coordinate	匹配指数 Matching index/%
剖1	人为土	水稻土	沼泽型水稻土	烂泥田	冷砂田	A	0—13	暗黄棕色	中壤土	团块状	7.7	25.4	1.33	0.63	19.6	85	4.6	56	12.2	长江冲积物	E 114°40′23.3″ N 30°33′33.1″	75
						G_1	13—34	青灰色	砂壤土	碎块状	8.0	11.0	0.51	0.57	17.4				6.4			
						G_2	34—100	青灰色	砂壤土	块状	7.4	8.1	0.29	0.51	16.3				5.3			
剖2	人为土	水稻土	潴育水稻土	红黄泥田	红黄泥田	A	0—17	棕色	轻黏土	碎块状	5.3	26.1	1.40	0.30	14.1	108	2.2	49	11.0	下蜀黏土和第四纪红色黏土	E 114°40′28.2″ N 30°32′45.9″	95
						B	17—28	暗黄棕色	轻黏土	块状	5.3	21.0	1.00	0.20	13.9							
						C	28—100	暗黄灰棕色	重黏土	梭块状	5.1	10.6	0.70	0.20	13.7							
剖3	人为土	水稻土	潴育水稻土		毒水田	P	0—13	黑色	中壤土	粒状	4.5	27.1	1.51	0.27	18.0	178	5.4	164	8.3	花岗岩洪积物	E 114°42′19.2″ N 30°33′13.3″	75
						W	13—21	淡灰色	中壤土	块粒状	5.0	20.7	1.39	0.23	17.4				5.9			
						G_1	21—50	淡紫色	中壤土	块状	6.3	5.8	0.33	0.14	10.4				5.7			
						G_2	50—74	蓝灰色	中壤土	梭柱状	6.7	7.1	0.38	0.21	15.9				10.2			
							74—100	灰色	中壤土	块块状	6.9	6.2	0.41	0.20	17.5				10.8			
剖4	人为土	水稻土	侧渗水稻土	白隔红褐砂泥田	白底红褐砂泥田	P	0—13	褐色	中壤土	团块状	6.1	39.8	2.10	0.40	22.8	76	15.7	37	15.4	闪长岩洪积物	E 114°43′37.2″ N 30°32′49.3″	75
						W	13—24	淡灰棕色	中壤土	梭块状	5.5	10.6	0.50	≤0.10	19.0							
						E	24—52	灰棕灰色	中壤土	梭块状	5.5	14.5	0.70	≤0.10	18.2							
							52—100	灰白色	中壤土	梭粒状	6.2	9.7	0.50	0.50	16.0							
剖5	铁铝土	红壤	棕红壤	红褐砂泥土	红褐砂泥土	A	0—15	暗棕色	中壤土	团块状	6.3	16.5	0.80	0.80	14.2	60	37.2	53	9.2	闪长岩和安山岩风化物	E 114°44′41.6″ N 30°33′41.2″	75
						B	15—51	暗红棕色	中壤土	梭块状	6.3	6.8	0.70	0.70	14.4				10.3			
						C	51—100	棕色	中壤土	块块状	6.2	7.5	0.50	0.50	14.2				10.6			
剖6	人为土	水稻土	潴育水稻土	灰潮泥田	灰潮泥田	1	0—18	紫棕色	重壤土	团块状	7.6	39.7	2.32	0.40	39.7	166	4.6	77	10.9		E 114°44′56.0″ N 30°33′08.0″	75
						2	18—26	紫棕色	黏土	块状												
						3	26—100	灰棕黄棕	重壤土	碎块状	4.8	17.0	1.20	0.40	25.6	61	13.0	49				
剖7	人为土	淹育水稻土	浅红砂泥田	浅红砂泥田		P	0—12	暗棕灰色	中壤土	碎块状	4.8	20.9	1.10	0.40	29.3					花岗岩、流纹岩风化物	E 114°41′34.5″ N 30°31′41.0″	95
						C	12—19	暗灰棕色	中壤土	块状	7.1	11.5	0.70	0.60	19.7							
							19—100	棕褐色	壤土	小块状												
剖8	铁铝土	红壤	棕红壤	红黄土	红黄土	A	0—15	暗黄棕色	轻壤土	块状、块状	6.2	23.6	0.90	0.60	15.1	74	11.7	200	9.6	第四纪红色黏土	E 114°41′45.9″ N 30°31′09.0″	95
						B	15—55	暗黄棕色	轻黏土	块状	6.0	9.7	0.70	0.40	15.4				22.4			
						C	55—100	暗红棕色	轻黏土	块状	5.7	8.6	0.70	0.30	16.5							
剖9	人为土	水稻土	潴育水稻土	灰褐砂泥田	灰褐砂泥田	A	0—15	棕色	重壤土	块状	6.5	23.5	1.48	0.64	23.3	103	5.7	87	20.6	长江冲积物	E 114°42′22.7″ N 30°30′31.1″	75
						P	15—29	棕灰色	重壤土	块状	6.7	19.7	0.59	0.53	23.1	91	9.6	87	18.6			
						W_1	29—47	栗色	中壤土	梭块状	7.2	6.7	0.59	0.82	17.3	44	2.7	50	12.9			
						W_2	47—100	黄棕色	中壤土	梭柱状	7.2	6.0	0.38	0.29	15.8	24	7.2	37				
剖10	铁铝土	红壤	棕红壤	红细膨润土	红细膨润土	A	0—11		重黏土	块状	4.5	17.6	0.80	0.20	14.5	75	6.8	140	21.5		E 114°42′54.9″ N 30°30′46.2″	75
						C	11—62				4.7	6.1	0.20	0.20	13.9				13.1			
						D	62—				4.8	3.7	0.20	0.30	15.8							
剖11	人为土	水稻土	潴育水稻土	红硅质砂泥田	红硅质砂泥田	A	0—12	灰棕色	重壤土	碎块状	5.7	19.9	1.10	0.50	13.2	79	9.9	57		长江冲积物	E 114°42′34.8″ N 30°30′06.6″	95
						P	12—17	淡红黄棕	中壤土	块状	7.2	13.5	0.80	0.40	13.6							
						W_1	17—31	暗黄棕色	重壤土	块状	7.3	7.3	0.40	0.30	12.2							
						W_2	31—61	暗灰棕色	重壤土	梭柱状	7.4	6.1	0.30	0.30	15.0							
						W_3	61—100	暗黄棕色	重壤土	梭块状	7.3	6.1	0.60	0.30	15.2				12.9			
剖12	人为土	水稻土	潴育水稻土	红砂泥田	红砂田	A	0—14	暗黄棕色	重壤土	块状	5.4	17.5	0.90	0.40	23.3	98	7.4	155	12.2		E 114°38′46.7″ N 30°32′05.9″	75
						P	14—23	栗色	重壤土	块状	6.3	17.6	0.70	0.40	23.5							
						W_1	23—72	灰黄棕色	重壤土	梭柱状	7.0	6.6	0.60	0.30	23.6							
						W_2	72—100	棕色	中壤土	梭柱状	5.6	6.5	0.60	0.20	24.0							

续表 Continued

剖面号 Soil profile	土纲 Soil order	土类 Soil great group	亚类 Soil subgroup	土属 Soil genus	土种 Soil species	土层码 Layer code	土层厚度 Depth/cm	颜色 Soil color	质地 Soil texture	土壤结构 Soil structure	pH	有机质 OM/(g/kg)	全氮 TN/(g/kg)	全磷 TP/(g/kg)	全钾 TK/(g/kg)	碱解氮 AN/(mg/kg)	有效磷 AP/(mg/kg)	速效钾 AK/(mg/kg)	阳离子交换量CEC/(cmol/kg)	土壤母质 Parent material	剖面点坐标 Profile coordinate	匹配指数 Matching index/%
剖13	铁铝土	红壤	棕红壤	红细砂泥土	红细砾石土	A	0—11		中壤土		6.1	20.4	0.90	0.30	22.6	83	2.8	90	5.9		E 114°38′36.7″ N 30°31′31.1″	75
						D	11—				5.2	8.3	0.40	0.30	29.4							
剖14	铁铝土	红壤	棕红壤	红黄土	红胯骨土	A	0—10	淡红棕色	重壤土		5.3	13.7	0.80			74	6.0	110		第四纪红色黏土	E 114°38′07.2″ N 30°31′00.1″	75
						B	10—30	红棕色			4.8											
						C	30—	红棕色	黏土		4.8											
剖15	人为土	水稻土	潴育水稻土	红黄泥田	次灰红黄泥田	A	0—15	栗色	重壤土	块状	6.2	24.4	1.40	0.50	15.8	93	9.8	86	17.4	下蜀黏土和第四纪红色黏土	E 114°39′34.9″ N 30°32′01.6″	75
						P	15—25	暗灰色	重壤土	块状	7.1	17.4	1.00	0.50	16.1							
						W	25—100	淡红灰黄色	轻黏土	棱块状	7.2	10.1	0.70	0.50	17.1							
剖16	人为土	水稻土	潴育水稻土	灰潮土田	青底灰潮砂泥田	P	0—14	栗色	中壤土	团块状	7.9	31.2	1.77	0.42	19.8	154	4.6	71	16.0	长江冲积物	E 114°39′24.2″ N 30°30′52.3″	75
						W	14—28	暗黄棕色	重壤土	块状	7.9	20.3	1.15	0.49	19.7							
						Wg	28—40	灰黄棕色	重壤土	棱块状	7.9	12.3	0.63	0.49	19.8							
						G	40—85	暗灰色	重壤土	棱块状	7.5	13.8	0.78	0.32	18.9							
							85—100	深灰色	重壤土	棱块状	6.9	7.3	0.52	0.34	18.1							
剖17	人为土	水稻土	潴育水稻土	红黄泥田	浅位夹铁锰红面黄泥田	A	0—13	紫色	重壤土	碎块状	7.2	27.9	1.70	0.40	15.4	139	7.7	94	13.3	下蜀黏土和第四纪红色黏土	E 114°39′20.7″ N 30°30′14.4″	95
						P	13—28	暗黄色	轻黏土	块状	7.6	16.3	1.10	0.20	17.6							
						W	20—28	棕灰色	重壤土	碎块状	7.6	5.7	0.40	≤0.10	17.2							
						im	28—100	暗棕灰色	重壤土	棱柱状	7.8	5.5	0.40	0.20	15.9							
剖18	铁铝土	红壤	棕红壤	红黄土	红面黄土	A	0—17	棕褐色	中壤土	块状	6.3	18.6	1.00	0.30	17.2	63	9.8	95	11.8	第四纪红色黏土	E 114°40′56.0″ N 30°32′17.7″	95
						B₁	17—33	棕色	重壤土	棱块状	6.2	11.4	0.70	0.50	16.9				8.5			
						B₂	33—100	暗红棕色	重壤土		5.9	4.0	0.30	0.20	15.1							
剖19	人为土	水稻土	潴育水稻土	潮土田	青底灰潮砂泥田	A	0—13	灰红色	重壤土	碎块状	5.7	35.8	2.10	0.30	24.7	155	6.9	60		河流冲积物	E 114°40′09.3″ N 30°30′13.1″	75
						Pg	13—23			块状	6.4	31.3	1.70	0.20	27.0							
						Sg	23—47			粒状	7.0	4.8	0.20	0.30	41.6							
剖20	人为土	水稻土	潴育水稻土	紫泥田	紫砂泥田	A	0—12	暗灰黄色	中壤土	团块状	4.5	22.4	1.30	0.40	16.2	120	45.6	52	9.1	紫色砂岩风化物	E 114°40′36.7″ N 30°30′20.5″	95
						P	12—21	灰黄棕色	重壤土	块状	5.4	13.4	0.80	0.40	16.4				9.0			
						W	21—100	褐灰色	重壤土	棱块状	6.4	7.5	0.60	0.40	16.8				8.5			
剖21	人为土	水稻土	潴育水稻土	灰潮土田	冷性灰潮泥田	A	0—15	紫棕色	中黏土	团块状	7.0	37.3	2.21	0.57	23.1	116	4.6	135	22.4	长江冲积物	E 114°41′12.0″ N 30°30′50.5″	75
						P	15—21	黄棕色	中壤土	块状	7.6	28.6	1.76	0.54	25.4				21.7			
						W	21—43	棕色	重壤土	块状	7.7	35.7	1.98	0.60	23.6				19.8			
						G	43—100	青灰色	重壤土	块状	7.6	21.9	1.40	0.58	29.4				18.6			
剖22	人为土	水稻土	潴育水稻土	浅红赤砂泥田	浅红赤砂泥田	A	0—12	灰红色	轻壤土	碎块状	6.9	27.6	1.40	0.40	16.7	133	3.2	44	13.2	红砂岩风化残积物	E 114°41′39.2″ N 30°28′43.7″	95
						Pg	12—23	淡黄棕色	重壤土	块状	6.8	14.3	0.90	0.50	16.4							
						C	23—47															
						D	47—100															
剖23	人为土	水稻土	潴育水稻土	灰潮土田	青稞灰潮砂泥田	A	0—14	栗色	中壤土	块状	7.9	31.2	1.17	0.42	19.8	154	4.6	71		长江冲积物	E 114°42′23.8″ N 30°26′58.2″	95
						P	14—28	暗灰黄色	中壤土	块状	7.9	20.3	1.15	0.49	19.7							
						W	28—40	灰黄棕色	轻黏土	棱块状	7.9	12.3	0.63	0.49	19.8							
						Wg	40—85	暗灰色	砂壤土	棱块状	7.5	13.8	0.78	0.32	18.9							
						G	85—100	青灰色	黏土	棱块状	6.5	7.3	0.52	0.34	18.1							
剖24	人为土	水稻土	潴育水稻土	灰潮泥田	青灰灰潮泥田	A	0—13	棕色	重壤土	团块状	7.2	25.0	1.32	0.28	15.8	188	3.4	70	19.4	长江冲积物	E 114°42′54.8″ N 30°25′19.8″	95
						Pg	13—23	暗青灰色	轻壤土	块状	7.6	19.5	1.08	0.32	14.8				13.7			
						G	23—57	青灰色	轻壤土	块状	7.7	4.0	0.27	0.29	14.1				25.7			
						W	57—100	淡黄灰色	中壤土	块状	7.3	26.7	1.50	0.40	17.8							
剖25	人为土	水稻土	淹育水稻土	浅红黄泥田	浅红面黄泥田	A	0—13	暗灰色	重壤土	块粒状	6.8	19.2	1.10	0.40	19.3	80	8.4	10	16.6	第四纪黏土	E 114°36′47.4″ N 30°22′11.5″	95
						P	13—20	暗黄棕色														
						C	20—100		重壤土	棱块状		5.8	0.40	0.40	20.4							

续表 Continued

剖面号 Soil profile	土纲 Soil order	土类 Soil great group	亚类 Soil subgroup	土属 Soil genus	土种 Soil species	土层码 Layer code	土层厚度 Depth/cm	颜色 Soil color	质地 Soil texture	土壤结构 Soil structure	pH	有机质 OM/(g/kg)	全氮 TN/(g/kg)	全磷 TP/(g/kg)	全钾 TK/(g/kg)	碱解氮 AN/(mg/kg)	有效磷 AP/(mg/kg)	速效钾 AK/(mg/kg)	阳离子交换量CEC/(cmol/kg)	土壤母质 Parent material	剖面点坐标 Profile coordinate	匹配指数 Matching index/%
剖26	铁铝土	红壤	棕红壤	红硅质砂泥土	红硅质砂泥土	A	0—13	淡棕灰色	中壤土	碎块状	7.3	7.2	0.90	0.40	13.1	52	3.3	115	9.9		E 114°42′38.8″ N 30°24′18.1″	95
						B	13—32	黄棕色	中壤土	块状	6.8	6.8	0.80	0.50	13.6							
						C	32—100	棕色	重壤土		6.5	8.8	0.70	0.40	16.4							
剖27	半水成土	潮土	灰潮土	灰湖泥土	白螺丝泥土	1	0—13	灰黄棕色	重壤土	块状	6.2	21.1	1.90	0.60	28.3	92	5.7	118	26.9	有石灰反应的河流冲积物	E 114°42′17.6″ N 30°23′02.8″	95
						2	13—46	棕灰色	重壤土	块状	7.0	14.4	1.30	0.60	28.2				23.4			
						3	46—100	暗黄棕色	重壤土	棱柱状	8.0	12.4	0.90	0.60	21.4				13.8			
剖28	人为土	水稻土	淹育水稻土	浅红黄泥田	浅红黄泥田	A	0—10	棕色	重壤土	块状	6.1	18.9	1.20	0.30	11.6	100	2.8	53	12.1	第四纪黏土	E 114°43′37.3″ N 30°23′36.7″	96
						P	10—20	红棕色	重壤土	小块状		5.1	0.40	0.20	12.5				17.3			
						C	20—100	淡黄棕色	轻黏土	棱柱状		4.6	0.50	0.20	13.9				23.2			
剖29	半水成土	潮土		湖泥土	湖泥土	1	0—16	灰棕色	中壤土	碎块状	6.8	23.2	1.60	0.60	25.3	168	2.6	119	24.3	河流冲积物	E 114°44′03.3″ N 30°20′36.0″	95
						2	16—59	暗棕色	中壤土	棱柱状	7.6	19.8	1.30	0.60	25.4							
						3	59—100	暗黄棕色	中壤土	棱柱状	7.7	10.3	0.70	0.60	24.9							
剖30	半水成土	潮土		湖泥土	湖砂泥土	1	0—17	灰棕色	中壤土	碎块状	6.3	34.9	2.30	0.70	29.5	159	4.1	80	24.2	河流冲积物	E 114°44′25.2″ N 30°20′10.1″	96
						2	17—40	暗棕色	中壤土	棱柱状	6.3	36.8	1.80	0.60	27.0							
						3	40—100	暗棕色	中壤土	棱柱状	6.1	18.9	1.30	0.60	28.2							
剖31	人为土	水稻土	潜育水稻土	红黄泥田	青底红黄泥田	A	0—16	灰黄棕色	中壤土	块状	6.6	19.8	1.20	0.20	18.7	163	5.8	116	24.4	下蜀黏土和第四纪红色黏土	E 114°36′48.8″ N 30°16′27.6″	95
						P	16—25	暗棕色	重壤土	块状	6.2	5.8	0.90	0.20	16.4							
						W	25—52	褐色	轻黏土	块状	6.8	5.5	0.40	0.20	≤1.0							
						G	52—100	青棕色	中黏土	块状	6.4	23.3	1.50	0.60	26.6							
剖32	人为土	水稻土	侧渗水稻土	白底红黄泥田	白底红黄泥田	A	0—15	暗黄棕色	重壤土	块状	6.7	35.8	2.10	0.40	17.6	151	6.7	143	15.3	第四纪黏土	E 114°38′37.5″ N 30°19′22.8″	95
						P	15—24	暗黄棕色	重壤土	块状	7.0	26.2	1.50	0.40	18.1							
						W	24—65	暗黄棕色	重壤土	棱柱状	7.3	9.1	0.60	0.20	17.5							
						E	65—100	浅黄棕色	中黏土	棱柱状	7.4	40.4	2.30	0.20	19.2							
剖33	半水成土	潮土	淹育水稻土	浅灰紫泥田	浅灰紫泥田	A	0—13	紫灰色	重壤土	块状	7.5	30.3	2.20	0.60	16.6	163	30.4	94	20.0	钙质红砂岩风化物	E 114°38′41.6″ N 30°18′52.5″	95
						Pg	13—20	紫灰色	重壤土	块状	7.8	25.5	1.90	0.40	16.3							
						C	20—100	紫色	重黏土	块状	7.3	2.0	0.20	0.50	10.4							
剖34	半水成土	潮土	灰潮土	灰湖泥土	灰湖泥土	1	0—15	灰黄棕色	中壤土	团粒状	8.2	37.1	2.30			123	4.7	112		有石灰反应的河流冲积物	E 114°36′00.6″ N 30°18′18.8″	95
						2	15—32	暗棕色	重壤土	棱柱状	6.8	23.1	1.20	0.40	11.7							
						3	32—100	暗棕色	重壤土	块状	7.3	5.5	0.50	0.20	15.2							
剖35	人为土	水稻土	侧渗水稻土	白筒红黄泥田	红观音泥田	A	0—12	紫棕色	中壤土	棱柱状	7.3	7.2	0.50	0.36	17.7	108	8.1	66	13.0	第四纪黏土	E 114°38′12.6″ N 30°13′35.1″	95
						P	12—21	暗黄棕色	重壤土	块状	6.1	26.5	1.12	0.30	15.2				13.0			
						E	21—100	青黄灰色	重壤土	棱柱状	6.6	23.3	1.41		15.4				24.8			
剖36	人为土	水稻土	沼泽型水稻土	烂泥田	烂结田	A	0—17	褐灰色	重壤土	无结构	4.7	12.8	0.67	0.23	11.6	232	5.9	160	19.9	湖积物	E 114°39′28.3″ N 30°11′11.5″	95
						G	17—100	青灰色	重壤土		4.7	5.2	0.36	0.21	11.6				17.5			
剖37	铁铝土	红壤	棕红壤	红泡黄土	红泡黄泥田	A	0—15	暗黄棕色	重壤土	块积状	4.5	7.0	0.43	0.21	12.1	114	7.5	103	10.2	石灰岩坡积物或残积物	E 114°39′44.0″ N 30°10′06.1″	95
						B	15—36	暗黄棕色	中壤土	块状	5.0	32.5	1.70	0.50	20.9							
						C	36—100	灰黄棕色	重壤土	碎块状	5.4	27.5	1.40	0.50	21.2							
剖38	人为土	水稻土	潜育水稻土	红褐砂泥土	青褐红砂泥田	A	0—12	淡灰色	轻壤土	块状	6.0	24.0	1.30	0.60	21.2	103	7.6	119	18.3	安山岩风化物	E 114°34′29.7″ N 30°05′32.0″	95
						P	12—32	暗棕灰色	轻壤土	棱柱状	6.7	12.7	0.70	0.50	20.7							
						G	32—61	暗灰黄色	重壤土	小块状	6.9	41.7	2.18	0.36	14.9							
						W	61—100	暗灰黄色	轻壤土		7.4	39.8	2.11	0.31	5.3							
剖39	人为土	水稻土	潜育水稻土	青泥田	淤泥田	P	0—17	青灰色	轻黏土	块状	7.7	14.3	0.62	0.24	16.3	187	12.3	155	17.7	洪积物	E 114°39′04.2″ N 30°05′53.2″	95
						G	28—100															

续表 Continued

剖面号 Soil profile	土纲 Soil order	土类 Soil great group	亚类 Soil subgroup	土属 Soil genus	土种 Soil species	土层码 Layer code	土层厚度 Depth/cm	颜色 Soil color	质地 Soil texture	土壤结构 Soil structure	pH	有机质 OM/(g/kg)	全氮 TN/(g/kg)	全磷 TP/(g/kg)	全钾 TK/(g/kg)	碱解氮 AN/(mg/kg)	有效磷 AP/(mg/kg)	速效钾 AK/(mg/kg)	阳离子交换量CEC/(cmol./kg)	土壤母质 Parent material	剖面点坐标 Profile coordinate	匹配指数 Matching index/%
剖40	人为土	水稻土	潴育水稻土	红黄泥田	青底红黄泥田	A	0—13	暗棕褐色	重黏土	块状	5.0	40.5	2.50	0.50	19.8	158	16.4	122	22.1	下蜀黏土和第四纪红色黏土	E 114°41′08.5″ N 30°05′37.5″	95
						P	13—22	暗灰色	轻黏土	块块状	5.7	25.9	2.10	0.30	18.1							
						W	22—58	暗灰棕色	重黏土	棱柱状	5.4	38.2	2.10	0.50	20.3							
						G	58—100	青灰色	重黏土	棱柱状	5.1	29.5	1.70	0.50	19.7							
剖41	人为土	水稻土	潴育水稻土	红黄泥田	深位夹卵石红面黄泥田	A	0—13	暗灰黄色	中壤土	碎块状	4.9	28.5	1.10	0.20	20.4	133	7.1	55	9.2	下蜀黏土和第四纪红色黏土	E 114°10′25.4″ N 30°04′52.1″	95
						P	13—19	栗色	中壤土	块状	4.9	20.9	1.10	0.30	17.2							
						W₁	19—26	黄灰色	重黏土	棱块状	5.6	9.4	0.70	0.30	16.3							
						W₂	26—75	棕灰色	重黏土	棱柱状	6.0	4.3	0.30	0.40	19.4							
						R	75—100	淡灰棕色	砂壤土	棱柱状	6.1	2.4	0.20	0.30	18.6							
剖42	人为土	水稻土	潴育水稻土	红黄泥田	红面黄泥田	A	0—12	暗黄棕色	中壤土	碎块状	5.3	27.0	1.50	0.30	14.6	95	7.2	60	9.7	下蜀黏土和第四纪红色黏土	E 114°16′40.5″ N 30°34′04.7″	95
						P	12—22	褐色	重壤土	块状	5.7	21.4	1.20	0.30	14.9							
						W₁	22—58	灰黄色	重黏土	棱块状	6.0	10.8	0.60	0.20	15.2							
						W₂	58—100	黄灰色	重黏土	棱块状	6.2	6.6	0.20	0.20	14.3							
剖43	人为土	水稻土	淹育水稻土	浅中性结晶岩红泥田	浅褐黄泥田	A	0—15	灰棕色	砂质黏壤土	团粒状	5.4	24.6	3.14	0.64	24.1	122	12.8	137	10.1		E 114°45′08.3″ N 30°32′58.6″	95
						B₁	15—21	褐色	砂质黏壤土	块状	6.0	10.6	0.42	0.68	23.7							
						B₂	21—100	灰黄色	砂质黏壤土	块状	6.0	16.9	0.92	0.67	22.7							
剖44	铁铝土	红壤	棕红壤	红赤砂泥土	红赤砂泥土	A	0—16	栗色	重壤土	块状	5.9	15.5	1.00	0.50	16.7	108	11.3	122	11.7		E 114°45′12.4″ N 30°31′22.7″	95
						B₁	16—60	栗色	中壤土	块状	6.1	11.0	0.70	0.50	15.8							
						B₂	60—100	紫棕色	重壤土	棱块状	6.7	7.5	0.50	0.40	16.8							
剖45	铁铝土	红壤	棕红壤	次灰性结	次灰面黄土	A	0—18		中壤土	粒状、块状	7.9	18.4	1.10	0.40	15.3	72	1.1	100	14.3	第四纪红色黏土	E 114°45′10.4″ N 30°33′06.7″	95
						B₁	18—51	暗棕色	重壤土	棱块状	7.9	6.6	0.50	0.20	13.9							
						B₂	51—73	棕灰色	重黏土	棱块状	7.6	7.7	0.80	0.20	13.6							
						B₃	73—100	棕色	中壤土	棱块状	7.1	11.1	0.70	0.30	15.3							
剖46	人为土	水稻土	淹育水稻土	浅红细砂泥田	浅红细砂泥田	A	0—15	暗棕色	中壤土	碎块状	6.1	26.1	1.40	0.30	11.1	68	5.8	71	10.2	河流冲积物	E 114°46′58.7″ N 30°30′08.6″	95
						P	15—27	棕红色	重壤土	碎块状	5.8	26.7	1.60	0.30	10.7							
						C	27—53	淡棕黄色	重壤土	粒状	7.1	8.7	0.60	0.20	11.7							
						D	53—100		中壤土													
剖47	半水成土	潮土	潮土	潮砂泥土	潮砂泥田	1	0—20	暗棕色	中壤土	粒块状	6.4	26.6	1.70			123	5.0	190	12.2		E 114°46′10.4″ N 30°30′04.0″	95
						2	20—58	棕红色	重壤土	棱块状												
						3	58—100	棕色	重壤土	棱柱状												
剖48	人为土	水稻土	潴育水稻土	红黄泥田	红白散黄泥田	A	0—18	灰黄色	中壤土		6.4	35.8	0.70	0.50	16.4	146	6.0	116	12.6	下蜀黏土和第四纪红色黏土	E 114°46′25.4″ N 30°30′04.0″	95
						P	18—36	棕色	重壤土	块粒状	6.2	34.7	1.80	0.60	17.5							
						W	36—62	棕黄色	重壤土	块柱状	6.8	13.0	0.90	0.30	14.4							
						C	62—100	灰黄色	重壤土		6.9	3.9	0.30	≤0.10	14.4							
剖49	人为土	水稻土	侧渗水稻土	白隔红黄泥田	白底红黄泥田	A	0—15	棕色	轻壤土	粒状	5.6	29.5	1.66	0.31	14.3	129	7.4	58	14.8	第四纪黏土	E 114°47′01.1″ N 30°29′53.1″	95
						W₁	14—24	黄褐色	重壤土	块状	6.9	11.2	0.73	0.25	15.4							
						W₂	24—42	棕褐色	重壤土	棱柱状	6.9	6.6	0.48	0.21	14.4							
						E	42—68	灰黄色	重壤土	块状	7.5	3.9	0.27	0.18	15.1							
剖50	人为土	水稻土	侧渗水稻土	白隔红黄泥田	薄白隔红面黄泥田	A	0—14	褐色	重壤土	块状	7.2	4.6	0.37	0.19	17.2				12.4	第四纪黏土	E 114°46′39.7″ N 30°28′46.8″	95

续表 Continued

剖面号 Soil profile	土纲 Soil order	土类 Soil great group	亚类 Soil subgroup	土属 Soil genus	土种 Soil species	土层码 Layer code	土层厚度 Depth/cm	颜色 Soil color	质地 Soil texture	土壤结构 Soil structure	pH	有机质 OM/(g/kg)	全氮 TN/(g/kg)	全磷 TP/(g/kg)	全钾 TK/(g/kg)	碱解氮 AN/(mg/kg)	有效磷 AP/(mg/kg)	速效钾 AK/(mg/kg)	阳离子交换量CEC/(cmol/kg)	土壤母质 Parent material	剖面点坐标 Profile coordinate	匹配指数 Matching index/%
剖51	半水成土	潮土	灰潮土	灰潮砂土	灰潮砂土	1	0—20	栗色	砂壤土	粒状	8.1	15.1	0.80	0.20	18.0	29	4.2	54	11.7	有石灰反应的河流冲积物	E 114°48′42.4″ N 30°27′41.3″	95
						2	20—28	棕色	砂壤土	碎块状	8.3	10.2	0.60	0.70	16.7				10.4			
						3	28—66	淡棕紫色	中壤土	小块状	8.3	7.9	0.50	0.60	18.2				11.1			
						4	66—100	紫棕色	重壤土	块状	8.4	6.3	0.40	0.60	19.1				9.0			
剖52	人为土	水稻土	潴育水稻土	红黄泥田	厚青潴红面黄泥田	A	0—10		轻黏土		5.8	33.4	1.70	0.40	17.3	105	5.3	81	15.2	下蜀黏土和第四纪红色黏土	E 114°46′33.2″ N 30°25′10.4″	95
						P	10—18		轻黏土		6.4	34.4	1.80	0.20	18.2				16.7			
						G	18—67		重黏土		6.4	35.0	1.90	0.30	18.1				15.1			
						W	67—100		重黏土		7.2	5.7	0.40	0.20	14.8				7.7			
剖53	人为土	水稻土	潴育水稻土	灰潮土田	灰潮泥田	A	0—15	黄褐色	中黏土	团块状	7.5	21.7	1.31	0.51	22.6	81	6.5	96	15.3	长江冲积物	E 114°46′22.6″ N 30°22′33.6″	95
						P	15—28	黄灰色	重黏土	块状	7.5	26.1	0.15	0.55	27.5							
						W_1	28—74	棕色	重黏土	棱块状	7.5	20.5	1.27	0.55	28.8							
						W_2	74—100	棕灰色	中黏土	棱块状	7.4	39.6	0.99	0.62	25.9							
剖54	半水成土	潮土	潮土	潮泥土	吊气潮泥土	1	0—11	暗棕色	中黏土	碎块状	4.9	30.1	2.00	0.60	20.7	163	7.0	210	25.9	河流冲积物	E 114°48′16.4″ N 30°23′10.2″	95
						2	11—40	棕色	轻黏土	块状	5.0	20.4	1.30	0.50	20.7				24.5			
						3	40—76	淡棕黄色	中黏土	棱块状	6.6	15.2	0.90	0.70	20.0				10.1			
						4	76—100	棕灰色	中黏土	块状	5.3	≤1.0	0.70	0.70	17.3				17.3			
剖55	人为土	水稻土	潴育水稻土	红褐砂泥田	红褐砂泥田	A	0—14	灰棕色	重壤土	碎块状	6.4	32.7	1.80	0.40	24.2	193	8.6	112	9.2	安山岩风化物	E 114°48′39.1″ N 30°23′48.2″	95
						P	14—23	灰棕黄色	重壤土	块状	6.5	20.4	1.20	0.30	25.2				14.3			
						W_1	23—37	淡棕黄色	重壤土	棱块状	6.8	8.1	0.60	0.20	23.1				8.9			
						W_2	37—100		中壤土	棱柱状	7.1	5.8	0.40	0.20	21.0				8.4			
剖56	人为土	水稻土	潴育水稻土	红赤砂泥田	红赤砂泥田	A	0—19	黄棕色	中壤土	团块状	5.2	19.0	1.20	0.30	16.0	49	1.8	62	9.3	红砂岩风化物	E 114°49′37.1″ N 30°20′40.8″	95
						P	19—33	黄褐色	中壤土	块状	6.5	6.9	0.60	0.30	17.3							
						W_1	33—55	棕黄色	中壤土	块状	7.0	5.8	0.50	0.20	17.2							
						W_2	55—100	黄棕色	中壤土	棱柱状	7.1	4.5	0.40	0.20	15.8							
剖57	人为土	水稻土	棕红壤	红砂泥土	红瘀青土	A	0—13	棕色	重壤土	块状	4.9	27.2	1.50	0.30	20.9	110	4.2	47	11.2		E 114°50′55.6″ N 30°21′29.2″	95
						P	13—22	暗棕色	轻壤土	块状	5.0	18.6	1.10	0.30	21.5							
						W_1	22—38	青灰色	轻壤土	块状	6.2	10.7	0.90	0.30	21.3							
						W_2	38—100	黄灰色	轻壤土	棱柱状	6.9	5.6	0.50	0.20	21.7							
剖58	铁铝土	红壤	棕红壤	红砂泥土	冷性红黄泥田	A	0—14	深灰色	重壤土	块状	4.6	29.0	1.00	0.30	18.0	85	2.3	130	5.6	花岗岩和流纹岩	E 114°52′19.3″ N 30°21′19.5″	95
						D	14—50	黄棕色	黏土		4.6	2.4	0.50	≤0.10	18.0							
剖59	人为土	水稻土	潴育水稻土	红黄泥田	青瘀泥田	A	0—14	暗棕色	重壤土	块状	6.5	52.3	1.60	0.30	15.6	187	3.5	140	14.0	下蜀黏土和第四纪红色黏土	E 114°45′44.4″ N 30°21′02.8″	95
						P	14—23	暗棕色	轻壤土	块状	6.6	33.6	1.80	0.40	16.5							
						G	23—48	青棕色	轻壤土	块状	7.4	21.0	1.20	0.50	15.4							
						W	48—100	灰棕色	轻壤土	块状	7.4	21.0	1.20	0.30	15.8							
剖60	人为土	水稻土	潴育水稻土	潮土田		A	0—15	暗棕色	中壤土	团块状	5.2	28.9	2.02	0.47	20.8	176	6.7	124	17.0	湖积物	E 114°53′36.1″ N 30°23′01.4″	95
						G	15—52	青灰色	中壤土	块状	5.6	20.4	1.71	0.53	20.9					19.6		
						W	52—100	灰棕色	中壤土	棱柱状	5.2	31.3	1.92	0.64	23.3					22.0		
剖61	铁铝土	红壤	棕红壤	红黄土	红马肝土	A	0—11	暗棕红色	黏土	碎块状	6.4	15.9	1.00			72	6.7	119		第四纪红色黏土	E 114°55′12.1″ N 30°23′13.9″	95
						B	11—54	暗棕红色	中壤土	块状	5.6											
						C	54—100	淡棕黄色	中壤土	碎块状	5.2											
剖62	人为土	水稻土	潴育水稻土	红黄泥田	浅位夹卵石红黄泥田	A	0—14	暗棕色	砂壤土	块状	9.8									下蜀黏土和第四纪红色黏土	E 114°55′58.2″ N 30°22′37.0″	95
						P	14—20	紫棕色	中壤土	碎块状	6.4											
						R	20—60	红棕色	砂壤土		6.4											
						W	60—100	红棕色	黏土		6.2											

续表 Continued

剖面号 Soil profile	土纲 Soil order	土类 Soil great group	亚类 Soil subgroup	土属 Soil genus	土种 Soil species	土层码 Layer code	土层厚度 Depth/cm	颜色 Soil color	质地 Soil texture	土壤结构 Soil structure	pH	有机质 OM (g/kg)	全氮 TN (g/kg)	全磷 TP (g/kg)	全钾 TK (g/kg)	碱解氮 AN (mg/kg)	有效磷 AP (mg/kg)	速效钾 AK (mg/kg)	阳离子交换量CEC (cmol/kg)	土壤母质 Parent material	剖面点坐标 Profile coordinate	匹配指数 Matching index/%
剖63	铁铝土	红壤	棕红壤	红砂泥土	红麻骨土	A	0–10	暗灰色	轻壤土	粒状	6.3	10.4	0.60	0.50	12.3	50	9.8	96	7.2	花岗岩和流纹岩	E 114°59'13.4" N 30°22'53.1"	95
						C₁	10–23	棕色	轻壤土		6.2	10.0	0.60	0.50	18.3							
						C₂	23–50	黄橙色	紧砂土		5.4	2.5	0.20	≤0.10	≤1.0							
剖64	人为土	水稻土	潴育水稻土	红砂泥田	红砂泥田	A	0–15	暗灰黄色	中壤土	团块状	5.1	28.7	1.70	0.30	16.4	141	11.7	60	6.9			
						P	15–24	暗黄色	中壤土	块状	5.4	16.8	1.10	0.30	19.3				7.4			
						W₁	24–39	棕灰色	中壤土	棱柱状	6.4	7.5	0.50	0.40	21.9				7.7			
						W₂	39–100	暗黄棕色	中壤土	棱柱状	6.7	4.9	0.30	0.20	19.5				7.8			
剖65	铁铝土	红壤	棕红壤	红砂泥土	红砂土	A	0–15	棕色	中壤土	块状	5.1	18.1	0.80	0.40	24.6	102	7.5	52	9.5	花岗岩和流纹岩	E 114°58'07.4" N 30°21'11.7"	95
						B	15–38	褐红色	中壤土	块状	5.2	6.2	0.80	0.30	25.2							
						C	38–100	紫棕色	中壤土		5.0	12.4	1.10	0.20	34.6							
剖66	初育土	紫色土	中性紫色土	中性紫渣土	薄层中性紫渣土	A	0–15	棕色	中壤土	块状	6.7	22.5	1.40	0.30	21.1	113	2.6	89	15.8	花岗岩坡积物	E 114°52'52.4" N 30°20'49.8"	75
						C	15–30		重壤土		6.6	11.3	0.80	0.20	16.7				15.4			
剖67	铁铝土	红壤	棕红壤	红砂泥土	红砂泥土	A	0–16	灰褐色	重壤土	粒状	5.1	22.8	1.30	0.30	22.0	126	4.4	115	12.0	花岗岩坡积物	E 114°53'08.4" N 30°20'36.1"	95
						B	16–100	淡红棕色	重壤土	块状	6.5	16.5	1.10	0.40	20.5							
剖68	铁铝土	红壤	棕红壤	红黄土	红黄土	A	0–18	淡棕黄色			4.5	22.6	0.97	0.21	14.0	79	1.8	63	12.8	第四纪红色黏土	E 114°54'55.0" N 30°20'26.0"	95
						B₁	18–30				4.7	11.4	0.72	0.23	16.0				11.8			
						B₂	30–100				4.9	4.3	0.46	0.22	27.0							
剖69	人为土	水稻土	潴育水稻土	红褐砂泥田	红褐泥田	A	0–12	栗色	中壤土	粒状	4.5	20.5	1.00	0.50	22.8	115	16.1	20	6.2	闪长岩风化坡积物	E 114°51'50.4" N 30°18'17.7"	95
						B	12–18	红灰色	中壤土	块状	4.7	16.5	0.80	0.50	24.1							
						W₁	18–30	灰棕色	中壤土	棱块状	5.1	8.1	0.50	0.60	23.9							
						W₂	30–100	淡红棕色	轻壤土	棱块状	5.9	7.9	0.40	0.70	21.4							
剖70	铁铝土	红壤	棕红壤	红细砂泥田	红细砂泥田	A	0–20	褐色	中壤土	粒状	5.7	19.9	1.10	0.40	9.0	106	11.8	261	8.5		E 114°53'54.4" N 30°19'04.1"	95
						B	20–58	灰黄色	黏土	块状	6.2	10.1	0.70	0.30	13.1							
						C₁	58–78	淡红棕色	重壤土	粉状	4.8	4.7	0.30	0.20	12.0							
						C₂	78–100	红橙色	轻壤土	粒状	5.0	11.5	0.50	0.20	16.2							
剖71	人为土	水稻土	潴育水稻土	红砂泥田	红泥砂田	A	0–15	褐色	中壤土	粒状	6.4	24.8	1.60	0.20	14.8	129	4.9	90	10.2	长江冲积物	E 114°57'03.6" N 30°17'34.3"	95
						P	15–24	灰黄色	中壤土	碎块状	6.5	17.5	0.90	0.20	14.1							
						W	24–100	淡灰色	重壤土	棱块状	7.0	4.2	0.40	0.20	13.6				15.0			
剖72	人为土	水稻土	潴育水稻土	灰潮土田	夹砂灰潮泥田	A	0–16	褐棕色	轻壤土	碎块状		33.3	1.93	0.54	21.4	64	6.8	51				
						P	16–26	淡棕色	重壤土	块状	5.2	19.2	1.16	0.50	24.8				12.3			
						S₁	26–51	栗色	粒状	粒状	6.4	6.6	0.71	0.50	17.7				11.2			
						W₁	51–58	栗色	中壤土	棱块状	7.5	8.9	0.79	0.62	23.7				10.3			
						S₂	58–66	灰色	砂黏土	无结构	7.0	6.7	0.33	0.53	17.6				17.0			
						W₂	66–100	栗色	中壤土	棱块状	5.8	14.7	0.94	0.72	26.6							
剖73	人为土	水稻土	潴育水稻土	红褐砂泥田	青底红砂泥田	A	0–11	暗棕色	重壤土	团块状	5.2	28.2	1.50	0.60	20.7	134	13.9	43	12.3	闪长岩洪积物	E 114°56'42.0" N 30°16'57.2"	95
						P	11–20	暗棕色	重壤土	块状	6.4	16.1	0.90	0.50	17.8				11.2			
						W	20–50	栗紫棕色	轻壤土	棱块状	7.5	5.7	0.40	0.70	19.1				10.3			
						G	50–100	青灰色	轻壤土	棱块状	7.0	11.6	0.60	0.40	17.4				17.0			
剖74	初育土	紫色土	酸性紫色土	酸性紫泥土	厚层紫泥土	A	0–15	暗棕色	重壤土	块粒状	5.1	25.6	1.70	0.30	17.3	168	18.9	143	9.3	紫色砂页岩坡积物或残积物	E 114°54'23.9" N 30°15'58.2"	95
						B₁	16–43	黄灰色	重壤土	块状	5.6	18.2	1.10	0.40	17.2							
						B₂	43–100	红棕色	重壤土	棱块状	6.0	13.8	0.70	0.50		85	3.9	98				
剖75	人为土	水稻土	潴育水稻土	紫泥田	紫泥田	A	0–15	紫棕色	重壤土	块状	5.1	25.6	1.70	0.30	17.3	168	3.9	98	9.3	紫色砂岩风化物	E 114°55'56.5" N 30°16'06.2"	96
							15–21	黄灰棕色	重壤土	块状	5.6	18.2	1.10	0.40	17.2							
						W₁	21–32	棕色	重壤土	块状	6.4	12.9	2.20	0.40	16.8							
						W₂	32–100	紫红棕色	重壤土	棱块状	6.6	7.7	0.60	0.50	17.8							

续表 Continued

剖面号 Soil profile	土纲 Soil order	土类 Soil great group	亚类 Soil subgroup	土属 Soil genus	土种 Soil species	土层码 Layer code	土层厚度 Depth/ cm	颜色 Soil color	质地 Soil texture	土壤结构 Soil structure	pH	有机质 OM/ (g/kg)	全氮 TN/ (g/kg)	全磷 TP/ (g/kg)	全钾 TK/ (g/kg)	碱解氮 AN/ (mg/kg)	有效磷 AP/ (mg/kg)	速效钾 AK/ (mg/kg)	阳离子 交换量CEC/ (cmol/kg)	土壤母质 Parent material	剖面点坐标 Profile coordinate	匹配指数 Matching index/%
剖76	铁铝土	红壤	棕红壤	红褐砂泥土	红褐麻骨土	A	0—16	暗棕黄色	砂壤土	粉粒状	4.7	11.9	0.70	0.20	12.3	92	2.3	182	10.2		E 115°01′01.8″ N 30°22′46.7″	95
						C	16—40	栗色	砂壤土		4.8	6.2	0.50	0.20	13.3							
剖77	人为土	水稻土	潴育水稻土	红细砂泥田	红细砂泥田	A	0—18	淡棕黄色	重壤土	碎块状	4.7	24.6	1.40	0.40	11.1	88	9.7	187	11.4		E 115°01′35.6″ N 30°22′29.4″	95
						P	18—28	棕灰色	重壤土	块状	5.5	15.3	1.00	0.30	10.9							
						W₁	28—59	灰黄色	重壤土	棱块状	6.7	7.7	0.60	0.30	10.6							
						W₂	59—100	灰黄棕色	轻黏土	棱块状	6.9	7.9	0.50	0.30	15.8							
剖78	人为土	水稻土	潴育水稻土	红砂泥田	浅位夹灰红砂泥田	1	0—14	灰黄棕色	中壤土		6.2										E 115°03′18.9″ N 30°21′11.6″	95
						2	14—22	暗黑色	重壤土		7.2											
						3	22—50	栗色	重壤土		7.8											
						4	50—100	暗黄棕色	黏土		7.6											

荆门市

东宝区、掇刀区、沙洋县

主要土类说明

水稻土是东宝区、掇刀区、沙洋县主要土壤类型，占本区域地域面积的54%。水稻土是在人为长期水耕熟化，以栽培水稻为主的过程中形成的具有独特性状的土类。在长期耕作、施肥和灌溉条件下，由于还原淋溶和氧化淀积等作用，水稻土形成了特有的剖面结构和发生层次，如耕作层、犁底层、潴育层、潜育层等。

黄棕壤是东宝区、掇刀区、沙洋县第二大土壤类型，占本区域地域面积的20%。成土母质为板页岩、第四纪黏土和玄武岩。黄棕壤是在亚热带生物气候条件下形成的地带性土壤，在发生学和分布上均表现出明显的南北过渡性，有较强的地质风化过程和生物学过程。在其形成过程中，由于弱脱硅富铝化作用，心土层多呈黄棕色或红棕色，呈块状或棱块状结构，结构体表面常有铁锰胶膜，或有铁锰结核。

石灰（岩）土是东宝区、掇刀区、沙洋县第三大土壤类型，占本区域地域面积的8%。成土母质为石灰岩、白云质灰岩或泥质灰岩。该土壤质地黏重，有不均质石灰反应，呈中性至微碱性，表层pH比黄棕壤高。

紫色土占本区域地域面积的6%。成土母质为暗紫色钙质粉砂岩或紫色砂页岩。紫色岩岩性松脆，抗侵蚀能力弱，物理风化作用强烈，因此，紫色土受侵蚀作用的影响，尚处于幼年发育阶段。紫色土全剖面性状均一，无明显发生层次，理化性质与母岩相似。

潮土占本区域地域面积的4%。潮土是一种非地带性半水成土壤，发育于近代河流冲积物或湖积物，主要分布在平原湖区及汉江沿岸。潮土常受地下水活动的影响，普遍有夜潮现象。该土壤土层深厚，受水流作用的影响，在同一剖面中常出现不同的质地层次。

本区域中心区气候特征

本区域中心区气候特征值
Regional climate characteristics in central area of the region

气候带：北亚热带湿润气候 Climate region: North subtropical humid climate	
年平均气温 /℃ Annual average temperature /℃	16.7
年平均最高气温 /℃ Annual average maximum temperature /℃	21.2
年平均最低气温 /℃ Annual average minimum temperature /℃	13.2
年降水量 /mm Annual precipitation /mm	1151
≥10℃的积温 /℃ Daily temperature accumulated in a year（≥10℃）/℃	6066
年日照时数 /h Annual sunshine /h	1733
年平均相对湿度 /% Annual average relative humidity /%	76
干燥度 Dryness	0.87

本区域中心区月平均气温与月平均降水量
Monthly temperature and precipitation in central area of the region

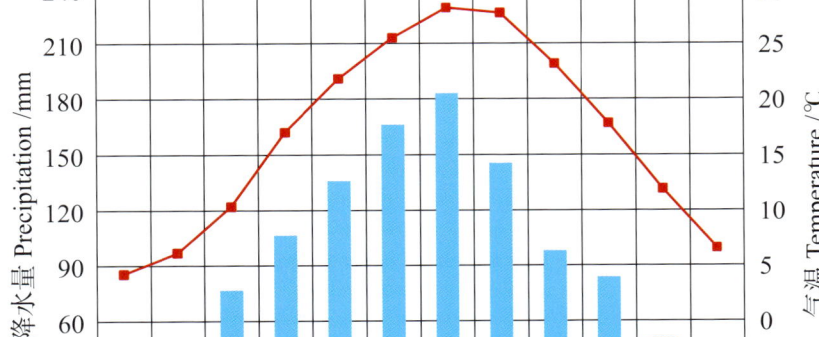

东宝区、掇刀区、沙洋县主要土壤类型与土壤剖面点分布图
1 : 390 000

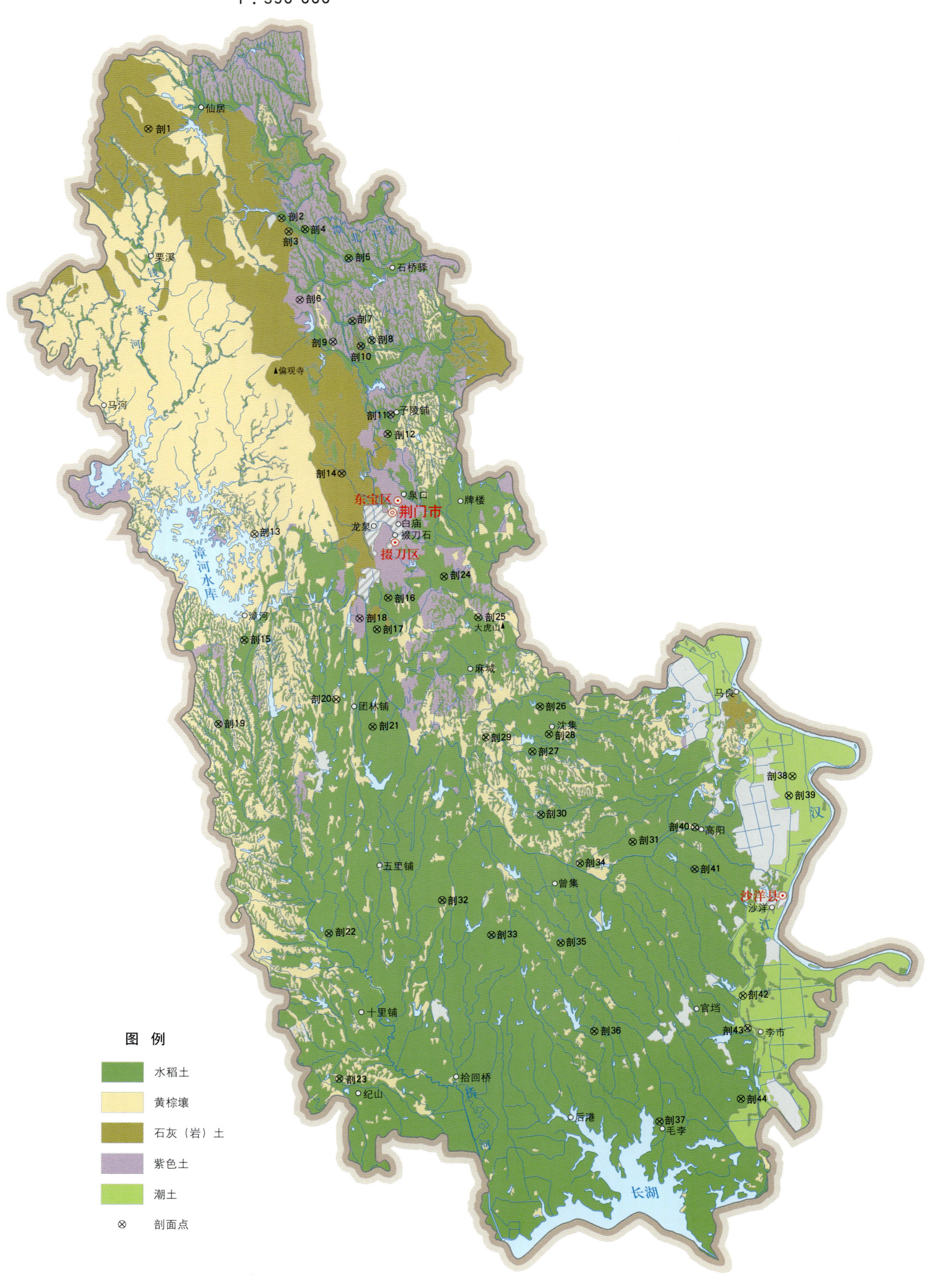

东宝区、掇刀区、沙洋县土壤剖面理化性状表

剖面号 Soil profile	土纲 Soil order	土类 Soil great group	亚类 Soil subgroup	土属 Soil genus	土种 Soil species	土层码 Layer code	土层厚度 Depth/cm	颜色 Soil color	质地 Soil texture	土壤结构 Soil structure	pH	有机质 OM/(g/kg)	全氮 TN/(g/kg)	全磷 TP/(g/kg)	全钾 TK/(g/kg)	碱解氮 AN/(mg/kg)	有效磷 AP/(mg/kg)	速效钾 AK/(mg/kg)	阳离子交换量CEC/(cmol/kg)	土壤母质 Parent material	剖面点坐标 Profile coordinate	匹配指数 Matching index/%
剖1	初育土	石灰（岩）土	棕色石灰土	棕色石灰土	棕色石灰土	A	0—12		轻黏土		7.3	29.5	1.60	0.56	20.9		14.9	149	21.1		E 111°58′58.1″ N 31°22′54.7″	98
						B	12—31		轻黏土		7.5	11.7	0.79	0.37	20.7		2.2	146	22.0			
						C	31—120		轻黏土		7.4	8.6	0.55	0.35	21.1		4.4	129	21.5			
剖2	半水成土	潮土	灰潮土	堆土型灰潮土	灰油砂土	1	0—20		中壤土		8.2	11.2	0.71	0.56	19.1		2.9	55	8.2	近代河流冲积物、湖积物	E 112°06′42.5″ N 31°18′08.6″	75
						2	20—32		中壤土		8.2	7.9	0.50	0.43	20.3		1.2	45	10.6			
						3	32—52		轻壤土		8.3	5.7	0.37	0.46	20.3		1.4	36	8.7			
						4	52—76		重壤土		8.2	7.7	0.50	0.51	20.9		1.4	61	10.9			
						5	76—85		中壤土		8.3	8.3	0.55	0.50	20.9		1.8	62	13.0			
						6	85—110		重壤土		8.3	8.2	0.54	0.51	20.2		2.1	56	14.2			
剖3	人为土	水稻土	潜育水稻土	石灰（岩）性水稻土	灰棕泥田	A	0—10		轻黏土		6.7	25.5	1.22	0.54	13.0		5.7	156	29.7	石灰岩	E 112°07′07.1″ N 31°17′27.3″	75
						P	10—20		轻黏土		7.1	20.7	1.01	0.42	14.9		2.6	198				
						W	20—80		轻黏土		7.6	8.0	0.48	0.27	18.6		1.5	445				
剖4	人为土	水稻土	潜育水稻土	黄棕壤性第四纪黏土泥田	夹黄土田	A	0—16		轻黏土		5.0	29.6	1.82	0.31	13.8		2.1	98	16.6	第四纪黏土	E 112°08′04.2″ N 31°17′33.2″	95
						P	16—22		轻黏土		6.1	26.6	1.68	0.27	13.8		2.8	109	16.0			
						B	22—28		轻黏土		6.8	17.8	1.14	0.24	14.3		2.6	107	16.5			
						C	28—54		轻黏土		7.2	9.5	0.70	0.21	14.0		2.8	100	16.2			
						W	54—104		轻黏土		6.9	9.4	0.64	0.20	15.4		3.5	106	19.2			
剖5	人为土	水稻土	淹育水稻土	浅紫泥田	浅紫砂泥田	A	0—10		重壤土		7.5	36.9	2.10	0.44	20.6		5.5	120	22.5	紫色砂页岩	E 112°10′36.4″ N 31°16′00.6″	95
						P	10—22		重壤土		7.8	27.5	1.59	0.40	21.2		3.8	173	19.7			
						C	22—88		重壤土		7.9	14.8	0.89	0.36	20.9		1.6	153	21.6			
剖6	初育土	紫色土	中性紫泥土	中性紫泥田	中性紫泥田	A	0—14		轻黏土		7.5	18.0	0.99	0.37	20.9		4.6	166	21.8	紫色砂页岩	E 112°07′43.3″ N 31°13′51.1″	97
						P	14—25		轻黏土		7.7	12.5	0.77	0.27	20.8		2.1	151	21.2			
剖7	人为土	水稻土	淹育水稻土	浅灰紫泥田	浅灰紫砂泥田	A	0—10		轻黏土		7.7	22.7	1.43	0.31	18.5		3.6	162	21.7	紫色砂页岩	E 112°10′46.1″ N 31°12′42.9″	95
						P	10—14		轻黏土		7.9	15.7	1.02	0.30	18.0		2.3	167	22.6			
						C	14—78		轻黏土		8.0	8.3	0.64	0.27	19.3		2.3	143	22.9			
剖8	人为土	水稻土	潜育水稻土	青泥田	青泥田	A	0—12	棕灰色	重壤土	团粒状	5.9	32.8	1.82	0.44	14.4	161	3.4	118	25.5	河流冲积物	E 112°11′54.3″ N 31°11′42.1″	97
						Pg	12—22	暗灰色	重壤土	块状	6.4	27.6	1.48	0.36	14.1				22.7			
						G	22—100	青灰色	重壤土	糊状	6.4	12.2	0.78	0.35	14.0				19.4			
剖9	初育土	紫色土	酸性紫泥土	酸性紫泥田		1	0—16		轻黏土		5.6	10.1	0.60	0.42	19.6		9.1	126	22.8		E 112°09′37.4″ N 31°13′39.2″	95
						2	16—50		轻黏土		5.7	11.2	0.63	0.43	18.3		10.6	116				
剖10	初育土	石灰（岩）土	棕色石灰土	棕色石灰（岩）性石灰土	林地棕石灰土	1	0—31		中壤土		7.8	19.3	1.10	0.29	20.7		1.4	142	23.6		E 112°11′14.8″ N 31°11′24.2″	75
						2	31—102		中壤土		7.9	12.3	0.88	0.22	23.1		≤1.0	207				
剖11	人为土	水稻土	淹育水稻土	浅灰紫（岩）石灰田	浅灰黑土田	A	0—13		中壤土		8.0	29.2	1.65	0.48	17.0		4.5	155	20.2	石灰岩	E 112°13′04.7″ N 31°07′50.7″	95
						P	13—25		中壤土		8.2	11.8	0.72	0.43	18.7		3.1	129	17.8			
						C	25—106		中壤土		8.1	8.7	0.56	0.39	20.5		3.9	145	21.4			
剖12	人为土	水稻土	淹育水稻土	浅灰潮土田	浅灰潮砂泥田	A	0—11		中壤土		7.8	26.2	1.72	0.44	18.0		3.8	186	18.4	河流冲积物	E 112°12′45.8″ N 31°06′47.8″	95
						P	11—19		重壤土		8.0	13.7	0.95	0.36	19.7		3.0	185				
						C	19—71		轻壤土		8.0	10.9	0.89	0.31	19.7		2.2	180				
剖13	淋溶土	黄棕壤	黄棕壤	第四纪黏土黄棕壤	面黄土	A	0—20		中壤土		5.9	11.3	0.78	0.32	12.0		1.3	76	8.1	第四纪黏土	E 112°04′54.9″ N 31°01′39.7″	95
						B	20—39		中壤土		5.7	9.2	0.64	0.27	11.3		1.7	90	9.8			
						C	39—100		轻壤土		6.0	7.9	0.58	0.20	15.7		1.8	92	13.7			

续表 Continued

剖面号 Soil profile	土纲 Soil order	土类 Soil great group	亚类 Soil subgroup	土属 Soil genus	土种 Soil species	土层码 Layer code	土层厚度 Depth/cm	颜色 Soil color	质地 Soil texture	土壤结构 Soil structure	pH	有机质 OM/(g/kg)	全氮 TN/(g/kg)	全磷 TP/(g/kg)	全钾 TK/(g/kg)	碱解氮 AN/(mg/kg)	有效磷 AP/(mg/kg)	速效钾 AK/(mg/kg)	阳离子交换量CEC/(cmol/kg)	土壤母质 Parent material	剖面点坐标 Profile coordinate	匹配指数 Matching index/%
剖14	初育土	石灰(岩)土	黑色石灰土	黑色石灰土	黑色石灰土	A	0—11		轻壤土		7.8	22.9	1.14	0.74	15.3		15.0	189	30.7		E 112°10′03.3″ N 31°04′46.5″	97
						B	11—51		轻壤土		7.9	18.3	0.83	0.44	15.6		7.5	197	29.9			
						C	51—105		中壤土		7.9	6.0	0.49	0.32	16.6		1.6	157	29.8			
剖15	人为土	水稻土	淹育水稻土	浅黄棕壤性第四纪黏土田	浅白散土田	A	0—13		重壤土		6.5	17.1	0.98	0.24	14.0		3.2	149	13.7	第四纪黏土	E 112°04′16.0″ N 30°56′07.9″	95
						P	13—19		重壤土		7.2	11.4	0.75	0.23	13.5		1.8	83				
						C	19—82		轻壤土		6.9	9.1	0.53	0.19	17.7		1.8	113				
剖16	人为土	水稻土	潴育水稻土	黄棕壤性第四纪黏土田泥土	白散土田	A	0—14		重壤土		6.5	19.8	1.24	0.32	11.5		7.7	66	10.9	第四纪黏土	E 112°12′41.4″ N 30°58′14.8″	95
						P	14—20		重壤土		7.3	7.3	0.52	0.19	12.1		1.7	41	6.8			
						W	20—46		重壤土		7.0	7.5	0.54	0.20	13.4		2.7	46	8.9			
						B	46—68		轻壤土		6.6	7.9	0.58	0.17	16.6		1.3	83	14.3			
						C	68—98		轻壤土		6.8	9.0	0.59	0.20	18.5		≤1.0	120	19.8			
剖17	人为土	水稻土	淹育水稻土	浅第四纪黏土泥田	浅黄泥田	A	0—10	灰棕色	壤质黏土	团块状	6.6	12.1	0.64	0.23	15.1	45	≤1.0	118	29.9	第四纪黏土	E 112°12′00.6″ N 30°56′36.5″	95
						C	10—60	棕黄色	黏土	块状	6.8	2.8	0.32	0.20	14.4				40.4			
剖18	初育土	紫色土	中性紫色土	中性紫砂泥土	薄层紫砂土	A	0—14	紫棕色	轻壤土	块状	7.5	18.0	0.99	0.37	20.9		4.6	166	21.8	第四纪黏土	E 112°12′00.5″ N 30°57′11.2″	95
						B	14—25	紫棕色	轻壤土	块状	7.7	12.5	0.77	0.27	20.9		2.1	151	21.2			
剖19	人为土	水稻土	潴育水稻土	潮土泥	河砂泥田	A	0—13		中壤土		5.3	35.7	1.83	0.44	15.9		6.5	85	14.1	河流冲积物	E 112°02′43.2″ N 30°51′44.9″	95
						P	13—23		中壤土		6.1	20.6	1.14	0.33	15.5		4.0	55	12.1			
						W	23—80		中壤土		8.2	6.7	0.47	0.25	17.1		≤1.0	41	8.9			
						B	80—105		重壤土		8.5	9.4	0.59	0.28	15.5		≤1.0	59	13.4			
剖20	淋溶土	黄棕壤	黄棕壤	砂页岩黄棕壤	林地岩黄棕壤	A	0—10		中壤土		5.0	40.6	1.01	0.24	15.0		1.1	85	8.5	砂页岩	E 112°09′35.5″ N 30°52′58.3″	95
						B	10—68		中壤土		6.5	11.8	0.77	0.27	16.7		≤1.0	46				
						C	68—125		重壤土		5.7	8.0	0.71	0.26	19.2		≤1.0	44				
剖21	人为土	水稻土	潴育水稻土	灰紫泥田	轻度次青泥灰紫泥田	A	0—12		轻壤土		8.0	24.6	1.57	0.40	21.4		3.1	204	24.7	紫色砂页岩	E 112°11′41.8″ N 30°51′30.9″	95
						P	12—25		轻壤土		8.2	21.9	1.42	0.39	21.4		3.6	200				
						W	25—75		轻壤土		8.0	10.0	0.72	0.32	21.7		1.7	166				
剖22	人为土	水稻土	潴育水稻土	黄棕壤性第四纪黏土泥田	白散土田	A	0—14		轻壤土		6.5	25.9	1.48	0.38	14.8		7.5	137	15.0	第四纪黏土	E 112°09′02.9″ N 30°40′42.0″	95
						P	14—21		轻壤土		7.8	7.0	0.44	0.26	16.0		4.0	102				
						W	21—29		轻壤土		7.9	9.4	0.56	0.29	15.6		4.8	119				
						B	29—34		轻壤土		7.6	14.4	0.89	0.36	15.2		6.6	124				
						C	34—95		轻壤土		5.2	7.3	0.46	0.29	16.2		6.0	97	8.0			
剖23	人为土	水稻土	潴育水稻土	潮土田	河砂田	A	0—14		轻壤土		5.2	9.9	0.70	0.17	12.0		2.6	229		河流冲积物	E 112°09′35.0″ N 30°33′06.2″	95
						P	14—19	灰色	粉砂质黏壤土	团粒状	7.2	5.3	0.38	0.16	11.2		2.1		10.7			
						W	19—35	棕灰色	粉砂质黏壤土	小块状	7.4	3.8	0.31	0.12	11.5		2.1	48	11.2			
						B	35—71	灰白色	黏壤土	小块状	7.3	6.2	0.48	0.12	13.5		1.6		14.9			
						C	71—105	褐色	重壤土	块状	7.4	4.8	0.35	0.14	14.9		1.7		15.5			
剖24	人为土	水稻土	侧渗水稻土	第四纪黏土侧渗泥田	白鳝白散田	A	0—14	栗色	轻壤土	棱块状	7.6	6.0	0.54	0.31	18.3	60	14.1		26.1	第四纪黏土	E 112°15′57.1″ N 30°59′18.9″	95
						Pg	12—24		中壤土		6.4	31.9	1.95	0.35	16.0		2.2	211				
						E	24—32		轻壤土		7.5	24.2	1.55	0.33	16.2		2.8	211				
						W	32—56		中壤土		7.2	10.2	0.75	≤0.10	17.0		3.0	116				
						C	56—100		轻壤土		7.6	9.0	0.59	≤0.10	17.7		3.9	160				
剖25	人为土	水稻土	潴育水稻土	紫泥田	轻度次青泥紫泥田	A	0—12													紫砂页岩	E 112°17′55.6″ N 30°57′09.2″	95
						Pg	12—24															
						W	24—53															
						B	53—105															

续表 Continued

剖面号 Soil profile	土纲 Soil order	土类 Soil great group	亚类 Soil subgroup	土属 Soil genus	土种 Soil species	土层码 Layer code	土层厚度 Depth/cm	颜色 Soil color	质地 Soil texture	土壤结构 Soil structure	pH	有机质 OM/(g/kg)	全氮 TN/(g/kg)	全磷 TP/(g/kg)	全钾 TK/(g/kg)	碱解氮 AN/(mg/kg)	有效磷 AP/(mg/kg)	速效钾 AK/(mg/kg)	阳离子交换量CEC/(cmol/kg)	土壤母质 Parent material	剖面点坐标 Profile coordinate	匹配指数 Matching index/%
剖26	人为土	水稻土	潴育水稻土	黄棕壤性第四纪黏土泥田	轻度次青泥白散田	A	0–13		轻壤土		6.5	21.7	1.17	0.30	14.5		3.4	114	21.5	第四纪黏土	E 112°21′28.4″ N 30°52′29.1″	95
						Pg	13–30		轻壤土		6.8	8.6	0.55	0.24	15.3		5.5	110	19.1			
						W	30–95		轻壤土		6.7	10.0	0.62	0.29	16.7		5.2	110	20.6			
剖27	人为土	水稻土	潴育水稻土	黄棕壤性第四纪黏土泥田	白散土田	A	0–17		重壤土		6.1	23.3	0.27	1.42	14.9		2.4	106	19.1	第四纪黏土	E 112°21′59.9″ N 30°50′06.8″	95
						P	17–24		轻壤土		7.4	12.1	0.24	0.85	15.1		1.7	97	20.4			
						W	24–60		轻壤土		7.5	4.6	0.11	0.39	12.6		≤1.0	46	11.3			
						B	60–75		中壤土		7.5	8.2	0.14	0.64	16.5		1.2	112	31.1			
剖28	人为土	水稻土	潴育水稻土	紫泥田	紫砂泥田	A	0–14		重壤土		6.9	29.6	2.06	0.37	19.3		3.5	176	22.9	紫色砂页岩	E 112°21′58.6″ N 30°51′00.9″	95
						P	14–23		重壤土		7.6	15.6	1.07	0.30	20.1		3.6	169				
						W	23–54		重壤土		8.2	7.1	0.67	0.25	20.4		2.6	113				
							54–100		重壤土		8.1	6.3	0.51	0.25	19.6		2.6	119				
剖29	人为土	水稻土	淹育水稻土	浅黄棕壤性第四纪黏土泥田	浅黄泥田	A	0–12		轻壤土		6.2	18.2	1.12	0.30	14.1		3.8	196	23.5	第四纪黏土	E 112°18′18.0″ N 30°50′53.0″	95
						P	12–20		轻壤土		6.6	12.0	0.70	0.20	15.1		1.3	169				
						C	20–90		轻壤土		6.6	2.1	0.30	0.14	16.8		≤1.0	169				
剖30	人为土	水稻土	潴育水稻土	黄棕壤性第四纪黏土泥田	轻夹沙泥田	A	0–13		轻壤土		6.0	29.2	1.72	0.25	15.0		2.5	121	20.3	第四纪黏土	E 112°21′27.7″ N 30°46′48.0″	95
						Pg	13–37		轻壤土		6.5	18.3	1.13	0.20	15.9		2.5	168	19.2			
						W	37–59		轻壤土		6.6	10.2	0.71	0.20	15.5		2.5	126	19.0			
						B	59–113		轻壤土		7.6	7.4	0.61	0.26	14.6		5.2	96	17.0			
剖31	人为土	水稻土	潴育水稻土	浅黄棕壤性第四纪黏土田	马肝土田	A	0–13		重壤土		6.1	17.9	1.11	0.31	14.6		4.2	113	17.4	第四纪黏土	E 112°26′46.7″ N 30°45′19.4″	95
						P	13–19		轻壤土		7.1	14.3	0.86	0.29	14.9		2.8	103				
						C	19–101		轻壤土		7.3	7.9	0.48	0.14	16.8		1.5	111				
剖32	人为土	水稻土	淹育水稻土	浅潮土田	浅河砂泥田	A	0–13		轻壤土		5.4	31.2	1.80	0.31	21.0		5.6	154	15.4	河流冲积物	E 112°15′39.0″ N 30°42′21.9″	95
						P	13–23		轻壤土		6.9	25.1	1.62	0.36	20.7		4.2	141				
						C	23–119		轻壤土		7.6	10.4	0.65	0.26	21.0		1.6	121				
剖33	人为土	水稻土	淹育水稻土	浅黄棕壤性砂页岩泥田	浅砂黄土田	A	0–15		重壤土		7.9	54.4	2.78	0.56	17.5		12.5	155	23.9	第四纪黏土	E 112°18′29.8″ N 30°40′31.5″	95
						P	15–23		轻壤土		8.4	14.7	0.73	0.38	16.0		2.6	70	14.2			
						C	23–93		轻壤土		8.0	19.1	0.89	0.44	16.3		5.9	71	14.4			
剖34	人为土	水稻土	潴育水稻土	黄棕壤性第四纪黏土泥田	夹黄土田	A	0–20		重壤土		5.7	28.5	1.47	0.25	13.6		2.0	104	17.9	第四纪黏土	E 112°21′41.8″ N 30°44′13.8″	95
						P	20–30		重壤土		6.6	14.3	0.86	0.22	14.3		2.4	114				
						W	30–54		重壤土		7.2	7.9	0.52	0.23	14.8		2.5	94				
						B	54–106		重壤土		7.2	6.9	0.49	0.23	13.7		2.2	91				
剖35	人为土	水稻土	潴育水稻土	黄棕壤性第四纪黏土泥田	白散土田	A	0–15		重壤土		5.4	20.9	1.24	0.23	12.7		2.9	86	14.4	第四纪黏土	E 112°22′31.3″ N 30°40′04.4″	95
						P	15–20		轻壤土		7.3	16.8	1.03	0.28	13.5		4.8	97	11.2			
						W	19–25		轻壤土		7.5	9.3	0.67	0.25	13.9		2.3	92	12.5			
						C	25–57		轻壤土		7.5	9.4	0.65	0.17	16.2		1.1	147	≤1.0			
剖36	人为土	水稻土	潴育水稻土	黄棕壤性第四纪黏土泥田	白散土田	A	0–15		重壤土		7.2	7.9	0.49	0.16	16.5		≤1.0	169	12.8	第四纪黏土	E 112°24′26.4″ N 30°35′26.7″	95
						P	15–20		重壤土		4.9	19.0	1.10	0.37	12.3		15.6	120	12.0			
						B	40–68		重壤土		6.7	15.5	0.86	0.31	12.2		7.8	95	10.4			
						C	68–140		重壤土		7.5	9.7	0.55	0.21	12.7		4.5	82				
									重壤土		7.5	5.1	0.32	0.18	13.0		2.1	83				
									重壤土		7.1	4.3	0.28	0.24	12.8		4.8	55				
剖37	人为土	水稻土	潴育水稻土	黄棕壤性第四纪黏土泥田	白散土田	A	0–13		重壤土		5.6	15.9	0.87	0.18	11.4		2.0	61	11.3	第四纪黏土	E 112°28′10.7″ N 30°30′45.2″	95
						P	15–21		重壤土		7.4	9.4	0.60	0.17	12.7		1.5	49	17.8			
						W	21–29		轻壤土		7.7	7.0	0.46	0.17	15.3		≤1.0	87	19.9			
						B	29–45		轻壤土		7.5	7.4	≤0.10	0.18	16.1		1.5	109	24.3			
							45–117		轻壤土		7.4	7.8	0.47	0.17	18.5		2.9	139				

续表 Continued

剖面号 Soil profile	土纲 Soil order	土类 Soil great group	亚类 Soil subgroup	土属 Soil genus	土种 Soil species	土层码 Layer code	土层厚度 Depth/cm	颜色 Soil color	质地 Soil texture	土壤结构 Soil structure	pH	有机质 OM/(g/kg)	全氮 TN/(g/kg)	全磷 TP/(g/kg)	全钾 TK/(g/kg)	碱解氮 AN/(mg/kg)	有效磷 AP/(mg/kg)	速效钾 AK/(mg/kg)	阳离子交换量CEC/(cmol/kg)	土壤母质 Parent material	剖面点坐标 Profile coordinate	匹配指数 Matching index/%
剖38	半水成土	潮土	灰潮土	砂壤型灰潮土	中位厚层底土灰砂土	1	0—21		砂壤土		8.1	7.9	0.42	0.59	13.2		1.9	43	5.1	近代河流冲积物	E 112°36′08.4″ N 30°48′38.6″	95
						2	21—50		砂壤土		8.1	8.0	0.41	0.59	12.2		1.8	40				
						3	68—88		重壤土		8.1	8.9	0.55	0.52	21.1		3.8	66				
						4	93—150		重壤土		8.1	9.9	0.70	0.58	24.0		3.7	75				
剖39	半水成土	潮土	灰潮土	壤土型灰潮土	灰正土	1	0—21		重壤土		8.0	15.7	1.06	0.60	21.6		3.4	110	13.4	近代河流冲积物、湖积物	E 112°35′55.1″ N 30°47′38.2″	98
						2	21—39		中壤土		8.1	7.0	0.47	0.49	19.4		2.1	49	10.0			
						3	60—79		中壤土		8.0	5.9	0.45	0.48	19.1		2.5	41	10.1			
						4	97—130		重壤土		8.2	7.9	0.52	0.47	21.4		1.9	58	12.2			
剖40	淋溶土	黄棕壤	黄棕壤	第四纪黏土黄棕壤	黄土	A	0—12		轻黏土		6.2	18.8	1.04	0.29	15.6		3.1	119	14.2	第四纪黏土	E 112°30′28.5″ N 30°46′02.1″	96
						B	12—30		轻黏土		6.4	13.5	0.86	0.21	17.6		≤1.0	102				
						C	30—90		轻黏土		7.6	12.5	0.77	0.32	15.7		2.4	123				
剖41	人为土	水稻土	潴育水稻土	黄棕壤性砂页岩泥田	砂黄土田	A	0—16		重壤土		6.3	24.7	1.50	0.28	17.4		2.3	172	16.8	砂页岩	E 112°30′23.1″ N 30°43′50.9″	95
						P	16—31		重壤土		7.7	13.7	0.98	0.23	16.9		1.5	92	17.9			
						W	31—65		重壤土		8.0	7.4	0.69	0.21	16.9		1.5	76	18.4			
						B	65—115		重壤土		8.2	6.5	0.70	0.24	19.2		2.6	78	18.4			
剖42	半水成土	潮土	灰潮土	砂壤型灰潮土	灰砂土	1	0—21		砂壤土		8.1	5.6	0.36	0.59	14.4		2.5	42	3.8	近代河流冲积物、湖积物	E 112°33′06.3″ N 30°37′10.8″	95
						2	21—35		砂壤土		8.0	7.0	0.44	0.56	19.3		2.8	45	6.5			
						3	50—66		砂壤土		8.2	4.4	0.27	0.33	15.0		2.5	28	4.2			
						4	80—90		砂壤土		8.3	3.3	0.18	0.39	13.5		2.4	23	6.1			
剖43	人为土	水稻土	潴育水稻土	灰潮土田	灰潮砂田	A	0—14		轻壤土		8.0	12.6	0.93	0.56	17.0		2.4	85	10.3	河流冲积物	E 112°33′21.4″ N 30°35′30.9″	95
						P	14—25		中壤土		8.1	10.8	0.75	0.50	16.4		3.1	76				
						W	25—37		紧砂土		8.2	1.3	≤0.10	0.31	5.4		3.6	25				
						C	37—100		砂砾土		8.2	2.3	0.13	0.39	7.8		4.1	39				
剖44	人为土	水稻土	潴育水稻土	灰紫泥田	灰紫砂泥田	A	0—12		轻壤土		7.8	32.9	1.87	0.45	18.0		4.6	169	24.2	紫色砂页岩	E 112°32′55.2″ N 30°31′52.0″	95
						P	12—20		轻壤土		7.9	17.2	1.32	0.32	17.4		4.1	157	23.0			
						W	20—98		轻黏土		8.4	10.3	0.65	0.29	17.8		2.7	148	24.5			

钟 祥 市

主要土类说明

本市土壤调查未对林区进行调查，土壤调查仅覆盖本市地域面积的 57%。

水稻土是调查覆盖区中的主要土壤类型，占本市地域面积的 33%。水稻土是在长期季节性淹灌、水下翻耕、季节性脱水、氧化还原交替影响下，原来成土母质或母土的特性发生重大改变，形成的新的土壤类型。由于干湿交替，水稻土形成糊状淹育层、较坚实板结的犁底层、渗育层、潴育层与潜育层等多种发生层。这些不同发生层是在人为耕作、水浆管理下形成的。

潮土是调查覆盖区中的第二大土壤类型，占本市地域面积的 21%。潮土见于近代河流冲积平原或低平阶地，地下水位高，潜水参与成土过程。在潮土成土过程中，底土氧化还原交替作用，形成锈色斑纹和小型铁子。在长期耕作条件下，表层有机质含量为 10—15 g/kg。

在调查覆盖区中，小于本市地域面积 3% 的土壤类型有黄棕壤、石灰（岩）土、紫色土等。

本区域中心区气候特征

本区域中心区气候特征值
Regional climate characteristics in central area of the region

气候带：北亚热带湿润气候 Climate region: North subtropical humid climate	
年平均气温 /℃ Annual average temperature /℃	16.3
年平均最高气温 /℃ Annual average maximum temperature /℃	21.0
年平均最低气温 /℃ Annual average minimum temperature /℃	12.7
年降水量 /mm Annual precipitation /mm	1093
≥10℃的积温 /℃ Daily temperature accumulated in a year（≥10℃）/℃	5963
年日照时数 /h Annual sunshine /h	1786
年平均相对湿度 /% Annual average relative humidity /%	76
干燥度 Dryness	0.90

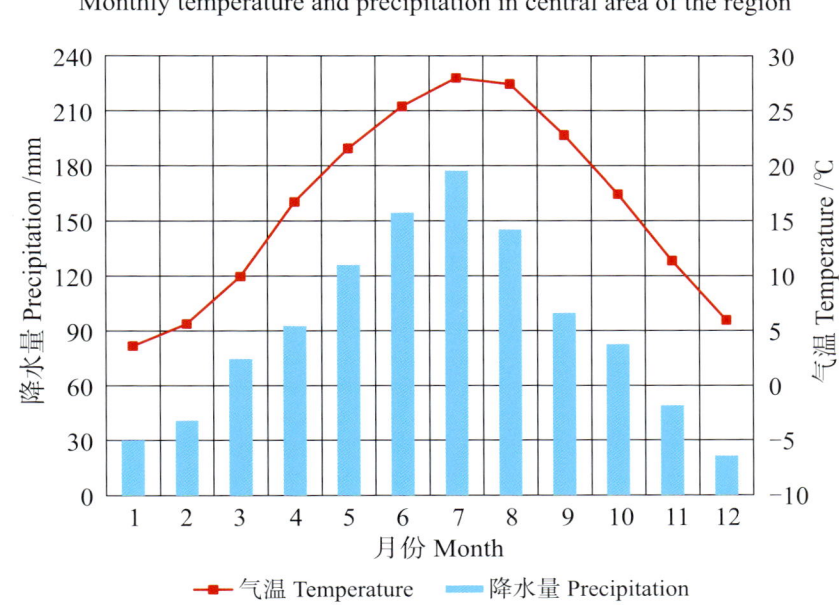

本区域中心区月平均气温与月平均降水量
Monthly temperature and precipitation in central area of the region

钟祥市主要土壤类型与土壤剖面点分布图
1∶370 000

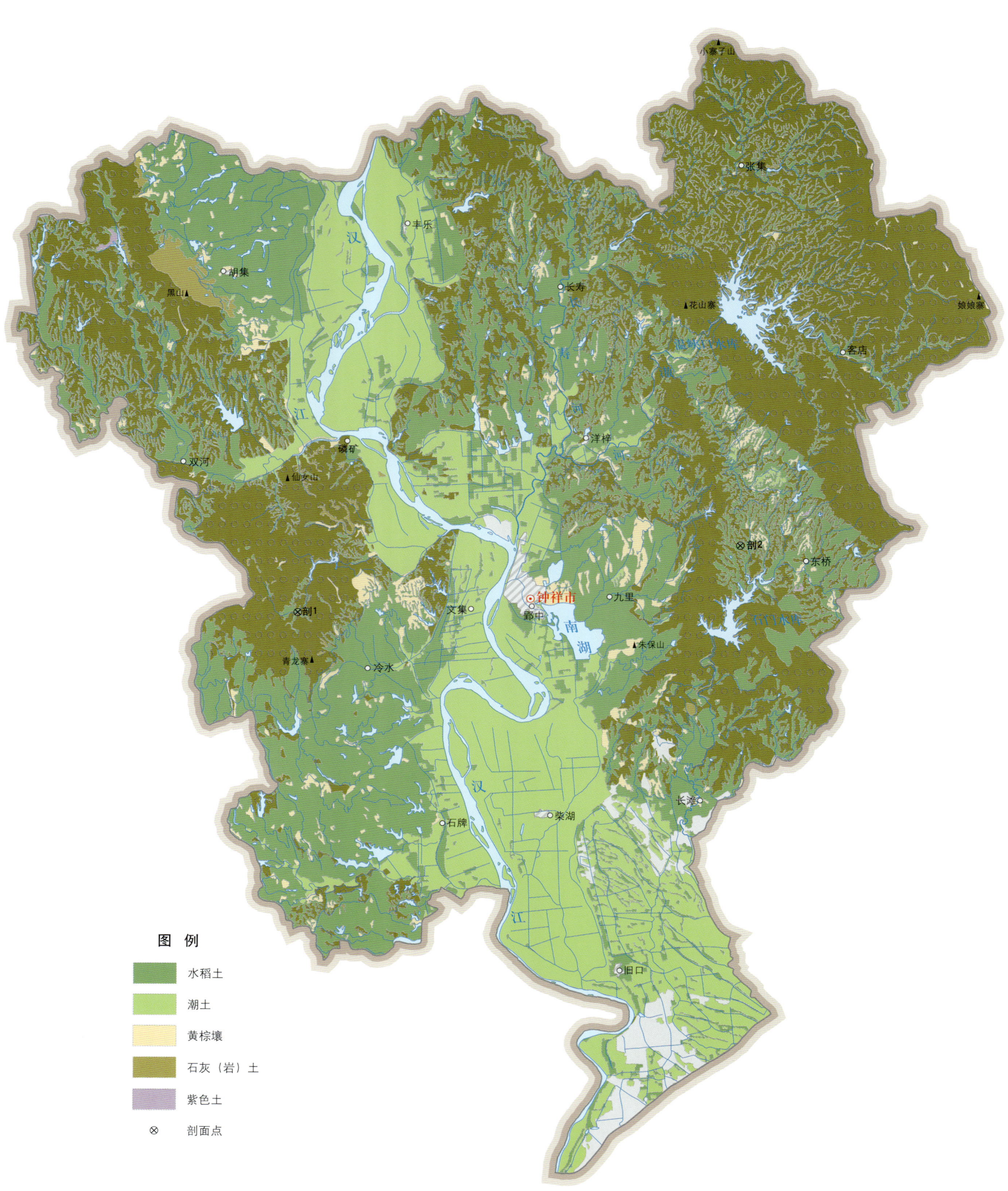

钟祥市土壤剖面理化性状表

剖面号 Soil profile	土纲 Soil order	土类 Soil great group	亚类 Soil subgroup	土属 Soil genus	土种 Soil species	土层码 Layer code	土层厚度 Depth/cm	颜色 Soil color	质地 Soil texture	土壤结构 Soil structure	pH	有机质 OM/(g/kg)	全氮 TN/(g/kg)	全磷 TP/(g/kg)	全钾 TK/(g/kg)	有效磷 AP/(mg/kg)	速效钾 AK/(mg/kg)	阳离子交换量 CEC/(cmol/kg)	土壤母质 Parent material	剖面点坐标 Profile coordinate	匹配指数 Matching index/%
剖1	人为土	水稻土	淹育水稻土	浅灰紫泥田	浅灰紫泥田	A	0—13	暗棕色	壤质黏土	小块状	8.1	38.3	2.54	0.56	16.8	11.0	261	21.9		E 112°22′23.5″ N 31°09′26.6″	98
						P	13—25	栗色	黏土	块状	8.2	22.4	1.42	0.46	18.3			20.6			
						C	25—100	紫棕色	黏土	块状	8.3	19.6	1.24	0.62	18.6			20.5			
剖2	人为土	水稻土	淹育水稻土	浅灰潮土田	浅灰潮砂泥田	A	0—15	灰黄棕色	砂壤土	团粒状		20.1	1.22	0.79	16.1	37.0	102		长江、汉江冲积物	E 112°46′25.4″ N 31°12′25.4″	95
						P	15—32	暗黄棕色	砂壤土	碎块状		10.0	0.64	0.63	16.1						
						C	32—100	淡黄棕色	砂壤土	碎块状		4.6	0.32	0.58	17.0						

京 山 市

主要土类说明

黄棕壤是京山市主要土壤类型，占本市地域面积的35%。最醒目的剖面形态特征是具有黄棕色或红棕色心土层。该层因母质不同而色泽不一，质地黏重，呈块状或棱块状结构，结构体表面有棕色或暗棕色铁锰胶膜，或有铁锰结核。本市处于北亚热带，生物气候具有南北过渡特点，黄棕壤发育较为典型，表层有机质累积明显，黏化过程较为迅速，铁锰的淋溶淀积也比较明显。本市大部分黄棕壤是生长着自然植被的林荒地土壤，少数被开垦为农田。本市黄棕壤仅有黄棕壤一个亚类。

水稻土是京山市第二大土壤类型，占本市地域面积的33%。水稻土是在人为长期水耕熟化，以栽培水稻为主的过程中形成的具有独特性状的土类。在长期耕作、施肥和灌溉条件下，由于还原淋溶和氧化淀积等作用，水稻土形成了特有的剖面结构和发生层次，如耕作层、犁底层、潴育层、淀积层、潜育层等。本市水稻土按水型分为淹育型、潴育型、潜育型、侧渗型和沼泽型五个亚类。其中，潴育水稻土面积最大，淹育水稻土次之，其他三类面积很小。

石灰（岩）土是京山市第三大土壤类型，占本市地域面积的20%。碳酸岩分布在本市各地，北部面积较大，成分复杂，主要种类有石灰岩、结晶石灰岩、硅质含磷灰岩、白云岩、白云质灰岩、灰质页岩、砾岩等。在其形成过程中，因母岩富含碳酸盐，其风化物及富含碳酸盐的地表水进入土体后，延缓了土体中盐基成分的淋失和脱硅富铝化作用的进行。该土壤质地黏重，呈块状结构，结构体表面多有胶膜。土壤与母岩界线明显，有不均质石灰反应，pH比地带性土壤高，近中性或微碱性，明显不适宜茶、油茶、杉等植物生长。植被类型多为喜钙植物，如柏木、蕨菜、白茅等。耕地作物有谷类、豆类、薯类、棉花等。由于土壤中碳酸钙含量高，常达钙饱和，大量钙与腐殖质结合、凝聚，使腐殖质在土壤表层累积，土壤呈黑色，有机质含量常超过4g/kg。根据土壤淋溶作用的强弱，本市石灰（岩）土分为黑色石灰土和棕色石灰土两个亚类。

潮土占本市地域面积的3%，发育于近代河流冲积物，是经人为耕种熟化形成的土壤，常有夜潮现象，故名潮土。近代河流冲积物多分布在河流两岸，形成冲积平原，因而地势平坦，土层深厚，适宜种植多种农作物。根据母质来源的不同和土壤有无石灰反应，本市潮土分为潮土和灰潮土两个亚类。

小于本市地域面积3%的土壤类型有紫色土等。

本区域中心区气候特征

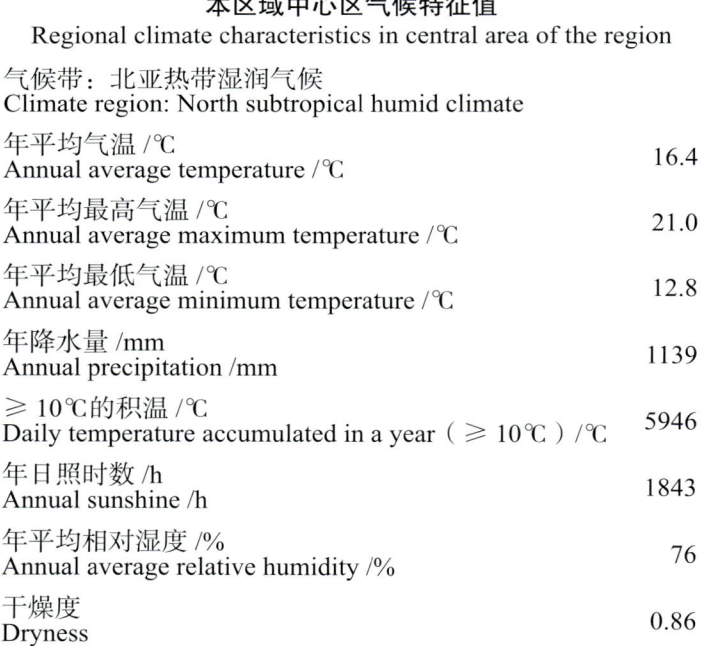

本区域中心区气候特征值
Regional climate characteristics in central area of the region

气候带：北亚热带湿润气候 Climate region: North subtropical humid climate	
年平均气温 /℃ Annual average temperature /℃	16.4
年平均最高气温 /℃ Annual average maximum temperature /℃	21.0
年平均最低气温 /℃ Annual average minimum temperature /℃	12.8
年降水量 /mm Annual precipitation /mm	1139
≥10℃的积温 /℃ Daily temperature accumulated in a year (≥10℃) /℃	5946
年日照时数 /h Annual sunshine /h	1843
年平均相对湿度 /% Annual average relative humidity /%	76
干燥度 Dryness	0.86

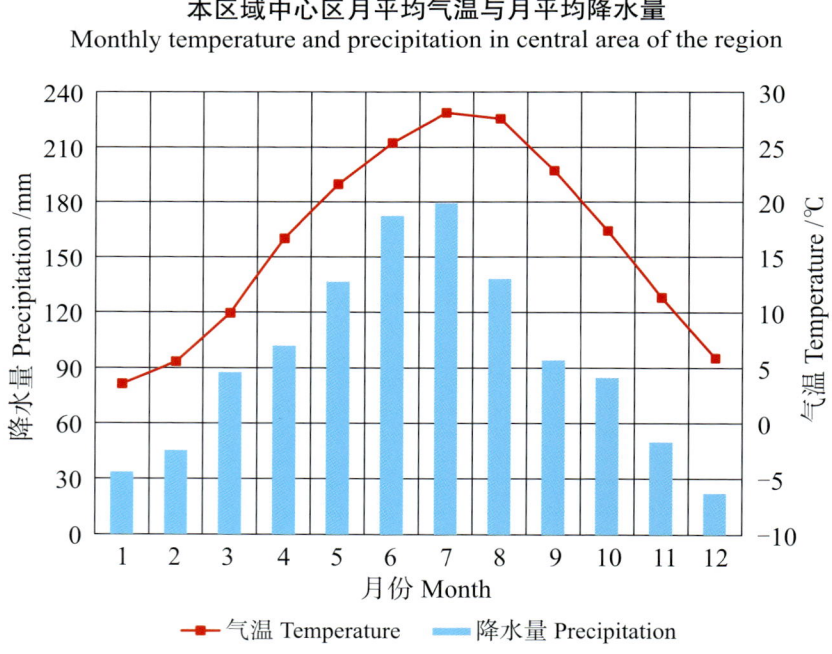

本区域中心区月平均气温与月平均降水量
Monthly temperature and precipitation in central area of the region

京山县主要土壤类型与土壤剖面点分布图
1 : 320 000

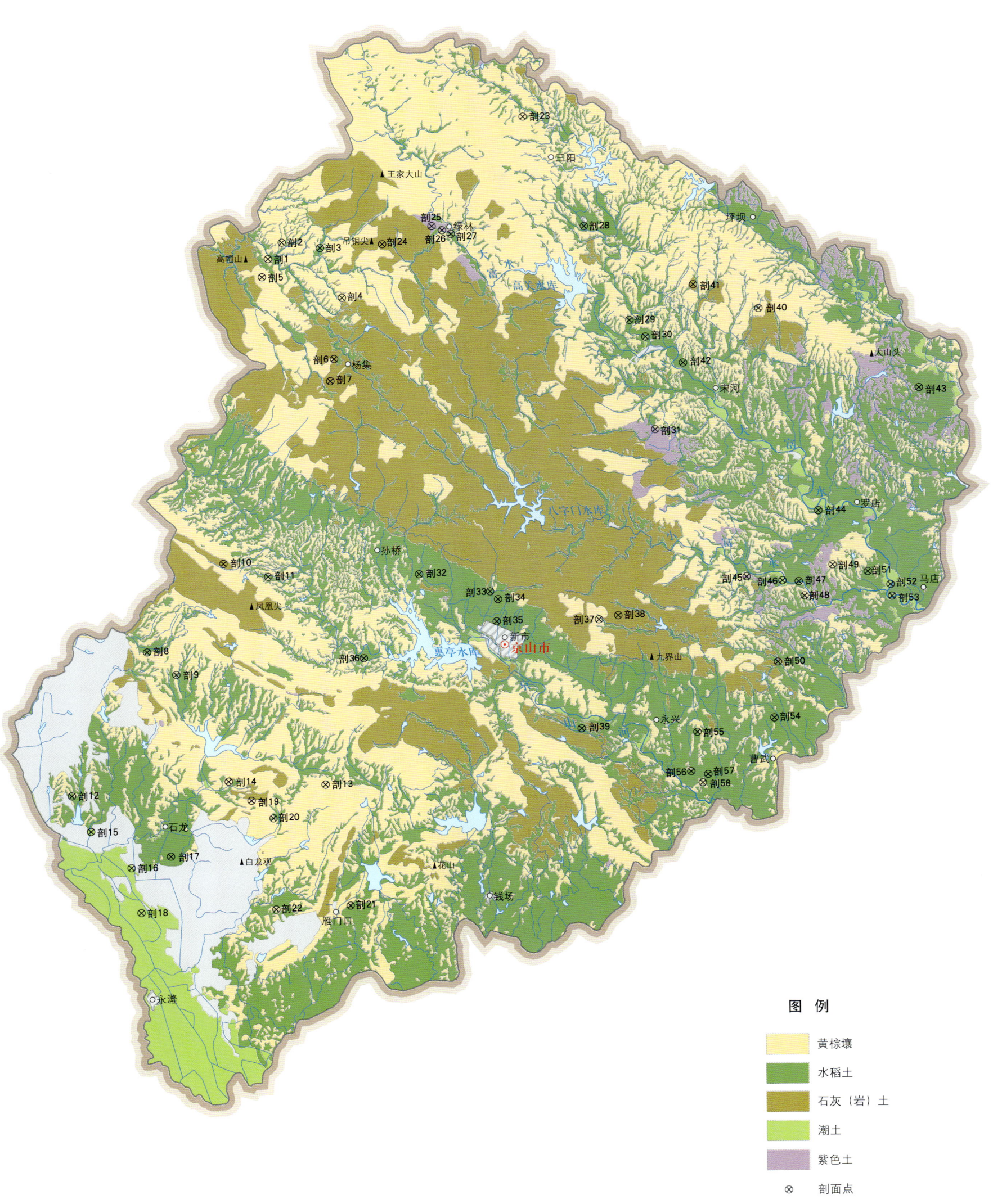

图例
- 黄棕壤
- 水稻土
- 石灰（岩）土
- 潮土
- 紫色土
- ⊗ 剖面点

注：国务院 2018 年 2 月批准，撤销京山县，设立京山市。

京山市土壤剖面理化性状表

剖面号 Soil profile	土纲 Soil order	土类 Soil great group	亚类 Soil subgroup	土属 Soil genus	土种 Soil species	土层码 Layer code	土层厚度 Depth/cm	颜色 Soil color	质地 Soil texture	土壤结构 Soil structure	pH	有机质 OM/(g/kg)	全氮 TN/(g/kg)	全磷 TP/(g/kg)	全钾 TK/(g/kg)	碱解氮 AN/(mg/kg)	有效磷 AP/(mg/kg)	速效钾 AK/(mg/kg)	阳离子交换量CEC/(cmol/kg)	土壤母质 Parent material	剖面点坐标 Profile coordinate	匹配指数 Matching index/%
剖1	淋溶土	黄棕壤	黄棕壤	泥质岩黄棕壤	砾质黄细泥土	A	0—12	红棕色	粉砂质黏土	团块状	6.4	25.5	1.35	0.30	19.5				22.0		E 112°56′02.5″ N 31°17′35.5″	95
						B	12—61	暗棕红色	壤质黏土	团块状	5.8	7.5	0.55	0.19	20.5				27.8			
						C	61—100	淡棕黄色	粉砂质黏土	团块状	5.8	5.2	0.56	0.27	25.4				26.3			
剖2	淋溶土	黄棕壤	黄棕壤	板岩黄棕壤	林地薄层黄砂泥土	A	0—7	暗黄褐色	中壤土	核状	6.4	23.9	1.46	0.44	29.0				15.0		E 112°56′42.7″ N 31°18′16.6″	97
						B	7—28	淡棕黄色	中壤土	片状	6.7	7.0	0.73	0.39	29.7				14.6			
剖3	人为土	水稻土	潴育水稻土	灰紫泥田	灰紫泥田	P	0—13	紫棕色	轻壤土	块状	8.1	30.1	1.97	0.53	17.2				21.3		E 112°58′31.0″ N 31°18′01.0″	75
						W	13—25	棕色	轻壤土	块状	8.3	13.4	0.99	0.49	17.8				22.5			
							25—54	紫棕红色	轻壤土	块状	8.5	24.5	1.66	0.52	16.3				20.8			
						B	54—100	暗棕褐色	轻壤土	块状	8.0	7.8	0.80	0.36	19.4				27.4			
剖4	淋溶土	黄棕壤	黄棕壤	板岩黄棕壤	林地中层黄砂泥土	A	0—8	灰黄棕色	中壤土	粒状	6.9	19.9	0.83	0.38	15.0				24.4	千枚岩	E 112°59′30.6″ N 31°15′53.9″	97
						C	8—45	淡棕色	重壤土	块状	7.5	4.3	0.21	0.23	10.0				31.9			
剖5	淋溶土	黄棕壤	黄棕壤	板岩黄棕壤	林地黄泥土	A	0—12	红棕色	中壤土	块状	6.4	25.5	1.35	0.30	19.5				22.0		E 112°55′44.2″ N 31°16′50.0″	97
						B	12—61	暗棕红色	中壤土	团块状	5.8	7.5	0.55	0.19	20.5				27.8			
						C	61—100	淡棕黄色	轻壤土	团块状	5.8	5.2	0.56	0.27	25.4				26.3			
剖6	初育土	石灰(岩)土	棕色石灰土	棕色石灰土	棕灰泥土	A	0—12	暗棕红色	轻壤土	棱块状	8.4	26.7	1.54	0.56	23.3				20.8		E 112°59′04.2″ N 31°13′18.7″	97
						C	12—65	棕色	轻壤土	块状	8.5	13.9	0.92	0.40	23.4				20.4			
剖7	初育土	石灰(岩)土	棕色石灰土	棕岩黄棕壤	林地薄层黄砂泥土	A	0—11	灰棕色	重壤土	棱块状	6.3	48.0	1.82	0.29	21.5				18.2		E 112°58′52.4″ N 31°12′23.6″	98
						C	11—28	淡棕黄色	中壤土	块状	6.5	15.4	0.92	0.26	24.9				16.4			
剖8	人为土	水稻土	潴育水稻土	浅黄岩板性泥田	浅黄砂泥田	A	0—14	暗棕色	中壤土	小块状	5.4	24.6	0.94	0.25	15.8				13.9		E 112°49′54.2″ N 31°01′06.0″	97
						P	14—21	淡棕黄色	重壤土	棱块状	6.3	16.1	0.90	0.23	15.4				13.6			
						C	21—120	淡棕黄色	中壤土	块状	7.7	7.5	1.29	0.24	16.8				13.6			
剖9	人为土	水稻土	潴育水稻土	浅黄板性泥田	烂泥田	P	0—15	暗棕黄色	轻壤土	棱块状	7.7	19.6	1.09	0.50	19.2				19.9	泥质页岩和砾岩	E 112°51′15.1″ N 31°00′06.8″	97
						P	15—22	灰棕黄色	重壤土	棱块状	7.8	17.9	1.51	0.49	19.2				18.0			
						C	22—100	暗棕黄色	重壤土		7.6	5.3	0.47	0.34	20.8				16.8			
剖10	初育土	石灰(岩)土	棕色石灰土	棕色石灰土	石灰泥土	A	0—20	紫棕色	黏土	粒状	7.0	42.4	2.18	0.81	16.7	266	1.6	313	27.7		E 112°53′37.0″ N 31°04′46.4″	93
						B	20—50	棕红色	黏土	块状	7.1	11.5	0.85	0.43	18.1				27.1			
						C	50—100	暗棕黄色	黏土	棱柱状	7.3	8.1	0.72	0.70	20.8				24.9			
剖11	人为土	水稻土	潴育水稻土	石灰(岩)性泥田	黑灰黄泥田	A	0—15	暗黄棕色	轻壤土	棱块状	8.2	40.0	2.36	0.61	18.3				20.2	石灰岩坡积物和洪积物	E 112°55′42.9″ N 31°04′11.0″	97
						P	15—21	暗黄棕色	轻壤土	棱块状	8.4	31.4	1.95	0.53	18.1				27.1			
						W	21—69	暗黄棕色	轻壤土	棱块状	8.5	15.2	0.93	0.31	21.2				24.9			
						B	69—100	暗棕黄色	中壤土	块状	8.1	10.8	0.71	0.42	17.3				20.2			
剖12	人为土	水稻土	沼泽型水稻土	烂泥田	烂泥田	A	0—14	淡黄棕色	轻壤土	块状	8.0	33.5	2.02	0.45	18.5				27.1		E 112°46′11.0″ N 30°55′04.0″	95
						G_1	14—21	淡黄棕色	轻壤土	块状	7.9	29.4	1.56	0.46	18.1				25.9			
						G_2	21—100	暗黄棕色	轻黏土	块状	8.0	27.6	1.51	0.46	18.7				25.7			
剖13	淋溶土	黄棕壤	黄棕壤	板岩黄棕壤	林地黄砂泥土	A	0—17	灰黄棕色	中壤土	粒状	5.6	32.7	1.49	0.23	14.4				12.5		E 112°58′10.6″ N 30°55′19.1″	98
						C	17—62	红黄色	轻壤土	块状	5.5	12.0	0.67	0.25	17.5				9.3			
剖14	淋溶土	黄棕壤	黄棕壤	第四纪黏土黄棕壤	荒地黄土	A	0—29	灰黄棕色	轻壤土	块状	6.6	16.2	0.87	0.22	14.2				17.3	第四纪黏土	E 112°53′36.4″ N 30°55′32.5″	98
						B	29—49	淡棕红色	重黏土	块状	6.8	5.9	0.45	0.14	16.1				28.2			
						C	49—62	淡棕红色	重黏土	块状	6.8	5.9	0.45	0.14	16.1				28.2			
剖15	半水成土	潮土	灰潮土	壤土型灰潮土	中位黏底灰油砂土	A	0—16	暗棕色		团粒状	8.2	12.9	0.79	0.71	21.2				13.4	有石灰反应的河流冲积物	E 112°47′02.8″ N 30°53′32.5″	97
						B	16—50	栗色	轻壤土	块状	8.4	6.4	0.65	0.59	21.1				14.5			
						C	50—120	暗灰棕色	重壤土	棱块状	8.4	7.8	0.65	0.60	22.1				19.4			

续表 Continued

剖面号 Soil profile	土纲 Soil order	土类 Soil great group	亚类 Soil subgroup	土属 Soil genus	土种 Soil species	土层码 Layer code	土层厚度 Depth/cm	颜色 Soil color	质地 Soil texture	土壤结构 Soil structure	pH	有机质 OM/(g/kg)	全氮 TN/(g/kg)	全磷 TP/(g/kg)	全钾 TK/(g/kg)	碱解氮 AN/(mg/kg)	有效磷 AP/(mg/kg)	速效钾 AK/(mg/kg)	阳离子交换量CEC/(cmol/kg)	土壤母质 Parent material	剖面点坐标 Profile coordinate	匹配指数 Matching index/%
剖16	半水成土	潮土	灰潮土	壤土型灰潮土	浅位薄黏灰含水砂	A	0—18	暗黄棕色	轻壤土	梭状	8.4	15.8	1.08	0.59	22.0				17.6	有石灰反应的河流冲积物	E 112°48′55.6″ N 30°51′58.0″	97
						B	18—45	暗棕色	重壤土	梭块状	8.2	14.8	1.06	0.59	21.8				17.8			
						C	45—110	灰黄棕色	轻砂土	粒状	8.4	6.3	0.60	0.47	19.3				10.3			
剖17	人为土	水稻土	侧渗水稻土	黄棕壤性第四纪黏土侧渗泥田	白腐黄泥田	P	0—10	暗黄棕色	重壤土	粒状										第四纪黏土	E 112°50′47.8″ N 30°52′25.4″	95
						W	10—19	暗黄色	重壤土	块状												
						E	19—34	灰黄色	中壤土	梭块状												
						C	34—50	白色	轻壤土	梭黄状												
							50—100	栗色	轻壤土	梭黄状												
剖18	半水成土	潮土	灰潮土	壤土型灰潮土	浅位薄砂灰吊气砂	A	0—13	灰黄棕色	轻壤土	团粒状	8.4	14.4	1.11	0.58	21.9				11.6	有石灰反应的河流冲积物	E 112°49′20.3″ N 30°50′05.1″	97
						B	13—32	灰黄棕色	轻壤土	粒状	8.4	11.7	0.78	0.57	21.8				12.8			
						C	32—60	褐黄色	砂土	粒状	8.4	3.9	0.35	0.47	17.2				5.5			
						C_2	60—90	栗色	砂壤土	梭黄状	8.3	9.2	0.62	0.57	22.2				13.9			
剖19	淋溶土	黄棕壤		石英砂岩黄棕壤	林地砾质硅黄土	A	0—20	暗黄棕色	砂壤土	粒状	6.4									第四纪黏土	E 112°54′39.9″ N 30°51′42.8″	97
						C	20—50	暗黄棕色	中壤土	粒状	6.3											
剖20	人为土	水稻土	潴育水稻土	石灰（岩）性泥田	薄青骨夹灰黄气泥田	A	0—14	暗黄色	砂壤土	团粒状	8.4	43.1	2.49	0.55	14.8				23.7	石灰岩、白云岩等碳酸盐岩	E 112°55′40.3″ N 30°53′56.8″	95
						Pg	14—25	暗棕色	中壤土	糊状	8.3	15.2	0.95	0.36	16.7				19.6			
						W	25—100	灰棕色	轻壤土	块状	8.3	13.2	0.79	0.32	17.2				20.3			
剖21	人为土	水稻土	淹育水稻土	浅黄棕壤性第四纪黏土泥田	浅黄吊田	A	0—13	暗黄棕色	重壤土	梭块状	5.6	25.3	1.37	0.31	15.0				15.4	第四纪黏土土坡积物或坡积物	E 112°59′12.5″ N 30°50′11.4″	97
						P	13—19	暗棕色	轻壤土	梭黄状	7.7	9.5	0.57	0.27	15.3				14.5			
						C_1	19—40	黄黄棕色	轻壤土	梭黄状	7.7	7.5	0.44	0.26	15.7				11.6			
						C_2	40—100	淡棕色	轻壤土	梭黄状	7.5	6.9	0.33	0.25	16.0				8.7			
剖22	淋溶土	黄棕壤		第四纪黄棕壤	黄土	A	0—10	淡棕色	重壤土	粒状	6.5	14.3	0.79	0.24	14.1				18.9	第四纪黏土	E 112°55′41.8″ N 30°50′06.2″	97
						B	10—50	棕色	轻壤土	块状	6.9	7.1	0.55	0.21	17.3				23.0			
						C	50—100	棕色	轻壤土	块状	6.9	7.1	0.55	0.21	17.3				23.0			
剖23	淋溶土	黄棕壤		玄武岩黄棕壤	林地砾质乌砂泥土	A	0—19	暗棕色	中壤土	粒状	6.4									辉绿岩	E 113°08′16.8″ N 31°23′23.9″	97
						B	19—50	淡棕色	中壤土	粒状	6.0											
剖24	初育土	石灰（岩）土	棕色石灰土	棕色石灰岩土	荒地棕色泥土	A	0—13	棕色	轻壤土	粒状	6.8	37.9	1.94	0.33	20.0				24.6		E 113°01′28.4″ N 31°18′07.4″	97
						B	13—27	棕色	中壤土	粒状	7.3	16.1	0.88	0.21	19.8				25.3			
						C	27—50	黄棕色	重壤土	梭块状	7.9	8.2	0.58	0.19	20.0				30.6			
剖25	初育土	紫色土	石灰性紫色土	灰紫砂土		A	0—23	暗红色	砂壤土	粒状	8.0										E 113°03′49.6″ N 31°18′50.6″	75
						B	23—56	暗红色	轻壤土	粒状	7.6											
						C	56—100	暗红色	砂壤土	粒状	7.6											
剖26	初育土	紫色土	酸性紫色土	酸性紫砂土		A	0—16	紫棕色	中壤土	粒状	6.0										E 113°04′23.3″ N 31°18′42.6″	75
						C	16—100	暗棕红色	中壤土	粒状	6.0											
剖27	初育土	紫色土	石灰性紫色土	灰紫泥土	林地灰紫泥土	A	0—13	红棕色	黏土	块状	7.6									辉绿岩	E 113°04′39.7″ N 31°18′38.8″	75
						C	13—52	红棕色	黏土	块状	7.2											
剖28	人为土	水稻土	淹育水稻土	浅黄棕壤性玄武岩泥田	浅黄砂泥田	A	0—10	暗黄棕色	中壤土	梭黄状	6.8	32.1	2.51	0.71	14.1				22.0		E 113°11′02.9″ N 31°18′43.6″	95
						P	10—15	淡棕色	中壤土	粒状	7.0	26.3	1.88	0.80	14.3				23.8			
						C	15—95	暗棕红色	黏土	块状	7.0	21.3	0.67	0.67	13.8				24.2			
剖29	人为土	水稻土	潴育水稻土	黄棕壤性板岩泥田	黄泥田	A	0—13	暗黄棕色	中壤土	块状	7.3	35.1	1.82	0.30	17.9				20.6		E 113°13′06.4″ N 31°14′42.3″	97
						P	12—20	暗黄棕色	中壤土	梭黄状	7.4	20.6	1.36	0.16	18.6				18.8			
						C	20—90	暗黄棕色	轻壤土	块状	7.7	9.5	0.59	0.19	16.2				14.5			
剖30	半水成土	潮土	灰潮土	砂土型灰潮土	灰砂土	A	0—22	灰黄棕色	砂壤土	团粒状	7.7	9.1	0.62	0.61	17.4				7.8		E 113°13′50.5″ N 31°13′59.6″	75
						C	22—115	暗黄棕色	砂壤土	粒状	8.3	5.8	0.38	0.54	18.3				7.2			

续表 Continued

剖面号 Soil profile	土纲 Soil order	土类 Soil great group	亚类 Soil subgroup	土属 Soil genus	土种 Soil species	土层码 Layer code	土层厚度 Depth/cm	颜色 Soil color	质地 Soil texture	土壤结构 Soil structure	pH	有机质 OM/(g/kg)	全氮 TN/(g/kg)	全磷 TP/(g/kg)	全钾 TK/(g/kg)	碱解氮 AN/(mg/kg)	有效磷 AP/(mg/kg)	速效钾 AK/(mg/kg)	阳离子交换量CEC/(cmol/kg)	土壤母质 Parent material	剖面点坐标 Profile coordinate	匹配指数 Matching index/%
剖31	初育土	紫色土	酸性紫色土	酸性紫泥土	酸紫泥土	A	0—16	暗棕灰色	中壤土	粒状	6.0										E 113°14′12.2″ N 31°10′04.2″	75
						B	16—39	紫棕灰色	重壤土	核块状	6.0											
						C	39—110	暗棕灰色	重壤土	核块状	6.4											
剖32	人为土	水稻土	淹育水稻土	浅石灰(岩)性泥田	浅棕灰泥田	A	0—12	栗色	轻壤土	块块状	7.6	30.5	1.83	0.84	28.5				23.7	白云岩和白云质灰岩	E 113°02′50.5″ N 31°04′09.0″	97
						P	12—23	灰黄色	轻壤土	块状	8.1	16.9	1.49	0.60	28.0				24.1			
						C	23—84	棕色	中壤土	块状	7.9	11.8	1.05	0.44	25.5				26.3			
剖33	人为土	水稻土	淹育水稻土	浅石灰(岩)性泥田	浅黑泥田	A	0—16	黑	重壤土	核块状	8.2	42.8	2.38	1.16	16.0				25.6	石灰岩坡积物	E 113°06′10.8″ N 31°03′21.7″	97
						P	16—26	黑	重壤土	块状	8.3	41.6	2.27	1.22	16.9				25.0			
						C	26—80	棕色	轻壤土	块状	8.4	14.9	0.93	0.99	16.9				22.5			
剖34	人为土	水稻土	潴育水稻土	石灰(岩)性泥田	棕灰泥田	A	0—16	暗黄棕色	轻壤土	核块状	7.3	37.3	2.15	0.37	16.5				24.2	石灰岩、白云岩等碳酸盐岩	E 113°06′32.5″ N 31°03′01.3″	97
						Pg	16—23	暗灰色	轻壤土	核块状	7.3	33.0	1.89	0.36	17.0				24.5			
						23—57	暗灰色	轻壤土	核块状	7.8	11.2	0.80	0.28	16.4				22.5			
						57—100	淡灰色	轻壤土	块状	7.9	11.2	0.76	0.30	16.8				22.6			
剖35	人为土	水稻土	潴育水稻土	灰棕壤性板岩黄棕土	青翟灰黑泥田	A	0—13	灰黄灰色	重壤土	核柱状	8.4	25.5	1.47	0.67	9.3				18.6		E 113°06′27.3″ N 31°02′05.3″	95
						Pg	13—19	暗黄棕色	重壤土	核柱状	8.4	20.3	1.17	0.69	10.2				19.3			
						G	19—100	暗灰色	重壤土	核块状	8.4	14.4	0.71	0.57	11.5				23.0			
剖36	人为土	水稻土	潴育水稻土	黄棕壤性板岩黄棕土	薄翟黄泥田	A	0—12	棕色	轻壤土	粒状	7.3	32.3	1.60	0.39	19.8				21.8		E 113°11′18.7″ N 31°02′04.3″	97
						Pg	12—23	暗黄棕色	轻壤土	核状	7.3	23.1	1.76	0.42	17.0				21.1			
						W	23—100	栗色	轻壤土	核块状	8.0	5.9	1.20	0.42	17.2				22.6			
剖37	淋溶土	黄棕壤	黄棕壤	板岩黄棕壤	黄翟土	A	0—12	暗黄棕色	重壤土	核状	7.6	19.2	1.23	0.44	18.1				21.3	泥质页岩和黄棕岩	E 113°12′13.4″ N 31°02′13.6″	98
						B	12—33	暗黄棕色	重壤土	核块状	7.1	11.0	0.93	0.29	21.2				34.2			
						C	33—100	红色	重壤土	核块状	7.2	8.0	0.89	0.27	24.4				32.7			
剖38	初育土	石灰(岩)土	棕色石灰土	石灰(岩)性泥田	林地棕灰泥田	A	0—28	暗黄棕色	轻壤土	粒状	6.4	26.6	1.23	0.40	22.5				17.9		E 113°10′20.3″ N 30°57′27.9″	97
						B	28—65	暗黄棕色	重壤土	粒状	8.4	20.6	0.96	0.37	27.8				18.2			
						C	50—100	灰黄棕色	重壤土	块状	8.5	33.8	1.92	0.86	19.0				21.5			
剖39	人为土	水稻土	潴育水稻土	泥质黄棕土	黄灰泥田	A	0—16	灰黄棕色	重壤土	粒状	8.4	33.8	1.92	0.86	18.3				21.9		E 113°19′14.2″ N 31°15′05.5″	97
						P	16—24	棕灰色	中壤土	块状	8.5	14.5	0.98	0.58	18.7				19.9			
						W₁	24—50	紫棕色	砂质黏壤土	块状	8.5	15.3	0.98	0.58	20.5				25.7			
						W₂	50—100	暗黄棕色	壤质黏土	粒状	6.1	35.7	1.41	0.36	8.3				11.3			
剖40	淋溶土	黄棕壤	黄棕壤	黄棕壤性第四纪土泥田	黄细砂泥土	A	0—20	暗黄棕色	壤质黏壤	粒状	5.3	10.7	0.68	0.31	10.6	147	1.9	68	19.3	泥质岩风化残积物或坡积物	E 113°16′09.6″ N 31°16′09.7″	95
						B	20—50	红棕红色	壤质黏壤	粒状	5.1	10.0	0.66	0.34	14.5				21.7			
						C	50—100	黑红棕色	中壤土	粒状	8.2	63.0	3.39	1.30	12.8				24.6			
剖41	初育土	石灰(岩)土	黑色石灰土	黑色石灰土	林地黑泥质土	A	0—30	黑黄棕色	轻壤土	粒状	8.1	24.4	1.36	1.02	17.1				23.0			
						C	30—70	灰黄棕色	砂壤土	粒状	8.1	26.1	1.54	1.13	14.9				9.4	钙质河流冲积物	E 113°15′36.1″ N 31°12′51.7″	97
剖42	人为土	水稻土	淹育水稻土	浅灰湖土	夹泥浅灰潮砂田	A	0—15	灰黄灰色	砂壤土	粒状	7.6	5.8	5.44	1.08	10.0				4.1			
						S	15—21	淡黄棕色	砂壤土	粒状	8.2	5.8	5.44	0.94	24.6				10.1			
						P	21—100	淡棕棕色	轻壤土	粒状	5.7	23.8	1.21	0.29	15.5				16.5			
剖43	人为土	水稻土	潴育水稻土	黄棕壤性第四纪土泥田	马肝土田	A	0—13	褐色	轻壤土	粒状	6.8	17.2	0.96	0.25	17.0				19.7	第四纪黏土	E 113°26′44.2″ N 31°11′35.3″	97
						P	13—24	暗黄棕色	轻壤土	粒状	7.4	10.1	0.56	0.18	18.9				25.9			
						W₁	24—53	灰黄棕色	轻壤土	粒状	7.7	7.9	0.29	0.21	18.7				26.0			
						W₂	53—100	黑棕棕色	中壤土	粒状	6.4	16.8	1.06	0.26	14.9				16.6			
剖44	人为土	水稻土	淹育水稻土	黄棕壤性第四纪土泥田	薄青棕白散灰泥田	A	0—11	暗黄棕色	中壤土	粒状	7.2	7.1	0.55	0.24	14.1				19.7	第四纪黏土	E 113°21′48.8″ N 31°06′27.8″	97
						Pg	11—22	灰灰色	重壤土	块状	7.1	6.6	0.49	0.23	14.2				17.3			
						W	22—70	红棕棕色	中壤土	块状	6.2	18.4	0.66	0.19	14.2				15.6			
剖45	初育土	紫色土	酸性紫色土	酸性紫泥土	林地酸紫泥土	A	0—18	暗棕红色		块状	6.5	8.9	0.52	0.19	17.2				15.1		E 113°18′20.1″ N 31°03′44.5″	97
						B	18—70															
						C	70—90	淡紫棕红色	中壤土	块状	6.8	8.3	0.63	0.20	16.9				15.0			

续表 Continued

剖面号 Soil profile	土纲 Soil order	土类 Soil great group	亚类 Soil subgroup	土属 Soil genus	土种 Soil species	土层码 Layer code	土层厚度 Depth/cm	颜色 Soil color	质地 Soil texture	土壤结构 Soil structure	pH	有机质 OM/(g/kg)	全氮 TN/(g/kg)	全磷 TP/(g/kg)	全钾 TK/(g/kg)	碱解氮 AN/(mg/kg)	有效磷 AP/(mg/kg)	速效钾 AK/(mg/kg)	阳离子交换量 CEC/(cmol/kg)	土壤母质 Parent material	剖面点坐标 Profile coordinate	匹配指数 Matching index/%
剖46	半水成土	潮土	潮土	壤土型潮土	正土	A	0—14	棕色	中壤土	团粒状	7.3	16.3	1.61	0.65	15.7				16.8	河流冲积物	E 113°20′01.7″ N 31°03′32.4″	97
						B	14—34	暗灰棕色	中壤土	粒状	7.5	10.9	0.85	0.59	15.5				16.5			
						C	34—100	棕色	中壤土	团粒状	7.8	7.2	0.71	0.59	14.4				15.1			
剖47	人为土	水稻土	淹育水稻土	浅灰潮土田	浅灰潮砂泥田	A	0—15	灰黄棕色	砂壤土	团粒状	8.1	26.1	1.54	1.13	14.9				9.4	河流冲积物	E 113°20′47.4″ N 31°03′29.2″	97
						B	15—21	暗黄棕色	紧砂土	梭块状	7.6	5.8		1.08	10.3				4.1			
						C	21—100	淡棕色	轻壤土	梭块状	8.2	5.8	5.44	0.94	14.6				10.1			
剖48	淋溶土	黄棕壤	黄棕壤	第四纪黏土黄棕壤	面黄土	A	0—16	暗黄棕色	中壤土	团粒状	7.0	18.2	1.07	0.64	14.0				10.0	第四纪黏土	E 113°21′02.8″ N 31°02′52.5″	97
						C	16—57	暗棕色	中壤土	块状	7.0	11.8	0.71	0.77	14.1				10.9			
剖49	淋溶土	黄棕壤	黄棕壤	第四纪黏土黄棕壤	林地黄土	A	0—11	暗黄棕色	中壤土	梭块状	6.8	8.4	0.70	0.19	15.4				22.1	第四纪黏土	E 113°22′25.0″ N 31°04′09.9″	98
						B	11—45	红棕色	黏土	梭块状	7.0	4.7	0.45	0.15	16.2				22.6			
						C	45—100	红棕色	中壤土	梭块状	7.0	4.7	0.45	0.15	16.2				22.6			
剖50	人为土	水稻土	潴育水稻土	紫泥田	紫砂泥田	A	0—13	红色	重壤土	粒状	5.5	23.0	1.16	0.21	15.6				16.6	紫色岩和页岩	E 113°19′41.8″ N 31°00′06.3″	95
						P	13—21	暗红色	重黏土	粒状	7.6	21.6	1.08	0.24	16.1				16.7			
						W	21—100	暗棕红色	轻壤土	粒状	6.1	7.9	0.49	0.27	18.7				21.2			
剖51	人为土	水稻土	潴育水稻土	黄棕壤性第四纪黏土泥田	潴青鬲黄土田	A	0—13	暗黄棕色	重壤土	糊状										第四纪黏土	E 113°24′04.1″ N 31°03′50.4″	97
						Pg	13—24	褐黄色	重壤土	块状												
						W	24—53	灰白色	重壤土	梭柱状												
						W₂	53—84	灰黄色	重壤土	梭柱状												
						B	84—100	灰黄色	重壤土	粒状												
剖52	半水成土	潮土	潮土	壤土型潮土	油砂土	A	0—12	棕灰色	中壤土	团粒状	7.4	16.4	0.93	0.69	18.2				14.4	河流冲积物	E 113°25′07.3″ N 31°03′16.1″	97
						B	12—32	淡黄棕色	中壤土	块状	7.5	10.9	0.78	0.54	17.6				19.3			
						C	32—101	棕色	轻壤土	块状	7.6	10.5	0.71	0.54	17.5				17.6			
剖53	半水成土	潮土	灰潮土	壤土型灰潮土	灰油砂土	A	0—17	暗黄棕色	轻壤土	团粒状	8.3	12.8	0.94	0.63	17.3				9.8	有石灰反应的河流冲积物	E 113°25′10.8″ N 31°02′46.4″	97
						B	17—53	暗黄棕色	砂壤土	梭块状	8.5	7.7	0.59	0.56	18.4				10.3			
						C₁	53—75	暗黄棕色	砂壤土	梭块状	8.4	5.4	0.45	0.53	17.6				7.0			
						C₂	75—110	褐色	砂壤土	梭块状	8.5	4.0	0.33	0.53	17.4				6.2			
剖54	人为土	水稻土	淹育水稻土	浅黄棕壤性第四纪黏土泥田	浅白散田	A	0—13	暗黄棕色	中壤土	粒状	6.5	19.6	0.90	0.44	11.0				11.7	第四纪黏土	E 113°19′27.6″ N 30°57′43.6″	97
						P	13—19	灰黄棕色	重壤土	梭块状	7.6	8.2	0.49	0.38	11.4				10.6			
						C₁	19—39	黄黄棕色	轻壤土	梭块状	7.7	6.1	0.45	0.27	13.3				14.7			
						C₂	39—90	淡棕色	重壤土	梭块状	6.5	8.7	0.58	0.19	17.2				23.5			
剖55	人为土	水稻土	潴育水稻土	黄棕壤性第四纪黏土泥田	次灰泥田	A	0—13	栗色	中壤土	粒状	8.3	28.9	1.49	0.47	15.9				20.4	第四纪黏土	E 113°25′48.2″ N 31°02′11.8″	95
						P	13—20	暗棕色	中壤土	梭块状	8.3	25.1	1.34	0.45	15.9				19.7			
						W₁	20—50	黑黑棕色	重壤土	梭块状	8.0	11.7	0.64	0.24	16.1				21.4			
						W₂	50—64	淡棕色	重壤土	梭块状	7.8	5.2	0.41	0.17	15.5				15.9			
						B	64—100	暗棕色	重壤土	梭块状	7.9	9.4	0.54	0.28	16.4				19.3			
剖56	人为土	水稻土	潴育水稻土	黄棕壤性第四纪黏土泥田	黄土田	A	0—13	暗棕色	轻壤土	粒状	5.6	14.0	0.88	0.27	14.1				11.0	第四纪黏土	E 113°15′27.6″ N 30°57′31.5″	97
						P	13—23	暗黄棕色	重壤土	梭块状	6.6	7.6	0.59	0.23	14.4				11.1			
						W₁	23—57	棕色	轻壤土	梭柱状	6.5	11.1	0.75	0.28	15.3				13.3			
							57—100	红棕色	重壤土	梭柱状	6.5	5.9	0.53	0.29	14.7				10.2			
剖57	人为土	水稻土	淹育水稻土	浅潮土田	浅潮砂泥田	A	0—12	暗黄棕色	砂壤土	团粒状	6.7	12.2	1.06	0.65	11.5				13.2	近代河流冲积物	E 113°16′15.4″ N 30°55′23.3″	95
						P	12—20	黑棕色	黏壤土	块状	6.7	9.8	0.91	0.63	12.4				15.5			
						C	20—100	暗棕色	黏壤土	块状	8.1	5.1	0.47	0.64	12.1				15.7			
剖58	淋溶土	黄棕壤	黄棕壤	碳酸岩黄棕壤	林地灰黑土	A	0—10	黑棕色	中壤土	块状	7.2									石灰岩	E 113°15′59.5″ N 30°55′02.0″	95
						B	10—35	暗红棕色	中壤土	块状	7.2											

孝 感 市

市 辖 区

主要土类说明

水稻土是孝感市主要土壤类型，占本市地域面积的72%。水稻土发育于各种母质，是在人为长期水耕熟化、以栽培水稻为主的过程中形成的具有独特性状的土类。在长期耕作、施肥和灌溉条件下，由于还原淋溶和氧化淀积等作用，水稻土形成了特有的剖面结构和发生层次，如耕作层、犁底层、潴育层、淀积层等。

潮土是孝感市第二大土壤类型，占本市地域面积的12%。潮土主要分布在澴水、府河、沦河两岸，以澴水两岸为主，多有夜潮现象，故名潮土。成土母质为河流冲积物或湖相沉积物。由于河水在多次泛滥沉积过程中，受不同地形部位及流速的影响，土壤剖面具有明显的质地层次差异和水平分布差异。一般离河床越近，剖面层理越明显，砂粒含量越高；反之，离河床越远，剖面层理越不明显，黏粒含量越高。潮土土层深厚，土体疏松，地下水位多为1—2m。

黄棕壤是孝感市第三大土壤类型，占本市地域面积的10%，是红壤、黄壤向褐土、棕壤过渡的土壤类型。成土母质为第四纪黏土沉积物，还有泥质岩、花岗片麻岩、红色砂岩及零星石英片岩、基性岩风化坡积物或残积物。最醒目的剖面形态特征是具有黄棕色或红棕色心土层。该层因母质不同而色泽不一，呈块状或棱块状结构，结构体表面有棕色或暗棕色铁锰胶膜，或有铁锰结核，有黏化和淋溶淀积过程。心土层之上的表土层，因熟化程度和利用情况不同而异，一般土壤肥力与熟化程度呈正相关。

小于本市地域面积3%的土壤类型有紫色土等。

本区域中心区气候特征

本区域中心区气候特征值
Regional climate characteristics in central area of the region

气候带：北亚热带湿润气候 Climate region: North subtropical humid climate	
年平均气温 /℃ Annual average temperature /℃	16.4
年平均最高气温 /℃ Annual average maximum temperature /℃	21.0
年平均最低气温 /℃ Annual average minimum temperature /℃	12.8
年降水量 /mm Annual precipitation /mm	1247
≥10℃的积温 /℃ Daily temperature accumulated in a year（≥10℃）/℃	6051
年日照时数 /h Annual sunshine /h	1927
年平均相对湿度 /% Annual average relative humidity /%	78
干燥度 Dryness	0.78

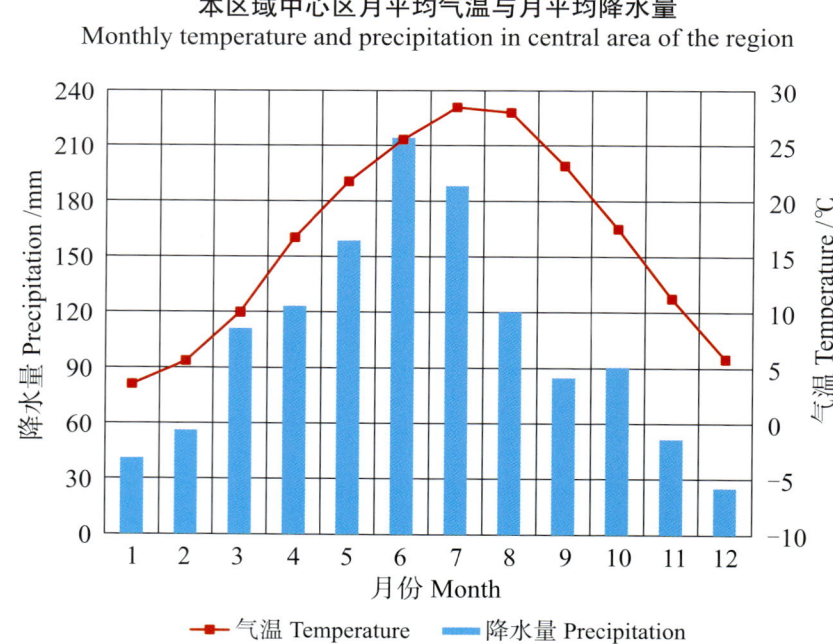

本区域中心区月平均气温与月平均降水量
Monthly temperature and precipitation in central area of the region

孝感市土壤剖面理化性状表

剖面号 Soil profile	土纲 Soil order	土类 Soil great group	亚类 Soil subgroup	土属 Soil genus	土种 Soil species	土层码 Layer code	土层厚度 Depth/cm	颜色 Soil color	质地 Soil texture	土壤结构 Soil structure	pH	有机质 OM/(g/kg)	全氮 TN/(g/kg)	全磷 TP/(g/kg)	全钾 TK/(g/kg)	碱解氮 AN/(mg/kg)	有效磷 AP/(mg/kg)	速效钾 AK/(mg/kg)	阳离子交换量CEC/(cmol/kg)	土壤母质 Parent material	剖面点坐标 Profile coordinate	匹配指数 Matching index/%
剖1	人为土	水稻土	潴育水稻土	马肝泥田	青犀黄泥田	Aa	0—14	油黄色	壤质黏土	小块状		28.4	1.40	1.30	20.2	173	11.0	95	18.6	黄土	E 113°57′01.1″ N 31°03′02.1″	95
						Ap	14—25	灰棕色	壤质黏土	块状		22.4	1.40	1.10	18.3	167	8.0	75				
						Pg	25—64	灰棕色	壤质黏土	块状		18.5	1.10	0.50	20.4	114	4.0	65				
						W	64—100	黄棕色	壤质黏土	棱柱状		19.2	0.90	0.20	17.1	59	3.0	60				
剖2	人为土	水稻土	潴育水稻土	第四纪黏土泥田	青犀白散泥田	A	0—14	褐色	壤质黏土	块状	6.2	28.4	1.45	1.31	20.2	173	11.4	95	18.6	第四纪黏土	E 113°58′14.8″ N 30°56′06.5″	81
						Pg	14—35	棕灰色	壤质黏土	块状	6.3	22.4	1.37	1.13	18.3	167	8.1	75				
						W₁	35—64	棕灰色	壤质黏土	块状	6.1	18.5	1.13	0.51	20.4	114	3.6	65				
						W₂	64—100	黄棕色	壤质黏土	棱柱状	7.0	19.2	0.91	0.28	17.1	59	2.6	60				
剖3	淋溶土	黄棕壤	黄棕壤	泥质岩黄棕壤	砾质黄细砂土	A	0—12	黄褐色	黏壤土	粒状	6.7	8.7	0.70	0.31	13.9	59	3.5	153	10.4		E 114°05′41.3″ N 31°00′37.5″	95
						C	12—100	黄棕色	砂质黏壤土	块状	6.6	5.8	0.52	0.17	12.7	105	6.7	70	17.7			
剖4	初育土	紫色土	酸性紫色土	酸性紫砂土	酸性紫砂土	A	0—20	紫色	砂质黏壤土	粒状	6.3	9.7	0.60	0.40	36.2	186	12.9	105			E 114°08′43.6″ N 31°04′02.8″	75
						B₁	20—39	紫棕色	黏壤土	碎块状	6.7	8.2	0.34	0.44	13.4	126	12.3	94				
						B₂	39—68	棕黄色	壤质黏土	块状	6.3	6.2	0.60	0.47	13.6	122	12.3	95				
						C	68—100	棕色	壤质黏土	片状	6.4	4.3	0.40	0.40	10.6	72	2.1	75				

大 悟 县

主要土类说明

黄棕壤是大悟县主要土壤类型，占本县地域面积的 68%。黄棕壤发生于亚热带暖湿落叶阔叶林下，弱度富铝化，主要由砂页岩及花岗岩风化物发育而成，黏聚现象明显，呈黄棕色。黄棕壤具 A–B–C 或 A–（B）–C 剖面构型，黏粒硅铝率在 2.5 左右，铁的游离度较红壤低，B 层交换性酸大于 A 层。

水稻土是大悟县第二大土壤类型，占本县地域面积的 25%。水稻土是在长期季节性淹灌、水下翻耕、季节性脱水、氧化还原交替影响下，原来成土母质或母土的特性发生重大改变，形成的新的土壤类型。由于干湿交替，水稻土形成糊状淹育层、较坚实板结的犁底层、渗育层、潴育层与潜育层等多种发生层。这些不同发生层是在人为耕作、水浆管理下形成的。

粗骨土是大悟县第三大土壤类型，占本县地域面积的 4%，属于 A–C 型，甚至（A）–C 型土壤。A 层发育不明显，与母质土层性状相似，略显有机质累积。有时母质层富含砾石，很少出现剖面分异与发育特征。粗骨土广泛分布在河谷阶地、丘陵、低山和中山等多种地貌单元和地形部位。

小于本县地域面积 3% 的土壤类型有潮土、石灰（岩）土、黄褐土、紫色土等。

本区域中心区气候特征

本区域中心区气候特征值
Regional climate characteristics in central area of the region

气候带：北亚热带湿润气候 Climate region: North subtropical humid climate	
年平均气温 /℃ Annual average temperature /℃	15.7
年平均最高气温 /℃ Annual average maximum temperature /℃	20.6
年平均最低气温 /℃ Annual average minimum temperature /℃	11.9
年降水量 /mm Annual precipitation /mm	1195
≥ 10℃的积温 /℃ Daily temperature accumulated in a year (≥ 10℃) /℃	5742
年日照时数 /h Annual sunshine /h	1943
年平均相对湿度 /% Annual average relative humidity /%	77
干燥度 Dryness	0.78

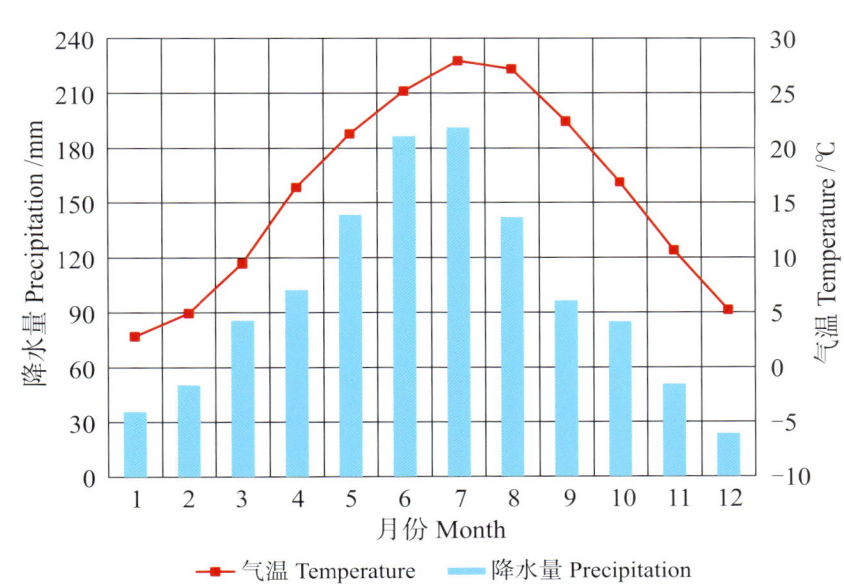

本区域中心区月平均气温与月平均降水量
Monthly temperature and precipitation in central area of the region

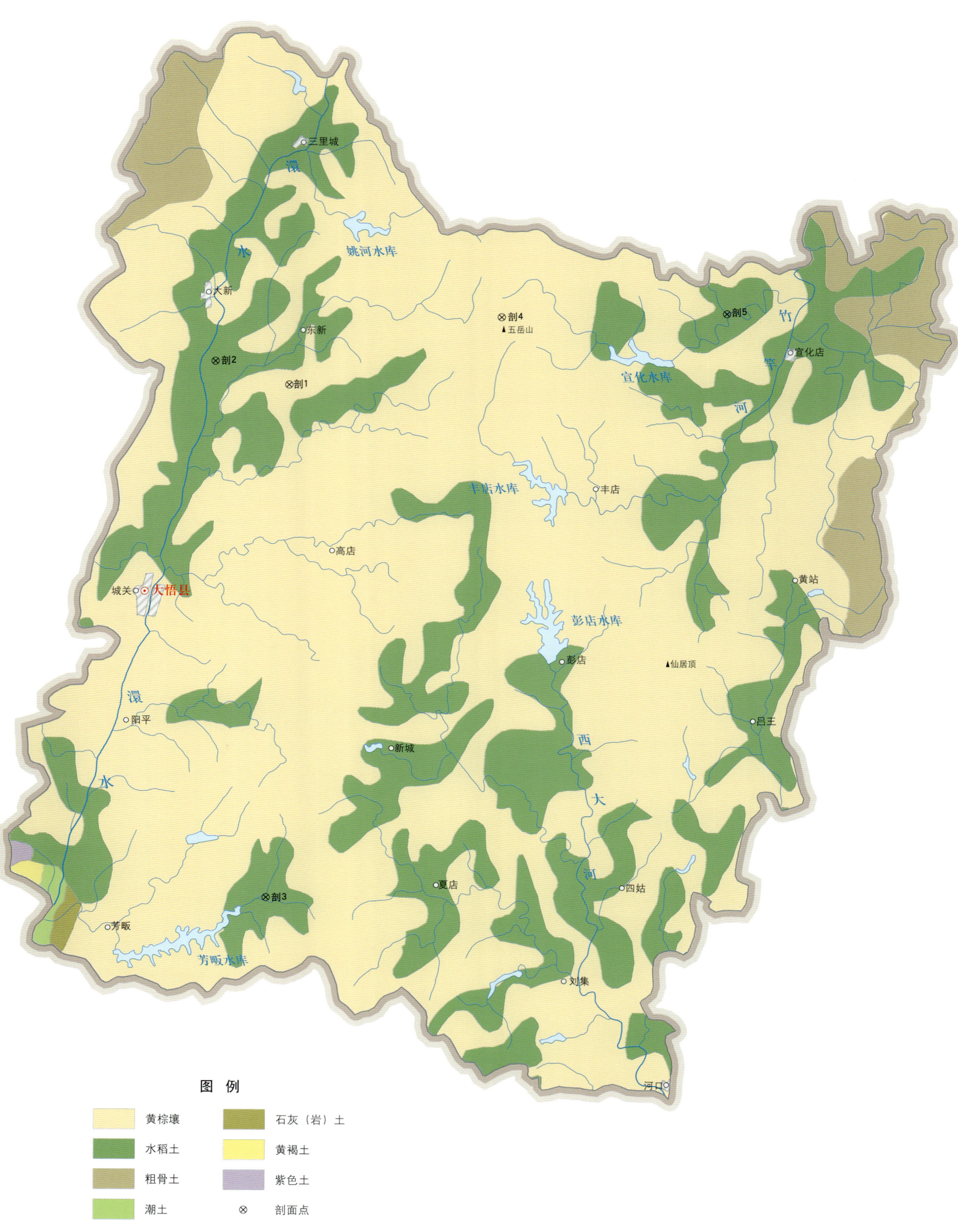

大悟县土壤剖面理化性状表

剖面号	土纲	土类	亚类	土属	土种	土层码	土层厚度/cm	颜色	质地	土壤结构	pH	有机质OM/(g/kg)	全氮TN/(g/kg)	全磷TP/(g/kg)	全钾TK/(g/kg)	碱解氮AN/(mg/kg)	有效磷AP/(mg/kg)	速效钾AK/(mg/kg)	阳离子交换量CEC/(cmol/kg)	土壤母质	剖面点坐标	匹配指数/%
剖1	淋溶土	黄棕壤	黄棕壤性土	酸性结晶岩黄棕壤性土	薄黄麻骨土	A	0—17	褐色	砂壤土	粒状	6.4	7.6	0.46	0.58	16.8	30	7.2	33	4.0		E 114°12′01.9″ N 31°40′26.8″	95
						C	17—22	灰黄色	砂壤土	粒状	5.5	10.9	0.65	0.28	17.8							
剖2	人为土	水稻土	潴育水稻土	酸性结晶岩黄棕泥田	青摞麻砂田	A	0—17	黄棕色	砂壤土		5.2	19.0	1.13	0.48	14.8	50	6.0	94		花岗岩、片麻岩风化物	E 114°09′26.0″ N 31°41′07.7″	95
						P	17—24	暗黄棕色	砂壤土	块粒状	5.6	20.1	1.15	0.50	15.3							
						G	24—52	暗灰色	轻壤土	糊块状	6.0	12.6	0.77	0.48	15.3							
						W	52—100	淡灰色	中壤土	棱柱状	6.2	9.4	0.65	0.45	17.2							
剖3	人为土	水稻土	潴育水稻土	紫泥田	青摞紫砂泥田	A	0—21	灰黄棕色	黏壤土	团块状	6.0	21.0	1.25	0.33	12.3	104	7.9	53	14.5		E 114°11′44.5″ N 31°24′28.2″	95
						Pg	21—31	暗灰黄色	黏壤土	块状	6.1	11.5	0.76	0.27	11.2				11.6			
						G	31—57	暗栗色	黏壤土	糊块状	7.0	3.3	0.33	0.22	10.7				10.6			
						W	57—100	暗黄棕色	壤质黏土	棱柱状	7.2	2.4	0.29	0.22	10.8				13.6			
剖4	淋溶土	黄棕壤	黄棕壤	酸性结晶岩黄棕壤	黄麻泥土	A	0—18	黄棕色	黏壤土	块状	6.7	12.2	0.83	0.44	15.2	70	2.2	72	17.8		E 114°19′24.0″ N 31°42′41.1″	95
						B	18—46	红黄色	壤质黏土	块状	6.7	9.0	0.68	0.37	13.3							
						C	46—100	暗红棕色	砂质黏壤土	块状	6.8	5.8	0.47	0.55	16.3							
剖5	人为土	水稻土	潴育水稻土	酸性结晶岩黄棕泥田	夹砂麻砂泥田	A	0—15	淡灰色	砂壤土	粒状	5.3	14.3	0.80	0.26	26.0	63	2.2	44	6.6		E 114°27′17.2″ N 31°42′56.1″	95
						P	15—25	灰白色	砂壤土	块状	5.5	13.7	0.75	0.25	21.5				5.4			
						W₁	25—37	淡棕色	砂质黏壤土	棱柱状	6.6	5.2	0.28	0.27	19.1				5.8			
						Si	37—57	淡灰色	砂壤土	粒状	6.9	1.8	0.13	0.23	19.5				2.9			
						W₂	57—100	棕色	砂壤土	棱柱状	6.7	6.6	0.32	0.25	22.1				5.2			

云 梦 县

主要土类说明

水稻土是云梦县主要土壤类型，占本县地域面积的65%。水稻土是本县的主要耕作土壤，湖积平原和河流冲积平原均有分布。在长期耕作、施肥和灌溉条件下，由于还原淋溶和氧化淀积等作用，水稻土形成了特有的剖面结构和发生层次。根据水文地质条件和水耕熟化程度的差异，本县水稻土按水型分为淹育型、潴育型、潜育型、侧渗型和沼泽型五个亚类。

潮土是云梦县第二大土壤类型，占本县地域面积的32%。潮土是本县棉麦两熟的主要土壤。成土母质为河流冲积物或湖相沉积物。由于河水在多次泛滥沉积过程中，受不同地形部位及流速的影响，土壤剖面具有明显的沉积层理现象，并且呈水平带状分布规律。一般离河床越近，剖面层理越明显，砂粒含量越高；反之，离河床越远，剖面层理越不明显，黏粒含量越高。潮土土层深厚，质地为砂土至重壤土，地下水位为30—100cm。根据土壤有无石灰反应，本县潮土分为潮土和灰潮土两个亚类。本县府河、漳河流域的潮土均无游离碳酸钙，但道桥镇部分地区的潮土则含有少量游离碳酸钙，pH为7.1—7.5，有机质含量较低，分布很不规律，这可能与历史上汉江泛滥有关。

小于本县地域面积3%的土壤类型有黄棕壤等。

本区域中心区气候特征

本区域中心区气候特征值
Regional climate characteristics in central area of the region

气候带：北亚热带湿润气候 Climate region: North subtropical humid climate	
年平均气温 /℃ Annual average temperature /℃	16.3
年平均最高气温 /℃ Annual average maximum temperature /℃	20.9
年平均最低气温 /℃ Annual average minimum temperature /℃	12.7
年降水量 /mm Annual precipitation /mm	1208
≥10℃的积温 /℃ Daily temperature accumulated in a year（≥10℃）/℃	5946
年日照时数 /h Annual sunshine /h	1903
年平均相对湿度 /% Annual average relative humidity /%	77
干燥度 Dryness	0.80

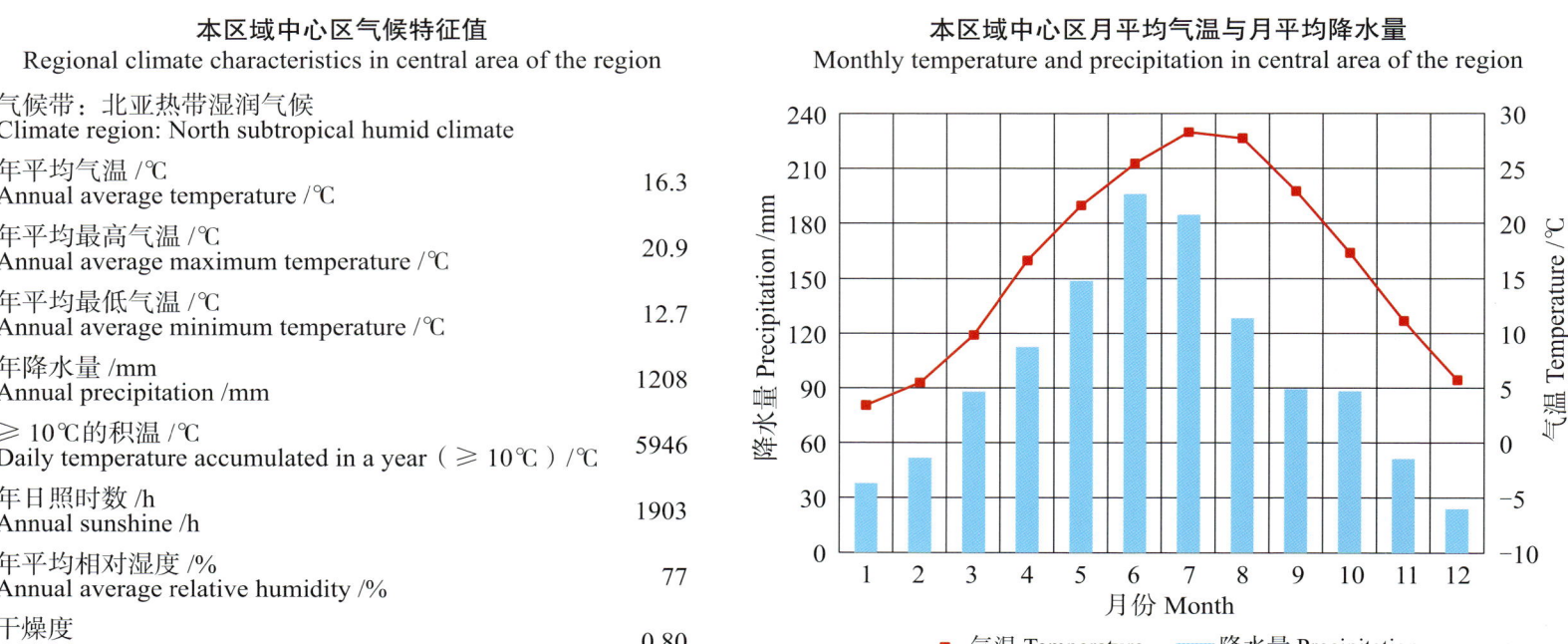

本区域中心区月平均气温与月平均降水量
Monthly temperature and precipitation in central area of the region

云梦县主要土壤类型与土壤剖面点分布图
1∶170 000

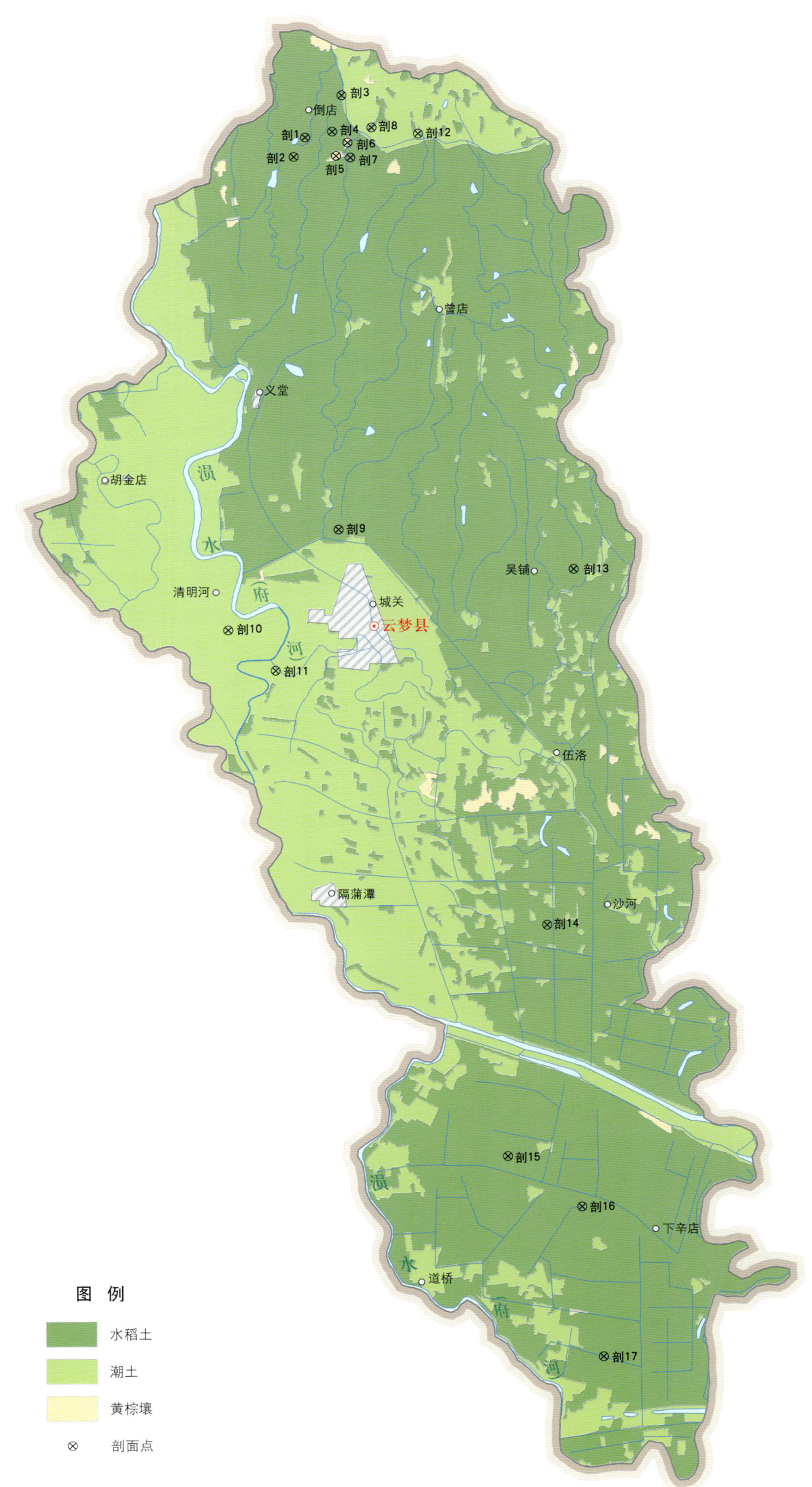

云梦县土壤剖面理化性状表

剖面号 Soil profile	土纲 Soil order	土类 Soil great group	亚类 Soil subgroup	土属 Soil genus	土种 Soil species	土层码 Layer code	土层厚度 Depth/cm	颜色 Soil color	质地 Soil texture	土壤结构 Soil structure	pH	有机质 OM/(g/kg)	全氮 TN/(g/kg)	全磷 TP/(g/kg)	全钾 TK/(g/kg)	碱解氮 AN/(mg/kg)	有效磷 AP/(mg/kg)	速效钾 AK/(mg/kg)	阳离子交换量CEC/(cmol/kg)	土壤母质 Parent material	剖面点坐标 Profile coordinate	匹配指数 Matching index/%
剖1	人为土	水稻土	潴育水稻土	灰潮土田	灰潮砂田	A	0—13	黄棕色	砂壤土	粒状	6.8	15.2	0.84	0.39	12.7	74	7.3	77	9.9		E 113°43′32.8″ N 31°10′35.0″	75
						P	13—21	黄棕色	轻壤土	碎块状	7.4	12.9	0.75	4.79	20.0	65	12.7	50	10.6			
						W	21—100	棕黄色	轻壤土	小棱块状	8.0	9.6	0.59	0.46	19.5	70	11.5	46	9.0			
剖2	人为土	水稻土	潴育水稻土	黄棕壤性黏土泥田	白散泥田	A	0—16	棕灰色	中壤土	粒状	5.6	23.4	1.24	0.12	14.4	102	5.4	10	10.5	第四纪黏土	E 113°43′17.8″ N 31°10′13.4″	95
						P	16—26	灰棕色	中壤土	小块状	6.3	17.0	1.06	0.24	14.3				10.6			
						W	26—50	暗灰棕色	重壤土	棱块状	7.5	5.5	0.61	0.14	17.6				24.5			
						W_2	50—100	灰棕色	重壤土	棱块状	7.6	4.0	0.38	0.14	18.5				22.5			
剖3	人为土	水稻土	潴育水稻土	潮土田	底黏油砂泥田	A	0—15	黄棕色	轻壤土	粒状											E 113°44′20.1″ N 31°11′21.1″	75
						W_1	15—26	暗黄棕色	轻壤土	小块状												
						W_2	26—50	黄棕色	中壤土	棱块状												
							50—100	棕灰色	黏土	棱块状												
剖4	人为土	水稻土	潴育水稻土	黄棕壤性黏土泥田	青隔面黄泥田	A	0—14				5.2	27.4	1.98	0.35	16.6	86	9.1	88	16.9	第四纪黏土	E 113°44′07.1″ N 31°10′40.8″	75
						Pg	14—26				6.1	20.0	1.59	0.31	17.6				11.9			
						W_1	26—35				7.4	7.5	0.82	0.25	20.6				13.9			
						W_2	35—64				7.3	9.6	0.61	0.18	19.0				14.3			
						B	64—100				6.6	1.6	0.50	0.24	18.9				15.8			
剖5	淋溶土	黄棕壤	黄棕壤	第四纪黏土黄棕壤	白散土	A	0—16	褐色	中壤土	粒状	7.0	14.4	0.76	0.23	13.7	73	20.6	165	10.4	第四纪黏土	E 113°44′10.9″ N 31°10′13.6″	75
						B_1	16—35	棕黄色	中壤土	粒状	7.1	12.1	0.70	0.38	13.3				9.2			
						B_2	35—57	棕灰色	重壤土	小棱块状	7.4	6.3	0.45	0.19	15.7				11.5			
						B_3	57—75	淡棕色	重壤土	块状	7.8	1.5	0.26	0.13	15.6				10.8			
						B_4	75—100	黄棕色	重壤土	块状	7.7	5.7	0.43	0.12	15.1				13.9			
剖6	淋溶土	黄棕壤	黄棕壤	第四纪黏土黄棕壤	黑黏白散土	A	0—14	灰棕色	重壤土	粒状	6.5	13.7	0.88	0.32	16.0	72	47.9	229	12.5	第四纪黏土	E 113°44′25.7″ N 31°10′28.1″	75
						B_1	14—31	黄棕色	重壤土	小棱块状	7.1	≤1.0	0.61	0.13	14.7				12.4			
						B_2	31—46	褐色	黏土	棱块状	7.6	7.1	0.63	≤0.10	17.0				20.2			
						B_3	46—78	栗色	黏土	棱块状	7.7	8.2	0.57	0.12	19.0				25.3			
						B_4	78—100	栗色	黏土	块状	7.7	6.9	0.51	≤0.10	19.8				26.5			
剖7	人为土	水稻土	潴育水稻土	黄棕壤性黏土泥田	白黏马肝泥田	A	0—17	黄棕色	中壤土	粒状	5.8	23.1	1.54	0.35	15.8	122	5.8	50	14.1	第四纪黏土	E 113°44′29.2″ N 31°10′11.1″	75
						P	17—27	黄棕色	中壤土	小块状	6.3	22.6	1.49	0.35	14.4				14.4			
						W_1	27—63	棕褐色	重壤土	棱块状	7.4	4.1	0.52	0.15	10.3				10.0			
						W_2	63—100	棕色	重壤土	块状	7.2	4.3	0.49	0.14	18.2				16.9			
剖8	人为土	水稻土	潴育水稻土	黄棕壤性黏土泥田	黑黏马肝泥田	A	0—14	黄棕色	中壤土	粒状	6.1	16.8	1.24	0.29	17.3	88	10.0	95	12.0	第四纪黏土	E 113°44′56.5″ N 31°10′44.3″	75
						P	14—23	黄棕色	重壤土	小块状	7.5	15.3	0.79	0.23	16.6				12.3			
						W_1	23—43	棕灰色	黏土	棱块状	7.6	5.9	0.48	0.11	16.7				13.7			
						W_2	43—62	栗色	黏土	棱块状	7.8	9.2	0.54	0.11	21.6				26.0			
						B	62—100	暗黄色	黏土	块状	7.9	7.2	0.50	0.11	17.7				25.2			
剖9	人为土	水稻土	潴育水稻土	黄棕壤性黏土泥田	青隔马肝泥田	A	0—15				6.2	16.4	1.32	0.26	14.2	108	20.1	45	16.5	第四纪黏土	E 113°44′00.5″ N 31°03′14.2″	95
						Pg	15—26	黄褐色	砂壤土	棱状	6.9	15.3	1.03	0.22	15.7				17.7			
						W	26—43	棕色	砂壤土	粒状	7.3	2.7	0.21	0.11	12.9				11.0			
						B	43—100	棕黄色	砂壤土	无结构	7.1	4.2	0.42	0.12	16.9				23.8			
剖10	半成土	潮土	灰潮土	灰潮砂土	灰潮砂土	1	0—20				7.0	10.3	0.72	0.55	16.9	32	6.0	45	7.0	近代河流冲积物	E 113°41′38.4″ N 31°01′24.3″	95
						2	20—40				7.1	7.5	0.55	0.58	15.7				11.0			
						3	40—100				7.1	2.3	0.18	0.70	15.5				3.9			

续表 Continued

剖面号 Soil profile	土纲 Soil order	土类 Soil great group	亚类 Soil subgroup	土属 Soil genus	土种 Soil species	土层码 Layer code	土层厚度 Depth/cm	颜色 Soil color	质地 Soil texture	土壤结构 Soil structure	pH	有机质 OM/(g/kg)	全氮 TN/(g/kg)	全磷 TP/(g/kg)	全钾 TK/(g/kg)	碱解氮 AN/(mg/kg)	有效磷 AP/(mg/kg)	速效钾 AK/(mg/kg)	阳离子交换量 CEC/(cmol/kg)	土壤母质 Parent material	剖面点坐标 Profile coordinate	匹配指数 Matching index/%
剖11	半水成土	潮土	潮土	砂土型潮土	潮砂土	1	0—16	黄棕色	砂壤土	无结构	6.4	5.4	0.52	0.42	17.8	35	13.9	45	4.4	近代河流冲积物	E 113°42′36.4″ N 31°00′37.9″	95
						2	16—43	棕黄色	砂壤土	无结构	6.4	1.3	0.17	0.86	14.4				1.4			
						3	43—100	黄棕色	砂壤土	无结构	6.5	≤1.0	0.34	≤0.10	13.5				≤1.0			
剖12	半水成土	潮土	潮土	潮泥砂土	油砂土	1	0—18	褐棕色	轻壤土	粒状	5.8	11.8	0.91	0.58	14.0	74	14.4	70	8.8	近代河流冲积物	E 113°15′54.7″ N 31°10′36.5″	75
						2	18—54	黄棕色	轻壤土	小块粒状	6.6	4.6	0.35	0.41	15.5				10.1			
						3	54—100	棕色	中壤土	小块状	6.9	3.9	0.35	0.33	16.6				11.8			
剖13	人为土	水稻土	淹育水稻土	浅黄棕壤性黏土泥田	浅白散泥田	A	0—17	淡棕黄色	中壤土	小块状	5.2	17.6	1.13	0.37	15.2	102	5.5	70	9.8	第四纪黏土	E 113°48′54.3″ N 31°02′23.0″	95
						P	17—25	黄棕色	重壤土	棱块状	6.7	10.4	0.69	0.26	16.5				9.6			
						C	25—100	棕色	重壤土	棱块状	6.9	9.8	0.71	0.25	17.4				14.7			
剖14	人为土	水稻土	潴育水稻土	潮土田	潮砂泥田	A	0—18	黄棕色	中壤土	粒状	5.5	16.2	1.05	0.52	16.1	109	26.6	209	15.0		E 113°48′06.8″ N 30°55′44.5″	95
						P	18—29	棕灰色	中壤土	块状	7.2	9.0	0.66	0.35	18.3				15.0			
						W₁	29—51	灰棕色	中壤土	棱块状	7.1	5.6	0.36	0.39	17.4				14.9			
						W₂	51—100	棕灰色	重壤土	棱块状	7.4	4.9	0.33	0.30	17.8				13.7			
剖15	人为土	水稻土	潜育水稻土	青泥田	青泥田	A	0—20	褐棕色	重壤土	小块状	5.6	17.8	1.38	0.26	18.2	99	3.8	125	19.6	湖积物	E 113°47′08.5″ N 30°51′25.4″	95
						P	20—31	青灰色	重壤土	块状	6.3	15.1	1.16	0.28	16.9				15.2			
						G	31—100	青灰色	重壤土	块状	5.4	13.7	1.82	0.26	17.2				17.4			
剖16	人为土	水稻土	潴育水稻土	黄棕壤性黏土泥田	青褐潮泥田	A	0—15	黄棕色	中壤土	粒状	6.2	28.2	1.56	0.49	13.5	119	11.1	72	24.0	第四纪黏土	E 113°48′39.1″ N 30°50′27.0″	95
						Pg	15—34	青黄色	重壤土	块状	7.4	20.9	1.07	0.60	16.9				21.2			
						W₁	34—64	灰棕色	重壤土	棱块状	7.5	8.3	0.53	0.38	16.8				20.1			
						W₂	64—100	褐棕色	重壤土	棱块状	7.5	6.3	0.37	0.25	16.3				17.8			
剖17	人为土	水稻土	潴育水稻土	灰潮土田	灰潮砂泥田	A	0—18	棕色	砂质黏壤土	团粒状	7.6	14.8	0.86	0.45	17.5	105	7.4	43	15.6		E 113°49′00.0″ N 30°47′40.0″	95
						P	18—32	黄棕色	砂质黏壤土	块状	7.2	8.7	0.56	0.38	17.2	60	5.0	30	10.2			
						W₁	32—57	棕色	砂壤土	棱块状	7.2	5.4	0.34	0.32	16.4	34	5.9	38	9.0			
						W₂	57—100	棕色	砂质黏壤土	棱块状	7.1	4.8	0.30	0.45	17.8	27	7.2	28	7.1			

应 城 市

主要土类说明

水稻土是应城市主要土壤类型，占本市地域面积的71%。水稻土发育于各种母质，是在人为长期水耕熟化，以栽培水稻为主的过程中形成的具有独特性状的土类。在长期耕作、施肥和灌溉条件下，由于还原淋溶和氧化淀积等作用，水稻土形成了特有的剖面结构和发生层次。根据灌溉水和地下水影响程度的差异，本市水稻土分为淹育型、潴育型、潜育型、侧渗型和沼泽型五个亚类。其中，潴育水稻土面积最大，因氧化还原交替频繁，剖面层次一般发育较完整，有明显的潴育斑纹诊断层次，剖面构型为 A–P–W–C、A–Pg–W_1–W_2、A–P–G–W。

潮土是应城市第二大土壤类型，占本市地域面积的14%。潮土分布在府河、漳河西岸和大富水、汉北河两岸的平原及南部湖区，由近代河流冲积物和湖相沉积物发育而成。由于河水在多次泛滥沉积过程中，受不同地形部位及流速的影响，土壤剖面具有明显的质地层次差异和水平分布差异。一般离河床越近，砂粒含量越高；反之，离河床越远，黏粒含量越高。因汛期水量大小及流速不同，同一剖面中可能出现夹层。冲积性河潮土养分含量较低。沉积性湖潮土养分含量较高，有机质含量丰富，但因地势低洼，多受水害影响。根据土壤有无石灰反应，本市潮土分为潮土和灰潮土两个亚类。

黄棕壤是应城市第三大土壤类型，占本市地域面积的8%。黄棕壤是在亚热带生物气候条件下形成的地带性土壤，主要发育于第四纪黏土沉积物和红色砂岩风化物。黄棕壤主要分布在低岗，土层较深厚，仅受地表水的影响。最醒目的剖面形态特征是具有黄棕色或红棕色心土层。该层因母质不同而色泽不一，呈块状或棱块状结构，结构体表面有棕色或暗棕色铁锰胶膜，或有铁锰结核，黏粒有较明显的下移现象。野外调查和实验室检验结果表明：该土壤质地较黏重，耕作层为中壤土至黏土，心土层为黏土，心土层黏粒（小于0.01mm）含量为60.8%—79.0%。剖面构型为 A–C 或 A–B_1–B_2。耕作层厚度受熟化程度的影响，一般为13.8—19.0cm，pH 为5.1—7.5，有机质含量一般为11.1—18.1g/kg，熟化程度高的为20.7—33.5g/kg。磷、钾含量不高，全磷含量为0.22—0.99g/kg，偏低；全钾含量为13.1—18.4g/kg，中等水平。本市黄棕壤仅有黄棕壤一个亚类。

本区域中心区气候特征

本区域中心区气候特征值
Regional climate characteristics in central area of the region

气候带：北亚热带湿润气候 Climate region: North subtropical humid climate	
年平均气温 /℃ Annual average temperature /℃	16.4
年平均最高气温 /℃ Annual average maximum temperature /℃	21.0
年平均最低气温 /℃ Annual average minimum temperature /℃	12.8
年降水量 /mm Annual precipitation /mm	1205
≥10℃的积温 /℃ Daily temperature accumulated in a year（≥10℃）/℃	5975
年日照时数 /h Annual sunshine /h	1884
年平均相对湿度 /% Annual average relative humidity /%	77
干燥度 Dryness	0.81

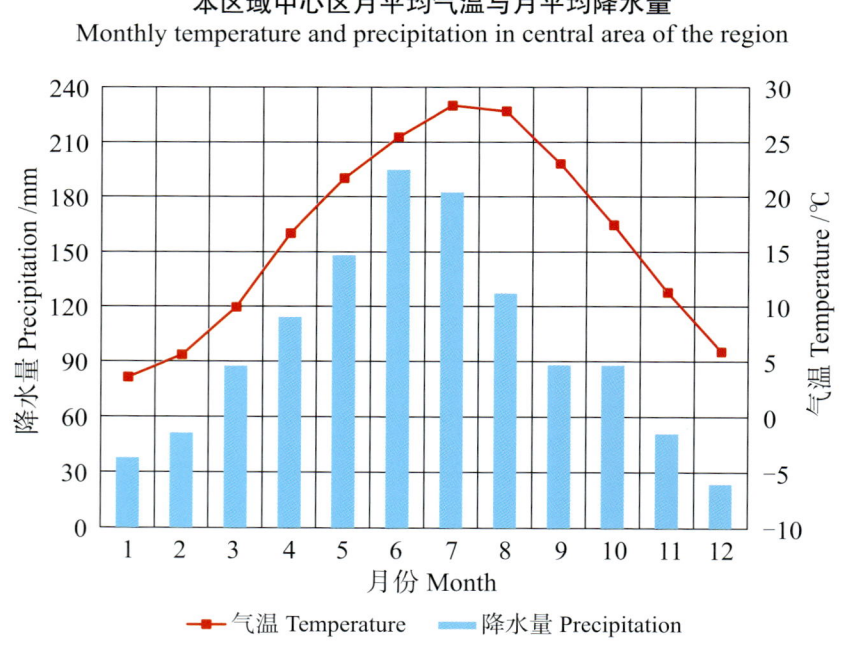

本区域中心区月平均气温与月平均降水量
Monthly temperature and precipitation in central area of the region

应城市主要土壤类型与土壤剖面点分布图
1∶190 000

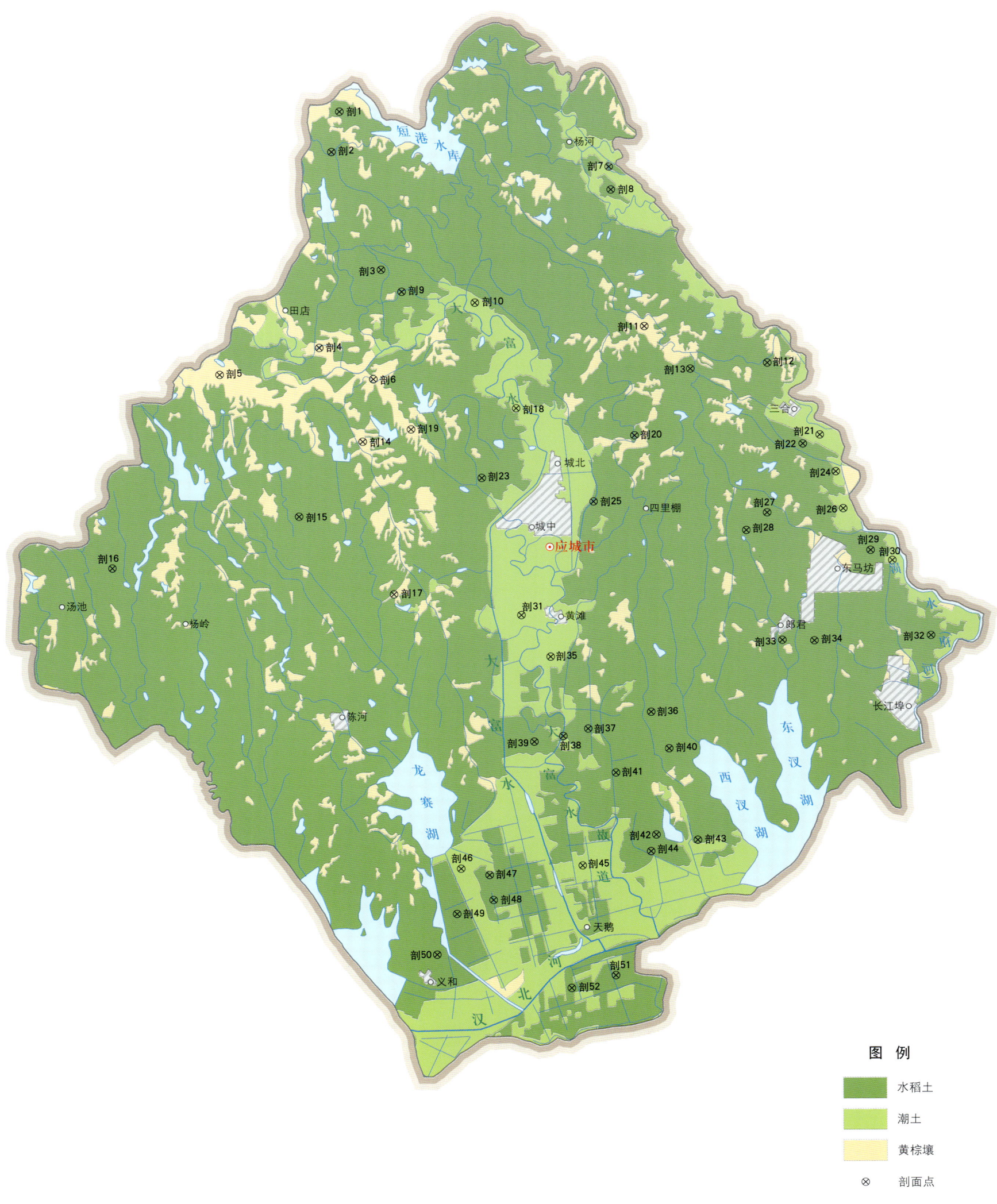

应城市土壤剖面理化性状表

剖面号 Soil profile	土纲 Soil order	土类 Soil great group	亚类 Soil subgroup	土属 Soil genus	土种 Soil species	土层码 Layer code	土层厚度 Depth/cm	颜色 Soil color	质地 Soil texture	土壤结构 Soil structure	pH	有机质 OM/(g/kg)	全氮 TN/(g/kg)	全磷 TP/(g/kg)	全钾 TK/(g/kg)	碱解氮 AN/(mg/kg)	有效磷 AP/(mg/kg)	速效钾 AK/(mg/kg)	阳离子交换量CEC/(cmol/kg)	土壤母质 Parent material	剖面点坐标 Profile coordinate	匹配指数 Matching index/%
剖1	人为土	水稻土	沼泽型水稻土	烂泥田	烂泥田	A	0—16	灰黄色	轻黏土	粒状	5.4	35.1	1.80	0.34	16.1	124	2.1	72	13.2		E 113°28′35.2″ N 31°06′36.5″	93
						G₁	16—24	淡黄色	重壤土	块状		27.9	1.44	0.34	16.9							
						G₂	24—34	暗灰黄色	中黏土	块状		13.5	0.83	0.30	17.1							
						G₃	34—100	淡黄色	轻黏土	块状		13.5	0.73	0.21	18.4							
剖2	人为土	水稻土	潴育水稻土	黄棕壤性红砂泥田	红泥田	A	0—14	灰黄色	重壤土	粒状											E 113°28′20.8″ N 31°05′37.2″	95
						P	14—19	暗灰黄色	重壤土	块状												
						W	19—29	褐色	重壤土	块状												
						D	29—100	淡红色	重壤土	片状												
剖3	人为土	水稻土	淹育水稻土	浅黄棕壤性第四纪黏土泥田	浅马肝泥田	A	0—14	淡灰黄色	轻黏土	粒状	5.7	16.8	1.19	0.42	13.4	113	3.7	86	14.0		E 113°29′37.8″ N 31°02′42.0″	95
						P	14—20	暗灰色	重壤土	块状	6.5	15.3	0.97	0.33	13.1				11.9			
						C	20—100	暗棕色	重黏土	棱柱状	7.4	4.9	0.42	0.25	15.1				12.6			
剖4	淋溶土	黄棕壤	黄棕壤	第四纪黏土黄棕壤	鸡肝土	A	0—17	淡灰黄色	中黏土	粒状	6.1	15.0	0.95	0.52	13.8	82	5.6	96	15.8		E 113°27′52.7″ N 31°00′48.8″	95
						B	17—100	淡灰黄色	轻黏土	棱柱状	7.3	6.5	0.50	0.21	21.9				22.3			
剖5	淋溶土	黄棕壤	黄棕壤	第四纪黏土黄棕壤	白散土	A	0—17	灰黄色	中壤土	粒状	6.8	30.7	1.69	0.30	14.3	80	5.0	162	16.8		E 113°25′07.5″ N 31°00′12.2″	92
						B₁	17—41	褐色	中壤土	块状	7.3	17.4	1.05	0.23	13.8				16.3			
						B₂	41—53	黄棕色	重壤土	块状	7.6	8.0	0.58	0.14	14.2				13.0			
						C	53—100	淡红色	黏土	棱柱状	7.6	7.2	0.42	0.14	14.3				12.3			
剖6	淋溶土	黄棕壤	黄棕壤	红砂岩黄棕壤	红泥土	A	0—18	暗黄棕色	重壤土	粒状	6.6	14.1	0.93	0.38	16.0	72	4.1	103	15.6	红砂岩	E 113°29′20.6″ N 31°00′00.9″	100
						B	18—24	淡黄棕色	轻壤土	片状	6.7	12.9	0.58	0.15	17.0							
						C	24—100	褐棕色	重壤土	棱柱状	6.4	7.2	0.52	0.21	17.4							
剖7	人为土	水稻土	潴育水稻土	黄棕壤性第四纪黏土泥田	黄泥田	A	0—13	淡灰黄色	重壤土	块状	5.7	13.3	0.73	0.28	13.2	96	3.8	38	13.0		E 113°35′57.4″ N 31°05′07.6″	95
						P	13—21	淡灰黄色	重壤土	块状	6.7	5.8	0.42	0.22	12.9				12.0			
						W₁	21—26	淡黄棕色	中壤土	块状	6.6	5.1	0.38	0.17	13.1				10.6			
						W₂	26—100	暗黄棕色	重壤土	块状												
剖8	人为土	水稻土	潴育水稻土	潮土田	油砂田	A	0—14	淡棕色	轻壤土	粒状	6.4	30.3	1.67	0.47	15.6	104	3.4	42	14.1	河流冲积物	E 113°35′59.7″ N 31°04′33.4″	91
						P	14—22	淡灰黄色	轻壤土	块状	6.0	12.7	0.80	0.52	16.2							
						W₁	22—38	暗黄棕色	轻壤土	团粒状	6.0	6.9	0.48	0.43	15.5							
						W₂	38—61	黄棕色	轻壤土	团粒状	6.0	5.4	0.46	0.47	16.0							
						W₃	61—100	淡黄色	中壤土	块状	6.0	5.0	0.47	0.33	14.0							
剖9	人为土	水稻土	潴育水稻土	黄棕壤性第四纪黏土泥田	白散泥田	A	0—13	暗黄棕色	轻壤土	粒状	5.3	19.7	1.18	0.33	12.6	98	3.5	49	11.4		E 113°30′10.5″ N 31°02′08.6″	97
						P	13—21	灰灰黄色	中壤土	块状	6.3	7.5	0.46	0.32	11.9				11.3			
						W	21—46	暗黄棕色	重壤土	块状	6.7	6.0	0.41	0.25	12.3				12.2			
						C	46—100	棕色	重壤土	棱柱状	6.8	5.9	0.37	0.40	16.9				22.0			
剖10	半水成土	潮土	灰潮土	灰潮黏砂土	灰底黏潮砂土	A	0—20	淡黄棕色	砂壤土	粒状	6.0	20.7	1.20	0.40	13.1	105	2.3	102	16.4	近代河流冲积物	E 113°32′10.8″ N 31°01′50.7″	94
						B	20—52	黄棕色	砂壤土	块状	5.6	11.9	0.74	0.31	14.2				17.6			
						C	52—100	黄色	中壤土	块状	5.5	8.9	0.59	0.19	12.1				17.1			
剖11	淋溶土	黄棕壤	黄棕壤	第四纪黏土黄棕壤	黄土	A	0—18	淡黄棕色	轻黏土	块状	6.0	11.5	0.75	0.23	13.1				14.3		E 113°36′48.8″ N 31°01′11.1″	90
						B₁	18—32	红黄棕色	轻黏土	块状												
						B₂	32—73	暗黄棕色	轻黏土	棱柱状												
						C	73—100	淡棕色	轻黏土	棱柱状												

续表 Continued

剖面号 Soil profile	土纲 Soil order	土类 Soil great group	亚类 Soil subgroup	土属 Soil genus	土种 Soil species	土层码 Layer code	土层厚度 Depth/cm	颜色 Soil color	质地 Soil texture	土壤结构 Soil structure	pH	有机质 OM/(g/kg)	全氮 TN/(g/kg)	全磷 TP/(g/kg)	全钾 TK/(g/kg)	碱解氮 AN/(mg/kg)	有效磷 AP/(mg/kg)	速效钾 AK/(mg/kg)	阳离子交换量CEC/(cmol/kg)	土壤母质 Parent material	剖面点坐标 Profile coordinate	匹配指数 Matching index/%
剖12	人为土	水稻土	潴育水稻土	黄棕壤性红砂岩泥田	红砂泥田	A	0—14	紫色	重壤土	粒状	5.6	30.2	1.67	0.28	16.3	92	8.3	187	18.1	红砂岩	E 113°40′10.1″ N 31°00′13.6″	94
						P	14—20	暗灰色	轻黏土	块状	6.7	19.0	1.08	0.24	16.2							
						W₁	20—51	灰黄色	轻黏土	柱状	7.0	15.0	0.87	0.25	16.7							
						W₂	51—100	棕灰色	轻黏土	柱状	8.2	7.8	0.48	0.20	14.9							
剖13	人为土	水稻土	潴育水稻土	黄棕壤性第四纪黏土泥田	青骨马肝泥田	A	0—15	暗灰黄色	重壤土	团块状	6.0	28.6	1.58	0.31	14.6	133	1.9	133	23.1		E 113°38′03.1″ N 31°00′07.3″	90
						P	15—27	暗灰黄色	重黏土	团块状	6.3	27.0	1.45	0.31	18.8							
						G	27—47	灰黄色	重黏土	块状	6.8	13.4	0.90	0.29	18.4							
						W	47—100	栗色	重黏土	块柱状	8.2	6.0	0.45	0.23	16.8							
剖14	淋溶土	黄棕壤	黄棕壤	第四纪黏土黄棕壤	面黄土	A	0—15	黄棕色	中壤土	团块状	6.4	14.4	0.81	0.99	17.8	195	52.0	168	20.5		E 113°29′00.7″ N 30°58′28.5″	93
						B₁	15—48	暗黄棕色	重黏土	棱柱状	6.4	7.1	0.56	0.71	19.0							
						B₂	48—100	褐色	重黏土	棱柱状	6.4	3.1	0.32	0.43	16.9							
剖15	人为土	水稻土	潴育水稻土	黄棕壤性第四纪黏土泥田	马肝泥田	A	0—13	栗灰色	中壤土	粒状	6.6	34.2	1.91	0.45	11.6	132	5.8	9	19.3		E 113°27′12.8″ N 30°56′40.3″	94
						P	13—20	暗黄色	轻黏土	块状	7.3	21.3	1.15	0.43	14.0							
						W₁	20—35	栗色	轻黏土	棱柱状	7.0	13.4	0.84	0.34	14.0							
						W₂	35—100	栗色	重黏土	棱柱状	7.7	5.9	0.50	0.24	14.6							
剖16	淋溶土	水稻土	侧渗水稻土	黄棕壤型第四纪黏土渗土泥田	白骨马肝泥田	A	0—15	褐灰色	轻壤土	粒状	6.5	20.4	1.62	0.33	14.5	132	2.7	107	19.8		E 113°22′03.2″ N 30°55′30.0″	94
						P	15—25	暗灰色	轻黏土	块状		16.6	1.12	0.32	14.8				20.2			
						W	25—45	灰棕色	轻黏土	棱柱状	6.0	11.6	0.82	0.32	15.0							
						E	45—57	灰白色	中壤土	棱柱状	7.2	9.9	0.79	0.29	15.2				15.3			
						C	57—100	灰白色	轻壤土	棱柱状		5.8	0.51	0.24	17.3							
剖17	人为土	水稻土	潴育水稻土	第四纪黏土黄棕壤		A	0—20	暗棕色	重壤土	粒状	6.0	11.1	0.97	0.41	17.3	92	9.0	110	20.0		E 113°29′45.5″ N 30°54′42.9″	97
						B	20—51	棕灰色	重黏土	棱柱状	7.2	8.3	0.60	0.22	15.4				19.3			
						C	51—100	淡灰棕色	黏土	棱柱状												
剖18	半水成土	潮土	灰潮土	灰潮砂土	灰潮砂土	A	0—19	棕灰色	砂壤土	粒状	8.0	15.2	0.96	0.86	15.3		7.2	93	15.5	近代河流冲积物	E 113°33′14.5″ N 30°59′13.6″	99
						B	19—58	淡黄棕色	砂壤土	块状	8.1	8.2	0.57	0.65	16.5							
						C	58—100	暗黄棕色	砂壤土	无结构	8.1	8.6	0.56	0.47	17.0							
剖19	淋溶土	黄棕壤	黄棕壤	第四纪黏土黄棕壤	死黄土	A	0—15	暗黄棕色	轻黏土	团块状	6.7	11.1	0.63	0.22	18.4		1.0	87	22.1		E 113°30′20.5″ N 30°58′45.3″	95
						B	15—27	黑黄棕色	轻黏土	块状	6.6	8.3	0.51	0.24	17.6							
						C	27—76	暗黄棕色	轻黏土	块状	8.0	8.5	0.42	0.21	17.6							
剖20	人为土	水稻土	潴育水稻土	浅黄棕型第四纪黏土泥田	浅黄泥田	A	0—10	棕色	黏土	块状												
						P	10—14	暗棕色	黏土	棱柱状												
						C	14—100	暗红棕色	黏土	柱状												
剖21	半水成土	潮土	灰潮土	灰潮砂土	灰潮砂土	A	0—22	淡棕色	砂壤土	无结构										近代河流冲积物	E 113°36′28.2″ N 30°58′30.0″	98
						B₁	22—64	棕色	砂壤土	无结构												
						B₂	64—100	暗黄棕色	轻壤土	团块状												
剖22	人为土	水稻土	淹育水稻土	黄棕壤性第四纪黏土泥田	青底湖泥田	A	0—21	灰黄棕色	重壤土	块状	5.7	25.6	4.20	0.30	15.9	92	4.2	19	19.8	河流冲积物	E 113°30′05.0″ N 30°58′12.7″	96
						P	21—40	棕色	重黏土	棱柱状	6.3	25.8	1.39	0.30	15.3				18.8			
						W	40—69	棕色	重黏土	块状	6.6	10.8	0.60	0.32	15.7				17.3			
						G	69—100	灰白色	重黏土	块柱状	7.0	8.8	0.60	0.21	17.3				21.4			
剖23	人为土	水稻土	潴育水稻土	黄棕壤性第四纪黏土泥田	青底马肝泥田	A	0—14	棕色	砂壤土	粒状										近代河流冲积物	E 113°41′33.1″ N 30°57′31.9″	91
						P	14—27	暗灰色	砂壤土	块状												
						W	27—48	棕灰色	砂壤土	棱柱状												
						G	48—100	灰白色	砂壤土	块柱状												
剖24	半水成土	潮土	潮土	湖砂土	滞水潮砂土	A	0—15	栗色	中壤土	粒状											E 113°41′58.2″ N 30°57′30.5″	97
						B	15—100			块状												

续表 Continued

剖面号 Soil profile	土纲 Soil order	土类 Soil great group	亚类 Soil subgroup	土属 Soil genus	土种 Soil species	土层码 Layer code	土层厚度 Depth/cm	颜色 Soil color	质地 Soil texture	土壤结构 Soil structure	pH	有机质 OM/(g/kg)	全氮 TN/(g/kg)	全磷 TP/(g/kg)	全钾 TK/(g/kg)	碱解氮 AN/(mg/kg)	有效磷 AP/(mg/kg)	速效钾 AK/(mg/kg)	阳离子交换量 CEC/(cmol/kg)	土壤母质 Parent material	剖面点坐标 Profile coordinate	匹配指数 Matching index/%
剖25	人为土	水稻土	潴育水稻土	矿毒田	盐毒田	A	0—19	黑色	中壤土	粒状	5.9	27.4	1.61	0.61	17.1	300	14.4	206	25.3		E 113° 35′ 18.1″ N 30° 56′ 53.6″	96
						P	19—35	黑色	中壤土	块状	7.0	13.4	0.35	0.89	17.1							
						W_1	35—49	黑色	中壤土	柱状	8.2	10.9	0.77	0.72	19.1							
						W_2	49—100	暗黄黄色	中壤土	柱状	8.0	9.0	0.61	0.68	18.5							
剖26	半水成土	潮土	潮	潮砂土	响砂土	A	0—20	砂土	砂土	无结构	6.8	13.7	0.71	0.56	19.5	53	17.4	66	10.0	近代河流冲积物	E 113° 42′ 08.8″ N 30° 56′ 35.7″	96
						B_1	20—31	棕黄色	砂土	无结构	6.6	4.2	0.32	0.46	16.1				8.7			
						B_2	31—46	淡棕灰色	砂土	无结构	6.5	2.6	0.23	0.53	16.2				7.1			
						C	46—100	棕黄色	砂土	无结构	7.2	4.3	0.33	0.40	15.6				11.3			
剖27	人为土	水稻土	潴育水稻土	黄棕壤性第四纪黏土泥田	青底鸡肝泥田	A	0—15	淡灰色	中壤土	粒状											E 113° 40′ 03.3″ N 30° 56′ 31.9″	91
						P	15—27	棕黄灰色	重壤土	块状												
						G	27—50	暗棕灰黏	黏土	小块状												
						W	50—100	淡灰色	黏土	棱柱状												
剖28	人为土	水稻土	淹育水稻土	浅黄棕壤性第四纪黏土泥田	浅白散泥田	A	0—14	暗棕黄色	中壤土	粒状	6.0	26.4	1.42	0.36	15.3	123	5.0	72	16.7		E 113° 39′ 28.2″ N 30° 56′ 06.5″	100
						P	14—19	棕黄色	中壤土	块状	6.7	17.6	0.99	0.28	16.3				18.2			
						C	19—100	暗灰棕色	中壤土	块状	7.5	9.5	0.56		18.3				23.5			
剖29	人为土	水稻土	侧渗水稻土	黄棕壤型第四纪渗泥田	白散鸡肝泥田	A	0—13	灰黄色	中壤土	粒状	7.2	22.9	1.28	0.31	14.6	100	5.3	39	18.4		E 113° 42′ 52.0″ N 30° 55′ 33.0″	90
						P	13—20	褐黄色	中壤土	片状		11.9	0.75	2.23	14.6							
						W	20—37	褐色	中壤土	柱状		3.8	0.30	0.16	13.9							
						E	37—63	灰黄色	轻壤土	块状		3.7	0.33	0.14	15.4							
						C	63—100	暗黄色	重壤土	柱状		4.4	0.37	1.84	16.6							
剖30	半水成土	潮土	潮	潮砂土	潮砂土	A	0—14	暗黄灰色	砂壤土	粒状	6.6	9.4	0.60	0.55	17.6	61	10.3	58	8.0	近代河流冲积物	E 113° 43′ 26.8″ N 30° 55′ 17.4″	96
						B_1	14—62	棕色	轻壤土	粒状		6.4	0.51	0.46	11.9							
						B_2	62—70	黄棕色	轻壤土	粒状		3.6	0.37	0.48	17.4							
						C	70—100	棕色	轻壤土	粒状		2.3	0.23	0.39	14.8							
剖31	半水成土	潮土	灰潮土	灰潮泥土	灰胶板土	A	0—16	暗棕黄色	重黏土	块状	6.7	38.0	2.19	0.60	24.8	96	6.3	175	28.8	近代河流冲积物	E 113° 33′ 14.5″ N 30° 54′ 08.5″	98
						B_1	16—24	灰黄色	重黏土	块状	7.9	38.1	2.17	0.61	24.5				35.3			
						B_2	24—31	黄棕色	中壤土	块状	7.7	13.0	0.90	0.42	24.0				21.0			
						B_3	31—100	暗灰黄色	轻壤土	块状	8.0	12.8	0.83	0.49	24.4				19.0			
剖32	人为土	水稻土	潴育水稻土	潮土田	青底潮泥田	A	0—14	暗棕黄色	中壤土	粒状	6.8	32.4	1.65	0.44	17.8	97	3.2	83	21.9	河流冲积物	E 113° 44′ 27.5″ N 30° 53′ 25.3″	90
						P	14—23	暗棕黄色	中壤土	块状	6.6	18.1	1.07	0.44	13.9				19.6			
						G	23—55	灰黄色	轻壤土	块状	6.0	6.5	0.59	0.45	19.8							
						C	55—100	淡灰黄色	重壤土	粒状	6.0	5.7	0.41	0.28	14.6							
剖33	人为土	水稻土	潴育水稻土	黄棕壤性第四纪渗泥田	白散泥田	A	0—13	暗棕色	中壤土	块状	5.7	25.9	1.49	0.28	15.5	105	1.5	41	14.0		E 113° 40′ 22.7″ N 30° 53′ 23.2″	90
						P	13—23	绿棕色	中壤土	块状	6.8	5.4	0.44	0.25	14.9				12.2			
						W	23—46	黄棕色	中壤土	柱状	7.4	4.4	0.43	0.22	14.4				12.6			
						E	46—55	淡红黄色	轻壤土	棱柱状	6.9	12.9	0.83	0.30	13.2				15.5			
						C	55—100	暗棕色	重壤土	柱状	7.3	7.7	0.54	0.29	12.7				15.0			
剖34	人为土	水稻土	潴育水稻土	黄棕壤性第四纪渗泥田	白散泥田	A	0—19	灰色	中壤土	粒状	7.9	22.0	1.40	0.79	17.3	84	6.6	107	22.5		E 113° 41′ 15.3″ N 30° 53′ 21.3″	94
						P	19—24	暗黄棕色	轻壤土	块状	8.1	10.4	0.70	0.58	17.5							
						W_1	24—41	黄棕色	轻壤土	柱状												
						W_2	41—57	黄棕色	重壤土	棱柱状												
						W_3	57—100	灰棕色	重壤土	柱状												
剖35	半水成土	潮土	灰潮土	灰潮泥土	灰湖泥土	A	0—15	灰黄棕色	轻黏土	粒状										近代河流冲积物	E 113° 34′ 00.8″ N 30° 53′ 05.9″	90
						B_1	15—24	灰棕色	轻黏土	块状												
						B_2	24—100	灰棕色	轻黏土	块状	8.0	8.7	0.67	0.50	18.7							

续表 Continued

剖面号 Soil profile	土纲 Soil order	土类 Soil great group	亚类 Soil subgroup	土属 Soil genus	土种 Soil species	土层码 Layer code	土层厚度 Depth/cm	颜色 Soil color	质地 Soil texture	土壤结构 Soil structure	pH	有机质 OM/(g/kg)	全氮 TN/(g/kg)	全磷 TP/(g/kg)	全钾 TK/(g/kg)	碱解氮 AN/(mg/kg)	有效磷 AP/(mg/kg)	速效钾 AK/(mg/kg)	阳离子交换量CEC/(cmol/kg)	土壤母质 Parent material	剖面点坐标 Profile coordinate	匹配指数 Matching index/%
剖36	人为土	水稻土	潴育水稻土	黄棕壤性第四纪黏土泥田	青底白散泥田	A	0—12	淡棕色	重壤土	粒状	5.6	21.6	1.43	0.27	13.1	96	4.4	53	10.4	河流冲积物	E 113°36′43.5″ N 30°51′41.4″	95
						P	12—16	淡灰色	重壤土	块状	6.5	11.7	0.80	0.61	13.2							
						W	16—26	灰白色	轻黏土	块状	6.8	6.8	0.49	0.16	14.2							
						G	26—100	黑棕色	轻黏土	块状	6.7	8.1	0.46	0.12	16.7							
剖37	人为土	水稻土	潴育水稻土	灰潮土田	灰油砂田	A	0—12	褐色	轻壤土	粒状										河流冲积物	E 113°34′59.4″ N 30°51′18.7″	93
						P	12—17	暗灰色	轻壤土	粒状												
						W	17—100	淡灰色	轻黏土	粒状												
剖38	人为土	水稻土	潴育水稻土	青泥田	青泥田	A	0—12	暗黄棕色	中壤土	粒状	7.3	44.5	2.40	1.54	15.2	139	107.3	195	23.3	河流冲积物	E 113°34′17.9″ N 30°51′08.5″	94
						Pg	12—31	暗灰色	中壤土	块状	7.9	25.7	1.44	1.48	5.4				22.4			
						G₁	31—50	暗灰色	中壤土	块状	8.0	12.7	0.80	1.25	15.9				21.1			
						G₂	50—78	暗黄棕色	中壤土	块状	8.0	6.8	0.51	0.34	18.7				24.4			
						G₃	78—100	暗黄棕色	重壤土	块状	8.0	5.1	0.44	0.37	11.6				23.5			
剖39	人为土	水稻土	潴育水稻土	灰潮土田	灰青糊泥田	A	0—15	暗棕色	重壤土	粒状	8.2	35.9	2.28	0.81	74.2	148	11.1	207	30.2		E 113°33′30.3″ N 30°51′01.0″	95
						Pg	15—55	棕灰黄色	重壤土	棱柱状	8.2	17.3	1.26	0.84	22.8				28.4			
						W	55—85	暗灰色	重壤土	棱柱状	8.0	17.1	1.19	0.81	23.2				22.4			
						G	85—100	淡棕色	重壤土	棱柱状	7.1	13.8	0.92	0.50	22.2				28.5			
剖40	人为土	水稻土	潴育水稻土	黄棕壤性第四纪黏土泥田	青底稠泥田	A	0—19	灰棕色	中壤土	粒状	6.6	26.2	1.50	0.32	15.1	105	3.1	141	18.7		E 113°37′11.6″ N 30°50′46.7″	100
						P	19—29	暗灰色	中壤土	块状	6.8	17.6	0.95	0.27	15.2							
						W	29—52	暗灰色	中壤土	块状	6.8	8.4	0.49	0.22	15.1							
						G	52—100	暗黄棕色	中壤土	块状	6.6	9.1	0.71	0.16	15.8							
剖41	人为土	水稻土	潴育水稻土	浅黄棕壤性第四纪黏土泥田	浅鸡肝泥田	A	0—9	褐色	中壤土	粒状	6.4	17.1	1.01	0.25	14.3	92	3.4	107	15.4		E 113°35′43.0″ N 30°51′12.8″	91
						P	9—13	红棕色	中壤土	块状	7.5	7.6	0.54	0.21	16.9							
						C	13—100	红棕色	中壤土	棱柱状	7.5	5.4	0.53	0.21	15.1							
剖42	人为土	水稻土	潴育水稻土	灰潮土田	灰潮砂泥田	A	0—17	褐色	重壤土	粒状	7.6	23.3	1.31	0.49	14.3	85	3.1	29	15.7	河流冲积物	E 113°36′46.3″ N 30°48′39.4″	94
						P	17—25	暗灰色	轻黏土	片状	7.7	11.2	0.69	0.40	14.9				14.7			
						W₁	25—58	暗灰色	轻黏土	块状	7.7	6.5	0.49	0.20	15.9				14.5			
						W₂	33—44	紫灰色	轻黏土	块状	7.6	6.4	0.47	0.18	16.4				15.2			
						G	44—100	青灰色	重壤土	粒状	7.3	30.1	1.90	0.60	29.9				37.5			
剖43	人为土	水稻土	潴育水稻土	灰潮土田	灰青底湖泥田	A	0—22	暗黄棕色	重壤土	粒状	7.3	20.7	1.30	0.53	20.9	142	11.5	179	28.6	河流冲积物	E 113°37′54.4″ N 30°48′30.2″	92
						P	22—30	灰黄棕色	重壤土	块状	7.3	6.2	0.45	0.43	19.2				21.5			
						W	30—72	灰黄棕色	重壤土	块状	7.5	5.2	0.35	0.47	18.4				13.6			
						G	72—100	暗灰色	重壤土	棱柱状	8.0											
剖44	人为土	水稻土	沼泽型水稻土	烂泥田	灰窑渣田	A	0—20	棕灰色	中壤土	粒状						110	16.5	243	32.0	河流冲积物	E 113°36′36.9″ N 30°48′15.0″	100
						G₁	20—26	灰褐色	中黏土	片状												
						G₂	26—74	暗灰色	黏土	柱状												
剖45	潮土		灰潮土	灰潮泥土	灰潮湖泥田	A	0—21	暗棕色	中黏土	块状	7.7	34.7	2.08	0.76	23.3				34.5	近代河流冲积物	E 113°34′43.8″ N 30°47′56.0″	96
						B₁	21—33	暗黄棕色	中黏土	块状	7.4	18.3	1.34	0.78	25.6				31.7			
						B₂	33—44	灰棕色	中黏土	块状	7.5	17.2	1.28	0.79	26.3				31.3			
						B₃	44—100	暗黄棕色	重黏土	块状	7.8	21.4	1.45	0.76	26.2							
剖46	半水成土	潮土	灰潮土	灰潮土	灰潮土田	A	0—14	灰黄棕色	重壤土	粒状	7.7	42.3	2.58	0.64	21.7	141	4.1	207	27.6	近代河流冲积物	E 113°37′23.9″ N 30°47′55.4″	98
						B₁	14—29	灰黄棕色	重壤土	块状	7.3	12.5	0.80	0.47	22.6				19.2			
						B₂	29—100	淡黄棕色	重壤土	柱状	7.9	16.9	1.04	0.60	26.4				27.5			
剖47	人为土	水稻土	侧渗水稻土	灰潮土性侧渗泥田	白隔灰潮泥田	A	0—12	灰棕色	中壤土	粒状										河流冲积物	E 113°32′10.3″ N 30°47′45.0″	97
						P	12—17	暗黄棕色	中壤土	块状												
						E₁	17—34	棕灰色	轻壤土	棱柱状												
						E₂	34—61	暗棕灰色	轻壤土	棱柱状												
						C	61—100	暗灰色	重壤土	棱柱状												

续表 Continued

剖面号 Soil profile	土纲 Soil order	土类 Soil great group	亚类 Soil subgroup	土属 Soil genus	土种 Soil species	土层码 Layer code	土层厚度 Depth/cm	颜色 Soil color	质地 Soil texture	土壤结构 Soil structure	pH	有机质 OM/(g/kg)	全氮 TN/(g/kg)	全磷 TP/(g/kg)	全钾 TK/(g/kg)	碱解氮 AN/(mg/kg)	有效磷 AP/(mg/kg)	速效钾 AK/(mg/kg)	阳离子交换量CEC/(cmol/kg)	土壤母质 Parent material	剖面点坐标 Profile coordinate	匹配指数 Matching index/%
剖48	人为土	水稻土	潴育水稻土	灰潮土田	灰湖泥田	A	0—18	暗灰棕色	轻黏土	粒状	7.8	35.9	1.85	0.63	14.0	135	9.5	186	21.8	河流冲积物	E 113°32′15.5″ N 30°47′07.7″	98
						Pg	18—36	暗灰黄色	轻黏土	片状	7.5	30.0	1.61	0.62	15.3							
						W₁	36—53	淡棕色	轻黏土	块状	7.5	10.7	0.67	0.42	14.3							
						W₂	53—100	棕色	重壤土	块状	7.2	8.2	0.59	0.39	14.3							
剖49	人为土	水稻土	潴育水稻土	灰潮土田	灰漏水湖砂泥田	A	0—11	暗灰黄色	中壤土	粒状	8.0	18.4	1.13	0.63	15.5	97	6.3	99	19.6	河流冲积物	E 113°31′15.2″ N 30°46′48.4″	97
						P	11—17	灰黄色	轻黏土	粒状	8.1	11.5	0.91	0.63	16.2				20.3			
						W₁	17—44	灰黄色	轻黏土	粒状	8.1	10.2	0.84	0.55	19.9				22.3			
						W₂	44—54	黄色	砂土	无结构	8.2	2.8	0.37	0.62	13.1				12.8			
						W₃	54—100	灰黄色	轻壤土	粒状	8.1	7.1	0.74	0.58	18.3				18.3			
剖50	人为土	水稻土	沼泽型水稻土	烂泥田	灰烂泥田	A	0—10	棕灰色	重壤土	粒状	7.6	44.7	2.64	0.42	19.4	115	3.8	190	26.9		E 113°30′40.9″ N 30°45′49.8″	94
						G	10—90	暗灰黄色	黏土	块状	7.8	28.5	1.47	0.41	20.5				24.3			
剖51	人为土	潴育水稻土		灰潮土田	灰潮泥田	A	0—18	棕灰色	重壤土	粒状	7.6	28.8	1.81	0.90	17.8	107	4.2	100	20.7	河流冲积物	E 113°35′33.3″ N 30°45′13.4″	99
						P	18—27	暗灰色	轻黏土	块状	8.1	11.6	0.88	0.69	18.5							
						W	27—100	灰黄色	轻黏土	块状	8.1	9.1	0.63	0.69	17.2							
剖52	人为土	水稻土	潴育水稻土	灰青泥田	灰青泥田	A	0—17	暗黄色	重壤土	粒状	8.6	47.9	2.94	0.55	14.7	215	7.5	168	40.6		E 113°34′20.1″ N 30°44′56.2″	92
						P	17—26	暗黄色	黏土	块状	8.1	53.6	3.09	0.59	26.3				37.9			
						G₁	26—45	淡灰色	中壤土	块状	8.8	19.0	1.30	0.57	26.7							
						G₂	45—64	褐色	重壤土	片状	8.5	32.6	1.86	0.55	25.3							
						G₃	64—100	灰黄色	中壤土	片状	8.6	25.0	1.52	0.56	27.8							

安 陆 市

主要土类说明

水稻土是安陆市主要土壤类型，占本市地域面积的 55%。水稻土是在长期季节性淹灌、水下翻耕、季节性脱水、氧化还原交替影响下，原来成土母质或母土的特性发生重大改变，形成的新的土壤类型。由于干湿交替，水稻土形成糊状淹育层、较坚实板结的犁底层、渗育层、潴育层与潜育层等多种发生层。这些不同发生层是在人为耕作、水浆管理下形成的。

黄棕壤是安陆市第二大土壤类型，占本市地域面积的 14%。黄棕壤发生于亚热带暖湿落叶阔叶林下，弱度富铝化，主要由砂页岩及花岗岩风化物发育而成，黏聚现象明显，呈黄棕色。黄棕壤具 A–B–C 或 A–（B）–C 剖面构型，黏粒硅铝率在 2.5 左右，铁的游离度较红壤低，B 层交换性酸大于 A 层。土壤 pH 为 5.5—6.0。

石灰（岩）土是安陆市第三大土壤类型，占本市地域面积的 10%。石灰（岩）土发生于热带、亚热带石灰岩山区，是石灰岩经溶蚀风化形成的厚薄不同的钙质饱和或含游离钙质的土壤，多见于石隙、溶洞或峰丛底部。该土壤碳酸钙淋溶程度不一，多黏土，多为铁钙质胶结物，风化程度不一，盐基饱和度高，有机质含量及胶结状态有较大差异。

紫色土占本市地域面积的 8%。紫色土是由热带、亚热带紫红色岩层直接风化形成的 A–C 型土壤。其理化性质与母岩组成直接相关，土层浅薄，剖面层次发育不明显，仍为初育阶段。由于母岩富含矿质养分，且风化迅速，因此紫色土不失为良好的肥沃土壤。

黄褐土占本市地域面积的 7%。黄褐土地处北亚热带，由较细粒的黄土状母质发育而成，多组成丘岗。该土壤土体中游离碳酸钙已不复存在，土壤呈灰黄棕色，具 A–B–C 或 A–Bt–C 剖面构型，在底部可散见圆形石灰结核。土壤黏化淀积明显，B 层黏聚，有时呈黏盘，黏粒硅铝率在 3.0 左右，表层 pH 为 6.0—6.8，底层 pH 为 7.5，盐基饱和度由表层向底层逐渐趋向饱和。

潮土占本市地域面积的 4%。潮土见于近代河流冲积平原或低平阶地，地下水位高，潜水参与成土过程。在潮土成土过程中，底土氧化还原交替作用，形成锈色斑纹和小型铁子。在长期耕作条件下，表层有机质含量为 10—15g/kg。

本区域中心区气候特征

本区域中心区气候特征值
Regional climate characteristics in central area of the region

气候带：北亚热带湿润气候 Climate region: North subtropical humid climate	
年平均气温 /℃ Annual average temperature /℃	16.1
年平均最高气温 /℃ Annual average maximum temperature /℃	20.8
年平均最低气温 /℃ Annual average minimum temperature /℃	12.5
年降水量 /mm Annual precipitation /mm	1181
≥ 10℃的积温 /℃ Daily temperature accumulated in a year（≥ 10℃）/℃	5880
年日照时数 /h Annual sunshine /h	1893
年平均相对湿度 /% Annual average relative humidity /%	77
干燥度 Dryness	0.82

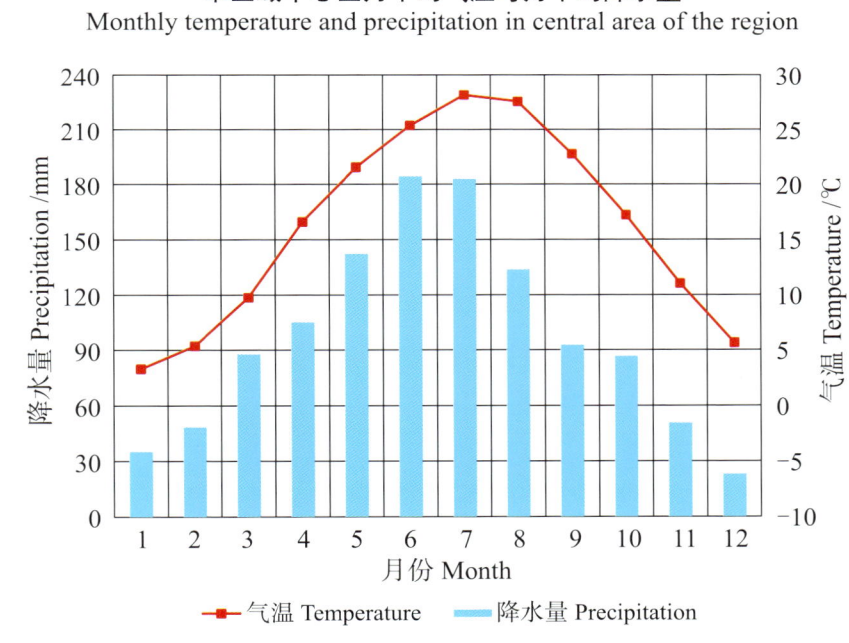

本区域中心区月平均气温与月平均降水量
Monthly temperature and precipitation in central area of the region

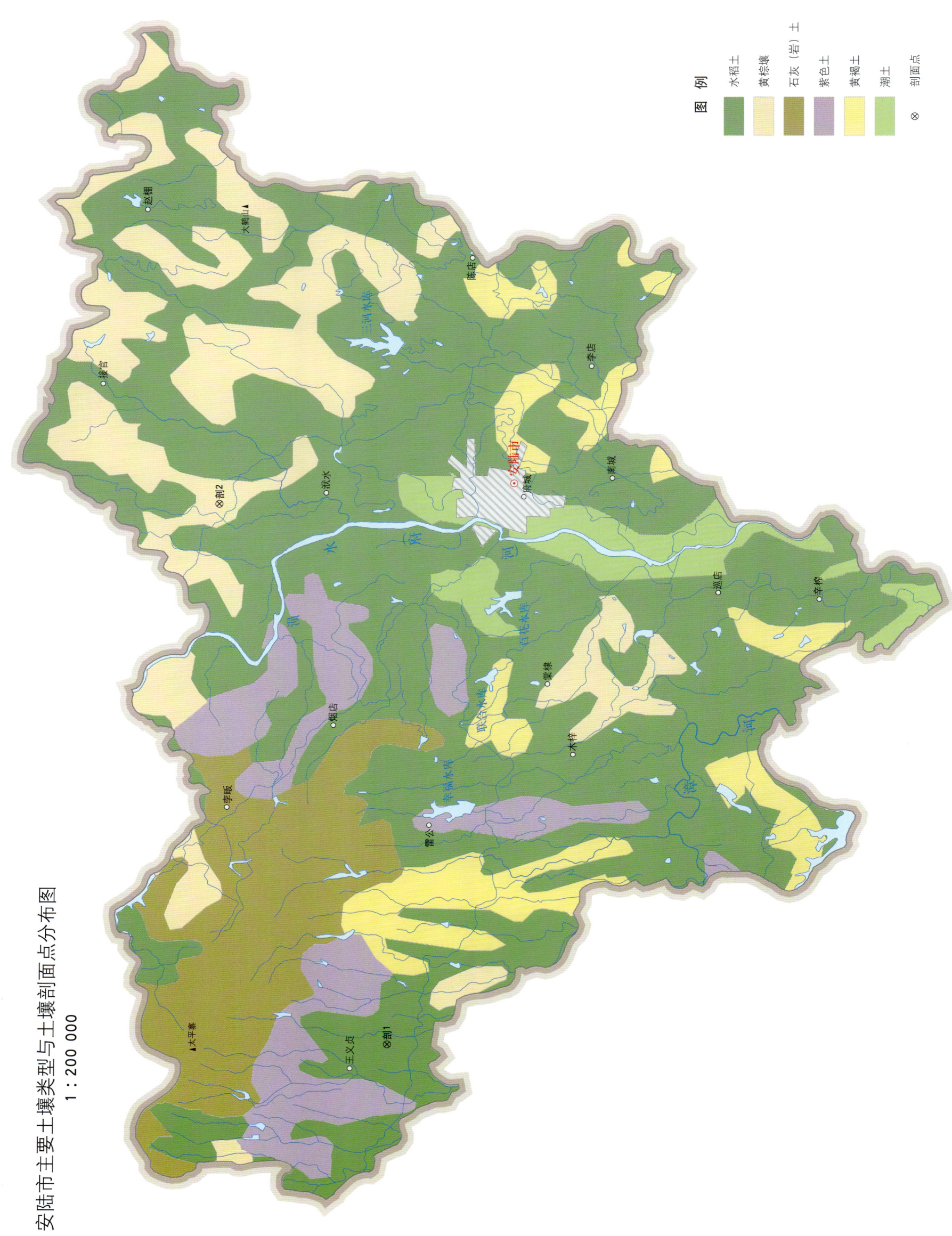

安陆市主要土壤类型与土壤剖面点分布图
1:200 000

安陆市土壤剖面理化性状表

剖面号 Soil profile	土纲 Soil order	土类 Soil great group	亚类 Soil subgroup	土属 Soil genus	土种 Soil species	土层码 Layer code	土层厚度 Depth/cm	颜色 Soil color	质地 Soil texture	土壤结构 Soil structure	pH	有机质 OM/(g/kg)	全氮 TN/(g/kg)	全磷 TP/(g/kg)	全钾 TK/(g/kg)	碱解氮 AN/(mg/kg)	有效磷 AP/(mg/kg)	速效钾 AK/(mg/kg)	阳离子交换量CEC/(cmol/kg)	土壤母质 Parent material	剖面点坐标 Profile coordinate	匹配指数 Matching index/%
剖1	人为土	水稻土	潴育水稻土	灰紫泥田	青褐灰紫泥田	A	0—15	暗棕灰色	壤质黏土	块状	8.2	20.1	1.03	0.51	18.8	64	3.6	103	24.3	石灰性紫色页岩风化物	E 113°23′36.4″ N 31°18′48.8″	95
						Pg	15—22	暗棕红色	壤质黏土	块状	8.2	18.8	1.18	0.53	22.1				23.8			
						G	22—42	暗灰色	壤质黏土	糊块状	8.2	18.0	1.15	0.50	24.7				22.9			
						W	42—100	栗色	黏土	棱柱状	8.1	11.0	0.78	0.40	25.6				23.6			
剖2	淋溶土	黄棕壤	黄棕壤	红砂岩黄棕壤	黄赤砂泥土	A	0—18	黄棕色	粉砂质壤土	粒状	6.5	13.4	0.91	0.33	16.1	120	2.2	128	19.0		E 113°41′18.3″ N 31°23′02.6″	95
						C	18—82	暗红棕色	重砾石土	块状	5.7	5.6	0.50	0.33	15.9				26.2			

荆 州 市

公 安 县

主要土类说明

水稻土是公安县主要土壤类型，占本县地域面积的51%。水稻土是本县的主要耕地土壤，平原、湖区、岗地均有分布。水稻土发育于各种母质，是经人为长期水耕熟化过程形成的具有独特性状的土类。在长期耕作、施肥和灌溉条件下，由于还原淋溶和氧化淀积等作用，水稻土形成了特有的剖面结构和发生层次。本县水稻土按水型分为淹育型、潴育型、潜育型和沼泽型四个亚类。其中，潴育水稻土面积最大，广泛分布在本县各种地貌单元。由于水耕时间长，在长期干湿交替条件下，氧化还原作用交替频繁，导致该亚类土壤中各种物质发生淋溶与淀积。其主要特点有：犁底层下有潴育层，潴育层呈明显的棱柱状结构，结构体表面有灰色胶膜；地下水位一般在50cm以下，属良水型，剖面构型为 A-P-W-B（C）、A-Pg-G-W 或 A-P-W-B-G。

潮土是公安县第二大土壤类型，占本县地域面积的35%，分布在本县广阔的冲积平原。成土母质为近代河流冲积物。本县潮土均有石灰反应，因此仅有灰潮土一个亚类，按土壤质地又分为砂土型灰潮土、壤土型灰潮土和黏土型灰潮土三个土属。其中，壤土型灰潮土面积最大，主要分布在长江、虎渡河、松东河、松西河、洈水河流域的冲积平原，且土层深厚，宜耕期长，是本县棉麦两熟的主要旱地土壤。

小于本县地域面积3%的土壤类型有黄棕壤、草甸土等。

本区域中心区气候特征

本区域中心区气候特征值
Regional climate characteristics in central area of the region

气候带：北亚热带湿润气候 Climate region: North subtropical humid climate	
年平均气温 /℃ Annual average temperature /℃	16.9
年平均最高气温 /℃ Annual average maximum temperature /℃	21.2
年平均最低气温 /℃ Annual average minimum temperature /℃	13.6
年降水量 /mm Annual precipitation /mm	1249
≥10℃的积温 /℃ Daily temperature accumulated in a year (≥10℃) /℃	6172
年日照时数 /h Annual sunshine /h	1656
年平均相对湿度 /% Annual average relative humidity /%	78
干燥度 Dryness	0.81

本区域中心区月平均气温与月平均降水量
Monthly temperature and precipitation in central area of the region

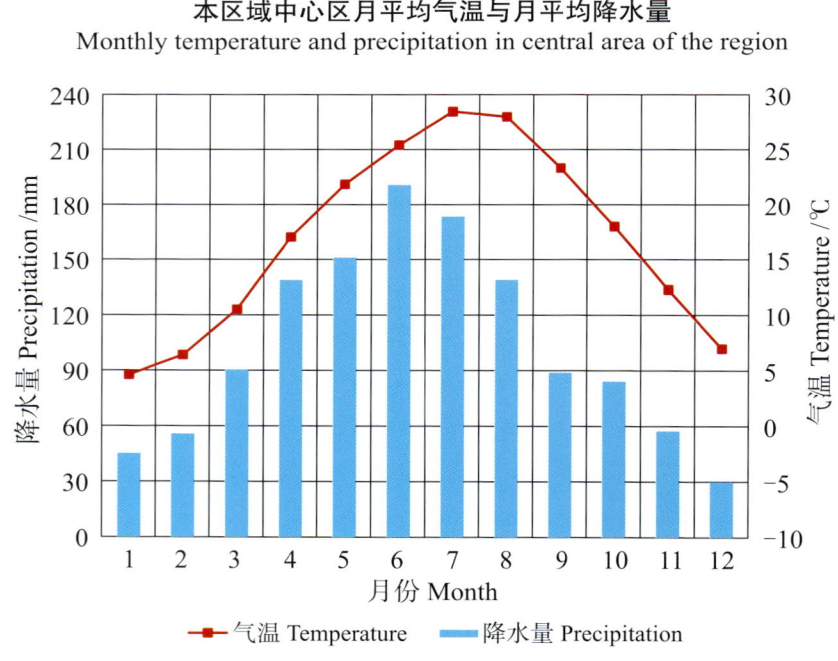

公安县主要土壤类型与土壤剖面点分布图
1∶270 000

图例
- 水稻土
- 潮土
- 黄棕壤
- 草甸土
- ⊗ 剖面点

公安县土壤剖面理化性状表

剖面号 Soil profile	土纲 Soil order	土类 Soil great group	亚类 Soil subgroup	土属 Soil genus	土种 Soil species	土层码 Layer code	土层厚度 Depth/cm	颜色 Soil color	质地 Soil texture	土壤结构 Soil structure	pH	有机质 OM/(g/kg)	全氮 TN/(g/kg)	全磷 TP/(g/kg)	全钾 TK/(g/kg)	碱解氮 AN/(mg/kg)	有效磷 AP/(mg/kg)	速效钾 AK/(mg/kg)	阳离子交换量CEC/(cmol/kg)	土壤母质 Parent material	剖面点坐标 Profile coordinate	匹配指数 Matching index/%
剖1	人为土	水稻土	潴育水稻土	黄棕壤性第四纪黏土泥田	表青黄砂泥田	Ag			重壤土		5.9	30.5	1.98	0.36	15.4	131	12.6	55	13.8	第四纪黏土	E 111°54′58.7″ N 29°57′49.1″	75
						Pg			重壤土		7.3	17.2	1.25	0.31	15.1				13.9			
						W			重壤土		7.9	6.2	0.48	0.25	13.8				11.1			
剖2	半水成土	潮土	灰潮土	壤土型灰潮土	中位砂底灰正土	1	0—15		重壤土		8.1	15.0	1.08	0.72	20.1	80	4.0	116	10.1	有石灰反应的河流冲积物	E 111°55′40.6″ N 29°58′02.3″	75
						2	15—51		重壤土		8.1	13.9	0.93	0.75	20.0				9.5			
						3	51—67		中壤土		8.0	7.1	0.55	0.71	17.4				9.6			
						4	67—100		砂壤土		8.6	2.1	0.19	0.56	14.9				4.9			
剖3	人为土	水稻土	淹育水稻土	浅灰潮土田	表青浅灰潮砂泥田	Ag	0—21	棕灰色	轻黏土		7.6	33.6	2.24	0.80	23.5	131	4.0	112	15.8	河流冲积物	E 111°56′32.0″ N 29°59′54.6″	97
						P	21—50	暗棕褐色	中壤土	块状	8.0	14.3	1.15	0.66	24.6				15.2			
						C	50—100	暗棕色	轻壤土	块状	7.9	9.3	0.59	0.72	19.9				12.1			
剖4	人为土	水稻土	潴育水稻土	灰潮土田	灰潮泥田	A	0—15	暗棕褐色	轻黏土	块状	7.6	33.0	2.10	0.85	22.8	129	3.7	76	16.9	河流冲积物	E 111°57′11.5″ N 29°59′14.3″	95
						P	15—30	黄棕色	轻壤土	块柱状	7.9	19.7	1.25	0.79	22.8				15.5			
						W	30—100	暗黄棕色	中壤土		7.8	13.0	0.90	0.75	22.5				16.7			
剖5	人为土	水稻土	潴育水稻土	黄棕壤性第四纪黏土泥田	中度青底黄砂泥田	Pg	0—12	灰黄棕色	重壤土	团粒状	7.8	27.8	1.73	0.34	14.4	121	3.0	51	14.4	第四纪黏土	E 111°56′52.8″ N 29°58′37.6″	75
						G	21—42	暗黄棕色	重壤土	块状	7.6	14.0	0.99	0.27	14.7				11.0			
						Wb	42—100	暗棕色	中壤土	棱柱状	7.2	6.5	0.58	0.30	14.0				9.1			
									重壤土		7.9	2.9	0.40	0.41	17.6				18.4			
剖6	人为土	水稻土	潴育水稻土	黄棕壤性第四纪黏土泥田	轻度青黄砂泥田	Pg	0—13	暗棕褐色	重壤土	微团粒状	6.3	28.2	1.72	0.35	14.4	87	3.6	157	14.8	第四纪黏土	E 111°57′22.0″ N 29°57′56.4″	75
						G	13—40	灰黄棕色	中壤土	块状	7.8	34.8	2.13	0.40	15.7				16.8			
						W	40—100		轻壤土	棱柱状	7.1	5.9	0.42	0.23	17.4				10.6			
剖7	半水成土	潮土		黏土型灰潮土	灰壳土	A	0—18	暗棕褐色	中壤土	块状	8.1	20.2	1.31	0.87	23.2	121	17.4	13	13.7	河流冲积物	E 111°58′15.8″ N 29°58′22.6″	97
						C	18—100	暗红棕色	中壤土	块状	8.1	12.2	0.97	0.69	22.8				15.9			
剖8	人为土	水稻土	淹育水稻土	浅灰潮土田	表青浅灰潮砂泥田	A	0—20	暗棕色	轻壤土	块状	7.8	28.3	1.75	0.72	21.8	101	6.3	122	16.1	河流冲积物	E 111°58′58.3″ N 29°59′43.4″	97
						Pg	20—45	青棕色	中壤土	块状	7.9	18.8	1.29	0.78	23.0				14.7			
						C	45—100	棕色	中壤土	块状	7.9	10.3	0.71	0.69	21.6				15.0			
剖9	人为土	水稻土	潴育水稻土	灰青潮泥田	灰青潮泥田	A	0—13	暗黄棕色	轻壤土	无结构	8.0	29.5	1.92	0.62	21.4	126	4.5	111	16.6	河流冲积物	E 111°57′56.2″ N 29°57′48.9″	97
						Pg	13—72	青棕色	中壤土	块状	8.0	20.1	1.21	0.71	22.1				17.0			
						C	72—100	棕色	中壤土	块状	8.1	15.1	0.91	0.73	23.2				16.2			
剖10	人为土	水稻土	潴育水稻土	灰潮土田	灰青砂泥田	A	0—13	灰棕色	轻壤土	块状	8.0	27.7	1.66	1.07	21.3	105	4.0	103	11.6	河流冲积物	E 111°58′58.1″ N 29°59′13.7″	97
						P	13—39	棕灰色	中壤土	块状	8.1	11.6	0.87	0.87	26.4				13.1			
						G	39—100	灰色	轻壤土	块状	8.1	11.4	0.82	0.81	22.5				11.3			
剖11	人为土	水稻土	潴育水稻土	黄棕壤性第四纪黏土泥田	表青棕砂泥田	Ag			中壤土	块状	7.6	32.6	2.11	0.84	22.2	103	7.5	117	17.8	河流冲积物	E 111°57′35.8″ N 29°56′13.7″	95
						Pg			重壤土	块状	7.6	19.9	1.26	0.72	21.4				14.7			
						W			重壤土		7.6	10.8	0.88	0.84	25.4				16.5			
剖12	人为土	水稻土	潴育水稻土	黄棕壤性第四纪黏土泥田	底青砂泥田	1	0—11		重壤土	团粒状	6.5	28.9	1.58	0.33	13.0	110	6.3	117	11.3	第四纪黏土	E 111°55′24.9″ N 29°56′00.7″	95
						2	11—21		重壤土	块状	7.0	17.1	0.42	0.24	13.7				9.3			
						3	21—60		重壤土	块状	7.1	5.6	2.23	0.24	12.7				8.6			
						4	60—100		重壤土		6.9	3.8	0.41	0.24	13.9				8.5			
剖13	淋溶土	黄棕壤	黄棕壤	第四纪黏土黄棕壤	面黄土	A	0—15	灰黄棕色	重壤土	团粒状	5.5	21.3	1.19	0.32	15.9	92	12.4	175	12.1	第四纪黏土	E 111°57′56.6″ N 29°54′26.9″	98
						B	15—27	棕色	重壤土	块状	5.5	18.9	0.56	0.27	16.6				11.5			
						C	27—100	黄棕色	重壤土	块状	6.4	10.1	0.63	0.32	13.7				10.8			
剖14	人为土	水稻土	沼泽型水稻土	烂泥田	高渣田	Ag	0—16	灰棕色	轻黏土	无结构	8.2	40.8	2.59	0.78	27.5	147	5.3	160	13.6	第四纪黏土	E 111°59′07.2″ N 29°54′33.3″	97
						G	16—100	棕灰色	重黏土	无结构	8.4	15.5	1.14	0.72	24.8				11.5			

续表 Continued

剖面号 Soil profile	土纲 Soil order	土类 Soil great group	亚类 Soil subgroup	土属 Soil genus	土种 Soil species	土层码 Layer code	土层厚度 Depth/cm	颜色 Soil color	质地 Soil texture	土壤结构 Soil structure	pH	有机质 OM/(g/kg)	全氮 TN/(g/kg)	全磷 TP/(g/kg)	全钾 TK/(g/kg)	碱解氮 AN/(mg/kg)	有效磷 AP/(mg/kg)	速效钾 AK/(mg/kg)	阳离子交换量CEC/(cmol/kg)	土壤母质 Parent material	剖面点坐标 Profile coordinate	匹配指数 Matching index/%
剖15	人为土	水稻土	沼泽型水稻土	烂泥田	烂泥田	A	0—15	棕色	中黏土	块状	7.9	41.5	2.58	0.69	26.0	132	6.1	157	15.2	第四纪黏土	E 111°59′31.0″ N 29°54′23.6″	97
剖16	人为土	水稻土	潴育水稻土	黄棕壤性第四纪黏土泥田	黄泥田	G	15—100	青灰色	中黏土	块状	7.9	35.6	2.10	1.65	25.7			175	12.4		E 111°59′29.7″ N 29°52′17.7″	95
						A	0—11	棕色	重黏土	块状	5.9	29.1	1.54	0.48	15.4	91	15.8		19.0			
						P	11—22	棕灰色	重黏土	块状	7.5	16.1	0.89	0.58	15.7				15.3			
						W	22—36	棕色	重黏土	棱柱状	7.5	6.8	0.34	0.45	16.6				19.5			
						B	36—100	棕色	重黏土	棱柱状	7.4	6.5	0.33	0.44	17.0				19.3			
剖17	半水成土	潮土	灰潮土	壤土型灰潮土	中位薄砂灰油砂土		0—21		重壤土		8.2	15.6	1.08	0.84	20.7	58	3.5	92	10.9	有石灰反应的河流冲积物	E 112°13′32.6″ N 30°16′26.3″	95
						2	21—80		重壤土		8.3	7.6	0.62	0.71	23.0				11.2			
						3	80—100		紧砂土		8.4	2.7	0.18	0.75	15.7				3.5			
剖18	半水成土	潮土	灰潮土	壤土型灰潮土	中位砂底灰油砂土	1	0—20		重壤土		8.3	17.4	1.12	0.85	20.1	59	3.6	90	13.2	有石灰反应的河流冲积物	E 112°11′07.5″ N 30°17′02.3″	95
						2	20—50		轻壤土		8.6	20.2	0.93	0.80	22.7				11.1			
						3	50—100		紧砂土		8.2	2.7	0.23	0.62	16.2				4.0			
剖19	半水成土	潮土	灰潮土	壤土型灰潮土	浅位厚黏灰合水砂土	1	0—18		重壤土		8.2	15.2	1.05	0.76	18.9	72	2.9	82	11.1	有石灰反应的河流冲积物	E 112°09′12.8″ N 30°14′48.8″	95
						2	18—60		重壤土		8.4	9.6	0.84	0.76	23.6				15.0			
						3	60—95		松砂土		8.5	≤1.0	0.17	0.58	15.6				2.6			
剖20	半水成土	潮土	灰潮土	壤土型灰潮土	灰砂土	A	0—20	暗棕色	重壤土	团粒状	8.3	16.4	1.12	0.84	21.2	65	7.4	140	8.9	有石灰反应的河流冲积物	E 112°13′06.1″ N 30°14′26.9″	95
						B	20—64	红depth色	中壤土	块状	8.5	10.1	0.80	0.76	24.4				13.2			
						C	64—100	灰黄棕色	轻壤土	粒状	8.3	5.1	0.35	0.65	18.3				7.4			
剖21	半水成土	潮土	灰潮土	壤土型灰潮土	灰正土	A	0—15	暗棕色	中壤土	团粒状	8.0	22.3	1.50	0.94	22.9	113	5.4	128	15.2	有石灰反应的河流冲积物	E 112°01′02.4″ N 30°03′20.0″	98
						C	15—100	棕色	中黏土	块状	8.1	12.3	0.92	0.68	22.6				16.0			
剖22	人为土	水稻土	淹育水稻土	浅灰色草甸土田	浅灰潮砂泥田	A	0—13	暗棕色	重壤土	团粒状	8.3	21.6	2.04	0.86	24.3	98	8.2	117	19.7	河流冲积物	E 112°06′32.9″ N 30°03′23.4″	98
						P	13—21	棕灰色	重壤土	块状	8.3	25.5	1.63	0.88	23.5				18.8			
						C	21—100	棕色	重壤土	块状	8.4	19.5	1.27	0.86	24.7				17.2			
剖23	半水成土	草甸土	浅色草甸土	河滩浅色草甸土	林地砂壤土	1	0—16	暗棕色	轻壤土	团粒状	7.7	15.8	1.09	0.82	20.6	65	7.6	191	13.8	有石灰反应的河流冲积物	E 112°13′25.7″ N 29°59′37.5″	95
						2	16—48	暗棕色	砂壤土	屑粒状	7.9	9.3	0.72	0.66	17.9				11.8			
						3	48—100	暗棕色	砂壤土	屑粒状	8.1	4.9	0.38	0.61	17.5				11.7			
剖24	人为土	水稻土	潴育水稻土	灰潮土田	芦苇砂灰泥田	1	0—18	暗棕色	中壤土	团粒状	8.0	15.0	0.80	0.77	18.7	54	5.0	98	10.6	河流冲积物	E 112°02′43.1″ N 29°57′17.3″	97
						2	18—54	暗棕色	紧砂土	屑粒状	8.0	11.9	0.26	0.69	16.5				5.0			
						3	54—100	灰棕色	中壤土	块状	8.0	5.3	0.21	0.66	14.9				9.7			
剖25	人为土	水稻土	潴育水稻土	砂壤土型灰潮土田	灰潮砂泥田	A	0—15	棕色	轻壤土	块状	7.9	21.2	1.52	0.77	22.1	100	6.4	90	12.1	河流冲积物	E 112°07′51.4″ N 29°59′47.8″	95
						P	15—22	暗棕色	轻壤土	棱柱状	7.7	20.9	1.38	0.73	22.9				13.0			
						W	22—100	棕棕色	重壤土	棱柱状	7.9	14.6	0.99	0.73	21.9				13.4			
剖26	人为土	水稻土	潴育水稻土	浅灰潮土田	底育浅灰潮砂泥田	A	0—17	暗棕色	轻壤土	团粒状	8.2	29.9	2.00	1.05	22.7	129	11.0	112	13.6	河流冲积物	E 112°11′29.4″ N 29°56′23.6″	97
						C	17—52	暗棕色	中壤土	块状	8.3	13.2	0.90	0.66	22.9				14.9			
						G	52—100	灰棕色	中壤土	块状	7.9	15.9	1.11	0.71	21.8				12.8			
剖27	人为土	水稻土	潴育水稻土	厚层褐灰潮砂泥田	厚层褐灰潮砂泥田	A	0—14	棕色	轻壤土	块状	8.0	40.2	2.69	0.82	24.2	180	5.7	152	20.7	河流冲积物	E 112°14′43.8″ N 29°55′31.1″	95
						Pg	14—50	棕灰色	轻壤土		8.5	10.4	0.83	0.68	25.1				17.9			
						W	50—100	暗棕色	重壤土	棱柱状	8.6	9.3	0.73	0.67	21.7				19.2			
剖28	人为土	水稻土	潴育水稻土	浅黄棕壤性第四纪黏土泥田	浅黄泥田	A	0—14	暗棕色	中壤土	团块状	6.3	25.5	1.51	0.28	12.1	141	2.3	77	14.3	第四纪黏土	E 112°00′06.2″ N 29°54′56.9″	98
						P	14—25	暗棕色	轻壤土	块状	7.0	9.8	0.68	0.22	11.9				20.0			
						C₁	25—63	棕黄色	重壤土	块状	7.2	8.0	0.43	0.23	12.1				15.0			
						C₂	63—100	淡棕色	重壤土	块状	7.2	8.0	0.55	0.22	11.7				13.2			
剖29	人为土	水稻土	淹育水稻土	浅灰潮土田	浅灰潮砂泥田	A	0—17	褐色	砂壤土	块状	7.6	19.6	1.17	0.88	14.5	66	84.0		6.3	钙质冲积物	E 112°01′12.7″ N 29°52′44.0″	95
						P	17—29	暗黄棕色	砂壤土	块状	7.8	13.4	0.84	0.74	15.5				5.4			
						C	29—100	暗黄棕色	砂壤土	粒状	7.8	6.5	0.45	0.67	15.3				5.8			

续表 Continued

剖面号 Soil profile	土纲 Soil order	土类 Soil great group	亚类 Soil subgroup	土属 Soil genus	土种 Soil species	土层码 Layer code	土层厚度 Depth/cm	颜色 Soil color	质地 Soil texture	土壤结构 Soil structure	pH	有机质 OM/(g/kg)	全氮 TN/(g/kg)	全磷 TP/(g/kg)	全钾 TK/(g/kg)	碱解氮 AN/(mg/kg)	有效磷 AP/(mg/kg)	速效钾 AK/(mg/kg)	阳离子交换量CEC/(cmol/kg)	土壤母质 Parent material	剖面点坐标 Profile coordinate	匹配指数 Matching index/%
剖30	人为土	水稻土	淹育水稻土	浅灰潮土田	浅灰潮砂田	A	0—17	暗棕色	砂壤土	粒状	7.6	19.6	1.17	0.88	14.5	66	12.8	83	≥50.0	河流冲积物	E 112° 04′ 15.9″ N 29° 52′ 46.6″	97
						P	17—29	暗黄棕色	砂壤土	粒状	7.8	13.4	0.84	0.74	15.5				5.4			
						C	29—100	暗黄棕色	砂壤土	粒状	7.8	6.5	0.45	0.67	15.3				5.8			
剖31	人为土	水稻土	淹育水稻土	浅灰潮土田	浅灰潮砂泥田	A	0—15	棕色	重壤土	团块状	7.6	25.8	1.65	0.78	21.2	93	4.6	62	10.8	河流冲积物	E 112° 04′ 41.3″ N 29° 50′ 57.6″	97
						P	15—24	棕灰色	轻黏土	块状	7.8	18.0	1.25	0.69	24.1				11.9			
						C_1	24—38	暗黄棕色	重壤土	块状	7.8	12.4	0.80	0.68	23.4				16.6			
						C_2	38—100	暗灰黄色	松砂土	粒状	7.9	4.8	0.27	0.58	15.3				2.2			
剖32	半水成土	潮土	灰潮土	砂土型灰潮土	灰砂土	A	0—15	暗棕色	轻壤土	屑粒状	8.5	8.4	0.77	0.69	16.5	42	4.7	78	7.2	有石灰反应的河流冲积物	E 112° 05′ 32.1″ N 29° 52′ 03.2″	95
						C	15—54	暗棕色	重壤土	粉粒状	8.5	9.5	0.52	0.75	18.1				7.6			
						C_2	54—100	棕色	砂壤土	块状	8.6	3.5	0.31	0.70	16.1				12.0			
剖33	人为土	水稻土	潜育水稻土	灰青泥田	浅位砂底灰青砂泥田	1	0—12		重壤土		8.0	32.8	2.13	0.43	31.0	150	5.4	95	6.8	第四纪黏土	E 112° 04′ 35.1″ N 29° 52′ 38.9″	97
						2	20—30		重壤土		8.0	20.6	1.25	0.65	21.0				9.3			
						3	60—70		紧砂土		8.9	8.1	0.37	0.52	17.2				2.2			
剖34	人为土	水稻土	潜育水稻土	黄棕壤性第四纪黏土泥田	黄青砂泥田	A	0—15	暗黄棕色	中壤土	微团粒状	6.2	28.3	1.86	0.42	13.8	133	7.0	52	13.7	第四纪黏土	E 112° 05′ 06.2″ N 29° 50′ 29.0″	95
						P	15—25	暗灰色	重黏土	块状	6.9	20.6	1.44	0.31	13.3				11.5			
						W	25—74	棕色	重黏土	棱柱状	7.8	6.3	0.44	0.29	13.4				11.7			
						B	74—100	棕灰色	重壤土	棱柱状	7.7	11.1	0.59	0.17	14.9				14.6			
剖35	人为土	水稻土	潜育水稻土	黄棕壤性第四纪黏土泥田	白散青泥田	A	0—16	灰黄棕色	重壤土	微团粒状	7.4	30.6	1.69	0.37	14.0	103	5.8	97	12.8	第四纪黏土	E 112° 10′ 45.4″ N 29° 50′ 42.9″	95
						P	16—26	淡灰色	重黏土	块状	7.6	26.9	1.41	0.34	13.7				13.1			
						W	26—50	棕灰色	重黏土	棱柱状	7.9	6.7	0.39	0.22	13.3				10.7			
						Wb	50—100	棕灰色	中壤土		8.0	2.1	0.43	0.12	9.9				7.9			
剖36	人为土	水稻土	潜育水稻土	灰青泥田	夹砂灰青砂泥田	1	0—18		重壤土		7.8	30.0	1.63	0.79	17.2	129	5.4	63	8.0		E 112° 11′ 45.3″ N 29° 16′ 21.7″	98
						2	20—30		轻壤土		7.8	22.8	1.27	0.71	16.3				5.7			
						3	47—67		重壤土		8.0	3.3	0.15	0.60	13.5				8.2			
						4	70—80		中粗土		7.8	23.8	1.43	0.78	26.4				14.6			
剖37	人为土	水稻土	潜育水稻土	中位砂底灰潮泥田	黄砂泥田	A	0—16	灰色	重壤土	粒状	7.7	25.6	1.58	0.75	21.2	94	9.8	76	11.2	河流冲积物	E 112° 08′ 26.4″ N 29° 41′ 04.6″	95
						P	16—20	灰黄棕色	轻黏土	块状	7.7	11.1	1.14	0.69	23.1				13.6			
						W	20—70	紫灰棕色	轻黏土	棱柱状	7.8	9.6	0.78	0.65	24.0				10.1			
						C	70—100	暗灰黄色	松砂土	粒状	8.0	6.4	0.36	0.57	15.0				2.3			
剖38	半水成土	潮土	灰潮土	砂土型灰潮土	灰飞砂土	A	0—24	暗棕色	轻砂土	粒状	7.5	5.5	0.31	0.59	16.2	68	2.8	110	4.3	河流冲积物	E 112° 21′ 58.5″ N 30° 00′ 43.0″	95
						2	24—100	紫棕色	松砂土	粒状	7.5	6.3	0.35	0.58	16.2				5.2			
剖39	半水成土	潮土	灰潮土	壤土型灰潮土	浅位薄砂灰含水砂	1	0—19	暗棕色	轻壤土	粒状	8.4	15.7	0.99	0.83	17.5	49	3.0	92	10.0	有石灰反应的河流冲积物	E 112° 18′ 24.7″ N 29° 58′ 47.3″	95
						2	19—41	暗棕色	中壤土	粒状	8.4	10.3	0.60	0.79	19.3				13.6			
						3	41—100	暗黄棕色	中壤土		8.3	7.5	0.39	0.70	16.1				10.4			
剖40	人为土	水稻土	潜育水稻土	灰潮泥田	灰青砂田	A	0—14	棕色	紧砂土	粒状	7.9	2.9	1.66	0.74	14.1	100	7.6	100	1.5		E 112° 20′ 39.4″ N 29° 51′ 14.2″	97
						Pg	14—24	暗灰棕色	松砂土	粒状	8.1	2.2	0.11	0.63	15.0				2.4			
						G	24—100	暗灰棕色	松砂土	粒状	8.1	2.5	0.14	0.55	15.9				≤1.0			
剖41	半水成土	潮土	灰潮土	壤土型灰潮土	浅位砂底灰正土	1	0—14	暗棕色	重壤土		8.2	11.8	0.83	0.80	18.6	59	12.8	112	8.1	有石灰反应的河流冲积物	E 112° 16′ 48.3″ N 29° 52′ 11.4″	95
						2	14—30	暗灰棕色	中壤土		8.2	10.2	0.74	0.79	21.7				13.4			
						3	30—80		砂壤土		8.4	2.9	0.21	0.57	15.4				4.2			

江 陵 县

主要土类说明

水稻土是江陵县主要土壤类型，占本县地域面积的66%。在其发育过程中，因铁锰化合物易发生氧化还原，故在不同的土壤环境条件下，这些变价元素化合物会发生移动和淀积，并产生一定的剖面层次。由于还原淋溶和氧化淀积交替作用，黏粒及铁锰物质发生迁移和淀积，水稻土形成了特有的剖面结构和发生层次，即耕作层、犁底层、渗育层、淀积层、潜育层和还原淀积层。由于母质沉积类型不同，本县水稻土出现区域性差异。海拔35—80m的低丘陵地区，主要是发育于第四纪沉积物的黄棕壤性水稻土，质地黏重，紧实坚硬，土壤多为黄棕色至灰棕色，呈微酸性至酸性，有铁锰结核，受水分条件和干湿交替的影响，土壤具有特殊的发生层次，成为典型的水稻土。海拔30—44.5m的沿江平原，主要是发育于河相冲积物的潮土性水稻土，因水耕历史的长短不同，多数土壤发生层的发育不够完善，土壤多为黄褐色至灰褐色，有锈纹、锈斑和少量铁锰结核，呈微碱性至碱性，石灰反应较强，质地多为黏壤土和砂壤土。海拔25—30m的滨湖低湿平原，主要是在湖相沉积物和河相冲积物多次交替沉积的母质上形成的各种水稻土，土壤多为青灰色，土体常被水淹没，发生层次不够典型，呈微酸性或中性至微碱性，部分有石灰结核和较弱的石灰反应，质地多为黏壤土。

潮土是江陵县第二大土壤类型，占本县地域面积的30%，是本县生产棉、麦、豆的主要旱地土壤。根据土壤有无石灰反应，本县潮土分为潮土和灰潮土两个亚类。其中，灰潮土面积较大，多集中分布在沿江两岸，并分散在内湖区域。灰潮土直接发育于近代江河冲积物，具有以下特点：①受沉积物的影响，质地层次组合复杂。灰潮土的形成是河流多次泛滥沉积的结果，呈现"紧出砂，慢出淤，不紧不慢出两合"的分布规律，不仅表层分布着颗粒粗细不同的砂土、壤土和黏土，土体中也排列着不同的质地层次，如夹砂层、夹黏层、上砂下黏层、上黏下砂层以及厚度小于5cm的砂黏质地水平间层。②受成土母质影响，土壤普遍有石灰反应。灰潮土的成土母质因含有长江上游的第四纪黄土等风化物，富含碳酸钙，所以有较强的石灰反应，土壤多呈偏碱性。③灰潮土受成土条件的综合作用，土层深厚，自然肥力和熟化程度均较高，并有夜潮现象。灰潮土受长江和内湖水位的顶托，加上降水季节分配不均，夏作期间地下水位仅为50—80cm，出现季节性升降，土壤水分发生变化，从而土壤肥力出现较大波动。

本区域中心区气候特征

本区域中心区气候特征值
Regional climate characteristics in central area of the region

气候带：北亚热带湿润气候 Climate region: North subtropical humid climate	
年平均气温 /℃ Annual average temperature /℃	16.8
年平均最高气温 /℃ Annual average maximum temperature /℃	21.2
年平均最低气温 /℃ Annual average minimum temperature /℃	13.5
年降水量 /mm Annual precipitation /mm	1220
≥10℃的积温 /℃ Daily temperature accumulated in a year（≥10℃）/℃	6185
年日照时数 /h Annual sunshine /h	1695
年平均相对湿度 /% Annual average relative humidity /%	77
干燥度 Dryness	0.83

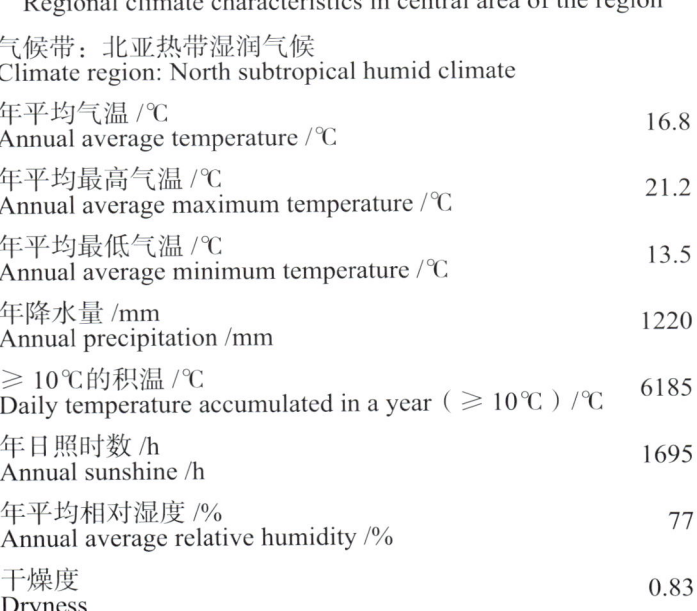

本区域中心区月平均气温与月平均降水量
Monthly temperature and precipitation in central area of the region

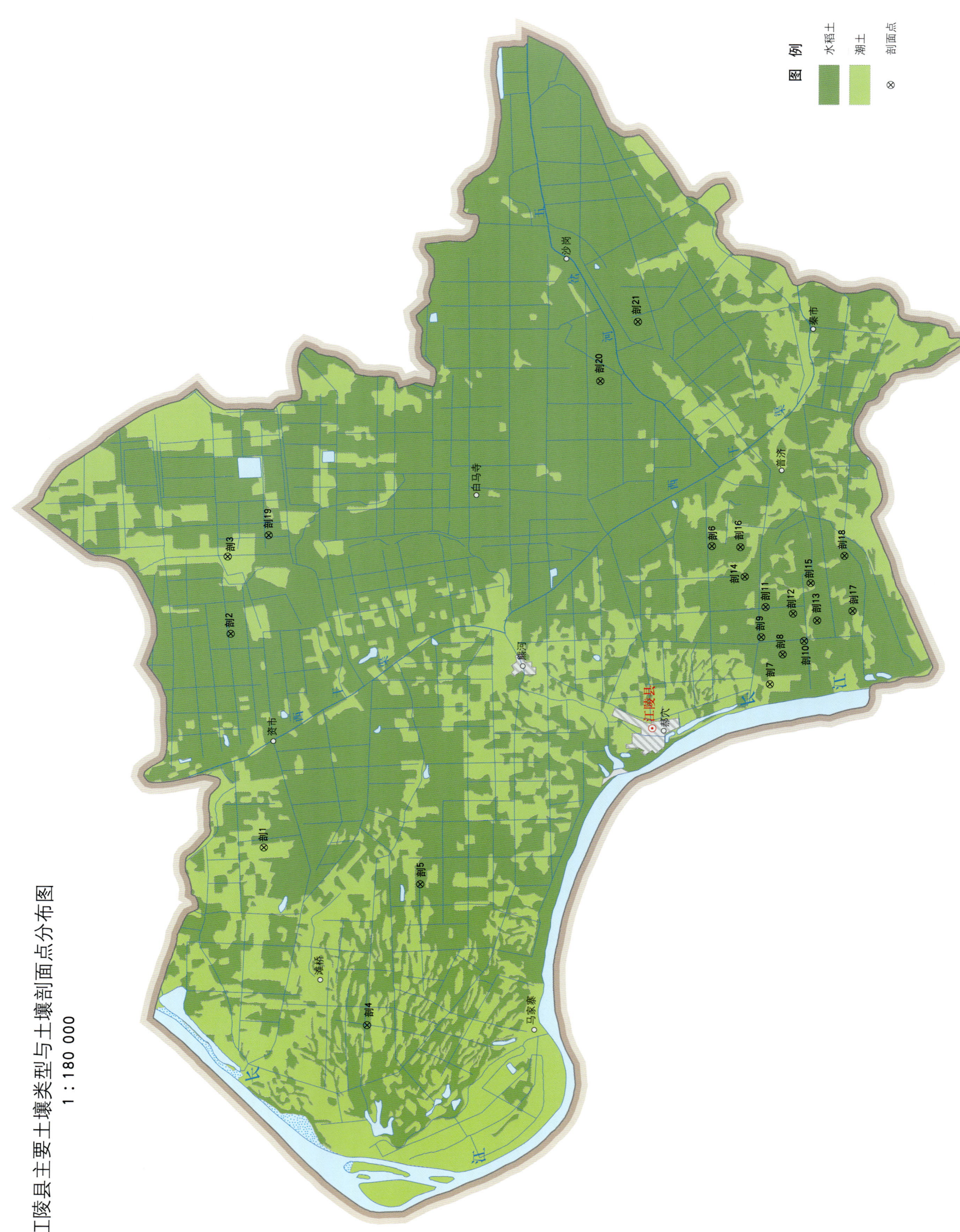

江陵县主要土壤类型与土壤剖面点分布图
1∶180 000

江陵县土壤剖面理化性状表

剖面号 Soil profile	土纲 Soil order	土类 Soil great group	亚类 Soil subgroup	土属 Soil genus	土种 Soil species	土层码 Layer code	土层厚度 Depth/cm	颜色 Soil color	质地 Soil texture	土壤结构 Soil structure	pH	有机质 OM/(g/kg)	全氮 TN/(g/kg)	全磷 TP/(g/kg)	全钾 TK/(g/kg)	有效磷 AP/(mg/kg)	速效钾 AK/(mg/kg)	阳离子交换量 CEC/(cmol/kg)	土壤母质 Parent material	剖面点坐标 Profile coordinate	匹配指数 Matching index/%
剖1	半水成土	潮土	灰潮土	黏土型灰潮土	灰壳土	A	0—16	棕色	中黏土	块状	8.2	19.7	1.27	0.79	23.2	6.6	122	15.7	有石灰反应的河流冲积物	E 112°21′33.8″ N 30°11′09.4″	97
						B₁	16—41	紫色	重黏土	块状	8.3	14.0	1.01	0.70	24.6			17.8			
						B₂	41—63	褐色	中黏土	块状	8.4	11.8	0.85	0.58	21.0			14.5			
						C	63—110	灰黄色	重黏土	块状	8.4	10.8	0.76	0.55	22.9			18.6			
剖2	人为土	水稻土	淹育水稻土	浅灰潮土田	浅灰潮泥砂田	A	0—13	淡黄色	轻黏土	小块状	8.3	27.9	1.57	0.70	20.8	5.3	105	17.8	河流冲积物	E 112°27′36.2″ N 30°11′55.1″	98
						P	13—18	暗棕色	轻黏土	小块状	8.3	20.3	1.25	0.66	18.7			17.4			
						C	18—100	黄棕色	轻黏土	小块状	8.3	12.0	0.72	0.68	14.4			18.5			
剖3	半水成土	潮土	潮土	壤型潮土田	正土	A	0—20	棕色	中壤土	团块状	7.4	40.3	2.57	0.95	14.0	6.7	156	22.6	河流冲积物	E 112°29′48.1″ N 30°11′58.6″	97
						B	20—62	灰棕色	中壤土	碎块状	7.3	22.7	0.92	0.23	14.6			21.4			
						C	62—110	棕灰色	重壤土	块状	7.6	20.9	0.76	0.21	14.8			23.3			
剖4	人为土	水稻土	淹育水稻土	浅灰潮土田	浅灰潮砂田	A	0—19	褐壤色	砂壤土	粒状									河流冲积物	E 112°16′32.3″ N 30°08′44.5″	98
						P	19—25	栗色	中壤土	小块状											
						C	25—120	灰棕色	砂壤土	碎块状											
剖5	人为土	水稻土	淹育水稻土	浅黄棕壤性第四纪黏土泥田	浅黄泥田	A	0—15	黄棕色	轻黏土	块状	6.0	25.0	1.26	0.21	22.4	15.7	128	18.5	第四纪黏土	E 112°20′29.6″ N 30°07′28.5″	95
						P	15—21	灰棕色	中黏土	块状	7.6	11.2	0.61	0.11	19.9			18.2			
						C	21—120	黄棕色	中黏土	块状	7.7	8.0	0.46	0.19	19.3			33.6			
剖6	人为土	水稻土	侧渗水稻土	黄棕壤性第四纪黏土侧渗泥田	白膳黄土田	A	0—13	褐色	重壤土	团块状	5.7	21.0	1.13			4.8	83		第四纪黏土	E 112°29′58.3″ N 30°00′33.2″	97
						P	13—20	棕红色	中壤土	块状											
						E	20—43	灰白色	中黏土	碎块状											
						C	43—100	暗灰色	黏土	大块状											
剖7	半水成土	潮土	灰潮土	壤土型灰潮土田	灰油砂土	A	0—27	褐色	轻壤土	团粒状	8.3	14.0	0.89	0.78	19.4	5.4	195	11.4	有石灰反应的河流冲积物	E 112°26′04.4″ N 29°59′12.4″	97
						B	27—74	灰黄色	中壤土	粒状	8.3	12.3	1.07	0.69	22.9			20.0			
						C	74—120	淡棕黄色	轻壤土	粒状	8.4	10.6	0.80	0.60	23.9			17.9			
剖8	人为土	水稻土	潴育水稻土	黄棕壤性第四纪黏土泥田	黄泥田	A	0—14	褐色	中黏土	块状	6.1	32.7	1.72	0.15	16.2	8.5	130	29.2	第四纪黏土	E 112°26′54.3″ N 29°58′54.2″	75
						P	14—20	灰棕色	轻黏土	棱块状	7.2	21.3	1.19	0.78	16.9	8.5	130	28.4			
						W	20—53	淡棕黄色	中黏土	棱块状	7.4	8.8	0.49	0.46	17.8			28.0			
						B	53—100	淡棕黄色	中黏土	棱块状	7.4	10.1	0.48	0.66	13.1			27.5			
剖9	人为土	水稻土	潴育水稻土	黄棕壤性第四纪黏土泥田	马肝泥田	A	0—12	棕色	中黏土	小块状	7.6	35.2	1.90	0.32	14.6	4.9	125	16.3	第四纪黏土	E 112°27′23.3″ N 29°59′24.3″	75
						P	12—22	暗红棕色	中黏土	棱柱状	6.5	21.8	1.09	0.33	14.6	4.9	125	26.4			
						W	22—41	暗棕色	中黏土	棱柱状	7.7	10.5	0.51	0.21	16.1			25.1			
						B	41—85	暗棕色	中黏土	棱柱状	7.7	9.5	0.49	0.27	14.3			27.0			
剖10	人为土	水稻土	潴育水稻土	黄棕壤性第四纪黏土泥田	鸡肝土田	A	0—12	暗棕色	重黏土	团块状	6.6	17.9	0.95	0.43	14.5	6.4	87	22.7	第四纪黏土	E 112°27′16.2″ N 29°58′23.5″	75
						P	12—24	暗红棕色	轻黏土	块状	7.1	18.3	1.02	0.92	15.6	6.4	87	22.2			
						W	24—41	暗棕色	中黏土	棱块状	7.0	12.2	0.67	0.26	13.9			27.4			
						B	41—100	棕色	中黏土	块状	8.5	10.3	0.65	0.24	14.9			30.8			
剖11	人为土	水稻土	沼泽型水稻土	烂泥田	烂泥田	A	0—21	暗棕色	中黏土	块状	5.3	29.1	1.68	0.36	16.0	4.4	144	22.6	近代湖积物	E 112°28′13.8″ N 29°59′17.8″	75
						G	21—110	青灰色	轻黏土	糊状	5.3	15.3	0.95	0.28	23.4			19.4			
剖12	人为土	水稻土	潴育水稻土	黄棕壤性第四纪黏土泥田	夹铁锰黄泥田	A	0—13	红棕色	轻黏土	块状	6.5	25.3	1.36	0.43	≥50.0	8.4	108	21.1	第四纪黏土	E 112°28′02.7″ N 29°58′39.0″	75
						P	13—21	紫棕色	中黏土	块状	7.2	18.5	1.07	0.39	≥50.0	8.4	108	21.1			
						W	21—35	栗色	中黏土	块状	7.0	23.7	1.24	0.50	≥50.0			20.3			
						B	35—110	暗棕色	中黏土	块状	7.2	13.9	0.76	0.22				19.6			
剖13	人为土	水稻土	沼泽型水稻土	烂泥田	湖泥田	A	0—22	灰黄棕色	黏土	块状										E 112°27′50.9″ N 29°58′05.1″	75
						G	22—120	青灰色	黏土	糊状											

续表 Continued

剖面号 Soil profile	土纲 Soil order	土类 Soil great group	亚类 Soil subgroup	土属 Soil genus	土种 Soil species	土层码 Layer code	土层厚度 Depth/cm	颜色 Soil color	质地 Soil texture	土壤结构 Soil structure	pH	有机质 OM/(g/kg)	全氮 TN/(g/kg)	全磷 TP/(g/kg)	全钾 TK/(g/kg)	有效磷 AP/(mg/kg)	速效钾 AK/(mg/kg)	阳离子交换量 CEC/(cmol/kg)	土壤母质 Parent material	剖面点坐标 Profile coordinate	匹配指数 Matching index/%
剖14	人为土	水稻土	潴育水稻土	灰潮土田	灰潮砂泥田	A	0—18	褐色	重壤土	团块状	7.9	36.5	2.24	0.78	13.8	10.8	115	17.1	河流冲积物	E 112°29′06.0″ N 29°59′47.0″	97
						P	18—28	紫棕色	轻黏土	块状	7.9	23.3	1.99	0.79	10.0			15.3			
						W	28—55	淡棕色	重壤土	块状	8.1	9.8	0.62	0.77	13.5			14.9			
						Cg	55—100	灰黄色	中壤土	块状	8.1	6.2	0.33	0.33	11.1			11.1			
剖15	人为土	水稻土	淹育水稻土	浅灰潮土田	浅灰潮泥田	A	0—18	紫色	重黏土	小块状	8.1	33.6	1.97	0.58	21.5	7.2	222	19.0	河流冲积物	E 112°28′54.1″ N 29°58′13.9″	97
						P	18—24	棕色	重黏土	块状	8.2	33.2	1.93	0.54	21.1			16.6			
						C	24—100	淡棕色	重黏土	块状	7.9	39.8	1.57	0.52	21.9			31.1			
剖16	人为土	水稻土	潴育水稻土	黄棕壤性第四纪黏土泥田	夹黑黏黄泥田	A	0—18	紫色	轻黏土	团块状	5.4	30.0	1.62	0.25	13.5	4.4	100	20.7	第四纪黏土	E 112°29′56.0″ N 29°59′52.7″	75
						P	18—28	紫棕色	中壤土	块状	6.9	22.9	1.32	0.32	16.0	4.4	100	20.1			
						W	28—77	紫棕色	中壤土	棱柱状	7.3	13.9	0.86	0.31	17.0			18.8			
						B	77—100	暗灰色	中壤土	块状	7.4	9.5	0.60	0.25	17.0			17.6			
剖17	人为土	水稻土	潴育水稻土	黄棕壤性第四纪黏土泥田	白散泥田	A	0—18	棕灰色	重壤土	团块状	5.6	23.1	1.24	0.38	14.2	14.5	141	21.9	第四纪黏土	E 112°28′06.4″ N 29°57′14.8″	75
						P	18—24	灰棕色	轻黏土	块状	7.0	14.5	0.89	0.37	17.0	14.5	141	17.5			
						W	24—68	棕色	中壤土	棱柱状	7.4	6.6	0.45	0.19	14.0			17.1			
						B	68—100	棕色	中壤土	棱柱状	7.2	9.5	0.46	0.19	19.6			26.1			
剖18	人为土	水稻土	潴育水稻土	灰潮土田	灰砂底潮土田	1	0—14	深栗色	中壤土	块状		39.9	2.26			5.3	105		河流冲积物	E 112°29′39.7″ N 29°57′25.8″	97
						2	14—22														
						W	22—55														
						4	55—														
剖19	人为土	水稻土	淹育水稻土	浅灰潮土田	浅灰潮砂泥田	A	0—15	栗色	重壤土	粒状	7.7	84.4	4.44	0.73	18.2	5.0	91	32.3	河流冲积物	E 112°30′23.5″ N 30°11′00.2″	98
						P	15—25	褐色	黏土	块状	8.3	19.5	1.13	0.63	19.8	5.0	91	20.8			
						C	25—100	紫色	黏土	小块状	8.3	17.0	1.20	0.68	16.1			35.7			
剖20	人为土	水稻土	潜育水稻土	灰青泥田	灰青泥田	A	0—11	暗灰黄色	轻黏土	团块状		61.0	3.31	0.56	15.7	2.9	156	27.6	河流冲积物	E 112°34′38.7″ N 30°03′09.2″	98
						P	11—21	淡灰黄色	中壤土	块状		56.5	3.03	0.32	17.6	2.9	156	27.0			
						G	21—100	青灰色	重壤土	大块状		39.5	2.02	0.32	15.4			25.4			
剖21	人为土	水稻土	侧渗水稻土	黄棕壤性第四纪黏土侧渗泥田	白鳝鸡肝土田	A	0—15	栗色	重壤土	团块状	6.3	25.0	1.41			4.8	132		第四纪黏土	E 112°36′18.8″ N 30°02′15.5″	97
						P	15—22	白色	中壤土	小碎块状											
						E	22—50		黏土												
						W	50—100	灰棕色		大块状											

石 首 市

主要土类说明

水稻土是石首市主要土壤类型，占本市地域面积的 40%。水稻土的形成过程和基本特性既不同于自然土壤，与旱地土壤也有明显差异。由于干湿交替进行，因而土壤的水热状况发生季节性变化，土壤中的物质迁移和转化也随水稻生长季节不同而变化。本市水稻土分为淹育型、潴育型、潜育型、侧渗型和沼泽型五个亚类。其中，潴育水稻土面积最大，属良水型，淋溶层与淀积层具有明显的灰色胶膜和结核物。

潮土是石首市第二大土壤类型，占本市地域面积的 31%。潮土发育于近代河流冲积物和湖相沉积物，经围垦开沟、降水和耕种熟化而形成，其肥力状况深受沉积物质、地下水活动和耕种熟化的影响。因此，潮土不仅在水平分布上存在成土母质颗粒粗细的分选差异，在同一剖面中，因沉积物含量不同，也会出现不同的质地层次。中下部土层有明显的锈纹、锈斑或少量的石灰结核，因沉积物不同，而有不同程度的石灰反应。本市潮土分为潮土、灰潮土等亚类。

草甸土是石首市第三大土壤类型，占本市地域面积的 5%，分布在本市长江两岸的洲滩平原。土壤表层常年受洪水泛滥的影响，质地发生变化，地下水位接近地表。受洪水升降的抑制，全剖面石灰反应强烈。其剖面由腐殖质表土层和具锈色斑纹的心土层组成。

黄棕壤占本市地域面积的 4%，主要发育于第四纪黏土沉积物以及花岗岩、页岩风化坡积物或残积物。典型的剖面形态特征是土壤为黄棕色、含铁锰结核的黏土，结核呈不规则状，垂直节理发育明显，中间常有砾石层。在亚热带生物气候条件下，由第四纪黏土沉积物发育而成的旧地带性黄棕壤，具有明显的南北过渡性。本市黄棕壤仅有黄棕壤一个亚类。

小于本市地域面积 3% 的土壤类型有红壤等。

本区域中心区气候特征

本区域中心区气候特征值
Regional climate characteristics in central area of the region

气候带：北亚热带湿润气候 Climate region: North subtropical humid climate	
年平均气温 /℃ Annual average temperature /℃	16.9
年平均最高气温 /℃ Annual average maximum temperature /℃	21.2
年平均最低气温 /℃ Annual average minimum temperature /℃	13.6
年降水量 /mm Annual precipitation /mm	1256
≥10℃的积温 /℃ Daily temperature accumulated in a year（≥10℃）/℃	6280
年日照时数 /h Annual sunshine /h	1717
年平均相对湿度 /% Annual average relative humidity /%	78
干燥度 Dryness	0.81

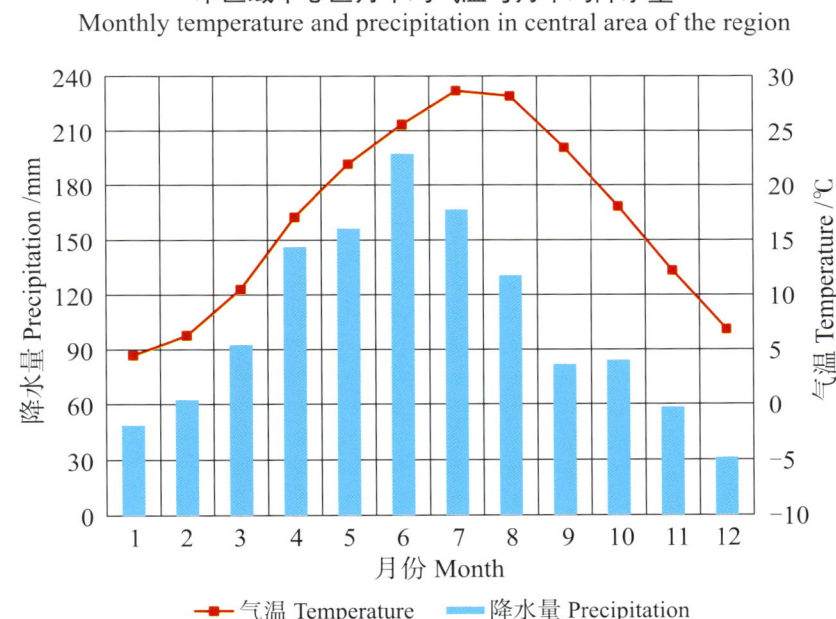

本区域中心区月平均气温与月平均降水量
Monthly temperature and precipitation in central area of the region

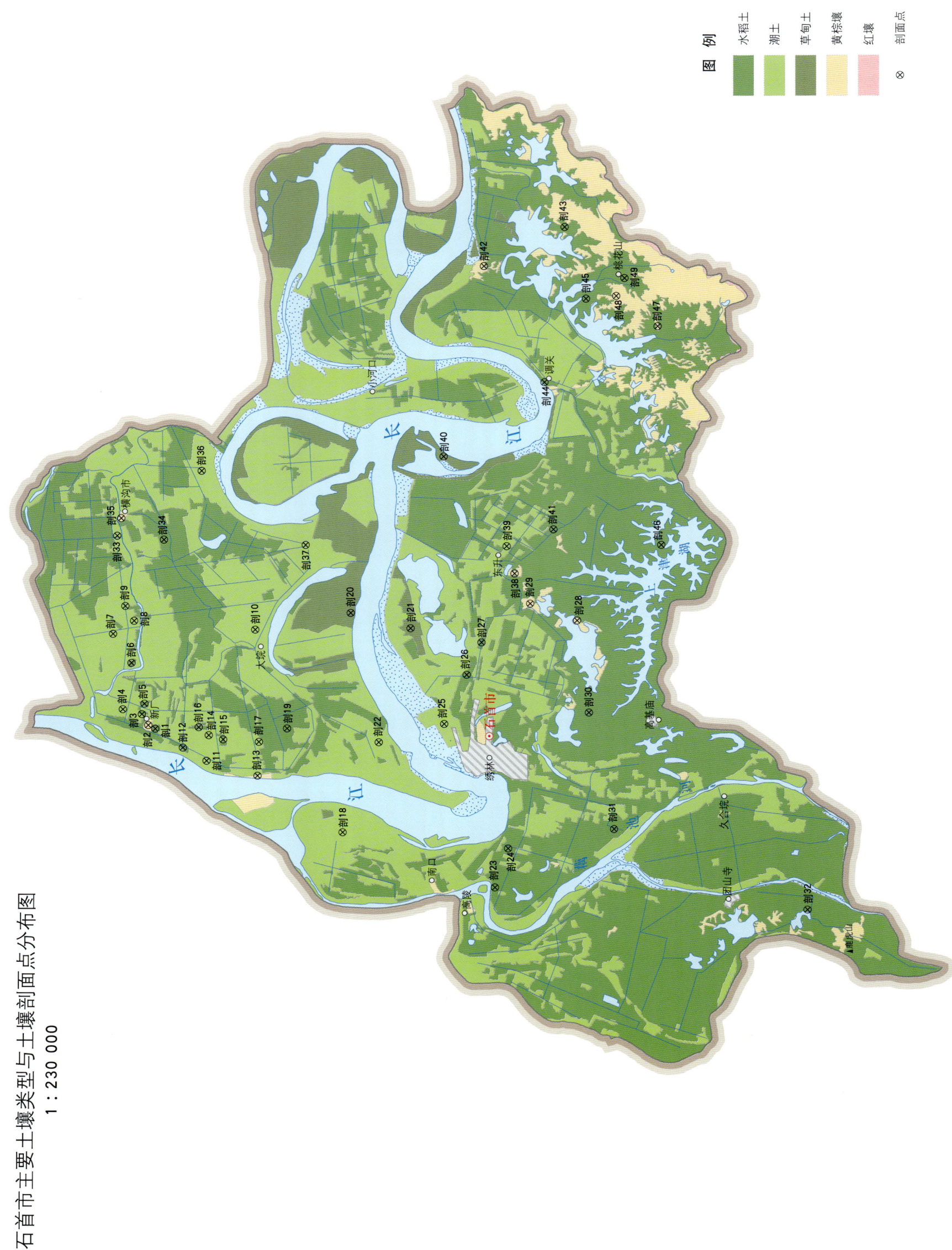

石首市主要土壤类型与土壤剖面点分布图
1∶230 000

石首市土壤剖面理化性状表

剖面号 Soil profile	土纲 Soil order	土类 Soil great group	亚类 Soil subgroup	土属 Soil genus	土种 Soil species	土层代码 Layer code	土层厚度 Depth/cm	颜色 Soil color	质地 Soil texture	土壤结构 Soil structure	pH	有机质 OM/(g/kg)	全氮 TN/(g/kg)	全磷 TP/(g/kg)	全钾 TK/(g/kg)	碱解氮 AN/(mg/kg)	有效磷 AP/(mg/kg)	速效钾 AK/(mg/kg)	阳离子交换量CEC/(cmol/kg)	土壤母质 Parent material	剖面点坐标 Profile coordinate	匹配指数 Matching index/%
剖1	人为土	水稻土	淹育水稻土	浅黄棕壤性第四纪黏土泥田	浅黄泥田	A	0—18	栗色	重壤土	块状	7.2	8.7	0.65	0.43	15.7	57	7.9	35	11.6	第四纪黏土	E 112°25′22.9″ N 29°53′16.0″	75
						P	18—51	暗灰色	重壤土	块状	7.9	4.4	0.37	0.14	13.9	24	≤1.0	42	10.6			
						C₁	51—74	黄棕色	黏土	棱柱状	6.8	20.2	1.29	0.24	17.9	85	1.8	87	14.3			
						C₂	74—100				5.8	29.3	1.81	0.36	18.3	143	2.6	67	18.2			
剖2	淋溶土	黄棕壤	黄棕壤	第四纪黏土黄棕壤	白散土	A	0—25	栗色	重壤土	块状	8.4	22.6	1.45	0.86	21.6	85	4.8	177	19.0	第四纪黏土	E 112°25′30.8″ N 29°53′28.7″	75
						B	26—56	棕色	中壤土	片状	8.5	9.7	0.68	0.73	≥50.0	33	1.8	77	20.0			
						C	56—100	褐色	中壤土	块状	7.6	13.2	1.12	0.49	16.4	102	11.1	92	13.4			
剖3	人为土	水稻土	淹育水稻土	浅黄棕壤性第四纪黏土泥田	浅白散泥田	A	0—10	淡黄棕色	中壤土	团粒状	6.5	27.0	1.73	0.52	16.5	123	11.8	145	13.8	第四纪黏土	E 112°25′51.0″ N 29°53′36.1″	75
						P	10—22	暗黄棕色	中壤土	块状	6.5	20.6	1.31	0.57	16.5	91	6.0	65	12.6			
						C	22—100	黄棕色	中壤土	棱状	8.0	7.1	0.55	0.63	16.9	43	14.2	60	11.7			
剖4	半水成土	潮土	灰潮土	壤土型灰潮土	浅位薄砂灰含水砂	A	0—27	棕灰色	砂壤土	粒状	8.5	12.4	0.69	0.69	19.3	61	3.8	95	15.8	有石灰反应的河流冲积物	E 112°26′05.4″ N 29°54′13.5″	75
						B	27—70	灰白棕色	重壤土	块状	8.5	37.1	1.69	0.29	28.0	52	2.9	82	17.5			
						C	70—100	灰棕色	重壤土	块状	8.6	11.1	0.75	0.72	20.7	50	3.8	78	17.7			
剖5	人为土	水稻土	侧渗水稻土	黄棕壤性第四纪黏土侧渗田	白腐黄砂泥田	A	0—9	暗黄棕色	重壤土	块状										第四纪黏土	E 112°26′17.0″ N 29°53′35.2″	75
						P	9—21	棕色	重壤土	块状									16.0			
						W	21—40	栗色	重壤土	团粒状									16.0			
						C₁	40—71	暗棕色	砂壤土	团粒状									12.8			
						C₂	71—100	暗黄棕色	重壤土	团块状												
剖6	半水成土	潮土	沼泽型水稻土	灰栏泥田	灰栏泥田	A	0—15	暗黄棕色	重壤土	块状	5.3	24.1	1.54	0.33	17.2	100	2.6	78	16.0	有石灰反应的河流冲积物	E 112°27′44.4″ N 29°53′57.4″	75
						B	15—53	暗棕色	重壤土	棱柱状	7.5	13.1	0.95	0.43	17.9	87	4.6	60	16.0			
						C	53—100	灰棕色	重壤土	块状	7.6	6.1	0.45	0.41	15.3	49	9.1	58	12.8			
剖7	半水成土	潮土	湿潮土	壤土型灰潮土	湿泥土	A	0—12	浊黄棕色	壤质黏土	块状	8.3	17.4	1.20	0.80	22.8	80	8.0	187		长江冲积物或湖相沉积物	E 112°28′46.8″ N 29°54′30.0″	95
						A₁₁	12—28	深灰黄色	壤质黏土	小块状	8.4	10.1	0.60	0.60	20.4	56	3.0	80				
						Cu	28—100	棕色	砂壤土	粒状	8.5	8.5	0.80	0.80	22.6	38	2.0	40				
剖8	半水成土	潮土	灰潮土	壤土型灰潮土	浅位薄砂灰黄砂	A	0—12	暗黄棕色	砂壤土	小块状	8.3	10.9	0.75	0.68	18.8	49	1.2	63	12.7	有石灰反应的河流冲积物	E 112°29′14.4″ N 29°53′52.2″	75
						B	12—47	暗黄棕色	砂土	小块状	8.5	3.0	0.23	0.63	15.9	7	2.1	30	6.3			
						C	47—100	栗色	砂土	小块状	8.3	7.5	0.44	0.64	18.5	28	1.5	50	12.0			
剖9	半水成土	潮土	灰潮土	壤土型灰潮土	灰油厚砂	A	0—24	暗黄棕色	砂壤土	粒状	8.4	8.7	0.60	0.69	16.7	40	1.6	36	8.7	有石灰反应的河流冲积物	E 112°29′46.4″ N 29°53′07.7″	95
						B	24—56	暗棕色	砂壤土	粒状	8.6	2.7	0.17	≥10.00	15.6	10	1.3	25	6.4			
						C	56—100	暗棕色	砂土	块状	8.5	5.8	0.44	≥10.00	18.7	23	2.2	46	11.8			
剖10	半水成土	潮土	灰潮土	壤土型灰潮土	浅位厚砂灰正土	A	0—18	栗色	中壤土	团粒状	8.4	16.6	1.08	0.74	20.7	68	1.9	87	17.0	有石灰反应的河流冲积物	E 112°28′51.9″ N 29°50′15.4″	95
						B	18—43	暗黄棕色	轻壤土	块状	8.5	11.8	0.76	0.64	21.5	50	2.9	65	17.3			
						C	43—100	灰棕色		块状	8.5	11.9	0.82	0.75	22.2	47	4.0	75	20.0			
剖11	半水成土	潮土	灰潮土	壤土型灰潮土	浅位薄砂灰吊气砂	A	0—16	暗黄棕色	重壤土	小团粒状	8.5	15.5	1.09	0.83	20.1	77	2.5	97	15.4	有石灰反应的河流冲积物	E 112°24′13.2″ N 29°51′44.8″	75
						B	16—43	暗黄棕色	中壤土	小块状	8.6	10.9	0.76	0.75	21.1	33	1.3	73	17.3			
						C	43—100	灰黄棕色	轻壤土	小块状	6.6	11.4	0.70	0.73	20.7	31	2.8	77	15.1			
剖12	人为土	水稻土	潴育水稻土	黄棕壤性第四纪黏土黄棕壤	马肝土泥田	A	0—16	灰色	中壤土	块状										第四纪黏土	E 112°24′41.7″ N 29°52′26.8″	75
						P	16—30	暗棕色	中壤土	小团粒状	8.4	15.1	1.02	0.74	20.1	56	2.1	75	13.3			
						W	30—100	棕灰色	重壤土	块状	8.5	9.2	0.70	0.63	21.3	45	1.4	60	16.4			
剖13	淋溶土	黄棕壤	黄棕壤	第四纪黏土黄棕壤	面黄土	A	0—14	暗棕色	砂土	粒状	8.6	2.4	0.17	0.73	15.3	7	1.5	23	6.5	第四纪黏土	E 112°23′40.3″ N 29°50′14.0″	75
						B	14—71															
						C	71—100															

续表 Continued

剖面号 Soil profile	土纲 Soil order	土类 Soil great group	亚类 Soil subgroup	土属 Soil genus	土种 Soil species	土层码 Layer code	土层厚度 Depth/cm	颜色 Soil color	质地 Soil texture	土壤结构 Soil structure	pH	有机质 OM/(g/kg)	全氮 TN/(g/kg)	全磷 TP/(g/kg)	全钾 TK/(g/kg)	碱解氮 AN/(mg/kg)	有效磷 AP/(mg/kg)	速效钾 AK/(mg/kg)	阳离子交换量CEC/(cmol/kg)	土壤母质 Parent material	剖面点坐标 Profile coordinate	匹配指数 Matching index/%
剖14	半水成土	潮土	灰潮土	砂土型灰潮土	灰砂土	A	0—16	暗灰棕色	砂土		8.6	6.6	0.38	0.71	15.6	28	≤1.0	51	5.1	有石灰反应的河流冲积物	E 112°25′07.8″ N 29°51′40.4″	95
						B	16—39	灰棕色	中壤土		8.7	2.5	0.14	0.59	14.4	8	1.1	27	3.8			
						C	39—100	淡棕色	砂土		8.5	11.0	0.74	0.72	21.0	35	2.8	80	18.1			
剖15	人为土	水稻土	潴育水稻土	黄棕壤性第四纪黏土泥田	黑黏底黄砂泥田	A	0—11				7.7	4.8	0.46	0.23	13.6	31	1.9	25	7.6	第四纪黏土	E 112°24′58.3″ N 29°51′14.7″	75
						P	11—19				6.2	22.8	1.38	0.34	15.2	11	2.1	35	13.2			
						W	19—33				5.6	19.2	1.25	0.47	16.8	99	2.8	50	13.3			
						B	33—57				8.4	5.6	0.45	0.34	16.7	29	2.2	50	10.3			
						C	57—100				8.3	8.4	0.67	0.37	18.7	40	3.1	65	14.5			
剖16	人为土	水稻土	潴育水稻土	黄棕壤性第四纪黏土泥田	表青黄砂泥田	Ag	0—14	淡灰色	中壤土	小块状	7.6	33.8	2.06	0.34	16.3	147	2.7	72	14.6	第四纪黏土	E 112°25′24.9″ N 29°51′58.3″	75
						Pg	14—28	暗灰色	中壤土	小块状	6.9	29.3	1.80	0.33	16.7	133	2.6	62	13.5			
						W	28—44	暗黄棕色	中壤土	块状	8.4	6.6	4.64	0.50	17.5	26	3.2	60	9.0			
						B	44—62	黄黄棕色	重壤土	团块状	8.5	10.7	0.77	0.43	20.0	37	2.3	70	13.7			
						C	62—100	淡灰色	黏土	大块状	8.3	6.4	0.58	0.33	16.8	36	3.1	57	13.4			
剖17	半水成土	潮土	灰潮土	壤土型灰潮土	中位黏底灰油砂土	A	0—20	栗色	轻壤土	粒状	8.3	13.7	0.98	0.73	19.3	68	1.9	71	14.0	有石灰反应的河流冲积物	E 112°24′52.3″ N 29°50′10.8″	75
						B	20—90	棕色	轻壤土	粒状	8.5	7.2	0.19	0.57	19.5	33	1.3	31	14.6			
						C	90—100	灰白色	砂土	粒状	8.5	2.3	0.29	5.49	17.5	10	1.7	23	8.6			
剖18	半水成土	潮土	灰潮土	砂土型灰潮土	灰飞砂土	A	0—16	暗黄棕色	中壤土		8.3	28.8	1.88	0.63	23.7	115	3.7	107	20.2	有石灰反应的河流冲积物	E 112°21′37.6″ N 29°47′42.3″	95
						Pg	16—35	暗灰色	重壤土	块状	8.3	25.4	1.70	0.66	23.7	115	2.6	107	18.0			
						G	35—100	暗灰色	重壤土		8.3	20.7	1.44	0.65	25.9	101	4.9	120	19.8			
剖19	人为土	水稻土	潴育水稻土	灰青泥田	灰青泥田	A	0—15	栗色	中壤土	小块状	6.0	28.6	1.68	0.36	15.4	136	1.8	65	14.4		E 112°25′20.3″ N 29°49′20.3″	95
						P	15—23	暗黄棕色	中壤土	块状	7.2	2.2	1.35	1.35	14.9	112	2.1	35				
						E	23—55	灰白色	中壤土	棱柱状	8.0	3.1	0.36	0.21	15.5	28	2.0	32				
						C	55—100	暗黄棕色	重壤土	棱柱状	8.4	7.5	0.57	0.38	19.3	43	2.7	72				
剖20	半水成土	草甸土	浅色草甸土	河滩草甸土	荒地河砂土	A	0—16	暗棕色	中壤土	团块状	8.5	10.0	0.78	0.77	19.3	43	3.8	83	12.5	近代河流冲积物	E 112°29′25.3″ N 29°47′24.2″	75
						B	16—37	暗棕色	轻壤土	块状	8.5	9.5	0.69	0.75	19.6	29	2.2	48	12.3			
						C_1	37—71	暗灰色	轻壤土	片状	8.6	8.2	0.65	0.73	20.8	28	2.5	60	16.2			
						C_2	71—100	暗黄棕色	砂土	粒状	8.5	8.9	0.69	0.76	21.2	27	2.8	75	15.1			
剖21	半水成土	草甸土	浅色草甸土	河滩草甸土	浅位薄砂夹正土	A	0—12	暗棕色	轻壤土	片状	8.3	35.7	2.13	0.80	24.1	15	4.2	165	21.5	近代河流冲积物或沉积物	E 112°28′51.1″ N 29°45′37.4″	75
						P	12—43	暗棕色	砂土	粒状	8.5	19.7	1.33	0.74	24.3	81	2.9	126	20.2			
						G	43—100	暗黄棕色	轻壤土	粒片状	8.5	15.5	1.10	0.69	23.2	78	3.3	93	17.7			
剖22	人为土	水稻土	潴育水稻土	壤土型灰潮土田	灰潮砂泥田	A	0—18	栗色	重壤土	小块状	8.5	6.4	4.29	0.53	18.2	35	3.9	35	7.3	有石灰反应的河流冲积物	E 112°24′48.9″ N 29°46′36.4″	95
						B	18—61	暗棕色	中壤土	棱柱状	8.2	16.5	1.09	0.72	18.3	68	5.1	83	12.5			
						C_1	61—73	灰棕色	砂壤土	团块状												
						C_2	73—100		砂土													
剖23	人为土	水稻土		灰潮土田	夹砂夹灰潮砂泥田	A	0—16	灰棕色	黏壤土	块状	8.2	13.0	0.88	0.70	19.2	54	4.4	63	9.2	近代河流冲积物或沉积物	E 112°19′36.6″ N 29°43′10.2″	95
						P	16—33	栗色	砂壤土	块状	8.4	3.0	0.26	0.57	17.6	10	1.7	35	7.0			
						S	33—67	灰色	黏壤土	粒柱状	8.4	7.4	0.57	0.61	20.4	24	2.1	45	14.9			
						W	67—100	黄棕色	重壤土	粒状												
剖24	人为土	水稻土	灰潮土	砂土型灰潮土	中位黏底灰砂土	A	0—10	灰棕色	黏土	块状	8.5	3.6	0.26	0.66	16.4	8	2.1	42	5.3	有石灰反应的河流冲积物	E 112°20′59.3″ N 29°42′46.5″	95
						B	10—16	栗色	砂壤土	粒状	8.5	5.0	0.28	0.63	17.4	12	2.8	48	7.3			
						C	16—77	灰色	黏壤土	粒状												
剖25	半水成土	潮土					77—100	棕色	砂土	块状												
							0—16	暗黄棕色	砂土													
							16—31		砂壤土													
							31—100		重壤土		8.2	19.5	1.27	0.78	22.6	82	4.5	86	21.4		E 112°25′26.7″ N 29°44′39.0″	95

续表 Continued

剖面号 Soil profile	土纲 Soil order	土类 Soil great group	亚类 Soil subgroup	土属 Soil genus	土种 Soil species	土层码 Layer code	土层厚度 Depth/cm	颜色 Soil color	质地 Soil texture	土壤结构 Soil structure	pH	有机质 OM/(g/kg)	全氮 TN/(g/kg)	全磷 TP/(g/kg)	全钾 TK/(g/kg)	碱解氮 AN/(mg/kg)	有效磷 AP/(mg/kg)	速效钾 AK/(mg/kg)	阳离子交换量 CEC/(cmol/kg)	土壤母质 Parent material	剖面点坐标 Profile coordinate	匹配指数 Matching index/%
剖26	人为土	水稻土	潴育水稻土	灰潮土田	底砂灰潮泥田	A	0—16	栗色	粉砂质黏土	块状	8.3	16.3	1.16	0.84	21.7	54	6.2	130	17.5	近代河流冲积物或沉积物	E 112°27′10.9″ N 29°43′58.3″	95
						P	16—26	栗色	粉砂质黏土	块状	8.3	16.9	1.21	0.66	20.4	75	9.1	147	17.4			
						W	26—81	棕色	粉砂质黏土	棱柱状	8.3	13.6	0.99	0.76	21.5	44	4.6	167	17.5			
						S	81—100	棕色	砂壤土	粒状	8.3	12.8	0.25	0.63	16.5	7	2.1	59	7.2			
剖27	人为土	水稻土	潴育水稻土	灰潮土田	灰潮砂田	A	0—15	灰棕色	砂土	粒状										近代河流冲积物或沉积物	E 112°28′19.3″ N 29°43′31.0″	95
						P	15—30	青灰色	砂土	粒状												
						W	30—75	灰棕色	中壤土	小块状												
						C	75—100	青灰色	中壤土	块状												
剖28	淋溶土	黄棕壤	黄棕壤	板岩黄棕壤	页黄砂土	A	0—27				6.1	24.5	1.44	0.29	17.0	103	1.2	100	17.5	页岩、板岩风化物	E 112°29′04.0″ N 29°40′39.4″	75
						B	27—100				6.1	6.2	0.60	0.23	18.3	38	≤1.0	71	16.2			
剖29	淋溶土	黄棕壤	黄棕壤	第四纪黏土黄棕壤	林地面黄土	A	0—16	灰黄棕色	中壤土	团粒状	6.0	17.0	1.29	0.61	18.1	113	10.0	277	18.1	第四纪黏土	E 112°29′40.9″ N 29°42′03.1″	95
						B	16—51	暗黄棕色	重黏土	棱柱状	5.9	19.2	1.32	0.47	17.0	119	5.1	195	18.5			
						C	51—94	黄棕色	重黏土	棱柱状	6.3	4.8	0.52	0.26	18.6	31	1.9	220	18.6			
剖30	人为土	水稻土	潴育水稻土	黄棕壤性第四纪黏土泥田	表青白散泥田	Ag	0—11				6.0	32.7	1.90	0.30	15.8	122	1.7	77	18.5	第四纪黏土	E 112°25′47.7″ N 29°40′20.1″	95
						Pg	11—21				7.6	15.7	1.10	0.28	15.4	66	1.4	≤5	9.7			
						W_1	21—39				7.9	3.8	0.33	0.18	15.4	14	1.7	40	18.4			
						W_2	39—60				8.4	18.5	1.17	0.46	19.8	62	1.9	80	18.4			
						W_3	60—100				8.3	27.6	1.53	0.45	20.4	107	2.5	78	18.7			
剖31	人为土	水稻土	潴育水稻土	黄棕壤性第四纪泥田	白散泥田	A	0—17	褐灰色	中壤土	小块状	6.6	34.3	2.04	0.42	16.8	162	3.1	102	18.4	第四纪黏土	E 112°21′39.1″ N 29°39′36.8″	95
						B	17—31	暗黄棕色	中壤土	小块状	7.8	22.3	1.34	0.24	16.5	101	1.7	100	13.1			
						C_1	31—55	暗黄棕色	轻壤土	棱柱状	7.8	8.5	0.67	0.23	15.4	63	2.1	67	10.7			
						C_2	55—100	暗黄棕色	轻壤土	棱柱状	7.9	9.1	0.60	0.31	16.5	45	2.8	82	16.5			
剖32	人为土	水稻土	潴育水稻土	浅灰潮土田	浅灰潮砂泥田	A	0—9	暗黄棕色	中壤土	块状	8.3	22.5	1.40	0.73	21.7	94	2.7	72	15.6	近代河流冲积物或沉积物	E 112°18′43.6″ N 29°33′51.3″	95
						P	9—19	暗黄棕色	粉砂质黏土	粒状	8.3	16.0	0.99	0.70	21.4	49	2.2	55	14.2			
						C_1	19—34	褐棕色	粉砂质黏土	块状	8.4	10.9	0.68	0.67	20.9	40	2.3	40	13.9			
						C_2	34—100	暗棕色	中壤土	块状	8.5	12.7	0.93	0.71	24.3	49	3.5	75	20.0			
剖33	半水成土	潮土	淹育湿潮土	滩涂湿潮土	滩涂湿潮泥田	A	0—12	灰黄棕色	粉砂质黏土	块状	6.3	17.4	1.16	0.82	22.8	80	7.6	187	20.3	长江冲积物和湖相沉积物	E 112°32′16.6″ N 29°54′20.4″	81
						P	12—28	暗黄棕色	粉砂质黏土	块状	8.4	10.1	0.60	0.64	20.4	56	2.9	80	17.1			
						B	28—100	褐棕色	黏土	小块状	8.5	3.5	0.82	0.76	22.6	38	1.9	40	13.2			
剖34	人为土	水稻土	潴育水稻土	灰潮土田	灰潮砂泥田	A	0—13	栗色	轻壤土	小块状										近代河流冲积物或沉积物	E 112°32′07.0″ N 29°52′57.0″	95
						P	13—27	棕色	中壤土	粒状												
						W	27—60	棕色	中壤土	块状												
						C	60—100	黄棕色	轻壤土	块状												
剖35	淋溶土	黄棕壤	黄棕壤	第四纪黏土黄棕壤	马肝土	A	0—15	暗黄棕色	中壤土	棱柱状	8.1	24.5	1.36	0.35	15.4	122	1.6	91	17.0	第四纪黏土	E 112°32′58.6″ N 29°54′10.8″	75
						B	15—21	淡棕色	中壤土	棱柱状	5.8	11.6	0.77	0.31	17.2	66	1.2	70	16.4			
						C_1	21—59	棕色	中壤土	棱柱状	5.9	6.9	0.59	0.29	17.8	52	1.1	78	17.5			
						C_2	59—100	棕色	中壤土	棱柱状	5.7	3.8	0.49	0.28	18.4	45	1.8	90	18.1			
剖36	半水成土	潮土	灰潮土	壤土型灰潮土	浅位砂底灰正土	A	0—16				8.4	14.5	0.99	0.73	20.8	59	3.2	78	15.5	有石灰反应的河流冲积物	E 112°34′33.0″ N 29°51′48.2″	95
						B	16—33				8.4	9.9	0.67	6.44	19.9	47	1.8	42	11.4			
						C_1	33—49				8.4	5.1	3.43	0.40	18.4	17	1.9	20	6.7			
						C_2	49—84				8.4	8.4	0.55	0.59	19.3	24	1.3	30	11.8			
						C_3	84—100				8.1	23.5	1.51	0.81	26.5	94	7.0	192	22.7			
剖37	半水成土	潮土	灰潮土	壤土型灰潮底	中位砂底灰正土	A	0—15				8.5	16.4	1.10	0.74	21.7	73	2.7	110	17.4	有石灰反应的河流冲积物	E 112°31′51.6″ N 29°48′43.6″	95
						B	25—63				8.5	7.9	0.57	0.74	20.3	35	2.6	50	14.4			
						C_1	63—86				8.5	11.6	0.74	0.73	11.6	42	4.1	71	15.6			
						C_2	86—100				8.5	13.3	0.94	0.79	23.6	57	5.4	107	20.5			

续表 Continued

剖面号 Soil profile	土纲 Soil order	土类 Soil great group	亚类 Soil subgroup	土属 Soil genus	土种 Soil species	土层码 Layer code	土层厚度 Depth/cm	颜色 Soil color	质地 Soil texture	土壤结构 Soil structure	pH	有机质 OM/(g/kg)	全氮 TN/(g/kg)	全磷 TP/(g/kg)	全钾 TK/(g/kg)	碱解氮 AN/(mg/kg)	有效磷 AP/(mg/kg)	速效钾 AK/(mg/kg)	阳离子交换量 CEC/(cmol/kg)	土壤母质 Parent material	剖面点坐标 Profile coordinate	匹配指数 Matching index/%
剖38	淋溶土	黄棕壤	黄棕壤	第四纪黏土黄棕壤	林地面黄土	A	0~12	黄棕色	重壤土	块状	5.4	22.4	1.34	0.31	15.8	140	1.3	162	16.1	第四纪黏土	E 112°30′45.7″ N 29°42′30.6″	95
						B	12~70	黄棕色	黏土	块状	5.4	8.2	0.69	0.28	18.1	52	1.2	82	18.3			
						C	70~100	黄棕色		大块状	5.8	4.1	0.52	0.30	17.0	29	1.2	80	19.2			
剖39	半水成土	潮土	灰潮土	壤土型灰潮土	灰壳土	A	0~16				8.5	17.8	1.28	0.72	23.9	81	2.1	102	19.8	有石灰反应的河流冲积物	E 112°31′43.9″ N 29°42′44.2″	95
						B	16~44				8.5	12.2	1.03	0.65	24.6	70	1.9	63	19.5			
						C	44~100				8.5	3.6	0.30	0.61	17.1	15	1.6	26	7.7			
剖40	半水成土	草甸土	浅色草甸土	河滩草甸土	芦苇河砂土	A	0~42	暗黄棕色	砂土	粒状	5.9	25.4	1.45	0.33	15.6	115	4.7	75	11.5	近代河流冲积物	E 112°34′56.7″ N 29°44′35.1″	95
						B	42~120	黑色	砂土	粒状	8.3	19.8	1.35	0.61	22.2	73	2.5	86	19.5			
剖41	人为土	水稻土	潴育水稻土	黄棕壤性第四纪黏土泥田	白散络泥田	A	0~13				7.7	7.5	0.49	0.45	15.5	44	6.7	35	11.8	第四纪黏土	E 112°32′18.7″ N 29°41′20.1″	95
						P	13~19															
						W	19~32															
						B	32~100				7.9	≤1.0	0.44	0.17	17.1	22	≤1.0	65	17.6			
剖42	淋溶土	黄棕壤	黄棕壤	第四纪黏土黄棕壤	林地面黄土	A	0~26	暗黄棕色	中壤土	块状										第四纪黏土	E 112°41′40.9″ N 29°43′18.7″	95
						B	26~42	暗黄棕色	中壤土	块状												
						C	42~100	棕色	砂壤土	粒状												
剖43	人为土	水稻土	潴育水稻土	花岗岩黄棕壤性泥田	赤黄砂田	A	0~24	暗灰黄色	轻壤土	小块状										花岗岩、片麻岩	E 112°43′01.7″ N 29°40′53.4″	95
						P	24~36	淡灰黄色	砂壤土	糊状												
						W	36~100	淡黄色	重壤土	块状												
剖44	人为土	水稻土	潴育水稻土	青泥田	青岗泥田	A	0~16	灰黄棕色	重壤土	块状												
						P	16~30	棕色	重壤土	块状												
						W	30~75	棕色	重壤土	块状												
						C	75~93	暗棕灰色	砂壤土	片状												
剖45	人为土	水稻土	潴育水稻土	灰潮土田	浅位夹砂灰潮泥田	Ag	0~23		重壤土	团块状	8.2	38.6	2.43	0.58	21.2	157	7.6	120	21.5	近代河流冲积物或沉积物	E 112°37′36.2″ N 29°41′29.8″	95
						Pg	23~40	淡棕黄色	重壤土	大块状	8.3	33.0	2.02	0.50	20.4	126	8.0	143	19.5			
						W	40~59	暗棕黄色	重壤土	块状	8.3	30.8	1.93	0.56	21.5	142	8.0	140	19.7			
						C	59~100		中壤土	块状	8.5	12.2	0.87	0.72	21.6	54	1.1	63	19.8			
剖46	人为土	水稻土	潴育水稻土	黄棕壤性第四纪黏土泥田	黄泥田	A	0~16	淡棕黄色	重壤土	团块状										第四纪黏土	E 112°40′28.7″ N 29°40′17.2″	95
						P	16~25	暗棕黄色	重壤土	块状												
						W	25~64	栗色	重壤土	块状												
						B	64~79	栗色	中壤土	团块状												
						C	79~100	暗棕灰色	黏土	块状												
剖47	淋溶土	黄棕壤	黄棕壤	花岗岩黄棕壤	麻骨砂土	A	0~10	暗黄棕色	中壤土	糊状	5.2	54.1	2.55	0.38	26.5	178	3.3	98	17.5	花岗岩风化物	E 112°39′28.6″ N 29°38′09.7″	95
						D	36~85		中壤土		5.3	25.6	1.40	0.27	29.6	105	≤1.0	62	10.2			
剖48	淋溶土	黄棕壤	黄棕壤	花岗岩黄棕壤	麻渣土	A	0~13		轻壤土	糊状	5.0	24.0	1.51	0.25	23.1	133	3.0	68	7.8	花岗岩风化物	E 112°40′33.6″ N 29°39′22.7″	95
						P	13~100		中壤土		5.4	23.1	1.47	0.24	23.2	127	2.5	60	11.7			
剖49	人为土	水稻土	潴育水稻土	浅黄色板岩泥性田	浅页黄砂泥田	A	0~11	暗灰棕色	轻壤土	团粒状	6.7	15.1	1.02	0.24	23.5	64	1.6	45	10.6	板岩	E 112°41′16.7″ N 29°39′12.9″	95
						C_1	11~20	淡黄色	砂壤土	粒状	7.3	8.3	0.60	0.31	25.2	29	3.8	35	9.9			
						C_2	20~30	灰黄色														
							30~100															

洪 湖 市

主要土类说明

水稻土是洪湖市主要土壤类型，占本市地域面积的46%。水稻土是在长期季节性淹灌、水下翻耕、季节性脱水、氧化还原交替影响下，原来成土母质或母土的特性发生重大改变，形成的新的土壤类型。由于干湿交替，水稻土形成糊状淹育层、较坚实板结的犁底层、渗育层、潴育层与潜育层等多种发生层。这些不同发生层是在人为耕作、水浆管理下形成的。

潮土是洪湖市第二大土壤类型，占本市地域面积的30%。潮土见于近代河流冲积平原或低平阶地，地下水位高，潜水参与成土过程。在潮土成土过程中，底土氧化还原交替作用，形成锈色斑纹和小型铁子。在长期耕作条件下，表层有机质含量为10—15g/kg。

小于本市地域面积3%的土壤类型有沼泽土等。

本区域中心区气候特征

本区域中心区气候特征值
Regional climate characteristics in central area of the region

气候带：北亚热带湿润气候 Climate region: North subtropical humid climate	
年平均气温 /℃ Annual average temperature /℃	16.8
年平均最高气温 /℃ Annual average maximum temperature /℃	21.2
年平均最低气温 /℃ Annual average minimum temperature /℃	13.5
年降水量 /mm Annual precipitation /mm	1273
≥10℃的积温 /℃ Daily temperature accumulated in a year (≥10℃) /℃	6538
年日照时数 /h Annual sunshine /h	1783
年平均相对湿度 /% Annual average relative humidity /%	78
干燥度 Dryness	0.79

本区域中心区月平均气温与月平均降水量
Monthly temperature and precipitation in central area of the region

洪湖市主要土壤类型与土壤剖面点分布图
1∶310 000

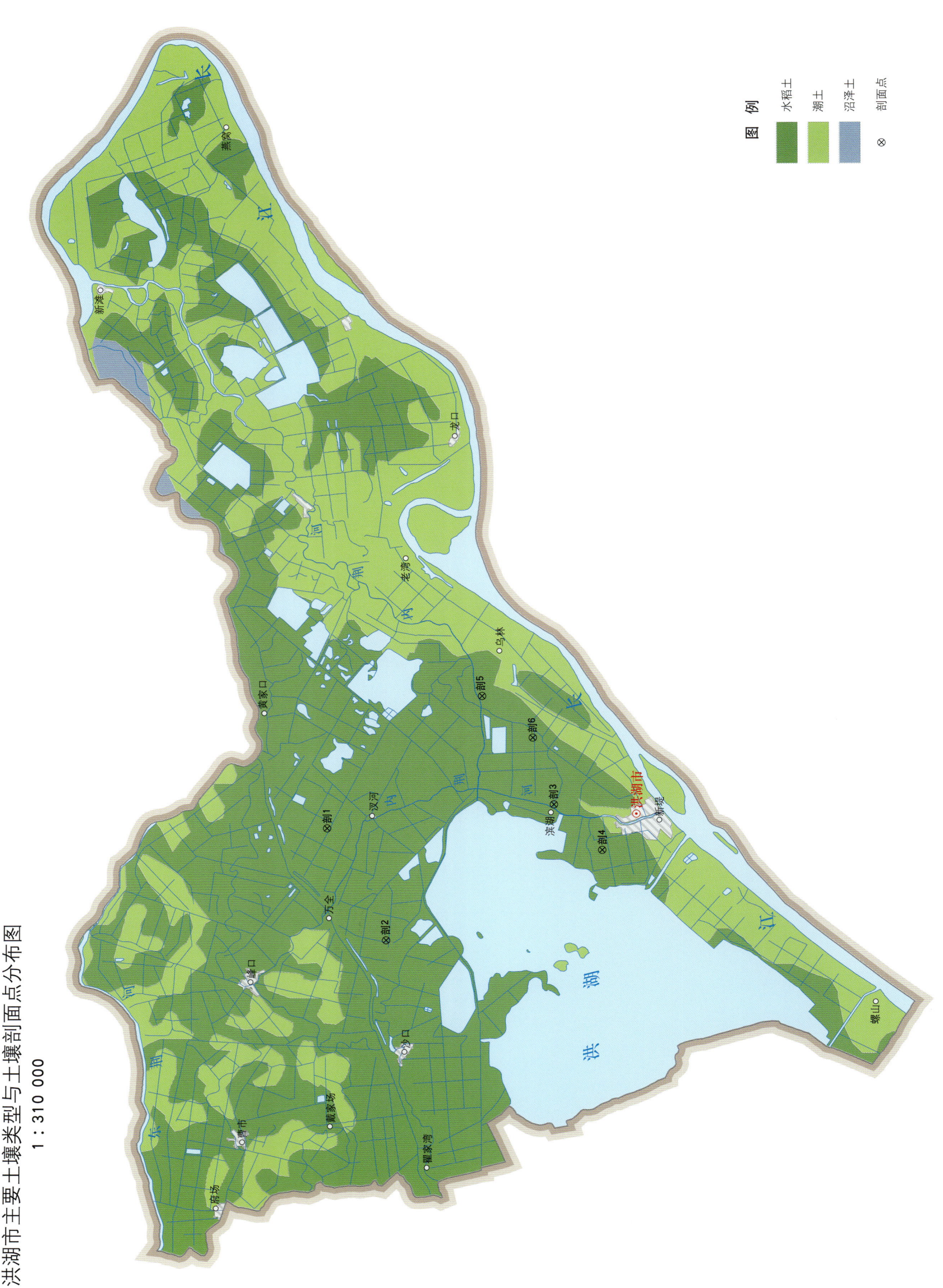

洪湖市土壤剖面理化性状表

剖面号 Soil profile	土纲 Soil order	土类 Soil great group	亚类 Soil subgroup	土属 Soil genus	土种 Soil species	土层码 Layer code	土层厚度 Depth/cm	颜色 Soil color	质地 Soil texture	土壤结构 Soil structure	pH	有机质 OM/(g/kg)	全氮 TN/(g/kg)	全磷 TP/(g/kg)	全钾 TK/(g/kg)	碱解氮 AN/(mg/kg)	有效磷 AP/(mg/kg)	速效钾 AK/(mg/kg)	阳离子交换量CEC/(cmol/kg)	土壤母质 Parent material	剖面点坐标 Profile coordinate	匹配指数 Matching index/%
剖1	人为土	水稻土	潜育水稻土	烂泥田	湖泥田	A	0—25	暗棕色	壤质黏土	糊状	7.1	62.1	3.50	0.57	22.7	169	2.1	152	29.4	湖湘沉积物	E 113°27′31.3″ N 30°01′44.6″	95
						G	25—100	暗灰色	壤质黏土	糊状	7.4	11.1	0.72	0.52	19.1				18.2			
剖2	人为土	水稻土	淹育水稻土	浅潮土田	底泥浅潮砂泥田	A	0—17	棕色	轻壤土	块状	7.1	31.0	1.95	0.54	22.6	140	2.6	130	27.1	近代河流冲积物	E 113°22′08.2″ N 29°59′29.8″	95
						P	17—30	灰黄棕色	中壤土	块状	7.5	27.4	1.69	0.57	22.7				24.3			
						C₁	30—54	暗黄棕色	轻壤土	块状	7.4	15.7	0.95	0.65	21.8				26.5			
						C₂	54—100	灰黄棕色	重壤土	块状	7.5	15.6	1.02	0.78	25.2				29.3			
剖3	人为土	水稻土	淹育水稻土	浅灰潮土田	底泥浅灰潮泥田	A	0—16	暗黄棕色	粉砂质黏土	块状	7.6	22.3	1.54	0.54	14.9	154	2.0	97	24.2	长江冲积物或湖沉积物	E 113°28′26.5″ N 29°52′43.7″	95
						P	16—32	淡黄棕色	黏壤土	块状	7.8	17.1	1.20	0.72	16.2				12.0			
						C	32—54	淡黄棕色	黏壤土	块状	7.9	9.6	0.61	0.71	20.0				10.4			
						S	54—100	暗黄棕色	砂壤土	粒状	7.8	3.8	0.24	0.57	14.2				7.1			
剖4	人为土	水稻土	潜育水稻土	青泥田	冷浸湖泥田	A	0—16	暗棕色	壤质黏土	糊块状	7.1	35.0	2.24	0.62	21.1	77	4.4	115	26.5	近代河流冲积物或湖沉积物	E 113°26′15.7″ N 29°50′50.4″	95
						P	16—26	暗灰色	黏土	块状	7.5	18.9	1.35	0.64	22.7				22.9			
						G	26—100	暗灰色	黏土	糊块状	7.6	17.3	1.08	0.45	23.3				28.8			
剖5	人为土	水稻土	淹育水稻土	浅灰潮土田	夹泥浅灰潮泥田	A	0—13	灰黄棕色	砂壤土	粒状	7.9	29.9	1.93	0.62	18.8	120	3.0	93	16.3	长江冲积物	E 113°33′38.0″ N 29°55′29.3″	95
						P	13—27	灰棕色	壤质黏土	块状	7.8	16.9	1.20	0.71	19.3				15.4			
						3	27—51	栗色	粉砂质黏土	块状	7.9	12.9	0.81	0.59	20.0				22.7			
						C	51—100	紫棕色	砂壤土	片状	7.8	8.4	0.55	0.67	17.3				15.5			
剖6	人为土	水稻土	淹育水稻土	浅灰潮土田	底泥浅砂潮泥田	A	0—20	灰黄棕色	黏土	团块状	7.6	28.5	1.64	0.58	17.8	122	4.1	87	20.2	长江冲积物	E 113°31′36.4″ N 29°53′30.0″	95
						P	20—27	暗棕灰色	壤土	块状	7.4	25.5	1.25	0.61	17.3				16.5			
						C	27—55	灰棕色	重壤土	块状	7.4	5.5	0.39	0.55	17.8				17.4			
						4	55—100	暗灰色	黏土	块状	7.3	5.2	0.39	0.60	17.4				24.1			

松 滋 市

主要土类说明

水稻土是松滋市主要土壤类型，占本市地域面积的35%。本市水稻土的分布特点：①分布面积大。②分布范围广，本市山地、丘陵、平原均有水稻土分布，以丘陵为主要分布地区。③土壤种类多，本市四种土壤母质均有水稻土分布。根据水位条件和水耕熟化程度的差异，按土壤受地表水和地下水影响的大小，本市水稻土分为淹育型、潴育型、潜育型、侧渗型和沼泽型五个亚类。

潮土是松滋市第二大土壤类型，占本市地域面积的19%。潮土主要分布在河流冲积平原和丘陵平畈，是本市生产棉花的主要旱作土壤。成土母质为河流冲积物或湖积物。该土壤土层深厚，在同一剖面中常有不同的质地层次，不同的质地层次对土壤的通气透水性和养分转化有很大影响，剖面构型为A–C或A–B–C。根据土壤有无石灰反应，本市潮土分为潮土（50cm内无石灰反应）和灰潮土（50cm内有石灰反应）两个亚类。

红壤是松滋市第三大土壤类型，占本市地域面积的17%。红壤分布在本市南部、北部、中南部的丘陵地区。成土母质类型多样，丘陵红壤多发育于第四纪红色黏土。红壤是地带性土壤，形成于亚热带生物气候条件下，本市是红壤向黄棕壤过渡的地带，具有过渡性的生物气候特点。典型的红壤都有1m以上的红色黏土层，剖面发育完整，除表层颜色较灰暗外，心土和底土均为棕红色黏质土层，呈棱块状或碎块状结构，褐色胶膜淀积明显，有时在底部常见红、黄、白相间的网纹红色黏土。全剖面呈微酸性，pH为5.0—6.0。本市红壤分为棕红壤和红壤性土两个亚类。

石灰（岩）土占本市地域面积的15%，广泛分布在本市西南部的低山、丘陵、石灰岩地区。石灰（岩）土是由石灰岩或泥质灰岩发育而成的岩成土。该土壤质地黏重，有不均质石灰反应，pH较地带性土壤（黄棕壤、红壤）高，近中性或碱性，明显不适宜油茶、茶等植物生长。本市石灰（岩）土分为黑色石灰土和棕色石灰土两个亚类。

黄棕壤占本市地域面积的9%，呈零星插花分布在本市西南部的低山和东南部的丘陵地带，既与林、荒、耕地相间分布，又与岩成土类相间分布。典型的黄棕壤是分布在北亚热带地区的地带性土壤，发育于各种成土母质。该土壤剖面中黏粒的移动与累积十分明显，表土层呈灰棕色，疏松多孔。最醒目的剖面形态特征是具有黄棕色或红棕色心土层。该层因母质不同而色泽不一，质地黏重，呈块状或棱块状结构，结构体表面有棕色或暗棕色铁锰胶膜，或有铁锰结核。土壤呈微酸性至酸性，pH为5.5—5.6。本市黄棕壤仅有黄棕壤一个亚类。

小于本市地域面积3%的土壤类型有沼泽土等。

本区域中心区气候特征

本区域中心区气候特征值
Regional climate characteristics in central area of the region

气候带：北亚热带湿润气候 Climate region: North subtropical humid climate	
年平均气温 /℃ Annual average temperature /℃	16.8
年平均最高气温 /℃ Annual average maximum temperature /℃	21.2
年平均最低气温 /℃ Annual average minimum temperature /℃	13.6
年降水量 /mm Annual precipitation /mm	1236
≥10℃的积温 /℃ Daily temperature accumulated in a year (≥10℃) /℃	6154
年日照时数 /h Annual sunshine /h	1598
年平均相对湿度 /% Annual average relative humidity /%	78
干燥度 Dryness	0.81

本区域中心区月平均气温与月平均降水量
Monthly temperature and precipitation in central area of the region

松滋县主要土壤类型与土壤剖面点分布图

1:260 000

图例
- 水稻土
- 潮土
- 红壤
- 石灰(岩)土
- 黄棕壤
- 沼泽土
- ⊗ 剖面点

注：国务院1995年12月批准，撤销松滋县，设立松滋市。

第二编　分县土壤图与土壤剖面数据 | 263

松滋市土壤剖面理化性状表

剖面号 Soil profile	土纲 Soil order	土类 Soil great group	亚类 Soil subgroup	土属 Soil genus	土种 Soil species	土层码 Layer code	土层厚度 Depth/cm	颜色 Soil color	质地 Soil texture	土壤结构 Soil structure	pH	有机质 OM/(g/kg)	全氮 TN/(g/kg)	全磷 TP/(g/kg)	全钾 TK/(g/kg)	碱解氮 AN/(mg/kg)	有效磷 AP/(mg/kg)	速效钾 AK/(mg/kg)	阳离子交换量CEC/(cmol/kg)	土壤母质 Parent material	剖面点坐标 Profile coordinate	匹配指数 Matching index/%
剖1	淋溶土	黄棕壤	黄棕壤	板岩黄棕壤	麻砂土	A	0—18	灰黄色	中壤土	团粒状	6.6	16.5	1.08	0.33	22.0	84	2.0	17	13.8	页岩坡积物	E 111°21′02.7″ N 30°02′35.8″	95
						B	18—48	淡棕黄色	中壤土	块状	6.6	18.0	1.11	0.34	22.6				13.9			
						C	48—100	淡棕黄色	中壤土	块状	6.5	14.9	0.99	0.33	23.1				15.6			
剖2	初育土	石灰（岩）土	黑色石灰土	黑色石灰岩黄棕壤	厚层黑灰土	A	0—15	栗色	中壤土	团粒状										石灰岩	E 111°23′21.4″ N 30°04′12.7″	95
						C_1	15—70	栗色	中壤土	块状												
						C_2	70—100	灰棕黄色	中壤土	块状												
剖3	初育土	石灰（岩）土	棕色石灰土	棕色石灰岩黄棕壤	中层砾质棕灰土	A	0—14	暗黄棕色	中壤土	核状										石灰岩	E 111°25′54.1″ N 30°04′16.6″	95
						C	14—60	灰黄棕色	中壤土	棱块状												
						3	60—															
剖4	初育土	石灰（岩）土	棕色石灰土	棕色石灰岩黄棕壤	林地棕灰泥土	A	0—24	棕色	轻黏土	块状	8.0	20.8	1.29	0.36	16.7		3.8	179	20.4	石灰岩	E 111°26′37.3″ N 30°01′36.1″	95
						C	24—90	淡棕黄色	重黏土	块状	7.0	6.4	0.43	0.14	19.2				9.4			
						3	90—															
剖5	初育土	石灰（岩）土	黑色石灰土	黑色石灰岩黄棕壤	厚层黑灰泥土	A	0—18	暗黄棕色	重壤土	核状										石灰岩	E 111°22′38.5″ N 30°00′38.1″	95
						C_1	18—41	灰黄棕色	重黏土	块状												
						C_2	41—70	暗黄棕色	重黏土	块状												
						4	70—															
剖6	淋溶土	黄棕壤	黄棕壤	第四纪黏土黄棕壤	白散土	A	0—16	暗灰色	重壤土	块状	6.5	13.4	0.86	0.35	16.3	101	2.7	170	12.8	第四纪黏土	E 111°22′17.5″ N 29°59′36.5″	95
						C	16—100	黄棕色	轻壤土	棱块状	6.5	10.5	0.63	0.27	19.0				17.6			
剖7	初育土	石灰（岩）土	棕色石灰土	棕色石灰岩黄棕壤	厚层砾质黄棕灰土	A	0—17	紫棕色	中壤土	块状										石灰岩	E 111°23′39.6″ N 29°58′27.7″	75
						C_1	17—48	紫棕色	重黏土	块状												
						C_2	48—74	灰黄棕色	重壤土	块状												
						C_3	74—100	淡黄棕色	重壤土	块状												
剖8	初育土	石灰（岩）土	棕色石灰土	棕色石灰岩黄棕壤	荒地棕灰泥土	A	0—8	棕色	重壤土	小块状	7.3	51.9	2.58	0.79	25.0		2.0	168	26.5	石灰岩	E 111°25′57.4″ N 29°59′04.7″	75
						C	8—74	暗红棕色	轻黏土	块状	7.8	20.0	1.27	0.48	24.1				31.5			
						3	74—															
剖9	淋溶土	黄棕壤	黄棕壤	红砂岩黄棕壤		A	0—20	暗棕色	轻壤土	团粒状										红砂岩坡积物	E 111°27′48.5″ N 29°58′13.8″	95
						B	20—48	淡黄棕色	轻壤土	棱块状												
						C	48—100	黄棕色	中壤土	块状												
剖10	淋溶土	黄棕壤	黄棕壤	石英砂岩黄棕壤	石英砾质黄棕砂土	A	0—18	暗黄棕色	轻壤土	粒状										石英砂岩	E 111°29′52.7″ N 29°58′05.3″	75
						C	18—88	栗色	中壤土	粒状												
剖11	人为土	水稻土	潴育水稻土	石灰（岩）性泥田	黑灰泥田	A	0—12	暗黄色	中壤土	核状										石灰岩状积物	E 111°27′52.4″ N 29°57′07.7″	95
						P	12—19	暗棕色	中壤土	无明显结构												
						W	19—76	暗棕色	重壤土	棱柱状												
剖12	淋溶土	黄棕壤	黄棕壤	红砂岩黄棕壤	林地黄红砂土	A	0—21	棕色	砂壤土	粒状										石灰岩坡积物	E 111°23′37.8″ N 29°57′12.5″	75
						C	21—100	棕色	砂壤土	粒状												
剖13	淋溶土	黄棕壤	黄棕壤	红砂岩黄棕壤	林地黄砂泥土	A	0—50	暗灰棕色	中壤土	核状										第四纪黏土坡积物	E 111°25′03.6″ N 29°56′52.5″	75
						C	50—100	灰棕色	砂土	粒状												
剖14	人为土	水稻土	淹育水稻土	浅黄棕壤性红砂岩黄棕壤	砾质浅黄白砂田	A	0—12	灰黄棕色	砂壤土	核状										第四纪黏土坡积物	E 111°41′47.5″ N 30°20′10.4″	95
						R	12—100		中壤土	无明显结构												
剖15	人为土	水稻土	潜育水稻土	灰青泥田	灰青砂泥田	A	0—10	棕灰色	中壤土	核状										河流冲积物	E 111°43′26.2″ N 30°20′20.5″	75
						Pg	10—15	暗灰色	中壤土	大块状												
						G	15—50	暗灰色	中壤土	小块状												

续表 Continued

剖面号 Soil profile	土纲 Soil order	土类 Soil great group	亚类 Soil subgroup	土属 Soil genus	土种 Soil species	土层码 Layer code	土层厚度 Depth/cm	颜色 Soil color	质地 Soil texture	土壤结构 Soil structure	pH	有机质 OM/(g/kg)	全氮 TN/(g/kg)	全磷 TP/(g/kg)	全钾 TK/(g/kg)	碱解氮 AN/(mg/kg)	有效磷 AP/(mg/kg)	速效钾 AK/(mg/kg)	阳离子交换量CEC/(cmol/kg)	土壤母质 Parent material	剖面点坐标 Profile coordinate	匹配指数 Matching index/%
剖16	半水成土	潮土	灰潮土	黏土型灰潮土	灰壳土	A C	0—20 20—100	栗色 棕色	中壤土 中壤土	团块状 团粒状	8.3 8.4	9.2 8.3	0.57 0.48	0.73 0.80	18.7 20.3	61	3.1	138	8.5 13.2		E 111°43′48.4″ N 30°20′21.6″	95
剖17	半水成土	潮土	灰潮土	壤土型灰潮土	浅位薄砂灰吊气砂	A B C₁ C₂	0—17 17—38 38—57 57—100	暗棕色 暗棕褐色 淡棕色 红棕色	轻壤土 轻壤土 砂土 中壤土	团粒状 粒状 粒状 粒状										有石灰反应的河流冲积物	E 111°44′19.7″ N 30°21′00.1″	75
剖18	人为土	水稻土	沼泽型水稻土	灰烂泥田	灰烂泥田	A G	0—24 24—80	暗灰棕色 暗棕色	中黏土 中黏土	无明显结构 无明显结构	8.2 8.4	23.2 19.2	1.53 1.32	0.76 0.74	22.6 23.5	81	3.1	132	18.2 18.5	河流冲积物	E 111°44′54.0″ N 30°20′32.4″	75
剖19	人为土	水稻土	潴育水稻土	灰潮土田	薄青瑞灰潮砂泥结砂	A Pg G	0—12 12—20 20—45 45—100	暗棕黄色 暗棕灰色 中棕黄色 重黄棕色	中壤土 中壤土 中壤土 重壤土	无明显结构 无明显结构 无明显结构 大块状										现代河流冲积物	E 111°37′23.3″ N 30°15′57.5″	95
剖20	半水成土	潮土	灰潮土	壤土型灰潮土	浅位薄砂潮砂含水砂	A C₁ C₂ C₃	0—11 11—40 40—61 61—100	栗色 暗棕黄色 灰黄色 灰黄色	轻壤土 重壤土 砂壤土 砂壤土	块状 粒状 粒状 棱状										有石灰反应的河流冲积物	E 111°44′53.4″ N 30°19′23.5″	95
剖21	半水成土	潮土	灰潮土	黏土型灰潮土	壳土	B C	0—13 13—70 70—100	暗黄棕色 灰棕色	重壤土 黏土 黏土	棱块状 棱块状 小块状										湖积物	E 111°44′54.6″ N 30°18′09.9″	95
剖22	半水成土	潮土	灰潮土	壤土型灰潮土	中位砂黏底灰正土	A C₁ C₂	0—8 8—65 65—100	褐色 暗黄棕色 暗棕黄色	中壤土 重壤土 中壤土	团青结构 棱柱状 粒状										有石灰反应的河流冲积物	E 111°44′54.6″ N 30°18′09.9″	95
剖23	人为土	水稻土	潴育水稻土	黄棕壤酸性红砂岩砂泥田	黄砂泥田	A P C	0—16 16—24 24—41 41—100	灰黄棕色 暗黄棕色 暗黄棕色 暗黄棕色	轻壤土 中壤土 中壤土 中壤土	块状 棱柱状 粒状 块状										第四纪黏土沉积物	E 111°38′18.7″ N 30°16′08.6″	95
剖24	铁铝土	红壤	棕红壤	第四纪黏土棕红壤	林地面红土	A C	0—14 14—100	淡棕色 红棕色	重壤土 重壤土	粒状 块状	5.9 5.9	20.2 4.7	1.21 0.28	0.24 0.23	16.3 17.7	92	5.4	142	14.1 12.6	第四纪红黏土	E 111°38′19.6″ N 30°15′09.9″	95
剖25	人为土	水稻土	潴育水稻土	浅紫棕壤性红砂岩砂泥田	浅黄白砂田	A C	0—17 17—70 70—100	暗黄棕色 棕色	砂壤土 砂土	无明显结构 粒状										第四纪洪积物	E 111°38′40.1″ N 30°15′03.4″	95
剖26	人为土	水稻土	潴育水稻土	浅紫红	浅紫砂泥田	A C	0—19 19—100	栗色 暗黄棕色	轻壤土 中壤土	粒状 块状											E 111°41′00.1″ N 30°14′44.0″	95
剖27	人为土	水稻土	潴育水稻土	潮土田	灰砂潮砂泥田	A C	0—12 12—17 17—35 35—68 68—100	灰棕色 暗棕灰色 灰棕色 黄棕色 棕色	中壤土 中壤土 中壤土 中壤土 中壤土	粒状 棱柱状 棱柱状 粒状 块状										河流冲积物	E 111°42′18.7″ N 30°12′36.8″	95
剖28	人为土	水稻土	潴育水稻土	灰潮土田	浅位黏砂底灰潮泥田	A P W	0—12 12—32 32—100	紫棕色 灰棕色 棕色	重壤土 重壤土 中壤土	团青结构 块状 块状	5.9	22.9	1.36	0.47	16.1	127	5.7	94	15.2	现代河流冲积物	E 111°44′22.6″ N 30°13′59.3″	95
剖29	人为土	水稻土	潴育水稻土	潮土田	潮砂泥田	A P W₁ W₂	0—19 19—31 31—100	栗色 暗棕色 淡棕色	重壤土 中壤土 中壤土	无明显结构 块状 棱柱状	6.7 7.6	17.8 8.0	1.05 0.48	0.55 0.18	16.6 16.2				15.6 16.7	湖积物和河流冲积物	E 111°42′07.5″ N 30°11′49.6″	95
剖30	铁铝土	红壤	红壤性土	第四纪黏土红壤性	薄砾石红土	A C	0—18 18—72	淡红棕色 暗红棕色	中壤土 中壤土	小块状 块状										第四纪红色黏土	E 111°42′26.8″ N 30°11′16.2″	95

续表 Continued

剖面号 Soil profile	土纲 Soil order	土类 Soil great group	亚类 Soil subgroup	土属 Soil genus	土种 Soil species	土层码 Layer code	土层厚度 Depth/cm	颜色 Soil color	质地 Soil texture	土壤结构 Soil structure	pH	有机质 OM/(g/kg)	全氮 TN/(g/kg)	全磷 TP/(g/kg)	全钾 TK/(g/kg)	碱解氮 AN/(mg/kg)	有效磷 AP/(mg/kg)	速效钾 AK/(mg/kg)	阳离子交换量CEC/(cmol/kg)	土壤母质 Parent material	剖面点坐标 Profile coordinate	匹配指数 Matching index/%
剖31	人为土	水稻土	潴育水稻土	红黄壤性第四纪黏土泥田	红泥田	A	0—13	灰黄棕色	轻壤土	粒状	5.9	23.2	1.47	0.29	17.4	72	4.4	112	15.8	第四纪洪积物或坡积物	E 111°43′39.1″ N 30°10′10.9″	95
						P	13—19	暗棕灰色	轻壤土	块状	6.3	21.8	1.34	0.31	17.4				15.0			
						W₁	19—36	暗灰棕色	轻壤土	块状	7.1	17.0	1.06	0.29	17.3				15.4			
						W₂	36—60	暗黄棕色	轻壤土	块状	7.5	13.5	0.81	0.30					15.8			
剖32	人为土	水稻土	淹育水稻土	红黄湖土	浅灰潮砂泥田	A	0—13	灰灰黄色	中壤土	粒状										河流冲积物	E 111°44′35.5″ N 30°12′24.1″	95
						P	13—19	棕灰色	重壤土	块状												
						C	19—100	暗黄棕色	轻壤土	大块状												
剖33	人为土	水稻土	潴育水稻土	黄棕壤性红砂岩泥田	黄红砂泥田	A	0—13	暗黄棕色	轻壤土	团块状										红砂岩	E 111°37′55.3″ N 30°10′24.0″	95
						P	13—25	暗棕色	轻壤土	块状												
						W₁	25—62	暗黄棕色	轻壤土	棱柱状												
						W₂	62—100	暗黄棕色	轻壤土	棱柱状												
剖34	淋溶土	黄棕壤	黄棕壤	板岩黄棕壤	林地麻砂土	A	0—11	灰灰黄色	中壤土	团粒状	6.7	13.5	0.32	0.33	24.6	71	1.7	110	16.2	页岩坡积物	E 111°33′36.0″ N 30°06′05.5″	95
						C	11—60	淡黄棕色	中壤土	棱状	6.3	14.2	≤0.10	0.30	23.2				13.5			
						3	60—															
剖35	人为土	水稻土	潴育水稻土	红黄壤性第四纪黏土泥田	红页泥田	A	0—14	灰黄棕色	中壤土	团块状										页岩坡积物	E 111°38′00.0″ N 30°07′41.1″	95
						P	14—25	暗黄棕色	中壤土	棱柱状												
						W₁	25—62	暗黄棕色	中壤土	棱柱状												
						W₂	62—100	暗黄棕色	中壤土	棱柱状												
剖36	人为土	水稻土	潴育水稻土	红黄壤性第四纪黏土泥田	中青硝砂泥田	A	0—15	暗黄棕色	中壤土	团块状											E 111°43′39.9″ N 30°07′06.5″	95
						Pg	15—23	灰黄棕色	中壤土	块状												
						G₁	23—70	灰黄色	重壤土	块状												
						G₂	70—88	棕灰色	重壤土	块状												
						W	88—100	褐色	中壤土	棱柱状												
剖37	人为土	红壤	侧渗水稻土	红黄壤性第四纪黏土侧渗泥田	白闸红泥田	A	0—11	暗灰色	中壤土	棱柱状										第四纪黏土洪积物	E 111°36′02.8″ N 30°04′50.0″	95
						P	11—17	淡灰色	中壤土	块状												
						E	17—34	灰白色	轻壤土	块状												
						W	34—79	淡黄棕色	中壤土	棱柱状												
剖38	铁铝土	棕红壤	棕红壤	第四纪黏土棕红壤	面红土	A	0—18	暗棕色	轻壤土	团粒状	7.1	14.4	0.95	0.27	16.7	211	4.6	158	13.4	第四纪红色黏土	E 111°36′44.9″ N 30°04′08.7″	95
						B	18—40	棕色	重壤土	块状	6.8	9.9	0.60	0.18	14.6				12.5			
						C	40—100	暗红棕色	重壤土	棱柱状	6.5	8.5	0.57	0.19	15.7				15.7			
剖39	人为土	水稻土	潴育水稻土	灰青泥田	灰青泥田	A	0—12	青灰色	中壤土	粒状										石灰岩	E 111°37′22.6″ N 30°04′24.1″	95
						G	22—100	暗黄棕色	中壤土	块状												
剖40	人为土	水稻土	潴育水稻土	湖土田	薄青桶潮砂泥田	A	0—11	暗黄棕色	中壤土	无明显结构										河流冲积物	E 111°42′58.0″ N 30°00′37.9″	95
						P(g)	11—33	淡灰色	重壤土	小块状												
						W	33—70	灰灰色	砂土	块状												
剖41	人为土	水稻土	潴育水稻土	灰湖土田	浅位潮底灰潮泥田	A	0—10	暗棕灰色	中壤土	棱柱状										现代河流冲积物	E 111°44′06.7″ N 30°01′19.6″	95
						P	10—15	灰棕色	重壤土	块状												
						W	15—40	暗棕色	中壤土	棱柱状												
						C	40—60	灰黄棕色	砂土	粒状												
剖42	人为土	水稻土	淹育水稻土	浅石灰(岩)性泥田	浅棕泥田	A	0—18	黑棕色	中壤土	团粒状	7.9	19.3	1.08	1.43	15.9	119	3.7	105	13.9	石灰岩坡积物	E 111°44′46.8″ N 30°01′12.1″	95
						P	18—29	灰棕色	重壤土	块状	7.9	18.1	0.95	1.51	15.3				14.6			
						C	29—100	暗黄棕色	中壤土	块状												
剖43	半水成土	潮土	潮土	壤土型潮土	油砂土	A	0—13	灰黄棕色	中壤土	团粒状										河流冲积物	E 111°40′39.2″ N 30°00′05.4″	95
						B	13—31	暗黄棕色	中壤土	块状												
						C	31—100	暗黄棕色	重壤土	块状												

续表 Continued

剖面号 Soil profile	土纲 Soil order	土类 Soil great group	亚类 Soil subgroup	土属 Soil genus	土种 Soil species	土层码 Layer code	土层厚度 Depth/cm	颜色 Soil color	质地 Soil texture	土壤结构 Soil structure	pH	有机质 OM/(g/kg)	全氮 TN/(g/kg)	全磷 TP/(g/kg)	全钾 TK/(g/kg)	碱解氮 AN/(mg/kg)	有效磷 AP/(mg/kg)	速效钾 AK/(mg/kg)	阳离子交换量CEC/(cmol/kg)	土壤母质 Parent material	剖面点坐标 Profile coordinate	匹配指数 Matching index/%
剖44	淋溶土	黄棕壤	黄棕壤	板岩黄棕壤	林地棕泥土	A	0~22	红棕色	中壤土	粒状										页岩坡积物	E 111°33′32.9″ N 29°57′55.7″	95
剖45	半水成土	潮土	潮土	壤土型潮土	中位砂底正土	A	0~18	红棕色	中壤土	小块状										河流冲积物	E 111°35′30.1″ N 29°59′06.8″	95
						C	22~45	暗黄棕色	中壤土	块状												
						3	45—															
剖46	人为土	水稻土	潴育水稻土	黄棕壤性板岩水稻田	薄青痕页泥田	A	0~18	暗灰棕色	中壤土	棱柱状										页岩坡积物、洪积物	E 111°36′14.7″ N 29°59′23.2″	95
						C_1	18~95	淡红黄色	砂壤土	粒状												
						C_2	95~110		中壤土	块状												
剖47	铁铝土	红壤	棕红壤	第四纪黏土红壤	林地棕红土	P(g)	0~12	灰黄色	重壤土	棱柱状												
						A	0~20	淡黄棕色	轻黏土	块状	5.8	13.3	0.74	0.28	17.8	113	9.4	155	13.5	第四纪黏土	E 111°35′17.5″ N 29°56′51.1″	95
						C	20~100	棕色	重黏土	块状	5.8	5.1	0.31	0.27	18.3				13.2			
剖48	铁铝土	红壤	棕红壤	第四纪黏土棕红壤	棕红土	A	0~13	栗色	重壤土	团块状	6.7	8.0	0.48	0.40	17.2	106	6.2	191	14.4	第四纪黏土	E 111°35′41.5″ N 29°56′13.4″	95
						B	13~53	暗黄棕色	轻黏土	块状	6.7	6.3	0.30	0.29	18.5				18.1			
						C	53~100	暗黄棕色	轻黏土	棱柱状	6.7	3.8	0.20	0.28	17.7				16.9			
剖49	人为土	水稻土	潴育水稻土	潮土田	中位黏底潮砂泥田	A	0~10	淡棕色	轻壤土	团粒状										河流冲积物	E 111°40′39.7″ N 29°59′34.1″	95
						P	10~16	暗黄色	中壤土	块状												
						W	16~70	灰黄色	重壤土	棱柱状												
						C	70~100	暗黄色	重壤土	棱柱状												
剖50	半水成土	潮土	潮土	壤土型灰潮土	正土	A	0~17	暗棕色	轻黏土	核柱状	7.2	23.6	1.37	0.18	15.6	141	4.7	123	18.2	湖积物	E 111°43′31.7″ N 29°59′52.8″	95
						B	17~63	黄黄棕色	轻黏土	棱柱状	7.3	19.4	1.29	0.51	21.5				18.6			
						C	63~91	暗灰色	轻黏土	棱柱状	7.5	9.8	0.65	0.58	19.6				16.5			
剖51	半水成土	潮土	灰潮土	砂土型灰潮土	浅位砂底灰正土	A	0~18	暗棕色	中壤土	粒状										有石灰反应的河流冲积物	E 111°44′32.6″ N 29°59′10.8″	95
						B	18~34	栗色	重壤土	块状												
						C_1	34~57	暗黄棕色	砂壤土	粒状												
						C_2	57~100	栗色	重壤土	大块状												
剖52	人为土	水稻土	潴育水稻土	浅黄棕壤性板岩水稻田	浅页泥田	A	0~12	淡棕色	中壤土	小块状										页岩、页岩坡积物	E 111°58′13.6″ N 30°16′26.8″	95
						P	12~19	暗灰棕色	重壤土	柱状												
						W	19~70	黄棕色	重壤土	棱柱状												
						4	70—															
剖53	半水成土	潮土	黄潮土	黄棕壤性第四纪黏土泥田	黄泥田	A	0~17	暗棕色	重壤土	团粒状	8.2	13.3	0.84	0.67	19.5	50	8.2	87	8.8	有石灰反应的河流冲积物	E 111°46′35.5″ N 30°18′29.0″	95
						B	17~34	暗黄棕色	轻壤土	粒状	8.2	10.0	0.68	0.67	18.3				7.4			
						C	34~88	棕灰色	松砂土	粒状	8.1	3.7	0.22	0.57	15.1				3.8			
剖54	半水成土	潮土	灰潮土	砂土型灰潮土	灰砂土	A	0~16	暗黄棕色	中壤土	粒状										有石灰反应的河流冲积物	E 111°58′13.6″ N 30°16′26.8″	95
						B	16~35	暗黄棕色	砂壤土	柱状												
						C_1	35~100	暗黄棕色	重壤土	粒状												
剖55	半水成土	潮土	灰潮土	壤土型灰潮土	浅位砂底灰正土	A	0~15	暗黄棕色	砂壤土	粒状										有石灰反应的河流冲积物	E 111°58′13.6″ N 30°16′26.8″	95
						B	15~26	暗黄棕色	重壤土	粒状												
						C_1	26~51		重壤土	粒状	8.5	14.8	0.89	0.77	20.2	61	3.8	107	14.1			
						C_2	51~100		重壤土	粒状	8.5	8.8	0.53	0.57	21.6				14.2			
剖56	半水成土	潮土	灰潮土	壤土型灰潮土	中位砂底灰正土	A	0~21	暗棕色	重壤土	粒状	8.5	4.8	0.28	0.56	17.4				9.8	有石灰反应的河流冲积物	E 111°58′11.3″ N 30°15′30.2″	95
剖57	半水成土	潮土	灰潮土	壤土型灰潮土	浅位厚砂灰吊气砂	C_1	0~21	暗棕色	砂土	团粒状										有石灰反应的河流冲积物	E 111°45′26.6″ N 30°13′22.4″	95
						C_2	21~42	暗黄棕色	砂土	粒状												
						C_3	42~57	暗黄棕色	砂壤土	粒状												
							57~100		中壤土	块状												

续表 Continued

剖面号 Soil profile	土纲 Soil order	土类 Soil great group	亚类 Soil subgroup	土属 Soil genus	土种 Soil species	土层码 Layer code	土层厚度 Depth/cm	颜色 Soil color	质地 Soil texture	土壤结构 Soil structure	pH	有机质 OM/(g/kg)	全氮 TN/(g/kg)	全磷 TP/(g/kg)	全钾 TK/(g/kg)	碱解氮 AN/(mg/kg)	有效磷 AP/(mg/kg)	速效钾 AK/(mg/kg)	阳离子交换量 CEC/(cmol/kg)	土壤母质 Parent material	剖面点坐标 Profile coordinate	匹配指数 Matching index/%
剖58	半水成土	潮土	灰潮土	壤土型灰潮土	中位砂底灰油砂土	A	0—19	灰黄棕色	中壤土	团粒状	8.1	12.0	0.78	0.73	18.6	71	≤1.0	80	8.7	有石灰反应的河流冲积物	E 111°49′08.0″ N 30°13′49.5″	95
						B	19—84	栗色	中壤土	粒状	8.3	6.5	0.39	0.73	19.8				10.6			
						C	84—100	棕综色	砂壤土	粒状	8.3	4.5	0.30	0.72	16.0				4.9			
剖59	半水成土	潮土	灰潮土	壤土型灰潮土	中位黏底灰油砂土	A	0—17	暗棕灰色	轻壤土	粒状	8.2	10.6	0.70	0.73	16.7	68	24.3	95	9.0	有石灰反应的河流冲积物	E 111°50′16.4″ N 30°14′40.4″	95
						C_1	17—58	暗灰棕色	轻壤土	粒状	8.4	4.3	0.26	0.60	17.2				9.6			
						C_2	58—100	棕色	中壤土	块状	8.4	6.6	0.42	0.67	18.9				12.4			
剖60	半水成土	潮土	灰潮土	壤土型灰潮土	中位薄砂灰正土	A	0—15	灰棕综色	中壤土	核状										有石灰反应的河流冲积物	E 111°51′08.1″ N 30°14′23.6″	95
						C_1	15—26	暗黄棕色	重壤土	团块状												
						C_2	26—41	棕色	轻壤土	粒状												
						C_3	41—61	灰棕色	砂壤土	粒状												
						C_4	61—80	栗色	重壤土	块状												
						C_5	80—100	暗黄棕色	中壤土	团粒状												
剖61	人为土	水稻土	潜育水稻土		潮泥田	A	0—12	暗棕红色	中黏土	棱块状	7.0	36.7	2.12	0.53	23.2	141	3.6	105	25.5	湖相沉积物	E 111°50′47.5″ N 30°11′09.5″	95
						P	12—19	暗灰色	中黏土	棱块状	7.6	32.6	1.72	0.53	23.6				26.0			
						W	19—30	浅灰色	重壤土	棱柱状	8.2	10.4	0.73	0.39	21.1				20.1			
						B	30—100	浅灰色	重壤土	块状	7.8	3.8	0.23	≤0.10	14.3				11.2			
剖62	半水成土	潮土	灰潮土	黏土型灰潮土	浅位厚黏灰含水砂土	A	0—16	暗棕综色	中黏土	块状										有石灰反应的河流冲积物	E 111°51′58.5″ N 30°12′19.6″	95
						B	16—32	灰棕色	中黏土	块状												
						C_1	32—73	暗黄棕色	重壤土	粒状												
						C_2	73—100	暗棕色	重壤土	核状												
剖63	半水成土	潮土	灰潮土	壤土型灰潮土	中位薄砂灰正土	A	0—15	暗棕色	中壤土	团粒状										有石灰反应的河流冲积物	E 111°51′48.4″ N 30°12′39.6″	95
						C_1	15—29	暗棕色	重壤土	棱柱状												
						C_2	29—59	棕色	重壤土	块状												
						C_3	59—89	暗棕色	轻壤土	粒状												
						C_4	89—100	暗棕综色	砂壤土	粒状												
剖64	半水成土	潮土	灰潮土	壤土型灰潮土	灰油砂土	A	0—16	栗色	砂壤土	团粒状	8.2	13.9	0.86	0.89	17.3	49	2.0	106	6.9	有石灰反应的河流冲积物	E 111°48′35.8″ N 30°10′51.5″	95
						B	16—57	暗综棕色	中壤土	团结状	8.2	12.5	0.68	0.74	17.1				9.4			
						C	57—86	暗黄棕色	砂壤土	块状	8.2	9.9	0.65	0.79	17.3				5.2			
剖65	人为土	水稻土	潜育水稻土	青泥田			86—105	紫棕色	重壤土	粒状										第四纪洪冲积物	E 111°53′41.8″ N 30°10′48.4″	95
					青砂泥田	A	0—9	灰棕色	中壤土	无明显结构												
						P	9—13	栗色	中壤土	团结状												
						G	13—100	暗黄棕色	重壤土	块状												
剖66	人为土	水稻土	潜育水稻土	青泥田	青泥田	A	0—17	淡黄综色	重壤土	片状										第四纪洪冲积物	E 111°46′19.2″ N 30°08′36.9″	95
						P	17—25	暗棕综色	重壤土	块状												
						G	25—100	棕综色	中壤土	块状												
剖67	人为土	水稻土	灰潮田	灰潮砂田		A	0—14	栗色	轻壤土	无明显结构										河流冲积物	E 111°47′01.1″ N 30°08′06.4″	95
						Pg	14—24	暗棕色	轻壤土	片状												
						G	24—100	暗棕色	砂土	粒状												
剖68	半水成土	潮土	灰潮土	壤土型灰潮土	中位薄砂灰油砂土	A	0—19	暗棕综色	轻壤土	团粒状										有石灰反应的河流冲积物	E 111°51′57.6″ N 30°08′40.6″	95
						C_1	19—54	灰白色	砂土	小块状												
						C_2	54—82	淡棕综色	砂土	粒状												
剖69						C_3	82—113		重壤土	大块状											E 111°52′14.0″ N 30°09′24.4″	

续表 Continued

剖面号 Soil profile	土纲 Soil order	土类 Soil great group	亚类 Soil subgroup	土属 Soil genus	土种 Soil species	土层码 Layer code	土层厚度 Depth/cm	颜色 Soil color	质地 Soil texture	土壤结构 Soil structure	pH	有机质 OM/(g/kg)	全氮 TN/(g/kg)	全磷 TP/(g/kg)	全钾 TK/(g/kg)	碱解氮 AN/(mg/kg)	有效磷 AP/(mg/kg)	速效钾 AK/(mg/kg)	阳离子交换量CEC/(cmol/kg)	土壤母质 Parent material	剖面点坐标 Profile coordinate	匹配指数 Matching index/%
剖70	人为土	水稻土	淹育水稻土	浅红黄壤	浅红泥田	A	0—12	栗色	重壤土	块状										第四纪红色黏土	E 111°47′06.0″ N 30°02′40.9″	95
						P	12—21	灰黄棕色	重壤土	块状												
						C	21—100	棕色	重壤土	块状												
剖71	淋溶土	黄棕壤	黄棕壤	第四纪黏土黄棕壤	黄泥土	A	0—17	灰棕色	重壤土	小块状										第四纪黏土	E 111°51′43.0″ N 30°04′44.4″	95
						C₁	17—30	栗色	重壤土	块状												
						C₂	30—100	暗棕灰色	黏土	粒状												
剖72	人为土	水稻土	淹育水稻土	浅灰潮土田	夹砂浅灰潮砂泥田	A	0—13	暗棕灰色	轻壤土	无明显结构										河流冲积物	E 111°52′37.2″ N 30°01′21.4″	95
						P	13—23	暗棕色	轻壤土	无明显结构												
						C₁	23—34	暗棕色	砂土	粒状												
						C₂	34—64	灰棕色	轻壤土	块状												
						C₃	64—100	灰棕色	砂土	粒状												
剖73	人为土	水稻土	潴育水稻土	石灰（岩）性泥田	薄青屑棕灰泥田	A	0—13	暗黄棕色	重壤土	块状										石灰岩坡积物或洪积物	E 111°51′27.6″ N 29°55′14.3″	95
						P	13—23	棕灰色	重壤土	块状												
						G	23—43	暗棕色	重壤土	块状												
						W	43—100	栗色	重壤土	棱块状												

监 利 市

主要土类说明

水稻土是监利市主要土壤类型，占本市地域面积的62%。水稻土是在人为长期水耕熟化，以栽培水稻为主的过程中形成的具有独特性状的土类。在长期耕作、施肥和灌溉条件下，由于还原淋溶和氧化淀积等作用，水稻土形成了特有的剖面形态和发生层次。本市水稻土分为淹育型、潴育型、潜育型和沼泽型四个亚类。其中，潴育水稻土面积最大，广泛分布在本市灌溉条件较好的地区，一般为种稻时间长的老水田，所处地形部位受季节性地下水活动影响很大。土壤在长期的干湿交替条件下，引起频繁的氧化还原反应，导致土壤中的铁、锰等物质发生淋溶与淀积，形成了水稻土特有的潴育层。在潴育层下有铁锰淀积，土体呈棱柱状结构，结构体表面附有胶膜，湿时呈灰白色，干时呈棕色，结构体内有锈纹，土体光泽面呈多种颜色，剖面构型主要有 A–P–W–B、A–P–Wg–B、A–P–W–G 等。

潮土是监利市第二大土壤类型，占本市地域面积的31%。潮土是本市的旱地土壤，有夜潮现象，故名潮土。成土母质为近代河流冲积物。本市潮土分为灰潮土和潮土两个亚类。其中，灰潮土面积较大，主要分布在长江和东荆河沿岸的高亢平地，本市各地均有分布。该亚类发育于长江和汉江冲积物，有强烈的石灰反应，土层深厚，土壤质地具有水平层理分布特点，土体受季节性地下水活动影响很大。

本区域中心区气候特征

本区域中心区气候特征值
Regional climate characteristics in central area of the region

气候带：北亚热带湿润气候 Climate region: North subtropical humid climate	
年平均气温 /℃ Annual average temperature /℃	16.9
年平均最高气温 /℃ Annual average maximum temperature /℃	21.2
年平均最低气温 /℃ Annual average minimum temperature /℃	13.5
年降水量 /mm Annual precipitation /mm	1274
≥10℃的积温 /℃ Daily temperature accumulated in a year（≥10℃）/℃	6511
年日照时数 /h Annual sunshine /h	1754
年平均相对湿度 /% Annual average relative humidity /%	79
干燥度 Dryness	0.79

本区域中心区月平均气温与月平均降水量
Monthly temperature and precipitation in central area of the region

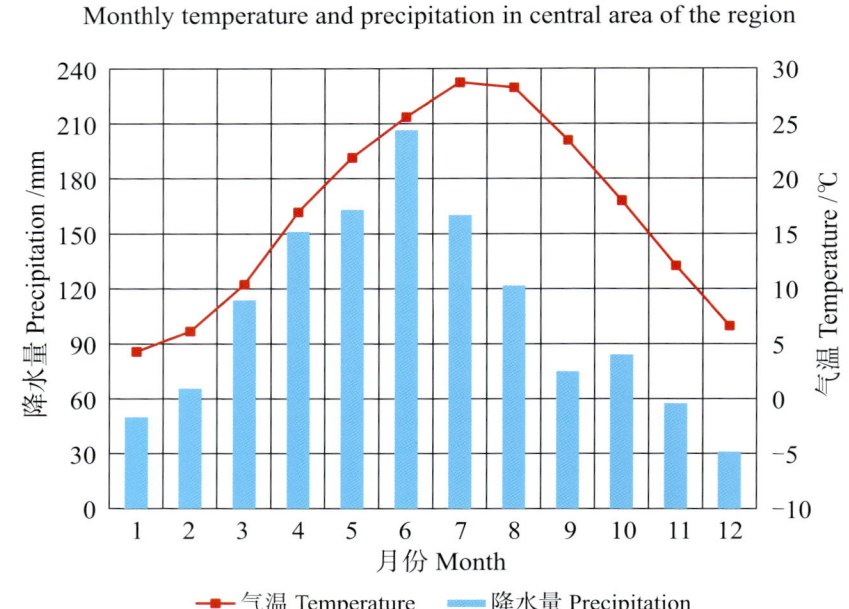

监利县主要土壤类型与土壤剖面点分布图
1∶310 000

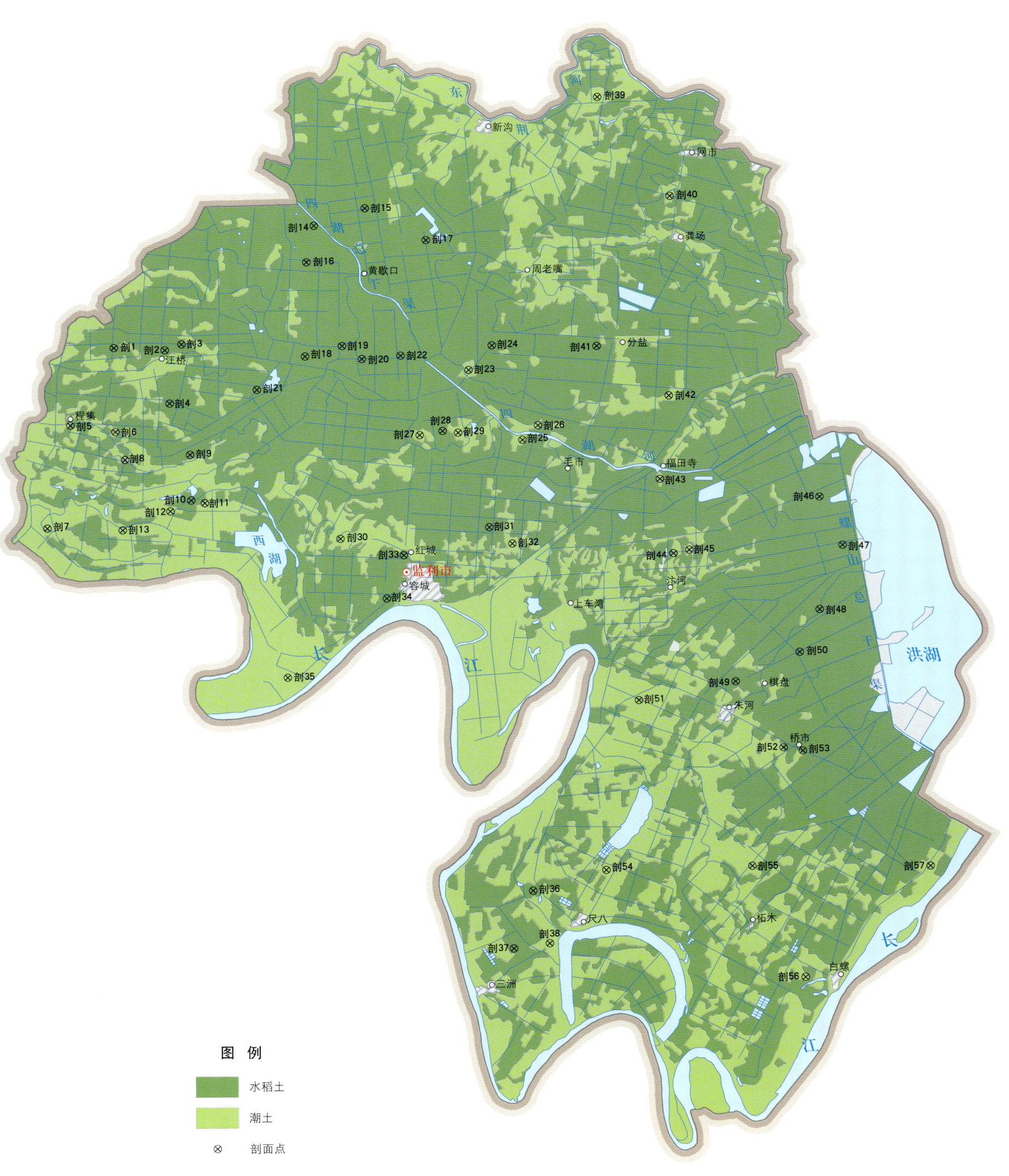

注：国务院 2020 年 6 月批准，撤销监利县，设立监利市。本图行政区域范围线来源于 2002 版 1∶25 万公众版基础地理信息数据库。

监利市土壤剖面理化性状表

剖面号 Soil profile	土纲 Soil order	土类 Soil great group	亚类 Soil subgroup	土属 Soil genus	土种 Soil species	土层码 Layer code	土层厚度 Depth/cm	颜色 Soil color	质地 Soil texture	土壤结构 Soil structure	pH	有机质 OM/(g/kg)	全氮 TN/(g/kg)	全磷 TP/(g/kg)	全钾 TK/(g/kg)	碱解氮 AN/(mg/kg)	有效磷 AP/(mg/kg)	速效钾 AK/(mg/kg)	阳离子交换量CEC/(cmol/kg)	土壤母质 Parent material	剖面点坐标 Profile coordinate	匹配指数 Matching index/%
剖1	人为土	水稻土	淹育水稻土	浅灰潮土田	灰砂田	A	0—17	暗褐色	砂壤土	粒状	8.4	11.4	0.72	0.64	14.8	51	3.4	31	5.6	河流冲积物	E 112°40′12.0″ N 29°59′06.0″	95
						P	17—38	灰褐色	砂土	粒状	8.3	12.3	0.80	0.67	13.3	53	3.3	25	5.0			
						C₁	38—72	褐色	砂土	粒状	8.4	5.6	0.25	0.62	12.6	13	1.3	15	3.2			
						C₂	72—100	栗色	砂土	粒状	8.5	4.1	0.30	0.57	15.7	12	1.1	25	11.2			
剖2	人为土	水稻土	淹育水稻土	浅灰潮土田	灰夹土砂田	A	0—16	深灰色	轻壤土	粒状										河流冲积物	E 112°42′29.7″ N 29°58′58.9″	95
						P	16—26	深灰色	中壤土	块状												
						C₁	26—41	棕色	中壤土	块状												
						C₂	41—94	棕色	重壤土	块状												
剖3	人为土	水稻土	淹育水稻土	浅灰潮土田	灰土田	A	0—18	栗色	中壤土	团粒状	8.1	21.4	1.23	0.50	18.4	94	2.9	66	19.5	河流冲积物	E 112°43′15.3″ N 29°59′12.5″	95
						P	18—38	栗色	中壤土	棱柱状	8.0	17.2	0.94	0.48	18.9	87	1.4	60	17.6			
						C	38—94	棕色	砂壤土	粒状	7.2	10.8	0.85	0.44	16.3	63	1.2	57	5.7			
剖4	人为土	水稻土	潴育水稻土	壤土型灰潮土田	灰泥砂田	A	0—12	棕灰色	砂壤土	团粒状	8.0	26.6	1.56		18.9	136	2.0	78	16.0	河流冲积物	E 112°42′40.3″ N 29°56′48.3″	95
						P	12—23	棕灰色	轻壤土	粒状	8.0	20.0	1.20		15.3	103	1.6	59	4.1			
						W	23—38	栗色	砂壤土	小块状	8.0	3.8	0.25	0.44		21	1.6	29				
						B	38—48	栗色	重壤土	棱柱状	8.2	6.7	0.47	0.44		25	2.0	67				
						C	48—100	棕色	砂壤土	粒状	8.4	2.6	0.15	0.47		13	2.7	29				
剖5	半水成土	潮土	灰潮土	壤土型灰潮土	灰浅位厚砂正土	A	0—30	黄褐色	中壤土	小块状										有石灰反应的河流冲积物	E 112°38′11.6″ N 29°56′03.7″	75
						B	30—79	棕黄色	中壤土	块状												
						C	79—100	棕灰色	砂壤土	粒状												
剖6	半水成土	潮土	潮土	黏土型灰潮土	壳土	A	0—27	深栗色	砂土	粒状	8.6	3.2	0.23	0.54	15.5	12	3.5	42	4.1	河流冲积物	E 112°40′12.8″ N 29°55′41.2″	75
						C₁	27—36	黄灰色	砂土	粒状	8.5	2.4	0.20	0.45	16.2	8	2.1	46	4.6			
						C₂	36—100	深棕色	砂土	粒状	8.6	2.0	0.17	0.44	15.9	7	2.0	49	3.5			
剖7	半水成土	潮土	灰潮土	砂土型灰潮土	灰浅位厚灰夹砂	A	0—14	栗色	砂壤土	团粒状										有石灰反应的河流冲积物	E 112°37′04.3″ N 29°51′48.0″	75
						B₁	14—72	暗栗色	轻壤土	块状												
						B₂	72—89	红棕色	中黏土	块状												
						C	89—100	深棕色	砂土	粒状												
剖8	半水成土	潮土	灰潮土	壤土型灰潮土	灰中位厚土油砂土	A	0—18	棕红色	轻壤土	团粒状										有石灰反应的河流冲积物	E 112°40′37.3″ N 29°54′32.9″	95
						B₁	18—68	棕色	中壤土	块状												
						B₂	68—80	栗色	砂土	粒状												
						C	80—105	深栗色	轻壤土	块状												
剖9	人为土	水稻土	沼泽型水稻土	烂泥田	高渣田	A	0—22	深栗色	轻壤土	无结构	7.6	57.3	2.82	0.80	24.8	207	2.4	95	25.0	河流冲积物	E 112°43′33.2″ N 29°54′42.9″	75
						G₁	22—50	栗褐色	重壤土	无结构	8.0	17.3	0.86	0.77	23.5	87	4.6	115	21.8			
						G₂	50—120	青灰色	中壤土	团粒状	7.8	20.4	1.53	0.46	26.7	105	4.9	120	29.0			
剖10	人为土	水稻土	潴育水稻土	灰潮土田	灰泽土田	A	0—18	栗色	中壤土	块状	7.8	36.5	2.40		26.8	161	49.0	112	29.3	河流冲积物	E 112°43′34.0″ N 29°52′50.9″	75
						P	18—33	深栗色	块状	棱柱状	8.1	19.4	1.30			76	6.6	110				
						W	33—60	栗色	重壤土	棱柱状	8.0	15.5	1.04			59	2.2	113				
						B	60—100	棕色	重壤土	团粒状	8.1	10.1	0.85	0.51		38	2.2	100				
剖11	半水成土	潮土	灰潮土	壤土型灰潮土	灰浅位厚砂吊气砂	A	0—16	黄棕色	轻壤土	团粒状										有石灰反应的河流冲积物	E 112°44′10.8″ N 29°52′44.2″	75
						B	16—37	褐色	重壤土	块状												
						C	37—100	黄褐色	中壤土	棱柱状												

续表 Continued

剖面号 Soil profile	土纲 Soil order	土类 Soil great group	亚类 Soil subgroup	土属 Soil genus	土种 Soil species	土层码 Layer code	土层厚度 Depth/cm	颜色 Soil color	质地 Soil texture	土壤结构 Soil structure	pH	有机质 OM/(g/kg)	全氮 TN/(g/kg)	全磷 TP/(g/kg)	全钾 TK/(g/kg)	碱解氮 AN/(mg/kg)	有效磷 AP/(mg/kg)	速效钾 AK/(mg/kg)	阳离子交换量CEC/(cmol/kg)	土壤母质 Parent material	剖面点坐标 Profile coordinate	匹配指数 Matching index/%
剖12	半水成土	潮土	灰潮土	壤土型灰潮土	灰中位薄砂油砂土	A	0—26	棕色	轻壤土	团粒状										有石灰反应的河流冲积物	E 112°42′37.4″ N 29°52′24.8″	75
						B₁	26—41	深棕色	轻壤土	块状												
						B₂	41—77	深栗色	轻壤土	块状												
						C	77—122	深栗色	重壤土	块状												
剖13	半水成土	潮土	灰潮土	砂土型灰潮土	灰浅位薄土灰砂	A	0—23	黄棕色	轻壤土	团粒状										有石灰反应的河流冲积物	E 112°40′27.6″ N 29°51′40.6″	75
						B	23—55	黄褐色	砂壤土	块状												
						C	55—100	棕色	黏土	粒状												
剖14	人为土	水稻土	潴育水稻土	潮土田	淤砂田	A	0—16	黄褐色	轻壤土	粒状										河流冲积物	E 112°49′18.9″ N 30°03′58.0″	95
						P	16—28	褐色	中壤土	块状												
						W	28—45	黄棕色	中壤土	棱柱状												
						B	45—100	棕色	轻壤土	小块状												
剖15	人为土	水稻土	潴育水稻土	潮土田	夹青泥淤砂土田	A	0—13	深栗色	轻壤土	小块状										河流冲积物	E 112°51′37.6″ N 30°04′38.7″	95
						P	13—44	深栗色	中壤土	块状												
						Wg	44—61	黄棕色	中壤土	棱柱状												
						C	61—101	棕色	轻壤土	粒状												
剖16	人为土	水稻土	潴育水稻土	潮土田	夹青泥淤砂土田	A	0—15	黄褐色	中壤土	团粒状										河流冲积物	E 112°48′57.1″ N 30°02′28.2″	95
						P	15—33	褐色	中壤土	块状												
						Wg	33—64	灰灰色	重壤土	块状												
						B	64—101	棕色	重壤土	块状												
剖17	人为土	水稻土	潴育水稻土	潮土田	夹砂泽土田	A	0—13	黄褐色	中壤土	小块状										河流冲积物	E 112°54′20.8″ N 30°03′18.6″	95
						P	13—38	棕色	重壤土	块状												
						W	38—56	黄棕色		块状												
						B	56—112	深灰色	轻壤土	粒状												
剖18	人为土	水稻土	潴育水稻土	潮土田	夹砂淤泥田	A	0—15	深栗色	中壤土	块状										河流冲积物	E 112°48′49.1″ N 29°58′38.2″	95
						P	15—33	栗色	砂壤土	块状												
						W	33—100	深栗色	重壤土	块状												
						C	100—114	深棕色	重壤土	块状												
剖19	人为土	水稻土	潴育水稻土	灰潮土田	夹砂淤泥田	A	0—21	棕色	中壤土	块状										河流冲积物	E 112°50′29.1″ N 29°59′02.5″	95
						P	21—32	黄褐色	重壤土	块状												
						W₁	32—52	棕红色	重壤土	棱柱状												
						W₂	52—65	棕黄色	重壤土	粒状												
						C	65—100	褐黄色	中壤土	块状												
剖20	人为土	水稻土	潴育水稻土	潮土田	淤泥田	A	0—19	棕色	中壤土	块状										河流冲积物	E 112°51′21.8″ N 29°58′29.6″	95
						P	19—33	棕色	中壤土	块状												
						W	33—51	棕色	中壤土	块状												
						B	51—67	棕色	中壤土	块状												
						C	67—112	黄棕色	砂壤土	块状												
剖21	人为土	水稻土	淹育水稻土	浅潮土田	灰夹砂土田	A	0—13	黄褐色	中壤土	团粒状	7.1	30.1	1.86	0.50	25.0	135	4.2	129	33.8	河流冲积物	E 112°46′37.0″ N 29°57′18.9″	95
						P	13—20	黄棕色	中壤土	粒状												
						C₁	20—41	栗色	重壤土	小块状												
						C₂	41—100	栗色	中壤土	棱柱状												
剖22	人为土	水稻土	潴育水稻土	灰潮土田	灰淤泥田	A	0—16	棕色	重壤土	块状	8.2	19.7	1.22	0.45	23.0	72	2.7	115	30.8	河流冲积物	E 112°53′07.1″ N 29°58′36.5″	95
						P	16—26	暗棕色	重壤土	块状	8.1	13.4	0.93	0.41	24.5	49	3.7	87	30.7			
						W₁	26—45	棕色	重壤土	棱柱状	7.8	8.5	0.71	0.40	16.8	33	5.5	94	40.5			
						W₂	45—63	棕色	重壤土	块状	7.7	7.8	0.73	0.33	21.5	40	2.8	58	26.5			
						C	63—106	棕黄色	重壤土	块状												

续表 Continued

剖面号 Soil profile	土纲 Soil order	土类 Soil great group	亚类 Soil subgroup	土属 Soil genus	土种 Soil species	土层码 Layer code	土层厚度 Depth/cm	颜色 Soil color	质地 Soil texture	土壤结构 Soil structure	pH	有机质 OM/(g/kg)	全氮 TN/(g/kg)	全磷 TP/(g/kg)	全钾 TK/(g/kg)	碱解氮 AN/(mg/kg)	有效磷 AP/(mg/kg)	速效钾 AK/(mg/kg)	阳离子交换量CEC/(cmol/kg)	土壤母质 Parent material	剖面点坐标 Profile coordinate	匹配指数 Matching index/%
剖23	半水成土	潮土	潮土	壤土型潮土	正土	A	0—19	栗色	重壤土	块状										河流冲积物	E 112°56′10.0″ N 29°57′58.7″	97
						B	19—35	深栗色	黏土	块状												
						C	35—100	棕黄色	黏土	块状												
剖24	人为土	水稻土	潴育水稻土	青泥田	青泥田	A	0—17	褐色	重壤土	小块状										河流冲积物	E 112°57′13.8″ N 29°58′58.3″	97
						P	17—42	深栗色	重壤土	块状												
						G	42—105	暗灰色	中壤土	块状												
剖25	半水成土	潮土	潮土	壤土型潮土	浅位厚砂吊气砂	A	0—23	棕色	轻壤土	团粒状										河流冲积物	E 112°58′31.3″ N 29°55′06.7″	97
						B	23—85	黄褐色	轻壤土	块状												
						C	85—100	棕红色	重壤土	块状												
剖26	半水成土	潮土	潮土	壤土型潮土	浅位厚砂吊气砂	A	0—12	深栗色	轻壤土	团粒状										河流冲积物	E 112°59′14.6″ N 29°55′41.2″	97
						B	12—45	栗色	砂壤土	小块状												
						C	45—100	黄褐色	轻壤土	块状												
剖27	半水成土	潮土	潮土	壤土型潮土	中位薄位油砂土	A	0—15	栗色	轻壤土	团粒状										河流冲积物	E 112°53′54.7″ N 29°55′21.7″	97
						B	15—66	深棕色	轻壤土	块状												
						C	66—100	棕褐色	重壤土	块状												
剖28	人为土	水稻土	潴育水稻土	潮土田	夹青泥淤泥田	A	0—10	灰色	重壤土	小块状										河流冲积物	E 112°54′56.5″ N 29°55′30.9″	95
						P	10—25	青灰色	重壤土	块状	6.8	14.4	0.99	0.68	17.2	88	8.9	57	13.1			
						Wg	25—55	青灰色	重壤土	块状	8.0	6.5	0.51	0.59	16.7	34	1.1	52	16.0			
						W_2	55—73	暗棕色	重壤土	棱柱状	8.2	3.8	0.37	0.53	16.2	22	≤1.0	40	13.5			
						B	73—100	栗色	重壤土	棱柱状												
剖29	半水成土	潮土	潮土	壤土型潮土	油砂土	A	0—12	深栗色	轻壤土	团粒状										河流冲积物	E 112°55′38.5″ N 29°55′25.9″	97
						B	12—45	黄褐色	砂壤土	小块状												
						C	45—100	栗褐色	轻壤土	块状												
剖30	半水成土	潮土	灰潮土	壤土型灰潮土	灰油砂土	A	0—20	褐色	砂土	粒状										有石灰反应的河流冲积物	E 112°50′15.3″ N 29°51′11.1″	95
						B_1	20—37	栗色	中壤土	块状												
						B_2	37—69	棕色	中壤土	团粒状												
						C	69—100	栗色	重壤土	块状												
剖31	人为土	水稻土	潴育水稻土	灰潮土田	灰夹砂泽土田	1	0—18	栗色	中壤土	团粒状										河流冲积物	E 112°56′56.8″ N 29°51′33.6″	95
						2	18—30	栗色	砂壤土	板状												
						3	30—42	灰栗色	砂壤土	块状												
						4	42—77	栗色	中壤土	块状												
剖32	半水成土	潮土	潮土	壤土型灰潮土	中位薄位油砂土	A	0—17	深栗色	中壤土	团粒状										河流冲积物	E 112°57′58.7″ N 29°50′52.8″	97
						B	17—40	棕褐色	重壤土	小块状	8.3	32.5	1.94	0.82	16.4	89	6.6	101	23.6			
						C	40—100	深栗色	重壤土	块状	8.3	22.1	1.64	0.64	24.4	55	5.7	95	31.1			
剖33	人为土	水稻土	潴育水稻土	灰潮土田	灰夹青泥淤泥田	A	0—15	棕灰色	重壤土	块状	8.3	17.2	1.17	0.58	30.0	44	16.3	93	26.7	河流冲积物	E 112°53′05.3″ N 29°50′28.4″	95
						Pg	15—47	棕色	中壤土	棱柱状	8.5	7.5	0.69	0.65	28.2	27	15.9	73	23.0			
						W	47—70	棕褐色	中壤土	块状	8.4	6.6	0.59	0.60	29.6	24	14.2	85	23.4			
						B	70—80	棕色	中壤土	块状												
						C	80—100	栗色	中壤土	小块状	8.2	30.8	1.93	0.67	23.6	149	3.2	95	23.5			
剖34	人为土	水稻土	潴育水稻土	灰潮土田	灰夹青泥泽土田	A	0—15	栗色	重壤土	块状	8.2	27.6	1.82	0.63	24.1	93	4.3	83	23.6	河流冲积物	E 112°52′17.5″ N 29°48′43.9″	95
						P	15—28	深栗色	重壤土	棱柱状	8.2	18.7	1.22	0.69	24.6	73	5.6	83	23.6			
						Wg	28—60	青灰色	中壤土	块状												
						B	60—100	黄褐色	重壤土	棱柱状	8.3	9.8	0.76	0.61	25.7	37	4.1	77	25.5			

续表 Continued

剖面号 Soil profile	土纲 Soil order	土类 Soil great group	亚类 Soil subgroup	土属 Soil genus	土种 Soil species	土层码 Layer code	土层厚度 Depth/cm	颜色 Soil color	质地 Soil texture	土壤结构 Soil structure	pH	有机质 OM/(g/kg)	全氮 TN/(g/kg)	全磷 TP/(g/kg)	全钾 TK/(g/kg)	碱解氮 AN/(mg/kg)	有效磷 AP/(mg/kg)	速效钾 AK/(mg/kg)	阳离子交换量CEC/(cmol/kg)	土壤母质 Parent material	剖面点坐标 Profile coordinate	匹配指数 Matching index/%
剖35	半水成土	潮土	灰潮土	黏土型灰潮土	灰壳土	A	0—19	紫棕色	重壤土	小块状										有石灰反应的河流冲积物	E 112°47′45.9″ N 29°45′34.4″	95
						B_1	19—37	棕色	砂壤土	小块状												
						B_2	37—51	紫棕色	重壤土	块状												
						C	51—120	紫棕色	重壤土	块状												
剖36	人为土	水稻土	潜育水稻土	灰青泥田	灰青砂田	A	0—13	深栗色	砂壤土	粒状											E 112°58′34.9″ N 29°36′41.3″	95
						P	13—34	深栗色	轻壤土	块状												
						G	34—100	暗灰色	砂壤土	粒状												
剖37	人为土	水稻土	淹育水稻土	浅灰潮土田	灰油砂田	A	0—20	深栗色	轻壤土	团粒状											E 112°57′38.7″ N 29°34′23.0″	95
						C	20—100	栗色	中壤土	块状										河流冲积物		
剖38	半水成土	潮土		砂土型灰潮土	灰砂	A	0—23	栗色	中壤土	团粒状	6.8	14.4	0.99	0.68	17.7	88	8.9	57	13.1	河流冲积物	E 112°59′16.2″ N 29°34′33.7″	95
						B	23—49	棕褐色	中壤土	块状	8.0	6.5	0.51	0.59	16.7	34	1.1	52	16.0			
						C	49—110	栗色	中壤土	块状	8.2	3.8	0.37	0.53	16.2	22	≤1.0	40	13.5			
剖39	半水成土	潮土		壤土型灰潮土	灰中位中薄砂正土	A	0—31	棕色	中壤土	小块状										有石灰反应的河流冲积物	E 113°02′11.8″ N 30°09′01.8″	95
						B	31—62	棕褐色	中壤土	块状												
						C	62—102	棕灰色	砂土	粒状												
剖40	半水成土	潮土		壤土型灰潮土	灰浅位薄砂含水砂	A	0—24	褐色	轻壤土	团粒状	8.3	15.1	1.12	0.80	17.6	91	6.4	91	18.1	有石灰反应的河流冲积物	E 113°05′22.7″ N 30°04′57.8″	95
						B	24—56	棕色	中壤土	块状	8.4	6.7	0.51	0.54	18.4	31	1.1	71	20.1			
						C	56—108	棕红色	黏土	块状	8.2	9.6	0.67	0.52	23.1	35	1.9	137	33.4			
剖41	人为土	水稻土	潜育水稻土	青泥田	青砂田	A	0—17	深栗色	轻壤土	块状											E 113°01′57.5″ N 29°58′52.8″	95
						P	17—35	灰色	砂壤土	块状												
						G	35—100	深灰色	砂壤土	粒状												
剖42	半水成土	潮土		壤土型灰潮土	潮砂泥土	1	0—18	灰黄棕色	砂壤土	块状	7.9	12.9	0.85	0.85	115	115	11.6	68	12.0	近代河流冲积物	E 113°05′09.4″ N 29°56′48.8″	95
						2	18—33	棕色	砂壤土	块状	8.1	5.3	0.48	0.68	16.9	44	≤1.0	33	10.0			
						3	33—100	淡棕色	砂壤土	块状	8.2	2.3	0.26	0.56	16.8	28	≤1.0	30	8.8			
剖43	半水成土	潮土		壤土型灰潮土	中位中厚油泥土	A	0—36	黄褐色	轻壤土	团粒状										河流冲积物	E 113°04′40.7″ N 29°53′25.3″	95
						B	36—60	栗色	中壤土	块状												
						C	60—100	灰棕色	砂壤土	粒状												
剖44	半水成土	潮土		壤土型灰潮土	灰浅位薄砂正土	A	0—17	栗色	重壤土	块状	7.7	24.3	1.50	1.00	19.6	122	10.3	214	26.7	有石灰反应的河流冲积物	E 113°05′13.1″ N 29°50′22.1″	95
						B_1	17—37	深栗色	重壤土	块状	7.7	10.5	0.30	6.81	16.2	56	1.5	88	20.6			
						B_2	37—89	棕色	砂壤土	粒状	7.7	4.8	0.25	1.55	15.8	16	3.7	85	9.8			
						C	89—113	棕红色	黏土	块状	8.2	8.0	0.60	0.56	19.8	35	≥100.0	122	30.1			
剖45	半水成土	潮土		壤土型灰潮土	灰中位厚砂正土	A	0—23	深栗色	重壤土	块状	8.3	16.9	1.15	1.09	22.0	86	9.0	124	21.2	有石灰反应的河流冲积物	E 113°05′56.5″ N 29°50′29.7″	95
						B_1	23—60	深栗色	重壤土	块状	8.4	8.4	0.72	0.68	18.8	43	1.8	50	27.9			
						B_2	60—85	褐色	重壤土	块状	8.6	4.2	0.36	0.54	18.3	15	1.4	46	13.5			
						C_1	85—92	黄褐色	重壤土	块状	8.5	3.9	0.48	0.49	14.0	25	1.6	61	19.3			
						C_2	92—105		重壤土	块状	8.4	2.5	0.24	0.50	20.5	9	2.0	35	8.2			
剖46	人为土	水稻土	沼泽型水稻土	烂泥田	湖泥田	1	0—23				7.0	32.4	1.48			116	2.9	66			E 113°11′50.2″ N 29°52′34.1″	95
						2	23—50				6.5	22.1	1.15			68	6.4	60				
						3	50—100				7.1	10.8	0.54			32	5.6	57				
剖47	人为土	水稻土	潜育水稻土	灰潮土田	灰实砂泽土田	A	0—17	棕灰色	中壤土	团粒状	8.5	12.8	1.31	0.81	22.9	82	3.1	29	16.8	河流冲积物	E 113°12′50.4″ N 29°50′34.8″	95
						P	17—26	灰棕色	中壤土	块状	8.6	11.2	0.78	0.75	22.0	48	1.9	65	22.5			
						W	26—94	棕灰色	砂壤土	块状	8.5	6.0	0.32	0.60	17.5	22	2.6	25	24.7			
						C	94—104	灰色	中壤土	块状	8.7	11.4	0.79	0.72	20.3	61	5.3	100	23.2			
剖48	人为土	水稻土	沼泽型水稻土	烂泥田	灰湖泥田	A	0—27	深栗色	重壤土	块状	8.2	31.5	1.79	0.64	22.4	134	1.8	59	18.5		E 113°11′44.4″ N 29°47′58.5″	95
						G_1	27—40	深栗色	重壤土	无结构	8.4	11.0	0.78	0.63	24.3	40	3.8	63	20.6			
						G_2	40—100	灰色	重壤土	无结构	8.3	10.1	0.88	0.68	28.0	43	7.5	99	28.8			

续表 Continued

剖面号 Soil profile	土纲 Soil order	土类 Soil great group	亚类 Soil subgroup	土属 Soil genus	土种 Soil species	土层码 Layer code	土层厚度 Depth/cm	颜色 Soil color	质地 Soil texture	土壤结构 Soil structure	pH	有机质 OM/(g/kg)	全氮 TN/(g/kg)	全磷 TP/(g/kg)	全钾 TK/(g/kg)	碱解氮 AN/(mg/kg)	有效磷 AP/(mg/kg)	速效钾 AK/(mg/kg)	阳离子交换量CEC/(cmol/kg)	土壤母质 Parent material	剖面点坐标 Profile coordinate	匹配指数 Matching index/%
剖49	人为土	水稻土	潴育水稻土	灰潮土田	灰夹青泥涂砂田	A	0–15	棕色	轻壤土	团粒状										河流冲积物	E 113° 07′ 53.0″ N 29° 45′ 05.5″	95
						P	15–31	深栗色	轻壤土	块状												
						Wg	31–48	暗灰色	砂壤土	块状												
						C	48–100	黄褐色	砂壤土	无结构												
剖50	人为土	水稻土	沼泽型水稻土	烂泥田田	灰湖泥田	A	0–14	栗色	中壤土	块状											E 113° 10′ 48.1″ N 29° 46′ 14.1″	95
						G	14–103	青褐色	中壤土	无结构												
剖51	半水成土	潮土	灰潮土	砂土型灰潮土	灰砂土	A	0–17	棕色	砂壤土	块状										有石灰反应的河流冲积物	E 113° 03′ 31.2″ N 29° 44′ 24.1″	95
						B	17–35	黄褐色	重壤土	块状												
						C	35–100	黄褐色	中壤土	块状												
剖52	人为土	水稻土	潜育水稻土	灰青泥田	灰夹砂青泥田	A	0–18	栗色	中壤土	块状											E 113° 09′ 58.6″ N 29° 42′ 21.0″	95
						P	18–29	深栗色	重壤土	块状	8.2	45.8	2.69	0.77	25.6	180	3.7	96	30.2			
						G_1	29–53	深栗色	重壤土	块状	8.6	27.0	1.81	0.78	27.0	124	9.6	107	22.6			
						G_2	53–100	深栗色	重壤土	粒状	8.4	23.5	1.54	0.84	25.7	111	1.7	62	18.7			
剖53	人为土	水稻土	潜育水稻土	灰青泥田	灰青泥田	A	0–17	栗色	砂壤土	粒状	8.6	8.4	0.61	0.65	21.2	23	3.8	42	15.3			
						Pg	17–49	黄褐色	轻壤土	团粒状	8.2	23.5	1.29	0.69	≤1.0	88	7.0	129	17.8			
						G	49–75	棕色	中壤土	块状	8.3	15.9	1.18	0.59	≤1.0	48	3.2	102	21.9			
						C	75–100	黄棕色	轻壤土	块状	8.5	8.4	0.64	0.49	12.1	96	2.6	67	15.8			
剖54	半水成土	潮土	灰潮土	壤土型灰潮土	砂中位薄土油砂土	A	0–12	棕色	中壤土	块状										有石灰反应的河流冲积物	E 113° 01′ 53.1″ N 29° 37′ 28.2″	95
						B_1	12–31	黄棕色	轻壤土	块状												
						B_2	31–60	褐色	砂壤土	小块状	8.5	7.1	0.53	0.57	14.4	45	2.3	49	14.5			
						C_1	60–76	黄褐色	砂壤土	小块状	8.4	4.6	0.29	0.52	15.7	22	2.8	35	7.1			
						C_2	76–110	栗色	轻壤土	团粒状	8.1	14.8	0.92	0.73	15.9	84	3.3	85	9.3			
剖55	半水成土	潮土	灰潮土	壤土型灰潮土	灰浅位薄砂土吊气砂	A	0–18	棕色	砂土	粒状	8.6	7.5	0.21	0.58	16.0	11	1.2	28	5.4	有石灰反应的河流冲积物	E 113° 08′ 26.6″ N 29° 37′ 30.5″	95
						B_1	18–50	棕褐色	轻壤土	块状	8.6	6.1	0.36	0.60	16.0	21	≤1.0	32	10.4			
						B_2	50–78	棕褐色	砂壤土	块状	8.5	3.2	0.23	0.58	16.2	10	≤1.0	29	5.7			
						C	78–108	栗色	砂壤土	团粒状	8.2	13.6	0.81	0.85	14.2	67	8.5	96	≥50.0			
剖56	半水成土	潮土	灰潮土	砂土型灰潮土	灰砂土	A	0–17	深栗色	砂土	粒状	8.7	2.1	0.18	0.39	13.6	9	6.9	24	2.8	有石灰反应的河流冲积物	E 113° 10′ 42.7″ N 29° 32′ 58.6″	95
						B	17–47	灰棕色	砂壤土	块状	8.6	3.3	0.26	0.59	16.1	17	≤1.0	25	5.9			
						C_1	47–65	栗色	砂壤土	粒状	8.6	2.2	0.13	0.53	12.6	7	≤1.0	20	8.7			
						C_2	65–104	灰栗色	砂土	粒状	8.3	14.7	1.00	0.92	13.7	76	6.5	84	16.1			
剖57	半水成土	潮土	灰潮土	砂土型灰潮土	灰中位薄土灰砂	A	0–22	栗色	轻壤土	团粒状	8.5	6.7	0.50	0.41	16.3	37	1.7	47	16.8	有石灰反应的河流冲积物	E 113° 16′ 26.9″ N 29° 37′ 21.5″	95
						B	22–55	棕色	中壤土	块状												
						C	55–100	深棕色	中壤土	块状	8.5	4.9	0.45	0.58	26.8	24	1.9	56	16.1			

黄 冈 市

团 风 县

主要土类说明

黄棕壤是团风县主要土壤类型，占本县地域面积的51%。黄棕壤发生于亚热带暖湿落叶阔叶林下，弱度富铝化，主要由砂页岩及花岗岩风化物发育而成，黏聚现象明显，呈黄棕色。黄棕壤具A–B–C或A–（B）–C剖面构型，黏粒硅铝率在2.5左右，铁的游离度较红壤低，B层交换性酸大于A层。土壤pH为5.5—6.0。

水稻土是团风县第二大土壤类型，占本县地域面积的36%。水稻土是在长期季节性淹灌、水下翻耕、季节性脱水、氧化还原交替影响下，原来成土母质或母土的特性发生重大改变，形成的新的土壤类型。由于干湿交替，水稻土形成糊状淹育层、较坚实板结的犁底层、渗育层、潴育层与潜育层等多种发生层。这些不同发生层是在人为耕作、水浆管理下形成的。

潮土是团风县第三大土壤类型，占本县地域面积的7%。潮土见于近代河流冲积平原或低平阶地，地下水位高，潜水参与成土过程。在潮土成土过程中，底土氧化还原交替作用，形成锈色斑纹和小型铁子。在长期耕作条件下，表层有机质含量为10—15g/kg，剖面构型为A_{11}–A_{12}–Cu或A_{11}–C–Cu。

本区域中心区气候特征

本区域中心区气候特征值
Regional climate characteristics in central area of the region

气候带：北亚热带湿润气候 Climate region: North subtropical humid climate	
年平均气温 /℃ Annual average temperature /℃	16.2
年平均最高气温 /℃ Annual average maximum temperature /℃	20.9
年平均最低气温 /℃ Annual average minimum temperature /℃	12.5
年降水量 /mm Annual precipitation /mm	1357
≥10℃的积温 /℃ Daily temperature accumulated in a year (≥10℃) /℃	6532
年日照时数 /h Annual sunshine /h	1898
年平均相对湿度 /% Annual average relative humidity /%	79
干燥度 Dryness	0.71

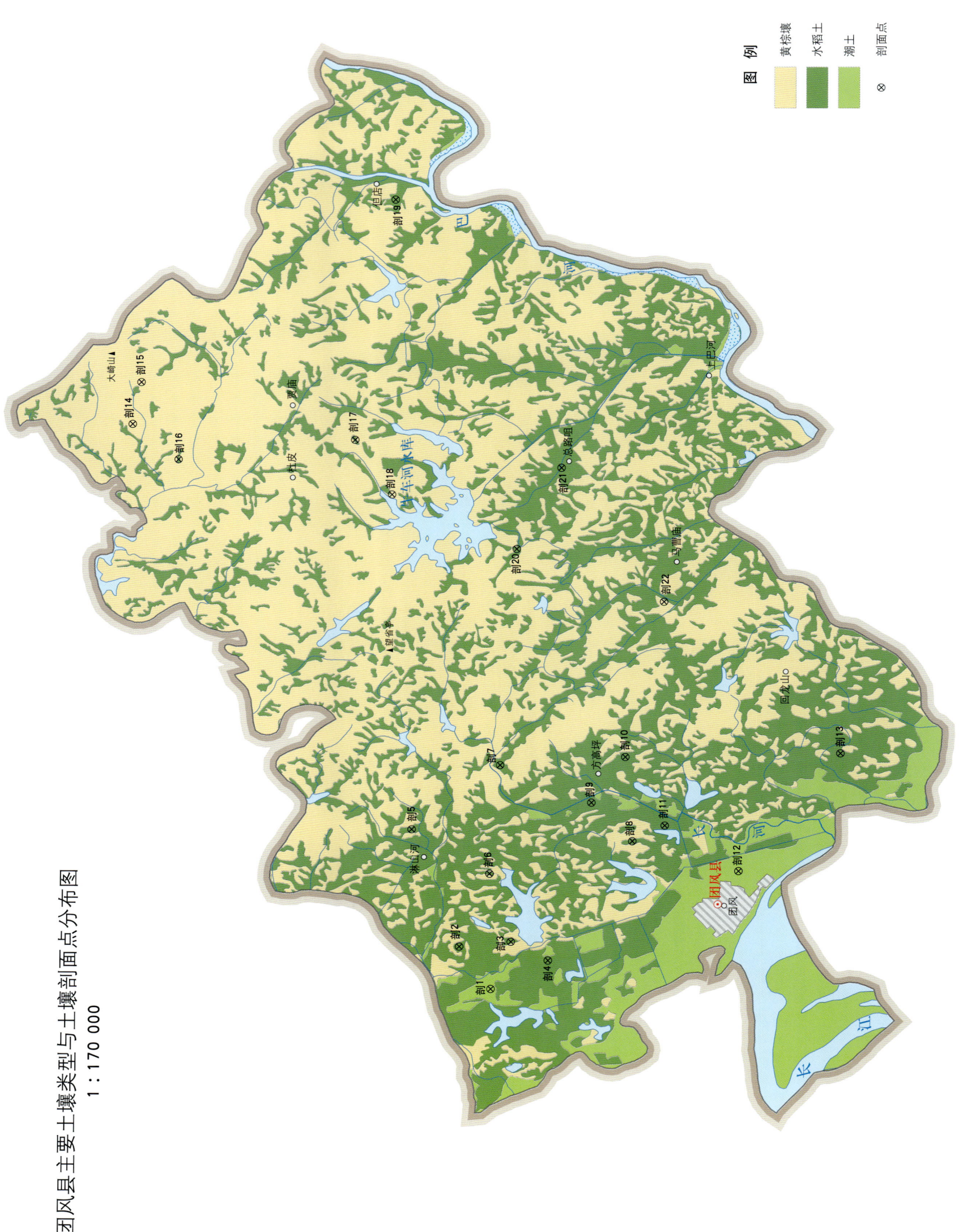

团风县主要土壤类型与土壤剖面点分布图
1∶170 000

团风县土壤剖面理化性状表

剖面号 Soil profile	土纲 Soil order	土类 Soil great group	亚类 Soil subgroup	土属 Soil genus	土种 Soil species	土层码 Layer code	土层厚度 Depth/cm	颜色 Soil color	质地 Soil texture	土壤结构 Soil structure	pH	有机质 OM/(g/kg)	全氮 TN/(g/kg)	全磷 TP/(g/kg)	全钾 TK/(g/kg)	碱解氮 AN/(mg/kg)	有效磷 AP/(mg/kg)	速效钾 AK/(mg/kg)	阳离子交换量 CEC/(cmol/kg)	土壤母质 Parent material	剖面点坐标 Profile coordinate	匹配指数 Matching index/%
剖1	半水成土	潮土	灰潮土	灰潮砂土	灰潮砂土	A					8.0	13.7	0.71	0.64	18.9	49	3.6	52	10.2		E 114°49′57.5″ N 30°43′09.8″	75
						B					8.0	11.2	0.55	0.62	18.7	32	3.3	42	9.2			
剖2	人为土	水稻土	潴育水稻土	潮土田	潮砂泥田	A					5.3	38.4	2.14	0.58	21.3	206	4.8	101	24.0	河流冲积物	E 114°51′01.6″ N 30°43′52.0″	95
						P					6.5	23.2	1.43	0.68	21.8	130	10.3	90	24.4			
						W₁					6.9	13.2	0.91	0.66	22.9	74	6.3	81	22.4			
						W₂					5.9	26.7	1.50	0.74	18.4	90	14.6	58	24.1			
						W₃					7.2	12.8	0.87	0.86	25.6	60	12.0	92	24.3			
剖3	人为土	水稻土	潴育水稻土	潮土田	青褐潮砂泥田	A	0—16	棕灰色	砂壤土	团块状	5.9	24.8	1.04	0.52	17.5	124	4.0	71	9.0	近代河流冲积物	E 114°51′10.9″ N 30°42′45.2″	81
						P	16—25	暗灰黄色	砂壤土	块状	6.4	27.9	1.08	0.45	16.5	110	4.3	23	7.9			
						G	25—63	青灰色	砂质黏壤土	糊状	6.4	17.8	0.67	0.61	20.2	31	3.5	38	11.8			
						W	63—100	灰黄色	砂壤土	块粒状	6.3	14.0	0.54	0.29	22.1	20	1.1	13	6.7			
剖4	人为土	水稻土	潴育水稻土	潮土田	灰潮砂泥田	A					7.6	26.7	1.43	0.39	18.3	102	5.2	62	15.3	河流冲积物	E 114°50′43.1″ N 30°41′57.1″	95
						P					7.7	25.6	1.33	0.64	20.2	92	5.6	52	13.4			
						W					7.6	15.6	0.99	0.84	29.0	60	7.5	112	24.9			
剖5	人为土	水稻土	潴育水稻土	冷浸田	锈水田	A					5.7	26.2	1.24	0.55	14.4	120	2.6	42	12.6	各类母岩的风化残积物	E 114°54′01.7″ N 30°44′57.6″	95
						Pg					6.4	25.0	1.16	0.49	14.7	73	3.4	40	15.7			
						G					5.0	17.7	0.60	0.57	17.2	118	4.6	42	14.9			
剖6	人为土	水稻土	潴育水稻土	赤砂泥田	青褐赤砂泥田	A					6.8	24.6	1.19	0.63	17.5	97	32.5	185	13.6	红砂岩、砾岩	E 114°52′55.7″ N 30°43′15.7″	95
						P					7.1	10.2	0.55	0.40	17.8	75	14.9	155	11.4			
						W₁					7.5	5.5	0.34	0.22	16.9	39	8.1	65	10.3			
						W₂					7.4	7.9	0.37	0.26	19.6	30	7.1	70	13.8			
剖7	人为土	水稻土	沼泽型水稻土	烂泥田	冷砂田	A					4.8	13.5	0.65	1.90	18.3	61	3.1	32	6.0		E 114°55′45.1″ N 30°43′05.6″	95
						G					5.8	8.2	≤0.10	1.03	17.5	15	4.7	15	2.2			
剖8	人为土	水稻土	潴育水稻土	黄泥田	黄泥田	A					6.4	25.9	1.36	0.35	13.7	112	8.1	122	12.4	第四纪黏土	E 114°53′51.3″ N 30°40′12.8″	95
						P					6.8	15.0	4.71	0.27	13.6	55	4.6	118	11.0			
						W					5.7	25.0	1.28	0.41	13.0	104	5.8	113	11.3			
剖9	人为土	水稻土	潴育水稻土	潮土田	潮砂泥田	A					6.7	27.4	1.44	0.74	22.2	135	3.5	46	13.0	河流冲积物	E 114°54′50.0″ N 30°41′06.6″	95
						P					7.2	18.0	0.93	0.95	22.6	98	3.5	36	12.2			
						W₁					7.5	4.7	0.36	0.65	19.0	44	6.3	41	13.3			
						W₂					7.1	17.0	0.27	0.69	20.6	93	21.5	30	13.5			
剖10	人为土	水稻土	潴育水稻土	砂泥田	青褐砂泥田	A					5.4	32.4	1.60	0.70	15.7	153	6.9	37	18.8	花岗片麻岩坡积物或残积物	E 114°55′02.5″ N 30°40′24.5″	95
						Pg					4.7	31.3	1.51	0.64	15.9	135	5.2	80	17.2			
						P					7.0	29.1	1.39	0.68	17.7	116	4.0	82	18.1			
						W					7.2	12.1	0.62	0.53	16.9	62	6.9	67	18.2			
剖11	人为土	水稻土	潴育水稻土	潮土田	潮泥砂田	A					6.4	33.4	2.05	0.61	19.6	155	9.1	120	21.9	河流冲积物	E 114°54′17.1″ N 30°39′31.5″	95
						P					7.2	16.2	1.03	0.74	25.4	67	14.4	142	21.4			
						W					7.4	7.1	0.73	0.65	21.9	64	15.7	142	16.4			
剖12	半水成土	潮土	潮土	潮砂泥土	灰潮砂土	B₁					6.4	11.6	0.77	0.47	20.6	74	6.2	61	16.7	河流冲积物	E 114°53′09.4″ N 30°37′54.5″	95
						B₂					6.8	8.6	0.55	0.69	21.9	42	5.7	58	15.2			
						B₃					6.9	7.4	0.45	0.72	22.0	36	6.4	46	14.8			
											6.8	4.7	0.68	0.76	21.5	28	7.1	47	15.4			

续表 Continued

剖面号 Soil profile	土纲 Soil order	土类 Soil great group	亚类 Soil subgroup	土属 Soil genus	土种 Soil species	土层码 Layer code	土层厚度 Depth/cm	颜色 Soil color	质地 Soil texture	土壤结构 Soil structure	pH	有机质 OM/(g/kg)	全氮 TN/(g/kg)	全磷 TP/(g/kg)	全钾 TK/(g/kg)	碱解氮 AN/(mg/kg)	有效磷 AP/(mg/kg)	速效钾 AK/(mg/kg)	阳离子交换量CEC/(cmol/kg)	土壤母质 Parent material	剖面点坐标 Profile coordinate	匹配指数 Matching index/%
剖13	人为土	水稻土	潴育水稻土	赤砂泥田	青砂赤泥田	A					5.4	24.6	1.09	0.32	15.5	113	3.9	97	14.6	红砂岩、砾岩风化物	E 114° 56′ 15.4″ N 30° 35′ 47.3″	95
						P					6.2	20.2	0.99	0.23	15.9	86	3.7	97	15.1			
						G					6.6	11.2	0.48	0.26	14.8	46	3.6	82	13.5			
						W					6.8	10.2	0.38	0.32	14.8	43	3.2	85	13.0			
剖14	淋溶土	黄棕壤	黄棕壤	砂泥土	林地薄层砂泥土	A					5.6	4.1	0.17	0.42	11.7	48	6.9	37	3.5	花岗片麻岩	E 115° 04′ 23.1″ N 30° 51′ 09.6″	75
剖15	淋溶土	黄棕壤	黄棕壤	赤砂泥土	赤泥砂土	A					4.7	18.2	0.92	0.26	11.5	116	2.9	110	10.6		E 115° 05′ 28.2″ N 30° 50′ 59.7″	75
						B					4.7	9.2	0.58	0.20	12.8	77	≤1.0	85	15.6			
						C					4.8	6.5	0.40	≤0.10	12.5	49	2.8	100	28.5			
剖16	人为土	水稻土	沼泽型水稻土	冷泉田	洴田	A					5.0	18.9	0.95	1.29	18.4	101	4.5	42	7.1		E 115° 03′ 29.0″ N 30° 50′ 09.5″	95
						G					4.2	11.3	0.48	1.00	22.4	93	14.9	47	8.8			
剖17	人为土	水稻土	潴育水稻土	赤砂泥田	赤砂泥田	A					4.9	27.6	1.37	0.34	14.6	123	4.1	90	20.1	红砂岩、砾岩风化物	E 115° 04′ 04.8″ N 30° 46′ 22.6″	95
						P					6.8	17.2	0.95	0.35	18.0	89	3.6	87	20.3			
						W₁					6.1	9.1	0.43	0.29	13.5	60	4.2	90	16.7			
						W₂					7.0	12.4	0.69	0.26	13.3	84	3.2	90	13.9			
剖18	淋溶土	黄棕壤	黄棕壤	砂泥土	砂土	A					5.8	6.8	0.33	0.51	10.1	64	13.8	50	5.9	花岗片麻岩	E 115° 02′ 41.4″ N 30° 45′ 33.4″	95
						B					6.3	3.2	0.12	1.55	9.0	27	3.9	12	9.8			
剖19	人为土	水稻土	潴育水稻土	灰冷浸田	灰淤泥田	A					7.6	26.0	1.52	0.76	26.5	100	8.4	160	24.8	湖积物或河流冲积物	E 115° 10′ 18.5″ N 30° 45′ 37.1″	95
						P					7.4	20.2	1.20	0.82	28.6	93	11.5	232	26.7			
						G					5.9	17.5	1.23	0.30	17.7	121	8.1	180	26.0			
剖20	人为土	水稻土	潴育水稻土	潮土田	青砂潮泥砂田	A					5.9	24.8	1.04	0.52	17.5	124	4.0	27	9.0	河流冲积物	E 115° 01′ 20.6″ N 30° 42′ 51.0″	95
						Pg					6.4	27.9	1.08	0.45	16.5	110	4.3	22	7.9			
						G					7.4	17.8	2.37	0.61	20.2	31	19.5	37	11.8			
						W					7.3	14.0	0.19	0.29	22.1	20	11.1	12	6.7			
剖21	人为土	水稻土	沼泽型水稻土	烂泥田	烂泥田	A					4.7	31.1	1.34	0.72	17.3	120	2.6	58	11.0		E 115° 03′ 27.6″ N 30° 41′ 55.9″	95
						G					6.1	25.6	0.89	0.70	18.9	82	1.9	48	8.1			
剖22	淋溶土	黄棕壤	黄棕壤	砂泥土	麻骨土	A					5.4	7.3	0.26	1.31	16.4	31	6.1	30	4.9	花岗片麻岩	E 115° 00′ 03.6″ N 30° 39′ 39.5″	95
						B					5.6	5.6	0.16	1.05	12.3	44	5.7	25	5.1			

红 安 县

主要土类说明

黄棕壤是红安县主要土壤类型，占本县地域面积的61%。黄棕壤是本县旱地和自然土壤的主要类型，发育于石英片岩、片麻岩、泥质岩、基性岩等，通过弱脱硅富铝化作用形成。心土层呈黄棕色或红棕色，呈块状或棱块状结构，结构体表面有棕色或暗棕色铁锰胶膜，或有铁锰结核，伴有不同程度的黏粒淀积特征。整个土体呈微酸性或中性。本县黄棕壤仅有黄棕壤一个亚类。

水稻土是红安县第二大土壤类型，占本县地域面积的36%。水稻土为本县的主要耕地土壤，丘陵至低山区均有分布。水分因素在水稻土形成过程中起着特别重要的作用。蓄水种稻期间，土壤内氧气不足，呈嫌气状态而形成还原环境，嫌气性微生物活动旺盛，而在冬季旱作或晒田期间，土壤又以氧化过程为主，如此周而复始，水耕熟化和旱耕熟化交替进行，同时有明显的淋溶淀积过程，从而形成了水稻土特有的剖面结构和发生层次。根据水文地质条件和水耕熟化程度的差异，本县水稻土按水型分为淹育型、潴育型、潜育型和沼泽型四个亚类。

小于本县地域面积3%的土壤类型有潮土、石灰（岩）土、粗骨土等。

本区域中心区气候特征

本区域中心区气候特征值
Regional climate characteristics in central area of the region

气候带：北亚热带湿润气候 Climate region: North subtropical humid climate	
年平均气温 /℃ Annual average temperature /℃	15.9
年平均最高气温 /℃ Annual average maximum temperature /℃	20.7
年平均最低气温 /℃ Annual average minimum temperature /℃	12.1
年降水量 /mm Annual precipitation /mm	1254
≥10℃的积温 /℃ Daily temperature accumulated in a year (≥10℃) /℃	5917
年日照时数 /h Annual sunshine /h	1932
年平均相对湿度 /% Annual average relative humidity /%	78
干燥度 Dryness	0.75

本区域中心区月平均气温与月平均降水量
Monthly temperature and precipitation in central area of the region

红安县主要土壤类型与土壤剖面点分布图
1∶240 000

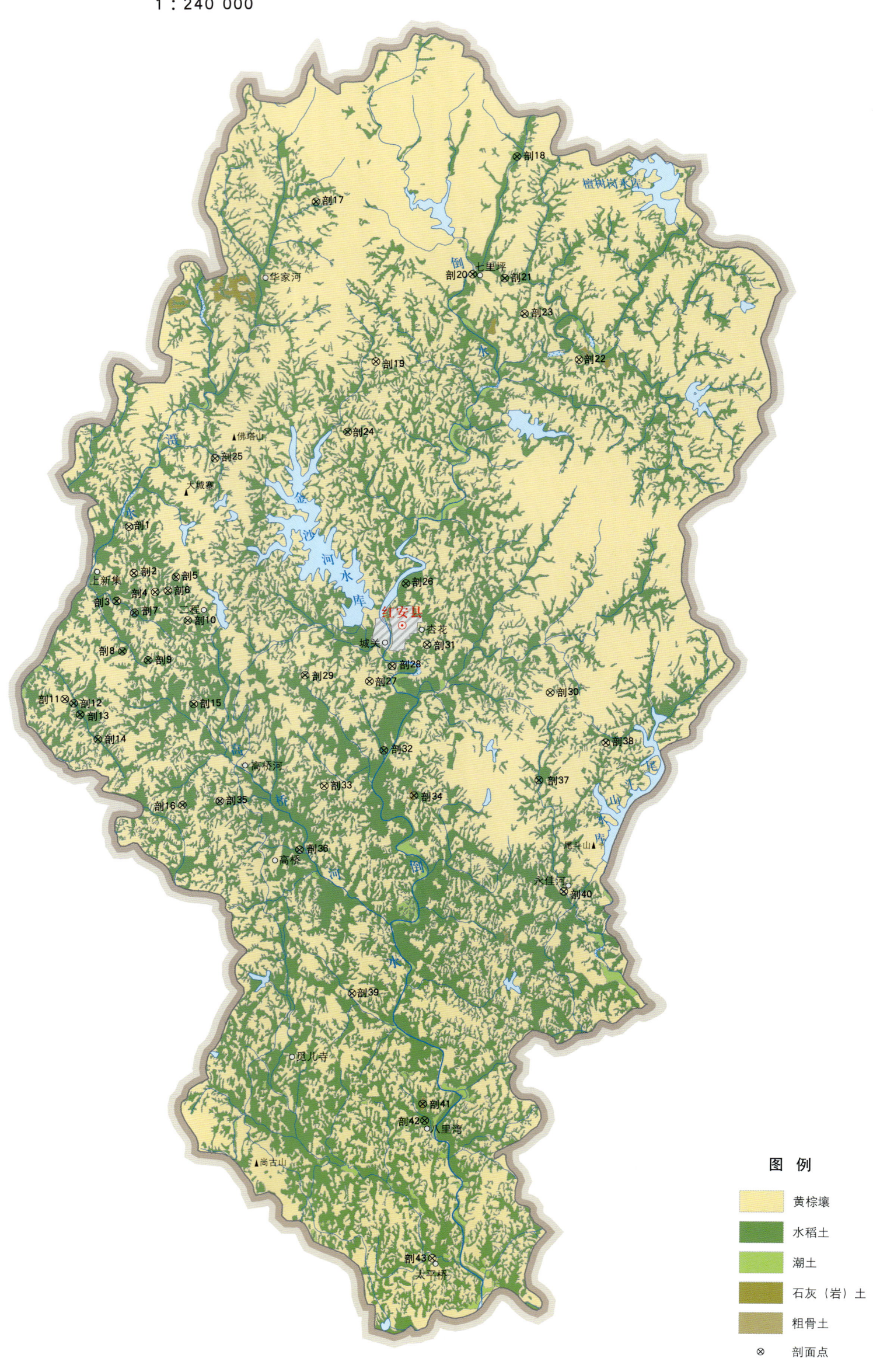

红安县土壤剖面理化性状表

剖面号 Soil profile	土纲 Soil order	土类 Soil great group	亚类 Soil subgroup	土属 Soil genus	土种 Soil species	土层码 Layer code	土层厚度 Depth/cm	颜色 Soil color	质地 Soil texture	土壤结构 Soil structure	pH	有机质 OM/(g/kg)	全氮 TN/(g/kg)	全磷 TP/(g/kg)	全钾 TK/(g/kg)	碱解氮 AN/(mg/kg)	有效磷 AP/(mg/kg)	速效钾 AK/(mg/kg)	阳离子交换量 CEC/(cmol/kg)	土壤母质 Parent material	剖面点坐标 Profile coordinate	匹配指数 Matching index/%
剖1	淋溶土	黄棕壤	黄棕壤	硅砂泥土	硅泥砂土	A	0—14	暗棕色	轻壤土	粒状	6.5	8.8	0.50	0.25		38	2.9	114	6.0		E 114°27′16.3″ N 31°19′59.8″	75
						B	14—35	棕灰色	中壤土	小块状	6.6	6.1	0.43	0.25					5.9			
						C	35—100			块状	6.3	5.1	0.30	0.16					5.9			
剖2	淋溶土	黄棕壤	黄棕壤	乌砂泥土	林地乌麻骨土	A	0—22				6.8	11.5	0.64	0.79		64	8.2	142	11.6	基性岩风化物	E 114°27′28.8″ N 31°18′34.8″	95
剖3	人为土	水稻土	潴育水稻土	潮砂泥田	漏砂潮砂泥田	A	0—14	暗黄色	中壤土	小块状	6.2	11.3	0.65	0.69		123	13.6	89	5.5	河谷冲积物	E 114°26′55.3″ N 31°17′43.1″	75
						P	14—22	淡灰色	中壤土	块状	5.8	14.4	0.83	1.00					7.9			
						W	22—43	灰黄棕色	砂壤土	无明显结构	6.7	9.0	0.47	0.78					7.5			
						C	43—100				5.7	6.7	0.38	0.43					9.4			
剖4	淋溶土	黄棕壤	黄棕壤	硅砂泥土	硅麻骨土	A	0—9	黄色	轻壤土	无结构	5.2	10.5	0.64	0.45		59	7.0	72	8.1		E 114°28′13.4″ N 31°18′01.1″	75
						C	9—22	红黄色	轻壤土	无结构	4.7	5.2	0.34	0.26					10.1			
						D	22—100															
剖5	淋溶土	黄棕壤	黄棕壤	砂泥土	泥砂土	A	0—18	棕色	轻壤土	粒状	6.0	18.5	0.99	0.85		86	6.0	63	8.9	白云钠长片麻岩坡积物	E 114°28′55.2″ N 31°18′29.8″	95
						B₁	18—39	灰棕色	中壤土	小块状	5.2	9.7	0.64	0.43					6.1			
						B₂	39—100	淡棕色	中壤土	块状	5.3	8.7	0.54	0.32					2.1			
剖6	淋溶土	黄棕壤	黄棕壤	细砂泥土	细砂泥土	A	0—15	黄棕色	砂土	粒状										云母片岩和泥质岩	E 114°28′39.5″ N 31°18′04.4″	75
						B	15—26	淡红棕色	砂壤土	小块状												
						C	26—100	淡红棕色														
剖7	人为土	水稻土	潴育水稻土	潮砂泥田	潮泥砂田	A	0—16	红棕色	轻壤土	小块状	4.9	15.0	0.87	0.21		115	4.3	87	9.2	河谷冲积物	E 114°27′32.3″ N 31°17′22.0″	75
						P	16—27	灰棕色	中壤土	小块状	5.6	9.0	0.57	0.31					7.0			
						W	27—100	淡黄棕色	中壤土	块状	6.3	8.1	0.48	0.46					7.9			
剖8	人为土	水稻土	潴育水稻土	砂泥田	泥田	A	0—10	淡棕色	重壤土	块状	5.8	19.5	1.02	0.57		88	12.6	123	12.2	石英片岩洪积物和坡积物	E 114°27′09.6″ N 31°16′11.0″	95
						P	10—18	暗灰黄	重壤土	块状	6.6	15.7	0.87	0.58					14.4			
						W	18—100	暗灰棕色	轻壤土	小块状	6.7	9.2	0.51	0.91					12.2			
剖9	人为土	水稻土	潴育水稻土	硅砂泥田	薄层青隔硅砂泥田	A	0—20	暗黄棕色	中壤土	小块状	4.7	24.1	1.33	0.44		111	11.2	58	13.2	白云钠长片麻岩坡积物	E 114°28′02.9″ N 31°15′55.6″	95
						Pg	20—41	青灰色	重壤土	棱块状	5.9	10.8	0.58	0.53					9.9			
						W	41—100	灰棕色	重壤土	棱块状	5.9	7.7	0.48	0.31					10.3			
剖10	淋溶土	黄棕壤	黄棕壤	硅砂泥土	硅砂泥土	A	0—16	栗色	重壤土	团粒状												
						B	16—57	黄棕色	中壤土	小块状												
						D	57—100			块状												
剖11	淋溶土	黄棕壤	黄棕壤	砂泥土	泥土	A	0—12	棕色	重壤土	大块状	6.6	17.4	1.08	0.64		87	10.6	110	13.6	石英片岩洪积物和坡积物	E 114°29′22.5″ N 31°17′10.7″	75
						B	12—100	暗棕色	黏土	小块状	5.6	17.5	1.08	0.45					12.2			
剖12	人为土	水稻土	潴育水稻土	硅砂泥田	硅泥田	A	0—12	淡棕色	重壤土	棱柱状	5.9	9.3	0.50	0.54					9.4	石英片岩洪积物和坡积物	E 114°25′33.0″ N 31°14′33.1″	75
						P	12—22	灰棕色	黏土	棱柱状	5.8	6.2	0.40	0.49					7.4			
						B	22—32	暗灰棕色	黏土	块状												
						W	32—100															
剖13	人为土	水稻土	潴育水稻土	硅砂泥田	硅砂泥土	A	0—16	暗灰色	中壤土	小块状	5.2	28.4	1.38	0.49		72	2.3	53	13.7	石英片岩洪积物和坡积物	E 114°25′46.4″ N 31°14′12.5″	75
						P	16—29	暗灰色	中壤土	块状	5.3	17.9	1.04	0.41					9.9			
						W	29—100	淡棕色	重壤土	棱块状	5.9	17.4	0.44	0.37					13.7			
剖14	人为土	水稻土	潴育水稻土	砂泥田	砂田	A	0—13	黄棕色	砂壤土	小块状	6.1	18.1	1.20	0.60		63	5.5	68	8.6		E 114°26′24.4″ N 31°13′27.8″	95
						P	13—23	灰棕色	轻壤土	块状	6.7	21.9	1.25	0.52					5.3			
						W	23—100	黄棕色	中壤土	棱块状	6.5	10.4	1.10	0.40					5.4			

续表 Continued

剖面号 Soil profile	土纲 Soil order	土类 Soil great group	亚类 Soil subgroup	土属 Soil genus	土种 Soil species	土层码 Layer code	土层厚度 Depth/cm	颜色 Soil color	质地 Soil texture	土壤结构 Soil structure	pH	有机质 OM/(g/kg)	全氮 TN/(g/kg)	全磷 TP/(g/kg)	全钾 TK/(g/kg)	碱解氮 AN/(mg/kg)	有效磷 AP/(mg/kg)	速效钾 AK/(mg/kg)	阳离子交换量CEC/(cmol/kg)	土壤母质 Parent material	剖面点坐标 Profile coordinate	匹配指数 Matching index/%
剖15	人为土	水稻土	潴育水稻土	青泥田	青泥田	A	0—15	暗黄棕色	中壤土	块状	5.5	27.0	1.44	0.34		76	3.9	64	11.3		E 114°29′39.5″ N 31°14′37.4″	95
						P	15—27	青灰色	中壤土	块状	7.0	9.6	0.60	0.24					8.2			
						G	27—100	暗灰色	中壤土	块状	6.0	23.9	1.32	0.31					8.1			
剖16	人为土	水稻土	潴育水稻土	硅砂泥田	硅泥砂田	A	0—14	暗黄棕色	轻壤土	小块状	5.8	17.5	1.50	0.74		90	7.5	99	9.5	石英砂岩洪积物和坡积物	E 114°29′22.4″ N 31°11′30.4″	95
						P	14—28	暗黄棕色	中壤土	块状	5.8	10.5	0.60	0.45					9.1			
						W	28—100	淡黄棕色	重壤土	棱块状	6.8	6.0	0.34	0.22					5.1			
剖17	人为土	水稻土	沼泽型水稻土	烂泥田	烂泥田	A	0—17	暗黄棕色	轻壤土	无明显结构	5.3	27.9	1.56	0.40		114	5.6	118	7.6		E 114°33′23.4″ N 31°30′04.1″	95
						G	17—100	灰棕色	中壤土	无结构	5.3	29.3	1.51	0.59					8.4			
剖18	人为土	水稻土	潴育水稻土	潮砂田	潮砂田	A	0—15	栗色	砂壤土	粒状	5.3	17.1	1.05	0.45		64	4.4	72	10.4	河谷冲积物	E 114°40′15.5″ N 31°31′34.7″	95
						P	15—28	暗棕色	轻壤土	小块状	6.4	14.6	0.70	0.67					12.2			
						W	28—100	淡棕色	中壤土	粒状	6.4	7.3	≥10.00	0.76					9.7			
剖19	淋溶土	黄棕壤		砂泥土	林地砂土	A	0—16				6.0	16.1	0.93	0.23		65	7.3	120	5.8	白云钠长片麻岩坡积物	E 114°35′34.8″ N 31°25′13.8″	95
						B	16—58				6.0	8.3	0.43	≤0.10					4.1			
						C	58—100				6.1	1.2	0.30	0.17					3.6			
剖20	人为土	水稻土	潴育水稻土	浅乌泥田	浅乌泥田	A	0—15	淡棕黄色	轻壤土	小块状	5.2	26.2	1.48	0.27		79	4.0	130	10.2	基性岩坡积物	E 114°38′52.8″ N 31°27′56.9″	95
						P	15—27	灰黄色	轻壤土	块状	5.3	25.3	1.33	0.26					9.3			
						C	27—100	褐黄色	砂壤土	棱块状	5.4	23.5	1.39	0.36					6.1			
剖21	人为土	水稻土	烂育水稻土	烂泥田	冷砂田	A	0—12	暗黄棕色	轻壤土	粒状												
						P	12—26	紫棕色	砂土	粒状												
						C	26—100	棕色	砂壤土	粒状												
剖22	淋溶土	黄棕壤		乌砂泥土	乌麻青土	A	0—13	灰棕色	砂壤土	粒状	6.6	10.7	0.64	0.75		43	2.9	54	13.8	基性岩风化残积物	E 114°42′33.0″ N 31°25′25.4″	95
						B	13—23	暗棕色	轻壤土	片状	6.3	4.9	0.30	0.92					14.3			
						D	23—				6.3	4.1	0.25	0.92					15.8			
剖23	淋溶土	黄棕壤		乌砂泥土	乌砂土	A	0—15	灰棕色	中壤土	小块状	5.7	27.6	1.50	0.55		114	5.1	67	11.6	基性岩风化积物	E 114°40′38.6″ N 31°26′46.7″	95
						P	15—26	暗黄棕色	中壤土	块状	5.3	28.1	1.42	0.53					11.1			
						C	26—100	黄棕色	中壤土	棱块状	5.3	26.4	1.40	0.51					11.1			
剖24	人为土	水稻土	潴育水稻土	砂泥田	厚层青稠泥砂田	Pg	10—21	棕色	重壤土	小块状	6.0	21.0	1.37	0.58					9.7			
						G	21—53	灰棕色	轻壤土	小块状	5.2	18.3	1.08	0.38		48	1.7	37	8.4	石英砂岩风化残积物	E 114°34′40.5″ N 31°23′03.0″	95
						W	53—100	灰棕色	中壤土	棱柱状	5.0	16.4	1.00	0.25					10.7			
剖25	人为土	水稻土	潴育水稻土	砂泥土	砂土	A	0—17	淡棕黄色	轻壤土	小块状	5.1	22.4	1.22	0.41		97	4.7	≤5	8.2		E 114°30′09.1″ N 31°22′09.0″	95
						B	17—100	黄棕色	中壤土	棱柱状	6.5	8.1	0.49	0.40					9.0			
剖26	人为土	水稻土	淹育水稻土	浅硅砂泥田	浅硅砂泥田	A	0—17	黄棕色	重壤土	棱柱状	5.8	16.7	0.93	0.35					5.5	石英砂岩化残积物	E 114°36′47.9″ N 31°18′27.3″	95
						B	27—70	黄棕色	重壤土	棱柱状	6.9	5.8	0.33	0.23					2.8			
剖27	淋溶土	黄棕壤		乌砂泥土	乌砂渣土	A	0—17	暗棕色	中壤土	小块状	5.2	18.3	0.83	0.42								
						B₁	17—24	灰棕色	砂壤土	粒状	6.6	17.3		0.38				110	9.9	基性岩风化残积物	E 114°35′39.7″ N 31°15′26.5″	95
						B₂	24—100	棕色	砂壤土	粒状	6.8	6.8	0.22						9.4			
剖28	淋溶土	黄棕壤		基性结晶岩黄棕壤	黄乌渣土	C	13—23	灰棕色	中壤土	小块状	5.2	26.8	1.50	0.23	3.8	105	3.5	63	6.8		E 114°36′24.5″ N 31°15′55.5″	95
															3.1							
剖29	人为土	水稻土	潴育水稻土	砂泥田	中层青稠泥砂田	A	0—20	黄褐色	中壤土	块状	5.8	19.3	1.10	0.20					8.9		E 114°33′26.6″ N 31°15′34.9″	95
						Pg	20—31	灰棕色	中壤土	块状	5.8	17.8	0.98	0.19								
						G	31—66	棕色	中壤土	块状	6.0	16.0	0.86									
						W	66—100	棕色	重壤土	块状				0.17					5.7			

续表 Continued

剖面号 Soil profile	土纲 Soil order	土类 Soil great group	亚类 Soil subgroup	土属 Soil genus	土种 Soil species	土层码 Layer code	土层厚度 Depth/cm	颜色 Soil color	质地 Soil texture	土壤结构 Soil structure	pH	有机质 OM/(g/kg)	全氮 TN/(g/kg)	全磷 TP/(g/kg)	全钾 TK/(g/kg)	碱解氮 AN/(mg/kg)	有效磷 AP/(mg/kg)	速效钾 AK/(mg/kg)	阳离子交换量CEC/(cmol/kg)	土壤母质 Parent material	剖面点坐标 Profile coordinate	匹配指数 Matching index/%
剖30	淋溶土	黄棕壤	黄棕壤	砂泥土	林地泥砂土	A	0—17				5.4	18.5	1.26	0.12		79	54.0	≤5	9.5	白云钠长片麻岩坡积物	E 114°41′50.9″ N 31°15′13.7″	95
						B	17—47				5.2	19.2	1.16	0.32		40	60.0	≤5	10.7			
						D	47—100															
剖31	淋溶土	黄棕壤	黄棕壤	砂泥土	林地麻骨土	A	0—21				6.0	6.3	0.67	0.64		56	5.7	72	6.8		E 114°37′35.8″ N 31°16′36.1″	95
						D	21—100															
剖32	人为土	水稻土	潴育水稻土	砂泥田	薄层青屑砂泥田	A	0—14	暗黄棕色	中壤土	碎块状	6.3	31.6	1.79	0.58		130	7.5	70	7.7		E 114°36′12.3″ N 31°13′20.4″	95
						Pg	14—36	暗灰色	重壤土	块状	5.4	12.8	0.70	0.16					8.5			
						W	36—100	褐色	中壤土	棱块状	5.7	24.5	1.27	0.35					12.7			
剖33	淋溶土	黄棕壤	黄棕壤	硅砂泥土	硅砂土	A	0—15		中壤土		5.2	7.1	0.41	0.53		69	14.0	93	8.7		E 114°34′12.2″ N 31°12′12.6″	95
						B	15—30		轻壤土		5.1	5.3	0.30	0.45					10.8			
剖34	初育土	石灰(岩)土	棕色石灰土	棕色石灰土	糖头土	A	0—14	棕色	中壤土	粒状										石灰岩	E 114°37′16.8″ N 31°11′58.9″	75
						B	14—49	淡棕色		块状												
						C₁	49—100	棕色														
						C₂	100—															
剖35	人为土	水稻土	淹育水稻土	浅细砂泥田	浅细砂泥田	A	0—14	淡灰棕色	中壤土	小块状	6.0									云母片岩和泥质岩	E 114°30′38.4″ N 31°11′39.7″	95
						P	14—25	褐棕色	中壤土	块状	6.0											
						C	25—100															
剖36	淋溶土	黄棕壤	黄棕壤	细砂泥土	细砂泥土	A	0—15	淡棕色	中壤土	块状	5.4	19.7	1.02	0.33		74	5.3	71	8.3	云母片岩和泥质岩	E 114°33′25.2″ N 31°10′14.1″	95
						P	15—24	红棕色	中壤土	块状	5.3	10.4	0.68	0.35					8.7			
						B	24—100	暗红色	轻壤土	块状	6.3	9.5	0.63	0.41					6.4			
剖37	人为土	水稻土	淹育水稻土	浅潮砂田	盖土砂田	A	0—17	黄棕色	中壤土	小块状	4.5	27.3	1.38	0.41		95	5.1	58		河流冲积物	E 114°41′32.7″ N 31°12′32.5″	95
						P	17—23	灰黄色	中壤土	块状	5.9	20.0	1.10	0.32								
						C	23—100	灰白色			6.6	8.0	0.44	0.31								
剖38	人为土	水稻土	潴育水稻土	细砂泥田	细砂泥田	A	0—13			粒状											E 114°43′48.2″ N 31°13′44.2″	95
						P	13—22	黄棕色	砂土		5.5	13.3	0.82	0.72		59	5.4	40	10.3	云母片岩和泥质岩		
						W	22—100															
剖39	淋溶土	黄棕壤	黄棕壤	细砂泥土	细棕壤土	A	0—10		中壤土												E 114°35′21.7″ N 31°05′51.7″	95
						C	10—100		中壤土													
剖40	淋溶土	黄棕壤	黄棕壤	砂泥土	麻骨土	A	0—16			块状	6.7	15.5	0.90	0.64		97	18.8	163	7.7	石灰岩	E 114°42′30.3″ N 31°09′09.6″	95
						D	16—100															
剖41	初育土	石灰(岩)土	棕色石灰土	棕色石灰土	林地棕色石灰土	A	0—15		轻壤土	块状	4.7	15.7	1.00	0.20		87	4.2	41	6.8	云母片岩和泥质岩	E 114°37′53.1″ N 31°02′33.3″	75
剖42	人为土	水稻土	淹育水稻土	浅硅砂泥田	浅硅砂田	A	0—16				5.2	13.6	0.75	0.35					7.9	石英岩风化残积物	E 114°37′58.0″ N 31°02′03.2″	95
						P	16—30				6.0	7.4	0.43	0.17					7.6			
						C	30—70															
剖43	淋溶土	黄棕壤	黄棕壤	硅砂泥土	硅砂泥土	A	0—14	红棕色	中壤土	小块状	5.6	8.0	0.56	0.27		45	1.2	170	2.7		E 114°38′22.1″ N 30°57′53.5″	95
						B	14—78	红棕色	中壤土	块状	6.0	5.2	0.35	0.23					3.0			
						C	78—100	暗棕色	黏土	块状	5.6	4.3	0.29	0.18					4.4			

罗 田 县

主要土类说明

黄棕壤是罗田县主要土壤类型，占本县地域面积的 88%。本县黄棕壤发育于花岗岩、片麻岩和基性岩风化残积物或坡积物。黄棕壤是红壤、黄壤向棕壤过渡的土壤类型，有明显的淋溶淀积特征。根据成土母质和成土条件的不同，本县黄棕壤分为黄棕壤、山地黄棕壤、黄棕壤性土等亚类，又续分为砂泥土、乌砂泥土、山地砂泥土和酸性结晶岩黄棕壤性土四个土属。

水稻土是罗田县第二大土壤类型，占本县地域面积的 9%。水稻土是本县的主要耕地土壤，中山、低山、高丘岗地和低丘河谷平原均有分布。在长期耕作、施肥和灌溉条件下，由于还原淋溶和氧化淀积等作用，水稻土形成了特有的剖面结构和发生层次。根据水文地质条件和水耕熟化程度的差异，本县水稻土按水型分为淹育型、潴育型、潜育型和沼泽型四个亚类。其中，潴育水稻土面积最大，占本土类面积的 70% 左右，广泛分布在本县各地，发育于各种成土母质，由于水耕熟化时间长，干湿交替频繁，土壤中各种物质的淋溶淀积和氧化还原过程强烈，形成了明显的潴育层。

小于本县地域面积 3% 的土壤类型有棕壤等。

本区域中心区气候特征

本区域中心区气候特征值
Regional climate characteristics in central area of the region

气候带：北亚热带湿润气候 Climate region: North subtropical humid climate	
年平均气温 /℃ Annual average temperature /℃	16.1
年平均最高气温 /℃ Annual average maximum temperature /℃	20.9
年平均最低气温 /℃ Annual average minimum temperature /℃	12.3
年降水量 /mm Annual precipitation /mm	1359
≥10℃的积温 /℃ Daily temperature accumulated in a year（≥10℃）/℃	6443
年日照时数 /h Annual sunshine /h	1886
年平均相对湿度 /% Annual average relative humidity /%	79
干燥度 Dryness	0.70

罗田县主要土壤类型与土壤剖面点分布图
1:280 000

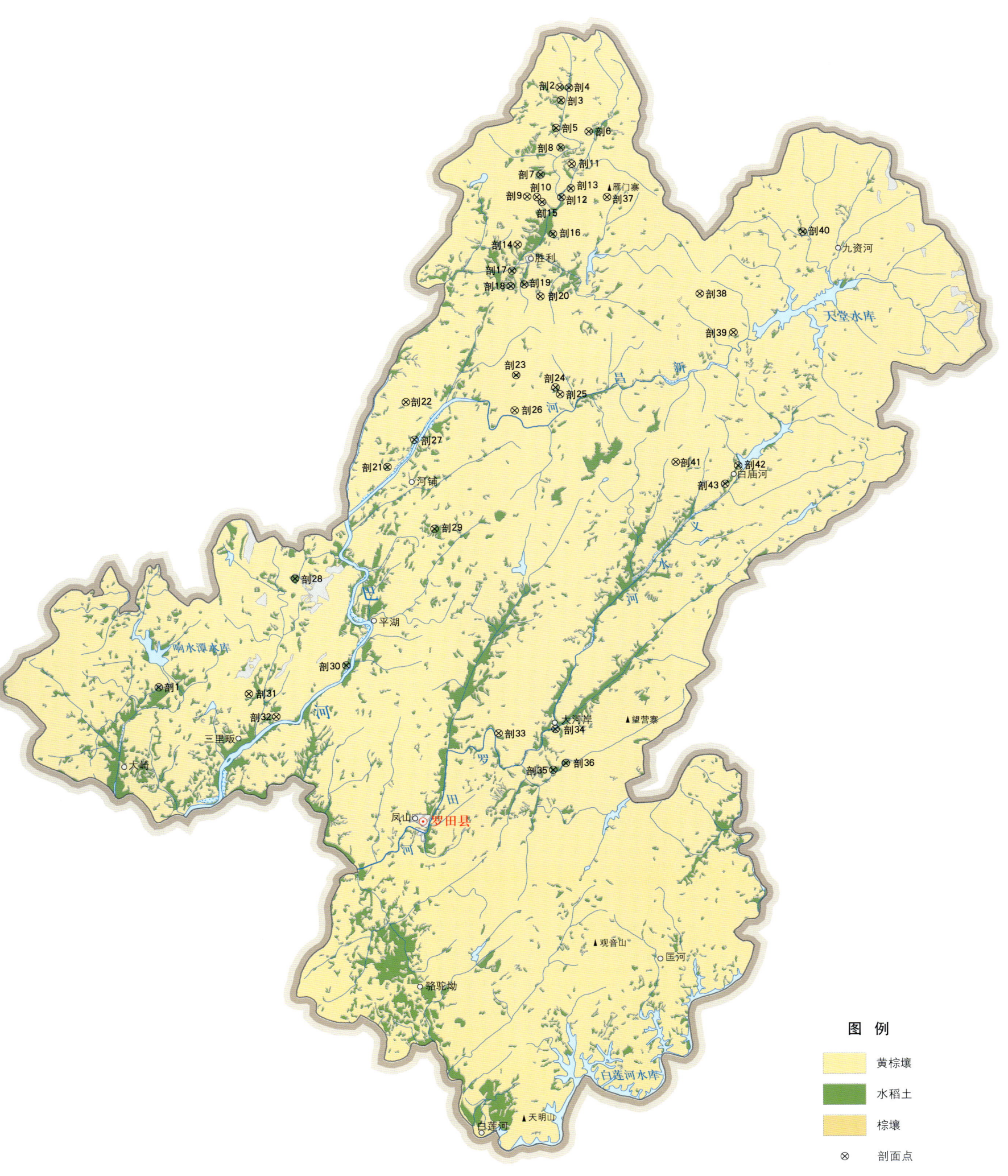

罗田县土壤剖面理化性状表

剖面号 Soil profile	土纲 Soil order	土类 Soil great group	亚类 Soil subgroup	土属 Soil genus	土种 Soil species	土层码 Layer code	土层厚度 Depth/cm	颜色 Soil color	质地 Soil texture	土壤结构 Soil structure	pH	有机质 OM/(g/kg)	全氮 TN/(g/kg)	全磷 TP/(g/kg)	全钾 TK/(g/kg)	碱解氮 AN/(mg/kg)	有效磷 AP/(mg/kg)	速效钾 AK/(mg/kg)	阳离子交换量 CEC/(cmol/kg)	土壤母质 Parent material	剖面点坐标 Profile coordinate	匹配指数 Matching index/%
剖1	人为土	水稻土	潴育水稻土	潮土田	漏水潮砂泥田	A	0—16	棕灰色	中壤土	粒状	6.4	36.3	1.83	0.82	20.1	130	25.3	67	12.6	河流冲积物	E 115°12′45.3″ N 30°51′56.7″	95
						P	16—22	淡灰色	砂壤土	小块状	6.3	28.0	1.50	0.74	20.7				9.8			
						W	22—50	栗色	砂壤土	小块状	6.6	11.7	0.59	0.62	19.8				8.7			
						C	50—100		砂土	无结构	6.3	≤1.0	0.20	0.69					4.9			
剖2	人为土	水稻土	淹育水稻土	浅砂泥田	浅砂田	A	0—15	棕灰色	轻壤土	粒状	5.3	15.0	0.76	0.64		77	9.0	49	8.0	花岗片麻岩坡积物或残积物	E 115°28′46.2″ N 31°14′08.6″	75
						P	15—32	暗棕色	轻壤土	小块状	6.0	9.1	0.46	0.60					6.7			
						C	32—100	黄棕色	砂土	无结构	6.2	3.5	0.16	0.87					4.7			
剖3	人为土	水稻土	潴育水稻土	砂泥田	山地砂泥田	A	0—17	棕灰色	轻壤土	粒状	5.6	54.0	2.35	0.90	34.3	181	21.4	133	11.8	花岗片麻岩坡积物	E 115°28′50.2″ N 31°13′40.0″	75
						P	17—28	黄棕色	轻壤土	小块状	5.6	51.3	2.30	0.89	32.0				11.0			
						W	28—100	棕色	中壤土	块状	5.6	28.8	1.23	0.83								
剖4	人为土	水稻土	潴育水稻土	砂泥田	冷性砂泥田	A	0—16	棕灰色	轻壤土	小块状										花岗片麻岩坡积物	E 115°29′09.3″ N 31°14′08.2″	75
						P	16—24	暗棕色	轻壤土	块状												
						W	24—40	黄棕色	轻壤土	块状												
						G	40—100	青灰色	轻壤土	无结构												
剖5	人为土	水稻土	潴育水稻土	潮土田	潮泥砂田	A	0—17	灰棕色	轻壤土	粒状	5.7	25.6	1.35	≥10.00	16.6	120	9.1	51	18.9	河流冲积物	E 115°28′39.1″ N 31°12′38.9″	75
						P	17—38	暗棕色	轻壤土	块状	6.2	8.9	0.47	1.12	16.5				19.6			
						W	38—100	灰黄棕色	轻壤土	块状	6.5	8.9	0.47	1.06	17.0				16.9			
剖6	人为土	水稻土	潴育水稻土	青泥田	落河土砂田	A	0—14	暗棕色	砂壤土	粒状	5.6	16.3	0.73	0.73	27.7	61	7.8	28	8.3			
						P	14—24	暗棕色	砂壤土	粒状	5.8	13.0	0.57	0.77	27.1				7.6			
						Cg	24—100	淡灰色	砂壤土	粒状	5.5	10.5	0.38	0.57	30.9				5.7			
剖7	人为土	水稻土	沼泽型水稻土	冷泉田	淀田	A	0—16	青灰色	砂壤土	粒状	6.3	19.8	0.81	0.82			8.6	46	13.9			
						G	16—100	青灰色	砂壤土	无结构	6.6	10.8	0.43	0.76					7.1			
剖8	人为土	水稻土	潴育水稻土	砂泥田	青褐砂泥田	A	0—20	栗色	中壤土	粒状	5.4	32.4	1.63	1.94	17.7	140	11.8	66	15.7	花岗片麻岩坡积物	E 115°28′50.9″ N 31°11′55.9″	95
						Pg	20—24	暗棕色	中壤土	块状	5.9	33.1	1.61	1.54	18.4				18.6			
						G	24—56	青灰色	轻壤土	块状	5.4	28.5	1.43	1.68	17.1				15.1			
						W	56—100		重壤土	块状	5.4	32.7	1.64	1.50	18.4				16.1			
剖9	淋溶土	黄棕壤	黄棕壤	砂泥土	荒地砂土	A	0—52	暗棕色	中壤土	粒状	6.4	5.2	0.19	0.98	19.0	27	3.0	35	7.1			
						C	52—100															
剖10	淋溶土	黄棕壤	暗黄棕壤	酸性结晶岩暗黄棕壤	暗麻砂土	A	0—27	暗黄棕色	砂质黏壤土	粒状	5.4	21.5	0.89	1.57	23.7	40	3.9	106	8.2			81
						C	27—100	淡黄棕色	轻壤土	粒状	5.6	14.6	0.54	1.10	29.0				5.6			
剖11	淋溶土	黄棕壤	山地黄棕壤	山地黄棕壤	山地麻骨砂土	A	0—27	暗黄棕色	轻壤土	无结构	5.4	21.5	0.89	1.57	23.7					花岗片麻岩坡积物	E 115°29′18.9″ N 31°11′20.7″	95
						B	27—100	淡黄棕色	轻壤土	无结构	5.6	≤1.0										
剖12	人为土	水稻土	潴育水稻土	砂泥田	泥砂田	A	0—18	淡黄棕色	轻壤土	小块状	6.0	28.2	1.36	0.57	28.5	147	18.1	65	10.6	花岗片麻岩坡积物	E 115°28′55.0″ N 31°10′06.9″	75
						P	18—34	棕色	轻壤土	块状	6.0	10.9	0.50	1.10	29.0				9.3			
						W	34—100	棕黄色	轻壤土	粒状	6.6	7.6	0.37	0.55	27.4				9.6			
剖13	人为土	水稻土	潴育水稻土	砂泥田	青褐泥砂田	A	0—16	褐色	轻壤土	块状	6.4	19.9	1.00	1.47	18.4	133	7.0	123	11.4	花岗片麻岩坡积物	E 115°29′18.0″ N 31°10′26.9″	75
						Pg	16—24	青灰色	轻壤土	块状	6.6	10.6	0.63	1.24	17.3				13.1			
						G	24—56	暗黄色	轻壤土	块状	6.4	15.6	0.91	1.12	18.5				11.8			
						W	56—100	黄棕色	轻壤土	块状	6.6	12.1	0.80	1.18	18.0				12.2			
剖14	淋溶土	黄棕壤	黄棕壤	砂泥土	林地古泥土	A	0—14	暗棕色	中壤土	粒状	6.2	26.8	1.29	0.41	17.3	85	3.7	34	17.6	花岗片麻岩坡积物	E 115°27′08.5″ N 31°08′21.9″	95
						B	14—100	暗棕红色	重壤土	小块状	5.9			0.42	14.7				19.1			

续表 Continued

剖面号 Soil profile	土纲 Soil order	土类 Soil great group	亚类 Soil subgroup	土属 Soil genus	土种 Soil species	土层码 Layer code	土层厚度 Depth/cm	颜色 Soil color	质地 Soil texture	土壤结构 Soil structure	pH	有机质 OM/(g/kg)	全氮 TN/(g/kg)	全磷 TP/(g/kg)	全钾 TK/(g/kg)	碱解氮 AN/(mg/kg)	有效磷 AP/(mg/kg)	速效钾 AK/(mg/kg)	阳离子交换量CEC/(cmol/kg)	土壤母质 Parent material	剖面点坐标 Profile coordinate	匹配指数 Matching index/%
剖15	人为土	水稻土	潴育水稻土	砂泥田	薄青隔泥砂泥田	A	0—15	栗色	砂壤土	小块状	6.3	19.8	0.94	0.82	21.7	100	24.3	69	11.6	花岗片麻岩坡积物	E 115°28′07.6″ N 31°09′55.8″	95
						Pg	15—21	暗灰色	轻壤土	块状	6.2	21.0	1.05	0.95	20.7				13.4			
						G	21—36	暗灰色	轻壤土	块状	6.2	17.2	0.81	0.70	21.5				11.8			
						W	36—100	淡黄棕色	砂壤土	块状	6.4	4.8	0.20	0.53	23.5				6.6			
剖16	人为土	水稻土	淹育水稻土	浅潮砂田	盖土砂泥田	A	0—11	暗黄色	砂土	粒状	6.1	19.0	0.95	0.74	18.3	81	6.7	64	11.2	河流冲积物	E 115°28′35.8″ N 31°08′46.5″	95
						P	11—100	暗黄色	砂土	无结构	6.5	5.0	0.18	0.73	13.7				3.5			
剖17	人为土	水稻土	潴育水稻土	砂泥田	厚青隔砂泥田	A	0—16	灰黄棕色	中壤土	小块状	5.5	26.1	1.28	1.49	20.4	102	10.5	52	18.5	花岗片麻岩坡积物	E 115°26′56.4″ N 31°07′24.1″	95
						Pg	16—25	暗黄色	中壤土	块状	5.7	22.2	1.11	1.64	20.0				19.1			
						G	25—73	暗黄色	中壤土	块状	5.9	13.8	0.68	1.31	20.6				16.2			
						W	73—100	灰黄色	中壤土	棱柱状	6.3	7.3	0.37	1.22	20.3				18.8			
剖18	人为土	水稻土	潴育水稻土	砂泥田	青底泥砂田	A	0—17	棕色	轻壤土	小块状	5.3	31.0	1.50	0.72	27.6	70	17.5	90	10.7	花岗片麻岩坡积物	E 115°26′54.0″ N 31°06′49.9″	95
						P	17—26	黄棕色	轻壤土	块状	4.9	15.7	0.68	0.60					6.9			
						W	26—56	黄棕色	轻壤土	块状	5.8	9.1	0.31	0.48	33.4				7.2			
						G	56—100	淡黄棕色	轻壤土	小块状	5.4	10.5	0.33	0.42	35.0				5.9			
剖19	人为土	水稻土	淹育水稻土	浅砂泥田	浅砂泥田	A	0—18	灰灰色	砂壤土	粒状	6.1	29.2	1.47	0.77	23.4	112	5.4	85	16.3	花岗片麻岩坡积物	E 115°26′27.2″ N 31°06′54.3″	95
						P	18—100	黄棕色	砂壤土	块状	6.5	5.5	0.29	0.26	38.0				6.5			
剖20	淋溶土	黄棕壤	黄棕壤性土	酸性结晶岩黄棕壤性土	薄黄麻板土	A	0—15	灰棕色	砂黏壤土	无结构	6.0	10.6	0.50	1.12	19.5	45	4.3	52	18.8	花岗片麻岩坡积物	E 115°28′07.3″ N 31°06′27.9″	82
						C	15—															
剖21	人为土	水稻土	潴育水稻土	砂泥田	夹砂潮泥田	A	0—16	栗色	中壤土	粒状	5.4	14.1	0.77	0.85	24.2	134	17.9	98	9.5	河流冲积物	E 115°21′58.3″ N 31°00′07.7″	95
						P	16—29	灰棕色	轻壤土	小块状	5.9	16.8	0.88	1.11	26.0				6.7			
						C	29—63	灰黄色	砂壤土	无结构	6.2	5.5	0.20	0.59	31.2				1.9			
						W	63—100	黄棕色	轻壤土	块状	6.3	8.8	0.43	1.24	24.9				8.4			
剖22	淋溶土	黄棕壤	黄棕壤	潮土田	砂泥土	A	0—17	栗灰色	中壤土	粒状	5.9	13.4	0.83	0.49	18.2	96	7.5	106	12.0	花岗片麻岩坡积物	E 115°22′41.0″ N 31°02′30.3″	95
						B	21—100	暗棕色	轻壤土	碎块状	6.1	8.1	0.75	0.38	20.9				15.9			
剖23	人为土	水稻土	潴育水稻土	砂泥田	薄青隔泥田	A	0—17	栗色	中壤土	小块状	5.5	38.2	1.75	0.41	19.2	133	7.0	123	17.0	花岗片麻岩坡积物	E 115°27′10.3″ N 31°03′34.2″	95
						Pg	17—25	棕灰色	中壤土	块状	6.2	32.2	1.52	0.42	20.6				15.3			
						G	25—49	暗黄色	中壤土	块状	6.5	14.9	0.79	0.31	21.3				12.2			
						W	49—100	黄棕色	中壤土	块状	6.9	12.1	0.64	0.30	20.1				11.4			
剖24	人为土	水稻土	潴育水稻土	潮土田	潮砂田	A	0—19	栗色	中壤土	小块状	6.3	22.9	1.16	1.02	19.2	128	12.9	57	18.0	河流冲积物	E 115°28′52.3″ N 31°03′06.5″	95
						P	19—28	暗黄棕色	中壤土	块状	6.4	22.2	1.17	1.23	18.8				18.0			
						W	28—100	灰黄棕色	中壤土	小块状	6.5	12.6	0.58	1.31	19.4				13.4			
剖25	淋溶土	黄棕壤	黄棕壤	酸性结晶岩黄棕壤性土	薄黄麻骨土	A	0—13	褐色	砂壤土	粒状	6.3	12.0	0.45	0.51	28.8	70	16.4	151		花岗片麻岩或坡积物	E 115°28′54.5″ N 31°02′59.9″	81
						C	13—30	黄棕色	砂壤土	块状	6.3	5.1	0.17	0.47	28.5							
						D	30—															
剖26	淋溶土	黄棕壤	黄棕壤	砂泥田	泥砂田	A	0—29	栗色	轻壤土	粒状	6.1	22.0	0.86	0.84	21.0	114	8.7	59	10.5	花岗片麻岩或坡积物	E 115°27′07.8″ N 31°02′16.6″	95
						P	29—59	棕灰色	轻壤土	块状	6.2	9.0	0.32	0.66	25.2				10.6			
						W	59—100	黄棕色	中壤土	块状	5.8	27.3	1.43	0.53	15.4				16.5			
剖27	人为土	水稻土	潴育水稻土	砂泥田	泥田	A	0—19	棕色	中壤土	小块状	6.2	21.4	1.08	0.47	15.3	123	16.1	91	17.2	花岗片麻岩或坡积物	E 115°23′03.3″ N 31°01′08.3″	95
						P	19—29	黄灰色	中壤土	块状	7.2	9.2	0.48	0.44	14.6				17.1			
剖28	人为土	水稻土	潴育水稻土	砂泥田	砂田	A	0—16	黄色	砂壤土	粒状	5.1	33.6	1.50	0.83	29.9	59		33	10.8	花岗片麻岩坡积物	E 115°18′15.4″ N 30°55′59.8″	95
						P	16—28	青灰棕色	砂壤土	粒状	6.1	10.2	0.52	0.64	22.9				9.5			
						W	28—100	淡棕色	轻壤土	粒状	6.3	7.6	0.37	0.60	23.9				12.0			
剖29	人为土	水稻土	沼泽型水稻土	烂泥田	冷砂田	A	0—17	栗棕色	砂壤土	粒状	6.0	36.3	1.79	0.78			4.2		7.1	花岗片麻岩坡积物	E 115°23′55.5″ N 30°57′53.1″	95
						G	17—100	青灰色	砂壤土	粒状	4.8	13.0	0.50	0.92					7.1			

续表 Continued

剖面号 Soil profile	土纲 Soil order	土类 Soil great group	亚类 Soil subgroup	土属 Soil genus	土种 Soil species	土层码 Layer code	土层厚度 Depth/cm	颜色 Soil color	质地 Soil texture	土壤结构 Soil structure	pH	有机质 OM/(g/kg)	全氮 TN/(g/kg)	全磷 TP/(g/kg)	全钾 TK/(g/kg)	碱解氮 AN/(mg/kg)	有效磷 AP/(mg/kg)	速效钾 AK/(mg/kg)	阳离子交换量CEC/(cmol/kg)	土壤母质 Parent material	剖面点坐标 Profile coordinate	匹配指数 Matching index/%
剖30	人为土	水稻土	潴育水稻土	青泥田	锈水田	A	0—15	棕色	砂壤土	粒状	5.0	21.4	1.04	0.79		78	77.0	41	7.6		E 115° 20′ 23.8″ N 30° 52′ 50.8″	95
						Pg	15—30	棕灰色	砂壤土	小块状	5.2	9.4	0.40	0.56					6.5			
						G	30—100	暗灰色	砂壤土	小块状	5.7	3.4	≤0.10	0.37					1.5			
剖31	淋溶土	黄棕壤	黄棕壤	砂泥土	林地砂土	A	0—40				6.0	24.5	1.42	0.59	16.8	127	3.5	40	7.1		E 115° 16′ 26.6″ N 30° 51′ 45.8″	95
						C	40—100															
剖32	淋溶土	黄棕壤	黄棕壤	砂泥土	荒地麻骨土	A	0—24	棕色	轻壤土	无结构	5.2	14.4	0.73	1.30	31.1	31	1.9	36	9.5		E 115° 17′ 34.1″ N 30° 50′ 56.8″	95
						C	24—100	淡黄棕色	轻壤土	无结构	5.8	4.7	0.32	0.26	41.6							
剖33	淋溶土	黄棕壤	黄棕壤	砂泥土	麻骨土	A	0—25	黄灰色	砂土	片状	6.1	9.7	0.39	0.40	30.2	28	10.6	25	9.5		E 115° 26′ 38.8″ N 30° 50′ 26.5″	95
						C	25—100	黄棕色	砂壤土		6.0	4.8	0.18	0.43	24.9							
剖34	人为土	水稻土	潴育水稻土	砂泥田	厚青褐泥砂田	A	0—17	深栗色	轻壤土	粒状	5.6	31.3	1.53	1.06	16.5	156	12.8	90	13.8	花岗片麻岩坡积物	E 115° 28′ 59.0″ N 30° 50′ 37.2″	95
						P	17—31	青灰色	轻壤土	块状	6.1	7.2	0.31	0.98	15.1				9.2			
						W	31—80	青灰色	轻壤土	块状	5.6	26.6	1.29	1.02	16.4				13.6			
						G	80—100	黄棕色	砂土	片状	5.4	24.0	1.18	0.90	16.4				12.6			
剖35	人为土	水稻土	潴育水稻土	青泥田	青泥田	A	0—14	淡棕色	轻壤土	粒状	5.0	41.4	1.96	0.73		88	2.8	36	14.9		E 115° 28′ 54.6″ N 30° 49′ 06.5″	98
						Pg	14—27	暗棕色	轻壤土	小块状	5.0	21.5	1.60	0.60					14.3			
						G	27—100	青灰色	轻壤土	块状	5.0	14.5	0.71	0.71					9.7			
剖36	人为土	水稻土	沼泽型水稻土	冷泉田	冷泉田	A	0—17	暗棕色	轻壤土	小块状	6.0	25.1	1.14	0.41	11.5		3.8	61	11.8		E 115° 29′ 25.1″ N 30° 49′ 22.1″	99
						G	17—100	暗灰色	砂土	无结构	5.8	5.2	0.14	0.31	11.2				3.1			
剖37	淋溶土	黄棕壤	黄棕壤	砂泥土	林地麻骨土	A	0—20	黄棕色	砂壤土	无结构	5.8	12.3	0.39	0.82	14.4	35	4.2	59	6.1		E 115° 30′ 46.6″ N 31° 10′ 09.0″	95
						C	20—100	棕灰色	砂壤土	片状	5.6	3.6	0.13	0.56	12.8							
剖38	淋溶土	黄棕壤	山地黄棕壤	山地砂泥土	山地砂土	A	0—45	暗棕色	轻壤土	粒块状	5.1	18.8	0.93	0.42	20.9	209	3.9	146	11.9		E 115° 34′ 38.6″ N 31° 06′ 40.2″	95
						C	45—100				5.3	6.5							6.2			
剖39	淋溶土	黄棕壤	山地黄棕壤	山地砂泥土	山地砂土	A	0—13	暗棕色	重壤土	小块状	6.1	11.7	0.48	0.27	33.0	120	3.2	45			E 115° 36′ 02.5″ N 31° 05′ 15.9″	95
						C	13—100	棕色	重壤土	小块状	5.1	8.1	0.40	0.27	24.6							
剖40	人为土	水稻土	沼泽型水稻土	烂泥田	烂泥田	A	0—15	淡灰色	中壤土	无结构	6.1	25.7	1.32	0.42	17.6	84	10.4	69	17.7		E 115° 38′ 49.1″ N 31° 09′ 00.7″	95
						G	15—100	青灰色	中壤土	无结构	5.7	14.0	0.67	0.35	16.0				13.5			
剖41	淋溶土	黄棕壤	山地黄棕壤	山地砂泥土	山地泥砂土	A	0—25	暗棕色	轻壤土	粒状	5.6	29.6	1.01	0.64	31.2	75	19.1	196			E 115° 33′ 45.0″ N 31° 00′ 29.1″	95
						B	25—100	黄棕色	轻壤土	碎块状		6.9	0.21	0.36	34.6							
剖42	人为土	水稻土	潴育水稻土	砂泥田	青底砂泥田	A	0—15	栗色	重壤土	块状										花岗片麻岩坡积物	E 115° 36′ 18.6″ N 31° 00′ 23.2″	95
						P	15—26	淡灰色	重壤土	棱状	6.1	19.0	0.92	0.37	18.5			88	1.1			
						W	26—70	青灰色	重壤土	块状	5.7	19.2	0.96	0.37	16.0				11.3			
						G	70—100	暗灰色	轻壤土	块状	5.1	14.9	0.74	0.30	15.5				10.2			
剖43	人为土	水稻土	潴育水稻土	砂泥田	青底砂泥田	A	0—16	黄棕色	轻壤土	块状						123	8.6			花岗片麻岩坡积物	E 115° 35′ 47.3″ N 30° 59′ 42.9″	95
						P	16—21	暗灰色	轻壤土	棱柱状	5.4	13.2	0.68	0.33	16.2				8.3			
						W	21—62	棕灰色	轻壤土													
						G	62—100	暗灰色	轻壤土	块状												

英 山 县

主要土类说明

黄棕壤是英山县主要土壤类型，占本县地域面积的75%。黄棕壤发生于亚热带暖湿落叶阔叶林下，是红壤、黄壤向褐土、棕壤过渡的土壤类型，弱度富铝化，多由砂页岩及花岗岩风化物发育而成，黏聚现象明显，呈黄棕色，有明显的淋溶淀积特征。黄棕壤具 A–B–C 或 A–（B）–C 剖面构型，黏粒硅铝率在2.5左右，铁的游离度较红壤低，B 层交换性酸大于 A 层。土壤 pH 为5.5—6.0。根据成土母质和海拔的不同，本县黄棕壤分为三个亚类，又续分为五个土属。其中，分布面积最大的土属是砂泥土，占耕地面积的27%，占旱地面积的98%，成土母质为花岗片麻岩残积物或坡积物。砂泥土因其成土母质中的石英砂粒含量高，所以土壤质地轻，易引起冲刷，剖面发育不明显。

水稻土是英山县第二大土壤类型，占本县地域面积的22%。水稻土是在长期季节性淹灌、水下翻耕、季节性脱水、氧化还原交替影响下，原来成土母质或母土的特性发生重大改变，形成的新的土壤类型。由于干湿交替，水稻土形成糊状淹育层、较坚实板结的犁底层、渗育层、潴育层与潜育层等多种发生层。这些不同发生层是在人为耕作、水浆管理下形成的。本县水稻土分为淹育型、潴育型、潜育型、侧渗型等亚类。其中，分布面积最大的土属是潴育水稻土中的砂泥田，占本土类面积的67%，主要分布在低山丘陵区。砂泥田因其成土母质中的石英砂粒含量较高，所以土壤质地较轻，易引起土壤侵蚀，保水保肥性能较差。

小于本县地域面积3%的土壤类型有石灰（岩）土、潮土等。

本区域中心区气候特征

本区域中心区气候特征值
Regional climate characteristics in central area of the region

气候带：北亚热带湿润气候 Climate region: North subtropical humid climate	
年平均气温 /℃ Annual average temperature /℃	16.1
年平均最高气温 /℃ Annual average maximum temperature /℃	20.9
年平均最低气温 /℃ Annual average minimum temperature /℃	12.3
年降水量 /mm Annual precipitation /mm	1407
≥10℃的积温 /℃ Daily temperature accumulated in a year（≥10℃）/℃	6635
年日照时数 /h Annual sunshine /h	1854
年平均相对湿度 /% Annual average relative humidity /%	79
干燥度 Dryness	0.67

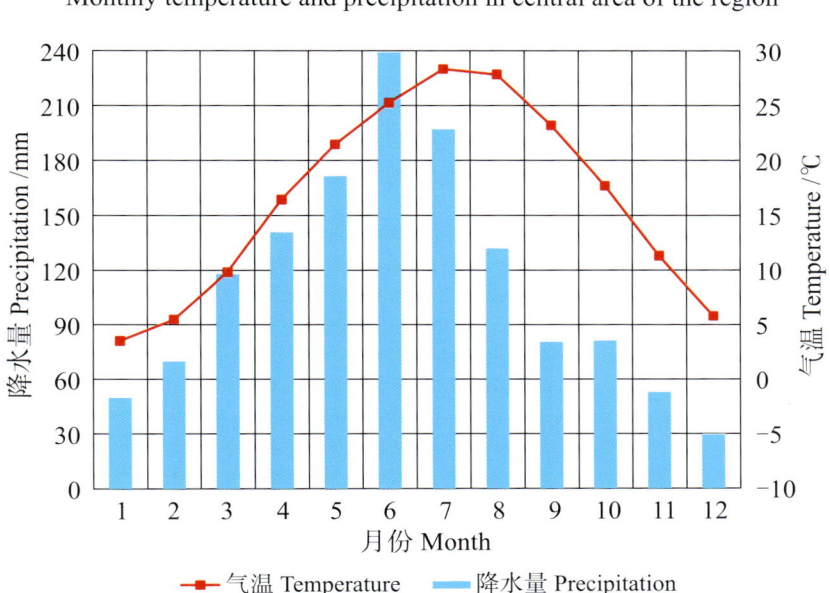

本区域中心区月平均气温与月平均降水量
Monthly temperature and precipitation in central area of the region

英山县主要土壤类型与土壤剖面点分布图
1 : 230 000

图 例

- 黄棕壤
- 水稻土
- 石灰（岩）土
- 潮土
- ⊗ 剖面点

英山县土壤剖面理化性状表

剖面号 Soil profile	土纲 Soil order	土类 Soil great group	亚类 Soil subgroup	土属 Soil genus	土种 Soil species	土层码 Layer code	土层厚度 Depth/cm	颜色 Soil color	质地 Soil texture	土壤结构 Soil structure	pH	有机质 OM/(g/kg)	全氮 TN/(g/kg)	全磷 TP/(g/kg)	全钾 TK/(g/kg)	碱解氮 AN/(mg/kg)	有效磷 AP/(mg/kg)	速效钾 AK/(mg/kg)	阳离子交换量 CEC/(cmol/kg)	土壤母质 Parent material	剖面点坐标 Profile coordinate	匹配指数 Matching index/%
剖1	人为土	水稻土	潜育水稻土	潮土田	潮砂田	A	0—13	淡灰黄色	砂壤土	粒状	5.9	21.0	1.17	1.84	18.4	83	9.0	58	6.4	近代河流冲积物	E 115°44′09.6″ N 31°01′58.3″	75
						P	13—24	淡黄棕色	砂壤土	块粒状	6.9	22.3	1.30	1.67	18.6				6.9			
						W	24—100	灰黄色	砂壤土	粒状	6.9	6.9	0.38	1.44	20.1				3.7			
剖2	人为土	水稻土	潜育水稻土	青泥田	锈水田	A	0—14	棕灰色		碎块状	6.3	31.8	1.58	0.57	20.3	78	5.0	37	6.5	多种母质风化物	E 115°44′26.5″ N 31°01′38.9″	95
						P	14—28	黄灰色		块状	5.0	30.4	1.27	0.62	17.2				9.4			
						G	28—100				4.9	34.8	1.51	0.46	16.2				11.9			
剖3	人为土	水稻土	沼泽型水稻土	烂泥田	冷砂田	A	0—16	棕灰色	砂壤土	无结构	6.8	19.1	0.84	1.34	19.5	53	4.0	27	5.7		E 115°44′22.4″ N 31°00′45.1″	75
						G	16—100	青灰色	砂壤土		5.5	15.2	0.88	1.41	19.3				5.8			
剖4	人为土	水稻土	潜育水稻土	酸性结晶岩泥田	麻砂泥田	A	0—16	黄棕色	黏壤土	团块状	5.9	34.1	1.84	0.64	17.9	137	8.0	90	19.7	多种母质风化物	E 115°44′56.6″ N 31°01′39.8″	75
						P	16—25	暗黄棕色	黏壤土	块状	6.2	31.7	1.40	0.59	17.3				17.2			
						W	25—100	暗灰棕色	黏壤土	棱柱状	6.1	27.8	1.18	0.80	18.1				21.4			
剖5	人为土	水稻土	潜育水稻土	青麻砂泥田	英山深水田	Aa	0—14	灰棕色	砂壤土	粒状	6.3	31.8	1.60	0.60	20.3	78	5.0	37	6.5	花岗岩风化物	E 115°39′33.9″ N 30°54′10.5″	95
						Apg	14—28	灰色	砂质黏壤土	块状	5.0	30.4	1.30	0.60	17.2				9.4			
						G	28—100	灰色	砂质黏壤土	糊块状	4.9	34.8	1.50	0.50	16.2				11.9			
剖6	人为土	水稻土	潜育水稻土	青泥田	青泥田	A	0—20	栗色		块状	5.6	30.5	1.51	1.22	16.6	99	5.0	37	11.6	多种母质风化物	E 115°44′42.6″ N 30°52′01.6″	95
						P	20—37	棕灰色		棱柱状	6.4	25.8	1.30	1.27	17.5				10.9			
						G	37—100	青灰色		碎块状	5.6	25.1	1.19	0.87	16.5				11.6			
剖7	人为土	水稻土	淹育水稻土	浅潮砂田	盖土砂田	A	0—13	黄灰色		粒状	5.8	1.7	0.33	1.19	17.4	82	9.0	30	6.8	河流冲积物	E 115°39′15.1″ N 30°51′19.0″	95
						P	13—20			无结构	6.0	15.3	0.71	1.24	18.0				5.7			
						C	20—															
剖8	淋溶土	黄棕壤	黄棕壤	砂泥土	林地砂土	A	0—18	黄棕色	轻壤土	碎块状	6.3	34.0	1.87	0.41	27.5	58	3.0	53	6.1	花岗片麻岩残积物或坡积物	E 115°39′30.2″ N 30°50′25.0″	95
						B	18—60	黄灰色	轻壤土	块状	5.5	4.7	0.20	1.43	18.9				3.3			
						C	60—100	淡黄棕色	轻壤土		5.4	3.7	0.21	0.25	30.0							
剖9	淋溶土	黄棕壤	黄棕壤	砂泥土	砂土	A	0—18	栗色		粒状	5.8	14.8	0.74	1.30	22.0	57	13.0	44	6.1	近代河流冲积物	E 115°42′50.9″ N 30°42′35.7″	95
						B	18—100	褐色			6.0	3.7	0.19	1.09	22.3				7.2			
剖10	淋溶土	黄棕壤	黄棕壤	砂泥土	荒地麻育土	A	0—12			粒状	6.2	35.7	1.91	0.75	17.0	156	16.0	94	6.2	基性岩残积物或坡积物	E 115°38′39.3″ N 30°41′28.7″	95
						C	12—					35.7										
剖11	人为土	水稻土	潜育水稻土	潮土田	漏水潮泥砂田	A	0—19	灰棕色	轻壤土	块状	5.0	36.4	1.83	0.83	20.1	36	4.7	103	6.2	近代河流冲积物	E 115°40′35.8″ N 30°36′17.4″	95
						P	19—39	棕灰色		粒状	5.3	18.5	0.95	0.84	19.9				6.5			
						C	39—100	灰黄色			6.8	1.8	0.63	0.77	22.9				1.9			
剖12	淋溶土	黄棕壤	黄棕壤	乌砂泥土	乌泥砂田	B_1	0—16	暗黄棕色	轻壤土	粒状	6.1	6.9	0.28	0.61	13.2		9.0	41	6.1	基性岩残积物或坡积物	E 115°52′25.7″ N 31°02′60.0″	95
						B_2	16—43	灰黄色		粒状	6.3	5.8	0.23	0.40	7.8				6.3			
						C	43—100	暗黄棕色		粒状	6.4	6.5	0.37	0.19	5.9				6.4			
剖13	人为土	水稻土	潜育水稻土	潮土田	潮泥砂田	A	0—20	灰黄色	轻壤土	粒状	6.0	23.4	1.20	1.19	18.5	49	13.0		11.6	近代河流冲积物	E 115°46′35.2″ N 31°01′10.9″	95
						P	20—40	黄黄棕色	砂壤土	粒状	6.4	23.8	1.20	1.28	19.0				13.9			
						W	40—100	棕色	紧壤土	块状	6.2	12.2	0.40	1.14	20.2				10.2			
剖14	人为土	水稻土	淹育水稻土	浅潮砂田	落河盖土砂田	A	0—15	暗黄棕色	轻壤土	团粒状	5.8	27.2	1.49	1.72	21.3	103	3.5	50	4.8	河流冲积物	E 115°47′55.3″ N 31°01′50.4″	95
						P	15—27	砂灰棕色	砂壤土	块状	6.0	6.6	0.28	1.96	21.9				2.0			
						C	22—	棕色		块状	6.6	3.4	0.13	1.38	21.3				1.9			
剖15	人为土	水稻土	潜育水稻土	乌砂泥田	乌砂泥田	A	0—15	淡灰棕色		团粒状										基性岩风化坡积物或残积物	E 115°55′41.3″ N 31°01′45.6″	95
						P	15—27	暗棕色		块状												
						W	27—100	棕色		块状												

续表 Continued

剖面号 Soil profile	土纲 Soil order	土类 Soil great group	亚类 Soil subgroup	土属 Soil genus	土种 Soil species	土层码 Layer code	土层厚度 Depth/cm	颜色 Soil color	质地 Soil texture	土壤结构 Soil structure	pH	有机质 OM/(g/kg)	全氮 TN/(g/kg)	全磷 TP/(g/kg)	全钾 TK/(g/kg)	碱解氮 AN/(mg/kg)	有效磷 AP/(mg/kg)	速效钾 AK/(mg/kg)	阳离子交换量 CEC/(cmol/kg)	土壤母质 Parent material	剖面点坐标 Profile coordinate	匹配指数 Matching index/%
剖16	淋溶土	黄棕壤	暗黄棕壤	酸性结晶岩暗黄棕壤	暗麻砂泥土	A	0—17	灰棕色	砂壤土	粒状	5.5	51.7	2.08	0.38	35.8		3.5	142	18.4		E 115°55′55.6″ N 31°00′37.1″	81
						B₁	17—33	棕色	壤质黏土	碎块状	5.5	14.5	0.59	0.32	33.9		3.1	33	11.3			
						B₂	33—74	红黄色	砂质黏壤土	块状	5.3	5.3	0.26	0.58	38.5		3.6	34	8.0			
						C	74—100	淡黄棕色	砂壤土	碎块状	5.5	1.3	0.15	≤0.10	41.0		8.9	43	5.0			
剖17	人为土	水稻土	淹育水稻土	浅砂泥田	浅泥砂田	A	0—16	褐色	轻壤土		5.2	23.2	1.13	0.40	21.5	92	9.0	63	10.9	花岗片麻岩坡积物或堆积物	E 115°54′00.1″ N 30°59′55.4″	95
						P	16—25	黄褐色	轻壤土		5.4	16.7	0.82	0.40	21.8				9.7			
						C	25—100		轻壤土		6.3	6.9	0.31	0.28	23.4				6.2			
剖18	人为土	水稻土	淹育水稻土	浅砂泥田	浅泥砂田	A	0—15	暗灰黄色			6.1	15.0	0.66	1.29	22.1	53	12.0	61		花岗片麻岩坡积物或堆积物	E 115°56′08.5″ N 30°59′32.4″	95
						P	15—21	灰黄色			6.7	7.9	0.26	1.30	23.0				7.5			
						C	21—73				5.6	3.4	0.12	1.18	22.0							
剖19	人为土	水稻土	潴育水稻土	砂泥田	厚青褐泥砂田	1					5.8	18.4	0.81	0.58	17.2	55	18.0	67	7.3	花岗片麻岩	E 115°48′59.3″ N 30°52′02.0″	95
						2					6.7	12.0	0.27	0.71	16.8				6.9			
						3					6.0	14.5	0.78	0.63	16.3				6.8			
						4					7.2	5.0	0.25	0.91	17.1							

浠水县

主要土类说明

黄棕壤是浠水县主要土壤类型，占本县地域面积的47%。成土母质多为片麻岩、花岗岩残积物或坡积物，其次为红色砂砾岩风化物，还有第四纪黏土及少数基性岩风化物等。该土壤有较强的淋溶作用，黏粒明显下移。最醒目的剖面形态特征是在表土层下有一层质地黏重的黄棕色或红棕色心土层。该层因母质不同而色泽不一，呈块状或棱块状结构，结构体表面有棕色或暗棕色铁锰胶膜，或有铁锰结核。

水稻土是浠水县第二大土壤类型，占本县地域面积的43%。水稻土是在长期季节性淹灌、水下翻耕、季节性脱水、氧化还原交替影响下，原来成土母质或母土的特性发生重大改变，形成的新的土壤类型。由于干湿交替，水稻土形成糊状淹育层、较坚实板结的犁底层、渗育层、潴育层与潜育层等多种发生层。这些不同发生层是在人为耕作、水浆管理下形成的。本县水稻土分为淹育型、潴育型、潜育型、侧渗型、沼泽型等亚类。其中，潴育水稻土面积最大，占本土类面积的63%，属良水型，剖面构型为A–P–W–G、A–P–W、A–P–W–C、A–Pg–W、A–P–Wg等，由于水耕熟化时间长，干湿交替频繁，土壤中各种物质的淋溶淀积和氧化还原过程强烈，故犁底层下有明显的潴育层，潴育层呈棱柱状结构，结构体表面有灰色胶膜。潜育水稻土占本土类面积的21%，属地下水型，剖面构型为A–P–G、A–P–G–W或A–P–Wg–G，土体上部有厚度大于20cm的青泥层，土体中无潴育层分化或分化不明显。沼泽型水稻土占本土类面积的11%，地下水位接近地表，终年不干，土体糊烂，属地下水型，剖面构型为A–G或Ag–G。淹育水稻土多为梯田，水源缺乏，灌溉条件差，属地表水型，剖面构型为A–P–C或A–C，耕作层有锈斑，母质层表面有黄化现象，但未分化。侧渗水稻土有零星分布，土体中有侧流漂洗层，生产上存在漏水漏肥现象，剖面构型为A–P–E–B（C）。

潮土是浠水县第三大土壤类型，占本县地域面积的4%。本县潮土分为潮土和灰潮土两个亚类。潮土亚类主要发育于无石灰反应的湖相沉积物及小河（溪）两岸的河流冲积物，无石灰反应或50cm以下土层有石灰反应。一般离河床越近，砂粒含量越高；反之，离河床越远，黏粒含量越高。灰潮土占本土类面积的70%以上，主要发育于长江冲积物，有石灰反应，剖面构型多样，有全层均质剖面，也有不同程度的夹砂夹黏剖面。一般来说，从江边到阶地，质地由砂变黏。

本区域中心区气候特征

本区域中心区气候特征值
Regional climate characteristics in central area of the region

气候带：北亚热带湿润气候 Climate region: North subtropical humid climate	
年平均气温 /℃ Annual average temperature /℃	16.3
年平均最高气温 /℃ Annual average maximum temperature /℃	21.0
年平均最低气温 /℃ Annual average minimum temperature /℃	12.7
年降水量 /mm Annual precipitation /mm	1412
≥10℃的积温 /℃ Daily temperature accumulated in a year (≥10℃) /℃	7118
年日照时数 /h Annual sunshine /h	1874
年平均相对湿度 /% Annual average relative humidity /%	79
干燥度 Dryness	0.68

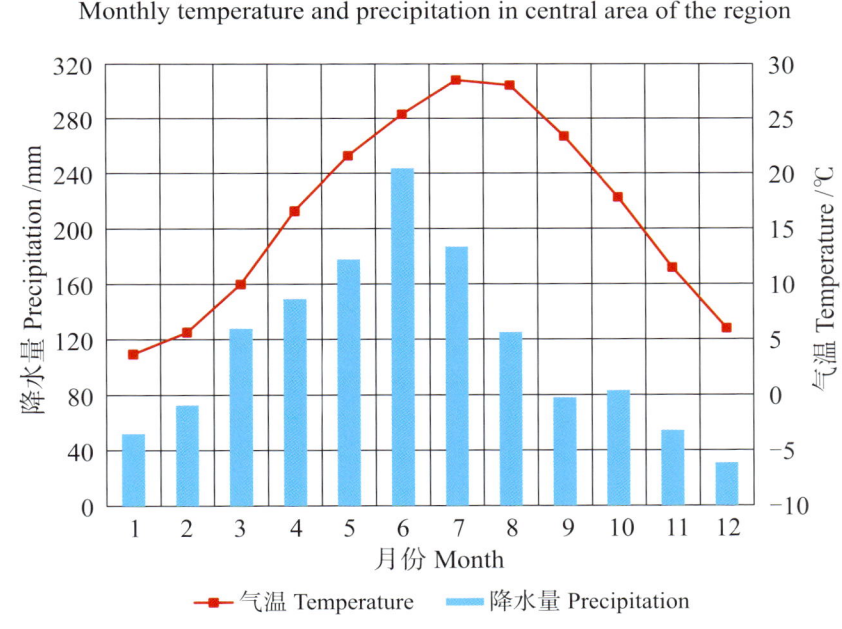

本区域中心区月平均气温与月平均降水量
Monthly temperature and precipitation in central area of the region

浠水县主要土壤类型与土壤剖面点分布图
1 : 270 000

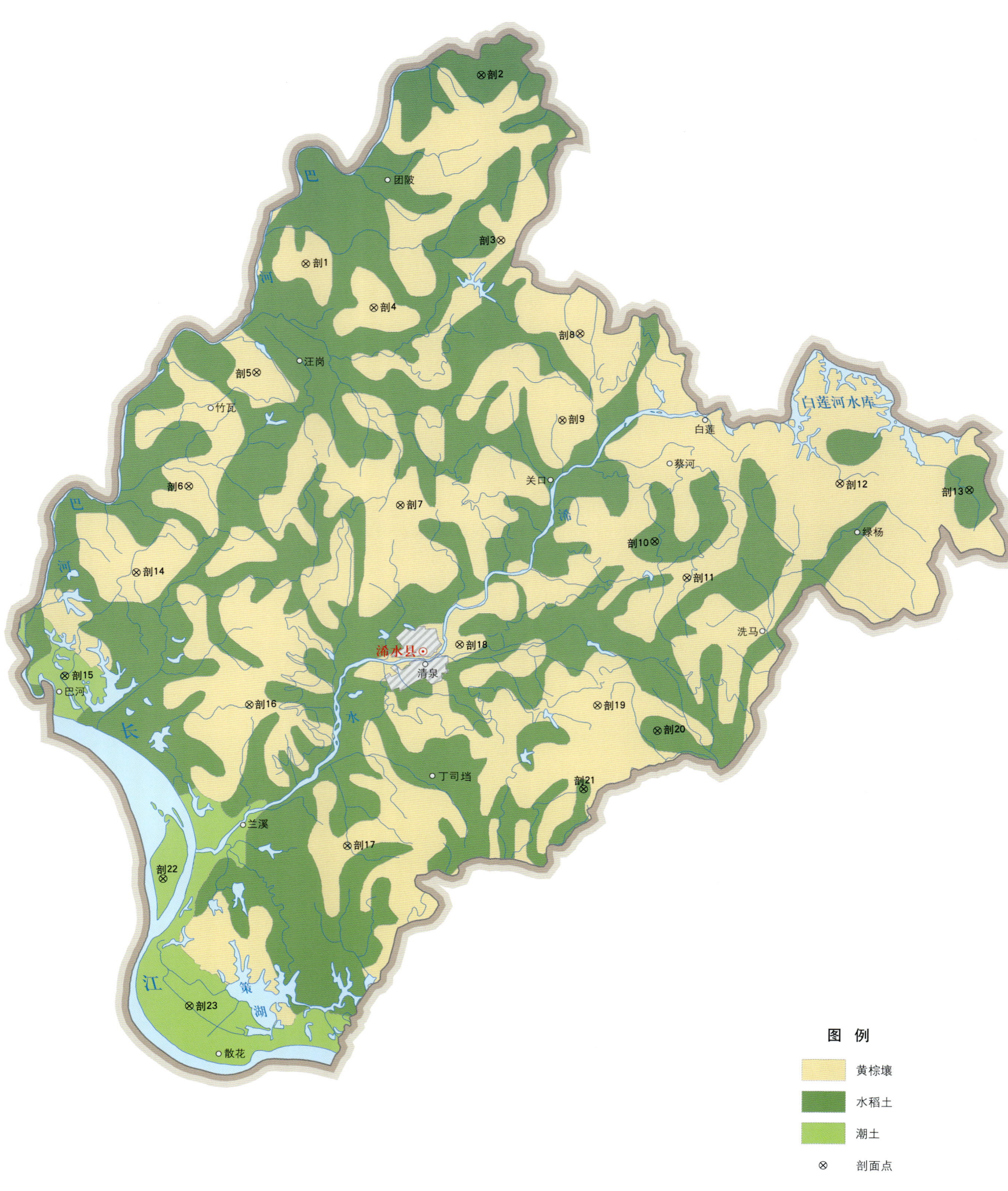

图 例

- 黄棕壤
- 水稻土
- 潮土
- ⊗ 剖面点

浠水县土壤剖面理化性状表

剖面号 Soil profile	土纲 Soil order	土类 Soil great group	亚类 Soil subgroup	土属 Soil genus	土种 Soil species	土层码 Layer code	土层厚度 Depth/cm	颜色 Soil color	质地 Soil texture	土壤结构 Soil structure	pH	有机质 OM/(g/kg)	全氮 TN/(g/kg)	全磷 TP/(g/kg)	全钾 TK/(g/kg)	速效钾 AK/(mg/kg)	阳离子交换量CEC/(cmol/kg)	土壤母质 Parent material	剖面点坐标 Profile coordinate	匹配指数 Matching index/%
剖1	淋溶土	黄棕壤	黄棕壤	乌砂泥土	乌砂土	1	0—20		砂壤土		5.9	12.5	0.80	2.50	16.5	80	12.8	角闪岩、辉长岩风化物	E 115°10′35.9″ N 30°40′44.1″	95
						2	20—33		砂壤土		6.4	5.4	0.39	2.65	15.6	49	11.7			
						3	33—100		砂壤土		6.6	5.3	0.51	2.56	14.7	44	13.3			
剖2	人为土	水稻土	潴育水稻土	赤砂泥田	赤砂泥田	A	0—19	灰黄色	中壤土	粒状	6.0	19.0	1.68	3.16	22.2	80	13.1		E 115°17′15.6″ N 30°47′21.8″	95
						P	19—29	黄黄色	重壤土	块状	6.4	17.9	1.38	0.37	25.1	81	12.3			
						W	29—100	灰黄棕色	重壤土	粒状	6.9	9.1	0.61	0.24	37.1	65	10.0			
剖3	淋溶土	黄棕壤	黄棕壤	砂泥土	泥砂土	A	0—19	褐棕色	砂壤土	粒状	5.8	7.9	0.55	0.37	18.0	41	8.2		E 115°18′07.3″ N 30°41′38.7″	90
						B₁	19—30	淡棕黄色	重壤土	粒状	5.8	5.1	0.28	0.55	19.6	30	8.5			
						B₂	30—84	灰黄色	砂壤土	碎块状	6.2	4.3	0.36	0.55	18.2	32	10.0			
						4	84—100		轻壤土		6.5	3.1	0.25	0.54	18.7	31	11.3			
剖4	淋溶土	黄棕壤	黄棕壤	乌砂泥土	乌砂土	A	0—20	褐色	砂壤土	碎块状	6.2	10.7	0.81	3.90	22.7	96	12.2		E 115°13′15.3″ N 30°39′14.5″	90
						B	20—100	灰黄色	砂壤土	碎块状	6.5	2.7	0.46	4.83	18.5	60	10.3			
剖5	淋溶土	黄棕壤	黄棕壤	乌砂泥土	乌麻骨土	A	0—25	暗黄色	砂壤土		6.4	8.4	0.36	0.39	11.6	46	12.0	角闪岩、辉长岩风化物	E 115°08′46.8″ N 30°36′56.4″	98
						C	25—35	棕灰黄色	砂壤土	块状	6.7	4.4	0.21	0.27	9.8	18	9.2			
						D	35—100	黑色	紧砂土		6.7	2.3	0.12	0.30	4.3	10	8.8			
剖6	淋溶土	黄棕壤	黄棕壤	砂泥土	泥砂土	1	0—25		砂壤土		6.9	8.9	0.74	1.67	21.6	107	6.6		E 115°06′14.9″ N 30°32′56.0″	98
						2	25—53		轻壤土		7.0	3.8	0.50	1.57	19.6	43	7.5			
						3	53—95		轻壤土		7.2	2.8	0.41	1.18	21.8	36	8.2			
						4	95—100		轻壤土		7.1	2.1	0.48	0.36	18.3	44	11.4			
剖7	淋溶土	黄棕壤	黄棕壤	砂泥土	赤泥砂土	A	0—15	褐色	轻壤土		5.6	14.9	0.89	0.37	20.1	93	8.3		E 115°14′24.9″ N 30°32′23.7″	96
						B	15—51		中壤土		6.0	6.5	0.46	0.45	14.2	88	10.9			
						C	51—100		轻壤土		5.7	4.2	0.27	0.21	8.8	48	12.1			
剖8	淋溶土	黄棕壤	黄棕壤	赤砂泥田	泥砂土	A	0—15	淡红黄色	轻壤土	块状	5.8	13.2	0.77	0.41	28.3	76	11.3		E 115°21′14.3″ N 30°38′27.0″	80
						B₁	15—66	淡黄黄色	重壤土	块状	5.8	7.4	0.41	0.32	26.2	38	10.4			
						B₂	66—104	灰棕黄色	重壤土	块状	6.1	4.7	0.40	0.18	27.2	31	8.7			
						C	104—	淡黄色	重壤土	棱柱状	6.3	5.8	0.64	0.28	23.5	42	17.6			
剖9	淋溶土	黄棕壤	黄棕壤	黄土	黄泥土	A	0—20	灰黄色	中壤土	棱块状	6.2	19.3	0.87	0.67	13.5	12	6.2		E 115°20′36.8″ N 30°35′25.9″	93
						B₁	20—73	淡黄黄色	轻壤土	棱块状	6.2	8.1	0.59	0.55	13.2	54	11.7			
						B₂	73—100	淡黄黄色	轻壤土	棱柱状	6.1	7.3	0.77	0.46	13.1	39	11.2			
剖10	人为土	水稻土	潴育水稻土	黄泥田	黄泥田	A	0—19	灰黄色	重壤土	粒状	5.4	34.5	1.55	0.40	14.2	71	13.4		E 115°24′15.8″ N 30°31′16.2″	92
						P	19—30	淡棕黄色	重壤土	块状	6.5	25.8	1.23	0.38	13.6	61	12.6			
						W₁	30—45	黄色	重壤土	棱块状	7.5	10.0	0.46	0.59	12.8	64	11.6			
						W₂	45—100	灰黄色	重壤土	棱块状	7.1	8.1	0.41	0.36	12.4	71	10.9			
剖11	淋溶土	黄棕壤	黄棕壤	赤砂泥土	赤泥红土	A	0—18	淡棕红色	中壤土	粒状	7.6	36.1	1.10	0.74	16.2	144	13.8		E 115°25′31.3″ N 30°30′01.9″	91
						B	18—38	暗棕红色	重壤土	棱块状	7.5	6.0	0.36	0.24	15.9	62	16.8			
						C	38—100	淡棕红色	重壤土	棱块状	5.6	5.5	0.47	0.21	18.6	64	16.6			
剖12	淋溶土	黄棕壤	黄棕壤	砂泥土	麻骨土	A	0—17		砂壤土	粒状	6.1	10.5	0.77	0.50	21.2	31	6.7		E 115°31′21.9″ N 30°33′21.9″	93
						C(D)	17—100		紧砂土		6.2	2.5	0.26	0.33	20.4	23	6.0			
剖13	人为土	水稻土	潴育水稻土	灰潮泥田	灰潮黄泥田	A	0—13	褐棕色	重壤土	块状	8.2	18.3	0.83	0.55	21.7	81	12.1	河流冲积物	E 115°36′22.3″ N 30°33′12.3″	96
						P	13—25	棕灰色	重壤土	块状	8.2	20.3	1.12	0.52	22.7	91	11.4			
						W	25—70	灰黄色	重壤土	块状	8.2	13.6	0.58	0.55	23.8	91	11.7			
						C	70—100	淡棕黄色	重壤土	无明显结构	8.4	5.7	0.27	0.45	19.9	55	7.6			

续表 Continued

剖面号 Soil profile	土纲 Soil order	土类 Soil great group	亚类 Soil subgroup	土属 Soil genus	土种 Soil species	土层码 Layer code	土层厚度 Depth/cm	颜色 Soil color	质地 Soil texture	土壤结构 Soil structure	pH	有机质 OM/(g/kg)	全氮 TN/(g/kg)	全磷 TP/(g/kg)	全钾 TK/(g/kg)	速效钾 AK/(mg/kg)	阳离子交换量CEC/(cmol/kg)	土壤母质 Parent material	剖面点坐标 Profile coordinate	匹配指数 Matching index/%
剖14	淋溶土	黄棕壤	黄棕壤	黄土	面黄土	A	0–17	淡棕黄色	中壤土	粒状	6.2	16.2	0.75	0.45	15.4	87	9.7		E 115° 04′ 17.0″ N 30° 29′ 54.2″	80
						B₁	17–64	淡棕色	重壤土	棱柱状	6.6	9.0	0.48	0.33	14.6	49	12.6			
						B₂	64–100	红黄色	重壤土	棱柱状	6.8	7.4	0.47	0.24	13.0	144	15.5			
剖15	半水成土	潮土	灰潮土	灰潮泥土	灰潮泥土	A	0–25	紫色	重壤土	碎块状	7.8	19.1	1.11	0.55	22.9	74	18.5	近代河流冲积物	E 115° 01′ 36.7″ N 30° 26′ 15.6″	91
						B₁	25–38	灰棕色	中黏土	块状	7.7	11.7	0.88	0.52	25.5	89	16.5			
						B₂	38–100	紫色	重壤土	块状	7.7	9.8	0.68	0.58	24.9	99	18.7			
剖16	淋溶土	黄棕壤	黄棕壤	赤砂泥土	赤砂泥土	1	0–15		中壤土		6.1	16.8	1.25	0.39	14.4	118	10.5		E 115° 08′ 44.9″ N 30° 25′ 21.9″	91
						2	15–24		重壤土		6.8	10.9	0.83	0.31	14.5	70	12.4			
						3	24–40		重壤土		5.6	7.8	0.66	0.23	14.3	64	12.4			
						4	40–66		重壤土		6.3	10.1	0.61	0.20	17.0	90	13.2			
						5	66–100		重壤土		5.7	10.1	0.58	0.19	18.0	90	12.0			
剖17	淋溶土	黄棕壤	黄棕壤	赤砂泥土	石子土	A	0–20	淡红色	重壤土		4.6	12.8	0.65	0.30	16.4	64	15.9		E 115° 12′ 38.5″ N 30° 20′ 31.2″	96
						C	20–100	淡棕红色	重壤土		4.5	12.3	0.74	0.26	16.8	46	17.1			
剖18	淋溶土	黄棕壤	黄棕壤	砂泥土	泥砂土	1	0–12		轻壤土		5.5	13.5	0.64	0.70	22.6	52	9.6		E 115° 16′ 48.3″ N 30° 27′ 35.3″	90
						2	12–24		轻壤土		5.9	8.3	0.56	0.56	20.6	33	7.4			
						3	24–100		重壤土		5.3	4.5	0.48	0.14	24.4	62	10.9			
剖19	淋溶土	黄棕壤	黄棕壤	赤砂泥土	赤泥土	A	0–15	红棕色	重壤土	碎块状	4.9	11.7	0.77	0.23	15.2	87	10.6		E 115° 22′ 09.6″ N 30° 25′ 33.0″	91
						B	15–24	黄棕色	重壤土	碎块状	4.9	10.7	0.62	0.16	16.3	67	10.3			
						C₁	24–42	淡红棕色	轻黏土	块状	5.0	6.0	0.43	0.16	16.5	61	11.1			
						C₂	42–100	淡黄色	轻黏土	块状	5.2	7.5	0.38	0.16	15.7	51	11.4			
剖20	人为土	水稻土	潴育水稻土	潮土田	潮泥田	A	0–20	褐色	中壤土	小块状	6.5	35.9	1.87	0.69	19.6	46	17.0	河流冲积物	E 115° 24′ 29.6″ N 30° 24′ 42.4″	91
						P	20–30	灰白色	中壤土	块状	6.7	32.5	1.59	0.68	19.8	40	16.8			
						W₁	30–46	紫灰色	中壤土	柱状	6.5	17.1	0.97	0.77	20.1	49	14.1			
						W₂	46–100	淡灰色	中壤土	碎块状	6.8	9.9	0.53	0.55	19.5	38	13.2			
剖21	人为土	水稻土	潴育水稻土	砂泥田	泥田	A	0–19	褐色	中壤土	块状	5.2	27.4	1.44	1.03	17.3	102	16.1		E 115° 21′ 41.5″ N 30° 22′ 38.6″	80
						P	19–28	淡棕黄色	中壤土	块柱状	5.6	23.6	1.25	0.43	15.6	85	15.8			
						W	28–48	灰黄色	中壤土	棱柱状	6.3	12.4	0.79	0.78	17.5	39	17.5			
						W₃	48–100	灰黄色	中壤土	棱柱状	6.5	12.5	0.64	0.78	18.0	43	18.0			
剖22	半水成土	潮土	灰潮土	灰潮泥土	灰潮泥土	1	0–22		重壤土		7.8	11.7	0.96	0.43	21.4	107	15.2	近代河流冲积物	E 115° 05′ 34.1″ N 30° 19′ 15.0″	98
						2	22–37		重壤土		7.8	13.7	1.34	0.61	23.5	67	15.3			
						3	37–55		重壤土		7.8	6.9	0.76	0.47	23.4	82	16.2			
						4	55–64		轻壤土		7.9	5.8	0.46	0.49	20.5	39	10.6			
						5	64–100		重壤土		7.9	6.3	0.78	0.51	23.7	64	15.2			
剖23	半水成土	潮土	灰潮土	灰潮泥土	底砂灰潮泥土	A	0–17	棕色	轻壤土	小块状	8.2	18.2	1.06	0.56	25.5	102	21.3	近代河流冲积物	E 115° 06′ 42.3″ N 30° 14′ 50.7″	95
						B₁	17–40	紫色	重黏土	块状	8.3	9.3	0.68	0.49	31.8	96	29.1			
						B₂	40–100	褐色	紧砂土	无结构	8.4	3.8	0.42	0.52	17.8	25	4.7			

蕲春县

主要土类说明

红壤是蕲春县主要土壤类型，占本县地域面积的 36%。红壤分布区夏热冬冷，干湿季节明显，春夏潮湿，秋冬干旱，有利于岩石和矿物质的风化，终年生长植物，生物积累量大，有利于物质和能量的循环。红壤主要分布在丘陵平原地区，地势较为平缓，常受东南季风影响，土壤富铝化作用较明显，土壤呈红色。富铝化过程是红壤形成的基础，生物富集过程是土壤肥力不断发展的前提。在脱硅富铝化过程中，硅酸盐类矿物强烈分解，硅和盐基不断淋失，黏粒下移，土壤剖面中出现铁锰胶膜和铁锰结核。不同的成土母质，由于富铝化程度存在差异，铁锰淀积物的发育程度也存在差异。一般来说，由第四纪黏土和石灰岩发育的红壤剖面富含铁锰结核，由花岗片麻岩、基性岩和白云片岩等发育的红壤次之，由石英砂岩和红砂岩等发育的红壤则很不明显。

水稻土是蕲春县第二大土壤类型，占本县地域面积的 34%。水稻土属水成土壤，是在人为长期水耕熟化，以栽培水稻为主的过程中形成的具有独特性状的土类。在长期耕作、施肥和灌溉条件下，由于还原淋溶和氧化淀积等作用，水稻土形成了特有的剖面结构和发生层次，即耕作层、犁底层、淀积层、还原淀积层和潜育层。其形成过程主要是氧化还原过程。在淹水条件下，随着氧化还原电位的降低，高价铁锰还原成低价铁锰，并沿着土壤剖面向下移动。铁锰的还原还会引起钾、磷、钙、镁等元素的活化和迁移，对水稻土的肥力产生深刻的影响。

黄棕壤是蕲春县第三大土壤类型，占本县地域面积的 24%。黄棕壤主要分布在本县东北部的山区，淋溶作用比红壤强，但因气温低，有机质含量高，盐基容量和饱和度一般比红壤高，土壤呈中性至微酸性。该土壤黏粒明显下移，盐基淋溶作用强烈，铁铝移动明显。最醒目的剖面形态特征是具有黄棕色或红棕色心土层。该层因母质不同而色泽不一，呈块状或棱块状结构，结构体表面有棕色或暗棕色铁锰胶膜，或有铁锰结核。由于黏粒的聚积，心土层常比表土层黏重。林荒黄棕壤有残落物层和腐殖质层，残落物层的厚度因植被、海拔和坡向而异。一般来说，针叶林下的腐殖质层较薄，混交林下的腐殖质层较厚，灌丛草类下的腐殖质层最厚；海拔越高，残落物层越厚；阴坡和山坳的腐殖质层厚于阳坡和山坡地。黄棕壤底层发育常保持着母岩的特征和特性。

小于本县地域面积 3% 的土壤类型有潮土、石灰（岩）土等。

本区域中心区气候特征

本区域中心区气候特征值
Regional climate characteristics in central area of the region

气候带：北亚热带湿润气候 Climate region: North subtropical humid climate	
年平均气温 /℃ Annual average temperature /℃	16.6
年平均最高气温 /℃ Annual average maximum temperature /℃	21.1
年平均最低气温 /℃ Annual average minimum temperature /℃	13.1
年降水量 /mm Annual precipitation /mm	1461
≥10℃的积温 /℃ Daily temperature accumulated in a year（≥10℃）/℃	7910
年日照时数 /h Annual sunshine /h	1860
年平均相对湿度 /% Annual average relative humidity /%	78
干燥度 Dryness	0.67

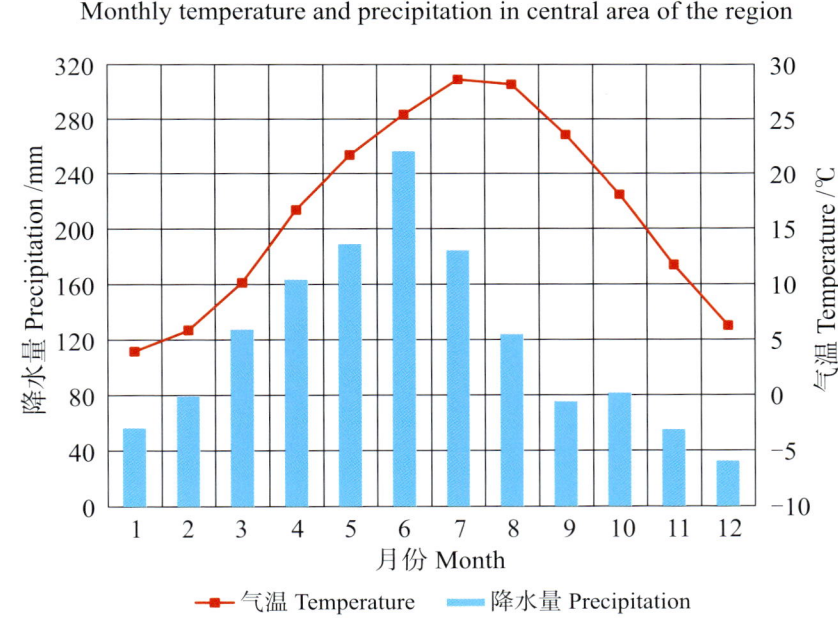

本区域中心区月平均气温与月平均降水量
Monthly temperature and precipitation in central area of the region

蕲春县主要土壤类型与土壤剖面点分布图
1∶310 000

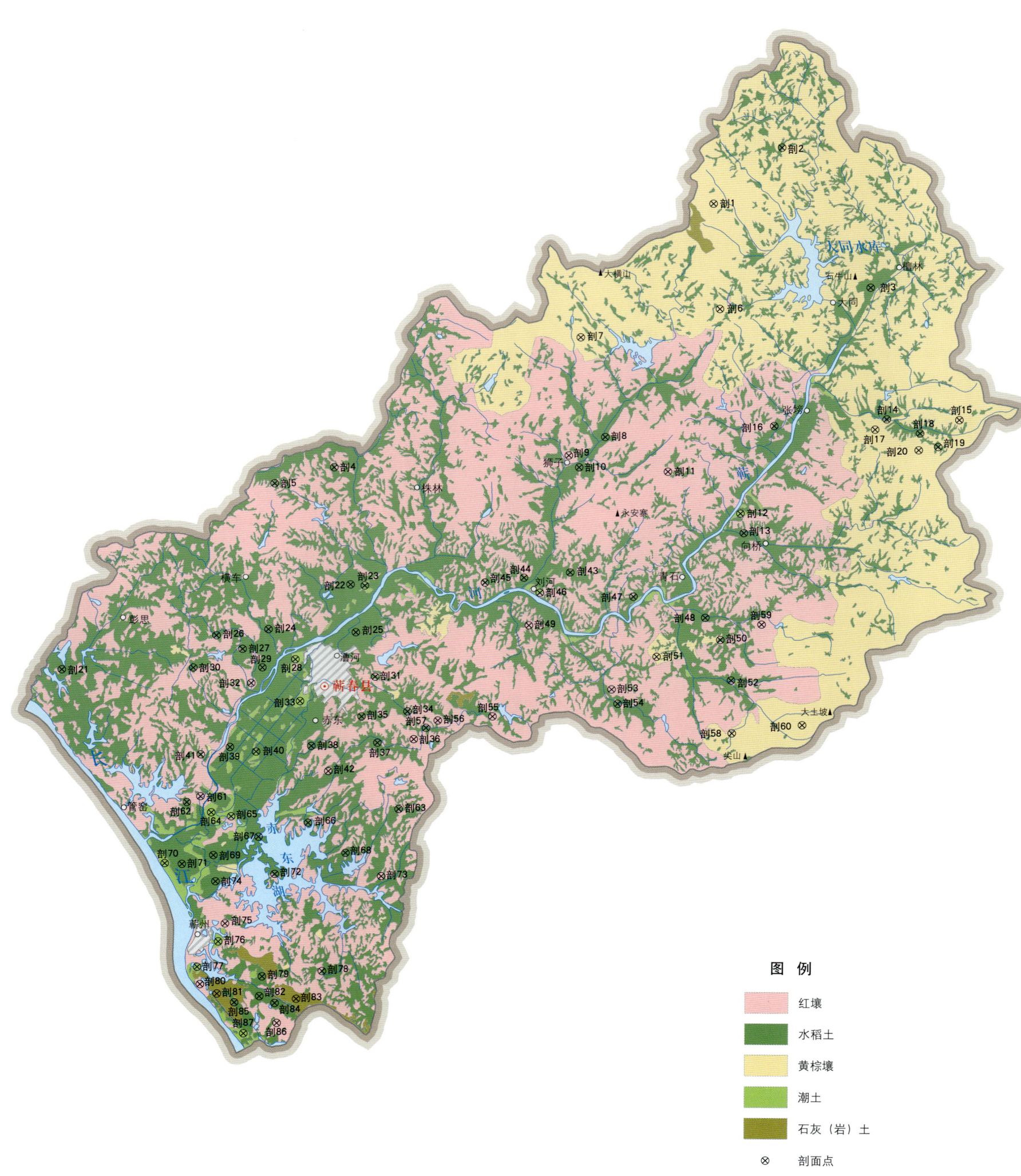

蕲春县土壤剖面理化性状表

剖面号 Soil profile	土纲 Soil order	土类 Soil great group	亚类 Soil subgroup	土属 Soil genus	土种 Soil species	土层码 Layer code	土层厚度 Depth/cm	颜色 Soil color	质地 Soil texture	土壤结构 Soil structure	pH	有机质 OM/(g/kg)	全氮 TN/(g/kg)	全磷 TP/(g/kg)	全钾 TK/(g/kg)	碱解氮 AN/(mg/kg)	有效磷 AP/(mg/kg)	速效钾 AK/(mg/kg)	阳离子交换量 CEC/(cmol/kg)	土壤母质 Parent material	剖面点坐标 Profile coordinate	匹配指数 Matching index/%
剖面1	淋溶土	黄棕壤	黄棕壤	黄白砂泥土	林地薄层细砂土	I	0—22	黄棕色	砂土	粒状	6.0	3.9	0.21			44	3.5	59		白云片岩	E 115°42′36.9″ N 30°33′44.4″	92
						D	22—100	淡黄棕色											10.6			
剖面2	人为土	水稻土	淹育水稻土	浅砂泥田	浅泥砂田	A	0—21	栗色	轻壤土	碎块状	5.7	23.6	1.00	0.82	22.3						E 115°45′40.0″ N 30°36′02.0″	97
						P	21—35	褐黄色	中壤土	块状	5.8	21.7	0.90	0.75	21.9				6.3			
						C	35—100	灰黄棕色		无结构	6.1	3.5	0.20	0.70	21.9							
剖面3	人为土	水稻土	潜育水稻土	青泥田	冷浸田	A	0—20	棕灰色	轻壤土	块状	6.2	25.2	1.26	1.87	24.3						E 115°49′42.8″ N 30°30′25.0″	90
						Pg	20—30	绿灰色	中壤土	棱柱状	5.3	27.7	1.42	1.82	23.9							
						G	30—100	青灰色	轻壤土	棱柱状	5.8	24.3	1.17	1.82	22.5							
剖面4	人为土	水稻土	潴育水稻土	赤砂泥田	青褐红泥砂田	A	0—20	灰棕色	轻壤土	块状	6.3	30.6	1.50	0.54	23.2				12.7		E 115°25′48.8″ N 30°22′54.3″	92
						Pg	20—31	棕灰色	中壤土	块状	5.9	24.1	1.20	0.29	24.8							
						G	31—54	暗灰色	中壤土	棱状	5.8	15.4	8.10	0.28	25.1							
						W	54—100	黄棕色	中壤土	棱状	6.2	10.0	0.50	0.22	25.8							
剖面5	人为土	水稻土	潴育水稻土	红赤砂泥田	红赤砂泥田	A	0—19	灰棕色	中壤土	棱状	4.9	20.6	1.20	0.68	15.7				14.7		E 115°23′10.6″ N 30°22′13.5″	98
						P	19—28	褐色	中壤土	块状	6.3	11.1	0.70	0.65	17.7							
						W	28—100	淡黄棕色	中壤土	棱柱状	6.7	6.6	0.50	0.53	16.1							
剖面6	淋溶土	黄棕壤	黄棕壤	黄白砂泥土	细薄渣子土	1	0—16		砂土	粒状	6.4	3.3	0.20	1.13	15.7	29	5.7	49		白云片岩	E 115°42′57.8″ N 30°29′30.2″	95
						2	16—32				6.5	2.7	0.14	1.12	15.7				4.3			
剖面7	淋溶土	黄棕壤	黄棕壤	砂泥土	磋骨土	1	0—20	黄棕色	中壤土			5.3	0.34	1.80	30.8						E 115°36′45.5″ N 30°28′17.4″	97
						D	20—100	棕黄色														
剖面8	人为土	水稻土	潜育水稻土	青泥田	青泥田	A	0—21	黄棕色	重壤土	块状	5.6	31.9	1.90	0.82	19.8				17.0		E 115°37′55.1″ N 30°24′17.4″	90
						P	21—34	棕灰色	重壤土	棱块状	6.0	28.9	1.60	0.72	20.1							
						G	34—100	青灰色	中壤土	块状	5.5	26.3	1.30	5.07	23.4							
剖面9	铁铝土	红壤	棕红壤	赤砂泥土	红赤砂泥土	1	0—17	褐棕色	轻壤土	碎块状	5.3	8.7	0.48	0.42	20.3				9.1	红砂岩	E 115°36′17.9″ N 30°23′31.0″	99
						2	17—39	棕色	中壤土	块状	6.4	5.5	0.27	0.38	18.6				8.3			
						3	39—100	棕红色	中壤土	粒状	5.8	3.2	0.17	0.37	18.4				5.1			
剖面10	人为土	水稻土	潜育水稻土	青泥田	落河冷浸田	A	0—17	灰棕色	砂壤土	无结构	5.7	12.6	0.66	1.14	24.7				7.7	红砂岩	E 115°36′46.4″ N 30°23′02.9″	98
						Pg	17—25	暗灰色	砂壤土	无结构	5.9	10.8	0.56	1.20	26.9							
						G	25—100	白色		无结构	5.3	1.2	0.07	0.56	27.9							
剖面11	铁铝土	红壤	棕红壤	赤砂泥土	红磋骨土	1	0—15	淡棕黄色	砂壤土	粒状	5.8	3.5	0.16	0.50	13.2	29	3.6	42	2.9	红砂岩	E 115°40′45.6″ N 30°22′54.9″	94
						2	15—100		砂壤土	粒状	6.4	2.1	0.12	0.40	14.6							
剖面12	潮土	潮土	潮土	潮砂土	潮砂土	1	0—20	灰棕色	砂壤土		7.3	4.0	0.26	1.18	22.0				5.0	近代河流冲积物	E 115°44′01.6″ N 30°21′16.3″	100
						2	20—100	棕灰色	砂壤土		7.8	1.6	0.08	1.36	19.2				4.0			
剖面13	半水成土	潮土	潮土	潮土田	漏水潮泥田	A	0—18		中壤土		8.0	13.2	0.71	0.46	30.7		8.7		8.2	河流冲积物	E 115°44′11.5″ N 30°20′29.1″	96
						P	18—28	淡黄棕色	中壤土		6.3	6.4	0.37	0.36	29.2							
						W₁	28—48	黄棕色	重壤土	棱块状		5.3	0.26	0.35	30.1							
						W₂	48—100	淡黄棕色	重壤土	棱块状		3.7	0.18	0.32	28.4							
剖面14	人为土	水稻土	潴育水稻土	石灰性水稻田	石灰砂泥田	A	0—20	灰棕色	中壤土	团粒状	6.8	26.8	1.41	1.56	17.2	81		70	16.2	石灰(岩)残积物或坡积物	E 115°50′30.3″ N 30°25′08.6″	94
						P	20—28	棕黑色	中壤土	块状	7.3	13.8	0.89	1.51	18.9							
						W₁	28—40	淡黄棕色	中壤土	棱梭状	7.8	10.2	0.60	1.56	17.5							
						W₂	40—100	黄棕色	轻壤土	小块状	8.0	8.7	0.54	1.25	14.9							
剖面15	淋溶土	黄棕壤	黄棕壤	黄白砂泥土	细剥泥土	1	0—16	灰黄色	砂壤土	块状	6.3	21.4	1.20	1.23	16.4					白云片岩	E 115°53′45.4″ N 30°25′08.3″	92
						2	16—32	黄色		块状		18.6	0.90	1.25	16.4							
						3	32—100	褐色		散粒状		4.8	0.27	1.24	16.5							

续表 Continued

剖面号 Soil profile	土纲 Soil order	土类 Soil great group	亚类 Soil subgroup	土属 Soil genus	土种 Soil species	土层码 Layer code	土层厚度 Depth/cm	颜色 Soil color	质地 Soil texture	土壤结构 Soil structure	pH	有机质 OM/(g/kg)	全氮 TN/(g/kg)	全磷 TP/(g/kg)	全钾 TK/(g/kg)	碱解氮 AN/(mg/kg)	有效磷 AP/(mg/kg)	速效钾 AK/(mg/kg)	阳离子交换量 CEC/(cmol/kg)	土壤母质 Parent material	剖面点坐标 Profile coordinate	匹配指数 Matching index/%
剖16	人为土	水稻土	沼泽型水稻土	冷浸田	洪田	Ag	0—20	黑色	重壤土	糊状	6.4	35.9	1.73	0.55	11.2				15.6		E 115°45′28.5″ N 30°24′49.0″	92
						G	20—100	青灰色	重壤土	糊状	6.7	31.7	1.25	0.54	15.8							
剖17	淋溶土	黄棕壤	黄棕壤	黄白砂泥土	细砂土	1	0—14	黄棕色	砂壤土	粒状	6.2	8.6	0.45	0.96	16.0	38	6.2	53		白云片岩	E 115°49′59.8″ N 30°24′43.3″	93
						2	14—54	淡黄棕色		粒状		3.1	0.16	1.13	16.1							
剖18	人为土	水稻土	潴育水稻土	灰黄砂泥田	肝泥田	1	0—15				6.4		0.78	1.73	21.8	132	63.0	79	16.5	石灰岩	E 115°52′00.7″ N 30°24′35.1″	99
						2	15—22						0.58	0.94	17.9							
						3	22—40						0.48	0.78	22.0							
						4	40—100						0.30	0.78	21.9							
剖19	人为土	水稻土	潴育水稻土	灰潮土田	灰潮泥田	A	0—15	栗色	重壤土	块状	7.9	27.8	1.41	0.60	20.7				18.1	河流冲积物	E 115°52′49.5″ N 30°24′03.0″	94
						P	15—25	紫色	重壤土	棱块状	8.1	14.5	0.77	0.59	22.1							
						W₁	25—56	紫棕色	重壤土	棱块状	8.1	12.4	0.57	0.56	22.2							
						W₂	56—100	棕色	重壤土	棱块状	8.0	9.8	0.43	0.58	22.3							
剖20	淋溶土	黄棕壤	黄棕壤	灰黄土	泡黄土	1	0—18	紫棕色	重壤土	块状	6.5	13.1	0.81	0.62	14.1	109	3.6	122	21.4		E 115°51′58.0″ N 30°23′54.4″	100
						2	18—46	暗棕红色	重壤土	棱块状	6.7	12.6	0.76	0.64	17.4	83	4.2	115	20.6			
						3	46—100	棕色	重壤土	棱块状	6.9	7.3	0.41	0.64	17.5	65	4.5	86	18.6			
剖21	人为土	水稻土	潴育水稻土	灰潮土田	灰潮砂泥田	1	0—20	棕色	中壤土	棱状	7.4	27.2	1.40	0.75	23.4				17.9	河流冲积物	E 115°13′48.4″ N 30°14′33.6″	100
						2	20—35	褐色	中壤土	块状	8.1	16.1	0.94	0.63	22.3				15.3			
						3	35—55	灰黄棕色	中壤土	棱柱状	8.1	15.8	0.93	0.60	17.6				15.1			
							55—100	黄棕色	重壤土	棱柱状	8.2	14.6	0.83	0.67	22.7				12.4			
剖22	人为土	水稻土	潴育水稻土	潮土田	潮泥田	A	0—15	棕黑色	黏土	大块状	6.1	32.5	1.65	0.98	23.0				30.9	河流冲积物	E 115°26′38.5″ N 30°18′11.0″	98
						P	15—26	棕色	黏土	块状	6.7	27.8	1.54	0.97	23.2							
						W₁	26—56	暗棕色	黏土	块状	6.9	27.6	1.48	0.96	21.6							
						W₂	56—100	棕色	黏土	块状	6.8	25.7	1.39	0.92	19.8							
剖23	人为土	水稻土	潴育水稻土	红细砂泥田	青棕红泥田	Pg	16—38	黄棕色	重壤土	棱块状	5.6									白云片岩坡积物	E 115°27′16.9″ N 30°18′08.7″	96
						G	38—58	灰棕色	重壤土	棱块状	5.9					137	6.4	110	15.0			
						W	58—100	暗棕灰色	重壤土	棱块状	6.0											
剖24	人为土	水稻土	潴育水稻土	潮土田	青底潮泥田	1	0—22	黄棕色	中壤土	碎块状	6.4	28.5	1.50	1.62	18.5	76	9.0	51	9.6	河流冲积物	E 115°23′01.1″ N 30°16′20.2″	100
						2	22—35	褐棕色	轻壤土	棱块状	5.8	21.8	1.09	1.60	23.2							
						3	35—49	灰棕色	轻壤土	棱柱状	6.4	8.9	0.66	1.20	24.7							
						4	49—100	黄棕色	轻壤土	碎块状	5.8	10.2	0.52	1.30	17.9							
剖25	人为土	水稻土	潴育水稻土	潮土田	潮砂泥田	1	0—17	褐色	轻壤土	碎块状	5.4	22.4	1.07	0.91	22.8				11.6	河流冲积物	E 115°26′55.5″ N 30°16′15.8″	100
						2	17—28	棕色	中壤土	棱块状	5.3	17.4	0.95	0.88	23.9							
						3	28—56	紫棕红色	中壤土	棱块状	6.1	6.2	0.36	0.86	33.4							
							56—100	暗棕红色	中壤土	棱柱状	6.3	21.9	1.20	0.99	18.1							
剖26	人为土	水稻土	潴育水稻土	赤砂泥田	红泥砂田	1	0—18	棕红色	中壤土	棱柱状	5.7	16.9	0.97	1.40	17.9						E 115°20′41.4″ N 30°16′03.3″	96
						2	18—29	褐红色	中壤土	块状	5.6	13.3	0.84	1.40	16.0							
						3	29—100	灰棕色	中壤土	块状	5.7	8.3	0.42	0.96	19.0							
剖27	人为土	水稻土	淹育水稻土	浅红赤砂泥田	浅红赤砂泥田	A	0—15	灰棕色	重壤土	块状	5.6	16.8	1.10	0.34	16.9				19.7	红砂岩	E 115°21′52.3″ N 30°15′31.0″	94
						P	15—26	紫棕色	砂壤土	粒状	5.7	12.0	0.70	0.18	24.9							
						C	26—100	黄棕色	轻壤土	无结构	6.1	6.1	0.30	0.42	29.0							
剖28	半水成土	潮土	潮土	潮砂泥土	夹砂潮砂土	1	0—18	棕色	砂壤土	粒状	6.2	11.8	0.56	0.57	20.4				8.5	近代河流冲积物	E 115°24′14.4″ N 30°15′07.4″	96
						2	18—39	褐色	砂壤土	块状	6.2	3.3	0.17	0.46	18.6				4.6			
						3	39—100	褐棕色	中壤土	块状	6.2	4.8	0.25	0.53	21.3				7.7			

续表 Continued

剖面号 Soil profile	土纲 Soil order	土类 Soil great group	亚类 Soil subgroup	土属 Soil genus	土种 Soil species	土层码 Layer code	土层厚度 Depth/cm	颜色 Soil color	质地 Soil texture	土壤结构 Soil structure	pH	有机质 OM/(g/kg)	全氮 TN/(g/kg)	全磷 TP/(g/kg)	全钾 TK/(g/kg)	碱解氮 AN/(mg/kg)	有效磷 AP/(mg/kg)	速效钾 AK/(mg/kg)	阳离子交换量CEC/(cmol/kg)	土壤母质 Parent material	剖面点坐标 Profile coordinate	匹配指数 Matching index/%
剖29	人为土	水稻土	潴育水稻土	潮土田	夹砂潮砂泥田	A	0—18					23.8	1.32	0.98	23.3				12.4	河流冲积物	E 115°22′46.3″ N 30°14′46.6″	99
						P	18—30					15.6	0.81	0.96	25.4							
						W₁	30—46					11.4	0.57	0.84	23.2							
						Ws	46—66					3.1	0.18	0.83	23.2							
						W₂	66—100					5.2	0.28	0.62	23.2							
剖30	人为土	水稻土	沼泽型水稻土	冷浸田	洴田	1	0—20					35.9	1.72	0.54	16.2	192	4.9	103	15.6		E 115°19′41.4″ N 30°14′43.6″	99
						2	20—100					31.6	1.25	0.54	15.8	157	3.8	97	13.3			
剖31	人为土	水稻土	潴育水稻土	红乌砂泥田	青糊红乌泥田	A	0—19	灰棕色	重壤土	大块状	6.1	23.6	1.19	0.33	11.6				18.7	基性岩坡积物或残积物	E 115°27′48.9″ N 30°14′28.4″	97
						Pg	19—30	青灰色	重壤土	棱块状	6.1	22.6	1.29	0.16	11.7							
						G	30—54	绿灰色	重壤土	棱块状	6.7	14.8	0.75	0.15	11.7							
						W	54—100	棕色	黏土	块状	7.0	7.7	0.30	0.19	16.3							
剖32	铁铝土	红壤	棕红壤	红黄土	红黄土	1	0—15	黄棕色	黏土	块状	5.4	15.1	0.63	0.37	12.4				14.3		E 115°22′16.9″ N 30°14′08.2″	96
						2	15—55	棕黄色	黏土	大块状	5.6	5.2	0.39	0.19	13.6				13.3			
						3	55—100	棕灰色	黏土	棱块状	5.8	4.8	0.27	0.13	10.9				12.1			
剖33	半水成土	潮土	潮土	潮泥土	潮砂泥田	1	0—19					25.7	1.39	1.92	19.8				29.2	近代河流冲积物	E 115°24′28.6″ N 30°13′26.2″	100
						2	19—35					27.7	1.66	0.96	21.6							
						3	35—100					27.8	1.68	0.98	25.2							
剖34	人为土	水稻土	潴育水稻土	红乌砂泥田	青糊红乌砂泥田	A	0—22	灰棕色	中壤土	核状	6.7	24.3	1.08	0.29	5.7				14.8	基性岩坡积物或残积物	E 115°29′17.4″ N 30°13′05.6″	98
						Pg	22—43	青灰色	重壤土	块状	7.2	17.7	0.78	0.23	4.6							
						W	43—100	棕色	重壤土	棱块状	7.7	13.6	0.61	0.31	3.5							
剖35	人为土	水稻土	潴育水稻土	红乌砂泥田	红乌砂泥田	A	0—15	黄棕色	重壤土	大块状	5.9	29.6	1.67	0.34	12.1				12.1		E 115°27′14.9″ N 30°12′51.9″	96
						P	15—27	灰棕色	重壤土	块状	5.9	17.5	1.03	0.24	14.0							
						W	27—70	棕色	重壤土	大块状	6.8	8.5	0.65	0.28	14.8							
						G	70—100	淡棕色	重壤土	棱块状	7.2	7.6	0.57	0.33	15.4							
剖36	人为土	水稻土	潴育水稻土	红乌砂泥田	青底红泥田	1	0—20	灰棕色	中壤土	棱状	6.2	12.3	0.65	0.08	1.0	81	2.5	76	8.7		E 115°29′35.2″ N 30°11′58.9″	100
						2	20—34	棕色	中壤土	块状	6.2	7.8	0.40	0.12	1.8							
						3	34—100	暗棕灰色	轻壤土	棱块状	6.3	4.6	0.25	0.12	1.8							
剖37	铁铝土	红壤	棕红壤	赤砂泥田	红赤泥田	A	0—20	褐色	轻壤土	碎块状	6.1	14.1	0.61	0.46	28.9						E 115°27′58.7″ N 30°11′48.5″	96
						P	20—30	灰棕色	中壤土	块状	6.1	14.0	0.68	0.29	31.9							
						W	30—50	棕色	重壤土	棱柱状	6.1	10.1	0.57	0.39	32.2							
						G	50—100	青灰色	重壤土	棱柱状	5.7	15.1	0.64	0.46	31.5							
剖38	人为土	水稻土	潴育水稻土	潮土田	潮砂泥田	A	0—17	灰黄色	中壤土	块状	5.8	27.4	1.42	0.60	22.1				15.1	河流冲积物	E 115°25′01.2″ N 30°11′38.2″	92
						P	17—29	褐棕色	中壤土	块状	5.9	19.7	1.09	0.56	22.6							
						W₁	29—57	黄棕色	中壤土	棱状	6.9	8.8	0.47	0.62	22.7							
						W₂	57—100	暗黄棕色	中壤土	核状	7.0	8.4	0.43	0.56	20.7							
剖39	人为土	水稻土	沼泽型水稻土	烂泥田	烂泥田	1	0—18	褐色	轻壤土	碎块状	5.8	28.3	1.55	0.30	12.7	143	4.3	89	12.4		E 115°21′23.9″ N 30°11′32.0″	95
						2	18—100	黄棕色	轻壤土	块状	6.0	26.2	1.28	0.25	20.1	139	4.1	84	10.5			
剖40	半水成土	潮土	潮土	潮砂泥土	漏水潮砂泥土	1	0—16	黄灰色	砂土	糊状	6.1	7.2	0.48	2.68	22.1				6.9	近代河流冲积物	E 115°22′33.3″ N 30°11′22.1″	96
						2	16—30	白色	砂土	糊状	5.5	5.7	0.38	2.30	21.8				6.6			
						3	30—100		砂土		6.7	1.4	0.08	0.20	15.6				2.9			
剖41	人为土	水稻土	沼泽型水稻土	烂泥田	烂泥田	Ag	0—20	暗灰色	重壤土	块状	6.7	29.8	1.68	0.44	16.4				15.5		E 115°20′06.0″ N 30°11′13.1″	99
						G	20—100	青灰色	重壤土	块状	5.6	22.3	1.19	0.24	20.2				12.4			
剖42	铁铝土	红壤	棕红壤	红赤砂泥土	红赤泥土	1	0—15	淡棕红色	重壤土	块状	6.7	17.7	1.13	0.58	20.0				20.6	红砂岩	E 115°25′48.6″ N 30°10′37.7″	91
						2	15—36	红棕色	重壤土	块状	5.6	12.4	0.70	0.44	19.5				15.7			
						3	36—100	暗棕红色	中壤土	块状	5.7	6.1	0.36	0.16	14.1				11.4			

续表 Continued

剖面号 Soil profile	土纲 Soil order	土类 Soil great group	亚类 Soil subgroup	土属 Soil genus	土种 Soil species	土层码 Layer code	土层厚度 Depth/cm	颜色 Soil color	质地 Soil texture	土壤结构 Soil structure	pH	有机质 OM/(g/kg)	全氮 TN/(g/kg)	全磷 TP/(g/kg)	全钾 TK/(g/kg)	碱解氮 AN/(mg/kg)	有效磷 AP/(mg/kg)	速效钾 AK/(mg/kg)	阳离子交换量 CEC/(cmol/kg)	土壤母质 Parent material	剖面点坐标 Profile coordinate	匹配指数 Matching index/%
剖43	人为土	水稻土	潴育水稻土	红赤砂泥田	青褐红赤泥田	A	0—15	黄棕色	重壤土	块状	6.2	29.1	1.64	0.62	15.1				14.0		E 115°36′27.0″ N 30°18′48.2″	96
						Pg	15—24	棕灰色	重壤土	棱块状	6.4	26.6	1.57	0.32	12.5							
						G	24—56	暗灰色	重壤土	棱块状	6.9	15.0	1.17	0.22	12.2							
						W	56—100	紫棕色	黏土	棱棱状	7.0	8.6	0.59	0.24	15.4							
剖44	人为土	水稻土	沼泽型水稻土	烂泥田	冷浸田	A	0—18	棕色	砂土	无结构	6.2	8.4	0.45	0.56	20.7				4.4		E 115°34′23.2″ N 30°18′33.9″	93
						G	18—100	灰白色	砂土	无结构	6.4	2.6	0.14	0.53	19.7							
剖45	人为土	水稻土	潴育水稻土	赤砂泥田	红砂泥田	A	0—14	褐色	砂壤土	粒状	5.0	15.4	0.81	0.16	38.8				4.4		E 115°32′39.2″ N 30°18′20.6″	93
						P	14—25	栗色	砂壤土	粒状	5.4	10.1	0.53	0.16	36.2				4.3			
						W	25—40	暗黄棕色	砂壤土	粒状	5.7	5.4	0.28	0.14	36.1				4.2			
						C	40—100	灰黄色	砂土	粒状	6.0	2.3	0.14	0.16	33.5				3.8			
剖46	半水成土	潮土	潮土	潮砂土	凝金潮砂土	1	0—18	棕色	砂壤土	粒状	6.1	10.3	0.61	0.45	17.6	83	11.3	102	9.7	近代河流冲积物	E 115°35′04.1″ N 30°18′00.8″	96
						2	18—29	灰棕色	砂壤土	粒状	6.2	9.5	0.53	0.42	18.3							
						3	29—100	黄棕色	重壤土	棱块状	6.1	12.1	0.74	0.46	19.3							
剖47	人为土	水稻土	潴育水稻土	赤白砂泥田	青褐红赤砂泥田	A	0—19	灰棕色	中壤土	块状	5.5	33.3	1.67	0.36	22.1				10.8		E 115°39′17.9″ N 30°17′52.2″	90
						Pg	19—29	淡灰色	重壤土	块状	5.3	22.5	1.38	0.25	16.6							
						G	29—59	暗灰色	重壤土	棱块状	5.6	19.8	1.10	0.21	16.3							
						W	59—100	灰棕色	砂壤土	棱块状	5.4	4.7	0.27	0.25	12.0							
剖48	人为土	水稻土	潴育水稻土	潮土田	潮砂田	A	0—17	棕色	砂壤土	粒状	6.8	16.6	0.95	0.88	22.0				7.5	河流冲积物	E 115°42′31.3″ N 30°17′03.6″	94
						P	17—29	褐色	砂壤土	粒状	6.4	11.1	0.58	0.58	23.4							
						W	29—100	紫色	砂壤土	粒状	6.6	5.6	0.29	0.49	23.6							
剖49	铁铝土	红壤	棕红壤	红硅砂土	红细砂土	1	0—19	黄棕色	中壤土	团块状	5.6	16.9	0.87	0.60	15.3	76	5.7	100			E 115°34′38.2″ N 30°16′39.4″	93
						2	19—37	淡棕红色	中壤土	块状	5.7	5.6	0.28	0.51	15.3							
						3	37—100	暗棕红色	重壤土	棱块状	5.7	2.7	0.14	0.58	14.8							
剖50	人为土	水稻土	潴育水稻土	赤砂泥田	红赤泥田	A	0—19	灰黄色	轻壤土	棱状	5.6	22.3	1.22	0.35	18.7	120	10.9	95	10.5		E 115°43′12.1″ N 30°16′10.3″	96
						P	19—28	褐色	中壤土	块状	6.1	15.1	0.89	0.31	17.1							
						W₁	28—69	淡黄棕色	中壤土	棱柱状	5.9	8.0	0.54	0.24	13.2							
						W₂	69—100	红棕色	中壤土	棱柱状	5.7	7.5	0.43	0.21	12.2							
剖51	淋溶土	黄棕壤	黄棕壤	砂泥土	砂泥土	1	0—19	淡黄棕色	中壤土	块状	6.5	16.5	0.88	0.53	15.9				11.6		E 115°40′22.4″ N 30°15′27.6″	96
						2	19—50	黄色	中壤土	块状	6.6	11.4	0.64	0.42	16.7				10.9			
						3	50—100	黄红黄色	中壤土	块状	6.1	19.1	0.56	0.33	13.1				9.9			
剖52	人为土	水稻土	潴育水稻土	赤白砂泥田	红细砂泥田	A	0—17	棕色	中壤土	块状	6.4	23.5	1.23	2.99	15.3				14.8		E 115°43′42.8″ N 30°14′32.4″	100
						P	17—29	棕红色	中壤土	块状	5.8	13.2	0.81	3.96	14.0							
						W₁	29—50	栗色	轻壤土	块状	6.1	7.3	0.52	4.09	15.7							
						W₂	50—100	褐色	重壤土	碎块状	5.8	2.0	0.09	0.58	12.7							
剖53	铁铝土	红壤	棕红壤	赤砂泥土	红砂泥土	A	0—18	黄棕色	中壤土	块状	5.7	34.4	1.28	0.25	18.3				12.4	红砂岩	E 115°43′23.2″ N 30°14′06.5″	98
						P	18—31	灰棕色	中壤土	块状	6.4	12.1	0.76	0.31	17.6				11.6			
						W₁	31—44	黄黄棕色	中壤土	棱柱状	6.5	8.4	0.49	0.35	19.4				10.9			
						W₂	44—100	暗黄棕色	中壤土	块柱状	6.7	6.3	0.28	0.28	20.1				8.4			
剖54	人为土	水稻土	潴育水稻土	赤砂泥田	红砂泥田	1	0—14	栗色	重壤土	块状	6.6	15.3	0.78	0.26	31.6	121	2.6	126	12.9	红砂岩	E 115°38′40.1″ N 30°13′42.1″	93
						2	14—38	褐色	重壤土	块状	6.5	12.7	0.62	0.22	21.7				15.7			
						3	38—100	黑棕色	重壤土	棱块状	6.5	5.2	0.28	0.23	27.3							
剖55	铁铝土	红壤	棕红壤	红乌砂泥土	红乌泥土										26.4						E 115°33′05.6″ N 30°12′56.5″	100
															4.5							
															4.1							
															4.3							

续表 Continued

剖面号 Soil profile	土纲 Soil order	土类 Soil great group	亚类 Soil subgroup	土属 Soil genus	土种 Soil species	土层码 Layer code	土层厚度 Depth/cm	颜色 Soil color	质地 Soil texture	土壤结构 Soil structure	pH	有机质 OM/(g/kg)	全氮 TN/(g/kg)	全磷 TP/(g/kg)	全钾 TK/(g/kg)	碱解氮 AN/(mg/kg)	有效磷 AP/(mg/kg)	速效钾 AK/(mg/kg)	阳离子交换量CEC/(cmol/kg)	土壤母质 Parent material	剖面点坐标 Profile coordinate	匹配指数 Matching index/%
剖56	铁铝土	红壤	棕红壤	赤白砂泥土	红细砂泥土	1	0–19	黄棕色	中壤土	团块状	5.8	15.4	0.85	0.38	15.1	88	6.4	94	14.7		E 115°30′39.2″ N 30°12′44.7″	97
						2	19–53	淡棕黄色	中壤土	块状	6.9	13.2	0.70	0.41	14.5							
						3	53–76	棕色	重壤土	块状	6.7	7.3	0.52	0.56	15.7							
						4	76–100	紫色	重壤土		7.0	1.9	0.09	0.56	12.1							
剖57	人为土	水稻土	潴育水稻土	红乌砂泥田	红乌砂泥田	A	0–20	棕色	中壤土	块状	6.7	23.0	1.20	0.45	7.7				20.0	基性岩坡积物或残积物	E 115°30′08.3″ N 30°12′26.3″	94
						P	20–27	褐棕色	重壤土	块状	7.0	14.3	0.70	0.47	7.1							
						W₁	27–74	暗棕色	重壤土	棱柱状	7.1	7.6	0.38	0.36	12.0							
						W₂	74–100	黑棕色	重壤土	棱柱状	7.1	7.2	0.37	0.36	23.0							
剖58	淋溶土	黄棕壤	黄棕壤	砂泥土	泥砂土	1	0–20	棕色	轻壤土	碎块状	6.1	9.7	0.56	2.80	19.6				14.3		E 115°43′47.1″ N 30°12′25.0″	94
						2	20–26	红棕色	轻壤土	块状	6.0	5.4	0.28	3.60	15.9				10.2			
						3	26–100	黄色	砂泥土	粒状	5.8	2.8	0.14	0.40	15.6				8.0			
剖59	铁铝土	红壤	棕红壤	赤砂泥土	红砂泥土	1	0–20	黄棕色	砂泥土	粒状	6.1	10.9	0.71	0.45	24.1				7.4	红砂岩	E 115°45′03.0″ N 30°16′48.9″	95
						2	20–100	灰棕色	砂泥土	粒状	6.6	2.2	0.16	0.82	16.5				5.0			
剖60	淋溶土	黄棕壤	山地黄棕壤	山地泥砂土	山地泥砂土	1	0–17	褐色	轻壤土	团粒状	6.3	68.8	3.12	0.46	38.5				11.5		E 115°46′55.1″ N 30°12′46.9″	100
						2	17–70	栗色	中壤土	块状	5.2	16.3	0.94	0.36	30.7				12.3			
						3	70–100	黄棕色	中壤土	棱柱状		13.0	0.69	0.59	31.8				12.1			
剖61	铁铝土	红壤	棕红壤	红赤砂泥土	红赤砂泥土	1	0–22	棕色	中壤土	碎块状	6.6	12.6	0.74	0.27	15.5				12.8	红砂岩	E 115°20′07.7″ N 30°09′30.3″	91
						2	22–68	红棕色	中壤土	块状	5.4	7.7	0.45	0.14	17.4				11.7			
						3	68–100	暗棕红色	中壤土	粒状	5.4	4.4	0.24	0.12	17.0				8.4			
剖62	人为土	水稻土	潴育水稻土	红乌砂泥田	红乌泥田	A	0–18	褐色	重壤土	大块状	5.9	26.8	1.46	0.41	5.2				26.1	基性岩坡积物或残积物		97
						P	18–40	灰棕色	重壤土	块状	6.4	22.8	1.19	0.36	6.4							
						W	40–100	暗棕色	重壤土	棱块状	6.6	8.3	0.56	0.28	5.5							
剖63	人为土	水稻土	淹育水稻土	赤白砂泥田	红细泥田	A	0–18	棕色	重壤土	块状	5.5	23.7	1.37	0.92	16.4				16.3		E 115°19′31.3″ N 30°09′15.8″	92
						P	18–27	褐色	中壤土	块状	5.8	16.4	0.99	0.86	16.9							
						W₁	27–42	黄棕色	中壤土	棱块状	5.2	8.4	0.37	0.40	17.5							
						W₂	42–100	黄棕色	黏土	棱块状	6.7	8.2	0.37	0.35	15.0							
剖64	半水成土	潮土	潮土	潮砂泥土	潮砂泥土	1	0–20	灰黄色	中壤土	团块状	6.3	18.4	0.94	0.38	19.0				14.3	近代河流冲积物	E 115°28′58.5″ N 30°08′08.0″	96
						2	20–38	褐棕色	中壤土	块状	6.4	13.2	0.65	0.36	19.1				12.1			
						3	38–100	暗棕色	中壤土	块状	6.6	9.6	0.48	0.37	18.4				9.6			
剖65	半水成土	潮土	潮土	潮砂土	响砂土	1	0–17	白色	砂土	粒状	6.5	5.4	0.27	1.26	21.7	16	3.8	38	2.0	近代河流冲积物	E 115°08′37.5″ N 30°08′52.0″	94
						2	17–100	白色	砂土	粒状	6.6	3.6	0.18	1.26	28.3				1.9			
剖66	人为土	水稻土	淹育水稻土	浅赤砂泥田	浅红砂泥田	A	0–20	灰黄色	轻壤土	碎块状	4.8	14.6	0.86	0.20	26.8				5.9		E 115°21′30.2″ N 30°08′43.3″	94
						P	20–38	黄黄色	重壤土	块状	6.0	7.0	0.52	0.22	34.8							
						C	38–100	黄色	重壤土	大块状	6.8	3.6	0.21	0.10	30.4							
剖67	人为土	水稻土	潴育水稻土	红黄砂泥田	红黄泥田	A	0–15	灰棕色	重壤土	块状	5.1	26.9	1.40	0.14	14.9				18.5		E 115°25′03.9″ N 30°08′13.0″	94
						P	15–31	黄棕色	重壤土	块状	6.3	15.9	0.80	0.19	16.2				15.6			
						C	31–100	淡棕黄色	轻壤土	棱柱状	6.3	7.4	0.50	0.11	15.7				12.5			
剖68	人为土	水稻土	淹育水稻土	浅红砂泥田	浅红泥田	A	0–15	棕棕色	轻壤土	碎块状	6.5	23.1	1.26	0.17	13.8		6.0	44	13.1	红砂岩	E 115°22′44.6″ N 30°07′55.5″	91
						P	15–27	棕色	砂壤土	块状	6.4	10.1	0.63	0.28	16.6	127						
						C	27–100	暗棕色	砂壤土	无结构	6.4	2.8	0.17	0.83	15.7						E 115°26′38.9″ N 30°07′19.5″	91
剖69	人为土	水稻土	潴育水稻土	潮土田	青底潮泥砂田	1	0–14				6.2	26.9	1.51	0.82	21.2				9.0	河流冲积物	E 115°20′45.3″ N 30°07′08.1″	95
						2	14–23					17.8	1.09	0.86	19.6							
						3	23–53					22.5	1.28	0.74	24.4							
						4	53–100					25.7	1.47	0.58	21.1							

续表 Continued

剖面号 Soil profile	土纲 Soil order	土类 Soil great group	亚类 Soil subgroup	土属 Soil genus	土种 Soil species	土层码 Layer code	土层厚度 Depth/cm	颜色 Soil color	质地 Soil texture	土壤结构 Soil structure	pH	有机质 OM/(g/kg)	全氮 TN/(g/kg)	全磷 TP/(g/kg)	全钾 TK/(g/kg)	碱解氮 AN/(mg/kg)	有效磷 AP/(mg/kg)	速效钾 AK/(mg/kg)	阳离子交换量CEC/(cmol/kg)	土壤母质 Parent material	剖面点坐标 Profile coordinate	匹配指数 Matching index/%
剖70	半水成土	潮土	灰潮土	灰潮砂土	灰潮砂泥土	1	0—20	棕灰色	砂壤土	粒状	7.5	9.0	0.32	0.61	17.6				7.6	近代河流冲积物	E 115°18′35.2″ N 30°06′46.4″	96
						2	20—59	灰棕色	砂壤土	粒状	7.6	6.1	0.34	0.67	14.2				7.0			
						3	59—100	棕色		块状	7.8	5.7	0.40	0.71	21.2				8.1			
剖71	人为土	水稻土	潴育水稻土	潮土田	漏水潮泥砂田	A	0—20					17.2	0.96	0.70	15.2				13.9	河流冲积物	E 115°19′21.7″ N 30°06′45.4″	90
						P	20—38					16.6	0.88	0.68	16.6							
						Ws₁	38—71					4.3	0.25	0.62	17.6							
						Ws₂	71—100					4.2	0.24	0.52	16.1							
剖72	人为土	水稻土	潴育水稻土	红细砂泥田	红页泥田	P	0—15	灰黄色	重壤土	块状	6.0					145	6.9	142		白云片岩坡积物	E 115°23′30.8″ N 30°06′25.1″	90
						W₁	15—26	黄黄色	重壤土		6.1											
						W₂	26—53	红棕色	黏土	棱块状	6.3											
							53—100	暗红棕色		棱块状	6.4											
剖73	铁铝土	红壤	棕红壤	红赤砂泥土	红赤砂土	1	0—22	淡棕红色	砂壤土	粒状	6.1	5.2	0.30	0.30	13.0	36	3.6	49	4.8	红砂岩	E 115°28′15.4″ N 30°06′24.2″	100
						2	22—100	红棕色	砂土	粒状	6.2	2.4	0.14	0.24	15.4							
剖74	人为土	水稻土	潴育水稻土	潮土田	青黄潮泥田	1	0—15				6.8	34.6	1.71	0.38	18.2	152	6.8	70	25.3	河流冲积物	E 115°20′52.3″ N 30°06′04.8″	92
						2	15—61					10.0	0.53	0.36	20.1							
						3	61—100					16.8	0.83	0.42	18.2							
剖75	铁铝土	红壤	棕红壤	赤白砂泥土		1	0—20	褐色	砂壤土	粒状	6.1	9.7	0.54	0.18	15.3				5.9			95
						2	20—71	淡棕黄色	轻壤土	团粒状	6.2	7.5	0.43	0.12	15.3							
						3	71—100	红棕色		棱块状	6.3	4.9	0.23	0.08	14.9							
剖76	半水成土	潮土	灰潮土	灰潮砂泥土	浅赤细砂泥田	1	0—20	棕灰色	轻壤土	块状	7.8	12.0	0.81	0.64	17.7				14.3	近代河流冲积物	E 115°21′03.2″ N 30°03′39.2″	93
						2	20—59	紫棕色	轻壤土	块状	7.9	8.5	0.61	0.60	21.4				14.1			
						3	59—71	暗棕色	轻壤土	块状	8.0	6.8	0.48	0.56	20.1				12.1			
						4	71—100	紫棕色	中壤土	块状	8.2	7.1	0.52	0.54	22.9				15.6			
剖77	半水成土	潮土	灰潮土	灰潮砂泥土		1	0—16	棕色	中壤土	块状	7.7	17.6	0.88	0.66	20.5				15.1	近代河流冲积物	E 115°20′08.1″ N 30°02′37.7″	97
						2	16—32	灰棕色	中壤土	块状	8.0	10.5	0.53	0.60	17.3				14.6			
						3	32—52	黄棕色	中壤土	块状	8.1	8.1	0.51	0.62	19.0				14.3			
						4	52—100	黄棕色	重壤土	棱块状	8.5	8.2	0.46	0.52	21.0				16.5			
剖78	人为土	水稻土	潴育水稻土	浅赤白砂泥田	浅赤细砂泥田	A	0—18	黄棕黄色	重壤土	棱状	5.5	15.4	0.67	0.82	20.3	72	6.6	59	9.8		E 115°25′42.5″ N 30°02′32.8″	96
						P	18—36	黄棕色	重壤土	无明显结构	5.6	10.8	0.53	0.79	21.3							
						C	36—100	淡棕黄红色	重壤土	大块状	5.5	5.4	0.29	0.83	19.8							
剖79	人为土	水稻土	潴育水稻土	红白砂泥土	红硅质田	A	0—17	棕灰色	中壤土	块状	6.5	11.4	0.67	0.33	11.6				11.6	近代河流冲积物	E 115°23′02.3″ N 30°02′17.2″	98
						P	17—30	淡黄棕色	中壤土	棱块状	5.1	6.3	0.45	0.28	12.7							
						W	30—100	淡黄棕色	中壤土	块状	6.9	6.4	0.48	0.26	11.4				15.8			
剖80	铁铝土	红壤	红黄壤	红黄土	红面砂田	1	0—16	棕色	黏土	小碎块状		19.4	1.13	0.97	16.8						E 115°20′17.2″ N 30°01′55.8″	100
						2	16—31	灰黄色	黏土	块状		15.4	0.87	0.85	22.4							
						3	31—100	黄棕色	黏土	块状		7.6	0.38	0.77	14.1							
剖81	初育土	石灰（岩）土	棕色石灰土	灰红土	糠头土	1	0—16	紫色	中壤土	团粒状	6.8	19.4	1.36	0.70	20.0	98	15.0	160	28.6		E 115°21′02.6″ N 30°01′34.2″	97
						2	16—54	暗棕紫色	黏土	块状	7.2	18.6	1.28	0.90	19.8				26.5			
						3	54—100	暗棕色	黏土	棱块状	7.8	11.5	1.01	0.36	18.8				25.7			
剖82	人为土	水稻土	潴育水稻土	红细砂泥田	红页砂泥田	A	0—18	黄棕色	重壤土	棱块状	6.2					143	9.2	84		白云片岩坡积物	E 115°22′56.3″ N 30°01′29.6″	99
						W₁	18—29	暗黄棕色	黏土	棱块状	5.8											
						W₂	29—65	淡黄棕色	黏土		6.0											
							65—100															
剖83	初育土	石灰（岩）土	棕色石灰土	灰红土	棕色石灰渣子土	1	0—18	黄棕色	黏土		7.1	18.5	1.23	0.82	17.6	99	15.4	21			E 115°24′35.2″ N 30°01′25.2″	97
						2	18—31	黄黄棕色			7.5	10.5	0.81	0.72	16.9							
						3	31—100				8.0	8.5	0.66	0.74	18.0							

续表 Continued

剖面号 Soil profile	土纲 Soil order	土类 Soil great group	亚类 Soil subgroup	土属 Soil genus	土种 Soil species	土层码 Layer code	土层厚度 Depth/cm	颜色 Soil color	质地 Soil texture	土壤结构 Soil structure	pH	有机质 OM/(g/kg)	全氮 TN/(g/kg)	全磷 TP/(g/kg)	全钾 TK/(g/kg)	碱解氮 AN/(mg/kg)	有效磷 AP/(mg/kg)	速效钾 AK/(mg/kg)	阳离子交换量 CEC/(cmol/kg)	土壤母质 Parent material	剖面点坐标 Profile coordinate	匹配指数 Matching index/%
剖84	人为土	水稻土	潴育水稻土	红鸟砂泥田	青底红鸟砂泥田	A	0—15	棕灰色	中壤土	核状	6.5	22.4	1.14	0.31	7.4				15.6	基性岩坡积物或残积物	E 115°23′38.1″ N 30°01′14.2″	97
						P	15—28	灰棕色	中壤土	块状	6.8	16.8	0.93	0.28	7.5							
						W	28—44	棕色	重壤土	棱块状	7.0	10.5	0.54	0.27	13.0							
						G	44—100	暗棕色	重壤土	棱块状	7.2	9.2	0.46	0.25	12.4							
剖85	人为土	水稻土	潴育水稻土	石灰性水稻田	青底石灰砂泥田	A	0—21					43.8	2.22	0.52	14.5				21.4	石灰(岩)残积物或坡积物	E 115°21′49.4″ N 30°01′13.9″	95
						P	21—35					43.2	2.18	0.48	11.2							
						W	35—55					42.4	2.08	0.42	12.0							
						G	55—100					42.2	2.13	0.40	12.4							
剖86	铁铝土	红壤	棕红壤	红细砂泥土	红页砂泥土	1	0—18	紫棕色	中壤土	团块状	5.7	10.9	0.75	0.40	11.1	70			10.0		E 115°23′45.1″ N 30°00′26.2″	97
						2	18—44	紫棕色	中壤土	块状	5.6	8.9	0.59	0.42	9.5		6.5	73	8.3			
						3	44—100	暗红色	黏土	棱块状	5.6	3.6	0.19	0.22	15.7				11.5			
剖87	半水成土	潮土	灰潮土	灰潮泥土	灰潮泥土	1	0—14	紫色	重壤土	大块状	7.8	23.3	1.30	0.72	22.8				19.4	近代河流冲积物	E 115°22′15.8″ N 30°00′00.2″	95
						2	14—34	紫棕色	重壤土	棱块状	8.4	12.3	0.70	0.54	24.6				18.5			
						3	34—100	紫灰色	重壤土	棱块状	8.6	11.2	0.60	0.79	22.8				15.6			

黄 梅 县

主要土类说明

水稻土是黄梅县主要土壤类型，占本县地域面积的43%。水稻土是本县的主要耕地土壤，平原、阶地、丘陵、山区均有分布。水稻土是在人为长期水耕熟化，以栽培水稻为主的过程中形成的具有独特性状的土类，既不同于自然土壤，也不同于旱地土壤。由于水分渗入，土壤的淋溶淀积作用变强。根据水文地质条件和水耕熟化程度的差异，本县水稻土按水型分为淹育型、潴育型、侧渗型、潜育型和沼泽型五个亚类。其中，潴育水稻土占本土类面积的90%，广泛分布在平原阶地、丘陵、山区冲垄、塝畈等地形部位，发育于各种成土母质，由于水耕熟化时间长，干湿交替频繁，土壤中各种物质的淋溶淀积和氧化还原过程强烈，故犁底层下有明显的潴育层，潴育层呈棱柱状结构，结构体表面有灰色胶膜，剖面构型一般为 $A-P-W_1-W_2$、$A-P-Wg-W$、$A-P-W_1-W_2-(G)$ 或 $A-P-W-G$ 等。潴育水稻土通气性较好，渗水而不漏水，潴水而不滞水，是高产的水稻土类型。

红壤是黄梅县第二大土壤类型，占本县地域面积的20%。红壤是本县的地带性土壤，也是本县的主要旱地和林荒地土壤。红壤发育于第四纪黏土沉积物以及板岩、千枚岩、花岗岩、石英砂岩、红砂岩、石灰岩、火山碎屑岩、褐铁矿风化坡积物或残积物，有明显的淋溶淀积特征，土层中具有蠕虫状的白色网纹层。本县红壤分为棕红壤和红壤性土两个亚类。

潮土是黄梅县第三大土壤类型，占本县地域面积的20%。潮土是本县的主要旱地土壤，以农用地为主。潮土分布在河畈和长江冲积平原，成土母质为江河冲积物和湖相沉积物。根据成土母质来源的不同和土壤有无石灰反应，本县潮土分为潮土和灰潮土两个亚类。潮土亚类分布在河流沿岸，成土母质为河流冲积物，土壤呈酸性或微酸性，土层深厚，局部土体有夹砂层，多含石英和长石类粗砂。灰潮土分布在沿江冲积平原，成土母质为长江冲积物，土壤含有碳酸盐，有盐酸反应，pH 为 7.5—8.8，土层深厚，土体多有夹砂障碍层，具有明显的水成土特征，土质肥沃。

黄棕壤占本县地域面积的4%。黄棕壤分布在本县北部海拔500—1244m的山地，是由于生物气候随着地势升高发生变化而形成的一种垂直分布的土壤类型。成土母质为花岗岩坡积物或残积物。黄棕壤通过弱脱硅富铝化作用形成，黏聚现象明显，呈黄棕色。本县黄棕壤分为黄棕壤、黄棕壤性土和山地黄棕壤三个亚类。

小于本县地域面积3%的土壤类型有石灰（岩）土、紫色土等。

本区域中心区气候特征

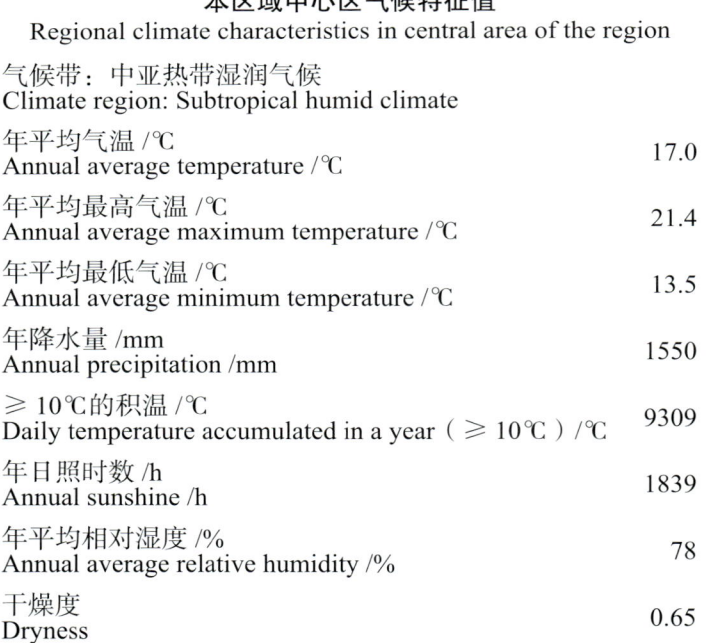

本区域中心区气候特征值
Regional climate characteristics in central area of the region

气候带：中亚热带湿润气候 Climate region: Subtropical humid climate	
年平均气温 /℃ Annual average temperature /℃	17.0
年平均最高气温 /℃ Annual average maximum temperature /℃	21.4
年平均最低气温 /℃ Annual average minimum temperature /℃	13.5
年降水量 /mm Annual precipitation /mm	1550
≥10℃的积温 /℃ Daily temperature accumulated in a year (≥10℃) /℃	9309
年日照时数 /h Annual sunshine /h	1839
年平均相对湿度 /% Annual average relative humidity /%	78
干燥度 Dryness	0.65

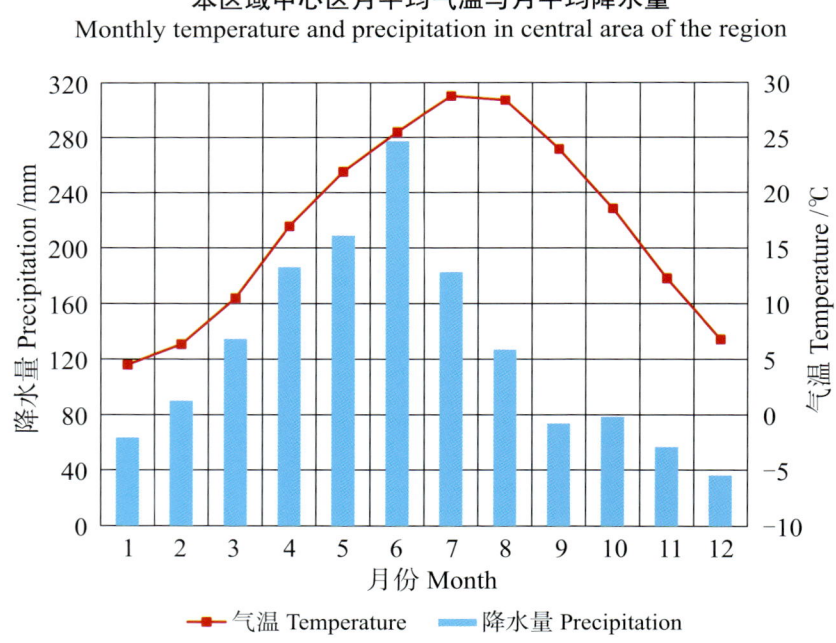

本区域中心区月平均气温与月平均降水量
Monthly temperature and precipitation in central area of the region

黄梅县主要土壤类型与土壤剖面点分布图
1:220 000

黄梅县土壤剖面理化性状表

剖面号 Soil profile	土纲 Soil order	土类 Soil great group	亚类 Soil subgroup	土属 Soil genus	土种 Soil species	土层码 Layer code	土层厚度 Depth/cm	颜色 Soil color	质地 Soil texture	土壤结构 Soil structure	pH	有机质 OM/(g/kg)	全氮 TN/(g/kg)	全磷 TP/(g/kg)	全钾 TK/(g/kg)	碱解氮 AN/(mg/kg)	有效磷 AP/(mg/kg)	速效钾 AK/(mg/kg)	阳离子交换量 CEC/(cmol/kg)	土壤母质 Parent material	剖面点坐标 Profile coordinate	匹配指数 Matching index/%
剖1	人为土	水稻土	潴育水稻土	第四纪黏土泥田	面黄泥田	A	0—16	暗灰黄色	粉砂质壤土	块状	4.8	19.7	1.28	0.25	16.0	98	3.7	30	8.8	第四纪黏土	E 115°56′35.3″ N 30°16′08.6″	95
						P	16—23	棕灰色	粉砂质壤土	块状	5.6	17.0	1.08	0.19	17.8							
						W₁	23—53	淡棕黄色	黏质壤土	棱柱状	5.8	6.0	0.47	0.23	18.4							
						W₂	53—100	棕色	粉砂质黏土	棱柱状	6.4	5.0	0.45	0.17	14.2							
剖2	人为土	水稻土	潴育水稻土	砂泥田	砂田	1	0—17	暗灰黄色	砂质壤土	柱状	5.6	51.6	2.85	1.45	18.6	160	18.9	81	9.4	花岗岩坡积物	E 115°56′47.9″ N 30°16′12.1″	95
						2	17—38	暗灰色	砂质壤土	片状												
						3	38—60	褐黄色	轻壤土	棱柱状												
						4	60—100	暗灰棕色	轻壤土	柱状												
剖3	淋溶土	黄棕壤	山地黄棕壤	山地砂泥土	山林砂泥土	1	0—19	暗棕色	中壤土	碎块状	6.8	25.5	1.19	0.53	23.3				5.4	花岗岩坡积物和残积物	E 115°54′33.7″ N 30°15′36.5″	95
						2	19—62	灰黄棕色	砂质壤土	棱柱状	5.7	22.6	1.03	0.23	26.0							
						3	62—100	淡棕黄色	轻壤土	棱柱状	5.8	11.8	0.49	0.11	38.6							
剖4	人为土	水稻土	淹育水稻土	浅红砂泥田	浅红砂泥土	1	0—16	暗灰棕色	轻砾质石土	小碎块状	5.1	18.3	0.88	0.64	19.7	121	15.2	81	8.2	花岗岩坡积物	E 115°50′41.3″ N 30°14′02.7″	95
						2	16—30	红黄色	轻砾质石土	块状	5.1	19.5	0.98	0.64	19.4							
						3	30—100	红黄色			5.9	3.6	0.20	0.43	15.2							
剖5	人为土	水稻土	潴育水稻土	潮土田	潮砂田	1	0—15	暗灰色	砂壤土	粒状	5.2	32.6	1.90	0.49	28.2	114	7.3	49	5.1	河流冲积物	E 115°52′07.6″ N 30°14′52.5″	95
						2	15—35	暗灰色	砂壤土	碎块状	6.0	19.5	1.11	0.39	31.9							
						3	35—75	褐棕色	砂壤土	棱柱状	6.1	16.0	0.72	0.43	24.3							
						4	75—100	淡棕黄色	砂壤土	无结构	6.6	3.4	0.27	0.27	41.0							
剖6	铁铝土	红壤	棕红壤	红砂泥土	林地红细砂土	1	0—13	栗色	轻壤土	块状	4.9	42.8	1.95	1.21	18.7	136	4.2	124	12.9		E 115°52′23.1″ N 30°10′24.9″	95
						2	13—100	棕色	轻壤土	棱柱状	5.3	24.7	1.54	1.52	15.7							
剖7	铁铝土	红壤	棕红壤	红砂泥土	红泥砂土	1	0—20	灰棕色	轻壤土	片状	7.1	22.9	1.31	1.32	27.3						E 115°47′43.9″ N 30°10′31.4″	95
						2	20—40	暗黄色	中壤土	柱状	5.7	33.9	2.01	2.08	30.8							
						3	40—80	暗灰黄色	轻壤土	棱柱状	5.7	19.3	0.82	1.44	30.6							
						4	80—100	淡棕色	中壤土	块状	6.2	9.9	0.58	0.68	27.3							
剖8	铁铝土	红壤	棕红壤	红砂泥土	红泥砂土	1	0—16	暗红棕色	中壤土	块状	5.0	22.3	1.22	0.43	23.3	58	6.7	110	10.9		E 115°58′39.7″ N 30°12′34.2″	95
						2	16—33	红棕色	重壤土	块状	5.7	23.0	1.04	0.43	23.3							
						3	33—100	深红棕色	中壤土	柱状	6.9	16.1	0.89	0.37	15.5							
剖9	铁铝土	红壤	棕红壤	红砂泥田	赤砂泥田	1	0—18	淡棕色	轻黏土	棱柱状	6.9	11.2	0.73	0.31	11.4				1.5		E 115°59′14.2″ N 30°12′54.5″	95
						2	18—63	红棕色	轻黏土	棱柱状	5.5	4.1	0.36	0.23	15.0							
						3	63—100	淡棕色	中壤土	块状	4.7	4.8	0.29	0.45	24.4							
剖10	人为土	水稻土	潴育水稻土	红细砂泥田	红硅质黏土	A	0—15	暗灰色	砂质黏壤土	块状	4.9	31.5	1.98	0.30	20.8	140	5.8	50	11.4		E 115°56′51.5″ N 30°10′26.4″	95
						P	15—21	栗色	黏壤土	块状	5.7	14.7	0.98	0.37	14.3							
						W₁	21—54	栗色	粉砂黏壤土	棱柱状	6.9	9.8	0.82	0.30	18.1							
						W₂	54—100	淡棕色	黏壤土	柱状	6.9	9.2	0.71	0.40	21.1							
剖11	铁铝土	红壤	棕红壤	红硅质砂泥土	红细质砂泥土	1	0—17	暗红棕色	轻壤土	团粒状	6.2	13.3	0.90	0.46	8.9	64	13.2	133	6.5	红砂岩或底砾岩风化坡积物	E 115°59′48.8″ N 30°11′58.2″	95
						2	17—37	暗棕红色	轻壤土	块状	5.6	9.4	0.74	0.40	8.8							
						3	37—100	淡棕红色	轻壤土	棱柱状	5.1	8.7	0.72	0.41	11.7							
剖12	人为土	水稻土	淹育水稻土	浅潮砂泥田	盖土砂田	1	0—13	暗棕色	砂壤土	碎块状	5.2	16.5	1.00	0.38	41.0	73	7.2	50	1.1	河流冲积物	E 115°49′56.1″ N 30°07′16.6″	95
						2	13—16	褐棕色	砂壤土	碎块状	5.4	13.0	0.75	0.46	36.5							
						3	16—27	淡黄棕色	砂壤土	无结构	5.0	16.1	1.01	0.38	36.5							
						4	27—100	灰黄色	紧砂土	无结构	5.9	7.8	0.41	0.43	42.3							

续表 Continued

剖面号 Soil profile	土纲 Soil order	土类 Soil great group	亚类 Soil subgroup	土属 Soil genus	土种 Soil species	土层码 Layer code	土层厚度 Depth/cm	颜色 Soil color	质地 Soil texture	土壤结构 Soil structure	pH	有机质 OM/(g/kg)	全氮 TN/(g/kg)	全磷 TP/(g/kg)	全钾 TK/(g/kg)	碱解氮 AN/(mg/kg)	有效磷 AP/(mg/kg)	速效钾 AK/(mg/kg)	阳离子交换量CEC/(cmol/kg)	土壤母质 Parent material	剖面点坐标 Profile coordinate	匹配指数 Matching index/%
剖13	人为土	水稻土	淹育水稻土	浅红黄泥田	浅红黄观音泥田	1	0—13	灰棕色	中壤土	块状	5.5	29.2	1.76	0.43	10.9	136	9.2	45	8.5	第四纪黏土	E 115°52′53.8″ N 30°05′46.2″	95
						2	13—17	灰白色	重壤土	块状	6.7	9.6	0.68	0.20	10.9							
						3	17—100	棕红色	轻黏土	棱柱状	6.8	8.3	0.62	0.15	15.0							
剖14	人为土	水稻土	淹育水稻土	浅红砂岩泥田	浅赤砂泥田	1	0—14	淡棕黄色	砂质黏壤土	团块状	4.8	19.1	1.12	0.35	18.8	88	8.7	50	7.8	红砂岩及红色底砾岩风化物	E 115°54′07.3″ N 30°06′22.5″	81
						A	14—23	紫棕黄色	砂质壤土	块柱状	5.2	8.1	0.56	0.27	19.2							
						P	23—100	红棕色	黏壤土	块状	4.4	6.5	0.49	0.28	16.7							
						C																
剖15	人为土	水稻土	潴育水稻土	潮土田	潮泥砂田	1	0—13	暗棕黄色	轻壤土	碎块状	5.0	25.9	1.57	0.43	27.8	115	11.2	42	6.9	河流冲积物	E 115°55′17.3″ N 30°07′26.0″	95
						2	13—21	栗色	中壤土	块状	5.8	18.2	1.17	0.36	27.4							
						3	21—38	黄棕色	中壤土	棱柱状	6.3	≤1.0	0.59	0.34	25.1							
						4	38—46	棕红色	中壤土	棱柱状	6.5	7.8	0.52	0.34	23.4							
						5	46—55	浅黄棕色	重壤土	棱柱状	6.3	10.1	0.50	0.23	24.1							
						6	55—100	红灰色	黏壤土	块柱状	6.4	9.4	0.42	0.33	18.5							
剖16	铁铝土	棕红壤			红黄土	1	0—16	棕色	重壤土	小块状	5.2	14.8	0.96	0.40	10.9	82	6.6	100	7.8	第四纪红土	E 115°55′23.0″ N 30°05′59.0″	95
						2	16—22	棕色	重壤土	片状	5.4	11.3	0.78	0.36	10.5							
						3	22—38	红棕色	重壤土	棱柱状	5.2	7.6	0.62	0.39	12.2							
						4	38—100	棕红色	黏壤土	棱柱状	5.0	4.6	0.51	0.37	12.0							
剖17	人为土	水稻土	潴育水稻土	红黄泥田	红黄观音泥田	1	0—16	暗棕灰色	中壤土	块状	5.2	19.7	1.28	≥10.00	18.0	98	2.7	30	8.8	第四纪红色黏土	E 115°50′19.9″ N 30°00′50.1″	95
						2	16—23	棕灰色	重壤土	块状	5.5	17.0	1.08	0.19	17.8							
						3	23—53	淡棕黄色	重壤土	棱柱状	7.4	6.8	0.47	0.21	18.4							
						4	53—100	棕红色	轻壤土	棱柱状	7.3	5.0	0.45	0.17	14.2							
剖18	人为土	水稻土	潴育水稻土	红黄泥田	红黄泥田	1	0—13	棕灰色	重壤土	块状	5.2	31.2	1.78	0.67	13.6	129	6.6	52	9.1	第四纪红色黏土	E 115°54′13.3″ N 30°03′11.0″	95
						2	13—19	棕灰色	重壤土	片状	5.8	20.6	1.23	0.36	14.9							
						3	19—28	白色	中壤土	核柱状	6.9		0.59	0.31	15.2							
						4	28—42	淡黄色	重壤土	核柱状	6.7	5.7	0.54	0.28	15.7							
						5	42—100	灰白色	轻壤土	核柱状	6.7	≤1.0	0.79	0.24	15.9							
剖19	人为土	水稻土	侧渗水稻土	白图红黄泥田	白图红黄泥田	1	0—14	淡棕黄色	中壤土	块状	4.9	23.2	1.48	0.27	12.3	123	3.8	31	9.0	第四纪黏土	E 115°54′59.7″ N 30°04′07.5″	95
						2	14—19	暗棕黄色	中壤土	碎块状	6.5	11.1	0.75	0.21	12.5							
						3	19—41	暗棕黄色	中壤土	棱柱状	6.7	6.4	0.45	0.13	14.9							
						4	41—100	淡棕黄色	轻壤土	块状	7.5	3.6	0.36	0.15	10.4							
剖20	人为土	水稻土	淹育水稻土	浅红硅质砂泥田	浅红硅质砂泥田	1	0—15	暗棕色	中壤土	块状	5.5	29.0	1.67	0.43	11.2	123	4.0	70	1.4	石英砂岩风化坡积物	E 115°58′24.9″ N 30°01′59.6″	95
						2	15—23	暗棕黄色	重壤土	块状	5.9	25.1	1.40	0.36	10.9							
						3	23—100	黄色	重壤土	棱块状	7.0	4.3	0.33	0.28	12.7							
剖21	人为土	水稻土	潴育水稻土	红硅质砂泥田	红硅质泥田	1	0—12	棕灰色	中壤土	块状	5.8	37.9	2.29	0.57	12.2	200	18.2	101	10.4	第四纪红色黏土	E 115°59′20.5″ N 30°01′43.0″	95
						2	12—26	栗色	重壤土	块状	6.4	52.0	0.91	0.26	12.1							
						3	26—100	暗黄棕色	重壤土	块状	7.0	10.3	0.63	0.29	12.7							
剖22	人为土	水稻土	潴育水稻土	潮土田	潮泥田	1	0—16	黄棕色	轻黏土	块状	5.8	28.2	1.84	0.60	17.5	117	6.5	150	12.4	河流冲积物	E 115°52′33.6″ N 30°02′15.7″	95
						2	16—44	褐色	重黏土	棱柱状	6.1	29.9	2.04	0.64	18.2							
						3	44—54	暗灰黄色	重黏土	棱块状	6.1	5.1	0.54	0.43	19.8							
						4	54—100	棕灰色	中壤土	块状	5.5	2.1	0.29	0.58	20.0							
剖23	人为土	水稻土	淹育水稻土	浅红泥田	浅泥砂田	1	0—10	暗棕色	轻壤土	块状	5.5	30.4	1.86	1.91	21.1	91	28.9	57	18.9	花岗岩坡积物	E 115°57′04.0″ N 29°56′01.1″	95
						2	10—27	棕色	轻壤土	碎块状	6.0	10.1	0.63	2.69	21.4					21.1		
						3	27—49	深红色	轻壤土	柱状	5.4	7.1	0.45	3.28	19.4					16.8		
						4	49—100	黄色	轻壤土	棱块状	6.2	5.2	0.35	0.50	18.1					19.3		

续表 Continued

剖面号 Soil profile	土纲 Soil order	土类 Soil great group	亚类 Soil subgroup	土属 Soil genus	土种 Soil species	土层码 Layer code	土层厚度 Depth/cm	颜色 Soil color	质地 Soil texture	土壤结构 Soil structure	pH	有机质 OM/(g/kg)	全氮 TN/(g/kg)	全磷 TP/(g/kg)	全钾 TK/(g/kg)	碱解氮 AN/(mg/kg)	有效磷 AP/(mg/kg)	速效钾 AK/(mg/kg)	阳离子交换量CEC/(cmol/kg)	土壤母质 Parent material	剖面点坐标 Profile coordinate	匹配指数 Matching index/%
剖24	半水成土	潮土	灰潮土	灰潮砂土	底泥灰飞砂土	1	0—15	褐色	砂壤土	无结构	8.2	5.3	0.48	0.69	16.6	38	4.9	50	4.2	有石灰反应的河流冲积物	E 115°16′53.7″ N 29°53′45.5″	81
						2	15—36	紫色	砂壤土	片状	8.4	4.6	0.36	0.64	17.4				1.2			
						3	36—50	棕色	中壤土	块状	8.4	6.5	0.45	0.63	21.2							
						4	50—100	黄灰黄色	重壤土	棱柱状	8.3	7.2	0.59	0.58	19.6							
剖25	半水成土	潮土	灰潮土	灰潮砂泥土	灰潮泥砂土	1	0—13	栗色	轻壤土	块状	7.9	9.7	0.70	0.66	17.9	55	4.1	63		有石灰反应的河流冲积物	E 115°49′18.0″ N 29°50′27.0″	95
						2	13—21	褐色	轻壤土	棱柱状	7.9	7.2	0.50	0.60	17.2							
						3	21—54	暗黄黄色	中壤土	棱柱状	8.1	8.6	0.67	0.62	19.2							
						4	54—100	黄灰黄色	重壤土	棱柱状	8.1	9.1	0.71	0.61	21.1							
剖26	人为土	水稻土	潴育水稻土	紫泥田	紫砂泥田	A	0—18	暗紫色	黏壤土	块状	4.9	26.2	1.40	0.47	15.7	95	11.4	62	8.4	紫色砂岩或紫色砂页岩	E 115°53′48.6″ N 29°50′35.3″	81
						P	18—32	暗紫棕色	黏壤土	块状	6.3	16.3	0.94	0.32	18.8							
						W	32—100	紫棕色	黏壤土	棱柱状	6.8	9.7	0.53	0.31	14.7							
剖27	人为土	水稻土	潴育水稻土	灰土田	灰潮泥砂田	1	0—17		壤质黏土		8.0	19.2	1.24	0.67	21.9				11.7	河流冲积物	E 115°48′13.4″ N 29°48′55.8″	95
						2	17—28				8.2	11.1	0.85	0.67	22.6							
						3	28—55				8.3	10.1	0.78	0.68	24.1							
						4	55—100				8.1	10.1	0.73	0.63	22.2							
剖28	半水成土	潮土	灰潮土	腰石灰岩性泥田	腰泥灰干砂土	1	0—17	暗灰棕色	砂壤土	无结构	8.5	7.8	0.39	0.71	16.7	38	8.5	87	5.9	有石灰反应的河流冲积物	E 115°52′17.8″ N 29°45′15.2″	95
						2	17—45	灰棕色	松砂土	无结构	8.7	1.4	0.14	0.50	15.4							
						3	45—72	栗色	轻砂土	棱柱状	8.5	2.0	0.50	0.69	16.9							
						4	72—100	灰棕色	松砂土	无结构	8.6	1.9	0.11	0.55	14.7							
剖29	半水成土	潮土	灰潮土	壤土型灰潮土	灰潮砂土	1	0—20	栗色	黏壤土	团块状	8.0	15.1	1.10	0.89	18.9	62	7.9	70	11.8	石灰岩近代河流冲积物	E 115°53′21.3″ N 29°49′34.1″	95
						2	20—36	栗色	黏壤土	块状	8.2	12.1	0.86	0.85	18.7							
						3	36—44	紫棕色	黏壤土	块状	8.3	8.6	0.74	0.77	18.7							
						4	44—100	黄棕色	黏壤土	碎块状	8.5	4.1	0.28	0.62	17.6							
剖30	人为土	水稻土	潴育水稻土	紫泥田	紫砂泥田	1	0—13	暗紫棕色	中壤土	块状	4.9	26.2	1.40	0.47	15.7	9	11.4	6	8.4	紫色砂岩或紫色砂页岩	E 115°53′41.8″ N 29°49′36.6″	95
						2	13—32	暗紫棕色	中壤土	碎块状	6.3	16.3	0.94	0.32	9.8							
						3	32—50	紫棕色	轻壤土	棱柱状	6.3	7.9	0.53	0.31	14.7							
						4	50—100	暗紫红色														
剖31	半水成土	潮土	灰潮土	浅石灰岩性泥田	浅石灰肝泥田	1	0—16	灰黄黄色	重壤土	块状	7.1	24.2	1.34	0.61	9.3	105	6.6	67	14.1	石灰岩	E 115°55′51.8″ N 29°48′00.4″	95
						2	16—28	红黄色	重壤土	柱状	7.8	10.2	0.66	0.30	10.6							
						3	28—100	红棕色	轻黏土	柱状	5.9	4.7	0.41	0.24	12.9							
剖32	半水成土	潮土	灰潮土	灰潮砂土	灰潮砂土	1	0—20	栗色	砂壤土	粒状	8.1	6.2	0.40	0.66	19.5	51	7.8	60	11.1	有石灰反应的河流冲积物	E 115°56′35.7″ N 29°49′50.8″	95
						2	20—28	棕色	轻壤土	块状	8.3	4.2	0.40	0.57	19.3					9.1		
						3	28—52	暗棕色	轻壤土	棱块状	8.3	4.0	0.31	0.61	17.8				12.9			
						4	52—100	紫棕色	中壤土	棱柱状	8.4	7.5	0.77	0.73	18.6				9.6			
剖33	半水成土	潮土	灰潮土	灰潮砂土	飞灰砂土	1	0—20	暗紫棕色	砂壤土	无结构	8.4	10.9	0.76	0.67	17.3	10	1.8	28	7.5	有石灰反应的河流冲积物	E 115°57′17.0″ N 29°49′30.6″	95
						2	20—35	暗紫棕色	砂壤土	无结构	8.5	6.3	0.39	0.56	16.2							
						3	35—100	栗棕色	壤质砂土	块状	8.4	7.5	0.49	0.62	16.1							
剖34	人为土	水稻土	渍渗水稻土	白鳝红赤砂泥田	白鳝红赤泥田	1	0—15	淡棕色	重壤土	块状	5.1	27.3	1.68	0.31	16.2	127	3.0	110	12.7	红岩岩和底砾岩风化物	E 115°57′15.1″ N 29°48′49.8″	75
						2	15—25	暗棕红色	重壤土	棱柱状	5.5	23.9	1.33	0.24	14.7							
						3	25—75	黄棕色	中壤土	棱柱状	6.6	2.9	0.22	0.13	15.4							
						4	75—100	白色	中壤土	块状	6.4	3.2	0.25	0.11	15.5							
剖35	人为土	水稻土	渍育水稻土	浅红黄泥田	浅红黄泥田	1	0—14	棕色	重壤土	块状	5.0	21.4	1.43	0.73	12.5	116	3.7	49	9.7	第四纪黏土	E 115°57′27.6″ N 29°48′31.5″	95
						2	14—22	淡红棕色	轻壤土	块状	5.6	14.4	1.00	0.80	11.8					1.3		
						3	22—100	红棕色	重壤土	柱状	6.6	5.9	0.45	0.68	11.7							

续表 Continued

剖面号 Soil profile	土纲 Soil order	土类 Soil great group	亚类 Soil subgroup	土属 Soil genus	土种 Soil species	土层码 Layer code	土层厚度 Depth/cm	颜色 Soil color	质地 Soil texture	土壤结构 Soil structure	pH	有机质 OM/(g/kg)	全氮 TN/(g/kg)	全磷 TP/(g/kg)	全钾 TK/(g/kg)	碱解氮 AN/(mg/kg)	有效磷 AP/(mg/kg)	速效钾 AK/(mg/kg)	阳离子交换量CEC/(cmol/kg)	土壤母质 Parent material	剖面点坐标 Profile coordinate	匹配指数 Matching index/%
剖36	人为土	水稻土	潴育水稻土	潮土田	夹砂潮泥砂田	1	0–15	灰黄色	轻壤土	碎块状	5.5	57.8	3.39	0.90	26.3	151	8.5	58	7.0	河流冲积物	E 115°57′41.1″ N 29°48′20.3″	75
						2	15–23	栗色	轻壤土	片状	5.6	33.0	1.97	0.82	29.0							
						3	23–40	黄色	紧结构	无结构	6.8	3.9	0.24	0.72	43.5							
						4	40–100	褐色	轻壤土	棱柱状	6.5	15.8	0.88	0.78	28.2							
剖37	人为土	水稻土	潴育水稻土	潮土田	潮泥田	1	0–10	灰棕色	轻壤土	块状	5.0	31.5	1.99	0.58	19.3	114	3.8	83	12.6	河流冲积物	E 115°57′34.5″ N 29°47′01.3″	95
						2	10–17	暗灰棕色	轻壤土	块状	5.4	22.4	1.49	0.67	18.9							
						3	17–41	棕色	轻壤土	棱块状	5.4	15.5	1.03	0.72	18.4							
						4	41–100	棕灰色	轻壤土	棱柱状	5.6	17.4	1.01	0.76	18.8							
剖38	人为土	水稻土	淹育水稻土	浅红赤砂泥田	浅红赤砂泥田	1	0–14	淡棕黄色	中壤土	碎块状	5.1	19.1	1.12	0.35	18.8	88	8.7	59	7.8	红砂岩	E 115°56′50.8″ N 29°45′18.2″	95
						2	14–23	黄棕色	中壤土	棱柱状	6.4	8.1	0.56	0.27	19.2							
						3	23–100	红棕色	重黏土		5.5	6.5	0.49	0.28	16.7							
剖39	半水成土	潮土	灰潮土	灰潮泥砂土	夹黏砂泥土	A_{11}	0–25	灰棕色	壤土	块状	8.4	13.0	0.90	0.70	19.1	49	1.7	52	9.6	有石灰反应的河流冲积物	E 115°56′31.2″ N 29°45′03.6″	95
						A_{12}	25–32	灰棕色	粉砂质黏土	棱柱状	8.4	10.2	0.70	0.70	19.2							
						C_1	32–46	灰棕色	砂质黏土	柱状	8.3	13.6	1.00	0.60	23.0							
						C_2	46–100	浊黄棕色	砂质黏壤土	柱状	8.1	6.4	0.40	0.60	17.6							
剖40	人为土	水稻土	潴育水稻土	潮土田	青底潮砂泥田	A	0–17	栗色	黏壤土	糊粒状	5.5	37.9	2.27	0.57	24.6	124	7.3	101		近代河流冲积物	E 115°58′52.5″ N 29°46′51.1″	95
						P	17–31	暗栗色	黏壤土	团粒状	6.0	36.1	2.18	0.48	25.3							
						W_1	31–54	褐棕色	黏壤土	棱块状	6.7	9.5	0.63	0.35	24.0							
						W_2	54–68	灰棕色	砂黏壤土	块状	6.4	6.5	0.45	0.48	22.9							
						G	68–100	青灰色	砂质黏壤土	无结构	4.9	8.5	0.51	0.43	21.4							
剖41	半水成土	潮土		潮砂泥土	底砂潮砂土	1	0–18	暗黄棕色	中壤土	团粒状										河流冲积物	E 115°59′48.3″ N 29°47′27.0″	95
						2	18–63	褐色	中壤土	棱块状												
						3	63–100	青灰色	中壤土	无结构												
剖42	人为土	水稻土		青泥田	青泥田	1	0–13	青灰色	中壤土	块状	5.5	28.1	1.62	0.40	25.5	123	4.8	59	8.3	河流冲积物	E 115°52′48.7″ N 29°47′16.3″	75
						2	13–21	绿灰色	轻壤土	片状	4.0	21.7	1.18	0.27	25.0							
						3	21–100	淡灰色	重壤土	柱状	5.0	23.2	1.24	0.38	25.9							
剖43	人为土	水稻土		青泥田	淤泥田	1	0–16	暗黄棕色	轻壤土	块状	6.4	63.0	3.33	0.42	21.2	256	2.2	78	26.1		E 115°55′25.2″ N 29°46′41.3″	75
						2	16–25	暗黄棕色	轻壤土	棱块状	5.8	72.5	4.69	0.46	21.2							
						3	25–46	黄灰色	中壤土	棱柱状	5.6	81.6	5.99	0.50	23.9							
						4	46–100	淡黄棕色	中壤土		6.0	23.8	1.61	0.48	24.3							
剖44	人为土	水稻土		红细质砂田	红细质砂田	1	0–15	暗黄棕色	重壤土	块状	5.4	18.8	1.29	0.33	16.1	130	3.8	74	10.2		E 116°01′31.5″ N 30°12′26.3″	95
						2	15–21	栗色	重壤土	棱柱状	5.8	14.1	0.87	0.27	15.1							
						3	21–64	暗黄棕色	中壤土	棱柱状	5.6	16.7	1.02	0.29	17.0							
						4	64–100	淡黄棕色	中壤土	块状	6.8	7.0	0.53	0.25	18.1							
剖45	人为土	水稻土		红硅质砂田	红硅质砂田	1	0–14	暗黄棕色	中壤土	块状	6.2	32.7	1.87	0.36	11.9	130	3.8	61	10.7	石英砂岩风化坡积物	E 116°02′50.7″ N 30°05′00.3″	95
						2	14–25	暗黄棕色	重壤土	棱柱状	6.9	22.6	1.38	0.36	12.6							
						3	25–66	黄棕色	重壤土	棱柱状	7.4	13.1	0.86	0.33	13.0							
						4	66–100	淡黄棕色	重壤土	团粒状	7.6	1.8	0.30	0.16	9.2							
剖46	铁铝土	红壤	棕红壤	红赤砂泥土	红赤砂泥土	1	0–14	黄棕色	重壤土	块状	5.3	13.7	0.80	0.34	12.7	70	5.7	99	5.8	砖红棕岩	E 116°02′21.0″ N 30°04′33.1″	95
						2	14–21	棕色	重黏土	块状	5.0	9.0	0.61	0.34	13.8							
						3	21–82	淡棕红色	重黏土	棱柱状	4.7	6.8	0.49	0.28	14.6							
						4	82–100	暗棕色	轻黏土	棱柱状	4.5	7.1	0.53	0.32	14.6							
剖47	人为土	水稻土	潴育水稻土	矿毒田	毒水田	1	0–10		中壤土		6.6	35.2	2.02	0.52	10.5	139	6.6	81			E 116°03′24.8″ N 30°04′47.3″	95
						2	10–23		中壤土		6.3	29.6	1.90	0.28	16.1							
						3	23–51		中壤土		6.7	24.4	1.70	0.43	14.0							
						4	51–100		棕灰土		7.0	32.6	1.50	0.35	16.2							

麻 城 市

主要土类说明

　　黄棕壤是麻城市主要土壤类型，占本市地域面积的 68%。黄棕壤是在亚热带生物气候条件下形成的地带性土壤。本市地处中纬度内陆地区，位于湖北省东北部，是我国黄棕壤分布的中心地带。在亚热带季风气候的影响下，黄棕壤在发生学和分布上均表现出明显的南北过渡性。最醒目的剖面形态特征是具有黄棕色或红棕色心土层。该层因母质不同而色泽不一，呈块状或棱块状结构，结构体表面有棕色或暗棕色铁锰胶膜，或有铁锰结核。由于黄棕壤中原生矿物转化为次生矿物的过程比较快，黏粒容易形成并有明显的淋溶下移过程，所以心土层一般比表土层黏重。由于心土层质地黏重，滞水性强，所以铁锰的淋溶淀积明显，发育于第四纪黏土的黄棕壤尤其明显。该土壤具 A-B-C 或 A-（B）-C 剖面构型，黏聚现象明显，黏粒硅铝率在 2.5 左右，铁的游离度较红壤低，B 层交换性酸大于 A 层。铁锰的淋溶淀积形态一般表现为铁锰结核和铁锰胶膜（少数为铁子），其淋溶聚集情况受局部地形因素的影响较大。侵蚀轻微、发育较好的土壤，从心土层开始出现铁锰结核，其数量随剖面深度增加而增加；侵蚀较重、表土部分流失的土壤，铁锰结核露出地表，这类结核物常被称为"乌枚子"。在温暖潮湿的气候条件下，黄棕壤的成土过程表现出弱脱硅富铝化特征，盐基淋溶作用十分明显，土壤多呈酸性至微酸性，表层 pH 为 5.5—6.5。

　　水稻土是麻城市第二大土壤类型，占本市地域面积的 25%，广泛分布在山区、丘陵、平原。水稻土是在长期季节性淹灌、水下翻耕、季节性脱水、氧化还原交替影响下，原来成土母质或母土的特性发生重大改变，形成的新的土壤类型。水稻土由于干湿交替，形成糊状淹育层、较坚实板结的犁底层、渗育层、潴育层与潜育层等多种发生层。根据水文地质条件和水耕熟化程度的差异，本市水稻土按水型分为淹育型、潴育型、侧渗型、潜育型和沼泽型五个亚类。

　　潮土是麻城市第三大土壤类型，占本市地域面积的 4%。潮土发育于河流冲积物，经耕种熟化而形成。由于河水在多次泛滥沉积过程中，受不同地形部位及流速的影响，土壤剖面具有明显的质地层次差异和水平分布差异。本市潮土均无石灰反应，因此仅有潮土一个亚类。

本区域中心区气候特征

本区域中心区气候特征值
Regional climate characteristics in central area of the region

气候带：北亚热带湿润气候 Climate region: North subtropical humid climate	
年平均气温 /℃ Annual average temperature /℃	15.8
年平均最高气温 /℃ Annual average maximum temperature /℃	20.8
年平均最低气温 /℃ Annual average minimum temperature /℃	12.0
年降水量 /mm Annual precipitation /mm	1308
≥10℃的积温 /℃ Daily temperature accumulated in a year（≥10℃）/℃	6036
年日照时数 /h Annual sunshine /h	1905
年平均相对湿度 /% Annual average relative humidity /%	79
干燥度 Dryness	0.72

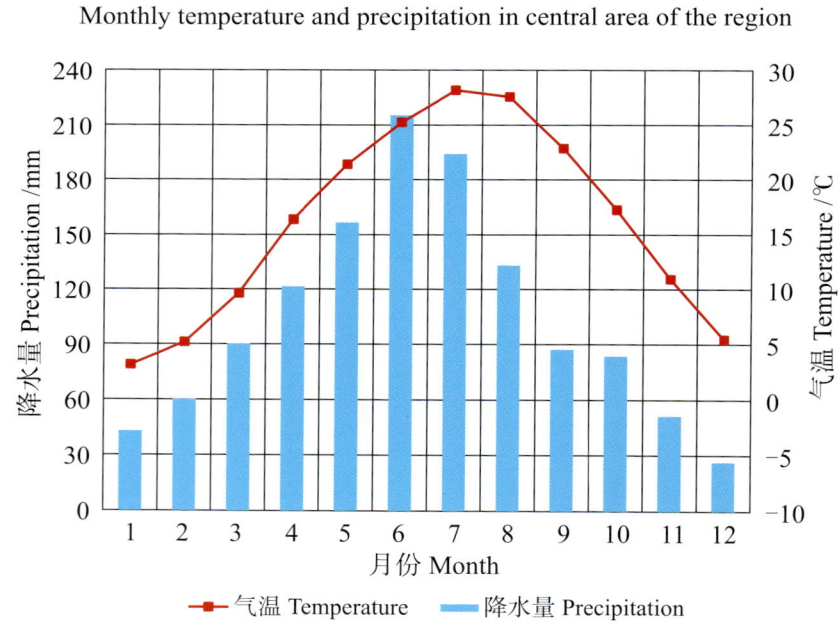

本区域中心区月平均气温与月平均降水量
Monthly temperature and precipitation in central area of the region

麻城市主要土壤类型与土壤剖面点分布图
1 : 340 000

图 例
- 黄棕壤
- 水稻土
- 潮土
- ⊗ 剖面点

麻城市土壤剖面理化性状表

剖面号 Soil profile	土纲 Soil order	土类 Soil great group	亚类 Soil subgroup	土属 Soil genus	土种 Soil species	土层码 Layer code	土层厚度 Depth/cm	颜色 Soil color	质地 Soil texture	土壤结构 Soil structure	pH	有机质 OM/(g/kg)	全氮 TN/(g/kg)	全磷 TP/(g/kg)	全钾 TK/(g/kg)	碱解氮 AN/(mg/kg)	有效磷 AP/(mg/kg)	速效钾 AK/(mg/kg)	阳离子交换量 CEC/(cmol/kg)	土壤母质 Parent material	剖面点坐标 Profile coordinate	匹配指数 Matching index/%
剖1	人为土	水稻土	潴育水稻土	黄泥田	白散泥田	A	0—15	棕灰色	中壤土	块状	5.9	14.6	0.87	0.76						第四纪黏土	E 114°44′60.0″ N 31°10′00.1″	75
						P	15—25	暗灰黄色	中壤土	块状	6.3	9.5	0.48	0.41								
						W	25—100	褐色	中壤土	棱柱状												
剖2	半水成土	潮土		壤土型潮土	底砂潮砂泥土	1	0—11	暗黄棕色	砂壤土	粒状	6.3	10.1	0.45	0.61	15.0	127	8.5	78		近代河流冲积物	E 114°48′35.2″ N 31°19′39.7″	95
						2	11—30	淡黄棕色	砂壤土	粒状	6.3				16.1							
						3	30—68	棕色	黏壤土	块状	6.4	4.0	0.27	0.51	13.3							
						4	68—100	黄棕色	砂壤土	粒状												
剖3	人为土	水稻土	淹育水稻土	浅乌砂泥田	浅乌砂泥田	A	0—17	棕色	中壤土	块状	7.1	20.6	1.12	0.77	17.0		7.0	68	7.0	基性结晶岩坡积物	E 114°49′43.1″ N 31°18′29.4″	95
						P	17—27	灰棕灰色	轻壤土	块状	6.7											
						C	27—100	暗黄棕色	中壤土	棱柱状												
剖4	淋溶土	黄棕壤	黄棕壤	硅砂泥土	硅泥砂土	A	0—27	暗黄棕色	砂壤土	块状	6.3	15.0	0.88	0.39	11.6	57	8.5	48	11.2		E 114°49′53.9″ N 31°18′12.2″	95
						B	27—100	灰黄棕色	中壤土	粒状	6.4	2.6	0.14	0.24	8.6							
剖5	淋溶土	黄棕壤	黄棕壤	硅砂泥土	硅麻骨土	A	0—17	黄棕色	砂壤土	粒状	6.5	17.8	1.02	6.20	15.7	49	14.0	65			E 114°52′10.0″ N 31°19′47.4″	98
						C	17—47	栗色	轻壤土	粒状	6.6	14.9	0.73	0.63	16.9							
						D	47—															
剖6	淋溶土	黄棕壤	黄棕壤	硅砂泥土	硅砂泥土	A	0—22	棕色	中壤土	碎块状	5.9	29.3	1.39	1.17	17.8		6.3	18		基性结晶岩和超基性岩风化物	E 114°52′12.5″ N 31°19′28.1″	95
						B	22—100	褐色	中壤土	粒状	6.2	20.7	0.98	1.10	20.3							
剖7	淋溶土	黄棕壤	黄棕壤	乌砂泥土	乌砂土	A	0—16	暗棕灰色	砂壤土	粒状	5.8	15.2	0.96	0.74	20.4							
						B_1	16—30	灰灰棕色	轻壤土	棱柱状												
						B_2	30—100	暗黄棕色	砂土	粒状												
剖8	淋溶土	黄棕壤	黄棕壤	赤砂泥土	赤砾石土	A	0—23	红棕色	砂土	粒状	6.0	14.5	0.76	0.33	19.2	42	≤1.0	30			E 114°52′15.6″ N 31°17′12.4″	95
						D	23—	暗红棕色														
剖9	淋溶土	黄棕壤	黄棕壤	硅砂泥土	硅泥田	A	0—14	灰棕色	重壤土	块状	6.5	33.5	1.93	0.63							E 114°52′03.6″ N 31°17′07.6″	95
						B	14—100	暗黄棕色	中壤土	棱柱状	6.3	28.1	1.04	0.68	13.8				≥50.0			
剖10	人为土	水稻土	潴育水稻土	硅砂泥土	硅泥田	A	0—17	暗黄棕色	重壤土	块状	7.4	9.1	0.50	0.60	13.9						E 114°51′53.8″ N 31°15′26.4″	95
						P	17—31	暗黄棕色	轻壤土	块状	4.4	30.9	1.58	0.43	22.3	147	4.9	87	5.0			
						C	31—100	棕灰色	中壤土	粒状	4.4	29.9	1.93	0.46	17.6							
剖11	人为土	水稻土	潜育水稻土	青泥田	锈水田	A	0—16	青灰色	轻壤土	块状	5.2	27.0	1.48	0.34	15.7						E 114°53′03.5″ N 31°18′14.4″	95
						P	16—27	青灰色	中壤土	粒状												
						G	27—100	暗黄棕色	轻壤土	粒状												
剖12	人为土	水稻土	潜育水稻土	砂泥田	青隔泥砂田	A	0—16	暗黄棕色	轻壤土	粒状	5.6	32.9	1.57	1.04	17.5	105	7.4	55	5.6		E 114°53′51.6″ N 31°18′18.6″	95
						G	16—56	淡黄棕色	中壤土	块状	6.8	16.3	0.85	0.99	18.3				1.2			
						W	56—100	暗棕色	中壤土	棱柱状	7.1	9.5	0.63	0.71	16.5				1.4			
剖13	人为土	水稻土	淹育水稻土	浅硅砂泥田	浅硅砂泥田	A	0—22	暗棕灰色	轻壤土	块状	4.9	19.0	0.84	0.63	14.4	87	11.5	152		石英岩风化残积物	E 114°57′08.2″ N 31°19′27.1″	95
						P	22—39	暗黄棕色	轻壤土	块状	6.0	14.8	0.85	0.60	15.6							
						C	39—100	暗棕色	砂壤土	粒状	6.8	10.3	0.52	0.54	21.0							
剖14	淋溶土	黄棕壤	黄棕壤	基性结晶岩黄棕壤	黄乌砂土	A	0—17	灰棕灰色	砂壤土	粒状	6.2	26.5	1.53	2.66	18.3	76	3.7	45	5.1		E 114°57′58.1″ N 31°17′54.8″	81
						C	17—74	淡棕色	砂壤土	粒状	6.5	8.0	0.41	1.08	18.4							
剖15	淋溶土	黄棕壤	黄棕壤	碳酸岩黄棕壤	黄岩砂土	A	0—18	暗棕色	重壤土	块状	6.5	25.4	0.89	1.70	15.4	78	8.4	87			E 114°56′25.4″ N 31°16′51.2″	81
						B	18—100	棕色	重壤土	块状	6.0	10.4	0.59	0.35	10.1							
剖16	淋溶土	黄棕壤	黄棕壤	乌砂泥土	乌砂泥土	A	0—18	淡棕色	中壤土	块状										基性岩和超基性岩风化物	E 114°56′21.8″ N 31°15′49.0″	95
						B_1	18—38	淡棕色	重壤土	块状												
						B_2	38—100	紫棕色	中壤土	棱块状												

续表 Continued

剖面号 Soil profile	土纲 Soil order	土类 Soil great group	亚类 Soil subgroup	土属 Soil genus	土种 Soil species	土层码 Layer code	土层厚度 Depth/cm	颜色 Soil color	质地 Soil texture	土壤结构 Soil structure	pH	有机质 OM/(g/kg)	全氮 TN/(g/kg)	全磷 TP/(g/kg)	全钾 TK/(g/kg)	碱解氮 AN/(mg/kg)	有效磷 AP/(mg/kg)	速效钾 AK/(mg/kg)	阳离子交换量 CEC/(cmol/kg)	土壤母质 Parent material	剖面点坐标 Profile coordinate	匹配指数 Matching index/%
剖17	人为土	水稻土	潴育水稻土	潮土田	底砂潮泥田	A	0—11	淡灰色	壤质黏土	团块状	5.1	25.5	1.39	0.52	19.8	107	8.9	69	≥50.0	近代河流冲积物	E 114°56′16.5″ N 31°15′09.0″	81
						P	11—23	灰色	壤质黏土	块状	5.6	24.7	1.37	0.47	17.6				49.4			
						W₁	23—43	暗灰色	壤质黏土	柱状	5.3	13.8	0.74	0.48	20.8				47.6			
						W₂	43—87	棕色	壤质黏土	棱柱状	6.3	12.4	0.56	0.54	20.1				43.0			
						S	87—100	灰白色	砂质壤土	粒状	6.8	4.3	0.17	0.39	18.6				38.5			
剖18	淋溶土	黄棕壤	黄棕壤	砂泥土	林地麻骨土	1	0—20				6.1	6.2	0.41	1.39	16.8	28	6.1	53			E 114°56′25.4″ N 31°15′04.2″	95
						2	20—25				6.2	5.4	0.32	1.10	14.5							
剖19	人为土	水稻土	潴育水稻土	硅砂泥田	硅泥砂田	A	0—16	暗黄棕色	轻壤土	粒状	5.5	27.7	1.51	0.50	17.0		2.5	93	19.4		E 114°58′41.6″ N 31°16′03.5″	95
						P	16—23	暗黄棕色	中壤土	块状	7.1	9.0	0.55	0.49	18.0				8.2			
						W₁	23—40	棕色	中壤土	棱柱状	7.1	8.6	0.41	0.35	13.3				2.9			
						W₂	40—100	栗色	中壤土	棱柱状	7.2	6.5	0.41	0.50	14.7				2.1			
剖20	人为土	水稻土	潴育水稻土	黄泥田	丐黄泥田	A	0—16	黄棕色	中壤土	块状	4.9	29.9	1.59	0.31	14.2	123	7.4	65		第四纪黏土	E 114°52′44.6″ N 31°16′20.7″	95
						P	16—25	暗黄棕色	重壤土	块状	6.4	18.8	1.00	0.28	14.5							
						W₁	25—44	暗黄棕色	重壤土	棱柱状	7.2	6.9	0.47	0.20	13.5							
						W₂	44—100	褐棕色	重壤土	棱柱状	7.4	5.2	0.31	0.21	14.4							
剖21	淋溶土	黄棕壤	黄棕壤	硅砂泥田	硅砂土	A	0—17	暗黄棕色	砂壤土	粒状	6.6	23.0	1.09	0.72	27.1	48	1.7	89			E 114°53′27.3″ N 31°15′53.8″	95
						B	17—31	暗黄棕色	中壤土	块状	6.9	6.1	0.38	0.42	31.0							
						C	31—100	棕黄色	中壤土	块状	7.1	6.0	0.32	0.33	23.8							
剖22	人为土	水稻土	潴育水稻土	潮土田	漏水潮砂泥田	A	0—16	暗黄棕色	轻壤土	粒状	5.6	37.7	1.97	0.95	17.7	74	24.4	62		河流冲积物	E 114°47′56.0″ N 31°13′28.7″	75
						P	16—28	暗灰色	轻壤土	块状	6.6	21.0	1.00	1.13	22.0							
						S	28—60	暗灰色	砂土	无结构	6.0	3.2	0.15	1.79	22.3							
						W	60—100	暗灰色	轻壤土		6.4	16.3	0.87	1.58	16.6							
剖23	人为土	水稻土	淹育水稻土	浅砂泥田	浅砂泥田	A	0—12	褐棕色	中壤土	块状	6.5	12.5	0.64	0.35	15.3	34	7.2	96	6.5		E 114°47′21.5″ N 31°12′36.9″	95
						P	12—20	灰褐色	轻壤土	块状	6.7	12.1	0.68	0.28	14.5				7.8			
						C₁	20—35	暗黄棕色	轻壤土	粒状	7.0	3.7	0.29	0.31	16.9				7.1			
						C₂	35—100	栗色	轻壤土	块状	7.4	2.4	0.31	0.38	16.7							
剖24	淋溶土	黄棕壤	浅砂泥田	浅砂泥田	A	0—18	淡黄色	中壤土	块状	5.7	37.2	1.98	1.89	17.4	71	7.9	106	12.0		E 114°48′13.7″ N 31°14′03.2″	95
						B	18—33	暗棕红色	中壤土	粒状	7.1	16.1	1.07	0.29	20.5							
						C	33—100	暗棕红色	轻壤土	粒状	7.3	11.5	0.65	1.74	18.5							
剖25	淋溶土	黄棕壤	赤砂泥土	赤砂泥土	A	0—20	棕黄色	中壤土	碎块状	6.1	17.5	1.00	0.68	16.7	75	11.3	93	10.7		E 114°48′18.3″ N 31°12′51.2″	95
						B	20—60	黄棕色	轻壤土	块状	6.6	2.1	0.19	0.36	19.9							
						C	60—100	棕红色	轻壤土	块状	6.5	22.8	1.12	0.51	16.4							
剖26	淋溶土	黄棕壤	赤砂泥土	赤砂泥田	A	0—20	黄棕色	中壤土	块状	6.6	12.4	0.76	0.32	18.6	56	6.2	123			E 114°49′09.2″ N 31°14′54.1″	95
						B	20—60	棕红色	轻壤土	粒状	6.5	9.1	0.49	0.19	16.3							
						C	60—100	灰棕色	中壤土	块状	5.8	32.4	1.54	0.28	14.7							
剖27	人为土	水稻土	潜育水稻土	青泥田	青泥田	A	0—15	青灰色	中壤土	块状	5.6	20.0	1.48	0.25	13.5	84	3.3	60	13.4		E 114°48′48.3″ N 31°12′37.8″	95
						P	15—20	青灰色	中壤土	柱状	5.7	15.3	0.71	0.18	13.0							
						G	20—100	绿灰色	轻壤土	无结构	5.5	39.2	2.20	1.51	17.3							
剖28	人为土	水稻土	潴育水稻土	砂泥田	冷性泥结田	A	0—16	棕灰色	轻壤土	块状	5.9	44.1	2.43	0.16	17.4	148	18.6	78	11.4		E 114°50′42.9″ N 31°13′29.1″	95
						W	16—25	灰灰色	轻壤土	柱状	6.6	17.9	1.32	0.32	18.8							
						G	25—39	青灰色	轻壤土	糊状	6.8	10.1	0.51	1.39	18.0							
						G	39—100	暗灰黄色	砂质黏壤土	糊状	6.0	43.0	1.98	1.40	16.0							
剖29	人为土	水稻土	潜育水稻土	冷泉田	冷泉田	A	0—15	暗灰色	砂质黏壤土		5.0	44.8	2.18	1.83	15.2		4.8	67	9.8		E 114°51′47.3″ N 31°14′18.7″	95
						G	15—100															

续表 Continued

剖面号 Soil profile	土纲 Soil order	土类 Soil great group	亚类 Soil subgroup	土属 Soil genus	土种 Soil species	土层码 Layer code	土层厚度 Depth/cm	颜色 Soil color	质地 Soil texture	土壤结构 Soil structure	pH	有机质 OM (g/kg)	全氮 TN (g/kg)	全磷 TP (g/kg)	全钾 TK (g/kg)	碱解氮 AN (mg/kg)	有效磷 AP (mg/kg)	速效钾 AK (mg/kg)	阳离子交换量CEC (cmol/kg)	土壤母质 Parent material	剖面点坐标 Profile coordinate	匹配指数 Matching index/%
剖30	淋溶土	黄棕壤	黄棕壤	泡黄土	泡渣子土	A	0—16	暗棕色	轻壤土	粒状	6.5	12.6								白云石灰岩	E 114°52′05.3″ N 31°12′42.2″	95
						B	16—34	棕色	轻壤土	块状	5.7	5.3										
						C	34—58	灰黄棕色	轻壤土	块状	6.4	11.3										
						D	58—				6.5	7.0										
剖31	淋溶土	黄棕壤	黄棕壤	黄土	黄土	A	0—20	棕色	重壤土	块状	7.3	18.6	0.73	0.22	20.0		3.9	71	11.0	第四纪黏土	E 114°49′08.9″ N 31°10′05.5″	95
						B	20—100	红棕色	重壤土	棱块状	6.3	8.6	0.36	0.15	15.7							
剖32	淋溶土	黄棕壤	黄棕壤	砂泥土	麻骨土	A	0—24	灰棕色	砂壤土	粒状	6.4	11.3	0.58	0.66	33.5	65	5.4	98		第四纪黏土	E 114°46′19.7″ N 31°11′33.3″	95
						C	24—	灰黄色			6.5	7.0	0.49	0.28	38.7							
剖33	人为土	水稻土	潜育水稻土	黄泥田	青隔黄泥田	A	0—15	暗黄棕色	重壤土	块状	7.5	18.6	1.06	0.30	14.6	91	5.4	69		第四纪黏土	E 114°46′22.5″ N 31°11′12.6″	75
						P	15—26	暗黄棕色	重壤土	块状	6.3	8.6	0.44	0.14	16.8							
						G	26—65	淡灰黄色			6.6	11.7	0.78	0.23	15.0							
						W	65—100	紫灰色			6.6	7.2	0.42	0.65	15.1							
剖34	淋溶土	黄棕壤	潜育水稻土	黄泥田	黄泥田	A	0—11	暗黄棕色	重壤土	块状	6.5	16.5	0.90	0.26	14.2	108	8.6	97		第四纪黏土	E 114°45′16.2″ N 31°10′01.7″	95
						P	11—20	淡灰黄色	重壤土	块状	6.5	14.5	0.69	0.35	14.3							
						W	20—100	黄棕色	重壤土	棱柱状	6.3	4.7	0.25	0.14	12.3							
剖35	人为土	水稻土	潜育水稻土	硅砂泥田	硅砂田	A	0—20	暗棕色	砂壤土	粒状	6.5	25.5	1.43	0.25	19.8	66	3.1	81	1.8		E 114°48′05.5″ N 31°12′27.8″	95
						P	20—40	暗黄棕色	砂壤土	块状	6.0	13.3	0.68	0.11	9.9				3.9			
						W	40—100	淡黄棕色	砂壤土	块状	6.9	9.9	0.57	0.19	24.0				4.2			
剖36	淋溶土	黄棕壤	黄棕壤	砂泥土	泥砂土	A	0—18	暗黄棕色	轻壤土	粒状	6.5	26.9	1.45	0.98	13.9	65	8.8	76			E 114°48′07.2″ N 31°11′27.6″	95
						B_1	18—46	暗黄棕色	中壤土	块状	6.7	18.6	0.42	0.95	12.5							
						B_2	46—100	黄棕色	中壤土	块状	6.7	9.7	0.47	0.85	9.2							
剖37	人为土	水稻土	淹育水稻土	浅赤砂泥田	浅赤砂泥田	A	0—12	紫灰色	中壤土	块状	5.1	24.8	1.39	0.41		120	9.0	96		红砂岩和砂砾岩坡积物	E 114°48′36.0″ N 31°10′36.4″	95
						P	12—22	黄棕色	轻壤土	块状	7.0	7.8	0.47	0.32	17.5							
						C_1	22—42	黄棕色	轻壤土	无明显结构												
						C_2	42—100	黄棕色	中壤土	粒状												
剖38	淋溶土	黄棕壤	黄棕壤性土	黄棕壤性土	砾石土	A	0—17	黄棕色	中壤土	团块状	6.0	10.0	0.53	0.57	18.4	46	3.0	75	6.8	各类母岩风化残积物	E 114°52′34.4″ N 31°14′11.4″	95
						C	17—48	黄色	中壤土	块状	5.2	7.9	0.48	0.25	27.7							
						D	48—				5.3	4.8	0.31	0.24	30.7							
剖39	淋溶土	黄棕壤	黄棕壤	砂泥土	砂泥土	A	0—14	暗棕色	中壤土	块状	6.8	22.0	1.12	0.80	16.6	74	8.3	105			E 114°53′20.2″ N 31°14′00.6″	95
						B_1	14—40	淡黄棕色	中壤土	块状	7.2	7.3	0.37	0.48	17.3							
						B_2	40—100	黄色	中壤土	柱状	7.4	8.3	0.35	0.42	19.4							
剖40	人为土	水稻土	潜育水稻土	潮土田	潮砂田	A	0—13	暗黄棕色	砂壤土	粒状	5.6	28.0	1.54	0.57	20.9	87	10.1	90		河流冲积物	E 114°54′10.4″ N 31°14′23.2″	95
						P	13—27	暗黄棕色	中壤土	块状	7.3	26.7	1.27	0.64	22.5							
						W_1	27—38	暗棕色	中壤土	柱状	7.2	10.0	0.53	0.69	21.9							
						W_2	38—100	灰棕色	中壤土	棱柱状	7.0	9.3	0.46	0.36	14.2							
剖41	人为土	水稻土	潜育水稻土	砂泥田	泥砂田	A	0—15	栗色	轻壤土	块状	5.5	36.1	1.58	0.29	14.6	115	7.5	99	8.9		E 114°52′40.8″ N 31°14′48.2″	95
						P	15—26	暗棕色	中壤土	块状	6.4	11.3	0.86	0.36	13.6							
						W_1	26—78	灰棕色	中壤土	柱状	6.9	10.3	0.56	0.49	16.1							
						W_2	78—100	暗棕色	轻壤土	柱状	6.8	10.2	0.43									
剖42	淋溶土	黄棕壤	黄棕壤	泡黄土	林地薄层泡黄土	1	0—18	暗棕色			8.5	25.4	0.89	1.70	15.4	78	8.4	86		白云石灰岩	E 114°56′44.0″ N 31°12′59.5″	95
						2	18—100	棕灰色			8.0	10.4	0.59	0.35	10.1							
剖43	人为土	水稻土	潜育水稻土	烂泥田	冷砂田	A	0—16	黑色	砂壤土	粒状	6.1	38.7	1.98	1.05	22.6	43	1.5	51	17.8		E 114°59′37.8″ N 31°14′48.0″	95
						G	16—100	暗棕色	砂壤土		6.3	19.8	0.84	0.74	23.3							

续表 Continued

剖面号 Soil profile	土纲 Soil order	土类 Soil great group	亚类 Soil subgroup	土属 Soil genus	土种 Soil species	土层码 Layer code	土层厚度 Depth/cm	颜色 Soil color	质地 Soil texture	土壤结构 Soil structure	pH	有机质 OM/(g/kg)	全氮 TN/(g/kg)	全磷 TP/(g/kg)	全钾 TK/(g/kg)	碱解氮 AN/(mg/kg)	有效磷 AP/(mg/kg)	速效钾 AK/(mg/kg)	阳离子交换量CEC/(cmol/kg)	土壤母质 Parent material	剖面点坐标 Profile coordinate	匹配指数 Matching index/%
剖44	人为土	水稻土	潴育水稻土	赤砂泥田	薄青爽赤砂泥田	A	0—16	棕色	中壤土	团粒状	6.7	40.5	1.78	0.41	19.5	148	6.8	68		红砂岩和砂砾岩风化物	E 114°56′50.3″ N 31°11′44.2″	95
						G	16—38	青灰色	中壤土	块状	5.9	38.5	1.67	0.37	18.7							
						W₁	38—66	暗灰色	中壤土	柱状	6.9	19.3	1.03	0.22	14.6							
						W₂	66—100	暗灰色	中壤土	棱柱状	6.4	16.6	0.89	0.23	16.4							
剖45	半水成土	潮土	潮土	潮砂泥土	潮砂泥土	1	0—19	灰黄棕色	中壤土	棱状	6.3	23.2	1.16	0.59	23.0	49	22.1	97	7.8	河流冲积物	E 114°58′06.7″ N 31°10′43.9″	95
						2	19—73	暗黄棕色	中壤土	粒状	7.2	7.8	0.38	0.42	22.5							
						3	73—100	暗黄棕色	轻壤土	粒状	7.4	5.8	0.36	0.63	16.6							
剖46	淋溶土	黄棕壤	黄棕壤	砂泥土	林地砂土	D	0—32				5.7	17.4	0.74	1.72	14.0						E 114°58′08.4″ N 31°10′12.7″	95
							32—100															
剖47	人为土	水稻土	潴育水稻土	酸性岩结晶岩黄泥田	青底麻砂田	A	0—15	暗黄棕色	砂质黏壤土	团粒状	6.2	28.0	1.49	0.30	15.0	65	5.1	60			E 114°59′51.1″ N 31°11′36.8″	81
						P	15—22	暗黄棕色	砂质黏壤土	块状	6.1	27.3	1.25	0.24	12.0							
						W	22—55	紫棕色	砂质黏壤土	棱柱状	5.5	11.4	0.60	0.24	13.5							
						G	55—100	暗黄色	黏壤土	糊块状	5.8	12.8	0.63	0.15	15.0							
剖48	淋溶土	黄棕壤	黄棕壤	基性岩结晶岩黄棕壤	黄鸟砂土	A	0—16	暗黄棕色	砂壤土	粒状	5.9	29.3	1.39	1.17	17.8	55	2.6	74			E 114°52′49.8″ N 31°12′02.2″	81
						B	16—30	灰黄棕色	轻壤土	碎块状	6.2	20.1	0.98	1.10	20.3							
						C	30—100	暗黄棕色	重壤土	粒状	5.8	15.2	0.96	0.74	20.4							
剖49	半水成土	潮土	潮土	壤质型潮土	夹泥潮砂土	1	0—20	灰黄棕色	轻壤土	棱柱状						110	7.2	81	5.9	近代河流冲积物	E 114°52′51.7″ N 31°10′49.1″	95
						2	20—47	暗黄棕色	轻壤土	粒状												
						3	47—61	暗黄棕色	轻壤土	块状												
						4	61—100															
剖50	人为土	水稻土	潴育水稻土	砂泥田	薄青爽砂泥田	A	0—16	灰棕色	中壤土	粒状	6.0	36.3	1.73	0.75	14.2	43	6.5	97	14.3		E 114°53′38.0″ N 31°10′58.2″	95
						P	16—37	青灰色	中壤土	块状	6.1	31.9	1.53	0.78	14.5							
						W	37—100	栗色	中壤土	棱柱状	5.8	21.8	0.97	0.75	14.1							
剖51	人为土	水稻土	潴育水稻土	烂泥田	烂泥田	A	0—18	暗黄色	中壤土	粒状	5.9	57.9	2.61	1.35	15.5	44	6.6	91	21.8		E 114°55′02.7″ N 31°10′44.4″	75
						G	18—100	青灰色	中壤土	无结构	5.0	33.0	1.48	1.33	16.5							
剖52	半水成土	潮土	潮土	潮砂泥土	响砂土	1	0—14	暗黄棕色	砂壤土	粒状	5.5	12.7	0.74	0.63	18.0	72	10.6	55	11.5	河流冲积物	E 114°50′06.7″ N 31°05′15.8″	95
						2	14—63	淡黄棕色	轻壤土	粒状	5.9	8.8	0.45	0.54	15.5							
						3	63—100	黄棕色	轻壤土	粒状	6.5	6.6	0.31	0.53	20.4							
剖53	淋溶土	黄棕壤	山地黄棕壤	山地黄棕壤	山地砂土	A	0—23	暗黄棕色	中壤土	块状	5.3	17.1	0.90	0.26	18.7	119	7.0	88	15.1		E 114°47′05.1″ N 31°05′47.5″	95
						B	23—100	灰黄棕色	中壤土	碎块状	5.3	5.0	0.25	0.42	18.4							
剖54	黄棕壤	黄棕壤	红砂岩黄棕壤	黄赤砂土	黄赤土	A	0—22	暗红棕色	轻壤土	团粒状	5.8	19.2	0.96	1.07	16.4	6	9.2	65	11.9		E 114°52′32.5″ N 31°09′04.2″	95
						B	22—100	红黄色	轻壤土	粒状	6.1	7.3	0.45	0.88	21.0							
剖55	黄棕壤	黄棕壤	酸性岩结晶岩黄棕壤	黄麻骨土		A	0—27	暗黄棕色	壤质砂土	粒状	5.8	19.2	0.96	1.07	21.0	6	5.3	56			E 114°56′35.4″ N 31°06′57.9″	95
						B	27—42	红黄色	砂壤土	块状	6.1	7.3	0.45	0.88	21.0							
						C	42—100	淡黄棕色	砂土	粒状	7.2	1.2	≤0.10	1.35	15.8							
剖56	半水成土	潮土	潮土		夹泥潮砂土	1	0—17	暗黄棕色	砂土	粒状	6.4	18.6	0.94	1.08	19.7	71	28.5	119	10.7	河流冲积物	E 114°57′33.2″ N 31°06′03.4″	95
						2	17—29	灰黄色	中壤土	块状	6.8	12.0	0.61	0.70	20.5							
						3	29—50	棕色	砂土	粒状	6.9	7.4	0.51	0.88	19.8							
						4	50—61	灰黄色	轻壤土	块状												
						5	61—65	棕色	砂土	粒状												
						6	65—100	棕色	中壤土	粒状												
剖57	半水成土	潮土	潮土	潮砂泥土	腰砂潮泥土	1	0—20	灰黄色	轻壤土	粒状	7.3	5.4	0.27	0.43	22.0					河流冲积物	E 114°59′28.1″ N 31°07′04.2″	95
						2	20—47	棕色	中壤土	粒状												
						3	47—61	灰棕色	砂土	粒状												
						4	61—100	黄棕色	中壤土	粒状												

续表 Continued

剖面号 Soil profile	土纲 Soil order	土类 Soil great group	亚类 Soil subgroup	土属 Soil genus	土种 Soil species	土层码 Layer code	土层厚度 Depth/cm	颜色 Soil color	质地 Soil texture	土壤结构 Soil structure	pH	有机质 OM/(g/kg)	全氮 TN/(g/kg)	全磷 TP/(g/kg)	全钾 TK/(g/kg)	碱解氮 AN/(mg/kg)	有效磷 AP/(mg/kg)	速效钾 AK/(mg/kg)	阳离子交换量CEC/(cmol/kg)	土壤母质 Parent material	剖面点坐标 Profile coordinate	匹配指数 Matching index/%
剖58	半水成土	潮土	潮土	潮砂泥土	底砂潮泥砂土	1	0—11	暗棕褐色	轻壤土	粒状	5.9	14.6	0.87	0.76	13.1	127	8.5	77		河流冲积物	E 114°53′08.5″ N 31°07′08.5″	95
						2	11—31	淡黄棕色	轻壤土	粒状	6.3	9.5	0.48	0.41	16.1							
						3	31—68	棕色	中壤土	块状	6.3	10.1	0.45	0.61	15.0							
						4	68—100	黄棕色	砂土	粒状	7.0	4.0	0.27	0.51	13.3							
剖59	半水成土	潮土	潮土	潮砂泥土	游水潮泥砂土	1	0—19	暗棕褐色	轻壤土	粒状	6.2	9.1	0.55	0.49	17.3	75	15.9	54		河流冲积物	E 114°54′45.2″ N 31°06′53.1″	95
						2	19—45	灰黄棕色	轻壤土	粒状	6.6	7.5	0.41	0.52	19.5							
						3	45—100	黄棕色	重壤土	块状	6.8	7.0	0.34	0.71	20.7							
剖60	半水成土	潮土	潮土	潮砂泥土	林地潮砂土	1	0—23	淡黄棕色	砂土	粒状	6.0	8.3	0.49	0.53	25.9	52	3.8	41		河流冲积物	E 114°46′53.1″ N 31°02′50.7″	95
						2	23—100	黄棕色	砂壤土	块状	6.0	6.9	0.32	0.65	17.6							
剖61	人为土	水稻土	潴育水稻土	乌砂泥田	乌砂泥田	A	0—12	暗棕色	轻壤土	粒状											E 114°49′46.8″ N 31°02′09.0″	95
						P	12—17	暗棕色	轻壤土	粒状												
						W₁	17—37	暗棕灰色	轻壤土	核状												
						W₂	37—100	暗黄棕色	轻壤土	核状												
剖62	淋溶土	黄棕壤	黄棕壤	黄土	林地黄土	1	0—18	灰白色	轻壤土	粒状	5.5	21.1	0.86	0.20	12.6	50	3.8	94	8.3	第四纪黏土	E 114°51′01.0″ N 31°02′13.9″	95
						2	18—100	黄棕色	中壤土	块状	5.5	7.8	0.47	0.19	14.0				2.4			
剖63	淋溶土	黄棕壤	黄棕壤	黄土	白散土	A	0—27	淡棕色	重壤土	块状										第四纪黏土	E 114°56′03.7″ N 31°02′35.8″	95
						B₁	27—71															
						B₂	71—100															
剖64	半水成土	潮土	潮土	潮砂泥土	潮砂土	1	0—18	淡棕色	砂壤土	粒状	5.6	12.4	0.73	0.58	17.6	42	20.9	40		河流冲积物	E 114°59′06.6″ N 31°04′52.6″	98
						2	18—32	灰棕色	轻壤土	粒状	6.3	5.5	0.28	0.48	17.3							
						3	32—100	黄棕色	砂土	粒状	6.6	3.3	0.18	0.28	15.6							
剖65	人为土	水稻土	淹育水稻土	浅酸性结晶岩泥田	浅麻砂泥田	A	0—18	暗黄棕色	黏壤土	团粒状	5.8	38.6	1.98	0.37	16.3	133	9.2	54		河流冲积物	E 114°52′38.9″ N 31°01′42.4″	95
						P	18—33	暗黄棕色	砂质黏壤土	块状	6.7	27.9	1.47	0.37	16.4							
						C	33—100	暗黄棕色	黏壤土	粒状	6.6	9.9	0.43	0.49	16.3							
剖66	半水成土	潮土	潮土	潮砂泥土	底砂潮泥砂土	1	0—18	暗棕色	轻壤土	粒状	5.7	31.4	1.60	0.39	15.1	65	2.9	52		河流冲积物	E 115°02′46.7″ N 31°13′38.6″	95
						2	18—36	棕褐色	重壤土	块状	6.5	15.8	0.94	0.36	17.4							
						3	36—100	灰棕色	重壤土	棱柱状	7.3	4.5	0.30	0.12	16.4							
剖67	人为土	水稻土	潴育水稻土	赤砂泥田	青榨赤砂泥田	A	0—12	棕色	中壤土	块状	6.7	29.8	1.48	0.57	16.5	106	3.4	39	10.7	红砂岩和砂砾岩风化物	E 115°03′16.8″ N 31°13′24.0″	95
						G	12—46	暗棕色	轻壤土	块状	7.1	28.0	1.34	0.32	16.3							
						W	46—100	暗棕色	中壤土	棱柱状	7.2	15.8	0.79	0.25	16.4							
剖68	人为土	水稻土	潴育水稻土	赤砂泥田	赤泥田	A	0—14	暗棕色	重壤土	粒状	6.5	22.8	1.12	0.51	16.4	90	8.2	58		红砂岩和砂砾岩风化物	E 115°06′21.9″ N 31°14′51.3″	95
						P	14—22	暗黄棕色	中壤土	棱块状	6.6	12.4	0.76	0.32	18.6							
						W	22—100	暗灰棕色	中壤土	棱柱状	6.5	9.1	0.49	0.19	16.3							
剖69	人为土	水稻土	潴育水稻土	赤砂泥田	赤泥田	A	0—13	暗黄棕色	重壤土	粒状	6.3	28.5	1.58	0.84	18.5	81	21.0	118	12.8	红砂岩和砂砾岩风化物	E 115°05′48.3″ N 31°12′29.4″	95
						P	13—26	暗黄棕色	中壤土	块状	7.0	23.3	1.18	0.34	18.4				3.3			
						W	26—52	暗黄棕色	中壤土	棱柱状	7.2	8.3	0.45	0.24	21.9							
							52—100															
剖70	半水成土	潮土	潮土	潮砂泥土	潮砂泥土	1	0—25	灰黄棕色	轻壤土	粒状	6.5	15.0	0.90	1.26	21.6	64	13.9	117		河流冲积物	E 115°00′47.9″ N 31°11′33.3″	98
						2	25—83	暗黄棕色	轻壤土	碎块状	6.6	7.8	0.44	1.12	18.5							
						3	83—100	暗灰棕色	砂壤土	棱柱状	6.8	7.0	0.34	1.80	20.7							
剖71	半水成土	潮土	潮土	潮砂泥土	吊气潲砂土	1	0—14	黄棕色	轻壤土	粒状	6.1	17.4	1.16	1.02	21.0	81	7.3	56		河流冲积物	E 115°01′44.5″ N 31°10′06.1″	95
						2	14—21	黄灰棕色	砂壤土	粒状	5.5	9.2	0.47	1.13	28.3							
						3	21—100	淡黄棕色	砂土	粒状	5.9	4.6	0.21	0.71	16.0							
剖72	人为土	水稻土	潴育水稻土	潮土田	潮砂泥田	A	0—15	暗黄棕色	黏壤土	团块状	6.1	34.1	1.93	0.50	18.6	99	7.7	86	8.9	近代河流冲积物	E 115°08′53.3″ N 31°14′54.5″	81
						P	15—30	暗黄棕色	黏壤土	块状	6.4	17.0	0.98	0.54	17.2							
						W	30—100	褐色	壤质黏土	棱柱状	6.5	13.0	0.65	0.52	18.1							

续表 Continued

剖面号 Soil profile	土纲 Soil order	土类 Soil great group	亚类 Soil subgroup	土属 Soil genus	土种 Soil species	土层码 Layer code	土层厚度 Depth/cm	颜色 Soil color	质地 Soil texture	土壤结构 Soil structure	pH	有机质 OM/(g/kg)	全氮 TN/(g/kg)	全磷 TP/(g/kg)	全钾 TK/(g/kg)	碱解氮 AN/(mg/kg)	有效磷 AP/(mg/kg)	速效钾 AK/(mg/kg)	阳离子交换量 CEC/(cmol/kg)	土壤母质 Parent material	剖面点坐标 Profile coordinate	匹配指数 Matching index/%
剖73	淋溶土	黄棕壤	黄棕壤	第四纪黏土黄棕壤	面黄土	A	0—18	棕黄色	壤质黏土	碎块状	6.2	14.0	0.81	0.32	10.4	69	7.7	175	10.2	第四纪黏土	E 115°08′07.2″ N 31°13′33.0″	95
						B$_1$	18—38	淡棕红色	壤质红黏土	块状	5.5	8.4	0.49	0.27	9.4							
						B$_2$	38—100	棕红色	粉砂质黏土	块状	5.5	3.6	0.43	0.15	10.0							
剖74	人为土	水稻土	潴育水稻土	砂泥田	砂泥田	A	0—15	灰棕色	中壤土	块状	6.1	29.6	1.64	1.54	18.4	120	9.0	100	8.8		E 115°09′05.3″ N 31°13′16.5″	95
						P	15—26	黄棕色	轻壤土	块状	6.5	10.8	0.48	0.96	22.5							
						W	26—100	暗棕黄色	轻壤土	柱状	6.4	11.5	0.62	1.63	18.6							
剖75	人为土	水稻土	潴育水稻土	砂泥田	夹砂砂泥田	A	0—18	青灰色	轻壤土	粒状	4.7	23.1	1.56	0.95	21.0		5.9	61			E 115°10′00.7″ N 31°14′50.1″	95
						P	18—30	暗黄棕色	轻壤土	块状	4.7	17.5	0.95	0.82	21.9							
						W$_1$	30—40	棕色	轻壤土	块状	6.7	8.3	0.45	1.00	19.9							
						S$_1$	40—50	淡棕色	砂土	无结构	6.7	6.2	0.35	0.74	10.3							
						W$_2$	50—72	淡棕色	轻壤土													
						S$_2$	72—100	淡棕色	砂土	无结构												
剖76	淋溶土	黄棕壤	黄棕壤	乌棕壤土	林地乌麻骨土	1	0—17	暗棕色	砂壤土	块状	6.2	26.5	1.53	0.27	18.3	76	3.7	44	4.7		E 115°10′05.3″ N 31°13′36.6″	95
						2	17—100	暗灰棕色	轻壤土	块状	6.5	8.0	0.41	1.08	18.4							
剖77	人为土	水稻土	潴育水稻土	砂泥田	砂田	A	0—14	暗灰棕色	轻壤土	块状	5.3	28.9	1.53	1.05	17.5		10.4	59			E 115°11′33.1″ N 31°12′53.9″	95
						P	14—23	棕色	砂壤土	块状	5.0	25.6	1.53	1.05	15.2							
						W	23—100	淡棕色	砂土	粒状	6.7	10.0	0.58	0.71	17.5							
剖78	淋溶土	黄棕壤	黄棕壤性土	黄棕壤性土	林地轻砾石土	A	0—20	棕色	砂壤土	粒状	6.3	17.8	0.81	1.92	22.0	62	7.4	79	5.4	各类母岩风化残积物	E 115°14′34.0″ N 31°10′45.0″	98
						C	20—36	淡棕色	砂土	粒状	6.1	17.0	0.72	1.93	23.0							
						D	36—	棕色	砂土		6.4	4.5	0.21	2.96	18.0							
剖79	淋溶土	黄棕壤	黄棕壤性土	红砂岩黄棕壤	黄赤砂岩土	A	0—20	棕黄色	中壤土	碎块状	6.5	22.8	1.12	0.51	16.4	56	6.9	123	10.7		E 115°09′18.2″ N 31°10′33.2″	95
						B$_1$	20—60	黄深色	轻壤土	块状	6.6	12.4	0.76	0.32	18.6							
						B$_2$	60—100	暗棕色	中壤土	块状	6.5	9.1	0.49	0.19	16.3							
剖80	人为土	水稻土	潴育水稻土	红砂岩棕壤性土	游水砂泥田	1	0—13	暗棕色	中壤土	团粒状	6.3	29.7	1.70	0.54	21.0		15.0	84	8.4	河流冲积物	E 115°01′07.6″ N 31°07′40.1″	95
						2	13—18	棕色	中壤土	块状	6.2	28.3	1.59	0.39	16.1							
						3	18—38	暗灰棕色	黏土	棱柱状	7.3	10.7	0.62	0.39	13.7							
							38—100	暗棕色	黏土	棱柱状	7.1	8.7	0.50	0.22	14.6							
剖81	淋溶土	黄棕壤	淹育水稻土	浅灰紫砂泥田	薄黄赤骨土	A	0—16	灰棕色	中壤土	核状	6.5	16.6	1.00	0.29	17.3	79				红砂岩砂砾岩风化物	E 115°11′54.0″ N 31°07′16.7″	95
						P	16—23	暗黄棕色	轻壤土	粒状	6.7	6.5	0.44	0.14	16.9							
						W$_1$	23—29	栗色	砂土	粒状	7.4	6.3	0.39	0.16	13.0							
剖82	人为土	水稻土	潴育水稻土	青砂泥田	赤骨砂泥田	A	0—15	暗灰棕色	轻壤土	块状	5.8	37.0	1.37	1.10	21.7	109	8.0	130	7.2	石灰性红砂岩	E 115°02′04.8″ N 31°00′56.2″	95
						P	15—27	暗灰棕色	轻壤土	块状	5.5	23.5	1.14	1.06	19.5							
						W$_2$	27—100	灰棕色	轻壤土	块状	5.5	23.1	1.23	1.05	17.1							
剖83	人为土	水稻土	潴育水稻土	砂泥田	吊气涸砂泥田	A	0—14	紫棕色	中壤土	核状	7.2	24.9	1.29	0.39	18.1	69	6.3	47	4.6	河流冲积物	E 115°10′06.2″ N 31°05′35.4″	95
						P	14—21	棕灰色	轻壤土	粒状	6.9	22.6	1.21	0.34	19.3							
						G	21—100	棕红色	轻壤土	块状	7.4	5.3	0.31	0.19	20.8							
剖84	半水成土	潮土	潮土	潮土泥土	落河冷浸土	1	0—19	暗黄棕色	轻壤土	核状	6.5										E 115°00′09.6″ N 31°03′18.3″	95
						2	19—36	栗色	砂土	粒状	6.7											
						3	36—100	暗棕黄色	砂土	粒状	7.4											
剖85	人为土	水稻土	潴育水稻土	青泥田	浅灰紫砂泥土	A	0—15	暗棕色	轻壤土	块状	5.8								3.8			
剖86	人为土	水稻土	潴育水稻土	砂泥田	厚青蒲泥砂泥田	A	0—22	青灰色	轻壤土	块状	6.9								10.2			
						G	22—70	灰黄色	砂壤土	粒状												
						W	70—100															

续表 Continued

剖面号 Soil profile	土纲 Soil order	土类 Soil great group	亚类 Soil subgroup	土属 Soil genus	土种 Soil species	土层码 Layer code	土层厚度 Depth/cm	颜色 Soil color	质地 Soil texture	土壤结构 Soil structure	pH	有机质 OM/(g/kg)	全氮 TN/(g/kg)	全磷 TP/(g/kg)	全钾 TK/(g/kg)	碱解氮 AN/(mg/kg)	有效磷 AP/(mg/kg)	速效钾 AK/(mg/kg)	阳离子交换量 CEC/(cmol/kg)	土壤母质 Parent material	剖面点坐标 Profile coordinate	匹配指数 Matching index/%
剖87	淋溶土	黄棕壤	黄棕壤	赤砂泥土	赤砂土	A	0—22	暗红棕色	砂壤土	粒状	5.3	17.1	0.90	0.26	18.7	72	7.0	88			E 115°09′33.9″ N 31°04′55.9″	95
						C	22—100	暗棕红色			5.3	5.0	0.25	0.42	18.4							
剖88	淋溶土	黄棕壤	黄棕壤	黄土	马肝土	A	0—20	暗黄棕色	重壤土	块状										第四纪黏土	E 115°07′04.0″ N 30°56′55.6″	95
						B	20—63	灰黄棕色	重壤土	棱块状												
						C	63—100	灰棕色	黏土	棱块状												
剖89	人为土	水稻土	潜育水稻土	冷浸田	浕田	A	0—26	棕绿色	轻壤土	粒状	6.3	25.9	1.63	0.68	15.9	150	9.2	83	10.2		E 115°09′20.4″ N 30°58′06.8″	95
						G	26—100	青灰色	轻壤土	无结构	5.5	24.8	1.13	1.11	19.7				10.4			
剖90	人为土	水稻土	淹育水稻土	浅赤砂泥田	浅赤泥砂田	A	0—13	棕色	轻壤土	粒状	5.5	35.0	1.81	0.36	21.5	79	12.4	44		红砂岩和砂砾岩坡积物	E 115°22′22.8″ N 31°16′43.8″	95
						P	13—23	暗棕色	轻壤土	块状	5.7	25.4	1.38	0.39	15.7				4.5			
						C	23—100	漆棕色	中壤土	柱状	6.6	10.0	0.65	0.24	17.1				4.8			
剖91	人为土	水稻土	潜育水稻土	潮土田	潴水潮泥砂田	A	0—14	暗黄棕色	轻壤土	粒状										河流冲积物	E 115°21′30.0″ N 31°06′31.2″	95
						P	14—29	暗黄黄色	中壤土	块状												
						W	29—100	灰黄色	黏土	柱状												

武 穴 市

主要土类说明

水稻土是武穴市主要土壤类型，占本市地域面积的50%。水稻土是在长期季节性淹灌、水下翻耕、季节性脱水、氧化还原交替影响下，原来成土母质或母土的特性发生重大改变，形成的新的土壤类型。由于干湿交替，水稻土形成糊状淹育层、较坚实板结的犁底层、渗育层、潴育层与潜育层等多种发生层。这些不同发生层是在人为耕作、水浆管理下形成的。

红壤是武穴市第二大土壤类型，占本市地域面积的29%。红壤呈中度脱硅富铝化特征，土壤黏粒中游离铁占全铁的50%—60%。黏土矿物以高岭石、赤铁矿为主，黏粒硅铝率为1.8—2.4，风化淋溶系数小于0.2，盐基饱和度小于35%。红壤具深厚红色土层，底层可见深厚的红、黄、白相间的网纹红色黏土，具 A–Bs–Bv 或 A–Bs–C 剖面构型。

潮土是武穴市第三大土壤类型，占本市地域面积的8%。潮土见于近代河流冲积平原或低平阶地，地下水位高，潜水参与成土过程。在潮土成土过程中，底土氧化还原交替作用，形成锈色斑纹和小型铁子。在长期耕作条件下，表层有机质含量为10—15g/kg。

石灰（岩）土占本市地域面积的3%。石灰（岩）土发生于热带、亚热带石灰岩山区，是石灰岩经溶蚀风化形成的厚薄不同的钙质饱和或含游离钙质的土壤，多见于石隙、溶洞或峰丛底部。该土壤碳酸钙淋溶程度不一，多黏土，多为铁钙质胶结物，风化程度不一，盐基饱和度高，有机质含量及胶结状态有较大差异。

小于本市地域面积3%的土壤类型有新积土、黄棕壤等。

本区域中心区气候特征

本区域中心区气候特征值
Regional climate characteristics in central area of the region

气候带：北亚热带湿润气候 Climate region: North subtropical humid climate	
年平均气温 /℃ Annual average temperature /℃	16.8
年平均最高气温 /℃ Annual average maximum temperature /℃	21.3
年平均最低气温 /℃ Annual average minimum temperature /℃	13.4
年降水量 /mm Annual precipitation /mm	1491
≥10℃的积温 /℃ Daily temperature accumulated in a year（≥10℃）/℃	8614
年日照时数 /h Annual sunshine /h	1853
年平均相对湿度 /% Annual average relative humidity /%	78
干燥度 Dryness	0.67

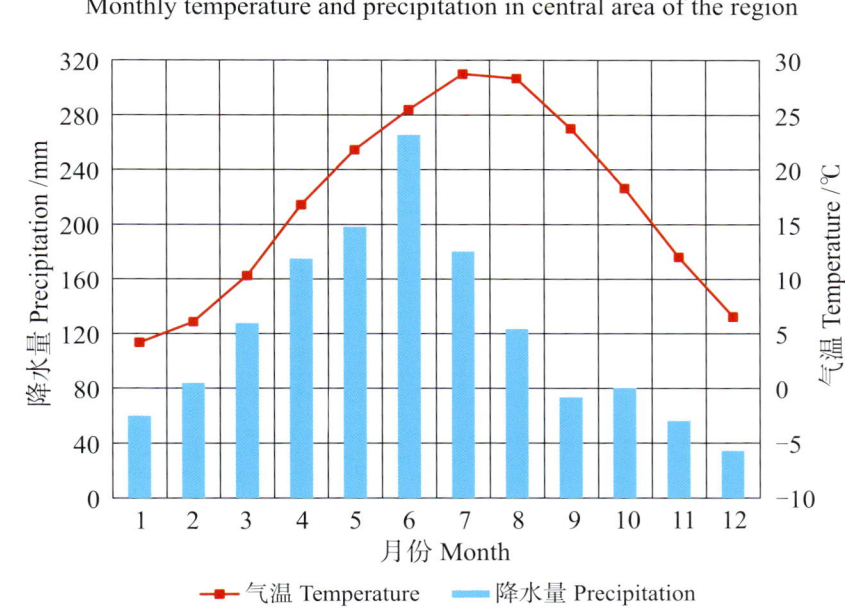

本区域中心区月平均气温与月平均降水量
Monthly temperature and precipitation in central area of the region

武穴市主要土壤类型与土壤剖面点分布图
1 : 200 000

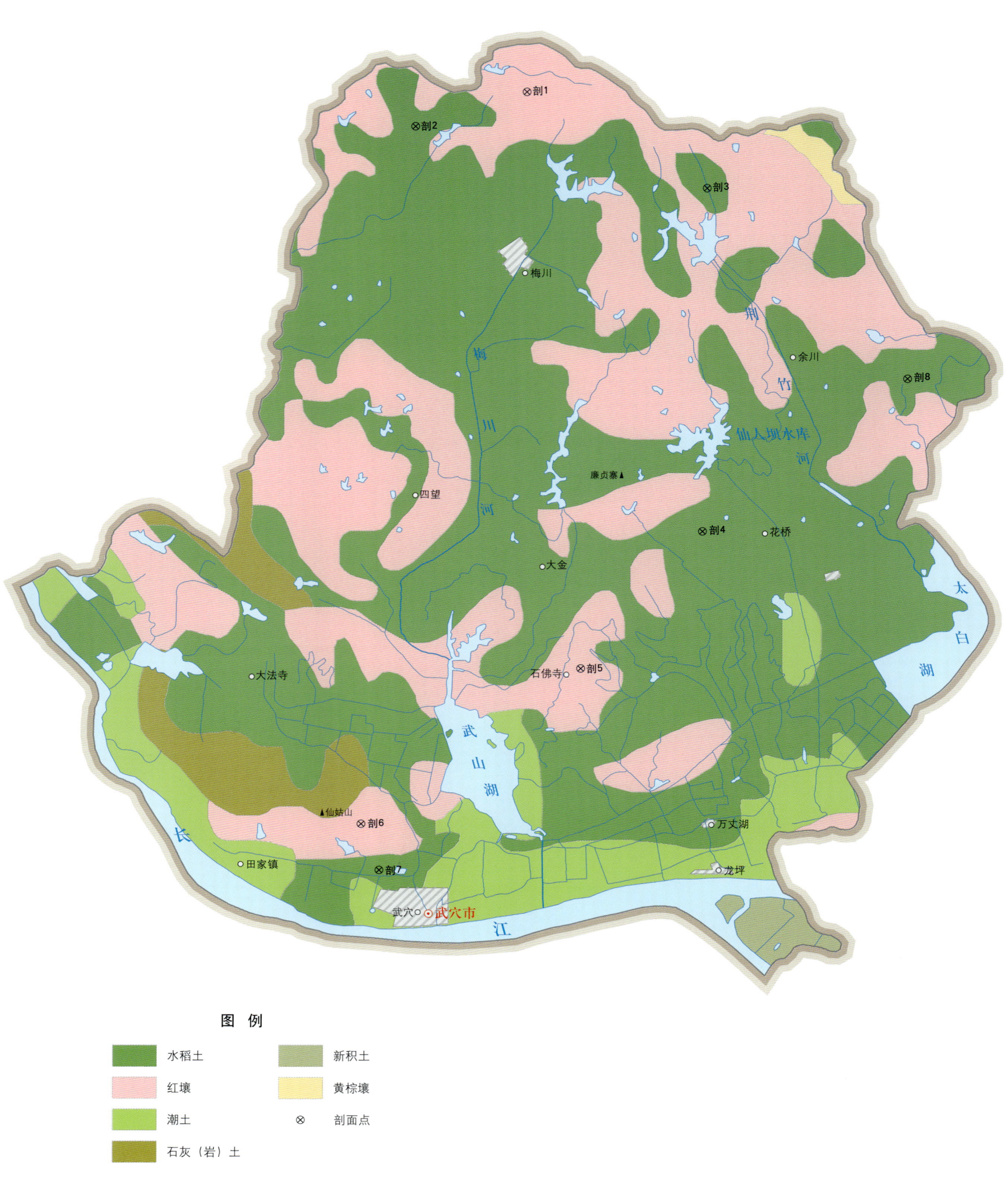

图 例

- 水稻土
- 红壤
- 潮土
- 石灰（岩）土
- 新积土
- 黄棕壤
- ⊗ 剖面点

武穴市土壤剖面理化性状表

剖面号 Soil profile	土纲 Soil order	土类 Soil great group	亚类 Soil subgroup	土属 Soil genus	土种 Soil species	土层码 Layer code	土层厚度 Depth/cm	颜色 Soil color	质地 Soil texture	土壤结构 Soil structure	pH	有机质 OM/(g/kg)	全氮 TN/(g/kg)	全磷 TP/(g/kg)	全钾 TK/(g/kg)	碱解氮 AN/(mg/kg)	有效磷 AP/(mg/kg)	速效钾 AK/(mg/kg)	阳离子交换量 CEC/(cmol/kg)	土壤母质 Parent material	剖面点坐标 Profile coordinate	匹配指数 Matching index/%
剖1	铁铝土	红壤	棕红壤	石英质岩棕红壤	红硅泥土	A	0—16	黄棕色	壤质黏土	块状	6.4	12.6	0.86	0.52	11.2					石英质岩类风化物	E 115°36′08.4″ N 30°11′57.2″	75
						B_1	16—25	灰棕色	粉砂质黏土	块状	6.2	4.5	0.45	0.40	15.9							
						B_2	25—100	棕红色	粉砂质黏土	块状	6.4	10.7	0.71	0.63	11.8							
剖2	人为土	水稻土	潴育水稻土	泥质岩泥田	细观音细砂泥田	A	0—19	灰棕色	中壤土	团粒状	4.9	27.0	1.58	0.50	15.7				9.2	页岩、片岩、板岩风化物	E 115°33′00.4″ N 30°11′03.6″	75
						P	19—31	褐色	重壤土	块状	5.8	20.5	1.18	0.47	15.4							
						K	31—61	灰白色	轻壤土	块状	6.9	4.1	0.35	0.20	15.0							
						W	61—100	灰棕色	重壤土	块状	7.0	4.5	0.35	0.15	14.2							
剖3	人为土	水稻土	潴育水稻土	泥质岩泥田	青褐岩泥田	A	0—19	灰黄色	黏壤土	团块状	5.9	28.6	1.56	0.65	19.7	3	≥100.0	44	11.7		E 115°41′16.2″ N 30°09′32.7″	95
						G	19—39	暗黄色	黏壤土	糊块状	6.6	13.1	0.63	0.36	19.6	5	≥100.0	25				
						W	39—100	黄棕色	壤质黏土	块状	6.9	8.2	0.58	0.41	19.3	3	≥100.0	31				
剖4	人为土	水稻土	潴育水稻土	泥质岩泥田	铁心细砂泥田	A	0—17	棕灰色	黏壤土	块状	5.2	21.4	1.30	0.34	15.2				7.8		E 115°41′15.0″ N 30°00′48.3″	95
						P	17—42	灰棕色	壤质黏土	块状	6.9	3.8	0.22	0.16	12.8							
						W	42—100	棕灰色	粉砂质黏土	块状	6.9	5.1	0.34	0.18	14.5							
剖5	铁铝土	红壤	棕红壤	第四纪黏土棕红壤	红土	A	0—28	棕色	黏质黏土	粒状	6.1	14.4	0.93	0.61	9.1	103	20.7	112		第四纪红色黏土	E 115°37′51.8″ N 29°57′16.8″	95
						B	28—50	暗红棕色	壤质黏土	块状	5.6	13.5	0.85	0.60	9.5	107	8.9	51				
						C	50—	暗棕色	壤质黏土	块状	5.5	1.7	0.32	0.22	8.7	20	4.7	37				
剖6	铁铝土	红壤	棕红壤	红砂岩棕红壤	红赤泥土	A	0—15	棕色	壤质黏土	块状	5.7	13.0	0.82	0.46	9.2				6.7	红砂岩、红色底砾岩风化物	E 115°31′44.2″ N 29°53′15.2″	95
						B_1	15—24	棕红色	壤质黏土	块状	4.8	6.8	0.47	0.29	11.3							
						B_2	24—100	红棕色	壤质黏土	块状	4.7	5.2	0.39	0.26	13.0							
剖7	人为土	水稻土	潴育水稻土	红砂岩棕红田	白心赤泥田	A	0—20	灰棕色	壤质黏土	块状	6.0	28.4	1.56	0.46	11.6				10.3	红砂岩发红色底砾岩风化物	E 115°32′15.8″ N 29°52′04.0″	95
						P	20—30	棕灰色	壤质黏土	块状	6.2	9.1	0.50	0.62	18.7							
						K	30—67	灰白色	壤质黏土	块状	4.8	7.3	0.40	0.13	11.4							
						W	67—100	黄棕色	黏壤土	块状	5.0	5.6	0.29	0.17	11.7							
剖8	人为土	水稻土	潴育水稻土	红砂岩泥田	铁心赤泥田	A	0—15	灰黄色	粉砂质黏土	块状	6.1	22.0	1.21	0.36	14.8				15.1	红砂岩或红色底砾岩风化物	E 115°46′59.9″ N 30°04′43.9″	95
						P	15—22	棕黄色	粉砂质黏土	块状	6.3	13.8	0.96	0.25	13.7							
						W	22—100	黄棕色	粉砂质黏土	块状	5.9	7.3	0.58	0.31	15.8							

咸 宁 市

市 辖 区

主要土类说明

红壤是咸宁市主要土壤类型，占本市地域面积的51%。红壤主要分布在海拔50—800m的低山丘陵及低丘平岗，发育于第四纪红色黏土、板页岩、砂页岩、石灰岩、红砂岩等。本市气候较湿热，四季分明，夏季高温多湿，各种成土母质风化强烈，盐基及硅酸淋失程度较高，铁铝氧化物聚积明显。土壤富铝化作用明显，土层较深厚，质地黏重，有明显的红色心土层。土壤呈酸性至弱酸性，pH小于6.0，保水保肥性能较好，但通透性差，具有酸、瘦、黏等特点。发育于不同成土母质的红壤在形态特征上有所差异，但土壤性质基本相同。

水稻土是咸宁市第二大土壤类型，占本市地域面积的34%。耕作层在种稻期间，除最表层数毫米为氧化层外，均处于还原状态，落干后全层氧化，沿根孔出现大量锈纹，高产肥沃的耕作层还会出现有机铁络合物，形成鳝血斑纹。犁底层紧实黏重，有较多的锈纹、锈线出现。潴育层垂直节理明显，结构体表面有灰色胶膜，内有锈色斑纹。淀积层土体呈块状，轻度发育者，只出现锈纹、锈斑和褐斑；中度发育者，出现大量锈斑并有锥形铁锰结核；高度发育者，其锈斑和铁锰结核大量聚积。漂洗层胶粒淋失，土粒粉质无结构，轻度发育者，土壤颜色较淡，偶见少量锈斑并有锥形铁锰结核；中度发育者，土壤呈灰白色。潜育层一般呈灰蓝色，有亚铁反应。

石灰（岩）土是咸宁市第三大土壤类型，占本市地域面积的8%。石灰（岩）土发育于石灰岩类风化物，土质黏重，有不均质石灰反应，多呈棱柱状结构，结构体表面可见具有光泽的胶膜。

小于本市地域面积3%的土壤类型有潮土、紫色土、黄棕壤等。

本区域中心区气候特征

本区域中心区气候特征值
Regional climate characteristics in central area of the region

气候带：北亚热带湿润气候 Climate region: North subtropical humid climate	
年平均气温 /℃ Annual average temperature /℃	16.8
年平均最高气温 /℃ Annual average maximum temperature /℃	21.2
年平均最低气温 /℃ Annual average minimum temperature /℃	13.4
年降水量 /mm Annual precipitation /mm	1363
≥10℃的积温 /℃ Daily temperature accumulated in a year（≥10℃）/℃	7239
年日照时数 /h Annual sunshine /h	1849
年平均相对湿度 /% Annual average relative humidity /%	79
干燥度 Dryness	0.73

本区域中心区月平均气温与月平均降水量
Monthly temperature and precipitation in central area of the region

咸宁市市辖区主要土壤类型与土壤剖面点分布图
1:200 000

图 例

红壤	水稻土	石灰(岩)土	潮土	紫色土	黄棕壤	剖面点 ⊗

第二编 分县土壤图与土壤剖面数据 | 327

咸宁市土壤剖面理化性状表

剖面号 Soil profile	土纲 Soil order	土类 Soil great group	亚类 Soil subgroup	土属 Soil genus	土种 Soil species	土层码 Layer code	土层厚度 Depth/cm	颜色 Soil color	质地 Soil texture	土壤结构 Soil structure	pH	有机质 OM/(g/kg)	全氮 TN/(g/kg)	全磷 TP/(g/kg)	全钾 TK/(g/kg)	碱解氮 AN/(mg/kg)	有效磷 AP/(mg/kg)	速效钾 AK/(mg/kg)	阳离子交换量CEC/(cmol/kg)	土壤母质 Parent material	剖面点坐标 Profile coordinate	匹配指数 Matching index/%
剖1	人为土	水稻土	侧渗水稻土	侧渗潴土	白鳝潮砂田	A	0—18	灰棕色	中壤土	小块状	5.1	24.3	0.94	0.51	10.1	112	4.1	45	13.6	第四纪河湖冲积物或沉积物	E 114°09′48.3″ N 29°54′00.4″	95
						P	18—28	黄褐色	中壤土	块状	6.2	19.9	1.26	0.37	11.2	80	2.0	44				
						E	28—100	灰白色	重壤土	块状	6.8	5.0	0.40	0.21	15.3	29	1.4	55				
剖2	人为土	水稻土	侧渗水稻土	侧渗潴土	白鳝潮泥田	A	0—16	棕色	重壤土	块状	6.8	23.2	≥10.00	0.12	≤1.0	2	≥100.0	≤5		第四纪河湖冲积物或沉积物	E 114°10′36.4″ N 29°54′44.5″	95
						P	16—24	褐色	重壤土	梭柱状	6.5	13.7	≥10.00	0.90	≤1.0	≤1	88.0	≤5				
						E	24—	灰白色	重壤土	梭柱状	5.2	9.3	≥10.00	0.73	≤1.0	≤1	69.0	≤5				
剖3	人为土	水稻土	潴育水稻土	潴土田	潮砂泥田	A	0—18	灰棕色	黏土	小块状	6.8	26.2	1.53	0.15	15.0	106	2.2	68	14.4	河流冲积物	E 114°10′54.9″ N 29°52′54.1″	95
						Pg	18—31	灰棕色	黏土	块状	7.2	15.4	0.85	≤0.10	14.7	113	≤1.0	50				
						W	31—60	黄褐色	黏土	梭柱状	7.2	10.6	0.70	≤0.10	13.1	88	≤1.0	55				
						E	60—76				7.2	7.9	0.54			58		39				
						C	76—100	白灰色	黏土	块状	7.2	5.9	0.39			46	1.7	39				
剖4	人为土	水稻土	潴育水稻土	红壤性第四纪黏质土田	青褐红泥田	A	0—15	灰棕色	中壤土	小块状	5.8	26.6	1.70	0.37	10.4	47	4.3	54	19.2	第四纪黏土	E 114°12′00.0″ N 29°52′38.7″	95
						Pg	15—25	棕灰色	重壤土	块状	5.9	25.6	1.17	0.33	12.5	122	3.2	51	16.8			
						Wg	25—100	棕灰色	重壤土	块状	6.1	8.9	0.56	0.26	11.0	44	2.2	31	15.0			
剖5	人为土	水稻土	潴育水稻土	青泥田	青泥田	P	21—28	棕灰色	粉砂质黏土	碎块状	5.7	29.8	1.82	0.48	12.0	190	7.9	99	14.1	石灰岩类风化物	E 114°14′02.9″ N 29°54′30.7″	95
						G	28—100	暗棕灰色	粉砂质黏土	块状	6.2	17.5	1.05	0.43	13.2				16.6			
剖6	铁铝土	红壤	棕红壤	碳酸岩棕红壤	红岩渣土	A	0—18	青灰色	粉砂质黏土	糊状状	6.7	10.0	0.75	0.42	12.1							
						C	18—100	淡棕红色			5.0	23.9	0.98	0.23	11.6						E 114°10′55.1″ N 29°48′22.9″	75
剖7	铁铝土	红壤	棕红壤	红砂岩棕红壤	赤砂土			淡棕红色			5.3	9.7	0.53	0.20	11.0						E 114°12′40.4″ N 29°49′26.5″	95
						B	0—15		重壤土	粒状	6.4	19.0	1.07	0.45	7.5	91	12.0	81	12.5			
						C	15—25		重壤土	块状	6.5	12.4	8.20	0.59	≤1.0	74	5.8	55				
							25—		重壤土	梭柱状	5.1	5.8	0.50	0.50	12.2	44	1.6	54				
剖8	人为土	水稻土	潴育水稻土	青泥田	青泥田	A	0—15	褐色	重壤土	粒状	6.7	33.9	1.40	0.45	13.4	136	2.4	75	9.4	第四纪河湖冲积物	E 114°13′02.2″ N 29°47′52.8″	95
						Pg	15—25	灰色	重壤土	块状	7.7	25.7	1.45	0.33	12.8	90	1.4	52				
						G	25—	深灰色	重壤土	梭柱状	7.8	31.2	0.49	0.42	13.3	118	2.6	69				
剖9	人为土	水稻土	潴育水稻土	灰湖泥田	灰潮砂泥田	A	0—13	黄褐色	中壤土	粒状	6.9	39.2	2.69	0.44	15.7	142	6.3	70		河流冲积物	E 114°12′49.2″ N 29°47′02.5″	95
						P	13—28	灰棕色	粉砂质黏土	块状	7.4	23.1	1.43	0.24	16.3	82	3.6	48				
						W	28—64	灰棕色	粉砂质黏土	块状	7.0	10.1	0.70	0.12	16.7	30	1.4	54				
						B	64—100	灰棕色	壤质黏土	块状	6.3	10.9	0.61	0.15	15.9	42	4.4	70				
剖10	铁铝土	红壤	棕红壤	碳酸岩棕红壤	泡红黏土	A	0—11	棕色	中壤土	粒状	4.9	25.9	1.16	0.33	15.2	105	2.6	75		石灰岩残积物或坡积物	E 114°12′38.0″ N 29°45′42.8″	75
						B	11—52	灰棕色	中壤土	小块状	4.2	16.0	0.74	0.18	16.1	62	2.3	65				
						C	52—100															
剖11	人为土	水稻土	潴育水稻土	潴土田	漏砂潮泥田	A	0—16	棕色	中壤土	块状	5.2	23.2	1.36	0.29	23.1	101	8.8	52	8.1	河流冲积物	E 114°11′58.1″ N 29°45′13.5″	75
						P	16—25	灰棕色	重壤土	梭柱状	5.4	21.0	1.79	0.28	17.2	93	15.6	34				
						W	25—50	棕色	中壤土	块状	6.8	9.1	1.17	0.39	24.7	52	1.4	39				
						R												52				
剖12	人为土	水稻土	潴育水稻土	青黄泥田	咸宁青泥田	Aa	0—21	灰棕色	中壤土	碎块状	5.7	29.8	1.80	0.50	12.0	190	7.2	48	19.4	第四纪红色黏土	E 114°13′33.3″ N 29°45′14.7″	95
						Apg	21—28	灰棕色	重壤土	糊块状	6.2	17.5	1.00	0.40	13.2			104				
						G	28—100	暗蓝棕色	黏土	糊块状	6.7	10.0	0.80	0.40	12.1							
剖13	铁铝土	红壤	棕红壤	碳酸岩棕红壤	泡糠头土	A	0—11	黄褐色	中壤土	粒状	4.9	29.8	1.31	0.37	12.3	136	9.5	52		石灰岩残积物或坡积物	E 114°14′37.9″ N 29°47′29.8″	75
						B	11—18	黄褐色	重壤土	梭柱状	4.9	17.5	0.74	0.34	11.8	75	1.4	42				
						C	18—100	棕黄色	黏土	梭块状	5.2	8.5	0.60	0.45	15.2	75	1.2	44				

续表 Continued

剖面号 Soil profile	土纲 Soil order	土类 Soil great group	亚类 Soil subgroup	土属 Soil genus	土种 Soil species	土层码 Layer code	土层厚度 Depth/cm	颜色 Soil color	质地 Soil texture	土壤结构 Soil structure	pH	有机质 OM/(g/kg)	全氮 TN/(g/kg)	全磷 TP/(g/kg)	全钾 TK/(g/kg)	碱解氮 AN/(mg/kg)	有效磷 AP/(mg/kg)	速效钾 AK/(mg/kg)	阳离子交换量CEC/(cmol/kg)	土壤母质 Parent material	剖面点坐标 Profile coordinate	匹配指数 Matching index/%
剖14	人为土	水稻土	潜育水稻土	石灰（岩）性泥田	灰泡鸭屎泥田	A	0~16	褐色	中壤土	粒状	8.1	52.4	1.69	0.40	14.7	102	4.4	90	13.8	石灰岩	E 114°14′28.8″ N 29°16′17.2″	75
						P	16~25	褐色	重壤土	块状	8.1	30.6	≥10.00	0.47	15.1	93	5.3	95				
						W	25~38	黄褐色	重壤土	棱柱状	8.3	13.1	0.47	0.54	15.4	55	5.1	73				
						B	38~71	褐色	重壤土	棱柱状	8.1	14.1	0.25	0.24	17.2	21	3.3	55				
						C	71~100	黄色	黏土	棱柱状	6.8	5.2	0.31	0.25	15.3	27	2.5	66				
剖15	人为土	水稻土	潜育水稻土	灰潮土田	灰潮泥田	P	0~18	黄褐色	轻黏土	大块状	7.1	42.1	2.07	0.60	18.9	190	6.0	93	20.0	河流冲积物	E 114°11′10.9″ N 29°47′29.3″	95
						W	18~26	黄褐色	黏土	棱柱状	7.5	22.1	1.26	0.50	18.4	110	4.2	66				
						B	26~52	黄褐色	黏土	棱柱状	7.8	11.5	0.80	0.42	18.3	60	4.8	57				
						C	52~100	灰白色	黏土	棱柱状	7.6	14.6	0.97	0.33	16.7	76	8.8	65				
剖16	初育土	石灰（岩）土	棕色石灰土	棕色石灰土	马肝土	A	0~10		重壤土	小块状	7.4	19.1	1.15	0.62	17.6	72	8.9	173	12.5	石灰岩类风化物	E 114°14′07.6″ N 29°44′54.0″	75
						B			黏土	块状	7.6	14.6	0.97	0.63	18.9	67	5.7	117				
						C	50~		黏土	块状	7.4	10.4	0.71	0.46	19.6	57	2.0	110				
剖17	初育土	紫色土	酸性紫色土	酸性紫色土	酸性紫泥土	A	0~10	紫色	轻黏土	粒状	5.0	48.4	2.70	0.30	12.5	195	4.4	105	8.8	紫色砂岩及红砂岩	E 114°14′09.4″ N 29°43′51.5″	75
						C	10~50	紫红色	中壤土	粒状	4.9	16.5	0.94	0.27	14.4	86	2.7	55				
						D	50~		黏土		4.7	6.9	0.63	0.23	17.7	48	1.3	62				
剖18	人为土	水稻土	潜育水稻土	红壤性第四纪黏土田	红泥田	A	0~17	棕色	重黏土	块状	5.3	22.2	1.21	0.36	≤1.0	97	2.7	103	6.3	第四纪黏土	E 114°18′47.3″ N 29°58′15.6″	95
						P	17~22	褐色	重黏土	块状	6.0	16.6	1.06	0.76	10.8	77	2.6	90				
						W	22~40	黄褐色	黏土	块状	7.2	6.0	0.49	≤0.10	11.2	34	2.0	80				
						C	40~100	棕黄色	黏土	块状	7.2	5.4	0.47	0.28	16.6	30	2.1	105				
剖19	铁铝土	棕红壤	棕红壤	第四纪黏土棕红壤	死红土	A	0~27	淡红棕色	黏土	粒状	5.5	7.2	0.58	0.31	16.0	51	1.2	100	6.9	第四纪黏土	E 114°18′54.4″ N 29°55′44.2″	95
						C	27~100	红灰色	黏土	棱柱状	5.2	4.2	0.44	0.45	12.5	31	1.4	70				
剖20	人为土	水稻土	潜育水稻土	灰潮土田	青隔灰潮泥田	A	0~17	棕色	黏土	块状	7.8	31.0	1.96	0.35	13.2	117	6.2	87	22.5	河流冲积物	E 114°15′27.6″ N 29°53′03.3″	95
						Pg	17~23	棕色	黏土	块状	7.8	20.1	1.48	0.40	18.4	87	6.0	80				
						Wg	23~100	棕黄色	黏土	小块状	8.0	9.3	0.73	0.54	18.2	47	7.8	87				
剖21	人为土	水稻土	潜育水稻土	灰紫泥田	灰赤砂泥田	A	0~16	黄褐色	重黏土	小块状	7.1	45.9	3.94	0.62	19.3	184	4.7	46	10.0	紫色砂岩及红砂岩	E 114°18′21.8″ N 29°53′12.2″	95
						Pg	16~29	灰色	重黏土	块状	8.1	18.6	1.25	0.64	18.9	98	8.8	90				
						C	29~100	灰褐色	重黏土	块状	7.4	27.9	1.81	0.72	21.3	129	5.2	102				
剖22	人为土	水稻土	潜育水稻土	灰潮土田	青隔灰潮砂泥田	A	0~16	棕色	中壤土	小块状	7.9	33.9	2.23	0.25	10.2	142	4.7	55	13.1	河流冲积物	E 114°19′38.1″ N 29°53′47.3″	95
						Pg	16~25	棕褐色	中壤土	块状	8.1	35.0	2.15	0.21	10.5	140	2.8	46				
						W	25~100	灰褐色	中壤土	块状	8.4	33.7	1.54	0.15	10.2	123	2.6	42				
剖23	人为土	淹育水稻土	浅红壤第四纪黏土田	浅红泥田	A	0~14	黄褐色	重黏土	粒状	5.5	38.5	1.85	0.49	15.0	129	9.5	73	7.5	河流冲积物	E 114°18′01.7″ N 29°52′11.3″	95
						Pg	14~24	灰色	重黏土	块状	5.9	34.6	1.84	0.53	16.1	117	7.0	62				
						Wg	24~65	棕黄色	重黏土	块状	7.9	12.4	1.12	0.56	14.5	28		55				
						C	65~100	黄色	重黏土	块状	7.7	9.0	0.44	0.32	15.8	31	9.4	50				
剖24	铁铝土	棕红壤	浅红壤第四纪黏土棕红壤	红土	A	0~15	黄褐色	中壤土	粒状	5.2	23.7	1.04	0.56	11.8	119	14.0	65	8.1	紫色砂岩及红砂岩	E 114°19′27.7″ N 29°52′12.6″	95
						B	15~24	棕红色	重黏土	块状	5.6	18.3	1.08	0.62	12.1	91	9.6	44				
						C	24~100	棕红色	重黏土	块状	6.5	8.6	0.63	0.61	14.7	52	11.0	80				
剖25	铁铝土	棕红壤	棕红壤	第四纪黏土棕红壤	白隔黄泥田	A	0~17	淡红黄色	重黏土	粒状	5.9	9.1	0.89	0.48	12.5	70	3.8	73	10.0	第四纪黏土	E 114°20′24.6″ N 29°51′05.5″	95
						P	17~70	棕红色	黏土	块状	5.7	6.7	0.77	0.45	15.6	52	3.3	63				
						W	70~100	棕红色	黏土	棱块状	5.3	5.5	0.65	0.37	15.7	36	1.6	116				
剖26	人为土	水稻土	侧渗水稻土	第四纪黏土侧渗漆泥田	A	0~13	暗黄棕色	黏壤土	块粒状	5.4	23.1	1.38	0.42	9.7	129	9.7	43	23.0	第四纪黏土	E 114°21′20.5″ N 29°51′12.6″	95
						P	13~19	灰黄棕色	粉砂黏壤土	棱块状	6.1	17.6	1.09	0.41	9.7		9.6		34.2			
						W	19~32	淡灰黄色		块状	7.1	5.4	0.38	0.20	9.4							
						E	32~100	灰白色	粉砂粉黏土	碎块状	7.2	4.9	0.37	0.28	12.4				14.1			

续表 Continued

剖面号 Soil profile	土纲 Soil order	土类 Soil great group	亚类 Soil subgroup	土属 Soil genus	土种 Soil species	土层码 Layer code	土层厚度 Depth/cm	颜色 Soil color	质地 Soil texture	土壤结构 Soil structure	pH	有机质 OM/(g/kg)	全氮 TN/(g/kg)	全磷 TP/(g/kg)	全钾 TK/(g/kg)	碱解氮 AN/(mg/kg)	有效磷 AP/(mg/kg)	速效钾 AK/(mg/kg)	阳离子交换量 CEC/(cmol/kg)	土壤母质 Parent material	剖面点坐标 Profile coordinate	匹配指数 Matching index/%
剖27	人为土	水稻土	侧渗水稻土	红壤性第四纪黏土侧渗泥田	白隔红泥田	A	0—19	棕色	中壤土	小块状	6.1	22.9	1.36	0.35	10.4	103	3.4	52	8.8	第四纪黏土	E 114°23′05.1″ N 29°52′41.7″	95
						P	19—30	褐色	中壤土	块状	7.2	9.9	0.65	0.30	10.3	51	2.5	40				
						W	30—40	黄棕色	中壤土	块状	7.8	5.5	0.34	0.31	11.1	29	1.4	44				
						E	40—100	灰白色	重壤土	块状	6.5	3.4	0.81	0.33	13.8	20	1.2	57				
剖28	铁铝土	红壤	棕红壤	泥页岩类棕红壤	黄砂泥土	A	0—17	黄棕色	重壤土	粒状	5.4	23.7	1.35	0.13	19.9	101	2.0	85	21.3		E 114°26′04.1″ N 29°53′03.2″	95
						B	17—46	棕黄色	重壤土	粒状	5.0	10.9	0.71	0.32	20.7	83	≤1.0	61				
						C	46—100	棕黄色	重壤土	粒状												
剖29	人为土	水稻土	潴育水稻土	红壤性泥质岩泥田	黄砂泥田	A	0—16	黄棕色	中壤土	粒状	5.1	26.0	2.38	0.35	15.1	124	55.0	55	28.0	泥质岩类坡积物或洪积物	E 114°26′49.1″ N 29°51′17.7″	95
						P	16—28	黄棕色	重壤土	块状	5.8	21.3	1.24	0.31	14.7	60	2.8	50				
						W	28—100	黄棕色	重壤土	棱块状	6.8	10.1	0.61	0.22	15.4		1.8	55				
剖30	铁铝土	红壤	棕红壤	泥页岩类棕红壤	黄砂土	A	0—26	黄棕色	重壤土	粒状	6.5	10.6	0.14	0.36	10.4	74	3.4	84	11.3		E 114°16′02.2″ N 29°49′04.0″	95
						B	26—60	黄棕色	重壤土	块状	5.9	12.9	0.92	0.37	19.6	71	2.7	70				
						C	60—100	黄棕色	黏土	块状	5.8	≤1.0	0.81	0.29	10.6	62	2.2	50				
剖31	人为土	水稻土	沼泽型水稻土	冷泉田	灰烂泥田	A	0—19	褐色	中壤土	块状	7.4	39.0	2.81	0.85	13.3	124	22.3	55	10.0		E 114°16′00.4″ N 29°48′15.9″	95
						G	19—	褐色	重壤土		6.8	29.0	1.71	6.13	13.1	116	14.4	41				
剖32	人为土	红壤	棕红壤	红壤性泥碳酸岩类红壤田	壤质黄泥	A	0—14	灰棕色	中壤土	块状	5.1	21.8	1.26	0.46	10.5	126	6.6	46	5.1	石灰岩	E 114°17′43.7″ N 29°49′56.7″	95
						P	14—20	黄棕色	重壤土	块状	7.1	18.2	1.11	0.50	12.2	100	5.6	36				
						W	20—51	黄棕色	重壤土	块状	5.4	6.9	0.55	0.43	11.4	38	5.4	44				
						C	51—	黄棕色	重壤土	粒状	6.8	4.4	0.48	0.33	13.4	29	9.1	47				
剖33	半水成土	潮土	灰潮土	黏土型灰潮土	灰泥土	A	0—16	黄褐色	重壤土	小块状	7.6	20.1	1.46	0.53	16.0	20	19.4	78	9.4	河流冲积物及湖相沉积物	E 114°21′09.1″ N 29°48′13.0″	75
						B	16—30	黄褐色	黏土	块状	7.8	20.4	1.36		17.8	92	4.8	72				
						C	30—	黄褐色	黏土	块状	8.2	10.3	0.82	0.48	17.7	49	4.4	67				
剖34	铁铝土	红壤	棕红壤	碳酸盐类棕红壤	红岩泥田	A	0—17	栗色	壤质黏土	小块状	5.6	16.8	1.16	0.40	17.4	126	6.6	54	13.3	石灰岩残积坡积物或洪积物	E 114°20′28.5″ N 29°47′09.8″	95
						B	17—49	紫棕色	黏质黏土	块状	6.0	10.9	0.73	0.43	17.2	100	5.6	36				
						C	49—100	淡红灰色	中壤土	块状	5.2	10.1	0.71	0.50	16.9	47	9.1	47				
剖35	人为土	水稻土	潴育水稻土	红壤性泥质岩泥田	青褐黄砂泥田	A	0—15	棕灰色	中壤土	小块状	7.2	40.1	1.82	0.34	21.2	153	4.3	93	12.5	泥质岩类坡积物或洪积物	E 114°21′34.7″ N 29°44′41.2″	95
						Pg	15—23	棕灰色	中壤土	大块状	7.3	36.2	1.93	0.29	21.7	138	2.3	96				
						Wg	23—100	黄棕色	中壤土	棱柱状	7.2	10.0	0.82	0.19	19.6	47	4.3	56				
剖36	初育土	紫色土	中性紫色土	中性紫砂岩灰土	紫渣土	A	0—18	紫棕色	重壤土	粒状	7.1	14.3	1.29	0.14	31.9	76	3.0	98	10.6	河流冲积物	E 114°26′22.6″ N 29°43′32.0″	75
						B	18—	栗褐色	轻壤土	小块状	5.6	12.4	1.20	0.61	31.0	104	2.1	81				
剖37	人为土	水稻土	潴育水稻土	潮土田	潮砂泥田	A	0—10	黄褐色	轻壤土	小块状	6.0	16.3	1.21	0.50	17.1	71	3.0	54	5.0	河流冲积物	E 114°30′44.7″ N 29°50′35.0″	95
						P	10—18	黄棕色	粒状土	块状	6.7	13.8	1.08	0.53	17.0	69		44				
						W	18—27	黄棕色	砂壤土	屑粒状	7.5	10.9	0.90	0.52	17.7	52	3.0	42				
						C	27—100	黄棕色	中壤土	块状	7.2	5.3	0.65	0.37	16.6	27	2.0					
剖38	人为土	水稻土	潴育水稻土	潮土田	潮砂泥田	A	0—11	黄色	中壤土	块状	6.8	20.8	1.41	0.49	17.2	98	18.2	154	8.8	河流冲积物	E 114°31′29.5″ N 29°50′06.3″	95
						P	11—21	黄棕色	中壤土	块状	7.2	13.9	1.59	0.64	17.7	70	2.6	150				
						W	21—34	黄棕色	中壤土	块状	7.2	8.1	0.73		17.7	46	4.2	56				
						B	34—100	黄色	中壤土	块状	7.2	1.8	0.54		19.7	76	6.7					
剖39	人为土	水稻土	潴育水稻土	石灰(岩)性泥田	青褐灰泡鸭屎泥田	A	0—14	褐色	黏土	块状	7.3	39.6	2.42	0.68	11.1	136	7.4	169	10.6	石灰岩	E 114°31′59.1″ N 29°48′14.7″	95
						Pg	14—23	棕灰色	黏土	块状	7.6	36.1	2.24	0.61	18.4	152	5.0	179				
						Wg	23—57	灰棕色	黏土	块状	7.3	9.4	0.62	0.46	17.4	48	3.3	86				
						B	57—100	灰棕色	黏土	棱块状	7.2	7.0	0.50	0.52	17.4	26	5.7	99				
剖40	人为土	水稻土	潴育水稻土	红泥田	咸宁红泥田	Aa	0—15	暗棕红色	黏壤土	碎块状	5.2	22.2	1.40	0.50	11.8	125	11.0	48		第四纪红色黏土	E 114°32′41.0″ N 29°49′06.7″	95
						Ap	15—25	灰棕色	黏土	块状	6.5	12.0	0.90	0.40	11.3							
						W	25—81	红棕色	黏土	棱块状	6.7	6.4	0.50	0.30	12.3							
						C	81—110	淡黄橙色	粉砂质黏土	块状	7.1	5.7	0.40	0.30	13.1							

续表 Continued

剖面号 Soil profile	土纲 Soil order	土类 Soil great group	亚类 Soil subgroup	土属 Soil genus	土种 Soil species	土层码 Layer code	土层厚度 Depth/cm	颜色 Soil color	质地 Soil texture	土壤结构 Soil structure	pH	有机质 OM/(g/kg)	全氮 TN/(g/kg)	全磷 TP/(g/kg)	全钾 TK/(g/kg)	碱解氮 AN/(mg/kg)	有效磷 AP/(mg/kg)	速效钾 AK/(mg/kg)	阳离子交换量 CEC/(cmol/kg)	土壤母质 Parent material	剖面点坐标 Profile coordinate	匹配指数 Matching index/%
剖41	初育土	石灰(岩)土	棕色石灰土	棕色石灰土	火石渣子土	A	0—9	紫棕色	黏土	小块状	6.6	25.8	1.21	0.38	12.1	82	1.9	133	21.9	石灰岩类风化物	E 114°32′37.9″ N 29°48′14.6″	95
						C	9—19	棕红色	黏土	块状	6.3	14.5	0.84	0.31	12.7	55	1.2	104				
						D	19—															
剖42	铁铝土	红壤	红壤性土	泥质岩类红壤性土	崂皮土	A	0—18	灰棕色	中壤土	粒状	5.9	13.9	0.81	0.82	22.0	78	2.1	135	11.9	砂页岩残积物或坡积物	E 114°34′04.8″ N 29°49′03.1″	95
						C	18—28	灰棕色	中壤土	粒状	5.3	12.4	0.86	0.67	24.3	82	1.2	79				
						D	28—															
剖43	铁铝土	红壤	黄红壤	泥质岩黄红壤	黄红壤	A	0—20	棕色	重壤土	粒状	6.2	23.5	1.26			103	4.1			砂页岩残积物或坡积物	E 114°33′40.9″ N 29°46′31.0″	95
						B	20—35	棕色	重壤土	小块状	5.4	16.5	0.56			87	2.6					
						C	35—	黄红色	重壤土	块状	5.2	4.3	0.40			31	2.5					

嘉 鱼 县

主要土类说明

水稻土是嘉鱼县主要土壤类型，占本县地域面积的39%。水稻土是在人为长期水耕熟化，以栽培水稻为主的过程中形成的具有独特性状的土类。在长期耕作、施肥和灌溉条件下，由于还原淋溶和氧化淀积等作用，水稻土形成了特有的剖面结构和发生层次，如耕作层、犁底层、潴育层等。本县水稻土分为淹育型、潴育型、潜育型、侧渗型和沼泽型五个亚类。其中，潴育水稻土分布最广，占耕地面积的53%，占本土类面积的93%，主要分布在平原湖区的河漫滩、垄岗平原的冲垄旁等灌溉条件较好的地区，由于种植水稻时间较长，地下水位在60cm以下，土体内有松紧适度的犁底层，其下有潴育层和铁锰淀积层。潴育水稻土土体呈棱柱状结构，结构体表面有胶膜，湿时呈灰白色，干时呈棕色，结构体内有锈纹、锈斑，土体光泽面呈多种颜色。

潮土是嘉鱼县第二大土壤类型，占本县地域面积的19%。本县潮土分为潮土和灰潮土两个亚类。灰潮土占本土类面积的99%，发育于长江冲积物，有强烈的石灰反应，主要分布在长江沿岸地区，土层深厚，土壤质地具有水平层理分布特点，土体受季节性地下水活动影响很大。本县灰潮土中，壤土型灰潮土土属面积最大，占耕地面积的24%，占灰潮土面积的85%，耕层质地为轻壤土，具有夜潮现象，全剖面有强石灰反应，分布在河漫滩中部，主要集中在陆溪、鱼岳、新街、潘家湾等地，为本县植棉的主要土壤类型。

红壤是嘉鱼县第三大土壤类型，占本县地域面积的18%。本县红壤仅有棕红壤一个亚类，是红壤向黄棕壤过渡的土壤类型，主要分布在本县西南部海拔20—100m的垄岗平原。本县冲垄发达，高温多湿，各种成土母质风化强烈，土层厚度一般在1m以上，土壤脱硅富铝化作用明显，黏粒下移过程明显，土层中有明显的铁锰结核淀积层，底土常出现红白相间的网纹层，土壤呈棕红色，质地为中壤土至黏土。土壤呈酸性，pH为5.0—6.0，有机质含量一般为8.5—23.0g/kg，阳离子交换量为12—20cmol/kg，有效磷含量为0.8—6.4mg/kg。

小于本县地域面积3%的土壤类型有沼泽土、石灰（岩）土等。

本区域中心区气候特征

本区域中心区气候特征值
Regional climate characteristics in central area of the region

气候带：北亚热带湿润气候 Climate region: North subtropical humid climate	
年平均气温 /℃ Annual average temperature /℃	16.9
年平均最高气温 /℃ Annual average maximum temperature /℃	21.2
年平均最低气温 /℃ Annual average minimum temperature /℃	13.5
年降水量 /mm Annual precipitation /mm	1322
≥10℃的积温 /℃ Daily temperature accumulated in a year (≥10℃) /℃	6902
年日照时数 /h Annual sunshine /h	1807
年平均相对湿度 /% Annual average relative humidity /%	79
干燥度 Dryness	0.76

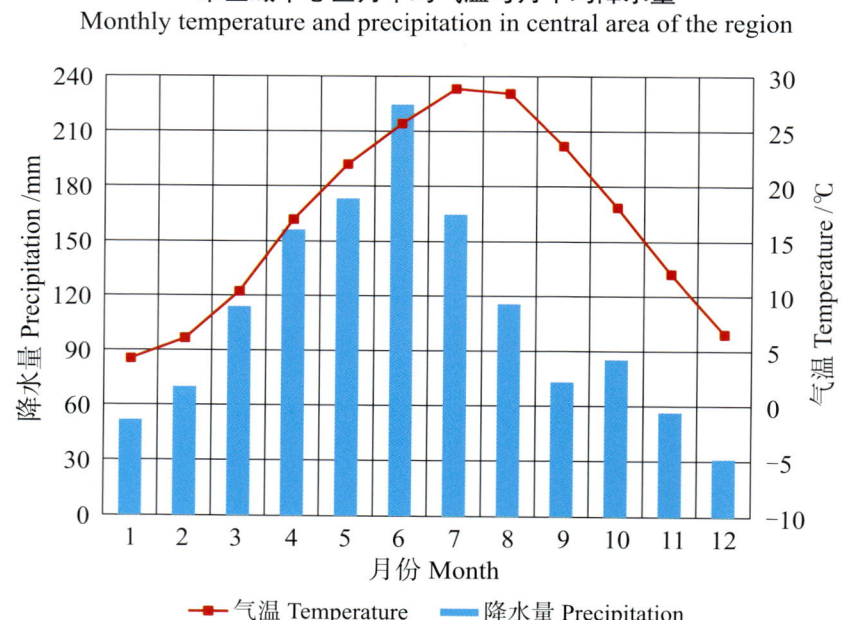

本区域中心区月平均气温与月平均降水量
Monthly temperature and precipitation in central area of the region

嘉鱼县主要土壤类型与土壤剖面点分布图
1∶240 000

嘉鱼县土壤剖面理化性状表

剖面号 Soil profile	土纲 Soil order	土类 Soil great group	亚类 Soil subgroup	土属 Soil genus	土种 Soil species	土层码 Layer code	土层厚度 Depth/cm	颜色 Soil color	质地 Soil texture	土壤结构 Soil structure	pH	有机质 OM/(g/kg)	全氮 TN/(g/kg)	全磷 TP/(g/kg)	全钾 TK/(g/kg)	碱解氮 AN/(mg/kg)	有效磷 AP/(mg/kg)	速效钾 AK/(mg/kg)	阳离子交换量CEC/(cmol/kg)	土壤母质 Parent material	剖面点坐标 Profile coordinate	匹配指数 Matching index/%
剖1	半水成土	潮土	灰潮土	壤土型灰潮土	灰正土	A	0—19	褐色	中壤土		8.0	19.1	1.34	0.72	22.2	46	2.8	109	16.8		E 113° 40′ 54.9″ N 29° 54′ 28.7″	98
						B	19—100	褐色	重壤土		8.4	9.9	0.68	0.59	20.7	82	7.2	55	15.3			
剖2	铁铝土	红壤	棕红壤	碳酸岩棕红壤	糠头土	A	0—15	褐色		粒状	5.8	44.0	2.31	0.75	15.7	180	5.4	287	20.6	石灰岩	E 113° 41′ 00.3″ N 29° 53′ 56.4″	75
						B	15—60	紫棕色	重壤土		5.9	7.9	0.55	0.47	16.1	44	18.4	62	14.3			
剖3	铁铝土	红壤	棕红壤	石英砂岩棕红壤	砂泥土	C	60—100	紫棕色	重壤土		7.0	14.1	0.74	0.37	18.9	60	8.2	85	13.8	石英砂岩	E 113° 41′ 04.2″ N 29° 53′ 31.3″	75
						A	0—16				5.2	25.7	1.22	0.37	15.7	111	2.2	155				
						B	16—100				5.2	8.7	0.57	0.28	17.0	48	1.3	85				
剖4	半水成土	潮土	灰潮土	壤土型灰潮土	浅位薄层夹砂灰油砂土	A	0—20	褐色	轻壤土		8.4	12.4	0.71	0.66	19.8	52	≤1.0	57	20.1	有石灰反应的河流冲积物	E 113° 41′ 16.0″ N 29° 54′ 20.2″	97
						B₁	20—41	褐色	轻壤土		8.5	7.1	0.54	0.49	18.2	22	≤1.0	37	18.5			
						Si	41—55	褐色	砂土		8.5	4.4	0.23	0.43	19.0	14	≤1.0	35				
						B₂	55—100	褐色	轻壤土		8.5	3.5	0.29	0.47	18.7	17	≤1.0	27				
剖5	铁铝土	红壤	棕红壤	第四纪黏土棕红壤	铁子红土	A	0—17	淡红色	轻壤土		5.3	16.6	1.04	0.36	14.9	80	≤1.0	57	20.1	第四纪黏土	E 113° 41′ 28.7″ N 29° 53′ 58.9″	75
						C	17—100	淡红色	黏土		5.6	20.5	1.18	0.35	12.9	90	1.2	55	18.5			
剖6	半水成土	潮土	灰潮土	壤土型灰潮土	灰油砂土	A	0—21	褐色	轻壤土		8.2	12.6	0.71	0.60	19.1	51	≤1.0	83	10.5	有石灰反应的河流冲积物	E 113° 42′ 27.7″ N 29° 54′ 08.7″	75
						B₁	21—50	褐色	重壤土		8.4	12.4	0.70	0.56	27.0	44	≤1.0	55	13.3			
						B₂	50—100	褐色	重壤土		8.2	7.9	0.49	0.50	21.2	34	≤1.0	52	11.1			
剖7	人为土	水稻土	潴育水稻土	红壤性石英砂岩泥沙田	泥砂田	A	0—15	淡棕色	轻壤土		5.6	30.6	1.82	0.39	16.8	128	4.1	47	10.3	石英砂岩	E 113° 42′ 54.1″ N 29° 54′ 05.8″	75
						P	15—26	灰棕色	轻壤土		6.5	25.4	1.55	0.51	16.7	112	5.7	39	10.1			
						W	26—100	灰黄色	中壤土		7.2	8.8	0.61	0.40	18.0	43	4.2	70	11.2			
剖8	铁铝土	红壤	棕红壤	石英砂岩棕红壤	砂泥土	A	0—11				5.0	38.5	1.88	0.21	14.7	149	≤1.0	97	12.0	石英砂岩	E 113° 42′ 11.6″ N 29° 53′ 16.9″	95
						B	11—27				5.2	19.3	0.88	0.21	16.4	95	≤1.0	50	9.4			
						C	27—100				4.9	9.8	0.62	0.19	16.8	85	2.7	33	10.0			
剖9	铁铝土	红壤	棕红壤	石英砂岩棕红壤	死砂泥土	A	0—10				4.8	32.2	1.55	0.31	15.6	175	≤1.0	102		石英砂岩	E 113° 41′ 15.0″ N 29° 52′ 52.2″	75
						B	10—20				5.0	12.3	0.82	0.18	16.8	149	≤1.0	70	20.3			
						C	20—100				5.6	5.2	0.49	0.26	16.8	85	2.7	50				
剖10	半水成土	潮土	灰潮土	黏土型灰潮土	灰壳土	A	0—17	灰棕色	黏土		7.8	14.4	0.86	0.58	23.6	53	≤1.0	70	20.3	石英砂岩	E 113° 43′ 36.8″ N 29° 54′ 26.1″	97
						B	17—100	棕红色	黏土		8.3	24.8	1.45	0.50	27.7	95	1.3	112	23.4			
剖11	人为土	水稻土	潜育水稻土	青泥田	青泥田	A	0—18	棕灰色	重壤土		6.0	34.6	1.95	0.32	18.9	130	1.6	79	15.5	石英砂岩	E 113° 43′ 14.3″ N 29° 53′ 34.4″	97
						Pg	18—24	棕灰色	重壤土		5.9	34.1	1.81	0.27	17.7	119	1.8	70	16.0			
						W	24—46	棕灰色	重壤土		5.9	27.1	1.79	0.28	18.0	127	8.0	83	14.4			
						G	46—100	棕灰色	重壤土		5.7	14.4	0.64	0.18	16.8	34	5.8	80	9.7			
剖12	铁铝土	红壤	棕红壤	红砂岩棕红壤	赤砂泥土	A	0—13	褐色	中壤土	块状	5.2	16.8	0.78	0.24	12.5	76	1.3	62	12.6	红砂岩	E 113° 42′ 55.3″ N 29° 52′ 57.2″	75
						B	13—82	褐色	重壤土	块状	5.2	10.5	0.63	0.70	14.0	52	1.2	35	14.8			
						C	82—100		重壤土	块状	5.3	11.0	0.46	0.21	14.1	35	≤1.0	33	13.6			
剖13	铁铝土	红壤	棕红壤	石英砂岩棕红壤	砂泥土	A	0—15	淡棕色	中壤土		5.5	18.0	1.05	0.40	13.3	87	2.6	222	10.8	石英砂岩	E 113° 42′ 47.5″ N 29° 52′ 37.7″	75
						B₁	15—43	暗棕红色	重壤土		5.6	10.5	0.78	0.37	15.3	70	2.7	182	16.5			
						B₂	43—100	暗棕红色	重壤土		5.6	9.1	0.66	0.34	14.9	53	1.6	92	15.9			
剖14	铁铝土	红壤	棕红壤	第四纪黏土棕红壤	红土	A	0—14	褐色	重壤土		6.3	15.9	0.81	0.31	16.6	77	3.9	129	12.2	第四纪黏土	E 113° 43′ 37.6″ N 29° 53′ 14.3″	75
						B	14—20	褐色	重壤土		6.5	13.0	0.83	0.25	16.7	75	2.0	89	12.8			
						C	20—100	暗红棕色	黏土		6.3	8.2	0.60	0.30	18.8	34	2.4	82	17.1			
剖15	半水成土	潮土	潮土	壤土型潮土	正土	A	0—14	灰棕色	中壤土		5.8	17.2	1.40	0.36	23.4	79	11.0	80		河流冲积物	E 113° 44′ 06.6″ N 29° 54′ 12.5″	75
						B	14—100	灰棕色	中壤土		6.4	11.7	0.83	0.36	25.1	82	6.8	42				

续表 Continued

剖面号 Soil profile	土纲 Soil order	土类 Soil great group	亚类 Soil subgroup	土属 Soil genus	土种 Soil species	土层码 Layer code	土层厚度 Depth/cm	颜色 Soil color	质地 Soil texture	土壤结构 Soil structure	pH	有机质 OM/(g/kg)	全氮 TN/(g/kg)	全磷 TP/(g/kg)	全钾 TK/(g/kg)	碱解氮 AN/(mg/kg)	有效磷 AP/(mg/kg)	速效钾 AK/(mg/kg)	阳离子交换量CEC/(cmol/kg)	土壤母质 Parent material	剖面点坐标 Profile coordinate	匹配指数 Matching index/%
剖16	人为土	水稻土	潴育水稻土	潮泥田	潮泥田	A	0—21	灰棕色	重壤土		6.6	39.7	2.35	0.63	23.6	158	13.8	195	28.8	河流冲积物	E 113°44′02.5″ N 29°53′41.4″	75
						P	21—39	淡棕色	重棕土		6.3	24.1	1.55	0.58	23.4	109	17.2	187	26.3			
						W	39—64	紫棕色	黏土		5.4	25.7	1.42	0.37	22.6	108	15.0	187	27.0			
						B	64—100	紫棕色	黏土		6.0	18.1	1.21	0.55	22.1	94	14.7	187	28.7			
剖17	人为土	水稻土	潴育水稻土	灰潮泥田	菁潲灰潮砂泥田	A	0—14	褐色	中壤土		6.8	35.2	1.96	0.74	22.5	128	3.0	99		河流冲积物	E 113°43′34.7″ N 29°52′58.4″	95
						Pg	14—24	褐黄色	中壤土		7.2	27.2	1.58	0.64	24.1	98	3.4	82				
						Wg	24—40	暗黄棕色	中壤土		7.6	26.9	1.56	0.65	24.2	106	4.2	92				
						B	40—100	褐棕色	轻壤土	块状	8.0	7.6	0.46	0.56	19.9	26	1.6	40				
剖18	人为土	水稻土	淹育水稻土	浅红壤性第四纪红色黏土泥田	浅铁子红泥田	A	0—15	淡红黄色	重壤土		6.4	20.1	1.69	0.22	17.7	133	2.4	79	19.7	第四纪黏土	E 113°43′55.1″ N 29°52′46.1″	75
						P	15—25	淡红黄色	重壤土		6.3	4.2	0.36	0.20	16.9	27	1.3	75	15.1			
						C	25—100	褐黄色	重壤土		6.4	4.3	0.35	0.15	16.4	34	≤1.0	80	18.8			
剖19	人为土	水稻土	潴育水稻土	石灰（岩）性泥田	菁潲灰鸭尿泥田	A	0—17	暗黄棕色	重壤土		8.0	42.0	2.08	0.43	17.6	142	4.8	69		石灰岩性风化物	E 113°44′26.0″ N 29°53′27.3″	75
						Pg	17—60	暗黄棕色	重壤土		8.2	19.3	1.09	0.31	18.4	71	4.6	65				
						W	60—100	褐色	重壤土		8.0	11.4	0.66	0.18	17.6	40	2.4	63				
剖20	人为土	水稻土	潴育水稻土	红壤性红砂岩黏土泥田	菁潲赤砂泥田	A	0—15	灰黄色	重壤土		5.5	32.0	1.72	0.39	16.7	158	1.9	75	15.4	红砂岩	E 113°44′20.8″ N 29°53′07.8″	75
						Pg	17—39	褐黄色	重壤土		6.8	30.1	1.53	0.32	16.4	130	3.0	49	15.6			
						W	39—100	灰黄色	重壤土		6.5	11.6	0.79	0.42	≤1.0	82	3.6	77	15.4			
剖21	沼泽型水稻土	水稻土	沼泽型水稻土	红壤性第四纪黏土泥田	铁子红泥田	A	0—15	灰黄色	重壤土		6.3	30.4	1.70	0.27	17.7	135	≤1.0	139	16.3	第四纪黏土	E 113°44′42.0″ N 29°53′45.0″	75
						P	15—22	灰棕色	重壤土		6.2	26.0	1.43	0.38	17.0	114	6.1	155	15.7			
						Wb	22—100	灰棕色	重壤土		6.8	5.4	0.41	0.16	17.6	25	2.4	85	14.6			
剖22	人为土	水稻土	沼泽型水稻土	烂泥田	烂泥田	A	0—39	灰棕色	重壤土		7.9	21.1	1.29	0.58	32.0	85	11.4	165	22.4		E 113°44′21.7″ N 29°52′47.7″	97
						G	39—100	灰棕色	重壤土		6.0	31.4	1.74	0.27	25.3	125	14.4	187	31.2			
剖23	人为土	水稻土	沼泽型水稻土	烂泥田	烂泥田	A	0—18	棕灰色	重壤土		8.2	53.5	2.89	0.74	25.1	160	5.3	80	25.4		E 113°44′51.9″ N 29°52′36.1″	97
						G	18—100	灰棕色	重壤土		8.3	52.7	0.88	0.74	24.8	45	6.4	85	17.3			
剖24	铁铝土	棕红壤	棕红壤	石英砂岩棕红壤	砂土	A	0—22	淡红棕色	砂土		5.1	31.8	1.01	0.28	9.8	11	1.6	55		石英砂岩	E 113°41′31.1″ N 29°51′45.4″	75
						B	22—58	暗红棕色	中壤土		5.2	14.1	0.66	0.32	12.6	66	≤1.0	70				
						C	58—100	暗红棕色	重壤土		5.4	4.9	0.36	0.57	14.0	49	2.2	33				
剖25	人为土	水稻土	潴育水稻土	红壤性第四纪黏土泥田	菁潲红泥田	A	0—19	淡棕黄色	重壤土		6.0	31.1	1.57	0.25	14.7	127	1.8	63		第四纪黏土	E 113°42′53.4″ N 29°52′01.4″	75
						Pg	19—59	淡棕黄色	重壤土		5.2	28.3	1.46	0.25	14.7	105	1.3	60				
						W	59—100		重壤土		7.2	10.5	0.60	0.16	16.3	52	2.7	59				
剖26	铁铝土	棕红壤	棕红壤	第四纪黏土棕红壤	面红土	A	0—8		中壤土		5.2	19.8	1.50	0.34	15.7	94	2.6	69	10.1	第四纪黏土	E 113°43′19.6″ N 29°50′53.0″	75
						B	8—60	褐棕色	轻壤土		5.5	9.1	0.64	0.29	14.2	44	1.9	52	11.4			
						C	60—100	褐棕色	轻壤土		5.5	8.5	0.49	0.26	17.6	43	3.3	47	6.5			
剖27	铁铝土	棕红壤	棕红壤	碳酸盐岩棕红壤	红石灰岩屑土	A	0—18	淡棕色	黏土		5.0	23.9	0.98	0.23	11.6	83	≤1.0	73	14.1	石灰岩	E 113°43′43.4″ N 29°50′57.4″	95
						C	18—100		黏土		5.3	9.7	0.53	0.20	14.1	35	≤1.0	52	16.6			
剖28	铁铝土	棕红壤	棕红壤	红砂岩棕红壤	赤砂泥土	A	0—15	褐色	中壤土		5.3	15.8	0.93	0.64	16.2	81	19.0	102	12.6	红砂岩	E 113°44′57.8″ N 29°50′01.0″	75
						B	15—47	褐色	轻壤土		5.9	10.9	0.79	0.52	17.7	58	12.9	87	15.7			
						C	47—100	淡棕黄色	轻壤土		5.7	9.9	0.65	0.42	16.3	45	7.5	82	18.8			
剖29	半水成土	潮土	灰潮土	壤土型灰潮土	浅位厚层夹砂灰砂土	A	0—13	褐棕色	中壤土		5.2	17.7	1.05	0.59	19.9	68	2.6	132		有石灰反应的河流冲积物	E 113°59′53.9″ N 30°13′59.9″	97
						B_1	13—29	褐棕色	中壤土			12.5	0.69	0.54	20.2	48	1.9	73	11.4			
						Si	29—100	褐棕色	砂土			6.5	0.26	0.40	18.3	14	≤1.0	49	6.5			
剖30	半水成土	潮土	潮土	黏土型潮土	壳土	A	0—18	灰棕色	黏土		7.6	29.2	1.74	0.36	26.7	114	1.8	119	30.2	河流冲积物	E 113°58′40.7″ N 30°02′26.1″	95
						B	18—50	灰棕色	黏土		7.6	8.0	0.56	0.36	25.0	34	1.6	52	17.4			
						C	50—100	灰棕色	黏土		7.5	11.2	0.79	0.20	23.4	45	4.5	69	25.8			

续表 Continued

剖面号 Soil profile	土纲 Soil order	土类 Soil great group	亚类 Soil subgroup	土属 Soil genus	土种 Soil species	土层码 Layer code	土层厚度 Depth/cm	颜色 Soil color	质地 Soil texture	土壤结构 Soil structure	pH	有机质 OM/(g/kg)	全氮 TN/(g/kg)	全磷 TP/(g/kg)	全钾 TK/(g/kg)	碱解氮 AN/(mg/kg)	有效磷 AP/(mg/kg)	速效钾 AK/(mg/kg)	阴离子交换量CEC/(cmol/kg)	土壤母质 Parent material	剖面点坐标 Profile coordinate	匹配指数 Matching index/%
剖31	人为土	水稻土	潜育水稻土	灰湖土田	夹砂灰潮泥田	A	0—16	褐色	粉砂质黏土	块状	8.3	14.9	0.87	0.63	24.4	59	1.3	92	17.8		E 113°52′23.8″ N 29°55′04.5″	95
						P	16—27	褐色	粉砂质黏土	块状	8.3	15.0	0.95	0.62	24.9	67	≤1.0	89	17.4			
						W_1	27—33	褐色	粉砂质黏土	柱状	8.4	11.8	0.77	0.60	23.1	48	1.6	70	15.1			
						Si	33—65	褐色	砂壤质黏土	粒状	8.5	7.9	0.34	0.50	20.3	20	4.0	30	7.5			
						W_2	65—100	褐色	粉砂质黏土	棱柱状	8.4	10.4	0.79	0.61	24.9	46	≤1.0	77	17.3			
剖32	半水成土	潮土	灰潮土	黏土型灰潮土	夹砂灰潮泥土	1	0—19	褐色	重壤土		8.2	21.2	1.17	0.90	29.3	80	7.7	110			E 113°54′28.4″ N 29°59′37.3″	95
						2	19—47	褐色	重壤土		8.1	19.3	1.14	0.81	29.0	74	11.2	100				
						3	47—62	褐色	砂土		8.3	12.4	0.69	0.72	23.4	43	≤1.0	62				
						4	62—76	褐色	中壤土		8.4	7.3	0.40	0.69	23.0	26	2.0					
						5	76—100	褐色	轻壤土		8.3	12.3	0.73	0.68	25.6	51	2.1	33				
剖33	人为土	水稻土	潜育水稻土	灰青泥田	灰青泥田	A	0—18	棕灰色	中壤土		8.1	45.8	≥10.00	0.45	14.8	162	3.3	70	16.3		E 113°58′31.4″ N 29°59′43.7″	97
						P	18—25	棕灰色	重壤土		8.1	39.3	2.04	0.37	14.9	154	2.1	79	15.2			
						G	25—100	棕灰色	中壤土		8.0	37.2	1.92	0.26	16.8	128	2.4	80	16.3			
剖34	铁铝土	红壤	棕红壤	第四纪黏土红棕壤	红土	A	0—13	淡棕色	中壤土		5.5	11.0	0.63	0.26	14.6	73	≤1.0	102	16.9	第四纪黏土	E 113°57′13.4″ N 29°57′21.4″	95
						B	13—100	暗棕红色	重壤土		5.0	6.6	0.54	0.26	13.9	50	6.2	83	17.9			
剖35	铁铝土	红壤	棕红壤	石英砂岩棕红壤	死砂泥土	A	0—10	暗棕红色	砂土		5.4	23.3	1.35	0.34	10.9	123	5.3	82	12.1	石英砂岩	E 113°58′46.0″ N 29°55′31.7″	95
						B	10—20	暗棕红色	黏土		5.3	11.8	0.87	0.18	14.9	26	≤1.0	43	16.4			
						C	20—100	褐灰色	黏土		5.5	6.8	0.57	0.12	17.5	27	≤1.0	37	15.5			
剖36	人为土	水稻土	潜育水稻土	红棕黄岩泥田	青棕黄泥田	A	0—18	褐灰色	黏土		5.4	32.3	1.97	0.39	11.0	151	5.8	83	11.5	泥质页岩	E 113°48′26.3″ N 29°54′37.3″	97
						Pg	18—30	暗棕黄色	黏土		6.3	25.5	1.53	0.36	9.3	111	5.5	83	16.0			
						W_1g	30—42	暗棕黄色	黏土		6.6	15.2	1.18	0.33	9.4	57	7.5	95	24.1			
						W_2	42—100	暗棕黄色	黏土		7.1	12.2	1.01	0.27	9.3	65	6.8	67	14.9			
剖37	初育土	石灰(岩)土	棕色石灰土	棕色石灰土	棕色火石渣子土	A	0—8	褐色	重壤土		7.4	46.1	2.42	0.39	14.3	191	≤1.0	140	16.0	石灰岩	E 113°48′48.2″ N 29°51′55.1″	97
						C	8—100	褐色	轻壤土		7.7	25.8	1.42	0.37	16.0	106	≤1.0	102	13.7			
剖38	初育土	石灰(岩)土	棕色石灰土	棕色石灰土	棕色火石渣子土	A	0—15	棕褐色	中壤土		7.1	22.2	1.34	0.55	16.3	99	3.9	133	17.7	石灰岩	E 113°48′59.7″ N 29°50′27.4″	97
						B	15—100	暗棕色	重壤土		7.4	13.1	0.99	0.50	17.4	68	3.9	90	20.9			
剖39	人为土	水稻土	潜育水稻土	砾石底石英砂岩砂泥田	砾石底砂泥田	A	0—16	褐色	中壤土		5.2	19.2	1.13	0.41	16.1	100	4.7	113	12.7	石英砂岩	E 113°50′25.5″ N 29°50′31.5″	95
						P	16—22	暗棕褐色	重壤土		5.4	13.4	0.86	0.35	16.3	74	2.7	87	13.7			
						W	22—55	暗棕褐色	重壤土		6.2	10.1	0.77	0.31	19.3	57	1.9	85	17.7			
						4	55—100	暗棕褐色	中壤土		8.2	58.3	2.95	0.85	28.8	179	15.9	116	25.8			
剖40	铁铝土	红壤	棕红壤	碳酸岩棕红壤	红黏土	A	0—12	暗棕红色	黏土		8.2	51.7	2.95	0.67	26.3	164	6.4	82	27.2	石灰岩	E 113°51′00.8″ N 29°50′33.0″	95
						B_1	12—31	褐棕色	黏土		8.2	16.9	0.91	0.64	22.9	49	5.4	60	16.8			
						B_2	31—100	淡棕色	黏土		5.7	33.4	2.04	0.39	14.5	141	4.2	107	18.3			
剖41	人为土	水稻土	潜育水稻土	灰营泥田	灰营泥田	A	0—16	淡棕色	重壤土		5.6	27.1	1.72	0.39	15.6	101	3.9	72	17.4	石灰岩	E 113°51′51.1″ N 29°51′01.5″	97
						P	16—21	褐色	重壤土		5.9	18.9	1.03	0.32	14.3	61	3.8	79	14.7			
						W	21—44	褐色	重壤土		6.1	19.6	1.08	0.34	14.9	69	3.6	85	15.9			
剖42	人为土	水稻土	潜育水稻土	红壤性碳酸岩泥田	鸭屎泥田	B	44—100	褐色	中壤土		5.3	15.7	1.15	0.44	15.3	101	13.2	179	11.9	泥质页岩	E 113°45′38.2″ N 29°52′11.7″	95
剖43	铁铝土	红壤	棕红壤	泥质岩棕红壤	黄泥土	A	0—14	淡棕黄色	中壤土		5.6	12.8	1.10	0.41	16.8	77	6.5	193	16.3	泥质页岩	E 113°47′10.6″ N 29°51′56.4″	98
						B	14—100	淡棕黄色	中壤土		5.5	22.2	1.32	0.32	15.4	103	2.4	50	8.9			
剖44	人为土	水稻土	潜育水稻土	红壤性泥质页岩泥田	黄泥田	A	0—15	褐黄色	中壤土		5.9	17.0	1.00	0.43	15.3	83	2.2	37	11.1	泥质页岩	E 113°47′24.0″ N 29°50′50.2″	98
						W	15—52	灰黄色	中壤土		6.7	10.5	0.65	0.38	16.0	49	5.9	50	11.5			
						B	52—100	灰黄色	中壤土		6.8	7.7	0.48	0.31	14.7	33	6.1	40	9.3			

续表 Continued

剖面号 Soil profile	土纲 Soil order	土类 Soil great group	亚类 Soil subgroup	土属 Soil genus	土种 Soil species	土层码 Layer code	土层厚度 Depth/cm	颜色 Soil color	质地 Soil texture	土壤结构 Soil structure	pH	有机质 OM/(g/kg)	全氮 TN/(g/kg)	全磷 TP/(g/kg)	全钾 TK/(g/kg)	碱解氮 AN/(mg/kg)	有效磷 AP/(mg/kg)	速效钾 AK/(mg/kg)	阳离子交换量CEC/(cmol/kg)	土壤母质 Parent material	剖面点坐标 Profile coordinate	匹配指数 Matching index/%
剖45	铁铝土	红壤	棕红壤	泥砂棕红土	红硅砂泥土	A₁₁	0—15	亮棕色	黏壤土	碎块状	5.5	18.0	1.00	0.40	13.2	87	3.0	222	10.8	石英质岩类风化物	E 113°55′15.3″ N 29°54′30.7″	95
						B	15—43	红棕色	黏土	块状	5.5	10.5	0.80	0.40	15.3	70	3.0	182	16.5			
						BC	43—100	红棕色	黏土	块状	5.6	9.1	0.70	0.30	14.9	53	2.0	92	15.9			
剖46	铁铝土	红壤	棕红壤	石英质岩棕红壤	红硅砂土	A	0—22	淡红黄色	砂土	粒状	5.1	21.8	1.01	0.28	9.8					石英质岩类风化物	E 113°55′37.7″ N 29°54′55.8″	95
						B	22—58	暗棕红色	中壤土	块状	5.2	14.1	0.66	0.32	12.6							
						C	58—100	暗棕红色	重壤土	块状	5.4	4.9	0.36	0.57	14.0							
剖47	铁铝土	红壤	棕红壤	石英砂岩棕红壤	泥砂土	A	0—15	淡棕色	砂壤土		5.0	18.6	0.76	0.11	10.7	60	≤1.0	33		石英砂岩	E 113°49′23.8″ N 29°49′20.6″	95
						B	15—73	暗棕红色	中壤土	块状	5.6	5.2	0.38	0.12	12.9	19	≤1.0	23				
						C	73—100	暗棕红色	中壤土		5.6	2.9	0.40	0.12	13.4	15	≤1.0	20				
剖48	人为土	水稻土	潴育水稻土	灰潮泥田	青褐薄潮层泥田	A	0—18	灰棕色	重壤土		6.6	32.4	1.83	0.47	29.9	126	5.9	100		河流冲积物	E 114°06′32.0″ N 30°08′25.9″	95
						Pg	18—60	淡棕色	黏土	块状	7.2	23.3	1.36	0.34	28.5	92	5.6	99				
						W	60—100	紫棕色	重壤土		7.7	11.1	0.76	0.50	28.4	45	8.2	113				
剖49	半水成土	潮土	灰潮土	黏土型灰潮土	浅位薄层夹砂灰壳土	A	0—19	褐色	重壤土		8.2	21.2	1.17	0.90	29.3	80	7.7	110		有石灰反应的河流冲积物	E 114°07′18.4″ N 30°05′18.9″	95
						B₁	19—47	褐色	重壤土		8.1	19.3	1.14	0.81	29.0	74	11.2	100				
						Si	47—62	褐色	砂土		8.3	12.4	0.69	0.72	23.4	43	≤1.0	62				
						B₂	62—76	褐色	中壤土		8.4	7.3	0.40	0.69	23.0	26	2.0	33				
						B₃	76—100	褐色	轻壤土		8.3	12.3	0.73	0.68	25.6	51	2.1	72				
剖50	半水成土	潮土	灰潮土	砂土型灰潮土	灰潮砂土	A	0—15	栗色	砂壤土		8.3	7.1	0.30	0.48	20.5	20	1.9	50	8.3	石灰质年长江近代冲积物	E 114°04′51.0″ N 30°04′36.8″	95
						B₁	15—23	栗色	轻壤土		8.3	6.9	0.37	0.54	21.7	23	1.6	70	8.8			
						B₂	23—30	栗色	轻壤土		8.2	10.9	0.59	0.55	20.8	39	2.1	80	9.2			
						B₃	30—50	栗色	中壤土		8.5	6.5	0.42	0.55	22.4	23	1.5	63	10.0			
						B₃	50—100	栗色	中壤土		8.2	6.2	0.47	0.51	22.2	28	≤1.0	52	10.7			
剖51	铁铝土	红壤	棕红壤	第四纪黏土棕红壤	死红土	A	0—12	淡棕色	轻壤土		5.9	20.7	1.44	0.51	7.8	105	9.6	175	14.2	第四纪黏土	E 114°07′26.5″ N 30°01′24.5″	95
						C	12—100	淡红色	中黏土		5.6	10.2	0.93	0.41	7.9	96	4.0	86	31.1			
剖52	人为土	水稻土	淹育水稻土	浅红壤性第四纪红色黏土泥田	浅红泥田	A	0—15	淡黄色	重壤土		6.4	21.6	1.34	0.66	26.1	99	7.7	79	19.7	第四纪黏土	E 114°08′09.4″ N 30°02′57.6″	95
						P	15—22	淡黄色	重壤土		6.4	20.5	1.32	0.25	17.1	122	1.3	75	15.1			
						C	22—100	淡棕黄色	黏土		6.8	4.2	0.39	0.13	14.1	31	9.8	80	18.8			

通 城 县

主要土类说明

红壤是通城县主要土壤类型，占本县地域面积的 61%，占林荒地面积的 94%，占旱地面积的 96%。红壤分布在海拔 800m 以下的低山丘陵区，该区域气候温暖，雨量充沛，无霜期长，具备形成红壤的自然条件。红壤脱硅富铝化作用明显，淋溶作用强，有明显的淀积层和红色心土层，盐基饱和度较低，pH 为 4.0—6.0。本县红壤分为棕红壤、黄红壤和红壤性土三个亚类。其中，棕红壤面积最大，占林荒地面积的 87%，占旱地面积的 88%，是红壤向黄棕壤过渡的土壤类型，主要分布在海拔 500m 以下的丘陵地区，位于红壤带的北部边缘，表层多为棕色。黄红壤面积次之，占林荒地面积的 11%，占旱地面积的 4%，是红壤向黄壤过渡的山地垂直带谱类型，主要分布在海拔 500—800m 的低山地区。由于黄红壤分布区气候较棕红壤凉爽，湿度较大，因而土壤中氧化铁的水化程度较高，土壤表层黄化，土壤有机质含量较高。

水稻土是通城县第二大土壤类型，占本县地域面积的 34%。水稻土是在人为长期水耕熟化，以栽培水稻为主的过程中形成的具有独特性状的土类。在长期耕作、施肥和灌溉条件下，由于还原淋溶和氧化淀积等作用，水稻土形成了特有的剖面结构和发生层次，如耕作层、犁底层、潴育层、潜育层等。耕作层为水稻土的表层，在种稻期间除最表层数毫米为氧化层外，均处于还原状态，落干后全层氧化，沿根孔出现大量锈纹，高产肥沃的耕作层还会出现有机铁络合物，形成鳝血斑纹。犁底层位于耕作层下，是由于长期耕作而压实的土层，有少量黏粒淀积，具有一定的保水保肥作用。潴育层垂直节理明显，结构体表面常有灰色胶膜，内有锈色斑纹。潜育层由于长期淹水，处于还原状态，土体呈灰蓝色，有亚铁反应。本县水稻土分为淹育型、潴育型、潜育型和沼泽型四个亚类。其中，潴育水稻土占本土类面积的 88%，发育于各种母质，地下水位在 60cm 以下，属良水型。

小于本县地域面积 3% 的土壤类型有黄壤、黄棕壤等。

本区域中心区气候特征

本区域中心区气候特征值
Regional climate characteristics in central area of the region

气候带：北亚热带湿润气候 Climate region: North subtropical humid climate	
年平均气温 /℃ Annual average temperature /℃	17.0
年平均最高气温 /℃ Annual average maximum temperature /℃	21.3
年平均最低气温 /℃ Annual average minimum temperature /℃	13.7
年降水量 /mm Annual precipitation /mm	1369
≥10℃的积温 /℃ Daily temperature accumulated in a year（≥10℃）/℃	7754
年日照时数 /h Annual sunshine /h	1741
年平均相对湿度 /% Annual average relative humidity /%	79
干燥度 Dryness	0.74

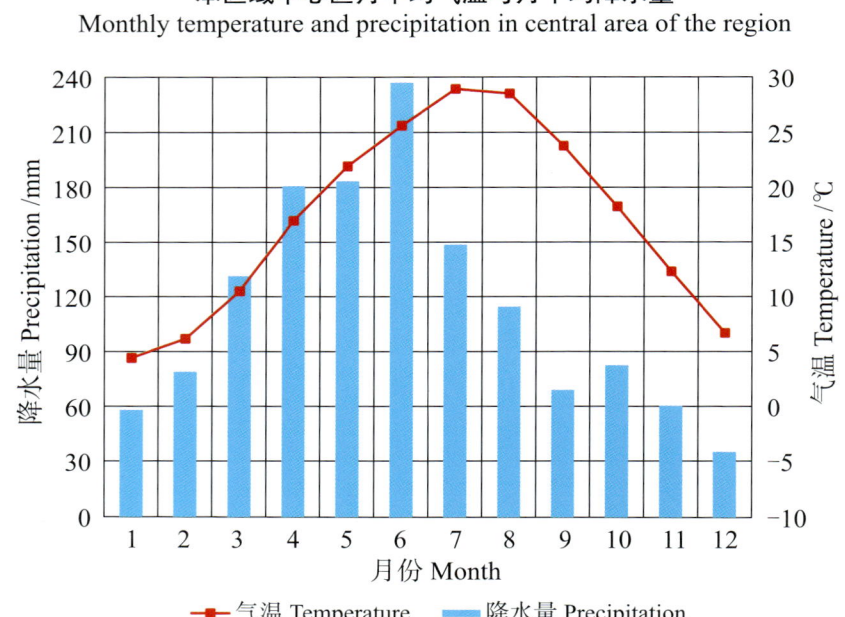

本区域中心区月平均气温与月平均降水量
Monthly temperature and precipitation in central area of the region

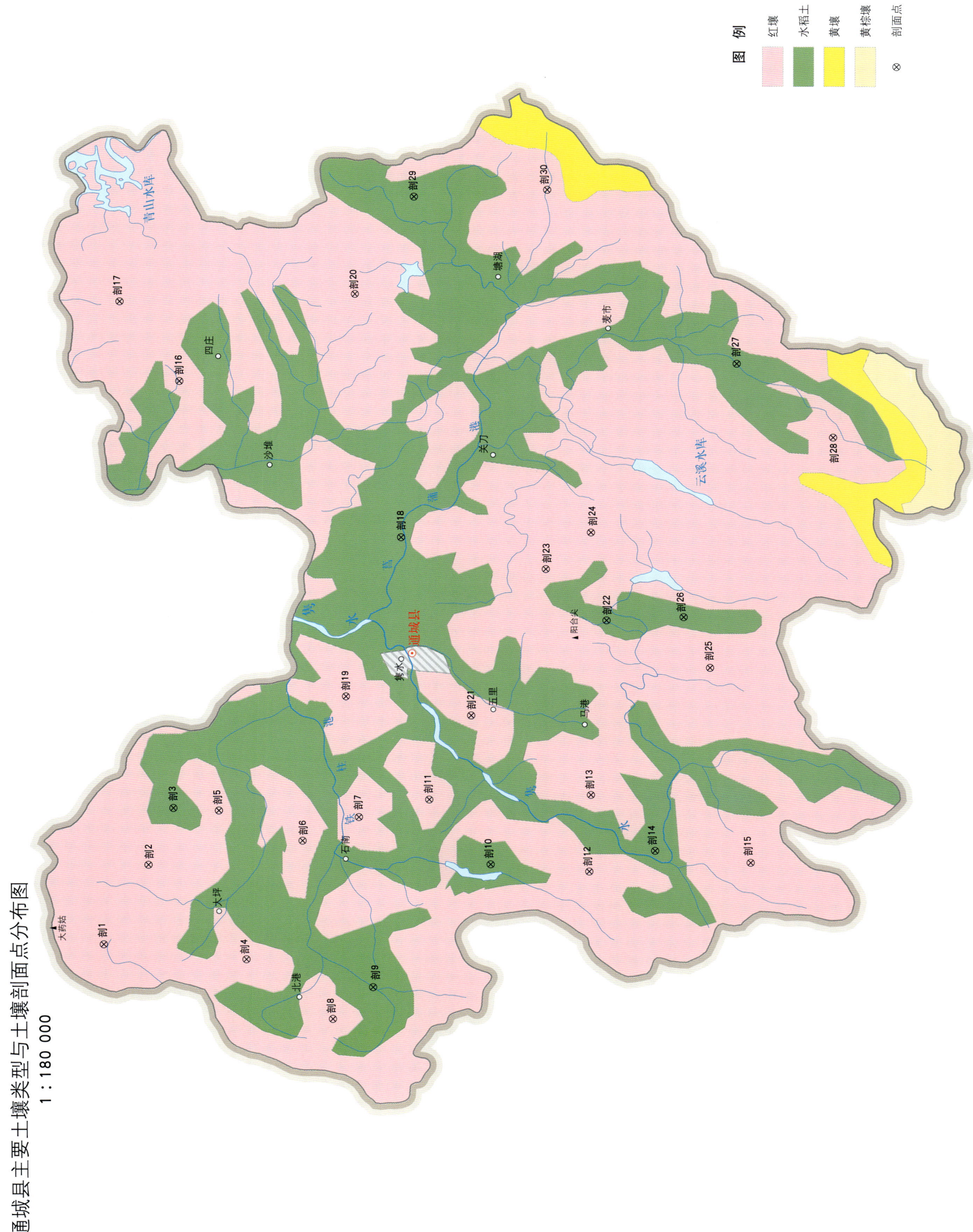

通城县土壤剖面理化性状表

剖面号 Soil profile	土纲 Soil order	土类 Soil great group	亚类 Soil subgroup	土属 Soil genus	土种 Soil species	土层码 Layer code	土层厚度 Depth/cm	颜色 Soil color	质地 Soil texture	土壤结构 Soil structure	pH	有机质 OM/(g/kg)	全氮 TN/(g/kg)	全磷 TP/(g/kg)	全钾 TK/(g/kg)	有效磷 AP/(mg/kg)	速效钾 AK/(mg/kg)	阳离子交换量CEC/(cmol/kg)	土壤母质 Parent material	剖面点坐标 Profile coordinate	匹配指数 Matching index/%
剖1	铁铝土	红壤	棕红壤	第四纪黏土棕红壤	死红土	1	0—16				4.8	12.3	1.11	0.30	13.9	2.4	77		第四纪红色黏土	E 113°40′38.1″ N 29°22′30.1″	95
						2	16—70				4.8	4.3	0.59	0.16	14.3	2.4	47				
剖2	铁铝土	红壤	棕红壤	第四纪黏土棕红壤	死红土	A	0—14	棕黄色	黏土	块状	4.8	3.0	0.34	≤0.10	7.4	1.8	34		第四纪红色黏土	E 113°42′48.6″ N 29°21′23.3″	95
						B	14—65	淡棕黄色	黏土	块状	4.8	3.2	0.29	0.12	12.5	1.7	44				
						C	65—100	淡棕黄色	黏土	核状	4.8	1.5	0.30	≤0.10	10.2	1.3	34				
剖3	人为土	水稻土	潴育水稻土	红壤性第四纪黏土泥田	青粉红泥田	A	0—16	暗灰黄色	重壤土	小块状	5.2	18.1	1.08	≤0.10	24.6	4.0	47	12.0	第四纪黏土	E 113°44′22.8″ N 29°20′46.5″	95
						Apg	16—21	青灰黄色	中壤土	块状	5.2	16.2	0.85	0.20	25.6	8.2	37	10.0			
						Pg	21—43	青灰色	中壤土	块状	6.4	13.4	0.69	0.16	25.4	3.9	33	10.2			
						W	43—73	暗黄棕色	重黏土	块状	6.0	4.4	0.21	0.14	23.7	3.2	32	7.4			
						G	73—100	青灰色	重黏土												
剖4	铁铝土	红壤	棕红壤	酸性结晶岩棕红壤	厚层红砂土	A	0—30	黄红色	重壤土	小块状	4.8	14.3	0.61	≤0.10	7.5	≤1.0	55	9.4	花岗岩	E 113°40′07.2″ N 29°19′08.9″	95
						B	30—75	棕红色	重壤土	块状	5.2	4.8	0.32	≤0.10	6.3	≤1.0	40	5.6			
						C	75—100	棕红色	重黏土	小块状	5.2	2.9	0.20	≤0.10	7.5	≤1.0	48	5.5			
剖5	铁铝土	红壤	棕红壤	酸性结晶岩棕红壤	白砂土	A	0—12	褐色	砂壤土	粒状	5.4	8.6	0.36	≤0.10	24.7	2.2	35	5.8	花岗岩和花岗片麻岩	E 113°44′16.8″ N 29°19′41.9″	75
						B	12—29	砂黄色	砂壤土	粒状	5.2	1.5	0.19	≤0.10	23.5	1.6	16	3.2			
						C	29—100	灰黄色	砂壤土	粒状	5.2	≤1.0	≤0.10	≤0.10	20.7	1.4	11	4.3			
剖6	铁铝土	红壤	棕红壤	第四纪黏土棕红壤	面红土	A	0—22	淡棕红色	中壤土	小块状	4.8	8.6	0.38	0.17	25.7	22.4	100	9.7	第四纪红色黏土	E 113°43′22.6″ N 29°17′44.4″	75
						B	22—100	深棕红色	黏土	块状	4.8	4.3	0.37	0.34	20.8	12.3	98	5.4			
剖7	铁铝土	红壤	棕红壤	泥质岩棕红壤	石渣黄土	Ao	0—5	暗棕灰色	中壤土	粒状	5.8	38.7	1.58	0.21	13.6	5.2	90	5.1	泥质岩	E 113°43′60.0″ N 29°16′23.7″	75
						A	5—27	褐东棕色	中壤土	小块状	5.6	14.4	0.78	0.18	14.4	2.2	38	6.9			
						B	27—64	灰棕色	重壤土	块状	5.8	10.2	0.53	0.15	14.4	1.4	33	7.3			
						C	64—100	灰棕色	重壤土	块状	5.4	15.7	0.74	0.22	16.1	≤1.0	47				
剖8	铁铝土	红壤	棕红壤	碳酸盐岩棕红壤	泡马肝土	A	0—42	褐东棕色	重壤土	小块状	5.6	24.4	1.34	1.45	24.3	5.9	136	9.5	石灰岩	E 113°38′24.3″ N 29°17′08.9″	95
						B	42—97	红灰色	重壤土	粒状	5.8	20.0	0.68	0.21	25.7	3.5	46	9.0			
						C	97—100	棕色	重壤土	粒状	5.8	15.3	0.39	0.19	25.8	2.4	92	8.3			
剖9	人为土	水稻土	淹育水稻土	浅白性泥结晶岩泥田	浅白砂泥田	Ap	0—14	暗黄色	轻壤土	小块状	5.6	21.0	1.01	0.31	26.0	12.1	101		花岗岩	E 113°39′15.1″ N 29°16′10.4″	95
						Ap	14—26	暗黄色	轻壤土		5.6	13.3	0.60	0.33	26.5	18.3	58				
						C	26—100	淡黄色	重壤土	块状	5.8	8.5	0.28	0.28	32.2	9.9	49				
剖10	人为土	水稻土	潴育水稻土	红壤性泥质岩泥田	黄泥田	A	0—16	黄色	重壤土	块状	5.6	26.4	1.69	0.36	22.4	9.8	56	9.1	砂页岩、板岩、云母片岩等	E 113°42′35.0″ N 29°13′19.8″	95
						Ap	16—25	灰黄色	中壤土	块状	5.6	16.6	1.25	0.36	22.9	4.9	45	8.6			
						P	25—48	黄棕色	重壤土	块状	5.8	7.0	0.48	0.20	18.7	5.3	45	6.6			
						W	48—100	黄棕色	重壤土	块状	5.8	2.3	0.35	0.12	20.9	2.4	42	5.6			
剖11	铁铝土	红壤	红壤性	酸性结晶岩红壤性	粗白砂土	A	0—30	褐灰色	砂壤土	粒状	4.9	≤1.0	≤0.10	≤0.10	4.6	≤1.0	20	2.5	酸性结晶岩	E 113°44′26.2″ N 29°14′43.7″	75
						B	30—63	灰白色	砂壤土	粒状	5.1	≤1.0	≤0.10	≤0.10	4.8	≤1.0	39	2.5			
						C	63—100	暗黄色	砂壤土	粒状	5.2	≤1.0	≤0.10	≤0.10	6.1	≤1.0	56	3.2			
剖12	铁铝土	红壤	黄红壤	酸性结晶岩黄红壤	黄红砂土	A	0—28	棕色	中壤土	块状	4.8	10.0	0.38	≤0.10	8.2	≤1.0	80	11.5	花岗岩残积物或残坡积物	E 113°42′19.0″ N 29°11′00.1″	95
						B	28—75	棕色	中壤土	粒状	4.8	3.7	0.36	≤0.10	11.0	≤1.0	56	11.1			
						C	75—100	黄棕色	中壤土	粒状	5.1	2.0	0.18	≤0.10	11.8	≤1.0	28	13.3			
剖13	铁铝土	红壤	黄红壤	酸性结晶岩黄红壤	黄红砂土	1	0—28	黄红色		块状	5.2	11.3	0.53	0.20	23.1	5.4	48	11.5	花岗岩残积物或残坡积物	E 113°44′27.7″ N 29°10′54.9″	75
						2	28—100				5.4	16.0	0.56	0.15	22.5	2.2	41	13.3			

续表 Continued

剖面号 Soil profile	土纲 Soil order	土类 Soil great group	亚类 Soil subgroup	土属 Soil genus	土种 Soil species	土层码 Layer code	土层厚度 Depth/cm	颜色 Soil color	质地 Soil texture	土壤结构 Soil structure	pH	有机质 OM/(g/kg)	全氮 TN/(g/kg)	全磷 TP/(g/kg)	全钾 TK/(g/kg)	有效磷 AP/(mg/kg)	速效钾 AK/(mg/kg)	阳离子交换量CEC/(cmol/kg)	土壤母质 Parent material	剖面点坐标 Profile coordinate	匹配指数 Matching index/%
剖14	人为土	水稻土	潴育水稻土	红壤性第四纪黏土泥田	红泥田	A	0—13	暗黄棕色	重壤土	小块状	5.5	15.7	0.98	≤0.10	9.6	3.1	33	8.3	第四纪黏土	E 113°42′51.1″ N 29°09′26.4″	95
						Ap	13—21	淡灰黄色	重壤土	块状	5.6	12.2	0.80	0.20	19.7	3.2	30	6.7			
						P	21—41	暗黄棕色	黏土	块状	6.7	7.9	0.79	0.24	16.9	4.3	33	8.6			
						C	41—100	淡黄棕色	黏土	粒状	6.9	6.4	0.56	0.15	14.9	4.0	37	9.3			
剖15	铁铝土	红壤	棕红壤	酸性结晶岩棕红壤	红白砂土	1	0—24	红黄色	中壤土	粒状	5.6	4.0	0.17	≤0.10	7.5	≤1.0	28	4.7	花岗岩	E 113°42′26.9″ N 29°07′11.8″	95
						2	24—100	红黄色	砂壤土		5.8	≤1.0	≤0.10	≤0.10	6.1	≤1.0	34	4.1			
剖16	铁铝土	红壤	棕红壤	泥质岩棕红壤	云片土	A	0—10	暗棕色	轻壤土	粒状	5.2	19.6	1.06	0.23	19.8	1.5	48	6.2	泥质岩	E 113°56′17.4″ N 29°20′21.6″	95
						B	10—45	黄棕色	轻壤土	小块状	5.2	14.0	0.23	≤0.10	20.6	2.7	18	4.4			
						C	45—100	淡黄棕色	轻壤土	小块状	5.2	18.4	1.00	0.24	21.4	11.6	49	8.0			
剖17	铁铝土	红壤	棕红壤	泥质岩黄红壤	黄砂泥土	A	0—26	棕灰色	中壤土	粒状	5.8	10.3	0.56	0.20	22.3	1.7	109	4.6	泥质岩	E 113°58′33.1″ N 29°21′43.3″	95
						B	26—64	黄棕色	中壤土	块状	5.4	2.2	0.42	0.22	23.3	1.8	109	4.4			
						C	64—100	棕灰色	中壤土	块状	5.6	1.9	0.27	0.14	26.1	1.3	67	3.8			
剖18	人为土	水稻土	潴育水稻土	酸性结晶岩泥田	砾石麻泥田	A	0—26	灰色	砾石重壤土	小块状	5.1	20.9	1.05	1.42	15.9	2.6	33	5.3	花岗岩残积物或坡积物	E 113°51′47.7″ N 29°15′13.6″	95
						P	20—27	灰棕色	砾石重壤土	块状	5.4	15.3	0.86	0.67	14.6	2.3	25	4.7			
						W	27—50	褐色	砾石重壤土	块状	5.1	8.0	0.36	0.52	9.2	1.2	23	5.2			
						B	50—100	灰色	砾石重壤土	块状	4.9	3.5	0.15	0.22	6.8	1.1	25	4.3			
剖19	铁铝土	红壤	黄红壤	酸性结晶岩黄红壤	黄白砂土	A	0—8	黑棕色	砂质黏壤土	粒状	5.2		≥10.00	2.10	42.1					E 113°47′23.4″ N 29°16′37.7″	82
						AB	8—26	红棕色	砂质黏壤土	小块状	5.0		≥10.00	0.63	40.1						
						B_1	26—70	淡棕红色	砂质黏壤土	块状	5.2		9.29	0.36	36.8	10.2	69	5.7			
						B_2	70—111	淡棕红色	砂质壤土	块状	5.2		6.97	0.25	39.8	1.7	34	6.2			
						C	111—130	淡棕红色	砂质黏壤土	粒状	5.3		4.47	0.11	47.1	1.1	24	7.5			
剖20	铁铝土	红壤	黄红壤	泥质岩黄红壤	云片砂泥土	A	0—23	黄橙色	重壤土	块状	5.0	30.5	1.45	0.26	17.8	4.0	128		泥质岩	E 113°58′36.7″ N 29°16′09.8″	95
						B	23—86	橙色	重壤土	块状	5.2	26.2	1.69	0.27	22.7						
						C	86—200	淡橙色	砂质壤土	粒状	5.4	24.3	1.06	0.20	19.3						
剖21	铁铝土	红壤	黄红壤	泥质岩黄红壤	黄白砂土	A	2—10	淡灰棕色	砂质黏壤土	粒状	5.2	17.2	1.00	1.70	12.8				花岗岩残积物或坡积物	E 113°46′46.6″ N 29°13′41.1″	99
						AB	10—28	亮红棕色	砂质黏壤土	块状	5.0	12.5	0.70	1.20	12.2						
						B_1	28—72	橙色	砂质黏壤土	块状	5.2	13.8	0.80	0.90	12.6						
						B_2	72—113	灰棕色	砂质黏壤土	块状	5.2	7.0	0.50	0.40	12.3						
						BC	113—132	亮红棕色	砂质黏壤土	块状	5.3	4.2	0.21	0.35	11.7						
剖22	铁铝土	红壤	黄红壤	泥质岩黄红壤	云片砂泥土	A	0—17	暗黄棕色	中壤土	小块状	6.0	19.3	1.10	0.17	26.0	2.9	25	8.5	砂页岩、板岩、云母片岩等	E 113°49′19.9″ N 29°10′26.0″	75
						Ap	17—26	暗黄棕色	重壤土	块状	5.8	13.8	0.75	0.14	26.6	2.8	23	6.9			
						P	26—59	淡灰棕色	重壤土	块状	6.0	6.5	0.42	0.12	26.0	2.2	100	8.0			
						W	59—100	棕灰色	砂质壤土	粒状	6.2	8.6	0.36	≤0.10	27.0	1.8	98	6.8			
剖23	铁铝土	红壤	黄红壤	泥质岩黄红壤	黄红砂泥土	A	0—26	暗黄棕色	中壤土	小块状	5.2	30.0	1.28	0.19	22.9	3.7	83	9.1	泥质岩	E 113°50′48.6″ N 29°11′49.9″	95
						B	26—108	黄棕色	重壤土	块状	5.2	5.0	0.49	0.16	23.8	2.2	46	8.4			
						C	108—200	棕黄色	重壤土	块状	5.6	4.2	0.47	0.15	27.2	1.9	26	8.1			
剖24	铁铝土	红壤	黄红壤	花岗岩残积物或坡积物	黄白砂土	A	0—21	亮红棕色	砂壤土	小块状	4.8	12.2	0.43	≤0.10	27.8	1.7	56	5.1	花岗岩残积物或坡积物	E 113°51′48.6″ N 29°10′44.9″	75
						B	21—63	暗黄棕色	砂壤土	粒状	5.0	≤1.0	0.16	≤0.10	29.8	1.8	55	4.5			
						C	63—100	灰黄色	砂土	粒状	4.4	2.6	0.13	≤0.10	30.7	2.0	33	2.8			
剖25	铁铝土	红壤	棕红壤	酸性结晶岩黄红壤	薄层砂红土	A	0—18	黄棕色	中壤土	粒状	5.6	5.3	0.18	≤0.10	30.3	1.1	66	7.6	花岗岩	E 113°47′56.9″ N 29°08′01.8″	95
						B	18—43	棕黄色	中壤土	小块状	5.8	3.5	0.18	0.10	29.5	1.1	70	10.4			
							43—100	淡黄棕色	砂壤土	块状	5.4	3.0	0.14	0.18	37.6	2.3	53	4.2			

续表 Continued

剖面号 Soil profile	土纲 Soil order	土类 Soil great group	亚类 Soil subgroup	土属 Soil genus	土种 Soil species	土层码 Layer code	土层厚度 Depth/cm	颜色 Soil color	质地 Soil texture	土壤结构 Soil structure	pH	有机质 OM/(g/kg)	全氮 TN/(g/kg)	全磷 TP/(g/kg)	全钾 TK/(g/kg)	有效磷 AP/(mg/kg)	速效钾 AK/(mg/kg)	阳离子交换量CEC/(cmol/kg)	土壤母质 Parent material	剖面点坐标 Profile coordinate	匹配指数 Matching index/%
剖26	人为土	水稻土	潴育水稻土	红壤性酸性结晶岩泥田	青墒白砂泥田	A	0—20	褐色	中壤土	小块状	5.6	16.2	1.02	0.21	18.9	20.1	23	8.3	花岗岩	E 113°49′22.5″ N 29°08′36.9″	95
						Apg	20—27	青灰色	中壤土	块状	6.0	12.1	0.74	0.16	28.8	5.3	21	8.0			
						Pg	27—41	青灰色	中壤土	块状	6.0	8.3	0.55	0.14	19.7	2.8	16	7.7			
						W₁	41—71	暗棕黄色	中壤土	块状	5.8	3.8	0.31	≤0.10	19.0	1.1	25	5.6			
						W₂	71—100	棕黄色	重壤土	块状	5.2	2.9	0.29	≤0.10	19.6	2.2	21	6.8			
剖27	人为土	水稻土	潴育水稻土	红壤性泥质岩泥田	云片泥田	A	0—19	暗灰黄色	中壤土	小块状	5.6	19.3	0.99	0.15	26.6	7.1	27	9.6	砂页岩、板岩、云母片岩等	E 113°56′25.0″ N 29°07′12.4″	95
						Ap	19—29	暗灰黄色	中壤土	块状	5.8	18.9	0.83	0.31	20.5	2.6	19	4.9			
						P	29—68	暗灰色	中壤土	棱柱状	6.0	5.8	0.43	0.11	29.9	3.1	29	5.8			
						W	68—100	灰黄色	重壤土	块状	6.0	6.8	0.34	≤0.10	27.4	1.8	18	6.1			
剖28	铁铝土	红壤	黄红壤	泥质岩黄红壤	黄红马砂土	A	0—30	黄褐色	中壤土	粒状	6.0	2.6	0.65	0.14	33.1	≤1.0	27	13.3	页岩坡积物	E 113°54′17.6″ N 29°04′58.9″	95
						B	30—90	淡灰黄色	重壤土	块状	5.8	13.4	0.61	0.17	17.7	1.3	28	6.7			
						C	90—200	黄棕色	重壤土	块状	5.8	3.7	0.23	≤0.10	18.1	≤1.0	40	2.9			
剖29	人为土	水稻土	潴育水稻土	红壤性碳酸岩泥田	泡马肝泥田	A	0—20	灰色	重壤土	块状	5.2	52.1	1.75	0.61	23.3	6.7	32	19.6	石灰岩	E 114°01′16.6″ N 29°14′43.1″	95
						Ap	20—30	灰色	重壤土	块状	6.0	46.8	1.77	0.69	24.6	8.4	49	19.2			
						P	30—67	褐色	重壤土	棱柱状	7.2	38.5	1.12	0.51	24.8	14.8	37	13.2			
						W	67—100	灰褐色	重壤土	棱柱状	7.2	26.2	0.56	0.70	27.0	26.0	31	11.7			
剖30	铁铝土	红壤	棕红壤	碳酸岩棕红壤	泡马肝土	1	0—24				5.8	24.7	1.06	1.45	22.9	47.2	315		石灰岩	E 114°01′23.6″ N 29°11′33.9″	95
						2	24—31				5.2	14.7	0.54	1.39	23.6	37.2	103				
						3	31—100				5.2	14.6	0.50	1.46	23.0	44.8	196				

崇 阳 县

主要土类说明

红壤是崇阳县主要土壤类型，占本县地域面积的 62%。红壤属地带性土壤，主要发育于板页岩、石灰岩、红砂岩、花岗岩和第四纪红色黏土等坡积物或残积物，广泛分布在海拔 800m 以下的低山丘陵区，呈中度脱硅富铝化特征，具深厚红色土层，具 A–Bs–Bv 或 A–Bs–C 剖面构型。红壤一般土层较深厚，质地较黏重，有明显的淀积层，铁铝氧化物大量聚积，土壤呈棕红色，有红色心土层。土壤呈酸性至强酸性，pH 小于 6.5，养分贫瘠，具有酸、瘦、黏、板等特点。本县红壤分为棕红壤、黄红壤和红壤性土三个亚类。其中，红壤性土占本土类面积的 67%，占旱地面积的 21%，占林荒地面积的 57%，广泛分布在肖岭、沙坪、桂花泉、天城、白霓、路口、港口、金塘、高枧等地，属幼年红壤，成土时间较短，剖面发育不完整。棕红壤占本土类面积的 29%，占旱地面积的 46%，占林荒地面积的 23%，主要分布在海拔 500m 以下的丘陵地区，是红壤向黄棕壤过渡的土壤类型，处于红壤带的北部边缘，土壤有机质分解较快，淋溶作用旺盛，土层较深厚，表层为棕红色，质地较黏重，呈酸性至强酸性，土壤通透性较差，铁、铝含量高，养分贫瘠。

水稻土是崇阳县第二大土壤类型，占本县地域面积的 21%。水稻土是在人为长期水耕熟化，以栽培水稻为主的过程中形成的具有独特性状的土类。在长期耕作、施肥和灌溉条件下，由于还原淋溶和氧化淀积等作用，水稻土形成了特有的剖面结构和发生层次，如耕作层、犁底层、潴育层、潜育层等。本县水稻土分为淹育型、潴育型、潜育型和沼泽型四个亚类。其中，潴育水稻土占本土类面积的 96%，发育于各种母质，属良水型。

石灰（岩）土是崇阳县第三大土壤类型，占本县地域面积的 14%。石灰（岩）土主要分布在桂花泉、天城、石城、路口、金塘、高枧等地的石灰岩地区，白霓、青山等地亦有零星分布。石灰（岩）土由各种石灰岩发育而成，受母岩属性的影响，土壤发育过程延缓，土壤保持在相对幼年阶段，富铝化特征不明显，富含碳酸钙，属隐域性土壤。该土壤土层厚薄不等，质地较黏重，有不均质石灰反应，多呈棱块状结构，pH 比地带性土壤高。本县石灰（岩）土分为黑色石灰土和棕色石灰土两个亚类。

小于本县地域面积 3% 的土壤类型有黄棕壤、紫色土、山地草甸土、潮土、黄壤等。

本区域中心区气候特征

本区域中心区气候特征值
Regional climate characteristics in central area of the region

气候带：北亚热带湿润气候 Climate region: North subtropical humid climate	
年平均气温 /℃ Annual average temperature /℃	17.0
年平均最高气温 /℃ Annual average maximum temperature /℃	21.3
年平均最低气温 /℃ Annual average minimum temperature /℃	13.7
年降水量 /mm Annual precipitation /mm	1383
≥10℃的积温 /℃ Daily temperature accumulated in a year（≥10℃）/℃	7988
年日照时数 /h Annual sunshine /h	1777
年平均相对湿度 /% Annual average relative humidity /%	79
干燥度 Dryness	0.73

本区域中心区月平均气温与月平均降水量
Monthly temperature and precipitation in central area of the region

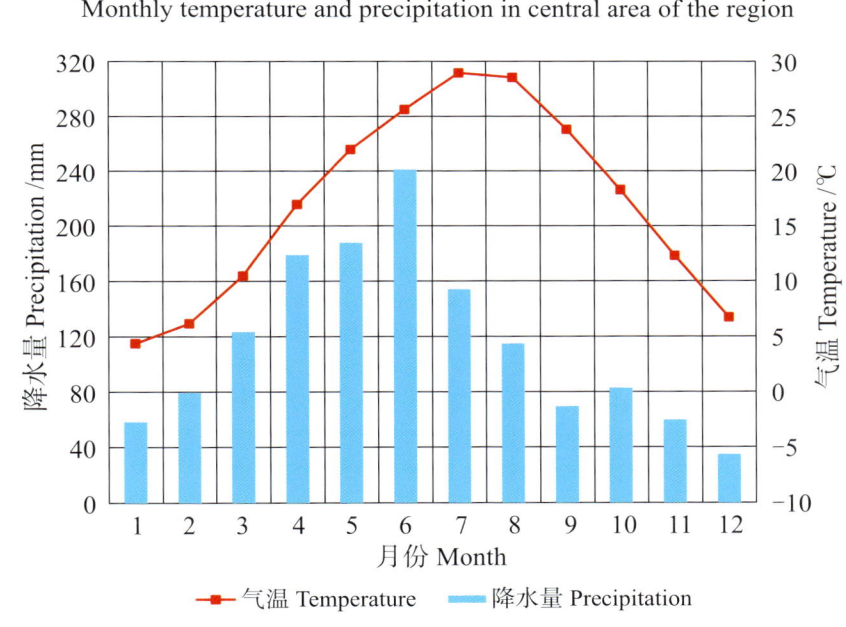

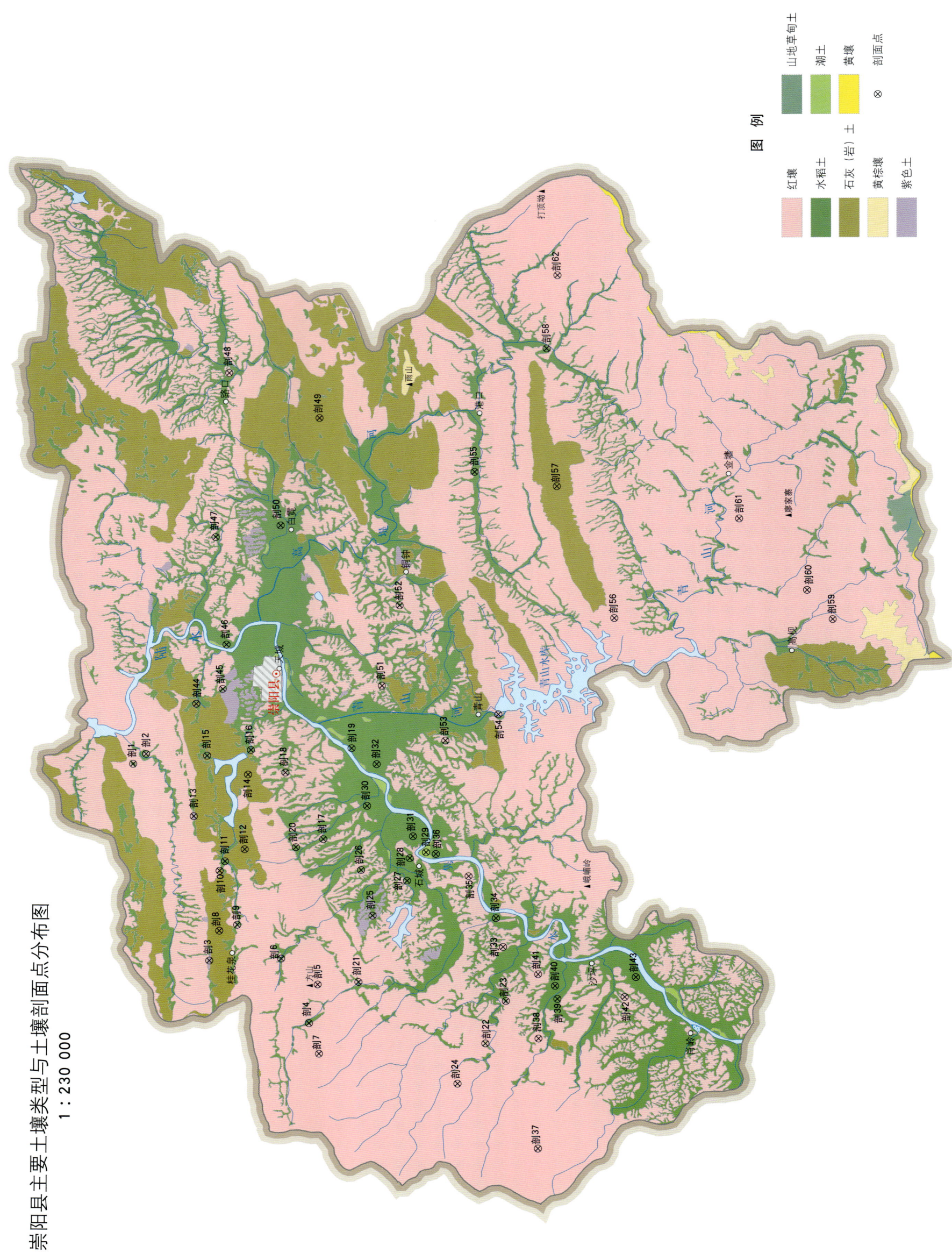

崇阳县土壤剖面理化性状表

剖面号 Soil profile	土纲 Soil order	土类 Soil great group	亚类 Soil subgroup	土属 Soil genus	土种 Soil species	土层码 Layer code	土层厚度 Depth/cm	颜色 Soil color	质地 Soil texture	土壤结构 Soil structure	pH	有机质 OM/(g/kg)	全氮 TN/(g/kg)	全磷 TP/(g/kg)	全钾 TK/(g/kg)	碱解氮 AN/(mg/kg)	有效磷 AP/(mg/kg)	速效钾 AK/(mg/kg)	阳离子交换量CEC/(cmol/kg)	土壤母质 Parent material	剖面点坐标 Profile coordinate	匹配指数 Matching index/%
剖1	人为土	水稻土	潴育水稻土	石灰(岩)性泥田	灰鸭屎泥田	A	0—17	灰白色	重壤土	粒状	7.9	32.9	1.80	0.40	17.8	160	4.0	41	11.5	石灰岩性风化物	E 113°59′04.4″ N 29°36′45.3″	95
						P	17—25	灰白色	重壤土	块状	7.9	26.3	1.50	0.37	12.3	122	3.5	35	10.5			
剖2	铁铝土	红壤	红壤性土	泥质岩红壤性土	石渣黄砂土	W	25—36	白色	轻黏土	块状	7.9	3.4	0.40	0.44	18.9	25	4.9	34	9.3	泥质岩	E 113°59′26.8″ N 29°36′22.3″	75
						B_1	36—57		轻黏土	块状	7.7	2.5	0.40	0.48	19.9	25	4.4	53	8.8			
						B_2	57—100		轻黏土	块状	7.6	3.6	0.40	0.41	19.9	24	4.2	53	8.4			
剖3	初育土	紫色土	石灰性紫色土	石灰紫砂土	石灰紫砂土	A	0—3	淡黄黄色	中壤土	无结构	5.5	17.9	1.20	0.40	21.8	99	≤1.0	40	8.2	泥质岩	E 113°51′57.4″ N 29°34′13.8″	95
						B	3—50	黄色	重黏土	无结构	6.0	9.5	0.50	0.30	20.3	64	≤1.0	25	6.8			
剖4	人为土	水稻土	潴育水稻土	潮土田	潮砂田	A	0—20	黄色	中壤土	粒状	7.6	19.4	1.21	0.44	24.9	98	4.4	76	8.6	河流冲积物	E 113°49′47.5″ N 29°31′07.5″	95
						B	20—70	暗棕红色	中壤土	块状	7.9	16.1	1.06	0.43	23.3	89	2.7	86	7.5			
						C	70—100	暗棕红色	轻壤土	块状	7.8	4.7	0.50	0.28	23.1	23	1.3	35	9.0			
剖5	铁铝土	红壤	黄红壤	泥质岩黄红壤	黄红砂泥土	A	0—15	灰白色	砂壤土	小块状	5.4	22.1	1.09	0.30	22.4	108	6.2	47	8.9	泥质岩	E 113°51′09.7″ N 29°31′01.9″	75
						B	15—23	灰白色	轻壤土	块状	6.1	15.2	0.89	0.26	21.3	77	3.8	19	6.6			
							23—38	淡灰色	轻壤土	棱块状	6.4	9.4	0.50	0.25	20.5	49	3.6	27	6.4			
							38—100	淡灰色	中壤土	块状	6.4	5.5	2.50	0.27	22.5	46	1.5	44	5.1			
剖6	人为土	水稻土	潴育水稻土	石灰砂泥田	灰赤砂泥田	A	0—12		重黏土		5.8	14.4	0.87	0.41	17.4	72	1.4	39	8.2	泥质岩	E 113°52′06.3″ N 29°32′02.0″	95
						B	12—43		中壤土		5.7	18.2	1.07	0.50	18.4	72	2.5	77	9.8			
						A	0—16	淡棕色	中壤土	块状	7.6	30.3	1.80	0.44	14.7	137	2.2	60	15.2			
						Pg	16—27	紫棕色	黏土	柱状	7.7	27.1	1.72	0.41	14.2	13	1.8	50	13.7			
						W	27—52	淡黄色	黏土	块状	8.0	14.7	1.04	0.36	15.8	69	2.7	40	8.6			
						B	52—100	灰黄色	重壤土	块状	7.8	15.0	0.83	0.43	21.0	66	6.0	40	9.0			
剖7	铁铝土	红壤	棕红壤	泥质岩棕红壤	黄土	A	0—19	橙色	中壤土	小块状	6.1	14.0	1.14	0.64	21.6	85	3.0	120	8.4	泥质岩	E 113°48′42.2″ N 29°30′46.7″	95
						B	19—44	淡黄橙色	重壤土	块状	6.3	10.7	0.95	0.58	20.8	70	1.6	52	7.4			
						C	44—100	淡黄橙色	砂黏土	块状	6.0	9.1	0.38	0.39	12.3	19	1.3	39				
剖8	初育土	石灰(岩)土	棕色石灰土	棕色石灰土	马肝土	A	0—20	淡棕色	黏土	粒状	7.0	26.0	1.60	0.80	17.5	112	6.8	188	21.6	石灰岩	E 113°53′03.4″ N 29°33′57.7″	95
						B	20—100	淡棕色	黏土	块状	7.2	15.0	1.10	0.60	17.8	67	1.3	116	21.0			
剖9	人为土	水稻土	潴育水稻土	浅黄性泥质岩泥田	浅黄砂泥田	A	0—16	淡黄色	中壤土	小块状	5.5	23.4	1.30	0.46	25.2	150	6.1	145	11.4	泥质岩	E 113°53′17.5″ N 29°33′24.8″	95
						P	16—22	淡黄色	中壤土	块状	6.1	14.0	1.00	0.45	23.1	83	3.9	85	8.7			
						C	22—100	淡黄色	重壤土	粒状	6.5	2.8	0.30	0.20	18.0	14	1.3	85	9.0			
剖10	初育土	石灰(岩)土	黑色石灰土	黑色石灰土	灰马肝土	A	0—20	灰黄橙色	轻壤土	粒状	7.9	13.8	0.64	0.32	19.3	45	1.1	55	14.4	石灰岩	E 113°55′15.6″ N 29°34′00.4″	95
						B	20—37	淡黄橙色	轻壤土	块状	8.0	9.0	0.57	0.28	16.2	36	≤1.0	45	6.9			
						C	37—100	淡黄橙色	轻黏土	块状	8.0	3.9	0.47	0.22	17.3	28	≤1.0	37	10.5			
剖11	初育土	石灰(岩)土	石灰性紫色土	石灰岩性泥质田	灰马肝田	A	0—14	淡灰黄色	黏土	粒状	7.0	20.5	1.29	0.51	12.3	94	3.2	76	18.7	石灰岩性风化物	E 113°55′36.9″ N 29°33′51.1″	75
						P	14—21	淡黄色	重壤土	粒状	7.9	26.7	1.72	0.69	13.3	159	3.6	65	17.3			
						W_1	21—38	淡黄色	轻黏土	柱状	7.7	11.1	0.72	0.42	13.2	49	1.5	70	14.2			
						W_2	38—73	淡灰黄色	轻黏土	块状	7.8	12.6	0.70	0.42	12.6	51	1.5	76	6.6			
						B	27—100	灰黄橙色	重壤土	粒状	8.1	80.3	3.30	0.49	13.0	287	1.4	122	14.1			
剖12	初育土	石灰(岩)土	黑色石灰土	黑色石灰田	黑色石灰土	A	0—7	淡黄橙色	重黏土	粒状	7.6	14.9	1.30	0.39	19.3	122	≤1.0	62	11.8	石灰岩	E 113°56′04.4″ N 29°33′15.5″	95
						B	7—27	淡黄橙色	轻黏土	粒状	7.6	4.9	0.50	0.38	16.2	29	2.5	38				
						C	27—100	淡灰黄色		小块状	6.2	13.7	1.10	0.30	13.7	80	2.4	103	14.2			
剖13	初育土	紫色土	酸性紫色土	紫泥土	紫泥土	A	0—30	暗棕红色	重黏土	块状	6.0	12.6	1.00	0.30	37.0	71	1.1	73	13.9	石灰岩性风化物	E 113°57′13.7″ N 29°34′50.8″	75
						B	30—58	暗棕红色	重黏土	块状	5.8	3.2	0.60	0.20	34.0	25	1.1	60	13.2			
						C	58—90	暗棕红色	砂黏土	粒状	7.0	26.4	0.96	0.28	36.0	93	1.7	54	9.8			
剖14	初育土	石灰(岩)土	棕色石灰土	棕色石灰土	棕色石灰土	A	0—14	紫棕色	砂壤土	粒状	7.2	7.5	0.54	0.16	3.2	29	≤1.0	26	4.5	石灰岩	E 113°58′47.6″ N 29°33′13.5″	75
						C	14—21															

续表 Continued

剖面号 Soil profile	土纲 Soil order	土类 Soil great group	亚类 Soil subgroup	土属 Soil genus	土种 Soil species	土层码 Layer code	土层厚度 Depth/cm	颜色 Soil color	质地 Soil texture	土壤结构 Soil structure	pH	有机质 OM/(g/kg)	全氮 TN/(g/kg)	全磷 TP/(g/kg)	全钾 TK/(g/kg)	碱解氮 AN/(mg/kg)	有效磷 AP/(mg/kg)	速效钾 AK/(mg/kg)	阳离子交换量CEC/(cmol/kg)	土壤母质 Parent material	剖面点坐标 Profile coordinate	匹配指数 Matching index/%
剖15	人为土	水稻土	潴育水稻土	潮土田	潮砂泥田	A	0—13	白色	中壤土	粒状	5.8	24.0	1.22	0.34	24.4	134	2.2	30	10.4	河流冲积物	E 113°59′26.6″ N 29°34′30.1″	75
						P	13—70	白色	重壤土	块状	5.9	21.5	1.17	0.35	25.0	116	3.7	24	10.9			
						W	21—70				7.4	8.5	0.44	0.39	23.5	44	3.9	23	14.3			
						B	70—100		重壤土	梭柱状	7.3	8.7	0.53	0.31	23.2	42	2.9	23	14.5			
剖16	人为土	水稻土	潴育水稻土	潮土田	次灰潮砂泥田	A	0—12	白色	中壤土	粒状	7.9	32.3	1.66	0.45	21.3	151	5.7	40	12.8	河流冲积物	E 113°59′41.4″ N 29°33′09.6″	95
						P	12—21	白色	重壤土	块状	7.9	20.1	1.14	0.40	22.0	105	5.3	28	9.7			
						W	21—48	白色	重壤土	梭柱状	6.9	7.4	0.47	0.39	25.0	38	4.4	28	6.1			
						B	48—100	白色	重壤土	块状	7.3	8.0	0.52	0.34	22.0	38	5.2	23	7.8			
剖17	人为土	水稻土	潴育水稻土	红壤性红砂岩棕砂泥田	赤砂泥田	A	0—14	淡黄棕色	中壤土	块状	6.4	24.7	1.80	0.40	15.5	127	2.8	97	17.8	红砂岩	E 113°56′31.1″ N 29°30′51.9″	95
						P	14—21	紫棕色	重壤土	块状	6.8	8.7	0.60	0.30	15.7	47	2.8	80	18.0			
						W	21—71	紫棕色	重壤土	梭柱状	6.8	15.4	1.60	0.30	15.0	76	1.4	97	19.1			
						B	71—100	淡紫棕色	重壤土	梭柱状	7.2	5.7	0.30	0.20	14.1	33	1.5	58	12.6			
剖18	铁铝土	红壤	棕红壤	酸性结晶岩棕红壤	红砂土	A	0—14				5.6	10.9	0.56	0.28	16.1	41	2.5	46	12.3	酸性结晶岩	E 113°58′53.6″ N 29°32′05.3″	95
						B	14—18				5.6	4.2	0.21	0.13	15.3	21	≤1.0	13	6.0			
						C	18—100				6.1	6.7	0.33	≤0.10	16.3	32	≤1.0	19	6.3			
剖19	人为土	水稻土	潴育水稻土	潮土田	次灰潮砂泥田	A	0—12	暗棕灰色	黏壤土	团粒状	7.9	32.3	1.66	0.45	21.3	151	5.7	40	12.8	近代河流冲积物	E 113°59′50.9″ N 29°30′05.2″	95
						P	12—21	暗棕灰色	黏壤土	块状	7.9	20.1	1.14	0.40	22.0	105	5.3	28	9.7			
						W_1	21—48	灰棕色	黏壤土	梭柱状	6.9	7.4	0.47	0.39	25.0	39	4.4	28	6.1			
						W_2	48—100	棕灰色	黏壤土	梭柱状	7.3	8.0	0.52	0.34	22.0	39	5.2	23	7.8			
剖20	人为土	水稻土	潴育水稻土	红壤性碳酸盐岩棕泥田	面马肝田	A	0—14	白色	中壤土	粒状	6.5	22.8	1.38	0.38	8.4	122	4.1	35	11.9	石灰岩	E 113°56′12.3″ N 29°31′41.8″	75
						P	14—20	白色	重壤土	小块状	7.2	10.1	0.58	0.26	8.8	46	1.5	24	10.2			
						Wb	20—100	紫棕色	重壤土	块状	7.9	5.4	0.38	0.34	10.7	24	3.9	25	7.9			
剖21	人为土	水稻土	潴育水稻土	石灰岩紫砂泥田	灰赤泥田	A	0—16	紫棕色	重壤土	块状	7.8	23.2	1.56	0.50	17.4	120	2.4	83	15.0	石灰岩	E 113°51′19.6″ N 29°29′38.8″	95
						P	16—24	紫棕色	重壤土	梭柱状	7.8	15.4	1.04	0.41	17.8	67	1.5	71	14.9			
						W	24—66	紫棕色	轻壤土	梭柱状	7.7	5.5	0.59	0.25	19.2	24	1.1	61	8.5			
						B	66—100		重壤土	梭柱状	7.7	5.0	0.53	0.20	18.4	21	1.1	50	6.5			
剖22	淋溶土	黄棕壤	山地黄棕壤	碳酸岩山地黄棕壤	暗棕泥田	Ao	0—5	灰黄棕色	中壤土	粒状	5.6	38.4	1.72	0.38	14.2	193	2.3	189	17.5	石灰岩	E 113°49′15.3″ N 29°25′42.0″	95
						P	5—42	淡黄棕色	中壤土	粒状	5.4	25.1	1.34	0.46	16.6	144	1.2	80	16.7			
						B	42—100	淡黄棕色	轻壤土	梭柱状	5.9	10.8	0.75	0.43	15.2	82	5.7	41	11.6			
剖23	人为土	水稻土	潴育水稻土	潮土田	潮泥田	A	0—12	灰黄棕色	轻黏土	粒状	6.8	21.8	1.24	0.57	13.2	83	5.0	82	12.5	河流冲积物	E 113°47′46.4″ N 29°26′30.8″	95
						P	15—21	灰棕色	中壤土	块状	6.9	10.7	0.71	0.52	14.3	39	5.0	21	11.1			
						Wb	21—100	灰黄色	中壤土	块状	6.4	3.3	0.36	0.35	15.1	21	2.1	98	7.5			
剖24	铁铝土	红壤	棕红壤	酸性结晶岩红棕壤	白砂田	A	0—16	淡黄棕色	砂壤土	粒状	4.4	9.9	0.61	0.52	28.0	94	2.1	31	8.0	酸性结晶岩	E 113°50′47.8″ N 29°25′07.1″	95
						B	16—100	淡黄橙色	砂壤土	小块状	4.6	14.7	0.70	0.50	27.3	78	3.2	50	7.7			
剖25	人为土	水稻土	潴育水稻土	红壤性酸性泥田	潮泥田	A	0—15	灰棕色	砂壤土	粒状	5.6	17.3	1.12	0.19	17.9	90	5.7	28	9.8	河流冲积物	E 113°53′45.6″ N 29°29′16.9″	95
						P	15—21	淡黄色	中壤土	块状	6.0	6.3	0.38	0.11	19.0	39	1.5	24	8.6			
						W	21—66	淡棕色	中壤土	块状	6.0	7.0	0.46	0.15	21.2	39	1.8	21	8.9			
						G	66—100	白色	重壤土	块状	6.0	9.0	0.39	≤0.10	15.0	35	1.6	16	7.5			
剖26	人为土	水稻土	潴育水稻土	红壤性泥质岩泥田	黄泥田	A	0—15	灰棕色	重壤土	粒状	6.1	24.0	1.35	0.49	14.3	99	5.8	89	12.8	泥质岩	E 113°55′25.7″ N 29°29′40.7″	95
						W	15—21	灰棕色	重壤土	块状	6.2	23.4	1.05	0.48	13.3	98	6.9	95	12.5			
						Wb	21—31	淡棕黄色	重壤土	柱状	6.4	11.1	0.84	0.52	15.7	54	5.1	72	12.3			
							31—53	淡棕黄色	轻壤土	柱状	6.4	12.7	1.06	0.55	15.4	53	6.3	93	15.7			
						B	53—100	淡黄色	轻壤土	块状	6.8	13.0	0.85	0.65	15.5	49	7.2	98	11.0			
剖27	人为土	水稻土	潜育水稻土	烂泥田	烂泥田	A	0—17	黄色	中壤土	块状	5.5	21.0	1.16	0.15	16.6	73	2.0	42	11.1	泥质岩	E 113°55′04.6″ N 29°28′15.5″	95
						G_1	17—36	淡黄色	中壤土	块状	6.8	15.1	0.72	0.11	12.3	45	≤1.0	19	10.3			
						G_2	36—100	灰黄色	中壤土	块状	5.4	12.4	0.52	0.11	12.5	31	≤1.0	15				

续表 Continued

剖面号 Soil profile	土纲 Soil order	土类 Soil great group	亚类 Soil subgroup	土属 Soil genus	土种 Soil species	土层码 Layer code	土层厚度 Depth/cm	颜色 Soil color	质地 Soil texture	土壤结构 Soil structure	pH	有机质 OM/(g/kg)	全氮 TN/(g/kg)	全磷 TP/(g/kg)	全钾 TK/(g/kg)	碱解氮 AN/(mg/kg)	有效磷 AP/(mg/kg)	速效钾 AK/(mg/kg)	阳离子交换量 CEC/(cmol/kg)	土壤母质 Parent material	剖面点坐标 Profile coordinate	匹配指数 Matching index/%
剖28	人为土	水稻土	潴育水稻土	红壤性红砂岩红泥田	赤砂泥田	A	0—15	淡灰白色	粉壤土	粒状	5.5	28.4	1.70	0.41	14.7	136	1.5	45	17.7	红砂岩	E 113°55′54.8″ N 29°28′12.1″	95
						P	15—21	红灰色	重壤土	块状	5.8	25.5	1.60	0.33	12.3	134	1.5	42	13.9			
						W	21—70	紫灰色	重壤土	棱柱状	6.8	16.1	1.10	0.29	13.5	90	1.5	43	15.2			
						B	70—100	灰白色	重壤土	棱柱状	7.1	15.1	0.90	0.21	13.0	68	1.5	35	13.9			
剖29	半成土	潮土	潮土	砂土型潮土	潮砂土	A	0—19	灰白色	砂壤土	粒状	6.4	12.2	0.53	0.52	30.6	56	11.8	13	9.2	近代河流冲积物	E 113°56′08.8″ N 29°27′42.4″	95
						B	19—37	淡黄色	紧砂土	粒状	6.4	6.7	0.55	0.46	31.6	31	4.7	68	7.1			
						C	37—100	淡黄色	紧砂土	粒状	6.6	4.0	0.23	0.39	33.9	17	6.9	48	7.1			
剖30	人为土	水稻土	潴育水稻土	红壤性第四纪黏土泥田	红泥田	A	0—15	灰白色	重壤土	块状	5.0	22.1	0.51	0.51	12.7	144	2.8	81	9.1	第四纪黏土	E 113°57′46.3″ N 29°29′33.3″	95
						P	15—22	淡黄色	重壤土	块状	6.4	15.3	0.47	0.47	13.2	80	3.3	123	9.9			
						W	22—58	淡黄色	重壤土	块状	6.8	3.3	0.21	0.21	13.9	18	1.1	66	8.2			
						B	58—100	淡黄棕色	重壤土	块状	7.1	2.5	0.24	0.24	14.0	17	≤1.0	133	8.9			
剖31	人为土	水稻土	潴育水稻土	红壤性泥质岩泥田	次灰黄砂泥田	A	0—17	白色	中壤土	粒状	6.6	26.9	1.66	0.71	8.3	143	27.3	65	9.5	泥质岩	E 113°56′43.0″ N 29°27′07.2″	95
						P	17—23	白色	重壤土	块状	6.4	18.5	1.20	0.79	8.5	81	23.3	41	9.0			
						Wb	23—35	灰白色	重壤土	块状	7.6	9.5	0.64	0.88	7.5	58	21.1	48	7.0			
						Bw	35—100	淡黄色	轻黏土	棱状	6.8	4.6	0.42	1.18	8.6	27	12.2	70	9.9			
剖32	人为土	水稻土	潴育水稻土	红壤性酸性结晶岩泥田	白砂泥田	A	0—16	灰白色	中壤土	小块状	6.5	25.0	1.37	0.35	18.1	72	2.8	26	8.8	酸性结晶岩	E 113°59′17.5″ N 29°29′18.2″	95
						Pg	16—26	灰白色	中壤土	块状	6.8	10.7	0.70	0.17	10.8	36	1.3	19	9.0			
						W	26—42	灰白色	中壤土	块状	6.8	4.6	0.39	0.13	6.7	16	≤1.0	14	6.4			
						B	42—59	淡黄色	中壤土	块状	6.8	5.4	0.49	0.15	8.6	70	1.2	25	6.3			
						C	59—100	淡黄色	黏土	块状	6.7	3.1	0.37	0.23	9.0	9	2.3	26	5.9			
剖33	铁铝土	红壤	棕红壤	泥质岩棕红壤	黄泥砂土	A	0—17	淡灰黄色	轻壤土	粒状	6.0	10.9	0.40	0.30	13.9	67	2.6	31	9.3	泥质岩	E 113°52′45.7″ N 29°25′15.1″	95
						B	17—36	淡黄棕色	紧砂土	块状	5.6	2.0	0.20	≤0.10	3.1	10	≤1.0	9	7.1			
剖34	人为土	水稻土		青泥田	青泥田	A	0—15	灰黄色	重壤土	块状	6.8	30.6	8.80	0.39	17.2	133	4.7	43	12.6	第四纪黏土	E 113°53′47.9″ N 29°25′29.9″	95
						Pg	15—26	白色	重壤土	块状	6.5	18.7	1.34	0.26	15.6	93	3.2	37	11.5			
						G	26—100	白色	重壤土	块状	6.6	21.5	1.34	0.30	16.5	67	2.8	43	10.9			
剖35	人为土	水稻土	潴育水稻土	第四纪黏土棕红壤	红土	A	0—20	黄棕色	重壤土	小块状	5.6	14.0	0.80	0.44	12.0	137	5.2	163	10.8	第四纪黏土	E 113°55′19.0″ N 29°26′23.0″	95
						B	20—51	淡黄棕色	黏土	块状	5.6	3.1	0.23	0.22	13.4	17	≤1.0	48	10.0			
						C	51—100	淡黄色	黏土	粒状	5.6	3.8	0.22	0.29	15.0	20	1.5	58	6.1			
剖36	铁铝土	红壤	棕红壤	碳酸盐结晶岩棕红壤	马肝砂泥田	A	0—14	暗灰黄色	黏土	块状	6.5	22.8	1.38	0.38	8.4	122	4.1	36	11.9	石灰岩、白云岩风化物	E 113°56′05.6″ N 29°27′24.3″	81
						P	14—20	淡灰黄色	黏土	块状	7.2	10.1	0.58	0.26	8.8	46	1.5	24	10.2			
						W	20—100	灰黄色	壤质黏土	棱块状	7.9	5.4	0.38	0.34	10.7	24	3.9	25	7.9			
剖37	铁铝土	红壤	棕红壤	酸性结晶岩棕红壤	白砂土	A	0—13	淡黄色	壤质黏土		5.8	19.9	0.70	0.14	14.7	85	3.5	29	10.0		E 113°45′32.3″ N 29°23′59.0″	95
						B	13—88			碎块状	5.6	4.7	0.25	0.90	10.5	16	3.2	12	8.3			
						C	88—98				6.0	1.2	≤0.10	≤0.10	11.0	5	≤1.0	11	9.8			
剖38	铁铝土	红壤		泥质岩红壤	红细砂泥土	Aa	0—14	淡棕色	黏壤土	碎块状	5.3	25.5	1.74	0.43	8.2	168	3.8	67		泥质岩类风化物	E 113°49′29.7″ N 29°24′04.8″	82
						Ap	14—43	淡棕红色	黏壤土	块状	5.3	9.4	1.06	0.38	8.6	107	4.0	86	14.3			
						W	19—74	淡棕橙色	黏壤土	棱柱状	7.4	6.0	1.28	0.60	10.1	41	4.0	39	12.0			
						D	75—				7.2	8.4	0.40	0.40	12.2	40	5.0	48	9.5			
剖39	人为土	水稻土	潴育水稻土	灰泥田	岩红田	A	0—13	浊黄色	黏壤土	块状	7.0	29.7	1.80	0.60	13.1	148	6.0	72	8.4	石灰岩冲积物或洪积物	E 113°50′55.7″ N 29°23′32.3″	95
						P	18—24	淡黄色	中壤土	粒状	7.2	20.2	1.40	0.60	12.4	107	4.0	86	12.0			
						C	24—100	黄色	重壤土	块状	7.4	6.0	0.40	0.40	10.1	41	4.0	39	9.5			
剖40	人为土	水稻土	淹育水稻土	浅红壤性第四纪黏土泥田	浅面红泥田	A	0—18	淡黄色	黏壤土	块状	6.0	21.8	1.38	0.38	14.6	164	2.8	66	9.4	第四纪黏土	E 113°51′24.2″ N 29°23′37.4″	95
						P	18—24	黄色	中壤土	块状	6.4	3.9	0.47	0.22	16.3	51	≤1.0	78	8.7			
						C	24—100	黄色	重壤土	块状	7.0	3.7	0.40	0.24	14.8	31	≤1.0	22	8.5			

续表 Continued

剖面号 Soil profile	土纲 Soil order	土类 Soil great group	亚类 Soil subgroup	土属 Soil genus	土种 Soil species	土层码 Layer code	土层厚度 Depth/cm	颜色 Soil color	质地 Soil texture	土壤结构 Soil structure	pH	有机质 OM/(g/kg)	全氮 TN/(g/kg)	全磷 TP/(g/kg)	全钾 TK/(g/kg)	碱解氮 AN/(mg/kg)	有效磷 AP/(mg/kg)	速效钾 AK/(mg/kg)	阳离子交换量CEC/(cmol/kg)	土壤母质 Parent material	剖面点坐标 Profile coordinate	匹配指数 Matching index/%
剖41	铁铝土	红壤	棕红壤	红砂岩棕红壤	赤泥土	A	0—18	淡黄橙色	轻黏土	小块状	5.8	21.6	1.42	0.33	15.6	82	≤1.0	61	8.5	红砂岩	E 113° 51′ 48.4″ N 29° 24′ 09.0″	95
						B	18—50	淡黄橙色	轻黏土	小块状	5.9	7.6	0.72	0.15	11.9	38	≤1.0	29	9.4			
						C	50—100	淡黄橙色	中壤土	块状	6.9	4.5	0.36	0.12	14.5	21	≤1.0	17	10.9			
剖42	铁铝土	红壤	黄红壤	碳酸盐黄红壤	黄红黏土	A	0—23	淡黄棕色	重壤土	块状	5.5	14.9	0.78	0.37	14.2	77	1.1	90	10.7	石灰岩	E 113° 51′ 04.6″ N 29° 21′ 28.3″	95
						B	23—88		中壤土	粒状	5.9	4.2	0.28	0.31	12.2	56	≤1.0	47	8.5			
剖43	人为土	水稻土	淹育水稻土	浅红壤性碳酸盐泥田	浅面马肝泥田	A	0—12	白色	中壤土	块状		27.6	1.62	0.53	14.2	136	5.3	68	8.3	石灰岩	E 113° 51′ 48.6″ N 29° 21′ 09.3″	95
						P	12—18	淡灰黄色	中壤土	块状		8.5	0.63	0.34	12.2	50	4.3	60				
						B	18—100	淡黄黄色	重壤土	块状		5.0	0.40	0.30	10.1	28	3.1	51				
剖44	初育土	石灰（岩）土	棕色石灰土	黑色石灰土	盐器土	A	0—10	紫红色	中壤土	粒状	7.8	7.8	0.78	0.31	30.7	53	≤1.0	126	9.6	石灰岩	E 114° 01′ 19.4″ N 29° 34′ 52.8″	95
剖45	人为土	水稻土	潴育水稻土	石灰（岩）性泥田	灰岩马肝泥田	A	0—21	灰棕色	中壤土	块状	7.9	35.9	1.89	0.53	12.5	158	5.9	83	16.7	石灰岩性风化物	E 114° 01′ 53.0″ N 29° 34′ 05.0″	95
						P	21—27	紫色	重壤土	块状	7.7	19.1	1.08	0.39	12.3	93	3.3	49	16.1			
						Wb	27—75	灰棕色	重壤土	棱柱状	8.0	10.6	0.66	0.31	12.4	63	2.4	45	10.2			
剖46	人为土	水稻土	潴育水稻土	灰烂泥田	灰烂泥田	A	0—20	栗色	壤质黏土	糊块状	8.1	36.8	2.20	0.51	12.8	156	2.4	84	13.1	石灰岩	E 114° 03′ 30.9″ N 29° 34′ 00.7″	95
						G	20—100		壤质黏土	糊状	8.1	35.4	1.90	0.45	11.6	126	2.8	73	11.9			
剖47	人为土	水稻土	潴育水稻土	冷泉田	灰烂泥田	A	0—20	灰黄黄色	重壤土	块状	8.0	36.8	2.20	0.51	12.8	156	2.4	84	13.1	石灰岩	E 114° 07′ 25.1″ N 29° 34′ 26.2″	95
						G	20—100		重壤土	块状	8.1	35.4	1.90	0.45	11.6	126	2.8	73	11.9			
剖48	初育土	石灰（岩）土	棕色石灰土	碳酸盐岩棕红壤	红黏土	A	0—23	紫色	重壤土	无结构	6.0	11.6	0.79	0.41	16.2	64	2.7	105	11.5	石灰岩	E 114° 13′ 24.3″ N 29° 34′ 09.1″	95
						B	23—43		重壤土		5.6	9.3	0.71	0.42	16.6	53	2.0	100	12.0			
						C	43—100		中壤土		6.4	10.8	0.96	0.40	14.9	45	1.2	97	14.5			
剖49	人为土	红壤	棕红壤	棕色棕红壤	糠头土	A		淡灰黄色	中壤土	粒状	7.0	11.1	0.70			70	1.9	110		石灰岩	E 114° 11′ 50.2″ N 29° 31′ 20.9″	95
剖50	人为土	水稻土	潴育水稻土	灰青泥田	灰青泥田	A	0—19	淡灰黄色	重壤土	棱块状	7.9	37.2	2.13	0.48	13.2	152	3.4	58	11.0	石灰岩	E 114° 07′ 08.4″ N 29° 32′ 27.4″	95
						B	19—29	淡灰黄色	重壤土	块状	8.0	14.1	0.79	0.31	11.7	50	3.2	43	8.5			
						Pg	29—100	淡灰黄色	重壤土	无结构	8.1	11.5	0.71	0.28	11.0	48	3.6	38	7.9			
剖51	铁铝土	红壤	红壤性土	红砂岩红壤性土	石渣赤砂土	A	0—17	淡橙灰色	砂壤土	粒状	5.0	3.5	0.24	≤0.10	11.7	17	≤1.0	17	8.4	红砂岩	E 114° 02′ 08.4″ N 29° 29′ 12.7″	95
						C	17—100	淡灰黄色	砂壤土	粒状	4.8	1.2	0.11	≤0.10	14.7	7	≤1.0	23	11.4			
剖52	人为土	水稻土	潴育水稻土	红壤性碳酸岩泥田	马肝泥田	A	0—13	灰黄色	轻壤土	粒状	7.0	29.7	1.78	0.63	13.1	148	6.1	72	14.3	石灰岩	E 114° 05′ 06.0″ N 29° 28′ 44.4″	95
						P	13—19	淡灰黄色	重壤土	柱状	7.2	20.2	1.41	0.59	12.4	107	4.2	86	12.0			
						W	19—74	淡灰黄色	重壤土	柱状	7.4	6.0	0.44	0.35	10.1	41	3.9	39	9.5			
						B	74—100	灰黄色	重壤土	柱状	7.2	8.4	0.67	0.42	12.2	40	5.4	48	8.4			
剖53	红壤	红壤	棕红壤	红砂岩红壤	赤砂土	A	0—15	棕色	砂壤土	粒状	6.4	8.8	0.58	0.29	17.3	50	5.9	138	11.0	红砂岩	E 114° 00′ 13.0″ N 29° 27′ 13.2″	95
						B	15—31	棕色	砂壤土	块状	6.2	7.5	0.52	0.22	16.9	46	1.5	97	8.0			
						C	31—100	紫棕色	砂壤土	块状	6.2	6.3	0.46	0.22	15.0	46	1.4	48	11.0			
剖54	铁铝土	红壤	红壤性土	红砂岩红壤性土	薄赤板土	A	0—17	淡橙灰色	砂壤土	粒状	5.0	3.5	0.24	≤0.10	11.7	17	≤1.0	18	8.4	红砂岩类风化物	E 114° 01′ 13.5″ N 29° 25′ 37.2″	95
						C	17—100	淡灰黄色	轻壤土	粒状	4.8	1.2	0.11	≤0.10	14.7	7	≤1.0	23	11.4			
剖55	人为土	水稻土	潴育水稻土	泥质岩泥田	黄砂泥田	A	0—12	白色	中壤土	粒状	5.7	23.4	1.18	≤0.10	≥50.0	102	3.3	34	8.9	泥质岩	E 114° 02′ 08.4″ N 29° 29′ 12.7″	95
						P	12—18	淡灰黄色	中壤土	柱状	5.7	19.9	1.20	0.15	≥50.0	92	3.5	31	8.9			
						W	18—37	淡灰黄色	中壤土	块状	6.8	6.9	0.55	0.45	≥50.0	33	2.1	35	9.5			
						Wb	37—64	淡灰黄色	轻壤土	块状	6.0	4.4	0.51	0.42	≥50.0	25	7.5	32	11.1			
						B	64—95	灰黄色	重壤土	块状	6.8	4.5	0.38	0.47	12.8	22	3.7	34	10.6			
剖56	铁铝土	红壤	棕红壤	泥质岩红壤	黄砂泥土	A	0—10	灰白色	砂壤土	粒状	6.2	6.8	0.47	0.26	9.6	25	3.2	68	8.4	泥质岩	E 114° 09′ 60.0″ N 29° 26′ 33.9″	95
						B	10—25	淡灰黄色	中壤土	粒状	6.5	2.0	0.25	0.17	14.2	9	1.6	23	7.4			
						C	25—100	淡灰黄色	中壤土	粒状	6.4	4.2	0.38	0.28	14.2	21	2.3	34	8.4			
剖57	初育土	石灰（岩）土	黑色石灰土	黑色石灰土	灰头头土	A	0—14	淡黄黄色	中壤土	粒状	7.8	15.4	0.85	0.37	7.9	97	3.8	103	8.5	石灰岩	E 114° 09′ 33.7″ N 29° 24′ 01.8″	95
						B	14—44	淡黄黄色	中壤土	粒状	7.8	11.4	0.74	0.35	8.7	74	1.4	68	8.3			
						C	44—60	淡黄黄色	中壤土	粒状	7.8	7.8	0.47	0.23	6.6	44	≤1.0	66	8.2			

续表 Continued

剖面号 Soil profile	土纲 Soil order	土类 Soil great group	亚类 Soil subgroup	土属 Soil genus	土种 Soil species	土层码 Layer code	土层厚度 Depth/cm	颜色 Soil color	质地 Soil texture	土壤结构 Soil structure	pH	有机质 OM/(g/kg)	全氮 TN/(g/kg)	全磷 TP/(g/kg)	全钾 TK/(g/kg)	碱解氮 AN/(mg/kg)	有效磷 AP/(mg/kg)	速效钾 AK/(mg/kg)	阳离子交换量CEC/(cmol/kg)	土壤母质 Parent material	剖面点坐标 Profile coordinate	匹配指数 Matching index/%
剖58	人为土	水稻土	潴育水稻土	红壤性泥质岩泥田	漏砂黄砂泥田	A	0—13	白色	中壤土	粒状	5.6	19.9	1.28	0.30	21.2	90	4.6	61	8.9	泥质岩	E 114°14′32.6″ N 29°24′26.8″	95
						Pg	13—21	白色	重壤土	块状	6.4	14.3	1.12	0.32	21.6	80	3.6	43	8.8			
						W	21—50	灰白色	重壤土	柱状	6.4	9.7	0.80	0.37	18.8	38	5.2	40	8.5			
						Si	50—100		砂壤土	无结构												
剖59	铁铝土	红壤	棕红壤	泥质岩棕红壤	黄泥砂土	A	0—10					14.7	0.70			65	1.3	55		泥质岩	E 114°04′59.8″ N 29°15′28.1″	95
剖60	铁铝土	红壤	黄红壤	泥质岩黄红壤	黄红砂泥土	A	0—20	暗黄灰色	轻壤土	粒状	5.0	56.8	1.64	1.00	17.1	173	1.9	71	18.1	泥质岩	E 114°06′01.8″ N 29°16′16.5″	95
						B	20—42	暗绿灰色	中壤土	粒状	5.3	19.8	0.64	0.65	10.1	63	1.2	36	8.7			
						C	42—72	绿灰色	重壤土	块状	5.4	11.5	0.37	0.56	8.4	35	≤1.0	21				
剖61	铁铝土	红壤	棕红壤	泥质岩棕红壤	黄砂土	A	0—12					22.9	1.10			105	1.7	39		泥质岩	E 114°08′32.8″ N 29°18′25.3″	95
剖62	铁铝土	红壤	红壤性土	泥质岩红壤性土	石渣黄砂土	A	0—13				5.6	20.3	1.10	0.40	20.0	83	1.8	60	6.7	泥质岩	E 114°17′12.5″ N 29°21′10.3″	95

通 山 县

主要土类说明

红壤是通山县主要土壤类型,占本县地域面积的 69%。红壤呈中度脱硅富铝化特征,土壤黏粒中游离铁占全铁的 50%—60%。黏土矿物以高岭石、赤铁矿为主,黏粒硅铝率为 1.8—2.4,风化淋溶系数小于 0.2,盐基饱和度小于 35%,pH 为 4.5—5.5。红壤具深厚红色土层,底层可见深厚的红、黄、白相间的网纹红色黏土,具 A–Bs–Bv 或 A–Bs–C 剖面构型。

石灰(岩)土是通山县第二大土壤类型,占本县地域面积的 13%。石灰(岩)土发生于热带、亚热带石灰岩山区,是石灰岩经溶蚀风化形成的厚薄不同的钙质饱和或含游离钙质的土壤,多见于石隙、溶洞或峰丛底部。该土壤碳酸钙淋溶程度不一,多黏土,多为铁钙质胶结物,风化程度不一,盐基饱和度高,有机质含量及胶结状态有较大差异。

水稻土是通山县第三大土壤类型,占本县地域面积的 11%。水稻土是在长期季节性淹灌、水下翻耕、季节性脱水、氧化还原交替影响下,原来成土母质或母土的特性发生重大改变,形成的新的土壤类型。由于干湿交替,水稻土形成糊状淹育层、较坚实板结的犁底层、渗育层、潴育层与潜育层等多种发生层。这些不同发生层是在人为耕作、水浆管理下形成的。

黄棕壤占本县地域面积的 5%。黄棕壤发生于亚热带暖湿落叶阔叶林下,弱度富铝化,多由砂页岩及花岗岩风化物发育而成,黏聚现象明显,呈黄棕色。黄棕壤具 A–B–C 或 A–(B)–C 剖面构型,黏粒硅铝率在 2.5 左右,铁的游离度较红壤低,B 层交换性酸大于 A 层。土壤 pH 为 5.5—6.0。

小于本县地域面积 3% 的土壤类型有紫色土、黄壤、潮土等。

本区域中心区气候特征

本区域中心区气候特征值
Regional climate characteristics in central area of the region

气候带:北亚热带湿润气候 Climate region: North subtropical humid climate	
年平均气温 /℃ Annual average temperature /℃	17.0
年平均最高气温 /℃ Annual average maximum temperature /℃	21.3
年平均最低气温 /℃ Annual average minimum temperature /℃	13.7
年降水量 /mm Annual precipitation /mm	1429
≥ 10℃的积温 /℃ Daily temperature accumulated in a year (≥ 10℃) /℃	8590
年日照时数 /h Annual sunshine /h	1817
年平均相对湿度 /% Annual average relative humidity /%	78
干燥度 Dryness	0.71

本区域中心区月平均气温与月平均降水量
Monthly temperature and precipitation in central area of the region

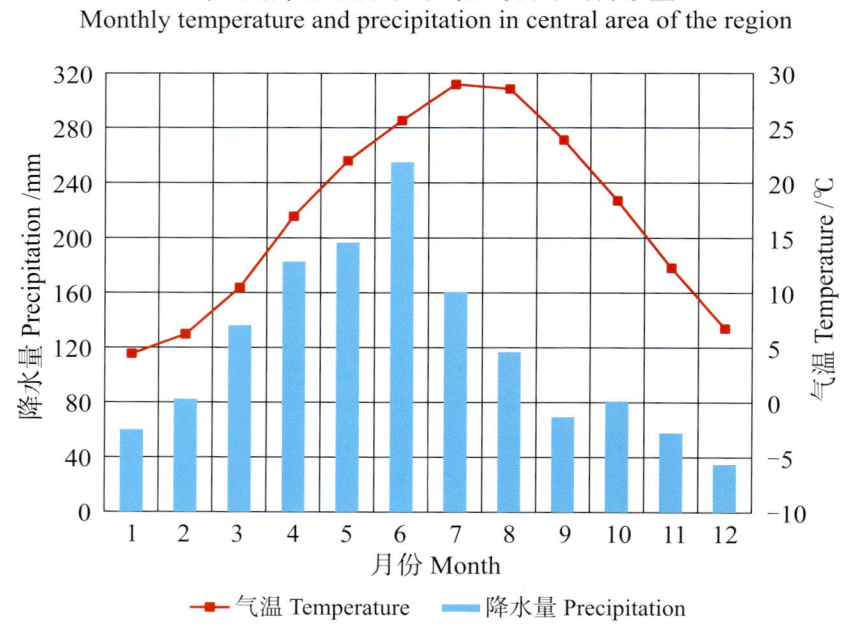

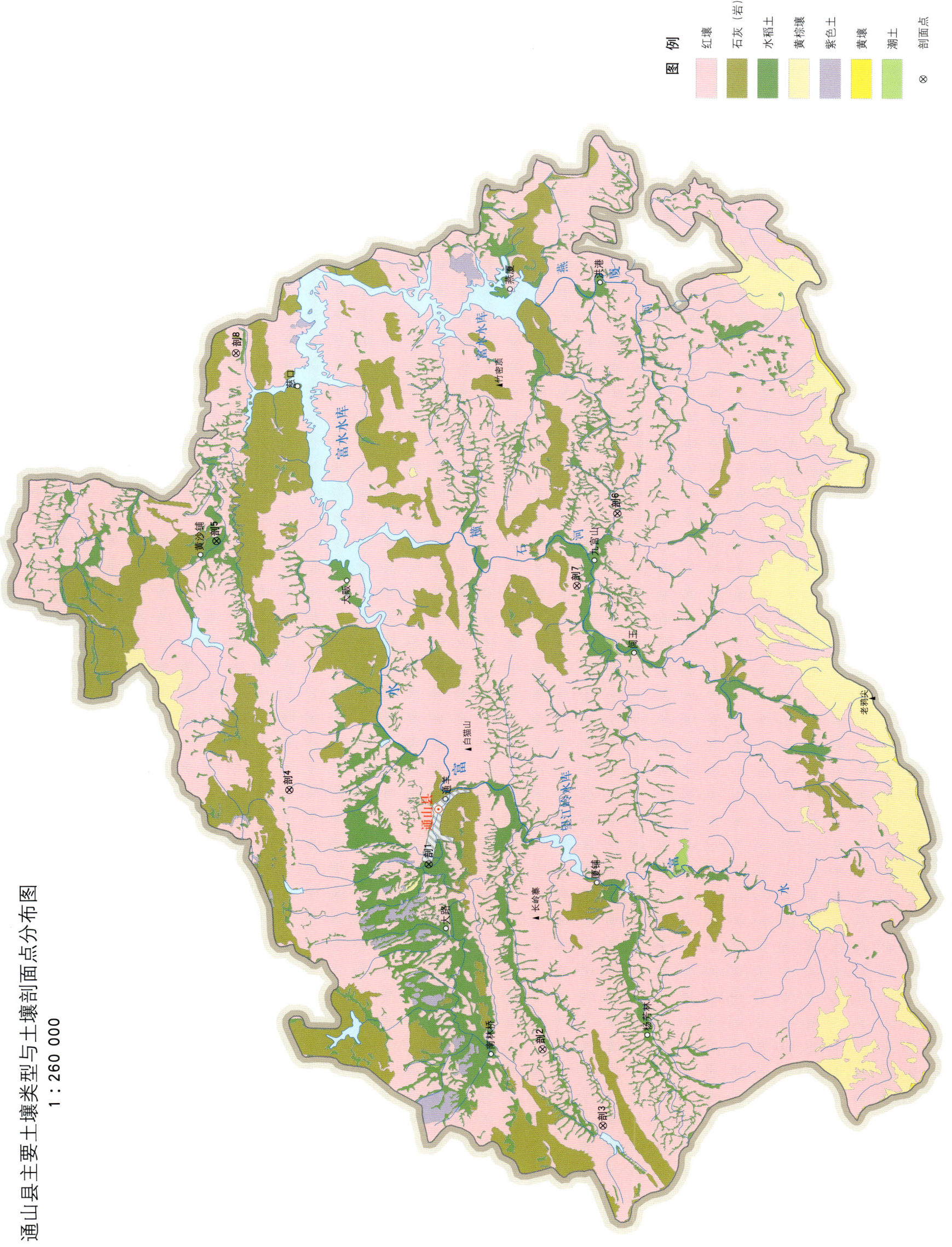

通山县土壤剖面理化性状表

剖面号 Soil profile	土纲 Soil order	土类 Soil great group	亚类 Soil subgroup	土属 Soil genus	土种 Soil species	土层码 Layer code	土层厚度 Depth/cm	颜色 Soil color	质地 Soil texture	土壤结构 Soil structure	pH	有机质 OM/(g/kg)	全氮 TN/(g/kg)	全磷 TP/(g/kg)	全钾 TK/(g/kg)	碱解氮 AN/(mg/kg)	有效磷 AP/(mg/kg)	速效钾 AK/(mg/kg)	阳离子交换量CEC/(cmol/kg)	土壤母质 Parent material	剖面点坐标 Profile coordinate	匹配指数 Matching index/%
剖1	人为土	水稻土	潴育水稻土	泥质岩泥田	细砂泥田	A	0—16	暗灰黄色	黏壤土	粒状	5.2	27.2	1.71	0.30	22.4	143	6.7	47	9.5		E 114°28′28.9″ N 29°36′32.9″	95
						P	16—23	褐色	壤质黏土	块状	5.4	16.3	1.11	0.26	17.3	70	3.2	69	7.5			
						W	23—100	灰黄棕色	黏质壤土	棱柱状	6.6	6.5	0.66	0.28	18.0	46	2.9	50	8.8			
剖2	铁铝土	红壤	黄红壤	碳酸岩黄红壤	红黄穰头土	A	0—8	灰黄棕色	轻壤土	粒状											E 114°21′09.2″ N 29°32′34.1″	95
						B	8—45	红黄色	中壤土	小块状												
						C	45—100	红黄色	中壤土	块状												
剖3	铁铝土	红壤	红壤性土	泥质岩红壤性土	薄层细渣土	A	0—9	暗棕色	砂质黏壤土	粒状										泥质岩类风化物	E 114°18′08.4″ N 29°30′28.1″	95
						D	9—															
剖4	铁铝土	红壤	红壤性土	砾红壤	蚂皮土	A	0—14	浊橙色	砂质壤土	屑粒状	6.6	10.9	0.60	0.30	9.1	47	2.7	63	5.2	泥质岩类风化物	E 114°31′23.0″ N 29°41′20.2″	95
						B	14—50	暗棕色	砂质壤土	碎块状	5.3	3.8	0.30	0.20	9.8	28	1.3	21	4.9			
						C	50—100	亮棕色	砂质壤土	小块状	5.8	2.9	0.30	≤0.10	9.4	18	1.2	26	5.4			
剖5	人为土	水稻土	潴育水稻土	石灰(岩)性泥田	夹砂灰岩砂泥田	A	0—15	灰黄棕色	黏质壤土	小块状										石灰岩、白云岩洪积物	E 114°41′25.2″ N 29°43′58.3″	95
						P	15—22	灰棕色	黏质壤土	小块状												
						W	22—41	棕灰色	黏质黏土	棱柱状												
						R	41—75															
						C	75—100	灰棕色	黏质黏土	块状												
剖6	铁铝土	红壤	红壤性土	泥质岩红壤性土	蚂皮土	A	0—14	暗棕色	砂质壤土	粒状	6.6	10.9	0.56	0.28	9.1	47	2.7	63	5.2	泥质岩类风化物	E 114°42′50.3″ N 29°30′22.2″	81
						C₁	14—50	暗棕色	砂质壤土	小块状	5.3	3.8	0.33	0.18	9.8	28	1.3	21	4.9			
						C₂	50—100	淡棕色	砂质壤土	小块状	5.8	2.9	0.31	0.14	9.4	18	1.2	26	5.4			
剖7	铁铝土	红壤	棕红壤	碳酸岩棕红壤	穰头土	A	0—13	暗棕色	壤质黏土	块状	5.9	25.3	1.31	0.24	8.1				16.2		E 114°39′53.4″ N 29°31′41.4″	95
						B₁	13—47	棕色	壤质黏土	块状	6.2	8.3	0.71	0.21	7.0				14.7			
						B₂	47—100	淡黄棕色	壤质黏土	棱柱状	5.6	6.2	0.62	0.18	10.9				16.7			
剖8	铁铝土	红壤	黄红壤	泥质岩黄红壤	红黄细砂泥土	A	0—13	淡黄棕色	砂质壤土	团粒状	5.4	24.9	1.07	0.20	7.2	88	1.3	107	10.0		E 114°49′00.9″ N 29°43′26.5″	95
						B	13—31	淡黄棕色	砂质壤土	小块状	5.4	15.9	0.87	0.21	8.4	85	≤1.0	57	8.0			
						C	31—45	灰黄色	砂质壤土	小块状	5.5	12.6	0.85	0.24	10.2	58	2.1	35	7.5			
						D	45—															

赤 壁 市

主要土类说明

红壤是赤壁市主要土壤类型，占本市地域面积的 45%。红壤呈中度脱硅富铝化特征，土壤黏粒中游离铁占全铁的 50%—60%。黏土矿物以高岭石、赤铁矿为主，黏粒硅铝率为 1.8—2.4，风化淋溶系数小于 0.2，盐基饱和度小于 35%，pH 为 4.5—5.5。红壤具深厚红色土层，底层可见深厚的红、黄、白相间的网纹红色黏土，具 A–Bs–Bv 或 A–Bs–C 剖面构型。

水稻土是赤壁市第二大土壤类型，占本市地域面积的 39%。水稻土是在长期季节性淹灌、水下翻耕、季节性脱水、氧化还原交替影响下，原来成土母质或母土的特性发生重大改变，形成的新的土壤类型。耕作层为水稻土的表层，在种稻期间除最表层数毫米为氧化层外，均处于还原状态，落干后全层氧化，沿根孔出现大量锈纹，高产肥沃的耕作层还会出现有机铁络合物，形成大量鳝血斑纹。犁底层位于耕作层下，是由于长期耕作而压实的土层，紧实黏重，有一定的保水保肥作用，有较多的锈纹、锈线出现。潴育层垂直节理明显，结构体表面有灰色胶膜，内有锈色斑纹，轻度发育的潴育层，胶膜不仅连续而且明显增厚，并可见少量斑纹。淀积层土体呈块状，轻度发育者，只出现锈纹、锈斑和褐斑；中度发育者，出现大量锈斑并有锥形铁锰结核；高度发育者，其锈斑和铁锰结核大量聚积。漂洗层胶粒淋失，土粒粉质无结构，轻度发育者，土壤颜色较淡，偶见少量锈斑并有锥形铁锰结核；中度发育者，土壤呈灰白色。潜育层一般呈灰蓝色，有亚铁反应，轻度发育者，土体仍有一定的结持力；中度发育者，土体明显变软；高度发育者，土体糊烂。本市水稻土分为淹育型、潴育型、潜育型、侧渗型和沼泽型五个亚类。其中，潴育水稻土面积最大，占本土类面积的 85%，主要分布在丘陵地区的低塝田、滩田、坂田和河流两岸的一级阶地，地下水位一般在 60cm 以下，土层层理明显，土质较好，肥力协调，是高产稳产田。

石灰（岩）土是赤壁市第三大土壤类型，占本市地域面积的 4%。石灰（岩）土发生于热带、亚热带石灰岩山区，是石灰岩经溶蚀风化形成的厚薄不同的钙质饱和或含游离钙质的土壤，多见于石隙、溶洞或峰丛底部。该土壤碳酸钙淋溶程度不一，多黏土，多为铁钙质胶结物，风化程度不一，盐基饱和度高，有机质含量及胶结状态有较大差异。

小于本市地域面积 3% 的土壤类型有潮土、紫色土等。

本区域中心区气候特征

本区域中心区气候特征值
Regional climate characteristics in central area of the region

气候带：北亚热带湿润气候 Climate region: North subtropical humid climate	
年平均气温 /℃ Annual average temperature /℃	16.9
年平均最高气温 /℃ Annual average maximum temperature /℃	21.2
年平均最低气温 /℃ Annual average minimum temperature /℃	13.6
年降水量 /mm Annual precipitation /mm	1331
≥10℃的积温 /℃ Daily temperature accumulated in a year (≥10℃) /℃	7226
年日照时数 /h Annual sunshine /h	1792
年平均相对湿度 /% Annual average relative humidity /%	79
干燥度 Dryness	0.76

本区域中心区月平均气温与月平均降水量
Monthly temperature and precipitation in central area of the region

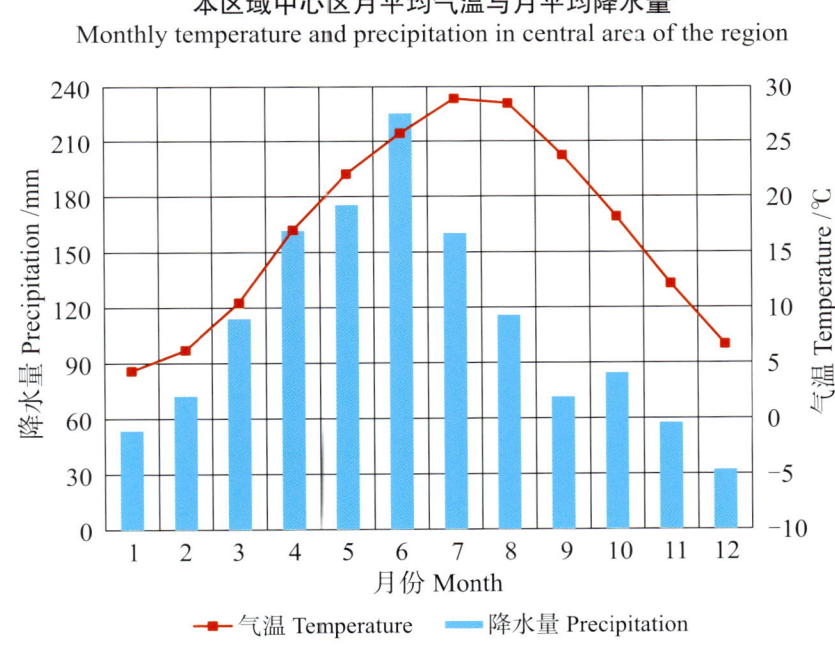

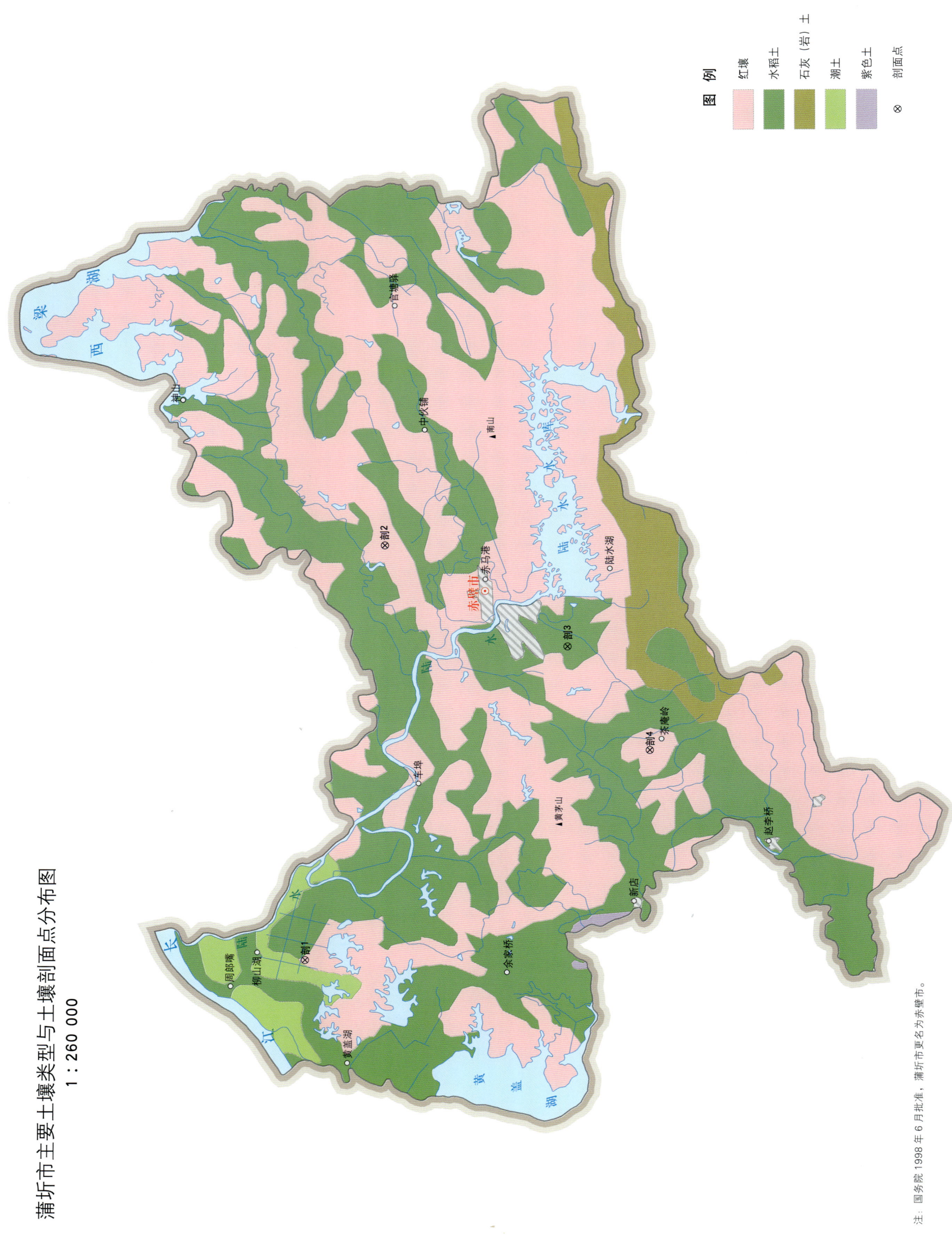

蒲圻市主要土壤类型与土壤剖面点分布图
1∶260 000

图例：红壤、水稻土、石灰（岩）土、潮土、紫色土、⊗ 剖面点

注：国务院1998年6月批准，蒲圻市更名为赤壁市。

赤壁市土壤剖面理化性状表

剖面号 Soil profile	土纲 Soil order	土类 Soil great group	亚类 Soil subgroup	土属 Soil genus	土种 Soil species	土层码 Layer code	土层厚度 Depth/cm	颜色 Soil color	质地 Soil texture	土壤结构 Soil structure	pH	有机质 OM/(g/kg)	全氮 TN/(g/kg)	全磷 TP/(g/kg)	全钾 TK/(g/kg)	碱解氮 AN/(mg/kg)	有效磷 AP/(mg/kg)	速效钾 AK/(mg/kg)	土壤母质 Parent material	剖面点坐标 Profile coordinate	匹配指数 Matching index/%
剖1	铁铝土	红壤	红壤	黏红泥	死红土	A	0—16	亮棕色	黏土	小块状	5.3	18.2	1.00	0.30	12.0	144	2.1	102	第四纪红色黏土	E 113°38′33.2″ N 29°50′07.4″	75
						B_1	16—62	浊红棕色	黏土	块状	5.4	6.0	0.60	0.30	11.9						
						B_2	62—148	浊红棕色	黏土	块状	5.8	3.2	0.40	0.30	11.3						
						B	148—230	淡黄橙色	黏土	大块状	5.4	2.4	0.40	0.20	11.0						
剖2	铁铝土	红壤	棕红壤	第四纪黏土棕红壤	死红土	A	0—16	淡红棕色	黏土	小块状	5.3	18.2	1.02	0.33	12.0	144	2.1	102	第四纪红色黏土	E 113°55′25.6″ N 29°47′04.7″	95
						B_1	16—55	棕红色	黏土	块状	5.4	6.0	0.60	0.32	11.9						
						B_2	55—62	棕红色	黏土	柱状	5.4	3.2	0.47	0.27	11.4						
						B_3	62—148	暗棕红色	黏土	块状	5.8	3.2	0.42	0.31	11.3						
						C	148—230	淡黄橙色	黏土	大块状	5.4	2.4	0.37	0.17	11.0						
剖3	人为土	水稻土	侧渗水稻土	潮土侧渗泥田	白鳝潮泥田	A	0—15	淡栗色	壤质黏土	块粒状	6.1	32.2	1.70	0.20	17.3	74	1.8	50	近代河流冲积物或湖相沉积物	E 113°51′08.6″ N 29°40′55.1″	95
						P	15—30	棕灰色	壤质黏土	块状	6.1	20.5	1.40	≤0.10	20.9	101	1.2	45			
						E	30—67	灰白色	壤质黏土	块状	6.6	13.4	1.00	≤0.10	18.8	63	≤1.0	40			
						W	67—100	栗色	壤质黏土	棱块状	6.2	9.2	0.80	0.80	9.1	49	1.8	50			
剖4	铁铝土	红壤	棕红壤	碳酸岩棕红壤	砾质红岩泥土	A	0—21	棕红色	壤质黏土	小块状	4.7	18.2	1.42	0.31	11.4	103	≤1.0	53	石灰岩类风化物	E 113°46′51.2″ N 29°38′11.5″	95
						AB	21—58	棕红色	壤质黏土	块状	5.0	8.4	0.60	0.26	10.5						
						B_1	58—111	暗棕红色	壤质黏土	块状	5.1	5.3	0.36	0.20	8.9						
						B_2	111—150	暗棕红色	壤质黏土	棱状	5.3	5.1	0.35	0.20	8.2						

随 州 市

曾都区、随县

主要土类说明

黄棕壤是曾都区、随县主要土壤类型，占本区域地域面积的 65%。黄棕壤主要发育于第四纪黏土沉积物以及红色砂岩、花岗片麻岩、泥质岩、基性岩风化坡积物或残积物。黄棕壤分布在海拔 800m 以下的低山丘陵区，在发生学和分布上均表现出明显的南北过渡性，是通过弱脱硅富铝化作用形成的地带性土壤。最醒目的剖面形态特征是具有黄棕色或红棕色心土层。该层因母质不同而色泽不一，一般呈块状或棱块状结构，结构体表面有棕色或暗棕色铁锰胶膜，或有铁锰结核。该土壤侵蚀严重，发育程度低，剖面发育不完整，一般剖面构型为 A–C–D 或 A–D。

水稻土是曾都区、随县第二大土壤类型，占本区域地域面积的 27%，占耕地面积的 74%。在长期水耕、施肥和灌溉条件下，由于还原淋溶和氧化淀积等作用，水稻土形成了特有的剖面结构和发生层次，如耕作层、犁底层、潴育层和潜育层。

石灰（岩）土是曾都区、随县第三大土壤类型，占本区域地域面积的 2%。在长岗等地有大面积的石灰岩山地丘陵，石灰岩裸露，因此，有源源不断的石灰岩新风化物、崩解碎片和富含碳酸盐的地表水进入土体，延缓了土壤中盐基成分的淋失和脱硅富铝化作用的进行，从而形成幼年型的石灰（岩）土。该土壤有不均质石灰反应，近中性或微碱性，质地黏重，肥力较高。植被类型多为喜钙植物。

小于本区域地域面积 3% 的土壤类型还有黄褐土、潮土、石质土等。

本区域中心区气候特征

本区域中心区气候特征值
Regional climate characteristics in central area of the region

气候带：北亚热带湿润气候 Climate region: North subtropical humid climate	
年平均气温 /℃ Annual average temperature /℃	15.7
年平均最高气温 /℃ Annual average maximum temperature /℃	20.5
年平均最低气温 /℃ Annual average minimum temperature /℃	11.8
年降水量 /mm Annual precipitation /mm	1076
≥ 10℃的积温 /℃ Daily temperature accumulated in a year（≥ 10℃）/℃	5729
年日照时数 /h Annual sunshine /h	1891
年平均相对湿度 /% Annual average relative humidity /%	76
干燥度 Dryness	0.88

本区域中心区月平均气温与月平均降水量
Monthly temperature and precipitation in central area of the region

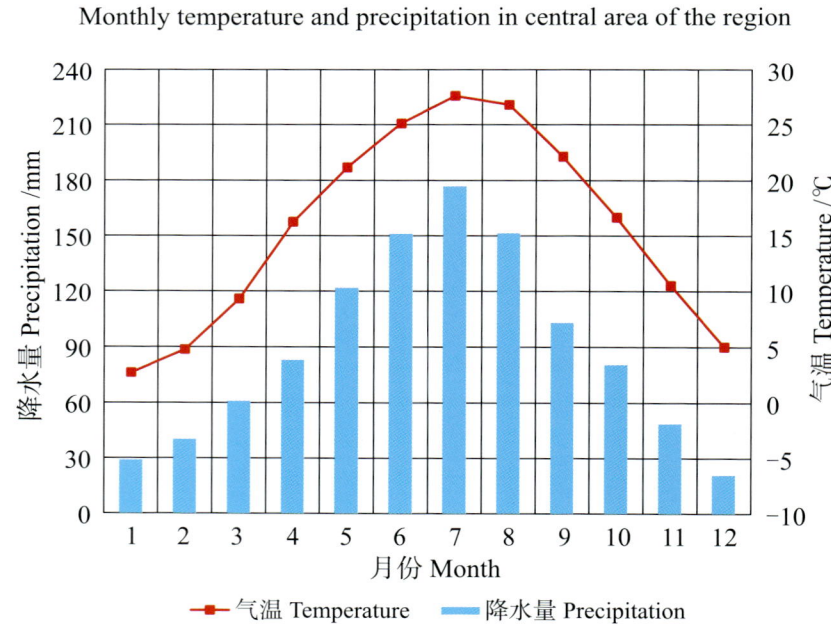

曾都区、随县主要土壤类型与土壤剖面点分布图
1：430 000

曾都区、随县土壤剖面理化性状表

剖面号 Soil profile	土纲 Soil order	土类 Soil great group	亚类 Soil subgroup	土属 Soil genus	土种 Soil species	土层码 Layer code	土层厚度 Depth/cm	颜色 Soil color	质地 Soil texture	土壤结构 Soil structure	pH	有机质 OM/(g/kg)	全氮 TN/(g/kg)	全磷 TP/(g/kg)	全钾 TK/(g/kg)	阳离子交换量CEC/(cmol/kg)	土壤母质 Parent material	剖面点坐标 Profile coordinate	匹配指数 Matching index/%
剖1	人为土	水稻土	潴育水稻土	灰紫泥田	灰紫砂泥田	A	0—14	暗红棕色	重壤土	粒状	7.5	21.2	1.44	0.60	17.2	19.9	钙质红色底砾岩	E 112° 58′ 18.3″ N 31° 48′ 25.5″	95
						P	14—24	暗红色	黏土	块状	7.9	14.1	1.12	0.51	16.4	10.8			
						W₁	24—74	红色	黏土	棱状	7.8	6.3	0.57	0.44	18.6	17.5			
						W₂	74—100	暗棕红色	黏土	棱柱状	7.8	11.2	0.84	0.63	≤1.0	23.6			
剖2	淋溶土	黄棕壤	黄棕壤	泥质岩黄棕壤	黄砂泥土	A	0—23	黄棕色	轻壤土	粒状	6.2	7.2	0.74	0.21	7.3	7.9	泥质岩	E 112° 54′ 34.3″ N 31° 44′ 42.3″	95
						B	23—50	灰黄色	中壤土	柱状	6.9	3.8	0.60	0.18	11.7	9.8			
						C	50—100	黄棕色	中壤土	块状	6.7	3.0	0.39	0.17	5.2	9.3			
剖3	人为土	水稻土	潴育水稻土	灰潮土田	灰潮砂泥田	A	0—15	暗灰棕色	重壤土	粒状	7.2	14.6	0.97	0.44	10.8	29.5	河流冲积物	E 112° 55′ 52.7″ N 31° 42′ 35.9″	95
						W₁	15—60	淡棕色	重壤土	棱柱状	7.4	13.1	0.85	0.51	11.4	28.5			
						W₂	60—100	淡黄棕色	重壤土	棱柱状	7.4	12.2	1.03	0.41	12.9	18.6			
剖4	人为土	水稻土	潴育水稻土	潮土田	潮泥田	A	0—15	棕灰色	重壤土	粒状							近代河流冲积物	E 112° 55′ 24.8″ N 31° 39′ 54.6″	95
						P	15—32	灰灰色	重壤土	棱状									
						W	32—68	褐色	重壤土	块状									
						C	68—100	栗色	重壤土	片状									
剖5	人为土	水稻土	淹育水稻土	浅黄棕壤性碳酸岩泥田	浅黄黄泥田	A	0—10	栗色	黏土	块状	7.2	36.5	1.91	0.43	19.0	24.8	石灰岩	E 112° 57′ 29.5″ N 31° 37′ 47.6″	95
						P	10—25	黄棕色	黏土	块状	6.9	9.3	0.75	0.48	18.7	25.2			
						B₁	25—70	淡棕色	黏土	块状	6.9	11.3	0.83	0.36	17.0	27.0			
						B₂	70—100	暗棕色	黏土	块状	7.3	74.2	1.72	0.43	17.8	26.6			
剖6	人为土	水稻土	潴育水稻土	浅棕色石灰土田	浅灰棕土田	A	0—10	棕色	重壤土	粒状	7.2	21.2	1.54	0.36	13.2	25.4	石灰岩坡积物	E 112° 53′ 41.9″ N 31° 34′ 18.8″	95
						P	10—20	棕色	重壤土	块状	7.5	8.9	0.71	0.75	15.6	24.4			
						B	15—26	黄棕色	重壤土	块状	7.4	8.9	0.73	0.27	14.3	23.7			
						C	60—100	棕黄色	黏土	块状	7.8	6.4	0.71	0.33	14.5	24.5			
剖7	初育土	石灰（岩）土	棕色石灰土	棕色石灰土	棕黄土	B	17—30	淡棕色	黏土	粒状	7.2	22.2	1.50	0.51	12.9	30.2	石灰岩	E 112° 56′ 10.9″ N 31° 31′ 32.3″	95
						C	30—100	棕色	黏土	块状	6.8	10.8	0.98	0.17	24.3	21.7			
剖8	人为土	水稻土	淹育水稻土	浅酸性结晶岩泥田	浅麻泥田	A	0—20	棕色	黏壤土	块粒状	6.8	7.8	0.80	2.05	17.6	23.9	花岗岩、片麻岩风化坡积物	E 113° 07′ 27.3″ N 32° 21′ 41.2″	95
						P	20—35	暗黄棕色	壤质黏土	块状	6.9	18.8	1.42	0.52	13.5	22.1			
						C	35—100	淡黄棕色	壤质黏土	片状	7.2	14.2	1.29	0.67	15.8	25.8			
剖9	半水成土	潮土	潮土	砂土型潮土	砂土	A	0—15	暗黄色	砂壤土	粒状	7.2	19.5	1.16	0.24	9.7	32.2	河流冲积物	E 113° 10′ 30.9″ N 32° 24′ 23.0″	75
						B	15—26	黄棕色	砂壤土	粒状	7.6								
						C	26—100	黄棕色	重壤土	块状	7.6								
剖10	人为土	水稻土	潴育水稻土	青泥田	灰青泥田	A	0—15	褐色	重壤土	粒状	7.5	23.3	1.85	0.42	14.8	17.6	河流冲积物	E 113° 11′ 03.8″ N 32° 23′ 33.8″	75
						P	15—32	暗黄棕色	重壤土	块状	6.3	17.2	0.63	1.43	16.3	16.4			
						G	32—100	暗黄棕色	重壤土	糊状	6.2	22.9	1.61	0.32	14.7	18.4			
剖11	人为土	水稻土	潴育水稻土	黄褐土性第四纪黏土泥田	白土田	A	0—15	淡灰黄色	砂壤土	粒状	6.4	27.7	0.87	0.46	15.0	21.8	第四纪黏土	E 113° 11′ 17.9″ N 32° 22′ 55.3″	75
						P	15—20	暗灰色	重壤土	块状	7.1	17.7	0.83	0.43	18.4	20.3			
						W	20—77	灰白色	重壤土	块状	7.3	6.7	0.33	6.78	15.5	20.5			
						E	77—100	灰黄色	重壤土	块状	7.2	3.9	0.28	0.79	19.1	20.1			
剖12	人为土	水稻土	潴育水稻土	黄棕壤性泥岩泥田	黄黄土田	A	0—11	栗色	重壤土	粒状	6.6	24.3	1.73	1.61	23.6	26.6	泥质坡积物	E 113° 11′ 59.1″ N 32° 22′ 46.0″	75
						P	11—22	紫棕色	黏土	块状	6.7	≤1.0	1.47	0.34	22.7	27.6			
						W	22—77	紫棕色	重壤土	棱状	7.2	7.6	0.64	0.72	16.4	25.2			
						E	77—100	栗色	重壤土	块状	7.2	7.5	0.54	0.40	11.2	24.8			
剖13	半水成土	潮土	潮土	壤土型潮土	潮白善土	A	0—12	褐色	重壤土	粒状	7.5	8.1	0.20	1.48	20.1	17.3	近代河流冲积物	E 113° 12′ 06.0″ N 32° 22′ 19.1″	75
						B	12—80	棕灰色	重壤土	块状	7.4	1.8	0.24	0.97	21.3	15.1			
						C	80—100	褐黄色	轻壤土	块状	7.1	10.1	0.72	0.52	18.2	7.0			

续表 Continued

剖面号 Soil profile	土纲 Soil order	土类 Soil great group	亚类 Soil subgroup	土属 Soil genus	土种 Soil species	土层码 Layer code	土层厚度 Depth/cm	颜色 Soil color	质地 Soil texture	土壤结构 Soil structure	pH	有机质 OM/(g/kg)	全氮 TN/(g/kg)	全磷 TP/(g/kg)	全钾 TK/(g/kg)	阳离子交换量CEC/(cmol/kg)	土壤母质 Parent material	剖面点坐标 Profile coordinate	匹配指数 Matching index/%
剖14	淋溶土	黄棕壤	黄棕壤	第四纪黏土黄棕壤	马肝土	A	0—19	紫棕色	黏土	屑粒状	6.3	12.4	0.90	0.57	15.1	27.5	第四纪黏土	E 113°09′02.9″ N 32°20′27.0″	95
						C	19—100	暗红棕色	壤土	柱状	6.3	7.1	0.38	0.36	5.5	27.4			
剖15	人为土	水稻土	潴育水稻土	潮土田	潮砂田	A	0—20	褐色	砂壤土	粒状	6.1	10.2	0.82	1.09	14.2	5.6	近代河流冲积物	E 113°10′46.0″ N 32°21′29.2″	75
						P	20—30	褐色	砂壤土	粒状	6.3	12.2	0.86	1.18	16.9	5.7			
						W	30—75	栗色	轻壤土	粒状	7.6	5.7	0.37	0.85	13.8	7.5			
						C	75—100	暗灰黄色	中壤土	粒状	7.7	1.9	0.20	1.41	13.6	3.6			
剖16	人为土	水稻土	潴育水稻土	青泥田	青泥田	A	0—12	暗灰黄色	重壤土	粒状	7.3	28.9	1.75	0.73	9.1	19.0		E 113°14′14.4″ N 32°19′27.7″	95
						Pg	12—18	暗灰黄色	重壤土	块状	7.2	30.2	1.80	0.68	9.6	21.9			
						G	18—74	暗灰色	重壤土	粒状	7.1	14.1		0.57	10.7	23.4			
						C	74—100	暗黄棕色	重壤土	柱状	7.1	20.1		0.56	11.1	16.2			
剖17	淋溶土	黄棕壤	黄棕壤性	泥质岩黄棕壤性	黄石渣子土	A	0—18	红棕色	轻壤土	粒状	6.7	12.8	0.80	2.36	10.0	22.1		E 113°04′30.0″ N 32°12′02.4″	95
						D	18—100	淡棕红色	轻壤土	块状	6.9			2.99	1.9				
剖18	淋溶土	黄棕壤	黄棕壤	第四纪黏土黄棕壤	黄土	A	0—13	淡棕色	黏土	块状	6.6	14.4	0.94	0.29	18.5	27.2	第四纪黏土	E 113°08′45.6″ N 32°14′44.2″	95
						B	13—25	淡棕色	黏土	块状	7.1	9.4	0.64	0.25	18.1	24.7			
						C	25—100	棕色	黏土	块状		4.9	0.37	0.17	16.4				
剖19	淋溶土	黄棕壤	黄棕壤	酸性结晶岩黄棕壤	白砂土	A	0—17	灰白色	砂土	屑粒状	6.4							E 113°03′45.0″ N 32°05′14.2″	95
						D	17—100	灰棕色	砂土	块状	6.8								
剖20	人为土	水稻土	潴育水稻土	黄棕壤性碳酸岩泥田	棕黄泥田	A	0—15	淡棕色	重壤土	棱柱状							碳酸岩类坡积物	E 113°06′32.7″ N 32°03′04.4″	95
						P	15—25	淡棕色	重壤土	棱柱状									
						W	25—100	棕色	重壤土	粒状									
剖21	人为土	水稻土	潴育水稻土	潮土田	潮白鳝土田	A	0—16	褐棕色	中壤土	粒状	6.4	10.4	0.90	0.39	15.9	12.4	上层冲积物，下层坡积物	E 113°04′59.7″ N 32°02′03.1″	95
						P	16—26	褐白色	重壤土	片状	7.3	9.2	0.83	0.35	17.4	13.2			
						W	26—48	灰白色	重壤土	棱状	7.2	5.2	0.59	0.20	19.1	13.5			
						B	48—100	灰黄色	重壤土	块状	7.0	3.1	0.49	0.18	19.3	16.7			
剖22	人为土	水稻土	潴育水稻土	黄褐土性第四纪黏土泥田	岗黄土田	A	0—10	灰黄色	重壤土	粒状	6.4	20.6	1.37	0.31	16.4	32.4	第四纪黏土	E 113°01′17.2″ N 32°00′30.6″	95
						P	10—17	暗黄棕色	重壤土	棱状	7.0	12.5	0.90	0.27	13.7	28.6			
						W	17—54	褐棕色	重壤土	棱状	7.0	10.1	0.53	0.18	12.6	24.3			
						B	54—100	褐棕色	重壤土	棱状	7.2	5.9	0.40	0.18	17.6	27.7			
剖23	人为土	水稻土	淹育水稻土	浅黄棕壤性酸性结晶岩泥田	浅黄泥田	A	0—20	棕色	重壤土	粒状	6.9	18.8	1.41	0.52	13.5	22.1	花岗岩，片麻岩	E 113°13′28.1″ N 32°04′04.8″	95
						P	20—53	暗黄棕色	重壤土	柱状	7.2	14.2	1.29	0.67	15.7	25.8			
						C	53—100	淡黄棕色	重壤土	片状	7.7	19.4	1.15	0.24	9.6	32.2			
剖24	人为土	水稻土	淹育水稻土	浅黄棕壤性泥质岩泥田	浅黄棕土田	A	0—14	淡黄棕色	重壤土	团粒状	6.0	12.4	1.09	0.28	5.6	16.3	泥质岩	E 113°02′52.9″ N 31°55′60.0″	95
						P	14—21	黄棕色	重壤土	块状	6.5	10.9	0.92	0.29	9.6	17.3			
						B	21—84	黄棕色	重壤土	块状	6.8	5.0	0.63	0.22	24.0	18.7			
						C	84—100	黄棕色	中壤土	块状	7.2	3.6	0.46	0.19	20.9	19.1			
剖25	人为土	水稻土	淹育水稻土	浅棕壤性基性结晶岩泥田	浅岗乌砂泥田	A	0—13	黄棕色	中壤土	粒状	7.1	14.3	0.97	0.47	11.9	18.8	基性结晶岩	E 113°14′42.9″ N 31°53′13.2″	95
						B	13—20	褐黄色	中壤土	块状	7.2	9.8	0.73	0.49	17.0	19.0			
						C	20—40	灰黄色	中壤土	粒状	7.1	6.7	0.55	0.26	19.7	24.1			
剖26	人为土	水稻土	淹育水稻土	浅黄褐土性第四纪黏土泥田	浅黄岗土田	A	0—15	栗色	黏土	块状	7.7	5.9	0.44	0.24	20.8	20.5	第四纪黏土	E 113°12′52.7″ N 31°48′34.0″	95
						P	15—24	栗色	黏土	块状	6.1	13.3	0.95	0.19	4.7	8.8			
						C	24—60	褐色	中壤土	粒状	7.2	5.2	0.43	0.17	10.7	12.1			
							60—100	灰黄色	中壤土	粒状									
剖27	人为土	水稻土	潴育水稻土	黄棕壤性基性结晶岩泥田	乌白山土田	P	14—20	黄棕色	黏土	粒状	7.3	5.1	0.40	0.20	11.4	9.9	基性岩坡积物	E 113°00′44.9″ N 31°44′19.4″	95
						We	20—100												

续表 Continued

剖面号 Soil profile	土纲 Soil order	土类 Soil great group	亚类 Soil subgroup	土属 Soil genus	土种 Soil species	土层码 Layer code	土层厚度 Depth/cm	颜色 Soil color	质地 Soil texture	土壤结构 Soil structure	pH	有机质 OM/(g/kg)	全氮 TN/(g/kg)	全磷 TP/(g/kg)	全钾 TK/(g/kg)	阳离子交换量 CEC/(cmol/kg)	土壤母质 Parent material	剖面点坐标 Profile coordinate	匹配指数 Matching index/%
剖28	淋溶土	黄棕壤	黄棕壤	泥质岩黄棕壤	黄泥土	A	0~15	暗黄棕色	重壤土	粒状	7.2	4.8	0.50	0.39	9.3	24.4	泥质岩	E 113°04′24.6″ N 31°41′18.2″	95
						B	15~35	红棕色	重壤土	块状	6.5	8.4	0.45	0.36	12.4	19.6			
						C	35~100	灰棕色	重壤土	块状	6.8	10.0	0.59	0.35	11.7	15.6			
剖29	人为土	水稻土	潴育水稻土	黄棕壤性基性岩结晶岩泥田	乌泥田	A	0~13	褐色	重壤土	块状	6.5	22.9	1.49	0.36	14.3	28.0	基性岩坡积物	E 113°04′48.2″ N 31°34′10.6″	95
						P	13~25	褐色	重壤土	块状	7.1	17.1	1.03	0.32	13.8	32.5			
						W	25~60	褐色	重壤土	棱柱状	7.4	5.0	0.57	0.30	11.9	30.6			
						C	60~100	褐色	重壤土	棱柱状	7.3	15.3	0.36	2.69	18.1	31.0			
剖30	人为土	水稻土	淹育水稻土	浅潮土田	浅泥夹砂田	A	0~15	棕色	砂壤土	粒状	6.8	10.2	0.69	0.48	10.3	4.0	近代河流冲积物	E 113°00′27.1″ N 31°30′08.4″	95
						P	15~25	黄色	砂土	块状	6.5	6.8	0.60	0.49	10.2	4.1			
						Sa	25~50	淡棕黄色	砂土	粒状	7.3	6.0	0.37	0.94	9.0	1.8			
						A_1	50~88	灰棕黄色	砂土	粒状	7.6	5.5	0.41	0.62	8.8	5.1			
						C	88~100	橙色	轻壤土	粒状	7.3	1.3	0.22	0.41	10.1	1.6			
剖31	淋溶土	黄棕壤	黄棕壤	黄棕壤性第四纪黏土泥田	马肝土田	A	0~14	灰棕黄色	黏土	粒状	6.9	17.8	1.18	0.26	18.1	18.4	第四纪黏土	E 113°13′58.1″ N 31°28′23.4″	95
						P	14~27	灰黄色	黏土	块状	7.1	14.3	0.88	0.26	17.2	19.2			
						W	27~100	暗黄棕色	黏土	块状	7.1	6.2	0.48	0.35	20.6	24.0			
剖32	人为土	黄棕壤性	红砂岩黄棕壤性	红石渣子土	A	0~30	紫棕色	砂壤土	粒状	6.2	9.1	0.25	0.30	9.6	8.8	红砂岩	E 113°16′04.7″ N 32°20′28.7″	95
						D	30~80	暗红棕色	砂壤土	块状	6.7	1.8	0.17	0.35	8.4	6.6			
剖33	人为土	水稻土	淹育水稻土	浅黄砂性结晶岩泥田	浅黄砂土	A	0~15	淡棕色	砂壤土	粒状	6.5	22.3	1.80	0.56	4.4	2.4	花岗岩、片麻岩坡积物	E 113°15′57.8″ N 32°15′03.5″	95
						P	15~20	淡灰色	轻壤土	块状	4.8	18.8	0.74	0.53	4.7	4.2			
						B_1	20~35	淡灰色	中壤土	粒状	5.3	6.2	0.67	0.54	10.8	6.0			
						B_2	35~60	灰白色	中壤土	粒状	6.3	5.3	5.99	0.64	7.6	5.8			
						C	60~100	灰白色	重壤土	粒状	6.6	4.6	1.76	0.76	10.2	6.7			
剖34	人为土	水稻土	潴育水稻土	潮土田	湖黄泥田	A	0~16	褐色	轻壤土	粒状	5.9	20.7	1.27	0.49	21.8	9.0	近代河流冲积物	E 113°16′25.1″ N 32°13′23.0″	95
						P	16~23	暗黄棕色	中壤土	块状	5.9	17.2	1.01	0.91	19.5	11.5			
						W	23~47	暗黄棕色	中壤土	棱柱状	6.8	9.2	0.66	0.77	20.9	8.4			
						B	47~68	栗色	重壤土	块状	6.9	3.5	0.23	0.96					
						C	68~100	棕黄色	中壤土	粒状	5.4	23.9	1.69	0.60	5.6	8.4			
剖35	人为土	水稻土	淹育水稻土	浅潮土田	浅黄砂泥田	A	0~14	暗黄灰色	中壤土	块状	6.6	6.0	0.81	0.54	8.5	9.8	近代河流冲积物	E 113°17′30.0″ N 32°14′00.4″	95
						P	14~23	暗黄灰色	中壤土	块状	6.8	6.3	0.84	0.57	9.9	15.5			
						B	23~45	棕黄色	砂土	粒状	7.2	1.3	0.21	0.74	10.2	16.8			
						C	45~100	黄棕色	中壤土	团粒状	6.8	7.8	0.67	0.61	14.2	16.4			
剖36	淋溶土	黄棕壤	黄棕壤	酸性结晶岩黄棕壤	泥砂土	A	0~15	黄棕色	中壤土	块状	7.2	5.4	0.62	0.74	12.1	17.2	花岗岩、片麻岩坡积物	E 113°22′08.0″ N 32°14′19.4″	95
						B_1	15~30	暗黄棕色	中壤土	块状	7.4	3.3	0.37	0.72	8.5	13.7			
						B_2	30~55	淡棕黄色	中壤土	块状	7.5	6.7	0.44	0.67	12.1	17.3			
						C	55~100	红棕色	黏土	粒状	7.4	18.1	1.13	0.71	22.2	49.3			
剖37	初育土	石灰(岩)土	棕色石灰土	棕色石灰泥土	棕黄泥土	A	0~12	暗棕红色	黏土	块状	6.5	13.9	1.26	0.59	21.9	48.7	石灰岩	E 113°29′23.6″ N 32°05′17.4″	95
						B	12~32	棕红色	黏土	粒状	7.6	6.4	0.70	0.30	21.3	47.0			
剖38	淋溶土	黄棕壤	黄棕壤	红砂岩黄棕壤	红砂土	A	0~17	暗棕红色	重壤土	块状	7.3	12.8	0.91	0.38	10.6	10.7	红砂岩、红色底砾石残坡积物或坡积物	E 113°21′34.6″ N 32°04′46.2″	95
						C_1	17~43	淡黄棕色	重壤土	块状	7.8	4.1	0.63	0.31	12.9	10.6			
						C_2	43~100	暗棕红色	重壤土	块状	7.7	6.3	0.55	0.51	12.0	9.7			
剖39	人为土	水稻土	淹育水稻土	浅黄砂性酸性结晶岩泥田	浅黄砂泥田	A	0~13	黄色	中壤土	粒状	7.2	15.4	0.98	0.38	12.4	20.5	花岗岩、片麻岩坡积物	E 113°20′47.6″ N 31°57′56.5″	95
						P	13~31	暗黄棕色	中壤土	块状	5.9	16.5	1.09	0.30	11.8	18.8			
						B	31~73	暗黄棕色	中壤土	块状	5.3	15.2	0.77	0.37	13.4	17.3			
						C	73~100	褐黄色	中壤土	块状	5.1	6.3	0.53	0.31	12.4	19.7			

续表 Continued

剖面号 Soil profile	土纲 Soil order	土类 Soil great group	亚类 Soil subgroup	土属 Soil genus	土种 Soil species	土层码 Layer code	土层厚度 Depth/cm	颜色 Soil color	质地 Soil texture	土壤结构 Soil structure	pH	有机质 OM/(g/kg)	全氮 TN/(g/kg)	全磷 TP/(g/kg)	全钾 TK/(g/kg)	阳离子交换量CEC/(cmol/kg)	土壤母质 Parent material	剖面点坐标 Profile coordinate	匹配指数 Matching index/%
剖40	淋溶土	黄棕壤	黄棕壤	酸性结晶岩黄棕壤	黄砂土	A	0—21	棕色	中壤土	块状	6.6	4.7	1.13	0.31	13.4	17.6		E 113°16′13.2″ N 31°57′05.9″	95
剖41	人为土	水稻土	淹育水稻土	浅黄棕壤性第四纪黏土泥田	浅马肝土田	C	21—100	紫棕色	中壤土	块状	7.2	6.2	0.63	0.40	20.8	19.9	第四纪黏土	E 113°18′38.8″ N 31°53′57.8″	95
						A	0—14	灰褐色	重壤土	粒状	6.1	20.8	1.24	0.33	15.1	22.5			
						P	14—18	栗色	重壤土	块状	6.3	13.3	1.33	0.37	13.0	28.0			
						B	18—100	棕灰色	重壤土	块状	7.2	6.2	0.47	0.33	15.3	27.8			
剖42	半水成土	潮土	潮土	砂土型潮土	漏砂土	A	0—12	灰黄色	轻壤土		7.6	7.6	0.52	0.31	18.7	11.3	河流冲积物	E 113°18′54.7″ N 31°53′42.9″	95
						C₁	12—24	淡黄棕色	砂土		7.2	8.3	0.58	0.52	18.4	7.5			
						C₂	24—100				6.9	2.3	0.12	0.51	17.8	≤1.0			
剖43	人为土	水稻土	潴育水稻土	黄棕壤性泥质岩晶岩泥田	黄泥砂土田	A	0—15	灰黄色	中壤土	粒状	6.0	15.2	0.98	0.20	18.5	16.0	泥质岩坡积物	E 113°21′13.2″ N 31°52′27.2″	95
						P	15—35	灰黄色	重壤土	棱状	7.3	4.7	0.46	0.93	20.9	19.0			
						W	35—65	黄色	重壤土	块状	7.3	7.5	0.51	0.13	16.7	19.9			
						C	65—100	灰棕色	重壤土	块状	7.2	5.2	0.36	0.45	20.3	20.6			
剖44	人为土	水稻土	潴育水稻土	黄棕壤性基岩结晶岩泥田	乌砂泥田	A	0—21	淡灰色	中壤土	粒状	7.1	15.4	1.82	1.07	8.9	32.6	基岩风化物	E 113°27′58.9″ N 31°53′58.5″	95
						P	21—35	淡黄色	重壤土	块状	6.9	11.1	0.75	1.01	19.7	29.1			
						W	35—100	黄色	中壤土	块状	7.5	12.1	0.91	9.36	13.3	26.9			
剖45	人为土	水稻土	淹育水稻土	浅潮土田	浅砂泥田	A	0—17	黄棕色	砂壤土	粒状	6.5	13.1	0.75	1.57	12.4	6.1	近代河流冲积物	E 113°29′08.9″ N 31°43′29.8″	95
						C	17—100	红棕色	砂壤土	粒状	6.3	2.3	0.13	0.90	12.4	6.4			
剖46	人为土	水稻土	潴育水稻土	黄棕壤性泥质岩结晶岩泥田	黄白山山土田	A	0—12	淡棕黄色	轻壤土	粒状	7.2	3.0	0.46	0.18	17.2	24.5	泥质岩坡积物	E 113°19′09.6″ N 31°35′31.1″	95
						P	12—23	棕黄色	重壤土	块状	6.7	12.8	1.06	0.19	8.7	21.3			
						B	23—62	白色	重壤土	棱状	6.7	12.8	0.52	0.23	11.6	21.8			
						C	62—100	灰棕色	中壤土	棱状	5.6	14.5	1.11	0.19	18.3	21.9			
剖47	人为土	水稻土	潴育水稻土	棕色石灰岩泥田	灰棕黄泥田	A	0—12	紫棕	重壤土	粒状	7.5	29.1	1.73	0.46	17.2	≥50.0	石灰岩	E 113°23′03.8″ N 31°38′27.6″	95
						P	12—25	深棕色	中壤土	块状	8.0	9.0	0.69	0.42	13.9	31.4			
						W	25—51	棕灰色	重壤土	棱柱状	8.0	8.2	0.68	0.49	16.1	34.1			
						C	51—100	灰棕色	重壤土	片状	7.8	10.0	0.75	0.42	15.6	47.8			
剖48	人为土	水稻土	淹育水稻土	浅潮土田	浅砂泥田	A	0—17	淡棕黄色	轻壤土	粒状	6.2	9.2	0.78	0.34	8.5	14.0	近代河流冲积物	E 113°27′05.9″ N 31°38′16.5″	95
						P	17—24	棕色	轻壤土	块状	6.8	7.7	0.63	0.35	10.9	13.1			
						C	24—100	褐色	轻壤土	散状	6.0	1.6	0.44	0.35	12.5	21.1			
剖49	人为土	水稻土	潴育水稻土	黄棕壤性酸性结晶岩泥田	黄砂白山土田	A	0—11	黄棕色	中壤土	散状	6.8		0.14	0.33	12.3			E 113°19′55.0″ N 31°28′52.4″	95
						P	11—25	棕棕色	重壤土	块块状	7.2	13.1	0.68	0.38	16.4	13.3			
						W(E)	25—100	灰棕色	重壤土	块状	7.2	6.1	0.60	1.18	11.6	11.5			
剖50	人为土	水稻土	淹育水稻土	酸性结晶岩黄棕壤	砂泥田	A	0—15	灰棕色	中壤土	粒状	7.6	8.8				13.4		E 113°40′42.6″ N 32°22′16.1″	95
						B	15—67	灰棕色	中壤土	块状	7.5								
						C	67—100	棕色	中壤土	块状	7.6								
剖51	人为土	水稻土	潴育水稻土	青泥田	烂泥田	A	0—20	暗棕黄色	中壤土	散状	6.8	24.1	1.61	0.36	13.9	33.9		E 113°43′41.8″ N 32°18′42.3″	95
						G	20—100	暗棕灰色	中壤土	块状	7.4	19.2	1.19	0.36	12.3	23.3			
剖52	人为土	水稻土	淹育水稻土	浅黄棕壤性第四纪黏土泥田	浅黄土田	A	0—10	暗棕色	中壤土	块状	6.9	10.9	0.86	2.94	18.8	20.0	第四纪黏土坡积物	E 113°40′38.9″ N 32°17′23.7″	95
						P	10—19	棕棕色	重壤土	块状	7.3	8.2	0.68	0.17	16.1	36.1			
						B	19—59	黄棕色	重壤土	块状	6.8	6.5	0.57	0.13	15.8	41.8			
						C	59—100	淡棕黄色	黏土	块状	6.9	5.3	0.49	2.97	20.9	32.4			
剖53	淋溶土	黄棕壤	黄棕壤	红砂岩黄棕壤	红棕泥土	A	0—15	淡红色	重壤土	块状	7.1	12.6	0.98	0.69	13.1	23.6	红砂岩、红色底砾岩残积物或坡积物	E 113°37′02.3″ N 32°14′35.5″	95
						B	15—30	暗棕红色	重壤土	块状	6.9	12.4	0.56	0.45	14.2	21.7			
						C	30—100	淡棕红色	轻壤土	粒状	6.6	5.9	0.54	0.30	16.3	20.2			
剖54	淋溶土	黄棕壤	黄棕壤	第四纪黏土黄棕壤	砾质死黄土	A	0—10	黄棕色	中壤土	块状	6.3	16.7	0.87	0.19	18.1	5.3	第四纪坡积物或残积物	E 113°33′45.0″ N 32°00′16.4″	95
						C	10—100	暗棕黄色	中壤土	粒状	6.4	3.3	0.21	0.13	21.2	20.2			

广 水 市

主要土类说明

黄棕壤是广水市主要土壤类型，占本市地域面积的 55%。黄棕壤是南北过渡的地带性土壤，分布在本市各地，是本市的主要旱地土壤。黄棕壤发生于亚热带暖湿落叶阔叶林下，弱度富铝化，多由砂页岩及花岗岩风化物发育而成，黏聚现象明显，呈黄棕色。黄棕壤具 A–B–C 或 A–（B）–C 剖面构型，黏粒硅铝率在 2.5 左右，铁的游离度较红壤低，B 层交换性酸大于 A 层。土壤 pH 为 5.5—6.0。发育于第四纪黏土和泥质岩类的黄棕壤，有较明显的铁锰淋溶淀积和黏粒下移现象；发育于花岗片麻岩、片岩和基性岩类的黄棕壤，铁锰淋溶淀积和黏粒下移现象则不明显，一般有黄棕色心土层，土壤呈微酸性或中性。本市黄棕壤分为黄棕壤、黄棕壤性土等亚类。黄棕壤亚类主要分布在山麓和丘岗，土层较深厚。黄棕壤性土多分布在低山丘陵区，土层薄，砾石多。

水稻土是广水市第二大土壤类型，占本市地域面积的 33%。水稻土是在长期季节性淹灌、水下翻耕、季节性脱水、氧化还原交替影响下，原来成土母质或母土的特性发生重大改变，形成的新的土壤类型。由于干湿交替，水稻土形成糊状淹育层、较坚实板结的犁底层、渗育层、潴育层与潜育层等多种发生层。这些不同发生层是在人为耕作、水浆管理下形成的。根据地形部位、水文地质条件和水耕熟化程度的差异，本市水稻土按水型分为淹育型、潴育型、潜育型、侧渗型和沼泽型五个亚类。其中，潴育水稻土面积最大，占本土类面积的 94%，广泛分布在本市水源条件较好的低山丘陵区，属良水型。成土母质有第四纪黏土、近代河流冲积物和各种母岩的坡积物，所处地形部位低于淹育水稻土，高于潜育水稻土。潴育水稻土水耕时间长，土壤熟化程度较高，地下水位较低，一般在 50cm 以下。在长期水耕熟化条件下，耕作层下有明显的犁底层，厚度在 10cm 左右。由于地下水和地表水的上下运动，干湿交替作用频繁，淋溶淀积明显，心土层的结构体表面有铁锰胶膜或铁锰结核等。

小于本市地域面积 3% 的土壤类型有粗骨土、紫色土、黄褐土、石质土等。

本区域中心区气候特征

本区域中心区气候特征值
Regional climate characteristics in central area of the region

气候带：北亚热带湿润气候 Climate region: North subtropical humid climate	
年平均气温 /℃ Annual average temperature /℃	15.7
年平均最高气温 /℃ Annual average maximum temperature /℃	20.5
年平均最低气温 /℃ Annual average minimum temperature /℃	11.9
年降水量 /mm Annual precipitation /mm	1139
≥ 10℃的积温 /℃ Daily temperature accumulated in a year（≥ 10℃）/℃	5742
年日照时数 /h Annual sunshine /h	1933
年平均相对湿度 /% Annual average relative humidity /%	76
干燥度 Dryness	0.82

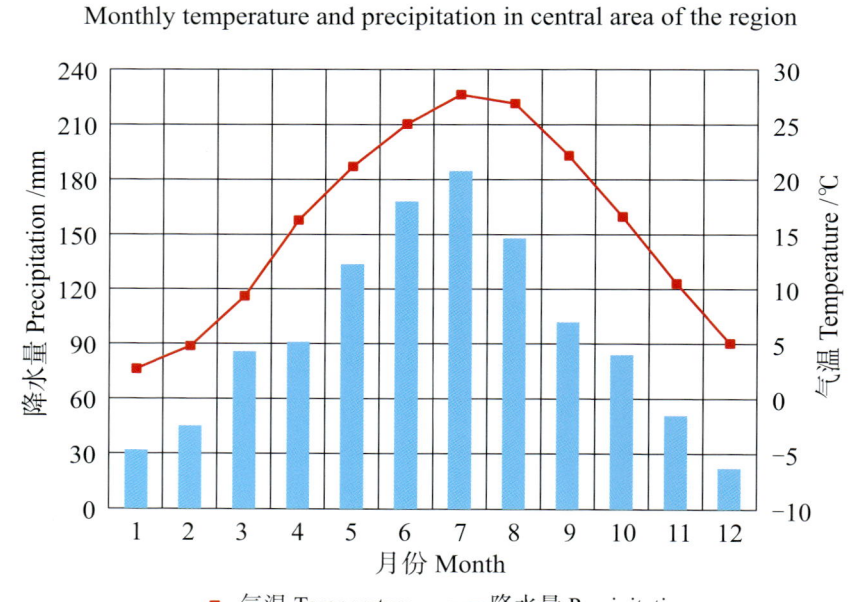

本区域中心区月平均气温与月平均降水量
Monthly temperature and precipitation in central area of the region

广水市主要土壤类型与土壤剖面点分布图
1：260 000

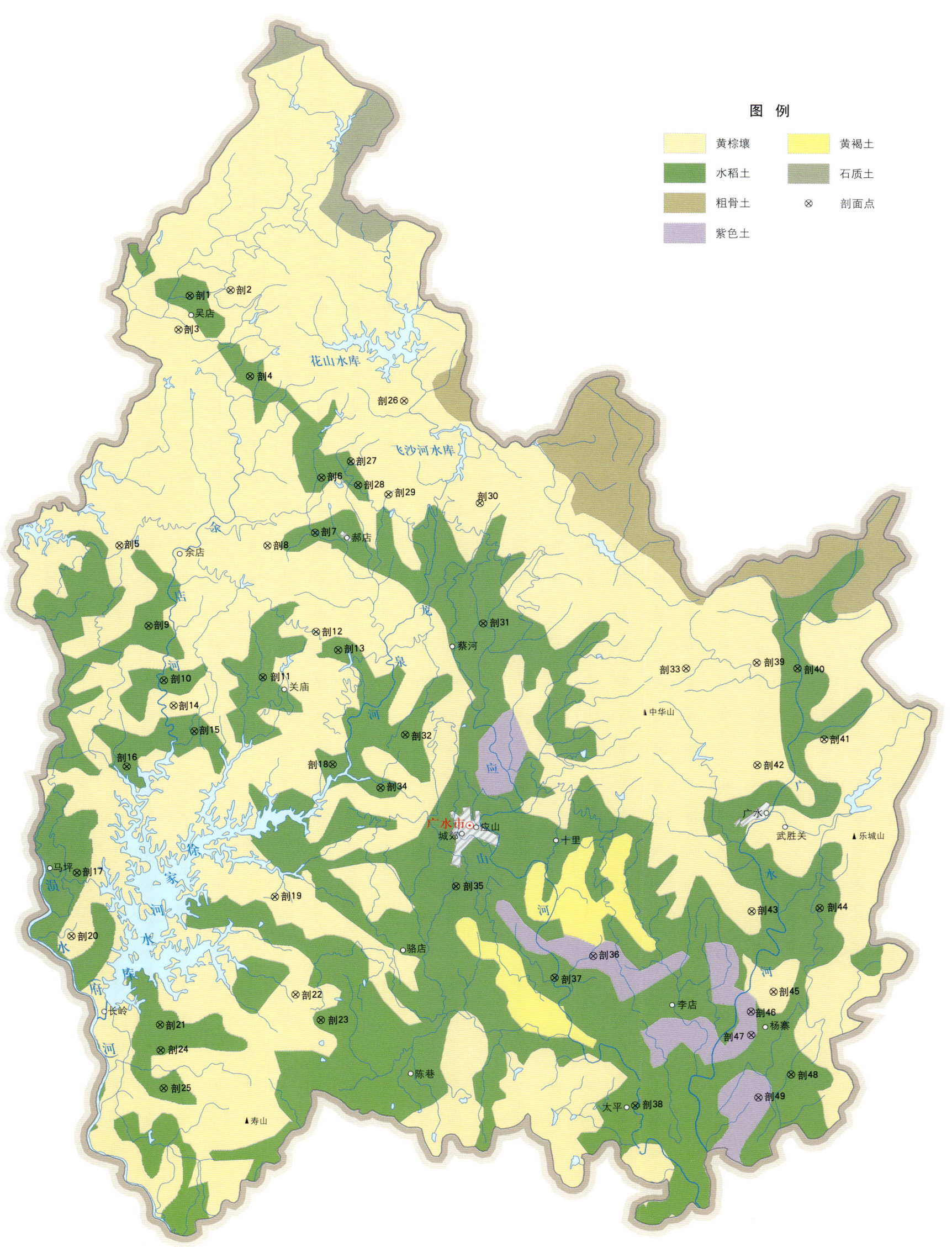

广水市土壤剖面理化性状表

剖面号 Soil profile	土纲 Soil order	土类 Soil great group	亚类 Soil subgroup	土属 Soil genus	土种 Soil species	土层码 Layer code	土层厚度 Depth/cm	颜色 Soil color	质地 Soil texture	土壤结构 Soil structure	pH	有机质 OM/(g/kg)	全氮 TN/(g/kg)	全磷 TP/(g/kg)	全钾 TK/(g/kg)	碱解氮 AN/(mg/kg)	有效磷 AP/(mg/kg)	速效钾 AK/(mg/kg)	阳离子交换量 CEC/(cmol/kg)	土壤母质 Parent material	剖面点坐标 Profile coordinate	匹配指数 Matching index/%
剖1	人为土	水稻土	潴育水稻土	黄棕壤性酸性结晶岩泥田	上层夹砾石黄泥砂田	A	0-14	暗棕灰色	轻壤土	粒状										酸性结晶岩	E 113°38'53.1" N 31°56'06.4"	95
						P	14-19	灰棕色	轻壤土	小块状												
						W_1	19-35	紫棕色	轻壤土	块状												
						R	35-67	淡黄棕色	砂砾壤土	无结构												
						W_2	67-85	暗灰棕色	轻壤土	小块状												
						C	85-105	棕色	轻壤土	碎块状												
剖2	淋溶土	黄棕壤	粗骨性黄棕壤	酸性结晶岩黄棕壤性土	林乌泥砂土	A	0-15	褐色	轻壤土											基性结晶岩	E 113°40'30.6" N 31°56'15.9"	95
						B	15-28	棕色	轻壤土	粒状												
剖3	淋溶土	黄棕壤	黄棕壤	酸性结晶岩黄棕壤	黄泥砂土	A	0-16	黄棕色	中壤土	粒状	6.2	15.0	0.90	0.30	12.6	81	3.2	57	12.7	基性结晶岩	E 113°38'24.6" N 31°54'56.2"	95
						C	16-26	暗黄棕色	中壤土	小块状	6.1	6.6	0.55	0.16	17.4				16.2			
剖4	人为土	水稻土	潴育水稻土	潮土田	潮砂田	A	0-16	暗棕灰色	砂壤土	块状										河流冲积物	E 113°41'11.3" N 31°53'15.5"	95
						P	16-21	棕色	砂土	碎块状												
						W	21-85	暗黄棕色	砂土	碎块状												
						E	85-100	淡黄棕色	砂土	粒状												
剖5	淋溶土	黄棕壤	黄棕壤	酸性结晶岩黄棕壤	黄砂土	A	0-12	暗棕色	砂壤土	碎块状										花岗岩、片麻岩坡积物	E 113°35'51.6" N 31°47'27.5"	95
						B	12-18	淡棕色	砂壤土	碎块状												
						C	30-62	红黄棕色	砂壤土	碎块状												
剖6	人为土	水稻土	潴育水稻土	潮土田	底砂潮砂泥田	A	0-16	暗棕色	中壤土	小团块状	6.5	18.3	0.96	0.49	20.4	105	9.7	25		河流冲积物	E 113°43'54.2" N 31°49'38.9"	75
						P	16-23	灰棕色	轻壤土	碎块状	5.6	16.0	0.86	0.45	20.7							
						W	23-33	暗红棕色	砂壤土	无结构	4.6	6.8	0.42	0.60	21.8							
						R	33-100	淡黄棕色	砂土		4.7	4.3	0.29	0.43	21.0							
剖7	人为土	水稻土	潴育水稻土	黄棕壤性基性结晶岩泥田	青潮乌泥田	A	0-12	暗棕色	重壤土	粒状	6.4	20.8	1.13	0.98	8.5	53	16.0	115	24.3	基性结晶岩	E 113°43'35.9" N 31°47'43.8"	95
						P	12-19	棕灰色	重壤土	块状	5.9	19.3	1.09	1.25	8.7				24.2			
						W	19-40	暗棕灰色	中壤土	块状	6.3	10.6	0.62	1.18	9.6				20.4			
						G	40-100	暗棕灰色	重壤土	柱状	6.6	9.7	0.55	1.27	9.9				20.6			
剖8	淋溶土	黄棕壤	黄棕壤性土	黄棕壤性基性结晶岩	麻骨土	A	0-11	淡棕灰色	少砾石土	碎块状										基性结晶岩	E 113°41'42.5" N 31°47'19.8"	95
剖9	人为土	水稻土	潴育水稻土	黄棕壤性基性结晶岩泥田	乌泥田	A	0-14	暗黄棕色	重壤土	小块状	6.7	21.7	1.09	0.41	6.2	116	8.1	120	21.5	基性结晶岩	E 113°36'56.3" N 31°44'37.8"	95
						P	14-25	暗棕灰色	重壤土	块状	6.7	21.3	1.04	0.39	6.2				19.5			
						W	25-48	暗灰色	中壤土	柱状	7.0	8.6	0.45	0.30	1.5				17.6			
						C	48-100	棕色	中壤土	柱状	7.1	6.9	0.48	0.21	1.6				18.6			
剖10	人为土	水稻土	潴育水稻土	紫泥田	紫泥田	A	0-18	暗棕色	重壤土	小块状	7.0	15.8	0.98	0.39	14.5	121	4.6	101		紫色砂岩岩坡积物	E 113°37'28.7" N 31°42'42.0"	75
						P	18-32	暗棕灰色	重壤土	块状	7.6	8.9	0.59	0.35	13.9							
						W_1	32-95	棕灰色	中壤土	柱状	7.8	5.7	0.41	0.22	13.3							
						W_2	95-105	暗黑棕色	中壤土	柱状	7.8	4.4	0.34	0.22	12.4							
剖11	人为土	水稻土	潴育水稻土	黄棕壤性泥质岩泥田	泥砂田	A	0-17	栗色	轻壤土	粒状	5.3	14.8	0.83	0.24	19.0	67	7.2	107	19.5	泥质岩	E 113°41'22.4" N 31°42'43.5"	95
						P	17-24	棕灰色	中壤土	小块状	7.0	10.7	0.59	0.18	18.7				17.6			
						W_1	24-61	灰黄棕色	中壤土	块状	7.3	7.5	0.39	0.13	19.0				18.6			
						W_2	61-100	暗棕色	中壤土	柱状	7.4	8.2	0.30	0.11	17.3							
剖12	淋溶土	黄棕壤	粗骨性黄棕壤	酸性结晶岩黄棕壤性土	林石渣子土	A	0-115	暗棕红色		碎块状										酸性结晶岩	E 113°43'31.5" N 31°44'16.1"	95
剖13	人为土	水稻土	潴育水稻土	石灰（岩）性水田	灰泥田	A	0-14	暗灰棕色	紧砂土	小块状	7.4	24.5	0.95	0.12	28.7	102	5.2	119	5.0	酸性结晶岩	E 113°44'22.4" N 31°43'36.7"	75
						P	14-23	暗黄棕色	紧砂土	块状	7.4	10.1	0.52	≤0.10	29.3				4.6			
						W_1	23-39	黑棕色	重壤土	块状												
						W_2	39-100	暗灰色	重壤土	柱状												

续表 Continued

剖面号 Soil profile	土纲 Soil order	土类 Soil great group	亚类 Soil subgroup	土属 Soil genus	土种 Soil species	土层码 Layer code	土层厚度 Depth/cm	颜色 Soil color	质地 Soil texture	土壤结构 Soil structure	pH	有机质 OM/(g/kg)	全氮 TN/(g/kg)	全磷 TP/(g/kg)	全钾 TK/(g/kg)	碱解氮 AN/(mg/kg)	有效磷 AP/(mg/kg)	速效钾 AK/(mg/kg)	阴离子交换量CEC/(cmol/kg)	土壤母质 Parent material	剖面点坐标 Profile coordinate	匹配指数 Matching index/%
剖14	淋溶土	黄棕壤	黄棕壤	第四纪黏土黄棕壤	黄土	A	0—20	黄棕色	重壤土	小块状	6.7	9.8	0.48	0.28	15.4	88	4.0	92	19.9	第四纪黏土	E 113° 37′ 50.0″ N 31° 41′ 49.0″	95
						B	20—40	暗红棕色	轻黏土	块状	7.2	5.3	0.40	0.24	16.3				20.9			
						C	40—100	红棕色	轻黏土	粒状	6.3	5.0	0.39	0.25	16.9				21.6			
剖15	人为土	水稻土	潴育水稻土	紫泥田	紫砂泥田	A	0—15	暗棕红色	中壤土	小块状	5.5	9.4	0.66	0.38	17.2	73	8.5	101	15.9	紫色砂砾岩坡积物	E 113° 38′ 37.2″ N 31° 40′ 54.3″	75
						P	15—22	暗红棕色	中壤土	小块状	7.3	7.1	0.53	0.38	17.1				17.6			
						W₁	22—34	暗红棕色	中壤土	柱状	7.0	4.4	0.46	0.37	17.1				15.8			
						W₂	34—52	暗红棕色	中壤土	柱状	7.1	4.2	0.34	0.28	13.7				21.7			
						C	52—100	暗红棕色	中壤土	柱状	6.8	4.2	0.37	0.30	13.7				18.5			
剖16	人为土	水稻土	潴育水稻土	黄棕壤性第四纪黏土泥田	白散泥田	P	0—15	棕色	重壤土	粒状	5.8	10.7	0.27	0.24	14.3	59	3.6	47	16.9	第四纪黏土	E 113° 35′ 55.3″ N 31° 39′ 43.4″	75
						P	15—25	灰黄棕色	重壤土	块状	6.6	8.0	0.51	0.24	14.8				16.4			
						W	25—43	淡棕红色	重壤土	柱状	7.1	8.1	0.42	0.25	14.8				16.6			
						C	43—100	暗棕红色	重壤土	柱状	7.3	5.1	0.37	0.22	15.8				16.9			
剖17	人为土	水稻土	潴育水稻土	紫泥田	青潴紫砂泥田	A	0—13	暗黄棕色	松砂土	粒状	6.6	25.3	1.25	0.33	12.9	105	5.4	110	16.3	紫色砂砾岩坡积物	E 113° 33′ 50.8″ N 31° 36′ 02.7″	75
						Pg	13—45	黑色	中壤土	块状	6.8	19.7	1.02	0.22	12.8				15.4			
						Wg	45—80	黑色	中壤土	柱状	6.4	16.9	0.52	0.22	12.0				7.9			
						W	80—100	淡黄棕色	轻壤土	柱状	6.4	16.9	0.46	0.22	12.2				8.8			
剖18	人为土	水稻土	侧渗水稻土	黄棕壤性第四纪黏土侧渗泥田	白脚马肝泥田	A	0—15	灰黄棕色	中壤土	小块状	6.4	11.2	0.78	0.28	12.5	84	5.6	70	15.6	第四纪黏土	E 113° 44′ 01.8″ N 31° 39′ 36.7″	75
						P	15—23	暗黄棕色	轻壤土	块状	7.1	5.4	0.37	0.16	12.1				16.8			
						E	23—48	灰黄棕色	轻黏土	无结构	7.6	4.2	0.34	0.59	12.6				13.8			
						W	48—66	棕红色	轻壤土	块状	7.3	5.2	0.42	≤0.10	14.2				19.0			
						C	66—155	暗棕色	轻黏土	柱状	7.3	6.1	0.41	0.29	15.0				21.2			
剖19	淋溶土	黄棕壤	黄棕壤	泥质岩黄棕壤	砂泥土	A	0—16	淡棕色	重壤土	块状	6.0	15.9	0.83	0.55	16.8	64	10.1	135	17.0	泥质岩	E 113° 41′ 36.2″ N 31° 35′ 01.4″	95
						B	16—64	栗色	重壤土	块状	6.0	13.2	0.71	0.54	16.9				19.1			
						C	64—100	暗红棕色	中壤土	块状	7.0	9.8	0.40	0.38	16.8				19.8			
剖20	淋溶土	黄棕壤	黄棕壤	酸性结晶岩黄棕壤	黄麻砂泥土	A	0—15	暗红棕色	砂质黏壤土	粒状	6.6	17.0	0.94	0.27	15.2	75	4.8	75	15.1	基性结晶岩	E 113° 33′ 33.1″ N 31° 33′ 51.5″	81
						B	15—68	暗红棕色	砂质黏壤土	小块状	6.9	6.2	0.38	0.22	15.6				11.0			
						C	68—100	暗红棕色	轻壤土	块状	6.9	8.1	0.48	0.18	15.3				10.9			
剖21	人为土	水稻土	潴育水稻土	黄棕壤性基性结晶岩侧渗泥田	乌泥砂田	A	0—13	淡黄棕色	重壤土	粒状	6.6	15.3	0.89	0.38	9.3	81	5.0	32		基性结晶岩	E 113° 36′ 56.0″ N 31° 30′ 42.9″	75
						P	13—26	暗黄棕色	中壤土	块状	7.5	5.1	0.72	0.39	8.2							
						W₁	26—38	暗黄棕色	中壤土	柱状	7.6	5.2	0.35	0.24	8.8							
						W	38—100	灰棕色	中壤土	柱状	7.6	3.5	0.21	0.36	5.8							
剖22	淋溶土	黄棕壤	黄棕壤	泥质岩黄棕壤	泥土	A	0—13	暗棕红色	重壤土	小块状	6.2	12.6	0.66	0.32	16.4	67	3.8	145	21.3	泥质岩	E 113° 42′ 18.0″ N 31° 31′ 37.5″	95
						B	13—53	暗红色	重壤土	块状	6.1	11.0	0.40	0.21	18.1				23.8			
						C	53—100	灰白色	重壤土	柱状	6.4	10.9	0.41	0.33	18.5				23.3			
剖23	人为土	水稻土	潴育水稻土	黄棕壤性酸性结晶岩泥田	青潴黄砂泥田	A	0—16	灰黄棕色	重壤土	粒状	6.9	19.7	0.96	0.31	11.2	84	4.9	72	22.5	酸性结晶岩	E 113° 43′ 15.7″ N 31° 30′ 42.9″	75
						P	16—23	青黄色	重壤土	块状	6.9	17.9	0.92	0.28	10.8				20.1			
						W	23—80	灰黄色	重壤土	柱状	7.3	6.9	0.44	0.22	10.8				19.3			
剖24	人为土	水稻土	侧渗水稻土	紫砂岩侧渗泥田	白隔紫砂泥田	A	0—15	暗棕色	砂壤土	块状	6.4	11.3	0.65	0.21	8.8	100	30.9	40		紫砂岩	E 113° 42′ 56.0″ N 31° 29′ 49.6″	75
						P	15—22	暗棕色	中壤土	柱状	6.7	5.8	0.38	0.19	9.1							
						W	22—34	暗棕色	重壤土	无结构	7.3	7.3	0.45	0.22	9.8							
						E	34—46	灰白色	中壤土	块状	7.2	4.3	0.31	0.17	10.3							
						C	46—100	淡棕色	轻壤土	块状	7.3	4.8	0.33	0.19	13.1							
剖25	人为土	水稻土	潴育水稻土	黄棕壤性基性结晶岩泥田	上层夹砾石乌泥砂田	A	0—14	暗棕灰色	砂砾土	粒状										基性结晶	E 113° 37′ 00.6″ N 31° 28′ 30.2″	75
						P	14—20	淡白色	轻壤土	小块状												
						W	20—44	淡砂棕色	中壤土	小块状												
						R	44—100	棕色	砂砾土	无结构												

续表 Continued

剖面号 Soil profile	土纲 Soil order	土类 Soil great group	亚类 Soil subgroup	土属 Soil genus	土种 Soil species	土层码 Layer code	土层厚度 Depth/cm	颜色 Soil color	质地 Soil texture	土壤结构 Soil structure	pH	有机质 OM/(g/kg)	全氮 TN/(g/kg)	全磷 TP/(g/kg)	全钾 TK/(g/kg)	碱解氮 AN/(mg/kg)	有效磷 AP/(mg/kg)	速效钾 AK/(mg/kg)	阳离子交换量CEC/(cmol/kg)	土壤母质 Parent material	剖面点坐标 Profile coordinate	匹配指数 Matching index/%
剖26	淋溶土	黄棕壤	黄棕壤	酸性结晶岩黄棕壤	黄泥土	A	0—12	暗灰黄色	重壤土	小块状	7.6	8.5	0.71	0.17	22.1	65	4.1	60			E 113°47′14.7″ N 31°52′15.1″	95
						B	12—95	灰黄色	中壤土	块状	6.9	3.1	0.48	0.16	23.0							
剖27	人为土	水稻土	潴育水稻土	紫泥田	紫泥砂田	A	0—10	暗紫棕色	轻壤土	粒状	6.9	13.6	0.85	0.24	14.5	74	4.6	59		紫色砂砾岩黄坡积物	E 113°45′05.1″ N 31°50′11.5″	75
						P	10—11	暗紫红色	中壤土	块状	7.2	11.7	0.73	0.21	14.5							
						W	11—90	暗红色	中壤土	块状	7.8	7.8	0.52	0.20	14.8							
剖28	人为土	水稻土	潴育水稻土	湖土田	浅位厚层夹砂潮泥砂田	A	0—19	淡棕色	轻壤土	粒状	5.9	7.0	0.53	0.59	15.2	56	21.0	92	9.2	河流冲积物	E 113°45′20.9″ N 31°49′21.4″	75
						R	19—49	暗棕色	中壤土	碎块状	7.1	2.7	0.18	0.43	17.9				3.3			
						W_1	49—74	灰棕色	砂壤土	块状	7.1	7.3	0.26	0.35	16.8				13.1			
						W_2	74—100	棕色	轻壤土	碎块状	5.0	7.0	0.41	0.36	16.1				13.0			
剖29	淋溶土	黄棕壤	黄棕壤	基性结晶岩黄棕壤	乌砂泥土	A	0—13	暗红色	中壤土	粒状	6.6	11.1	0.81	0.60	15.2	81	8.2	158	10.2	辉绿辉长岩黄坡积物	E 113°46′31.9″ N 31°49′00.3″	95
						B_1	13—21	暗棕红色	中壤土	块状	7.0	7.8	0.56	0.43	15.6				10.1			
						B_2	21—100	淡棕红色	中壤土	块状	5.9	5.1	0.52	0.45	14.9							
剖30	淋溶土	黄棕壤	黄棕壤	酸性结晶岩黄棕壤	中层杂砾石黄泥土	A	0—15	暗棕色	砂壤土	粒状	5.5	8.9	0.57	0.57	21.8	56	28.4	60	8.1	花岗岩、片麻岩坡积物	E 113°50′06.9″ N 31°48′37.4″	95
						B	15—30	暗棕色	轻壤土	碎块状	6.7	3.7	0.30	0.57	20.7				8.1			
						R	30—100	淡黄棕色	松砂土		6.6	1.2	0.26	0.49	23.0				8.8			
剖31	人为土	水稻土	潴育水稻土	酸性结晶岩黄棕泥田	黄泥砂田	A	0—16	暗黄棕色	中壤土	粒状	5.5	22.0	1.23	0.21	14.6	99	5.0	67	8.7	酸性结晶岩	E 113°50′06.6″ N 31°44′25.0″	95
						P	16—23	暗棕色	中壤土	块状	5.4	20.4	1.13	0.26	14.7				16.9			
						W	23—47	暗棕色	中壤土	柱状	6.1	9.3	0.58	0.36	14.3				16.8			
						C	47—100	淡黄棕色	砂壤土		6.4	7.7	0.42	0.27	13.8				14.2			
剖32	人为土	水稻土	潴育水稻土	黄棕壤性泥质岩黄棕泥田	青隔潮泥田	A	0—15	暗黄棕色	重壤土	粒状	6.8	20.4	1.05	0.33	16.3	99	5.0	125	15.1	泥质岩	E 113°46′55.3″ N 31°40′34.7″	95
						Pg	15—60	暗黄棕色	中壤土	块状	6.7	17.0	1.00	0.28	16.9				11.0			
						W	60—100	暗灰色	中壤土	柱状	7.1	12.4	0.59	0.22	15.1				10.9			
剖33	淋溶土	黄棕壤	黄棕壤	酸性结晶岩黄棕壤	黄泥田	A	0—15	淡棕红色	轻壤土	小块状	6.6	17.0	0.94	0.27	15.2	75	4.8	75	24.6	花岗岩、片麻岩坡积物	E 113°58′03.4″ N 31°42′38.9″	95
						B	15—48	暗棕色	中壤土	块状	6.6	6.2	0.38	0.22	15.6				24.5			
						C	48—80	褐色	轻壤土	小块状	6.9	8.1	0.48	0.18	15.3				27.0			
剖34	人为土	水稻土	潴育水稻土	黄棕壤性酸性结晶岩黄棕泥田	浅马肝泥田	A	0—15	黑棕色	轻黏土	小块状	7.6	17.3	1.25	0.37	8.5	62	3.8	82	17.0	基性结晶岩	E 113°45′53.1″ N 31°38′44.7″	75
						P	15—30	淡棕色	中黏土	块状	7.5	12.4	0.31	0.37	8.4				19.3			
						W	30—100	暗棕色	中壤土	柱状	7.2	8.8	0.60	0.29	10.5				19.1			
剖35	人为土	水稻土	潴育水稻土	黄棕壤性基性结晶岩黄棕泥田	乌砂泥田	A	0—15	暗黄棕色	重壤土	粒状	6.0	15.9	0.83	0.55	16.8	64	10.6	135	15.1	紫色砂砾岩黄坡积物或残积物	E 113°48′43.8″ N 31°35′12.8″	75
						P	15—26	暗棕色	重壤土	块状	6.5	13.2	0.71	0.54	16.9				10.9			
						W	26—30	暗棕色	重壤土	块状	7.8	9.8	0.40	0.38	16.8							
剖36	初育土	紫色土	中性紫色土	紫泥土	紫泥土	A	0—19	褐色	中壤土	小块状	5.3	13.8	0.76	0.32	15.9	94	4.5	8			E 113°54′02.9″ N 31°32′39.8″	95
						B	19—36	暗棕色	中壤土	块状	5.8	7.3	0.50	0.26	15.9				20.4			
						C	36—100	暗棕色	中壤土	块状	6.6	5.6	0.44	0.20	16.9				23.3			
剖37	人为土	水稻土	渰育水稻土	浅第四纪黏土泥田	浅黄肝泥田	A	0—15	暗棕色	重壤土	粒状	5.7	15.5	0.93	0.27	14.7	95	5.9	105	14.2	第四纪黏土	E 113°52′30.0″ N 31°31′57.0″	95
						P	15—26	暗棕色	重壤土	块状	6.5	12.3	0.72	0.24	14.8				16.4			
						C	26—100	黑棕色	重壤土	柱状	7.2	8.8	0.46	0.24	16.2				17.8			
剖38	人为土	水稻土	渰育水稻土	浅紫泥田	浅紫泥田	A	0—16	棕色	中壤土	粒状	5.8	14.7	0.93	0.37	14.5	95	7.3	141		冲积物	E 113°55′30.5″ N 31°27′26.2″	95
						P	16—28	棕色	重壤土	块状	6.1	10.2	0.66	0.28	14.1							
						C	28—100	棕色	重壤土	小块状	6.6	8.9	0.60	0.19	15.4							
剖39	淋溶土	黄棕壤	黄棕壤	第四纪土性黄棕壤	面黄土	A	0—15	灰黄棕色	中壤土	块状		14.6	0.89	0.41	24.8	78	9.6	130	15.1	第四纪黏土	E 114°00′50.6″ N 31°42′46.8″	75
						B_1	15—95	暗棕色	中壤土	块状		8.3	0.49	0.32	28.8				13.8			
						B_2	95—150	暗棕红色	重壤土	块状												
剖40	人为土	水稻土	渰育水稻土	浅酸性结晶岩泥田	浅黄砂泥田	A	0—15	棕灰色	中壤土	粒状	6.8	14.6	0.89		24.8					浅酸性黏结晶岩	E 114°02′26.6″ N 31°42′32.4″	95
						P	15—24	暗黄棕色	轻壤土	块状	6.7	8.3	0.49	0.32	28.8				13.8			
						C	24—100		砂壤土	小块状	7.3	4.1	0.17	0.25	36.9				7.3			

续表 Continued

剖面号 Soil profile	土纲 Soil order	土类 Soil great group	亚类 Soil subgroup	土属 Soil genus	土种 Soil species	土层码 Layer code	土层厚度 Depth/cm	颜色 Soil color	质地 Soil texture	土壤结构 Soil structure	pH	有机质 OM/(g/kg)	全氮 TN/(g/kg)	全磷 TP/(g/kg)	全钾 TK/(g/kg)	碱解氮 AN/(mg/kg)	有效磷 AP/(mg/kg)	速效钾 AK/(mg/kg)	阳离子交换量CEC/(cmol/kg)	土壤母质 Parent material	剖面点坐标 Profile coordinate	匹配指数 Matching index/%
剖41	淋溶土	黄棕壤	黄棕壤	基性结晶岩黄棕壤性	乌泥砂土	A	0—15	紫棕色	砂壤土	粒状	6.8	11.5	0.45	0.21	13.1	11	3.4	67		辉绿辉长岩坡积物	E 114°03′24.6″ N 31°40′01.5″	75
						B	15—26	紫棕色	砂砾土	碎块状	6.9	7.4	0.20	≤0.10	16.6							
						C	26—100	暗红棕色	紧砂土	碎块状	6.9	2.6	0.13	0.23	17.5							
剖42	淋溶土	黄棕壤	粗骨性黄棕壤	酸性结晶岩黄棕壤性	林麻骨土	A	0—26	灰棕色	砂壤土	碎块状	5.7	9.9	0.60	1.80	26.1	63	6.6	52	14.8	酸性结晶岩	E 114°00′44.7″ N 31°39′11.3″	95
						C	26—50	暗棕色	砂壤土		6.2	7.4	0.36	0.56	27.2				9.2			
剖43	淋溶土	黄棕壤	粗骨性黄棕壤	酸性结晶岩黄棕壤性	荒乌渣砂土	A	0—5	暗棕色	轻壤土											基性结晶岩	E 114°00′20.1″ N 31°34′03.4″	75
						B	5—20	棕色	轻壤土													
剖44	人为土	水稻土	潴育水稻土	黄棕壤性	青褐黄泥砂泥土	Pg	0—15	灰棕色	砂壤土	粒状	6.7	23.0	1.40	0.39	20.5	102	3.8	90	7.1	酸性结晶岩	E 114°03′00.6″ N 31°34′05.5″	95
							15—37	暗棕灰色	中壤土	块状	7.0	21.9	0.63	0.36	19.7				13.9			
						W_1	37—70	灰黄棕色	中壤土	柱状	6.8	10.3	0.56	0.35	19.9				16.4			
						W_2	70—100	黄棕色	中壤土	柱状	6.4	5.9	0.49	0.35	19.0				17.5			
剖45	淋溶土	黄棕壤	粗骨性黄棕壤	酸性结晶岩黄棕壤性	荒石渣子土	A	0—14	棕灰色												酸性结晶岩	E 114°01′05.1″ N 31°31′14.4″	75
剖46	初育土	紫色土	中性紫色土	紫泥土	紫砂泥土	A	0—13	淡棕色	重壤土	粒状	7.0	12.5	0.81	0.26	14.3	46	5.4	121	19.7	紫色砂砾岩坡积物或残积物	E 114°00′10.9″ N 31°30′34.7″	75
						B	13—40	棕色	轻黏土	小块状	7.1	8.4	0.57	0.18	14.1				21.5			
						B_2	40—77	暗棕色	轻黏土	块状	7.1	8.4	0.57	0.18	14.1				21.5			
						C	77—100	红棕色	重黏土	块状	6.8	7.2	0.50	0.17	11.5				18.9			
剖47	初育土	紫色土	中性紫色土	紫砂土	紫砂泥土	A	0—14	暗棕红色	轻壤土	粒状	6.7	9.3	0.56	0.46	14.4	107	8.6	125	9.3	紫色砂砾岩坡积物或残积物	E 114°00′09.5″ N 31°29′45.6″	75
						B	14—23	暗棕红色	中壤土	小块状	6.9	6.2	0.34	0.40	12.9				≥50.0			
						C	23—100	暗棕红色	中壤土	块状	6.8	4.2	0.27	0.33	16.9				≥50.0			
剖48	人为土	水稻土	潴育水稻土	潮土田	潮砂泥田	A	0—14	淡棕色	中壤土	粒状	6.4	12.1	0.97	0.23	16.0	201	4.0	51	15.0	河流冲积物	E 114°01′40.1″ N 31°28′21.1″	95
						P	14—21	暗棕色	重壤土	块状	6.7	8.8	0.58	0.21	16.9				14.6			
						W_1	21—43	暗棕灰色	中壤土	柱状	7.2	4.1	0.25	0.13	16.9				11.8			
						W_2	43—100	栗色	中壤土	柱状	7.3	5.3	0.36	0.14	15.8				13.4			
剖49	初育土	紫色土	中性紫色土	紫砂土	紫砂土	A	0—14	淡棕红色	轻壤土	碎块状	5.9	9.4	0.60	0.48	7.8	49	4.8	87		紫色砂砾岩坡积物或残积物	E 114°00′21.7″ N 31°27′35.3″	75
						B	14—21	暗棕红色	紧砂土	碎块状	6.3	8.0		0.50	7.3							
						C	21—50	暗红色	紧砂土	碎块状	6.1	6.7		0.47	8.6							

恩施土家族苗族自治州

恩 施 市

主要土类说明

黄棕壤是恩施市主要土壤类型，占本市地域面积的54%。黄棕壤发生于亚热带暖湿落叶阔叶林下，弱度富铝化，多由砂页岩及花岗岩风化物发育而成，黏聚现象明显，呈黄棕色。最醒目的剖面形态特征是具有黄棕色或红棕色心土层，一般呈块状或棱块状结构。黄棕壤具A-B-C或A-（B）-C剖面构型，黏粒硅铝率在2.5左右，铁的游离度较红壤低，B层交换性酸大于A层。土壤pH为5.5—6.0。

黄壤是恩施市第二大土壤类型，占本市地域面积的21%。黄壤发生于亚热带湿润条件下，中度富铝化，多见于700—1200m的山区，土壤有机质累积较多，可达100g/kg，具O-A-AB-B-C剖面构型。pH为4.5—5.5。淀积层（B层）富含水合氧化物（针铁矿），呈黄色，有时多含三水铝石。

棕壤是恩施市第三大土壤类型，占本市地域面积的14%，是具有黏化特征的棕色土壤。该土壤土体见黏粒淀积，盐基充分淋失，剖面中有明显的鲜棕色心土层，各发生层次色调均匀一致，除表土层外均以棕色或淡褐色为主，上下层过渡不明显，呈棱柱状或棱块状结构，结构体表面多有铁锰胶膜，有机质含量较高。

水稻土占本市地域面积的6%。水稻土是在长期季节性淹灌、水下翻耕、季节性脱水、氧化还原交替影响下，原来成土母质或母土的特性发生重大改变，形成的新的土壤类型。由于干湿交替，水稻土形成糊状淹育层、较坚实板结的犁底层、渗育层、潴育层与潜育层等多种发生层。

小于本市地域面积3%的土壤类型有紫色土、石灰（岩）土、山地草甸土、潮土、沼泽土等。

本区域中心区气候特征

本区域中心区气候特征值
Regional climate characteristics in central area of the region

气候带：中亚热带湿润气候 Climate region: Subtropical humid climate	
年平均气温 /℃ Annual average temperature /℃	16.2
年平均最高气温 /℃ Annual average maximum temperature /℃	20.8
年平均最低气温 /℃ Annual average minimum temperature /℃	12.9
年降水量 /mm Annual precipitation /mm	1425
≥10℃的积温 /℃ Daily temperature accumulated in a year（≥10℃）/℃	5914
年日照时数 /h Annual sunshine /h	1266
年平均相对湿度 /% Annual average relative humidity /%	80
干燥度 Dryness	0.68

恩施市主要土壤类型与土壤剖面点分布图
1：380 000

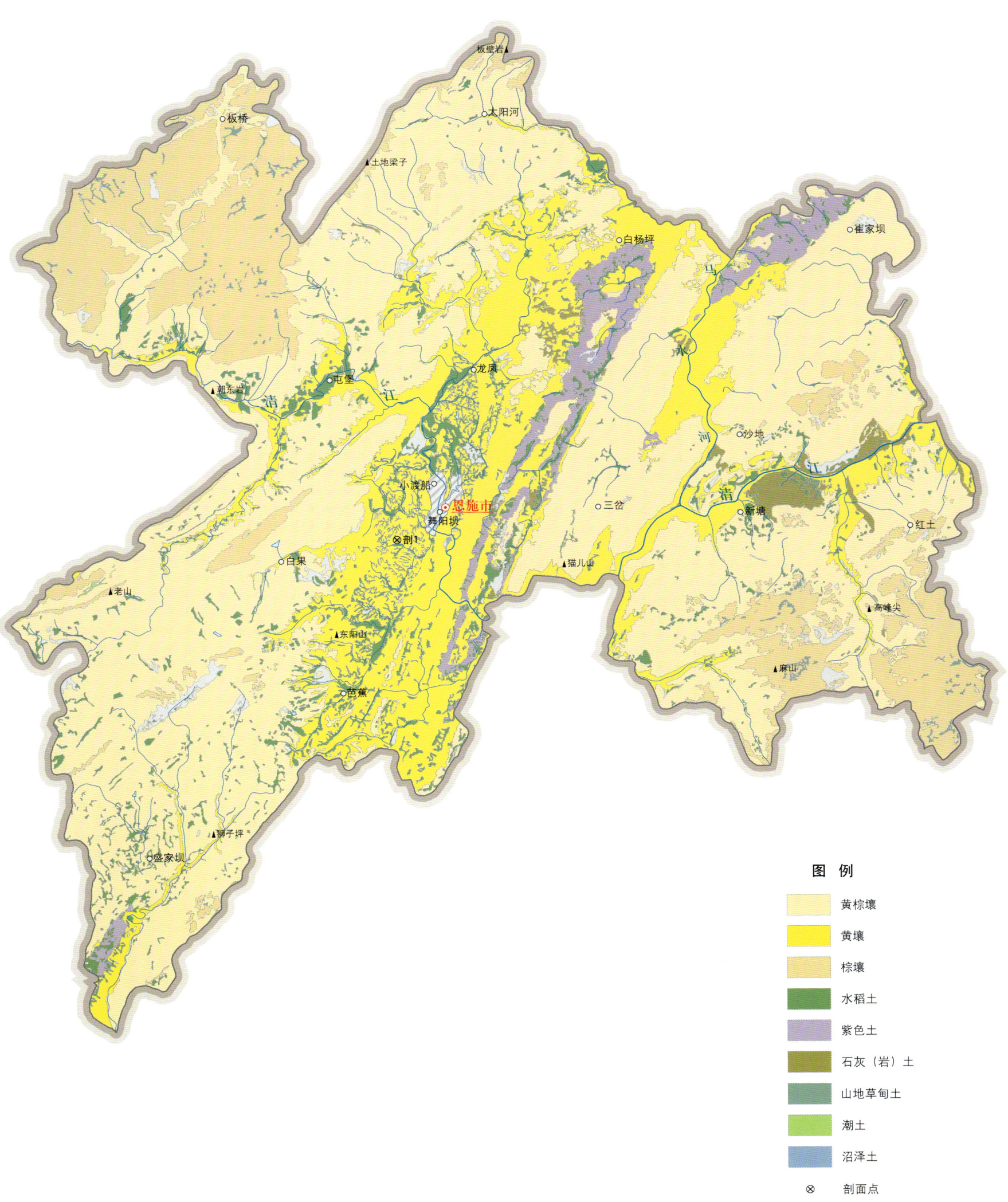

恩施市土壤剖面理化性状表

剖面号 Soil profile	土纲 Soil order	土类 Soil great group	亚类 Soil subgroup	土层码 Layer code	土层厚度 Depth/ cm	颜色 Soil color	质地 Soil texture	土壤结构 Soil structure	pH	土壤母质 Parent material	剖面点坐标 Profile coordinate	匹配指数 Matching index/%
剖1	铁铝土	黄壤	黄壤	Ao	0—3	褐色	松砂土	粒状	5.0	砂页岩	E 109°26′22.6″ N 30°14′50.3″	99
				A	3—27	褐色	轻壤土	块状	4.7			
				C	27—70	褐色	中壤土	块状	4.9			

利 川 市

主要土类说明

黄棕壤是利川市主要土壤类型，占本市地域面积的57%。黄棕壤发生于亚热带暖湿落叶阔叶林下，弱度富铝化，主要由砂页岩及花岗岩风化物发育而成，黏聚现象明显，呈黄棕色。黄棕壤具 A–B–C 或 A–（B）–C 剖面构型，心土层呈醒目的黄棕色，黏粒硅铝率在 2.5 左右，铁的游离度较红壤低，B 层交换性酸大于 A 层。本市黄棕壤分为山地黄棕壤、黄棕壤性土等亚类。山地黄棕壤分布在海拔 800—1500m 的地区，土层深厚。黄棕壤性土土层薄，土体内含有砾石。

棕壤是利川市第二大土壤类型，占本市地域面积的15%。棕壤主要分布在海拔 1500m 以上的高山，大部分已被垦殖，以旱作为主。棕壤处于硅铝风化阶段，是具有黏化特征的棕色土壤。土体见黏粒淀积，盐基充分淋失，pH 为 6.0—7.0，见少量游离铁。

紫色土是利川市第三大土壤类型，占本市地域面积的14%。紫色土分布在本市有紫色页岩分布的地区，土壤均呈紫红色，土体中有不同程度的半风化物。紫色土是由热带、亚热带紫红色岩层直接风化形成的 A–C 型土壤。其理化性质与母岩组成直接相关，土层浅薄，剖面层次发育不明显，仍为初育阶段。由于母岩富含矿质养分，且风化迅速，因此紫色土不失为良好的肥沃土壤。

水稻土占本市地域面积的8%，主要分布在海拔 360m 的平坝、平槽、缓坡至海拔 1570m 的高山，有一定水源的地方均有水稻土分布。水稻土是在长期季节性淹灌、水下翻耕、季节性脱水、氧化还原交替影响下，原来成土母质或母土的特性发生重大改变，形成的新的土壤类型。由于干湿交替，水稻土形成糊状淹育层、较坚实板结的犁底层、渗育层、潴育层与潜育层多种发生层。本市水稻土按水型分为淹育型、潴育型、潜育型和沼泽型四个亚类。其中，潴育水稻土面积最大，占本土类面积的90%，主要分布在本市中部的盆地和其他地区的平坝、平槽中部，地下水位在 50cm 以下，属良水型。犁底层下有潴育层，潴育层呈明显的棱柱状结构，结构体表面有灰色胶膜。剖面构型为 A–P–W 或 A–Pg–W–B–C 等。

黄壤占本市地域面积的4%。黄壤发生于亚热带湿润条件下，中度富铝化，分布在海拔 800m 以下的低山地区。土壤有机质累积较多，可达 100g/kg，具 O–A–AB–B–C 剖面构型。pH 为 4.5—5.5。淀积层（B 层）富含水合氧化物（针铁矿），呈黄色，有时多含三水铝石。

小于本市地域面积 3% 的土壤类型有石灰（岩）土、潮土、山地草甸土、沼泽土等。

本区域中心区气候特征

本区域中心区气候特征值
Regional climate characteristics in central area of the region

气候带：中亚热带湿润气候 Climate region: Subtropical humid climate	
年平均气温 /℃ Annual average temperature /℃	16.0
年平均最高气温 /℃ Annual average maximum temperature /℃	20.6
年平均最低气温 /℃ Annual average minimum temperature /℃	12.8
年降水量 /mm Annual precipitation /mm	1397
≥ 10℃的积温 /℃ Daily temperature accumulated in a year（≥ 10℃）/℃	5719
年日照时数 /h Annual sunshine /h	1170
年平均相对湿度 /% Annual average relative humidity /%	80
干燥度 Dryness	0.71

本区域中心区月平均气温与月平均降水量
Monthly temperature and precipitation in central area of the region

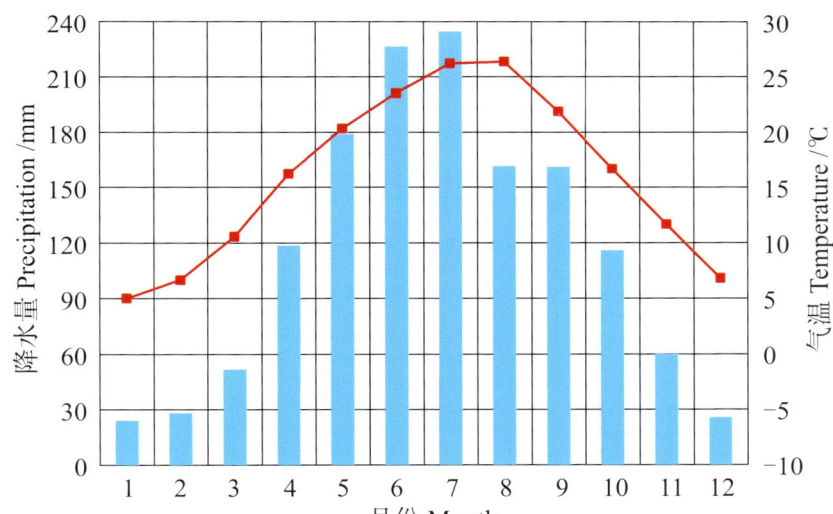

利川市主要土壤类型与土壤剖面点分布图
1∶310 000

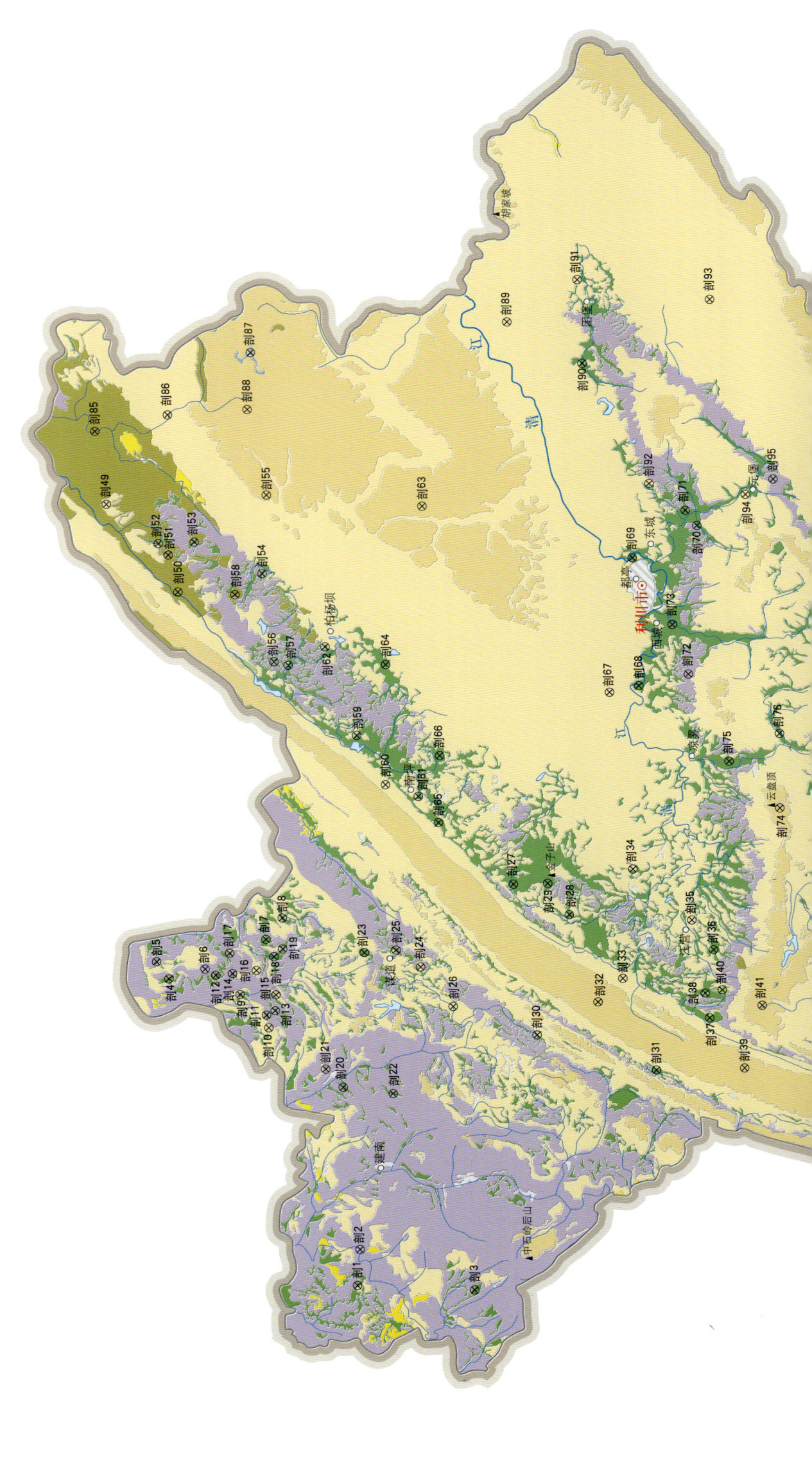

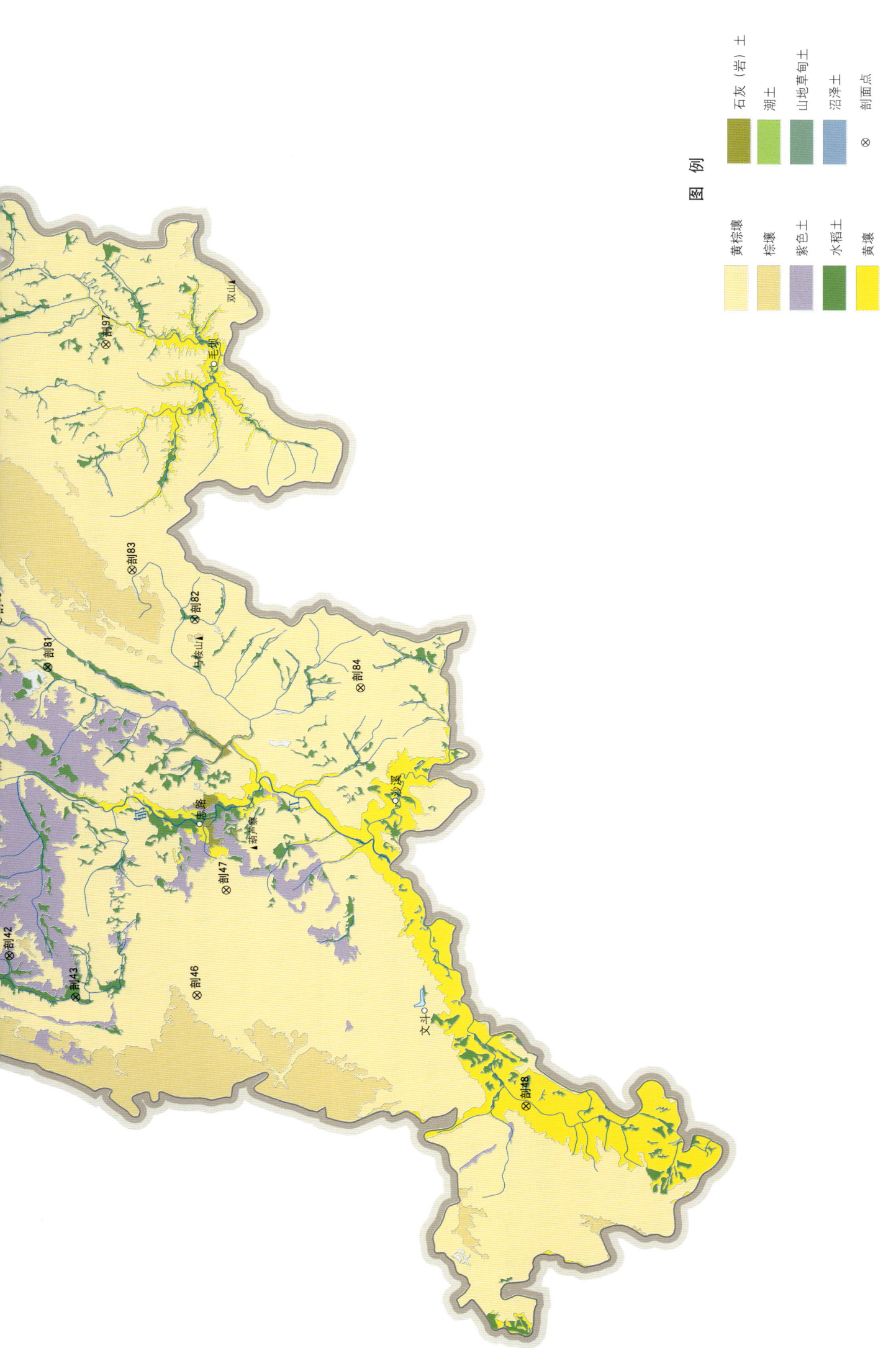

利川市土壤剖面理化性状表

剖面号 Soil profile	土纲 Soil order	土类 Soil great group	亚类 Soil subgroup	土属 Soil genus	土种 Soil species	土层码 Layer code	土层厚度 Depth/cm	颜色 Soil color	质地 Soil texture	土壤结构 Soil structure	pH	有机质 OM/(g/kg)	全氮 TN/(g/kg)	全磷 TP/(g/kg)	全钾 TK/(g/kg)	碱解氮 AN/(mg/kg)	有效磷 AP/(mg/kg)	速效钾 AK/(mg/kg)	阳离子交换量CEC/(cmol/kg)	土壤母质 Parent material	剖面点坐标 Profile coordinate	匹配指数 Matching index/%
剖1	人为土	水稻土	潴育水稻土	紫泥田	次灰紫泥田	A	0–18	紫棕色	轻壤土	粒状	6.6	23.3	1.40	0.50		95	4.5	123	12.6		E 108°27′10.4″ N 30°27′11.2″	95
						P	18–27	紫棕色	中壤土	块状	7.2	21.6	1.40	0.40	18.0	95	6.0	110	12.9			
						W₁	27–49	紫棕色	中壤土	棱柱状	6.8	22.4	1.40	0.50	18.8	88	8.0	100	13.0			
						W₂	49–100	紫棕色	中壤土	块状	7.6	18.3	1.20	0.40	17.0	75	5.5	98	11.8			
剖2	初育土	紫色土	中性紫色土	中性紫砂土	中层中性紫砂土	A	0–20	紫棕色	轻壤土	粒状	7.5	4.4	0.40	0.30	21.4	33	3.5	60		紫色页岩坡积物	E 108°28′38.5″ N 30°27′07.8″	95
						B₁	20–30	紫棕色	中壤土	块状	7.5	5.3	0.40	0.30		33	3.5	58				
						B₂	30–52	紫棕色	砂壤土	块状	8.0	2.4	≤0.10	≤0.10		20	4.5	55				
						C	52–															
剖3	人为土	水稻土	潴育水稻土	石英质泥田	浅位铁盘硅砂泥田	A	0–20	暗灰黄色	壤质黏土	粒状	5.1	27.6	1.54	0.33	18.0		8.0	130		石灰岩	E 108°27′06.4″ N 30°23′07.8″	81
						P	20–29	灰黄色	砂质黏壤土	块状	5.2	18.6	1.04	0.26	18.8		4.5	152				
						WFe	29–60	黄棕色	壤质黏土	棱柱状	5.7	5.6	0.35	0.15	17.0		2.0	173				
						C	60–100	黄棕色	砂质黏壤土	块状	5.8	2.7	0.19	0.19	21.4		≤1.0	120				
剖4	人为土	水稻土	潴育水稻土	黄棕壤性石灰岩泥田	浅位强度青棉黄棕泥田	A	0–20	棕灰色	中壤土	糊状	6.0	46.8	2.60	0.50	19.8	112	10.5	78	11.5		E 108°39′40.9″ N 30°33′57.8″	75
						B₁	20–27	棕灰色	重壤土	块状	6.0	46.9	2.60	0.60	19.8	134	10.0	58	11.5			
						B₂	27–60	黄色	重壤土	块状	6.2	8.9	0.50	0.70	16.4	109	11.0	40	10.3			
						G	60–100	黄色	重壤土	棱柱状	7.2	14.6	0.80	1.40	18.0	101	≤1.0	32	12.9			
剖5	人为土	水稻土	潴育水稻土	浅紫泥田	浅紫泥田	A	0–28	紫色	轻壤土	粒状	6.8	13.3	0.70	0.40	21.7	74	2.5	70	8.4		E 108°40′23.3″ N 30°34′24.2″	75
						P	28–37	灰黄色	轻壤土	块状	7.1	14.0	0.80	0.40	19.5	79	1.3	55	8.0			
						B	37–100	灰黄色	中壤土	块状	7.4	8.4	0.50	≤0.10	20.7	49	≤1.0	45				
剖6	初育土	石灰性紫色土	灰棕砂土	生草灰紫砂土		Ao	0–0.5	紫棕色	松砂土		8.1	8.3	0.40	0.50	19.8	45	2.0	116	11.5	紫色砂页岩坡积物	E 108°40′07.1″ N 30°32′43.5″	75
						A	0.5–14	紫棕色	中壤土	块状	8.1	8.3	0.40	0.50	19.8	45	≤1.0	116	10.3			
						B₁	14–35	紫棕色	中壤土	块状	8.2	5.4	0.40	0.40	16.4	36	≤1.0	95	12.9			
						B₂	35–67	紫色	中壤土	块状	8.2	6.3	0.60	0.40	18.0	33	2.5	95				
						5	67–100	紫色	中壤土	块状	8.2	7.6	0.40	0.30	21.7	40	2.0	97	13.0			
剖7	人为土	水稻土	潴育水稻土	黄棕壤性泥质页岩泥田	黄棕砂泥田	A	0–15	灰黄色	重壤土	粒状	7.3	19.1	1.40	0.20	23.8	104	6.0	108	13.4	泥质页岩	E 108°41′24.1″ N 30°30′38.7″	75
						P	15–19	灰黄色	重壤土	块状	7.2	22.7	1.00	≤0.10	24.4	97	6.0	95	12.3			
						W₁	19–38	黄棕色	重壤土	块状	6.8	24.0	0.90	≤0.10	26.8	124	5.0	90	11.8			
						W₂	38–100	灰白色	重壤土	块状	5.4	20.0	0.50	≤0.10	12.9	95	1.5	215				
剖8	人为土	水稻土	潴育水稻土	紫泥田	浅位砾石紫泥田	A	0–22	棕灰色	中壤土	粒状	6.2	33.5	2.00	0.30	≥50.0	156	2.0			河流冲积物	E 108°42′18.4″ N 30°30′06.1″	75
						P	22–31	棕灰色	重壤土	块状	6.9	2.1	≤0.10	0.20	≥50.0	127	8.5					
						3	31–70	棕灰色	重壤土	棱柱状	6.3	28.5	1.30	≤0.10	≥50.0	70	10.6					
						W₁	70–100	棕灰色	中壤土	块状	5.7	25.0	1.50	0.40		176	3.0	70				
剖9	人为土	水稻土	潴育水稻土	潮土田	浅位卵石潮砂田	P	0–19	灰白色	轻壤土	块状	5.3	19.0	1.10	0.30		180	3.0	70			E 108°39′05.3″ N 30°31′29.8″	75
						W	19–27	紫色	中壤土	块状	5.8	15.0	0.90	0.30		86	3.0	70				
						4	27–38				7.6	4.0	0.30	≤0.10		68	1.5	70				
							38–100									37	2.0	120	22.0			
剖10	淋溶土	黄棕壤	山地黄棕壤	石灰岩黄棕壤	灰泡土	A	0–20	灰棕色	重黏土	粒状	8.1	34.9	1.30	0.50	21.1	124	4.0	83	24.9	石灰岩坡积物	E 108°37′42.9″ N 30°30′28.3″	95
						B₁	20–32	灰棕色	轻黏土	块状	7.7	33.0	1.10	0.90	20.2	113	2.0	55	18.0			
						B₂	32–61	灰白色	轻黏土	块状	8.0	42.7	1.80	0.90	22.1	137	2.0					
						B₃	61–100	黄棕色	轻黏土	块状	7.6	22.2	1.00	1.00	23.6	109	1.5	55				

续表 Continued

剖面号 Soil profile	土纲 Soil order	土类 Soil great group	亚类 Soil subgroup	土属 Soil genus	土种 Soil species	土层码 Layer code	土层厚度 Depth/cm	颜色 Soil color	质地 Soil texture	土壤结构 Soil structure	pH	有机质 OM/(g/kg)	全氮 TN/(g/kg)	全磷 TP/(g/kg)	全钾 TK/(g/kg)	碱解氮 AN/(mg/kg)	有效磷 AP/(mg/kg)	速效钾 AK/(mg/kg)	阳离子交换量CEC/(cmol/kg)	土壤母质 Parent material	剖面点坐标 Profile coordinate	匹配指数 Matching index/%
剖11	人为土	水稻土	潴育水稻土	青泥田		Ag	0—22	紫灰色	轻壤土	粒状	6.8										E 108°38′14.4″ N 30°30′33.8″	75
						Pg	22—28	紫灰色	轻壤土	粒状	6.4											
						Wg	28—54	紫色	中壤土	块状	6.8											
						G₁	54—67	紫灰色	中壤土	块状	6.4											
						G₂	67—87	紫灰色	中壤土	块状	6.4											
						6	87—100															
剖12	人为土	水稻土	潴育水稻土	黄棕壤性泥质页岩泥田	浅位轻度青褐黄棕扁砂泥田	Ag	0—18	棕灰色	中壤土	粒状											泥质页岩	E 108°39′52.1″ N 30°32′20.6″	75
						Pg	18—23	棕灰色	中壤土	块状												
						W₁	23—51	灰黄色	中壤土	棱柱状												
						W₂	51—100	灰黄色	中壤土	棱柱状												
剖13	人为土	水稻土	潴育水稻土	灰潮土田	灰潮填沙田	A	0—16	棕黄色	中壤土	粒状	7.8	35.4	1.70	0.50	17.0	90	3.0	77	10.8	河流冲积物	E 108°38′25.9″ N 30°30′16.3″	75
						P	16—21	褐黄色	中壤土	块状	8.0	31.5	1.60	0.40	18.1	65	2.5	100	6.0			
						W₁	21—45	褐黄色	中壤土	棱柱状	8.1	21.7	1.60	0.40	64		2.5	61	10.0			
						W₂	45—60	褐黄色	中壤土	棱柱状	8.2	23.9	1.30	0.40	21.4	60	3.0	35	7.0			
						W₃	60—100	褐黄色	中壤土	棱柱状	8.3	27.6	1.30	0.30	17.7	57	2.5	40	8.7			
剖14	人为土	水稻土	潜育水稻土	青泥田	次青紫泥田	Ag	0—26	紫灰色	轻壤土	粒状	7.9	48.5	2.00	0.20	17.4	156	5.0	61				
						Pg	26—34	紫灰色	中壤土	粒状	7.5	58.5	2.60	0.20		154	8.0	95				
						G₁	34—54	紫灰色	中壤土	块状	7.7	42.7	2.00	≤0.10		132	3.5	87				
						G₂	54—100	紫灰色	中壤土	块状	7.6	41.3	1.50	0.30		139	4.0	80				
剖15	淋溶土	黄棕壤	黄棕壤性	黄棕壤性石硝子土	重量火连硝土	1	0—15		砂壤土		7.4	9.7	0.60	0.30	13.8	93	8.0	107		缝石岩坡化残积物或坡积物	E 108°39′06.1″ N 30°30′15.6″	75
						2	15—39		砂壤土		8.1	10.2		0.30	15.5	76	7.0	85	8.9			
						3	39—100		砂壤土	核状	8.4	9.8		0.33	16.1	52	5.0	55	8.5			
剖16	淋溶土	黄棕壤	暗黄棕壤	泥质岩暗黄棕壤	暗墨紫石泥土	A	0—19	黑色	黏壤土	块状	6.1	13.6	0.74	0.30		144	2.0	110	13.7	泥质岩风化残积物或坡积物	E 108°38′06.0″ N 30°30′57.4″	75
						AC	19—46	暗棕色	黏壤土	块状	6.5	11.3	0.38	0.32		150	1.5	115	12.7			
						C	46—100	棕灰色	黏壤土	粒状	6.0	7.4	0.15			41	2.5	110	15.7			
剖17	人为土	水稻土	潴育水稻土	灰潮土田	浅位中度青褐黄潮砂泥田	Ag	0—13	灰棕色	中壤土	粒状	8.0	44.8	2.30	0.20	21.8	113	6.0	73	8.8	河流冲积物	E 108°39′56.7″ N 30°31′52.9″	75
						2	13—18	紫灰色	中壤土	块状	7.6	59.3	2.50	0.30	20.6	125	3.5	90				
						G	18—36	紫灰色	重黏土	块状	7.8	55.0	2.20	0.30	21.1	79	4.0	116				
						W	36—100	棕灰色	重黏土	棱柱状	8.1	42.0	1.30	≤0.10	20.6	87	3.5	133				
剖18	人为土	水稻土	潴育水稻土	青泥田	中位青马肝泥田	A	0—16	灰棕色	轻黏土	粒状	6.8	33.1	1.70	0.50	22.7	125	≤1.0	65	8.9		E 108°40′41.6″ N 30°30′21.5″	95
						P	16—21	灰黄色	轻黏土	棱柱状	6.6	22.2	1.10	0.40		79	≤1.0	72	8.5			
						G₁	21—41	暗黄棕色	轻黏土	棱柱状	6.0	26.9	1.20	0.40		87	1.6	72	13.7			
						G₂	41—67	暗黄棕色	轻黏土	棱柱状	6.8	32.4	1.60	0.50		223	1.6	99	12.7			
						G₃	67—100	淡棕黄色	轻黏土	粒状	6.0	32.3	1.70	0.50		111	2.3	78	15.7			
剖19	人为土	水稻土	潴育水稻土	潮土田	次灰潮泥田	A	0—17	紫棕色	中壤土	粒状	7.6	23.0	1.20	0.30		89	3.5	78	8.8	河流冲积物	E 108°40′47.9″ N 30°31′52.9″	75
						P	17—26	黄棕色	重黏土	块状	7.3	20.8	1.40	0.30		83	2.5	45	4.9			
						W₁	26—33	棕灰色	重黏土	棱柱状	7.4	24.3	1.50	0.30		90	2.0	42	11.6			
						W₂	33—54	黄棕色	黏土	棱柱状	5.7	31.5	1.80	0.30		101	3.0	38	9.9			
						W₃	54—100	淡棕黄色	黏土	棱柱状	5.7	32.6	1.80	0.30		128	2.0					
剖20	人为土	水稻土	潴育水稻土	黄棕壤性石灰岩泥田	浅位卵石黄棕黄泥田	A	0—15	黄棕色	轻壤土	粒状	5.8	31.9	1.70	0.50		157	18.0	170		石灰岩	E 108°35′18.6″ N 30°27′51.3″	95
						P	15—20	棕灰色	中壤土	块状	7.0	13.1	1.70	0.50		102	21.0	130				
						W₁	20—31	黄棕色	中壤土	棱柱状	6.7	26.0	1.00	0.20		116	12.0	155				
						W₂	31—44	暗棕色	中壤土	棱柱状	6.0	24.1	0.90	0.40		138	14.0	185				
						5	44—															

续表 Continued

剖面号 Soil profile	土纲 Soil order	土类 Soil great group	亚类 Soil subgroup	土属 Soil genus	土种 Soil species	土层码 Layer code	土层厚度 Depth/cm	颜色 Soil color	质地 Soil texture	土壤结构 Soil structure	pH	有机质 OM/(g/kg)	全氮 TN/(g/kg)	全磷 TP/(g/kg)	全钾 TK/(g/kg)	碱解氮 AN/(mg/kg)	有效磷 AP/(mg/kg)	速效钾 AK/(mg/kg)	阳离子交换量CEC/(cmol/kg)	土壤母质 Parent material	剖面点坐标 Profile coordinate	匹配指数 Matching index/%
剖21	人为土	水稻土	潴育水稻土	红黄壤性石英砂泥田	浅位中度青褐黄砂泥田	Ag	0—18	暗棕灰色	轻壤土	粒状	6.4									石英砂岩	E 108°36′03.0″ N 30°28′28.1″	95
						Pg	18—24	暗棕灰色	轻壤土	块状	6.0											
						G	24—39	暗棕灰色	轻壤土	块状	6.0											
						W₁	39—50	暗棕灰色	轻壤土	棱柱状	6.0											
						W₂	50—62	灰黄棕色	中壤土	棱柱状	6.0											
						B₁	62—100	黄棕色	中壤土	棱柱状	6.0											
剖22	人为土	水稻土	淹育水稻土	浅红黄壤性石英砂岩泥田	浅黄砂泥田	A	0—16	灰棕色	轻黏土	粒状	5.3	15.1	1.00	0.30	16.7	82	5.0	125	8.2	浅石英砂岩	E 108°35′05.6″ N 30°26′07.0″	95
						P	16—22	褐棕色	轻黏土	块状	5.5	15.0	0.90	0.30	15.2	82	5.0	128	12.1			
						B₁	22—50	黄棕色	轻黏土	块状	5.7	13.4	0.90	0.30	16.9	81	3.0	125	7.8			
						B₂	50—100	黄棕色	中壤土	块状	6.2	19.2	1.10	0.20	13.3	59	≤1.0	110	8.7			
剖23	人为土	水稻土	潴育水稻土	棕壤性石英砂岩泥田	棕泡砂田	A	0—16	棕黄色	中壤土	粒状	5.1	56.7	3.80	≤0.10	22.2	185	4.0	215	8.6	石英砂岩	E 108°40′56.1″ N 30°27′14.1″	95
						P	16—21	灰棕色	重壤土	块状	5.5	36.0	1.80	0.50	17.6	173	2.5	185	8.5			
						W₁	21—45	灰棕色	重黏土	棱柱状	5.4	36.3	1.80	0.50	17.5	161	3.0	215	5.6			
						W₂	45—52	黄棕色	轻黏土	块状	5.9	22.4	1.50	0.30	17.2	108	1.5	215	9.1			
						W₃	52—100	棕黄色	中壤土	棱柱状	6.0	17.1	0.80	0.30	17.6	90	1.5	240	7.4			
剖24	淋溶土	黄棕壤	山地黄棕壤	砂页岩黄棕壤	扁砂泥土	A	0—20	灰黄色	中壤土	粒状	5.8	18.3	1.00	0.50	19.8	145	4.0	255	7.0	砂页岩	E 108°40′23.3″ N 30°25′16.5″	95
						B₁	20—33	灰黄色	重壤土	块状	7.0	17.3	1.20	0.30	12.6	143	4.5	235	7.2			
						B₂	33—63	黄棕色	重壤土	块状	6.0	12.3	1.20	0.50	16.2	104	4.5	85	8.4			
						B₃	63—100	棕黄色	重壤土	块状	5.8	10.6	1.10	0.60	15.1	85	6.5	80	6.5			
剖25	人为土	水稻土	淹育水稻土	浅黄壤性石英砂岩泥田	浅扁砂泥田	A	0—19	棕灰色	中壤土	粒状	6.0	14.5	1.00	0.30		79	2.5	147		石英砂岩	E 108°41′04.3″ N 30°26′07.9″	95
						P	19—24	黄棕色	轻壤土	块状	6.7	15.0	1.10	0.30	16.1	97	7.5	148	9.7			
						W₁	24—45	黄棕色	轻壤土	块状	6.0	13.9	1.10	0.30	19.2	81	5.5	95	9.2			
						W₂	45—77	黄棕色	重壤土	块状	6.5	11.7	0.90	0.30	20.6	75	5.5	157				
剖26	淋溶土	黄棕壤	山地黄棕壤	石英砂岩黄棕壤	硅质石泡土	A	0—18	灰白色	中壤土	粒状	6.3	31.8	1.40	0.70	20.7	25	7.5	90		石英砂岩	E 108°38′45.3″ N 30°24′06.7″	95
						B₁	18—36	紫灰色	轻壤土	块状	6.5	29.1	1.30	0.60		9	3.5	65				
						B₂	36—72	淡黄棕色	轻壤土	块状	6.1	22.0	1.20	0.50		76	2.5	40				
						B₃	72—100	淡黄棕色	重壤土	块状	5.8	19.8	1.10	0.40		62	≤1.0	25				
剖27	人为土	水稻土	潴育水稻土	潮土田	中位阴木层潮黏泥田	A	0—17	棕灰色	轻壤土	粒状	8.1	41.3	2.20	0.40		139	2.0	85		河流冲积物	E 108°43′53.2″ N 30°22′08.0″	95
						P	17—23	黄棕色	中壤土	块状	8.1	42.9	2.30	0.40		140	3.5	85				
						W	23—55	淡黄棕色	轻壤土	块状	8.1	40.8	2.10	0.40		138	2.0	70				
						4	55—76	淡黄棕色	轻壤土	棱柱状	8.1	36.3	1.70	0.40		112	4.7	62				
						B	76—100	黑色	黏土	块状									≥50.0			
剖28	人为土	水稻土	潴育水稻土	黄棕壤性泥质页岩泥田	次灰黄棕扁砂黏泥田	Ag	0—19	栗灰色	中壤土	粒状	6.5	18.0	1.10	0.30	17.7	81	1.5	42	12.3	泥质页岩	E 108°42′40.1″ N 30°20′10.4″	95
						Pg	19—25	栗灰色	中壤土	块状	7.5	16.3	0.90	0.30	17.2	78	1.5	28	12.7			
						G	25—66	黄棕色	中壤土	棱柱状	7.5	15.4	0.70	0.20	17.3	77	8.0	28				
						W	66—100	黄棕色	重壤土	棱柱状	6.1	11.3	0.70	0.30	15.7	53		25	12.4			
剖29	人为土	水稻土	潴育水稻土	黄棕壤性泥质页岩泥田		A	0—17	淡紫灰色	轻壤土	粒状	5.8	11.8	0.60	0.30	17.8	53	3.0			泥质页岩	E 108°43′56.7″ N 30°20′56.9″	95
						P	17—22	淡紫灰色	中壤土	块状												
						W₁	22—40	淡紫灰色	轻壤土	棱柱状												
						W₂	40—100	淡紫灰色	轻壤土	棱柱状												
剖30	人为土	水稻土	潴育水稻土	紫泥田	浅位轻度青褐紫泥田	Ag	0—20	紫灰色	轻壤土	粒状											E 108°37′38.5″ N 30°21′11.4″	95
						Pg	20—29	紫灰色	中壤土	块状												
						W₁	29—56	紫灰色	中壤土	棱柱状												
						W₂	56—79	紫灰色	中壤土	棱柱状												
						5	79—100	紫灰色	中壤土	棱柱状												

续表 Continued

剖面号 Soil profile	土纲 Soil order	土类 Soil great group	亚类 Soil subgroup	土属 Soil genus	土种 Soil species	土层码 Layer code	土层厚度 Depth/cm	颜色 Soil color	质地 Soil texture	土壤结构 Soil structure	pH	有机质 OM/(g/kg)	全氮 TN/(g/kg)	全磷 TP/(g/kg)	全钾 TK/(g/kg)	碱解氮 AN/(mg/kg)	有效磷 AP/(mg/kg)	速效钾 AK/(mg/kg)	阳离子交换量CEC/(cmol/kg)	土壤母质 Parent material	剖面点坐标 Profile coordinate	匹配指数 Matching index/%
剖31	人为土	水稻土	潴育水稻土	石灰(岩)性水田	石灰性水田	A	0—18	灰黄色	轻壤土	粒状	8.1	21.3	1.20	0.30	17.5	88	1.9	185	2.5		E 108°36′17.3″ N 30°17′01.9″	95
						P	18—23	暗黄棕色	重壤土	块状	8.1	18.0	1.00	0.30	≥50.0	88	1.6	185	4.5			
						W₁	23—43	暗黄棕色	重壤土	棱柱状	8.1	17.6	≤0.10	0.30	≥50.0	83	1.4	185	2.0			
						W₂	43—69	暗黄棕色	轻壤土	棱柱状	7.9	18.5	1.10	0.30	≥50.0	73	2.3	175	2.5			
						W₃	69—100	暗黄棕色	重壤土	棱柱状	8.1	15.7	0.90	0.30	≥50.0	75	1.6	159	2.5			
剖32	淋溶土	棕壤	山地棕壤性土	冷石碴子土	生草冷石碴土	Ao	0—1	棕灰色	重壤土	粒状	7.7	32.1	1.90	0.80	13.2	173	6.5	220		页岩坡积物	E 108°39′03.4″ N 30°19′06.7″	95
						A	1—16	棕灰色	重壤土	粒状	7.7	32.1	1.90	0.80	13.2	173	6.5	220				
						B	16—30	褐色	重壤土	棱柱状	7.6	28.2	1.90	0.80	13.4	146	2.5	157				
						D	77—															
剖33	淋溶土	黄棕壤	暗黄棕壤	泥质岩暗黄棕壤	暗细泥土	Ao	0—3														泥质岩风化坡积物或坡积物	E 108°40′04.1″ N 30°18′16.6″	95
						A	3—24	暗棕色	粉砂质壤土	粒状	5.4	39.4	2.09	0.43	8.3	269	5.0	115	16.3			
						AB	24—43	淡棕褐色	轻壤土	块状	5.3	32.3	1.86	0.51	12.0				26.8			
						B	43—75	黄棕色	轻壤土	块状	5.1	20.9	1.40	0.49	12.5				17.1			
						C	75—100	黄棕色	黏壤土	核状	5.2	19.6	1.22	0.48	13.2				22.3			
剖34	淋溶土	黄棕壤	山地黄棕壤	第四纪黏土山地黄棕壤	黄棕黄黏泥	Ao	0—1														第四纪黏土沉积物	E 108°44′35.0″ N 30°18′00.6″	95
						A	1—13	棕黄色	轻黏土	块状	5.2	10.6	0.80	0.30	26.1	61	1.5	65	7.5			
						B₁	13—54	棕黄色	黏土	块状	5.4	7.0	0.80	≤0.10	26.6	42	≤1.0	60	8.5			
						B₂	54—69	棕黄色	黏土	块状	5.5	4.9	0.40	0.20	24.2	30	≤1.0	55	8.6			
						B₃	69—100	红棕色	中壤土	核状	5.5	4.3	0.40	0.30	24.3	34	≤1.0	55	8.8			
剖35	淋溶土	黄棕壤	山地黄棕壤	第四纪黏土山地黄棕壤	次灰中位白鳝土	A	0—16	褐色	重壤土	块状	6.4	45.9	2.10	0.90	17.9	83	5.5	125		第四纪黏土沉积物	E 108°42′32.8″ N 30°15′56.0″	95
						B₁	16—33	褐棕色	黏土	块状	7.9	40.1	8.10	0.50	18.6	132	7.0	85				
						B₂	33—60	褐棕色	黏土	块状	7.6	17.4	1.30	0.70	18.1	76	3.0	60				
						B₃	60—91	灰棕色	黏土	棱柱状	7.3	11.9	1.10	0.60	18.7	65	4.0	50				
						B₄	91—100	灰棕色	黏土	棱柱状	6.0	13.5	1.20	0.70	16.4	65	3.5	50				
剖36	人为土	水稻土	潴育水稻土	黄棕壤性泥质页岩泥田	浅位强度青褐黄岩扁砂泥田	Ag	0—17	黄棕色	轻壤土	粒状	5.4	24.5	1.50	0.40		102	4.5	73	11.4	泥质页岩	E 108°41′19.5″ N 30°15′09.6″	95
						Pg	17—23	黄棕色	中壤土	块状	6.0	24.8	1.40	0.60		104	2.0	65	11.5			
						G	23—42	黄褐黄棕色	中壤土	块状	5.8	24.4	1.40	0.60		103	6.5	75	11.4			
						W₁	42—67	灰棕色	中壤土	棱柱状	6.2	22.6	1.30	0.50		77	1.5	65	10.5			
						B	67—100	灰棕色	重壤土	棱柱状	6.7	19.8	1.20	0.40		74	2.5	65	11.0			
剖37	人为土	水稻土	潴育水稻土	青泥田	青潮浅位阴木田	Ao	0—1															E 108°38′29.4″ N 30°15′14.3″	95
						Ag	0—13	栗色	中壤土	糊状	6.3	152.0	2.50	0.60		203	10.0	95				
						Pg	13—24	褐棕色	中壤土	粒状	6.4	154.3	3.90	0.60		211		90				
						3	24—															
剖38	潮土	潮土		砂土型潮土	浅位卵石河砂土	A	0—17	紫棕色	轻壤土	粒状	8.5	9.1	0.70	0.50	≥50.0	27	3.0	38	22.9	河流冲积物	E 108°39′30.5″ N 30°15′24.9″	75
						B₁	17—33	紫棕色	轻壤土	块状	8.0	8.2	0.60	0.60	≥50.0	39	12.0	38	22.9			
						3	33—															
剖39	淋溶土	棕壤	山地棕壤性土	冷石碴子土	生草冷火连碴土	Ao	0—1														砾岩坡积物	E 108°36′26.9″ N 30°13′59.7″	95
						A	1—20	灰黄色	中壤土	块状	5.2	≥250.0	1.10	0.40	9.7	151	1.5	38	10.9			
						B₁	20—52	灰黄色	重壤土	块状	5.2	≥250.0	1.10	0.40	9.7	151	1.5	65	10.9			
						B₂	52—100	灰白色	重壤土	块状	5.4	6.3	0.30	≤0.10	5.8	61	2.0	50	16.6			
剖40	半水成土	潮土		砂土型潮土	中位卵石河砂土	A	0—22	棕色	砂壤土	粒状	7.2	27.8	0.60	0.20	7.0	102	1.5			河流冲积物	E 108°39′40.0″ N 30°14′49.9″	75
						B₁	22—45	棕色	砂壤土	粒状	7.2											
						B₂	45—60	棕色	砂壤土	粒状	7.2											
						4	60—100															

续表 Continued

剖面号 Soil profile	土纲 Soil order	土类 Soil great group	亚类 Soil subgroup	土属 Soil genus	土种 Soil species	土层码 Layer code	土层厚度 Depth/cm	颜色 Soil color	质地 Soil texture	土壤结构 Soil structure	pH	有机质 OM/(g/kg)	全氮 TN/(g/kg)	全磷 TP/(g/kg)	全钾 TK/(g/kg)	碱解氮 AN/(mg/kg)	有效磷 AP/(mg/kg)	速效钾 AK/(mg/kg)	阳离子交换量 CEC/(cmol/kg)	土壤母质 Parent material	剖面点坐标 Profile coordinate	匹配指数 Matching index/%
剖41	淋溶土	棕壤	山地棕壤	石灰岩山地棕壤	棕泥土	A	0—11	褐色	轻黏土	粒状	5.4	49.3	2.90	0.80	23.9	243	5.5	365	19.6	石灰岩	E 108°39′03.2″ N 30°13′25.9″	95
						B₁	11—28	淡黄棕色	轻黏土	块状	5.2	22.4	1.90	0.40	24.0	168	3.5	240	16.1			
						B₂	28—46	黄棕色	轻黏土	块状	5.3	17.4	0.80	0.30	27.0	106	≤1.0	165	15.6			
						B₃	46—68	淡棕黄色	轻黏土	块状	5.5	8.7	0.70	0.30	30.6	64	≤1.0	155	15.9			
						B₄	68—100	黄色	轻黏土	粒状	5.6	5.1	0.60	0.30	33.1	55	≤1.0	150	14.8			
剖42	人为土	水稻土	潴育水稻土	潮土田	潮砂泥田	A	0—20	暗灰棕色	重壤土	粒状	9.6	18.6	1.10	0.40	24.7	81	2.5	55	5.4	河流冲积物	E 108°37′24.5″ N 30°08′10.0″	95
						P	20—28	褐色	中壤土	块状	5.7	20.8	1.10	0.40	21.5	102	6.4	55	6.6			
						W₁	28—65	栗色	重壤土	核柱状	5.4	21.8	1.20	0.20	23.9	101	4.5	45	6.3			
						W₂	65—100	栗色	重壤土	核柱状	5.0	20.3	1.30	0.20	20.9	108	6.5	45	6.5			
剖43	人为土	水稻土	潴育水稻土	黄棕壤性第四纪黏土泥田	浅位湿潜青褐白鳝泥田	A	0—17	灰棕色	轻壤土	粒状	5.1	25.2	1.20	0.20	16.4	108	4.5	68	11.4	第四纪黏土	E 108°35′43.2″ N 30°05′45.9″	95
						Pg	17—24	棕褐色	轻壤土	块状	5.2	27.3	1.30	0.30	16.6	108	2.5	50	11.5			
						G	24—36	暗灰棕色	重壤土	棱柱状	5.1	32.5	1.40	0.20	17.4	104	4.5	38	13.4			
						Wg	36—72	白色	重壤土	块状	5.3	18.9	0.80	0.30	17.2	54	3.0	58	12.3			
						W	72—100	白色	轻壤土	棱柱状	5.3	13.5	0.70	0.20	21.2	32	7.0	58	12.5			
剖44	半水成土	潮土		砂土型潮土	生草河砂土	A	0—18		多砾石土	粒状										河流冲积物	E 108°39′48.2″ N 30°09′03.6″	75
						C	18—62		多砾石土	粒状												
						3	62—100		多砾石土	粒状												
剖45	人为土	水稻土	潴育水稻土	紫泥田	浅位中度青褐紫泥田	Ag	0—27	紫灰色	重壤土	粒状	6.0	17.9	1.00	0.40	21.8	68	≤1.0	52	13.4	缝石岩岩坡积物	E 108°44′57.2″ N 30°08′45.8″	95
						Pg	27—37	紫灰色	中壤土	块状	6.0	11.8	0.80	0.30	19.6	56	≤1.0	69	13.4			
						B	37—48	紫灰色	重壤土	棱柱状	7.6	6.6	0.30	≤0.10	10.5	48	≤1.0	62	13.8			
						W₁	48—70	紫灰色	重壤土	棱柱状	7.2	19.4	1.00	0.30	26.2	49	≤1.0	99	14.2			
						W₂	70—100	紫灰色	重壤土	棱柱状	7.6	13.7	0.70	0.30	26.8	51	1.6	72	13.6			
剖46	淋溶土	黄棕壤		重量火连土	重量火连土	A	0—12	褐色	砂砾土	粒状	7.5	29.8	1.50	0.20	5.9	161	22.5	150		石灰岩岩坡积物	E 108°35′53.0″ N 30°01′26.2″	95
						B₁	12—23	褐色	中壤土	粒状	7.7	57.6	2.50	1.20	15.6	124	2.5	93				
						B₂	23—45	褐色	重壤土	粒状	7.0	40.6	2.00	1.10	13.7	135	11.5	90				
剖47	淋溶土	黄棕壤	山地黄棕壤	砂页岩黄棕壤	黄棕泥	Ao	0—1	褐黄色	轻壤土	块状	6.0	19.4	1.30	0.40	21.9	116	≤1.0	128	13.4	砂页岩坡积物	E 108°40′22.4″ N 30°00′27.3″	95
						A₁	1—19	褐黄色	中壤土	块状	5.9	19.4	1.30	0.20	25.2	80	≤1.0	111	13.4			
						B₁	19—42	褐黄色	中壤土	块状	6.0	6.2	0.80	0.20	24.9	55	≤1.0	95	14.2			
						B₂	42—60	褐黄色	中壤土	块状	6.0	6.1	6.60	0.30	24.7	73	≤1.0	133	13.6			
						B₃	60—100	褐黄色	轻壤土	粒状	5.0	5.5	6.60	≤0.10	≤1.0	94	6.5	270				
剖48	铁铝土	黄壤		砂页岩黄壤	低山扁砂泥土	Ao	0—1	褐色	松砂土	粒状	4.7	7.5	0.40	0.20	10.7	80	2.5	120	13.2	砂页岩	E 108°31′26.0″ N 29°49′35.6″	95
						B₁	19—40	褐黄色	轻壤土	块状	4.9	10.2	0.80	0.30	13.5	88	2.0	110	11.2			
						B₂	40—65	褐黄色	中壤土	块状	5.0	14.0	0.60	0.30	15.9	89	3.5	163	10.7			
剖49	淋溶土	黄棕壤	黄棕壤性土	黄棕壤性石碴子土	轻量火连土	B₁	0—17	褐黄色	少砾中壤土	粒状	6.4	19.5	1.10	0.33	19.6	102	3.5	85		石灰岩坡积物	E 108°59′19.2″ N 30°36′27.8″	95
						B₂	17—22	褐黄色	少砾中壤土	块状	7.0	19.0	0.90	0.32	22.8	80	≤1.0	55	11.2			
						B₃	22—45	栗色	少砾中壤土	块状	7.2	15.3	0.70	0.28	20.3	66	2.0	55	10.7			
						B₄	45—100	淡黄棕色	少砾石土	块状	6.6	13.0	0.90	0.43	12.7	81	≤1.0	33	10.2			
剖50	初育土	石灰（岩）黑灰土	黑色石灰土	黑色石灰土	生草黑泡土	Ao	0—1	棕灰色	砂壤土	粒状	8.0	14.0	0.70	≤0.10	14.0	152	2.0		16.8	石灰岩	E 108°55′43.5″ N 30°33′56.2″	95
						A	1—23	棕灰色	砂壤土	块状	8.0	14.0	≤0.10	≤0.10	14.0	152	≤1.0		16.8			
						B₁	23—41	紫灰色	紫壤	块状	8.2	2.4	≤0.10	≤0.10	12.9	46	≤1.0		7.0			
						B₂	41—100	棕灰色	砂壤土	块状	8.4	2.4	≤0.10	≤0.10	10.7	24	≤1.0		7.5			

续表 Continued

剖面号 Soil profile	土纲 Soil order	土类 Soil great group	亚类 Soil subgroup	土属 Soil genus	土种 Soil species	土层码 Layer code	土层厚度 Depth/ cm	颜色 Soil color	质地 Soil texture	土壤结构 Soil structure	pH	有机质 OM/ (g/kg)	全氮 TN/ (g/kg)	全磷 TP/ (g/kg)	全钾 TK/ (g/kg)	碱解氮 AN/ (mg/kg)	有效磷 AP/ (mg/kg)	速效钾 AK/ (mg/kg)	阳离子 交换量CEC/ (cmol/kg)	土壤母质 Parent material	剖面点坐标 Profile coordinate	匹配指数 Matching index/%
剖51	初育土	石灰(岩)土	黑色石灰土	黑色石灰岩土	厚层黑泡土	A	0—22	暗灰色	轻壤土	粒状	8.2	13.1	0.50	0.40	7.6	98	3.5	160	12.6	石灰岩	E 108°57′15.5″ N 30°34′17.3″	95
						B₁	22—38	暗灰色	砂壤土	粒状	8.2	9.5	0.60	≤0.10	6.4	97	3.0	115	11.3			
						B₂	38—62	暗灰色	砂壤土	块状	8.5	2.6	0.20	≤0.10	3.6	28	≤1.0	60	6.6			
						B₃	62—100	暗灰色	砂壤土	粒状	8.6	1.4	≤0.10	≤0.10	3.1	19	≤1.0	55	5.3			
剖52	人为土	水稻土	潜育水稻土	黄棕壤性石英砂岩泥田	浅位铁盘黄泡砂田	A	0—20	棕黄色	中壤土	块状	5.1	27.9	0.50	0.30		122	8.0	130		石英砂岩	E 108°57′38.6″ N 30°34′37.1″	95
						P	20—29	黄棕色	轻壤土		6.2	18.6	1.00	≤0.10		38	4.5	176				
						3	29—35	黄棕色	轻壤土	棱柱状	5.7	5.8	0.40	0.20		74	2.0	152				
						W₁	35—60	黄棕色	轻壤土	棱柱状	6.2	2.7	0.20	≤0.10		34	1.2	160				
						W₂	60—100	暗灰色	轻黏土		5.6					33		170				
剖53	人为土	水稻土	潜育水稻土	灰青泥田	高位灰青马肝泥田	Ag	0—21	暗灰色	轻黏土	粒状	8.1	33.5	1.90	0.70		118	5.5	93				
						Pg	21—28	暗灰色	轻黏土	块状	8.1	33.9	2.00	0.60		117	10.5	97				
						G₁	28—47	暗灰色	轻黏土	块状	8.3	30.8	1.70	0.80	26.7	106	5.5					
						G₂	47—61	暗灰色	轻黏土	块状	8.2	29.7	1.70	0.80	26.8	106	12.5	118				
						G₃	61—100	暗灰色	重黏土	块状	8.2	20.4	0.70	0.50	13.2	106	7.5	100				
剖54	人为土	水稻土	潜育水稻土	灰青泥田	高位灰青黄泥田	Ag	0—20	暗灰色	重黏土	粒状	8.0	45.1	2.30	0.80	27.4	174	10.5	190	21.3	泥质页岩残积物	E 108°57′48.7″ N 30°33′24.2″	95
						Pg	20—26	暗灰色	轻黏土	块状	8.0	45.6	2.60	0.80	15.3	165	9.0	185	20.1			
						G	26—100	暗灰色	轻黏土	块状	8.1	41.0	2.20	0.60	11.8	139	9.0	195	19.1			
剖55	淋溶土	棕壤	山地棕壤	泥质页岩山地棕壤	冷扁砂土		0—15		轻壤土		8.1	19.8	1.30	0.50	9.4	105	6.0	170			E 108°56′32.2″ N 30°31′02.3″	95
						2	15—23			粒状	6.3	21.0	1.40	0.40	18.3	196	4.0	140	8.0			
						3	23—57		轻黏土	块状	6.6	13.6	0.80	0.40	18.3	152	1.5	125	10.1			
						4	57—100			棱柱状	7.7	12.0	0.70	0.20	14.8	128	2.0		10.1			
剖56	初育土	紫色土	酸性紫色土	酸性紫磁土	生草酸性紫磁土	Ao	0—2	紫色	中壤土	粒状	5.2	21.1	0.90	≤0.10	18.3	102	3.0	130	8.3	紫色砂页岩坡积物	E 108°59′47.7″ N 30°30′56.3″	75
						A	2—10	紫色	中壤土	块状	5.2	21.1	0.90	≤0.10	14.8	102	3.0	130	8.0			
						B₁	10—31	紫色	中壤土	棱柱状	5.9	13.4	0.70	0.20	17.4	73	25.0	125	9.0			
						B₂	31—69		轻壤土		6.6	8.7	0.50	0.80		52	≤1.0	85	9.4			
						5	69—															
剖57	人为土	水稻土	潜育水稻土	红色黏性石灰岩泥田	黄泥田	A	0—20	灰黄色	重黏土	粒状	6.0	38.5	2.10	0.50	18.1	173	6.5	110	8.7	石灰岩	E 108°52′54.8″ N 30°30′34.7″	95
						P	20—26	灰黄色	重黏土	块状	6.5	26.3	1.30	0.40	17.8	122	4.0	110	8.8			
						W	26—51	灰黄色	中壤土	棱柱状	7.2	8.3	1.00	0.40	8.8	87	4.0	100	9.3			
						4	51—100	灰黄色	重黏土	块状	7.2	6.7	0.80	0.20	18.8	44	2.0	80	8.0			
剖58	初育土	石灰(岩)土	棕色石灰土	棕色石灰土	生草马肝泥田	Ao	0—1	黑灰色	轻壤土	块状	7.5	1.6	≤0.10	≤0.10	2.1	125	1.5	80	10.1	石灰岩	E 108°52′46.7″ N 30°30′04.2″	95
						A	1—6	灰白色	中壤土	块状	7.1	20.3	1.90	0.30	19.3	125	1.5	80	10.1			
						B₁	6—31	淡棕色	重壤土	块状	6.6	37.8	1.90	0.30	19.0	223	2.5	100	8.3			
						B₂	31—67	淡红黄色	重壤土	粒状	6.6	37.8	0.50	≤0.10	16.3	92	12.0	65	5.2			
						B₃	67—100	淡棕黄色	重壤土	块状	7.9	14.2	0.30	0.20	11.7	35	5.0	42	11.3			
剖59	人为土	水稻土	潜育水稻土	黄棕壤性第四纪黏土泥田	次灰马肝泥田	A	0—20	灰白色	中壤土	块状	7.8	16.2	0.30	0.40	16.9	53	2.5	33	13.3	第四纪黏土	E 108°49′54.3″ N 30°27′39.7″	95
						P	20—30	淡灰色	重壤土	块状	8.2	12.4	1.70	0.20	21.1	112	≤1.0	43	13.5			
						B	30—41	灰灰黄色	重壤土	棱柱状	8.1	39.0	0.80	0.30	16.7	48	2.5	43	14.5			
						W	41—54	灰白色	重壤土	棱柱状	7.0	11.0	0.80	0.30	16.7	48	2.0	55	12.4			
						W₂	54—77				7.0	11.0	1.20	0.40	21.7	74	7.0	55	12.1			
						6	77—100				5.8	19.0	1.20	0.40	17.5	74	5.5	55	11.5			
剖60	淋溶土	黄棕壤	山地黄棕壤	第四纪黏土山地黄棕壤	黏黄土	A	0—12	黄黄色	重黏土	粒状	5.7	18.0	0.70	0.40	22.5	62	2.5	50	10.8	第四纪黏土沉积物	E 108°47′52.7″ N 30°26′37.7″	95
						B₁	12—17	棕黄色	重黏土	块状	5.6	13.0	0.30	≤0.10	17.1	19	1.5	45	10.4			
						B₂	17—32	淡红棕色	轻黏土	块状	5.4	3.2	0.30	≤0.10	17.6	21	1.5	45	10.1			
						B₃	32—76	红棕色	重黏土	块状	5.4	2.3							9.4			
						C	76—100	红棕色														

续表 Continued

剖面号 Soil profile	土纲 Soil order	土类 Soil great group	亚类 Soil subgroup	土属 Soil genus	土种 Soil species	土层码 Layer code	土层厚度 Depth/cm	颜色 Soil color	质地 Soil texture	土壤结构 Soil structure	pH	有机质 OM/(g/kg)	全氮 TN/(g/kg)	全磷 TP/(g/kg)	全钾 TK/(g/kg)	碱解氮 AN/(mg/kg)	有效磷 AP/(mg/kg)	速效钾 AK/(mg/kg)	阳离子交换量CEC/(cmol/kg)	土壤母质 Parent material	剖面点坐标 Profile coordinate	匹配指数 Matching index/%
剖61	人为土	水稻土	潜育水稻土	青泥田	高位青马肝泥田	Ag	0—20	灰棕色	轻黏土	粒状	7.5	26.0	1.20	≤0.10	23.9	171	3.5	145			E 108°47′23.9″ N 30°25′32.9″	95
						Pg	20—29	棕灰色	轻黏土	粒状	7.6	≥250.0	1.30	0.20	23.5	138	4.0	135				
						G₁	29—37	棕灰色	轻黏土	块状	7.5	26.0	1.40	0.30	24.0	162	3.0	115				
						G₂	37—100	褐色	轻黏土	块状	7.7	20.5	1.00	0.20	25.4	125	3.5	140				
剖62	人为土	水稻土	潜育水稻土	青泥田	中位卵石青潮田	Ag	0—15	暗黄灰色	中壤土	粒状	5.3	59.2	2.80	0.30		169	7.0	150			E 108°53′34.2″ N 30°28′49.0″	95
						Pg	15—19	暗黄灰色	中壤土	块状	5.5	48.3	2.60	0.20		157	5.0	95				
						G	19—51	紫灰色	砂壤土	块状	5.4	5.7	0.30	≤0.10		40	4.5	60				
						4	51—		中壤土		5.4	46.4	2.60	0.30		179		125				
剖63	淋溶土	棕壤	山地棕壤	石灰岩山地棕壤	冷灰泡土	A	0—18	褐色	重壤土	粒状	6.8	26.5	1.50	0.40	15.7	160	2.5	190		石灰岩坡积物	E 108°59′25.8″ N 30°25′32.4″	95
						B₁	18—51	灰黄色	重黏土	块状	7.0	22.8	1.20	0.40	16.1	155	≤1.0	100				
						B₂	51—100	灰黄色	重黏土	块状	7.3	12.6	0.90	0.30	16.6	119	≤1.0	105				
剖64	人为土	黄棕壤	淹育水稻土	浅黄棕壤性石英砂岩泥田	浅黄泡砂田	A	0—16	淡黄棕色	中壤土	块状	5.2	15.4	0.90	0.30	18.6	65	3.0	80	7.6	浅石英砂岩	E 108°52′52.4″ N 30°26′42.2″	95
						B₁	16—22	淡黄棕色	轻壤土	块状	5.1	18.9	0.70	0.30	21.2	74	3.0	100	8.4			
						B₂	22—48	淡黄棕色	中壤土	块状	4.9	3.6	0.20	0.30	17.5	23	1.2	115	9.1			
							48—100	淡黄棕色	轻壤土	块状	4.8	4.8		0.80	23.4		3.7	115	8.8			
剖65	人为土	水稻土	沼泽型水稻土	烂泥田	淤泥深脚田	A	0—38	暗黄棕色	中壤土	糊状	6.8										E 108°46′22.0″ N 30°24′46.2″	95
						G₁	38—55	暗黄棕色	中壤土	糊状	6.4											
						G₂	55—100	暗黄棕色	中壤土	糊状	6.4											
剖66	人为土	水稻土	潜育水稻土	潮土田	浅位铁盐黄扁砂泥田	A	0—17	褐色	中壤土	粒状	5.8	8.3	0.80	0.20	23.8	43	≤1.0	55	14.0	河流冲积物	E 108°49′07.7″ N 30°24′46.4″	95
						P	17—22	褐色	轻壤土	粒状	5.8	8.3	0.80	0.20	23.8	43	≤1.0	55	14.0			
						W	22—29	褐色	轻黏土	块状	5.7	11.3	0.70	0.20	22.3	64	≤1.0	95	13.5			
						4	29—100		中壤土	棱柱状	5.8	10.0	0.80	≤0.10	22.2	50	≤1.0	80	13.9			
剖67	人为土	水稻土	潜育水稻土	石英砂岩黄棕壤	硅质黄棕泥	Ao	0—2	紫色	轻壤土	块状	5.7	7.3	0.80	0.20	24.6	43	≤1.0	60		石英砂岩	E 108°51′52.3″ N 30°18′56.8″	95
						A	2—14	淡黄棕色	轻黏土	粒状	7.8	42.5	2.20	0.50		117	5.0	75				
						B₁	14—40	淡黄棕色	重黏土	粒状	7.9	32.7	2.20	0.50	17.3	110	5.5	78				
						B₂	40—76	淡黄棕色	轻黏土	块状	7.8	48.9	2.20	0.60	17.0	123	5.0	93				
						B₃	76—100	淡黄棕色	轻黏土	块状	7.8	42.5	1.80	0.90	22.3	102	5.0	100				
剖68	人为土	水稻土	潜育水稻土	红黄壤性泥质页岩泥田	浅位铁盘黄扁砂泥田	A	0—17	灰棕色	中壤土	粒状	6.8	18.6	0.80	0.30		90	12.0	110		泥质页岩	E 108°52′09.8″ N 30°17′56.4″	95
						P	26—37	暗灰色	重壤土	块状	7.2	17.9	1.10	0.30	17.3	80	2.0	55	14.0			
						W₁	37—41	灰棕色	中壤土	块状	7.7	17.7	1.00	0.30	17.0	89	2.0	42	13.8			
						W₂	41—66	黄棕色	重壤土	块状	7.7	14.8	0.90	0.30	16.8	62	3.0	35	13.3			
						B	66—100	棕灰色	中壤土	棱柱状	6.8	11.4	0.70	0.30	16.1	53	2.5	23	13.4			
剖70	人为土	水稻土	潜育水稻土	紫泥田	浅位轻度青隔紫次田	P	0—20	棕色	中壤土	粒状	7.8	14.2	0.70	0.30	17.1		2.0	25	12.1		E 108°58′47.2″ N 30°16′01.5″	95
						Pg	19—28	棕灰色	重壤土	块状												
						G	30—56	紫棕色	中壤土	块状												
						W₁	56—74	紫棕色	中壤土	棱柱状												
						W₂	74—100	紫棕色	重壤土	块状	5.9					53						

续表 Continued

剖面号 Soil profile	土纲 Soil order	土类 Soil great group	亚类 Soil subgroup	土属 Soil genus	土种 Soil species	土层码 Layer code	土层厚度 Depth/cm	颜色 Soil color	质地 Soil texture	土壤结构 Soil structure	pH	有机质 OM/(g/kg)	全氮 TN/(g/kg)	全磷 TP/(g/kg)	全钾 TK/(g/kg)	碱解氮 AN/(mg/kg)	有效磷 AP/(mg/kg)	速效钾 AK/(mg/kg)	阳离子交换量CEC/(cmol/kg)	土壤母质 Parent material	剖面点坐标 Profile coordinate	匹配指数 Matching index/%
剖71	人为土	水稻土	潴育水稻土	灰泥田	灰青潮泥田	Ag	0—18	紫灰色	重壤土	糊状	8.0	31.5	1.30	0.60	20.8	111	≤1.0	142			E 108°59′24.9″ N 30°16′26.1″	95
						Pg	18—24	紫灰色	重壤土	无结构	8.0		1.10	0.60	24.8	90	≤1.0	142				
						G₁	24—41	紫灰色	重壤土	无结构	8.0	27.4	1.00	0.60	21.1	88	1.7	128				
						G₂	41—100	紫灰色	重壤土	粒状	8.0	27.8	1.50	0.60	95	1.7	145					
剖72	初育土	紫色土	酸性紫色土	酸性紫磴土	厚层酸性紫磴土	A	0—15	紫色	中壤土	块状	5.1	7.2	0.60	≤0.10	8.4	58	1.5	55	6.7	紫色砂页岩坡积物	E 108°52′40.6″ N 30°16′13.9″	95
						B₁	15—26	紫色	中壤土	块状	5.4	5.0	0.30	≤0.10	9.2	46	≤1.0	40	6.6			
						B₂	26—67	棕色	中壤土	块状	5.5	3.6	0.20	≤0.10	9.0	37	≤1.0	40	7.7			
						B₃	67—100	棕色	中壤土	块状	5.5	4.8	0.30	≤0.10	8.8	43	≤1.0	40	8.1			
剖73	人为土	水稻土	潴育水稻土	黄棕壤性第四纪黏土泥田	浅位白鳝泥田	A	0—16	黄棕色	重壤土	粒状	6.3	20.9	1.10	0.30		88	5.5	65	8.0	第四纪黏土	E 108°54′42.6″ N 30°16′49.0″	95
						B₁	16—22	黄棕色	中壤土	块状	5.7	18.8	1.20	0.20	12.5	85	2.0	45	7.9			
						B₂	22—42	灰黄色	中壤土	棱柱状	6.6	19.9	1.20	0.20	11.8	62	2.5	50	10.5			
						B₃	42—100	淡黄色	中壤土	棱柱状	6.1	8.0	0.40	0.20	12.7	34	3.5	33	6.0			
剖74	淋溶土	棕壤	山地黄棕壤	泥质页岩山地棕壤	硅质酸性棕泥	Ao	0—2				5.3	109.5	4.20	0.40	13.6	338	7.5	480	13.3	泥质页岩残积物	E 108°47′16.0″ N 30°13′01.8″	96
						A	2—4	灰棕色	中壤土	粒状	5.3	109.5	4.20	0.40	12.5	338	7.5	480	13.3			
						B₁	4—19	暗棕色	中壤土	核状	5.0	36.5	3.10	0.30	12.5	252	2.0	170	13.7			
						B₂	19—45	黄棕色	中壤土	棱柱状	5.0	37.5	2.10	0.50	11.8	218	2.5	85	11.2			
						B₃	45—100	棕黄色	重壤土	块状	5.0	31.7	1.20	0.20	13.6	158	2.5	50	10.1			
剖75	人为土	水稻土	潴育水稻土	潮土田	潮砂田	A	0—21	棕黄色	中壤土	粒状	7.7	44.7	0.80	0.30	25.2	123	3.0	75		河流冲积物	E 108°47′05.7″ N 30°14′46.0″	95
						P	21—30	灰棕色	中壤土	块状	6.1	25.4	≤0.10	0.20	20.5	151	8.0	70				
						W	30—100	棕黄色	中壤土	棱柱状	7.3	25.2	1.20	0.20	22.9	114	8.0	55				
剖76	人为土	水稻土	潴育水稻土	矿毒性田	浅位轻度青铜废水矿毒田	A	0—18	棕灰色	轻黏土	粒状	6.0	33.1	1.40	0.20	15.7	174	1.6	36	8.6	石英砂岩	E 108°50′16.7″ N 30°13′02.3″	95
						Pg	18—27	棕灰色	轻黏土	块状	6.0	26.3	1.20	0.20	15.0	94	≤1.0	36	6.9			
						G	27—43	棕灰色	轻黏土	块状	6.0	26.1	1.10	0.10	15.0	110	≤1.0	45	6.7			
						W₁	43—70	棕黄色	轻黏土	块状	6.0	21.4	1.10	0.20	16.3	83	≤1.0	49	7.3			
						W₂	70—100	灰黄色	轻黏土	粒状	6.0	22.7	1.20	0.20	19.0	64	≤1.0	69	7.6			
剖77	淋溶土	黄棕壤	山地黄棕壤	石英砂岩黄棕壤	硅质黄砂土	A	0—20	灰黄色	重壤土	粒状	5.0	19.3	1.00	0.20	11.9	108	5.0	65	8.3	石英砂岩	E 108°47′51.9″ N 30°11′22.3″	95
						B₁	20—36	淡棕黄色	重壤土	块状	4.8	8.8	0.70	0.10	15.0	64	2.5	35				
						B₂	36—76	淡黄色	重壤土	块状	4.9	5.4	0.40	0.20		41	≤1.0	35				
						B₃	76—100	淡黄色	重壤土	块状	5.0	4.9	0.40	0.20	16.3	20	1.5	30	8.9			
剖78	人为土	水稻土	潴育水稻土	青泥田	青潮田	Ag	0—18	暗黄色	重壤土	粒状	5.0	51.8	2.40	0.20	19.0	166	3.7	145		河流冲积物	E 108°48′38.3″ N 30°11′01.4″	95
						P	18—24	灰棕色	中壤土	块状	5.0	49.1	2.40	0.30		166	2.0	115				
						G	24—100	灰棕色	中壤土	粒状	5.1	38.1	2.40	0.20		125	2.0	140				
剖79	人为土	水稻土	潴育水稻土	黄棕壤性石英砂岩泥田	黄泥砂儿田	A	0—16	青灰色	中壤土	粒状	5.3	23.1	1.30	0.20		97	3.3	56		石英砂岩	E 108°48′00.5″ N 30°11′34.7″	95
						P	16—23	青灰色	中壤土	棱柱状	5.3	28.7	1.10	0.20		95	2.5	61				
						W₁	23—31	棕灰色	中壤土	棱柱状			0.60			74	6.0	100				
						W₂	31—51	棕红色	中壤土	粒状	5.3	13.1						155				
						5	51—	棕红色	中壤土	粒状						118						
剖80	人为土	水稻土	潴育水稻土	潮土田	浅位强度青棕潮田	A	0—23	暗棕色	轻壤土	粒状	7.1	50.7	2.10	0.40		162	2.5	90		河流冲积物	E 108°51′42.0″ N 30°08′48.3″	95
						Pg	23—35	暗棕色	轻壤土	块状	7.3	46.9	2.40	0.40		150	2.5	100				
						G	35—46	暗棕色	中壤土	棱柱状	7.2	46.2	1.40	0.30		149	3.5	100				
						W	46—100	青灰色	中壤土	粒状	7.4	31.6	1.20	0.30		115	2.5	90				
剖81	人为土	水稻土	潴育水稻土	紫泥田	浅位强度青棕紫泥田	A	0—18	灰棕色	中壤土	块状	7.4	13.2	0.40	0.20		67	7.5	70		砂页岩	E 108°49′44.4″ N 30°06′58.2″	95

续表 Continued

剖面号 Soil profile	土纲 Soil order	土类 Soil great group	亚类 Soil subgroup	土属 Soil genus	土种 Soil species	土层码 Layer code	土层厚度 Depth/cm	颜色 Soil color	质地 Soil texture	土壤结构 Soil structure	pH	有机质 OM/(g/kg)	全氮 TN/(g/kg)	全磷 TP/(g/kg)	全钾 TK/(g/kg)	碱解氮 AN/(mg/kg)	有效磷 AP/(mg/kg)	速效钾 AK/(mg/kg)	阳离子交换量CEC/(cmol/kg)	土壤母质 Parent material	剖面点坐标 Profile coordinate	匹配指数 Matching index/%
剖82	人为土	水稻土	潴育水稻土	黄棕壤性泥质页岩泥田	墨石泥田	A	0~18	淡灰色	中壤土	粒状										泥质页岩	E 108° 51′ 53.4″ N 30° 01′ 44.7″	95
						P	18~27	淡灰色	中壤土	块状												
						W₁	27~43	淡灰色	重黏土	棱柱状												
						W₂	43~67	灰白色	重黏土	棱柱状												
						D	67—															
剖83	淋溶土	黄棕壤	山地黄棕壤	第四纪黏土山地黄棕壤	浅位白鳝土	A	0~20	暗棕色	重壤土	粒状	5.8	24.9	1.20	0.60	12.7	126	13.0	102	13.0	第四纪黏土山沉积物	E 108° 53′ 57.0″ N 30° 04′ 01.2″	95
						B₁	20~31	灰白色	轻黏土	块状	5.5	10.4	0.80	0.30	14.3	98	2.0	60	7.0			
						B₂	31~39	淡灰黄色	重黏土	块状	5.6	11.9	0.70	0.30	13.9	92	2.0	64	7.8			
						B₃	39~100	淡灰黄色	重黏土	棱柱状	5.1	2.1	0.30	≤0.10	12.6	50	≤1.0	55	6.8			
剖84	淋溶土	黄棕壤	黄棕壤性土	黄棕壤性石碴子土	暗火连磺土	Ao	0~1													砾岩坡积物	E 108° 49′ 05.3″ N 29° 55′ 46.5″	95
						A	1~8	栗色	中壤土	粒状	5.3	36.0	1.00	0.20	12.2	169	3.1	110	18.7			
						B₁	8~34	黄色	中壤土	块状	5.3	36.0	0.90	0.20	12.2	169	3.1	110	18.7			
						B₂	34~100	灰黄色	轻壤土	块状	5.3	23.0	0.50	0.20	12.5	119	1.2	60	16.4			
剖85	初育土	石灰(岩)土	棕色石灰土	棕色石灰土	厚层棕泡土	A	0~20	灰黄色	重壤土	粒状	5.4	6.6	0.50	0.20	14.5	44	≤1.0	30	6.5	石灰岩	E 109° 02′ 21.3″ N 30° 36′ 54.4″	95
						2	20~34	淡棕黄色	中壤土	块状	8.3	17.2	0.80	0.20	11.5	100	1.5	140	26.3			
						B	34~58	淡棕黄色	中壤土	块状	8.2	10.4	0.50	≤0.10	14.4	82	1.5	120	25.8			
						4	58~90	淡棕黄色	重壤土	块状	8.1	5.0	0.40	0.20	6.4	60	≤1.0	145	24.0			
						5	90~100	灰黄色	重壤土	块状	7.8	8.9	0.70	0.20	12.5	80	≤1.0	170	26.3			
剖86	淋溶土	黄棕壤	暗黄棕壤	泥质岩暗黄棕壤		A	0~20	淡黄棕色	轻壤土	粒状	8.1	9.9	0.60	0.20	12.8	67	≤1.0	115	22.7	泥质岩风化残积坡或坡积物	E 109° 03′ 04.6″ N 30° 34′ 24.2″	95
						AC	20~35	棕灰色	中壤土	块状	8.2	12.7	0.25	0.31	9.9		3.5	100	19.0			
						C	35~59	棕灰色	中砾质黏土	块状	8.3	10.8		0.38	13.8		5.0	100	17.9			
剖87	水成土	沼泽土	沼泽土	洼灰土	冷泥炭土	Hg	0~28	棕黑色	砂质黏土	粒状	6.2	10.5	9.00	0.30	27.4	195	12.0	483	19.7	壁石岩坡积物	E 109° 05′ 41.3″ N 30° 31′ 34.3″	75
						G	28~100	褐色	黏土		5.6	171.0	4.30	0.90	20.7		7.5	166	19.4			
剖88	淋溶土	棕壤	山地棕壤	冷石石碴子土	中量冷火连磺土	A	0~20	紫灰色	轻黏土	块状	6.4	40.4	2.70	1.20	≥50.0	200	1.6	255	21.2	砂页岩坡积物	E 109° 03′ 20.9″ N 30° 31′ 38.8″	95
						B₁	20~60	紫灰色	轻黏土	块状	5.9	38.6	2.40	1.30	≥50.0	206	1.6	235	13.3			
						B₂	60~100	棕色	轻黏土	块状	5.7	42.2	2.80	1.60	≥50.0	215	1.5	190				
剖89	淋溶土	黄棕壤	山地黄棕壤	砂页岩黄棕壤	墨石泥田	Ao	0~2													砂页岩	E 109° 07′ 04.8″ N 30° 22′ 43.1″	95
						A	2~19	灰白色	重壤土	粒状	4.6	24.7	1.30	0.30	7.4	83	4.0	255				
						B₁	19~46	灰黄色	重壤土	块状	6.1	13.6	0.70	0.50	19.8	48	4.5	235				
						B₂	46~75	棕灰色	重壤土	块状	6.2	11.3	0.40	0.30	12.6	55	4.5	85				
						B₃	75~100	灰黄色	重壤土	块状	6.0	7.4	≤0.10	0.50	16.2	46	6.5	80				
剖90	人为土	水稻土	潴育水稻土	潮土田	次灰明石潮泥田	A	0~20	紫棕色	砂壤土	粒状	6.1	8.3	0.40	0.60	15.1					河流冲积物	E 109° 05′ 25.5″ N 30° 20′ 05.7″	95
						P	18~24	紫棕色	砂壤土	块状	6.5	27.9	1.50	0.60	13.0	118	7.0	95	12.9			
						W₁	24~55	褐棕色	中壤土	块状	6.6	23.1	1.30	0.40	12.7	92	2.0	68	11.3			
剖91	淋溶土	黄棕壤	山地棕壤	石灰岩黄棕壤	大泥土	A	0~16	黄棕色	中壤土	块状	6.8	20.8	1.00	0.60	12.5	90	≤1.0	42	13.1	石灰岩坡积物	E 109° 08′ 51.2″ N 30° 20′ 18.1″	95
						B₁	16~25	棕黄色		块状	7.5	24.1	1.10	0.40	18.9	35	4.5	58	7.1			
						B₂	25~54	棕黄色	重壤土	块状	5.8	13.6	1.00	0.30	24.8	132	2.0	120	11.6			
剖92	淋溶土	黄棕壤	山地黄棕壤	石灰岩黄棕壤	黄筋土	B₁	0~16	褐黄色	重壤土	块状	6.2	7.1	0.50	0.30	23.5	81	1.5	75	6.5	石灰岩坡积物	E 109° 07′ 29.7″ N 30° 17′ 41.9″	95
						B₂	16~37	灰棕色	中壤土	块状	6.2	3.3	0.20	0.20	20.4	56	1.5	100	5.6			
						B₃	37~92	灰黄色	轻壤土	块状	6.2	3.3	0.20	2.00	29.3	63	1.5	115	5.7			
剖93	淋溶土	黄棕壤	暗黄棕壤	第四纪黏土暗黄棕壤	暗黄土	A	0~20	灰棕色	重壤土	核状	5.8	24.9	1.20	0.59	12.7		3.0	102		第四纪黏土	E 109° 08′ 06.9″ N 30° 15′ 43.1″	96
						B	20~59	灰黄色	黏土	块状	5.5	10.4	0.84	0.28	14.3		2.0	60				
						C	59~100	灰棕色	重壤土	块状	5.6	2.1	0.25	≤0.10	12.6		≤1.0	65				

续表 Continued

剖面号 Soil profile	土纲 Soil order	土类 Soil great group	亚类 Soil subgroup	土属 Soil genus	土种 Soil species	土层码 Layer code	土层厚度 Depth/cm	颜色 Soil color	质地 Soil texture	土壤结构 Soil structure	pH	有机质 OM/(g/kg)	全氮 TN/(g/kg)	全磷 TP/(g/kg)	全钾 TK/(g/kg)	碱解氮 AN/(mg/kg)	有效磷 AP/(mg/kg)	速效钾 AK/(mg/kg)	阳离子交换量CEC/(cmol/kg)	土壤母质 Parent material	剖面点坐标 Profile coordinate	匹配指数 Matching index/%
剖94	人为土	水稻土	潴育水稻土	黄棕壤性石灰岩泥田	次灰黄棕黄泥田	A	0—18	黄棕色	中壤土	粒状	7.8	25.7	1.30	0.40		111	7.0	133		石灰岩	E 109°00′15.9″ N 30°14′11.3″	95
						P	18—24	黄棕色	中壤土	块状	7.7	22.9	1.20	0.40		100	6.5	116				
						W₁	24—54	黄棕色	重壤土	棱柱状	6.8	16.2	0.80	0.30		86	2.0	38				
						W₂	54—100	暗黄棕色	重壤土	棱柱状	6.9	22.8	0.90	0.30		96	2.0	84				
剖95	初育土	紫色土	酸性紫色土	酸性紫砂土	薄层酸性紫砂土	A	0—20	紫色	轻砾石土	粒状	6.0									紫色砂页岩坡积物	E 109°00′44.8″ N 30°13′25.4″	95
						2	20—															
剖96	淋溶土	棕壤	棕壤性土	石英质岩棕壤性土	薄黄岩火镶渣土	A	0—20	灰黄棕色	中砾石土	无结构		40.4	2.15	1.16	15.7		4.0	238		石英质岩风化积物	E 109°02′26.4″ N 30°11′13.2″	81
						C	20—30	黄棕色	中砾石土	无结构		38.6	2.41	1.28	15.7		5.0	127				
						Ao	30—															
剖97	淋溶土	黄棕壤	黄棕壤性土	泥质岩黄棕壤性土	薄黄细砂泥土	A	2—25	淡黄棕色	砂质黏土	粒状	5.0	39.7	1.78	0.43	29.6	201	1.9	112	19.3		E 109°03′37.3″ N 30°05′10.4″	95
						D	25—				5.1	21.7	1.19	0.39	29.0				17.5			

建 始 县

主要土类说明

黄棕壤是建始县主要土壤类型，占本县地域面积的59%。黄棕壤分布在海拔800—1500m的垂直带谱中，本县各地均有分布，以花坪、龙坪、高坪、茅田等地分布最多，垂直分布在黄壤之上，山地棕壤之下，属过渡类型。黄棕壤有明显的淋溶淀积特征，呈微酸性至酸性，心土层呈块状或棱块状结构，结构体表面有棕色或暗棕色铁锰胶膜，或有铁锰结核。本县黄棕壤中，耕地占12%，林荒地占88%。根据土壤发育程度的不同，本县黄棕壤分为山地黄棕壤、黄棕壤性土等亚类。山地黄棕壤占本土类面积的99%，属云贵高原山地垂直带谱中山地黄壤向山地棕壤过渡的土壤类型，发生于亚热带生物气候条件下，分布区雨水多，云雾多，湿度大，因此土质疏松多孔，心土层呈黄棕色向鲜棕色过渡的特征。山地黄棕壤具有黄棕壤的一般性状，剖面发育完整，按母质类型续分为第四纪黏土山地黄棕壤、石英质岩山地黄棕壤、砂页岩山地黄棕壤等土属。黄棕壤性土分布在陡坡、山顶或山脊，位于侵蚀严重部位，剖面发育不完整，土层厚度小于30cm，砾石含量大于30%。黄棕壤性土按母质类型续分为石英质岩黄棕壤性土和泥质页岩黄棕壤性土两个土属。

棕壤是建始县第二大土壤类型，占本县地域面积的16%，分布在龙坪、茅田、官店等地海拔1500m以上的山地，垂直分布在黄棕壤之上。剖面中有明显的鲜棕色心土层，各发生层次色调均匀一致，除表土层外均以棕色或淡褐色为主，上下层过渡不明显，呈棱柱状或棱块状结构，结构体表面多有铁锰胶膜，有机质含量较高，土壤呈微酸性至中性。本县棕壤中，耕地占8%，林荒地占92%。本县棕壤分为山地棕壤和山地棕壤性土两个亚类。山地棕壤占本土类面积的近100%，在本县山地垂直带谱中，位于黄棕壤之上，具有棕壤的一般性状，质地为轻壤土至重壤土，结构较疏松，剖面发育完整。山地棕壤按母质类型续分为石灰岩山地棕壤、泥质岩山地棕壤和石英质岩山地棕壤三个土属。山地棕壤性土仅在侵蚀严重部位有少量分布，处于棕壤发育的初期阶段，剖面发育不完整，土层厚度小于30cm，砾石含量大于30%。

黄壤是建始县第三大土壤类型，占本县地域面积的13%，分布在海拔500—800m的低山河谷地区。黄壤分布区属中亚热带湿润气候，冬无严寒，夏无酷热，雨水多，湿度大，干湿季节不明显，因此水化作用强烈，盐基饱和度低，钙、镁、钾、钠等元素淋失程度较高。富铝化作用明显，呈酸性，pH在5.5左右，心土层呈蜡黄色。本县黄壤中，耕地占17%，林荒地占83%。根据剖面发育程度的差异，本县黄壤分为黄壤和黄壤性土两个亚类。黄壤亚类占本土类面积的近100%，具有黄壤的一般性状，剖面发育完整。黄壤亚类按母质类型续分为石灰岩黄壤、第四纪黏土黄壤、红砂岩黄壤、石英质岩黄壤、砂页岩黄壤等土属。黄壤性土分布在业州、高坪、长梁等地的陡坡上部或山脊侵蚀严重部位，处于黄壤发育的初期阶段，剖面发育不完整，土层厚度小于30cm，砾石含量大于30%。

石灰（岩）土占本县地域面积的6%，是由石灰岩、泥灰岩发育而成的岩成土。石灰（岩）土一般与黄壤、黄棕壤呈复域分布，以景阳、红岩寺、高坪分布较多，其他地区亦有分布。该土壤质地黏重，呈块状结构，结构体表面多有铁锰胶膜，一般土层较浅薄，土体内多含砾石，有不均质石灰反应，pH比地带性土壤高，近中性或微碱性，不适宜油茶、茶、杉等植物生长。本县石灰（岩）土中，耕地占25%，林荒地占75%。根据有机质含量的不同，本县石灰（岩）土分为棕色石灰土、黑色石灰土等亚类。棕色石灰土占本土类面积的90%，分布在景阳、红岩寺、三里、高坪、业州、花坪等地的山麓、坡地或轻微起伏的山间谷地，成土母质为石灰岩坡积物或残积物。棕色石灰土表层腐殖质含量低于黑色石灰土，土壤呈灰棕色，质地较黏重，呈棱块状结构，结构体表面可见具有光泽的胶膜。黑色石灰土占本土类面积的10%，质地黏重，富含碳酸钙和腐殖质，全剖面有石灰反应，pH在7.0以上，土壤有机质含量较高，土壤呈暗黑色，团粒状或核状结构发达。

水稻土占本县地域面积的2%，占耕地面积的10%。水稻土是在人为长期水耕熟化，以栽培水稻为主的过程中形成的具有独特性状的土类，分布在海拔300—1420m的地区，除龙坪外，其他地区均有分布，以三里、业州、长梁、红岩寺、高坪等地分布较多。根据水文地质条件和水耕熟化程度的差异，本县水稻土分为淹育型、潴育型、潜育型和沼泽型四个亚类。其中，潴育水稻土面积最大，占本土类面积的97%，广泛分布在各个地貌单元，发育于各种成土母质，地下水位在50cm以下，属良水型，剖面构型为A-P-W-B或A-P-W-B-G

等，犁底层下有潴育层，潴育层呈明显的棱柱状结构，结构体表面有灰色胶膜。潴育水稻土按母质类型和分布海拔续分为红黄壤性第四纪黏土泥田、红黄壤性石英质岩泥田、红黄壤性砂页岩泥田、红黄壤性石灰岩泥田、红黄壤性红砂岩泥田、黄棕壤性第四纪黏土泥田、黄棕壤性石灰岩泥田、黄棕壤性石英质岩泥田、黄棕壤性砂页岩泥田、紫泥田、石灰紫泥田、石灰（岩）性泥田、潮土田、灰潮土田、矿毒田等土属。淹育水稻土占本土类面积的1%，零星分布在山坡中上部及山间平地，大多为新垦水田，由于水耕熟化时间短，虽有一定的淋溶过程，但淀积过程不明显，犁底层发育较差，潴育层尚未形成，剖面构型为A–P–C或A–C。淹育水稻土按母质类型和分布海拔续分为浅红黄壤性石灰岩泥田、浅红黄壤性砂页岩泥田、浅黄棕壤性第四纪黏土泥田、浅黄棕壤性砂页岩泥田等土属。潜育水稻土占本土类面积的1%，主要分布在平坝洼地和排水不良的地区，属地下水型，由于土壤长期渍水或冬泡，剖面中有明显的青泥层，剖面构型为A–P–G。潜育水稻土仅有青泥田一个土属，零星分布在业州、花坪、景阳等地。沼泽型水稻土占本土类面积的1%，零星分布在本县各地，发育于各种成土母质，由于地下水位接近地表，终年渍水，土体糊烂，耕作层下即青泥层，属地下水型，剖面构型为A–G。根据地形部位、形成条件及理化特性的不同，沼泽型水稻土续分为烂泥田和冷泉水田两个土属。

小于本县地域面积3%的土壤类型还有紫色土、红壤、潮土、山地草甸土等。

本区域中心区气候特征

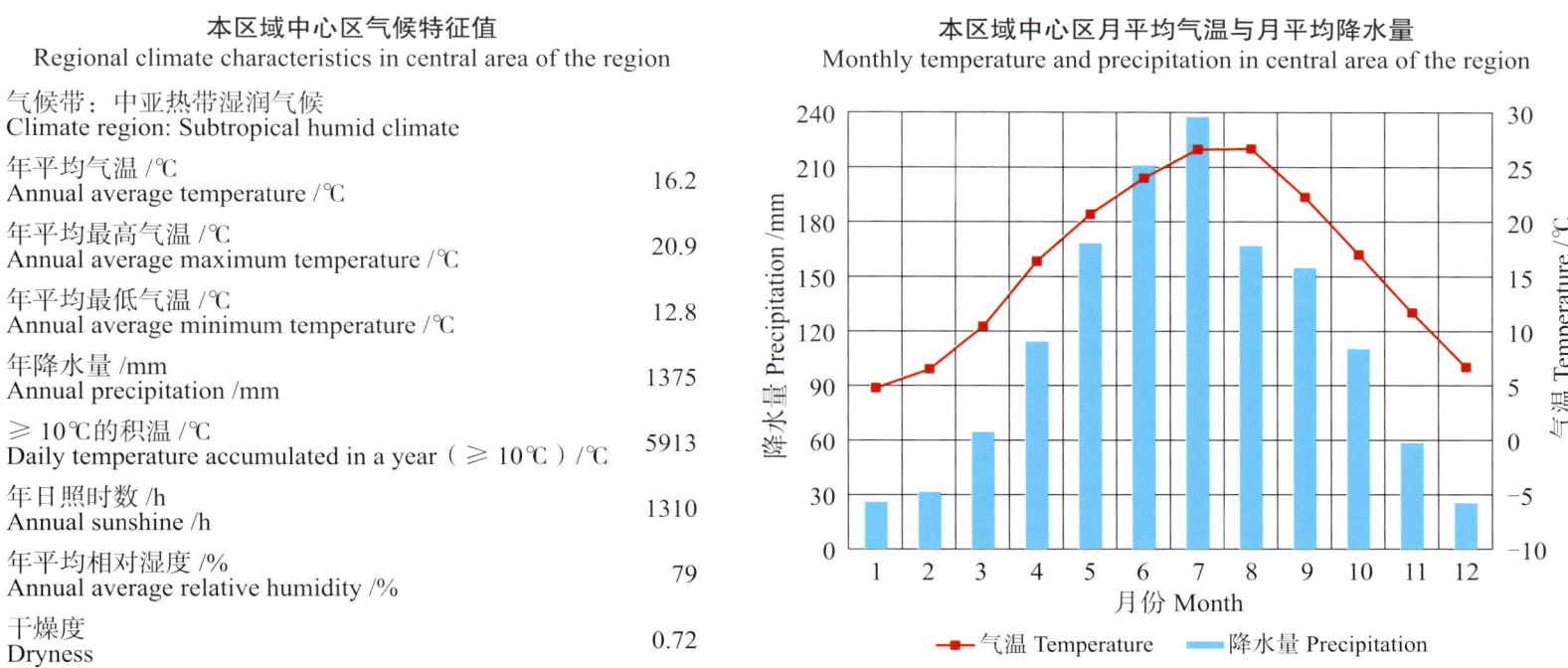

建始县主要土壤类型与土壤剖面点分布图

1∶210 000

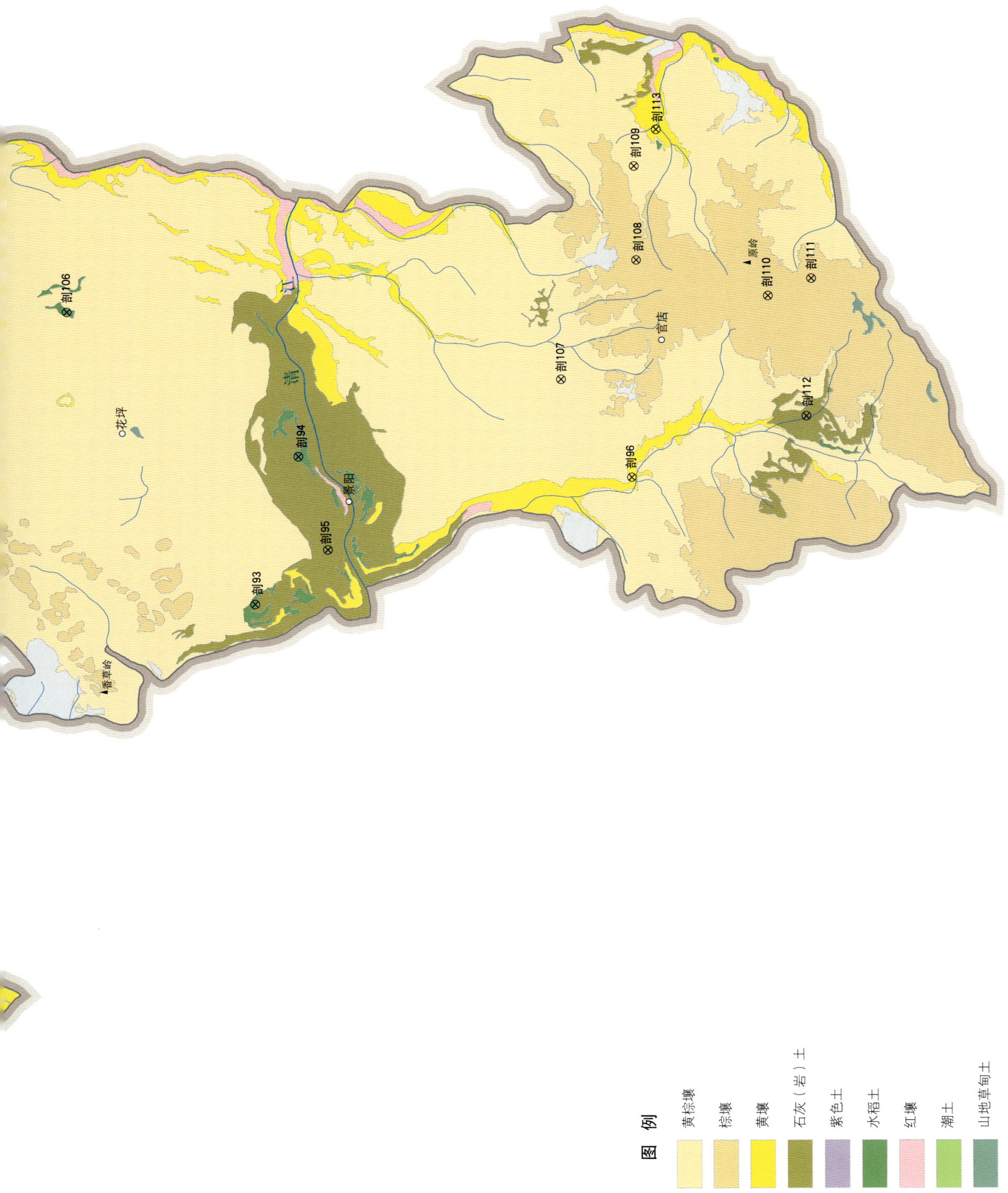

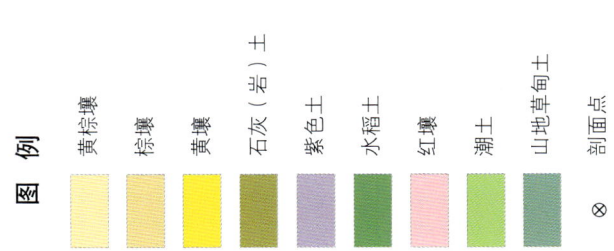

第二编　分县土壤图与土壤剖面数据 | 387

建始县土壤剖面理化性状表

剖面号 Soil profile	土纲 Soil order	土类 Soil great group	亚类 Soil subgroup	土属 Soil genus	土种 Soil species	土层码 Layer code	土层厚度 Depth/cm	颜色 Soil color	质地 Soil texture	土壤结构 Soil structure	pH	有机质 OM/(g/kg)	全氮 TN/(g/kg)	全磷 TP/(g/kg)	全钾 TK/(g/kg)	碱解氮 AN/(mg/kg)	有效磷 AP/(mg/kg)	速效钾 AK/(mg/kg)	阳离子交换量CEC/(cmol/kg)	土壤母质 Parent material	剖面点坐标 Profile coordinate	匹配指数 Matching index/%
剖1	淋溶土	棕壤	山地棕壤	石灰岩山地棕壤	林地棕泥土	Ao	0—5														石灰岩坡积物或残积物	E 109°43′55.8″ N 30°47′10.7″	95
						A₁	5—7																
						A	7—20	灰黄棕色	重壤土	棱块状	6.0	45.7	1.60	0.20	16.6	191	1.8	137	9.5			
						B	20—54	暗黄棕色	黏土	棱块状	6.0	9.2	0.60	≤0.10	14.8		≤1.0	37	4.3			
						C	54—100	暗灰黄色	黏土	棱块状	6.5	9.1	0.60	≤0.10	13.9		≤1.0	32	3.5			
剖2	淋溶土	黄棕壤	山地黄棕壤	砂页岩山地黄棕壤	次灰黄棕扁砂泥土	A	0—16	暗灰棕色	中壤土	粒状	7.6	26.8	2.00	0.80	18.8	123	7.8	158	6.2	砂页岩	E 109°43′12.7″ N 30°45′01.4″	95
						B	16—37	棕黄色	中壤土	块状	7.2	13.5	1.30	0.60	20.9		4.1	68	6.1			
						C	37—100	黄灰黄色	重壤土	块状	6.4	8.3	0.70	0.70	23.4		3.6	62	6.7			
剖3	人为土	水稻土	潴育水稻土	红砂岩潴性田	红砂泥田	A	0—14	棕灰色	轻壤土	粒状	6.4	18.6	1.00	0.40	11.6	73	5.8	43	7.2		E 109°42′44.6″ N 30°44′17.7″	75
						P	14—22	暗黄棕色	中壤土	块状	6.4	11.3	0.60	0.40	11.6		4.2	39	5.8			
						W	22—100	暗黄棕色	中壤土	棱柱状	6.0	9.8	0.40	0.20	11.2		3.7	28	4.7			
剖4	人为土	水稻土	潴育水稻土	红砂岩潴性田	次红泥田	A	0—15	暗黄棕色	砂壤土	粒状	8.0	17.4	1.00	0.30	15.4	58	4.2	25	5.5	红砂岩坡积物	E 109°42′02.3″ N 30°44′07.1″	75
						P	15—25	灰黄棕色	中壤土	块状	8.0	15.5	0.80	0.20	15.4		2.8	20	5.0			
						W	25—100	灰黄棕色	轻壤土	柱状	7.5	4.0	0.30	≤0.10	14.0		≤1.0	15	5.7			
剖5	淋溶土	棕壤	山地棕壤	泥质岩山地棕壤	林地冷煤炭土	Ao	0—3															E 109°41′18.4″ N 30°42′36.0″	95
						A₁	3—6																
						A	6—38	灰黄色	重壤土	块状	6.0	31.5	1.30	1.50	17.6	143	9.4	73	16.7			
						BC	38—100	暗黄棕色	重壤土	块状	8.0	31.1	1.30	1.00	17.3		7.0	68	17.4			
剖6	人为土	水稻土	潴育水稻土	红黄壤性红砂岩潴性田	次灰砂红泥田	A	0—14	暗灰红棕色	中壤土	团块状	8.0	20.4	1.30	0.40	16.6	61	5.5	37	7.3		E 109°44′45.8″ N 30°42′44.3″	75
						P	14—21	灰黄红棕色	中壤土	柱状	8.0	13.2	0.80	0.40	16.8		3.4	37	6.1			
						W	21—43	灰黄黄色	中壤土	柱状	7.5	11.5	0.70	0.30	17.2		3.5	32	6.9			
						C	43—100	淡黄棕色	砂土	粒状	6.5	6.9	0.30	≤0.10	16.2		2.5	22	3.4			
剖7	淋溶土	黄棕壤	山地黄棕壤	石英质岩暗黄棕壤	砾质薄层黄筋土	Ao	0—5														石灰质岩风化坡积物	E 109°43′09.8″ N 30°42′03.2″	81
						A₁	5—10																
						A	10—27	黑棕色	中壤土	粒状	6.0	74.1	2.90	0.30	14.4	133	5.4	170	18.0			
						B₁	27—44	淡黄棕色	中壤土	粒状	5.5	15.5	0.80	0.20	13.7		1.1	48	5.4			
						B₂	44—95	暗黄棕色	中壤土	核状	5.5	7.9	0.60	≤0.10	13.4		≤1.0	45	4.4			
						C	95—100	黄棕色	中壤土	粒状	6.0	7.1	0.60	≤0.10	11.3		≤1.0	42	5.5			
剖8	人为土	水稻土	潴育水稻土	灰潮土田	浅位薄层夹砂灰潮泥田	A	0—15	紫棕色	重壤土	块状	6.0	17.4	1.00	0.50	18.9	94	2.3	65	12.3	河流冲积物	E 109°41′15.7″ N 30°40′23.3″	75
						P	15—21	紫棕色	重壤土	粒状	8.0	14.8	0.80	0.30	18.8		1.6	62	11.4			
						S	21—30	紫棕色	重壤土	棱柱状	8.0	9.8	0.70	0.30	16.5		1.3	55	10.4			
						W₁	30—84	紫棕色	重壤土	棱柱状	8.0	7.4	0.50	0.20	17.9		1.3	52	9.4			
剖9	淋溶土	黄棕壤	山地黄棕壤	砂页岩山地黄棕壤	黄棕磐石泥土	A	0—14	紫色	中壤土	粒状	6.4	37.2	1.80	0.60	12.6	157	3.7	146	8.7	砂页岩	E 109°41′47.2″ N 30°40′17.5″	95
						B	14—29	暗黄棕色	重壤土	块状	6.0	36.6	1.70	0.50	12.6		3.6	112	7.9			
						C	29—61	灰黄棕色	重壤土	棱柱状	6.0	10.2	0.40	0.30	4.4		1.1	83	3.3			
						D	61—																
剖10	人为土	水稻土	潴育水稻土	红黄壤性石灰岩泥田	次灰黄大泥田	A	0—18	暗灰黄色	中壤土	粒状	8.0	44.6	1.80	0.30	18.7	127	7.7	83	14.1	石灰岩坡积物	E 109°44′46.4″ N 30°41′07.7″	75
						P	18—26	暗灰黄色	重壤土	块状	8.0	33.3	1.60	0.40	18.5		5.0	82	13.5			
						W₁	26—39	暗灰黄色	重壤土	棱柱状	8.0	22.5	1.00	0.40	16.8		4.9	68	10.0			
						W₂	39—73	灰黄棕色	黏土	棱柱状	7.5	23.8	1.20	0.40	17.7		5.1	65	6.6			
						Wc	73—100	暗黄棕色	黏土	棱块状	7.0	24.5	1.30	0.30	16.4		5.0	50	4.7			

续表 Continued

剖面号 Soil profile	土纲 Soil order	土类 Soil great group	亚类 Soil subgroup	土属 Soil genus	土种 Soil species	土层码 Layer code	土层厚度 Depth/cm	颜色 Soil color	质地 Soil texture	土壤结构 Soil structure	pH	有机质 OM/(g/kg)	全氮 TN/(g/kg)	全磷 TP/(g/kg)	全钾 TK/(g/kg)	碱解氮 AN/(mg/kg)	有效磷 AP/(mg/kg)	速效钾 AK/(mg/kg)	阳离子交换量CEC/(cmol/kg)	土壤母质 Parent material	剖面点坐标 Profile coordinate	匹配指数 Matching index/%
剖11	人为土	水稻土	潴育水稻土	灰潮土田	灰潮砂泥田	A	0—15	紫棕色	中壤土	粒状	7.2	22.3	1.40	0.40	19.1	58	5.1	68	7.7	河流冲积物	E 109°44′55.6″ N 30°40′12.8″	75
						P	15—26	紫棕色	中壤土	核块状	7.4	18.8	1.30	0.40	19.0		2.5	60	5.6			
						W₁	26—44	紫棕色	中壤土	棱柱状	7.6	14.1	0.80	0.30	17.7		2.4	45	4.0			
						W₂	44—100	紫棕色	中壤土	核块状	8.0	13.3	0.70	0.30	16.6		1.9	45	3.7			
剖12	淋溶土	棕壤	山地棕壤	石灰岩山地黄棕壤	砾质冷灰包土	A	0—17	暗棕色	中壤土	粒状	6.8	39.2	2.30	0.70	21.8	186	5.4	228	14.2	石灰岩坡积物或残积物	E 109°39′09.0″ N 30°42′03.7″	95
						B₁	17—35	暗棕色	中壤土	核块状	6.8	38.8	2.00	0.60	20.8		4.5	175	14.1			
						B₂	35—54	黄棕色	中壤土	核块状	6.4	33.4	1.80	0.70	19.6		2.4	107	11.0			
						C	54—100	黄棕色	中壤土	核块状	6.4	13.7	0.80	0.40	14.9		1.8	95	6.1			
剖13	淋溶土	黄棕壤	山地黄棕壤	石灰岩山地黄棕壤	林地黄筋土	Ao	0—1														石灰岩坡积物或残积物	E 109°39′01.4″ N 30°40′50.6″	95
						A₁	1—3	暗黄棕色	重壤土	块状	5.4	32.2	1.80	0.30	19.8	93	1.3	122	9.7			
						B	3—50	黄棕色	黏土	块状	5.6	9.1	0.60	0.20	18.4		1.0	67	8.6			
						C	50—79	淡灰棕色	黏土	块状	5.6	6.7	0.40	0.20	17.8		≤1.0	62	7.4			
							79—100															
剖14	淋溶土	黄棕壤	山地黄棕壤	石英质岩山地黄棕壤	硅质砾质黄筋土	A	0—19	暗黄棕色	中壤土	粒状	6.4	33.7	1.70	0.40	13.2	156	2.7	236	12.0	石灰岩坡积物或残积物	E 109°37′53.6″ N 30°40′13.0″	95
						B₁	19—40	灰黄棕色	中壤土	块状	6.0	29.2	1.50	0.40	12.2		≤1.0	133	13.3			
						B₂	40—65	淡黄棕色	中壤土	块状	6.0	23.7	1.20	0.40	10.1		≤1.0	122	11.3			
						C	65—100	淡黄棕色	中壤土	块状	6.0	13.6	0.80	0.30	9.5		≤1.0	115	7.5			
剖15	人为土	水稻土	潜育水稻土	青泥田	中潜青黄棕泥田	A	0—16	暗黄棕色	重壤土	块状	6.8	39.9	2.00	0.50	34.5	182	11.1	86	8.6	砂页岩	E 109°39′18.5″ N 30°40′43.1″	75
						P	16—23	紫灰色	中壤土	块状	6.6	27.6	1.50	0.50	32.1		8.8	86	8.6			
						Bg	23—39	淡灰色	重壤土	块状	6.8	38.9	2.00	0.40	11.2		8.8	73	15.4			
						G	39—100	青灰色	重壤土	核状	6.8	33.7	1.20	0.40	16.8		6.3	70	16.2			
剖16	淋溶土	黄棕壤	山地黄棕壤	砂页岩山地黄棕壤	黄棕砂砾土	A	0—18	暗黄棕色	轻砾石土	粒状	6.6	24.5	1.20	0.30	15.6	156	6.1	147	7.5	石灰岩坡积物或残积物	E 109°38′55.4″ N 30°40′07.6″	95
						B₁	18—30	暗黄棕色	轻砾石土	团块状	6.7	14.7	0.80	0.60	10.6		5.6	75	4.5			
						B₂	30—41	灰黄棕色	轻砾石土	块状	6.9	14.3	0.60	0.20	14.9		4.8	65	4.4			
						C	41—50	棕灰色	中壤土	棱柱状	7.0	7.4	0.40	0.30	5.0		4.0	57	4.6			
						R	50—72															
剖17	人为土	水稻土	潴育水稻土	灰潮土田	卵石底灰砂泥田	A	0—19	暗黄棕色	中壤土	团块状	6.0	39.0	2.20	0.60	13.3	210	15.8	85	7.8	河流冲积物	E 109°39′54.4″ N 30°40′56.2″	75
						P	19—40	暗黄棕色	中壤土	块状	7.0	21.0	1.60	0.20	14.9		4.8	45	5.1			
						W₁	40—64	暗黄棕色	中壤土	棱柱状	8.0	24.5	1.60	0.80	13.9		6.2	42	8.4			
						W₂	64—100	暗黄棕色	中壤土	棱柱状	8.0	14.6	1.00	1.30	14.1		5.6	40	8.0			
						Wc		淡黄棕色	中壤土	块状	8.0	11.0	0.80	1.40	13.6		5.1	56	6.1			
剖18	人为土	水稻土	潴育水稻土	矿毒田	次灰黄泥田	A	0—2	暗黄红色	中壤土	粒状	7.5	27.5	1.60	0.50	13.8	148	8.9	57	8.7	赤铁矿坡积物或残积物	E 109°38′55.4″ N 30°40′55.0″	75
						B	2—21	淡黄棕色	重壤土	块状	7.2	26.7	1.50	0.40	14.4		8.4	45	4.5			
						C	21—34	棕红色	重壤土	块状	7.0	14.8	0.90	0.30	15.1		5.5	35	3.5			
						D	34—51	暗黄棕色	重壤土	块状	6.8	13.0	0.70	0.30	14.4		5.3	37	3.5			
							51—	灰黄色	重壤土	块状	6.8	9.8	0.40	0.40	14.4		2.4	45	3.2			
剖19	淋溶土	黄棕壤	山地黄棕壤	砂页岩山地黄棕壤	林地黄棕墨石泥土	A	0—15	暗红棕色	重砾石土	团块状	5.9	24.5	2.40	0.40	20.1	177	3.1	187	10.5	黑色页岩坡积物或残积物	E 109°36′47.9″ N 30°38′31.6″	95
						B	15—21	暗红棕色	重壤土	块状	7.2	21.8	1.80	0.30	19.3		2.4	120	10.4			
						W₁	21—55	暗红棕色	重壤土	柱状	7.4	13.9	0.90	0.30	17.4		5.5	35	3.5			
						W₂	55—87	紫棕色	重壤土	棱柱状	7.3	11.7	0.80	0.40	17.4		4.6	38	10.3			
						Wc	87—100	灰黄棕色	重壤土	棱块状	7.2	11.2	0.70	0.40	16.2		2.8	42	10.9			
剖20	人为土	水稻土	潴育水稻土	紫泥田	次灰紫泥田	A	0—15	暗红棕色	重壤土	团块状	7.8	21.8	1.50	0.40	17.6	119	12.8	58	14.7	紫色页岩坡积物或残积物	E 109°42′57.5″ N 30°37′44.5″	95
						P	15—21	暗红棕色	重壤土	块状	7.4	21.8	1.50	0.30	17.5		4.6	60	13.7			
						W₁	21—55	紫棕色	重壤土	柱状	7.3	13.9	0.90	0.30	17.4		4.6	45	10.9			
						W₂	55—87	暗黄棕色	重壤土	棱柱状	7.2	11.7	0.80	0.40	16.5		5.5	38	10.3			
						Wc	87—100	灰黄棕色	重壤土	棱块状	7.2	11.2	0.70	0.40	16.2		2.8	42	10.9			

续表 Continued

剖面号 Soil profile	土纲 Soil order	土类 Soil great group	亚类 Soil subgroup	土属 Soil genus	土种 Soil species	土层码 Layer code	土层厚度 Depth/cm	颜色 Soil color	质地 Soil texture	土壤结构 Soil structure	pH	有机质 OM/(g/kg)	全氮 TN/(g/kg)	全磷 TP/(g/kg)	全钾 TK/(g/kg)	碱解氮 AN/(mg/kg)	有效磷 AP/(mg/kg)	速效钾 AK/(mg/kg)	阳离子交换量 CEC/(cmol/kg)	土壤母质 Parent material	剖面点坐标 Profile coordinate	匹配指数 Matching index/%
剖21	铁铝土	黄壤	黄壤性	砾质黄泥土	火镰渣土	A	0—14	浊黄棕色	砂壤土	粒状	6.2	17.5	0.80	0.50	16.0	152	5.5	170	13.5	石英砂岩风化物	E 109°42′59.7″ N 30°37′30.1″	82
						B	14—30	亮黄棕色	黏壤土	块状	5.5	15.3	0.70	0.40	9.5		3.6	87	13.3			
						C	30—69	亮黄棕色	砂壤土	块状	5.4	7.8	0.40	0.20	5.8		1.9	74	7.4			
剖22	铁铝土	黄壤	黄壤	第四纪黏土黄壤	黄黏土	A	0—15	暗黄棕色	中壤土	核状	6.0	15.4	1.00	0.20	9.6	83	4.8	93	12.3	第四纪黏土	E 109°41′31.6″ N 30°37′25.7″	95
						B₁	15—43	黄棕色	重壤土	块状	6.0	4.3	0.40	≤0.10	9.2		1.8	42	9.0			
						B₂	43—59	红棕色	重壤土	块状	6.0	3.2	0.40	≤0.10	8.8		≤1.0	40	7.2			
						C	59—100	棕红色	重壤土	块状	5.8	3.2	0.30	≤0.10	7.2		≤1.0	35	7.1			
剖23	人为土	水稻土	潴育水稻土	红黄壤性第四纪黏土泥田	次灰红黄大泥田	A	0—18	暗棕色	中壤土	团块状	8.0	33.9	1.70	0.50	10.4	142	7.4	107	8.5	第四纪黏土	E 109°42′07.6″ N 30°36′30.8″	95
						P	18—23	暗棕色	重壤土	棱块状	8.0	22.9	1.20	0.30	9.9		3.2	95	4.6			
						W₁	23—48	灰黄色	重壤土	棱块状	7.5	8.9	0.60	0.30	12.4		1.2	92	3.1			
						W₂	48—71	黄棕色	黏土	棱块状	7.5	8.0	0.60	0.20	10.5		1.2	52	2.6			
						C	71—100	棕黄色	黏土	棱块状	7.5	2.6	0.30	0.20	10.1		1.2	52	2.4			
剖24	铁铝土	黄壤	黄壤	石英岩黄壤	砾质硅黏土	A	0—14	暗棕色	砂壤土	粒状	6.2	17.5	0.82	0.48	6.0		5.5	170	13.5	石英岩风化物	E 109°41′45.3″ N 30°35′20.2″	95
						B	14—30	暗棕色	黏壤土	块状	5.5	15.3	0.67	0.41	9.5		3.6	87	13.3			
						C	30—69	黄棕色	砂壤土	块状	5.4	7.8	0.41	0.24	5.8		1.9	74	8.3			
剖25	铁铝土	黄壤	黄壤	第四纪黏土黄壤	卵石黄黏土	A	0—21	灰黄棕色	中壤土	核状	6.4	16.9	1.00	0.30	12.5	62	11.5	132	10.4	第四纪黏土	E 109°43′45.2″ N 30°36′27.5″	95
						B	21—35	黄棕色	中壤土	核状	6.4	6.8	0.30	0.20	4.3		8.3	78	5.3			
						C	35—100	棕黄色	轻砾石土		6.2	2.5	0.30	≤0.10	3.0		4.2	72	4.5			
剖26	铁铝土	黄壤	黄壤	红砂岩类黄壤	赤泥砂土	A	0—19	暗棕色	砂壤土	粒状	5.5	16.2	1.00	0.21	16.1	73	1.1	90		红砂岩类风化物	E 109°38′28.5″ N 30°34′40.8″	95
						BC	19—39	红棕色	砂壤土	块状	5.5	7.8	0.60	≤0.10	15.6		≤1.0	30	9.7			
						C	39—55	淡棕黄色	砂壤土	小块状	5.5	7.6	0.50	≤0.10	14.5		≤1.0	28	9.8			
剖27	人为土	水稻土	潴育水稻土	石灰(岩)性泥田	石灰(岩)性	A	0—17	暗黄棕色	重壤土	团块状	6.6	26.5	1.30	0.50	18.7	135	4.8	105	9.8	石灰岩或泥灰岩坡积物	E 109°49′36.3″ N 30°51′01.1″	75
						P	17—26	暗黄棕色	重壤土	棱块状	7.9	16.1	0.90	0.30	19.3		3.6	116	8.3			
						W₁	26—50	棕黄色	重壤土	棱柱状	8.0	≤1.0	0.70	0.40	20.3		5.9	102	7.5			
						W₂	50—69	浓黄棕色	重壤土	棱柱状	8.2	6.3	0.40	0.40	16.0		6.8	80	6.4			
						C	69—100	黄棕色	重壤土	棱块状	8.1	3.9	0.20	0.20	12.8		5.1	82				
剖28	初育土	石灰(岩)土	黑色石灰土	黑色石灰土	林地黑泡土	A₀	0—3															
						A	3—15	黑棕色	轻壤土	粒状	8.0	43.8	2.80	1.10	17.4	371	8.5	185	11.8	石灰岩坡积物或残积物	E 109°51′08.8″ N 30°51′30.3″	95
						B	15—31	暗棕色	中壤土	块状	8.1	40.4	2.40	0.70	10.7		4.6	95	8.7			
						C	31—100	棕黄色	中壤土	块状	8.5	12.3	0.70	0.60	10.8		3.8	58	6.1			
剖29	淋溶土	黄棕壤	山地黄棕壤	砂页岩山地黄棕壤	林地黄棕扁砂土	A₀	0—2															
						A	2—23	暗棕黄色	轻壤土	核状	5.1	37.5	2.00	≤0.10	17.4	75	≤1.0	85	5.2	泥质页岩坡积物或残积物	E 109°50′42.3″ N 30°50′38.7″	95
						B	23—60	暗棕黄色	轻壤土	核状	5.5	13.3	0.80	≤0.10	17.7		≤1.0	68	4.9			
						C	60—86	浓黄棕色	中壤土	核状	5.7	3.0	0.20	≤0.10	17.9		≤1.0	45	3.9			
						D	86—															
剖30	人为土	水稻土	潴育水稻土	紫泥田	紫泥田	A	0—17	暗棕红色	重壤土	团块状	6.4	22.3	1.40	1.30	19.3	130	3.8	58	11.1	紫色页岩坡积物	E 109°51′07.8″ N 30°50′42.2″	75
						P	17—25	暗棕红色	重壤土	棱块状	6.4	21.9	1.40	1.10	21.1		1.8	60	11.4			
						W₁	25—43	暗棕色	重壤土	块状	6.8	12.8	0.80	1.30	21.0		1.4	58	10.4			
						W₂	43—76	黄棕色	重壤土	棱柱状	6.8	9.8	0.60	0.90	20.5		1.3	62	11.0			
						C	76—100	淡棕红色	中壤土	棱柱状	6.4	6.8	0.40	0.80	19.2		1.2	63	10.6			
剖31	人为土	水稻土	潴育水稻土	紫泥田	紫砂泥田	A	0—15	暗棕红色	中壤土	团块状	6.6	18.0	1.10	0.30	22.1	150	3.0	98	7.6	紫色页岩坡积物	E 109°51′33.5″ N 30°51′03.2″	75
						P	15—25	暗棕色	中壤土	块状	6.6	13.2	0.80	0.30	21.9		2.4	80	7.4			
						W	25—49	暗棕色	中壤土	块状	6.4	9.4	0.60	0.20	16.6		2.8	83	7.0			
						W꜀	49—100	暗棕红色	中壤土	棱柱状	6.6	5.5	0.40	0.30	16.5		3.3	52	6.1			

续表 Continued

剖面号 Soil profile	土纲 Soil order	土类 Soil great group	亚类 Soil subgroup	土属 Soil genus	土种 Soil species	土层码 Layer code	土层厚度 Depth/cm	颜色 Soil color	质地 Soil texture	土壤结构 Soil structure	pH	有机质 OM/(g/kg)	全氮 TN/(g/kg)	全磷 TP/(g/kg)	全钾 TK/(g/kg)	碱解氮 AN/(mg/kg)	有效磷 AP/(mg/kg)	速效钾 AK/(mg/kg)	阳离子交换量CEC/(cmol/kg)	土壤母质 Parent material	剖面点坐标 Profile coordinate	匹配指数 Matching index/%
剖32	淋溶土	黄棕壤	山地黄棕壤	砂页岩山地黄棕壤	黄棕扁砂泥土	A	0—21	暗灰色	轻壤土	粒状	6.0	29.1	1.30	0.60	19.6	220	6.6	158	6.8	砂页岩	E 109°51′22.9″ N 30°50′41.6″	75
						B₁	21—31	棕黄色	砂壤土	核状	6.2	17.2	1.00	0.40	17.6		5.4	112	6.3			
						B₂	31—60	棕黄色	砂壤土	核状	6.4	11.9	0.70	0.30	9.6		2.7	72	4.7			
						C	60—100	暗灰色	砂壤土	核状	6.4	4.8	0.40	0.30	4.3		2.4	55	3.8			
剖33	人为土	水稻土	潴育水稻土	红黄壤性第四纪黏土泥田	次灰中位黄白鳝泥田	A	0—18	暗灰色	重壤土	团块状	7.6	23.8	1.20	0.40	15.8	160	8.1	38	9.3	第四纪黏土	E 109°52′15.1″ N 30°50′35.1″	75
						P	18—24	暗灰棕色	重壤土	块状	7.2	25.8	1.40	0.40	14.7		10.7	52	8.5			
						W	24—70	灰白色	重壤土	柱状	7.0	5.5	0.40	0.30	16.9		3.4	46	7.7			
						C	70—100	白色	黏土	柱状	6.0	4.5	0.30	0.20	14.8		2.7	42	7.6			
剖34	人为土	水稻土	潴育水稻土	红黄壤性砂页岩泥田	次灰扁砂泥田	A	0—15	暗灰棕色	中壤土	团块状	7.6	46.3	3.30	0.40	16.1	237	7.2	95	14.2	泥质页岩坡积物	E 109°52′04.3″ N 30°50′09.1″	75
						P	15—23	暗黄棕色	中壤土	核块状	7.2	39.5	2.80	0.40	14.5		7.2	86	11.8			
						W₁	23—38	黄黄棕色	中壤土	核柱状	7.0	30.4	2.40	0.40	17.4		4.5	88	10.3			
						W₂	38—83	棕黄色	中壤土	核柱状	6.8	24.7	1.50	0.30	14.0		3.2	68	9.5			
						C	83—100	淡黄棕色	中壤土	块状	6.6	10.0	0.60	0.30	15.3		3.8	60	7.0			
剖35	淋溶土	棕壤	山地棕壤	石英质岩山地棕壤	荒地硅质冷灰包土	Ao	0—5													石英砂岩坡积物或残积物	E 109°58′30.7″ N 30°50′54.2″	95
						A	5—38	暗棕色	中壤土	核状	6.0	30.1	1.70	0.20	17.8	60	2.0	67	15.7			
						B	38—59	暗棕色	中壤土	块状	6.0	22.4	1.50	0.20	15.5		1.8	92	11.6			
						C	59—100	黄黄棕色	中壤土	块状	7.0	9.5	0.60	0.50	20.8		≤1.0	62	6.7			
剖36	淋溶土	黄棕壤	山地黄棕壤	石英质岩山地黄棕壤	次灰扁泥土	A	0—21	灰灰棕色	重壤土	粒状	7.6	46.4	2.30	0.80	17.5	199	17.6	283	18.6	石灰岩	E 109°53′31.9″ N 30°52′23.4″	95
						B	21—50	黄黄棕色	重壤土	块状	7.4	31.7	1.80	0.70	17.6		4.6	130	12.5			
						C	50—100	黄黄棕色	中壤土	块状	7.2	20.4	1.20	0.50	16.9		3.2	120	12.7			
剖37	人为土	水稻土	潴育水稻土	紫泥田	次灰紫砂泥田	A	0—18	紫色	中壤土	团块状	8.1	27.1	1.40	0.60	23.7	182	21.8	77	11.8	紫色页岩	E 109°53′50.1″ N 30°51′52.9″	75
						P	18—28	紫棕色	中壤土	块状	8.3	25.1	1.30	0.30	15.7		4.8	67	9.0			
						W₁	28—57	紫棕色	中壤土	核柱状	8.4	17.2	1.10	0.30	16.0		3.4	60	6.7			
						W₂	57—80	紫棕色	中壤土	核柱状	7.4	10.9	0.70	0.30	15.9		4.5	67	5.9			
						Wc	80—100	暗灰棕色	中壤土	块状	6.8	8.7	0.60	0.30	14.3		4.6	62	9.6			
剖38	人为土	水稻土	潴育水稻土	红砂岩砂泥田	黄扁扁砂泥田	A	0—16	淡黄棕红色	中壤土	粒状	6.6	29.4	1.40	0.40	23.4	141	9.5	92	9.6	泥质页岩坡积物	E 109°53′23.0″ N 30°51′18.2″	75
						P	16—24	暗棕色	重壤土	块状	6.8	22.1	1.00	0.40	24.9		4.8	100	8.4			
						W	24—38	棕红色	重壤土	柱状	6.6	18.2	0.80	0.40	24.2		4.5	70	10.5			
						C	61—100	淡黄棕色	重壤土	块状	6.8	17.0	0.80	0.40	22.6		6.0	72	9.3			
剖39	铁铝土	黄壤	黄壤	砂页岩黄壤	林地硅质灰黄色土	A	1—8	淡棕黄色	轻壤土	粒状	5.5	39.6	1.40	0.40	8.3	91	3.2	117	7.5		E 109°54′37.3″ N 30°51′22.1″	95
						B	8—25	暗棕黄色	轻壤土	块状	5.5	5.4	0.30	≤0.10	7.9		2.3	100	5.1			
						C	25—71	淡黄棕色	轻砾石土		6.0	1.1	≤0.10	0.30	2.4		1.8	95	3.7			
						D	71—															
剖40	铁铝土	黄壤	黄壤	红砂岩黄壤	砾石红砂土	A	0—14	黄黄棕色	砂土	粒状	5.5	2.9	0.20	≤0.10	18.0	25	2.4	66	12.2	红砂岩坡积物	E 109°54′40.4″ N 30°51′47.3″	95
						B	14—24	棕色	砂土	粒状	6.0	2.6	0.20	≤0.10	16.9		2.2	36	11.2			
						C	24—38	红棕色	砂土	粒状	5.5	1.8	≤0.10	≤0.10	16.0		≤1.0	33	14.8			
						D	38—															
剖41	淋溶土	黄棕壤	山地黄棕壤	石英质岩山地黄棕壤	荒地硅质灰黄包土	Ao	0—2														E 109°55′16.4″ N 30°52′20.6″	95
						A	2—18	灰棕黄色	中壤土	块状	6.0	27.2	1.40	0.40	21.8	161	≤1.0	72	11.9			
						B	18—45	黄棕色	中壤土	块状	6.0	10.2	0.80	0.30	21.4		≤1.0	50	4.3			
						C	45—100	淡黄棕色	中壤土	块状	5.5	8.2	0.60	0.30	19.7		≤1.0	43	5.6			
剖42	铁铝土	黄壤	黄壤	砂页岩黄壤	荒地砂土	A	0—19	黄棕色	轻壤土	块状	6.0	13.8	0.90	0.40	34.5	58	1.6	73	9.0	泥质页岩残积物	E 109°55′37.3″ N 30°51′23.8″	75
						C	19—42	黄棕色		粒状	6.0	8.6	0.60	0.30	27.5		1.2	68	8.6			
						D	42—															

续表 Continued

剖面号 Soil profile	土纲 Soil order	土类 Soil great group	亚类 Soil subgroup	土属 Soil genus	土种 Soil species	土层码 Layer code	土层厚度 Depth/cm	颜色 Soil color	质地 Soil texture	土壤结构 Soil structure	pH	有机质 OM/(g/kg)	全氮 TN/(g/kg)	全磷 TP/(g/kg)	全钾 TK/(g/kg)	碱解氮 AN/(mg/kg)	有效磷 AP/(mg/kg)	速效钾 AK/(mg/kg)	阳离子交换量CEC/(cmol/kg)	土壤母质 Parent material	剖面点坐标 Profile coordinate	匹配指数 Matching index/%
剖43	铁铝土	红壤	黄红壤	石灰岩黄红壤	红泥土	A	0—19	红棕色	重壤土	核状	5.8	20.4	1.20	0.40	26.4	109	9.8	195	12.6	石灰岩及白云岩风化物	E 109°56′08.3″ N 30°51′38.8″	95
						B	19—52	橙色	黏土	块状	5.6	18.3	1.10	0.40	24.5		4.4	180	13.3			
						C	52—100	红橙色	黏土	块状	5.4	4.1	0.50	0.20	23.8		4.2	158	12.0			
剖44	半水成土	潮土		壤土型潮土	卵石砂壤潮土	A	0—18	灰黄棕色	中壤土	粒状	6.5	39.9	1.60	0.40	11.4	152	5.3	270	15.6	河流冲积物	E 109°46′11.4″ N 30°48′05.9″	75
						B	18—43	灰黄棕色	中壤土	粒状	6.8	32.0	1.50	0.30	12.6		2.4	157	12.4			
						C	43—100	暗棕色	轻壤土	核状	6.2	30.4	1.30	0.30	≤1.0		3.5	115	10.4			
剖45	半水成土	潮土	灰潮土	壤土型灰潮土	灰潮大泥土	A	0—22	暗棕色	中壤土	核状	7.2	24.8	1.50	0.50	17.7	108	7.6	98	13.3	有石灰反应的河流冲积物	E 109°46′41.7″ N 30°48′24.8″	75
						B₁	22—57	灰黄棕色	中壤土	块状	7.4	16.7	0.90	0.50	17.2		5.6	52	10.8			
						B₂	57—80	灰黄棕色	中壤土	块状	7.6	17.4	0.90	0.40	14.8		3.2	45	9.9			
						C	80—100	灰黄棕色	中壤土	块状	7.6	13.6	0.90	0.30	12.1		2.8	42	9.8			
剖46	淋溶土	黄棕壤	山地黄棕壤	第四纪黏土山地黄棕壤	黏黄土	A	0—17	淡棕色	重壤土	块状	6.6	18.7	0.90	0.30	15.2	82	3.7	133	8.5	第四纪黏土	E 109°48′45.4″ N 30°48′28.1″	95
						B	17—36	黄棕色	重壤土	块状	6.6	5.4	0.40	0.20	15.0		3.4	89	9.0			
						C	36—100	淡棕红色	重壤土	块状	6.4	4.7	0.40	0.20	14.6		3.2	77	6.4			
剖47	淋溶土	黄棕壤	山地黄棕壤	石英岩山地黄棕壤	硅质灰包土	A	0—18	暗棕色	轻壤土	粒状	5.8	31.8	1.60	0.40	14.7	109	4.8	145	11.3	石英岩反坡积物	E 109°50′55.5″ N 30°46′43.1″	95
						B₁	18—53	暗棕色	轻壤土	块状	6.6	21.3	1.20	0.40	13.9		2.1	68	8.8			
						B₂	53—70	暗棕色	轻壤土	核块状	6.1	14.3	1.00	0.30	12.7		1.6	55	7.0			
						C	70—100	黄棕色	中壤土	块状	6.0	13.1	0.80	0.20	12.1		1.3	18	4.4			
剖48	铁铝土	黄壤		砂页岩黄壤	青扁砂泥土	A	0—21	暗棕色	中壤土	粒状	6.0	36.0	1.80	0.60	16.4	186	9.8	125	9.9	石英砂岩坡积物	E 109°46′39.8″ N 30°45′18.8″	95
						B₁	21—33	暗黄棕色	中壤土	块状	6.5	30.3	1.50	0.60	13.2		5.4	75	8.9			
						B₂	33—41	黄棕色	中壤土	块状	6.5	6.8	0.50	0.30	11.3		1.2	46	4.0			
						C	41—100	棕红色	中壤土	块状	6.0	5.6	0.40	0.20	11.1		1.2	45	5.4			
剖49	淋溶土	黄棕壤	山地黄棕壤		林地灰包土	Ao	0—2														石灰岩	E 109°53′48.3″ N 30°49′17.4″	95
						A	2—3	暗棕色	轻壤土	核状	5.6	40.7	2.50	0.50	20.1	157	2.7	85	13.7			
						A	3—36	淡棕色	中壤土	块状	5.6	14.3	0.90	0.30	19.3		≤1.0	58	13.6			
						B	36—66	淡黄棕色	中壤土		5.6	12.9	0.80	0.30	19.1		≤1.0	58	10.6			
						C	66—100	灰黄棕色	重砾石土		6.2	10.2	0.60	≤0.10	10.3	110	3.5	147	7.4	石灰岩	E 109°56′35.7″ N 30°49′16.5″	95
剖50	淋溶土	黄棕壤	山地黄棕壤	硅质重砾石黄筋土		A	0—19	暗黄色	重砾石土	核状												
						BC	19—100	暗黄色		块状	6.4	4.0	0.30	≤0.10	11.2		1.2	107	6.2			
剖51	半水成土	潮土	灰潮土	壤土型灰潮土	中位砂层夹砂灰壤潮土	A	0—19	暗棕色	中壤土	粒状	7.0	21.8	1.20	0.40	16.9	94	3.2	45	11.8	石英性河流冲积物	E 109°46′31.6″ N 30°48′35.3″	75
						B₁	19—34	灰黄棕色	中壤土	块状	7.5	17.4	1.00	0.40	16.6		2.0	46	10.7			
						B₂	34—53	黄灰棕色	轻壤土	核块状	7.5	14.2	0.80	0.30	14.2		1.6	45	10.6			
						S	53—67	灰黄棕色	砂壤土	粒状	7.5	10.9	0.80	0.30	13.9		≤1.0	36	8.9			
						C	67—100	灰黄棕色	中壤土	块状	7.5	6.9	0.40	0.20	10.8		≤1.0	25	9.1			
剖52	淋溶土	棕壤	山地棕壤	石英砂岩山地棕壤	林地硅质冷灰包土	Ao	0—2														石英砂岩坡积物或残积物	E 109°59′05.1″ N 30°49′38.7″	95
						A₁	2—5	暗棕色	轻壤土	粒状	6.1	66.2	3.30	0.80	25.1	119	2.7	172	7.3			
						A	5—25	暗棕色	中壤土	块状	5.9	29.2	1.70	0.30	17.0		≤1.0	65	6.0			
						B₁	25—42	灰黄棕色	中壤土	核块状	5.7	16.1	1.00	0.20	19.1		≤1.0	38	4.5			
						B₂	42—90	黄棕色	中壤土	粒状	5.6	6.1	0.40	0.20	16.5		≤1.0	47	4.5			
剖53	半水成土	山地草甸土	山地草甸土	岩溶洼地山地草甸土	荒地山淤土	A	0—19	淡棕色	中壤土	粒状	6.8	39.6	2.40	0.70	17.1	176	5.5	50	10.9		E 109°58′54.7″ N 30°48′28.4″	75
						B₁	19—41	暗黄棕色	中壤土	块状	6.8	23.3	1.30	0.50	15.4		4.2	42	9.7			
						B₂	41—70	灰棕色	中壤土	块状	6.4	21.6	1.10	0.40	14.5		3.7	36	4.8			
						C	70—100	灰棕色	中壤土	块状	6.4	16.2	1.10	0.40	14.2		3.4	32	3.3			

续表 Continued

剖面号 Soil profile	土纲 Soil order	土类 Soil great group	亚类 Soil subgroup	土属 Soil genus	土种 Soil species	土层码 Layer code	土层厚度 Depth/cm	颜色 Soil color	质地 Soil texture	土壤结构 Soil structure	pH	有机质 OM/(g/kg)	全氮 TN/(g/kg)	全磷 TP/(g/kg)	全钾 TK/(g/kg)	碱解氮 AN/(mg/kg)	有效磷 AP/(mg/kg)	速效钾 AK/(mg/kg)	阳离子交换量CEC/(cmol/kg)	土壤母质 Parent material	剖面点坐标 Profile coordinate	匹配指数 Matching index/%
剖54	淋溶土	黄棕壤	山地黄棕壤	石灰岩山地黄棕壤	卵石黄筋土	A	0—16	灰黄棕色	轻砾石土		6.8	10.2	0.60	6.80	6.8	110	4.8	152	6.2		E 109°56′24.9″ N 30°46′01.5″	95
						B₁	16—32	棕黄色			6.8	5.0	0.30	0.20	5.2		1.4	73	4.5			
						B₂	32—67	淡黄棕色			6.7	2.0	0.20	≤0.10	5.1		1.4	72	3.8			
						C	67—100	暗黄棕色			6.7	2.0	0.20	≤0.10	≤1.0		≤1.0	67	2.5			
剖55	淋溶土	棕壤	山地棕壤	石灰岩山地棕壤	砾质棕泥土	A	0—18	暗黄棕色	重壤土	核状	6.0	38.5	1.80	0.60	17.4	228	5.1	218	18.2	石灰岩坡积物成残积物	E 109°58′28.5″ N 30°47′26.3″	95
						B₁	18—36	黄棕色	重壤土	块状	6.0	27.6	1.70	0.60	17.8		2.5	170	16.7			
						B₂	36—57	淡黄棕色	黏土	块状	6.5	17.8	1.20	0.40	17.9		≤1.0	162	13.0			
						C	57—100	棕色	黏土	块状	6.5	9.8	0.70	0.40	17.0		≤1.0	132	10.9			
剖56	淋溶土	棕壤	山地棕壤	石灰岩山地棕壤	林地冷灰包土	Ao	0—3														石灰岩坡积物成残积物	E 109°59′36.1″ N 30°46′08.4″	95
						A₁	3—6	暗灰黄色	轻壤土	粒状	5.5	44.6	2.40	0.20	10.8	50	1.3	83	12.2			
						A₂	6—11	淡灰黄色	中壤土	棱块状	5.5	11.7	1.00	0.20	11.2		1.2	46	6.0			
						B	11—57	灰黄色	中壤土	棱块状	5.5	7.1	0.40	≤0.10	4.5		≤1.0	45	3.8			
						C	57—100																
剖57	淋溶土	棕壤	山地棕壤	石英岩山地棕壤	荒地棕泥土	Ao	0—5														石灰岩坡积物成残积物	E 109°53′45.7″ N 30°46′03.2″	95
						A	5—26	暗黄棕色	重壤土	块状	6.5	29.9	1.80	0.40	17.2	322	6.6	110	15.0			
						B	26—46	棕黄色	黏土	棱块状	6.2	24.9	1.40	0.30	15.2		1.9	62	10.8			
						C	46—100	暗黄棕色	中壤土	棱块状	6.1	10.5	0.60	0.30	14.6		1.9	55	13.9			
剖58	淋溶土	棕壤	山地棕壤	石英岩山地棕壤	次灰砾质棕泥土	A	0—22	暗黄棕色	重壤土	核状	7.6	39.0	2.10	1.00	14.8	181	17.2	155	17.2	石灰岩坡积物成残积物	E 109°55′36.4″ N 30°46′06.8″	95
						B	22—49	黄棕色	黏土	团块状	7.4	14.3	0.90	0.50	17.7		2.4	108	10.8			
						C	49—100	暗黄棕色	重壤土	团块状	6.8	11.9	1.30	0.50	17.6		2.4	76	10.7			
剖59	人为土	水稻土	潴育水稻土	红黄壤性第四纪黏土泥田	次灰黄鳝泥田	A	0—22	暗灰黄色	重壤土	团块状	7.6	24.7	1.10	0.50	13.8	99	10.0	38	8.8	第四纪黏土	E 109°46′36.2″ N 30°43′28.5″	95
						P	22—29	灰黄色	重壤土	柱状	7.2	23.8	1.10	0.50	15.7		9.6	72	11.1			
						W₁	29—39	淡黄色	重壤土	柱状	6.8	22.6	1.10	0.40	14.9		6.6	70	6.7			
						W₂	39—70	灰白色	黏土	柱状	6.6	5.1	0.20	0.20	16.9		2.4	40	7.3			
						C	70—100	灰黄色	黏土	柱状	6.6	5.7	0.30	0.20	16.2		2.7	43	9.2			
剖60	淋溶土	黄棕壤	山地黄棕壤	石英岩山地黄棕壤	次灰硅质砾质黄筋土	A	0—22	灰黄棕色	中壤土	核状	7.6	44.9	2.20	0.90	23.8	87	10.7	122	10.4	石灰岩坡积物成残积物	E 109°49′00.6″ N 30°44′07.0″	95
						B	22—67	暗黄棕色	中壤土	块状	7.2	24.6	1.70	0.80	23.8		5.0	88	7.7			
						C	67—93	淡黄棕色	中壤土	块状	6.8	10.4	1.00	0.50	22.8		4.2	68	5.7			
						D	93—100																
剖61	淋溶土	黄棕壤	山地黄棕壤	石英岩山地黄棕壤	次灰硅质黄筋土	A	0—15	灰黄棕色	中壤土	粒状	5.7	23.0	1.20	0.20	19.0	114	2.2	95	6.8	石灰岩坡积物成残积物	E 109°50′19.4″ N 30°44′07.0″	95
						B	15—37	淡黄色	黏土	块状	5.6	12.5	0.80	≤0.10	17.4		1.8	73	4.4			
						C	37—100	灰黄色	黏土	块状	5.8	7.4	0.60	≤0.10	16.0		1.2	47	3.3			
剖62	淋溶土	黄棕壤	山地黄棕壤	石英岩山地黄棕壤	荒地硅质黄筋土	Ao	0—1														石灰岩坡积物成残积物	E 109°51′48.4″ N 30°41′45.6″	95
						A	1—26	暗黄棕色	中壤土	块状	6.2	14.2	0.90	0.30	14.5	68	2.1	37	9.5			
						B	26—53	棕色	黏土	块状	6.6	10.1	0.60	0.20	9.7		≤1.0	35	8.9			
						C	53—75	淡红棕色	黏土	块状	6.0	7.9	0.40	≤0.10	6.2		≤1.0	22	9.0			
						D	75—																
剖63	铁铝土	黄壤		第四纪黏土黄壤	卵石黄泥土	A	0—21	灰黄棕色	黏土	核状	6.4	16.9	1.00	0.30	12.5	62	11.5	132	10.4	第四纪黏土	E 109°46′16.1″ N 30°41′43.0″	95
						BC	21—35	黄棕色	黏土夹石	块状	6.4	6.8	0.30	0.20	4.3		8.3	78	5.3			
						C	35—100	暗棕红色	轻砾石土		6.2	2.5	0.20	≤0.10	3.0		4.2	72	4.5			
剖64	人为土	水稻土	潴育水稻土	红黄壤性第四纪黏土泥田	次灰红黄泥田	A	0—12	灰黄棕色	中壤土	粒状	8.0	30.1	1.60	0.40	15.1	126	6.1	45	11.4	第四纪黏土沉积物	E 109°45′06.0″ N 30°40′21.5″	95
						P	12—18	暗棕色	重壤土	块状	8.0	27.8	1.50	0.40	15.2		5.8	50	11.1			
						W₁	18—88	棕灰色	黏土	棱柱状	8.0	16.5	1.00	0.30	14.4		4.1	43	10.3			
						W₂	88—100	暗灰棕色	重壤土	棱柱状	7.5	14.9	0.90	0.40	13.5		4.0	42	10.5			

续表 Continued

剖面号 Soil profile	土纲 Soil order	土类 Soil great group	亚类 Soil subgroup	土属 Soil genus	土种 Soil species	土层码 Layer code	土层厚度 Depth/cm	颜色 Soil color	质地 Soil texture	土壤结构 Soil structure	pH	有机质 OM/(g/kg)	全氮 TN/(g/kg)	全磷 TP/(g/kg)	全钾 TK/(g/kg)	碱解氮 AN/(mg/kg)	有效磷 AP/(mg/kg)	速效钾 AK/(mg/kg)	阳离子交换量CEC/(cmol/kg)	土壤母质 Parent material	剖面点坐标 Profile coordinate	匹配指数 Matching index/%
剖65	半水成土	潮土	潮土	砂土型潮土	卵石砂潮土	A	0—18	暗灰棕色	砂土	粒状	6.6	33.8	1.60	0.90	21.0	183	17.9	132	9.3	河流冲积物	E 109°58′13.7″ N 30°43′20.0″	75
						B	18—57	暗灰棕色	多砾质砂土	粒状	6.4	18.8	0.90	≤0.10	2.4		13.4	98	6.7			
						C	57—100	暗灰黄色	砂土	粒状	6.0	2.8	≤0.10	≤0.10	1.9		13.1	93	4.7			
剖66	初育土	石灰(岩)土	黑色石灰土	黑色石灰土	厚层黑泡土	A	0—17	黑棕色	中壤土	核状	8.0	42.4	1.70	0.50	14.6	151	5.2	115	10.9	石灰岩坡积物或残积物	E 109°59′53.0″ N 30°43′13.6″	75
						B	17—31	暗黄棕色	重壤土	块状	8.0	36.9	1.40	0.40	8.7		4.8	98	6.8			
						C	31—100	黄棕色	重壤土	块状	8.0	9.1	0.30	0.30	8.6		4.1	82	4.8			
剖67	半水成土	潮土	潮土	壤土型潮土	次灰潮大土	A	0—14	淡灰棕色	中壤土	粒状	7.2	44.5	1.90	0.70	21.2	167	6.8	89	7.4	河流冲积物	E 109°56′16.8″ N 30°42′03.7″	75
						B	14—55	棕灰棕色	中壤土	棱块状	6.8	36.2	1.60	0.70	19.7		3.2	41	6.4			
						C	55—100	淡黄棕色	中壤土	块状	6.4	29.7	1.40	0.50	19.6		3.2	37	4.2			
剖68	半水成土	潮土	潮土	壤土型潮土	潮大土	A	0—20	淡黄棕色	中壤土	粒状	6.0	40.9	1.70	0.60	19.9	186	7.2	100	7.1	河流冲积物	E 109°57′02.7″ N 30°42′29.5″	95
						B₁	20—45	淡黄棕色	中壤土	块状	6.0	27.4	1.60	0.60	19.4		3.4	42	8.2			
						B₂	45—59	暗棕色	中壤土	块状	7.0	26.8	1.50	0.50	18.0		3.4	58	6.1			
						B₃	59—76	暗棕色	中壤土	块状	6.0	24.3	1.30	0.40	19.9		4.4	38	4.2			
						C	76—100	灰棕色	轻壤土	粒状	6.0	22.7	1.20	0.40	19.6		3.2	35	4.4			
剖69	淋溶土	黄棕壤	山地黄棕壤	石灰岩山地黄棕壤	灰包土	A	0—16	暗黄棕色	中壤土	粒状	6.7	26.7	1.40	0.70	19.1	169	5.9	162	11.0	石灰岩	E 109°58′41.4″ N 30°40′41.0″	95
						B₁	16—24	暗黄棕色	中壤土	块状	6.8	20.6	1.20	0.40	18.7		4.5	140	9.5			
						B₂	24—71	棕黄棕色	重壤土	块状	6.7	19.4	1.00	0.40	18.6		4.2	79	9.6			
						B₃	71—83	暗棕色	重壤土	块状	6.4	12.5	0.80	0.40	17.7		3.9	72	6.7			
						C	83—100	暗棕色	轻壤土	粒状	6.6	11.8	0.60	0.30	17.3		2.6	70	8.4			
剖70	淋溶土	黄棕壤	山地黄棕壤	石灰岩山地黄棕壤	次灰黑包土	A	0—21	暗黄棕色	中壤土	粒状	8.0	39.8	2.00	0.60	16.1	157	6.3	320	14.7	石灰岩	E 109°53′13.9″ N 30°42′25.7″	95
						B	21—29	暗黄棕色	中壤土	核块状	7.6	31.6	1.70	0.50	14.5		2.7	218	13.7			
						C	29—100	淡黄棕色	中壤土	块状	7.0	23.4	1.40	0.50	13.7		1.1	158	13.2			
剖71	淋溶土	黄棕壤	山地黄棕壤	石灰岩山地黄棕壤	林地硅质灰包土	Ao	0—6														石灰岩	E 109°54′01.5″ N 30°41′39.8″	95
						A₁	6—10	暗黄棕色	轻壤土	粒状	5.4	43.5	2.00	0.30	14.8	169	7.6	58	8.9			
						A	10—38	棕黄色	轻壤土	核块状	5.4	17.8	1.00	0.20	14.5		7.3	52	5.4			
						B	38—68	灰黄色	轻壤土	核状	5.4	6.3	0.40	≤0.10	14.4		4.2	36	4.7			
						C	68—100	黄黄色	中壤土	块状	6.0	27.7	1.40	0.70	16.5		4.9	123	7.9			
剖72	淋溶土	黄棕壤	山地黄棕壤	石灰岩山地黄棕壤	硅质质大泥土	A	0—19	淡黄棕色	中壤土	粒状	6.0	24.4	1.40	0.60	15.1	136	4.0	68	7.8	石灰岩	E 109°53′15.9″ N 30°40′23.8″	95
						B₁	19—41	暗黄棕色	中壤土	核块状	6.0	22.9	1.20	0.50	14.1		3.9	66	5.8			
						B₂	41—67	暗黄棕色	中壤土	核块状	6.0	22.3	1.00	0.50	13.9		3.5	55	4.9			
						B₃	67—87	暗棕色	中壤土	核状	6.0	20.3	1.00	0.50	13.6		2.5	53	4.9			
						C	87—100	灰黄棕色	轻壤土	块状	6.0	5.6	0.20	0.60	10.5	68	7.0	58	14.2			
剖73	淋溶土	黄棕壤	黄棕壤性土	泥质页岩黄棕壤性土	轻砾土扁砂	A	0—12	暗棕色	轻壤土	棱块状	6.5	4.4		0.80	16.8		6.1	42	18.9	泥质页岩坡积物或残积物	E 109°54′22.3″ N 30°40′42.0″	95
						B	12—21	棕灰色	中壤土	块状	6.0	4.0		0.70	14.8		4.4	33	18.7			
						C	21—29																
						D	29—																
剖74	淋溶土	黄棕壤	山地黄棕壤	石灰岩山地黄棕壤	大泥土	A	0—25	暗棕色	中壤土	团粒状	6.8	29.2	1.60	0.40	21.8	142	11.5	120	15.9	石灰岩坡积物	E 109°53′19.5″ N 30°39′17.6″	95
						B₁	25—69	暗黄棕色	重壤土	棱块状	6.8	22.5	1.00	0.40	21.0		2.9	62	9.0			
						B₂	69—89	暗黄棕色	重壤土	块状	6.5	14.9	0.80	0.20	20.6		2.8	48	10.0			
						C	89—100	淡黄棕色	轻壤土	块状	6.4	6.4	0.40	0.20	19.8		2.1	47	9.7			
剖75	初育土	紫色土	中性紫色土	中性紫砂土	薄层中性紫砂土	A	0—12	暗红棕色	砂砾土	粒状	6.6	17.7	1.00	0.30	19.1	67	9.8	115	8.8	紫色页岩坡积物或残积物	E 109°52′19.5″ N 30°35′25.5″	95
						BC	12—20	暗红色	轻壤土	粒状	6.8	12.3	0.80	0.20	17.7		≤1.0	52	8.9			
						D	20—																
剖76	铁铝土	黄壤	黄壤性土	石英岩黄壤性土	低山中砾石火质渣	A	0—18	暗棕色	轻壤土	粒状	6.5	19.2	1.10	0.70	22.1	96	10.7	116	12.8	石英质岩	E 109°48′30.6″ N 30°36′15.3″	95
						D	18—																

续表 Continued

剖面号 Soil profile	土纲 Soil order	土类 Soil great group	亚类 Soil subgroup	土属 Soil genus	土种 Soil species	土层码 Layer code	土层厚度 Depth/cm	颜色 Soil color	质地 Soil texture	土壤结构 Soil structure	pH	有机质 OM/(g/kg)	全氮 TN/(g/kg)	全磷 TP/(g/kg)	全钾 TK/(g/kg)	碱解氮 AN/(mg/kg)	有效磷 AP/(mg/kg)	速效钾 AK/(mg/kg)	阳离子交换量 CEC/(cmol/kg)	土壤母质 Parent material	剖面点坐标 Profile coordinate	匹配指数 Matching index/%
剖77	淋溶土	黄棕壤	黄棕壤性土	泥质页岩黄棕壤性土	林地扁砂	Ao	0—2													泥质页岩坡积物或残积物	E 109°53′24.4″ N 30°39′22.3″	95
						A₁	2—5															
						A	5—19	灰黄褐色	轻砾土		6.0	31.5	2.00	0.30	13.1	202	2.6	73	13.2			
						BC	19—28	棕灰色	轻砾壤土		5.5	23.8	1.00	0.20	10.7		1.6	55	13.3			
						D	28—															
剖78	人为土	水稻土	潴育水稻土	灰潮土田	卵石夹砂底灰潮砂泥田	A	0—17	灰黄色	中壤土	团块状	8.0	29.0	1.50	0.50	19.2	116	5.1	63	8.8	河流冲积物	E 109°54′30.9″ N 30°37′58.8″	95
						P	17—27	暗灰棕色	中壤土	棱块状	8.0	18.0	1.10	0.40	18.7		4.2	55	4.8			
						W	27—45	淡黄棕色	中壤土	棱柱状	8.0	28.2	1.70	0.40	18.4		4.5	52	7.4			
						R.S	45—100															
剖79	淋溶土	黄棕壤	山地黄棕壤	第四纪黏土山地黄棕壤	中位白鳝土	A	0—21	灰黄色	重壤土	核状	6.1	12.7	0.80	0.30	15.8	89	4.6	130	9.1	第四纪黏土	E 109°56′57.4″ N 30°39′09.0″	95
						B₁	21—36	灰黄色	重壤土	块状	5.9	4.8	0.60	0.20	15.4		4.3	107	8.6			
						B₂	36—91	灰白色	黏土	块状	5.8	3.9	0.50	0.20	14.8		3.8	87	6.5			
						C	91—100	淡黄棕色	黏土	块状	5.7	3.7	0.40	0.20	14.6		3.5	75	4.6			
剖80	初育土	紫色土	石灰性紫色土	灰紫砂土	厚层灰紫砂土	A	0—19	暗棕褐色	中壤土	粒状	8.0	22.3	1.40	0.50	21.3	105	2.5	85	8.2	石灰性紫色页岩坡积物	E 109°57′07.7″ N 30°37′59.0″	75
						B₁	19—41	暗红棕色	中壤土	棱块状	8.0	17.5	1.10	0.40	20.6		1.3	66	7.4			
						B₂	41—59	暗红棕色	中壤土	块状	8.0	17.8	1.10	0.40	20.6		≤1.0	62	7.0			
						C	59—100	暗棕红色	中壤土	棱块状	7.5	15.8	1.00	0.30	21.2		≤1.0	50	5.4			
剖81	初育土	紫色土	酸性紫色土	酸性紫砂土	荒地酸性紫砂土	A	0—19	暗红棕色	轻砾壤土	核状	6.0	21.9	1.20	0.20	13.9	119	2.3	75	8.0	紫色页岩	E 109°57′14.0″ N 30°35′21.6″	75
						B	19—53	棕灰色	轻砾石土		6.0	4.0	0.30	≤0.10	13.7		≤1.0	40	5.6			
						C	53—88				6.0	2.2	0.20	0.10	11.3		≤1.0	25	4.4			
						D	88—															
剖82	初育土	紫色土	酸性紫色土	酸性紫渣土	薄层酸性紫砂土	A	0—16	黄灰色	轻砾石土		6.0	6.6	0.50	0.20	18.0	38	8.9	123	9.2	砂页岩	E 109°57′00.1″ N 30°35′03.5″	75
						AC	16—27	黄灰色	中壤土		6.0	2.6	0.30	0.20	16.9		4.6	100	9.1			
						D	27—															
剖83	淋溶土	黄棕壤	山地黄棕壤	砂页岩山地黄棕壤	荒地黄泥扁砂土	A	0—22	淡黄棕色	中壤土	核状	5.4	6.0	0.40	≤0.10	19.4	45	≤1.0	115	3.3	砂页岩	E 109°58′36.1″ N 30°36′13.7″	95
						B	22—62	暗黄棕色	中壤土	棱块状	5.3	3.6	0.30	≤0.10	19.1		≤1.0	75	4.0			
						C	62—85	黄棕色	中壤土		5.2	2.9	0.20	0.10	18.0		≤1.0	55	4.2			
						D	85—															
剖84	初育土	紫色土	酸性紫色土	酸性紫砂土	厚层酸性紫砂土	A	0—16	暗红棕色	轻壤土	粒状	6.2	18.4	1.40	0.30	17.2	89	2.7	166	9.0	紫色砂页岩	E 109°59′12.5″ N 30°37′23.3″	75
						B₁	16—23	暗红棕色	砂壤土	核状	5.8	16.0	1.10	0.30	16.6		1.4	93	6.5			
						B₂	23—39	暗棕红色	轻砾石土	棱块状	4.6	3.4	0.20	0.20	15.6		≤1.0	63	8.0			
						C	39—65	暗棕红色			5.2	2.0	≤0.10	0.20	14.9		≤1.0	73	6.7			
						D	65—															
剖85	人为土	水稻土	潴育水稻土	红黄壤性第四纪黏土泥田	卵石红黄大泥田	A	0—17	暗灰黄色	重壤土	棱块状	6.0	23.6	1.20	0.50	14.1	156	9.8	90	8.8	第四纪黏土	E 109°54′18.4″ N 30°37′22.4″	95
						P	17—23	暗灰黄色	重壤土	块状	6.5	22.6	1.20	0.40	15.1		5.8	82	8.1			
						W₁	23—36	棕灰色	轻砾石土		6.5	13.0	0.80	0.30	11.7		5.5	82	5.4			
						W₂	36—56	淡棕色			6.8	5.9	0.40	0.20	8.4		5.2	63	4.7			
						C	56—100	黄棕色			6.8	6.1	0.40	0.30	11.4		3.7	63	4.3			
剖86	初育土	紫色土	酸性紫色土	酸性紫砂土	中层酸性紫砂土	A	0—17	红灰色	中壤土	粒状	6.0	14.0	0.80	0.20	12.6	91	1.3	108	8.2	紫色页岩坡积物或残积物	E 109°54′27.3″ N 30°35′50.2″	75
						B	17—36	红红色	轻砾石土		6.2	13.8	0.80	0.20	12.5		1.1	83	7.2			
						C	36—48	淡红棕色	重砾石土		6.4	9.5	0.50	0.20	12.4		≤1.0	62	6.6			
						D	48—															

续表 Continued

剖面号 Soil profile	土纲 Soil order	土类 Soil great group	亚类 Soil subgroup	土属 Soil genus	土种 Soil species	土层码 Layer code	土层厚度 Depth/cm	颜色 Soil color	质地 Soil texture	土壤结构 Soil structure	pH	有机质 OM/(g/kg)	全氮 TN/(g/kg)	全磷 TP/(g/kg)	全钾 TK/(g/kg)	碱解氮 AN/(mg/kg)	有效磷 AP/(mg/kg)	速效钾 AK/(mg/kg)	阳离子交换量CEC/(cmol/kg)	土壤母质 Parent material	剖面点坐标 Profile coordinate	匹配指数 Matching index/%
剖87	初育土	紫色土	酸性紫色土	酸性紫泥土	林地酸性紫泥土	Ao	0—2														E 109°55′17.6″ N 30°36′57.8″	95
						A₁	2—3															
						A	3—23	暗红棕色	重壤土	核状	6.0	19.8	1.00	0.20	19.6		≤1.0	110	11.9			
						B	23—36	暗红色	重壤土	核状	6.0	11.4	0.70	0.20	19.1		≤1.0	56	10.4			
						C	36—53	暗红色	重壤土	核状	6.0	9.6	0.60	0.20	19.1	112	≤1.0	45	6.5			
						D	53—															
剖88	人为土	水稻土	潴育水稻土	红黄壤性第四纪黏土泥田	红黄大泥田	A	0—19	灰棕色	中壤土	粒状	5.6	32.8	1.80	0.70	24.6	149	13.2	225	16.8	第四纪黏土	E 109°51′10.3″ N 30°34′03.5″	95
						P	19—30	暗黄棕色	重壤土	块状	5.6	29.1	1.70	0.60	22.9		8.6	223	14.7			
						W₁	30—50	棕红棕色	重壤土	棱柱状	6.0	23.7	1.20	0.40	22.7		3.9	158	13.1			
						W₂	50—73	红黄色	黏土	碎块状	6.0	22.1	1.20	0.40	19.7		3.2	148	10.0			
						C	73—100	灰白色	黏土	块状	5.6	11.4	0.90	0.40	11.5		3.2	150	8.9			
剖89	人为土	水稻土	潴育水稻土	红黄壤性第四纪黏土泥田	黄白鳝泥田	A	0—15	灰棕色	中壤土	粒状	6.6	16.0	1.10	0.50	16.7		12.1	55	9.3	第四纪黏土	E 109°51′31.5″ N 30°34′21.2″	95
						P	15—25	暗棕色	重壤土	团块状	6.8	14.1	1.00	0.40	16.1	82	7.8	53	10.2			
						W₁	25—43	紫棕色	黏土	棱柱状	6.8	4.7	0.60	0.20	17.3		2.0	58	8.4			
						W₂	43—69	白色	黏土	块状	6.8	3.2	0.40	0.20	19.2		2.8	38	6.6			
						C	69—100	白色	黏土	棱块状	6.6	3.5	0.40	0.20	18.4		2.3	43	4.4			
剖90	初育土	石灰（岩）土	棕色石灰土	棕色石灰土	中层棕泡土	A	0—17	棕黄色	中壤土	核状	8.2	12.7	0.90	0.40	20.0	74	11.2	103	8.6	石灰岩坡积物或残积物	E 109°54′14.2″ N 30°33′03.8″	95
						B	17—24	淡黄棕色	重壤土	块状	8.3	11.4	0.80	0.30	17.8		10.4	82	5.4			
						C	24—38	淡黄棕色	黏土	块状	8.3	9.8	0.70	0.20	14.1		3.0	79	4.9			
						D	38—															
剖91	初育土	紫色土	酸性紫色土	酸性紫泥土	薄层酸性紫泥土	A	0—16	暗灰棕色	重壤土	粒状	5.8	14.5	0.90	0.50	17.9	70	20.8	93	11.2		E 109°56′07.8″ N 30°34′33.6″	95
						B	16—28	暗灰棕色	重壤土	块状	5.6	7.8	0.50	0.30	16.7		9.4	93	9.5			
						D	28—															
剖92	淋溶土	黄棕壤	山地黄棕壤	石英岩山地黄棕壤	硅质轻砾石黄筋土	A	0—19	暗棕色	轻砾石土	核状	6.5	17.5	1.20	0.50	11.8	198	12.8	323	9.9		E 109°56′54.4″ N 30°31′16.2″	95
						B₁	19—38	淡棕色	中壤土	块状	6.6	8.7	0.60	0.40	11.0		5.1	198	7.9			
						B₂	38—74	淡棕色	中壤土	块状	6.5	4.2	0.30	0.20	8.2		≤1.0	133	4.3			
						C	74—100	淡黄色	中壤土	块状	6.5	3.1	0.20	0.20	6.8		≤1.0	116	3.3			
剖93	人为土	水稻土	潴育水稻土	青泥田	次灰中潜青黄棕泥	A	0—22	暗灰色	重壤土	块状	8.0	41.6	2.30	0.70	15.4	197	18.6	188	14.8	石灰岩坡积物或残积物	E 109°55′19.3″ N 30°23′31.7″	95
						Pg	22—31	暗黄棕色	重壤土	块状	8.0	37.5	2.10	0.70	15.1		16.2	175	17.2			
						G	31—100	暗黄棕色	重壤土	块状	7.2	36.8	2.10	0.60	16.1		15.6	175	15.2			
剖94	人为土	水稻土	淹育水稻土	浅次红壤性石灰泥田	浅次灰黄大灰泥田	A	0—21	灰黄棕色	重壤土	团块状	7.2	23.8	1.60	0.40	12.0	171	8.8	128	10.9	石灰岩坡积物或残积物	E 109°59′24.3″ N 30°22′33.6″	95
						P	21—26	暗黄棕色	重壤土	块状	6.4	15.6	1.10	0.30	13.8		6.4	108	10.5			
						B	26—74	暗黄棕色	重壤土	块状	6.0	22.2	1.30	0.50	15.0		6.4	92	12.4			
						C	74—100	暗黄棕色	重壤土	块状	6.0	7.7	0.60	0.20	13.6		3.9	83	9.0			
剖95	初育土	石灰（岩）土	棕色石灰土	棕色石灰土	厚层棕泡土	A	0—19	暗黄棕色	重壤土	块状	8.1	32.6	1.50	0.70	25.7	137	5.5	193	11.8	石灰岩	E 109°56′50.5″ N 30°21′51.7″	95
						B	19—37	灰黄棕色	重壤土	块状	8.1	31.2	1.30	0.70	25.7		2.6	135	9.1			
						C	37—70	暗黄棕色	黏土	块状	8.1	29.1	1.00	0.70	19.1		1.2	118	17.2			
						D	70—															
剖96	黄壤	黄壤		第四纪黏土黄壤	卵石底黄黏土	A	0—17	棕色	中壤土	核状	5.5	13.2	0.60	0.20	12.1	117	4.2	50	6.2	第四纪黏土	E 109°58′56.3″ N 30°14′53.2″	95
						B	17—27	暗黄棕色	重壤土	块状	5.8	8.3	0.30	≤0.10	6.2		3.9	40	5.9			
						C	27—63	暗黄棕色	重壤土	块状	5.3	3.9	0.30	≤0.10	5.2		2.2	43	4.9			
						D	63—		卵石													
剖97	淋溶土	棕壤	山地棕壤	泥质岩山地棕壤	次灰冷扁砂泥土	A	0—21	暗棕色	中壤土	粒状	8.0	49.5	2.30	0.80	17.2	225	7.5	260	13.8	石灰岩	E 110°05′39.7″ N 30°47′21.9″	95
						B	21—61	暗黄棕色	中壤土	核状	8.0	38.4	2.00	0.60	17.0		5.2	92	9.0			
						C	61—100	暗黄棕色	中壤土	块状	7.2	30.3	1.50	0.70	15.8		2.6	73	8.4			

续表 Continued

剖面号 Soil profile	土纲 Soil order	土类 Soil great group	亚类 Soil subgroup	土属 Soil genus	土种 Soil species	土层码 Layer code	土层厚度 Depth/cm	颜色 Soil color	质地 Soil texture	土壤结构 Soil structure	pH	有机质 OM/(g/kg)	全氮 TN/(g/kg)	全磷 TP/(g/kg)	全钾 TK/(g/kg)	碱解氮 AN/(mg/kg)	有效磷 AP/(mg/kg)	速效钾 AK/(mg/kg)	阳离子交换量CEC/(cmol/kg)	土壤母质 Parent material	剖面点坐标 Profile coordinate	匹配指数 Matching index/%
剖98	初育土	紫色土	石灰性紫色土	灰紫砂土	荒地紫砂土	Ao	0—1	棕灰色	中壤土	粒状	8.2	17.5	0.90	0.50	24.4		4.8	57	12.8		E 110° 00′ 23.5″ N 30° 38′ 46.2″	95
						A	1—16	棕黄色	中壤土	核状	8.0	11.4	0.80	0.40	24.4	67	1.4	45	10.6			
剖99	初育土	紫色土	酸性紫色土	酸性紫砂泥土	薄层酸性紫泥土	AC	16—29	棕黄色	中壤土	粒状	6.0	14.5	0.99	0.45	17.9		2.8	93	11.2		E 110° 00′ 54.7″ N 30° 39′ 01.3″	81
						D	29—	暗棕红色	壤质黏土	块状	6.5	7.8	0.53	0.27	16.7		1.4	33	9.5			
剖100	人为土	水稻土	潴育水稻土	黄棕壤性石灰岩泥田	次灰黄棕泥田	A	0—16	棕红色	重质黏土	块状	7.6	31.6	1.70	0.40	18.8	147	8.2	88	16.4	石灰岩坡积物	E 110° 03′ 08.3″ N 30° 39′ 15.8″	95
						C	16—28	灰黄黄色	重壤土	块状	7.4	24.0	1.60	0.30	23.9		2.6	102	17.1			
						P	14—21	淡黄黄色	黏土	棱柱状	7.2	23.3	1.60	3.00	23.6		2.3	115	17.7			
						W₁	21—46	灰黄棕色	黏土	棱柱状	7.0	10.4	0.70	0.20	26.0		1.1	82	18.3			
						W₂	46—73	淡黄棕色	黏土	棱柱状	7.0	7.7	0.50	0.30	23.5		≤1.0	86	16.1			
						Wc	73—100	黄棕色														
剖101	半水成土	潮土	灰潮土	壤土型灰潮土	卵石黏瓣土	A	0—19	黑棕色	中壤土	核状	8.0	32.5	1.70	0.70	15.4	126	10.1	138	8.3	有石灰反应的河流冲积物	E 110° 03′ 39.3″ N 30° 38′ 51.2″	95
						B	19—28	暗棕黄色	中壤土	核状	8.0	23.6	1.40	0.80	15.7		5.1	72	8.3			
						C	28—100	淡棕色	重砾石土	粒状	8.0	≤1.0	≤0.10	≤0.10	≤1.0		2.0	70	4.4			
剖102	初育土	石灰（岩）土	黄色石灰土	黄色石灰土	砾质黄泡土	Ao	0—3													碳酸岩类风化物	E 110° 03′ 50.3″ N 30° 38′ 16.0″	92
						A	3—29	橄榄棕色	粉砂质壤土	块状	7.7	27.5	1.70	0.44	24.6	169	2.8	132	9.8			
						B	29—82	黄色	黏壤土	核状	7.7	11.5	0.93	0.37	24.4				6.7			
						C	82—100	淡棕黄色	黏土	核状	7.8	6.1	0.63	0.36	24.5				9.6			
剖103	初育土	紫色土	中性紫色土	中性紫砂土	厚层中性紫砂土	A	0—16	灰黄色	中壤土	粒状	7.0	22.4	1.30	0.50	20.2	99	2.2	75	9.8	紫色页岩坡积物或残积物	E 110° 03′ 10.4″ N 30° 37′ 08.9″	95
						B	16—53	暗红棕色	黏土	核状	6.8	21.8	1.30	0.40	20.3		2.3	70	6.7			
						C	53—100	暗红棕色	黏土	核状	6.8	17.9	1.10	0.40	17.8		1.4	57	9.6			
剖104	淋溶土	黄棕壤	山地黄棕壤	第四纪黏土山地黄棕壤	林地黏黄土	Ao	0—1													第四纪黏土	E 110° 01′ 15.1″ N 30° 35′ 45.9″	95
						A₁	1—2															
						A	2—19	淡棕黄色	中壤土	棱块状	5.6	22.6	1.40	≤0.10	13.5	74	2.5	107	6.7			
						B	19—52	棕黄色	重壤土	块状	5.4	9.6	0.50	≤0.10	11.3		1.8	70	5.6			
						C	52—100	黄棕黄色	重壤土	核状	5.8	5.6	0.40	≤0.10	7.8		≤1.0	52	4.7			
剖105	铁铝土	黄壤	黄壤	石灰岩黄壤	黄泥巴土	A	0—19	淡棕黄色	重壤土	核状	6.4	23.8	1.60	0.60	20.3	111	6.5	322	9.8	石灰岩及白云岩风化物	E 110° 05′ 41.8″ N 30° 30′ 59.3″	95
						B₁	19—34	暗黄棕色	重壤土	块状	6.3	21.9	1.40	0.50	19.5		5.2	162	8.6			
						B₂	34—52	暗黄棕色	黏土	块状	6.1	4.6	0.40	0.20	17.3		2.7	145	7.4			
						BC	52—74	紫灰棕色	黏土	块状	6.0	4.3	0.30	0.20	14.3		2.0	132	11.7			
						C	74—100	黄橙色	黏土	粒状	5.4	≤1.0	≤0.10	0.20	7.1		1.9	70	12.4			
剖106	人为土	水稻土	潴育水稻土	黄棕壤性石灰岩泥田	黄棕大泥田	A	0—19	暗黄棕色	中壤土	粒状	6.8	39.4	1.90	0.70	17.5	177	19.8	112	10.7	石灰岩坡积物	E 110° 03′ 17.5″ N 30° 27′ 55.3″	95
						P	19—26	暗黄棕色	重壤土	柱状	6.6	29.5	1.60	0.40	16.2		9.0	118	10.4			
						W₁	26—33	黄棕色	重壤土	柱状	6.8	25.0	1.30	0.50	16.2		8.6	100	10.3			
						W₂	33—64	黄棕色	重壤土	柱状	6.8	20.1	1.10	0.50	16.6		7.0	92	9.1			
						Wc	64—100	棕灰色	重壤土	块状	6.8	14.8	0.90	0.50	16.9		6.6	72	7.4			
剖107	淋溶土	黄棕壤	暗黄棕壤	碳酸岩类暗黄棕壤	暗黄筋土	Ao	0—1													石灰岩风化坡积物或残积物	E 110° 01′ 35.9″ N 30° 16′ 32.0″	81
						A₁	1—3															
						A	3—50	暗黄棕色	黏壤土	块状	5.4	32.2	1.80	0.30	19.8	157	1.3	122	9.7			
						B	50—79	黄棕黄色	粉砂质黏壤土	块状	5.6	9.1	0.60	0.20	18.4		≤1.0	67	8.6			
						C	79—100	淡棕色	粉砂质黏壤土	块状	5.6	6.7	0.40	≤0.10	17.8		≤1.0	62	7.4			
剖108	淋溶土	棕壤	山地棕壤	石英岩山地棕壤	冷火燧渣土	A	0—19	暗黄棕色	中壤土	粒状	6.6	45.3	2.50	0.80	19.1		12.3	298	13.7		E 110° 04′ 54.1″ N 30° 14′ 50.4″	95
						B₁	19—29	棕棕色	中壤土	核块状	6.6	44.4	2.50	0.60	21.8		7.8	235	12.5			
						B₂	29—48	黄棕色	中壤土	块状	6.8	23.0	1.60	0.70	18.7		4.4	262	11.5			
						C	48—100	淡棕色	中壤土	块状	6.8	27.5	2.00	0.70	21.7		4.2	255	6.4			

续表 Continued

剖面号 Soil profile	土纲 Soil order	土类 Soil great group	亚类 Soil subgroup	土属 Soil genus	土种 Soil species	土层码 Layer code	土层厚度 Depth/cm	颜色 Soil color	质地 Soil texture	土壤结构 Soil structure	pH	有机质 OM/(g/kg)	全氮 TN/(g/kg)	全磷 TP/(g/kg)	全钾 TK/(g/kg)	碱解氮 AN/(mg/kg)	有效磷 AP/(mg/kg)	速效钾 AK/(mg/kg)	阳离子交换量 CEC/(cmol/kg)	土壤母质 Parent material	剖面点坐标 Profile coordinate	匹配指数 Matching index/%
剖109	淋溶土	黄棕壤	山地黄棕壤	石灰岩山地黄棕壤	砾质灰包土	A	0—16	暗黄棕色	轻壤土	粒状	6.4	43.6	2.90	1.90	33.9	240	3.5	245	11.5	石灰岩坡积物	E 110°07′29.4″ N 30°14′54.5″	95
						B₁	16—35	灰棕色	中壤土	棱块状	6.0	41.4	2.60	1.60	20.8		1.8	145	12.0			
						B₂	35—79	灰黄棕色	中壤土	块状	6.0	33.9	2.40	1.60	20.6		≤1.0	102	12.7			
						C	79—100	黄棕色	重壤土	块状	6.0	32.8	2.00	1.20	11.9		≤1.0	102	10.5			
剖110	淋溶土	棕壤	山地棕壤	泥质岩山地棕壤	荒地冷编砂土	A	0—19	暗棕色	中壤土	块状	5.5	42.4	2.20	0.40	26.1	31	2.4	92	13.7	泥质页岩坡积物或残积物	E 110°03′58.0″ N 30°11′47.9″	95
						B	19—65	黄棕色	中壤土	块状	6.0	14.9	1.00	0.40	14.8		1.3	77	6.6			
						C	65—100	淡黄棕色	中壤土	块状	5.5	13.0	0.80	0.20	17.7		≤1.0	46	5.9			
剖111	淋溶土	棕壤	山地棕壤	石英质岩山地棕壤	硅质冷灰包土	A	0—21	灰黄棕色	轻壤土	粒状	6.5	31.6	2.00	0.80	17.7	218	4.8	297	14.6	石英砂岩坡积物或残积物	E 110°04′27.3″ N 30°10′48.7″	95
						B	21—55	淡黄棕色	中壤土	团块状	6.7	15.4	1.00	0.30	17.5		1.3	275	8.0			
						C	55—100	黄棕色	中壤土	块状	6.5	6.9	0.40	0.20	15.8		1.3	167	5.8			
剖112	初育土	石灰(岩)土	黑色石灰土	黑色石灰土	荒地黑泡土	A	0—6	暗灰棕色	轻壤土	核状	8.1	32.8	2.60	1.00	7.9	262	5.3	102	13.6	石灰岩	E 110°00′40.5″ N 30°10′53.2″	95
						B	6—52	暗黄棕色	中壤土	块状	8.2	21.0	1.30	0.40	7.9		2.1	45	8.2			
						C	52—100	淡灰色	中壤土	块状	8.5	17.3	1.00	0.50	6.1		1.2	32	6.9			
剖113	铁铝土	黄壤	黄壤	石英质岩黄泥	林地硅质黄泥土	Ao	0—2													石英岩	E 110°08′29.7″ N 30°14′24.5″	95
						A	2—6	灰黄棕色	中壤土	棱块状	6.0	31.8	1.20	0.20	7.6	187	6.2	134	13.8			
						B	6—34	淡黄棕色	中壤土	块状	5.7	5.2	0.30	≤0.10	5.7		1.4	32	5.9			
						C	34—68	黄棕色	中壤土	块状	5.8	4.5	0.20	≤0.10	5.2		1.4	25	5.8			
						D	68—															

巴 东 县

主要土类说明

黄棕壤是巴东县主要土壤类型，占本县地域面积的48%。黄棕壤发生于亚热带暖湿落叶阔叶林下，弱度富铝化，主要由砂页岩及花岗岩风化物发育而成，黏聚现象明显，呈黄棕色。黄棕壤具 A–B–C 或 A–（B）–C 剖面构型，黏粒硅铝率在 2.5 左右，铁的游离度较红壤低，B 层交换性酸大于 A 层。土壤pH 为 5.5—6.0。

石灰（岩）土是巴东县第二大土壤类型，占本县地域面积的26%。石灰（岩）土发生于热带、亚热带石灰岩山区，是石灰岩经溶蚀风化形成的厚薄不同的钙质饱和或含游离钙质的土壤，多见于石隙、溶洞或峰丛底部。该土壤碳酸钙淋溶程度不一，多黏土，多为铁钙质胶结物，风化程度不一，盐基饱和度高，有机质含量及胶结状态有较大差异。

棕壤是巴东县第三大土壤类型，占本县地域面积的11%，大部分已被垦殖，以旱作为主。该土壤处于硅铝风化阶段，具有黏化特征，呈棕色。土体见黏粒淀积，盐基充分淋失，pH 为 6.0—7.0，见少量游离铁。

黄壤占本县地域面积的7%。黄壤发生于亚热带湿润条件下，中度富铝化，多见于海拔 700—1200m 的山区。土壤有机质累积较多，可达100g/kg，具 O–A–AB–B–C 剖面构型。pH 为 4.5—5.5。淀积层（B 层）富含水合氧化物（针铁矿），呈黄色，有时多含三水铝石。

紫色土占本县地域面积的4%，是由热带、亚热带紫红色岩层直接风化形成的 A–C 型土壤。其理化性质与母岩组成直接相关，土层浅薄，剖面层次发育不明显，仍为初育阶段。由于母岩富含矿质养分，且风化迅速，因此紫色土不失为良好的肥沃土壤。

水稻土占本县地域面积的1%。水稻土是在长期季节性淹灌、水下翻耕、季节性脱水、氧化还原交替影响下，原来成土母质或母土的特性发生重大改变，形成的新的土壤类型。由于干湿交替，水稻土形成糊状淹育层、较坚实板结的犁底层、渗育层、潴育层与潜育层等多种发生层。这些不同发生层是在人为耕作、水浆管理下形成的。

小于本县地域面积3%的土壤类型还有红壤、暗棕壤、潮土等。

本区域中心区气候特征

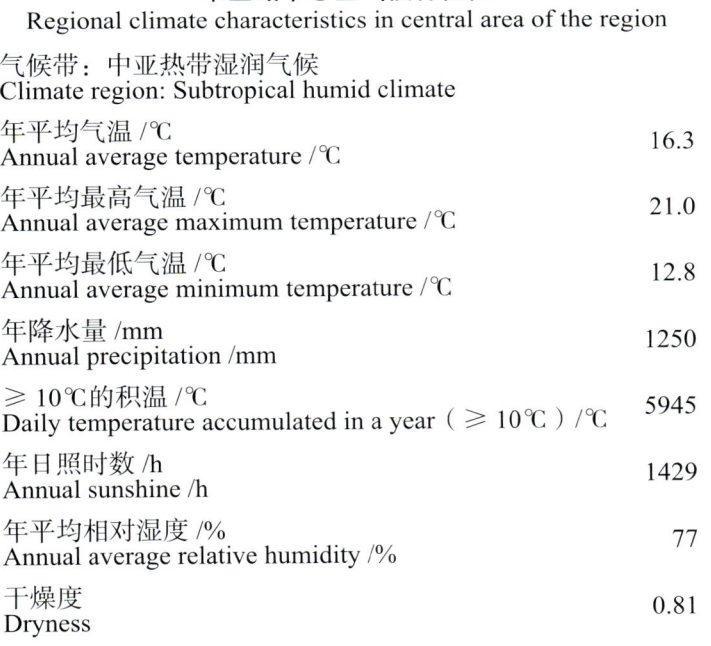

本区域中心区气候特征值
Regional climate characteristics in central area of the region

气候带：中亚热带湿润气候 Climate region: Subtropical humid climate	
年平均气温 /℃ Annual average temperature /℃	16.3
年平均最高气温 /℃ Annual average maximum temperature /℃	21.0
年平均最低气温 /℃ Annual average minimum temperature /℃	12.8
年降水量 /mm Annual precipitation /mm	1250
≥10℃的积温 /℃ Daily temperature accumulated in a year（≥10℃）/℃	5945
年日照时数 /h Annual sunshine /h	1429
年平均相对湿度 /% Annual average relative humidity /%	77
干燥度 Dryness	0.81

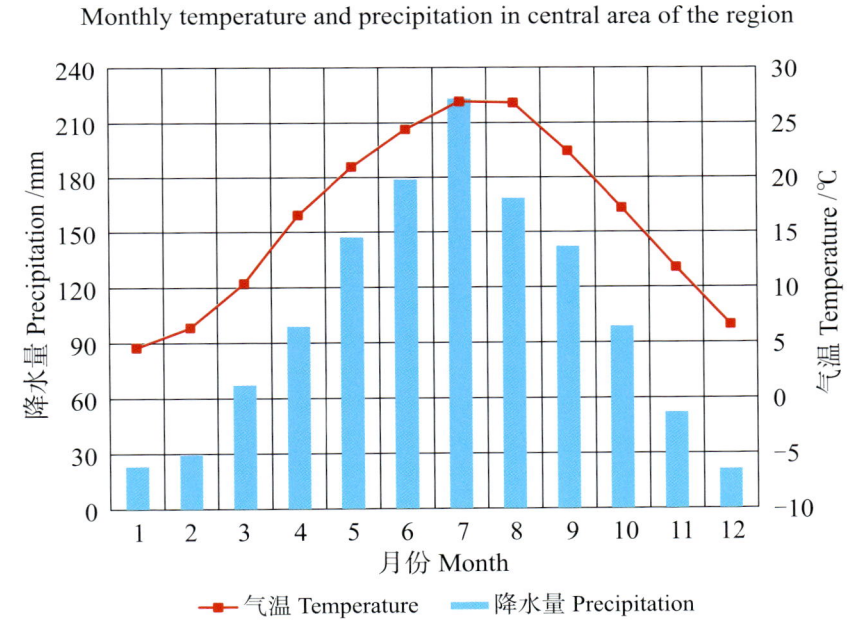

本区域中心区月平均气温与月平均降水量
Monthly temperature and precipitation in central area of the region

巴东县主要土壤类型与土壤剖面点分布图
1 : 430 000

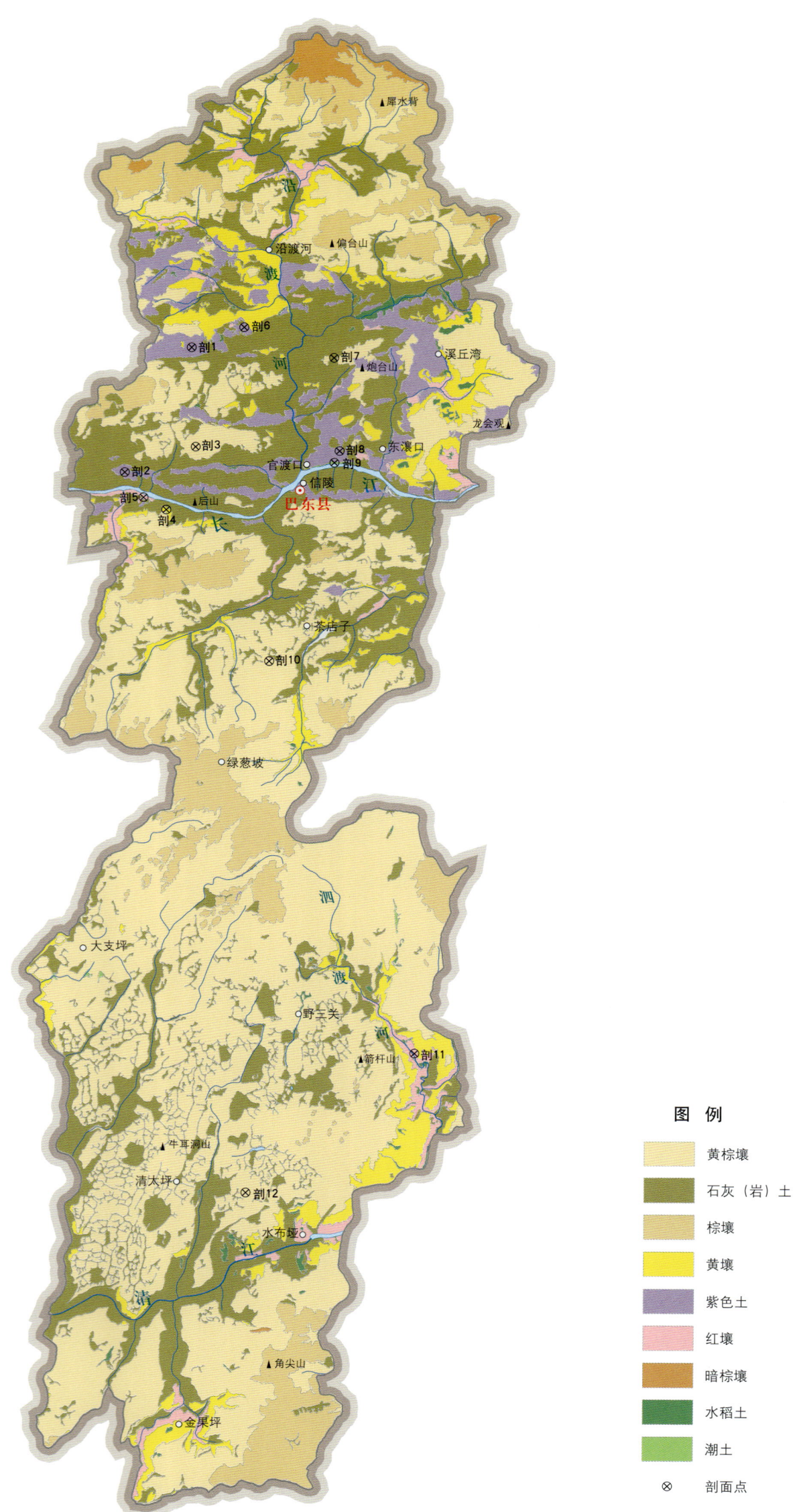

巴东县土壤剖面理化性状表

剖面号 Soil profile	土纲 Soil order	土类 Soil great group	亚类 Soil subgroup	土属 Soil genus	土种 Soil species	土层码 Layer code	土层厚度/cm Depth/cm	颜色 Soil color	质地 Soil texture	土壤结构 Soil structure	pH	有机质 OM/(g/kg)	全氮 TN/(g/kg)	全磷 TP/(g/kg)	全钾 TK/(g/kg)	有效磷 AP/(mg/kg)	速效钾 AK/(mg/kg)	阳离子交换量CEC/(cmol/kg)	土壤母质 Parent material	剖面点坐标 Profile coordinate	匹配指数 Matching index/%
剖1	初育土	紫色土	石灰性紫色土	灰紫砂土	灰紫砂土	A	0—20	暗棕红色	砂壤土	粒状	8.4	11.8	0.82	0.54	21.3	4.0	80	3.1		E 110°13′24.2″ N 31°08′54.7″	75
						C	20—46	淡棕红色	砂质黏壤土	核状	8.5	7.4	0.61	0.47	21.1	2.0	67	3.9			
剖2	初育土	紫色土	石灰性紫色土	灰紫渣土	灰紫渣土	A	0—19	紫色	砂质黏壤土		8.0	9.1	0.60	0.66	19.7	3.5	100	6.1		E 110°09′53.6″ N 31°02′55.7″	75
						C	19—46	紫色	砂质黏壤土		8.1	7.3	0.55	0.46	23.6	2.0	90	5.9			
剖3	淋溶土	黄棕壤	暗黄棕壤	碳酸岩石暗黄棕壤	暗岩砂泥土	A	0—20	暗棕色	黏壤土	粒状	6.4	32.6	1.77		6.9	27.5	357	15.9	石灰岩类风化坡积物或残积物	E 110°13′40.0″ N 31°04′10.6″	95
						B	20—56	淡棕褐色	粉砂质黏壤土	块状	5.7	13.6	1.12		14.3		233				
						C	56—100	黄褐棕色	壤质黏土	块状	5.8	5.1			23.3		77				
剖4	铁铝土	黄壤	黄壤性土	石英质岩黄壤性土	火镶渣土	A	0—16	棕灰色	砂质黏壤土	核状	5.6	10.8	0.74	0.30	6.4	7.5	93	6.4	石英质岩类风化物	E 110°12′07.4″ N 31°01′09.0″	75
						C	16—30	灰黄色	黏壤土		5.5	2.9	0.50	0.24	7.5	6.5	67	8.1			
						Ao	0—1														
剖5	铁铝土	红壤	红壤性土	石英质岩红壤性土	红火镶渣土	A	1—12	棕色	砂壤土			7.0	0.38	0.14	4.4	2.5	120			E 110°10′54.5″ N 31°01′43.9″	75
						C	12—30	灰黄棕色	黏壤土			5.3	0.28	0.19	4.5	5.0	133				
						D	30—														
剖6	铁铝土	紫色土	酸性紫色土	酸性紫渣土	酸性紫渣土	A	0—15	红棕色	砂壤土		5.9	4.6	0.30	0.19	10.6	7.2	110		碳酸岩类风化物	E 110°16′12.0″ N 31°09′52.6″	95
						BC	15—32	淡红棕色	砂壤土		6.5	3.7	0.27	0.15	9.1		87				
						C	32—45	淡红棕色	砂壤土		6.4			0.25	18.4		73				
剖7	初育土	石灰（岩）土	黄色石灰土	黄色石英岩黄红壤	砾质黄泥砂土	Ao	0—2													E 110°21′01.1″ N 31°08′26.0″	92
						A	2—10	灰棕色	粉砂质壤土	粒状	7.5	39.1	1.85	0.24	22.6	4.4	148				
						AB	10—39	淡棕黄色	黏壤土	块状	6.5	10.9	0.85	0.22	21.6						
						B	39—81	红棕色	黏壤土	核状	6.6	8.9	0.71	0.17	20.9						
						C	81—100	淡棕黄色	黏壤土	粒状	6.9	7.0	0.86	0.18	20.8						
剖8	初育土	紫色土	酸性紫色土	酸性砂岩黄棕壤	薄层酸性紫砂土	A	0—13	淡棕红色	壤质黏土	粒状	6.2	9.2	1.00	0.27	17.6	6.5	80			E 110°21′20.8″ N 31°04′00.1″	95
						C	13—27	淡棕红色	壤质黏土	核状	6.2	8.7	0.78	0.24	19.7	3.5	80				
剖9	半水成土	潮土	潮土	砂壤型砂土	砾质潮砂土	1	0—23	暗棕色	砂壤土	核状	5.3	21.8	1.04	3.61	5.2	1.3	187	2.9	近代河流冲积物	E 110°21′03.6″ N 31°03′26.3″	75
						2	23—38	棕色	砂壤土		6.7	8.4	0.40	0.22	4.6	3.5	80	3.3			
剖10	淋溶土	黄棕壤	暗黄棕壤	碳酸岩暗黄棕壤	次阳暗灰泡土	A	0—20	棕色	粉砂质壤土	粒状	8.2	23.1		0.42	17.0	6.0	160	6.0	石灰岩类风化坡积物或残积物	E 110°17′41.0″ N 30°53′56.7″	95
						B	20—74	淡棕色	粉砂质黏土	块状	7.8	15.2	1.00	0.46	19.1	3.5	87				
						C	74—100	黄棕色	壤质黏土	块状	6.5			0.44	17.9		87				
剖11	铁铝土	红壤	黄红壤	泥质黄壤	扁砂土	A	0—20	暗棕色	砂壤土		7.0	13.7	0.96	0.24	14.3	4.5	173			E 110°25′37.2″ N 30°35′12.9″	95
						BC	20—45	黄棕色	砂壤土		5.8	2.1	0.31	0.12	8.2	3.0	87				
						C	45—72	黄棕色	砂壤土		5.3	1.7	0.71	0.12	9.3	3.0	93				
剖12	淋溶土	黄棕壤	黄棕壤性土	石英质岩黄棕壤性土	薄黄硅渣土	Ao	0—1													E 110°16′45.2″ N 30°28′29.2″	95
						A	1—25	黄棕色	砂壤土	无结构	5.9	6.1	0.26	≤0.10	6.4	3.0	133	1.6			
						D	25—														

宣 恩 县

主要土类说明

黄棕壤是宣恩县主要土壤类型，占本县地域面积的 62%，分布在海拔 800—1500m 的地区。黄棕壤分布区雨水多，雾日多，湿度大，一年内有干湿之分，夏秋多雨，冬春干旱，温湿一致。该土壤黏聚现象明显，呈微酸性至酸性。心土层呈黄棕色，具块状或棱块状结构，结构体表面有铁锰胶膜。成土母质有石灰岩、泥（砂）质页岩、石英质岩及第四纪黏土等。本县黄棕壤分为山地黄棕壤和黄棕壤性土两个亚类。

黄壤是宣恩县第二大土壤类型，占本县地域面积的 19%，分布在海拔 500—800m 的地区。黄壤分布区气候温和，雨水多，湿度大，冬季温凉雨少，夏季炎热潮湿。黄壤的脱硅富铝化作用比红壤弱，氧化铁的水化作用强，土壤以黄色或灰黄色为主，呈酸性或强酸性。成土母质有石灰岩、泥（砂）质页岩、第四纪黏土、红砂岩、石英质岩等。本县黄壤分为黄壤和黄壤性土两个亚类。

棕壤是宣恩县第三大土壤类型，占本县地域面积的 10%，分布在海拔 1500m 以上的地区。由于土壤过度湿润，黏粒迁移，出现黏化现象，剖面中各发生层次色调无明显过渡，均以棕色或淡褐色为主，有机质含量高，土壤呈微酸性。成土母质有石灰岩、泥（砂）质页岩、石英质岩等。

水稻土占本县地域面积的 5%，是本县重要的耕作土壤，分布在海拔 380—800m 的广大平坝、丘陵和山区。由于人为长期水耕熟化，加上当地降水量较大，还原淋溶和氧化淀积过程明显，水稻土形成了特有的剖面结构和发生层次。本县水稻土分为淹育型、潴育型、潜育型、侧渗型和沼泽型五个亚类，其中潴育水稻土面积最大。

小于本县地域面积 3% 的土壤类型有紫色土、石灰（岩）土、红壤、山地草甸土、潮土等。

本区域中心区气候特征

本区域中心区气候特征值
Regional climate characteristics in central area of the region

气候带：中亚热带湿润气候 Climate region: Subtropical humid climate	
年平均气温 /℃ Annual average temperature /℃	16.2
年平均最高气温 /℃ Annual average maximum temperature /℃	20.7
年平均最低气温 /℃ Annual average minimum temperature /℃	12.9
年降水量 /mm Annual precipitation /mm	1434
≥ 10℃的积温 /℃ Daily temperature accumulated in a year（≥ 10℃）/℃	5902
年日照时数 /h Annual sunshine /h	1240
年平均相对湿度 /% Annual average relative humidity /%	81
干燥度 Dryness	0.66

本区域中心区月平均气温与月平均降水量
Monthly temperature and precipitation in central area of the region

宣恩县主要土壤类型与土壤剖面点分布图
1 : 310 000

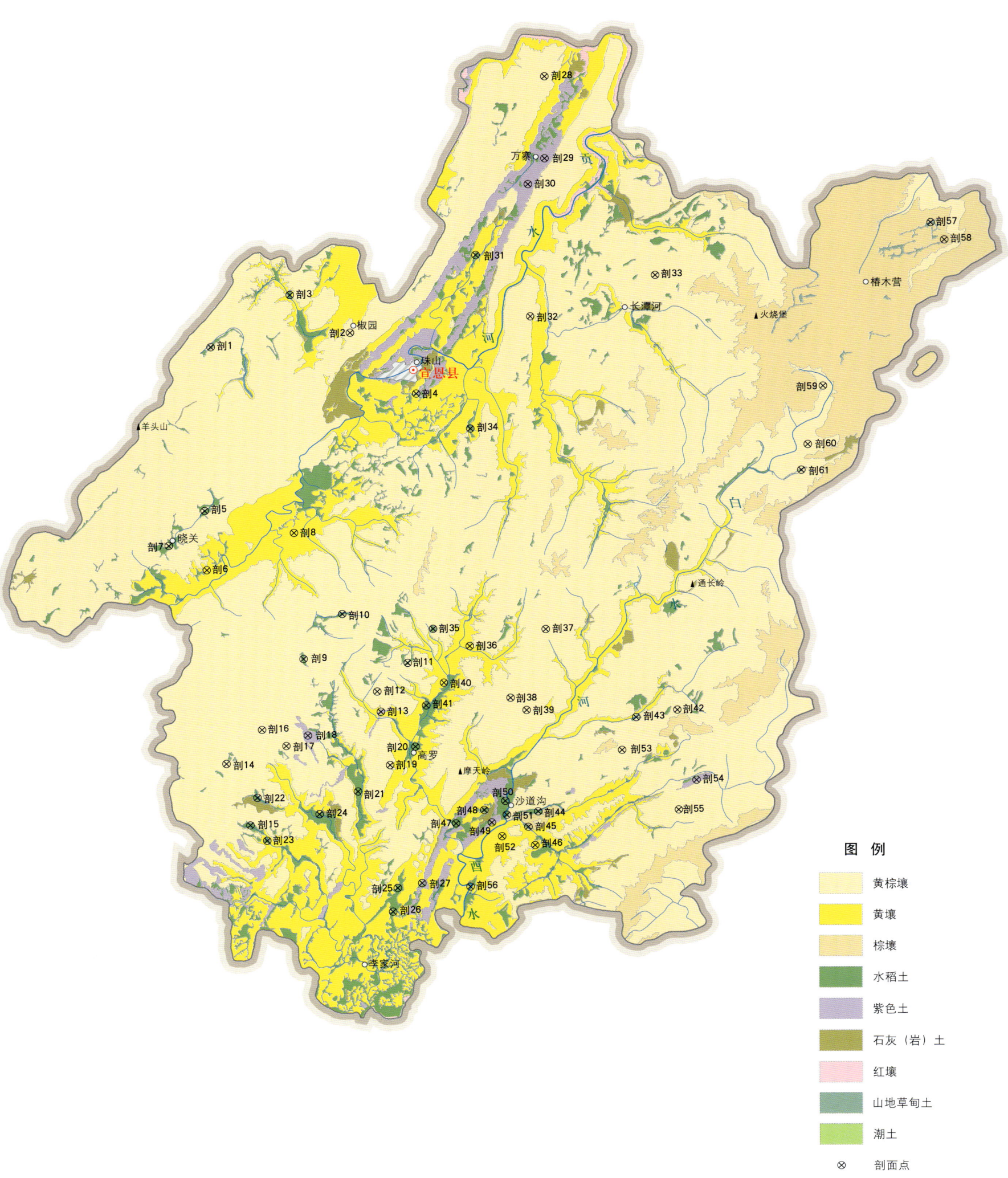

宣恩县土壤剖面理化性状表

剖面号 Soil profile	土纲 Soil order	土类 Soil great group	亚类 Soil subgroup	土属 Soil genus	土种 Soil species	土层代码 Layer code	土层厚度 Depth/cm	颜色 Soil color	质地 Soil texture	土壤结构 Soil structure	pH	有机质 OM/(g/kg)	全氮 TN/(g/kg)	全磷 TP/(g/kg)	全钾 TK/(g/kg)	碱解氮 AN/(mg/kg)	有效磷 AP/(mg/kg)	速效钾 AK/(mg/kg)	阳离子交换量CEC/(cmol/kg)	土壤母质 Parent material	剖面点坐标 Profile coordinate	匹配指数 Matching index/%
剖1	人为土	水稻土	潴育水稻土	红黄壤性红砂岩泥田	红泥砂田	A	0—20	暗黄棕色	轻壤土	粒状	6.2	17.3	1.07	0.16	12.8	109	7.0	50	7.0	红砂岩坡积物	E 109°20′11.4″ N 30°00′15.8″	95
						P	20—40	暗黄棕色	轻壤土	块状	6.3	15.6	0.92	0.13	12.8		4.0	20	5.3			
						W	40—70	淡红棕色	松砂土	粒状	5.1	1.1	0.38	≤0.10	14.5		5.5	28	2.3			
						B	70—100	黄橙色	砂壤土	粒状	5.6	2.2	0.50	≤0.10	14.6		3.5	28	3.1			
剖2	淋溶土	黄棕壤	山地黄棕壤	石灰岩山地黄棕壤		A	0—17	暗灰色	重壤土	粒状	6.4	31.3	1.39	0.35	≤1.0	108	1.5	58	11.6		E 109°26′24.6″ N 30°00′56.7″	93
						B₁	17—52	黑色	中壤土	块状	6.7	20.5	0.92	0.23	≤1.0		≤1.0	33	11.9			
						B₂	52—78	黑棕色	中壤土	块状	6.0	16.4	0.74	0.23	5.9		≤1.0	28	11.5			
						C	78—100	棕灰色	中壤土	块状	6.2	11.9	0.64	0.22	≤1.0		≤1.0	30	11.6			
剖3	人为土	水稻土	潴育水稻土	青泥田	青潮土田	A	0—19	棕灰色	轻壤土	块状	4.8	35.0	2.10	0.30	18.0	168	3.0	33	10.6	河流冲积物	E 109°23′41.6″ N 30°02′25.1″	95
						Pg	19—25	淡灰色	中壤土	块状	4.9	19.9	1.10	0.30	22.0		4.5	28	7.7			
						G₁	25—43	绿灰色	中壤土	无结构	3.5	20.9	1.10	0.30	22.4		6.5	28	8.1			
						G₂	43—69	绿灰色	轻壤土	无结构	4.8	11.7	0.70	0.30	21.5		7.5	35	5.2			
						G₃	69—82	灰白色	中壤土	无结构	5.0	16.6	0.50	0.30	21.4		12.5	28	7.2			
						G₄	82—95	灰白色	中壤土	块状	4.9	13.5	1.00	0.30	24.3		10.5	40	5.8			
剖4	人为土	水稻土	潴育水稻土	第四纪黏土泥田	铁心黄泥田	A	0—13	灰黄色	壤质黏土	块状		20.4	1.40	0.40	13.3	4	≥100.0		9.6	第四纪黏土	E 109°29′25.4″ N 29°58′30.7″	81
						WFe	13—19	灰黄色	壤质黏土	柱状		17.6	1.20	0.40	19.1	3	93.0	28	8.2			
						Wg	19—45	淡黄色	壤质黏土	柱状			0.12	0.20	23.7	2	50.0	28	7.4			
						C	45—100	黄橙色	壤质黏土			1.1	≤0.10	0.20	24.7	2	68.0	35	7.5			
剖5	人为土	水稻土	潴育水稻土	碳酸岩泥田	青糊岩田	A	0—16	暗绿灰色	黏质土	糊状	5.9	53.0	2.80	0.60	16.4		7.5	130	14.5	页岩	E 109°20′02.6″ N 29°53′38.8″	95
						Pg	16—31	暗绿灰色	黏粘土	柱状	5.8	49.4	2.60	0.50	16.9		7.0	118	15.4			
						Wg	31—42	淡黄棕色	黏粘土	柱状	6.3	30.8	1.60	0.50	15.6		≤1.0	98	14.1			
						W	42—100	淡黄棕色	中壤土	柱状	6.4	11.4	0.70	0.40	15.5		4.5	90	9.6			
剖6	铁铝土	黄壤	黄壤	泥质岩黄壤	墨石泥田	A	0—21	黑棕色	重壤土	粒状	4.3	25.1	1.32	0.23	7.9		3.0	90	7.8	石灰岩夹泥质页岩坡积残积	E 109°20′10.3″ N 29°51′14.8″	81
						BC	21—60	暗棕色	重壤土	梭块状	4.5	18.8	0.91	0.11	8.6		≤1.0	40	6.6			
						C	60—100	暗棕色	重壤土	块状	4.2	9.0	0.64	0.12	8.5		≤1.0	20	5.7			
剖7	人为土	水稻土	潴育水稻土	黄棕壤性石英岩泥田	黄泡砂泥田	P	0—12	淡黄棕色	重壤土	块状	5.1	33.7	1.99	0.40	13.2	182	7.0	93	9.3	石英质岩夹泥质页岩坡积物	E 109°18′36.4″ N 29°52′19.6″	95
						B	12—19	淡黄棕色	重壤土	块状	6.2	29.9	1.38	0.37	14.9		5.0	130	10.7			
						W	19—48	淡黄棕色	重壤土	柱状	5.6	17.8	1.10	0.24	13.6		≤1.0	100	10.4			
							48—74	淡黄棕色	中壤土	柱状	5.8	6.4	0.66	0.18	13.9		≤1.0	90	6.0			
							74—100	淡黄棕色	中壤土	柱状	5.7	4.2	0.37	0.18	11.3		≤1.0	93	5.0			
剖8	铁铝土	黄壤	黄壤	石灰岩黄壤		A	0—14	暗黄棕色	重壤土	粒状	6.3	14.0	1.34	0.32	18.2	122	6.0	133	13.6	石灰岩坡积物或残积物	E 109°24′03.2″ N 29°52′49.1″	95
						B	14—55	淡黄棕色	重壤土	梭块状	5.0	4.5	0.92	0.28	18.5		3.5	100	14.0			
						C	55—100	淡黄棕色	重壤土	块状	5.6	4.1	1.05	0.28	19.1		3.5	128	18.9			
剖9	人为土	水稻土	潴育水稻土	红黄壤性第四纪黏土泥田	深位铁盘红黄泥田	A	0—13	灰黄棕色	轻壤土	粒状	7.4	20.4	1.37	0.36	18.3	109	4.0	100	9.6	第四纪黏土或土黄高岭土	E 109°24′33.1″ N 29°47′42.7″	95
						P	13—19	暗黄棕色	重壤土	块状	7.8	17.6	1.20	0.32	19.1		3.5	93	9.2			
						W	19—43	黄棕色	重壤土	块状	7.8	1.8	0.37	0.23	23.7		2.0	50	7.4			
						Fe	43—45	黄棕色	重壤土	块状												
						C	45—100	暗黄棕色	重壤土	块状	6.7	1.1	0.57	0.27	24.7		2.0	68	7.5			
剖10	人为土	水稻土	潴育水稻土	黄棕壤性第四纪黏土泥田	黄棕泥田	A	0—20	暗黄棕色	重壤土	粒状	5.9	37.3	2.22	0.61	26.8	214	12.0	140	11.7	第四纪黏土或土黄高岭土	E 109°26′15.4″ N 29°49′33.2″	95
						P	20—30	棕色	重壤土	块状	6.3	30.3	1.78	0.60	26.7		10.0	153	11.4			
						W	30—57	灰黄棕色	重壤土	梭块状	7.9	21.2	1.27	0.72	26.2		7.0	118	11.5			
						B	57—89	淡黄棕色	重壤土	块状	7.9	23.8	0.92	0.50	21.6		6.0	120	8.8			

续表 Continued

剖面号 Soil profile	土纲 Soil order	土类 Soil great group	亚类 Soil subgroup	土属 Soil genus	土种 Soil species	土层码 Layer code	土层厚度 Depth/cm	颜色 Soil color	质地 Soil texture	土壤结构 Soil structure	pH	有机质 OM/(g/kg)	全氮 TN/(g/kg)	全磷 TP/(g/kg)	全钾 TK/(g/kg)	碱解氮 AN/(mg/kg)	有效磷 AP/(mg/kg)	速效钾 AK/(mg/kg)	阳离子交换量CEC/(cmol/kg)	土壤母质 Parent material	剖面点坐标 Profile coordinate	匹配指数 Matching index/%
剖11	人为土	水稻土	潴育水稻土	红黄壤性石英质岩田	岩渣子田	A	0—16	淡灰色	重壤土	块状	9.0	32.6	1.87	0.43	6.8	182	7.5	43	4.7	硅质页岩坡积物	E 109°29′12.5″ N 29°47′36.6″	95
						P	16—25	淡灰色	重壤土	块状	8.5	31.4	1.88	0.43	9.4		7.0	40	4.7			
						B	25—39	灰黄色	重壤土	块状	6.2	15.1	0.96	0.27	8.9		3.5	28	5.1			
						W	39—53	灰黄色	中壤土	块状	5.6	3.4	0.36	0.14	8.0		1.5	35	5.5			
						C	53—100	橙黄色	轻壤土	块状	5.6	3.3	0.44	0.17	10.7		1.5	33	6.0			
剖12	淋溶土	黄棕壤	山地黄棕壤	石灰岩山地黄棕壤	大泥土	A	0—23	暗棕色	中壤土	粒状	5.1	30.1	1.80	0.59	20.5	136	5.5	90	12.8		E 109°27′51.8″ N 29°46′26.4″	95
						B	23—42	暗黄棕色	中壤土	块状	5.3	23.8	1.39	0.56	20.9		4.0	58	11.5			
						C	42—100	黄棕色	中壤土	块状	5.4	21.4	0.96	0.52	20.6		4.0	53	10.9			
剖13	初育土	紫色土	石灰性紫色土	灰紫砂土	厚层灰紫砂土	A	0—24	红棕色	中壤土	粒状	7.9	27.8	1.74	0.61	24.5	112	13.0	150	12.7	钙质紫色页岩坡积物	E 109°28′02.6″ N 29°45′37.4″	75
						B	24—46	暗棕红色	重壤土	块状	8.0	6.6	0.81	0.32	23.6		3.0	80	10.7			
						C	46—74	紫棕色	重壤土		7.4	4.3	0.63	0.15	17.0		1.5	63	9.6			
						D	74—100	红棕色	中壤土	粒状	7.5	2.6	0.58	0.15	26.8		1.5	118	13.4			
剖14	淋溶土	黄棕壤	山地黄棕壤	第四纪黏土山地黄棕壤	砾质黏土棕泥土	A	0—20	灰黄色	轻壤土	粒状	5.7	22.3	1.23	0.39	26.1	136	11.5	156	8.0	第四纪黏土	E 109°21′10.4″ N 29°43′25.0″	95
						B	20—60	淡黄棕色	中壤土	粒状	5.7	6.6	0.50	0.23	26.6		3.5	48	5.6			
						C	60—100	淡棕色	中壤土	块状	5.7	3.2	0.35	0.22	26.7		6.5	53	4.6			
剖15	人为土	水稻土	潴育水稻土	红黄壤性红砂岩泥田	次灰红泥田	A	0—20	淡棕色	中壤土	无结构	8.4	15.5	0.86	0.13	16.3	75	4.5	53	9.0	红砂岩	E 109°22′16.3″ N 29°40′56.6″	95
						P	20—36		中壤土	柱状	8.4	15.6	0.89	0.12	16.1		3.0	35	7.9			
						B	36—78	紫棕色	重壤土	棱柱状	5.9	15.8	1.01	0.12	16.5		3.5	48	12.4			
						W	78—100	黄棕色	中壤土	块状	5.9	6.8	0.53	0.12	16.5		6.0	50	9.1			
剖16	淋溶土	黄棕壤	石灰岩山地黄棕壤	石灰岩山地黄棕壤	黄棕泥土	A	0—20	灰黄色	重壤土	粒状	5.2	14.0	1.09	0.19	13.7	147	3.0	123	3.8	石灰岩坡积物	E 109°22′44.0″ N 29°44′48.8″	95
						B	20—61	淡黄棕色	重壤土	块状	5.5	9.2	0.77	0.14	15.2		1.5	80	8.3			
						C	61—100	黄橙色	中壤土	块状	5.5	3.8	0.52	≤0.10	17.9		≤1.0	70	10.1			
剖17	淋溶土	黄棕壤	第四纪黏土山地黄棕壤	黏质棕大泥土	A		0—20	暗黄棕色	中壤土	粒状	5.5	29.1	1.63	0.68	26.8	166	23.0	118	10.1	第四纪黏土	E 109°23′50.3″ N 29°44′10.3″	95
						B₁	20—30	暗黄棕色	中壤土	核状	5.3	22.3	1.34	0.65	27.3		13.5	53	8.7			
						B₂	30—43	灰黄色	轻壤土	块状	6.2	14.2	0.90	0.51	27.1		6.5	48	7.7			
						C	43—100	黄棕色	中壤土	块状	6.4	5.0	0.54	0.34	29.1		9.5	43	4.8			
剖18	初育土	紫色土	酸性紫色土	酸性紫砂土	厚层酸性紫砂土	A	0—14	红棕色	重壤土	粒状	4.8	10.6	0.81	0.21	21.5	50	3.5	140	11.5	紫色页岩坡积物	E 109°24′47.5″ N 29°44′36.6″	75
						B	14—40	红棕色	重壤土	梭块状	4.7	7.5	0.56	0.16	21.8		≤1.0	73	10.8			
						C	40—100	暗棕色	重壤土	块状	4.6	4.1	0.44	0.12	21.0		≤1.0	63	12.8			
剖19	淋溶土	黄棕壤	黄棕壤性	砂页岩黄棕壤性土	林草腐石渣	Ao	0—2	淡灰黄色		粒状	4.5	18.0	1.65	0.27	9.5		3.0	90	4.9	炭质页岩残积物	E 109°28′28.9″ N 29°43′27.1″	93
						AC	2—30															
						D	30—															
剖20	人为土	水稻土	淹育水稻土	浅红黄黏性黏土泥田	浅黄黏泥田	A	0—17	淡黄色	重壤土	核状	5.3	20.6	1.26	0.40	16.7	129	6.5	130	10.6	第四纪黏土	E 109°29′35.9″ N 29°44′12.5″	95
						P	17—41	淡黄色	轻壤土	块状	6.5	9.3	0.69	0.31	17.3		2.5	108	10.2			
						C	41—100	灰白色	重壤土	块状	5.1	5.2	0.68	0.23	23.0		3.0	98	12.4			
剖21	人为土	水稻土	潴育水稻土	红黄壤性砂页岩泥田	黄扁砂泥田	A	0—17	暗黄色	中壤土	粒状	4.7	32.1	1.95	0.34	21.3	160	7.0	90	10.8	泥质页岩	E 109°27′03.2″ N 29°42′22.0″	95
						P	17—26	暗黄色	重壤土	块状	4.8	20.0	1.35	0.29	21.7		4.5	70	9.0			
						W	26—37	暗棕色	重壤土	块状	5.3	8.9	0.85	0.29	18.9		3.5	58	8.0			
						B	37—63	淡棕色	中壤土	块状	6.3	3.0	0.30	0.19	17.6		2.0	50	7.7			
						C	63—100	淡灰黄色	重壤土	块状	5.8	4.1	0.46	0.19	15.6		1.5	40	7.5			
剖22	人为土	水稻土	淹育水稻土	浅红黄黏性砂页岩泥田	浅黄扁砂泥田	A	0—15	灰黄色	轻黏土	梭块状	6.0	16.9	1.02	0.21	17.2	110	2.0	158	12.6	泥质页岩坡积物	E 109°22′34.0″ N 29°42′04.0″	95
						P	15—26	淡黄色	重壤土	块状	6.3	12.2	0.72	0.19	17.4		1.5	130	11.8			
						C	26—85	淡棕色	重壤土	块状	6.6	3.0	0.58	0.14	16.0		≤1.0	110	12.1			
						D	85—100	淡棕黄色	轻黏土	块状	5.1	3.4	0.69	0.16	28.0		≤1.0	128	11.6			

续表 Continued

剖面号 Soil profile	土纲 Soil order	土类 Soil great group	亚类 Soil subgroup	土属 Soil genus	土种 Soil species	土层码 Layer code	土层厚度 Depth/cm	颜色 Soil color	质地 Soil texture	土壤结构 Soil structure	pH	有机质 OM/(g/kg)	全氮 TN/(g/kg)	全磷 TP/(g/kg)	全钾 TK/(g/kg)	碱解氮 AN/(mg/kg)	有效磷 AP/(mg/kg)	速效钾 AK/(mg/kg)	阳离子交换量 CEC/(cmol/kg)	土壤母质 Parent material	剖面点坐标 Profile coordinate	匹配指数 Matching index/%
剖23	人为土	水稻土	潴育水稻土	石灰紫红砂岩泥田	灰红砂泥田	A	0—20	紫色	重壤土	粒状	8.3	14.5	1.01	0.17	19.9	92	5.5		18.1	钙质红砂岩坡积物	E 109°23′01.7″ N 29°40′19.9″	95
						P	20—31	紫棕色	重壤土	柱状	8.2	14.6	1.01	0.19	18.9		5.0		17.3			
						W	31—54	暗红色	中壤土	棱柱状	8.2	5.7	0.60	0.21	17.3		5.5	103	16.2			
						C	54—100	红棕色	重壤土	棱柱状	8.2	4.6	0.63	0.19	19.8		8.0	133	17.3			
剖24	人为土	水稻土	潴育水稻土	灰紫泥田	灰紫砂泥田	A	0—15	紫棕色	重壤土	粒状	8.0	25.0	1.63	0.38	26.2	119	3.5	118	14.6	钙质紫砂页岩	E 109°25′21.4″ N 29°41′25.8″	95
						P	15—29	紫棕色	中壤土	粒状	8.0	20.9	1.25	0.36	26.2		3.0	100	13.8			
						W	29—73	紫棕色	中壤土	块状	7.9	9.3	0.68		26.8		3.5					
						C	73—100	暗红紫棕色	重壤土	块状	7.9	6.6	0.77	0.28	26.7		3.5	110	13.4			
剖25	人为土	水稻土	潴育水稻土	石灰(岩)性水田	次潜潜石灰(岩)性田	Ag	0—17	棕灰色	重壤土	块状	8.0	50.9	2.77	0.62	18.5	230	7.5	103	20.6	石灰岩坡积物	E 109°28′53.0″ N 29°38′29.8″	95
						Pg	17—28	棕灰色	重壤土	块状	7.6	52.9	2.82	0.58	18.6		5.5	73	20.8			
						Bg	28—47	暗黄棕色	重壤土	粒状	7.2	46.3	2.33	0.55	18.0		5.6	60	21.5			
						W	47—100	灰黄色	重壤土	块状	7.6	27.3	2.07	0.65	18.3		3.5		20.8			
剖26	人为土	水稻土	潴育水稻土	红黄壤性第四纪黏土泥田	中位黄白鳝泥田	A	0—21	淡黄色	中壤土	粒状	4.9	47.4	2.49	0.38	19.2		6.1	50	12.8	第四纪红土或黄岭土	E 109°28′41.2″ N 29°37′32.5″	95
						P	21—52	淡黄色	中壤土	粒状	4.9	39.7	2.06	0.32	18.8		6.0	43	13.2			
						Wk	52—100	灰白色	黏土	块状	5.0	6.6	0.65	0.11	20.5		2.5	60	6.5			
剖27	初育土	紫色土	中性紫色土	中性紫砂土	厚层中性紫砂土	A	0—24		重壤土	块状	7.2	9.5	0.95	0.19	25.2	47	3.0	103	9.5	紫色页岩或紫色页岩坡积物	E 109°29′57.8″ N 29°38′42.0″	95
						B	24—44		重壤土	块状	7.0	2.7	0.46	0.11	25.3		≤1.0	68	9.0			
						C	44—100		重壤土	块状	7.1	2.1	0.44	0.13	23.9		≤1.0	73	9.0			
剖28	淋溶土	黄棕壤	山地黄棕壤	石英质岩山地黄棕壤	硅质黄棕泥(硅质)黄筋土	A	0—20	暗黄棕色	砂壤土	粒状	4.4									紫色页岩或紫色页岩坡积物	E 109°34′57.7″ N 30°11′26.2″	95
						2	20—30	棕色	中壤土	粒状	4.3	15.6	1.25	0.23	27.6	116	3.0	173	12.9			
						3	30—52	淡棕色	重壤土	棱块状	4.3	12.7	1.11	0.21	27.6		≤1.0	140	12.5			
						4	52—95	淡黄棕色	轻壤土	棱块状	4.2	8.0	0.84	0.19	28.8		≤1.0	108	11.9			
剖29	初育土	紫色土	中性紫色土	中性紫砂土	厚层中性紫砂土	A	0—17	暗红色	轻壤土	粒状	7.2	6.4	0.72	0.17	29.5		≤1.0	88	11.1	紫色页岩或紫色页岩坡积物	E 109°35′01.7″ N 30°08′07.1″	95
						B_1	17—32	棕红色	中壤土	粒状	6.8											
						B_2	32—57	棕红色	重壤土	棱块状	5.2											
						C	57—100	淡黄棕色	重壤土	棱块状	4.8											
剖30	初育土	紫色土	中性紫色土	灰潮砂泥田	灰潮砂泥田	1	0—4	灰棕色	砂壤土	粒状	7.8	43.1	2.40	0.70	19.1	186	25.0	263	16.6	紫色页岩灰紫色岩	E 109°34′17.0″ N 30°07′04.1″	95
						2	4—27	紫棕色	中壤土	粒状	7.9	23.8	1.30	0.30	17.7		4.5	83	12.9			
						3	27—100	淡黄棕色	轻壤土	块状	8.1	8.0	0.60	0.30	19.3		1.5	78	10.0			
剖31	人为土	水稻土	潴育水稻土	石灰岩山地黄棕壤	林草中性泥(林草)黄筋土	A	0—15	暗黄棕色	重壤土	块状	7.9	6.3	0.70	0.20	16.6		2.5	73	10.6	泥灰岩冲积物	E 109°31′59.5″ N 30°04′09.8″	95
						B	15—28	暗红棕色	重壤土	块状	8.1	6.3	0.60	0.20	16.6		≤1.0	73	9.3			
						C	28—40	紫棕色	中壤土	块状	8.2	5.6	0.50	0.20	15.5		1.5	58	8.3			
剖32	淋溶土	黄棕壤	山地黄棕壤	石灰岩山地黄棕壤	林草中性泥土(林草)黄筋土	Ao	0—2	紫棕色	中黏土	粒状	4.8	55.8	2.38	0.24	15.8	253	3.5	328	15.3	石灰岩坡积物	E 109°34′28.6″ N 30°01′43.0″	82
						A	2—20	淡棕色	中壤土	块状	4.9	29.1	1.46	0.21	15.6		1.5	128	11.6			
						B	20—66	淡棕黄色	重壤土	块状	5.3	7.2	0.69	0.14	15.2		≤1.0	50	8.9			
						C	66—100	淡黄棕色	重壤土	块状	5.6	8.2	0.71	0.19	16.8		1.0	50	9.5			
剖33	淋溶土	黄棕壤	山地黄棕壤	浅黄灰棕壤	灰泡土	A	0—19	暗黄色	中壤土	粒状	6.0	36.4	1.97	0.39	13.0	139	3.0	345	12.9	石灰岩坡积物	E 109°40′03.0″ N 30°03′28.8″	95
						B	19—27	黄棕色	重壤土	块状	5.8	30.7	1.95	0.43	13.1		1.5	247	14.0			
						C	27—77	淡黄色	中壤土	块状	5.8	23.1	1.66	0.39	13.1		2.5	186	12.2			
						D	77—100	淡黄棕色	中壤土	块状	6.0	≤1.0	0.67	0.18	9.1		1.5	163	16.8			
剖34	人为土	水稻土	潴育水稻土	浅黄灰岩泥田	浅黄棕泥田	A	0—23	暗黄棕色	轻壤土	块状	6.8	40.0	2.03	0.60	22.2	186	7.0	113	19.2	石灰岩坡积物	E 109°31′52.0″ N 29°57′07.9″	95
						P	23—54	灰黄色	轻壤土	块状	6.8	15.0	0.90	0.37	21.6		4.5	120	13.9			
						C	54—100	灰黄色	轻壤土	块状	7.0	21.0	1.37	0.49	22.0		6.5	108	16.4			

续表 Continued

剖面号 Soil profile	土纲 Soil order	土类 Soil great group	亚类 Soil subgroup	土属 Soil genus	土种 Soil species	土层码 Layer code	土层厚度 Depth/cm	颜色 Soil color	质地 Soil texture	土壤结构 Soil structure	pH	有机质 OM/(g/kg)	全氮 TN/(g/kg)	全磷 TP/(g/kg)	全钾 TK/(g/kg)	碱解氮 AN/(mg/kg)	有效磷 AP/(mg/kg)	速效钾 AK/(mg/kg)	阳离子交换量CEC/(cmol/kg)	土壤母质 Parent material	剖面点坐标 Profile coordinate	匹配指数 Matching index/%
剖35	人为土	水稻土	潴育水稻土	浅黄棕壤性石英质岩泥田	浅黄棕岩渣子田	1	0~13		轻壤土	粒状	5.5	≤1.0								石英质岩	E 109°30′19.1″ N 29°49′00.1″	95
						2	13~48		中壤土	块状	6.0	≤1.0										
						3	48~66		中壤土	块状	6.8	≤1.0										
剖36	铁铝土	黄壤	黄壤性土	低山页岩黄壤性土	低山林草扁砂	A	0~11	棕褐色	轻壤土	粒状	4.7	43.3	2.25	0.34	23.9	122	3.0	188	17.7	砂质页岩残积物	E 109°31′58.4″ N 29°48′19.8″	95
						C	11~30	暗棕褐色	中壤土	块状	4.4	15.9	1.10	0.25	20.7		1.5	118	9.7			
						R	30—															
剖37	淋溶土	黄棕壤	山地黄棕壤	砂页岩山地黄棕壤	林草黄草扁砂土	Ao	0~3	灰黄色	轻壤土	粒状	5.5	61.0	2.98	0.51	24.6	130	6.0	336	11.2		E 109°35′21.5″ N 29°49′03.4″	95
						A	3~21	淡灰黄色	轻壤土	粒状	4.8	17.0	1.53	0.39	24.6		3.0	113	7.7			
						C	21~100	淡灰黄色	中壤土	粒状	4.8	12.0	1.19	0.42	25.8		3.0	90	8.2			
剖38	淋溶土	黄棕壤	山地黄棕壤	砂页岩山地黄棕壤	黄棕扁砂泥土	1	0~16	淡黄棕色	重壤土	粒状											E 109°33′48.6″ N 29°46′16.0″	95
						2	16~55		重壤土	块状												
						3	55~100		重壤土	块状												
剖39	淋溶土	黄棕壤	暗黄棕壤	石英质岩暗黄棕壤	砾质暗黄筋土	Ag	0~14	暗黄棕色	中壤土	粒状	6.8	29.4	2.51	0.73	15.3		5.0	240	11.3	石英质岩风化坡积物	E 109°34′33.2″ N 29°45′46.4″	95
						B	14~43		重壤土	块状	6.4	19.2	1.94	0.91	17.0		3.0	96	11.1			
						C	43~100		中壤土	块状	6.4	14.9	1.62	0.71	16.5		5.0	83	11.9			
剖40	铁铝土	黄壤	红砂岩黄壤	红砂岩黄壤	红砂土	A	0~19	暗棕色	中壤土	粒状	4.4	8.2	0.65	0.11	9.8	68	2.5	83	11.8	红砂岩坡积物或残积物	E 109°30′50.4″ N 29°46′50.2″	95
						B	19~43	淡棕红色	中壤土	块状	4.5	6.6	0.62	≤0.10	9.9		≤1.0	40	13.2			
						C	43~90	棕红色	重壤土		4.8	3.3	0.44	≤0.10	10.8		≤1.0	43	11.7			
剖41	人为土	水稻土	潴育水稻土	红砂岩石灰岩泥田	次中潴黄泥田	Ag	0~23	灰黄色	重壤土	粒状	6.0	35.9	1.72	0.28	19.7	139	3.0	58	11.5	石灰岩坡积物	E 109°30′03.2″ N 29°45′54.4″	95
						Pg	23~34	灰黄色	重壤土	块状	6.0	29.2	1.29	0.28	21.8		3.0	43	15.9			
						W	34~57	棕色	中壤土	块状	5.8	21.7	1.27	0.67	26.2		18.5	48	10.7			
						B	57~75	棕色	中壤土	块状	6.0	13.0	1.09	0.49	25.3		15.0	58	9.4			
						C	75~75		重壤土	块状	5.6	11.6	0.90	0.50	25.4		15.5	53				
剖42	淋溶土	黄棕壤	山地黄棕壤	砂页岩山地黄棕壤	黄棕扁砂土	A	0~18	淡灰黄色	轻壤土	粒状	5.5	23.8	1.50	0.46	26.7	138	5.5	168	8.1	河流冲积物	E 109°41′16.4″ N 29°45′52.2″	95
						B	18~40	灰黄色	中壤土	梭块状	5.2	20.1	1.13	0.42	21.5		3.0	138	8.3			
						C	40~100	灰白色	中壤土	块状	5.2	14.8	0.97	0.38	22.1		1.5	128	8.9			
剖43	人为土	水稻土	潴育水稻土	潮土田	潮砂田	A	0~22	灰白色	轻壤土	粒状	6.8	55.8	2.72	0.33	22.0	161	5.0	50	10.2	河流冲积物	E 109°39′26.6″ N 29°45′32.4″	95
						Pw	22~33	绿黄色	松砂土	梭块状	7.0	13.4	1.00	0.25	29.6		3.5	56	6.2			
						C	33~100	灰黄色	中壤土	粒状	7.1	3.6	0.40	0.18	31.8		2.0	90	9.3			
剖44	人为土	水稻土	潴育水稻土	潮土田	潮砂泥田	A	0~15	灰黄色	中壤土	粒状	6.0	30.4	1.75	0.56	22.5	160	5.0	128	12.6	石灰岩坡积物	E 109°35′06.7″ N 29°41′39.5″	95
						P	15~28	棕色	中壤土	块状	5.8	20.2	1.13	0.46	22.8		50.0	118	11.9			
						W	28~40	暗黄棕色	重壤土	块状	6.4	13.0	1.29	0.54	21.6		3.0	103	13.7			
						B	40~56	淡棕黄色	轻粘土	核状	6.0	27.5	1.71	0.80	20.6		7.0	73	17.1			
						C	56~100	灰黄色	轻粘土	块状												
剖45	人为土	水稻土	潴育水稻土	黄棕壤性石灰岩泥田	黄筋泥田	A	0~17	暗黄棕色	重壤土	核状	5.6	49.3	2.64	0.27	15.2	327	3.5	300	17.1		E 109°34′41.2″ N 29°41′01.7″	95
						P	17~24	淡灰黄色	重壤土	粒状	5.6	21.5	1.53	0.21	16.9		≤1.0	158	12.0			
						W	24~47	灰黄色	重壤土	块状	5.7	10.4	1.15	0.18	18.8		≤1.0	88	12.6			
						C	47~100	灰棕色	重壤土	块状	5.3	5.8	0.72	0.20	19.8		1.5	78	14.0			
剖46	铁铝土	黄壤	黄壤	石灰岩黄壤	林草黄泥土	Ao	0~2	淡黄棕色												石灰岩坡积物或残积物	E 109°34′59.9″ N 29°40′17.0″	95
						A	2~20	黄棕色														
						B₁	20~30															
						B₂	30~100											63.0				
剖47	人为土	水稻土	潴育水稻土			1	0~15		轻粘土			≤1.0									E 109°31′27.1″ N 29°41′07.4″	95

续表 Continued

剖面号 Soil profile	土纲 Soil order	土类 Soil great group	亚类 Soil subgroup	土属 Soil genus	土种 Soil species	土层码 Layer code	土层厚度 Depth/cm	颜色 color	质地 Soil texture	土壤结构 Soil structure	pH	有机质 OM/(g/kg)	全氮 TN/(g/kg)	全磷 TP/(g/kg)	全钾 TK/(g/kg)	碱解氮 AN/(mg/kg)	有效磷 AP/(mg/kg)	速效钾 AK/(mg/kg)	阳离子交换量CEC/(cmol/kg)	土壤母质 Parent material	剖面点坐标 Profile coordinate	匹配指数 Matching index/%
剖48	人为土	水稻土	潴育水稻土	红黄壤性石灰岩泥田	红黄泥田	A	0—16	灰黄色	中壤土	粒状	5.8	22.6	1.43	0.45	18.9	129	8.5	140	10.4	石灰岩坡积物	E 109°32′41.6″ N 29°41′41.3″	95
						P	16—27	淡灰黄色	中壤土	块状	6.0	21.4	1.43	0.38	18.8		8.5	78	10.0			
						W	27—56	黄褐棕色	中壤土	块状	6.9	11.2	0.96	0.26	19.2		5.5	90	9.5			
						B	56—100	淡黄棕色	重壤土	块状	6.7	6.6	0.82	0.24	18.3		3.5	70	7.7			
剖49	初育土	紫色土	酸性紫色土	酸性紫砂土	林草酸性紫砂土	Ao	0—3	红棕色			4.2									紫色砂页岩	E 109°33′02.2″ N 29°41′11.0″	95
						A	3—43	暗棕红色	中壤土	粒状	4.2											
						C	43—67	红棕色	中壤土	块状	4.3											
剖50	人为土	水稻土	潴育水稻土	红黄壤性第四纪黏土泥田	次灰砾石底红黄泥田	A	0—16	灰黄色	中壤土	粒状	7.4									第四纪黏土或高岭土	E 109°33′44.6″ N 29°41′59.3″	95
						P	16—20	暗灰黄色	重壤土	块状	7.4											
						Rw	20—50	灰黄色	中砾石土	核状	7.6											
						R₁	50—78	黄色	重壤土	核状	7.2											
						R₂	78—100	黄棕色	轻砾石土	核状	7.0											
剖51	人为土	水稻土		黄棕壤性砂页岩泥田	扁砂泥田	A	0—15	灰白色	中壤土	粒状	5.7	37.4	2.29	0.42	21.5	150	5.0	220	11.2	泥质岩坡积物	E 109°33′41.8″ N 29°41′30.5″	95
						P	15—25	灰黄色	中壤土	块状	5.8	31.4	2.10	0.39	21.9		5.0	188	10.6			
						W	25—50	淡灰黄色	重壤土	块状	6.8	13.3	1.17	0.30	21.0		2.5	178	9.3			
						B	50—69	灰黄色	中壤土	块状	6.8	15.5	0.80	0.26	18.2		≤1.0	180	9.1			
						C	69—100	淡黄棕色	重壤土	块状	6.6	10.1	0.57	0.19	16.3		≤1.0	198	7.6			
剖52	铁铝土	黄壤		第四纪黏土黄壤		A	0—15	淡黄橙色	重壤土	粒状	4.9	14.2	0.96	0.33	18.2	70	3.0	173	8.3	第四纪黏土	E 109°33′29.9″ N 29°40′37.6″	95
						B₁	15—62	黄橙色	重壤土	块状	4.8	4.4	0.54	0.25	19.1		≤1.0	40	7.2			
						B₂	62—100	暗黄棕色	轻黏土	块状	4.9	2.5	0.45	0.29	22.9		1.5	48	7.5			
剖53	淋溶土	黄棕壤	山地黄棕壤	石英岩质山地黄棕壤		Ao	0—2	暗灰棕色	紫黏土	粒状											E 109°38′49.9″ N 29°44′11.4″	95
						A	2—12	棕色	轻砾石土	粒状	5.9	11.8	0.80	0.40	12.9	98	16.0	158	10.5			
						B₁	12—26	灰棕色	轻砾石土	粒状	6.1	8.7	0.74	0.34	13.4		7.0	183	9.8			
						B₂	26—84	暗黄棕色	轻砾石土	粒状												
						C	84—100	淡黄棕色	中壤土		5.9	10.6	0.84	0.20	10.8		14.5	90	9.5			
剖54	初育土	紫色土	酸性紫色土	酸性紫砂土	厚层酸性紫砂土	A	0—38		轻壤土	粒状	6.9	29.4	2.52	0.72	15.3	118	3.0	240	11.3	紫色页岩	E 109°42′10.1″ N 29°43′00.8″	95
						B	38—58	淡灰黄色	中壤土	粒状	6.1	19.2	1.94	0.86	17.0		7.0	96	13.2			
						C	58—105	淡灰黄色	中壤土	粒状	5.9	14.6	1.63	0.74	16.5		5.0	83	11.1			
剖55	淋溶土	黄棕壤	山地黄棕壤	石英岩质山地黄棕壤		A	0—14	淡黄棕色	重壤土	梭块状	6.8	37.1	2.00	0.38	19.3	222	7.0	63	12.8	石灰岩坡积物	E 109°41′22.9″ N 29°41′47.8″	95
						B	14—43	黄棕色	重壤土	粒状	6.0	32.2	1.90	0.40	17.2		9.5	35	10.7			
						C	43—100	暗黄棕色	重壤土	梭块状	5.8	22.9	1.40	0.64	16.1		21.0	35	11.2			
剖56	人为土	水稻土	潴育水稻土	红黄壤性石灰岩泥田	黄大泥田	P	0—21	淡黄棕色	重壤土	核状	5.7	17.7	1.10	0.71	16.3		31.5	43	11.1	石灰岩坡积物	E 109°32′07.4″ N 29°38′35.5″	95
						W	21—36	灰黄色	重黏土		6.0	7.7	0.70	0.33	17.0		10.5	50	6.9			
						Cw	36—48		轻壤土	粒状	7.9	41.2	2.51	0.59	18.2	151	9.0	220	18.6			
剖57	半水成土	山地草甸土		螺形洼地草甸土	次灰页岩山淤土	A	0—14	暗黄棕色	重壤土	块状	7.6	27.4	2.02	0.55	12.0		4.0	133	15.6	泥质岩坡积物	E 109°52′21.7″ N 30°05′46.7″	95
						B	14—54	淡灰黄色	重壤土	块状	7.4	28.9	1.98	0.62	19.1		3.5	133	15.9			
						C	54—100	灰黄色	轻黏土		7.4	39.9	2.86	0.66	18.9		6.0	178	19.8			
剖58	淋溶土	棕壤		砂页岩棕壤		A	0—12	灰黄色	轻壤土	粒状	6.5	9.8	1.10	0.23	19.0		2.0	108	9.9	砂页岩坡积物	E 109°52′59.0″ N 29°41′25.8″	93
						B₁	12—75	灰白色	轻黏土	块状	6.2	5.1	1.37	0.11	22.8		1.5	100	8.6			
						B₂	75—90	灰白色														
						C	90—100	淡灰黄色	重黏土	块状	6.0	7.5	1.50	≤0.10	28.4		≤1.0	88	10.4			
剖59	淋溶土	黄棕壤	山地黄棕壤	砂页岩山地黄棕壤		1	0—17				8.0										E 109°47′36.3″ N 29°41′25.8″	96
						2	17—52				8.0											
						3	52—100				7.6											

续表 Continued

剖面号 Soil profile	土纲 Soil order	土类 Soil great group	亚类 Soil subgroup	土属 Soil genus	土种 Soil species	土层码 Layer code	土层厚度 Depth/cm	颜色 Soil color	质地 Soil texture	土壤结构 Soil structure	pH	有机质 OM/(g/kg)	全氮 TN/(g/kg)	全磷 TP/(g/kg)	全钾 TK/(g/kg)	碱解氮 AN/(mg/kg)	有效磷 AP/(mg/kg)	速效钾 AK/(mg/kg)	阳离子交换量 CEC/(cmol/kg)	土壤母质 Parent material	剖面点坐标 Profile coordinate	匹配指数 Matching index/%
剖60	淋溶土	黄棕壤	山地黄棕壤	石灰岩山地黄筋棕壤	次灰黄棕泥土（次灰黄筋土）	1	0—17				7.6										E 109°46′58.4″ N 29°56′42.4″	95
						2	17—47				7.0											
						3	47—100				6.8											
剖61	人为土	水稻土	潴育水稻土	红砂岩泥田	次灰赤砂泥田	A	0—20	淡红色	砂壤土	粒状	8.4	15.5	0.90	≤0.10	16.3		4.5	53	12.4		E 109°46′41.9″ N 29°55′39.7″	75
						P	20—36	红色	砂壤土	小块状	7.6	15.6	0.80	≤0.10	16.1		3.0	35	9.1	红砂岩及红色底砾岩风化物		
						W	36—78	淡棕红色	砂壤土	棱柱状	5.9	15.8	1.00	0.20	16.5		3.5	43	9.0			
						C	78—100	淡棕红色	砂壤土	粒状	5.9	6.8	0.40	≤0.10	16.5		3.0	50	7.9			

咸 丰 县

主要土类说明

黄棕壤是咸丰县主要土壤类型，占本县地域面积的72%。本县黄棕壤中，耕地占6%，林荒地占94%。黄棕壤主要分布在海拔800—1500m的山坡、平槽及山间平坝，垂直分布在黄壤之上，山地棕壤之下，属过渡类型，有明显的淋溶淀积特征。根据土壤发育程度的不同，本县黄棕壤分为山地黄棕壤和黄棕壤性土两个亚类。山地黄棕壤占本土类面积的99%，具有黄棕壤的一般性状，剖面发育完整，弱度富铝化，黏聚现象明显，呈黄棕色，具A–B–C或A–（B）–C剖面构型，黏粒硅铝率在2.5左右，铁的游离度较红壤低，B层交换性酸大于A层，pH为5.5—6.0。山地黄棕壤按母质类型续分为石灰岩黄棕壤、砂页岩黄棕壤、石英砂岩黄棕壤和第四纪黏土黄棕壤四个土属。其中，石灰岩黄棕壤占本土类面积的49%，发育于以石灰岩为主的坡积物或残积物，质地黏重，一般土层较厚，pH为5.0—7.5，无石灰反应。砂页岩黄棕壤占本土类面积的48%，大面积连片分布在本县西北部海拔800—1500m的山地，发育于以砂质页岩为主的坡积物或残积物。石英砂岩黄棕壤占本土类面积的3%，发育于以石英砂岩及硅质页岩为主的坡积物、残积物或洪积物。第四纪黏土黄棕壤有少量分布，发育于第四纪黏土（或古代河流冲积物）及黏土矿物。黄棕壤性土分布较少，主要分布在侵蚀严重的陡坡上部，成土时间短，剖面发育不完整，土层厚度小于30cm，砾石含量大于30%。

黄壤是咸丰县第二大土壤类型，占本县地域面积的18%。本县黄壤中，耕地占7%，林荒地占93%。黄壤是在亚热带湿润性生物气候条件下形成的土壤类型，分布在海拔800m以下的低山、河谷阶地及低丘。在其成土过程中，富铝化作用比红壤弱，氧化铁的水化作用强，因此土壤呈黄色，pH为4.5—6.4。本县黄壤分为黄壤和黄壤性土两个亚类。黄壤亚类占本土类面积的99%以上，具有黄壤的一般性状，土层深厚，剖面发育完整。黄壤亚类按母质类型续分为石灰岩黄壤、砂页岩黄壤、石英砂岩黄壤、第四纪黏土黄壤等土属。其中，石灰岩黄壤占本土类面积的53%，发育于以石灰岩为主的坡积物或残积物，有明显的黏化现象，一般心土层比表土层黏重。砂页岩黄壤占本土类面积的43%，发育于以砂质页岩为主的坡积物、残积物或洪积物，土体中含有页岩半风化物，抗蚀能力差，剖面发育不明显。石英砂岩黄壤占本土类面积的4%，发育于以石英砂岩及硅质页岩为主的坡积物、残积物或洪积物，质地较轻，为轻壤土至中壤土。第四纪黏土黄壤有少量分布，发育于第四纪黏土或近代河流冲积物，土层较厚，土体中夹有卵石层，有铁锰胶膜。

水稻土是咸丰县第三大土壤类型，占本县地域面积的6%，是本县的主要耕地土壤类型之一。水稻土是在人为长期水耕熟化，以栽培水稻为主的过程中形成的具有独特性状的土类，集中成片分布在海拔1000m以下的低山、二高山的河谷阶地、岩溶洼地、山间平槽及缓坡中下部，最高点在黄金洞乡葫芦坝村天算坪，海拔为1230m。在长期耕作、施肥和灌溉条件下，由于还原淋溶和氧化淀积等作用，水稻土形成了特有的剖面结构和发生层次。根据水文地质条件和水耕熟化程度的差异，本县水稻土按水型分为淹育型、潴育型、潜育型和沼泽型四个亚类。其中，潴育水稻土面积最大，占本土类面积的90%，主要分布在河谷阶地、山间平坝、平槽、山坡中下部及山麓等，发育于各种成土母质，地下水位在50cm以下，剖面构型为A–P–W–B或A–P–W–B–（G），犁底层下有潴育层，潴育层呈棱柱状结构，结构体表面有铁锰胶膜。潴育水稻土通透性较好，水、肥、气、热比较协调，土壤肥力较高。由于土壤长期渍水或冬泡，犁底层或犁底层下长期处于还原状态，还原物质累积，形成厚度不等的青泥层。潴育水稻土按母质类型续分为红黄壤性第四纪黏土泥田、红黄壤性石灰岩泥田、红黄壤性石英砂岩泥田、黄棕壤性第四纪黏土泥田、黄棕壤性石灰岩泥田、黄棕壤性砂页岩泥田、黄棕壤性石英砂岩泥田、紫泥田、石灰（岩）性水田、潮土田、灰潮土田等土属。淹育水稻土占本土类面积的6%，多分布在山坡中上部、岩溶地貌的山间平槽及新垦水田，水源缺乏，灌溉条件差，属地表水型，剖面构型为A–P–C或A–C。淹育水稻土按母质类型续分为浅红黄壤性石灰岩泥田、浅红黄壤性砂页岩泥田、浅黄棕壤性石灰岩泥田、浅黄棕壤性砂页岩泥田和浅黄棕壤性石英砂岩泥田五个土属。潜育水稻土占本土类面积的3%，主要分布在河谷阶地低洼地段及岩溶洼地、山间槽田地势最低的部位，地下水位在50cm以上，剖面构型为A–B–G，由于受地下水的影响，土壤长期处于水分饱和的还原状态，有毒还原性物质累积，犁底层或犁底层下有明显的青泥层。潜育水稻土续分为青泥田和青灰泥田两个土属。青泥田零星分布在局部地势低洼地段。青灰泥田由石灰

（岩）土经人为水耕熟化形成，成土母质为石灰岩或泥灰岩，全剖面有石灰反应，剖面下层比上层反应强烈。沼泽型水稻土占本土类面积的1%，零星分布在微域地形地势最低的部位，地下水位接近地表，终年不干，土体糊烂，属地下水型，全剖面呈青蓝色。沼泽型水稻土续分为烂泥田和冷泉田两个土属。烂泥田发育于各种成土母质，水在成土过程中起主导作用，剖面构型为A-G。冷泉田因地下水从田底涌出，终年不干，耕作层即青泥层。

小于本县地域面积3%的土壤类型有棕壤、紫色土、石灰（岩）土、潮土、山地草甸土等。

本区域中心区气候特征

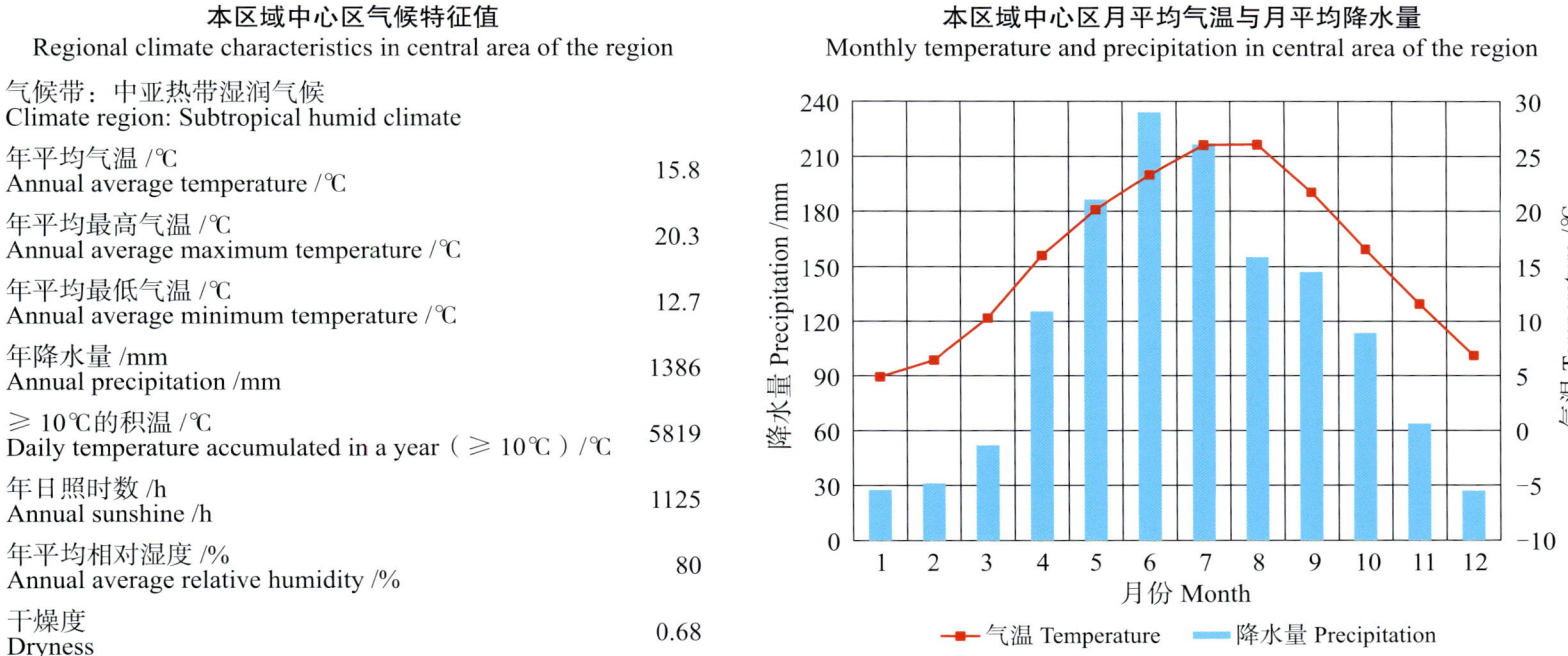

本区域中心区气候特征值
Regional climate characteristics in central area of the region

气候带：中亚热带湿润气候 Climate region: Subtropical humid climate	
年平均气温 /℃ Annual average temperature /℃	15.8
年平均最高气温 /℃ Annual average maximum temperature /℃	20.3
年平均最低气温 /℃ Annual average minimum temperature /℃	12.7
年降水量 /mm Annual precipitation /mm	1386
≥10℃的积温 /℃ Daily temperature accumulated in a year（≥10℃）/℃	5819
年日照时数 /h Annual sunshine /h	1125
年平均相对湿度 /% Annual average relative humidity /%	80
干燥度 Dryness	0.68

本区域中心区月平均气温与月平均降水量
Monthly temperature and precipitation in central area of the region

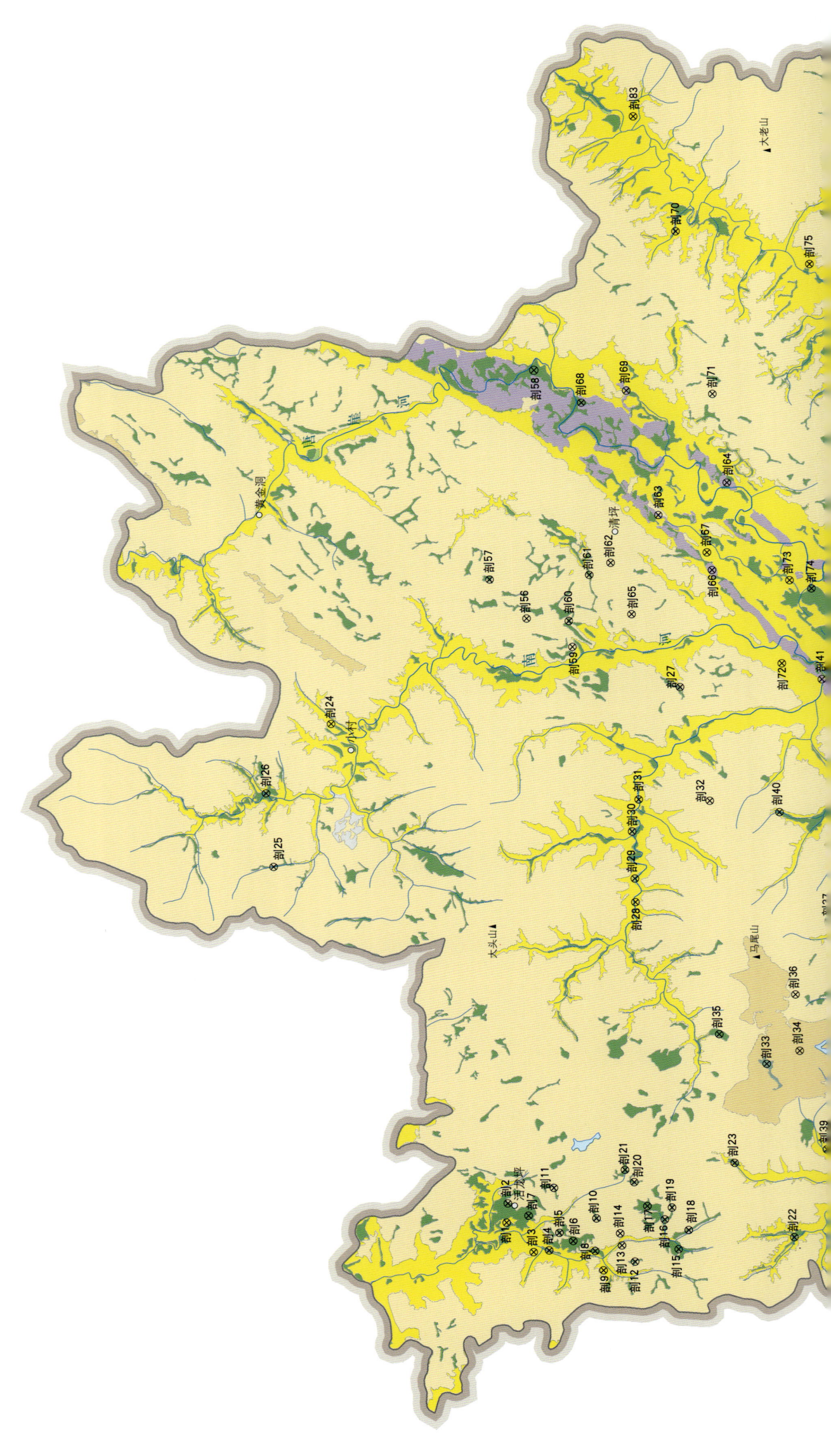

咸丰县主要土壤类型与土壤剖面点分布图

1∶230 000

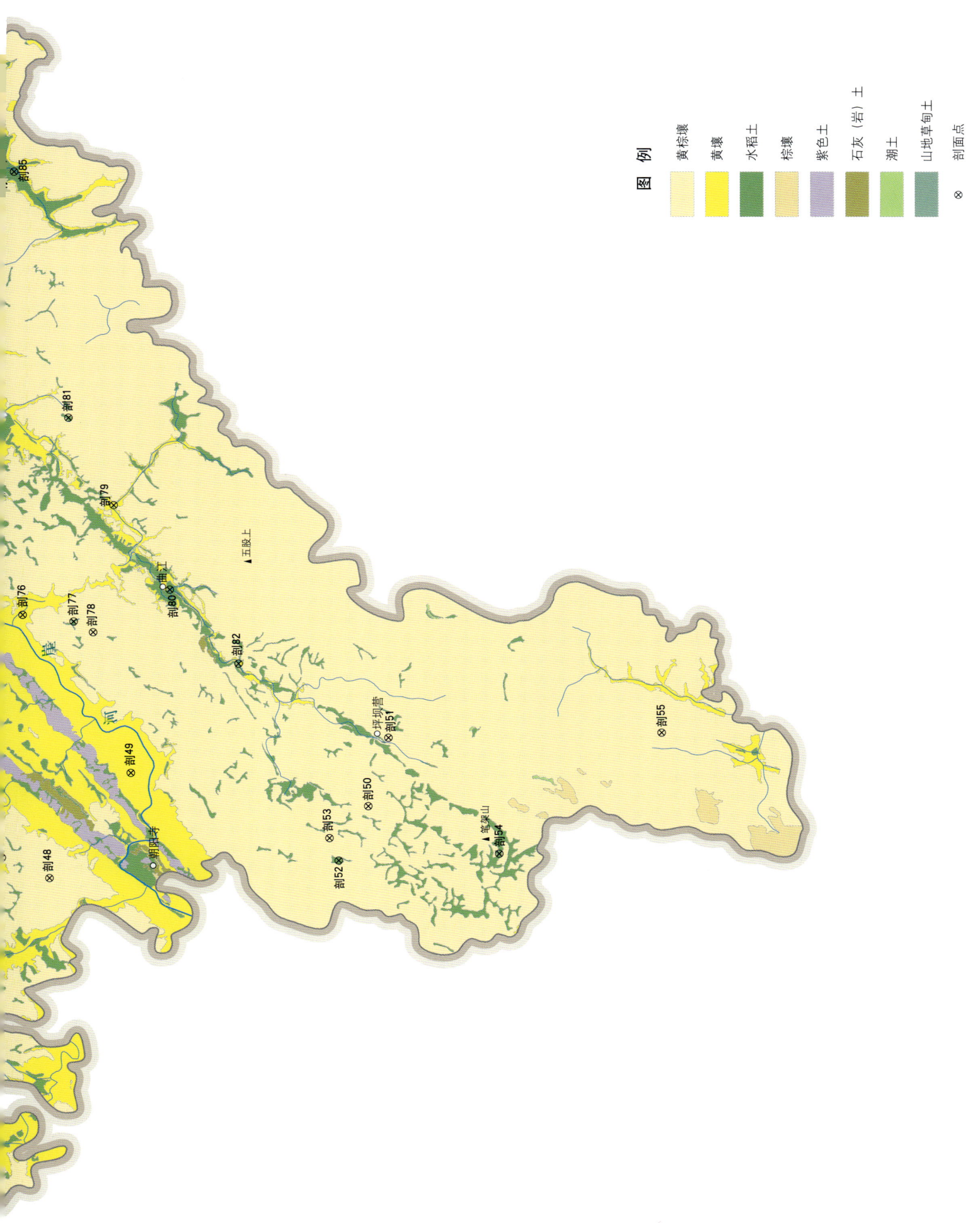

第二编　分县土壤图与土壤剖面数据

咸丰县土壤剖面理化性状表

剖面号 Soil profile	土纲 Soil order	土类 Soil great group	亚类 Soil subgroup	土属 Soil genus	土种 Soil species	土层码 Layer code	土层厚度 Depth/cm	颜色 Soil color	质地 Soil texture	土壤结构 Soil structure	pH	有机质 OM/(g/kg)	全氮 TN/(g/kg)	全磷 TP/(g/kg)	全钾 TK/(g/kg)	碱解氮 AN/(mg/kg)	有效磷 AP/(mg/kg)	速效钾 AK/(mg/kg)	阳离子交换量 CEC/(cmol/kg)	土壤母质 Parent material	剖面点坐标 Profile coordinate	匹配指数 Matching index/%
剖1	铁铝土	黄壤	黄壤	砂页岩黄壤	黄扁砂泥土	A	0—17	淡灰黄色	轻壤土	粒状	4.8	26.9	1.83	0.68	24.0		13.8	140	12.6		E 108°42′57.4″ N 29°50′23.2″	95
						B	17—41	黄色	轻壤土	块状	4.7	20.3	1.51	0.50	21.2	91	6.3	70	13.6			
						C	41—100	淡黄色	中壤土	块状	4.7	21.7	1.51	0.58	22.3		14.7	87	13.4			
剖2	人为土	水稻土	潴育水稻土	浅黄棕壤性砂页岩泥田	浅扁砂田	A	0—17	灰黄色	重壤土	团块状	5.1	22.9	1.47	0.45	20.6	121	8.0	152	10.2	砂页岩	E 108°43′32.0″ N 29°50′22.0″	95
						P	17—23	淡黄棕色	重壤土	块状	5.9	17.8	1.13	0.43	19.8		4.9	180	9.5			
						C	23—55	淡黄棕色	重壤土	块状	5.9	9.5	0.68	0.29	20.1		≤1.0	180	9.3			
剖3	铁铝土	黄壤	黄壤	砂页岩黄壤	暗扁砂土	Ao	0—1														E 108°42′04.0″ N 29°49′40.0″	95
						Aoo	1—2															
						A	2—18	暗黄棕色	重壤土	粒状	5.3	25.9	1.42	0.41	19.6	95	≤1.0	132	15.2			
						B	18—53	黄黄色	轻黏土	小块状	5.3	18.2	1.26	0.38	17.4		≤1.0	110	14.8			
						C	53—100	淡黄色	重壤土	块状	6.9	5.8	0.50	0.20	11.0		≤1.0	77	8.3			
剖4	人为土	水稻土	潴育水稻土	紫泥田	青扁紫砂泥田	A	0—17	紫色	重壤土	粒状	6.1	23.6	1.43	0.55	20.8	96	18.6	245	15.2		E 108°42′07.8″ N 29°49′15.9″	75
						P	17—24	紫色	重壤土	片状	6.0	22.1	1.34	0.50	19.1		18.2	223	14.9			
						W	24—73	紫棕色	重壤土	棱柱状	6.0	18.9	1.19	0.50	19.9		15.1	203	14.9			
						C	73—100	紫棕色	重壤土	块状	6.4	12.5	0.93	0.51	19.7		11.1	123	14.3			
剖5	人为土	水稻土	潴育水稻土	灰潮土田	灰潮泥田	A	0—21	灰白色	重壤土	块状	7.7	50.5	2.47	0.51	15.7	170	3.3	84	21.1	石灰性河流沉积物	E 108°42′40.4″ N 29°49′00.9″	75
						P	21—27	暗黄棕色	重壤土	片状	7.8	41.0	2.11	0.53	20.2		3.3	79	20.1			
						W₁	27—51	淡黄棕色	轻黏土	棱柱状	7.2	26.6	1.37	0.57	20.6		2.8	87	19.9			
						W₂	51—100	淡灰黄色	轻壤土	棱柱状	6.9	25.9	1.21	0.46	19.1		2.8	96	19.6			
剖6	人为土	水稻土	潴育水稻土	黄棕壤性砂页岩泥田	青扁黄棕扁砂泥田	A	0—18	灰白色	轻壤土	团块状	5.4	28.5	1.77	0.40	22.3	126	5.7	100	12.4		E 108°42′26.2″ N 29°48′38.8″	95
						P	18—28	淡黄棕色	重壤土	片状	5.3	23.8	1.60	0.40	22.8		4.9	95	11.0			
						W	28—56	淡黄棕色	中壤土	棱柱状	5.3	16.9	1.85	0.36	23.6		2.4	97	11.5			
						B	56—100	灰白色	中壤土	块状	5.5	11.8	1.19	0.38	24.9		1.6	99	12.6			
剖7	人为土	水稻土	潴育水稻土	潮土田	青扁卵石砂泥田	A	0—20	暗黄棕色	重壤土	粒状	6.2	36.7	2.19	0.50	18.4	145	5.5	105	13.0	冲积物或洪积物	E 108°43′10.5″ N 29°49′49.4″	75
						Pg	20—32	淡黄棕色	重壤土	片状	6.2	35.7	2.08	0.48	17.3		2.3	78	12.1			
						S	32—74															
						W	74—100	淡黄色	中壤土	小块状	6.4	14.5	0.98	0.44	18.9	97	4.7	65	8.6			
剖8	人为土	水稻土	潴育水稻土	红黄壤性石灰岩泥田	次灰岩巴田	A	0—18	灰黄色	重壤土	粒状	7.9	26.4	1.49	0.30	14.2		1.5	165	17.3	石灰岩	E 108°42′08.3″ N 29°48′04.2″	95
						P	18—28	灰黄色	中黏壤土	团块状	7.9	18.8	1.24	0.28	12.9		≤1.0	120	13.9			
						W	28—59	灰黄色	轻壤土	棱柱状	7.7	13.5	0.68	0.27	13.3		5.7	100	13.9			
						B	59—100	灰灰色	中壤土	块状	5.5	30.2	1.69	0.40	9.3		4.0	50	7.0			
剖9	铁铝土	黄壤	黄壤	第四纪黏土黄壤	卵石黄棕砂土	A	0—17	淡黄棕色	中壤土	粒状	5.6	20.6	1.14	0.40	12.7	132	7.2	226	9.4		E 108°41′33.2″ N 29°47′50.2″	95
						P	17—28	淡黄棕色	中壤土	片状	5.3	10.5	0.69	0.32	10.8		2.1	100	6.3			
						B	28—56	淡黄棕色	中壤土	团块状	4.9	5.2	0.43	0.29	10.3		≤1.0	54	6.2			
						C	56—100	暗黄橙色	中壤土	块状	4.8	4.3	0.51	0.34	19.3		≤1.0	103	6.2			
剖10	人为土	水稻土	潴育水稻土	红黄壤性石英砂岩泥田	砂泥田	A	0—16	淡黄色	中壤土	粒状	5.7	19.7	1.16	0.46	10.3	60	7.3	58	7.4	石英砂岩	E 108°43′08.3″ N 29°48′03.3″	95
						P	16—25	淡黄色	中壤土	小团块状	5.2	30.8	1.73	0.41	9.5		4.0	50	5.7			
						W	25—54	淡黄色	中壤土	团块状	5.4	10.2	0.60	0.37	8.9		9.0	44	5.3			
						B	54—100	淡灰黄色	中壤土	块状	5.1	9.6	0.50	0.39	11.8		14.7	50	6.9			
剖11	人为土	水稻土	潴育水稻土	浅红黄壤性石灰岩泥田	浅黄砂渣子田	A	0—16	暗黄棕色	重壤土	块状	6.4	29.5	1.42	0.68	13.8	107	7.4	147	14.3	石英砂岩	E 108°44′02.5″ N 29°49′10.8″	75
						P	16—27	暗黄棕色	重壤土	块状	6.8	25.9	1.37	0.64	12.7		6.5	100	14.2			
						W	27—65	暗黄棕色	重壤土	块状	7.0	19.1	1.02	0.67	14.1		5.4	77	16.3			
						C	65—100	淡黄棕色	重壤土	团块状	6.6	18.8	1.17	0.70	15.1		2.7	70	15.3			

续表 Continued

剖面号 Soil profile	土纲 Soil order	土类 Soil great group	亚类 Soil subgroup	土属 Soil genus	土种 Soil species	土层码 Layer code	土层厚度 Depth/cm	颜色 Soil color	质地 Soil texture	土壤结构 Soil structure	pH	有机质 OM/(g/kg)	全氮 TN/(g/kg)	全磷 TP/(g/kg)	全钾 TK/(g/kg)	碱解氮 AN/(mg/kg)	有效磷 AP/(mg/kg)	速效钾 AK/(mg/kg)	阳离子交换量CEC/(cmol/kg)	土壤母质 Parent material	剖面点坐标 Profile coordinate	匹配指数 Matching index/%
剖12	人为土	水稻土	潴育水稻土	红黄壤性砂页岩砂泥田	黄扁砂泥田	A	0—17	淡灰黄色	重壤土	糊状	4.9	23.8	1.44	0.33	20.5	80	5.7	124	10.2	砂质岩坡积物	E 108°41′50.8″ N 29°47′01.7″	75
						P	17—29	灰黄色	重壤土	小块状	4.6	23.1	1.33	0.38	18.5		6.5	100	10.1			
						W	29—54	灰黄色	重壤土	棱块状	4.5	21.2	1.33	0.39	21.9		6.9	100	10.2			
						B	54—100	灰白色	重壤土	团块状	4.5	21.5	1.38	0.39	21.4		6.5	107	10.3			
剖13	淋溶土	黄棕壤	山地黄棕壤	石英砂岩黄棕壤	硅质轻砾石土	A	0—18	暗黄棕色	轻砾石土	粒状	5.5	21.3	1.21	0.31	10.8		1.9	147	10.6		E 108°42′20.0″ N 29°47′22.5″	75
						P	18—30	淡黄棕色	轻砾石土	团块状	5.4	8.4	0.57	0.13	6.7	155	≤1.0	50	7.3			
						B	30—69	淡黄棕色	轻砾石土	无结构	5.0	4.6	0.36	≤0.10	5.9		≤1.0	50	4.8			
						C	69—100	暗黄棕色	轻砾石土	无结构	4.8	3.6	0.32	≤0.10	6.5		≤1.0	58	5.1			
剖14	淋溶土	黄棕壤	山地黄棕壤	石灰岩黄棕壤	砂质黄筋土	A	0—18	暗黄棕色	重壤土	粒状	6.8	27.4	1.55	0.43	10.7	109	2.5	107	13.0		E 108°42′41.6″ N 29°47′26.0″	75
						B₁	18—37	淡黄棕色	重壤土	团块状	7.0	24.5	1.38	0.41	10.6		2.4	79	12.5			
						B₂	37—60	淡黄棕色	重壤土	块状	6.7	17.3	1.10	0.35	10.5		≤1.0	64	11.1			
						C	60—100	淡黄棕色	重壤土	块状	6.4	16.6	0.97	0.24	10.5		≤1.0	57	11.0			
剖15	人为土	水稻土	潴育水稻土	黄棕壤性石灰岩黄棕壤	浅位铁盘黄棕岩渣子田	A	0—12	淡黄棕色	轻壤土	团块状	6.3	35.0	1.82	0.44	11.9	132	4.0	98	13.7	石灰岩残积物或坡积物	E 108°42′15.5″ N 29°45′54.5″	95
						P	12—22	淡黄棕色	轻壤土	团块状	6.8	24.8	1.34	0.37	12.9		1.5	67	10.8			
						Bir	22—25	淡灰色	轻壤土	块状	6.4	29.9	1.62	0.40	12.9		9.2	74	12.1			
						W	25—40	灰黄色	重壤土	块状	5.8	11.0	0.70	0.27	12.6		8.8	74	7.6			
						B	40—100	淡黄棕色	中壤土	糊状	7.5	29.4	1.70	0.51	20.8		5.3	103	13.4			
剖16	人为土	水稻土	淹育水稻土	烂泥田	烂泥田	A	0—40	灰黄色	重壤土	糊状	7.7	35.9	1.98	0.45	20.8	98	3.4	71	13.3	各类岩石的风化残积物	E 108°43′09.2″ N 29°46′17.0″	75
						C	40—70	暗黄棕色	重壤土	糊状	7.2	34.1	1.90	0.45	20.2		1.9	63	15.2			
						B	70—100	灰黄棕色	中壤土	无明显结构	6.0	28.5	1.79	0.44	19.6		5.8	58	11.2			
剖17	人为土	水稻土	潴育水稻土	潮土田	卵石砂泥田	P	0—16	灰白色	轻壤土	粒状	5.8	26.1	1.68	0.38	20.8	148	2.8	61	10.1	冲积物或洪积物	E 108°43′32.9″ N 29°46′44.6″	75
						W	16—24	灰白色	轻壤土	小块状	5.9	17.9	0.83	0.36	14.9		4.7	48	11.6			
						S₁	24—44	灰白色	轻壤土	粒状	6.2	29.2	2.06	0.49	22.9		6.1	148	11.6			
						S₂	44—85	白色	轻壤土	团块状	6.2	22.6	1.53	0.44	21.5		5.2	130	10.1			
							85—103				6.6	9.4	0.95	0.31	22.4		≤1.0	155	8.8			
剖18	人为土	水稻土	淹育水稻土	浅黄棕壤性砂页岩泥田	浅扁砂泥田	A	0—13	淡灰黄色	轻壤土	团块状	8.0	31.4	1.63	0.43	12.8	317	3.4	53	9.0	砂页岩	E 108°42′50.9″ N 29°45′39.2″	95
						P	13—22	灰棕色	轻壤土	块状	7.6	34.9	1.63	0.42	12.1		2.3	31	5.7			
						C	22—57	淡黄棕色	中壤土	团块状	5.4	19.6	0.86	0.34	12.7		≤1.0	28	3.4			
剖19	人为土	水稻土	潴育水稻土	灰潮土田	青霜灰潮砂泥田	A	0—26	灰棕色	中壤土	棱块状	5.5	32.3	1.36	0.29	14.1	70	≤1.0	37	7.1	石灰性河流沉积物	E 108°43′31.2″ N 29°46′06.6″	75
						Pg	26—40	白色	轻壤土	棱块状	5.0	41.3	2.19	0.44	18.6		6.5	142	12.2			
						Wg	40—52	白色	轻壤土	片状	5.3	21.9	1.14	0.26	10.9		4.0	100	9.9			
						W	52—100	白色	轻壤土	块状	4.8	9.2	0.52	0.18	12.6		2.4	65	6.6			
剖20	人为土	水稻土	潴育水稻土	红黄壤性第四纪黏土泥田	白鳝泥田	A	0—17	淡灰黄色	重壤土	糊状	4.8	7.2	0.52	0.18	12.7	189	3.2	67	6.2	各类母岩的风化积物	E 108°44′15.9″ N 29°47′05.8″	75
						P	17—30	淡灰黄色	重壤土	糊状	4.9	4.1	0.45	0.15	16.3		1.5	77	8.7			
						W₁	30—46	淡灰黄色	重壤土	糊状	5.2	64.4	3.07	0.63	16.1	248	3.0	119	24.1			
						W₂	46—72	黑黄色	重壤土	无明显结构	4.8	45.4	2.39	0.58	12.6		10.5	97	16.9			
						B	72—100															
剖21	人为土	水稻土	沼泽型水稻土	冷泉田	锈水田	A	0—31	灰黄色	重壤土	糊状	7.2	107.0	3.88	0.77	14.8	95	20.4	140	42.3		E 108°44′38.5″ N 29°47′21.1″	75
						G	31—59	灰黄色	重壤土	粒状	7.3	32.7	1.89	0.51	23.9		1.4	70	13.1			
						Bg	59—100			片状												
剖22	人为土	水稻土	潴育水稻土	潮土田	潮砂泥田	A	0—18	灰黄色	重壤土	片状	7.2	22.2	1.34	0.54	20.9		3.3	78	12.8	冲积物或洪积物	E 108°42′41.9″ N 29°42′54.8″	95
						P	18—30	灰棕色	重壤土	棱块状	7.2	18.3	0.97	0.44	20.9		3.6	54	11.9			
						W	30—56	灰白色	轻壤土	团块状	7.0	16.8	1.05	0.46	21.2		3.9	94	14.8			
						B	56—100															

续表 Continued

剖面号 Soil profile	土纲 Soil order	土类 Soil great group	亚类 Soil subgroup	土属 Soil genus	土种 Soil species	土层码 Layer code	土层厚度 Depth/cm	颜色 Soil color	质地 Soil texture	土壤结构 Soil structure	pH	有机质 OM/(g/kg)	全氮 TN/(g/kg)	全磷 TP/(g/kg)	全钾 TK/(g/kg)	碱解氮 AN/(mg/kg)	有效磷 AP/(mg/kg)	速效钾 AK/(mg/kg)	阳离子交换量 CEC/(cmol/kg)	土壤母质 Parent material	剖面点坐标 Profile coordinate	匹配指数 Matching index/%
剖23	人为土	水稻土	潴育水稻土	潮土田	青黄浅位厚层夹砂潮土田	A	0—20	淡灰色	重壤土	无结构	5.4	52.8	2.37	0.41	25.0	143	3.2	155	11.3	冲积物或洪沉积物	E 108° 44' 55.6" N 29° 44' 30.4"	75
						P	20—28	淡灰色	中壤土	小块状	5.4	49.2	2.40	0.41	25.8		5.5	138	10.0			
						S₁	28—67	淡灰黄色														
						S₂	67—85															
						W	85—100	灰黄色														
剖24	铁铝土	黄壤	黄壤	砂页岩黄壤	砂质扁砂土	A	0—17	灰黄灰色	中壤土	小块状	5.5	11.8	0.93	0.62	21.2	78	14.5	128	11.1		E 108° 58' 15.9" N 29° 55' 14.2"	95
						B	17—41	淡黄黄色	轻壤土	粒状	5.5	20.4	1.43	0.73	25.7		3.2	129	13.6			
							41—100	淡黄黄色	轻壤土	棱块状	5.2	15.5	1.40	0.92	23.4		3.2	60	16.8			
						C		淡黄黄色	中壤土	块状	5.6	11.3	0.99	0.64	26.7		3.7	74	12.4			
剖25	人为土	水稻土	潴育水稻土	灰潮土田	灰潮砂泥田	A	0—26	灰黄色	重壤土	团块状	7.6	37.4	1.98	0.45	20.7	128	3.3	80	14.1	石灰性河流沉积物	E 108° 53' 47.8" N 29° 56' 39.1"	95
						P	26—38	暗黄黄色	重壤土	块状	7.6	24.6	1.21	0.35	25.4		≤1.0	98	11.5			
						W	38—81	淡黄灰棕色	重壤土	棱块状	7.0	12.9	0.85	0.25	24.5		≤1.0	33	9.7			
						B	81—100	淡灰黄色	重壤土	块状	7.1	6.2	0.46	0.22	24.7		≤1.0	110	7.6			
剖26	人为土	水稻土	潴育水稻土	潮土田	青潲卵石底砂泥田	A	0—18	淡灰色	重壤土	粒状	6.0	39.5	2.34	0.43	21.1	271	5.3	131	13.0	冲积物或洪沉积物	E 108° 56' 04.0" N 29° 56' 53.6"	95
						Pg	18—27	淡灰色	轻黏土	片状	6.2	20.7	1.35	0.29	22.1		2.4	110	9.2			
						Wg	27—49	淡灰色	轻黏土	棱柱状	5.8	16.1	1.12	0.50	24.4		8.6	103	12.2			
						B	49—80	淡灰色	中壤土	棱柱状	5.7	7.1	0.76	0.38	18.8		14.4	100	6.2			
剖27	半水成土	潮土	潮土	砂土型灰黄壤	砂土	A	0—18	暗灰黄色	轻壤土	粒状	7.0	13.8	0.94	0.48	25.0	57	1.1	90	9.8	河流冲积物	E 108° 59' 34.0" N 29° 46' 12.1"	75
						B	18—42	淡灰黄色	中壤土	粒状	7.0	15.9	1.00	0.51	22.4		1.6	110	10.7			
						C	42—100	淡灰黄色	砂壤土	粒状	6.9	8.5	0.73	0.49	26.5		≤1.0	82	8.2			
剖28	铁铝土	黄壤	黄壤	石英砂岩黄壤	硅质黄泥土	A	0—20	暗黄黄色	中壤土	小块状	5.3	38.8	1.93	0.43	12.4	93	≤1.0	185	12.1	河流冲积物	E 108° 52' 54.5" N 29° 47' 14.7"	95
						B	20—40	暗黄黄色	中壤土	团块状	5.3	28.3	1.46	0.32	10.8		≤1.0	132	9.9			
						C	40—100	淡黄灰棕色	重壤土	粒状	4.9	10.2	0.74	0.25	11.5		≤1.0	50	7.8			
剖29	半水成土	潮土	灰潮土	壤土型灰潮土	中位薄层夹黏泥砂土	A	0—18	暗黄棕色	轻壤土	小块状	6.0	20.3	1.54	0.67	24.7	65	2.3	118	15.3	河流冲积物	E 108° 53' 37.8" N 29° 47' 16.4"	75
						B₁	18—42	淡灰黄色	轻壤土	粒状	6.0	22.6	1.62	0.66	24.6		2.9	115	15.5			
						B₂	42—60	灰白色	轻壤土	团块状	5.6	18.6	1.25	0.65	26.6		1.5	112	15.3			
						C	60—100	淡灰黄色	轻壤土	团块状	6.0	18.9	1.48	0.65	24.7		1.5	113	14.7			
剖30	半水成土	潮土	潮土	壤土型灰潮土	灰潮大土	A	0—17	暗灰黄色	重壤土	粒状	7.8	25.1	1.45	0.52	23.7	84	3.9	160	15.1	有石灰反应的河流冲积物	E 108° 55' 05.2" N 29° 47' 22.1"	75
						B₁	17—32	暗黄灰色	轻黏土	块状	7.9	18.1	1.06	0.49	25.6		≤1.0	94	13.4			
						B₂	32—60	淡黄棕色	轻黏土	团块状	7.8	16.5	0.99	0.49	25.3		≤1.0	80	14.4			
						C	60—100	暗黄黄色	中壤土	块状	7.8	16.7	0.99	0.47	24.4		≤1.0	75	15.2			
剖31	半水成土	潮土	潮土	壤土型潮土	潮大土	A	0—25	暗黄黄色	重壤土	块状	6.8	32.9	1.85	0.55	19.2	158	4.9	64	17.6	河流冲积物	E 108° 56' 04.3" N 29° 47' 12.9"	75
						B	25—46	灰黄色	中壤土	块状	6.8	31.9	1.76	0.53	16.8		3.9	200	16.4			
							46—100	暗黄黄色	中壤土	团块状	6.0	42.9	2.55	0.99	22.1		6.2	189	22.4			
						C		暗黄黄色	重壤土	团粒状	5.3	21.8	1.39	0.46	20.8		3.3	221	13.8			
剖32	淋溶土	黄棕壤	山地黄棕壤	砂页岩黄棕壤	砂质黄棕扁砂土	A	0—20	灰黄棕色	轻黏土	块状	5.1	16.5	1.10	0.34	18.6	128	≤1.0	110	12.8	河流冲积物	E 108° 55' 05.2" N 29° 47' 22.3"	95
						P	20—37	淡黄黄色	轻黏土	块状	5.1	7.4	0.76	0.22	17.7		≤1.0	88	11.5			
						B₁	37—55	淡黄黄色	轻黏土	块状	5.0	6.0	0.66	0.28	18.6		≤1.0	90	11.6			
						B₂	55—75	淡灰黄色	轻黏土	块状	5.0	4.7	0.57	0.27	19.2		≤1.0	70	11.6			
						C	75—100															
剖33	半水成土	山地草甸土	山地草甸土	岩溶洼地草甸土	暗山淤土	Ao	0—5	暗黄棕色	中壤土	团粒状	5.0	88.4	4.78	1.25	17.6	378	22.3	87	33.0	缝石结核灰岩	E 108° 47' 58.5" N 29° 43' 44.5"	75
						A	5—19	暗黄棕色	中壤土	棱块状	5.0	66.5	3.82	1.15	16.9		17.2	69	30.0			
						W₁	19—31	暗黄黄色	中壤土	块状	5.3	39.4	2.47	0.88	17.0		5.7	31	26.1			
						G	31—42	灰黄黄色	轻黏土	块状	5.6	39.9	2.41	0.89	16.8		3.8	38	27.1			
						W₂	42—65	淡灰黄色	轻黏土	块状	5.6	40.7	2.36	0.89	17.0		3.8	38	27.1			
						C	65—100															

续表 Continued

剖面号 Soil profile	土纲 Soil order	土类 Soil great group	亚类 Soil subgroup	土属 Soil genus	土种 Soil species	土层码 Layer code	土层厚度 Depth/cm	颜色 Soil color	质地 Soil texture	土壤结构 Soil structure	pH	有机质 OM/(g/kg)	全氮 TN/(g/kg)	全磷 TP/(g/kg)	全钾 TK/(g/kg)	碱解氮 AN/(mg/kg)	有效磷 AP/(mg/kg)	速效钾 AK/(mg/kg)	阳离子交换量CEC/(cmol/kg)	土壤母质 Parent material	剖面点坐标 Profile coordinate	匹配指数 Matching index/%
剖34	淋溶土	棕壤	山地棕壤	石灰岩棕壤	暗棕泥	Ao	0—8	灰黄棕色	轻黏土	团块状	5.3	37.7	2.23	0.53	15.5		≤1.0	173	24.1		E 108°48′23.6″ N 29°42′53.7″	95
						Aoo	8—11	暗黄棕色	轻黏土	梭块状	5.4	27.3	1.57	0.56	17.2		≤1.0	146	23.0			
						A	11—23	暗黄棕色	轻黏土		5.3	19.1	1.33	0.51	18.1		≤1.0	160	20.9			
						B	23—53		重壤土	粒状	5.0	42.0	2.14	0.49	11.9	175	7.0	77	15.7			
						C	53—100	灰黄色	重壤土	小块状	5.1	40.8	1.41	0.51	11.0		6.7	77	14.8			
剖35	人为土	水稻土	潴育水稻土	黄棕壤性石英砂泥田	浅位铁盘黄棕砂岩渣干田	P	0—18	灰黄色	重壤土							176				硅质页岩或石英砂岩	E 108°48′51.6″ N 29°44′59.6″	95
						Bir	18—27	棕黄色	重壤土	团块状	5.1	25.1	1.06	0.40	10.1		≤1.0	62	12.0			
						W	27—28	黄黄色	重壤土	团块状	5.1	19.1	1.04	0.42	10.5		≤1.0	67	13.2			
						B	28—58	淡黄色	重壤土	无结构	6.0	16.9	1.51	0.82	13.8	119	6.8	98	15.0			
							58—68															
剖36	淋溶土	黄棕壤	山地黄棕壤	石英砂黄棕壤	中砾石黄黄筋土	A	0—14	暗黄棕色	轻黏土	无结构	5.9	15.0	1.44	0.84	15.2		6.5	74	15.5		E 108°50′07.8″ N 29°43′02.4″	95
						B₁	14—40	暗黄棕色	重黏土	无结构	5.9	14.8	1.39	0.86	14.3		6.1	75	15.5			
						B₂	40—60	黄黄棕色	重黏土	无结构	6.0	15.0	1.49	0.85	14.3		4.7	84	15.4			
						C	60—100															
剖37	人为土	水稻土	潴育水稻土	碳酸岩泥田	次灰岩泥田	A	0—18	灰黄色	壤质黏土	小块状	7.9	26.4	1.49	0.30	14.2	97	1.5	165	17.3	石灰岩、白云岩风化物	E 108°52′23.5″ N 29°42′13.1″	81
						Pg	18—28	灰灰棕色	壤质黏土	块状	7.9	18.8	1.24	0.28	12.9		≤1.0	120	13.9			
						Wg	28—59	灰灰色	壤质黏土	梭柱状	7.7	13.5	0.68	0.27	13.3		≤1.0	100	13.9			
						B	59—100		黏质壤土	块状	5.5	10.2	0.69	0.40	9.3		4.0	50	7.0			
剖38	淋溶土	黄棕壤	山地黄棕壤	第四纪黏土黄棕壤	黄棕白鳝土	Ao	0—1													第四纪黏土或古河流冲积物	E 108°52′27.9″ N 29°41′06.0″	95
						Aoo	1—2															
						A	2—75	暗黄棕色	轻壤土	块状	6.8	4.6	0.42	0.24	20.5	22	1.1	81	10.2			
剖39	铁铝土	黄壤	黄壤	石英砂黄壤	砂质黄泥土	A	0—13	黄黄棕色	轻黏土	粒状	6.3	21.0	1.41	0.46	23.8	113	≤1.0	267	13.6	石英砂岩	E 108°45′23.9″ N 29°42′07.5″	95
						B₁	13—37	淡黄棕色	轻壤土	团块状	6.2	7.0	0.78	0.37	20.9		≤1.0	140	11.7			
						B₂	37—67	淡黄棕色	轻壤土	块状	5.8	5.2	0.69	0.40	20.9		≤1.0	132	12.0			
						C	67—100	淡黄棕色	轻壤土	粒状	5.3	4.7	0.61	0.38	25.1		≤1.0	115	10.4			
剖40	人为土	水稻土	潴育水稻土	红黄壤性石英砂泥田	青磷砂泥田	A	0—17	紫灰色	轻壤土	粒状	6.2	41.7	2.29	0.43	22.8	132	4.1	160	19.0		E 108°55′45.2″ N 29°43′33.3″	81
						Pg	17—28	紫灰色	重壤土	团块状	6.2	38.8	2.18	0.40	22.8		3.1	140	17.5			
						Wg	28—52	紫灰色	重壤土	梭块状	6.2	25.9	1.59	0.37	23.0		3.1	143	14.7			
						B	52—64	紫灰色	重壤土	块状	6.0	18.8	1.07	0.40	19.9		4.7	75	8.2			
剖41	初育土	紫色土	酸性紫色土	酸性紫砂土	中层酸性紫砂土	A	0—17	紫棕色	中壤土	块状	5.1	8.0	0.79	0.22	17.2	82	2.3	191	14.8	石英砂岩	E 108°59′52.6″ N 29°42′31.8″	75
						B	17—27	紫棕色	中壤土	团块状	5.2	4.4	0.47	0.16	16.5		1.3	115	14.3			
						C	27—60	紫色	中壤土	块状	5.1	2.6	0.36	0.13	14.2		≤1.0	100	13.4			
剖42	铁铝土	黄壤	黄壤	石灰岩黄泥田	砾质黄泥巴土	A	0—20	黄棕色	重壤土	粒状	6.3	16.5	1.12	0.36	12.4	78	2.6	163	12.2	紫红色粉砂质页岩	E 108°58′01.3″ N 29°41′25.7″	95
						B	20—58	淡黄棕色	重壤土	团块状	6.8	5.6	0.53	0.25	12.1		≤1.0	90	9.3			
						C	58—100	黄棕色	重壤土	块状	6.5	4.8	0.43	0.25	12.1		≤1.0	82	9.9			
剖43	初育土	紫色土	酸性紫色土	酸性紫砂土	暗酸性紫砂土	Ao	0—1													紫红色粉砂质页岩	E 108°58′29.3″ N 29°41′15.6″	75
						A₁	1—6	紫紫棕色	重壤土	粒状	4.7	19.8	0.92	0.29	11.2	127	≤1.0	55	14.4			
						A₂	6—32	紫紫棕色	重壤土	团块状	4.6	10.5	0.57	0.20	12.2		≤1.0	42	9.7			
						C	32—88	紫色	重壤土	块状	4.8	5.6	0.34	0.15	10.4		≤1.0	30	8.5			
剖44	铁铝土	黄壤	黄壤	石灰岩黄壤	黄泥巴土	A	0—15	灰灰棕色	重壤土	粒状	6.5	22.2	1.36	0.44	15.4	99	1.6	70	14.5		E 108°58′47.4″ N 29°41′13.6″	95
						B₁	15—37	黄黄棕色	重壤土	块状	6.5	15.0	0.94	0.41	16.0		≤1.0	48	13.5			
						B₂	37—74	淡黄棕色	重壤土	块状	6.5	8.0	0.65	0.32	17.3		≤1.0	46	10.3			
						C	74—100	淡黄棕色	轻壤土	块状	6.7	5.9	0.55	0.25	18.7		≤1.0	54	11.5			

续表 Continued

剖面号 Soil profile	土纲 Soil order	土类 Soil great group	亚类 Soil subgroup	土属 Soil genus	土种 Soil species	土层码 Layer code	土层厚度 Depth/cm	颜色 Soil color	质地 Soil texture	土壤结构 Soil structure	pH	有机质 OM/(g/kg)	全氮 TN/(g/kg)	全磷 TP/(g/kg)	全钾 TK/(g/kg)	碱解氮 AN/(mg/kg)	有效磷 AP/(mg/kg)	速效钾 AK/(mg/kg)	阳离子交换量CEC/(cmol/kg)	土壤母质 Parent material	剖面点坐标 Profile coordinate	匹配指数 Matching index/%
剖45	人为土	水稻土	淹育水稻土	浅黄棕壤性石灰岩泥田	浅黄棕岩渣子田	A	0—16	暗灰黄色	重壤土	块状	7.4	23.9	1.43	0.56	11.4	79	9.5	80	14.9	石灰岩	E 108°58′40.8″ N 29°40′24.3″	95
						P	16—27	灰黄棕色	轻壤土	块状	7.4	22.5	1.01	0.46	11.1		5.5	54	14.9			
						B	27—40	暗棕色	重壤土	团块状	7.2	29.2	0.99	0.50	12.1		5.5	57	16.3			
						C	40—100	黄棕色	重壤土	块状	7.0		0.87	0.40	16.4		3.6	57	12.7			
剖46	人为土	水稻土	潴育水稻土	潮土田	夹砂潮泥田	A	0—16	暗灰黄色	壤质黏土	小块状	6.0	31.7	1.87	0.43	24.3	124	3.0	58	12.0	近代河流冲积物	E 108°53′27.1″ N 29°40′48.6″	95
						P	16—27	淡灰黄色	壤质黏土	块状	7.2	13.3	0.97	0.42	21.6		3.5	57	9.0			
						S	27—58	暗灰棕色	砂质黏壤土	粒状												
						W	58—100	灰黄棕色		柱状	7.4	6.8	0.59	0.42	21.7		2.5	67	7.4			
剖47	淋溶土	黄棕壤	黄棕壤性土	黄棕壤性土	石渣子扁砂土	A	0—12	淡黄棕色	轻砾石土	粒状	5.9	18.5	1.14	0.47	23.7	52	1.6	200	11.5	硅质、砂质页岩	E 108°54′34.2″ N 29°40′14.1″	95
						C	12—24	淡灰棕色	轻砾石土	团块状	5.9	15.5	1.02	0.48	23.1		1.6	215	11.0			
剖48	淋溶土	黄棕壤	山地黄棕壤	石灰岩黄棕壤	砾质黄筋土	A	0—18	暗黄棕色	轻壤土	团粒状	6.9	26.1	1.39	0.47	15.2	103	10.3	152	15.6		E 108°53′57.2″ N 29°38′59.2″	95
						P	18—33	灰黄棕色	重壤土	团块状	7.4	9.7	0.70	0.33	15.8		3.9	83	13.9			
						B	33—67	黄棕色	重壤土	团块状	7.2	9.9	0.70	0.36	15.4		3.0	107	14.4			
						C	67—100	暗黄棕色	重壤土	块状	7.1	15.4	0.79	0.41	13.4		3.0	102	13.7			
剖49	铁铝土	黄壤	黄壤	砂页岩黄壤	黄筋土	A	0—15	暗黄棕色	重壤土	粒状	5.3	10.4	1.09	0.49	22.9	47	18.7	118	10.5		E 108°57′14.4″ N 29°36′53.8″	95
						B	15—41	淡黄棕色	重壤土	团块状	5.3	7.1	0.89	0.40	21.6		14.4	115	9.9			
						C	41—100	灰黄色	重壤土	块状	5.0	8.3	0.81	0.38	19.7		12.0	89	9.5			
剖50	淋溶土	黄棕壤	山地黄棕壤	石灰岩黄棕壤	砾砾质黄筋土	A	0—13	暗黄棕色	轻砾石土	粒状	6.3	28.2	1.30	0.47	11.9	93	3.7	185	13.6		E 108°56′18.5″ N 29°30′41.0″	95
						P	13—19	灰黄棕色	重壤土	片状	6.0	21.4	1.27	0.49	10.0		≤1.0	100	13.8			
						B	19—45	黄棕色	重壤土	棱块状	5.6	15.5	1.14	0.62	14.0		≤1.0	80	13.1			
						C	45—100	暗黄棕色	重壤土	块状	5.2	11.2	1.02	0.53	12.5		≤1.0	98	12.0			
剖51	淋溶土	黄棕壤	山地黄棕壤	石灰岩黄棕壤	黄筋土	A	0—12	灰黄棕色	重黏土	粒状	6.2	17.4	0.84	0.21	15.9	92	≤1.0	87	12.5		E 108°58′26.4″ N 29°30′10.8″	95
						B	12—45	黄棕色	重黏土	棱块状	6.6	11.1	0.66	0.22	21.4		≤1.0	122	15.7			
						C	45—100	淡黄棕色	重黏土	块状	5.7	6.5	0.58	0.21	19.8		≤1.0	156	19.0			
剖52	淋溶土	黄棕壤	山地黄棕壤	碳酸岩泥田	墨石泥土	A	0—14	灰黄色	轻黏土	小块状	5.5	24.2	1.58	0.76	17.1	90	4.0	130	13.8		E 108°54′37.0″ N 29°31′26.6″	81
						P	14—25	暗黄棕色	中黏土	块状	5.5	20.9	1.24	0.76	17.8		1.6	70	13.0			
						W	25—65	黄棕色	中黏土	棱柱状	6.6	4.4	0.24	0.42	19.5		1.6	108	10.9			
						C	65—100	暗黄棕色	重壤土	小块状	6.3	4.9	0.30	0.40	19.0		1.0	93	10.5			
剖53	人为土	水稻土	潴育水稻土	石灰(岩)性水田	灰黄泥田	A	0—15	暗黄棕色	中黏土	团块状	7.3	18.2	0.78	0.16	6.9	52	≤1.0	64	15.1	炭质页岩	E 108°55′18.6″ N 29°31′41.5″	95
						B_1	16—30	紫棕色	中黏土	块状	6.9	7.2	0.35	≤0.10	9.4		≤1.0	38	10.1			
						B_2	30—50	灰黄棕色	中黏土	块状	6.8	8.9	0.47	0.14	8.6		≤1.0	30	10.8			
						C	50—100	暗灰黄色	轻黏土	粒状	8.1	26.8	1.65	0.43	21.0		3.2	200	21.9			
剖54	淋溶土	黄棕壤	山地黄棕壤	砂页岩黄棕壤	砾质坡积土	A	0—16	灰黄棕色	轻黏土	片状	8.0	25.9	1.61	0.45	21.4		1.6	190	21.3	石灰岩或泥灰岩	E 108°54′53.2″ N 29°27′15.2″	95
						P	16—26	暗黄棕色	中黏土	棱柱状	8.0	25.7	1.50	0.46	22.4		2.8	113	21.9			
						B	26—58	紫棕色	中黏土	小块状	7.8	19.8	1.23	0.44	24.3		2.4	217	21.4			
						C	73—100	暗灰黄色	中黏土	团粒状	5.5	30.4	1.54	0.40	12.4		2.6	169	11.8			
剖55	淋溶土	黄棕壤	山地黄棕壤	石灰岩黄棕壤	砾质坡积土	A	0—16	灰黄棕色	轻黏土	团块状	4.9	38.3	2.31	0.84	16.9	103	2.3	70	21.2		E 108°58′43.5″ N 29°23′02.6″	95
						B	16—30	灰黄棕色	轻黏土	块状	5.1	25.2	1.86	0.84	17.1		2.3	102	18.6			
						C	30—50	淡黄棕色	轻黏土	块状	5.1	13.9	1.16	0.63	17.0		2.3	62	15.4			
剖56	淋溶土	黄棕壤	山地黄棕壤	石灰岩黄棕壤	硅质灰泡土	A	50—100	暗黄棕色	轻黏土	团粒状	4.8	55.4	2.52	0.59	12.0	45	9.0	115	26.9		E 109°01′36.6″ N 29°50′13.2″	95
						B	13—54	黄棕色	轻黏土	团块状	4.8	12.8	0.93	0.34	14.6		≤1.0	45	14.9			
						C	54—68	淡黄棕色	黏土	块状	4.8	8.3	0.63	0.31	15.4		≤1.0	48	12.9			
剖57	人为土	水稻土	潴育水稻土	潮土田	次灰潮泥田	A	0—19	暗灰黄色	黏壤土	团粒状	7.7	52.9	2.20	0.47	12.5	151	6.5	64	17.4	近代河流冲积物	E 109°02′47.9″ N 29°51′12.0″	95
						P	19—30	暗黄棕色	壤质黏土	片状	7.6	36.9	1.51	0.44	11.2		4.1	58	15.1			
						W_1	30—64	暗棕色	壤质黏土	棱柱状	7.0	29.4	1.26	0.46	12.3		7.0	80	15.6			
						W_2	64—100	暗棕色	壤质黏土	棱柱状	6.8	31.2	1.06	0.51	10.9		8.6	51	16.7			

续表 Continued

剖面号 Soil profile	土纲 Soil order	土类 Soil great group	亚类 Soil subgroup	土属 Soil genus	土种 Soil species	土层码 Layer code	土层厚度 Depth/cm	颜色 Soil color	质地 Soil texture	土壤结构 Soil structure	pH	有机质 OM/(g/kg)	全氮 TN/(g/kg)	全磷 TP/(g/kg)	全钾 TK/(g/kg)	碱解氮 AN/(mg/kg)	有效磷 AP/(mg/kg)	速效钾 AK/(mg/kg)	阳离子交换量CEC/(cmol/kg)	土壤母质 Parent material	剖面点坐标 Profile coordinate	匹配指数 Matching index/%
剖58	人为土	水稻土	潴育水稻土	紫泥田	紫砂泥田	A	0—15	红棕色	轻黏土	粒状	5.8	19.3	1.40	0.28	19.3	97	5.2	75	12.9		E 109°09′16.4″ N 29°50′08.4″	95
						P	15—21	紫棕色	轻黏土	片状	6.4	17.1	1.30	0.32	19.4		5.7	80	12.0			
						W	21—41	紫棕色	重黏土	棱柱状	7.2	6.3	0.59	0.26	19.6		1.6	60	10.3			
剖59	淋溶土	黄棕壤	山地黄棕壤	石英砂岩黄棕壤	硅质黄棕泥	Ao	0—2															95
						A	2—13	暗黄棕色	重黏土	团块状	6.1	52.0	2.17	0.49	14.3	197	≤1.0	303	25.1			
						B	13—46	暗黄棕色	重黏土	团块状	6.0	24.3	1.34	0.43	12.5		≤1.0	225	16.5			
						C	46—100	淡黄棕色	轻黏土	团块状	6.0	11.6	0.84	0.32	13.5		≤1.0	210	11.1			
剖60	人为土	水稻土	潴育水稻土	红黄黏性石灰岩泥田	青潮岩渣子田	A	0—16	暗黄棕色	重黏土	粒状	5.7	27.1	1.59	0.62	11.9	140	10.4	143	12.2	石灰岩	E 109°00′45.2″ N 29°49′00.7″	95
						Pg	16—25	暗灰棕色	重黏土	块状	5.8	26.3	1.46	0.67	12.9		10.3	123	11.7			
						Wg	25—54	暗黄棕色	重黏土	块状	6.1	23.1	1.48	0.64	11.6		5.6	120	11.9			
						W	54—100	灰黄色	重黏土	棱柱状	6.6	17.9	1.25	0.60	11.6		3.2	107	10.8			
剖61	人为土	水稻土	潴育水稻土	黄棕壤性石灰岩泥田	深位铁盘黄棕岩渣子田	A	0—18	暗黄棕色	轻黏土	粒状	5.2	26.5	1.47	0.39	11.1	134	4.9	90	11.2	石灰岩残积物或坡积物	E 109°01′33.1″ N 29°49′07.2″	95
						P	18—30	淡黄棕色	轻黏土	棱柱状	5.8	17.3	1.31	0.39	11.4		2.6	99	9.5			
						Bir	30—31	黄色	轻黏土	块状	6.7	3.8	0.53	0.30	12.2		≤1.0	120	9.7			
						W	31—59	黄棕色	重黏土	块状	6.6	4.6	0.57	0.29	13.2		≤1.0	131	9.2			
							59—100	暗黄棕色	中黏土	粒状	5.4	26.4	1.46	0.61	8.9		6.1	80	13.7			
剖62	淋溶土	黄棕壤	山地黄棕壤	石英砂岩黄棕壤	砾质硅质黄筋泥	A	0—20	灰黄棕色	重黏土	团块状	5.4	23.4	1.32	0.55	10.9	112	4.4	95	12.6			95
						P	20—28	淡黄棕色	重黏土	棱柱状	5.5	5.3	0.42	0.24	11.5		≤1.0	53	6.6			
						B	28—62	淡黄棕色	重黏土	块状	5.0	4.6	0.40	0.21	12.4		≤1.0	53	7.0			
剖63	初育土	紫色土	酸性紫色土	酸性紫渣土	酸性紫色轻砾石土	A	0—12	暗紫红色	轻砾石土		4.3	12.8	0.67	0.21	12.1	93	3.1	167	8.1	紫红色粉砂质页岩	E 109°03′22.0″ N 29°48′03.8″	95
						B	12—25	暗紫红色	重黏土	粒状	4.6	9.0	0.57	0.21	12.6		1.5	132	6.6			
						C	25—40	暗紫红色	重黏土	状	4.5	5.8	0.41	0.18	11.8		≤1.0	122	5.8			
剖64	初育土	紫色土	酸性紫色土	酸性紫砂土	厚层酸性紫砂土	A	0—19	暗紫红色	中黏土	粒状	5.2	9.3	0.72	0.41	21.4	43	8.6	97	11.2	紫红色粉砂质页岩	E 109°04′51.3″ N 29°46′50.8″	75
						B	19—70	暗紫红色	重黏土	状	4.7	6.3	0.57	0.39	23.9		6.7	83	10.5			
						C	70—100	暗紫红色	重黏土	状	4.6	6.0	0.54	0.39	21.7		7.1	77	11.4			
剖65	淋溶土	黄棕壤	山地黄棕壤	石英砂岩黄棕壤	硅质黄筋土	A	0—25	灰黄棕色	重黏土	粒状	6.3	32.6	1.61	0.33	10.0	139	4.6	220	15.2		E 109°05′53.4″ N 29°45′05.0″	95
						B	25—60	淡黄棕色	重黏土	团块状	6.0	6.0	0.52	0.19	10.9		≤1.0	70	7.3			
						C	60—100	淡黄棕色	重黏土	棱柱状	5.6	4.6	0.40	0.17	9.9		≤1.0	90	7.0			
剖66	初育土	紫色土	中性紫色土	中性紫砂土	厚层中性紫砂土	A	0—17	紫棕色	重黏土	粒状	6.5	8.3	0.70	0.17	16.3	32	6.0	92	13.2	紫红色粉砂质页岩	E 109°01′47.1″ N 29°47′29.6″	75
						B_1	17—43	暗紫红色	团块状		6.6	12.7	0.76	0.20	15.0		6.5	90	13.7			
						B_2	43—70	暗紫红色	团块状		6.7	11.7	0.85	0.30	14.9		11.5	85	13.7			
						C	70—100	紫棕色	团块状		6.8	6.7	0.67	0.20	16.7		4.0	82	14.5			
剖67	铁铝土	黄壤	黄壤性土	黄壤土	低山石渣子土	Ao	0—1															93
						A	1—12	淡黄橙色	轻砾石土	粒状	4.6	13.6	0.68	0.21	15.5	55	≤1.0	53	14.2			
						C	12—26	暗黄橙色		片状	4.4	18.9	≤0.10	0.24	17.0		≤1.0	90	16.3			
剖68	人为土	水稻土	潴育水稻土	潮土田	青潮湖泥田	A	0—19	灰白色	轻黏土	片状	6.8	33.3	1.84	0.30	21.3	114	1.6	137	12.9	冲积物或洪积物	E 109°08′18.0″ N 29°48′53.6″	95
						P	19—30	灰白色	重黏土	棱柱状	7.1	20.5	1.31	0.36	22.0		1.6	68	10.4			
						W_1	30—50	灰白色	重黏土	棱柱状	7.1	30.1	1.72	0.28	22.5		≤1.0	84	12.3			
						W_2	50—100	灰白色	重黏土	棱柱状	6.7	26.9	1.55	0.27	23.1		≤1.0	61	11.7			
剖69	初育土	紫色土	中性紫色土	中性紫砂土	暗中性紫砂土	A	0—17	暗红棕色	重黏土	团块状	6.5	12.1	0.93	0.33	18.3	72	≤1.0	103	13.1	紫红色粉砂质页岩	E 109°08′41.3″ N 29°47′44.2″	75
						B	17—32	暗红棕色	重黏土	团块状	6.8	11.6	0.83	0.32	22.1		1.5	75	13.5			
						C	32—58	暗红色	重黏土	团块状	6.8	18.6	1.22	0.39	22.0		1.7	123	14.7			

续表 Continued

剖面号 Soil profile	土纲 Soil order	土类 Soil great group	亚类 Soil subgroup	土属 Soil genus	土种 Soil species	土层码 Layer code	土层厚度 Depth/cm	颜色 Soil color	质地 Soil texture	土壤结构 Soil structure	pH	有机质 OM/(g/kg)	全氮 TN/(g/kg)	全磷 TP/(g/kg)	全钾 TK/(g/kg)	碱解氮 AN/(mg/kg)	有效磷 AP/(mg/kg)	速效钾 AK/(mg/kg)	阳离子交换量CEC/(cmol/kg)	土壤母质 Parent material	剖面点坐标 Profile coordinate	匹配指数 Matching index/%
剖70	人为土	水稻土	潴育水稻土	潮土田	浅位薄层夹砂潮土田	P	0–16	灰白色	中壤土	粒状	5.4	18.3	1.18	0.51	24.2	83	10.4	92	9.2	冲积物或洪积物	E 109°13′37.0″ N 29°46′31.0″	95
						P	16–26	灰白黄色	中壤	棱块状	5.5	17.9	1.12	0.49	22.9		11.2	79	8.7			
						S	26–33															
						W	33–100															
剖71	淋溶土	黄棕壤	山地黄棕壤土	第四纪红土黄棕壤	黄黏土	A	0–15	暗黄棕色	轻壤土	棱柱状	6.0	13.8	0.62	0.50	24.7		4.5	78	8.4		E 109°08′37.5″ N 29°45′29.8″	95
						C	15–40	淡灰黄色	黏土	无结构	6.0	44.1	2.63	0.99	21.7	187	3.7	143	23.5			
						Ao	0–1				5.9	35.2	2.16	0.96	21.5		2.2	38	21.6			
剖72	铁铝土	黄壤	黄壤	石灰岩黄黄壤	暗黄泥土	A	1–35	暗黄棕色	重壤土	团块状	5.7	20.3	0.95	0.23	9.5	81	<1.0	73	12.5		E 109°00′20.6″ N 29°43′34.5″	95
						B	35–80	淡黄棕色	轻黏土	块状	5.9	5.8	0.53	0.22	11.6		<1.0	62	13.9			
						C	80–110	黄棕黄色	轻黏土	块状	5.4	4.9	0.47	0.21	11.9		<1.0	67	14.7			
剖73	铁铝土	黄壤	黄壤	石灰岩黄黄壤	暗硅质黄泥土	A	0–10	暗黄棕色	轻壤土	粒状	4.6	30.4	1.32	0.23	18.3	122	2.2	190	11.0		E 109°02′54.4″ N 29°43′24.9″	95
						B₁	10–24	淡黄棕色	轻壤土	小块状	4.6	6.5	1.55	0.15	25.7		<1.0	153	8.0			
						B₂	24–45	灰黄色	轻壤土	团块状	4.8	2.4	0.21	0.12	9.8		<1.0	200	6.3			
						C	45–80	淡黄黄色	轻砾石土	块状	4.6	3.5	0.30	0.11	24.7	138	<1.0	138	6.7			
剖74	人为土	水稻土	潴育水稻土	潮土田	卵石底砂泥田	A	0–16	灰白黄色	重壤土	粒状	6.1	31.4	1.89	0.42	24.3	134	5.8	98	12.7	冲积物或洪积物	E 109°02′39.7″ N 29°42′50.5″	95
						P	16–24	灰白色	重壤土	小块状	6.5	21.4	1.17	0.39	24.4		2.0	56	10.6			
						W₁	24–49	淡黄棕色	重壤土	棱柱状	6.1	21.8	1.35	0.40	18.9		4.6	56	11.0			
						W₂	49–68	黄棕色	重壤土	团块状	5.8	21.1	1.41	0.32	21.7		1.6	38	9.9			
剖75	铁铝土	黄壤	黄壤性	泥质岩黄棕壤	低山黄扁砂土	A	0–9	淡黄棕色	多砾质砂土	粒状	6.3	14.7	1.06	0.45	26.0	45	1.5	180	8.0		E 109°12′38.9″ N 29°43′01.8″	93
						C	9–27	灰黄色	砂质黏壤土	无结构	6.5	15.2	1.16	0.50	24.9		≤1.0	181	9.1			
剖76	铁铝土	黄壤	黄壤	石灰岩砂黄壤	细砂土	A	0–17	灰黄黄色	壤质黏壤土	粒状	5.5	20.4	1.43	0.73	25.7	79	3.2	129	13.6		E 109°02′06.1″ N 29°39′46.3″	95
						BC	17–41	淡黄黄色	砂质黏壤土	粒状	5.2	15.5	1.40	0.92	23.4		3.2	60	16.6			
						C	41–100	淡黄棕色	轻壤土	块状	5.6	11.3	0.99	0.64	26.7		3.7	74	12.4			
剖77	人为土	水稻土	潴育水稻土	红黄壤性砂泥田	黄扁砂田	A	0–16	暗黄棕色	重壤土	粒状	5.1	25.8	1.76	0.57	16.9	110	5.5	130	13.6		E 109°01′55.3″ N 29°38′26.6″	95
						P	16–24	黄棕色	重壤土	片状	5.4	22.4	1.58	0.55	18.0		3.5	127	12.9			
						W	24–45	灰黄色	重壤土	块状	5.9	14.6	1.20	0.50	17.5		<1.0	140	12.7			
剖78	淋溶土	黄棕壤	山地黄棕壤土	石灰岩黄棕壤	砾质石黄泥土	A	0–15	淡黄棕色	重壤土	粒状	6.0	20.1	1.19	0.38	8.2	117	2.1	116	12.0		E 109°01′35.6″ N 29°37′55.6″	95
						B₁	15–31	淡黄棕色	重砾石土	团块状	5.7	9.1	0.73	0.35	10.5		<1.0	45	9.8			
						B₂	31–47	暗黄棕色	重砾石土	块状	5.6	3.9	0.42	0.25	11.9		<1.0	54	8.3			
						C	47–100	暗黄棕色	重砾石土	块状	6.9	5.4	0.57	0.29	11.8		<1.0	47	9.0			
剖79	铁铝土	黄壤	黄壤	石灰岩黄黄壤	砾质硅质黄泥土	A	0–15	暗黄棕色	重壤土	粒状	6.8	15.6	0.96	0.31	15.2	62	5.4	103	8.8	砂质岩残积物或坡积物	E 109°01′32.7″ N 29°38′26.0″	95
						P	15–38	暗黄棕色	重壤土	块状	6.0	7.8	0.58	0.18	13.5		<1.0	68	7.7			
						C	38–68	暗黄棕色	重壤土	块状	6.0	4.6	0.34	0.14	12.8		<1.0	54	7.0			
							68–100	暗黄棕色	重壤土	块状	7.4	5.0	0.36	0.16	13.2		<1.0	87	7.9			
剖80	人为土	水稻土	潴育水稻土	红黄壤性砂页岩砂泥田	次灰黄扁岩岩渣子田	A	0–17	灰白色	重壤土	片状	7.2	29.3	1.67	0.30	21.6	105	4.2	90	12.1	砂质页岩坡积物	E 109°05′32.7″ N 29°37′26.0″	95
						P	17–28	淡黄棕色	重壤土	片状	7.2	25.8	1.41	0.27	22.5		3.9	66	11.7			
						Pg	27–58	灰黄色	重壤土	棱柱状	7.5	19.6	0.84	0.48	20.6		10.1	51	10.9			
						W	58–100	灰黄色	重壤土	棱柱状	6.5	12.9	0.97	0.43	20.7		18.7	51	13.4			
剖81	人为土	水稻土	潴育水稻土	黄棕壤性石灰岩泥田	青隔黄棕岩泥田	A	0–19	淡灰黄色	重壤土	粒状	6.9	21.0	1.40	0.61	19.3	105	4.0	117	19.1	石灰岩残积物或坡积物	E 109°08′13.8″ N 29°38′39.2″	95
						P	19–27	淡黄棕色	重壤土	棱柱状	7.4	28.8	1.33	0.54	21.3		3.1	156	16.3			
						W	27–58	淡黄棕色	重壤土	棱柱状	7.7	20.4	0.84	0.43	22.0		<1.0	110	14.0			
						B	58–100	淡黄棕色	重壤土	块状	7.7	5.2	0.97	0.46	20.7		2.1	120	13.8			
剖82	人为土	水稻土	潴育水稻土	黄棕壤性石灰岩泥田	黄泥田	A	0–20	暗黄棕色	轻壤土	团块状	7.0	4.7	1.40	0.38	20.2	111	1.6	133	18.9	石灰岩残积物或坡积物	E 109°00′40.8″ N 29°34′07.3″	95
						P	20–33	暗黄棕色	轻壤土	棱柱状	6.3	20.4	1.33	0.39	18.3		1.6	120	15.8			
						W	33–54	暗黄棕色	轻壤土	棱柱状	6.3	14.6	0.86	0.37	19.9		2.4	113	15.7			
						B	54–100	暗黄色	轻壤土	块状	6.1	16.8	0.79	0.44	17.7		3.7	337	16.3			

续表 Continued

剖面号 Soil profile	土纲 Soil order	土类 Soil great group	亚类 Soil subgroup	土属 Soil genus	土种 Soil species	土层码 Layer code	土层厚度 Depth/cm	颜色 Soil color	质地 Soil texture	土壤结构 Soil structure	pH	有机质 OM/(g/kg)	全氮 TN/(g/kg)	全磷 TP/(g/kg)	全钾 TK/(g/kg)	碱解氮 AN/(mg/kg)	有效磷 AP/(mg/kg)	速效钾 AK/(mg/kg)	阳离子交换量CEC/(cmol/kg)	土壤母质 Parent material	剖面点坐标 Profile coordinate	匹配指数 Matching index/%
剖83	铁铝土	黄壤	黄壤	石灰岩黄壤	轻砾石黄泥巴土	A	0—16	黄棕色	轻砾石土	团块状	6.5	22.2	1.65	0.54	22.8	100	2.3	200	21.0		E 109°17′08.4″ N 29°47′39.4″	95
						B₁	16—31	灰黄棕色	轻黏土	团块状	6.5	20.5	1.45	0.52	22.3		2.4	182	20.0			
						B₂	31—53	淡棕色	轻黏土	团块状	6.5	13.7	1.42	0.63	21.7		≤1.0	100	22.2			
						C	53—100	淡棕色	重壤土	块状	6.6	13.7	1.49	0.66	24.1		≤1.0	90	23.9			
剖84	人为土	水稻土	潴育水稻土	黄棕壤性石英砂岩泥田	黄棕砂泥田	A	0—13	灰黄色	重壤土	粒状	6.5	21.7	1.23	0.64	24.8	119	4.9	139	12.5	硅质页岩或石英砂岩	E 109°16′11.6″ N 29°40′32.6″	95
						P	13—23	淡灰黄色	重壤土	梭块状	6.7	14.6	0.86	0.55	23.4		3.6	147	10.1			
						W₁	23—47	淡棕黄色	重壤土	团块状	7.3	5.8	0.38	0.44	22.4		1.6	155	7.7			
						W₂	47—72	淡黄棕色	重壤土	粒状	7.3	4.4	0.34	0.50	24.6		4.4	103	8.2			
						B	72—100	淡黄棕色	重壤土	团块状	6.9	3.9	0.31	0.47	24.4		8.1	101	8.4			
剖85	人为土	水稻土	潴育水稻土	红黄壤性石灰岩泥田	黄泥巴田	A	0—14	灰黄色	轻黏土	片状	5.3	24.2	1.58	0.76	17.1	144	14.0	130	13.8	石灰岩	E 109°15′55.8″ N 29°40′16.9″	95
						P	14—25	灰黄色	轻黏土	片状	5.5	20.9	1.24	0.76	17.8		1.6	70	13.0			
						W₁	25—42	淡黄棕色	轻黏土	梭块状	6.6	4.4	0.48	0.42	19.5		1.6	108	10.9			
						W₂	42—65	黄色	轻黏土	梭块状	6.9	4.9	0.50	0.40	19.0		≤1.0	92	10.5			
						B	65—100	黄色	轻黏土	小块状	6.3	9.3	0.60	0.59	15.6		5.7	89	11.6			

来 凤 县

主要土类说明

黄壤是来凤县主要土壤类型，占本县地域面积的57%。黄壤分布在海拔500—800m的低山、平坝、谷地，垂直分布在红壤之上，本县各地均有分布，以大河、革勒车、旧司、三胡等地分布面积较大。本县属中亚热带季风湿润型山地气候，热量比红壤区低，降水量比红壤区大，冬无严寒，夏无酷热，云雾多，日照少，湿度大，干湿季节不明显。黄壤富铝化作用明显，水化作用强烈。由石灰岩、第四纪黏土发育的黄壤，如黄泥巴土、火砂黄泥巴土、黄黏土、卵石黄黏土等，心土层呈黄色或蜡黄色，铁锰淀积明显，土壤呈酸性，土壤有机质含量比红壤高，旱地黄壤平均为21.6g/kg，林荒地黄壤平均为22.4g/kg。黄壤的性状因母质、利用方式不同而存在较大差异。由石灰岩、第四纪黏土发育的黄壤，质地黏重，一般为重壤土或黏土，剖面层次分异较明显；由砂质页岩、石英砂岩、红砂岩发育的黄壤，质地较轻，一般为中壤土或重壤土，并含有砾石或砂砾。

黄棕壤是来凤县第二大土壤类型，占本县地域面积的20%，垂直分布在黄壤之上，海拔在800m以上。黄棕壤是在弱脱硅富铝化作用下形成的地带性土壤。最醒目的剖面形态特征是在表土层下有一层质地黏重的黄棕色或红棕色心土层。该层因母质不同而色泽不一，呈块状或棱块状结构，结构体表面有棕色或暗棕色铁锰胶膜。土壤呈微酸性或中性，pH为5.5—7.0。土壤表层疏松多孔，粒状结构明显。土壤有机质含量比红壤、黄壤高，旱地黄棕壤平均为35.2g/kg，非耕地黄棕壤平均为38.9g/kg。表土层质地为中壤土，心土层质地为重壤土或黏土，黏化现象明显。

红壤是来凤县第三大土壤类型，占本县地域面积的12%。红壤分布在海拔590m以下的酉水、怯道河流域的低山、低丘、平坝、河谷地区，本县东南部的绿水、漫水、百福司等地分布面积较大。红壤脱硅富铝化作用明显，硅酸盐矿物不断形成，铁锰氧化物聚集明显，剖面中有明显的淋溶淀积层。心土层呈红色和黄橙色。由石灰岩和第四纪黏土发育的红壤，红色心土层最明显。土壤盐基不饱和，盐基饱和度一般为20%—30%。土壤呈酸性或微酸性，pH为4.5—6.0，质地黏重。

水稻土占本县地域面积的9%。水稻土是在人为长期水耕熟化，以栽培水稻为主的过程中形成的具有独特性状的土类。在长期耕作、施肥和灌溉条件下，由于还原淋溶和氧化淀积等作用，水稻土形成了特有的剖面结构和发生层次，如耕作层、犁底层、潴育层、淀积层、潜育层等。

小于本县地域面积3%的土壤类型有紫色土、潮土、石灰（岩）土等。

本区域中心区气候特征

本区域中心区气候特征值
Regional climate characteristics in central area of the region

气候带：中亚热带湿润气候 Climate region: Subtropical humid climate	
年平均气温 /℃ Annual average temperature /℃	15.6
年平均最高气温 /℃ Annual average maximum temperature /℃	20.1
年平均最低气温 /℃ Annual average minimum temperature /℃	12.5
年降水量 /mm Annual precipitation /mm	1387
≥10℃的积温 /℃ Daily temperature accumulated in a year（≥10℃）/℃	5759
年日照时数 /h Annual sunshine /h	1153
年平均相对湿度 /% Annual average relative humidity /%	80
干燥度 Dryness	0.66

本区域中心区月平均气温与月平均降水量
Monthly temperature and precipitation in central area of the region

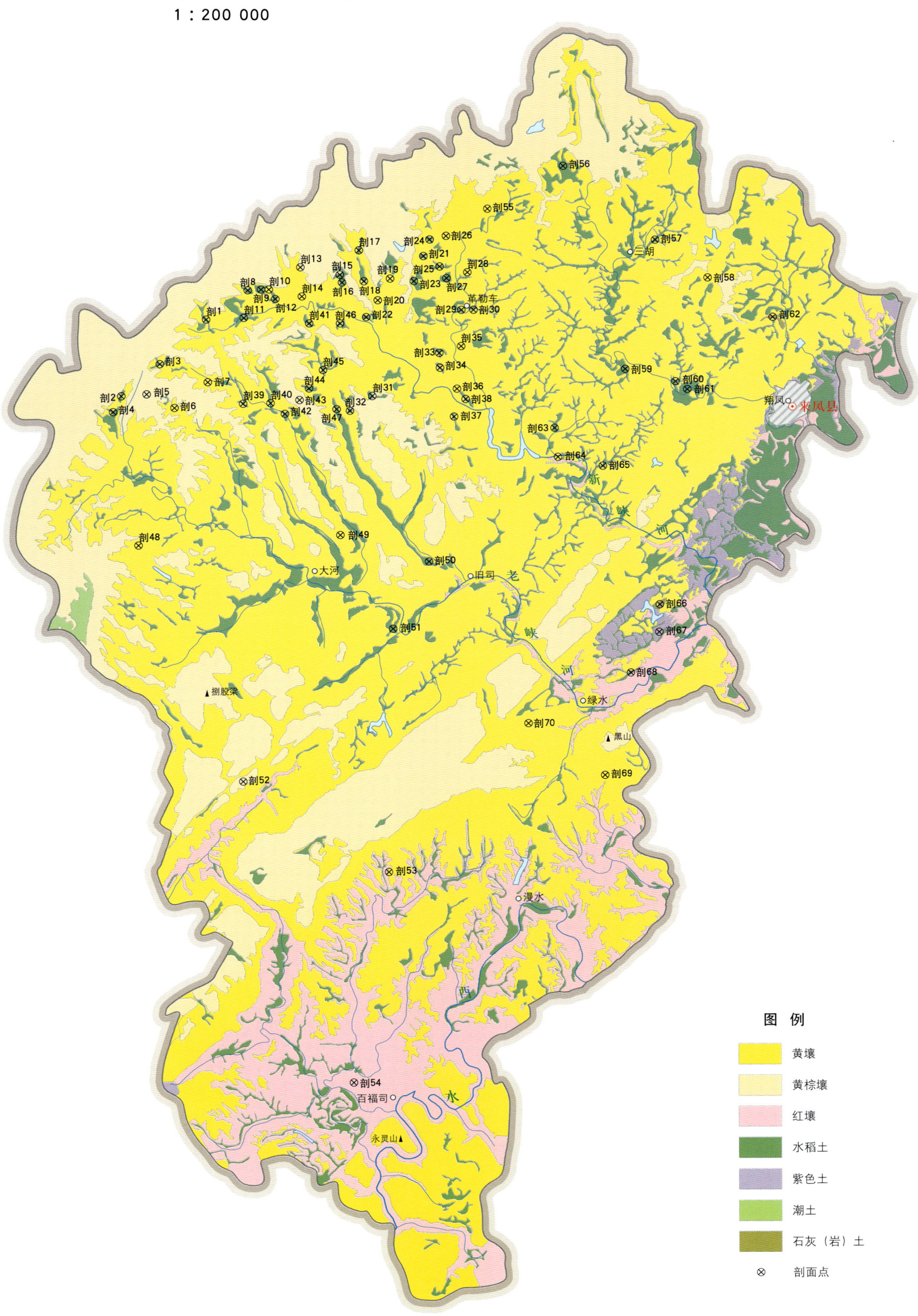

来凤县土壤剖面理化性状表

剖面号 Soil profile	土纲 Soil order	土类 Soil great group	亚类 Soil subgroup	土属 Soil genus	土种 Soil species	土层码 Layer code	土层厚度 Depth/cm	颜色 Soil color	质地 Soil texture	土壤结构 Soil structure	pH	有机质 OM/(g/kg)	全氮 TN/(g/kg)	全磷 TP/(g/kg)	全钾 TK/(g/kg)	碱解氮 AN/(mg/kg)	有效磷 AP/(mg/kg)	速效钾 AK/(mg/kg)	阳离子交换量 CEC/(cmol/kg)	土壤母质 Parent material	剖面点坐标 Profile coordinate	匹配指数 Matching index/%
剖1	人为土	水稻土	淹育水稻土	浅灰潮土	浅灰潮砂田	A	0—17	灰黄棕色	轻壤土	粒状	8.2	10.0	0.37	0.21			4.5	101	6.8	河流冲积物	E 109°07′18.5″ N 29°32′30.3″	75
						P	17—31	灰黄棕色	轻壤土	小块状	8.2	7.3		0.27			3.0	56				
						C	31—80	黄棕色	轻壤土	小块状	8.2	4.6	0.30	0.18			1.4	45				
剖2	人为土	水稻土	潴育水稻土	第四纪黏土黄棕壤性红泥田	白黏泥田	A	0—14	灰白色	重壤土	块状	5.7	29.7	1.14	0.13	11.9	106	4.5	52	10.2	第四纪白黏土层	E 109°04′54.2″ N 29°30′27.9″	75
						P	14—21	灰白色	黏土	块状	5.9	26.1	1.14	0.11	17.9		3.6	85	10.5			
						W	21—35	灰黄色	黏土	棱柱状	6.1	6.3	0.59	0.12	22.8		3.6	78	9.5			
						B	35—100	灰白色	重壤土	柱状	5.9	5.1	0.27		25.7		1.6	73	7.8			
剖3	人为土	水稻土	潴育水稻土	灰潮土田	青棚灰潮砂泥田	1	0—24				7.6	33.4	2.13	0.20	18.3		7.0	76		河流冲积物	E 109°05′59.1″ N 29°31′19.2″	75
						2	24—36				7.5	30.4	1.52	0.15	17.4	86	6.0	61	14.2			
						3	36—61				7.3	22.7	1.14	0.13	16.3		5.0	45	15.2			
						4	61—82				7.2	21.3	1.07	0.11	16.0		6.0	42	11.9			
						5	82—100				7.2			0.24	19.1		6.0	38				
剖4	人为土	水稻土	潴育水稻土	青泥田	次灰青泥田	A	0—27	暗棕色	重壤土		7.6	44.9	1.08	0.31	23.1	187	7.0	60	6.8	硅质岩	E 109°04′40.3″ N 29°30′02.5″	75
						P	27—45	暗棕色	重壤土		7.5	41.8		0.27	13.6		3.0	62	6.1			
						G	45—100	青灰色	黏土		7.5			0.25	13.2			55				
剖5	淋溶土	黄棕壤	黄棕壤性土	硅质岩黄棕壤性土	山地火镰渣	1	0—12		轻砾石土		5.5	21.8	0.82	≤0.10	10.9		2.8	32	12.9	硅质岩	E 109°05′37.5″ N 29°30′31.2″	75
						2	12—30		重砾石土		5.4	12.6	0.40	≤0.10	12.0		2.0	20	14.1			
剖6	铁铝土	黄壤	黄壤性土	硅质岩黄壤性土	低山山地火镰渣	1			黏土		5.2	21.6	1.14	0.14	14.7		1.6	160	8.2	硅质岩	E 109°06′26.4″ N 29°30′10.8″	75
						2					5.3	3.4	0.38	0.15			≤1.0	75				
剖7	铁铝土	黄壤	黄壤	石英砂岩黄壤	山地黄砂土	Ao	0—1												12.1	石英砂岩	E 109°07′23.3″ N 29°30′52.3″	95
						A	1—31	黄棕色	轻砾石土	小块状	4.9	14.8	0.78	0.19	11.5		3.0	48	10.7			
						C	31—69	淡棕黄色	重壤土	块状	4.8	6.9	0.35	≤0.10	17.1		1.4	30	7.8			
剖8	人为土	水稻土	沼泽型水稻土	烂泥田	灰烂青泥田	A	0—59	青灰色	中壤土		7.6	30.4	1.22	0.11	13.4	125	≤1.0	49	12.9	紫色砂页岩	E 109°08′29.9″ N 29°33′18.0″	75
						G	59—100	暗青黄色	重壤土	小块状	7.6	28.1	0.98	0.14	6.4		≤1.0	66	14.1			
剖9	人为土	水稻土	淹育水稻土	浅灰紫泥田	浅羊血泥田	A	0—18	暗红色	重壤土	小块状	8.2	14.1	0.73	0.19	19.8		11.0	103	8.2	紫色砂页岩	E 109°08′52.9″ N 29°33′19.3″	75
						C	18—38	棕红色	重壤土	块状	8.0	8.0	0.46	0.23	16.4		4.0	108				
剖10	铁铝土	黄壤	潴育水稻土	第四纪黏土黄壤	卵石黄黏土	A	0—15	淡棕黄色	黏土	粒状	6.3	16.3	1.03	0.28	11.8	154	14.0	171	10.6	第四纪黏土	E 109°09′06.6″ N 29°33′20.0″	75
						B	15—24	淡棕黄色	重壤土	块状	6.4	15.2	0.76	0.28	12.9		12.0	243	10.0			
						C	24—36	黄棕色	重壤土	柱状	4.3	3.3	0.42	0.24	19.9		10.0	75				
剖11	人为土	水稻土	潴育水稻土	红黄壤性石灰岩泥田	砂泥田	A	0—14	黄棕色	黏土	粒状	5.5	41.5	2.45	0.22	15.4	184	7.0	135	14.1	石英砂岩	E 109°08′23.8″ N 29°32′34.0″	75
						P	14—27	黄棕色	黏土	块状	6.0	40.8	2.04	0.17	15.6		6.0	117	12.7			
						W	27—61	灰棕色	黏土	柱状	6.2	19.9	1.00	0.28			6.0	51	11.5			
						B	61—74	灰黄色	重壤土	块状	5.6	15.6	0.50	0.31			6.0	76	13.4			
剖12	人为土	水稻土	潴育水稻土	红黄壤性石灰岩泥田	火砂黄泥巴田	A	0—15	黄棕色	重壤土	块状			0.84		29.1	70	1.6	175	11.4	硅质灰岩	E 109°09′17.6″ N 29°33′04.9″	75
						B	15—25	黄棕色	重壤土	块状				0.22			1.6	188	10.8			
							25—43	淡棕黄色	重壤土	棱柱状			0.81	0.22								
							43—70	淡棕黄色	重壤土	块状												
剖13	铁铝土	黄壤		第四纪黏土黄壤	黄黏土	A	0—19	黄棕色	黏土	块状	6.5	16.5								第四纪黏土	E 109°10′00.3″ N 29°33′55.4″	75
						B	19—47	淡棕黄色	重壤土	块状	6.9	14.1					1.6		9.6			
						C	47—100	淡棕黄色	黏土	块状	6.0	7.2	0.62	0.14			1.6	178				

续表 Continued

剖面号 Soil profile	土纲 Soil order	土类 Soil great group	亚类 Soil subgroup	土属 Soil genus	土种 Soil species	土层码 Layer code	土层厚度 Depth/cm	颜色 Soil color	质地 Soil texture	土壤结构 Soil structure	pH	有机质 OM/(g/kg)	全氮 TN/(g/kg)	全磷 TP/(g/kg)	全钾 TK/(g/kg)	碱解氮 AN/(mg/kg)	有效磷 AP/(mg/kg)	速效钾 AK/(mg/kg)	阳离子交换量CEC/(cmol/kg)	土壤母质 Parent material	剖面点坐标 Profile coordinate	匹配指数 Matching index/%
剖14	铁铝土	黄壤	黄壤	红砂岩黄壤	山地红砂土	Ao	0—1													红砂岩	E 109°10′03.3″ N 29°33′09.7″	75
						A	1—17	暗棕红色	中壤土	粒状	4.6	8.4	0.46	0.12	11.1	56	1.4	54	10.7			
						B	17—26	棕红色	中壤土	小块状	4.5	10.6	0.95	≤0.10	9.7		1.4	48	10.7			
						C	26—43	棕红色	中壤土	小块状	4.5	8.3	1.26	0.15	21.7		1.4	70	11.3			
剖15	人为土	水稻土	淹育水稻土	浅红黄壤性第四纪黏土泥田	浅卵石砂泥田	A	0—13	黄棕色	重壤土	块状	5.7	11.4	0.74	0.16	15.6	67	7.0	70	6.7	第四纪黏土	E 109°11′10.0″ N 29°33′43.3″	75
						P	13—21	黄棕色	重壤土	块状	6.0	8.1	0.62	0.20	14.2		3.0	50	7.2			
						C	21—50	淡棕黄色	重壤土	小块状	5.2	2.3	0.32	0.27	14.0		5.0	36				
剖16	人为土	水稻土	潴育水稻土	黄棕壤性石灰岩泥田	黄泥田	A	0—17	暗黄棕色	黏土	小块状	5.2	34.8	1.93	0.33	24.4	134	5.0	123	10.1	石灰岩	E 109°11′12.9″ N 29°33′32.8″	75
						P	17—26	暗黄棕色	黏土	块状	6.1	28.1	1.41		18.5		4.0	142	10.1			
						W	26—46	灰黄棕色	黏土	棱柱状	6.3	20.3	1.12	0.18	15.5		5.0	150	9.9			
						B₁	46—71	淡棕黄色	黏土	块状	6.0	31.4	1.12	0.24	13.4		2.4	190	14.3			
						B₂	71—100	淡棕黄色	黏土	块状	6.0	6.6	0.47	0.26	17.6		≤1.0	160	8.1			
剖17	人为土	水稻土	潴育水稻土	黄棕壤性石灰岩泥田	紫红泥田	A	0—22	暗棕红色	黏土	小块状	5.1	44.5	1.72	0.25	26.8	200	5.0	95	10.4	红色缊状灰岩	E 109°11′41.1″ N 29°34′23.5″	95
						P	22—31	暗棕红色	黏土	块状	5.1	31.0	1.28	0.25	24.8		6.0	106	13.0			
						W	31—52	淡棕红色	黏土	棱柱状	6.2	31.9	0.39	0.27	21.5		8.0	106	13.5			
						B	52—100	淡棕红色	黏土	块状	5.6	10.8		0.26	23.2		8.0	109	11.2			
剖18	人为土	水稻土	潴育水稻土	灰潮土田	灰潮砂泥田	A	0—18	灰黄棕色	轻壤土	粒状	7.9	20.9	0.85	0.36	17.8	77	8.3	102		河流冲积物	E 109°11′50.7″ N 29°33′35.4″	75
						P	18—32	灰黄棕色	重壤土	块状	8.1	10.0	0.53	0.25	13.6		9.3	78	10.3			
						W	32—65	灰黄色	重壤土	棱柱状	7.7	6.3	0.47	0.32	16.4		5.3	48	11.8			
						B	65—100	灰黄色	重壤土	块状	7.7	11.1	0.55	0.39	20.9		6.7	48	7.2			
剖19	黄壤	黄壤	黄壤	石英砂岩黄壤	硅质黄泥土	A	0—16	暗棕红色	重壤土	粒状	5.4	12.0	0.76	0.18	10.5	141	5.0	208	9.8	石英砂岩	E 109°12′35.6″ N 29°33′40.4″	75
						B₁	16—30	淡棕黄色	重壤土	块状	5.3	14.1	0.99	0.19	12.3		4.0	124	8.8			
						B₂	30—47	淡棕黄色	多砾质黏土		5.0	8.2	0.85	0.16	11.3		2.0	88	7.7			
剖20	黄壤	黄壤	黄壤	红黄壤性第四纪黏土泥田	次灰红黄泥田	A	0—1			无明显结构										石灰岩	E 109°12′15.3″ N 29°33′05.9″	75
						P	1—15	黄棕色	重壤土	块状	7.6	27.5	1.11	0.11	11.2	125	2.0	92	12.1			
						G	15—60	淡棕黄色	重壤土	柱状	7.6	16.1	0.74	0.14	12.6		1.4	55	8.6			
						B	57—100	青灰色	黏土		7.6	34.1	1.04	0.20	13.6		14.0	58	11.6			
剖21	人为土	水稻土	潴育水稻土	红黄壤性第四纪黏土泥田	次灰青黄泥巴田	A	0—15	灰棕色	重壤土	小块状	7.5	36.3	1.78	0.29	19.6		11.0	45	10.8	第四纪黏土	E 109°13′32.9″ N 29°34′16.6″	75
						P	20—30	黄棕色	黏土	小块状	7.5	29.2	0.37	0.23	25.9		8.0	51	6.3			
						W	30—41	灰棕黄色	黏土	棱柱状	7.4	6.1	0.52	0.32	23.0		7.0	50	5.9			
						B₁	41—60	淡棕黄色	黏土	块状	7.2	3.9	0.31	0.18	21.8		6.0	67	8.8			
						B₂	60—100	淡棕黄色	重壤土	块状	7.6	36.5	2.68	0.20	17.1	132	9.0	100	14.9			
剖22	人为土	水稻土	潴育水稻土	红黄壤性石灰岩泥田	浅位铁盘卵石砂泥田	P	0—25	暗黄棕色	重壤土	块状	7.6	39.8		0.31	17.1		11.0	63	14.3	石灰岩	E 109°11′55.4″ N 29°32′38.8″	75
						G	25—35	暗棕黄色	黏土	棱柱状	7.6	30.8		0.31	23.2		8.0	60	12.2			
						B	35—57	青灰色	黏土	柱状												
						Fe	57—100	灰棕色	黏土													
剖23	铁铝土	黄壤	黄壤	红黄壤性第四纪黏土泥田	山地黄泥土	Ao	0—1													第四纪黏土	E 109°13′17.3″ N 29°33′37.0″	75
						A	15—20	黑棕色	中壤土	小块状	4.7	36.3	0.14	0.17	23.1	234	10.0	68	10.3			
						P	20—41	淡棕黄色	重壤土	块状	4.8	30.9	0.61	0.17	22.7		8.0	55	9.4			
						Fe	41—43	棕红色	黏土	棱柱状	5.7	8.2	0.34	0.16	21.8	78	2.4	60	4.4			
剖24	人为土	水稻土	潴育水稻土	灰紫泥田	羊血泥田	A	43—70	淡棕黄色	中壤土	小块状	6.1	1.1		0.21	25.2		2.0	102	3.0	第四纪黏土	E 109°13′43.1″ N 29°34′42.7″	75
						A	0—21	暗棕红色	重壤土	块状	8.0	13.3		0.20	16.5		4.5	73	10.6			
						P	21—32	棕红色	中壤土	棱柱状	8.2	10.7		0.21	17.0		1.8	60	9.5			
						W	32—63	棕红色	重壤土	块状	8.1	5.5		0.20	17.3		1.6	72	10.1			
						B	63—90	棕红色	黏土	块状	8.2	4.4		0.15	15.0		3.5	72	9.6			

续表 Continued

剖面号 Soil profile	土纲 Soil order	土类 Soil great group	亚类 Soil subgroup	土属 Soil genus	土种 Soil species	土层码 Layer code	土层厚度 Depth/cm	颜色 Soil color	质地 Soil texture	土壤结构 Soil structure	pH	有机质 OM/(g/kg)	全氮 TN/(g/kg)	全磷 TP/(g/kg)	全钾 TK/(g/kg)	碱解氮 AN/(mg/kg)	有效磷 AP/(mg/kg)	速效钾 AK/(mg/kg)	阳离子交换量 CEC/(cmol/kg)	土壤母质 Parent material	剖面点坐标 Profile coordinate	匹配指数 Matching index/%
剖25	人为土	水稻土	潴育水稻土	红黄壤性石灰岩泥田	浅位铁盐黄泥巴田	A	0—20	暗黄棕色	黏土	块状	5.8	47.8	1.74	0.29	15.8	291	3.0	92	10.5	石灰岩	E 109°14′00.9″ N 29°34′00.0″	75
						P	20—30	暗黄棕色	黏土	块状	5.9	38.8	1.71	0.34	13.5		4.0	132	11.4			
						Fe	30—38		黏土		6.7	12.1		0.23	25.4		2.0	123	12.5			
						W	38—65	淡棕黄色	黏土		7.1	17.3		0.22	6.0		3.0	131	12.5			
						B	65—100	淡棕黄色	黏土		6.7	≤1.0		0.21	21.3		2.0	112	14.1			
剖26	铁铝土	黄壤	黄壤性土	硅质岩黄壤性土	低山火镰渣	A	0—15	黄棕色			5.6	14.3	0.76	0.28	12.4		2.8	168	5.9	硅质岩	E 109°14′11.0″ N 29°34′48.8″	93
						C	15—30	棕黄色			5.9	9.1	0.43	0.11	19.6			82	5.1			
剖27	人为土	水稻土	潴育水稻土	潮土田	次灰潮泥田	1	0—18	淡棕黄色			7.4	20.9	0.78	0.21	25.1	130	37.0	77	9.6	河流冲积物	E 109°14′13.0″ N 29°33′42.8″	75
						2	18—31				7.4	15.1	0.70	0.25	20.8		19.0	40	10.5			
						3	31—49				6.2	7.3	0.49	0.20	18.9		18.0	43	9.8			
						4	49—76				6.3	7.7	0.39	0.18	17.7		19.0	45	8.4			
						5	76—100				6.3	4.5	0.36	0.27	16.7		20.0	39	10.0			
剖28	铁铝土	黄壤		红砂岩黄壤	红砂土	A	0—18	暗棕红色	轻壤土	粒状	6.3	8.6	0.52	≤0.10		68	2.8	104	12.7	红砂岩	E 109°14′49.2″ N 29°33′52.6″	75
						B	18—33	棕红色	轻壤土	小块状	5.8	7.5	0.46	≤0.10			2.8	73	14.0			
						C	33—60		中壤土	小块状	5.6	6.7	0.56	≤0.10			1.8	70	12.8			
剖29	人为土	水稻土	潴育水稻土	红砂岩黄壤性石灰岩泥田	黄泥巴田	A	0—17	暗棕黄色	重壤土	粒状	6.2	35.9	1.57	0.22	11.1	118	7.0	76	12.8	石灰岩	E 109°14′39.3″ N 29°32′53.1″	75
						P	17—28	暗黄棕色	重壤土	块状	6.9	22.6	1.11	0.30	12.2		7.0	248	10.7			
						W	28—49	灰棕黄色	重壤土	棱柱状	7.0	14.4	0.58		12.2		9.4	40	9.2			
						B	49—100	淡棕黄色	重壤土	块状	7.0	2.9	0.46	0.19	10.8		4.0	38				
剖30	人为土	水稻土	潴育水稻土	红砂岩第四纪黏土泥田	青褐白散泥田	A	0—20	棕灰色	重壤土	粒状	6.4	29.6	1.26	0.28	20.6	123	3.5	52	11.8	第四纪黏土	E 109°14′57.4″ N 29°32′55.5″	75
						P	20—34	暗黄棕色	重壤土	块状	6.4	28.0	1.11	0.39	21.9		2.6	43	11.2			
						G	34—48	暗青灰色	重壤土	棱柱状	5.6	22.0	0.88	0.18	20.0		4.5	40	11.9			
						W	48—61	淡青灰色	重壤土	棱柱状	5.5	15.7	0.66	0.40	19.7		8.3	46	11.8			
						B	61—100	灰黄色	重壤土	团块状	6.0	7.7	0.64	0.54	22.1		12.3	48	9.0			
剖31	人为土	水稻土	淹育水稻土	浅黄棕壤性石灰岩泥田	浅黄棕泥田	A	0—19	暗黄棕色	黏土	小块状	5.5	39.9	2.39	0.23	9.1	185	3.0	83	14.4	石灰岩坡积物	E 109°12′08.2″ N 29°30′34.7″	75
						P	19—28	黄棕色	黏土	块状	6.7	27.0	0.52	0.19	9.3		2.0	79	13.1			
						3	28—59		重壤土	粒状	5.9	18.7	0.93	0.13	16.4		1.8	81	13.7			
剖32	人为土	水稻土	潴育水稻土	红黄壤性第四纪黏土泥田	黄泥巴田	A	0—16	黄棕色	重壤土	块状	6.9	18.4	0.88	0.22	17.2	94	6.8	53	10.7	第四纪黏土	E 109°11′30.2″ N 29°30′11.1″	75
						P	16—25	黄棕色	重壤土	棱柱状	6.9	12.0	0.54	0.22	21.6		7.3	50	10.8			
						W	25—52	灰棕黄色	重壤土	棱柱状	6.3	5.8	0.46	0.31	24.6		2.6	40	8.9			
						B	52—100	淡棕黄色	重壤土	块状	6.3	4.9	0.64		14.5		4.0	52	11.0			
剖33	人为土	水稻土	潴育水稻土	红砂岩红砂岩泥田	红砂岩泥田	A	0—16	暗棕红色	中壤土	粒状	5.4	18.3	0.64	≤0.10	15.8		4.8	235	7.1	红砂岩残积物或坡积物	E 109°14′02.9″ N 29°31′44.3″	75
						P	16—24	暗棕红色	中壤土	小块状	6.1	10.8	0.45	0.11	11.1		5.0	73	7.5			
						W	24—64	淡棕红色	轻壤土	小块状	6.0	7.5	0.51		11.1		2.4	41				
							64—100		重砾质石土		6.5	3.8	0.18		5.7		1.4	51				
剖34	人为土	水稻土	潴育水稻土	紫泥田	紫泥田	A	0—17	暗棕红色	黏土	小块状	5.0	19.1	1.07	0.15	14.8	96	4.4	133	8.8	紫色页岩	E 109°14′04.2″ N 29°31′21.4″	75
						P	17—30	暗棕红色	黏土	块状	5.4	13.4	0.86	0.15	16.3		4.4	188	9.3			
						W	30—50	棕红色	黏土	棱柱状	6.0	7.3	0.83	0.15	17.6		2.6	150	10.8			
						B	50—80	棕红色	重砾壤土	柱状	4.9	6.1	0.96	0.11	22.4				14.8			
剖35	铁铝土	黄壤		石灰岩黄壤	低山山地紫红土	Ao	0—1													石灰岩	E 109°14′40.0″ N 29°31′55.4″	75
						A	1—18	暗棕红色	黏土	粒状	4.8	10.9	0.58	≤0.10	17.8		4.0	70	9.4			
						B	18—42	棕红色	黏土	块状	4.8	11.8	0.60	≤0.10	21.8		≤1.0	92	10.1			
						C	42—60	棕红色	黏土	块状	4.8	6.3	0.54		20.9		≤1.0	62	8.6			
剖36	铁铝土	黄壤	黄壤性土	硅质岩黄壤性土	低山墨子渣子土	1	0—34	棕红色	重壤土	块状	5.3	18.5	1.15	0.12	12.6	215	22.0	183	18.4	硅质岩	E 109°14′34.0″ N 29°30′48.7″	75
						2					5.3	15.4		0.18	8.5		20.0	235	11.3			

续表 Continued

剖面号 Soil profile	土纲 Soil order	土类 Soil great group	亚类 Soil subgroup	土属 Soil genus	土种 Soil species	土层码 Layer code	土层厚度 Depth/cm	颜色 Soil color	质地 Soil texture	土壤结构 Soil structure	pH	有机质 OM/(g/kg)	全氮 TN/(g/kg)	全磷 TP/(g/kg)	全钾 TK/(g/kg)	碱解氮 AN/(mg/kg)	有效磷 AP/(mg/kg)	速效钾 AK/(mg/kg)	阳离子交换量 CEC/(cmol/kg)	土壤母质 Parent material	剖面点坐标 Profile coordinate	匹配指数 Matching index/%
剖37	人为土	水稻土	潴育水稻土	红黄壤性第四纪黏土泥田	次灰白散泥田	A	0—20	棕灰色	黏土	团块状	7.6	46.0	1.49	0.16	14.4	158	5.4	71	17.2	第四纪黏土	E 109°14′29.8″ N 29°30′05.1″	75
剖38	人为土	水稻土	潴育水稻土	灰青泥田	灰青泥田	P	20—32	棕灰色	黏土	块状	7.5	38.3	1.20	0.40	15.4		5.3	48	14.4			75
						W	32—49	灰黄色	黏土	棱柱状	7.4	7.3	0.34	0.22	16.3		14.6	46	7.5			
						B	49—100	灰白色	黏土	块状	7.3	4.2	0.18	0.18	17.9		11.2	51	5.5			
剖39	人为土	水稻土	潴育水稻土	潮土田	潮砂泥田	A	0—26	暗黄棕色	黏土		8.2	35.4	1.49	0.25	16.9	138	7.0	76	18.7	河流冲积物	E 109°14′49.7″ N 29°30′32.9″	75
						P	26—47	暗灰棕色	黏土		8.2	35.9	1.37	0.23	17.2		7.0	76				
						G	47—100	暗青灰色	重壤土		8.0	44.5	2.11	0.26	16.4		6.0	62				
剖40	人为土	水稻土	潴育水稻土	潮土田	浅位薄层夹砂潮泥田	A	0—18	灰黄棕色	重壤土	小块状	5.4	21.6	0.93	0.24	19.2	95	6.5	72	9.7	河流冲积物	E 109°08′24.6″ N 29°30′19.5″	75
						P	18—24	黄棕色	中壤土	块状	5.5	9.8	0.93	0.31	18.9		5.7	63	11.1			
						W	24—60	灰棕色	中壤土	棱柱状	6.4	10.3	0.55	0.42	19.9		5.5	63	11.9			
						B	60—100	灰棕色	中壤土	块状	6.5	9.5	0.58	0.31	19.5		6.5	48	11.9			
剖41	人为土	水稻土	潴育水稻土	浅红黄壤性石灰岩黏土田	红泥田	A	0—15	灰棕色	轻黏土	小块状	4.7	19.6	0.97	0.19	12.5	150	9.0	51	8.2	红色溜状灰岩	E 109°09′12.5″ N 29°30′21.0″	75
						P	15—21	棕红色	轻黏土	小块状	5.5	9.3	0.65	0.20	8.8		9.0	61	4.6			
						W	21—31	棕红色	黏土	小块状	5.6	10.1	0.32	0.16	12.4		9.0	45	6.0			
						B	31—60	棕红色	黏土	块状	5.5	11.5	0.16	0.32	14.2		1.5	51	5.8			
剖42	人为土	水稻土	潴育水稻土	石灰岩黄棕壤	浅白黏泥田	A	0—15	棕红色	黏土	块状	5.5	30.6	1.39	0.24	32.9	107	7.5	100	11.7	第四纪黏土	E 109°09′37.5″ N 29°30′04.5″	75
						P	15—23	棕红色	黏土	棱柱状	5.7	27.8	1.51	0.24	34.7		6.0	90	10.0			
						W	23—38	黄棕色	黏土	棱柱状	6.8	11.6	1.04	0.16	27.3		3.6	128	9.1			
						B	38—55	灰棕色	黏土	柱状	6.6	9.0	0.96	0.11	31.8		1.4	103	8.7			
剖43	淋溶土	黄棕壤	山地黄棕壤	石英砂岩黄棕壤	硅质黄筋土	A	0—20	灰黄棕色	重壤土	块状	6.0									石英砂岩	E 109°10′02.5″ N 29°32′26.6″	95
						B₁	20—23	灰黄棕色	黏土	粒状	8.4	29.7	0.79	0.41	17.0	200	≤1.0	125	16.4			
						B₂	23—67	灰黄棕色	黏土	块状	6.4	11.1	0.55	0.16	15.8		≤1.0	85	12.6			
						C	0—18	暗黄棕色	黏土		5.0	18.1	0.67	0.20	16.4		≤1.0	105	15.8			
剖44	人为土	水稻土	潴育水稻土	石灰（岩）性水田	灰黄泥田	A	0—17	黄棕色	黏土	块状	4.8	10.4	1.03	0.11	16.1	138	12.0	126	11.9	石英砂岩	E 109°10′18.4″ N 29°30′44.8″	75
						P	17—28	黄棕色	黏土	块状	4.8	30.6	0.53	0.38	18.9		6.0	235	15.9			
						W	28—56	灰黄棕色	黏土	棱柱状	7.7	19.6	0.56	0.33	18.9		4.0	180	14.8			
						B	56—70	黄黄棕色	黏土	柱状	7.3	17.0		0.22	17.0			157	13.6			
剖45	人为土	水稻土	潜育水稻土	红黄壤性石灰岩泥田	青腐黄泥巴田	A	0—18	灰黄棕色	重壤土		7.0									石灰岩	E 109°09′41.8″ N 29°30′14.6″	95
						P	18—29	灰黄棕色	重壤土	小块状	6.8	21.0	0.87	0.18	15.8	124	4.0	42	16.4			
						G	29—40	青黄棕色	黏土	块状	7.2	22.3	1.17	0.20	15.8		3.6	40	12.1			
						W	40—53	灰黄色	黏土	棱柱状	7.2	3.8	0.40	0.11	19.1		1.6	45				
						B	53—100	灰黄色	黏土	块状	7.0	4.3	0.49	0.15	22.2		1.6	60				
剖46	人为土	水稻土	潴育水稻土	红黄壤性石灰岩泥田	白散泥田	A	0—16	棕灰色	黏土	块状	5.6	44.4	1.61	0.18	16.1		4.5	52	12.1	石灰岩	E 109°11′10.6″ N 29°31′28.1″	75
						P	16—24	棕灰色	黏土	块状	5.2	33.7	1.47	0.12	16.1		2.6	48	12.1			
						W	24—43	灰黄色	重壤土	柱状	6.5	39.0	1.35	0.11	19.1		1.6	40	13.7			
						B	43—100	灰黄色	黏土		6.5											
剖47	人为土	水稻土	潴育水稻土	红黄壤性第四纪黏土泥田	青腐白黏泥田	A	0—17	棕灰色	黏土	块状	5.6									第四纪黏土	E 109°11′07.1″ N 29°30′13.2″	75
						P	17—25	棕灰色	黏土	块状	5.3											
						G	25—41	青灰色	黏土	柱状	5.3											
						W	41—100	灰灰色	黏土	棱柱状	6.3	5.5	0.46		23.7		6.3	63	18.7			

续表 Continued

剖面号 Soil profile	土纲 Soil order	土类 Soil great group	亚类 Soil subgroup	土属 Soil genus	土种 Soil species	土层码 Layer code	土层厚度 Depth/cm	颜色 Soil color	质地 Soil texture	土壤结构 Soil structure	pH	有机质 OM/(g/kg)	全氮 TN/(g/kg)	全磷 TP/(g/kg)	全钾 TK/(g/kg)	碱解氮 AN/(mg/kg)	有效磷 AP/(mg/kg)	速效钾 AK/(mg/kg)	阳离子交换量CEC/(cmol/kg)	土壤母质 Parent material	剖面点坐标 Profile coordinate	匹配指数 Matching index/%
剖48	铁铝土	黄壤	黄壤	石灰岩黄壤	山地火砂黄泥土	Ao	0—1													石灰岩	E 109°05′28.0″ N 29°26′33.9″	95
						A	1—19	黄棕色	重壤土	块状	5.1	40.3	1.34	0.27	10.9		4.0	126	15.3			
						B	19—38	淡棕黄色	重壤土	块状	5.0	25.8	0.98	0.23	11.1		3.0	51	11.4			
						C	38—68	淡棕黄色	多砾质黏土	块状	5.1	13.5			9.9		8.0	81	10.3			
剖49	铁铝土	黄壤	黄壤	石灰岩黄壤	火砂黄泥巴土	A	0—19	黄棕色	重壤土	小块状	6.3	19.2	1.11	0.20	14.3		1.7	88	12.4	石灰岩	E 109°11′16.7″ N 29°26′55.5″	95
						B	19—57	淡棕黄色	重壤土	块状	6.2	10.4	1.26	0.12	16.6		2.6	48	9.1			
						C	57—80	淡棕黄色	黏土	块状	6.0	4.7	0.67	≤0.10	18.7		1.6	45	7.3			
剖50	人为土	水稻土	沼泽型水稻土	烂泥田	烂泥田	A	0—45	青灰色	重壤土	块状	6.8	40.4	1.57	0.32	25.9	132	5.6	90	14.3	第四纪黏土	E 109°13′50.8″ N 29°26′16.0″	95
						G	45—100	青灰色	黏土		6.8	35.2	1.69	0.25	15.7		9.6	120	13.3			
剖51	人为土	水稻土	潴育水稻土	红黄壤性第四纪黏土泥田	浅位铁盘红黄质黏土	A	0—18	黄棕色		团块状	6.0									第四纪黏土	E 109°12′50.0″ N 29°24′29.4″	95
						P	18—22			块状	7.2											
						Fe	22—23				6.0											
						W	23—47															
						B	47—100															
剖52	淋溶土	黄棕壤	黄棕壤	砂质页岩黄棕壤	黄筋土	A	0—18	暗黄棕色	重壤土	粒状	8.4	30.8	1.45	0.43	17.5	122	4.5	148	14.7	砂质页岩	E 109°08′35.3″ N 29°20′25.9″	95
						B₁	18—38	黄棕色	黏土	块状	6.5	28.0	1.42	0.14	16.6		1.7	83	13.9			
						B₂	38—60	黄棕色	黏土	块状	7.0	24.4	1.07	0.22	16.4		1.5	56	13.0			
						C	60—100	淡棕黄色	黏土	块状	7.0	24.2	1.29	0.44	15.9		1.6	52	14.2			
剖53	铁铝土	红壤	黄红壤	石英砂岩黄棕壤	红黄硅沙泥土	Ao	0—1													石英砂岩风化物	E 109°11′52.5″ N 29°20′36.8″	96
						A	1—7	暗黄棕色	轻砾石土		4.6	30.9	0.84	0.20	16.2		5.6	123	10.5			
						C	7—36	灰黄色	轻砾石土		4.3	7.3	0.81	0.15	7.3		2.0	82	5.6			
剖54	铁铝土	黄壤	黄壤	第四纪黏土黄红壤	黄土	A	0—17	黄棕色	黏壤土	粒状	4.7	9.0	0.55	0.14	7.7	80	4.0	59	7.5	第四纪黏土	E 109°15′22.0″ N 29°35′32.8″	95
						B	17—47	黄棕色	黏壤土	小块状	4.6	9.5	0.47	0.19	7.8		2.0	57	8.1			
						C	47—76	黄棕色	重壤土	块状	4.9	9.5	0.46	0.23	8.2		4.0	38	8.1			
剖55	铁铝土	黄壤	黄壤	潮土田	山地黄棕土	Ao	0—1													河流冲积物	E 109°17′32.0″ N 29°36′42.2″	95
						A	0—19	暗棕黄色	黏壤土	块状	6.5	16.5	0.84	0.22	29.1	70	1.6	175	11.4			
						B	19—47	淡棕黄色	中壤土	块状	6.9	14.1	0.81	0.22			1.6	188	10.8			
						C	47—100	灰黄棕色	中壤土	粒状	6.0	7.2	0.62	0.14			1.6	178	9.6			
剖56	人为土	水稻土	潴育水稻土	潮土田	浅位铁盘潮砂泥田	P	0—25	灰黄棕色	重壤土	小块状	6.8									硅质灰岩	E 109°20′13.6″ N 29°34′48.8″	95
						WFe	25—33	灰黄棕色	多砾质黏土	小块状	6.4											
						B	33—41	暗黄棕色	黏土	棱块状	6.4											
剖57	人为土	水稻土	潴育水稻土	黄棕壤性石灰岩泥田	火砂黄泥田	P	15—25	黄棕色	壤质黏土	块状	6.8									硅质灰岩		
						B	25—30	暗黄棕色		块状												
						B	30—60	黄色														
剖58	铁铝土	黄壤	黄壤	第四纪黏土黄壤	山地黄黏土	A	0—15	黄棕色	中壤土	块状	5.4	54.4	1.63	0.18	10.4		6.0	200	12.4	第四纪黏土	E 109°21′45.5″ N 29°33′51.0″	95
						B	15—25	淡棕黄色	轻砾石土	块状	5.0	7.1	0.24	0.13	12.9		1.4	63	5.9			
						C	21—48	淡棕黄色	轻砾质黏土	柱状	5.6	7.7	0.38	≤0.10	7.7		1.8	53	5.9			
剖59	人为土	水稻土	潴育水稻土	石英质岩泥田	硅渣田	A	0—15	黄棕色	壤质黏土	块状	5.6	27.3	1.08	0.26			6.5	82	10.1	硅质灰岩	E 109°19′25.1″ N 29°31′24.4″	81
						P	15—25	黄棕色	壤质黏土	块状	6.0	19.3	0.89	0.28	6.8		4.5	73	7.1			
						W	25—47	暗黄棕色	壤质黏土	柱状	6.4	8.6	0.57	0.22	7.4		6.5	55				
						B	47—100	黄色	壤质黏土	棱状	6.8	8.0	0.46	0.34	8.9		8.0	78	8.2			

续表 Continued

剖面号 Soil profile	土纲 Soil order	土类 Soil great group	亚类 Soil subgroup	土属 Soil genus	土种 Soil species	土层码 Layer code	土层厚度 Depth/cm	颜色 Soil color	质地 Soil texture	土壤结构 Soil structure	pH	有机质 OM/(g/kg)	全氮 TN/(g/kg)	全磷 TP/(g/kg)	全钾 TK/(g/kg)	碱解氮 AN/(mg/kg)	有效磷 AP/(mg/kg)	速效钾 AK/(mg/kg)	阳离子交换量CEC/(cmol/kg)	土壤母质 Parent material	剖面点坐标 Profile coordinate	匹配指数 Matching index/%
剖60	人为土	水稻土	潴育水稻土	红黄壤性石灰岩泥田	次灰黄泥巴田	A	0—15	暗黄棕色	重壤土		8.0									石灰岩	E 109°20′52.4″ N 29°31′06.5″	95
						P	15—29	暗黄棕色	黏土		8.0											
						W	29—38	灰棕色	黏土		6.4											
						B	38—100	淡棕黄色	黏土		7.2											
剖61	人为土	水稻土	潴育水稻土	红黄壤性石英砂岩泥田	岩渣子田	A	0—15	黄棕色	重壤土	小块状	5.6	27.3	1.08	0.26	14.1		6.5	82	10.1	石英砂岩或硅质岩	E 109°21′13.1″ N 29°30′54.5″	95
						P	15—25	黄棕色	重壤土	块状	6.0	19.2	0.89	0.28	7.4		4.7	73	7.7			
						W	25—47	灰黄色	重黏土	柱状	6.4	8.0	0.57	0.22	8.9		6.5	55	15.1			
						B	47—70	灰棕黄色	黏土	柱状	6.8	8.6	0.46	0.34			7.8	78	8.2			
剖62	初育土	石灰（岩）土	棕色石灰土	棕色石灰岩土	砾石棕泥田	A	0—17	黄棕色	多砾质石土		8.0									石灰岩	E 109°23′38.8″ N 29°32′50.5″	75
						B	17—43	淡棕黄色	轻砾质石土		8.0											
						C	43—65	淡棕黄色			8.0											
剖63	人为土	水稻土	淹育水稻土	浅红黄壤性砂岩质泥田	浅脚砂泥田	A	0—15	暗棕色	重壤土	粒状	5.1	26.1	1.43	0.19	24.5		5.0	75	7.7	砂质页岩	E 109°17′24.5″ N 29°29′49.8″	95
						P	15—25	暗棕色	多砾质黏土	块状	5.6	19.9	1.04	0.17	25.7		2.4	46				
						C	25—50	黄棕色	多砾质黏土	块状	6.2	9.5	0.75	0.15	28.7		3.0	48				
剖64	铁铝土	黄壤		山黄泥土	岩泥土	A	1—19	棕棕色	粉砾质黏土	块状	6.4	35.3	2.50	0.40	18.0		2.5	210		石灰岩风化物	E 109°17′30.8″ N 29°29′04.4″	92
						B	19—48	黄色	粉砾质黏土	块状	6.5	16.1	1.30	0.30	17.2							
						BC	48—82	黄色	粉砾质黏土	块状	6.7	6.3	0.60	0.30	16.9							
						C	82—120	棕棕色	粉砾质黏土	块状	6.5	4.4	0.50	0.20	16.3							
剖65	人为土	水稻土	潴育水稻土	潮土田	卵石潮砂泥田	A	0—13	暗棕色	重壤土	小块状	7.6	34.1	1.15	0.24	12.7	168	9.0	46	14.2	河流冲积物	E 109°18′49.0″ N 29°28′51.6″	95
						P	13—24	暗棕色	重壤土	柱状	7.6	34.2	1.25	0.31	13.4		10.0	46	13.8			
						W	24—45	灰黄色	重壤土	柱状	7.7			0.26	13.7		9.0	41	11.7			
						G	45—65	灰黄色	重壤土	柱状	7.6			0.37	16.3		9.0	41	14.4			
						R	65—?															
剖66	初育土	石灰（岩）土	棕色石灰土		山地紫泡土	Ao	0—1														E 109°20′30.8″ N 29°25′14.8″	75
						A	1—22	黄棕色	多砾质黏土	小块状	8.1	43.7	1.32	0.28	16.0		4.0	80	11.2			
						B	22—54	淡棕黄色	多砾质黏土	块状	8.3	23.3	0.82	0.21	16.2		4.5	64	10.4			
						C	54—70	暗棕色	多砾质黏土	小块状	8.3	16.6	0.51	0.25	17.6		2.5	60	9.8			
剖67	初育土	紫色土	酸性紫色土	酸性紫砂泥土	酸性紫砂泥土	A	0—19	淡棕红色	壤质黏土	块状	4.9	16.7	0.85	0.19	18.7		3.6	148	11.9		E 109°20′30.4″ N 29°24′31.4″	96
						BC	19—65	淡棕红色	壤质黏土	块状	4.9	16.1	0.83	≤0.10	18.9		2.6	56	13.7			
						C	65—100	淡棕红色	壤质黏土	块状	4.8	13.4	0.18	0.74	30.3		2.6	53	11.7			
剖68	人为土	水稻土	潴育水稻土	青泥田	青泥田	A	0—33	暗黄棕色	重黏土	无结构	5.0	44.8	1.30	0.24	24.5	169	5.0	86		石灰岩	E 109°19′42.6″ N 29°23′26.9″	95
						P	33—50	灰棕色	重壤土	块状	5.0	19.8	0.75	0.15			4.0	59				
						G	50—100	青灰色	重壤土		5.0	13.1	0.68	0.21			8.0	71				
剖69	黄壤	黄壤		砂质黄壤	扁砂土	A	0—16	暗黄棕色	轻砾质黏土	块状	5.9	20.4	1.02	0.23	16.0		2.8	139	8.3	砂质页岩	E 109°19′00.2″ N 29°20′44.9″	95
						B	16—42	黄棕色	轻砾质黏土	块状	5.1	12.2	0.61	0.16	13.6		1.7	52	8.3			
						C	42—65	黄色	轻砾质黏土	块状	4.8	7.7	0.39	0.14	12.8		≤1.0	70	10.1			
剖70	铁铝土	黄壤		碳酸盐黄壤	岩泥土	Ao	0—1														石灰岩类风化物	E 109°16′46.4″ N 29°22′04.9″	95
						A	1—19	淡棕色	粉砾质黏土	块状	6.4	35.3	2.49	0.36	18.0	268	2.5	210				
						B	19—48	黄色	粉砾质黏土	块状	6.5	16.1	1.25	0.28	17.2							
						BC	48—82	黄色	粉砾质黏土	块状	6.7	6.3	0.63	0.25	16.9							
						C	82—120	黄褐色	黏土	块状	6.5	4.4	0.55	0.23	16.3							

湖北省直辖县级行政区

仙 桃 市

主要土类说明

水稻土是仙桃市主要土壤类型，占本市地域面积的51%。水稻土是本市的主要耕地土壤，占耕地面积的54%，本市平原湖区均有分布。在长期耕作、施肥和灌溉条件下，由于还原淋溶和氧化淀积等作用，水稻土形成了特有的剖面结构和发生层次，如耕作层、犁底层、潴育层、淀积层、潜育层等。本市水稻土按水型分为淹育型、潴育型、潜育型和沼泽型四个亚类。

潮土是仙桃市第二大土壤类型，占本市地域面积的41%。本市潮土分布在汉江、东荆河、通顺河、纳河、小陈河、展翅长河、西流河等自然河流沿岸的淤沙平地、高亢平地和中间平地，均呈东西向带状分布，主要由河流冲积物和河湖相沉积物发育而成。潮土的最大特点是在同一剖面中有不同的质地层次排列。该土壤地下水位较高，一般为0.7—2.0m，随着地下水季节性变化而升降，土体干湿交替，氧化还原过程交替明显。土壤中物质的溶解、移动和淀积也十分明显，在剖面中形成各种颜色的锈纹斑块、细小的铁锰结核以及碳酸钙结核。同时，随着人们的精耕细作，增施农家肥和化肥，土壤肥力逐步提高。根据土壤有无石灰反应，本市潮土分为潮土和灰潮土两个亚类。

草甸土是仙桃市第三大土壤类型，占本市地域面积的3%，分布在东荆河下游的河漫滩地带，由近代河湖相沉积物发育而成。自然植被以芦苇、荻等草甸植被为主。因所处地下水位较高，潜水参与土壤形成过程，受地下水升降与浸润作用，有明显腐殖质累积和铁锰氧化还原过程，土体出现锈色斑纹层。

本区域中心区气候特征

本区域中心区气候特征值
Regional climate characteristics in central area of the region

气候带：北亚热带湿润气候 Climate region: North subtropical humid climate	
年平均气温 /℃ Annual average temperature /℃	16.7
年平均最高气温 /℃ Annual average maximum temperature /℃	21.2
年平均最低气温 /℃ Annual average minimum temperature /℃	13.4
年降水量 /mm Annual precipitation /mm	1249
≥10℃的积温 /℃ Daily temperature accumulated in a year（≥10℃）/℃	6357
年日照时数 /h Annual sunshine /h	1815
年平均相对湿度 /% Annual average relative humidity /%	78
干燥度 Dryness	0.80

本区域中心区月平均气温与月平均降水量
Monthly temperature and precipitation in central area of the region

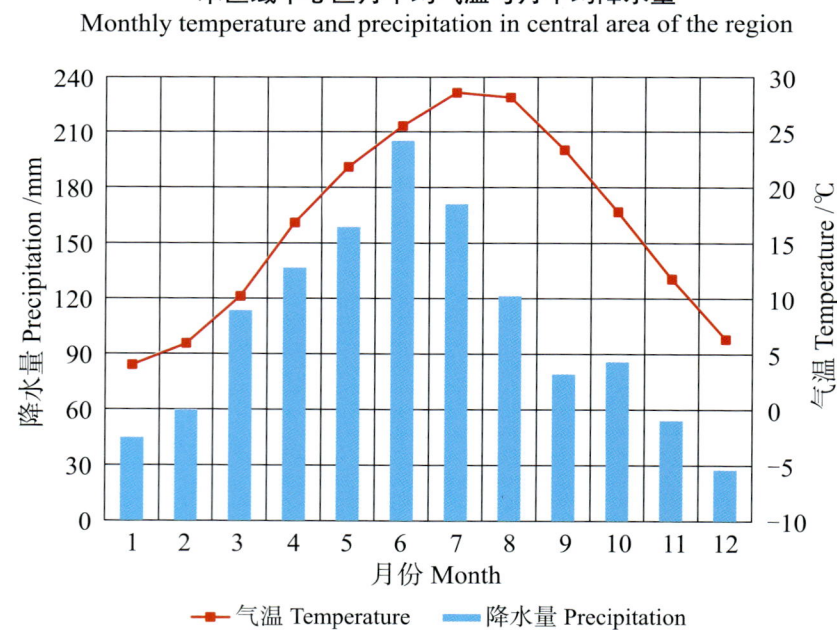

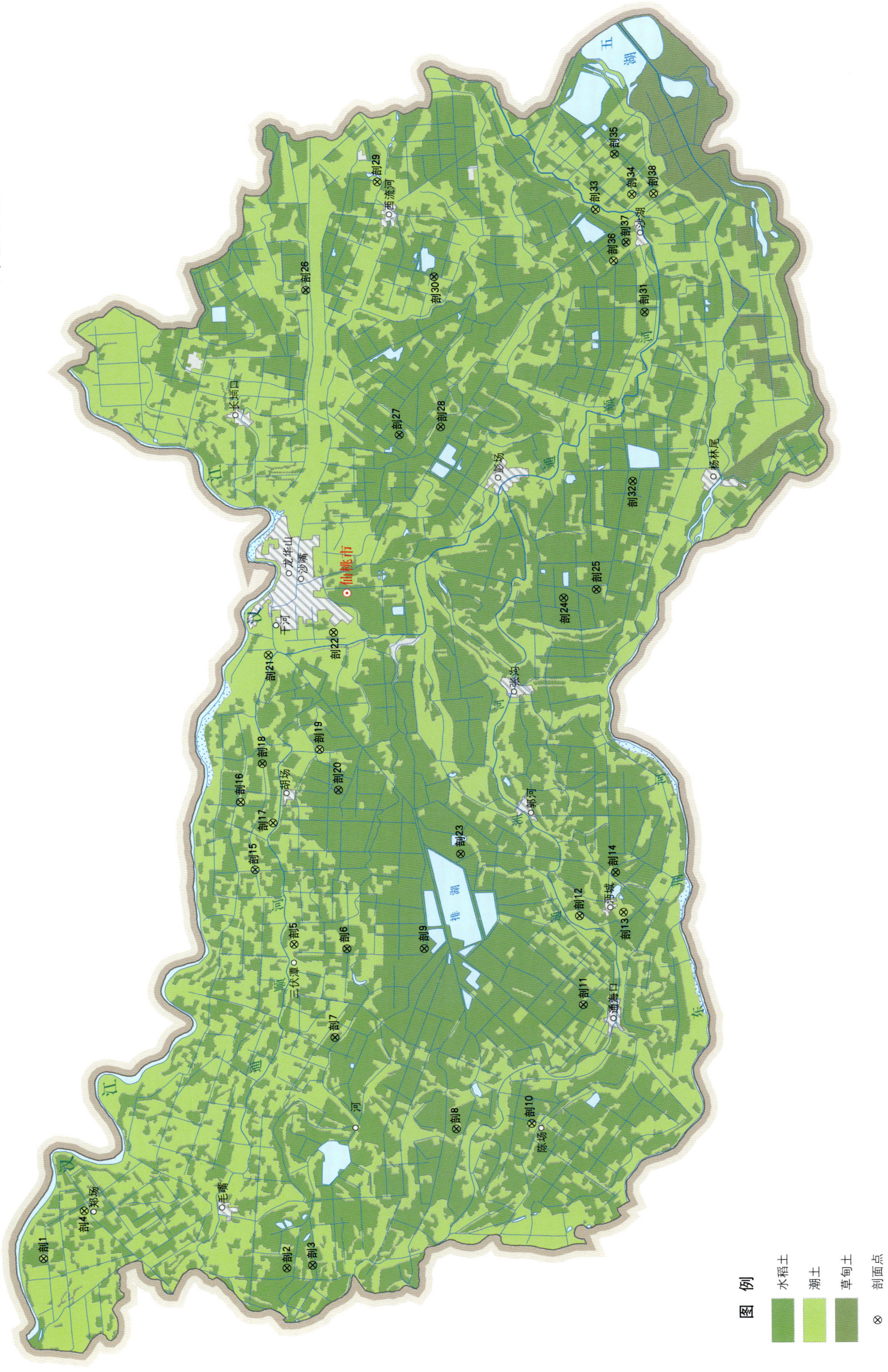

仙桃市土壤剖面理化性状表

剖面号 Soil profile	土纲 Soil order	土类 Soil great group	亚类 Soil subgroup	土属 Soil genus	土种 Soil species	土层码 Layer code	土层厚度 Depth/cm	颜色 Soil color	质地 Soil texture	土壤结构 Soil structure	pH	有机质 OM/(g/kg)	全氮 TN/(g/kg)	全磷 TP/(g/kg)	全钾 TK/(g/kg)	碱解氮 AN/(mg/kg)	有效磷 AP/(mg/kg)	速效钾 AK/(mg/kg)	阳离子交换量CEC/(cmol/kg)	土壤母质 Parent material	剖面点坐标 Profile coordinate	匹配指数 Matching index/%
剖1	半水成土	潮土	灰潮土	壤土型灰潮土	壤质灰潮砂泥土	1	0—11	暗黄棕色	砂壤土	团粒状	7.8	26.7	1.48	0.89	20.4	236	10.6	160	15.3	河流冲积物	E 112°59′54.9″ N 30°31′07.5″	75
						2	11—69	黄黄棕色	砂壤土	粒状	8.1	7.3	0.50	0.69	29.3				10.4			
						3	69—110	灰黄棕色	砂土	粒状	8.3	2.0	0.16	0.65	16.0				3.7			
剖2	人为土	水稻土	潴育水稻土	灰潮土田	灰潮泥田浅位厚层夹紫黏	A	0—18	棕灰色	轻壤土	小块状										河流冲积物或湖相沉积物	E 112°59′19.0″ N 30°22′59.9″	95
						Pg	18—38	青灰色	中壤土	块状												
						W	38—68	黄棕色	重壤土	棱柱状												
						B	68—100	淡棕黄色	轻壤土	块状												
剖3	人为土	水稻土	潜育水稻土	青泥田	青泥田	A	0—15	灰棕色	重壤土	棱状	6.7	32.2	2.28	0.67	20.1		7.6	132	23.6	湖相沉积物	E 112°59′24.6″ N 30°22′08.2″	95
						Pg	15—25	暗黄棕色	重壤土	块状												
						Bg	25—100	青灰色	中壤土	糊状												
剖4	潮土	潮土	灰潮土	砂土型灰潮土	灰潮砂泥土厚位厚层	A	0—18	褐棕色	轻壤土	团粒状	8.4	9.6	0.62	0.68	18.3		3.7	67	9.2	河流冲积物	E 113°01′46.5″ N 30°29′43.8″	95
						B	18—46	黄棕色	中壤土	块状												
						C	46—100	褐棕色	砂壤土	块状												
剖5	半水成土	潮土	灰潮土	壤土型灰潮土	浅位厚层夹砂灰正土	A	0—14	褐棕色	中壤土	团粒状	7.8	26.3	1.74				3.2	180		河流冲积物	E 113°12′10.0″ N 30°22′28.8″	95
						B_1	14—25	褐棕色	中壤土	块状												
						B_2	25—84	黄棕色	中壤土	块状												
						C	84—100	棕灰色	轻壤土	块状												
剖6	人为土	水稻土	潴育水稻土	灰潮土田	灰潮砂泥田厚位厚层	A	0—15	黄棕色	中壤土	大块状	7.9 8.0	31.5 32.1	1.85 2.03	0.77 0.83	24.3 25.1				25.3 23.7	河流冲积物或湖相沉积物	E 113°11′56.9″ N 30°20′43.6″	95
						P	15—30	淡棕色	中壤土	糊状状	7.9	19.1	1.21	0.78	24.3				20.2			
						G	30—80	青灰色	中壤土	块状	8.3	12.4	0.47	0.67	21.7				16.6			
剖7	人为土	水稻土	沼泽型水稻土	烂泥田	灰烂泥田	A	0—15	棕灰色	中壤土	小块状	7.9	72.5	4.40	0.60	20.0		3.5	175	24.9	湖相沉积物	E 113°08′25.0″ N 30°21′11.9″	95
						G	15—100	暗灰色	轻壤土	块状												
剖8	人为土	水稻土	潴育水稻土	灰潮土田	灰烂泥砂田	A	0—23	淡灰色	黏土	粒状	7.9	42.2	2.56	0.53	23.6	211	4.4	140	40.5	石灰性河流冲积物	E 113°04′41.7″ N 30°17′13.4″	81
						P	23—32	青灰色	黏土	糊块状	7.8	40.7	2.46	0.51	24.8				36.3			
						G	32—100	青灰色	黏土	糊状	8.0	15.8	0.98	0.58	25.2				27.6			
剖9	人为土	水稻土	沼泽型水稻土	烂泥田	灰烂泥田	A	0—20	褐灰色	重壤土	糊状	8.1	19.2	1.20	0.60	22.5		10.3	172	24.9	湖相沉积物	E 113°11′53.1″ N 30°18′08.1″	95
						G_1	20—70	暗灰色	轻壤土	粒状	8.3	7.6	0.40	0.50	17.8				9.6			
						G_2	70—100	青灰色	中壤土	粒状	8.3	4.7	0.20	0.60	18.0				5.4			
剖10	潮土	潮土	灰潮土	砂土型灰潮土	灰潮砂泥土	A	0—15	褐棕色	壤质砂土	粒状	8.0	5.3	0.27	0.75	15.1		4.5	90	5.1	河流冲积物	E 113°04′50.7″ N 30°14′41.5″	95
						C	15—100	黄棕色	砂质砂土		8.2	10.8	0.62	0.77	16.9				5.8			
剖11	人为土	水稻土	潴育水稻土	黏土型灰潮土田	灰潮泥薄青埂田	A	0—16	深灰色	重壤土	块状	7.9	36.7	2.21	0.56	23.9				21.9	河流冲积物或湖相沉积物	E 113°09′30.1″ N 30°12′52.1″	95
						Pg	16—35	棕灰色	中壤土	大块状												
						Wb	35—100	棕灰色	中壤土	棱柱状												
剖12	半水成土	潮土	灰潮土	砂土型灰潮土	壳土	A	0—13	棕灰色	中黏土	小块状	7.6	32.3	2.00	0.80	25.9		8.9	152	38.7	湖相沉积物	E 113°13′04.0″ N 30°12′55.1″	97
						B	13—100	黄棕色	中黏土	棱柱状	7.6	26.8	1.90	0.70	25.0				37.6			
剖13	半水成土	潮土	灰潮土	砂土型灰潮土	灰潮砂泥土	1	0—12	暗黄棕色	砂壤土	团粒状	7.7	16.9	1.10	0.76	18.2	167	4.4	66	12.5	河流冲积物	E 113°13′10.8″ N 30°11′27.0″	95
						2	12—38	棕色	砂壤土	团粒状	8.1	15.7	0.87	0.73	19.0				12.4			
						3	38—100	黄棕色	砂壤土	粒状	8.2	6.1	0.28	0.59	18.5				7.4			
剖14	人为土	水稻土	潜育水稻土	灰青泥田	灰青泥砂田	A	0—20	褐灰色	中壤土	块状	7.6	21.8	1.20	0.50	19.8		4.3	102	20.5	近代河湖相沉积物	E 113°14′48.1″ N 30°11′41.1″	95
						Pg	20—25	青灰色	中壤土	块状	8.2	12.1	0.60	0.50	19.7				15.3			
						G_1	25—65	青灰色	砂壤土	粒状	8.4	2.5	0.20	0.60	15.9				12.5			
						G_2	65—100	青灰色	中壤土	小块状	8.3	10.2	0.40	0.50	17.6				16.3			

续表 Continued

剖面号 Soil profile	土纲 Soil order	土类 Soil great group	亚类 Soil subgroup	土属 Soil genus	土种 Soil species	土层码 Layer code	土层厚度 Depth/cm	颜色 Soil color	质地 Soil texture	土壤结构 Soil structure	pH	有机质 OM/(g/kg)	全氮 TN/(g/kg)	全磷 TP/(g/kg)	全钾 TK/(g/kg)	碱解氮 AN/(mg/kg)	有效磷 AP/(mg/kg)	速效钾 AK/(mg/kg)	阳离子交换量CEC/(cmol/kg)	土壤母质 Parent material	剖面点坐标 Profile coordinate	匹配指数 Matching index/%
剖15	半水成土	潮土	灰潮土	壤土型灰潮土	灰正土	A	0—13	栗色	重壤土	团粒状	8.2	25.7	1.68	0.55	27.9		4.2	162	15.1	河流冲积物	E 113°15′11.9″ N 30°23′43.4″	97
						B₁	13—26	黄棕色	中黏土	块状	8.2	20.8	1.65	0.55	27.8				26.9			
						B₂	26—49	黄棕色	重壤土	块状	8.3	7.1	0.59	0.52	24.3				20.4			
						C	49—100	黄棕色	轻黏土	块状	8.3	8.2	0.67	0.52	26.0				23.2			
剖16	半水成土	潮土	灰潮土	壤土型灰潮土	浅位厚层夹黏灰油砂土	A	0—22	褐色	轻壤土	团粒状	8.1	15.9	1.12	0.70	21.2				14.6	河流冲积物	E 113°17′56.4″ N 30°24′09.0″	95
						B	22—52	棕色	重黏土	块状												
						C	52—100	褐色	轻壤土	块状												
剖17	半水成土	潮土	灰潮土	壤土型灰潮土	中位薄层夹黏灰油砂土	A	0—19	黄棕色	轻壤土	团粒状	7.9	23.4	1.51					125		河流冲积物	E 113°17′06.0″ N 30°23′05.3″	95
						B₁	19—67	棕色	重黏土	块状												
						B₂	67—88	淡棕黄色	重壤土	大块状												
						C	88—100															
剖18	人为土	水稻土	潜育水稻土	黏土型水稻田	灰青泥田	A	0—20	黄棕色	轻壤土	糊状	7.4	58.4	3.60	0.60	27.2		4.2	222	27.1	近代河湖相沉积物	E 113°19′27.3″ N 30°23′23.2″	95
						Pg	20—30	淡灰色	中黏土	块状	7.6	22.8	1.50	0.60	28.2				33.9			
						G	30—100	暗灰色	重黏土	糊状	7.2	37.7	2.20	0.60	26.9				33.6			
剖19	半水成土	潮土	灰潮土			1	0—15		轻壤土	团块状	7.8	22.0	1.32					122		近代河湖相沉积物	E 113°19′58.2″ N 30°21′27.9″	95
剖20	人为土	水稻土	潜育水稻土	潮土型水稻田	潮泥砂田	A	0—21	棕灰色	中壤土	块状	7.7	16.9	1.10	0.80	18.2		4.5	66	15.3	湖积物	E 113°18′19.6″ N 30°20′52.0″	95
						P	21—38	黄棕色	中壤土	棱块状	8.1	15.7	0.90	0.70	14.0				10.4			
						W	38—100	栗色			8.2	6.1	0.20	0.60	10.5				14.0			
剖21	半水成土	潮土	灰潮土	灰潮砂土	灰潮砂土	A₁₁	0—12	油黄棕色	砂壤土	粒状	7.8	26.7	1.50	0.90	20.4	167	10.0	160	9.8	石灰性河流冲积物	E 113°23′47.3″ N 30°23′05.6″	95
						Cu₁	12—38	黄棕色	砂壤土	粒状	8.1	7.3	0.50	0.60	19.3				7.9			
						Cu₂	38—100		砂壤土	粒状	8.2	2.0	0.20	0.60	15.9				4.6			
剖22	半水成土	潮土	灰潮土	灰潮砂土	底砂土	A₁₁	0—11	油黄棕色	砂壤土	粒状	7.8	11.3	0.80	0.70	17.5	236	2.1	155	25.2	石灰性河流冲积物	E 113°24′38.7″ N 30°20′54.0″	95
						Cu₁	11—69	黄棕色	中壤土	粒状	8.1	8.3	0.60	0.70	16.8				23.7			
						Cu₂	69—110	灰黄棕色	砂土		8.3	3.0	0.20	0.70	15.1				28.4			
剖23	人为土	水稻土	潜育水稻土	浅灰潮土田	浅灰潮砂田	A	0—14	栗色	轻壤土	块状	8.4	16.8	1.08	0.80	25.6		5.0	125	24.6	近代河流沉积物	E 113°15′40.5″ N 30°16′50.4″	95
						P	14—30	栗灰色	中壤土	板块状	8.2	19.0	1.19	0.70	26.0				20.0			
						C	30—100	褐色	轻壤土	棱柱状	8.5	17.6	1.12	0.49	25.3							
剖24	半水成土	潮土	灰潮土	灰潮砂土	灰潮砂泥薄青稍田	A	0—18	灰棕色	中壤土	块状	8.1	16.8	1.08	0.80	25.6			160	25.2	河流冲积物或河湖相沉积物	E 113°23′47.3″ N 30°23′05.6″	95
						Pg	18—37	暗棕色	重黏土	块状	8.1	19.0	1.19	0.49	26.0				23.7			
						Wb	37—100	淡黄棕色	轻黏土	棱柱状	8.4	17.6	1.12	0.64	25.3				28.4			
剖25	半水成土	潮土	灰潮土	青泥田	青砂泥田	A	0—15	灰黄棕色	重壤土	块状	8.1	48.8	2.85	0.45	23.7				24.6	湖积物	E 113°26′09.7″ N 30°12′04.6″	95
						P	15—25	栗灰色	重壤土	糊状	6.1											
						G	25—100	青灰色	重壤土	块状												
剖26	人为土	水稻土	潜育水稻土	灰潮土田	灰潮砂泥浅位薄青稍田	A	0—16	棕灰色	中壤土	小块状	8.1	20.6	1.28	0.62	23.0		5.0	125	20.0	河流冲积物或河湖相沉积物	E 113°25′50.9″ N 30°13′10.2″	95
						P	16—26	褐中	轻黏土	块状	8.1	14.0	≥10.00	0.61	24.8				23.3			
						W	26—48	黄棕色	中黏土	棱柱状	8.3	10.0	0.69	0.65	24.5				18.6			
						Wb	48—79	淡棕黄色	轻黏土	粒状	8.4	6.6	0.37	0.47	22.3				13.8			
						B	79—100	棕色	重黏土	块状	8.1	9.8	0.70	0.64	24.9				19.0			
剖27	人为土	水稻土	潜育水稻土	潮土田	潮砂泥田	A	0—19	栗灰色	重黏土	棱柱状	6.1	46.2	2.40	0.60	23.2		5.7	160	28.8	湖积物	E 113°32′29.4″ N 30°18′32.0″	95
						Pg	19—29	暗棕色	重黏土	大块状	4.9	22.4	1.40	0.60	23.5				25.3			
						Wb	29—100	黄棕色	轻黏土	棱柱状	7.9	8.4	0.50	0.50	22.5				26.0			
剖28	人为土	水稻土	潜育水稻土	灰潮土田	灰潮泥砂薄青稍田	A	0—15	棕灰色	中壤土		8.1	27.4	1.66		23.1				17.0	河流冲积物或河湖相沉积物	E 113°32′46.8″ N 30°17′09.4″	95
						Pg	15—39	淡灰色	重黏土		8.0	6.3	0.49	0.59	24.9				20.3			
						Wb	39—100	棕色	重黏土	棱柱状	7.8	20.6	1.64	0.62	22.5				17.4			

续表 Continued

剖面号 Soil profile	土纲 Soil order	土类 Soil great group	亚类 Soil subgroup	土属 Soil genus	土种 Soil species	土层码 Layer code	土层厚度 Depth/cm	颜色 Soil color	质地 Soil texture	土壤结构 Soil structure	pH	有机质 OM/(g/kg)	全氮 TN/(g/kg)	全磷 TP/(g/kg)	全钾 TK/(g/kg)	碱解氮 AN/(mg/kg)	有效磷 AP/(mg/kg)	速效钾 AK/(mg/kg)	阳离子交换量 CEC/(cmol/kg)	土壤母质 Parent material	剖面点坐标 Profile coordinate	匹配指数 Matching index/%
剖29	半水成土	潮土	灰潮土	壤土型灰潮土	浅位砂底灰正土	A	0—20	褐色	重壤土	团粒状	8.1	22.5	1.50	0.69	21.9		7.7	115	17.8	河流冲积物	E 113°42′37.6″ N 30°19′03.8″	95
						B₁	20—47	灰棕色	砂壤土	粒状												
						B₂	47—100	褐色	砂壤土	碎块状												
剖30	人为土	水稻土	潴育水稻土	潮土型水稻田	潮泥田	A	0—15	淡灰色	重壤土	块状										湖积物	E 113°38′47.2″ N 30°17′14.6″	95
						Pg	15—25	黄棕色	中壤土	棱柱状												
						Wb	25—100	褐色	中壤土	块状												
剖31	人为土	水稻土	潴育水稻土	灰潮土田	灰潮砂泥田	A	0—13	褐色	中黏土	块状	7.9	16.1	1.00	0.60	23.8		10.7	195	23.3	河流或湖相沉积物	E 113°37′13.2″ N 30°10′14.3″	95
						P	13—23	褐色	重黏土	块状	7.9	15.3	1.10	0.60	27.6				32.5			
						W	23—58	褐棕色	重黏土	棱柱状	7.8	16.7	1.20	0.60	27.1				35.4			
						G	58—100	暗棕色	重黏土	糊状	7.9	19.6	1.20	0.60	24.9				36.2			
剖32	人为土	水稻土	潴育水稻土	灰潮土田	灰潮泥田	A	0—16	褐色	重壤土	小块状										河流或湖相沉积物	E 113°30′27.5″ N 30°10′46.6″	95
						P	16—26	黄棕色	重壤土	块状												
						W	26—63	棕灰色	重黏土	棱块状												
						B	63—100	棕灰色	重黏土	块状												
剖33	潮土	潮土		壤土型潮土	正土	A	0—15	黄棕色	中壤土	团粒状	7.5	22.7	1.33	0.42	20.0		6.5	132	23.1	河流冲积物	E 113°41′20.9″ N 30°11′47.0″	95
						B₁	15—48	褐色	中壤土	棱块状	7.5	6.3	0.43	0.59	20.0				21.4			
						B₂	48—100	棕灰色	轻壤土	块状	7.6	5.4	0.37	0.70	20.4				17.4			
剖34	半水成土	潮土	灰潮土	黏土型水稻土	灰亮土	A	0—16	棕灰色	中壤土	团粒状	7.9	30.6	0.97	0.72	27.6		8.0	167	24.0	近代河相沉积物	E 113°41′55.3″ N 30°10′34.4″	95
						B	16—100	褐灰色	重壤土	块状												
剖35	人为土	水稻土	沼泽型水稻土	烂泥田	烂泥田	A	0—23	黄棕色	轻黏土	小块状	7.9	41.0	2.40	0.50	25.7		3.1	122	32.8	湖相沉积物	E 113°43′33.1″ N 30°11′06.7″	98
						G	23—100	暗棕色	中黏土	碎块状	7.8	30.7	1.70	0.40	24.9				37.5			
剖36	半水成土	潮土	潮土	壤土型潮土	油砂土	A	0—14	黄棕色	轻壤土	团粒状	7.4	16.5	1.14				8.5	120		河流冲积物	E 113°39′17.2″ N 30°11′13.9″	95
						B	14—65	黄棕色	中壤土	块状												
						C	65—100	栗色	中壤土	棱柱状												
剖37	人为土	水稻土	潴育水稻土	潮土田	潮砂泥田	A	0—16	褐色	重壤土	块状	7.6	40.8	2.30	0.50	23.6		3.1	122	27.3	湖积物	E 113°40′01.2″ N 30°10′48.2″	95
						B₁	16—27	暗棕色	轻壤土	大块状	7.8	33.7	1.90	0.50	25.6				28.3			
						B₂	27—100	栗色	中黏土	棱柱状	8.0	15.0	0.90	0.50	24.2				35.3			
剖38	半水成土	潮土	灰潮土	壤土型灰潮土	中位砂底灰油砂土	A	0—20	褐色	中壤土	团粒状	8.3	12.9	0.87	0.66	18.5		5.1	100	13.4	河流冲积物	E 113°41′56.0″ N 30°09′50.4″	95
						B₁	20—50	黄棕色	砂壤土	小块状	8.3	8.0	0.49	0.43	21.5				13.4			
						B₂	50—80	黄棕色	砂质壤土	粒状	8.3	2.9	0.15	0.62	15.0				5.7			
						C	80—100	黄棕色	壤质砂土	粒状	8.3	2.6	0.13	0.76	14.2				4.3			

潜 江 市

主要土类说明

水稻土是潜江市主要土壤类型，占本市地域面积的50%。水稻土是在长期季节性淹灌、水下翻耕、季节性脱水、氧化还原交替影响下，原来成土母质或母土的特性发生重大改变，形成的新的土壤类型。由于干湿交替，水稻土形成糊状淹育层、较坚实板结的犁底层、渗育层、潴育层与潜育层等多种发生层。根据剖面形态和发生层次特征，本市水稻土分为淹育型、潴育型、潜育型、侧渗型和沼泽型五个亚类。其中，潴育水稻土占本土类面积的46%，主要分布在低湿平地和中间平地，属良水型，地下水位适中，土体中氧化还原和淋溶淀积交替频繁，有发育良好的潴育层，剖面构型为A-P-W-B（C）、A-P-W-G、A-W-G或A-P-G-W-B（C）等。淹育水稻土占本土类面积的34%，广泛分布在汉江、东荆河等大中河流沿岸，属地表型，多由潮土在旱改水的基础上发育形成。因改种水稻时间较短、下层质地偏砂或水旱轮作，淹育水稻土氧化作用仍占优势，氧化还原交替作用较弱，土体分化不明显，下层基本保持母质特性，剖面构型为A-C或A-P-C。

潮土是潜江市第二大土壤类型，占本市地域面积的42%。潮土是在近代河流冲积物或草甸土上，经人为旱耕熟化而形成的土壤，具有明显的质地层次差异和水平分布差异。其表层质地分布具有紧砂慢淤的规律。潮土地下水位较高，大多在2m以上，有些只有几十厘米。随着地下水位的周期性变化，土壤干湿交替，氧化还原过程交替明显，土体中铁锰发生淋溶淀积。

小于本市地域面积3%的土壤类型有黄棕壤、草甸土、沼泽土等。

本区域中心区气候特征

本区域中心区气候特征值
Regional climate characteristics in central area of the region

气候带：北亚热带湿润气候 Climate region: North subtropical humid climate	
年平均气温 /℃ Annual average temperature /℃	16.7
年平均最高气温 /℃ Annual average maximum temperature /℃	21.1
年平均最低气温 /℃ Annual average minimum temperature /℃	13.3
年降水量 /mm Annual precipitation /mm	1201
≥10℃的积温 /℃ Daily temperature accumulated in a year（≥10℃）/℃	6136
年日照时数 /h Annual sunshine /h	1778
年平均相对湿度 /% Annual average relative humidity /%	77
干燥度 Dryness	0.83

本区域中心区月平均气温与月平均降水量
Monthly temperature and precipitation in central area of the region

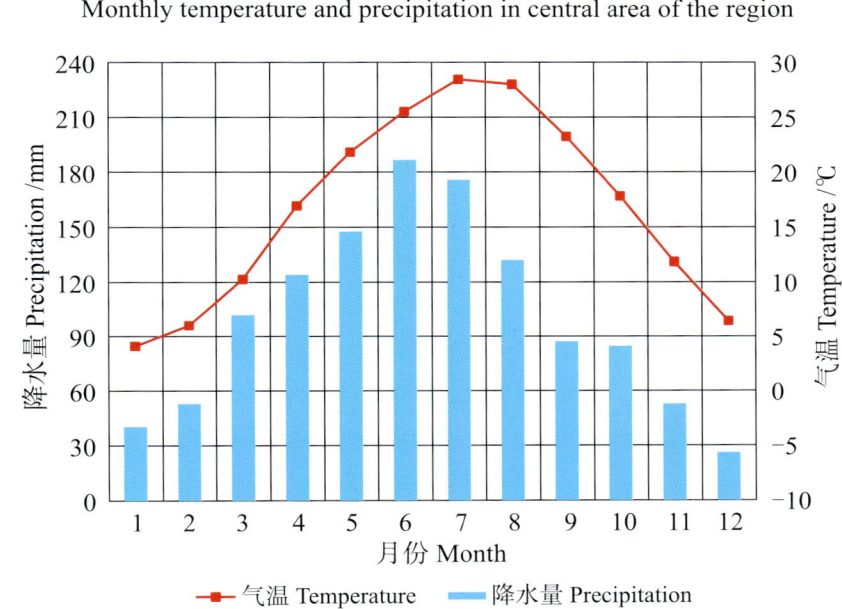

潜江市主要土壤类型与土壤剖面点分布图
1∶230 000

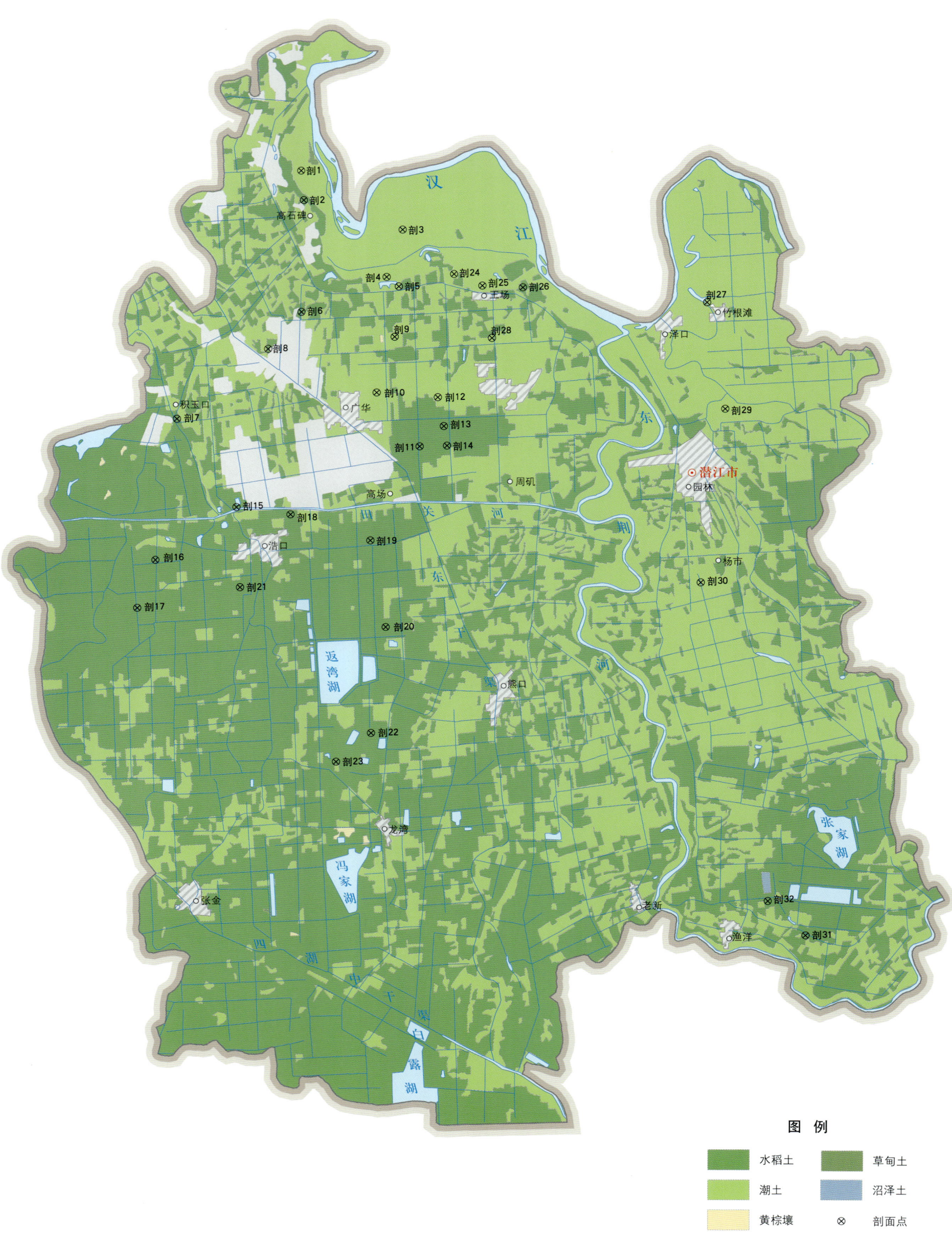

图 例

水稻土　草甸土
潮土　　沼泽土
黄棕壤　⊗ 剖面点

潜江市土壤剖面理化性状表

剖面号 Soil profile	土纲 Soil order	土类 Soil great group	亚类 Soil subgroup	土属 Soil genus	土种 Soil species	土层码 Layer code	土层厚度 Depth/cm	颜色 Soil color	质地 Soil texture	土壤结构 Soil structure	pH	有机质 OM/(g/kg)	全氮 TN/(g/kg)	全磷 TP/(g/kg)	全钾 TK/(g/kg)	碱解氮 AN/(mg/kg)	有效磷 AP/(mg/kg)	速效钾 AK/(mg/kg)	阳离子交换量CEC/(cmol/kg)	土壤母质 Parent material	剖面点坐标 Profile coordinate	匹配指数 Matching index/%
剖1	半水成土	潮土	灰潮土	砂土性灰潮土	灰飞砂土	A	0—14	灰黄色	紧砂土	粒状	8.2	5.8	0.31	0.75	16.7				6.9	有石灰反应的河流冲积物	E 112°39′55.2″ N 30°34′28.8″	95
						G_1	14—27	暗灰黄色	砂壤土	粒状	8.2	3.1	0.16	0.70	20.2				5.3			
						G_2	27—100	灰黄色	轻壤土	粒状	8.1	6.4	0.43	0.67	21.9				10.1			
剖2	人为土	水稻土	潴育水稻土	灰潮土田	灰潮砂泥田	A	0—18	暗黄棕色	中壤土	团粒状	7.3	27.3	1.77	0.68	25.3	147	5.5	102	24.5	河流冲积物	E 112°39′59.4″ N 30°33′33.6″	97
						P	18—27	暗黄棕色	重壤土	块状	7.9	13.0	1.02	0.66	24.6	63	2.9	110	19.9			
						W	27—49	暗灰黄色	中壤土	棱块状	7.8	8.2	0.61	0.59	22.6	38	2.9	90	19.5			
						B	49—76	暗黄棕色	中壤土	棱块状	7.9	6.1	0.46	0.70	23.1	31	4.0	90	18.3			
						5	76—100		中壤土													
						6	100—		重壤土													
剖3	半水成土	潮土	灰潮土	壤土型灰潮土	浅位黏底灰含水砂	A	0—20	灰黄棕色	轻壤土		7.9	13.4	0.90	0.91	24.2				20.2	有石灰反应的河流冲积物	E 112°43′23.2″ N 30°32′35.4″	95
						B	20—30	暗灰黄色	砂壤土		7.8	9.6	0.60	0.73	18.2				8.8			
						C	30—100	灰黄棕色	重壤土		7.6	13.1	0.91	0.74	23.4				17.7			
剖4	半水成土	潮土	灰潮土	壤土型灰潮土	浅位厚砂灰吊气土	A	0—15	暗黄棕色	中壤土	团粒状	8.3	13.5	0.94	0.69	20.3				15.4	有石灰反应的河流冲积物	E 112°42′48.1″ N 30°31′08.1″	95
						B	15—39	暗黄棕色	松砂土		8.2	2.4	0.21	0.69	11.5				7.4			
						C_1	39—82	暗黄棕色	紧砂土		8.3	≤1.0	0.51	0.63	17.6				7.1			
						C_2	82—100	暗黄棕色	轻壤土		8.3	3.7	0.36	0.52	20.0				11.7			
剖5	半水成土	潮土	灰潮土	壤土型灰潮土	浅位砂底灰正土	A	0—20	暗黄棕色	中壤土		8.1	19.9	1.43	0.72	29.1				26.8	有石灰反应的河流冲积物	E 112°43′13.2″ N 30°30′50.2″	95
						B	20—35	暗黄棕色	中壤土		8.3	16.5	1.31	0.68	27.7				28.4			
						C	35—100	褐灰色	砂壤土		8.2	3.2	0.27	0.66	19.4				8.8			
剖6	半水成土	潮土	灰潮土	壤土型灰潮土	中位厚砂底灰潮砂泥田	A	0—15	暗黄棕色	轻壤土	团粒状	8.3	21.5	1.40	0.64	22.9				20.1	河流冲积物	E 112°39′50.6″ N 30°30′05.2″	97
						B	15—25	暗黄棕色	中壤土	棱柱状	8.3	20.0	1.27	0.60	22.8				20.2			
						W	25—60	暗黄棕色	中壤土	棱块状	8.3	7.6	0.52	0.59	22.2				20.6			
						C	60—100	棕灰色	砂土	片状	8.4	5.8	0.41	0.64	25.6				17.2			
剖7	人为土	水稻土	潴育水稻土	黄棕色第四纪黏土泥田	白散泥田	A	0—12	灰黄棕色	重壤土	团粒状	8.0	25.3	1.62	0.58	18.7				22.1	第四纪黏土	E 112°35′29.0″ N 30°26′50.4″	95
						P	12—27	暗黄色	重壤土	棱柱状	8.0	11.1	0.77	0.52	16.5				18.2			
						W	27—100	暗灰棕色	轻壤土	团块状	8.1	6.7	0.46	0.74	19.4				27.8			
剖8	人为土	水稻土	潴育水稻土	浅灰潮土田	中位砂底浅灰潮砂泥田	A	0—16	暗黄棕色	中壤土		8.2	21.6	1.46	0.77	27.4				23.7	河流冲积物	E 112°38′40.3″ N 30°28′58.0″	95
						P	16—25	暗黄棕色	中壤土		8.2	20.1	1.37	0.75	27.9				25.8			
						C_1	25—35	淡棕黄色	轻壤土	片状	8.3	8.6	0.63	0.62	27.0				19.4			
						C_2	35—60	灰黄棕色	中壤土		8.2	22.2	1.48	0.78	25.8				25.7			
						C_3	60—76	灰黄棕色	中壤土		8.3	6.5	0.46	0.60	23.8				17.0			
						C_4	76—100	棕灰色	中壤土		7.9	8.1	0.61	0.67	24.1				19.1			
剖9	半水成土	潮土	灰潮土	壤土型灰潮土	中位薄黏灰油砂土	A	0—23	暗黄棕色	中壤土		8.1	13.1	0.96	0.68	22.0				14.0	有石灰反应的河流冲积物	E 112°43′02.5″ N 30°29′16.3″	95
						B	23—32	暗黄棕色	中壤土	小块状	8.0	13.1	0.91	0.70	21.7				15.7			
						C_1	32—72	栗色	中壤土		8.1	10.0	0.70	0.58	21.9				17.9			
						C_2	72—86	淡黄色	中壤土		8.1	11.9	0.82	0.70	24.8				14.7			
						C_3	86—100	暗黄棕色	中壤土		8.2	11.2	0.84	0.54	25.4				28.2			
剖10	半水成土	潮土	灰潮土	壤土型灰潮土	中位砂底灰正土	A	0—20	暗黄棕色	中壤土		8.1	22.6	1.50	0.66	28.8				29.8	有石灰反应的河流冲积物	E 112°42′23.5″ N 30°27′33.5″	95
						B	20—53	暗黄棕色	砂壤土	粒状	8.2	3.6	0.22	0.90	29.5				26.8			
						C_1	53—70	灰正黄色	砂壤土		8.2	3.6	0.22	0.67	18.8				7.8			
						C_2	70—100	灰黄棕色	砂壤土		8.3	3.1	0.19	0.70	18.3				6.9			

续表 Continued

剖面号 Soil profile	土纲 Soil order	土类 Soil great group	亚类 Soil subgroup	土属 Soil genus	土种 Soil species	土层码 Layer code	土层厚度 Depth/cm	颜色 Soil color	质地 Soil texture	土壤结构 Soil structure	pH	有机质 OM/(g/kg)	全氮 TN/(g/kg)	全磷 TP/(g/kg)	全钾 TK/(g/kg)	碱解氮 AN/(mg/kg)	有效磷 AP/(mg/kg)	速效钾 AK/(mg/kg)	阳离子交换量CEC/(cmol/kg)	土壤母质 Parent material	剖面点坐标 Profile coordinate	匹配指数 Matching index/%
剖11	人为土	水稻土	潴育水稻土	灰潮土田	灰潮泥田	A	0—13	棕色	中黏土	小块状	8.2	28.8	1.89	0.77	29.2				33.7	河流冲积物	E 112°43′50.5″ N 30°25′51.1″	97
						P	13—19	暗棕色	中黏土	棱块状	8.2	22.1	1.52	0.74	28.6				32.8			
						W₁	19—30	棕色	中黏土	棱块状	8.2	12.5	9.57	0.84	27.2				26.7			
						W₂	30—55	灰棕色	中黏土	棱块状	8.4	14.1	1.07	0.74	29.0				31.9			
						B	55—100	灰黄棕色	中黏土	棱块状	8.3	11.5	0.89	0.70	29.0				26.1			
剖12	半水成土	潮土	灰潮土	黏土型灰潮土	灰泥土	A	0—22	棕色	重壤土	小块状	8.0	23.2	1.55	0.74	28.8				31.9	有石灰反应的河流冲积物	E 112°44′29.7″ N 30°27′22.7″	98
						B	22—45	灰棕色	中壤土	片状	8.0	15.5	1.06	0.78	27.3				28.5			
						C	45—100	褐色	中壤土		8.1	6.2	0.44	0.64	21.4				14.8			
剖13	人为土	水稻土	潴育水稻土	青泥田	青泥田	A	0—11	暗棕色	重壤土	团粒状	7.1	54.0	3.00	0.67	25.4				34.5	河流冲积物	E 112°44′41.3″ N 30°26′28.4″	97
						P	11—21	暗棕色	中黏土	块状	7.6	56.0	3.27	0.55	25.8				33.7			
						G	21—100	青灰色	中黏土	无结构	6.5	17.0	1.16	0.55	27.2				33.6			
剖14	人为土	水稻土	潴育水稻土	潮土田	潮泥田	A	0—17	暗棕色	中黏土	棱块状	8.2	25.1	1.66	0.57	25.7				31.2	河流冲积物	E 112°44′47.1″ N 30°25′52.1″	97
						W	17—50	暗棕色	中黏土	棱柱状	8.2	10.0	0.76	0.51	25.2				33.0			
						B	50—100	暗棕色	中壤土	棱块状	8.1	4.3	0.39	0.34	16.1				19.5			
剖15	人为土	水稻土	淹育水稻土	浅灰潮土田	夹砂夹潮砂泥田	A	0—15	暗棕色	重壤土	粒状	6.7	31.2	2.05	0.69	22.5				35.4	河流冲积物	E 112°37′29.8″ N 30°24′03.5″	95
						P	15—22	暗棕色	黏土	棱块状	8.0	15.3	1.16	0.54	22.0	221		132	29.0			
						C₁	22—39	灰棕色	黏土壤土	棱块状	8.2	4.6	0.38	0.46	19.6				16.3			
						C₂	39—100	淡棕色	粉砂质黏壤土	块状	8.3	1.8	0.19	0.52	16.3				9.3			
剖16	人为土	水稻土	潴育水稻土	灰潮湖土田	灰潮湖田	A		淡棕色	粉砂质黏壤土		7.9	38.7	2.32	0.74	27.6	178	10.4	145	27.3	钙质河流冲积物	E 112°37′01.4″ N 30°20′59.3″	95
						1					7.9	31.7	2.02	0.63	27.8	140	6.4	142	26.5			
						2					7.9	13.8	0.79	0.63	24.8	66	5.1	122	12.9			
						3					7.8	17.1	1.48	0.64	25.1	66	5.0	150	26.0			
						4					7.2	51.0	2.95	0.32	27.8				33.5			
剖17	人为土	水稻土	潴育水稻土	厚青褐灰潮砂泥田	厚青褐灰潮砂泥田	A	0—13	灰黄棕色	重壤土	棱块状	7.7	29.0	1.79	0.53	26.4				27.3	河流冲积物	E 112°39′21.2″ N 30°23′48.3″	97
						G	13—69	暗灰色	轻壤土	棱块状	7.8	11.2	0.85	0.62	26.9				34.0			
						W	69—100	灰灰棕色	重壤土	团粒状	8.0	33.0	2.00	0.79	21.4				24.1			
剖18	人为土	水稻土	淹育水稻土	浅灰潮土田	夹砂浅灰潮砂泥田	A	0—22	暗棕色	重壤土	块状	8.1	26.4	1.76	0.73	22.1				23.0	河流冲积物	E 112°34′40.1″ N 30°22′28.2″	95
						P	22—30	暗棕色	重壤土	片状	8.3	3.7	0.32	0.51	21.2				14.1			
						C₁	30—75	棕色	重壤土	棱块状	8.0	9.2	0.78	0.61	26.3				37.2			
						C₃	75—100	灰黄棕色	重壤土		8.0	24.5	1.60	0.97	25.1				24.4			
剖19	人为土	水稻土	沼泽型水稻土	烂泥田	落落田	A	0—13	栗色	重壤土	棱柱状	8.0	21.3	1.73	0.60	24.6				23.5	河流冲积物	E 112°34′05.4″ N 30°22′57.8″	97
						W₁	13—24	栗色	中壤土	棱柱状	8.3	16.2	1.06	0.63	27.3				25.3			
						W₂	24—37	栗色	砂壤土		8.1	4.2	0.27	0.57	18.8				10.8			
						B	70—100	紫棕色	轻壤土		8.4	10.1	0.70	0.57	24.0				25.2			
剖20	人为土	水稻土	潴育水稻土	灰潮土田	薄青褐灰潮砂泥田	A	0—14	暗棕色	重壤土	块状	7.9	53.3	3.32	0.72	27.8				34.4	河流冲积物	E 112°42′34.1″ N 30°20′16.2″	95
						Pg	14—32	暗棕色	重壤土	块状	8.1	49.0	2.87	0.72	27.5				33.6			
						G	32—100	暗棕色	轻壤土	无结构	8.1	45.9	2.36	0.58	26.4				32.0			
剖21	人为土	水稻土	潴育水稻土	灰潮土田		A	0—11	淡黄棕灰色	重壤土	小块状	8.2	35.8	2.20	0.76	23.6				27.5	河流冲积物	E 112°42′05.4″ N 30°21′34.7″	95
						P	11—18	暗棕色	轻壤土	块状	8.1	28.4	1.79	0.74	27.8				25.6			
						G₁	18—32	暗棕色	轻壤土	无结构	8.1	18.7	1.19	0.70	27.5				33.6			
						G₂	32—100	棕灰色	重壤土	棱柱状	8.1	11.4	0.79	0.65	26.4				23.1			
剖22	人为土	水稻土	潴育水稻土	灰青泥田	灰青砂泥田	A	0—15	棕色	中壤土	无明显结构	8.1	17.3	1.62	0.73	29.0				39.0	河流冲积物	E 112°42′00.9″ N 30°21′34.8″	98
						P	15—22	暗棕色	中壤土	块状	8.1	17.3	1.15	0.76	27.4				26.8			
						G₁	22—50	暗棕色	棕灰色		8.1								26.9			
						G₂	50—100	暗灰色	中壤土	无明显结构	7.9	54.9	2.76	0.70	26.6				34.8			

续表 Continued

剖面号 Soil profile	土纲 Soil order	土类 Soil great group	亚类 Soil subgroup	土属 Soil genus	土种 Soil species	土层码 Layer code	土层厚度 Depth/cm	颜色 Soil color	质地 Soil texture	土壤结构 Soil structure	pH	有机质 OM/(g/kg)	全氮 TN/(g/kg)	全磷 TP/(g/kg)	全钾 TK/(g/kg)	碱解氮 AN/(mg/kg)	有效磷 AP/(mg/kg)	速效钾 AK/(mg/kg)	阳离子交换量CEC/(cmol/kg)	土壤母质 Parent material	剖面点坐标 Profile coordinate	匹配指数 Matching index/%
剖23	人为土	水稻土	潴育水稻土	灰潮土田	浅位黏底灰潮砂泥田	A	0—15	栗色	中壤土		8.2	25.9	1.74	0.67	26.7				31.1	河流冲积物	E 112°40′47.7″ N 30°16′05.8″	98
						P	15—24	暗黄棕色	中壤土	棱块状	8.1	20.8	1.44	0.67	27.0				31.8			
						W	24—100	暗黄色	黏土		7.8	16.4	1.18	0.64	26.6				31.4			
剖24	半水成土	潮土	灰潮土	壤土型灰潮土	中位薄砂灰油砂土	A	0—15	暗棕灰色	重壤土		7.9	14.3	0.91	0.93	21.8				26.0	有石灰反应的河流冲积物	E 112°45′08.0″ N 30°31′11.3″	95
						B	15—29	暗棕灰色	中壤土		8.2	8.6	0.50	0.66	20.6				21.4			
						C₁	29—38	灰黄棕色	轻壤土		8.3	5.9	0.37	0.66	18.3				12.9			
						C₂	38—56	暗黄棕色	中壤土		8.4	11.8	0.75	0.67	20.5				21.6			
						C₃	56—78	暗黄灰色	紧砂土	粒状	8.3	2.3	0.14	0.58	18.8				5.8			
						C₄	78—100	暗棕灰色	轻壤土	片状	8.5	2.8	0.16	0.67	19.4				6.4			
剖25	半水成土	潮土	灰潮土	壤土型灰潮土	中位薄砂灰正土	A	0—24	灰棕色	中壤土		8.3	17.7	1.22	0.69	27.0				24.8	有石灰反应的河流冲积物	E 112°46′06.0″ N 30°30′48.4″	95
						B	24—54	棕色	中壤土		8.4	17.9	1.26	0.67	27.3				24.3			
						C₁	54—83	暗棕灰色	轻壤土		8.0	4.6	0.37	0.58	21.2				12.2			
						C₂	83—100	暗黄棕色	砂壤土		8.2	4.0	0.33	0.64	19.2				12.9			
剖26	人为土	水稻土	淹育水稻土	浅灰潮土田	浅灰潮砂土	A	0—13	暗黄棕色	轻壤土		8.0	17.1	1.15	0.70	22.8				15.9	河流冲积物	E 112°47′29.7″ N 30°30′44.0″	95
						P	13—20	青灰色	砂壤土	块状	8.1	14.5	0.97	0.68	24.3				16.1			
						C₁	20—37	淡棕灰色	中壤土	大棱块状	8.0	11.3	0.80	0.63	26.8				16.1			
						C₂	37—100	暗黄棕色	砂壤土	块状	8.1	2.2	0.14	0.72	17.0				5.8			
剖27	半水成土	潮土	灰潮土	壤土型灰潮土	灰油砂土	A	0—17	暗灰黄色	中壤土	团粒状	7.8	18.8	1.17	0.87	22.0				15.9	有石灰反应的河流冲积物	E 112°53′51.2″ N 30°30′09.9″	95
						B	17—27	暗黄灰色	中壤土		7.7	10.2	0.99	0.76	22.6				15.3			
						C₁	27—60	栗色	中壤土		7.6	11.7	0.80	0.76	22.8				18.5			
						C₂	60—100	栗色	中壤土		7.8	7.1	0.49	0.56	20.9				15.8			
剖28	半水成土	潮土	灰潮土	壤土型灰潮土	浅灰潮底灰含气砂	A	0—13	暗黄色	重壤土		8.1	16.4	1.05	0.71	23.6				15.6	有石灰反应的河流冲积物	E 112°46′24.1″ N 30°29′10.9″	95
						B	13—27	暗棕色	中壤土	小块状	8.1	15.7	0.99	0.71	21.8				14.2			
						C₁	27—60	紫色	轻壤土	片状	7.8	11.5	0.79	0.64	26.8				24.9			
						C₂	60—100	黄色	砂壤土		8.0	4.9	0.29	0.62	21.8				10.7			
剖29	半水成土	潮土	灰潮土	壤土型灰潮土		A	0—18	暗灰黄色	中壤土		7.8	16.1	1.17	0.82	21.4				16.4	有石灰反应的河流冲积物	E 112°54′24.9″ N 30°26′51.3″	95
						B	18—31	暗黄棕色	中壤土		8.0	8.5	1.39	0.64	21.3				16.6			
						C₁	31—74	暗黄棕色	中壤土		7.5	15.8	0.90	0.77	23.1				16.5			
						C₂	74—100	暗棕灰色	重壤土		8.1	10.5	0.60	0.63	25.4				23.0			
剖30	半水成土	潮土	灰潮土	壤土型灰潮土	浅位砂底灰昌气砂	A	0—20	淡黄灰黄色	中壤土		8.4	16.4	1.12	0.70	23.2				15.7	有石灰反应的河流冲积物	E 112°53′27.8″ N 30°21′30.7″	95
						B	20—46	灰黄棕色	中黏土	块状	8.2	9.0	0.62	0.62	23.2				17.0			
						C	46—100	深褐色	砂壤土	团粒状	8.4	4.2	0.24	0.59	19.2				8.4			
剖31	人为土	水稻土	沼泽型水稻土	烂泥田	烂泥田	A	0—17	暗灰黄色	中黏土	无结构	7.9	52.1	2.99	0.71	28.3				31.7	有石灰反应的河流冲积物	E 112°56′52.8″ N 30°29′28.4″	95
						G	17—100	暗棕色	重黏土		8.0	20.6	1.29	0.74	29.6				27.7			
剖32	人为土	水稻土	潴育水稻土	灰潮土田	灰潮砂泥田	A	0—13	棕色	轻黏土	块状	8.3	19.2	1.31	0.69	26.7				20.1	河流冲积物	E 112°55′35.6″ N 30°11′33.8″	98
						P	13—22	暗灰色	重黏土	棱块状	8.2	17.4	1.20	0.75	26.1				20.5			
						W₁	22—37	暗棕色	轻黏土	棱块状	8.3	11.7	0.82	0.61	27.0				23.1			
						W₂	37—61	暗棕色	重黏土		8.2	7.9	0.59	0.60	24.1				18.4			
						C	61—100	褐色	轻壤土	片状	8.3	3.9	0.35	0.57	20.6				9.4			

天 门 市

主要土类说明

潮土是天门市主要土壤类型，占本市地域面积的54%。潮土是本市棉麦两熟的主要土壤类型，占耕地面积的61%，占旱地面积的99%，在本市分布范围较广。成土母质为汉江冲积物和湖沼沉积物。根据土壤有无石灰反应，本市潮土分为灰潮土和潮土两个亚类。灰潮土占本土类面积的97%，分布在本市广阔平原，全土层有明显的石灰反应，主要发育于汉江冲积物。潮土亚类占本土类面积的3%，主要分布在水网湖区及小河、小溪两岸，土壤无石灰反应或者在土体50cm以下有石灰反应，主要发育于无石灰反应的湖相沉积物及小河（溪）两岸的河流冲积物。

水稻土是天门市第二大土壤类型，占本市地域面积的37%，本市各地均有分布。在长期耕作、施肥和灌溉条件下，由于氧化还原和淋溶淀积等作用，水稻土形成了特有的剖面结构和发生层次。根据水文地质条件和水耕熟化程度的差异，本市水稻土按水型分为淹育型、潴育型、潜育型和沼泽型四个亚类。潴育水稻土占本土类面积的80%，是本市水稻土的主要类型，发育于多种成土母质，一般地下水位在60cm以下，属良水型，剖面构型为A–P–W–B–C、A–P–G–W–B、A–Pg–W–B或A–P–W–B–G，由于水耕熟化时间长，在长期干湿交替条件下，氧化还原作用交替频繁，形成了水稻土特有的潴育层。淹育水稻土占本土类面积的12%，发育于多种成土母质，主要分布在平岗地区的岗背、上塝及平原地区地势较高处，剖面构型为A–P–C。淹育水稻土由于分布地形部位较高，一般不受地下水的影响，水源缺乏，灌溉条件较差，属地表水型，加上水耕熟化时间短，虽有一定的淋溶过程，但淀积过程不明显，耕作层有锈斑，水耕时呈糊状，干时呈块状，犁底层发育较差，潴育层尚未形成。潜育水稻土占本土类面积的6%，主要分布在排水不良、长期渍水的水网湖区或平原区的洼地，地下水位一般在50cm以上，剖面构型为A–P–G或A–Pg–G。潜育水稻土泥温低，潜在养分高，有效养分低，还原性有毒物质多，土性冷，通气不良，前期作物生长缓慢，产量不高。沼泽型水稻土占本土类面积的2%，分布在近期围垦的湖泊和堰塘，在堰塘水库下和灌渠两旁也有分布，由于地势低洼，排水不良，地下水接近地表，终年渍水，土体糊烂，耕作层出现潜育化，犁底层尚未形成。

小于本市地域面积3%的土壤类型有黄棕壤等。

本区域中心区气候特征

本区域中心区气候特征值
Regional climate characteristics in central area of the region

气候带：北亚热带湿润气候 Climate region: North subtropical humid climate	
年平均气温 /℃ Annual average temperature /℃	16.6
年平均最高气温 /℃ Annual average maximum temperature /℃	21.1
年平均最低气温 /℃ Annual average minimum temperature /℃	13.1
年降水量 /mm Annual precipitation /mm	1185
≥10℃的积温 /℃ Daily temperature accumulated in a year（≥10℃）/℃	6092
年日照时数 /h Annual sunshine /h	1820
年平均相对湿度 /% Annual average relative humidity /%	77
干燥度 Dryness	0.84

本区域中心区月平均气温与月平均降水量
Monthly temperature and precipitation in central area of the region

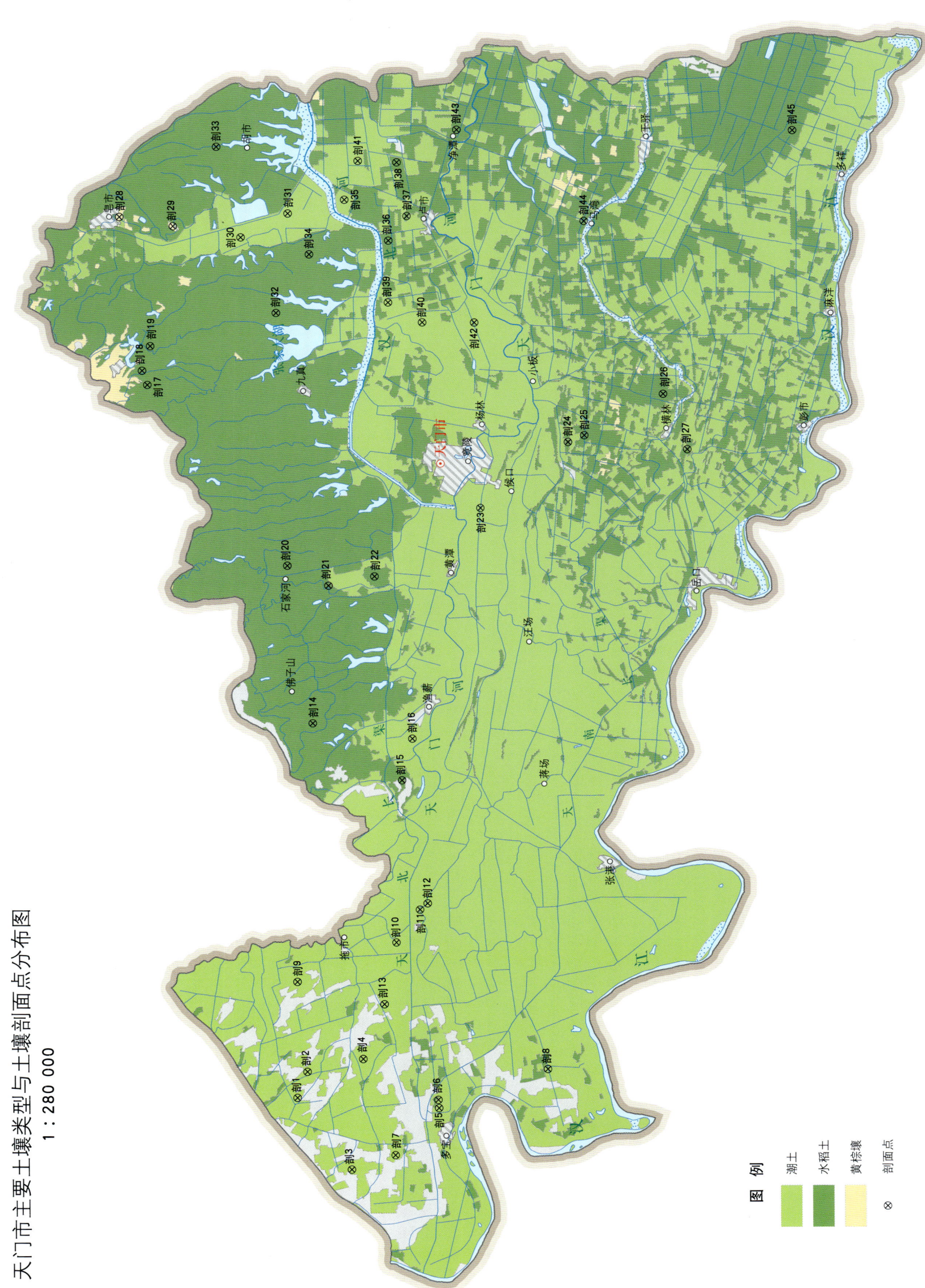

天门市土壤剖面理化性状表

剖面号 Soil profile	土纲 Soil order	土类 Soil great group	亚类 Soil subgroup	土属 Soil genus	土种 Soil species	土层码 Layer code	土层厚度 Depth/cm	颜色 Soil color	质地 Soil texture	土壤结构 Soil structure	pH	有机质 OM/(g/kg)	全氮 TN/(g/kg)	全磷 TP/(g/kg)	全钾 TK/(g/kg)	阳离子交换量CEC/(cmol/kg)	土壤母质 Parent material	剖面点坐标 Profile coordinate	匹配指数 Matching index/%
剖1	半水成土	潮土	灰潮土	壤土型灰潮土	中位厚层夹砂灰油砂土	A	0—11	黄褐色	轻壤土	粒状	7.6	17.1	1.10	0.65	21.1	18.7	有石灰反应的河流冲积物	E 112°43′02.0″ N 30°45′25.5″	97
						B₁	11—47	黄褐色	轻壤土	块粒状	7.8	12.5	8.30	0.58	21.1	21.1			
						B₂	47—86	棕黄色	砂土	散状	8.0	4.2	0.17	0.64	14.7	6.1			
						C	86—100	黄褐色	轻壤土	小块状	8.1	15.8	1.05	0.68	21.1	19.3			
剖2	半水成土	潮土	灰潮土	壤土型灰潮土	浅位薄层夹砂灰油砂土	A	0—17	黄棕色	轻壤土		8.3	9.1	0.64	0.53	19.4	11.5	有石灰反应的河流冲积物	E 112°44′07.2″ N 30°45′03.1″	97
						B	17—45	黄棕色	砂土		8.2	2.8	0.14	0.54	15.7	5.9			
						C	45—100	黄棕色	轻壤土	片块状	8.4	7.2	0.61	0.48	20.8	11.3			
剖3	半水成土	潮土	灰潮土	砂土型灰潮土	灰飞砂土	A	0—19	褐色	砂土		8.0	5.1	0.28	0.81	14.1	3.4	有石灰反应的河流冲积物	E 112°39′59.5″ N 30°43′34.0″	95
						B	19—40	棕灰色	砂土	散状	8.1	1.3	0.12	0.67	13.4	4.0			
						C	40—100	黄褐色	砂土	散状	8.2	3.2	0.27	0.63	15.1	6.4			
剖4	半水成土	潮土	灰潮土	壤土型灰潮土	中位厚层夹砂灰油砂土	A	0—20	黄褐色	轻壤土	粒状	7.8	8.7	0.96	0.59	18.1	14.8	有石灰反应的河流冲积物	E 112°44′36.3″ N 30°43′05.2″	97
						B	20—70	黄褐色	砂土	粒状	7.8	6.9	0.49	0.55	19.6	14.0			
						C	70—100	灰褐色	砂土		8.0	2.3	0.18	0.52	14.8	6.6			
剖5	半水成土	潮土	灰潮土	壤土型灰潮土	中位薄层夹砂灰油砂土	A	0—17	褐色	轻壤土	粒状	7.6	15.3	0.96	0.64	21.8	15.8	有石灰反应的河流冲积物	E 112°42′29.9″ N 30°40′27.4″	97
						B₁	17—69	黄褐色	轻壤土	粒状	7.6	9.3	0.61	0.52	22.0	15.7			
						B₂	69—85	黄褐色	中壤土	块状	7.2	3.4	0.15	0.80	13.3	4.6			
						C	85—100	黄褐色	砂土	粒状	7.6	3.7	0.25	0.62	16.5	8.8			
剖6	半水成土	潮土	灰潮土	壤土型灰潮土	浅位薄层夹黏灰油砂土	A	0—18	黄褐色	轻壤土	粒状	7.2	14.8	0.96	0.53	22.1	14.4	有石灰反应的河流冲积物	E 112°42′47.7″ N 30°40′28.7″	97
						B₁	18—25	棕色	重壤土	块状	7.6	13.4	0.58	0.52	23.9	22.8			
						B₂	25—51	黄褐色	砂壤土		7.6	5.1	0.34	0.49	18.9	9.5			
						C	51—100	黄褐色	重壤土	粒状	7.6	12.0	0.89	0.51	23.1	25.8			
剖7	半水成土	潮土	灰潮土	壤土型灰潮土	浅位底层砂灰砂正土	A	0—13	栗色	中壤土	粒状	8.3	15.6	0.91	0.54	22.6	17.0	有石灰反应的河流冲积物	E 112°40′33.4″ N 30°42′01.1″	97
						B₁	13—32	黄褐色	砂壤土	粒状	8.4	11.1	0.76	0.53	22.4	14.6			
						B₂	32—79	黄褐色	砂土	块状	8.5	5.1	0.28	0.55	19.9	9.6			
						C	79—100	黄褐色	中壤土	粒状	8.4	11.6	0.83	0.50	16.7	26.1			
剖8	半水成土	潮土	灰潮土	壤土型灰潮土	中位厚层夹砂灰油砂土	A	0—17	棕褐色	轻壤土	粒状	8.5	12.4	0.83	0.62	20.8	13.5	有石灰反应的河流冲积物	E 112°44′03.6″ N 30°36′36.2″	98
						B	17—37	棕色	轻壤土	粒状	8.5	9.6	0.64	0.50	22.6	13.6			
						C	37—100	黄褐色	砂土		8.7	3.4	0.18	0.52	12.3	6.6			
剖9	半水成土	潮土	灰潮土	壤土型灰潮土	浅位厚层夹砂灰油正土	A	0—20	黄褐色	中壤土	粒状	7.6	14.3	1.07	0.65	20.0	18.4	有石灰反应的河流冲积物	E 112°47′53.3″ N 30°45′20.7″	97
						B	20—49	黄褐色	砂壤土	粒状	8.0	3.4	0.21	0.66	15.5	8.1			
						C	49—70	黄褐色	砂土	小块状	8.5	3.8	0.23	0.58	15.7	8.6			
							70—110	黄褐色	中壤土	块状	7.6	4.2	0.24	0.55	17.9	8.6			
剖10	半水成土	潮土	灰潮土	壤土型灰潮土	浅位薄层夹砂灰油砂土	A	0—20	黄褐色	轻壤土	粒状	8.0	10.2	0.76	0.64	17.6	14.5	有石灰反应的河流冲积物	E 112°49′27.2″ N 30°41′50.3″	97
						B	20—38	棕色	轻壤土	粒状	8.0	9.3	0.90	0.60	18.3	14.2			
						C	38—102	黄褐色	重壤土		7.6	10.0	1.09	0.55	23.7	27.1			
剖11	半水成土	潮土	灰潮土	砂土型灰潮土	灰砂壤土	A	0—19	白色	砂土	块状	8.0	10.6	0.68	0.61	20.0	9.9	有石灰反应的河流冲积物	E 112°50′49.5″ N 30°40′59.1″	95
						B	19—54	棕黄色	砂土	粒状	8.0	6.1	0.40	0.53	19.7	10.2			
						C	54—100	黄褐色	砂壤土	粒状	8.3	5.8	0.36	0.53	19.2	17.9			
剖12	半水成土	潮土	灰潮土	壤土型灰潮土	中位薄层夹黏灰油砂土	A	0—17	黄褐色	轻壤土	粒状	8.4	14.9	1.01	0.57	21.4	17.8	有石灰反应的河流冲积物	E 112°51′05.3″ N 30°40′42.9″	97
						B₁	17—57	黄褐色	轻壤土	粒状	8.4	11.8	0.89	0.51	22.0	18.1			
						B₂	57—64	棕色	重壤土	片状	8.4	12.5	0.91	0.58	23.5	30.1			
						C	64—100	黄褐色	中壤土	块状	8.4	11.6	0.85	0.50	4.0	22.1			

续表 Continued

剖面号 Soil profile	土纲 Soil order	土类 Soil great group	亚类 Soil subgroup	土属 Soil genus	土种 Soil species	土层码 Layer code	土层厚度 Depth/cm	颜色 Soil color	质地 Soil texture	土壤结构 Soil structure	pH	有机质 OM/(g/kg)	全氮 TN/(g/kg)	全磷 TP/(g/kg)	全钾 TK/(g/kg)	阳离子交换量CEC/(cmol/kg)	土壤母质 Parent material	剖面点坐标 Profile coordinate	匹配指数 Matching index/%
剖13	半水成土	潮土		壤土型灰潮土	中位薄层夹砂灰正土	A	0—16	黄粽色	中壤土	团粒状	7.4	19.1	1.12	0.72	21.9	21.1	有石灰反应的河流冲积物	E 112°46′52.8″ N 30°42′18.3″	97
						B₁	16—66	黄粽色	中壤土	小块状	7.8	7.5	0.82	0.58	18.9	18.4			
						B₂	66—88	灰粽色	砂土		7.2	4.3	0.42	0.61	13.9	11.7			
						C	88—100	黄褐色	轻壤土	小块状	7.6	8.7	0.82	0.52	23.0	17.3			
剖14	人为土	水稻土	潴育水稻土	灰潮泥田	灰潮土青泥砂田	A	0—16	褐色	轻壤土	粒状	7.2	19.5	1.22	0.63	18.4	13.0		E 112°58′48.3″ N 30°44′37.5″	95
						P	16—25	灰色	轻壤土	团块状	7.6	17.7	1.20	6.20	18.3	10.3			
						G	25—100	灰色	中壤土	团块状	7.6	10.7	0.95	0.58	22.6	18.8			
剖15	人为土	水稻土	淹育水稻土	浅黄棕壤性第四纪黏土泥田	浅白散泥田	A	0—13	黄褐色	中壤土	小块状	6.6	23.4	1.26	0.33	13.6	17.8	第四纪黏土	E 112°56′19.7″ N 30°41′31.7″	95
						P	13—21	黄褐色	重壤土	棱块状	7.3	18.0	1.01	0.32	15.1	15.0			
						C	21—100	深黄色	黏土		7.8	10.4	0.61	0.20	16.5	16.3			
剖16	半水成土	潮土		壤土型灰潮土	灰油砂土	A	0—18	灰黄色	轻壤土	粒状	7.6	10.9	0.73	0.53	21.6	12.9	有石灰反应的河流冲积物	E 112°58′04.7″ N 30°41′08.2″	98
						B	18—52	黄棕色	轻壤土	小块状	7.6	8.5	0.23	0.49	23.2	16.4			
						C	52—100	黄褐色	轻壤土	块状	7.6	5.7	0.32	0.47	19.9	9.4			
剖17	人为土	水稻土	潴育水稻土	潮土田	潮泥砂田	A	0—10	褐色	中壤土	粒状	7.2	27.1	1.63	0.40	13.2	21.0	河流冲积物	E 113°13′13.6″ N 30°50′12.5″	75
						P	10—20	黄褐色	中壤土	粒状	7.3	5.5	0.42	0.13	14.6	24.7			
						W₁	20—42	灰棕色	中壤土	块状	7.5	7.4	0.49	0.21	11.2	14.9			
						W₂	42—100	深黄色	中壤土	块状	7.7	6.8	0.47	0.14	15.3	28.5			
剖18	人为土	水稻土	潴育水稻土	灰潮土田	底泥灰潮泥田	A	0—14	黄褐色	粉砂质黏土	粒状	7.0	27.3		0.71	22.1	27.0	长江、汉江冲积物或湖沉积物	E 113°13′49.8″ N 30°50′22.8″	95
						P	14—20	黄棕色	粉砂质黏土	团块状	8.2	15.3	0.93	0.57	19.7	18.2			
						W	20—54	黄棕色	粉砂质黏土	粒状	8.3	5.7	0.42	0.51	19.1	26.6			
						B	54—100	棕黄色	中壤土	块状	8.1	10.0	0.73	0.41	21.2	12.4			
剖19	人为土	水稻土	潴育水稻土	灰潮土田	灰潮泥砂田	A	0—16	黄褐色	中壤土	块状	7.8	9.4	0.68	0.33	20.3	26.7	河流冲积物	E 113°14′52.0″ N 30°50′04.8″	75
						P	11—21	黄棕色	重壤土	块状	6.4	36.6	2.13	0.44	15.7	24.5			
						W	21—61	黄棕色	中壤土	块状	7.2	24.7	1.49	0.37	15.8	23.4			
						B	61—100	棕色	中壤土	块状	7.2	6.4	0.45	0.17	16.7	23.7			
剖20	人为土	水稻土	潴育水稻土	黄棕壤型第四纪黏土泥田	黄泥田	A	0—16	灰黄棕色	重壤土	团块状	6.0	24.3	1.30	0.14	16.6	31.3	第四纪黏土	E 113°05′29.4″ N 30°45′24.5″	95
						P	16—25	褐色	重壤土	块状	6.0	9.0	1.49	0.36	16.7	21.1			
						W	25—57	黄棕色	重壤土	块状	6.4	7.6	0.58	0.28	14.6	17.0			
						B	57—100	棕色	中壤土	块状	7.2	5.7	0.46	0.14	14.2	18.1			
剖21	人为土	水稻土	潴育水稻土	黄棕壤型第四纪黏土泥田	黄土田	A	0—16	黄棕色	重壤土	块状	7.2	27.4	1.98	0.72	23.5	28.3	第四纪黏土	E 113°04′58.7″ N 30°43′58.3″	95
						P	16—22	黄棕色	重壤土	块状	7.6	21.8	1.96	0.64	21.8	29.3			
						W	22—66	栗色	重壤土	粒状	7.1	19.4	1.44	0.71	23.5	17.9			
						B	66—100	棕色	重壤土	块状	7.4	11.0	0.70	0.59	18.6	25.9			
剖22	半水成土	潮土	灰潮土	壤土型灰潮土	中位底豁灰油砂土	A	0—26	黄褐色	轻壤土	粒状	7.2	16.7	1.13	0.67	22.6	20.4	河流冲积物	E 113°04′58.7″ N 30°42′21.4″	98
						B	26—92	黄棕色	轻壤土	小块状	7.6	11.5	0.84	0.56	33.9	19.1			
						C	92—100	红棕色	中壤土	块状	7.8	12.2	0.89	0.53	24.1	18.8	有石灰反应的河流冲积物	E 113°07′47.4″ N 30°38′35.5″	98
剖23				灰潮泥砂中位底黏土		A	0—14	黄棕色	轻壤土	团块状	7.0	27.3		0.71	22.1	27.0	河流冲积物		
剖24	人为土	水稻土	潴育水稻土	灰潮土田		P	14—20	黄棕色	中壤土	块状	7.2	19.2		0.59	22.2	26.8		E 113°10′30.8″ N 30°35′28.1″	95
						Wb	20—54	黄棕色		块状	7.2	11.7		0.49	22.2	25.8			
						B	54—100	灰色	黏土	块状	7.2	6.9		0.12	14.0	28.8			

续表 Continued

剖面号 Soil profile	土纲 Soil order	土类 Soil great group	亚类 Soil subgroup	土属 Soil genus	土种 Soil species	土层码 Layer code	土层厚度 Depth/ cm	颜色 Soil color	质地 Soil texture	土壤结构 Soil structure	pH	有机质 OM/ (g/kg)	全氮 TN/ (g/kg)	全磷 TP/ (g/kg)	全钾 TK/ (g/kg)	阳离子 交换量CEC/ (cmol/kg)	土壤母质 Parent material	剖面点坐标 Profile coordinate	匹配指数 Matching index/%
剖25	人为土	水稻土	潴育水稻土	灰潮土田	灰潮泥砂浅位底辰黏田	A	0—13	黄褐色	轻壤土	粒状	6.8	17.7	1.22	0.39	16.7	17.8	河流冲积物	E 113°10′47.2″ N 30°34′53.3″	95
						P	13—20	棕色	中壤土	块状	6.8	17.0	1.26	0.35	16.7	22.1			
						Wb	20—32	黄褐色	中壤土	块状	7.2	9.3	0.83	0.37	16.7	20.9			
						B	32—100	灰色	黏土	粒状	7.2	8.8	0.73	1.65	15.4	26.5			
剖26	人为土	水稻土	潴育水稻土	灰潮土田	灰潮泥砂浅位薄层辰黏田	A	0—12	褐灰色	轻壤土	团块状	7.6	16.2	1.04	0.64	19.8	15.4	河流冲积物	E 113°12′30.1″ N 30°32′05.9″	95
						P	12—24	深灰色	轻壤土	团块状	8.0	15.1	0.84	0.58	20.2	15.7			
						Wb	24—39	黄棕色	重壤土	片状	7.6	9.9	0.59	0.48	20.8	24.6			
						C	39—100	棕色	轻壤土	团块状	7.6	8.4	0.51	0.74	17.4	14.7			
剖27	人为土	水稻土	潴育水稻土	灰青泥田	灰青砂土	A	0—15	褐灰色	砂壤土		7.6	15.1	0.85	0.63	17.4	11.5		E 113°10′08.1″ N 30°31′17.2″	95
						P	15—22	深灰色	砂土		8.0	9.5	0.47	0.65	14.9	5.8			
						G	22—100	灰青褐色	砂土		7.6	5.5	0.30	0.59	15.4	5.4			
剖28	淋溶土	黄棕壤	黄棕壤	第四纪黏土黄棕壤	面黄土	A	0—14	黄棕色	中壤土	小团块状	6.5	40.5	2.46	0.61	19.1	30.4	第四纪黏土	E 113°20′19.7″ N 30°51′04.3″	97
						B	14—53	淡黄色	重壤土	块状	7.9	18.4	1.36	0.48	17.2	27.9			
						C	53—100	黄色	重壤土	块状	7.7	6.8	0.42	0.25	14.7	18.3			
剖29	淋溶土	黄棕壤	黄棕壤	第四纪黏土黄棕壤	黄土	A	0—13	黄褐色	重壤土	小块状	6.8	25.2	1.62	0.46	19.8	29.3	第四纪黏土	E 113°19′54.0″ N 30°49′12.1″	97
						B	13—43	褐黄色	重壤土	块状	7.6	19.3	1.25	0.59	19.2	29.0			
						C	43—100	棕黄色	重壤土	大块状	7.1	14.8	0.65	0.40	17.4	19.1			
剖30	半水成土	潮土	潮土	黏土型灰潮土泥田	灰壳土	A	0—14	深灰色	重壤土	块状	8.2	18.1	1.10	0.58	25.8	24.9	有石灰反应的河流冲积物	E 113°19′23.2″ N 30°46′49.7″	97
						B	14—55	棕色	重壤土	块状	8.4	9.4	0.78	0.54	23.2	26.3			
						C	55—100	深灰色	黏土	大块状	8.6	8.3	0.60	0.56	22.4	18.4			
剖31	半水成土	潮土	潮土	壤土型灰潮土泥田	浅位薄层夹砂正土	A	0—20	棕黄色	中壤土	团粒状	8.0	10.8	0.83	0.63	17.9	12.3	有石灰反应的河流冲积物	E 113°20′21.3″ N 30°45′09.7″	97
						B	20—45	黄褐色	砂壤土	粒状	8.1	2.6	≤0.10	0.60	15.5	7.6			
						C	45—100	黄褐色	轻壤土	块状	7.9	4.6	0.34	0.62	18.1	11.9			
剖32	人为土	水稻土	潴育水稻土	潮土田	潮砂泥中位底夹潮土	A	0—15	灰棕色	中壤土	粒状	7.2	35.8	0.24	0.44	14.2	23.7	河流冲积物	E 113°16′10.0″ N 30°45′38.0″	95
						P	15—21	灰棕色	重壤土	块状	7.0	26.1	1.59	0.43	14.5	21.3			
						Wb	21—55	灰棕色	黏土	核块状	6.8	11.6	0.58	0.30	15.5	18.0			
						C	55—100	黄褐色	黏土	粒状	7.1	12.9	0.63	0.18	15.5	19.9			
剖33	人为土	水稻土	潴育水稻土	黄棕壤型第四纪黏土泥田	下位夹厚层高岭土黄泥田	A	0—20	黄棕色	中壤土	小块状	5.6	40.1	2.22	0.45	17.4	27.8	第四纪黏土	E 113°23′14.0″ N 30°47′37.6″	95
						P	20—36	棕褐色	中壤土	块状	7.2	15.7	0.94	0.35	15.5	19.2			
						W	36—63	深灰色	重壤土	块状	6.0	9.7	0.53	0.23	14.5	19.8			
						B	63—100	灰褐色	重壤土	块状	6.8	5.2	0.37	0.18	13.2	13.9			
剖34	人为土	水稻土	潴育水稻土	壤土型黄棕壤型第四纪黏土泥田	下位夹高岭土黄泥田	A	0—24	栗色	重壤土	团块状	7.2	41.2	2.35	0.55	17.8	28.9	第四纪黏土	E 113°20′52.8″ N 30°43′09.5″	95
						P	24—36	深灰色	中壤土	块状	7.6	34.4	2.07	0.47	19.3	27.1			
						W	36—52	深灰色	中壤土	块状	7.3	15.2	1.02	0.35	17.4	22.1			
						C	52—100	深灰色	中壤土	粒状	7.0		0.28	0.19	12.6	14.8			
剖35	半水成土	潮土	潮土	黏土型潮土	壳土	A	0—20	黄褐色	重壤土	核状		22.5	1.35	0.50	19.3	25.9	河流冲积物	E 113°18′36.0″ N 30°44′26.5″	99
						B	20—100	黄棕色	重壤土	块状		13.7	0.99	0.43	19.0	25.6			
剖36	人为土	水稻土	淹育水稻土	浅灰潮泥田	浅灰潮泥	A	0—12	褐色	中壤土	团块状	8.1	26.8	1.75	0.77	24.5	24.6	河流冲积物	E 113°19′08.6″ N 30°41′38.8″	97
						P	12—20	黄棕色	中壤土	块状	8.2	17.4	1.43	0.70	23.7	22.1			
						C	20—100	黄褐色	中壤土	粒状	8.1	28.4	1.86	0.70	24.2	25.1			
剖37	人为土	水稻土	淹育水稻土	浅灰潮砂田	浅灰潮砂田	A	0—12	黄褐色	轻壤土	粒状	8.1	23.1	1.67	0.65	23.5	21.8	河流冲积物	E 113°20′10.0″ N 30°40′59.3″	97
						P	12—24	棕褐色	轻壤土	粒状	8.2	≤1.0	0.53	0.61	22.9	20.9			
						C	24—100	棕褐色	中壤土	块状	8.5	18.1	1.14	0.54	20.3	14.5			

续表 Continued

剖面号 Soil profile	土纲 Soil order	土类 Soil great group	亚类 Soil subgroup	土属 Soil genus	土种 Soil species	土层码 Layer code	土层厚度 Depth/cm	颜色 Soil color	质地 Soil texture	土壤结构 Soil structure	pH	有机质 OM/(g/kg)	全氮 TN/(g/kg)	全磷 TP/(g/kg)	全钾 TK/(g/kg)	阳离子交换量CEC/(cmol/kg)	土壤母质 Parent material	剖面点坐标 Profile coordinate	匹配指数 Matching index/%
剖38	人为土	水稻土	潴育水稻土	灰潮土田	灰潮砂泥田	A	0—20	黄褐色	中壤土	团块状	8.3	22.1	1.18	0.61	24.1	18.5	河流冲积物	E 113°22′26.7″ N 30°41′18.3″	95
						P	20—25	黄褐色	中壤土	块状	8.4	19.0	1.14	0.61	24.8	19.3			
						W	25—48	棕色	轻壤土	块状	8.5	13.8	0.83	0.55	24.3	9.3			
						B	48—100	棕黄色	中壤土	块状	8.6	13.1	0.77	0.54	23.7	20.7			
剖39	半水成土	潮土	灰潮土	壤土型灰潮土	浅位底砂灰正土	A	0—15	黄棕色	中壤土	粒状	7.6	17.5	1.21	0.62	22.9	16.8	有石灰反应的河流冲积物	E 113°16′32.1″ N 30°41′41.8″	97
						B	15—27	黄褐色	中壤土	片状	8.0	10.0	7.10	0.57	22.0	15.7			
						C	27—100	棕色	砂壤土		8.0	6.3	0.39	0.52	20.3	11.2			
剖40	半水成土	潮土	灰潮土	壤土型灰潮土	灰正土	A	0—17	褐色	中壤土	团粒状	7.6	23.3	1.37	0.63	24.4	23.3	有石灰反应的河流冲积物	E 113°15′39.8″ N 30°40′30.6″	98
						B	17—59	黄褐色	中壤土	块状	7.8	16.1	0.95	0.53	25.9	26.3			
						C	59—100	黄棕色	中壤土	块状	7.6	16.1	0.95	0.54	24.1	18.2			
剖41	半水成土	潮土	灰潮土	壤土型灰潮土	中位底砂灰正土	A	0—15	棕色	中壤土	粒状	8.0	21.9	1.58	0.78	25.9	23.6	有石灰反应的河流冲积物	E 113°22′31.7″ N 30°42′39.9″	97
						B	15—76	黄棕色	中壤土	块状	8.2	8.6	0.59	0.45	22.5	17.0			
						C	76—100	黄褐色	砂壤土		8.5	2.9	0.25	0.55	18.0	7.9			
剖42	半水成土	潮土	灰潮土	壤土型灰潮土	浅位厚夹黏土油砂土	A	0—20	黄褐色	轻壤土	粒状	7.6	11.2	0.99	0.59	20.6	18.7	有石灰反应的河流冲积物	E 113°15′38.3″ N 30°38′41.1″	95
						B₁	20—35	黄棕色	重壤土	小块状	8.0	10.3	0.90	0.57	21.4	16.4			
						B₂	35—74	褐色	重壤土	块状	7.6	14.1	1.00	0.52	23.7	31.3			
						C	74—102	黄褐色	砂壤土		8.0	5.3	0.41	0.49	18.6	15.0			
剖43	人为土	水稻土	潴育水稻土	灰潮土田	灰潮砂田	A	0—12	暗棕色	黏壤土		7.9	18.7	1.15	1.18	19.1	14.5	河流冲积物	E 113°23′36.7″ N 30°39′16.3″	95
						P	12—20	褐色	壤土		8.1	15.3	0.93	1.07	18.8	11.9			
						W	20—38	黄褐色	砂质黏壤土		8.0	9.9	0.64	1.01	18.2	9.2			
						C	38—100	暗黄棕色			8.3	1.4	0.17	1.04	12.1	20.3			
剖44	人为土	水稻土	潴育水稻土	灰潮土田	灰潮砂田	A	0—12	黄褐色	砂壤土		7.9	18.7	1.15	1.18	19.1	14.5		E 113°19′50.8″ N 30°34′45.8″	97
						P	12—20	褐色	砂壤土	块状	8.1	15.3	0.93	1.07	18.8	11.9			
						Wg	20—38	黄褐色	松砂土		8.0	9.9	0.64	1.01	18.2	9.2			
						C	38—100	暗黄棕色			8.3	1.4	0.17	1.04	12.1	20.3			
剖45	人为土	水稻土	潜育水稻土	灰青泥田	灰青砂泥田	A	0—15	褐色	中壤土	块状	8.3	28.6	1.22	0.57	26.9	20.0	河流冲积物	E 113°23′33.5″ N 30°27′23.8″	95
						P	15—24	褐色	中壤土	块状	8.2	19.1	1.13	0.59	28.2	22.5			
						G	24—100	青灰色	中壤土	块状	8.2	17.8	1.13	0.63	27.2	16.5			

神农架林区

主要土类说明

黄棕壤是神农架林区主要土壤类型，占本区地域面积的33%，占耕地面积的57%，占林荒地面积的30%。黄棕壤是在亚热带生物气候条件下形成的地带性土壤，分布在海拔1800m以下的丘陵山地。其特征是弱度富铝化，黏聚现象明显，呈黄棕色。黄棕壤具A–B–C或A–（B）–C剖面构型，黏粒硅铝率在2.5左右，铁的游离度较红壤低，B层交换性酸大于A层。

石灰（岩）土是神农架林区第二大土壤类型，占本区地域面积的27%，主要分布在红坪、松柏、阳日等地。受母岩的溶蚀风化特点和高温湿润气候条件影响，在风化成土过程中，母质中碳酸盐不断淋溶，土壤不断受到冲刷，使土壤保持在相对幼年阶段。地形开阔平缓且植被保存较好的坡地，成土时间长，土壤发育程度较高，已具有地带性土壤特征，但仍反映出母质的某些性质，土壤呈中性或微酸性。本区岩溶分布广，在大部分石灰岩地区，富含碳酸盐的地表水和崩解碎片进入土体后，土体中碳酸盐不断得到补充，因而土壤一般呈中性或微碱性。

棕壤是神农架林区第三大土壤类型，占本区地域面积的26%。棕壤分布在海拔1800—2200m的中高山地带，垂直分布在山地黄棕壤之上，山地暗棕壤之下。棕壤是本区林业生产的重要土壤，有较大面积的天然林。

暗棕壤占本区地域面积的13%。暗棕壤分布在海拔2200m以上的地区，是在湿润地区针阔叶混交林下发育的森林土壤，森林覆盖率为80%—90%。暗棕壤分布区气候湿润冷凉，夏季降水量占全年降水量的一半以上，冬季温度低，土壤出现季节性冻层，冻层厚度可达100cm。成土过程主要是湿润森林下的腐殖质累积过程及弱酸性淋溶过程，在以华山松、冷杉为主的针阔叶混交林下，地被植物生长茂盛，每年有大量凋落物。该土壤剖面发育完整，A、B、C层分明，具有棕色心土层，颜色较山地棕壤深，为其特有层次。黏粒和铁铝移动明显，黏粒在剖面中部略有增加。土壤呈中性至酸性，盐基饱和度一般在70%以上，有的低于50%。

小于本区地域面积3%的土壤类型有山地草甸土、紫色土等。

本区域中心区气候特征

本区域中心区气候特征值
Regional climate characteristics in central area of the region

气候带：北亚热带湿润气候 Climate region: North subtropical humid climate	
年平均气温 /℃ Annual average temperature /℃	15.9
年平均最高气温 /℃ Annual average maximum temperature /℃	20.9
年平均最低气温 /℃ Annual average minimum temperature /℃	12.1
年降水量 /mm Annual precipitation /mm	1107
≥10℃的积温 /℃ Daily temperature accumulated in a year（≥10℃）/℃	5940
年日照时数 /h Annual sunshine /h	1519
年平均相对湿度 /% Annual average relative humidity /%	76
干燥度 Dryness	0.93

本区域中心区月平均气温与月平均降水量
Monthly temperature and precipitation in central area of the region

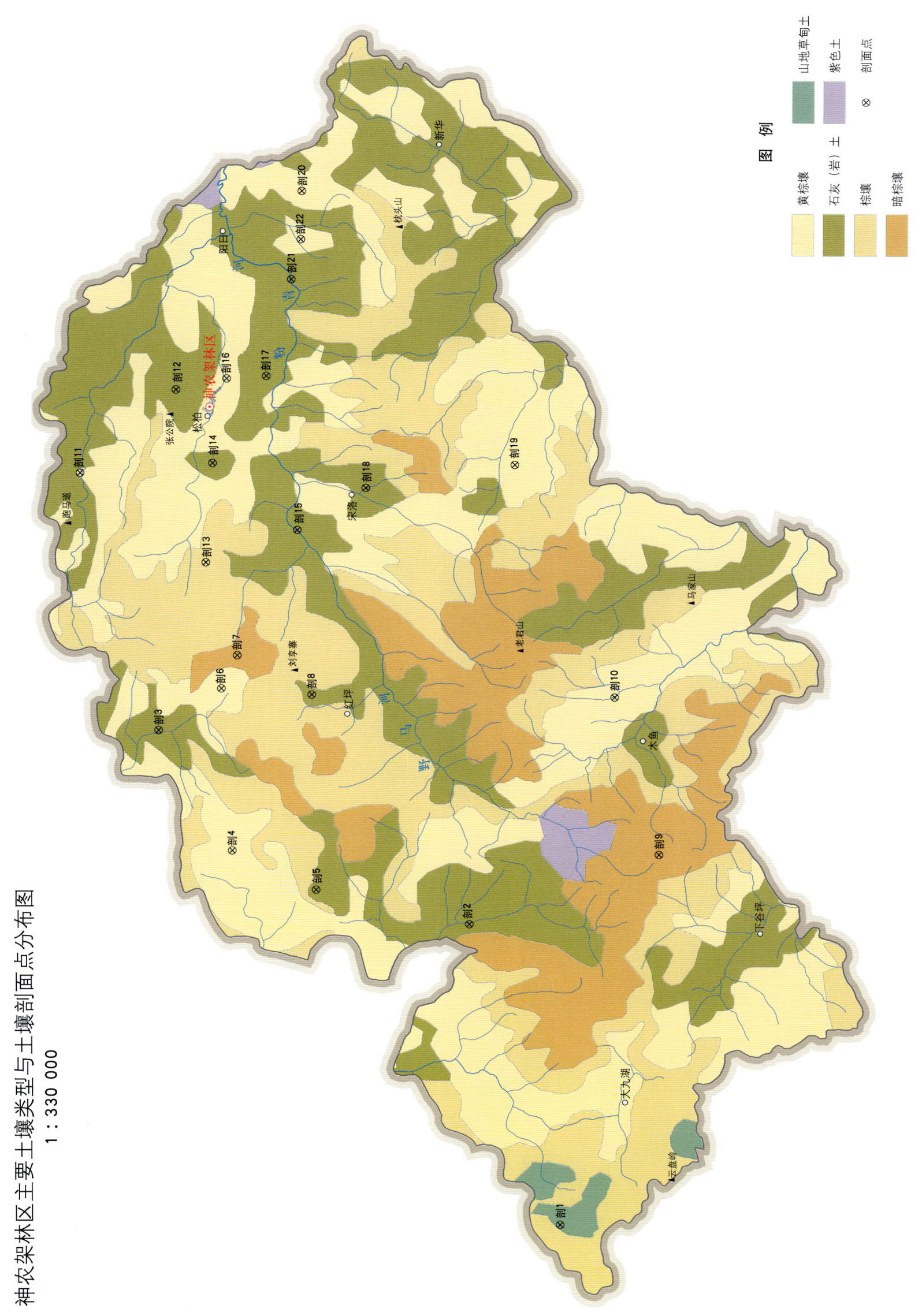

神农架林区主要土壤类型与土壤剖面点分布图
1∶330 000

神农架林区土壤剖面理化性状表

剖面号 Soil profile	土纲 Soil order	土类 Soil great group	亚类 Soil subgroup	土属 Soil genus	土种 Soil species	土层码 Layer code	土层厚度 Depth/cm	颜色 Soil color	质地 Soil texture	土壤结构 Soil structure	pH	有机质 OM/(g/kg)	全氮 TN/(g/kg)	全磷 TP/(g/kg)	全钾 TK/(g/kg)	阳离子交换量 CEC/(cmol/kg)	土壤母质 Parent material	剖面点坐标 Profile coordinate	匹配指数 Matching index/%
剖1	半水成土	山地草甸土	山地草甸土	山地草甸土	山地草甸土	A	0—18	暗棕色	粉质黏壤土	粒状、碎块状	5.2	58.1	3.24	1.11	23.8		石英砂岩、页岩和花岗岩风化物	E 109°59′46.3″ N 31°30′13.8″	75
						B	18—40	暗棕色	粉质黏壤土	小块状	5.3	30.7	1.99	0.97	25.1				
						C	40—72	灰棕色	粉质黏壤土	块状、棱块状	5.7	13.9	1.23	0.61	29.4				
剖2	初育土	石灰（岩）土	棕色石灰土	棕色石灰土	中砾石中层棕色石灰土	1	0—20	黄棕色	砂壤土	粒状	8.0						石灰岩	E 110°14′31.2″ N 31°34′01.8″	75
						2	20—50	淡棕色	重壤土	块状	7.6								
						3	50—78	灰白色	砂壤土	块状	8.0								
						4	78—100	紫灰色	重壤土	块状	8.0								
剖3	初育土	石灰（岩）土	棕色石灰土	棕色石灰土	重砾石薄层棕色石灰土	5	100—120				8.0						石灰岩	E 110°24′06.9″ N 31°46′47.9″	95
						1	0—4	褐色	中壤土	粒状	7.6								
						2	4—24	暗灰棕色	中壤土	块状	8.0								
						3	24—57												
						4	57—												
剖4	淋溶土	黄棕壤	黄棕壤	碳酸岩黄棕壤	轻砾石大泥土	1	0—16	暗黄棕色	重壤土	块状	7.3	21.8	1.60	0.38	16.4	21.7	石灰岩	E 110°18′08.6″ N 31°43′45.0″	95
						2	16—32	暗黄棕色	黏土	棱块状	7.4	18.3	1.37	0.32	9.8	20.7			
						3	32—60	棕色	黏土	棱块状	7.2	11.3	0.96	0.27	9.0	27.3			
						4	60—100	暗棕色	黏土	棱块状	6.8	9.6	0.74	0.26	16.5	20.7			
剖5	初育土	石灰（岩）土	黑色石灰土	黑色石灰土	轻砾石薄层黑色石灰土	1	0—5	黑棕色	轻壤土	粒状	7.5						石灰岩	E 110°16′12.9″ N 31°40′19.0″	75
						2	5—16	灰棕色	中壤土	粒状	7.2								
						3	16—35	暗黄棕色	中壤土	粒状	7.6								
剖6	淋溶土	黄棕壤	山地黄棕壤	泥质岩山地黄棕壤	扁砂泥土	4	35—100	灰黄棕色	中壤土	小块状	7.0	12.7	0.89	0.27	15.7	11.3	泥质岩	E 110°26′12.7″ N 31°44′14.2″	95
						1	0—20	暗黄棕色	中壤土	块状	7.3	7.3	0.45	0.16	21.2	16.0			
						2	20—60		中壤土	块状	7.1	5.5	0.35	0.14	12.3	5.2			
剖7	淋溶土	暗棕壤	草甸暗棕壤	锈暗山黏土	锈暗山黏土	3	60—80										砂页岩风化物	E 110°27′51.8″ N 31°43′36.1″	75
						Ah	0—18	暗黑棕色	壤质黏土	屑粒状	5.2	65.4	3.60	1.10	33.1				
						B	18—60	棕色	壤质黏土	小块状	5.3	31.9	1.70	0.70	22.6				
						C	60—110	暗棕色	壤质黏土	块状	5.7	12.1	0.80	0.90	34.8				
剖8	初育土	石灰（岩）土	黑色石灰土	黑色石灰土	轻砾石厚层黑色石灰土	1	0—10	暗黑棕色	轻壤土	粒状	8.0						石灰岩	E 110°25′55.0″ N 31°40′32.6″	75
						2	10—44	灰棕色	中壤土	小块状	7.6								
						3	44—100	淡棕色	中壤土	小块状	7.6								
剖9	淋溶土	暗棕壤	暗棕壤	暗山黏土	暗细渣土	Ah	0—24	浊黄棕色	壤质黏土	屑粒状	5.5	61.6	3.20	1.10	14.7		砂页岩坡积物	E 110°18′02.6″ N 31°26′17.9″	95
						AhB	24—48	棕色	壤质黏土	碎块状	5.7	46.5	2.60	1.10	14.4				
						B₁	48—78	黄棕色	壤质黏土	小块状	5.6	26.3	1.70	0.90	16.3				
						B₂	78—118	黄棕色	壤质黏土	块状	6.0	14.6	1.00	0.80	17.5				
剖10	淋溶土	暗棕壤	暗黄棕壤	暗黄棕泥土		A	0—22	浊黄棕色	壤质黏土	小块状	6.4	17.9	0.90	0.40	14.3		泥质岩风化残积物或坡积物	E 110°25′51.7″ N 31°28′08.4″	95
						AB	22—33	棕色	壤质黏土	粒状、小块状	5.4	15.9	0.80	0.40	13.4				
						B	33—63	棕色	黏土	小块状	5.4	13.0	0.60	0.30	12.1				
剖11	淋溶土	黄棕壤	山地黄棕壤	碳酸岩山地黄棕壤		A	0—13	灰黄棕色	重壤土	团块状	6.5	17.8	1.40	0.94	23.2	19.5	石灰岩	E 110°36′53.1″ N 31°50′05.3″	75
						B₁	13—37	棕色	重壤土	块状	6.2	9.8	0.62	0.64	22.9	25.9			
						B₂	37—100	淡棕色	重壤土	块状	5.8	17.4	1.09	6.88	23.5	24.9			
剖12	初育土	石灰（岩）土	棕色石灰土	棕色石灰土	中砾石厚层棕色石灰土	1	0—16	灰棕色	中壤土	小块状	7.6						石灰岩	E 110°41′03.6″ N 31°46′11.2″	95
						2	16—72		中壤土	块状	7.2								
						3	72—100	暗棕色	重壤土	块状	7.6								

续表 Continued

剖面号 Soil profile	土纲 Soil order	土类 Soil great group	亚类 Soil subgroup	土属 Soil genus	土种 Soil species	土层码 Layer code	土层厚度 Depth/cm	颜色 Soil color	质地 Soil texture	土壤结构 Soil structure	pH	有机质 OM/(g/kg)	全氮 TN/(g/kg)	全磷 TP/(g/kg)	全钾 TK/(g/kg)	阳离子交换量CEC/(cmol/kg)	土壤母质 Parent material	剖面点坐标 Profile coordinate	匹配指数 Matching index/%
剖13	淋溶土	棕壤	山地棕壤	泥质岩山地棕壤	轻砾石砂泥土	A	0—17	棕黄色	中壤土	块状	5.8	23.5	1.75	0.82	10.4	15.5	泥质岩	E 110°32′27.9″ N 31°44′54.8″	93
						B	17—100	棕黄色	中壤土	块状	5.9	11.7	0.97	0.55	17.6	17.8			
剖14	初育土	石灰（岩）土	黑色石灰土	黑色石灰土	中砾石厚层黑色石灰土	1	0—3				7.2						石灰岩	E 110°37′24.2″ N 31°44′40.2″	75
						2	3—5	黑棕色	轻壤土	粒状	7.2								
						3	5—39	灰棕色	轻壤土	粒状	7.2								
						4	39—67	黑棕色	轻壤土	粒状	7.6								
						5	67—100	淡棕色	轻壤土	粒状	7.6								
剖15	初育土	石灰（岩）土	黑色石灰土	黑色石灰土	厚层黑色石灰土	1	0—5										石灰岩	E 110°34′06.2″ N 31°41′10.7″	95
						2	5—30	黑色	轻壤土	粒状	7.5	85.2	4.16	1.41	3.7	31.2			
						3	30—70	黑色	中壤土	块状	7.6	84.4	4.85	1.79	3.3	33.6			
						4	70—100	棕色	中壤土	粒状	8.0	39.4	2.45	1.63	2.3	20.3			
剖16	淋溶土	黄棕壤	山地黄棕壤性土	碳酸岩黄棕壤性	轻砾石石渣子土	A	0—15	暗棕色	中壤土	小块状	7.2	10.8	1.14	0.83	8.6	10.0	石灰岩	E 110°41′37.1″ N 31°44′06.8″	93
						G₁	15—20	栗色	重壤土	块状	7.4	14.4	0.90	0.91	11.8	9.3			
						G₂	20—60	暗黄色	重壤土	块状	7.4	12.3	0.70	0.92	11.7	9.8			
剖17	初育土	石灰（岩）土	棕色石灰土	棕色石灰土	薄层棕色石灰土	1	0—3	黑棕色	轻壤土	粒状	7.7	35.2	1.84	1.16	8.5	11.6	石灰岩	E 110°41′45.4″ N 31°42′29.8″	95
						2	3—17	棕灰色	中壤土	块状	7.6	8.8	0.50	1.33	15.7	14.4			
						3	17—60	紫色	重壤土	块状	7.9	9.0	0.55	1.42	17.8	15.3			
						4	60—100	淡棕色	重壤土	块状	8.1								
剖18	初育土	石灰（岩）土	棕色石灰土	棕色石灰土	轻砾石扁泥砂土	1	0—13	褐色	中壤土	粒状	8.0	26.0	1.65	0.71	15.8	11.4	石灰岩	E 110°36′12.1″ N 31°38′23.3″	95
						2	13—29	暗棕色	轻壤土	块状	7.2	19.8	1.27	0.73	19.2	11.4			
						3	29—100	灰棕色	轻壤土	粒状	8.0	5.1	0.35	0.31	11.0	9.0			
剖19	淋溶土	黄棕壤	山地黄棕壤	泥质岩山地黄棕壤	黄钾渣土	1	0—10	暗棕色	砂壤土	小团块状	7.6	54.7	2.58	0.35	9.3	12.0	泥质岩	E 110°37′23.8″ N 31°32′17.9″	95
						2	10—40	暗棕色	轻壤土	块状	7.6	26.0	1.33	0.34	11.1	14.4			
						3	40—100	灰黄色	轻壤土	粒状	7.5	46.4	2.26	0.58	9.9	24.4			
剖20	淋溶土	黄棕壤	黄棕壤	泥质岩黄棕壤	黄钢渣土	A	0—4	暗棕色	中壤土	粒状	6.5	51.1	2.11	0.12	9.3	12.2	泥质岩风化残积物或坡积物	E 110°50′57.5″ N 31°41′04.9″	95
						B	4—20	淡棕色	中壤土	小块状	6.2	11.1	0.57	0.13	10.6	11.9			
						C	20—100	暗红棕色	中壤土	块状	6.6	7.8	4.26	0.12	15.3	13.1			
剖21	初育土	石灰（岩）土	棕色石灰土	棕色石灰土	厚层棕色石灰土	1	0—18	黄棕色	重壤土	棱状	7.0	15.7	1.02	0.31	20.2	25.0	石灰岩	E 110°46′33.5″ N 31°41′29.5″	95
						B₁	18—45	淡棕色	黏土	块状	6.6	7.1	0.17	0.20	19.5	31.7			
						B₂	45—100	棕色	黏土	块状	6.8	3.3	0.39	0.21	20.5	26.8			
剖22	淋溶土	黄棕壤	山地黄棕壤	泥质岩山地黄棕壤	山地灰泡土	A	0—20	淡棕黄色	重壤土	小块状	6.8	16.7	1.09	0.62	19.5	16.5	泥质岩	E 110°48′32.8″ N 31°41′06.5″	95
						B	20—43	淡黄棕色	重壤土	块状	6.6	11.7	0.73	0.50	15.7	15.7			
						C	43—100	黄色	重壤土	块状	7.0	6.4	0.40	0.36	18.2	12.0			

中国土壤剖面数据集·湖北卷

附 录

附录1 湖北省县级行政区及分县主要土壤类型与土壤剖面点分布图地域名对照表

地级行政区划	县级行政区划[1]	分县主要土壤类型与土壤剖面点分布图地域名[2]	地级行政区划	县级行政区划[1]	分县主要土壤类型与土壤剖面点分布图地域名[2]
武汉市	江岸区	市辖区*	十堰市	房县	房县
	江汉区			丹江口市	丹江口市
	硚口区		宜昌市	西陵区	
	汉阳区			伍家岗区	
	武昌区			点军区	
	青山区			猇亭区	
	洪山区			夷陵区	夷陵区
	东西湖区			远安县	远安县
	汉南区			兴山县	兴山县
	蔡甸区			秭归县	秭归县
	江夏区	武昌县		长阳土家族自治县	长阳土家族自治县
	黄陂区			五峰土家族自治县	五峰土家族自治县
	新洲区	新洲县		宜都市	枝城市
黄石市	黄石港区			当阳市	当阳市
	西塞山区			枝江市	枝江县
	下陆区		襄阳市	襄城区	
	铁山区			樊城区	市辖区*
	阳新县	阳新县		襄州区	
	大冶市	大冶县		南漳县	南漳县
十堰市	茅箭区	市辖区*		谷城县	谷城县
	张湾区			保康县	保康县
	郧阳区	郧县		老河口市	老河口市
	郧西县	郧西县		枣阳市	枣阳市
	竹山县	竹山县		宜城市	宜城县
	竹溪县	竹溪县			

续表

地级行政区划	县级行政区划 [1]	分县主要土壤类型与土壤剖面点分布图地域名 [2]	地级行政区划	县级行政区划 [1]	分县主要土壤类型与土壤剖面点分布图地域名 [2]
鄂州市	梁子湖区	市辖区*	黄冈市	英山县	英山县
	华容区			浠水县	浠水县
	鄂城区			蕲春县	蕲春县
荆门市	东宝区	东宝区、掇刀区、沙洋县		黄梅县	黄梅县
	掇刀区			麻城市	麻城市
	沙洋县			武穴市	武穴市
	钟祥市	钟祥市	咸宁市	咸安区	市辖区*
	京山市	京山县		嘉鱼县	嘉鱼县
孝感市	孝南区	市辖区*		通城县	通城县
	孝昌县			崇阳县	崇阳县
	大悟县	大悟县		通山县	通山县
	云梦县	云梦县		赤壁市	蒲圻市
	应城市	应城市	随州市	曾都区	曾都区、随县
	安陆市	安陆市		随县	
	汉川市			广水市	广水市
荆州市	沙市区		恩施土家族苗族自治州	恩施市	恩施市
	荆州区			利川市	利川市
	公安县	公安县		建始县	建始县
	江陵县	江陵县		巴东县	巴东县
	石首市	石首市		宣恩县	宣恩县
	洪湖市	洪湖市		咸丰县	咸丰县
	松滋市	松滋县		来凤县	来凤县
	监利市	监利县		鹤峰县	
黄冈市	黄州区		湖北省直辖县级行政区	仙桃市	仙桃市
	团风县	团风县		潜江市	潜江市
	红安县	红安县		天门市	天门市
	罗田县	罗田县		神农架林区	神农架林区

注：1) 为民政部于 2022 年 3 月发布的《2021 年中华人民共和国行政区划代码》中的县级行政区名称。该名称也作为本数据集分县目录。分县排序按《2021 年中华人民共和国行政区划代码》中的地级、县级行政区排列。

2) 分县主要土壤类型与土壤剖面点分布图地域名是全国第二次土壤普查中分县采样调查、制图的县级行政区名称。分县主要土壤类型与土壤剖面点分布图采用的县级行政域是从国家测绘局获取的 1∶25 万 DLG（公众版）数据（使用许可协议编号：非 2011—1011）。附录 1 显示了全国第二次土壤普查时的县级行政区域名与《2021 年中华人民共和国行政区划代码》中的县级行政区名称之间的关联。附录 1 中仅有《2021 年中华人民共和国行政区划代码》中的县级行政区名称，而没有对应的分县主要土壤类型与土壤剖面点分布图地域名的分县，表示该县级行政区无土壤剖面数据，未纳入分县目录。

* 在附录 1 中，凡分县主要土壤类型与土壤剖面点分布图地域名表示为"市辖区"的地域，均指在全国第二次土壤普查中，在城市中心区及近郊区完成的采样调查和制图。此时，县级行政区名称与分县主要土壤类型与土壤剖面点分布图地域名不是完全的对应关系。如武汉市市辖区（部分）主要土壤类型与土壤剖面点分布图代表土壤调查中武汉市城区及近郊区的土壤分布状况。此时将"市辖区"作为这一节的标题。

附录2　专题图基础地理要素图例

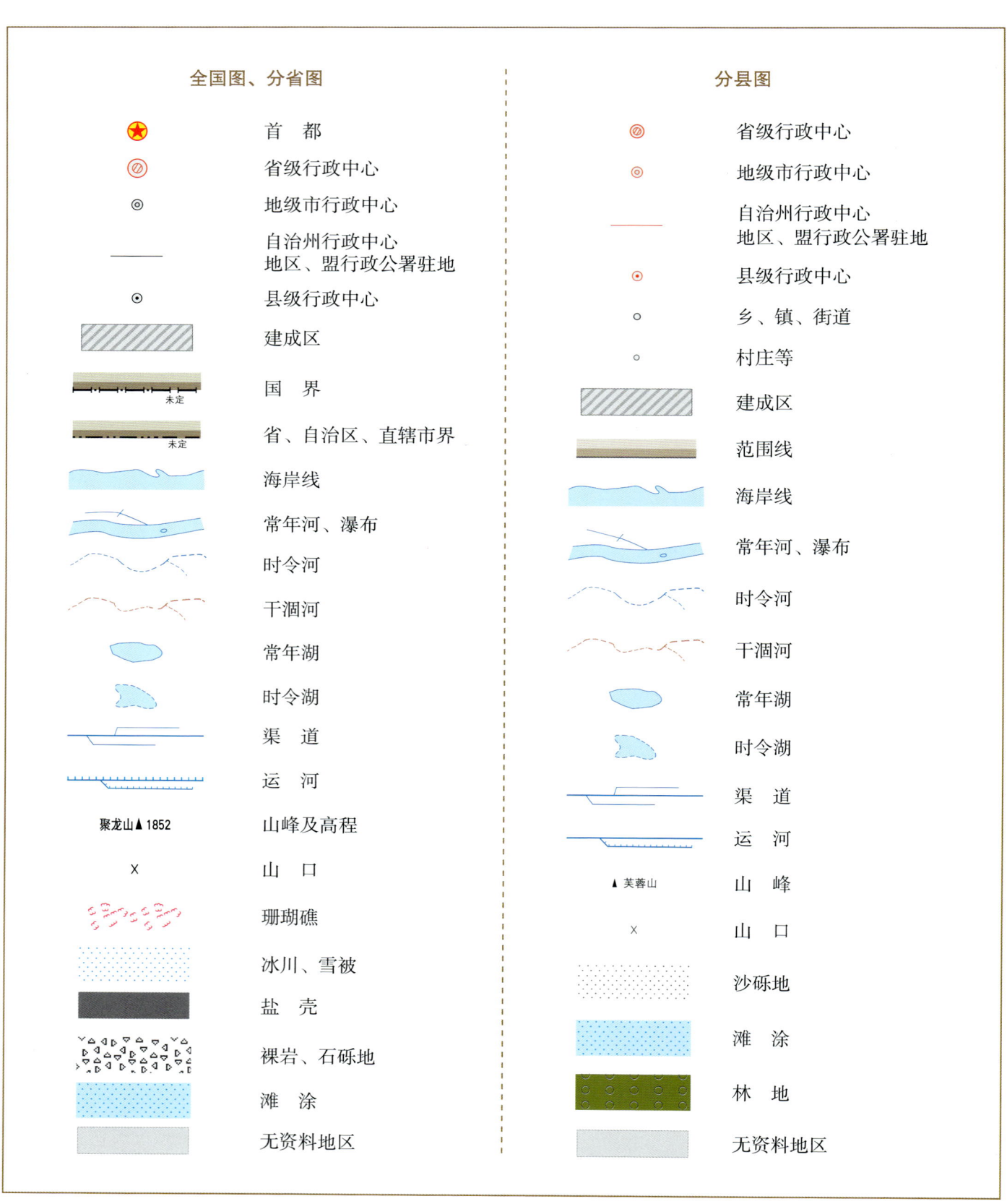

附录3 土壤图土类图例

图例	土类名	色码（RGB）	色码（CMYK）	图例	土类名	色码（RGB）	色码（CMYK）
	砖红壤	253，139，149	0，56，26，0		棕钙土	250，221，212	2，17，13，0
	赤红壤	253，160，170	0，47，17，0		灰钙土	230，214，165	11，15，40，1
	红　壤	252，199，209	1，29，6，0		灰漠土	246，237，182	4，6，36，0
	黄　壤	250，238，14	2，5，92，0		灰棕漠土	232，207，118	8，19，62，1
	黄棕壤	247，231，171	3，9，40，0		棕漠土	238，220，86	5，12，76，1
	黄褐土	249，236，121	2，5，64，0		黄绵土	249，223，2	1，13，93，0
	棕　壤	238，218，147	6，14，50，1		红黏土	247，149，143	1，52，33，0
	暗棕壤	226，181，98	9，33，68，2		新积土	184，199，156	30，11，44，2
	白浆土	223，226，205	15，7，22，0		龟裂土	254，252，55	0，7，86，0
	棕色针叶林土	206，169，142	18，35，40，4		风沙土	242，242，180	6，2，39，0
	灰化土	183，169，182	31，31，16，4		石灰（岩）土	176，175，85	28，21，75，9
	漂灰土*	220，219，162	15，9，44，1		火山灰土	223，167，170	11，41，19，2
	燥红土	250，161，9	0，46，95，0		紫色土	199，177，221	28，31，0，0
	褐　土	225，201，153	12，21，43，1		磷质石灰土	240，250，156	7，1，51，0
	灰褐土	228，219，186	12，12，30，0		石质土	171，181，150	35，18，43，5
	黑　土	142，164，151	46，21，38，8		粗骨土	196，187，132	23，21，53，4
	灰色森林土	162，178，175	40，19，27，4		草甸土	128，171，117	51，14，63，7

续表

图例	土类名	色码（RGB）	色码（CMYK）	图例	土类名	色码（RGB）	色码（CMYK）
	黑钙土	230, 188, 50	6, 30, 88, 1		潮土	169, 219, 118	34, 1, 68, 0
	栗钙土	214, 195, 161	17, 22, 37, 2		砂姜黑土	191, 202, 188	29, 13, 26, 1
	栗褐土	240, 213, 157	5, 18, 43, 1		林灌草甸土	171, 191, 44	31, 12, 93, 5
	黑垆土	201, 204, 125	22, 12, 60, 3		山地草甸土	132, 184, 161	52, 9, 42, 3
	沼泽土	144, 183, 212	49, 14, 8, 2		灌漠土	158, 184, 110	39, 12, 67, 6
	泥炭土	150, 140, 173	46, 41, 10, 6		草毡土	150, 172, 169	45, 20, 29, 6
	草甸盐土	222, 145, 201	21, 49, 0, 0		黑毡土	129, 157, 106	48, 19, 63, 14
	滨海盐土	232, 206, 217	10, 22, 5, 0		寒钙土	198, 214, 203	26, 8, 21, 1
	酸性硫酸盐土	187, 159, 184	29, 38, 9, 3		冷钙土	194, 194, 96	23, 15, 72, 5
	漠境盐土	209, 130, 159	16, 58, 11, 3		冷棕钙土	183, 186, 169	31, 20, 32, 3
	寒原盐土	187, 159, 184	29, 38, 9, 3		寒漠土	235, 223, 181	9, 12, 33, 0
	碱土	227, 211, 211	13, 18, 11, 0		冷漠土	223, 197, 102	11, 22, 68, 2
	水稻土	107, 176, 107	59, 9, 72, 3		寒冻土	196, 171, 79	19, 29, 77, 8
	灌淤土	136, 146, 47	38, 24, 90, 21				

注：*漂灰土，《中国土壤分类与代码》（GB/T 17296—2009）中无此土类，在全国第二次土壤普查中完成的中国1∶100万土壤图和分县土壤图中含漂灰土，主要分布于西藏自治区南部，总面积约为112 km^2。

附录 4　中国主要土壤类型简表

土纲名[1]	土类名[2]	主要成土条件及特征[3]	分布区域	WRB 土组名[4]	MR[5]/%	百分比[6]/%
铁铝土纲 Ferrallisols	砖红壤 Latosols	热带雨林或季雨林下，强烈脱硅富铝化，游离铁占全铁的 80%，土壤呈砖红色，具 A–Bs–Bv–C 剖面构型	海南、广东等	Acrisols	29	0.46
	赤红壤 Latosolic red soils	南亚热带季雨林下，脱硅富铝化程度次于砖红壤、强于红壤，铁的游离度介于二者之间，土壤呈赤红色，具 A–Bs–C 剖面构型	广东、云南、广西、福建等	Acrisols	40	2.23
	红壤 Red soils	中亚热带常绿阔叶林下，中度脱硅富铝化，具有深厚红色土层，具 A–Bs–Bv 或 A–Bs–C 剖面构型	南部的江西、福建、湖南等	Cambisols	35	6.79
	黄壤 Yellow soils	亚热带湿润气候条件下，多见于海拔 700—1200m 的山区，中度富铝化，土壤有机质累积较多，土壤呈黄色，具 O–A–AB–B–C 剖面构型	贵州、四川、云南、西藏、台湾等	Cambisols	45	2.65
淋溶土纲 Alfisols	黄棕壤 Yellow-brown soils	北亚热带暖湿落叶阔叶林下，弱度富铝化，母质多为砂页岩及花岗岩风化物，黏化特征明显，土壤呈黄棕色，具 A–B–C 或 A–(B)–C 剖面构型	长江中下游沿江低山丘陵区，以及云南、贵州、四川、陕西、西藏等	Cambisols	39	2.37
	黄褐土 Yellow-cinnamon soils	北亚热带地区，黄土状母质，无游离碳酸钙，黏化淀积明显，土壤呈灰黄棕色，具 A–B–C 或 A–Bt–C 剖面构型	河南、安徽面积最大，陕南、鄂北、江苏、川东北、江西等地也有分布	Luvisols	58	0.59
	棕壤 Brown soils	湿润暖温带地区，处于硅铝风化阶段，盐基已淋失，土体见黏粒淀积，土壤呈棕色，具 O–A–Bt–C 剖面构型	辽东至苏北低山丘陵，以及内蒙古、河南、西藏、云南、湖北等地的山地垂直带	Luvisols	51	2.73
	暗棕壤 Dark brown soils	湿润温带地区，针阔叶混交林下，弱酸性淋溶，有机质富集明显，土体 B 层呈棕色，具 O–A–B–C 剖面构型	黑龙江、吉林、内蒙古等	Cambisols	48	4.12

续表

土纲名[1]	土类名[2]	主要成土条件及特征[3]	分布区域	WRB 土组名[4]	MR[5]/%	百分比[6]/%
淋溶土纲 Alfisols	白浆土 Bleached baijiang soils	湿润温带平缓岗地森林草原下，上层土壤周期性滞水，还原铁、锰，漂洗形成灰黄色至灰白色白浆土层 E，具 Ah–E–Bt–C 剖面构型	黑龙江、吉林等	Luvisols	46	0.49
	棕色针叶林土 Brown coniferous forest soils	寒温带针叶林下，酸性淋溶，表层盐基饱和度降低，B 层呈棕色，具 O–A–AB–B–C 剖面构型	内蒙古、黑龙江、四川、云南、吉林、新疆等	Cambisols	47	1.15
	灰化土 Podzolic soils	寒冷湿润针叶林下，表层有机质层深厚，强烈淋溶和 SiO_2 淀积形成灰化层 A_2，具 A_1–A_2–B–BC 剖面构型	西藏	Podzols	100	<0.01
半淋溶土纲 Semi-alfisols	燥红土 Torrid red soils	热带、亚热带干旱河谷与雨区稀树草原下形成的盐基饱和的红色土壤，具 A–B–C（D）剖面构型	海南、贵州、云南、四川等	Luvisols	100	0.08
	褐土 Cinnamon soils	暖温带半湿润，黏化与钙质淋移淀积，盐基饱和，B 层呈棕褐色，具 A–B–Bk–C 剖面构型	河北、山西、北京等	Cambisols	48	2.88
	灰褐土 Gray-cinnamon soils	温带干旱、半干旱山地云冷杉下，腐殖质累积与钙积作用明显，弱黏淀特征，具 Ao–A–B–C 剖面构型	甘肃、内蒙古、新疆、西藏、青海、宁夏等地的山地垂直带	Cambisols	43	0.65
	黑土 Black soils	温带半湿润草甸草原下，具深厚的腐殖质层，无石灰性的黑色土壤，底层轻度淋溶，具 A–ABh–BhC–C 剖面构型	东北平原	Phaeozems	31	0.68
	灰色森林土 Gray forest soils	温带森林植被下，腐殖质层深厚，弱度淋溶，剖面下部见硅粉，具 O–A–AB 或（B）–BC–C 剖面构型	内蒙古、新疆、河北	Phaeozems	77	0.34
钙层土 Pedocals	黑钙土 Chernozems	温带半湿润草甸草原下，具深厚的腐殖质层、碳酸钙淋溶淀积层	内蒙古、新疆、吉林、黑龙江、青海、甘肃	Chernozems	50	1.51
	栗钙土 Castanozems	温带半干旱草原下，具有栗色腐殖质层和灰白色钙积层	内蒙古、新疆、河北、山西、吉林等	Kastanozems	61	4.18
	栗褐土 Castano-cinnamon soils	暖温带半干旱草原及灌木下，弱度黏化和弱度淋溶，通体有石灰反应	山西、内蒙古、河北	Cambisols	40	0.47
	黑垆土 Dark loessial soils	黄土高原上，由黄土母质发育，有机质含量低，腐殖质层深厚，无明显黏化层	甘肃面积最大，其次为陕北和宁南地区	Cambisols	59	0.21
干旱土 Aridisols	棕钙土 Brown caliche soils	温带干旱草原向荒漠过渡区，具浅棕色薄腐殖质层、灰白色薄钙积层，钙积层接近地表	内蒙古、甘肃、青海、新疆	Cambisols	36	2.81
	灰钙土 Sierozems	暖温带干旱草原下，母质多为黄土，低腐殖质、弱淋溶，具腐殖质层和钙积层	甘肃、宁夏、新疆、青海、内蒙古、陕西	Cambisols	63	0.50

续表

土纲名[1]	土类名[2]	主要成土条件及特征[3]	分布区域	WRB 土组名[4]	MR[5]/%	百分比[6]/%
漠土 Desert soils	灰漠土 Gray desert soils	温带干旱漠境边缘区	宁夏、内蒙古、甘肃、新疆等	Cambisols	44	0.72
	灰棕漠土 Gray-brown desert soils	温带干旱中心	新疆、内蒙古等	Cambisols	78	3.11
	棕漠土 Brown desert soils	暖温带极干旱漠境中心	新疆、甘肃等	Cambisols	65	2.69
初育土 Amorphic soils	黄绵土 Loessial soils	黄土高原上，由黄土母质直接翻耕形成，具 A-C 剖面构型	陕西、甘肃、山西、宁夏等	Cambisols	33	1.97
	红黏土 Red primitive soils	由第三纪红色黏土及部分第四纪老黄土发育	陕西、甘肃、河南、山西、辽宁等	Regosols	48	0.07
	新积土 Neo-alluvial soils	新近冲积、洪积、坡积、塌积或人工堆垫，具 A-C 或 (A)-C 剖面构型	全国各地，以吉林、陕西面积最大，其次为黑龙江、宁夏、四川等	Fluvisols	51	0.57
	龟裂土 Takyr	干旱、漠境地区山前细土洪积微弱发育，表层为不规则龟裂结皮	新疆、甘肃、内蒙古、宁夏	Cambisols	72	0.06
	风沙土 Aeolian soils	半干旱、干旱及滨海地区，由风成沙性母质发育	新疆、内蒙古、甘肃、青海等	Arenosols	75	7.03
	石灰（岩）土 Limestone soils	由热带、亚热带石灰岩母质发育	贵州、广西、四川、湖南等	Cambisols	80	1.73
	火山灰土 Volcanic ash soils	由火山喷发碎屑、粉尘状堆积物发育，具 A-C 剖面构型	黑龙江、江苏、海南等	Andosols	53	0.04
	紫色土 Purplish soils	由热带、亚热带紫红色岩层侵蚀发育，土层浅薄，具 A-C 剖面构型	四川、云南、湖南、贵州、广西等	Cambisols	68	2.44
	磷质石灰土 Phospho-calcic soils	热带珊瑚岛礁上，由海鸟粪与珊瑚礁风化物形成	南海的西沙、南沙、东沙、中沙诸岛	Arenosols	81	<0.01
	石质土 Lithosols	石质山地岩石风化残积物，风化层厚度一般小于10cm，具 A-R 剖面构型	西北和华北山地	Leptosols	100	1.87
	粗骨土 Skeletal soils	基岩风化残积物、坡积物，属于 A-C 或 (A)-C 剖面构型	辽宁、内蒙古、山东、浙江等的河谷阶地、丘陵、低山和中山	Regosols	93	1.76
水成土 Aqueous soils	沼泽土 Bog soils	所处地势低洼，长期地表积水，还原作用形成潜育层G，泥炭层或腐泥层厚度小于50cm，具 H-G 剖面构型	黑龙江、青海、内蒙古等地的沟谷、平原河湖滨低洼地区均有分布，主要分布于东北	Gleysols	53	1.53
	泥炭土 Peat soils	泥炭层 H 厚度大于50cm，其下为潜育层G，具 H-G 剖面构型	青海、四川、黑龙江、吉林等	Histosols	48	0.06

续表

土纲名[1]	土类名[2]	主要成土条件及特征[3]	分布区域	WRB 土组名[4]	MR[5]/%	百分比[6]/%
半水成土 Semi-aqueous soils	草甸土 Meadow soils	冷湿条件下受地下水浸润并在草甸植被下发育，有明显腐殖质累积，铁、锰氧化还原形成锈纹层 Cu，具 A–Cu 或 A–C–Cu 剖面构型	黑龙江、内蒙古、新疆、四川等	Cambisols	92	3.54
	潮土 Fluvo-aquic soils	河流冲积平原或低平阶地耕作土壤，地下水位高，底土氧化还原交替形成锈纹层 Cu，具 A_{11}–A_{12}–Cu 或 A_{11}–C–Cu 剖面构型	主要分布于黄淮海平原，内蒙古、辽宁、湖北等地的河谷平原，滨湖低地与山间谷地也有分布	Cambisols	85	3.71
	砂姜黑土 Lime concretion black soils	河湖沉积物经脱沼与长期耕作形成，底土见砂姜	主要分布于安徽、河南、山东、江苏等，河北、湖北、广西等地也有分布	Cambisols	79	0.54
	林灌草甸土 Shrubby meadow soils	漠境河谷平原沿河一带的胡杨林下发育，有交替氧化还原作用，具 Ao–AC–C 剖面构型	新疆、内蒙古、甘肃等	Cambisols	87	0.24
	山地草甸土 Mountain meadow soils	中海拔山顶平台草甸植被下发育的薄层土壤，草皮层 As 下见铁锰锈纹、胶膜，具 As–A–C–D 剖面构型	除青藏高原及西北高山区以外，各省、自治区、直辖市均有分布，以西部为多，西南部次之	Cambisols	60	0.04
盐碱土 Alkali-saline soils	草甸盐土 Meadow solonchaks	草甸土、潮土、沼泽土地区，盐分累积量大于 6g/kg，有盐化表土层 Az，具 Az–C 剖面构型	从长江口到松辽平原均有分布	Solonchaks	55	1.21
	滨海盐土 Coastal solonchaks	母质为滨海沉积物，盐分来自海水和高矿化潜水，通常含盐量为 10g/kg，具 Az–Cz 剖面构型	山东、浙江、福建等沿海地区	Solonchaks	47	0.31
	酸性硫酸盐土 Acid sulphate soils	热带、南亚热带滨海低平原的海潮可及处，红树林残体形成的硫化物经氧化形成硫酸，土壤呈强酸性	海南、广东、广西、福建、台湾等	Solonchaks	36	<0.01
	漠境盐土 Desert solonchaks	极端干旱的漠境条件，含盐量通常在 100g/kg 以上	新疆、青海、甘肃等	Solonchaks	50	0.31
	寒原盐土 Frigid plateau solonchaks	青藏高寒地区退缩内陆湖盆、河间洼地	西藏	Solonchaks	88	0.10
	碱土 Solonetzes	碱化度（交换性钠占阳离子交换量百分比）大于 20%	零星分布于东北、华北、西北的内陆地区	Solonetz	50	0.06
人为土 Anthrosols	水稻土 Paddy soils	长期季节性淹灌、排水，水下翻耕，氧化还原交替，形成多种发生层分异：淹育层 Aa、犁底层 Ap、渗育层 P、潴育层 W 与潜育层 G	全国各地，以四川、江西、湖南等地面积为大	Anthrosols	83	4.93
	灌淤土 Irrigated warped soils	引用高泥沙含量灌溉水淤灌，加厚土层大于 50cm	新疆、宁夏、甘肃、河北、青海、西藏等	Anthrosols	70	0.22

续表

土纲名[1]	土类名[2]	主要成土条件及特征[3]	分布区域	WRB土组名[4]	MR[5]/%	百分比[6]/%
人为土 Anthrosols	灌漠土 Irrigated desert soils	干旱荒漠地区，坎儿井水长期耕灌	新疆、甘肃、宁夏、青海等地的荒漠绿洲地带	Anthrosols	68	0.12
高山土 Alpine soils	草毡土 Felty soils	高寒区平缓高原面上，强度生草腐殖质累积与弱度氧化还原形成草毡层	青海、西藏、四川、新疆等	Cambisols	69	5.46
	黑毡土 Dark felty soils	高寒区略较温湿的原面上，草毡层初步分解，色泽较暗，有机质含量较高	西藏、四川、新疆、甘肃等	Cambisols	61	2.73
	寒钙土 Frigid calcic soils	高寒半干旱区，弱度腐殖质累积，底层积钙	西藏、青海、新疆、甘肃等	Calcisols	70	7.88
	冷钙土 Cold calcic soils	高寒区冷凉半干旱原面下，具弱腐殖质累积与钙积特征	新疆、西藏、甘肃等	Cambisols	45	1.43
	冷棕钙土 Cold brown calcic soils	高寒区温凉的半干旱河谷处，土壤弱腐殖质累积，弱度淋溶与积钙	西藏	Cambisols	67	0.09
	寒漠土 Frigid desert soils	高寒干旱条件下成土	青藏高原西北部海拔4000m以上地区，涉及新疆、四川、西藏、青海等	Cryosols	87	0.29
	冷漠土 Cold desert soils	亚高山冷凉干旱条件下成土	西藏海拔4500m以下的湖盆、河谷及山地中下部	Cambisols	42	0.03
	寒冻土 Frigid frozen soils	高山冰川冰缘地带条件下，以物理风化为主	青藏高原冰缘地区，涉及新疆、西藏、甘肃等	Leptosols	100	3.23

注：1）中国土壤分类系统中土纲名及土纲英译名。
2）中国土壤分类系统中土类名及土类英译名。
3）本栏所用土层及后缀代码释义。
　　自然土壤：A 表土层，As 草根层、草毡层，A_2 灰化层，B 母质特征消失的表下层，C 受成土作用影响小的母质层，D 未受成土作用影响的碎屑层，R 坚硬岩石层，E 漂白层、白浆层，H 泥炭状有机质层，Hi 纤维状泥炭层，He 半分解泥炭层，O 凋落物有机质层。
　　旱地土壤：A_{11} 旱耕层，A_{12} 亚耕层，C_1 心土层，C_2 底土层。
　　水田土壤：Aa 耕作层（淹育层），Ap 犁底层（淹育层），P 渗育层，W 潴育层，G 潜育层，Gw 脱潜层，M 腐泥层。
　　土层后缀代码：d 漂灰特征，c 铁结核或硬结核，f 冰冻特征，h 有机质淀积，k 石灰聚积，n 碱化特征，q 硅聚积，t 黏粒淀积，v 网纹特征，x 脆盘，z 易溶盐聚积，su 硫化物聚积，b 埋藏或重叠，e 漂洗特征，g 潜育特征，i 弱分解有机质，m 胶结或固结，p 人工扰动，s 三氧化二物聚积，u 锈色斑纹，w 色泽或结构发育，y 石膏聚积，mo 铁锰胶膜。
4）世界土壤资源参比基础（world reference base for soil resources，WRB）工作组发布土组名，WRB土组划分原则与中国土壤分类系统中土纲接近。
5）WRB土组对中国土壤分类系统中各土类的最大可参比性（maximum referencibility，MR）。
6）该土类面积占各土类总面积的百分比。

附录 5　湖北省主要土壤类型表

土纲名[1]	土类名[2]	WRB 土组名[3]	MR[4]/%	百分比[5]/%
铁铝土纲 Ferrallisols	红壤 Red soils	Cambisols	35	6.5
	黄壤 Yellow soils	Cambisols	45	4.2
淋溶土纲 Alfisols	黄棕壤 Yellow-brown soils	Cambisols	39	32.5
	黄褐土 Yellow-cinnamon soils	Luvisols	58	3.3
	棕壤 Brown soils	Luvisols	51	3.2
	暗棕壤 Dark brown soils	Cambisols	48	0.2
初育土 Amorphic soils	新积土 Neo-alluvial soils	Fluvisols	51	0.7
	石灰（岩）土 Limestone soils	Cambisols	80	8.4
	紫色土 Purplish soils	Cambisols	68	2.8
	粗骨土 Skeletal soils	Regosols	93	1.4
水成土 Aqueous soils	沼泽土 Bog soils	Gleysols	53	0.1
半水成土 Semi-aqueous soils	潮土 Fluvo-aquic soils	Cambisols	85	8.3
	砂姜黑土 Lime concretion black soils	Cambisols	79	0.1
	山地草甸土 Mountain meadow soils	Cambisols	60	0.1
人为土 Anthrosols	水稻土 Paddy soils	Anthrosols	83	24.8

注：1）中国土壤分类系统中土纲名及土纲英译名。
　　2）中国土壤分类系统中土类名及土类英译名。
　　3）世界土壤资源参比基础（world reference base for soil resources，WRB）工作组发布土组名，WRB 土组划分原则与中国土壤分类系统中土纲接近。
　　4）WRB 土组对中国土壤分类系统中各土类的最大可参比性（maximum referencibility，MR）。
　　5）该土类面积占湖北省省域面积百分比，土类面积不足本省省域面积 0.05% 的土类未列入本表。

附录6 分省土壤有机质含量图有机质含量分级图例

图例	分级序号	色码（CMYK）	色码（RGB）	图例	分级序号	色码（CMYK）	色码（RGB）
	1	2, 2, 17, 0	255, 255, 220		8	38, 0, 74, 0	157, 218, 104
	2	4, 1, 35, 0	248, 255, 190		9	42, 0, 80, 0	146, 210, 90
	3	8, 0, 47, 0	238, 255, 165		10	48, 1, 85, 0	132, 200, 80
	4	17, 0, 53, 0	220, 249, 150		11	52, 4, 89, 1	123, 190, 70
	5	23, 0, 60, 0	203, 242, 135		12	54, 11, 94, 3	115, 175, 55
	6	28, 0, 62, 0	185, 235, 130		13	61, 18, 98, 7	92, 158, 37
	7	34, 0, 68, 0	169, 225, 118		14	64, 24, 100, 15	70, 138, 20

附录7　湖北省典型剖面0—20cm土层土壤理化性状中位数与平均数

土壤理化性状[1]	湖北省[2]			长江中下游地区[3]			全国[4]		
	中位数	平均数	样本量*	中位数	平均数	样本量*	中位数	平均数	样本量*
有机质/(g/kg)	18.0	20.3	2573	21.8	24.5	14080	18.6	25.4	53243
pH	6.7	6.7	2482	6.2	6.4	15420	6.8	6.8	54014
全氮/(g/kg)	0.95	1.08	1310	1.24	1.43	12673	1.06	1.37	49409
全磷/(g/kg)	0.44	0.55	2551	0.63	0.77	13785	0.60	0.78	50185
全钾/(g/kg)	17.4	17.7	2406	18.3	19.0	8703	18.0	17.5	29736
碱解氮/(mg/kg)	88	94	772	100	106	3304	90	114	19316
有效磷/(mg/kg)	4.3	6.3	1171	4.5	7.6	6195	4.4	7.5	23100
速效钾/(mg/kg)	92	104	1193	80	94	6215	90	110	23841
阳离子交换量/(cmol/kg)	13.5	14.8	2059	13.0	14.2	5482	13.1	14.8	22361

注：1）土壤全氮、全磷、全钾、碱解氮、有效磷、速效钾含量均以N、P、K纯养分量计。
　　2）本卷收录的湖北省典型土壤剖面共计3046个。通过对剖面数据的土层厚度转换，附录7给出了这些典型剖面0—20cm土层土壤理化性状中位数与平均数。全国第二次土壤普查剖面采样为典型土类采样，而非网格化采样。0—20cm土层土壤理化性状中位数与平均数不代表本省理化性状平均状况。但全国第二次土壤普查是我国最早的大样本量调查，附录7所示的0—20cm土层土壤理化性状中位数与平均数对了解湖北省20世纪80年代土壤肥力性状量化指标具有一定参考价值。
　　3）长江中下游地区包括上海、江苏、浙江、江西、安徽、湖北和湖南7个省、直辖市，本数据集收录该地区的剖面共计18326个。
　　4）本数据集全集收录的剖面共计63792个。
　　* 样本量的单位为"个"。

附录 8　湖北省主要土地利用类型 0—30cm 土层土壤有机质含量[1]

土地利用类型	湖北省		长江中下游地区[2]		全国	
	占省域面积百分比[3]/%	有机质/(g/kg)	占地域面积百分比/%	有机质/(g/kg)	占地域面积百分比/%	有机质/(g/kg)
耕地	25.65	18.15	24.22	18.65	13.52	18.65
园地	2.62	16.54	3.63	19.48	2.13	16.68
林地	49.91	19.98	47.41	22.81	30.04	26.96
草地	0.48	20.38	0.59	20.37	27.97	19.18
湿地	0.33	17.27	1.12	19.51	2.48	17.56

注：1）各土地利用类型 0—30cm 土层土壤有机质含量由本卷编制的湖北省土壤有机质含量图和自然资源部土地科学数据中心编制的 2019 年 1∶100 万比例尺全国土地利用缩编图通过叠加、计算生成。其中，耕地包括水田、水浇地和旱地；园地包括果园、茶园和其他园地；林地包括有林地、灌木林地和其他林地；草地包括天然牧草地、人工牧草地和其他草地；湿地包括沼泽地、沿海滩涂和内陆滩涂。
2）长江中下游地区包括上海、江苏、浙江、江西、安徽、湖北和湖南 7 个省、直辖市。
3）土地利用类型占省域面积百分比根据第三次全国国土调查发布的 2019 年土地利用现状分类面积汇总数据计算生成。

附录 9 湖北省耕地、园地、林地和草地中主要土壤类型占比[1]

湖北省								长江中下游地区[2]								全国							
耕地		园地		林地		草地		耕地		园地		林地		草地		耕地		园地		林地		草地	
土类名	占比/%	土类名	占比/%	土类名	占比/%	土类名	占比/%	土类名	占比/%	土类名	占比/%	土类名	占比/%	土类名	占比/%	土类名	占比/%	土类名	占比/%	土类名	占比/%	土类名	占比/%
水稻土	49.5	黄棕壤	30.1	黄棕壤	49.9	红壤	38.8	水稻土	45.9	红壤	38.4	红壤	47.6	滨海盐土	23.5	水稻土	14.9	水稻土	14.3	红壤	16.7	寒钙土	21.8
潮土	18.5	水稻土	27.4	石灰(岩)土	13.6	石灰(岩)土	25.0	潮土	17.0	水稻土	29.0	黄棕壤	13.3	水稻土	23.3	潮土	14.3	红壤	13.1	暗棕壤	10.3	草毡土	14.4
黄棕壤	12.2	紫色土	10.9	水稻土	8.1	黄棕壤	13.1	红壤	12.7	紫色土	8.3	水稻土	10.6	红壤	11.3	草甸土	9.1	砖红壤	11.5	黄壤	7.0	栗钙土	9.7
黄褐土	7.0	红壤	10.8	红壤	7.1	水稻土	7.4	砂姜黑土	7.1	潮土	7.8	黄壤	9.6	黄棕壤	10.6	褐土	6.1	褐土	10.5	黄棕壤	6.3	棕钙土	7.4
红壤	5.5	黄壤	8.5	黄壤	6.9	山地草甸土	5.0	黄褐土	5.3	黄棕壤	5.4	石灰(岩)土	6.3	石灰(岩)土	9.5	紫色土	4.8	赤红壤	9.6	棕壤	5.8	寒冻土	5.3
紫色土	2.4	石灰(岩)土	5.5	棕壤	5.7	潮土	3.0	黄棕壤	2.7	粗骨土	3.0	粗骨土	5.0	黄壤	7.0	红壤	4.7	紫色土	5.6	赤红壤	5.1	风沙土	4.8
石灰(岩)土	1.8	黄褐土	2.9	紫色土	3.0	棕壤	1.4	紫色土	2.6	石灰(岩)土	2.9	紫色土	3.9	潮土	4.3	黑土	3.4	粗骨土	5.0	褐土	4.6	灰棕漠土	4.4
黄壤	0.6	粗骨土	1.3	粗骨土	2.4	黄褐土	0.9	滨海盐土	2.0	黄壤	2.1	棕壤	1.4	山地草甸土	2.0	黑钙土	3.2	潮土	4.8	紫色土	4.5	黑毡土	4.0
合计	97.5	合计	97.4	合计	96.7	合计	94.6	合计	95.3	合计	96.9	合计	97.7	合计	91.5	合计	60.5	合计	74.4	合计	60.3	合计	71.8

注：1）耕地、园地、林地和草地中主要土壤类型占比由本表编制湖北省主要土壤图和自然资源部土地科学数据中心编制的2019年1:100万比例尺全国土地利用缩编图通过叠加、计算生成。其中，耕地包括水田、水浇地和旱地；园地包括果园、茶园和其他园地；林地包括有林地、灌木林地和其他林地；草地包括天然牧草地、人工牧草地和其他草地。当某省、自治区、直辖市某土地利用类型所含土壤类型较多时，本表仅列出占比较大的土壤类型。

2）长江中下游地区包括上海、江苏、浙江、江西、安徽、湖北和湖南7个省、直辖市。

附录10 《中国土壤剖面数据集》参编单位

国家科技基础性工作专项重点项目"我国1∶5万土壤图籍编撰及高精度数字土壤构建"主持与参加单位	
中国农业科学院农业资源与农业区划研究所	湖南农业大学
中国科学院南京土壤研究所	西北农林科技大学
中国农业科学院农业环境与可持续发展研究所	沈阳大学
中国科学院地理科学与资源研究所	山东省国土测绘院
国家基础地理信息中心	辽宁省基础测绘院
全国农业技术推广服务中心	黑龙江省农业科学院土壤肥料与环境资源研究所
中国农业大学	海南省农业科学院
华中农业大学	上海市农业科学院生态环境保护研究所
中国地质大学（北京）	城信迪赛（北京）科技有限公司
参加数据集各分卷审核和修订工作的单位	
北京市农林科学院植物营养与资源研究所	广西农业科学院农业资源与环境研究所
河北省农林科学院农业资源环境研究所	重庆市农业技术推广总站
山西省农业科学院农业环境与资源研究所	贵州省农业科学院土壤肥料研究所
辽宁省农业科学院植物营养与环境资源研究所	云南省农业科学院农业环境资源研究所
吉林省农业科学院农业资源与环境研究所	甘肃省农业科学院土壤肥料与节水农业研究所
江苏省农业科学院农业资源与环境研究所	青海省农林科学院土壤肥料研究所
福建省农业科学院	宁夏农林科学院农业资源与环境研究所
江西省土壤肥料技术推广站	新疆农业科学院土壤肥料与农业节水研究所
山东省农业科学院农业资源与环境研究所	西藏自治区农牧科学院
湖南省土壤肥料研究所	

续表

参加分县大比例尺纸质土壤图与土种志收集的单位	
北京市耕地建设保护中心	福建省农田建设与土壤肥料技术总站
天津市农田建设管理处	山东省土壤肥料总站
河北省土壤肥料总站	河南省土壤肥料站
山西省耕地质量监测保护中心	湖北省耕地质量与肥料工作总站（湖北省土壤肥料调查测试中心）
内蒙古自治区土壤肥料和节水农业工作站	湖南省土壤肥料工作站
辽宁省土壤肥料总站	广东省农业科学院农业资源与环境研究所
吉林省土壤肥料总站	河池市土壤肥料工作站
黑龙江八一农垦大学	成都土壤肥料测试中心
上海市农业技术推广服务中心	云南省土壤肥料工作站
江苏省农业科学院	陕西省耕地质量与农业环境保护工作站
扬州市土壤肥料站	甘肃省耕地质量建设保护总站
安徽省土壤肥料总站	

注：表中各参编单位仅出现一次，参与多项工作的单位不重复列出。

参考文献

[1] 张维理，徐爱国，张认连，等.土壤分类研究回顾与中国土壤分类系统的修编［J］.中国农业科学，2014，47（16）：3214–3230.

[2] 张维理，KOLBE H，张认连，等.世界主要国家土壤调查工作回顾［J］.中国农业科学，2022，55（18）：3565–3583.

[3] MCBRATNEY A B, MENDONÇA SANTOS M L, MINASNY B. On digital soil mapping［J］. Geoderma，2003（117）：3–52.

[4] USDA. Natural Resources Conservation Service［EB/OL］. Soils National Soil Information System（NASIS）［2021–12–01］. http://www.nrcs.usda.gov/wps/portal/ nrcs/detail/soils/survey/cid=nrcs142p2_053552.

[5] CSIRO Land and Water. Australian Soil Resource Information System（ASRIS）［EB/OL］.［2021–12–01］. http://www.asris.csiro.au/asris.

[6] European Soil Data Centre［EB/OL］.［2021–12–01］. http://eusoils.jrc.ec.europa.eu/.

[7] 全国土壤普查办公室.全国第二次土壤普查暂行技术规程［M］.北京：农业出版社，1979.

[8] 张维理，张认连，徐爱国，等.中国1∶5万比例尺数字土壤的构建［J］.中国农业科学，2014，47（16）：3195–3213.

[9] 张维理，傅伯杰，徐爱国，等.中国土壤调查结果的地统计特征［J］.中国农业科学，2022，55（13）：2572–2583.

[10] 张维理.海量空间数据提取、整合与制图表达方法概要［J］.中国农业科学，2014，47（16）：3231–3249.

[11] 张维理.智能化海量空间信息分析与地图制图软件包IMAT设计及构建［J］.中国农业科学，2014，47（16）：3250–3263.

[12]《第一次全国地理国情普查地图集》编纂委员会.第一次全国地理国情普查地图集［M］.北京：中国地图出版社，2019.

[13] 中国地图出版社.中国地图集［M］.3版.北京：中国地图出版社，2022.

[14] 全国土壤质量标准化技术委员会.土壤制图 1∶25 000　1∶50 000　1∶100 000 中国土壤图用色和图例规范：GB/T 36501—2018［S］.北京：中国标准出版社，2018.

[15] 张维理，KOLBE H，张认连.土壤有机碳作用及转化机制研究进展［J］.中国农业科学，2020，53（2）：317–331.

[16] 周北燕，石家星.中华人民共和国地形图［M］.北京：中国地图出版社，2009.

[17]《中华人民共和国气候图集》编委会.中华人民共和国气候图集［M］.北京：气象出版社，2002.

[18] 中国标准化与信息分类编码研究所，全国农业技术推广服务中心.中国土壤分类与代码：GB/T 17296—1998［S］.

[19] 中国标准研究中心.中国土壤分类与代码：GB/T 17296—2000［S］.

[20] 全国信息分类编码标准化技术委员会.中国土壤分类与代码：GB/T 17296—2009［S］.北京：中国标准出版社，2009.

[21] ISSS，ISRIC，FAO. World Reference Base for Soil Resources. Wageningen/Rome，1998.

［22］SHI X Z, YU D S, XU S X, et al. Cross-reference for relating Genetic Soil Classification of China with WRB at different scales［J］. Geoderma, 2010（155）: 344-350.
［23］全国土壤普查办公室. 中国土种志　第一卷［M］. 北京：中国农业出版社，1993.
［24］全国土壤普查办公室. 中国土种志　第二卷［M］. 北京：中国农业出版社，1994.
［25］全国土壤普查办公室. 中国土种志　第三卷［M］. 北京：中国农业出版社，1994.
［26］全国土壤普查办公室. 中国土种志　第四卷［M］. 北京：中国农业出版社，1995.
［27］全国土壤普查办公室. 中国土种志　第五卷［M］. 北京：中国农业出版社，1995.
［28］全国土壤普查办公室. 中国土种志　第六卷［M］. 北京：中国农业出版社，1996.
［29］全国土壤普查办公室. 中国土壤［M］. 北京：中国农业出版社，1998.